제12판

A First Course in Differential Equations with Modeling Applications 12e

미분방정식 입문

Dennis G. Zill 지음 | 수학교재편찬위원회 옮김

경문사
Cengage

Australia • Brazil • Canada • Mexico • Singapore • United Kingdom • United States

***AE A First Course in Differential Equations with Modeling Application*, Twelfth Edition**

Dennis G. Zill

Original edition © 2024 Brooks Cole, a part of Cengage Learning.
AE A First Course in Differential Equations with Modeling Application, 12th Edition
by Dennis G. Zill
ISBN: 9789815160635

This edition is translated by license from Brooks Cole, a part of Cengage Learning, for sale in Korea only.

ISBN-13: 979-11-6073-724-0

Cengage Learning Korea Ltd.
14F YTN Newsquare 76 Sangamsan-ro
Mapo-gu Seoul 03926 Korea
Tel: (82) 1533 7053
Fax: (82) 2 330 7001

Printed in Korea
Print Number: 01 Print Year: 2024

머리말

Metric Edition

이 교재(International Meric Version)는 경곗값 문제의 미분방정식(10판)의 U.S. version과 다음과 같은 다른 점이 있다:

대부분의 예제들과 연습문제에서 사용된 측정 단위가 미국 관습적 시스템의 단위(영국식 단위, 또는 야드파운드법으로 알려진)에서 미터법 단위로 바뀌었다.

이 교재(Metric Version)는 여러분들이 연습문제와 관련된 응용에서 문제를 풀 때 참고용으로 단위 변환표를 추가하였다.

학생들에게

저자는 누군가 실제로 책을 읽는다는 기대를 가지고 쓴다. 학생들이 생각하는 것과는 달리 전형적인 대학수준에 해당하는 수학 교재들의 대부분은 강사가 아닌 학생들을 위하여 썼다. 수업에서 이 책을 교재로 사용할지의 여부는 강사가 결정하기 때문에 이 교재에서 다루어진 주제들은 사실 강사들의 마음에 들도록 되어있지만 교재에 쓴 내용 대부분은 학생을 대상으로 하였다. 그래서 나는 학생들이 이 교재를 읽기를 장려하고 ―아니 실제로 강요하고 싶다! 그러나 이 교재를 소설처럼 읽거나, 빨리 읽지도 말고 어떠한 내용도 건너뛰지 말아야 한다. 이 교재를 학습장으로 생각하여라. 수학은 대부분 예제와 논제를 통하여 공부하는 사람이 자신의 방법으로 풀어야 하기 때문에 항상 연필과 종이를 준비하여 읽어야 한다. 어떤 연습문제를 시도하기 전에 각 절의 모든 예제를 읽어라. ―아니 풀어라. 예제는 내가 절에서 가장 중요한 점이라 생각하는 것을 제시하였고 그래서 대부분의 연습문제를 풀기 위한 필요한 과정들을 반영하였다. 나는 학생들에게 예제를 읽을 때 해답을 덮고, 우선 문제 풀기를 시도하고, 학생들의 답을 주어진 해답과 비교하여 서로 다르면 다시 풀라고 한다. 나는 각각의 예제에서 대부분의 중요한 단계를 포함하도록 하였지만, 만일 어떤 부분이 명확하지 않으면―여기서 연필과 종이가 다시 필요하다 — 항상 상세한 내용이나 빠진 단계를 파악하도록 노력해야 한다. 이것은 쉽지 않지만 배우는 과정의 일부분이다. 이해가 어려운 개념과 지식들은 많은 노력 없이 단순히 얻어질 수가 없다.

특별히 학생 여러분을 위한, **학생 자료와 풀이 지도서**(Student Solutions Manual; SSM)는 선택 보충자료로 유용하다. 연습문제 중 선택된 문제의 해답을 포함할 뿐만 아니라, SSM은 문제와 보충 예제를 풀기 위한 힌트, 내가 생각하기에 미분방정식의 성공적인 학습에 중요한 대수와 미적분학 분야에서 복습도 포함한다. SSM을 반드시 구매할 필요는 없으나 대부분의 절을 시작하면서 제시한 내용은 오래된 기초 미적분학 또는 미적분학 교재에서 필요한 수학적인 내용을 복습할 수 있게 하였다.

결론적으로 여러분의 행운과 성공을 빈다. 여러분이 이 교재와 이제 막 시작할 수업 — 개인적으로 물리적인 세상과 연결된 수학을 좋아하기에 내가 좋아하는 전공 중의 하나인 학부의 수학전공과목 — 을 즐기길 바란다. 만일 어떤 의견이 있거나, 교재를 자신의 방법으로 읽거나 풀면서 어떤 오류를 발견하거나 또는 교재나 SSM에서 개선할 좋은 생각이 떠오르면 저자나 Cengage Learning에 있는 편집장에게 알려주기를 부탁한다:

spencer.arritt@cengage.com.

강사들에게

만일 여러분이 처음으로 이 책을 보게 된다면 《*Differential Equation with Boundary value problems, 10th Edition*》은 상미분방정식과 편미분방정식을 커버하는 한 학기 또는 두 학기 과정으로 다루도록 되어있다. 짧은 분량인 《*A First Course in Differential Equation with Modeling Applications, 12th Edition*》은 상미분방정식에 대하여 한 학기나 한 분기 동안에 가르치도록 구성되었는데 9장에서 마무리된다. 한 학기 분량에 대해서는 두 학기의 미적분학을 완전하게 소화한 후에 이수한다는 전제조건이 따른다. 여러분은 한 학기 강의를 위하여 이 책을 읽을 것이기 때문에 당연히 여러분이 다룰 주제들에 대한 내용들을 조사했을 것이다. 여러분은 서문에서 "추천된 강의요목"을 발견하지 못할 것이다. 나는 다른 선생님들께 무엇을 가르쳐야 하는지를 말할 수 있을 정도로 현명한 척을 하지 않겠다. 나는 이 책에서 여러분들이 진행하려는 강의를 위한 선택할 수 있는 충분히 많은 내용들이 있다고 생각한다. 교재는 미분방정식을 학습하기 위해 해석적이고 정성적이고 정량적인 접근 사이의 합리적 균형을 갖춰 만들었다. 나의 "근본적인 철학"은 다음과 같다. 학부생을 위한 교재는 마음속으로 확실하게 학생들의 이해를 고려하며 써야 한다는 것이고 이는 교재의 내용들이 이론의 수준을 지키는 것이 "도입"이라는 표현과 일치하며 직선적이고 읽기 쉽고 도움이 되는 것들로 나타나 있어야 한다고 생각한다.

이전 판의 교재들에 익숙한 사람들에게 나는 이 판에 있는 몇몇 개선된 부분에 대하여 언급하고자 한다.

- 연습문제를 많은 새로운 문제들을 추가하여 개편하였다. 내가 생각하기에는 이러한 문제들 중 몇몇은 새롭고 흥미로운 수학적 모형이 포함되었다.
- 각 절마다 많은 예제, 그림, 비고들이 추가되었다.
- 나는 이 교재에서 구분적 선형 미분방정식의 개념과 비기초적인 적분을 포함한 해들에 대해 특별히 강조하였다.
- 14.5절(유한 푸리에 변환)이 새롭게 추가되었다.
- 부록 C의 라플라스 변환 도표가 확대되었다.

학생들을 위한 자료

- Roberto Martinez가 쓴 《ISBN 978-1-305-96573-7(미분방정식과 응용의 기초, 12판과 관련됨), ISBN 978-1-305-96581-2(경곗값 문제의 미분방정식, 10판과 관련됨) 》학생 자료와 해법(SSM)은 대수와 미적분에서 중요한 내용에 대한 복습과 각 연습문제 부분(토론 문제들과 컴퓨터 연습문제를 제외하고)의 1/3에 해당하는 문제의 풀이, 컴퓨터 대수 체계(CAS)인 *Mathematica*와 *Maple*에 대한 관련된 명령어와 문제를 어떻게 풀기 시작할 것인가에 대한 힌트와 함께 중요한 개념의 목록을 제공한다.
- 경곗값 문제의 미분방정식 10판을 위한 **WebAssign. WebAssign**은 여러분이 미분방정식을 성공적으로 풀 수 있는 다양한 도구들을 제공한다. 강의와 관련된 자료들은 학생들을 위해 제작되었으며, 강의를 더욱 잘 이해할 수 있고 더 좋은 성적을 받을 수 있게 도와줄 것이다.

강사들을 위한 자료

- Roberto Martinez가 쓴 완전한 해법 설명서(CSM)는 본 교재의 모든 문제에 대한 자세한 해법을 제공한다. 이 설명서는 강사의 동반 웹사이트 **cengage.com**를 통해서도 이용가능하다.
- ***Cengage Learning Testing Powered by Cognero***는 강사분들이 저자, 편집자가 되고, 그리고 문제은행 내용물을 관리하고, 순식간에 다양한 시험 문제지를 만들 수 있고, 강사들의 학습관리 시스템(LMS), 교실, 또는 강사들이 원하는 어느 장소에서든지 시험을 볼 수 있는 유용한 온라인 시스템이다. 이것은 온라인 웹사이트 **www.cengage.com/login.**를 통해서도 이용가능하다.
- ***WebAssign***은 고등교육에서 가장 널리 사용되는 온라인 과제 시스템이다. 본 교재(metric version)도 이용가능하며 이 시스템은 강사들이 웹을 통해서 과제를 수집하고 채점하며 기록하게 제공한다. 신뢰성 있는 이 시스템은 교재, eBook, 비디오 예제, 그리고 문제지도서 등의 링크가 포함되어 있다. WebAssign by Cengage는 학생들에게는 완벽한 교육시스템이므로 과제 시스템 그 이상이다. ***WebAssign***에 관한 자세한 정보나 시연을 원한다면 담당 Cengage 대표자에게 연락하라.

감사의 글

이와 같은 수학교재를 편찬하고 수천 개의 기호와 수백 가지의 방정식을 정확히 확인하는 작업은 굉장히 힘든 일이지만 저자로서 마땅히 하여야 할 일이며 책임이다. 그러나 비단 나뿐만 아니라 많은 사람들이 시간과 에너지를 들여서 출판물을 출간하게 이른다. 그래서 나는 이번 기회를 통해서 Cengage Learning과 이 판을 출판하는 데 관련된 MPS 북아메리카에 있는, 심지어 대부분은 내가 알지 못하는, 모든 사람들에게 감사의 마음을 표현하고 싶다.

마지막으로, 지난 몇 년간 이 교재는 독자들의 비판적 견해들과 제안들을 통해 셀 수 없는 방향으로 향상되었다. 그래서 아래에 언급한 너그러운 사람들의 전문적인 지식과 경험을 공유할 수 있게 되어서 나의 빚진 마음을 대신하여 여기에 감사의 말을 전하며 마무리 하겠다.

지난 판의 검토위원들

William Atherton, *Cleveland State University*
Philip Bacon, *University of Florida*
Bruce Bayly, *University of Arizona*
William H. Beyer, *University of Akron*
R. G. Bradshaw, *Clarkson College*
Bernard Brooks, *Rochester Institute of Technology*
Allen Brown, *Wabash Valley College*
Dean R. Brown, *Youngstown State University*
David Buchthal, *University of Akron*
Nguyen P. Cac, *University of Iowa*
T. Chow, *California State University - Sacramento*
Dominic P. Clemence, *North Carolina Agricultural and Technical State University*
Pasquale Condo, *University of Massachusetts - Lowell*
Vincent Connolly, *Worcester Polytechnic Institute*
Philip S. Crooke, *Vanderbilt University*
Bruce E. Davis, *St. Louis Community College at Florissant Valley*
Paul W. Davis, *Worcester Polytechnic Institute*
Richard A. DiDio, *La Salle University*
James Draper, *University of Florida*
James M. Edmondson, *Santa Barbara City College*
John H. Ellison, *Grove City College*
Raymond Fabec, *Louisiana State University*
Donna Farrior, *University of Tulsa*
Robert E. Fennell, *Clemson University*

W. E. Fitzgibbon, *University of Houston*
Harvey J. Fletcher, *Brigham Young University*
Paul J. Gormley, *Villanova*
Layachi Hadji, *University of Alabama*
Ruben Hayrapetyan, *Kettering University*
Terry Herdman, *Virginia Polytechnic Institute and State University*
Zdzislaw Jackiewicz, *Arizona State University*
S. K. Jain, *Ohio University*
Anthony J. John, *Southeastern Massachusetts University*
David C. Johnson, *University of Kentucky–Lexington*
Harry L. Johnson, *Virginia Polytechnic Institute and State University*
Kenneth R. Johnson, *North Dakota State University*
Joseph Kazimir, *East Los Angeles College*
J. Keener, *University of Arizona*
Steve B. Khlief, *Tennessee Technological University*
Helmut Knaust, *The University of Texas at El Paso*
C. J. Knickerbocker, *Sensis Corporation*
Carlon A. Krantz, *Kean College of New Jersey*
Thomas G. Kudzma, *University of Lowell*
Alexandra Kurepa, *North Carolina A&T State University*
G. E. Latta, *University of Virginia*
Cecelia Laurie, *University of Alabama*
Mulatu Lemma, *Savannah State University*
James R. McKinney, *California Polytechnic State University*
James L. Meek, *University of Arkansas*
Gary H. Meisters, *University of Nebraska–Lincoln*
Stephen J. Merrill, *Marquette University*
Vivien Miller, *Mississippi State University*
George Moss, *Union University*
Gerald Mueller, *Columbus State Community College*
Philip S. Mulry, *Colgate University*
Martin Nakashima, *California State Polytechnic University–Pomona*
C. J. Neugebauer, *Purdue University*
Tyre A. Newton, *Washington State University*
Brian M. O'Connor, *Tennessee Technological University*
J. K. Oddson, *University of California–Riverside*
Carol S. O'Dell, *Ohio Northern University*
Bruce O'Neill, *Milwaukee School of Engineering*
A. Peressini, *University of Illinois, Urbana–Champaign*
J. Perryman, *University of Texas at Arlington*
Joseph H. Phillips, *Sacramento City College*
Jacek Polewczak, *California State University–Northridge*
Nancy J. Poxon, *California State University–Sacramento*
Robert Pruitt, *San Jose State University*
K. Rager, *Metropolitan State College*
F. B. Reis, *Northeastern University*
Brian Rodrigues, *California State Polytechnic University*

Tom Roe, *South Dakota State University*
Kimmo I. Rosenthal, *Union College*
Barbara Shabell, *California Polytechnic State University*
Seenith Sivasundaram, *Embry-Riddle Aeronautical University*
Don E. Soash, *Hillsborough Community College*
F. W. Stallard, *Georgia Institute of Technology*
Gregory Stein, *The Cooper Union*
M. B. Tamburro, *Georgia Institute of Technology*
Patrick Ward, *Illinois Central College*
Jianping Zhu, *University of Akron*
Jan Zijlstra, *Middle Tennessee State University*
Jay Zimmerman, *Towson University*

차 례

제 1 장 미분방정식

제 2 장 1계 미분방정식

제 3 장 1계 미분방정식의 모델

제 4 장 고계 미분방정식

제 5 장 고계 미분방정식 모델링

제 6 장 선형 미분방정식의 급수 해

제 7 장 라플라스 변환

제 8 장 연립 1계 선형 미분방정식

제 9 장 상미분방정식의 수치적 해법

부록

01 미분방정식

미분과 방정식이라는 단어는 분명히 도함수 $y', y'', \cdots$을 포함하는 어떤 종류의 방정식의 해를 구하기 위해 제안된 용어이다. 미지수 x에 대해 $x^2+5x+4=0$와 같은 방정식의 해를 구하는 데 많은 시간이 필요했던 대수학 과목에서와 유사하게, 이 과목에서 우리의 과제 중 하나는 $y''+2y'+y=0$와 같은 미분방정식의 해인 미지의 함수 $y=\phi(x)$를 구하는 것이다. 이 과목을 펼쳐보면 미분방정식에 대한 연구가 단지 수학자들이 과거 수 세기 동안 미분방정식을 풀기 위하여 방법을 강구하는 것 이상이라는 것을 알 수 있을 것이다. 그러나 가장 중요한 것부터 먼저 학습하여라. 특별한 과목에 대해 읽고, 공부하고, 정통하기 위해서는 학습에 대한 전문 용어의 일부분을 배워야한다. 이것이 이 장의 처음 두 절에서 해야 할 일이다. 마지막 절에서는 미분방정식과 실생활 사이의 관계를 조사할 것이다.

1.1 정의와 용어

소개 함수 $y=\phi(x)$의 도함수 $\dfrac{dy}{dx}$는 그 자체로 적당한 규칙에 의해 얻어지는 또 다른 함수 $\phi'(x)$이다. 지수함수 $y=e^{0.1x^2}$은 구간 $(-\infty, \infty)$에서 미분가능하고, 연쇄법칙에 의해 일계 도함수는 $\dfrac{dy}{dx}=0.2xe^{0.1x^2}$이다. 마지막 방정식의 오른쪽의 $e^{0.1x^2}$을 y로 바꾸면 도함수는

$$\frac{dy}{dx}=0.2xy \tag{1}$$

로 표현된다. 만일 당신의 친구가 당신에게 방정식 (1)을 (당신은 이 방정식이 어떻게 만들어졌는지를 모른다.) 보여주고 다음을 물어보았다고 상상하자.

"y에 의해 표현되는 함수는 무엇인가?"

이 과목에서 당신은 지금 기본적인 문제들 중 하나와 직면했다.

함수 $y=\phi(x)$에 대해 (1)같은 방정식을 어떻게 풀어야 하는가?

정의 (1)과 같은 형태의 방정식을 **미분방정식(differential equation)**이라고 한다. 더 나아가기 전에 이 개념의 정확한 정의를 살펴보자.

정의 1.1.1 미분방정식

하나 또는 둘 이상의 독립변수에 대해, 하나 또는 그 이상의 미지의 함수 (또는 종속변수)의 도함수를 포함하는 방정식을 **미분방정식(미방 DE)**이라고 한다.

미분방정식에 대하여 논하기 위하여 우리는 미분방정식의 **형태(type)**, **계수(order)**와 **선형성(linearity)** 등을 이용하여 미분방정식을 분류하여야 한다.

형태에 의한 분류 하나의 독립변수에 대해 하나 또는 그 이상의 미지의 함수의 상도함수(ordinary derivatives)만을 포함하는 방정식을 **상미분방정식(ordinary differential equation** : ODE)이라고 한다. 한편 두 개 또는 그 이상의 독립변수에 대해 하나 또는 그 이상의 미지의 함수의 편도함수를 포함하는 방정식을 **편미분방정식(partial differential equation** : PDE)이라고 한다. 첫 번째 예제는 미분방정

식의 각각의 형태에 대한 몇 가지 예를 보여준다.

예제 1 **미분방정식의 형태**

(a) 방정식

ODE는 미지의 함수를 하나 이상 가질 수 있다.

$$\frac{dy}{dx}+5y=e^{x}, \quad \frac{d^2y}{dx^2}-\frac{dy}{dx}+6y=0, \quad \frac{dx}{dt}+\frac{dy}{dt}=2x+y \qquad (2)$$

는 상미분방정식의 예이다.

(b) 다음 방정식은 편미분방정식이다*.

$$\frac{\partial^2 u}{\partial x^2}+\frac{\partial^2 u}{\partial y^2}=0, \quad \frac{\partial^2 u}{\partial x^2}=\frac{\partial^2 u}{\partial t^2}-2\frac{\partial u}{\partial t}, \quad \frac{\partial u}{\partial y}=-\frac{\partial v}{\partial x} \qquad (3)$$

편미방 중 세 번째 방정식에는 두 개의 미지의 함수와 두 개의 독립변수가 존재하는 것을 유의하여라. 이것은 u,v가 두 개 이상의 독립변수의 함수라는 것을 의미한다. ■

그림 1.1.1 아이작 뉴턴

그림 1.1.2 빌헬름 라이프니츠

그림 1.1.3 조제-프루이 라그랑주

기호 영국의 수학자이고 물리학자이면서 신학자인 **아이작 뉴턴(Isaac Newton**, 1643-1727)과 함께 독일의 박식한 학자인 **빌헬름 라이프니츠(Wilheim Leibniz**, 1646-1716)는 미적분학의 공동 발명자로 인식되어 왔다. 그러나 오늘 날 수학에서 많이 사용되고 있는 기호는 라이프니츠와 이탈리아 수학자이면서 천문학자인 **조제-프루이 라그랑주(Joseph Louis Lagrange**, 1736-1813)이 만들었다. 그림 1.1.1-1.1.3을 참조하여라. 예를 들어 친근한 표기인

$$\frac{dy}{dx} \text{와 } f'(x)$$

는 각각 라이프니츠와 라그랑주가 만들었다.

이 교재 전체에서 상 도함수는 라이프니츠식 표기법(Leibniz notation)

$$\frac{dy}{dx}, \ \frac{d^2y}{dx^2}, \ \frac{d^3y}{dx^3}, \ \cdots$$

또는 라그랑주 프라임 표기법(Lagrange prime notation)

$$y', \ y'', \ y''', \ \cdots$$

를 사용할 것이다.

* 소개부분을 제외하고 상미분방정식만은 A first course in differential equation with modeling applications, 12판을 참작했다. 그 교재에서 방정식과 약자 DE라는 단어는 ODE를 뜻하는 것이다. 편미분방정식 또는 PDE는 확장판인 Differential equations with Boundary-Value Problems, 10판에서 고려한다.

이 경우 방정식 (2)는 $y' + 5y = e^x$와 $y'' - y' + 6y = 0$으로 표현할 수도 있다. 실제적으로 프라임 표기법은 처음 3개의 도함수를 표현하는 데 사용한다; 4계 도함수는 y''''보다는 $y^{(4)}$로 표현한다. 일반적으로 y의 n계 도함수는 $\dfrac{d^n y}{dx^n}$ 또는 $y^{(n)}$으로 표현한다. 쓰기와 조판에 다소 불편할지라도, 라이프니츠식 표기법은 독립변수와 종속변수 모두를 명확히 나타내는 점에서 프라임 표기법보다는 유리하다. 예를 들어 방정식

$$\frac{d^2x}{dt^2} + 16x = 0$$

에서, x는 종속변수를 나타내는 반면 t는 독립변수를 나타낸다는 사실을 쉽게 알 수 있다. 때로는 물리학이나 공학에서는 뉴턴의 **점 표기법(dot notation)** (경멸적으로 "파리똥"이라는 언급되는 표기법)이 t에 관한 도함수를 표시하는 데 사용된다. 그래서 미분방정식

$$\frac{d^2s}{dt^2} = -32 \text{는 } \ddot{s} = -32 \text{로 나타낸다.}$$

편도함수는 독립변수를 명확하게 나타내는 **첨자표기법(subscript notation)**으로 흔히 표현한다. 예를 들어 첨자표기법으로 (3)의 첫 번째와 두 번째 방정식은

$$u_{xx} + u_{yy} = 0 \text{와 } u_{xx} = u_{tt} - 2u_t$$

로 된다.

계수에 의한 분류 미분방정식의 **계수(order of differential equation)**(상미방이나 편미방)는 방정식에서 가장 높은 도함수의 계수를 의미한다. 예를 들어

$$\underset{\text{2계}}{\frac{d^2y}{dx^2}} + 5\left(\underset{\text{1계}}{\frac{dy}{dx}}\right)^3 - 4y = e^x$$

는 2계 상미분방정식이다. 예제1에서 (2)의 첫 번째와 세 번째 방정식은 1계 상미분방정식인 반면 (3)의 처음 2개의 방정식은 2계 편미분방정식이다. 1계 상미분방정식은 종종 **미분형식(differential form)**

$$M(x, y)dx + N(x, y)dy = 0$$

으로 쓰이기도 한다.

예제 2 1계 상미방의 미분형식

y를 1계 상미방의 종속변수라 가정하면 미분 dy는 $dy = y'dx$로 정의해야 함을 미적분학에서 배웠다.

(a) 미분 dx로 나누면 방정식 $(y-x)dx+4xdy=0$의 다른 형식은

$$y-x+4x\frac{dy}{dx}=0 \text{ 또는 동치로 } 4x\frac{dy}{dx}+y=x$$

으로 주어진다.

(b) 미분방정식

$$6xy\frac{dy}{dx}+x^2+y^2=0$$

에 dx를 곱하면 방정식이

$$(x^2+y^2)dx+6xydy=0$$

인 다른 미분형식이 됨을 알 수 있다. ■

기호 하나의 종속변수를 갖는 n계 상미분방정식은

$$F(x,\, y,\, y',\, \cdots,\, y^{(n)})=0 \tag{4}$$

로 표현할 수 있다. 여기서 F는 $n+2$개 변수 $x,\, y,\, y',\, \cdots,\, y^{(n)}$의 실수 값인 함수이다. 실질적이고 이론적인 이유로 우리는 이후부터 (4)의 형식의 상미분방정식을 가장 높은 계수인 도함수 $y^{(n)}$를 나머지 $n+1$개 변수로 유일하게 표현하여 해를 구할 수 있다고 가정할 것이다. 미분방정식

$$\frac{d^ny}{dx^n}=f(x,\, y,\, y',\, \cdots,\, y^{(n-1)}) \tag{5}$$

을 (4)의 **정규형(normal form)**이라고 한다. 여기서 f는 실수 값인 연속인 함수이다. 그러므로 정규형

$$\frac{dy}{dx}=f(x,\, y), \quad \frac{d^2y}{dx^2}=f(x,\, y,\, y')$$

은 각각 일반적인 1계와 2계 상미분방정식을 나타낸다.

예제 3 상미방의 정규형

(a) 도함수 $\frac{dy}{dx}$에 대하여 풀면 1계 미분방정식

$$4x\frac{dy}{dx}+y=x \text{의 정규형은 } \frac{dy}{dx}=\frac{x-y}{4x}$$

이다.

(b) 도함수 y''에 대하여 풀면 2계 미분방정식

$$y''-y'+6=0 \text{의 정규형은 } y''=y'-6$$

이다. ■

선형성에 의한 분류 함수 F가 $y, y', \cdots, y^{(n)}$에 대해 선형이면 n계 상미분방정식 (4)는 선형(**linear**)이라고 한다. 이것은 방정식 (4)가

$$a_n(x)y^{(n)} + a_{n-1}(x)y^{(n-1)} + \cdots + a_1(x)y' + a_0(x)y - g(x) = 0$$

또는

$$a_n(x)\frac{d^n y}{dx^n} + a_{n-1}(x)\frac{d^{n-1}y}{dx^{n-1}} + \cdots + a_1(x)\frac{dy}{dx} + a_0(x)y = g(x) \quad (6)$$

일 때 n계 상미방이 선형이라는 사실을 의미한다. (6) 중 가장 중요하고 특별한 경우는 1계 선형 $(n=1)$과 2계 선형 $(n=2)$이다:

$$a_1(x)\frac{dy}{dx} + a_0(x)y = g(x) \text{와 } a_2(x)\frac{d^2y}{dx^2} + a_1(x)\frac{dy}{dx} + a_0(x)y = g(x). \quad (7)$$

방정식 (6)의 좌측 덧셈 표현에 대하여 선형 상미방의 2가지 특징은 다음과 같다.

- 종속변수 y와 모든 도함수 $y', y'', \cdots, y^{(n)}$의 차수는 1차이다. 즉 y를 포함한 각 항의 지수는 1이다.
- $y, y', y'', \cdots, y^{(n)}$의 계수 $a_0, a_1, \cdots, a_n$은 기껏해야 독립변수 x에만 좌우된다.

비선형(**nonlinear**) 상미분방정식은 단순히 선형이 아닌 것이다. $\sin y$, $e^{y'}$ 등과 같은 종속변수 또는 그의 도함수의 비선형함수는 선형방정식에서는 나타날 수 없다.

예제 4 선형과 비선형 상미방

(a) 방정식

$$(y-x)dx + 4xdy = 0, \quad y'' - 2y + y = 0, \quad x^3\frac{d^3y}{dx^3} + x\frac{dy}{dx} - 5y = e^x$$

은 선형인 1계, 2계, 3계 상미분방정식이다. 우리는 방금 첫 번째 방정식이 변수 y로 $4xy' + y = x$인 다른 형태로 표현된 선형이라는 것을 예제2의 (a)에서 입증하였다.

(b) 방정식

비선형: 계수가 y에 종속 ↓	비선형: y의 비선형 함수 ↓	비선형: 1차가 아님 ↓
$(1-y)y' + 2y = e^x,$	$\dfrac{d^2y}{dx^2} + \sin y = 0,$	$\dfrac{d^4y}{dx^4} + y^2 = 0$

은 비선형인 1계와 2계 그리고 4계 상미분방정식의 예들이다.

(c) 이차방정식을 이용하면 비선형 1계 미분방정식 $(y')^2 + 2xy' - y = 0$는 정규형으로 표현된 두 개의 비선형 1계 미분방정식

$$y' = -x + \sqrt{x^2+y} \quad 와 \quad y' = -x - \sqrt{x^2+y}$$

와 같게 된다. ■

해 1쪽에서 언급했던 것처럼 이 과목의 주된 목적은 방정식의 해를 구하는 것이다. 다음 정의에서 상미분방정식의 해의 개념을 알아보자.

정의 1.1.2 상미방의 해

구간 I에서 정의되고 I에서 적어도 n개의 연속인 도함수를 갖는 임의의 함수 ϕ를 n계 상미분방정식에 대입했을 때 미분방정식을 만족한다면 ϕ를 구간에서 방정식의 해(solution)라고 한다.

즉, n계 상미분방정식 (4)의 해는 적어도 n개의 도함수를 갖고 I 안의 모든 x에 대해

$$F(x,\ \phi(x),\ \phi'(x),\ \cdots,\ \phi^{(n)}(x)) = 0$$

을 만족하는 함수 ϕ이다.

우리는 ϕ가 I에서 미분방정식을 만족한다라고 정의한다. 앞으로 해 ϕ는 실수 값인 함수로 가정한다. 소개에서 $y = e^{0.1x^2}$는 구간 $(-\infty,\ \infty)$상에서 $\frac{dy}{dx} = 0.2xy$의 해가 됨을 보았다.

종종, 해를 다른 기호인 $y(x)$로 표현하는 것이 편리할 것이다.

정의역 구간을 동시에 생각하지 않고 상미분방정식의 해를 고려할 수는 없다. 정의 1.1.2에서 구간 I를 **정의구간(interval of definition)**, **존재구간(interval of existence)**, **유효구간(interval of validity)** 또는 해의 **정의역(domain of solution)** 등 여러 가지로 부르는데, 개구간 (a, b), 폐구간 $[a, b]$, 무한구간 $(a,\ \infty)$ 등 모든 구간이 될 수 있다.

예제 5 해의 증명

제시된 함수가 구간 $(-\infty,\ \infty)$에서 주어진 미분방정식의 해가 됨을 증명하여라.

(a) $\frac{dy}{dx} = xy^{1/2};\quad y = \frac{1}{16}x^4$ (b) $y'' - 2y' + y = 0;\quad y = xe^x$

풀이 ▶ 주어진 함수가 해가 된다는 것을 증명하는 방법은 함수를 대입한 후에 구간의 모든 x에 대하여 방정식이 성립한다는 것을 보이는 것이 하나의 방법이다.

(a) 좌측 : $\frac{dy}{dx} = \frac{1}{16}(4 \cdot x^3) = \frac{1}{4}x^3,$

$$\text{우측}: \ xy^{1/2} = x \cdot \left(\frac{1}{16}x^4\right)^{1/2} = x \cdot \left(\frac{1}{4}x^2\right) = \frac{1}{4}x^3$$

으로부터 모든 실수 x에 대해 방정식의 양쪽이 같다. 정의에 의하여 $y^{1/2} = \frac{1}{4}x^2$은 $\frac{1}{16}x^4$의 음이 아닌 제곱근이다.

(b) 도함수 $y' = xe^x + e^x$, $y'' = xe^x + 2e^x$로부터 모든 실수 x에 대해,

$$\text{좌측}: \ y'' - 2y' + y = (xe^x + 2e^x) - 2(xe^x + e^x) + xe^x = 0$$

$$\text{우측}: \ 0$$

■

예제5의 각각의 미분방정식들은 상수해 $y = 0$, $-\infty < x < \infty$도 갖는다. 구간 I에서 모두 영의 값을 갖는 미분방정식의 해를 **자명한 해(trivial solution)**라고 한다.

해곡선 상미방의 해 ϕ의 그래프를 **해곡선(solution curve)**이라고 부른다. ϕ는 미분 가능한 함수이므로 정의구간 I에서 연속이다. 그러므로 함수 ϕ의 그래프와 해 ϕ의 그래프 사이에는 차이가 있을 수 있다. 다시 말하면 함수 ϕ의 정의역은 해 ϕ의 정의구간(또는 역) I와 같을 필요는 없다. 예제6은 이러한 차이점을 제시한다.

예제 6 함수 대 해

(a) 단순히 함수로 고려하는 $y = 1/x$의 정의역은 0을 제외한 모든 실수의 집합이다. $y = 1/x$의 그래프는 xy평면에 정의역에 있는 값에 대응되는 점을 연결하여 그린다. 유리 함수 $y = 1/x$은 0에서 불연속이고, 0의 근방에서 그래프는 그림 1.1.1(a)와 같다. y축 (방정식이 $x = 0$)은 그래프의 수직점근선이기 때문에 $y = 1/x$은 $x = 0$에서 미분가능하지 않게 된다.

(b) 한편 $y = 1/x$은 선형 1계 상미분방정식 $xy' + y = 0$의 해이다. (증명하여라.) 그러나 $y = 1/x$이 미분방정식의 해라고 말할 수 있는 것은 구간 I에서 정의되고 그 구간에서 미분가능하며 방정식을 만족하는 함수라는 것을 의미한다. 즉, $y = 1/x$은 $(-3, -1)$, $(1/2, 10)$, $(-\infty, 0)$, $(0, \infty)$와 같이 0을 포함하지 않는 임의의 구간 위에서 미분방정식의 해가 된다. 구간 $-3 < x < -1$과 $1/2 < x < 10$ 위에서 $y = 1/x$로 정의된 해곡선은 $-\infty < x < 0$, $0 < x < \infty$ 위에서 $y = 1/x$로 정의된 해곡선의 일부분에 불과하기 때문에 구간 I를 가능한 한 큰 구간으로 택하게 된다. 그러므로 구간 I는 $(-\infty, 0)$ 또는 $(0, \infty)$로 선택한다. $(0, \infty)$상의 해곡선은 그림 1.1.4(b)와 같다. ■

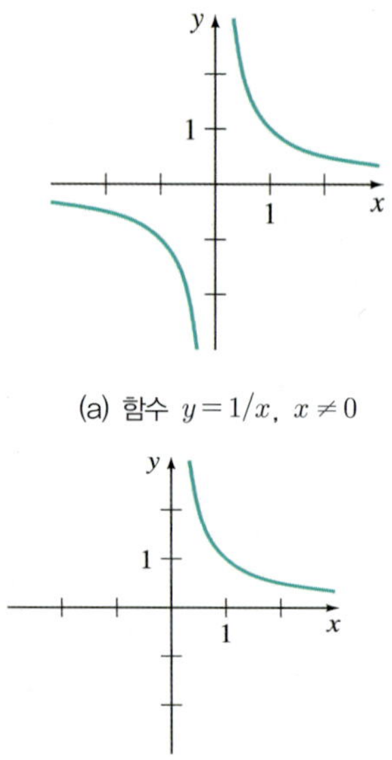

(a) 함수 $y = 1/x$, $x \neq 0$

(b) 해 $y = 1/x$, $(0, \infty)$

그림 1.1.4 예제6에서 함수 $y = 1/x$는 해 $y = 1/x$와 같지는 않다.

양함수 해와 음함수 해 미적분학에서 양함수와 음함수라는 용어는 익숙할 것이다. 종속변수가 단지 독립변수와 상수로만 표현된 해를 **양함수 해(explicit solution)**라고 한다. 우리의 목적을 위해, 양함수 해를 우리가 다룰 수 있고 계산할

수 있고 기본적인 법칙으로 미분할 수 있는 양함수 식인 $y=\phi(x)$형태로 표현한다. 앞의 두 예제에서 $y=\frac{1}{16}x^4$, $y=xe^x$, $y=\frac{1}{x}$은 각각 순서대로 $\frac{dy}{dx}=xy^{1/2}$, $y''-2y'+y=0$, $xy'+y=0$의 양함수 해이다. 더욱이 자명한 해 $y=0$은 이들 세 방정식의 양함수 해이다. 우리가 미분방정식의 해를 구하고자 할 때 해를 구하는 방법이 항상 양함수 해 $y=\phi(x)$로만 구해지는 것은 아니다. 특히 1계 비선형 미분방정식의 해의 경우는 더욱 그렇다. 가끔은 해 ϕ를 음함수적으로 정의한 $G(x,\ y)=0$표현 또는 관계식을 만족해야만 한다.

정의 1.1.3 상미분방정식의 음함수 해

관계식 $G(x,\ y)=0$에 대하여 구간 I에서 미분방정식과 관계식을 만족하는 함수 ϕ가 적어도 하나 존재할 때 $G(x,\ y)=0$를 구간 I에서 상미분방정식 (4)의 음함수 해(**implicit solution**)라고 한다.

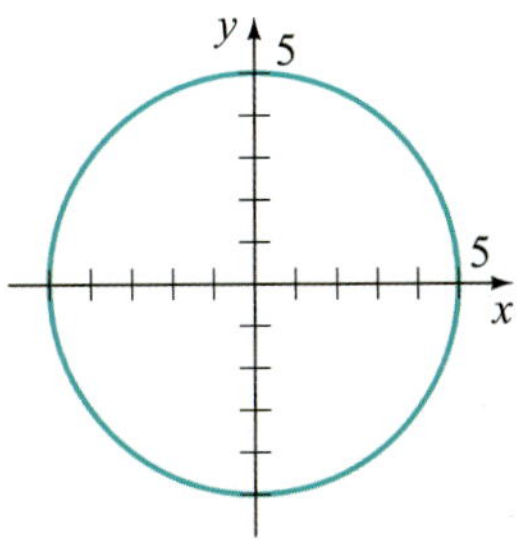

(a) 음함수 해 $x^2+y^2=25$

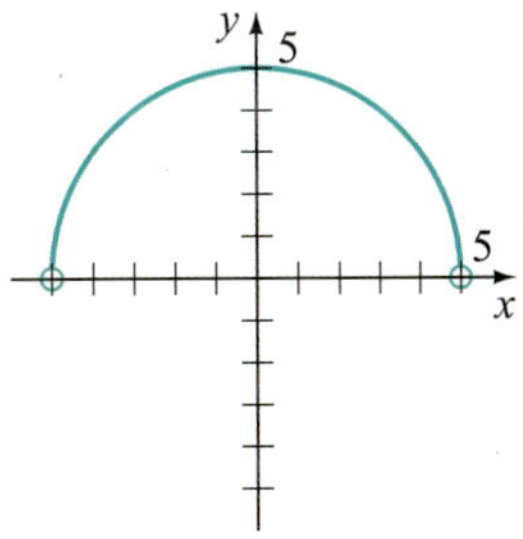

(b) 양함수 해 $y_1=\sqrt{25-x^2}$, $-5<x<5$

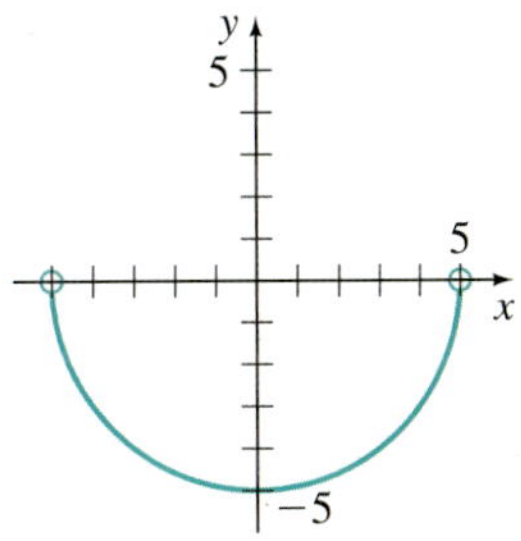

(c) 양함수 해 $y_2=\sqrt{25-x^2}$, $-5<x<5$

그림 1.1.5 예제7에서 (8)의 음 함수해와 두 개의 양 함수해

관계식 $G(x,\ y)=0$이 어떤 조건에서 하나의 미분 가능한 함수 ϕ를 정의하는가를 알아내는 것은 이 책의 범위를 벗어난다. 그러므로 우리는 해를 구하는 방법에 대한 공식적인 과정으로 관계식 $G(x,\ y)=0$을 구했다면, $G(x,\ \phi(x))=0$을 만족하고 또한 구간 I에서 미분방정식을 만족하는 함수 ϕ가 적어도 하나는 존재한다고 가정할 것이다. 음함수 해 $G(x,\ y)=0$가 단순하다면 y를 x에 관한 함수로 방정식의 해를 구할 수 있고, 하나 또는 그 이상의 양함수 해를 얻을 수 있다. 주의 (iv)를 참조하여라.

예제 7 음함수 해의 증명

$x^2+y^2=25$는 개구간 $(-5,\ 5)$에서 미분방정식

$$\frac{dy}{dx}=-\frac{x}{y} \tag{8}$$

의 음함수 해이다. 음함수 미분법에 의해

$$\frac{d}{dx}x^2+\frac{d}{dx}y^2=\frac{d}{dx}25 \quad \text{또는} \quad 2x+2y\frac{dy}{dx}=0 \tag{9}$$

이다. $\frac{dy}{dx}$에 대해 마지막 방정식 (9)을 풀면 (8)을 얻는다. 더욱이 $x^2+y^2=25$에서 y를 x에 관하여 풀면 $y=\pm\sqrt{25-x^2}$이다. 두 함수 $y=\phi_1(x)=\sqrt{25-x^2}$, $y=\phi_2(x)=-\sqrt{25-x^2}$는 관계식 ($x^2+\phi_1^2=25$과 $x^2+\phi_2^2=25$)을 만족하며 구간 $(-5,5)$에서 정의된 양함수 해이다. 그림 1.1.5(b)와 1.1.5(c)에 그려진 해곡선은 그림 1.1.5(a)의 음함수 해의 그래프의 일부분이다. ■

양함수 해와 음함수 해의 구별은 직감적으로 명백하기 때문에 우리는 이 문제에 대해 "여기에 양함수(음함수) 해가 있다"라고 항상 정확하게 표현하지 않을 것이다.

해들의 집합족 미분방정식의 연구는 적분학의 연구와 비슷하다. 미적분학에서 역도함수나 부정적분을 계산할 때, 우리는 한 개의 적분상수 c를 사용한다. 유사하게 1계 미분방정식 $F(x, y, y')=0$의 해를 구할 때, 우리는 항상 한 개의 임의의 상수 또는 변수 c를 포함하는 해를 구하게 된다. 임의의 상수 c를 포함하는 $F(x, y, y')=0$ 해는 **1개의 매개변수를 갖는 해의 집합족(one-parameter family of solution)**이라 부르는 해의 집합인 $G(x, y, c)=0$이다, n계 미분방정식 $F(x, y, y', \cdots, y^{(n)})=0$의 해를 구할 때에도 마찬가지로 **$n$개의 매개변수를 갖는 해의 집합족(n-parameter family of solution)** $G(x, y, c_1, c_2, \cdots, c_n)=0$을 얻게 된다. 이는 한 개의 미분방정식은 매개변수(들)의 무한한 선택에 대응하는 무한히 많은 해를 가질 수 있다는 사실을 의미한다. 임의의 상수 c가 들어있지 않은 미분방정식의 해를 **특수해(particular solution)**라고 한다.

$G(x, y, c_1, c_2, \cdots, c_n)=0$와 같은 해의 집합족 안에 있는 매개변수는 어느 정도 임의의 값이다. 예를 들면 앞의 (9)에서의 관계식 $x^2+y^2=c$는 형식적으로 어떠한 상수 c에 대하여 (8)을 만족한다. 하지만, 관계식은 실수체계에서 항상 의미가 있어야 한다; 그래서 만일 $c=-25$이면 $x^2+y^2=-25$는 미분방정식의 음함수 해라고 말할 수가 없다.

예제 8 특수해

(a) 모든 실수 c에 대하여 1개의 매개변수를 가지는 집합족 $y=cx-x\cos x$는 구간 $(-\infty, \infty)$상에서 1계 선형 미분방정식 $xy'-y=x^2\sin x$의 양함수 해이다. (증명하여라.) 그림 1.1.6은 여러 가지 c의 값에 대한 이 집합족의 몇 개의 특수해들의 그래프들이다. 이들 중 파란색으로 그려진 $y=-x\cos x$는 $c=0$에 대응되는 특수해이다.

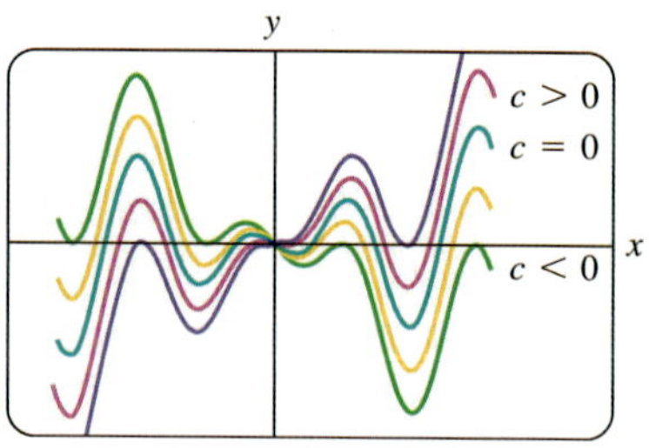

그림 1.1.6 예제8(a) 미방의 몇몇 해

(b) 두 개의 매개변수의 집합족 $y=c_1e^x+c_2xe^x$는 예제5(b)의 2계 선형 미분방정식

$$y''-2y'+y=0$$

의 양함수 해이다. (증명하여라.) 그림 1.1.7에서는 이 집합족에서 7개의 "이중 무한대" 해를 그린 것이다. 빨간색, 초록색, 파란색의 해곡선은 각각 특수해 $y=5xe^x (c_1=0, c_2=5)$, $y=3e^x (c_1=3, c_2=0)$, $y=5e^x-2xe^x (c_1=5, c_2=-2)$들의 그래프들이다. ■

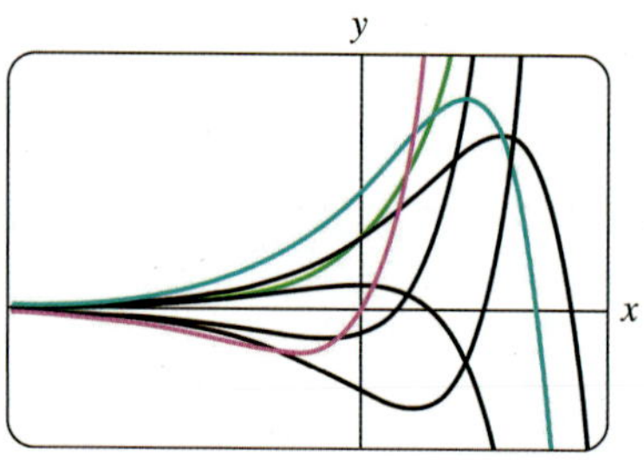

그림 1.1.7 예제8(b) 미방의 몇몇 해

위의 모든 예에서 x, y는 각각 독립변수와 종속변수를 표시하였다. 그러나 이들 변수를 표시하기 위해 다른 기호를 사용할 수도 있다. 예를 들어 독립변수는 t, 종속변수는 x로 표시할 수도 있다.

예제 9 **다른 기호의 사용**

임의의 상수 c_1, c_2에 대해 함수 $x = c_1\cos 4t$와 $x = c_2\sin 4t$ 둘 다 선형 미분방정식

$$x'' + 16x = 0$$

의 해이다.

$x = c_1\cos 4t$에 대하여 t에 관한 처음 두 도함수는 $x' = -4c_1\sin 4t$과 $x'' = -16c_1\cos 4t$이다. x''과 x를 대입하면

$$x'' + 16x = -16c_1\cos 4t + 16(c_1\cos 4t) = 0$$

이다. 마찬가지로, $x = c_2\sin 4t$에 대해 $x'' = -16c_2\sin 4t$이므로

$$x'' + 16x = -16c_2\sin 4t + 16(c_2\sin 4t) = 0$$

이다. 마지막으로 해들의 일차결합, 또는 2개의 매개변수 집합족 $x = c_1\cos 4t + c_2\sin 4t$도 미분방정식의 해가 된다는 것을 쉽게 증명할 수 있다. ■

다음 예는 미분방정식의 해가 조각적으로 정의된 함수가 될 수 있다는 것을 보여준다.

예제 10 **조각적으로 정의된 해**

한 개의 매개변수 집합족인 4차 단항식 $y = cx^4$은 1계 선형 미분방정식

$$xy' - 4y = 0$$

의 구간 $(-\infty, \infty)$에서의 양함수 해이다. (증명하여라.) 그림 1.1.5(a)에서 파랑색과 빨간색의 해곡선은 각각 $c = 1$과 $c = -1$에 대응하는 $y = x^4$과 $y = -x^4$의 그래프이다.

조각적으로 정의된 미분 가능한 함수

$$y = \begin{cases} -x^4, & x < 0 \\ x^4, & x \geq 0 \end{cases}$$

도 미분방정식의 해이지만, 해 집합족 $y = cx^4$으로부터 단 하나의 c에 의해 얻어질 수 없는 해이다. 그림 1.1.8(b)에서 보듯이 이 해는 집합족에서 $x < 0$에 대해 $c = -1$, $x \geq 0$에 대해 $c = 1$을 택하여 구했다.

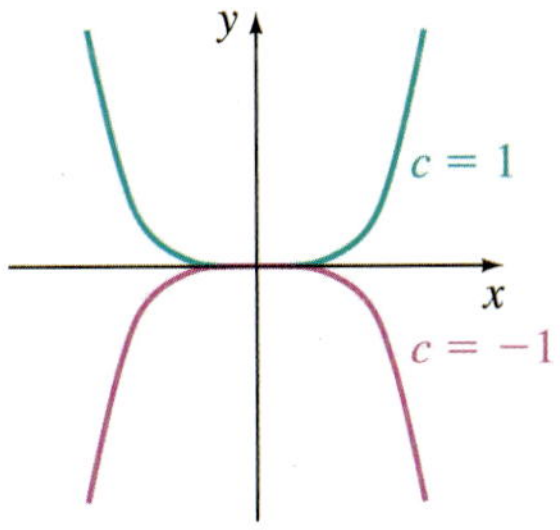

(a) 두 개의 양함수 해

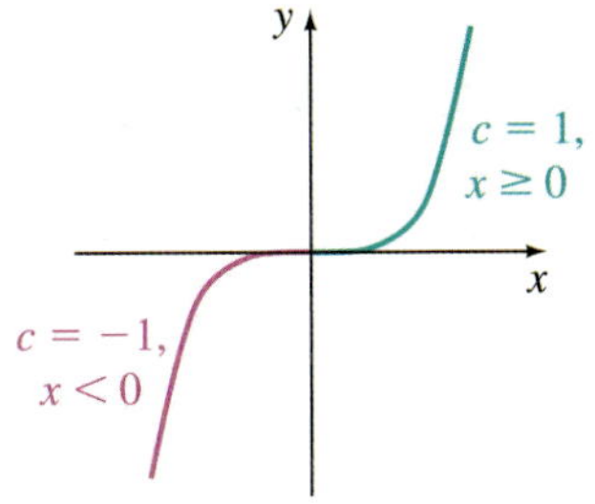

(b) 조각적으로 정의된 해

그림 1.1.8 예제10 미방의 몇몇 해

특이해 때때로 미분방정식은 방정식의 해들의 집합족의 원소가 아닌 해, 즉 해들의 집합족에서 임의의 매개변수에 상수를 대입함으로써 얻어질 수 없는 해를 포함한다. 이러한 해를 **특이해(singular solution)**라고 한다.

예제 11 특이해

7쪽에서 $y=\frac{1}{16}x^4$과 $y=0$은 $(-\infty, \infty)$에서 미분방정식 $\frac{dy}{dx}=xy^{1/2}$의 해임을 알았다. 2.2절에서 미분방정식 $\frac{dy}{dx}=xy^{1/2}$을 직접 풀어서, 미분방정식은 한 개의 매개변수를 가지는 해들의 집합족 $y=\left(\frac{1}{4}x^2+c\right)^2$, $c\geq 0$을 가진다는 것을 증명할 것이다. $c=0$일 때 특수해는 $y=\frac{1}{16}x^4$이다. 그러나 자명한 해 $y=0$은 $y=\left(\frac{1}{4}x^2+c\right)^2$의 어떠한 상수 c를 대입해도 얻어질 수 없는 해이므로 특이해이다.

연립 미분방정식 지금까지 우리는 하나의 미지의 함수를 포함하는 한 개의 미분방정식만을 다루었다. 그러나 많은 이론과 응용에서는, 연립 미분방정식을 다루어야 한다. **연립 상미분방정식(system of ordinary differential equation)**은 한 개의 독립변수를 가지는 두 개 이상의 미지의 함수의 도함수를 포함하는 두 개 이상의 방정식이다. 예를 들면 x, y가 종속변수이고, t가 독립변수이면 두 개의 1계 미분방정식의 연립방정식은

$$\begin{aligned}\frac{dx}{dt}&=f(t, x, y)\\ \frac{dy}{dt}&=g(t, x, y)\end{aligned} \tag{10}$$

이 된다.

(10)과 같은 연립방정식의 해는 동일한 구간 I에서 정의되고 그 구간에서 연립방정식 중 각각의 방정식을 만족하는 미분 가능한 함수의 쌍 $x=\phi_1(t)$, $y=\phi_2(t)$이다.

주의

(i) $M(x, y)dx+N(x, y)dy=0$ 형태로 쓰인 1계 상미분방정식은 어떤 문자가 종속변수를 의미하는지에 대해 이 형태에서는 알 수 없으므로 미분방정식이 선형 또는 비선형인지가 명백하지 않다. 연습문제1.1의 문제11, 12를 참조하여라.

(ii) 이 장에서 우리는 미분방정식이 **적분에 의하여 정의된 함수**를 포함할 수 있다는 것을 보일 것이다. 정적분으로 한 개의 변수 x를 포함하는 F를 정의하는 하나의 방법은

$$F(x)=\int_a^x g(t)dt \tag{11}$$

이다. 만일 (11)의 피적분함수 g가 구간 $[a, b]$에서 연속이고 $a \le x \le b$이면, 미적분학의 기본정리의 도함수 형태에서 F는 (a, b)에서 미분가능하고

$$F'(x) = \frac{d}{dx}\int_a^x g(t)dt = g(x) \tag{12}$$

이다. (11)의 적분은 종종 **비기본적(non elementary)**이다. 즉, 함수 g의 적분이 기본적인 함수의 역도함수를 갖지 않을 수도 있다. 기본적인 함수들은 전형적인 기초 미적분학에서 공부하는 익숙한 함수들을 포함한다;

상수, 다항식, 유리한수, 지수함수, 로그함수, 삼각함수와 역삼각함수.

또한 이들 함수들의 유리 멱 지수승; 덧셈, 빼셈, 곱셈, 나눗셈을 이용한 이들 함수의 유한 결합과 합성함수. 예를 들면 e^{-t^2}, $\sqrt{1+t^3}$과 $\cos t^2$ 들은 기본적인 함수이지만 적분 $\int e^{-t^2}dt$, $\int \sqrt{1+t^3}\,dt$와 $\int \cos t^2 dt$는 비기본적이다. 연습문제1.1의 문제 27–30을 참조하여라. 또한 부록A를 참조하여라.

(iii) 이 절에서 미분방정식의 해의 개념이 강조되기는 했어도 미분방정식이 반드시 해를 갖는다는 것은 아니라는 점을 인식해야 한다. 연습문제1.1의 문제51을 참조하여라. 해의 존재성에 대한 문제는 다음 절에서 다룰 것이다.

(iv) 미분방정식의 음함수 해에 관한 마지막 몇 개의 단어들을 순서대로 정리한다. 예제7에서 관계식 $x^2+y^2=25$에서 y를 x에 관하여 풀면서, 미분방정식 (8)의 2개의 양함수해 $\phi_1(x)=\sqrt{25-x^2}$, $\phi_2(x)=-\sqrt{25-x^2}$을 구했다. 그러나 이 하나의 예제에 너무 많은 것을 부여하지 마라. 쉽지 않고 요구되지 않는다면 y를 x의 양함수로 표현하기 위해 음함수 해 $G(x, y)=0$로 풀려고 노력할 필요는 없다. 정의 1.1.3 이후에 나오는 두 번째 문장을 잘못 해석하지 말아라. 음함수 해 $G(x, y)=0$는 미분방정식의 해인 미분 가능한 함수 ϕ를 완벽하게 정의할 수 있지만 대수와 같은 해석적인 방법으로 $G(x, y)=0$를 풀게 되지 못할 수도 있다. ϕ의 해곡선은 $G(x, y)=0$의 그래프의 일부분 또는 조각이 될 수 있다. 연습문제1.1의 문제57과 58을 참조하여라. 2.2절 예제5 다음에 나오는 논의를 읽어보아라.

(v) $F(x, y, y', \cdots, y^{(n)})=0$은 $y^{(n)}$에 대해 푼다고 가정하는 것은 그리 대단한 일이 아닌 것처럼 보이지만, 여기에는 약간의 주의가 필요하다. 여기에는 예외가 있는데 이 가정과 연결된 문제들이 있다. 연습문제1.1의 문제64와 65를 참조하여라.

(vi) 구간 I상에서 n계 상미분방정식 $F(x, y, y', \cdots, y^{(n)})=0$의 모든 해는 매개변수 c_i, $i=1, 2, \cdots, n$의 적당한 선택에 의한 n–매개변수 집합족 $G(x, y, c_1, c_2, \cdots, c_n)=0$로 구해지는데 이를 미분방정식의 **일반해**(general solution)라고 부른다. 선형 상미분방정식을 풀 때 방정식의 계수에 단순한 제약을 부여할 것이다. 이러한 제약을 갖고 하나의 구간에서 해가 존재할 뿐만 아니라 해들의 집합족이 모든 가능한 해를 나타낸다는 것을 확인할 수 있다. 몇 개의 1계 미분방정식을 제외하고 비선형 상미분방정식은 종종 기본적인 함수의 항으로 해를 구하는 것이 어렵고 불가능하다. 더욱이 비선형방정식에 대한 해의 집합족을 구했다면 이들 집합족이 모든 해를 포함하는지 판정하는 것은 명백하지 않다. 실질적인 수준에서 "일반해"는 선형 상미분방정식에만 적용된다. 이러한 점에서 이 개념에 대하여 걱정하지 말고 "일반해"라는 단어를 기억해둬라. 나중에 2.3절과 4장에서 이 개념을 다시 사용할 것이다.

연습문제 1.1

(1–10) 주어진 상미분방정식의 계수를 적어라. 방정식을 (6)과 대조하여 선형인지 비선형인지 판정하여라.

1. $(1-x)y'' - 4xy' + 5y = \cos x$

2. $x\dfrac{d^3y}{dx^3} - \left(\dfrac{dy}{dx}\right)^4 + y = 0$

3. $t^5y^{(4)} - t^3y'' + 6y = 0$

4. $\dfrac{d^2u}{dr^2} + \dfrac{du}{dr} + u = \cos(r+u)$

5. $\dfrac{d^2y}{dx^2} = \sqrt{1+\left(\dfrac{dy}{dx}\right)^2}$

6. $\dfrac{d^2R}{dt^2} = -\dfrac{k}{R^2}$

7. $(\sin\theta)y''' - (\cos\theta)y' = 2$

8. $\ddot{x} - \left(1-\dfrac{\dot{x}^2}{3}\right)\dot{x} + x = 0$

9. $\sin\left(\dfrac{dy}{dx}\right) = y + x$

10. $\dfrac{dx}{dy} + y^3x = \sin y$

(11–12) (7)에서 주어진 첫 번째 미분방정식과 대조하여 다음의 주어진 1계 미분방정식이 지정된 종속변수에 관해 선형이 되는지 판정하여라.

11. $(y^2-1)dx + xdy = 0$; x 변수 : y 변수

12. $udv + (v + uv - ue^u)du = 0$; v 변수 : u 변수

(13–16) 제시된 함수가 미분방정식의 양함수 해가 됨을 증명하여라. 각 해가 정의되는 적당한 구간 I를 가정하여라.

13. $2y' + y = 0$; $y = e^{-x/2}$

14. $\dfrac{dy}{dt} + 20y = 24$; $y = \dfrac{6}{5} - \dfrac{6}{5}e^{-20t}$

15. $y'' - 6y' + 13y = 0$; $y = e^{3x}\cos 2x$

16. $y'' + y = \tan x$; $y = -(\cos x)\ln(\sec x + \tan x)$

(17–20) 제시된 함수 $y=\phi(x)$는 주어진 1계 미분방정식의 양함수 해가 됨을 증명하여라. 예제6에서처럼, 함수로서 ϕ를 단순히 생각하여 정의역을 구하여라. 미분방정식의 해로서 정의된 ϕ에 대하여 해가 정의되는 적어도 하나의 구간 I를 구하여라.

17. $(y-x)y' = y - x + 8$; $y = x + 4\sqrt{x+2}$

18. $y' = 25 + y^2$; $y = 5\tan 5x$

19. $y' = 2xy^2$; $y = 1/(4-x^2)$

20. $2y' = y^3\cos x$; $y = (1-\sin x)^{-1/2}$

(21–22) 제시된 표현이 1계 미분방정식의 음함수 해가 되는 것을 증명하여라. 각 경우에 적어도 하나의 양함수 해 $y=\phi(x)$를 구하여라. 그래프를 그리는 도구를 활용하여 양함수 해의 그래프를 그려라. 각 해 ϕ가 정의되는 구간 I를 구하여라.

21. $\dfrac{dX}{dt} = (X-1)(1-2X)$; $\ln\left(\dfrac{2X-1}{X-1}\right) = t$

22. $2xydx + (x^2-y)dy = 0$; $-2x^2y + y^2 = 1$

(23–26) 제시된 함수의 집합족이 주어진 미분방정식의 해가 됨을 증명하여라. 각 해가 정의되는 적당한 구간 I를 가정하여라.

23. $\dfrac{dP}{dt} = P(1-P)$; $P = \dfrac{c_1e^t}{1+c_1e^t}$

24. $\dfrac{dy}{dx} + 4xy = 8x^3$; $y = 2x^2 - 1 + c_1e^{-2x^2}$

25. $\dfrac{d^2y}{dx^2} - 4\dfrac{dy}{dx} + 4y = 0$; $y = c_1e^{2x} + c_2xe^{2x}$

26. $x^3\dfrac{d^3y}{dx^3} + 2x^2\dfrac{d^2y}{dx^2} - x\dfrac{dy}{dx} + y = 12x^2$;
 $y = c_1x^{-1} + c_2x + c_3x\ln x + 4x^2$.

(27–30) (12)를 이용하여 제시된 함수가 주어진 미분방정식의

해가 됨을 증명하여라. 각 해가 정의되는 적당한 구간 I를 가정하여라.

27. $x\dfrac{dy}{dx}-3xy=1$; $y=e^{3x}\displaystyle\int_1^x \frac{e^{-3t}}{t}dt$

28. $2x\dfrac{dy}{dx}-y=2x\cos x$; $y=\sqrt{x}\displaystyle\int_4^x \frac{\cos t}{\sqrt{t}}dt$

29. $x^2\dfrac{dy}{dx}+xy=10\sin x$; $y=\dfrac{5}{x}+\dfrac{10}{x}\displaystyle\int_1^x \frac{\sin t}{t}dt$

30. $\dfrac{dy}{dx}+2xy=1$; $y=e^{-x^2}+e^{-x^2}\displaystyle\int_0^x e^{t^2}dt$

31. 조각적으로 정의된 함수

$$y=\begin{cases}-x^2, & x<0\\ x^2, & x\geq 0\end{cases}$$

가 $(-\infty, \infty)$상에서 미분방정식 $xy'-2y=0$의 해가 됨을 증명하여라.

32. 예제7에서 $y=\phi_1(x)=\sqrt{25-x^2}$과 $y=\phi_2(x)=-\sqrt{25-x^2}$가 구간 $(-5, 5)$에서 $dy/dx=-x/y$의 해가 됨을 보았다. 조각적으로 정의된 함수

$$y=\begin{cases}\sqrt{25-x^2}, & -5<x<0\\ -\sqrt{25-x^2}, & 0\leq x<5\end{cases}$$

는 구간 $(-5, 5)$상에서 미분방정식의 해가 되지 않는 이유를 설명하여라.

(33–36) 함수 $y=e^{mx}$가 주어진 미분방정식의 해가 되는 m을 구하여라.

33. $y'+2y=0$

34. $5y'=2y$

35. $y''-5y'+6y=0$

36. $2y''+7y'-4y=0$

(37–40) 함수 $y=x^m$이 주어진 미분방정식의 해가 되는 m을 구하여라.

37. $xy''+2y'=0$

38. $4x^2y''+y=0$

39. $x^2y''-7xy'+15y=0$

40. $x^2y'''-3xy''+3y'=0$

(41–44) $y=c$, $-\infty<x<\infty$가 상수함수일 필요충분조건은 $y'=0$라는 개념을 이용하여 주어진 미분방정식이 상수해를 포함하는지를 판정하여라.

41. $3xy'+5y=10$

42. $y'=y^2+2y-3$

43. $(y-1)y'=1$

44. $y''+4y'+6y=10$

(45–48) 한 개의 매개변수 함수가 미분방정식의 해가 됨을 증명하여라. 적어도 하나의 특이해를 구하여라.

45. $y=(x+c_1)^2$; $\left(\dfrac{dy}{dx}\right)=4y$

46. $y=3\sin(x+c_1)$; $\left(\dfrac{dy}{dx}\right)^2=9-y^2$

47. $x-\sqrt{16-y^2}=c_1$; $y\dfrac{dy}{dx}+\sqrt{16-y^2}=0$

48. $y=x-(x-c_1)^2$; $\left(\dfrac{dy}{dx}\right)^2-2\dfrac{dy}{dx}+4y=4x-1$

(49–50) 제시된 함수 쌍들이 구간 $(-\infty, \infty)$에서 주어진 연립 미분방정식의 해가 됨을 증명하여라.

49. $$\frac{dx}{dt}=x+3y$$
$$\frac{dy}{dt}=5x+3y;$$
$$x=e^{-2t}+3e^{6t},$$
$$y=-e^{-2t}+5e^{6t}$$

50. $$\frac{d^2x}{dt^2}=4y+e^t$$
$$\frac{d^2y}{dt^2}=4x-e^t;$$
$$x=\cos 2t+\sin 2t+\frac{1}{5}e^t,$$
$$y=-\cos 2t-\sin 2t-\frac{1}{5}e^t$$

토론 문제

51. 어떠한 실수해도 갖지 않는 미분방정식을 만들어라.

52. 자명한 해 $y=0$만을 갖는다고 자신있게 생각되는 미분방정식을 만들어라. 그 이유를 설명하여라.

53. 미적분학에서 1계 도함수가 자기 자신이 되는 함수는 어떤 함수라 배웠는가? 1계 도함수가 자기 자신의 k 상수배인 함수는 무엇인가? 각각의 정답을 1계 미분방정식과 그 해로 표현하여라.

54. 미적분학에서 2계 도함수가 자기 자신이 되는 함수(또는 함수들)는 어떤 함수라 배웠는가? 2계 도함수가 음의 자기 자신인 함수의 마이너스 부호가 되는 것은? 각각의 정답을 1계 미분방정식과 그 해로 표현하여라.

55. $y = \sin x$는 1계 미분방정식 $\frac{dy}{dx} = \sqrt{1-y^2}$의 양함수 해이다. 정의역 I를 구하여라.
[힌트: I는 구간 $(-\infty, \infty)$이 아니다.]

56. 선형 미분방정식 $y'' + 2y' + 4y = 5\sin t$는 A와 B가 : 상수인 $y = A\sin t + B\cos t$형태의 해를 갖는다고 추정할 수 있는 이유를 논하여라. 그리고 그때 $y = A\sin t + B\cos t$가 미분방정식의 특수해가 되도록 상수 A와 B를 구하여라.

(57–58) 주어진 그림은 미분방정식 $dy/dx = f(x, y)$의 음함수해 $G(x, y) = 0$의 그래프이다. 각각의 경우에서 $G(x, y) = 0$는 미분방정식의 다양한 해를 음함수적으로 정의하고 있다. 각각의 형태를 종이에 다시 그려라. 다른 색깔의 펜을 이용하여 해의 그래프에 대응하는 그래프상의 분할 또는 조각을 표시하여라. 해 ϕ는 함수이고 미분가능하다는 사실을 기억하여라. 해곡선을 사용하여 각각의 해 ϕ가 정의되는 구간 I를 추정하여라.

57.

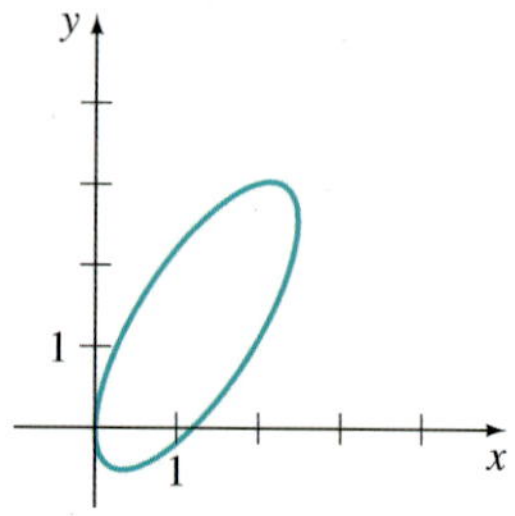

그림 1.1.9 문제57에 대한 그래프

58.

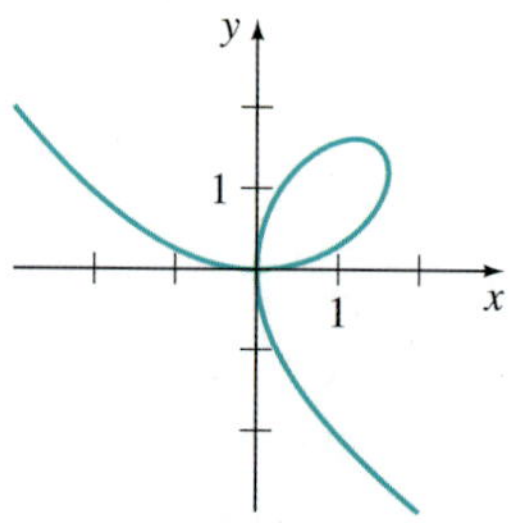

그림 1.1.10 문제58에 대한 그래프

59. 1개의 매개변수 집합족 $x^3 + y^3 = 3cxy$ 원소들의 그래프를 프랑스 수학자이면서 해석기하학의 창시자인 Rene Descartes(1596-1650)의 이름을 붙여 **데카르트의 엽선**(Descartes folia)이라고 부른다. 이 집합족은 1계 미분방정식

$$\frac{dy}{dx} = \frac{y(y^3 - 2x^3)}{x(2y^3 - x^3)}$$

의 음함수해가 됨을 증명하여라.

60. 그림 1.1.10의 그래프는 문제59의 엽선의 집합족에서 $c = 1$을 대입한 것이다. 논의하여라. 문제59의 미분방정식이 $x^3 + y^3 = 3xy$의 그래프 위에서 접선이 수직인 점을 구하는 데 어떤 역할을 할 수 있는가? 접선이 수직이라는 것을 안다는 것은 미분방정식의 해 ϕ가 정의구간 I를 결정하는 데 어떤 도움을 주는가? 당신의 생각을 적고 문제58의 추정된 구간과 비교하여라.

61. 예제7에서 양함수 해 $y = \phi_1(x)$, $y = \phi_2(x)$가 정의되는 가장 큰 구간 I는 개구간 $(-5, 5)$이었다. 왜 해가 정의되는 구간 I는 폐구간 $[-5, 5]$가 될 수 없는가?

62. 문제23에서 미분방정식 $P' = P(1-P)$의 1개의 매개변수의 해 집합족이 주어졌다. 임의의 해곡선은 점 $(0, 3)$을 지나가는가? $(0, 1)$도 지나가는가?

63. $dy/dx = f(x)$와 $d^2y/dx^2 = f(x)$ 형태의 미분방정식을 푸는 방법을 예를 들어 설명하여라.

64. 미분방정식 $x(y')^2 - 4y' - 12x^3 = 0$는 (4)에서 주어진 형태이다. 이 방정식을 정규형 $dy/dx = f(x, y)$ 형태로 표현할 수 있는지 판정하여라.

65. n계 미분방정식의 정규형 (5)가 (4)와 정확하게 같은 해를 갖는다면 (4)와 동치가 된다. $F(x, y, y') = 0$이 정규형 $dy/dx = f(x, y)$와 동치가 되지 않는 1계 미분방정식을 만들어라.

66. 2개의 매개변수의 집합족 $y = c_1x + c_2x^2$을 해로 가지는 2계 선형 미분방정식 $F(x, y, y', y'') = 0$을 구하여라. 당신이 구한 방정식은 임의의 상수 c_1, c_2와 독립적이라는 것을 확인하여라.

(67–70) 미분방정식의 해 $y=\phi(x)$에 관한 성질에 대한 정보는 방정식 그 자체로부터 얻어진다. 문제를 풀기 전에, 도함수 dy/dx와 d^2y/dx^2의 기하학적 의미를 기억하여라.

67. 미분방정식 $dy/dx=e^{-x^2}$을 생각하자.

(a) 미분방정식의 해가 왜 x축 상의 구간에서 증가함수가 돼야 하는지 설명하여라.

(b) $\lim_{x\to-\infty} dy/dx$와 $\lim_{x\to\infty} dy/dx$는 무엇인가? 이것은 $x\to\pm\infty$일 때 해곡선에 관하여 무엇을 의미하는가?

(c) 해곡선이 아래로 오목인 구간과 위로 오목인 구간을 구하여라.

(d) (a)~(c)에 의해 제시된 형태를 가진 미분방정식의 해 $y=\phi(x)$의 그래프를 그려라.

68. 미분방정식 $dy/dx=5-y$를 생각하자.

(a) 문제41-44에서 제시된 방법 또는 직접적인 방법으로 미분방정식의 상수해를 구하여라.

(b) 미분방정식만을 사용하여 상수가 아닌 해 $y=\phi(x)$가 증가하는 y축 상의 구간을 구하여라. $y=\phi(x)$가 감소하는 y축 상의 구간을 구하여라.

69. 미분방정식 $dy/dx=y(a-by)$를 생각하자. 여기서 a와 b는 양의 상수이다.

(a) 문제41-44에서 제시된 방법 또는 직접적인 방법으로 미분방정식의 2개의 상수해를 구하여라.

(b) 미분방정식만을 사용하여 상수가 아닌 해 $y=\phi(x)$가 증가하는 y축 상의 구간을 구하여라. $y=\phi(x)$가 감소하는 y축 상의 구간을 구하여라.

(c) 미분방정식만을 사용하여 $y=a/2b$가 상수가 아닌 해 $y=\phi(x)$의 그래프의 변곡점의 y좌표가 되는 이유를 설명하여라.

(d) 같은 좌표축 상에서 (a)에서 구한 2개의 상수해의 그래프를 그려라. 이들 상수해는 xy평면을 3개의 영역으로 나눈다. 각 영역에서 (b)와 (c)의 결과에 의해 제시되는 형태를 가진 상수가 아닌 해 $y=\phi(x)$의 그래프를 그려라.

70. 미분방정식 $y'=y^2+4$를 생각하자.

(a) 미분방정식의 상수해가 존재하지 않는 이유를 설명하여라.

(b) 해 $y=\phi(x)$의 그래프를 그려라. 예를 들면 해곡선이 임의의 극값을 가질 수 있는가?

(c) $y=0$가 해곡선의 변곡점의 y좌표가 되는 이유를 설명하여라.

(d) (a)-(c)에 의해 제시되는 형태를 가진 미분방정식의 해 $y=\phi(x)$의 그래프를 그려라.

컴퓨터 실습 과제

(71–72) 제시된 함수가 주어진 미분방정식의 특수해가 되는 것을 증명하는 데 필요한 모든 도함수를 계산하고 단순화하기 위해 컴퓨터 대수 체계를 사용하여라.

71. $y^{(4)}-20y'''+158y''-580y'+841y=0;$

$y=xe^{5x}\cos 2x$

72. $x^3y'''+2x^2y''+20xy'-78y=0;$

$y=20\dfrac{\cos(5\ln x)}{x}-3\dfrac{\sin(5\ln x)}{x}$

1.2 초깃값 문제

소개 우리는 $y(x)$가 어떤 주어진 조건 즉, x_0에서의 미지의 함수 $y(x)$와 그의 도함수 값이 정의된 조건을 만족하는 미분방정식의 해 $y(x)$을 구해야 하는 문제에 관심이 있는 경우가 종종 있다. x_0을 포함하는 어떤 구간 I에서 다음과 같이 x_0에서 명시된 n개의 부가 조건에 따른 n계 미분방정식

$$\text{해를 구함}: \frac{d^n y}{dx^n}=f(x, y, y', \cdots, y^{(n-1)}) \tag{1}$$

$$\text{조건}: y(x_0)=y_0, y'(x_0)=y_1, \cdots y^{(n-1)}(x_0)=y_{n-1}$$

여기서 $y_0, y_1, \cdots, y_{n-1}$은 임의의 상수이다.

의 해를 구하는 것을 **n계 초깃값 문제(IVP) (nth-order initial-value problem)**라고 부른다. x_0에서 $y(x)$의 값과 $n-1$개 도함수의 값 $y(x_0)=y_0, y'(x_0)=y_1, \cdots, y^{(n-1)}=y_{n-1}$은 **초기 조건**(initial condition; IC)이라고 부른다.

(1)과 같은 n계 초깃값 문제의 해를 구하는 것은 우선 미분방정식에서 n개의 매개변수를 가지는 해 집합족을 구한 후 x_0에서의 초기 조건을 이용하여 집합족의 n개 상수를 구한다. 얻어진 특수해는 x_0을 포함하는 어떤 구간 I 위에서 정의된 함수가 된다.

기하학적 해석 (1)에서 $n=1$, $n=2$인 경우

$$\text{해를 구함}: \frac{dy}{dx}=f(x, y) \tag{2}$$

$$\text{조건}: y(x_0)=y_0$$

와

$$\text{해를 구함}: \frac{d^2 y}{dx^2}=f(x, y, y') \tag{3}$$

$$\text{조건}: y(x_0)=y_0, y'(x_0)=y_1$$

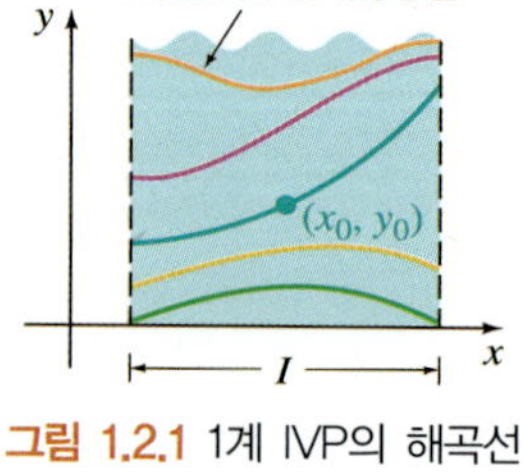

그림 1.2.1 1계 IVP의 해곡선

은 각각 1계 초깃값 문제와 2계 초깃값 문제이다. 이들 두 문제는 기하학적으로 쉽게 설명할 수 있다. (2)는 x_0을 포함하는 구간 I에서 정의된 미분방정식 $y'=f(x, y)$의 해 $y(x)$를 구하는 것이며 해의 그래프는 명시된 점 (x_0, y_0)를 지나가야 된다. 해곡선은 그림 1.2.1에 파란색으로 표시되어 있다. (3)은 x_0를 포함하는 구간 I에서 미분방정식 $y''=f(x, y, y')$의 해 $y(x)$를 구하는 것이며 해의 그

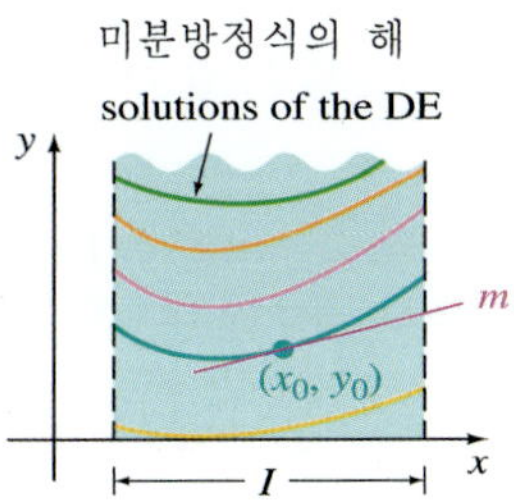

그림 1.2.2 2계 IVP의 해곡선

래프는 (x_0, y_0)를 지나가야 될 뿐만 아니라 이 점에서 곡선의 기울기는 y_1이 되어야 한다. 해곡선은 그림 1.2.2에 파란색으로 표시되어 있다. 초기 조건이라는 말은 물리적인 현상에서 나온 용어인데, 독립변수는 시간 t를 의미하고, $y(t_0) = y_0$, $y'(t_0) = y_1$은 각각 시작점, 또는 초기점인 시간 t_0에서 물체의 위치와 속도를 나타낸다.

예제 1 두 개의 2계 초깃값 문제

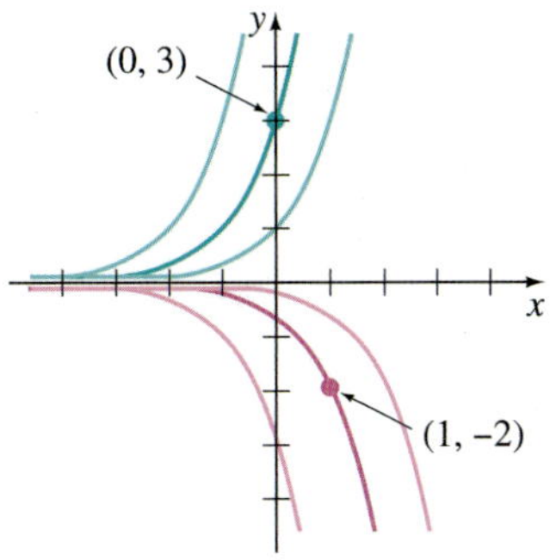

그림 1.2.3 예제1의 IVP의 두 개의 해곡선

(a) 연습문제1.1의 문제53에서 $y = ce^x$는 단순한 1계 미분방정식 $y = y'$의 해가 된다는 사실을 유도하였다. 이 해 집합족의 모든 해는 구간 $(-\infty, \infty)$에서 정의된다. 초기 조건을 $y(0) = 3$라고 하면, 해 집합족에 $x = 0$, $y = 3$을 대입하여 상수 $3 = ce^0 = c$을 얻는다. 그러므로 $y = 3e^x$은 초깃값 문제

$$y = y', \ y(0) = 3$$

의 하나의 해가 됨을 알 수 있다.

(b) 한편 $(0, 3)$보다 점 $(1, -2)$를 지나는 해곡선을 구하고자 한다면, $y(1) = -2$이므로 $-2 = ce$ 또는 $c = -2e^{-1}$이다. 이 경우, $y = -2e^{x-1}$은 초깃값 문제

$$y = y', \ y(1) = -2$$

의 하나의 해가 된다. 이 두 해곡선은 그림 1.2.3에서 파란색과 빨간색으로 표시했다. ■

다음 예는 다른 1계 초깃값 문제를 제시한다. 이 예에서 해 $y(x)$의 정의구간 I가 초기 조건 $y(x_0) = y_0$에 어떻게 좌우되는지에 대하여 알 수 있다.

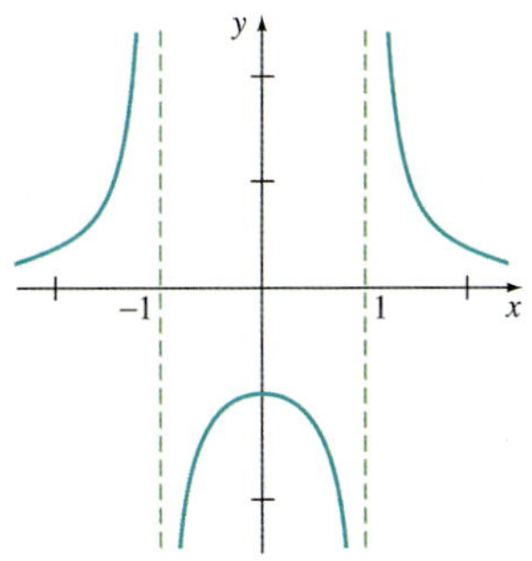

(a) $x = \pm 1$을 제외한 모든 x에 대해 정의된 함수

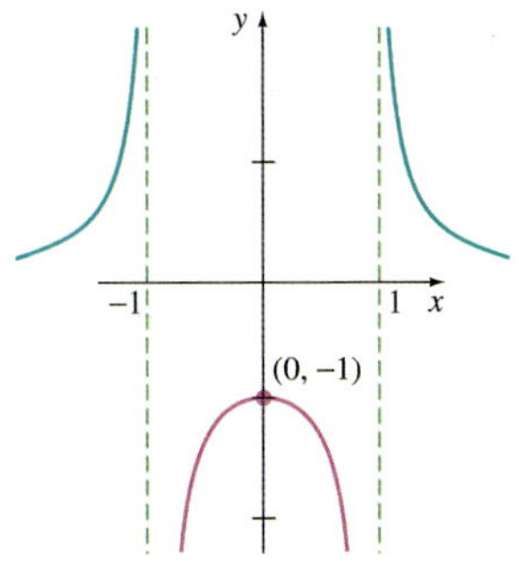

(b) $x = 0$를 포함하는 구간에서 정의된 해

그림 1.2.4 예제2에서 함수와 IVP 해의 그래프

예제 2 해의 정의역 I

연습문제2.2 문제6은 1계 미분방정식 $y' + 2xy^2 = 0$의 한 개의 매개변수 해 집합족이 $y = \dfrac{1}{x^2 + c}$이라는 것을 보이는 것이다. 초기 조건이 $y(0) = -1$이라면, $x = 0$와 $y = -1$을 해 집합족에 대입하여 $-1 = 1/c$ 또는 $c = -1$을 얻게 된다. 그러므로 $y = \dfrac{1}{x^2 - 1}$이다. 이에 대하여 다음 3가지 차이점을 강조하자.

- 함수로 간주한다면, $y = \dfrac{1}{x^2 - 1}$의 정의역은 $y(x)$가 정의된 모든 실수의 집합이다: 즉, 이 집합은 $x = -1$과 $x = 1$을 제외한 모든 실수의 집합이 된다. 그림 1.2.4(a)를 참조하여라.
- 미분방정식 $y' + 2xy^2 = 0$의 해로 간주하면, $y = \dfrac{1}{x^2 - 1}$의 정의구간 I는 $y(x)$가 정의되고 미분 가능한 구간이 될 것이다. 그림 1.2.4(a)에서 표현되듯이

$y = \dfrac{1}{x^2 - 1}$ 이 해가 되는 가장 큰 구간은 $(-\infty,\ -1)$, $(-1, 1)$과 $(1, \infty)$이다.

- 초깃값 문제 $y' + 2xy^2 = 0,\ y(0) = -1$의 해로 간주하면, $y = \dfrac{1}{x^2 - 1}$의 정의 구간 I은 $y(x)$가 정의되고, 미분가능하며 또한 초깃값 $x = 0$를 포함하는 구간이여야 한다. 이러한 조건을 만족하는 가장 큰 구간은 $(-1, 1)$이다. 그림 1.2.4(b)에서 빨간색 곡선을 참조하여라. ■

예제2와 유사한 문제는 연습문제1.2의 문제3-6을 참조하여라.

예제 3 2계 초깃값 문제

1.1절의 예제9에서 $x = c_1 \cos 4t$와 $x = c_2 \sin 4t$는

$$x'' + 16x = 0$$

의 두 개의 매개변수 해 집합족임을 보였다. 초깃값 문제

$$x'' + 16x = 0, \quad x\left(\frac{\pi}{2}\right) = -2, \quad x'\left(\frac{\pi}{2}\right) = 1 \tag{4}$$

을 만족하는 하나의 해를 구하여라.

풀이 ▸ 주어진 해 집합족에 $x(\pi/2) = -2$를 대입하면 $c_1 \cos 2\pi + c_2 \sin 2\pi = -2$이다. $\cos 2\pi = 1,\ \sin 2\pi = 0$이므로 $c_1 = -2$이다. 다음으로 $x'(\pi/2) = 1$를 한 개의 매개변수 집합족 $x(t) = -2\cos 4t + c_2 \sin 4t$에 대입한다. 미분하여 $t = \pi/2$와 $x' = 1$로 하면 $c_2 = \dfrac{1}{4}$임을 알 수 있다. 그러므로 $x = -2\cos 4t + \dfrac{1}{4}\sin 4t$가 (4)의 해이다. ■

존재성과 유일성 초깃값 문제에 관련하여 두 개의 기본적인 물음이 제기된다:

이 문제의 해가 존재하는가? 해가 존재하는 경우 그 해는 유일한가?

1계 초깃값 문제(2)에 대해 다음을 질문한다.

존재성: 미분방정식 $\dfrac{dy}{dx} = f(x, y)$는 해를 갖는가?
해곡선 중 어느 것이 점 (x_0, y_0)을 지나가는가?

유일성: 언제 점 (x_0, y_0)을 지나는 해곡선이 유일하게 존재한다고 확신하는가?

예제1과 3에서 문제의 "그 해"보다는 "하나의 해"라는 문구를 사용하였다. 부정관사 "하나의"라는 단어는 다른 해가 존재할 수 있다는 가능성을 의도적으로 제시하기 위하여 사용된다. 이 시점에서 각각의 문제에 단 하나의 해가 존재한다고 입증되지는 않았다. 다음 예는 두 개의 해를 갖는 초깃값 문제에 대한 것이다.

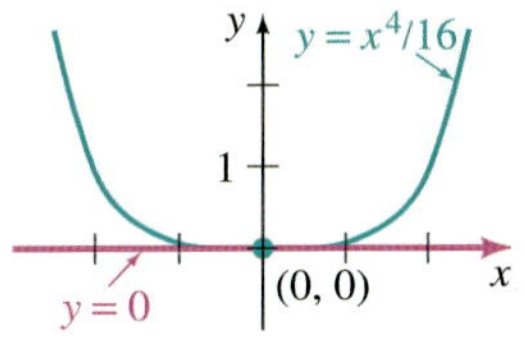

그림 1.2.5 예제4에서 같은 IVP의 두 개의 해곡선

예제 4 **초깃값 문제는 여러 해를 가질 수 있다.**

각각의 함수 $y=0$와 $y=\frac{1}{16}x^4$은 미분방정식 $\frac{dy}{dx}=xy^{1/2}$와 초기 조건 $y(0)=0$을 만족하므로, 초깃값 문제

$$\frac{dy}{dx}=xy^{1/2}, \quad y(0)=0$$

는 적어도 두 개의 해를 갖는다. 그림 1.2.5에서 보인 것처럼, 이 두 함수의 그래프는 같은 점 $(0, 0)$을 지나는 빨간색과 파란색으로 표시했다.

미분방정식의 정규적인 강좌의 영역 안에서 대부분의 미분방정식은 해를 가지며 초깃값 문제의 해는 아마도 유일할 것이라고 하는 것이 제법 타당할 수 있다. 그러나 실생활에서는 그렇게 간단한 문제가 아니다. 그러므로 초깃값 문제를 푸는 데 문제에 대한 해가 존재하는지 존재하지 않는지, 존재한다면 유일한 해인지를 미리 아는 것이 바람직하다. 다음 두 장에서 1계 미분방정식을 다루기 때문에, (2)에서 주어진 형태의 1계 초깃값 문제의 해에 대한 존재성과 유일성을 보장해주는 충분조건에 관한 정리를 증명 과정 없이 서술할 것이다. 2계 미분방정식의 초깃값 문제에 대한 존재성과 유일성에 대한 질문은 4장에서 다룰 것이다.

정리 1.2.1 **유일한 해의 존재**

R은 $a\le x\le b$, $c\le y\le d$로서 정의되는 xy평면의 직사각형 영역으로서 그 내부에 점 (x_0, y_0)를 포함한다고 하자. 만일 $f(x, y)$와 $\frac{\partial f}{\partial y}$가 R에서 연속이면, 초깃값 문제(2)를 만족하는 $[a, b]$에 포함되는 어떤 구간 I_0: (x_0-h, x_0+h), $h>0$와 구간 I_0에서 정의되는 초깃값 문제의 유일한 해인 함수 $y(x)$가 존재한다.

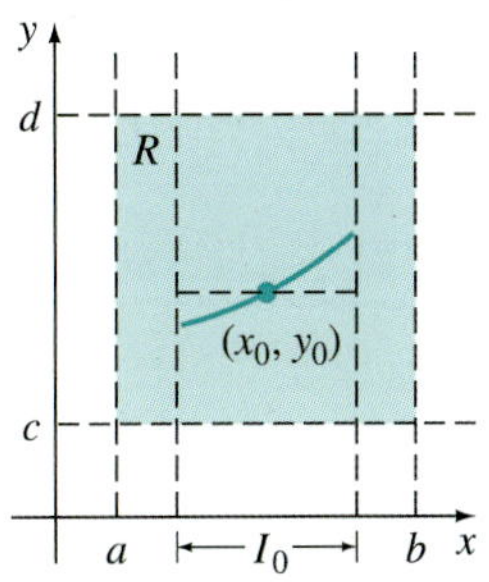

그림 1.2.6 직사각형 영역 R

$f(x, y)$와 $\frac{\partial f}{\partial y}$의 연속성을 판정하는 것은 비교적 쉬우므로 앞서 말한 결과는 1계 미분방정식에 대한 존재성과 유일성에 대한 가장 널리 알려진 정리이다. 정리 1.2.1에 대한 기하학적 설명은 그림 1.2.6에 나타나 있다.

예제 5 **수정된 예제4**

미분방정식 $\frac{dy}{dx}=xy^{1/2}$는 해의 그래프가 $(0, 0)$을 지나는 적어도 2개의 해를 갖는다는 사실을 예제4에서 보였다. 두 개의 함수

$$f(x,\, y) = xy^{1/2}, \quad \frac{\partial f}{\partial y} = \frac{x}{2y^{1/2}}$$

에 대한 계산으로 함수들은 $y > 0$로 정의되는 상반평면에서 연속임을 알 수 있다. 따라서 정리 1.2.1에 의하여 상반평면에 있는 임의의 점 $(x_0,\, y_0)$, $y_0 > 0$을 지나며 주어진 미분방정식이 유일한 해를 갖는 x_0가 중심인 어떤 구간이 존재한다고 할 수 있다. 그래서 예를 들면 초깃값 문제 $\frac{dy}{dx} = xy^{1/2}$, $y(2) = 1$가 유일한 해를 가지는 2가 중심인 어떤 구간이 존재한다는 사실을 알 수 있다. ■

예제1의 경우, 정리 1.2.1에 적용하면 초깃값 문제 $y' = y$, $y(0) = 3$과 $y' = y$, $y(1) = -2$의 해는 각각 $y = 3e^x$와 $y = -2e^{x-1}$ 외에는 다른 해가 존재하지 않는다는 것을 알 수 있다. 이것은 $f(x,\, y) = y$, $\frac{\partial f}{\partial y} = 1$이 xy평면 전체에서 연속이라는 사실로 확인할 수 있다. 더 나아가서 각각의 해가 정의된 구간 I는 $(-\infty,\, \infty)$라는 것을 보여준다.

존재성과 유일성에 대한 구간 $y(x)$가 초깃값 문제(2)의 해라고 하자. 다음 실수 x축 상의 세 개의 집합은 같지 않다: 함수 $y(x)$의 정의역, 해 $y(x)$가 정의되거나 존재하는 구간 I, 존재성과 유일성에 대한 구간 I_0, 1.1절의 예제6에서 함수의 정의역과 해가 정의되는 구간 간의 차이점을 설명하였다. $(x_0,\, y_0)$가 정리 1.2.1에서의 직사각형 영역 R의 내부의 점이라고 하자. R에서 함수 $f(x,\, y)$의 연속성은 어떤 구간 I에서 정의된 $\frac{dy}{dx} = f(x,\, y)$, $y(x_0) = y_0$가 적어도 하나의 해가 존재한다는 것을 보장하는 충분한 조건이다. 이 초깃값 문제에 대한 구간은 보통 해 $y(x)$가 정의되고 미분 가능한 x_0를 포함하는 가장 큰 구간을 택한다. 구간 I는 $f(x,\, y)$와 초기 조건 $y(x_0) = y_0$에 따라 결정된다. 연습문제1.2 문제31-34를 참조하여라. R에서 1계 편도함수 $\frac{\partial f}{\partial y}$의 연속성에 대한 부가 조건은 x_0을 포함하는 어떤 구간 I_0 위에서 해가 존재할 뿐 아니라 $y(x_0) = y_0$을 만족하는 해가 유일하다는 것을 알려준다. 그러나 정리 1.2.1은 구간 I와 I_0의 크기에 대해 어떤 암시도 주지 않는다. 정의구간 I는 영역 R만큼 넓을 필요는 없고, 존재성과 유일성에 대한 구간 I_0는 I만큼 크지가 않을 것이다. 구간 $I_0 : (x_0 - h,\, x_0 + h)$에서 정의되는 수 $h > 0$는 매우 작을 수가 있으며, 따라서 해 $y(x)$는 국소적인 의미(즉, 점 $(x_0,\, y_0)$근방에서 정의된 해)에서 유일하다고 생각하는 것이 최선이다. 연습문제 1.2의 문제52를 참조하여라.

주의

(i) 정리 1.2.1에서 말한 조건은 충분조건이지 필요조건은 아니다. $f(x, y)$와 $\partial f/\partial y$가 직사각형 영역 R에서 연속일 때 (x_0, y_0)가 R의 내부점이면 반드시 (2)의 해가 존재하며 유일하다. 그러나 정리 1.2.1의 가정에서 말한 조건이 성립되지 않으면 모든 경우가 일어날 수 있다: 초깃값 문제(2)는 해가 존재할 수 있고 이 해가 유일할 수 있다. 또는 (2)는 하나 이상의 해를 가질 수 있거나, 해를 전혀 가지지 않을 수도 있다. 예제5를 다시 읽어보면 정리 1.2.1의 가정이 미분방정식 $dy/dx = xy^{1/2}$에 대해 직선 $y = 0$ 위에서는 성립하지 않는다는 것을 알 수 있고 그래서 이 절의 예제4에서 보았던 것처럼 두 개의 해가 같은 구간 $(-h, h)$에서 정의되어 $y(0) = 0$를 만족하다는 것은 놀랄 만한 일이 아니다. 한편 미분방정식 $dy/dx = |y-1|$에 대해 $y = 1$ 위에서 정리 1.2.1의 가정은 성립하지 않는다. 그럼에도 불구하고 초깃값 문제 $dy/dx = |y-1|$, $y(0) = 1$의 해는 유일하다는 것을 증명할 수 있다. 우리는 이 해를 추정할 수 있는가?

(ii) 연습문제1.2의 문제51을 읽고, 생각하고, 풀고 기억하기를 권한다.

(iii) 초기 조건은 단 하나의 점 x_0에서 정의된다. 그러나 두 개의 서로 다른 점 x_0와 x_1에서 $y(x)$와 그의 도함수 값을 명시한 조건을 가진 미분방정식을 푸는 것도 흥미롭다.

$$y(1) = 0, \quad y(5) = 0 \text{ 또는 } y(\pi/2) = 0, y'(\pi) = 1$$

와 같은 조건을 **경계 조건(BC)(boundary conditions)**이라고 한다. 경계 조건을 갖는 미분방정식을 **경곗값 문제(BVP)(boundary-value problem)**라고 한다. 예를 들어,

$$y'' + \lambda y = 0, \quad y'(0) = 0, \quad y'(\pi) = 0$$

은 경곗값 문제이다. 연습문제1.2의 문제39–44를 참조하여라.

2장에서 미분방정식의 해를 구할 때는 1계 미분방정식과 1계 초깃값 문제만을 다룰 것이다. 과학과 공학에서 나타나는 많은 문제의 수학적 표현은 2계 초깃값 문제 또는 경곗값 문제를 포함한다. 이러한 문제들의 일부분을 4장과 5장에서 다룰 것이다.

연습문제 1.2

(1–2) $y = 1/(1+c_1e^{-x})$가 1계 미분방정식 $y' = y - y^2$의 한 개의 매개변수 해 집합족이다. 이 미분방정식과 주어진 초기 조건으로 구성된 1계 초깃값 문제의 해를 구하여라.

1. $y(0) = -\frac{1}{3}$

2. $y(-1) = 2$

(3–6) $y = 1/(x^2+c)$가 1계 미분방정식 $y' + 2xy^2 = 0$의 한 개의 매개변수 해 집합족이다. 이 미분방정식과 주어진 초기 조건으로 구성된 1계 초깃값 문제의 해를 구하여라. 그리고 해가 정의되는 가장 큰 구간 I를 구하여라.

3. $y(2) = \frac{1}{3}$

4. $y(-2) = \frac{1}{2}$

5. $y(0) = 1$

6. $y\left(\frac{1}{2}\right) = -4$

(7–10) $x=c_1\cos t+c_2\sin t$는 2계 미분방정식 $x''+x=0$의 두 개의 매개변수 해 집합족이다. 이 미분방정식과 주어진 초기 조건으로 구성된 2계 초깃값 문제의 해를 구하여라.

7. $x(0)=-1,\quad x'(0)=8$

8. $x(\pi/2)=0,\quad x'(\pi/2)=1$

9. $x(\pi/6)=\frac{1}{2},\quad x'(\pi/6)=0$

10. $x(\pi/4)=\sqrt{2},\quad x'(\pi/4)=2\sqrt{2}$

(11–14) $y=c_1e^x+c_2e^{-x}$는 2계 미분방정식 $y''-y=0$의 두 개의 매개변수 해 집합족이다. 이 미분방정식과 주어진 초기 조건으로 구성된 2계 초깃값 문제의 해를 구하여라.

11. $y(0)=1,\ y'(0)=2$ **12.** $y(1)=0,\ y'(1)=e$

13. $y(-1)=5,\ y'(-1)=-5$ **14.** $y(0)=0,\ y'(0)=0$

(15–16) 주어진 1계 초깃값 문제의 적어도 2개의 해를 계산을 통하여 구하여라.

15. $y'=3y^{2/3},\quad y(0)=0$ **16.** $xy'=2y,\quad y(0)=0$

(17–24) 주어진 미분방정식의 해의 그래프가 점 (x_0, y_0)을 지나는 한 영역에서 유일한 해를 가지게 되는 xy평면의 영역을 구하여라.

17. $\frac{dy}{dx}=y^{2/3}$ **18.** $\frac{dy}{dx}=\sqrt{xy}$

19. $x\frac{dy}{dx}=y$ **20.** $\frac{dy}{dx}-y=x$

21. $(4-y^2)y'=x^2$ **22.** $(1+y^3)y'=x^2$

23. $(x^2+y^2)y'=y^2$ **24.** $(y-x)y'=y+x$

(25–28) 미분방정식 $y'=\sqrt{y^2-9}$이 주어진 점을 지나는 유일한 해를 갖는다는 것을 정리 1.2.1이 보장하는지를 판정하여라.

25. $(1, 4)$ **26.** $(5, 3)$

27. $(2, -3)$ **28.** $(-1, 1)$

29. (a) 계산을 통하여 미분방정식 $xy'=y$의 한 개의 매개변수 해 집합족을 구하여라. 해 집합족의 각각의 원소가 초깃값 문제 $xy'=y,\ y(0)=0$의 해가 됨을 증명하여라.

(b) (a)에서 미분방정식 $xy'=y$이 xy평면의 영역 R에서 점 (x_0, y_0)을 지나는 유일한 해를 갖는 영역 R을 구하여라.

(c) 조각적으로 정의된 함수

$$y=\begin{cases}0, & x<0\\ x, & x\ge 0\end{cases}$$

는 조건 $y(0)=0$을 만족함을 증명하여라. 이 함수가 (a)의 초깃값 문제의 해가 되는지를 판정하여라.

30. (a) $y=\tan(x+c)$가 미분방정식 $y'=1+y^2$의 한 개의 매개변수 해 집합족이 됨을 증명하여라.

(b) $f(x, y)=1+y^2$와 $\partial f/\partial y=2y$가 모든 점에서 연속이므로 정리 1.2.1의 영역 R은 xy 전체 평면을 택할 수 있다. (a)의 해 집합족을 사용하여 1계 초깃값 문제 $y'=1+y^2,\ y(0)=0$의 양함수 해를 구하여라. $x_0=0$은 구간 $(-2, 2)$에 있지만, 이 구간에서 해가 정의되지 않는 이유를 설명하여라.

(c) (b)의 초깃값 문제의 해에 대한 가장 큰 정의역 I를 구하여라.

31. (a) $y=-1/(x+c)$는 미분방정식 $y'=y^2$의 한 개의 매개변수 해 집합족이 됨을 증명하여라.

(b) $f(x, y)=y^2$과 $\partial f/\partial y=2y$는 모든 점에서 연속이므로 정리 1.2.1의 영역 R은 xy 전체 평면을 택할 수 있다. (a)의 해 집합족 중 $y(0)=1$을 만족하는 해를 구하여라. (a)의 해 중 $y(0)=-1$을 만족하는 해를 구하여라. 각 초깃값 문제의 해에 대해 해가 존재하는 가장 큰 구간 I를 판정하여라.

(c) 1계 초깃값 문제 $y'=y^2,\ y(0)=0$의 해에 대해 가장 큰 정의역 I를 판정하여라. [힌트: 해는 (a)에서의 해 집합족의 원소는 아니다.]

32. (a) 문제31의 (a)에서 해 집합족에서 $y'=y^2,\ y(1)=1$을 만족하는 해는 $y=1/(2-x)$임을 보여라.

(b) 문제31의 (a)에서 해 집합족에서 $y'=y^2,\ y(3)=-1$을 만족하는 해는 $y=1/(2-x)$임을 보여라.

(c) (a)와 (b)의 해가 같은가?

33. (a) $3x^2-y^2=c$는 미분방정식 $ydy/dx=3x$의 한 개의 매

개변수 해 집합족이 됨을 증명하여라.

(b) 수작업으로 음함수 해 $3x^2 - y^2 = 3$의 그래프를 그려라. 이 관계식으로 정의된 (a)의 미분방정식의 모든 양함수 해 $y = \phi(x)$를 구하여라. 각각의 양함수 해가 정의되는 구간 I를 구하여라.

(c) 점 $(-2, 3)$은 $3x^2 - y^2 = 3$ 위에 있지만 (b)의 양함수 해는 $y(-2) = 3$을 만족하는가?

34. (a) 문제33의 (a)에서 해 집합족을 이용하여 초깃값 문제 $ydy/dx = 3x$, $y(2) = -4$을 만족하는 음함수 해를 구하여라. 그리고 수작업으로 이 문제의 양함수 해의 그래프를 그리고 해가 정의되는 구간 I를 구하여라.

(b) 원점을 지나는 $ydy/dx = 3x$의 양함수 해가 존재하는가?

(35–38) 2계 미분방정식 $d^2y/dx^2 = f(x, y, y')$의 해 집합족 중 하나의 원소의 그래프가 주어졌다. 그래프와 적어도 한 개 이상의 다음 초기 조건을 연결하여라.

(a) $y(1) = 1,\ y'(1) = -2$　　(b) $y(-1) = 0,\ y'(-1) = -4$

(c) $y(1) = 1,\ y'(1) = 2$　　(d) $y(0) = -1,\ y'(0) = 2$

(e) $y(0) = -1,\ y'(0) = 0$　　(f) $y(0) = -4,\ y'(0) = -2$

35.

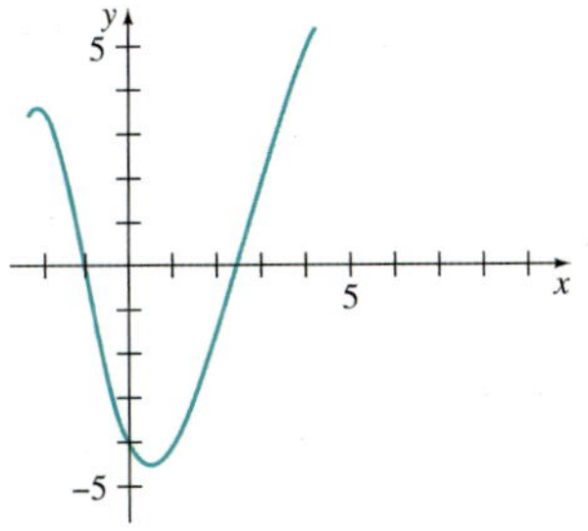

그림 1.2.7 문제35에 대한 그래프

36.

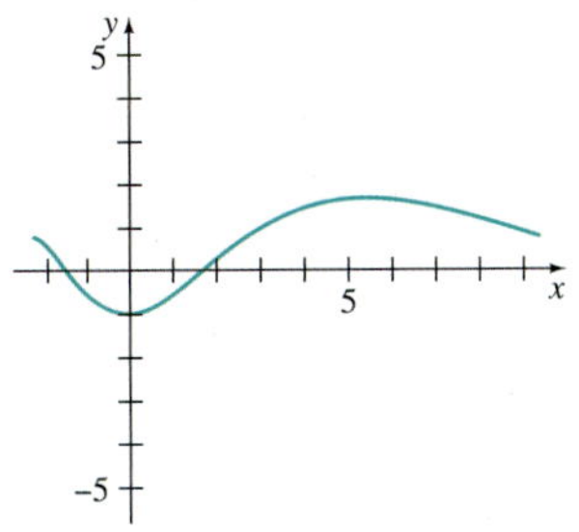

그림 1.2.8 문제36에 대한 그래프

37.

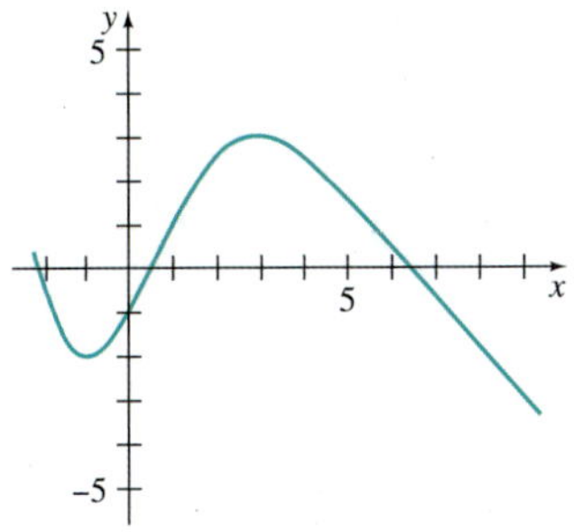

그림 1.2.9 문제37에 대한 그래프

38.

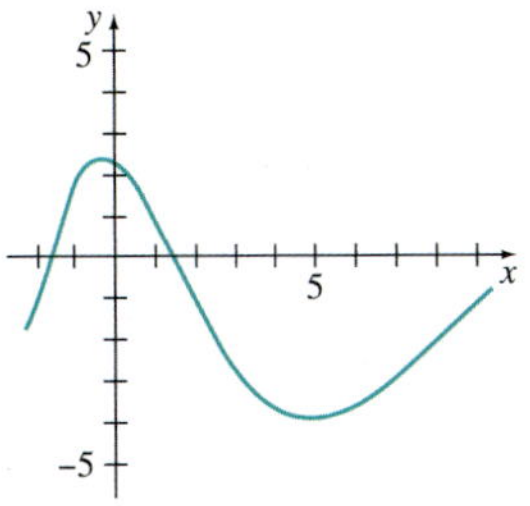

그림 1.2.10 문제38에 대한 그래프

(39–44) $y = c_1\cos 2x + c_2\sin 2x$는 2계 미분방정식 $y'' + 4y = 0$의 두 개의 매개변수 해 집합족이다. 가능하다면, 주어진 부가조건을 만족하는 미분방정식의 해를 구하여라. 두 개의 서로 다른 점에서 정의된 조건은 경계 조건이라고 부른다.

39. $y(0) = 0,\ y(\pi/4) = 3$　　**40.** $y(0) = 0,\ y(\pi) = 0$

41. $y'(0) = 0,\ y'(\pi/6) = 0$　　**42.** $y(0) = 1,\ y'(\pi) = 5$

43. $y(0) = 0,\ y(\pi) = 2$　　**44.** $y'(\pi/2) = 1,\ y'(\pi) = 0$

토론 문제

(45–46) 연습문제1.1의 문제63과 이 절의 (2), (3)을 이용하여라.

45. 각 점 (x, y)에서의 그래프가 $8e^{2x} + 6x$에 의해 주어진 기울기를 갖고 y축과 $(0, 9)$에서 만나는 함수를 구하여라.

46. 그래프의 각 점 (x, y)에서 2계 도함수가 $y'' = 12x - 2$이고 $y = -x + 5$가 $x = 1$에 대응하는 각 점에서의 그래프의 접선인 함수 $y = f(x)$를 구하여라.

47. 초깃값 문제 $y' = x - 2y,\ y(0) = \frac{1}{2}$을 생각하자. 그림 1.2.11에서 주어진 두 곡선 중 어떤 것이 타당한 유일한 해곡선이 되는지 판정하고, 이유를 설명하여라.

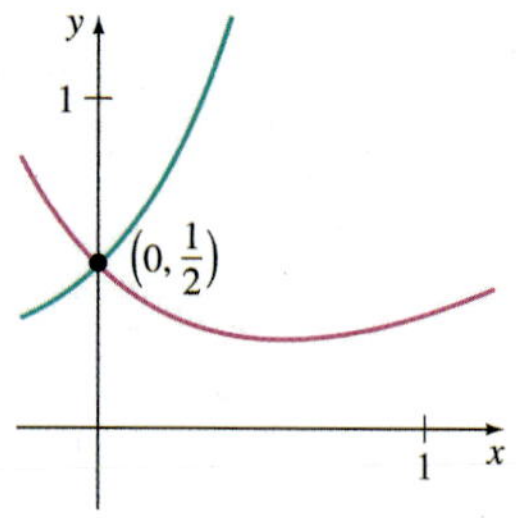

그림 1.2.11 문제47에 대한 그래프

48. 초깃값 문제 $y' = x^2 + y^2$, $y(0) = 1$를 풀지 않고 $y'(0)$와 $y''(0)$의 값을 구하여라.

49. $x = \int_0^y \frac{1}{\sqrt{t^3+1}} dt$가 초깃값 문제 $2\frac{d^2y}{dx^2} - 3y^2 = 0$, $y(0) = 0$, $y'(0) = 1$의 음함수 해가 됨을 보여라. $y \geq 0$이라고 가정하자. [힌트: 적분은 비기본적이다. 1.1절 마지막 부분의 주의 (ii)을 참조하여라.]

50. 초깃값 문제 $y' + 2y = 3x - 6$, $y(x_0) = 0$의 해의 그래프가 $(x_0, 0)$에서 x축에 접하는 타당한 x_0의 값을 구하고, 그 이유를 설명하여라.

51. 1계 미분방정식 $dy/dx = f(x, y)$가 한 개의 매개변수 해 집합족을 갖는 해를 갖는다고 가정하고 $f(x, y)$가 xy평면상의 어떤 직사각형 영역 R에서 정리 1.2.1을 만족한다고 가정하자. 두 개의 다른 해곡선은 R 안의 점 (x_0, y_0)에서 서로 만나거나 접하지 않는 이유를 설명하여라.

52. 함수 $y(x) = \frac{1}{16}x^4$, $-\infty < x < \infty$와

$$y(x) = \begin{cases} 0, & x < 0 \\ \frac{1}{16}x^4, & x \geq 0 \end{cases}$$

은 같은 정의역을 갖지만 명백히 다른 함수이다. 각각 그림 1.2.12(a)와 1.2.12(b)를 참조하여라. 각각의 함수는 구간 $(-\infty, \infty)$상에서 초깃값 문제 $dy/dx = xy^{1/2}$, $y(2) = 1$의 해가 됨을 증명하고, 이 사실과 예제5의 마지막 문장과는 명백한 모순이 됨을 분석하여라.

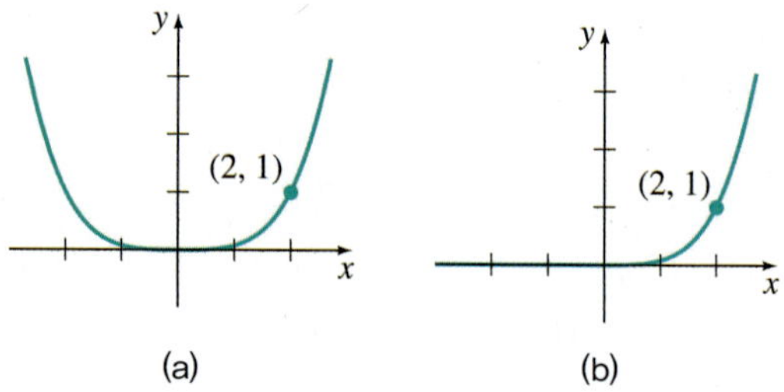

그림 1.2.12 문제52에서 IVP의 두 해

1.3 수학적 모델로서의 미분방정식

소개 이 절에서는 수학적 모델로서 미분방정식의 개념을 소개하고 생물학, 화학과 그리고 물리학에서의 특수한 모델에 대하여 논의한다. 우리는 2장과 4장에서 미분방정식을 푸는 방법을 공부한 후에, 3장과 5장에서 이들 모델 중 몇 개로 돌아가서 해를 구할 것이다.

수학적 모델 실생활 체계나 현상 즉, 물리학적, 사회학적, 또는 경제학적으로 나타나는 행동을 수학적 용어로 표현하는 것이 때때로 필요하다. 이러한 체계 또는 현상의 수학적인 표현을 **수학적 모델(mathematical model)**이라고 부른다. 예를 들면 동물 집단의 개체 수를 공부함으로써 어떤 생태계의 구조를 이해하는 것이 가능하고 화석이나 지층에서 방사성물질의 붕괴를 분석함으로써 화석의 연대를 알 수 있다.

수학적 모델의 구축은 다음과 같이 시작한다.

(i) 시스템이 변화하는 데 책임이 있는 변수를 확인한다. 우리는 우선 이러한 변수 모두를 모델로 추가하지 않도록 한다. 이 단계는 모델의 **결정수준(level of resolution)**을 명시한다.

(ii) 우리가 묘사하려고 하는 시스템에 대한 합리적인 추정 또는 가정을 세운다. 이들 가정은 시스템에 적용될 수 있는 경험적 법칙을 포함할 것이다.

어떤 목적을 위하여 낮은 단계의 결정 모델에 만족하는 이유가 확실한 경우가 있을 수 있다. 예를 들어, 물리학 과정을 시작할 때 공기 중 마찰의 복원력은 때때로 지구 표면 가까이에 떨어지는 물체의 운동을 다루는 모델에서 무시된다. 그러나 긴 거리 발사체의 비행경로를 정확히 예측해야 하는 과학자라면, 저항력과 지구의 곡률 같은 다른 요소도 염두에 두어야 한다.

시스템을 세우는 가정은 흔히 하나 또는 그 이상의 변수의 변화율을 포함하기 때문에 이들 가정에 대한 수학적인 묘사는 도함수를 포함하는 하나 또는 그 이상의 방정식이 될 수 있다. 다른 말로, 수학적인 모델은 미분방정식 또는 연립 미분방정식이 될 수 있다.

미분방정식 또는 연립 미분방정식인 수학적 모델을 공식화한 후 그것을 풀어야 하는 어려운 문제가 닥치게 된다. 만일 그 미분방정식을 풀 수가 있고, 그 해가 실험 자료나 시스템의 행동에 관해 알려진 사실과 일치한다면 그 모델은 합리적인 것으로 생각한다. 그러나 해에 의해 만들어진 예측이 좋지 못하다면 모델의 결정 수준을 더 높이거나 시스템에서 변화의 구조에 대한 다른 가정을 세울 수 있다. 모델링 과정의 단계는 다음 그림 1.3.1과 같이 반복된다.

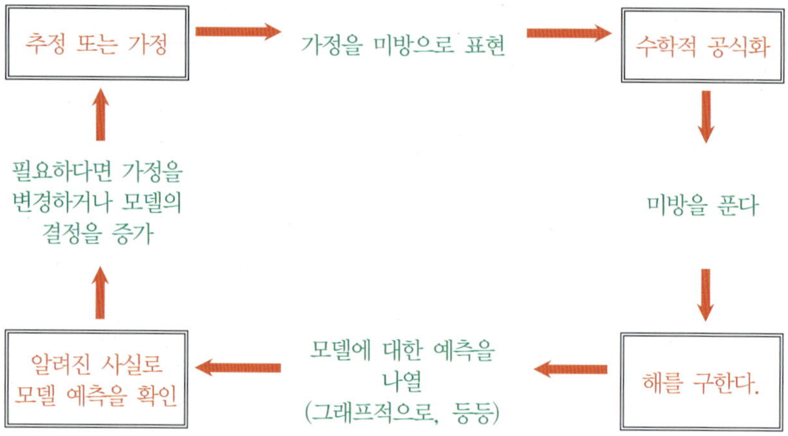

그림 1.3.1 미분방정식의 모델링 과정의 단계

물론 해결방안이 늘어나면서 수학적인 모델의 복잡성이 더해지고, 미분방정식의 양함수 해를 얻을 수 없는 가능성이 높아진다.

물리 체계의 수학적인 모델은 종종 시간변수 t를 포함한다. 그러면 이 모델의 해는 그 체계의 **상태(State of system)**를 알려 준다. 즉, t의 적당한 값에 대해 종속변수(또는 변수들)의 값은 과거, 현재 그리고 미래의 시스템을 의미한다.

개체군 동태론 일찍이 수학을 이용해 **인구 증가율**을 모델화하려고 시도했던 사람 중 한 명은 1798년 영국의 경제학자 **토마스 맬서스**(Thomas Malthus 1766-1834)이다. 기본적으로 맬서스 모델의 발상은 특정한 시간의 한 도시의 인구가 증가하는 비율은 그 시간에 그 도시의 전체 인구에 비례한다*는 가정에 기반을 둔다. 즉, 시간 t에 사람이 많을수록, 미래에도 더 많은 사람이 있게 된다. 수학적으로는 $P(t)$가 시간 t에서 총 인구수로 표시한다면 이 가정은

$$\frac{dP}{dt} \propto P \quad \text{또는} \quad \frac{dP}{dt} = kP \tag{1}$$

가 된다. 여기서 k는 비례상수이다. 인구수가 증가 또는 감소(예를 들면 이민이나 이주)하는 데 영향을 줄 수 있는 많은 요소를 고려하지 않는 단순한 모델임에도 불구하고 1790−1860년 동안 미국의 인구를 비교적 정확히 예측하게 되었다. (1)에 의해 묘사된 비율로 증가한 인구는 거의 없다. 그럼에도 불구하고 (1)은 아직도 짧

* 만일 두 미지수 u와 v가 비례한다면 $u \propto v$라 표기한다. 이는 한 미지수가 다른 미지수의 상수배임을 의미한다: $u = kv$.

은 기간 동안에 적은 개체군의 개체 수(예를 들면 페트리접시에서 자라는 박테리아)의 증가를 설명하는 데 유용하다.

방사성 붕괴 원자핵은 양자와 중성자의 결합으로 구성된다. 양자와 중성자의 이러한 많은 결합은 안정적이지 않다. 즉 원자는 붕괴되거나 다른 물질의 원자로 변화된다. 이러한 핵들을 방사성이라고 부른다. 예를 들면 높은 방사성 라듐 Ra-226은 시간이 지나면서 방사성 가스 라돈 Rn-222로 변한다. **방사성 붕괴**(radioactive decay)의 현상을 모델화하기 위해서는, 물질의 핵이 붕괴할 때의 비율 $\frac{dA}{dt}$는 시간 t에서 남아있는 물질의 양(더 자세히 하면 핵의 수) $A(t)$에 비례한다고 가정한다.

$$\frac{dA}{dt} \propto A \quad \text{또는} \quad \frac{dA}{dt} = kA \tag{2}$$

물론, 식 (1)과 (2)는 정확히 같은 것이다; 차이점은 기호와 비례상수뿐이다. (1)에서 예측한 증가에 대해서는 $k > 0$이고 (2)에서는 붕괴의 경우는 $k < 0$이다.

또한 증가에 대한 모델 (1)은 이자의 연간비율 r이 연속적으로 늘어날 때 자산 S의 증가를 설명하는 방정식 $dS/dt = rS$에서도 알 수 있다. 또한 붕괴의 모델 (2)는 약의 반감기(배설 또는 신진대사에 의해 약의 50%가 배출되는 데 걸리는 시간)를 결정하는 것과 같은 생물학적인 응용에서 나타난다. 화학에서 붕괴모델 (2)는 1차의 화학적인 반응에 대해 수학적인 표현에서 나타난다. 요점은 다음과 같다;

하나의 미분방정식은 많은 다른 현상에 대한 수학적인 모델로 도움이 된다.

수학적 모델은 종종 어떤 부수적인 조건과 동반된다. 예를 들어 (1)과 (2)에서 초기인구 P_0와 방사성 물질의 초기의 양 A_0을 알기를 원할 것이다. 초기 시간은 $t = 0$인 경우로 취해진다면 $P(0) = P_0$, $A(0) = A_0$이다. 즉, 수학적 모델은 초깃값 문제 또는 나중에 5.2절에서 배우게 될 경곗값 문제로 이루어질 수 있다.

뉴턴의 냉각/예열 법칙 뉴턴의 경험적인 냉각/예열의 법칙에 따르면 물질의 온도변화율은 물질의 온도와 주변 매체의 온도 즉, 소위 말하는 주위의 온도와의 차이에 비례한다. 만일 $T(t)$가 시간 t에서 물질의 온도이고 T_m은 주변매체의 온도 그리고 dT/dt는 물질의 온도변화율이라면, **뉴턴의 냉각/예열 법칙**(Newton's law of cooling/warming)은 수학적인 표현

$$\frac{dT}{dt} \propto T - T_m \quad \text{또는} \quad \frac{dT}{dt} = k(T - T_m) \tag{3}$$

으로 된다. 여기서 k는 비례상수이다. 냉각 또는 예열의 어떤 경우에도 T_m이 상

수이면 $k<0$인 것이 당연하다.

질병의 전파 전염병(예를 들면 인플루엔자 바이러스)은 다른 사람들과의 접촉에 의해 지역사회의 사람들에게 퍼진다. $x(t)$는 병에 걸린 사람의 수이고, $y(t)$는 아직 병에 노출되지 않은 사람의 수라고 하자. 병이 퍼지는 비율 dx/dt는 두 그룹의 사람 사이의 만남 또는 교류의 횟수에 비례한다고 가정하는 것이 합리적이다. 만일 교류의 횟수가 $x(t)$와 $y(t)$에 공동으로 비례한다면 즉, 곱 xy에 비례한다면

$$\frac{dx}{dt}=kxy \tag{4}$$

이다. 여기서 k는 비례상수이다. n명의 인구를 가진 작은 단체를 생각하자. 감염된 한 명이 이 단체에 들어온다면 $x(t)$와 $y(t)$는 $x+y=n+1$이 된다고 주장할 수 있다. 이 방정식을 이용하여 (4)에서 y를 소거하면

$$\frac{dx}{dt}=kx(n+1-x) \tag{5}$$

이 된다. 방정식 (5)의 명백한 초기 조건은 $x(0)=1$이다.

화학적 반응 미분방정식 (1)로 주어지는 방사성물질의 분열을 1차 반응**(first-order reaction)**이라고 부른다. 화학에서도 몇 가지 반응은 이 같은 경험적 법칙을 따른다. 물질 A의 분자가 더 작은 분자로 분해된다면 이 분해가 일어나는 비율은 전환을 당하지 않은 처음 물질의 양에 비례한다; 즉, $X(t)$가 임의의 시간에 남아있는 물질 A의 양이라면 $dX/dt=kX$이다. 여기서, X는 감소하므로 k는 음의 상수이다. 1차의 화학적 반응의 예는 t-부틸 염화물 $(CH_3)_3CCI$이 t-부틸알코올 $(CH_3)_3COH$로 전환되는 것이다;

$$(CH_3)_3CCI+NaOH \rightarrow (CH_3)_3COH+NaCI.$$

t-부틸 염화물을 농축에만 반응의 비율이 조절된다. 그러나 반응

$$CH_3CI+NaOH \rightarrow CH_3OH+NaCI$$

에서 수산화나트륨 $NaOH$의 분자는 모든 염화메틸 CH_3CI의 분자를 소멸하여 하나의 메틸알코올 분자 CH_3OH와 하나의 염화나트륨 $NaCI$를 만든다. 이 경우 반응이 진행되는 비율은 CH_3CI와 $NaOH$의 남아있는 농축의 곱에 비례한다. 일반적으로 두 번째 반응을 설명하기 위해 어떤 물질 A의 분자 하나가 어떤 물질 B의 하나의 분자와 결합하여 어떤 물질 C의 하나의 분자를 만든다고 가정하자. 만일 X가 시간 t에 형성된 화학물질 C의 양이고 α와 β가 각각 $t=0$ (초기 양)일 때 두 개의 화학물질 A와 B의 양이라면 화학물질 C로 전환되지 않는 순간적인 A와 B의 양은 각각 $\alpha-X$와 $\beta-X$이다. 그러므로 C의 생성 비율은

$$\frac{dX}{dt} = k(\alpha - X)(\beta - X) \tag{6}$$

로 주어진다. 여기서 k는 비례상수이다. 모델이 방정식 (6)인 반응을 2차 반응(**second-order reaction**)이라고 부른다.

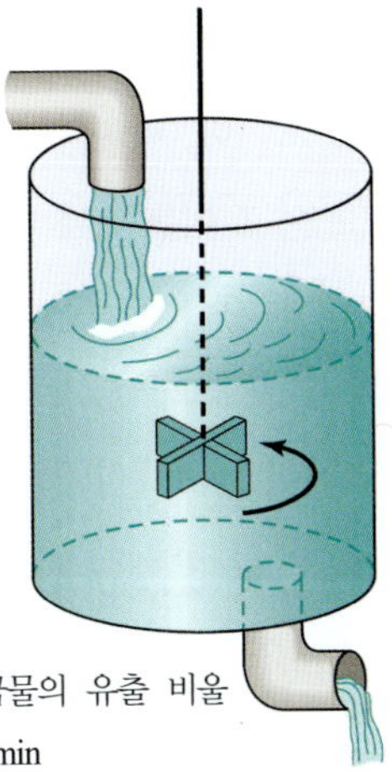

그림 1.3.2 탱크 안의 혼합물

혼합물 다른 농도를 갖는 두 개의 소금 용액을 혼합하면 혼합액에 포함된 소금의 양에 대한 1계 미분방정식이 만들어진다. 큰 탱크에 300L의 소금물(즉, 적당량의 kg의 소금이 용해된 물)이 처음 채워져 있다고 가정하자. 다른 소금물이 분당 3L의 비율로 탱크에 들어간다; 유입되는 소금물에 소금의 농도는 리터당 2kg이다. 탱크 안의 용액을 잘 젓고 유입할 때와 같은 비율로 탱크 밖으로 내보낸다.(그림 1.3.2 참조) 만일 $A(t)$가 시간 t에서 탱크 안의 (kg로 측정된) 소금의 양이라면 $A(t)$가 변화하는 비율은 정량 비율이다:

$$\frac{dA}{dt} = (\text{소금의 유입비율}) - (\text{소금의 배출비율}) = R_{in} - R_{out} \tag{7}$$

소금이 탱크에 들어간 유입비율*은 유입된 소금의 농도와 유체의 유입비율과의 곱이다. R_{in}은 분당 kg으로 측정된 것임을 유의하여라.

$$R_{in} = \underbrace{(2\,\text{kg/L})}_{\text{유입된 소금의 농도}} \cdot \underbrace{(3\,\text{L/min})}_{\text{소금물의 유입비율}} = \underbrace{(6\,\text{kg/min})}_{\text{소금의 유입비율}}$$

용액은 탱크에 들어올 때와 같은 비율로 탱크 밖으로 나가기 때문에, 시간 t에 탱크에 있는 소금물의 양은 항상 300L이다. 그러므로 유출될 때와 마찬가지로 탱크 안에 소금의 농도는 $c(t) = A(t)/300\,\text{kg/L}$이고 그러므로 소금의 배출비율 R_{out}은

$$R_{out} = \underbrace{\left(\frac{A(t)}{300\text{L}}\,\text{kg/L}\right)}_{\text{유출된 소금의 농도}} \cdot \underbrace{(3\,\text{L/min})}_{\text{소금물의 유출비율}} = \underbrace{\frac{A(t)}{100}\,\text{kg/min}}_{\text{소금의 유출비율}}.$$

이다. 그때 정량 비율 (7)은

$$\frac{dA}{dt} = 6 - \frac{A}{100} \quad \text{또는} \quad \frac{dA}{dt} + \frac{1}{100}A = 6 \tag{8}$$

이다.

만일 r_{in}과 r_{out}가 소금물의 유입비율과 유출비율로 표시한다면, 3가지 가능성인: $r_{in} = r_{out}$, $r_{in} > r_{out}$, $r_{in} < r_{out}$이 있다. (8)로 유도되는 분석을 하면 $r_{in} = r_{out}$으로 가정된다. 후자의 두 경우에 탱크 안의 소금물의 양은 정량 비율

* 이 기호를 소금의 유입비율과 유출비율인 R_{in}과 R_{out}과 혼동하지 마라.

$r_{in} - r_{out}$로 증가($r_{in} > r_{out}$)하거나 감소($r_{in} < r_{out}$)한다. 연습문제1.3 문제10–12를 참조하여라.

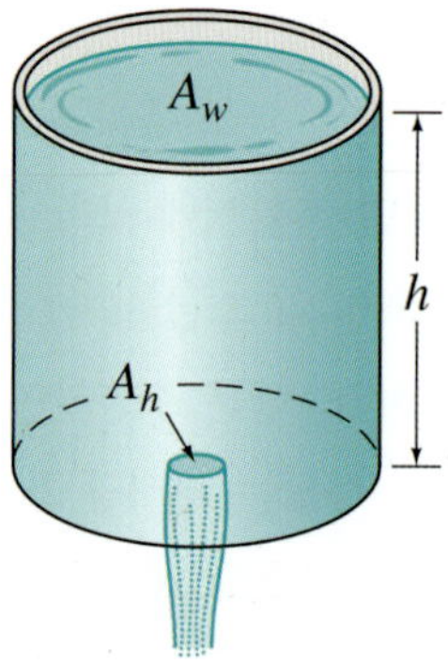

그림 1.3.3 탱크의 배수

탱크의 배수 Evangelista Torricelli(1608-1647)는 기압계를 고안한 이탈리아 물리학자이다. 유체역학에서 **토리첼리의 법칙**에 의하면 물이 채워져 있는 높이 h인 탱크의 바닥에서 칼 모양의 구멍을 통하여 물이 유출되는 속도 v는 물체(이 경우에는 떨어지는 물)가 높이 h에서 자유 낙하할 때 얻어지는 속도와 같다. 즉 $v = \sqrt{2gh}$ (m/s의 단위)이고 여기서 g는 중력 가속도이다. 마지막 표현은 위치에너지 mgh와 운동(kinetic) 에너지 $\frac{1}{2}mv^2$를 같다고 하고 이를 v에 대해 풀면 얻어진다. 물이 차 있는 탱크는 중력의 영향 아래서 구멍을 통하여 물이 나오게 된다고 가정하자. 우리는 시간 t에서 탱크 안에 남아있는 물의 깊이 h를 알기를 원한다. 그림 1.3.2로 표현된 탱크를 생각해보자. 구멍의 면적이 (m2의 단위) A_h이고 탱크에서 나오는 물의 속도가 $v = \sqrt{2gh}$ (m/s의 단위)이면 초당 탱크에서 나오는 물의 부피는 (m3/s의 단위) $A_h\sqrt{2gh}$이다. 그러므로 $V(t)$가 시간 t에서 탱크 안의 물의 부피라면,

$$\frac{dV}{dt} = -A_h\sqrt{2gh} \tag{9}$$

이다. 여기서 마이너스는 V가 감소라는 것을 의미한다. 여기서 우리는 구멍에서 물의 유동비율을 감소시킬 수 있는 구멍의 마찰력은 무시했다. 만일 시간 t에서 탱크 안의 물의 부피를 $V(t) = A_w h$로 쓸 수 있다면, $dV/dt = A_w dh/dt$이다. 여기서 A_w (m^2의 단위)는 물의 위 표면의 상수인 단면적이다. 이 표현을 (9)에 대입하면 시간 t에서 물의 높이에 대한 원하는 미분방정식은

$$\frac{dh}{dt} = -\frac{A_h}{A_w}\sqrt{2gh} \tag{10}$$

이 된다. A_w가 상수가 아니어도 (10)이 성립하는 것은 흥미롭다. 이 경우에 물의 위쪽 표면적을 h의 함수로 즉, $A_w = A(h)$로 표현해야만 한다. 연습문제1.3 문제14를 참조하여라.

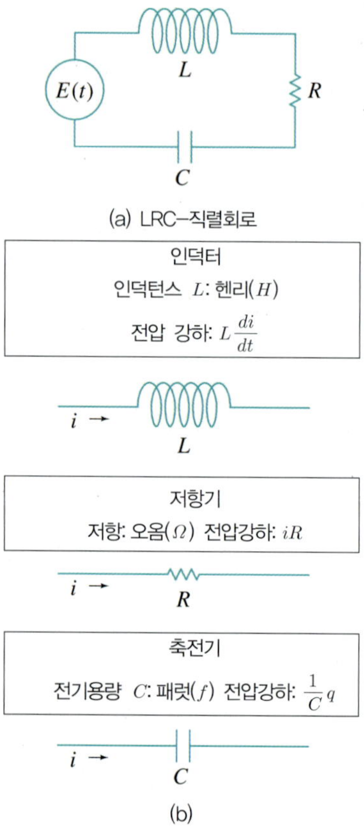

그림 1.3.4 기호, 단위 그리고 전압. 전류 $i(t)$와 전하 $q(t)$는 암페어(A)와 쿨롱(C)으로 각각 측정된다.

직렬회로 전기 회로와 통신의 수학적인 해석은 독일 물리학자인 Gustav Robert Kirchhoff(1824-1887)가 학생시절인 1845년에 공식화한 두 개의 법칙을 직접적으로 사용한다. 그림 1.3.4(a)과 같은 인덕터와 저항기, 축전기를 포함하는 하나의 고리로 이어진 LRC 직렬회로를 생각하자. 스위치가 닫힌 후에 회로의 전류는 $i(t)$로 표시하고, 시간 t에서 축전기의 전하는 $q(t)$로 표시하자. 문자 L, R, C는 각각 인덕터, 저항와 전기용량을 표시하고 일반적으로는 항상 일정하다. 키

르히호프의 제2법칙(**Kirchoff's second law**)에 의하면 닫힌 고리의 인가전압 $E(t)$는 고리에 나타난 전압의 합과 같아야 한다. 그림 1.3.4(b)는 인덕터, 축전기와 저항기를 통과하는 전압강하에 대한 내용을 표시한다. 전류 $i(t)$는 $i=dq/dt$에 의해 축전기상의 전하 $q(t)$와 연관되므로 세 종류의 전압

$$\underbrace{L\frac{di}{dt}=L\frac{d^2q}{dt^2}}_{\text{인덕터}},\quad \underbrace{iR=R\frac{dq}{dt}}_{\text{저항기}}\quad \text{그리고}\quad \underbrace{\frac{1}{C}q}_{\text{축적기}}$$

을 모두 더하고 인가전압과 같게 놓으면 2계 미분방정식

$$L\frac{d^2q}{dt^2}+R\frac{dq}{dt}+\frac{1}{C}q=E(t) \tag{11}$$

을 얻는다.

5.1절에서 (11)과 유사한 미분방정식을 상세히 연구할 것이다.

낙체 힘마당에서 움직이는 물체의 운동에 대한 수학적인 모델을 만들기 위해서는 영국 수학자인 **아이작 뉴턴**(**Isaac Newton**, 1643-1727)이 공식화한 운동의 법칙으로 흔히 시작한다. 기초물리학에서 외부의 힘이 작용하지 않는다면 물체는 그 상태를 유지하거나 일정한 속도로 운동한다는 **뉴턴의 운동 제1법칙(Newton's first law of motion)**을 상기하자. 각각의 경우에 이것은 물체에 작용하는 힘의 합 $F=\sum F_k$(즉 실 중량 또는 합성력)이 0일 때, 물체의 가속도 a는 0이라고 말하는 것과 같다. **뉴턴의 운동 제2법칙(Newton's second law of motion)**이란 물체에 작용하는 알짜 힘이 0이 아닐 때, 알짜 힘은 가속도 a에 비례한다는 것 즉, 정확히 $F=ma$를 의미한다. 여기서 m은 물체의 질량이다.

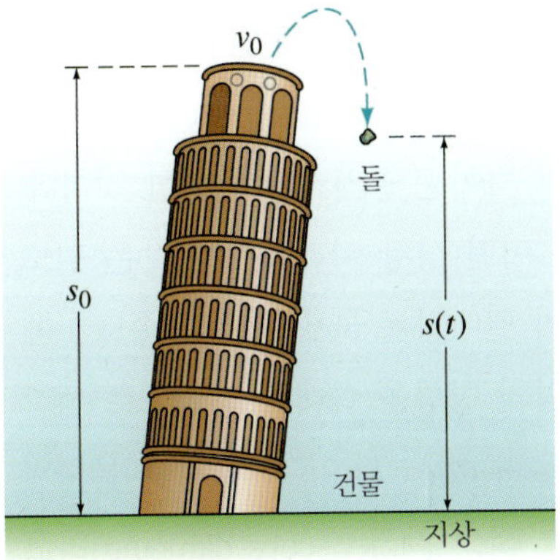

그림 1.3.5 지상에서 측정된 돌의 위치

그림 1.3.5와 같이 건물의 지붕에서 돌을 위로 향하여 던졌다고 하자. 시간 t에서 지상에서 돌의 위치 $s(t)$는 무엇인가? 돌의 가속도는 2계 도함수 $\frac{d^2s}{dt^2}$이다. 위로의 방향을 양이라 가정하고 중력 외에 돌에 작용하는 어떤 힘도 없다고 가정하면, 뉴턴의 제 2법칙에 의하면

$$m\frac{d^2s}{dt^2}=-mg \quad \text{또는} \quad \frac{d^2s}{dt^2}=-g \tag{12}$$

이다. 다시 말하면 알짜 힘은 단순히 지구표면근처의 돌의 무게 $F=F_1=-W$이다. 무게의 크기는 $W=mg$임을 연상하여라. 여기서 m은 물체의 질량이고 g는 중력 가속도이다. 돌의 무게는 아래로 향하는 힘이고 양의 방향과 반대이므로 (12)에서 마이너스 표기가 되었다. 빌딩의 높이가 s_0이고 돌의 초기 속도가 v_0이면 s는 2계 초깃값 문제

$$\frac{d^2s}{dt^2}=-g,\quad s(0)=s_0,\quad s'(0)=v_0 \tag{13}$$

에 의해 결정된다.

아직 위에서 세운 미분방정식의 해를 구하는 방법을 배우지 않았을지라도 (13)은 상수 $-g$를 t에 관해 2번 적분하면 풀 수 있다. 초기 조건은 두 개의 적분상수를 결정해준다. 기초물리학에 의해 (13)의 해는 공식 $s(t)=-\frac{1}{2}gt^2+v_0t+s_0$임을 알 수 있다.

그림 1.3.6 갈릴레오 갈릴레이

낙체와 공기저항 1971년 8월 2일에 우주 비행사인 David Randolph Scott는 달에 깃털과 망치를 동시에 떨어뜨렸다. 달은 중력이 없으므로 깃털과 망치는 같은 시간에 달의 표면에 떨어진다. 이 실험은 이탈리아의 수학자겸 물리학자인 **갈릴레오 갈릴레이**(**Galileo Galilei**, 1564-1642)가 피사의 사탑의 꼭대기에서 떨어뜨린 다른 질량을 가진 두 개의 물체는 동시에 지면에 떨어진다는 1589년의 유명한 실험과 유사하다. 그림 1.3.6을 참조하여라.

갈릴레오의 실험 이전에는 단순히 포탄 같은 물체는 자유낙하를 할 경우에 깃털 같은 가벼운 물체보다 더 빠른 가속도를 가지고 떨어질 것이라 믿었다. 명백히, 포탄과 깃털이 같은 높이에서 동시에 떨어질 때 다른 속도로 떨어지는데, 이것은 포탄이 무겁기 때문에 그런 것은 아니다. 그 속도의 차이는 공기저항에 의한 것이다. 공기의 저항력은 (13)의 모델에서는 무시되었다. 어떤 상황 아래에서는 낮은 밀도와 불규칙한 모양을 갖는 깃털과 같은, 질량 m의 떨어지는 물체는 순간 속도 v에 비례하는 공기저항을 만난다. 이러한 환경에서 양의 방향을 아래쪽 방향으로 생각한다면, 질량에 작용하는 알짜 힘은 $F=F_1+F_2=mg-kv$이다. 여기서 물체의 무게 $F_1=mg$는 양의 방향으로 작용하는 힘이고 **점성 감쇠**(viscous damping)라고 불리는 공기저항 $F_2=-kv$은 위로 향하는 방향의 힘이다. 그림 1.3.7을 참조하여라. 한편 $a=dv/dt$에 의해 v는 a와 관련이 있고, 뉴턴의 제 2법칙은 $F=ma=mdv/dt$이다. 알짜 힘을 뉴턴의 제 2법칙의 식과 같게 놓는다면 시간 t에서 물체의 속도 $v(t)$에 대한 1계 미분방정식,

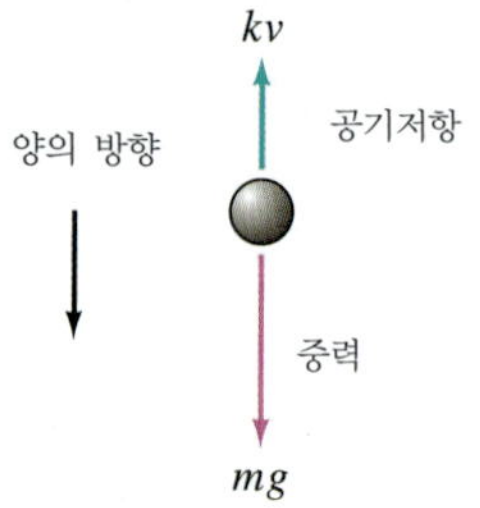

그림 1.3.7 질량 m의 낙체

$$m\frac{dv}{dt}=mg-kv. \tag{14}$$

을 얻게 된다. 여기서 k는 양의 비례상수이다. 만일 $s(t)$가 물체를 떨어트린 처음 시간부터 t시간까지의 물체가 떨어진 거리라면 $v=ds/dt$이고 $a=dv/dt=d^2s/dt^2$이다. s가 들어있는 식으로 (14)는 2계 미분방정식

$$m\frac{d^2s}{dt^2}=mg-k\frac{ds}{dt} \quad \text{또는} \quad m\frac{d^2s}{dt^2}+k\frac{ds}{dt}=mg. \tag{15}$$

(a) 걸려있는 다리의 케이블

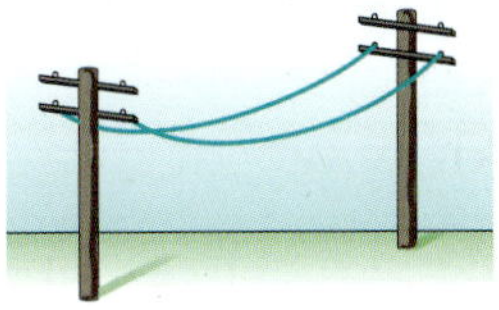

(b) 전화선

그림 1.3.8 수직 지지대 사이에 걸려 있는 케이블

이 된다.

걸려 있는 케이블 휘어지기 쉬운 케이블, 전선 또는 무거운 밧줄이 두 개의 수직 고정대 사이에 늘어져 있다고 가정하자. 이것의 물리적인 예제는 그림 1.3.8(a)에서 보듯이 다리의 노반을 지지하는 두 개의 케이블 중 하나이거나 그림 1.3.8(b)에서 보듯이 두 개의 전봇대 사이에 매달린 긴 전화선이다. 우리가 하고자 하는 것은 그렇게 가정된 케이블의 형태를 설명해주는 수학적 모델을 만드는 것이다.

우선 케이블의 가장 낮은 점 P_1과 임의의 점 P_2 사이의 일부분 또는 부분을 조사할 것이다. 그림 1.3.8에서 그린 것처럼 케이블의 일부분은 가장 낮은 점 P_1에 y축을 지나가게 하고 P_1아래 단위 a에 x축을 위치하도록 만든 직교좌표계의 곡선이 된다. 세 개의 힘이 케이블에 작용한다: P_1과 P_2에서 각각 케이블에 접하는 장력 $\mathbf{T_1}$과 $\mathbf{T_2}$, 그리고 P_1과 P_2 사이에서 전체적인 수직인 힘 $\mathbf{W}$. $T_1 = |\mathbf{T_1}|$, $T_2 = |\mathbf{T_2}|$ 그리고 $W = |\mathbf{W}|$가 이들 벡터의 크기라고 하자. 장력 $\mathbf{T_2}$는 (확실하게 스칼라 양이 아닌) 수평과 수직성분 $T_2\cos\theta$, $T_2\sin\theta$으로 나뉜다. 정적인 평형상태로 인해

$$T_1 = T_2\cos\theta \text{와} \quad W = T_2\sin\theta$$

로 쓸 수 있다. 마지막 방정식을 첫 번째 식으로 나누면 T_2가 소거되고 $\tan\theta = W/T_1$을 얻는다. 그러나 $dy/dx = \tan\theta$이므로

$$\frac{dy}{dx} = \frac{W}{T_1} \tag{16}$$

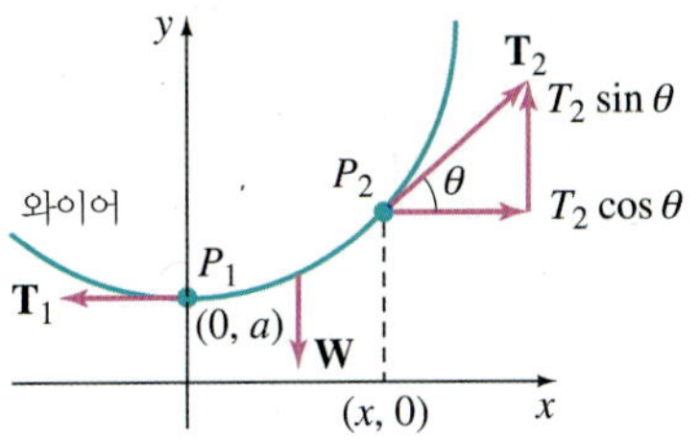

그림 1.3.9 케이블의 구성요소

이 된다. 이 단순한 1계 미분방정식은 그 자신의 무게로 지탱하고 있는 전화선처럼 휘어지기 쉬운 철사와 다리의 노반을 지지하는 케이블에 대한 모델에 적용된다. 연습문제2.2와 5.3절에서 (16)에 대해 다시 다룰 것이다.

앞에 놓인 것 이 교재를 통하여 세 가지 다른 형태의 미분방정식의 접근법 또는 해석을 볼 것이다. 오랜 세월 동안 미분방정식은 어떤 물리적인 현상을 설명하거나 경험이나 실험법칙을 수학적인 용어로 번역하기 위한 과학자 또는 공학자의 노력으로부터 나온 것이다. 그 결과로 과학자, 공학자 또는 수학자들은 미분방정식의 해를 구하기 위해 많은 세월을 보냈다. 직접 구한 해를 갖고 그 해의 성질에 대한 연구가 이어졌다. 해에 대한 이런 탐구는 미분방정식에 관한 해석적 접근으로 불리어진다. 양함수 해는 잘하면 구하기 어렵고 최악의 경우는 구하는 것이 불가능하다는 것을 깨달았을 때, 수학자들은 미분방정식 그 자체가 가치 있는 정보의 근원이 될 수 있다는 것을 배웠다. 어떤 경우에는 미분방정식으로부터 다음과 같은 질문의 답을 어렵게 모을 수 있는 것이 가능하다.

미분방정식이 실제로 해를 갖는가? 미분방정식의 해가 존재하고 초기 조건을 만족한다면 그 해는 유일한가? 미지의 해의 성질은 무엇인가? 해 곡선의 기하학적 성질에 관해 무엇을 이야기할 수 있는가?

이러한 접근을 질적인 분석이라고 한다. 마지막으로 미분방정식이 해석적인 방법으로 풀 수 없으나 해가 존재한다는 것을 증명할 수 있다면, 다음으로 논리적인 질문은

"어떻게 해서든지 미지의 해의 값을 근사할 수 있는가?"

이다. 이것이 수치해석학의 영역이다. 마지막 질문에 대한 긍정적인 답은 미분방정식은 매우 정확한 근사 알고리즘을 만들기 위한 초석으로써 사용할 수 있다는 사실로부터 나온다. 2장에서 1계 상미분방정식에 대한 질적인 사고방법을 다룰 것이다. 그리고 특수한 1계 미분방정식을 풀기 위한 해석적인 전략을 조사하고 기본적인 수치적 방법에 대한 소개로 결론지을 것이다. 그림 1.3.10을 참조하여라.

(a) 해석적 (b) 질적 (c) 수치적

그림 1.3.10 미분방정식의 연구에 대한 다른 접근

주의

방정식 (16)을 제외하고 이 절에서 유도된 미분방정식은 역학적인 시스템, 즉 시간에 따라 진화하거나 변화하는 시스템을 설명하고 있다. 역학적인 시스템의 연구는 현재 인기 있는 수학의 분야이므로 종종 이 분야의 용어를 이야기할 것이다.

더 정확한 용어로, **역학적인 시스템(dynamical system)**은 어떤 시간 t_0에서 규정된 상태에 의해 그 시스템의 상태(과거, 현재 또는 미래상태가 될 수 있다)를 결정할 수 있도록 하는 규칙과 아울러 **상태변수(state variables)**라 불리는 시간 종속변수로 이루어져 있다. 역학적인 시스템은 이산형 시간 시스템이나 연속형 시간 시스템으로 분류된다. 여기서는 주로 연속형 시간 시스템(모든 변수가 연속인 시간의 범위에서 정의된 시스템)만을 다룰 것이다. 연속형 시간 역학 시스템에서의 규칙 또는 수학적 모델은 미분방정식 또는 연립 미분방정식이다. 시간 t에서 **체계의 상태(state of system)**는 그 시간에서 상태변수의 값이다; 시간 t_0에서 시스템의 특정한 상태는 단순히 수학적 모델과 함께하는 초기 조건이다. 초깃값 문제의 해는 그 **체계의 반응(response of the system)**으로서 나타난다. 예를 들어 방사성붕괴

의 경우에 이 규칙은 $dA/dt = kA$이다. 만일 시간 t_0에서 방사성 물질의 양이 알려져 $A(t_0) = A_0$라면, 그 규칙을 풀어서 $t \geq t_0$에 대해 시스템의 반응은 $A(t) = A_0 e^{(t-t_0)}$라는 것을 알게 된다(3.1절 참조). 반응 $A(t)$는 이 시스템에 대한 유일한 상태변수이다. 빌딩의 옥상에서 던져진 돌의 경우, 이 시스템의 반응-초기 조건 $s(0) = s_0$, $s'(0) = v_0$을 갖는 미분방정식 $d^2s/dt^2 = -g$의 해는 함수 $s(t) = -\frac{1}{2}gt^2 + v_0 t + s_0$, $0 \leq t \leq T$이다. 여기서 T는 돌이 땅에 떨어진 시간이다. 상태변수는 $s(t)$와 $s'(t)$인데, 이것은 각각 시간 t에서 땅 위의 돌의 수직 위치와 돌의 속도이다. 구간 $t_0 \leq t \leq T$ 안의 임의의 시간에 대해 돌의 위치 $s(t)$와 속도 $s'(t) = v(t)$를 유일하게 결정하기 위해서는 시간 t_0에서 임의의 초기 위치와 초기 속도를 알아야 하기 때문에 가속도 $s''(t)$는 상태변수가 아니다. 물론 가속도 $s''(t) = a(t)$는 미분방정식 $s''(t) = -g, 0 < t < T$에 의해 주어진다.
마지막으로 강조할 점: 이 교재에서 공부한 모든 시스템이 역학적인 시스템은 아니다. 또한 우리는 모델이 미분방정식인 어떤 정적인 시스템을 조사할 것이다.

연습문제 1.3

개체군 동태론

1. (1)의 모델에 주어진 것과 같은 가정으로, 사람들이 일정한 율 $r > 0$로 한 도시로 이민 온다고 했을 때 도시의 인구수 $P(t)$에 대한 미분방정식을 구하여라. 사람들이 일정한 비율 $r > 0$로 한 도시로부터 이주한다고 했을 때 인구수 $P(t)$에 대한 미분방정식은 무엇인가?

2. (1)에서 주어진 인구수 모델은 죽음을 고려할 경우 성립하지 않는다; 성장률은 출생률과 같다. 한 지역사회의 인구변화에 대한 다른 모델로 인구가 변화하는 비율인 정량비율 즉, 이 지역사회의 출생률과 사망률 사이의 차이만을 가정한다. 만일 출생률과 사망률이 모두 시간 $t > 0$에서 현재 인구수에 비례한다고 했을 때 인구수 $P(t)$에 대한 모델을 구하여라.

3. 문제2에서 소개한 정량비율의 개념을 사용하여, 출생률이 시간 t에서 현재의 인구수에 비례하고 사망률은 시간 t에서 현재의 인구수의 제곱에 비례한다면 인구수 $P(t)$에 대한 모델을 구하여라.

4. 어떤 종류의 물고기가 일정한 비율 $h > 0$으로 잡힌다고 가정하여 그 물고기의 개체 수 $P(t)$가 정량비율로 바뀌는 문제3에서의 모델을 수정하여라.

뉴턴의 냉각/예열 법칙

5. 한 잔의 커피는 뉴턴의 냉각 법칙 (3)에 의해 차가워진다. 그림 1.3.11의 온도 $T(t)$의 그래프의 데이터를 사용하여 1계 초깃값 문제: $dT/dt = k(T - T_m)$, $T(0) = T_0$ 형태의 모델에서 상수 T_m, T_0와 k를 추정하여라.

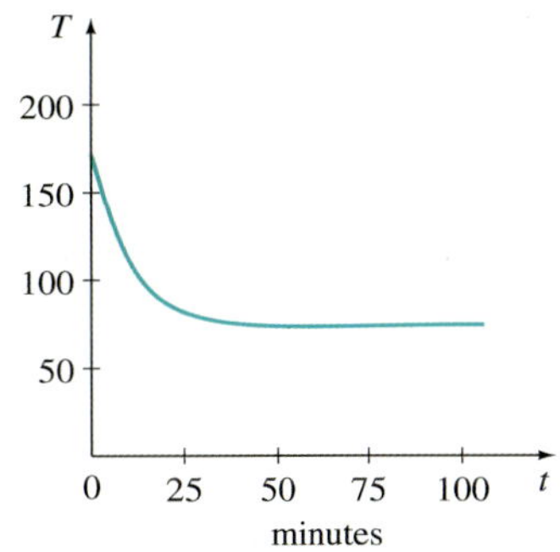

그림 1.3.11 문제5에 대한 냉각곡선

6. (3)에서의 주변의 온도 T_m은 시간 t의 함수가 될 수 있다. 그림 1.3.12에서 설명되듯이 인공적으로 제어된 환경에서

T_m은 24시간 주기를 갖는 주기함수이다. 이러한 환경에서 물체의 온도 $T(t)$에 대한 수학적인 모델을 고안하여라.

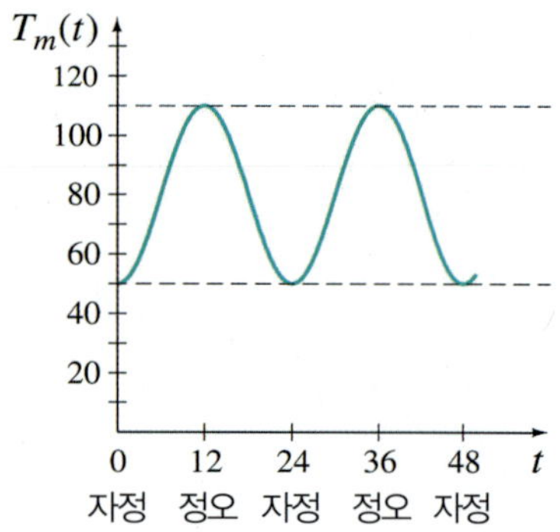

그림 1.3.12 문제6에 대한 주변의 온도

질병/기술의 전파

7. 독감을 앓고 있는 학생이 1000명의 학생이 있는 외진 대학 교캠퍼스에 왔다. 만일 병이 전파되는 비율이 독감을 앓고 있는 학생의 수와 아직 독감에 노출되지 않은 학생의 수 사이의 교류 횟수에 비례한다면 독감에 걸린 사람의 수 $x(t)$에 대한 미분방정식을 구하여라.

8. $t=0$으로 표시된 시간에 인구수 n명인 지역사회에 기술적인 혁신이 소개되었다. 만일 지역사회에 퍼지는 혁신의 비율은 그것을 채택한 사람의 수와 채택하지 않은 사람의 수에 공동으로 비례한다면 시간 t에 혁신을 채택한 사람의 수 $x(t)$에 대한 미분방정식을 구하여라.

혼합물

9. 큰 탱크에 50kg의 소금이 용해되어 있는 300L의 물이 들어 있다고 가정하자. 순수한 물이 3L/min의 비율로 탱크에 들어가고 용액은 잘 저어진 후에 같은 비율로 밖으로 배출된다. 시간 $t>0$에 탱크 안에 소금의 양 $A(t)$에 대한 미분방정식을 구하여라. $A(0)$은 얼마인가?

10. 큰 탱크에 50kg의 소금이 용해되어 있는 300L의 용액이 들어 있다고 가정하자. 또 다른 소금물이 3L/min의 비율로 탱크로 들어가고 용액은 잘 저어진 후에 2L/min의 느린 비율로 밖으로 배출된다. 들어간 소금물의 농도가 2kg/L일 때 시간 $t>0$에 탱크 안에 소금의 양 $A(t)$에 대한 미분방정식을 구하여라.

11. 문제10에서 만일 잘 혼합된 용액이 3.5L/min의 빠른 비율로 밖으로 배출된다면 문제10에서의 미분방정식은 무엇인가?

12. 큰 탱크에 처음 식염수 N_0리터가 들어있고 r_{in}과 r_{out}이 각각 식염수의 유입률과 유출률(분당 리터으로 측정된)이라고 하고, c_{in}이 유입된 소금의 농도이며 $c(t)$는 시간 t에 탱크 안에 소금의 농도(리터당 소금의 kg로 측정된)이고, $A(t)$는 시간 $t>0$에 탱크 안에 소금의 양이라고 할 때 이 절의 방정식 (8)에서 주어진 모델을 일반화하여라.

탱크의 배수

13. 바닥에 단면적 A_h의 원형 구멍을 통하여 탱크 안에 물이 나오고 있다. 물이 구멍에서 나올 때 구멍 근처의 물줄기의 마찰과 수축으로 인해 초당 탱크에서 나오는 물의 부피는 $cA_h\sqrt{2gh}$로 줄어든다. 여기서 $c(0<c<1)$는 경험적인 상수이다. 그림 1.3.13과 같은 정육면체 탱크에 대해 시간 t에서 물의 높이 h에 대한 미분방정식을 구하여라. 구멍의 반경은 2 in이고 $g=32\text{ft/s}^2$이다.

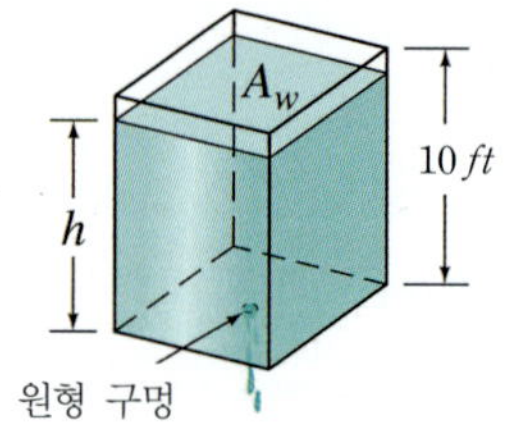

그림 1.3.13 문제13에 대한 탱크

14. 그림 1.3.14와 같은 원뿔모양의 탱크에서 바닥에 있는 원형 구멍으로 물이 새어나간다. 시간 $t>0$에서 물의 높이 h에 대한 미분방정식을 구하여라. 구멍의 반지름은 50mm이고 $g=9.8\text{m/s}^2$이며 문제13에서 소개된 마찰/수축인자는 $c=0.6$이다.

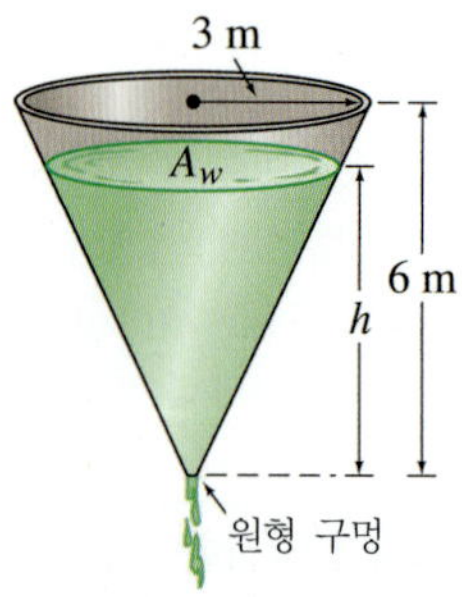

그림 1.3.14 문제14에 대한 원뿔 탱크

직렬회로

15. 그림 1.3.15와 같은 직렬회로는 저항기와 인덕터를 포함한다. 만일 저항이 R이고 인덕턴스가 L이며 인가전압이 $E(t)$일 때 전류 $i(t)$에 대한 미분방정식을 구하여라.

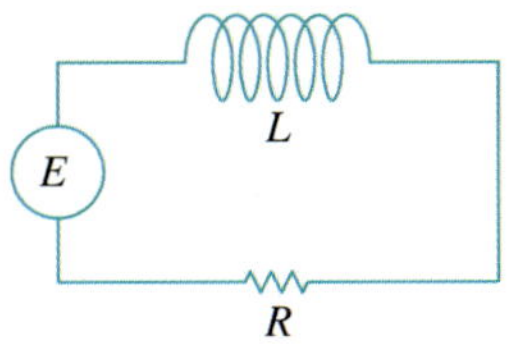

그림 1.3.15 문제15에 대한 LR-직렬회로

16. 그림 1.3.16과 같은 직렬회로는 저항과 축전기를 포함한다. 저항이 R이고 전기용량이 C이며 인가전압이 $E(t)$일 때 축전기상의 전하 $q(t)$에 대한 미분방정식을 구하여라.

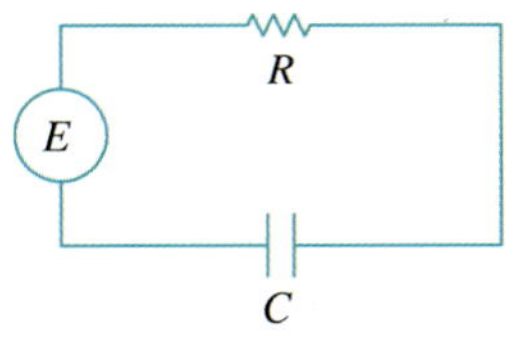

그림 1.3.16 문제16에 대한 RC 직렬회로

낙체와 공기저항

17. 그림 1.3.17과 같은 낙하산이 열리기 전에 떨어지는 스카이다이버처럼 공기 중에 빠른 속도의 운동에 대한 공기저항은 순간 속도 $v(t)$의 힘에 더 가깝다. 만일 공기저항이 순간 속도의 제곱에 비례한다면 질량 m인 물체의 낙하하는 속도 $v(t)$에 대한 미분방정식을 구하여라.

그림 1.3.17 문제17에 대한 속도의 제곱에 비례하는 공기저항

뉴턴의 제2법칙과 아르키메데스의 원리

18. 무게 wN, 지름 s미터의 원형 통이 그림 1.3.18(a)에서와 같이 물 위에 떠 있다. 처음 물에 들어간 후에는 그 통은 수직으로 위 아래로 움직인다. 그림 1.3.18(b)를 이용하여 통이 움직이지 않을 때 원점을 물 표면에서 수직축 상에서 취한다면 수직변위 $y(t)$에 대한 미분방정식을 구하여라. **아르키메데스의 원리**(Archimedes's principle)를 이용하면 통에 대한 물의 부력 또는 위로 향하는 힘은 위치가 변한 물의 무게와 같다. 아래 방향이 양의 방향이고, 물의 무게밀도는 9810 N/m³이며 통과 물 사이에 어떠한 저항도 없다고 가정한다. Syracuse의 아르키메데스(287 BCE-212 BCE)는 고대의 매우 중요한 과학자이면서 수학자 중 하나이다. 그는 수 π의 근삿값을 사용하여 구의 부피와 표면적, 원의 면적을 구하였다.

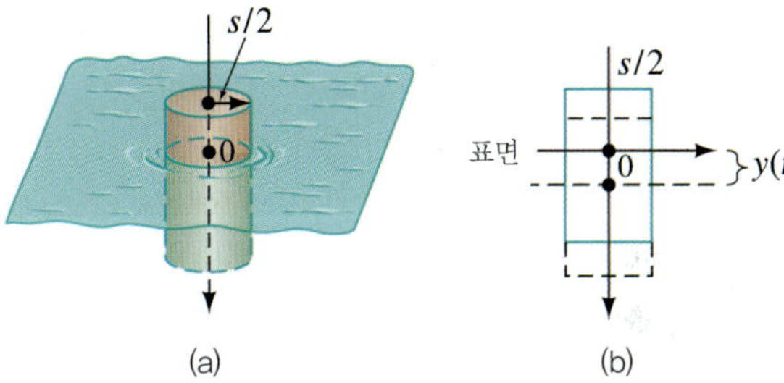

그림 1.3.18 문제18에 대한 물위에 떠 있는 원통의 수직운동

뉴턴의 제2법칙과 후크의 법칙

19. 질량 m인 물체가 스프링에 매달려서 s만큼 늘어뜨린 후 그림 1.3.19(b)에서 보이듯이 평형상태로 움직이지 않고 매달려 있다. 이러한 스프링이 운동 중에 진동할 때 $x(t)$는 평형상태에서 벗어난 질량의 거리라고 하자. 그림 1.3.19(c)에서 보듯이 아래 방향이 양의 방향이고 이 운동은 질량의 중력의 중심을 통하여 수직선 방향으로 일어나며, 이 시스템에 작용하는 유일한 힘은 물질의 무게와 스프링의 복원력이라고 가정하자. 후크의 법칙(Hooke's law)을 사용하면 스프링의 복원력은 전체 늘어난 길이에 비례한다. 시간 $t>0$에서 변위 $x(t)$에 대한 미분방정식을 구하여라.

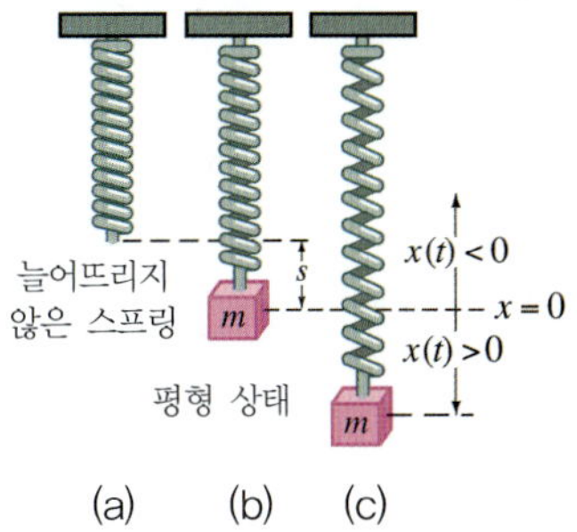

그림 1.3.19 문제19에 대한 스프링 체계

20. 문제19에서 만일 물질의 순간 속도에 비례하면서 운동의 반대 방향으로 작용하는 스프링시스템의 감쇠력을 전달해 주는 중간상태로 운동이 일어난다면 변위 $x(t)$에 대한 미분방정식은 무엇인가?

뉴턴의 제2법칙과 로켓 운동

질량 m인 물체가 시간에 따라 변할 때 뉴턴의 제2법칙은

$$F = \frac{d}{dt}(mv) \tag{17}$$

이다. 여기서 F는 물체에 작용하는 힘이고 mv는 그의 운동량이다. (17)을 사용하여 21, 22를 풀어라.

21. 작은 일단 로켓이 그림 1.3.20과 같이 수직으로 발사되고 있다. 일단 발사되면 로켓은 연료를 소모하며 그의 총 질량 $m(t)$는 시간 $t>0$에 따라 변한다. 위로 향하는 것을 양의 방향이라고 하고 공기저항은 로켓의 순간 속도 v에 비례하며 R은 추진 시스템에서 생성된 추진력 또는 힘이라 한다면, 로켓의 속도 $v(t)$에 대한 수학적 모델을 구하여라. [힌트: 1.3절 (14)를 참조하여라.]

그림 1.3.20 문제21의 일단 로켓

22. 문제21에서 질량 $m(t)$는 3가지의 다른 질량의 합이다; $m(t) = m_p + m_v + m_f(t)$, 여기서 m_p는 유효탑재량의 일정한 질량, m_v는 발사체의 일정한 질량, $m_f(t)$는 변하는 연료의 양이다.

(a) 로켓의 총질량 $m(t)$의 변화율은 연료의 질량 $m_f(t)$의 변화율과 같음을 보여라.

(b) 로켓이 일정한 비율 λ로 연료를 소모한다고 할 때 $m(t)$를 구하여라. λ와 초기 질량 $m(0) = m_0$에 관하여 문제 21에서 구한 미분방정식을 다시 표현하여라.

(c) (b)의 가정 아래서 로켓의 연료소모 시간 $t_b > 0$ 또는 모든 연료를 다 소모한 시간은 $t_b = m_f(0)/\lambda$가 됨을 보여라. 여기서 $m_f(0)$는 연료의 초기 질량이다.

뉴턴의 제2법칙과 만유인력의 법칙

23. **뉴턴의 만유인력의 법칙**에 의하면, 그림 1.3.21에서 위성과 같은 표면에서 먼 거리로부터 자유 낙하하는 물체의 가속도 a는 상수 g가 아니다. 오히려, 가속도 a는 지구의 중심으로부터의 거리의 제곱에 반비례한다. 즉, $a = k/r^2$이다. 여기서 k는 비례상수이다. k를 규정하기 위하여 지구의 표면에서 $r=R$이고 $a=g$라는 사실을 사용하여라. 위의 방향이 양의 방향이라면 뉴턴의 제2법칙과 만유인력의 법칙을 사용하여 거리 r에 대한 미분방정식을 구하여라.

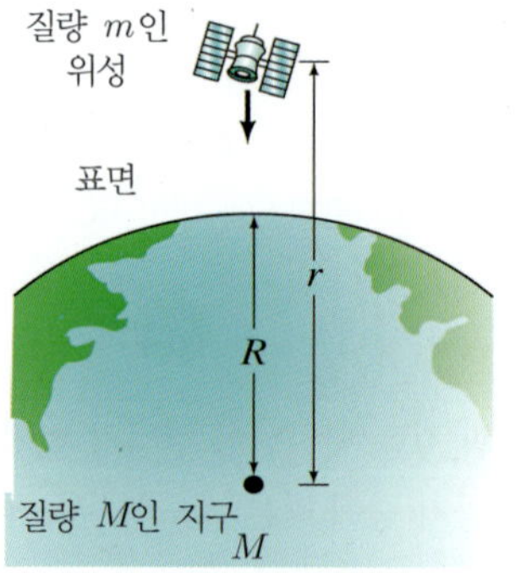

그림 1.3.21 문제23의 위성

24. 그림 1.3.22와 같이 지구의 중심에 구멍을 뚫고 그 구멍에 질량 m의 볼링공을 떨어뜨린다고 가정하자. 공의 운동을 설명하는 수학적 모델을 만들어라. 시간 t에서 지구의 중심에서 질량 m까지의 거리를 r이라고 하고, M이 지구의 질량, M_r이 지구의 일부분인 반경 r인 구의 질량 그리고 δ가 지구의 일정한 밀도라고 가정하여라.

그림 1.3.22 문제24에서 지구를 관통하는 구멍

추가한 수학적 모델

25. **학습이론** 학습이론에서 어떤 주제를 암기한 비율은 암기해야 할 양에 비례한다. M이 암기한 주제의 전체량을 표시하고 $A(t)$는 시간 $t>0$에 암기된 주제의 양이라고 하자. $A(t)$에 대한 미분방정식을 구하여라.

26. **건망증** 문제25에서 어떤 과제를 잊어버리는 비율은 시간 $t>0$에 암기된 양에 비례한다고 가정하자. 건망증을 고려할 때 양 $A(t)$에 대한 미분방정식을 구하여라.

27. **약의 주입** 어떤 약이 초당 rg의 일정한 비율로 환자의 혈관에 주입된다. 동시에, 시간 t에 존재하는 약의 양 $x(t)$에 비례하는 비율로 약이 없어진다. 양 $x(t)$ 대한 미분방정식을 구하여라.

28. **추적선(tractrix)** 추적선이라 불리는 곡선 C를 따라 수상 스키를 탄 사람을 끄는 배가 원점에서 출발하여 양의 x축 방향으로 움직이고 있다. 그림 1.3.23을 참조하여라. 처음 y축 상에 점 $(0, a)$에 위치한 수상 스키를 탄 사람은 일정한 길이 a를 갖는 밧줄에 의해 움직이는 동안 팽팽한 상태로 끌려가고 있다. 시간 $t>0$에 수상스키를 탄 사람은 점 $P(x, y)$에 위치하고 있다. 밧줄은 항상 운동 궤도 C에 접한다고 가정하자. 접선의 개념을 사용하여 운동 궤도 C에 대한 미분방정식을 구하여라.

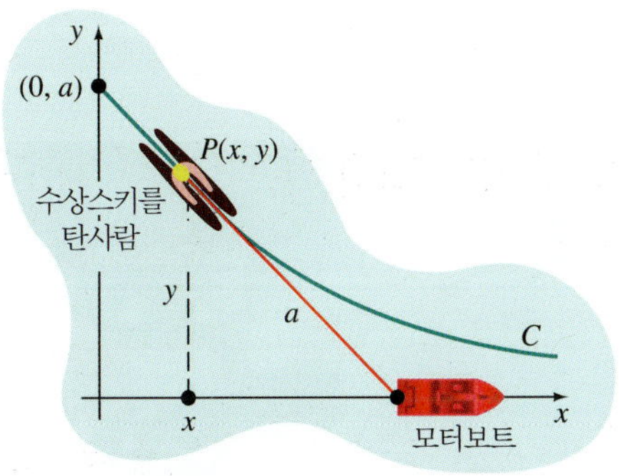

그림 1.3.23 문제28에서 수상스키를 탄 사람

29. **반사물질** 그림 1.3.24와 같이 평면곡선 C가 x축 주위로 회전할 때 그것은 표면을 때리는 x축에 평행한 모든 광선 L이 점 O(원점)으로 반사되는 성질을 지니는 회전 평면을 만든다. 입사각이 반사각과 같다는 사실을 이용하여 곡선 C의 모양을 설명하는 미분방정식을 구하여라.

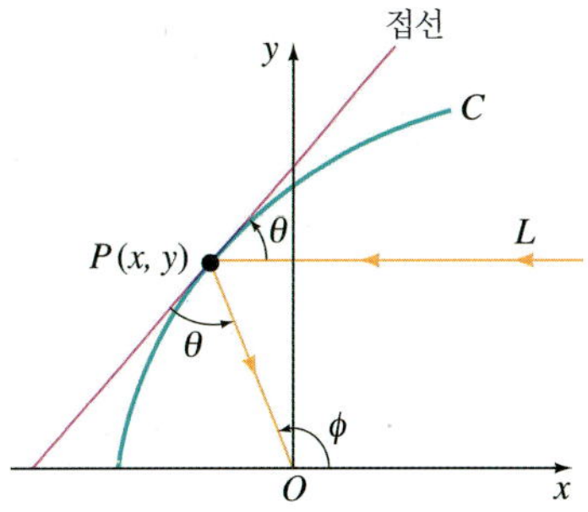

그림 1.3.24 문제29에서 반사되는 표면

이러한 곡선 C는 위성 안테나의 망원경, 자동차 전조등과 태양에너지 수집기까지 많은 응용에 중요하다. [힌트: 그림을 잘 관찰하면 $\phi=2\theta$임을 알 수 있다. 왜인가? 적절한 삼각방정식을 사용하여라.]

토론 문제

30. 연습문제1.1의 문제53을 다시 읽고 방정식 (1)에 대한 양함수 해 $P(t)$를 구하여라. (1)의 한 개의 매개변수 해 집합족을 구하여라.

31. 방정식 (3)에 연결된 문장을 다시 읽고 T_m은 양의 상수라고 가정하자. 냉각과 예열의 경우에 (3)에서 $k<0$으로 기대하는 이유를 설명하여라. 그래프적인 방법으로 $T(t)>T_m$을 설명하면서 이것을 해결할 수 있다.

32. 방정식 (8)까지 이끈 설명을 다시 읽어보자. 처음 탱크에 50 kg의 소금이 있다고 가정하면 소금은 $t>0$에 대해 계속 탱크에 추가되므로 $A(t)$는 증가함수가 된다는 사실은 타당성이 있다. 미분방정식을 실제로 풀지 않고도, 미방을 통해서 오랜 시간이 지난 후에 탱크 안에 있는 소금의 킬로그램 양을 어떻게 구할 수 있는지를 설명하여라.

33. **개체 수 모델** 미분방정식 $\dfrac{dP}{dt}=(k\cos t)P$는 어떤 지역사회의 인구수에 관한 모델이다. 여기서 k는 양의 상수이다. 이 방정식의 해에 대한 해석을 논의하여라. 즉, 미분방정식은 어떤 종류의 인구수를 설명한다고 생각하는가?

34. **회전하는 액체** 그림 1.3.25(a)에서 보듯이 액체로 채워진 직원기둥이 일정한 각속도 ω로 직원기둥의 중심을 지나는 y축 주위로 회전한다. 회전하는 액체는 회전평면 S를 만든다. S를 확인하기 위해 우선 그 y축과 교차점(원점)이 평면 S

에서 가장 낮은 점에 위치하도록 하고 y축에 수직으로 그려진 x축에 의해 결정되는 수직 평면으로 이루어진 좌표계를 만든다.

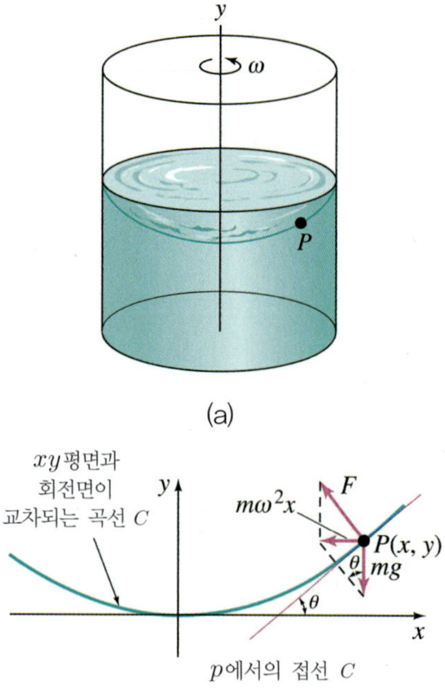

그림 1.3.25 문제34에서 회전하는 액체

그리고 평면 S와 수직 좌표평면과 교차하는 곡선 C를 표현하는 함수 $y=f(x)$를 찾는다. $P(x, y)$는 좌표평면에서 질량 m인 회전하는 액체의 입자의 위치를 표시한다고 하자. 그림 1.3.25(b)을 참조하여라.

(a) P에서는 평면 S에 수직인 액체의 다른 입자 때문에 생기는 크기 F의 반작용 힘이 존재한다. 뉴턴의 제2법칙에 의하면 입자에 작용하는 알짜 힘의 크기는 $m\omega^2$이다. 이 힘은 무엇인가? 그림 1.3.25(b)를 이용하여 방정식

$$F\cos\theta = mg, \quad F\sin\theta = m\omega^2 x$$

의 성질과 유도된 과정에 대하여 설명하여라.

(b) (a)를 이용하여 함수 $y=f(x)$를 정의하는 1계 미분방정식을 구하여라.

35. 낙하물체 문제23에서 $r=R+s$라고 하자. 여기서 s는 지구 표면에서 낙하물체까지의 거리이다. s가 R과 비교하여 매우 작은 값일 때 문제23에서 얻어진 미분방정식은 어떻게 되는가?[힌트: $(R+s)^{-2}=R^{-2}(1+s/R)^{-2}$에 대한 이항급수를 생각하여라.]

36. 떨어지는 빗방울 기상학에서는 미류운이란 땅에 떨어지기 전에 증발되는 빗방울 또는 얼음 입자를 의미한다. 원래 빗방울의 모양은 구모양이다. $t=0$인 어떤 시간에 시작하여 반경 r_0인 빗방울이 움직이지 않은 상태에서 구름에서 떨어지고 증발되기 시작한다.

(a) 빗방울의 모양이 구 형태를 유지하는 상태로 증발된다고 가정하면 빗방울이 증발되는 비율 즉, 질량이 줄어드는 비율은 표면적에 비례한다고 가정하는 것은 합리적이다. 이 가정에 의해 빗방울의 반경 r이 감소되는 비율은 일정하다는 것을 보여라. 그리고 $r(t)$를 구하여라. [힌트: 연습문제1.1의 문제63]

(b) 아래 방향이 양의 방향이라면 시간 $t>0$에 떨어지는 빗방울의 속도 v에 대한 수학적인 모델을 만들어라. 공기저항은 무시하여라. [힌트: (17)로 주어진 뉴턴의 제 2운동법칙을 이용하여라.]

37. 눈이 오도록 두라. "제설기 문제"는 고전적인 문제이고 많은 미분방정식교재에서 나타나는데, **랄프 팔머 애그뉴(Ralph Palmer Agnew)**가 만든 문제이다.

"어느 날 규칙적인 비율로 많은 눈이 내리기 시작했다. 제설기가 정오에 가동되어 처음 한 시간은 2km, 그리고 다음 한 시간은 1km를 움직였다. 눈이 내리기 시작한 시간은 몇 시인가?"

랄프 팔머 애그뉴가 McGraw-Hill Book Co에 출간한 교재 미분방정식을 찾아서 이 수학적 모델을 만드는 것과 해에 대해 논의하여라.

그림 1.3.26 문제37의 제설기

38. 개체군 동태론 $dP/dt=0.15P(t)$가 어떤 세포배양의 증가에 대한 수학적 모델을 나타낸다고 가정하자. 여기서 $P(t)$는 시간 $t>0$(분 단위로 측정된)에서 배양의 크기(세포의 백만

단위로 측정된)이다. 배양의 크기가 2백만에 도달할 때의 배양은 얼마나 빨리 증가하는가?

39. **방사선 붕괴** $dA/dt = -0.0004332A(t)$는 라듐-226의 붕괴에 대한 수학적 모델을 나타낸다고 가정하자. 여기서 $A(t)$는 시간 $t > 0$(연 단위로 측정된)에서 라듐의 양(그램 단위로 측정된)이다. 라듐 샘플이 해마다 0.002g의 비율로 붕괴될 때 특정 시간에 라듐은 얼마나 남아 있는가?

40. 이 절을 다시 읽고 각각의 수학적 모델이 선형인지 비선형인지를 구분하여라.

1장 복습

(1–2) 밑줄 친 곳을 채우고, c_1이 나타나지 않으면서 $dy/dx = f(x, y)$ 형태를 갖는 1계 선형 미분방정식으로 다시 표현하여라. 기호 c_1는 상수이다.

1. $\dfrac{d}{dx}c_1e^{10x} =$ ________________

2. $\dfrac{d}{dx}(5 + c_1e^{-2x}) =$ ________________

(3–4) 밑줄 친 곳을 채우고, c_1과 c_2가 나타나지 않으면서 $F(y, y'') = 0$ 형태를 갖는 2계 선형 미분방정식으로 다시 표현하여라. 기호 c_1, c_2와 k는 상수이다.

3. $\dfrac{d^2}{dx^2}(c_1\cos kx + c_2\sin kx) =$ ________________

4. $\dfrac{d^2}{dx^2}(c_1\cosh kx + c_2\sinh kx) =$ ________________

(5–6) y'과 y''을 구하고, 이들 도함수를 y와 결합하여 c_1과 c_2가 나타나지 않으면서 $F(y, y', y'') = 0$ 형태를 갖는 2계 선형 미분방정식으로 다시 표현하여라. 기호 c_1, c_2는 상수이다.

5. $y = c_1e^x + c_2xe^x$

6. $y = c_1e^x\cos x + c_2e^x\sin x$

(7–12) 다음 주어진 미분방정식을 하나 또는 그 이상의 해 (a)-(d)와 연결하여라.

(a) $y = 0$, (b) $y = 2$, (c) $y = 2x$, (d) $y = 2x^2$

7. $xy' = 2y$

8. $y' = 2$

9. $y' = 2y - 4$

10. $xy' = y$

11. $y'' + 9y = 18$

12. $xy'' - y' = 0$

(13–14) 검산으로 주어진 미분방정식의 적어도 하나의 해를 구하여라.

13. $y'' = y'$

14. $y' = y(y - 3)$

(15–16) 다음을 미분방정식으로 표현하여라.

15. $y = \phi(x)$의 그래프상의 점 $P(x, y)$에서 접선의 기울기는 $P(x, y)$에서 원점까지 거리의 제곱이다.

16. $y = \phi(x)$의 그래프상의 점 $P(x, y)$에서 x에 관한 기울기의 변화율은 $P(x, y)$에서 접선의 음의 기울기이다.

17. (a) 함수 $y = x^{2/3}$의 정의역을 구하여라.
(b) $y = x^{2/3}$이 미분방정식 $3xy' - 2y = 0$의 해로 정의되는 가장 큰 구간 I를 구하여라.

18. (a) 단일변수 해 집합족인 $y^2 - 2y = x^2 - x + c$는 미분방정식
$$(2y - 2)y' = 2x - 1$$
의 음함수해가 됨을 증명하여라.
(b) (a)의 단일변수 해 중 초기 조건 $y(0) = 1$을 만족하는 해를 구하여라.
(c) (b)의 결과를 이용하여 $y(0) = 1$을 만족하는 양함수 해 $y = \phi(x)$을 구하여라. 함수 ϕ의 정의역을 구하여라. $y = \phi(x)$가 초깃값 문제의 해가 되는가? 만일 그렇다면 해가 정의되는 구간 I를 구하고 그렇지 않다면 그 이유를 설명하여라.

19. $y=x-2/x$는 미분방정식 $xy'+y=2x$의 해가 된다. $y(x)$가 초깃값 문제 $xy'+y=2x$, $y(x_0)=1$의 해가 되는 x_0와 가장 큰 구간 I를 구하여라.

20. $y(x)$가 초깃값 문제 $y'=x^2+y^2$, $y(1)=-1$의 해이고 $x=1$에서 적어도 하나의 2계 도함수를 갖는다고 가정하자. 미분방정식을 사용하여 $x=1$의 근방에서 $y(x)$가 증가인지 감소인지 결정하고 $y(x)$의 그래프는 위로 오목인지 아래로 오목인지 결정하여라.

21. 미분방정식은 하나 이상의 해 집합족을 가질 수 있다.

(a) $y=\phi_1(x)=x^2+c_1$과 $y=\phi_2(x)=-x^2+c_2$의 그래프를 그려라.

(b) $y=\phi_1(x)$와 $y=\phi_2(x)$는 1계 비선형 미분방정식 $(y')^2=4x^2$의 두 해임을 증명하여라.

(c) (b)에서의 비선형 미분방정식의 해가 되지만 (a)에서의 해 집합족 중의 어느 하나도 아닌 조각적으로 정의된 함수를 구하여라.

22. $(-1, 4)$를 지나면서 $y'=6\sqrt{y}+5x^3$의 해의 그래프에 접하는 직선의 기울기는 무엇인가?

(23–26) 제시된 함수는 주어진 미분방정식의 양함수 해이다. 각각의 해에 대해 정의구간 I를 구하여라.

23. $y''+y=2\cos x-2\sin x;\quad y=x\sin x+x\cos x$

24. $y''+y=\sec x;\ y=x\sin x+(\cos x)\ln(\cos x)$

25. $x^2y''+xy'+y=0;\ y=\sin(\ln x)$

26. $x^2y''+xy'+y=\sec(\ln x);$
$y=\cos(\ln x)\ln(\cos(\ln x))+(\ln x)\sin(\ln x)$

(27–30) 1.1절 (12)를 이용하여 제시된 함수가 주어진 미분방정식의 해가 됨을 보여라. 각각의 해에 적절한 정의구간 I를 가정하자.

27. $\dfrac{dy}{dx}+(\sin x)y=x;\ y=e^{\cos x}\displaystyle\int_0^x te^{-\cos t}dt$

28. $\dfrac{dy}{dx}-2xy=e^x;\ y=e^{x^2}\displaystyle\int_0^x e^{t-t^2}dt$

29. $x^2y''+(x^2-x)y'+(1-x)y=0;\ y=x\displaystyle\int_1^x \frac{e^{-t}}{t}dt$

30. $y''+y=e^{x^2};\ y=\sin x\displaystyle\int_0^x e^{t^2}\cos t\,dt-\cos x\int_0^x e^{t^2}\sin t\,dt$

(31–34) 제시된 함수가 주어진 미분방정식의 음함수 해가 됨을 보여라.

31. $x\dfrac{dy}{dx}+y=\dfrac{1}{y^2};\quad x^3y^3=x^3+1$

32. $\left(\dfrac{dy}{dx}\right)^2+1=\dfrac{1}{y^2};\ (x-5)^2+y^2=1$

33. $y''=2y(y')^3;\ y^3+3y=1-3x$

34. $(1-xy)y'=y^2;\ y=e^{xy}$

35. $y=c_1+\cos 3x$가 미분방정식 $y''+9y=5$의 해가 되도록 상수 c_1을 구하여라.

36. $y=c_1+c_2x$가 미분방정식 $y''+2y=3x$의 해가 되도록 수 c_1과 c_2를 구하여라.

37. c가 임의의 상수일 때 $y=ce^{-x}+4x-6$이 해가 되는 1계 미분방정식을 구하여라.(힌트: 미분하여 두 개의 방정식에서 c를 소거하여라.)

38. 그래프가 (0, 0)을 지나고 xy평면의 임의의 점 (x,y)에서 기울기가 $6-2x$가 되는 함수 $y=f(x)$를 구하여라.

(39–42) $y=c_1e^{3x}+c_2e^{-x}-2x$는 2계 미분방정식 $y''-2y'-3y=6x+4$의 2개의 매개 변수집합족이다. 이 미분방정식과 주어진 초기 조건으로 구성된 IVP의 해를 구하여라.

39. $y(0)=0,\quad y'(0)=0$

40. $y(0)=1,\quad y'(0)=-3$

41. $y(1)=4,\quad y'(1)=-2$

42. $y(-1)=0,\quad y'(-1)=1$

43. 2계 초깃값 문제 $d^2y/dx^2=f(x, y, y')$, $y(2)=y_0$, $y'(2)=y_1$의 해의 그래프가 그림 1.R.1에 주어져 있다. 그래프를 이용하여 y_0와 y_1의 값을 추정하여라.

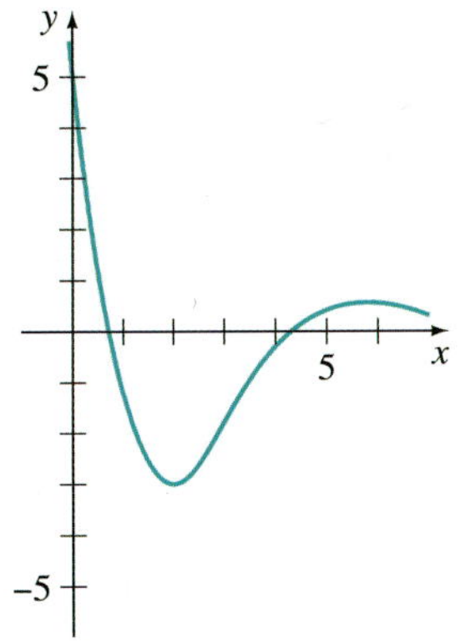

그림 1.R.1 문제43에 대한 그래프

44. 물의 높이 반지름 0.6m이고 높이 3m인 직원기둥 모양의 탱크가 세워져있다. 처음에 탱크는 물이 채워져 있고 바닥에 반지름 12.5mm의 원형 구멍을 통하여 물이 빠져나간다고 했을 때 시간 $t > 0$에서 물 의 높이 h에 대한 미분방정식을 구하여라. 구멍에서의 마찰과 물의 수축은 무시하여라.

45. 밧줄 당기기 10피트 길이의 균일한 무거운 밧줄이 땅 위에 느슨하게 감겨 있다. 그림 1.R.2에서 볼 수 있듯이 밧줄의 한쪽 끝은 5파운드의 일정한 힘으로 수직으로 위로 당겨진다. 밧줄의 무게는 1lb/ft이다. 연습문제1.3의 (17)에 주어진 형태로 뉴턴의 제2법칙을 사용하여 시간 t에서 지면 위 끝의 높이 $x(t)$에 대한 미분방정식을 구하여라. 양의 방향이 위쪽이라고 가정하자.

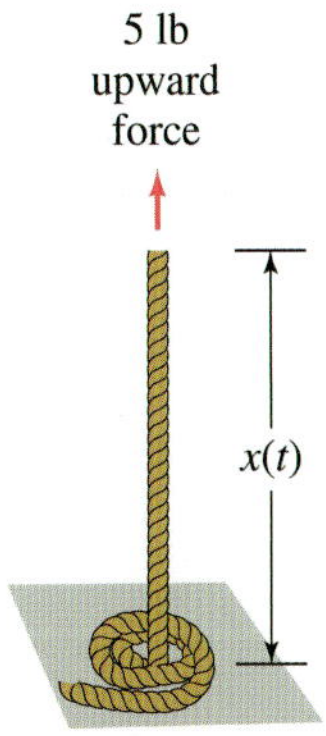

그림 1.R.2 문제45에서 위로 당겨진 밧줄

02

1계 미분방정식

수학의 역사는 처음에는 대수방정식 그 다음 궁극적으로는 미분방정식을 풀려고 일생을 바친 사람들의 이야기로 가득 차 있다. 우리는 2.2절에서부터 2.5절까지는 1계 미분방정식의 해를 구하는 데 중요한 해석적인 방법의 일부분을 학습하게 될 것이다. 그러나 어떠한 방정식을 풀기 전에, 다음 두 가지 사실을 인식해야 한다: 어느 미분방정식의 해는 존재하지 않을 수 있고, 어느 미분방정식의 해는 존재하지만 아직 그것을 풀기 위한 해석적인 방법이 존재하지 않을 수 있다. 2.1절과 2.6절에서 우리는 임의의 미분방정식을 풀지는 않지만 미분방정식 그 자체로부터 직접적으로 해의 정보를 알아내는 방법을 학습하게 된다.

2.1 풀이 없는 해곡선들

소개 우리가 지금 해를 구할 수도 없고 해석적으로 답을 구하는 방법으로 전환할 수도 없는 1계 미분방정식 $\frac{dy}{dx}=f(x, y)$을 대하고 있다고 가정하자. 어떤 미분방정식들은 스스로 해들이 어떻게 "움직일 것인지"에 대한 정보를 우리에게 제공해 주기 때문에, 이 문제가 생각처럼 아주 나쁜 상황이 아닐 수 있다.

우리는 1계 미분방정식을 질적으로 분석하는 두 가지 방법으로 미분방정식에 관한 학습을 시작한다. 이 두 가지 방법은 방정식을 풀지 않고도 해곡선이 어떻게 생겼는지를 대략적으로 판단할 수 있게 해준다.

2.1.1 방향장

몇 가지 기본적인 질문들 1.2절에서 $f(x, y)$와 $\frac{\partial f}{\partial y}$가 어떤 연속성의 조건을 만족할 때마다, 해의 존재성과 유일성에 대한 정성적인 질문에 답을 구할 수 있음을 알았다. 이 절에서는 함수 f가 단 하나의 변수 y에 종속되는 경우 우리는 해의 성질에 관한 다른 정성적인 질문(해가 어떤 특정한 점 근처에서 어떻게 움직이는가? 또는 $x\to\infty$ 일 때 해는 어떻게 움직이는가?)에 종종 답변할 수 있을 것이다. 그러나 다음과 같은 미적분학의 기본적인 개념과 함께 시작하도록 한다.

미분가능한 함수 $y=y(x)$의 도함수 $\frac{dy}{dx}$는 그래프의 각 점들에서 접선의 기울기를 의미한다.

기울기 1계 미분방정식

$$\frac{dy}{dx}=f(x, y) \tag{1}$$

의 해 $y=y(x)$는 함수의 정의역 I에서 반드시 미분가능한 함수이므로 $y=y(x)$는 I에서 연속이 된다. 따라서 I 위에서 상응하는 해곡선은 끊어져 있지 않으며 각각의 점 $(x, y(x))$에서 접선을 갖는다. 정규형 (1)에서의 함수 f를 **기울기 함수**(slope function) 또는 비 함수(rate function)라고 부른다. 해곡선 위의 점 $(x, y(x))$에서 접선의 기울기는 그 점에서 1계 도함수 $\frac{dy}{dx}$의 값이며, (1)에서 이것은 기울기함수 $f(x,\ y(x))$의 값임을 알 수 있다. 이제 $(x,\ y)$를 함수 f가 정의된 xy평면의 한 영역 내의 임의의 점이라고 가정하자. 함수 f에 한 점을 대입한 값인 $f(x,\ y)$는 우리가 마음속으로 생각하듯이 선형성분(lineal element)이라고 불리는 선분 또는 직선의 기울기이다. 예를 들어, $f(x,\ y)=0.2xy$일 때 $\dfrac{dy}{dx}=0.2xy$를 생각해 보자. 점 $(2,\ 3)$에서 선형성분의 기울기는 $f(2,\ 3)=0.2(2)(3)=1.2$이다. 그림 2.1.1(a)는 점 $(2,\ 3)$을 지나고 기울기가 1.2인 선분을 보여준다. 그림 2.1.1(b)에서 보인 것처럼 만일 해곡선이 점 $(2,\ 3)$을 지나면 해곡선은 이 선분에 접하게 된다; 다시 말해서, 선형성분은 그 점에서 축소된 접선이다.

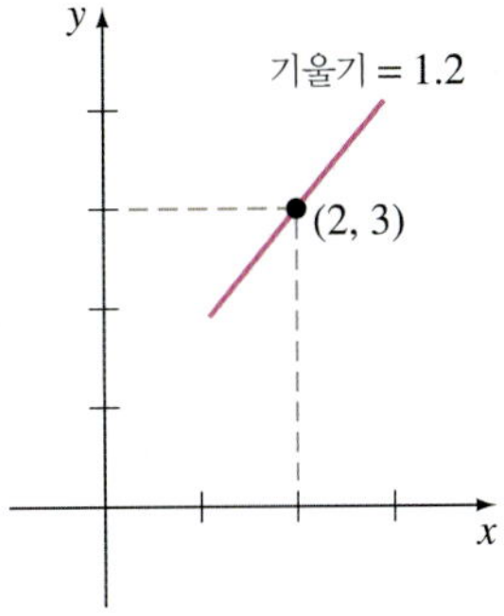

(a) 한 점에서의 선형성분

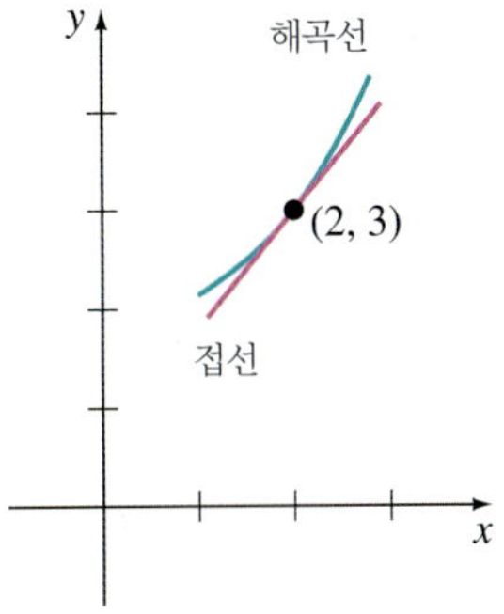

(b) 선형성분은 그 점을 지나는 해곡선에 접한다.

그림 2.1.1 해곡선은 점 (2, 3)에서 선형성분에 접한다.

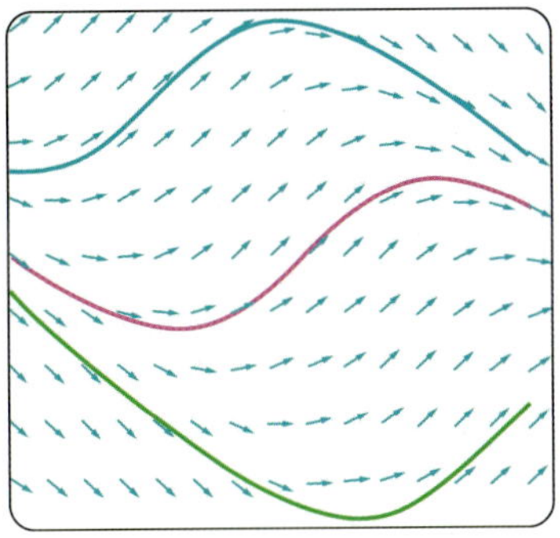

그림 2.1.2 방향장의 흐름을 따르는 해곡선들

방향장 만일 xy 평면의 직사각형 격자 위의 점에서 f를 체계적으로 계산하고 격자의 각 점 $(x,\ y)$에서 기울기를 $f(x,\ y)$로 갖는 선형성분을 그린다면, 이 모든 선형성분의 집합족을 미분방정식 $\dfrac{dy}{dx}=f(x,\ y)$의 **방향장**(direction field) 또는 기울기장(slope field)이라고 한다. 시각적으로, 방향장은 미분방정식의 해곡선들의 집합족에 대한 모습 또는 형태를 제시하고, 궁극적으로는 해의 정성적인 관점(평면상의 영역), 예를 들면 해가 특이한 움직임을 나타내는 영역을 한눈에 보는 것을 가능하게 한다. 방향장을 지나는 하나의 해곡선은 반드시 장의 흐름 양식을 따라야만 한다; 해곡선이 격자에서 한 점과 교차할 때 해곡선은 선형성분에 접한다. 그림 2.1.2는 xy평면의 한 영역에서 미분방정식 $dy/dx=\sin(x+y)$에 대하여 컴퓨터로 그린 벡터장을 나타낸다. 다른 색으로 그린 세 개의 해곡선이 어떻게 장의 흐름을 따라가는지를 주목하여라.

예제 1 방향장

그림 2.1.3(a)에서와 같이 미분방정식 $\dfrac{dy}{dx}=0.2xy$에 대한 방향장은 컴퓨터 소프트웨어에 의하여 m과 n이 $-5\le m\le 5,\ -5\le n\le 5$인 정수이고 $h=1$일 때 점 $(mh,\ nh)$들의 5×5 격자가 정의될 때 구한 것이다. 그림 2.1.3(a)에서 x축$(y=0)$과 y축$(x=0)$ 위의 임의의 점에서 기울기들은 각각 $f(x,\ 0)=0$과 $f(0,\ y)=0$이므로 **선형성분**들은 수평적이다. 또한 1사분면에서 x를 고정하였을 때 $f(x,\ y)=0.2xy$의 값은 y가 증가함에 따라서 증가함을 알 수 있다; 같은 방법으로 y를 고정하였을 때 $f(x,\ y)=0.2xy$의 값도 x가 증가함에 따라서 증가한다. 이것은 x와 y가 동시에 증가함에 따라 선형성분이 거의 수직이 되고 양의 기울기$(x>0$이고 $y>0$일 때 $f(x,\ y)=0.2xy>0)$를 가짐을 의미한다. 2사분면에서는, $|x|$와 y가 증가함에 따라 $|f(x,\ y)|$는 증가하며, 따라서 선형성분은 다시 거의 수직이 되지만 이 경우 음의 기울기$(x<0$이고 $y>0$일 때 $f(x,\ y)=0.2xy<0)$를 갖는다. 좌측에서 우측으로 읽으면서 2사분면의 한 점에서 시작하는 하나의 해곡선이 아래쪽으로 급격히 이동하였다가 y축을 지날 때 평평해지고 그런

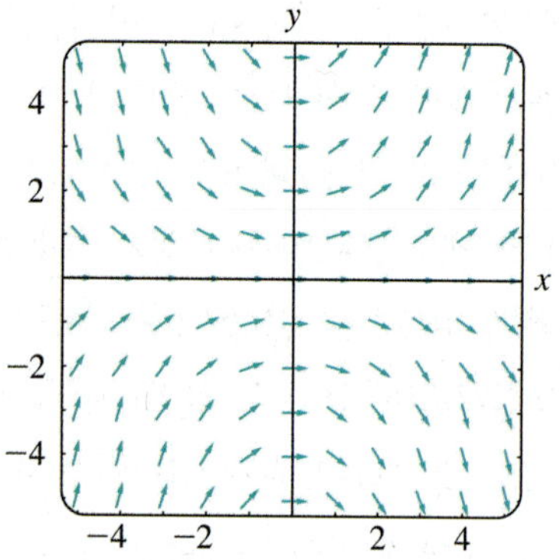

(a) $dy/dx = 0.2xy$에 대한 방향장

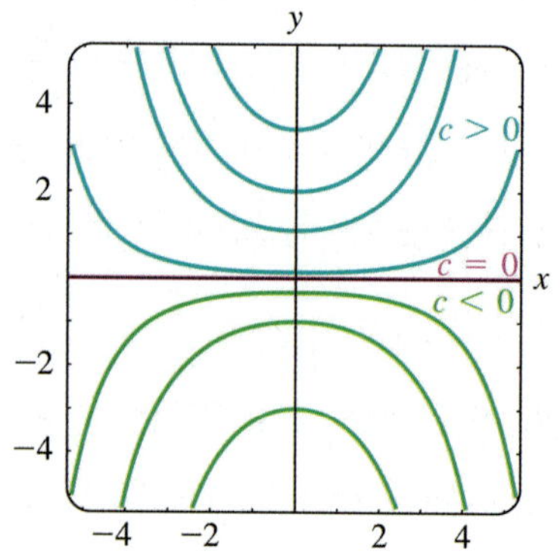

(b) 집합족 $y = ce^{0.1x^2}$의 몇몇 해곡선들

그림 2.1.3 예제1의 방향장과 해곡선들

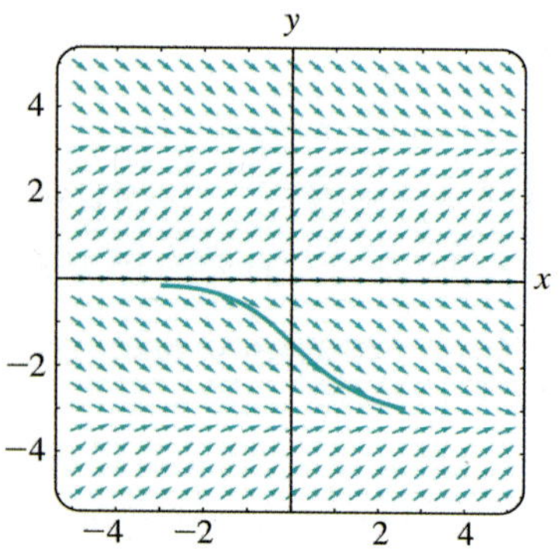

그림 2.1.4 예제2의 방향장

다음 1사분면에 들어서면 급격히 위쪽으로 이동한다고(다시 말해서, 이 곡선의 모습이 위로 오목하고 편자(horseshoe)와 비슷할 것이라) 상상하자. 이로부터 $x \to \pm\infty$일 때 $y \to \infty$임을 추측할 수 있다. 3사분면과 4사분면에서는 각각 $f(x, y) = 0.2xy > 0$이고 $f(x, y) = 0.2xy < 0$이므로, 상황은 정반대가 된다; 좌측에서 우측으로 이동하면서 해곡선은 증가한 후 감소한다.

1.1절의 (1)에서 $y = e^{0.1x^2}$은 미분방정식 $\dfrac{dy}{dx} = 0.2xy$의 양함수 해가 됨을 보였다; 같은 방정식에 대한 한 개의 매개변수 해들의 집합족이 $y = ce^{0.1x^2}$로 주어졌다는 것을 증명하여야 한다. 그림 2.1.3(a)와 비교하기 위하여 이 집합족에 속한 원소의 몇몇 대표적인 그래프를 그림 2.1.3(b)에서 그렸다. ■

예제 2 방향장

방향장을 사용하여 초깃값 문제 $\dfrac{dy}{dx} = \sin y$, $y(0) = -\dfrac{3}{2}$의 근사적인 해곡선을 그려라.

풀이 시작하기 전에, $f(x, y) = \sin y$와 $\dfrac{\partial f}{\partial y} = \cos y$가 연속함수임을 상기하자. 정리 1.2.1은 평면상의 특정한 점 (x_0, y_0)를 지나는 유일한 해곡선이 존재함을 보장한다. 이제 5×5 직사각형 영역에 대한 컴퓨터 소프트웨어를 준비하고 (초기 조건 때문에) $\dfrac{1}{2}$ 단위의 수직과 수평으로 나눈 영역 내의 점들을 지정한다. 이 점들은 실제로 m과 n이 $-10 \le m \le 10$이고 $-10 \le n \le 10$인 정수들이고 $h = \dfrac{1}{2}$일 때 점 (mh, nh)들이다. 이 결과는 그림 2.1.4에 나타나 있다. $\dfrac{dy}{dx} = \sin y$의 우변이 $y = 0$과 $y = -\pi$일 때 0이므로 선형성분들은 두 번째 좌표가 $y = 0$이거나 $y = -\pi$인 모든 점들에서 수평이다. 따라서 초깃값 $\left(0, -\dfrac{3}{2}\right)$을 지나는 해곡선이 그림에서 나타난 형태가 된다는 것이 타당하다. ■

증가/감소 기울기를 부여하는 함수로서 미분 $\dfrac{dy}{dx}$의 해석은 방향장의 작도에 있어서 중요한 역할을 한다. 이 교재에서 사용할 또 다른 1계 도함수의 중요한 성질은 임의의 구간 I의 모든 점 x에 대하여 $\dfrac{dy}{dx} > 0$(또는 $\dfrac{dy}{dx} < 0$) 이면, 미분가능한 함수 $y = y(x)$가 I에서 증가(또는 감소)한다는 것이다.

주의

수작업으로 방향장을 그리는 것은 간단하지만 시간이 많이 걸린다; 아마도 수작업으로 방향장을 그리는 것은 일생에 한 번 또는 두 번 정도 하게 되는 토론에 대한 과제 중의 하나이겠지만 대부분의 경우는 컴퓨터 소프트웨어를 사용하여 효율적으로 결과를 얻는다. 계산기나 컴퓨터, 소프트웨어를 사용하기 전에는 **등경선 방법**(method of isocline)을 이용하여 수작업으로 방향장을 그릴 수 있었다. 미분방정식 $\frac{dy}{dx}=f(x, y)$에 대하여, c가 상수일 때 $f(x, y)=c$인 곡선의 집합족에 있는 임의의 곡선을 **등경선**(isocline)이라고 한다. 특별한 등경선 $f(x, y)=c_1$ 위의 점들을 지나서 그려지는 선형성분들은 모두 같은 기울기 c_1을 갖는다. 연습문제2.1의 문제15에서 수작업으로 방향장을 그릴 기회가 2번 주어질 것이다.

2.1.2 자율 1계 미분방정식

자율 1계 미분방정식 1.1절에서 우리는 상미분방정식을 선형과 비선형의 두 가지 형태로 분류하였다. 이제 상미분방정식을 간단하게 다른 형태로 분류하고자 하는데 이것은 미분방정식을 정성적으로 연구하는 데 있어서 매우 중요하다. 독립변수가 명백히 나타나지 않는 상미분방정식을 **자율적**(autonomous)이라고 한다. 만일 기호 x가 독립변수를 나타낸다면, 자율 1계 미분방정식은 $f(y, y')=0$으로 표현되거나

$$\frac{dy}{dx}=f(y) \tag{2}$$

와 같은 정규 형태로 쓸 수 있다. 이제 (2)에서 함수 f와 도함수 f'은 적당한 구간 I에서 y에 관한 연속함수라고 가정한다. 1계 미분방정식

$$\frac{dy}{dx}=\underset{\substack{\uparrow\\ f(y)}}{1+y^2}\text{과} \qquad \frac{dy}{dx}=\underset{\substack{\uparrow\\ f(x,\,y)}}{0.2xy}$$

은 각각 자율적, 비자율적이다.

응용에 사용되는 많은 미분방정식이나 오랜 시간 동안 변하지 않은 물리학 법칙에 관한 모델에 사용되는 방정식들은 자율적이다. 1.3절에서 이미 학습한 바와 같이 응용된 환경에서는, 종속변수와 독립변수를 나타내기 위하여 종종 x와 y가 아닌 다른 문자들이 사용되기도 한다. 예를 들면, t가 시간을 나타낸다면

$$\frac{dA}{dt}=kA,\ \frac{dx}{dt}=kx(n+1-x),\ \frac{dT}{dt}=k(T-T_m),\ \frac{dA}{dt}=6-\frac{1}{100}A$$

에서 각각의 식들은 시간에 대하여 독립적임을 보여준다. 여기서 k, n, T_n들은 상수이다. 실제로 1.3절에서 소개된 모든 1계 미분방정식들은 시간에 대하여 독립적이므로 모두 자율적이다.

임계점들 (2)에 있는 함수 f의 값이 0이 되는 점들은 특별이 중요하다. 만일 f가 0인 점, 즉 $f(c)=0$이면 실수 c를 자율 미분방정식의 **임계점**(critical point)이라고 한다. 또한 임계점은 평형점(equilibrium point) 또는 정상점(stationary point)이라고도 한다. 만일 (2)의 식에 상수함수 $y(x)=c$를 대입하면 식의 양변은 0이 되는데, 이것은 다음을 의미한다.

만일 c가 (2)의 임계점이면 $y(x)=c$는 자율 미분방정식의 상수해이다.

(2)의 상수해 $y(x)=c$를 **평형 해**(equilibrium solution)라고 하며 평형 해들이 (2)의 유일한 상수해이다.

앞에서 언급한 바와 같이, (2)의 상수가 아닌 해 $y=y(x)$는 미분 $\frac{dy}{dx}$의 대수적 부호를 이용하여 언제 증가하는지 또는 감소하는지를 판정할 수 있다; (2)의 경우에서 $f(y)$가 양이거나 음인 y축 위의 구간을 찾아서 구별할 수 있다.

예제 3 오일러 방법

a와 b가 양의 상수인 미분방정식

$$\frac{dP}{dt}=P(a-bP)$$

는 정규형태 $\frac{dP}{dt}=f(P)$를 하고 있는데 이 식은 t와 P가 각각 (2)의 식에 있는 x와 y의 역할을 하므로 자율적이다. $f(P)=P(a-bP)=0$으로부터 0과 $\frac{a}{b}$가 방정식의 임계점들이고 평형 해들은 $P(t)=0$과 $P(t)=\frac{a}{b}$이다. 수직선 위에 임계점들을 표시하면 직선은 $-\infty<P<0$, $0<P<a/b$와 $a/b<P<\infty$의 세 구간으로 나뉜다. 그림 2.1.5에 있는 직선 위의 화살표들은 이 구간들에서 $f(P)=P(a-bP)$의 대수적 부호를 나타내며 상수가 아닌 해 $P(t)$가 구간에서 증가하는지 또는 감소하는지를 알려준다. 다음의 표가 그림을 설명한다.

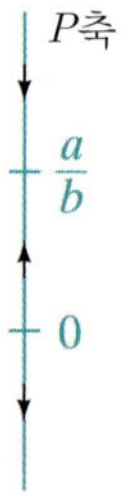

그림 2.1.5 예제3에 있는 미분방정식의 위상모형

구간	$f(P)$의 부호	$P(t)$	화살표
$(-\infty, 0)$	음	감소	아래로
$\left(0, \frac{a}{b}\right)$	양	증가	위로
$\left(\frac{a}{b}, \infty\right)$	음	감소	아래로

■

그림 2.1.5는 미분방정식 $\frac{dP}{dt}=P(a-bP)$의 **일차원 위상모형**(one-dimensional phase portrait) 또는 간단히 **위상모형**(phase portrait)이라고 한다. 수직인 직선을 위

상선(phase line)이라고 한다.

해곡선들 자율 미분방정식을 풀지 않고도, 해곡선들에 대하여 상당히 많은 것을 언급할 수 있다. (2)에 있는 함수 f는 변수 x와 독립적이므로 f가 $-\infty < x < \infty$ 또는 $0 \leq x < \infty$에서 정의되었다고 생각할 수 있다. 또한 f와 도함수 f'이 y축 위의 적당한 구간 I에서 y에 대한 연속함수들이므로, 정리 1.2.1의 기본적인 결과들이 I에 대응하는 xy평면 안에 수평 띠나 영역 R에서 성립하고 그래서 R의 임의의 점 (x_0, y_0)에 대하여 (2)의 단 하나의 해곡선이 지난다. 그림 2.1.6(a)를 참조하여라. 논의를 위하여 (2)가 $c_1 < c_2$인 단 두 개의 임계점 c_1과 c_2만을 갖는다고 하자. 평형 해 $y(x) = c_1$과 $y(x) = c_2$의 그래프들은 수평선들이고 이 선들은 영역 R을 그림 2.1.6(b)에서 나타난 바와 같이 R_1, R_2와 R_3의 세 영역으로 분할한다. 증명 없이 (2)의 상수가 아닌 해 $y(x)$에 대하여 다음과 같은 몇 가지 결론을 내릴 수 있다:

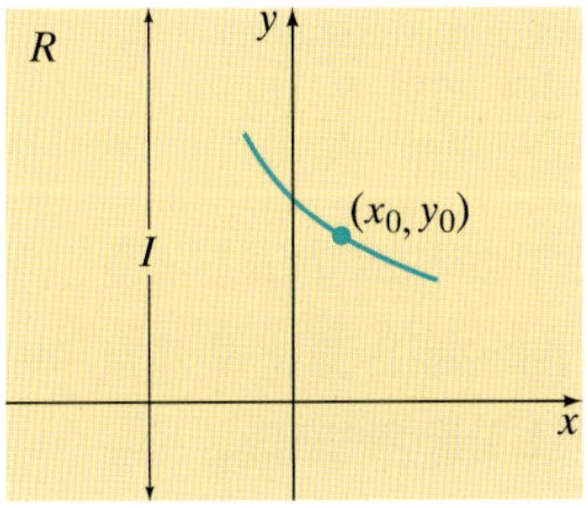

(a) 영역 R

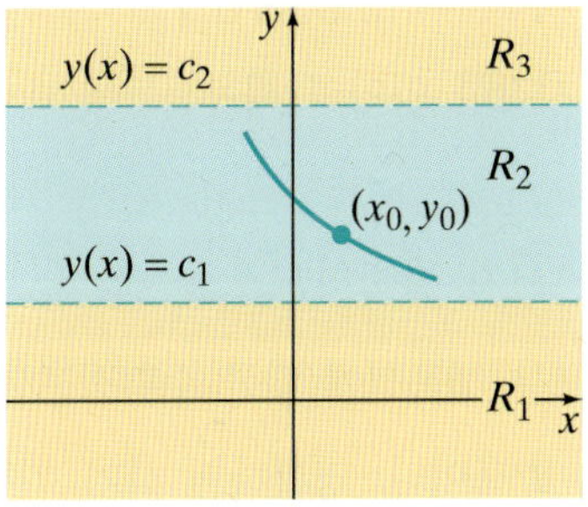

(b) R의 부분 영역 R_1, R_2, R_3

그림 2.1.6 직선 $y(x) = c_1$과 $y(x) = c_2$는 영역 R을 3개의 수평인 부분 영역으로 나눈다.

- 만일 (x_0, y_0)가 부분 영역 R_i, $i = 1, 2, 3$에 있고 $y(x)$는 그래프가 이 점을 지나는 해이면, $y(x)$의 그래프는 모든 x에 대하여 부분 영역 R_i에 그려진다. 그림 2.1.6(b)에 나타나 있듯이 R_2에 있는 해 $y(x)$는 모든 x에 대하여 $c_1 < y(x) < c_2$인 유계이다. (2)의 상수가 아닌 해가 평형 해 $y(x) = c_1$ 또는 $y(x) = c_2$의 그래프를 지나지 않기 때문에 해곡선은 모든 x에 대하여 R_2에 놓여 있다. 연습문제2.1의 문제33을 참조하여라.
- 함수 f의 연속성에 의하여 부분 영역 R_i, $i = 1, 2, 3$의 모든 x에 대하여 $f(y) > 0$이거나 $f(y) < 0$이 성립하여야 한다. 다시 말하면, $f(y)$는 부분 영역 안에서 부호가 바뀌지 않는다. 연습문제2.1 문제33을 참조하여라.
- $\dfrac{dy}{dx} = f(y(x))$는 부분 영역 R_i, $i = 1, 2, 3$에서 양이거나 음이므로, 해인 $y(x)$는 **순 단조**(strictly monotonic) 함수이다. 즉, $y(x)$는 부분 영역 R_i에서 증가하거나 감소한다. 따라서 $y(x)$는 진동할 수도 없고 극값(최댓값 또는 최솟값)을 가질 수도 없다. 연습문제2.1 문제33을 참조하여라.
- 만일 $y(x)$가 임계점 c_1에 의하여 위로 유계이면(모든 x에 대하여 $y(x) < c_1$인 부분 영역 R_1에서처럼) $y(x)$의 그래프는 $x \to \infty$이거나 $x \to -\infty$일 때 평형 해 $y(x) = c_1$의 그래프에 반드시 접근하여야만 한다. 만일 $y(x)$가 유계이면 즉, 두 개의 연속적인 임계점들에 의하여 위로 유계이고 또한 아래로 유계이면 (모든 x에 대하여 $c_1 < y(x) < c_2$인 부분영역 R_2에서처럼) $y(x)$의 그래프는 하나는 $x \to \infty$일 때 그리고 다른 하나는 $x \to -\infty$일 때 평형 해 $y(x) = c_1$과 $y(x) = c_2$의 그래프들에 접근하여야만 한다. 만일 $y(x)$가 임계점 c_2에 의하여 아래로 유계이면 (임의의 x에 대하여 $c_2 < y(x)$인 부분 영역 R_3에서처럼)

$y(x)$의 그래프는 $x \to \infty$이거나 $x \to -\infty$일 때 평형 해 $y(x) = c_2$의 그래프에 반드시 접근하여야 한다. 연습문제2.1 문제34를 참조하여라.

앞에서 학습한 내용을 상기하면서 예제3의 미분방정식을 돌아보자.

예제 4 예제3을 다시하기

P축 또는 임계점들 0과 $\frac{a}{b}$에 의한 위상 선 위에 정해진 세 구간은 tP 평면에서

$$R_1 : -\infty < P < 0,\ \ R_2 : 0 < P < a/b,\ \ R_3 : a/b < P < \infty$$

으로 정의된 세 개의 부분 영역과 일치한다. 여기서 $-\infty < t < \infty$이다. 그림 2.1.7에 있는 위상모형은 $P(t)$가 R_1에서는 감소하고 R_2에서는 증가하며 R_3에서는 감소함을 보여준다. 만일 $P(0) = P_0$가 초깃값이면, 영역 R_1, R_2와 R_3에서 각각 다음과 같은 결과를 얻는다:

(i) $P_0 < 0$일 때, $P(t)$는 위로 유계하다. $P(t)$가 감소하므로 $P(t)$는 t가 증가할 때 한없이 감소하고 $t \to -\infty$일 때 $P(t) \to 0$이다. 이것은 평형 해 $P(t) = 0$의 그래프인 음의 t축이 해곡선에 대한 수평점근선임을 의미한다.

(ii) $0 < P_0 < \frac{a}{b}$일 때, $P(t)$는 유계이다. $P(t)$가 증가하므로 $t \to \infty$일 때 $P(t) \to \frac{a}{b}$이고 $t \to -\infty$일 때 $P(t) \to 0$이다. 두 개의 평형 해인 $P(t) = 0$와 $P(t) = \frac{a}{b}$의 그래프들은 이 부분 영역에서 시작한 임의의 해곡선들에 대한 수평점 근사선인 수평선들이다.

(iii) $P_0 > \frac{a}{b}$일 때 $P(t)$는 아래로 유계이다. $P(t)$가 감소하므로 $t \to \infty$일 때 $P(t) \to \frac{a}{b}$이다. 평형 해 $P(t) = \frac{a}{b}$의 그래프는 해곡선에 대한 수평점근선이다. 그림 2.1.7에서 위상 선은 tP평면에서 P축이다. 명확하게 하기 위하여 그림 2.1.5에 있는 원래의 위상 선을 색칠 되어진 부분 영역 R_1, R_2와 R_3이 있는 평면의 좌측에 다시 그렸다. 평형 해 $P(t) = \frac{a}{b}$와 $P(t) = 0$ (t축)의 그래프들은 그림에서 파란색 점선들로 표시하였고 실선으로 나타낸 그래프들은 지금까지 논의한 세 경우에 해당하는 $P(t)$의 전형적인 그래프를 나타낸다. ■

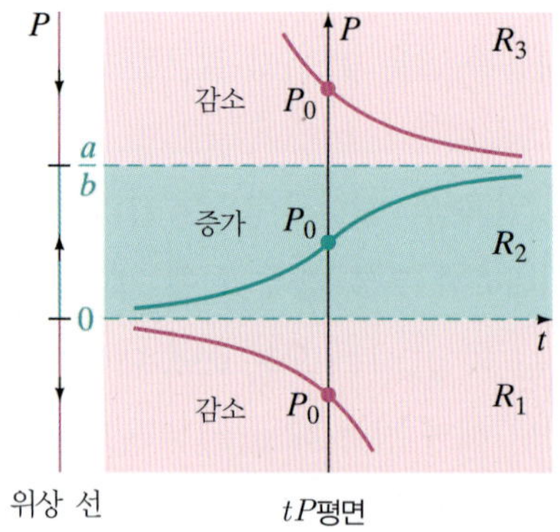

그림 2.1.7 예제4의 위상모형과 해곡선들

예제4에 있는 $P(t)$는 감소하고 아래로 유계하지 않는 R_1과 같은 부분 영역에서 반드시 $P(t) \to -\infty$이어야 한다. 이것은 $t \to \infty$일 때 $P(t) \to -\infty$인 것으로 해석하면 안 된다; 실제로 $T > 0$가 초기 조건 $P(t_0) = P_0$에 좌우되는 유한한 값일 때, $t \to T$이면 $P(t) \to -\infty$일 수 있다. 역학적인 용어를 고려할 때, $P(t)$는 유한한 시간에서 "급격히 변화"할 수가 있다; 기하학적으로 생각해 볼 때, $P(t)$는

$t = T > 0$에서 수직점근선을 가질 수가 있다. 비슷한 설명이 부분 영역 R_3 에서도 적용된다.

예제2에서 미분방정식 $\frac{dy}{dx} = \sin y$는 자율적이고 n이 정수이고 $y = n\pi$일 때 $\sin y = 0$이므로 무수히 많은 임계점을 갖는다. 또한 $\left(0, -\frac{3}{2}\right)$을 지나는 해 $y(x)$가 두 개의 연속된 임계점에 의하여 위와 아래로 유계($-\pi < y(x) < 0$)이고 감소($-\pi < y < 0$일 때 $\sin y < 0$)하므로 $y(x)$의 그래프는 수평점근선으로 평형 해의 그래프에 접근해야 한다: $x \to \infty$ 일 때 $y(x) \to -\pi$이고 $x \to -\infty$ 일 때 $y(x) \to 0$이다.

예제 5 자율 미분방정식의 해곡선들

자율 미분방정식 $\frac{dy}{dx} = (y-1)^2$ 은 유일한 임계점 1을 갖는다. 그림 2.1.8(a)의 위상모형으로부터 해곡선 $y(x)$는 $-\infty < x < \infty$ 일 때 부분 영역 $-\infty < y < 1$과 $1 < y < \infty$ 에서 증가한다고 단정한다. 초기 조건 $y(0) = y_0 < 1$에 대하여, 해 $y(x)$는 증가하고 1에 의하여 위로 유계이므로 $x \to \infty$ 일 때 $y(x) \to 1$ 이다; $y(0) = y_0 > 1$에 대하여 해 $y(x)$는 증가하고 유계이지 않다.

$y(x) = 1 - \frac{1}{x+c}$은 미분방정식의 해들의 1개의 매개변수인 해 집합족이다. (연습문제2.2 문제4 참조) 주어진 초기 조건은 c의 값을 결정한다. 초기 조건은 예를 들면 $y(0) = -1 < 1$과 $y(0) = 2 > 1$에 대하여, 각각 $y(x) = 1 - \frac{1}{x+1/2}$과 $y(x) = 1 - \frac{1}{x-1}$가 된다. 그림 2.1.8(b)와 2.1.8(c)에 나타난 바와 같이, 이들 각각의 유리함수의 그래프는 수직점근선을 갖는다. 그러나

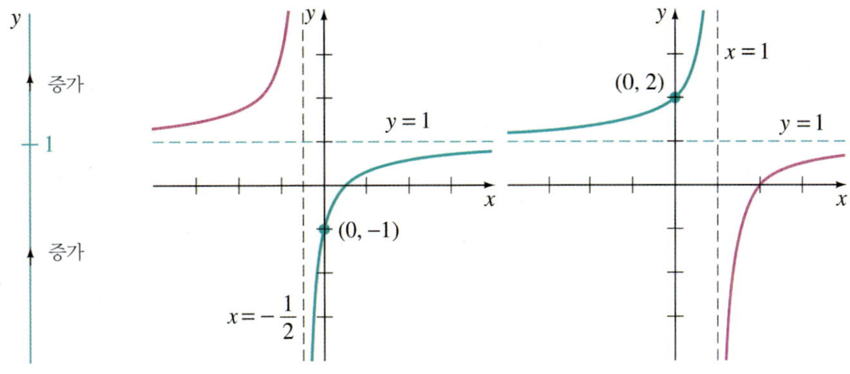

(a) 위상 선 (b) xy평면 $y(0) < 1$ (c) xy평면 $y(0) > 1$

그림 2.1.8 예제5에서의 $y = 1$ 근처에서 해들의 움직임

초깃값 미분방정식

$$\frac{dy}{dx}=(y-1)^2,\ y(0)=-1\text{과 } \frac{dy}{dx}=(y-1)^2,\ y(0)=2$$

의 해들은 특정한 구간들에서 정의된다는 점을 명심하여야 한다. 두 해들은 각각 다음과 같다.

$$y(x)=1-\frac{1}{x+\frac{1}{2}},\quad -\frac{1}{2}<x<\infty\text{와}$$

$$y(x)=1-\frac{1}{x-1},\quad -\infty<x<1$$

해곡선들의 일부가 그림 2.1.8(b)와 2.1.8(c)에 파랑색 선으로 나타나 있다. 위상모형에 의하여 예상했던 대로 그림 2.1.8(b)에 있는 해곡선에서는 $x\to\infty$ 일 때 $y(x)\to 1$ 이고; 그림 2.1.8(c)에 있는 해곡선에서는 좌로부터 $x\to 1$ 일 때 $y(x)\to\infty$ 이다. ■

끌개와 밀개 $y(x)$가 (1)에서 주어진 자율 미분방정식의 상수가 아닌 해라고 하고 c가 미분방정식의 임계점이라고 가정하자. 기본적으로 $y(x)$가 c의 근방에서 보여줄 수 있는 움직임에는 세 가지 형태가 있다.

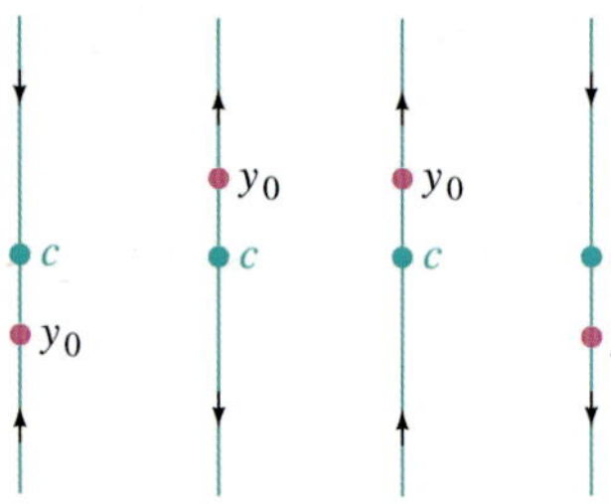

그림 2.1.9 임계점 c는 (a)에서는 끌개이고 (b)에서는 밀개이며 (c)와 (d)에서는 준안정적이다.

그림 2.1.9에서 우리는 c를 네 개의 수직 위상 선들 위에 놓았다. 그림 2.1.9(a)와 같이 c로 표현된 점 양쪽에서 두 개의 화살표 모두 c를 향하여 나아갈 때, c에 충분히 가까운 초깃값 $(x_0,\ y_0)$에서 시작한 (1)의 모든 해 $y(x)$는 $\lim_{x\to\infty} y(x)=c$인 점근적인 형태를 보인다. 이러한 이유로 임계점 c를 점근적으로 **안정적**(asymptotically stable)이라고 한다. 물리적 유추를 사용하여, c 근처에서 시작한 해는 마치 하전입자가 시간이 지나면서 다른 쪽 하전으로 이동한 것과 같아서 c를 끌개(attractor)라고 정의한다. 그림 2.1.9(b)와 같이 c로 표현된 점 양쪽에서 두 개의 화살표 모두 c에서 멀어지면 초기 조건$(x_0,\ y_0)$에서 시작한 (1)의 모든 해 $y(x)$는 x가 증가함에 따라서 c에서 멀어진다. 이 경우 임계점 c는 비안정적(unstable)이라고 한다. 명백한 근거로, 비안정적인 임계점을 밀개(repeller)라고 한다. 그림 2.1.9(c)와 2.1.9(d)에 나타난 임계점 c는 끌개도 아니고 밀개도 아니다. 그러나 c는 끌개와 밀개의 특성(c에 충분히 가까운 초기 점 $(x_0,\ y_0)$에서 시작된 해가 한쪽에서는 c에 끌리고 다른 한 쪽에서는 c에서 밀린다)을 보여주므로 우리는 c를 준안정적(semi-stable)이라고 한다. 예제3에서 임계점 $\frac{a}{b}$는 점근적으로 안정적(끌개)이며 임계점 0은 비안정적(밀개)이다. 예제5의 임계점 1은 준안정적이다.

예제 6 임계점의 분류

$\dfrac{dy}{dx} = 4y - y^3$의 임계점의 위치를 구하고 분류하여라.

풀이 ▸ 미분방정식을

$$\frac{dy}{dx} = y(4 - y^2) = y(2 - y)(2 + y)$$

으로 다시 쓰면 $y(2 - y)(2 + y) = 0$으로부터 $y = 0,\ y = 2,\ y = -2$가 미분방정식의 임계점임을 알 수 있다. 결국, 임계점에 의해 결정된 y축 위의 구간 $(-\infty, -2)$, $(-2, 0)$, $(0, 2)$, $(2, \infty)$의 대수적 부호를 조사함으로써 우리는 그림 2.1.10의 위상모형으로부터 다음을 알 수 있다.

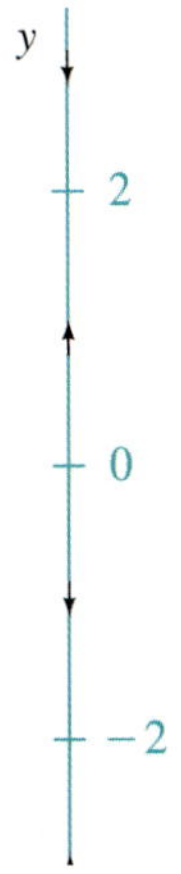

그림 2.1.10 예제6에 있는 미방의 위상 모형

$\overbrace{(-2,\ 0)}^{dy/dx<0},\ \overbrace{(0,\ 2)}^{dy/dx>0},$ 으로부터 $y = -2$가 점근적 안정적이다(끌개).

$\overbrace{(-2,\ 0)}^{dy/dx<0},\ \overbrace{(0,\ 2)}^{dy/dx>0},$ i 으로부터 $y = 0$은 불안정적이다(밀개).

$\overbrace{(0,\ 2)}^{dy/dx>0},\ \overbrace{(2,\ \infty)}^{dy/dx<0},$ 으로부터 $y = 2$가 점근적 안정적이다(끌개).

연습문제2.1의 문제21-28을 참조하여라. ■

자율 미분방정식과 방향장들 만일 1계 미분방정식이 자율적이면 정규형인 미분방정식 $\dfrac{dy}{dx} = f(y)$의 우변으로부터 미분방정식에 대한 방향장을 만들기 위하여 사용한 직사각형 격자에 있는 점들을 지나는 선형성분들의 기울기들이 단지 점들의 y좌표에만 좌우됨을 알 수 있다. 다시 말하면, 임의의 수평선 위의 점들을 지나는 선형성분들은 모두 같은 기울기를 갖고 그래서 평행이다; 임의의 수직선을 따라서 선형성분들의 기울기는 물론 다르다. 이러한 사실은 그림 2.1.11에서 노란색의 수평 띠와 파란색의 수직 띠를 살펴보면 명확하다. 그림은 자율 미분방정식 $\dfrac{dy}{dx} = 2y - 2$에 대한 방향장을 보여준다. 그림 2.1.11의 빨간색의 선형성분은 평형 해 $y = 1$을 따라서 놓여 있기 때문에 기울기는 0이다.

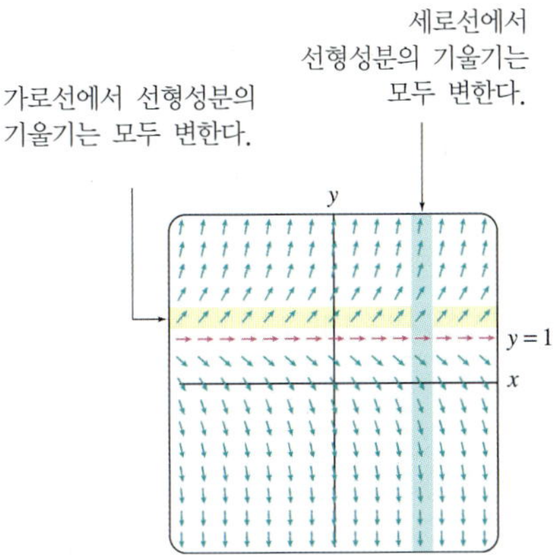

그림 2.1.11 자율 미분방정식에 대한 방향장

평행이동성질 k는 상수이고 함수 $y = f(x - k)$의 그래프는 $y = f(x)$의 그래프를 x축을 따라서 $|k|$만큼 평행이동 또는 수평적으로 옮긴 것이라는 사실을 알고 있다; $k > 0$이면 우측, $k < 0$이면 좌측으로 이동한다. 조건 (2)가 성립할 때, 자율 1계 미분방정식의 해곡선은 평행이동 개념과 연관되어있다. 이를 설명하기 위해, 예제3과 4에서 다루었던 자율 미분방정식의 특수한 경우인 미분방정식 $dy/dx =$

$y(3-y)$를 생각하자. 이 미분방정식은 $y=0$와 $y=3$이 미분방정식의 평형 해이므로 이들의 그래프는 xy평면을 세 개의 부분영역 R_1, R_2와 R_3로 나눈다.

$$R_1 : -\infty < y < 0, \quad R_2 : 0 < y < 3 \text{과} \ R_3 : 3 < y < \infty$$

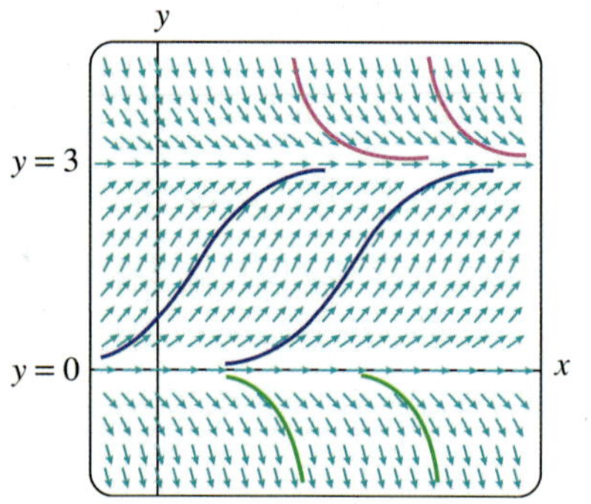

그림 2.1.12 자율 미분방정식의 평행이동된 해곡선

그림 2.1.12에서는 미분방정식의 방향장에 6개의 해곡선을 표시하였다. 같은 색의 모든 해곡선, 즉 특수한 부분영역 R_i 안에 놓여있는 해곡선은 모두 같게 보인다. 임의의 수직선상에 있는 점을 지나는 선형성분은 평행하다는 자연스러운 결론을 얻지만 이것은 우연의 일치는 아니다. 즉 다음과 같은 자율 미분방정식의 **평행이동 성질**(translations property)이 의미 있게 된다;

$y(x)$가 자율 미분방정식 $dy/dx=f(y)$의 해가 되면 $y_1(x)=y(x-k)$도 역시 해가 된다. 여기서 k는 상수이다.

그러므로 $y(x)$가 초깃값 문제 $dy/dx=f(y)$, $y(0)=y_0$의 해가 되면 $y_1(x)=y(x-x_0)$도 초깃값 문제 $dy/dx=f(y)$, $y(x_0)=y_0$의 해가 된다. 예를 들어, $y(x)=e^x$, $-\infty<x<\infty$는 초깃값 문제 $dy/dx=y$, $y(0)=1$의 해이므로 $dy/dx=y$, $y(5)=1$의 해 $y_1(x)$는 $y(x)=e^x$를 5만큼 우측으로 평행이동한

$$y_1(x)=y(x-5)=e^{x-5}, \quad -\infty<x<\infty$$

가 된다.

연습문제 2.1

2.1.1 방향장

(1–4) 주어진 컴퓨터로 그린 방향장을 재연하여라. 수작업으로 제시된 각각의 점을 지나는 근사적인 해곡선을 그려라. 각각의 해곡선을 다른 색의 연필을 사용하여 그려라.

1. $\dfrac{dy}{dx}=x^2-y^2$

(a) $y(-2)=1$ (b) $y(3)=0$

(c) $y(0)=2$ (d) $y(0)=0$

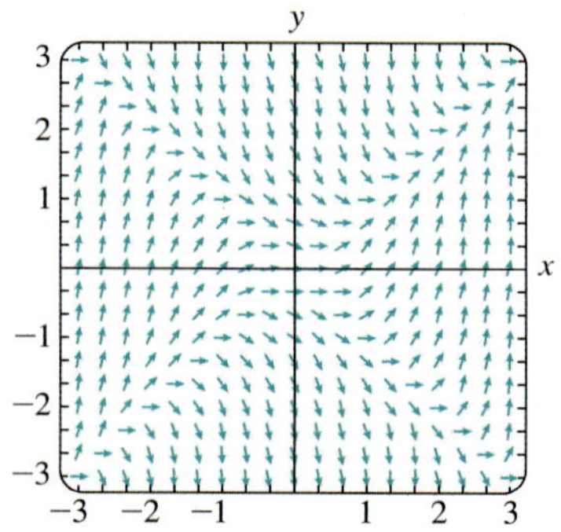

그림 2.1.13 문제1에 대한 방향장

2. $\dfrac{dy}{dx}=e^{-0.01xy^2}$

(a) $y(-6)=0$ (b) $y(0)=1$

(c) $y(0)=-4$ (d) $y(8)=-4$

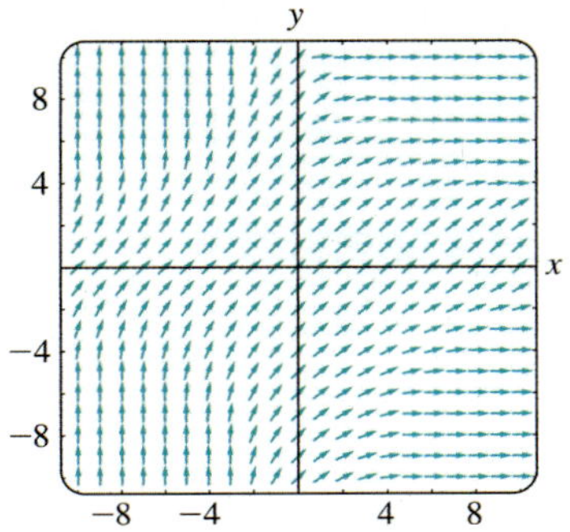

그림 2.1.14 문제2에 대한 방향장

3. $\dfrac{dy}{dx}=1-xy$

(a) $y(0)=0$ (b) $y(-1)=0$

(c) $y(2)=2$ (d) $y(0)=-4$

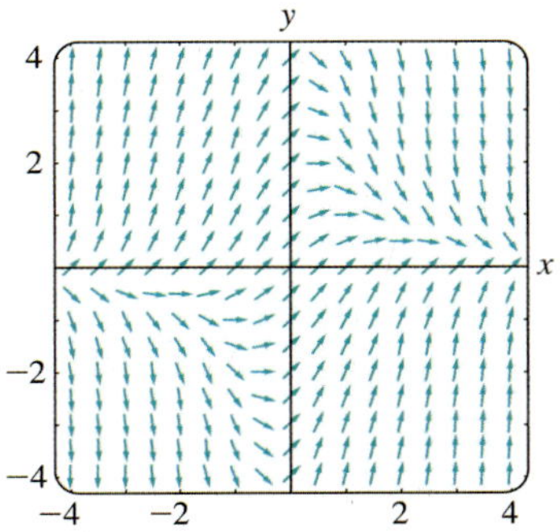

그림 2.1.15 문제3에 대한 방향장

4. $\dfrac{dy}{dx}=(\sin x)\cos y$

(a) $y(0)=1$ (b) $y(1)=0$

(c) $y(3)=3$ (d) $y(0)=-\dfrac{5}{2}$

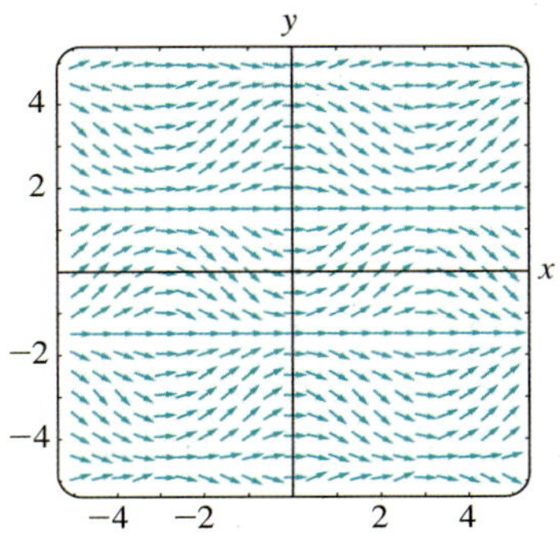

그림 2.1.16 문제4에 대한 방향장

(5–12) 컴퓨터 소프트웨어를 사용하여 주어진 미분방정식에 대한 방향장을 구하여라. 수작업으로 각각의 주어진 점들을 지나는 근사적인 해곡선을 그려라.

5. $y'=x$

(a) $y(0)=0$

(b) $y(0)=-3$

6. $y'=x+y$

(a) $y(-2)=2$

(b) $y(1)=-3$

7. $y\dfrac{dy}{dx}=-x$

(a) $y(1)=1$

(b) $y(0)=4$

8. $\dfrac{dy}{dx}=\dfrac{1}{y}$

(a) $y(0)=1$

(b) $y(-2)=-1$

9. $\dfrac{dy}{dx}=0.2x^2+y$

(a) $y(0)=\dfrac{1}{2}$

(b) $y(2)=-1$

10. $\dfrac{dy}{dx}=xe^y$

(a) $y(0)=-2$

(b) $y(1)=2.5$

11. $y'=y-\cos\dfrac{\pi}{2}x$

(a) $y(2)=2$

(b) $y(-1)=0$

12. $\dfrac{dy}{dx}=1-\dfrac{y}{x}$

(a) $y\left(-\dfrac{1}{2}\right)=2$

(b) $y\left(\dfrac{3}{2}\right)=0$

(13–14) 주어진 그림은 각각 $f(y)$와 $f(x)$의 그래프이다. 적절한 격자판 위에서 수작업으로 $\dfrac{dy}{dx}=f(y)$(문제13)과 그리고 $\dfrac{dy}{dx}=f(x)$(문제14)에 대한 방향장을 그려라.

13.

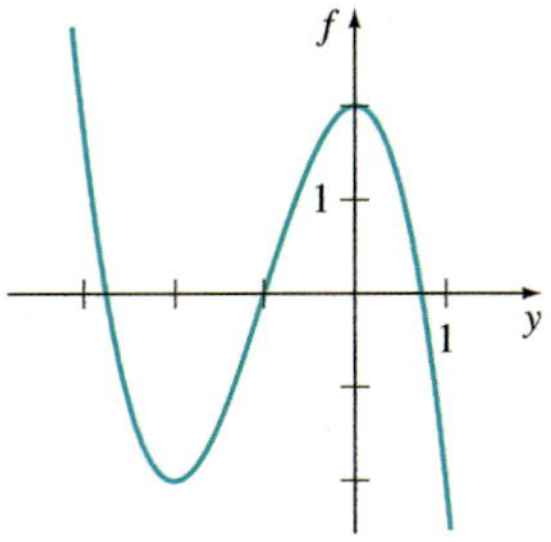

그림 2.1.17 문제13에 대한 그래프

14.

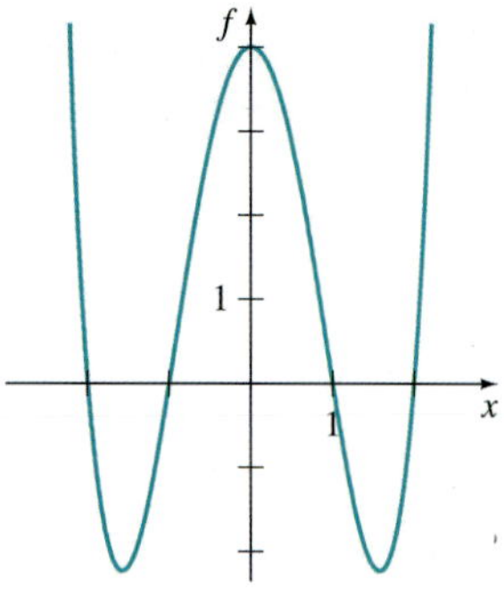

그림 2.1.18 문제14에 대한 그래프

15. (a)와 (b)에서 제시된 상수 c를 이용하여 주어진 미분방정식의 등경선 $f(x, y) = c$(50-51쪽에 있는 주의를 참조하여라.)를 그려라. 각각의 등경선 위의 선택된 점들에서 적당한 기울기를 갖는 선형성분들을 그려서 격자 위에서 방향장을 만들어 보아라. 각각의 경우에서 이 방향장들을 이용하여 초기 조건 $y(0) = 1$이고 주어진 미분방정식으로 구성된 초깃값 문제에 대한 근사적인 해곡선을 그려라.

(a) $dy/dx = x + y$; c는 $-5 \le c \le 5$인 정수이다.

(b) $dy/dx = x^2 + y^2$; $c = \frac{1}{4}, c = 1, c = \frac{9}{4}, c = 4$

토론 문제

16. (a) 구하는 방법은 고려하지 말고 미분방정식 $\frac{dy}{dx} = x(y-4)^2$의 방향장을 생각해 보자. 직선 $x = 0$, $y = 3$, $y = 4$과 $y = 5$에서 선형성분들의 기울기를 설명하여라.

(b) $y_0 < 4$일 때 초깃값 문제 $\frac{dy}{dx} = x(y-4)^2 - 2$, $y(0) = y_0$를 생각해 보자. $x \to \infty$일 때 해 $y(x) \to \infty$일까? (a)에 있는 정보를 이용하여 논의하여 보아라.

17. 1계 미분방정식 $\frac{dy}{dx} = f(x, y)$에 대하여 $f(x, y) = 0$으로 정의되는 평면상의 곡선을 방정식의 **영등선**(nullcline)이라고 하는데 이는 곡선의 한 점에서의 선형성분이 기울기 0을 갖기 때문이다. 컴퓨터 소프트웨어를 사용하여 직사각형 격자 위에서 $\frac{dy}{dx} = x^2 - 2y$에 대한 점들의 방향장을 구하고 그 방향장 위에 영등선 $y = \frac{1}{2}x^2$ 그래프를 같이 그려라. $y < \frac{1}{2}x^2$으로 정의된 영역과 $y > \frac{1}{2}x^2$으로 정의된 영역에서 각각 해곡선들의 움직임을 논의하여 보아라. 몇몇 개의 근접한 해곡선을 그려라. 관찰한 바를 일반화하여라.

18. (a) 문제1, 2과 3에서 영등선을 구하여라. 색연필을 이용하여 그림 2.1.12, 2.1.13과 2.1.14에서 영등선 상의 점에서의 선형성분이라고 생각되는 선형성분에 표시를 하여라.

(b) 자율 1계 미분방정식의 영등선들은 무엇인가?

2.1.2 자율 1계 미분방정식

19. 자율 1계 미분방정식 $\frac{dy}{dx} = y - y^3$과 초기 조건 $y(0) = y_0$가 주어졌다고 하자. y_0가 다음과 같이 주어졌을 때 전형적인 해 $y(x)$의 그래프를 수작업으로 그려라.

(a) $y_0 > 1$　　(b) $0 < y_0 < 1$

(c) $-1 < y_0 < 0$　　(d) $y_0 < -1$

20. 자율 1계 미분방정식 $\frac{dy}{dx} = y^2 - y^4$과 초기 조건 $y(0) = y_0$가 주어졌다고 하자. y_0가 다음과 같이 주어졌을 때 전형적인 해 $y(x)$의 그래프를 수작업으로 그려라.

(a) $y_0 > 1$　　(b) $0 < y_0 < 1$

(c) $-1 < y_0 < 0$　　(d) $y_0 < -1$

(21–28) 주어진 자율 1계 미분방정식의 임계점들과 위상모델을 구하여라. 각 임계점들이 점근적으로 안정적인지, 비안정한지 또는 준안정적인지를 구별하여라. 평형 해들의 그래프에 의하여 결정된 xy평면의 영역에서 전형적인 해곡선들을 수작업으로 그려라.

21. $\frac{dy}{dx} = y^2 - 3y$　　22. $\frac{dy}{dx} = y^2 - y^3$

23. $\frac{dy}{dx} = (y-2)^4$　　24. $\frac{dy}{dx} = 10 + 3y - y^2$

25. $\frac{dy}{dx} = y^2(4 - y^2)$　　26. $\frac{dy}{dx} = y(2-y)(4-y)$

27. $\frac{dy}{dx} = y\ln(y+2)$　　28. $\frac{dy}{dx} = \frac{ye^y - 9y}{e^y}$

(29–30) f의 그래프가 주어졌을 때 자율 미분방정식 $dy/dx = f(y)$을 생각해 보자. 그래프를 이용하여 각각의 미분방정식의 임계점의 위치를 찾아라. 각각의 미분방정식의 위상모형을 그려라. 수작업으로 평형 해의 그래프들에 의하여 결정된 xy평면에 있는 부분 영역에서 전형적인 해곡선을 그려라.

29.

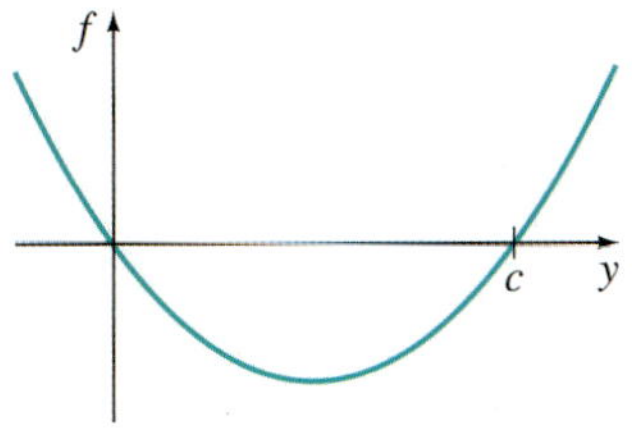

그림 2.1.19 문제29에 대한 그래프

30.

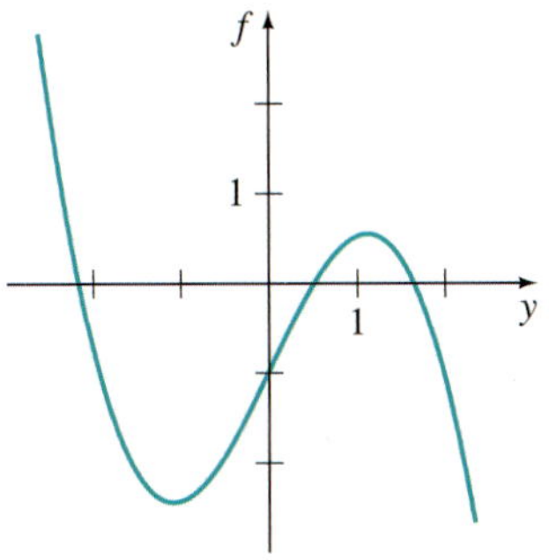

그림 2.1.20 문제30에 대한 그래프

토론 문제

31. 자율 미분방정식 $\frac{dy}{dx}=\left(\frac{2}{\pi}\right)y-\sin y$을 생각해 보자. 이 방정식의 임계점들을 구하여라. 방정식의 위상모형을 구할 수 있는 방법에 대하여 논의하여라. 임계점들이 점근적으로 안정적인지, 비안정적인지 또는 준안정적인지를 판정하여라.

32. 자율 미분방정식의 임계점 c를 포함한 적당한 개구간이 존재하여 이 구간에서는 다른 임계점이 없다면 임계점 c는 **고립되었다**(isolated)고 한다. (2)에서 주어진 형태의 자율 미분방정식 중에서 모든 임계점이 고립되지 않은 미분방정식이 있을 수 있는가? 이에 대하여 너무 깊게 생각하지 말고 논의를 하여 보아라.

33. $y(x)$가 자율 미분방정식 $\frac{dy}{dx}=f(y)$의 상수가 아닌 해이고 c가 미분방정식의 임계점이라고 하자. 다음을 논의하여라. $y(x)$의 그래프가 평형 해 $y=c$의 그래프를 지날 수 없는 이유는 무엇인가? $f(y)$는 53쪽에서 논의한 부분 영역 중의 한 영역에서 부호가 바뀔 수 없는 이유는 무엇인가? $y(x)$가 진동을 하거나 극값(최댓값 또는 최솟값)을 갖지 않는 이유는 무엇인가?

34. $y(x)$가 자율 미분방정식 $\frac{dy}{dx}=f(y)$의 해이고 그림 2.1.6(b)의 부분 영역 R_2 안에서와 같이, 두 개의 연속인 두 임계점들 $c_1<c_2$에 의하여 위와 아래로 유계라고 가정하자. 만일 그 영역에서 $f(y)>0$이면 $\lim_{x\to\infty}y(x)=c_2$이다. $\lim_{x\to\infty}y(x)=L$이 되는 $L<c_2$인 L이 존재할 수 없는 이유를 설명하여라. 또한 $x\to\infty$일 때 $y'(x)$가 어떻게 변하는지를 설명하여라.

35. 자율 미분방정식 (2)를 이용하여 해곡선의 변곡점들의 위치에 대한 정보를 어떻게 얻을 수 있는가에 대하여 논의하여라.

36. 자율 미분방정식 $\frac{dy}{dx}=y^2-y-6$을 생각해 보자. 문제35를 이용하여 해곡선이 위로 오목한 y축 구간들과 아래로 오목한 구간들을 구하여라. $-2<y_0<3$일 때 $\frac{dy}{dx}=y^2-y-6$, $y(0)=y_0$의 초깃값 문제의 각각의 해곡선이 같은 y좌표를 갖는 변곡점을 갖는지를 설명하여라. y좌표는 무엇인가? $y(0)=-1$일 때 해곡선을 신중히 그려라. $y(2)=2$일 때 해곡선을 그려라.

37. (2)에 있는 자율 미분방정식은 임계점을 갖지 않는다고 가정하자. 해들의 움직임을 설명하여라.

수학적 모델

38. **개체 수 모델** 예제3의 미분방정식은 잘 알려진 개체 수 모델이다. 미분방정식이 a와 b가 양의 상수인 미분방정식이

$$\frac{dP}{dt}=P(aP-b)$$

로 변경되었다고 가정하자. 시간 t가 증가함에 따라 개체 수 P에 어떤 변화가 일어나는지를 대하여 논의하여라.

39. **개체 수 모델** 다른 개체 수 모델이 h와 k가 상수인

$$\frac{dp}{dt}=kP-h$$

로 주어졌다고 하자. 이 모델에서 개체 수가 소멸될 것이라고 예측하는 초깃값 $P(0)=P_0$가 얼마인가?

40. **종속** 1.3절에서 k가 양의 상수이고 g가 중력 가속도인 자율 미분방정식

$$m\frac{dv}{dt}=mg-kv$$

는 중력의 영향을 받아 낙하하는 질량이 m인 물체의 속도 v에 관한 모델임을 알았다. $-kv$가 공기저항을 나타내기 때

문에, 높은 곳에서 낙하하는 물체의 속도는 시간이 지남에 따라서 무제한적으로 증가하지 않는다.
미분방정식의 위상모형을 사용하여 물체의 극한 속도 또는 최종 속도를 구하여라. 그리고 그 이유를 설명하여라.

41. **종속-계속** 문제40에 있는 모델이 공기저항이 v^2에 비례한다는 것으로 수정되었다고 가정하자. 즉

$$m\frac{dv}{dt}=mg-kv^2$$

이라고 가정하자. 연습문제1.3의 문제17을 참조하여라. 위상모형을 이용하여 물체의 최종 속도를 구하여라. 그리고 그 이유를 설명하여라.

42. **화학 반응** 어떤 성질을 갖는 화학물질을 섞었을 때 새로운 합성물이 만들어지는 비율은 $k>0$이 비례상수이고 $\beta>\alpha>0$인 자율 미분방정식

$$\frac{dX}{dt}=k(\alpha-X)(\beta-X)$$

에 의하여 모델화된다. 여기서 $X(t)$는 시간 t일 때 생성된 새로운 합성물의 그램 수를 나타낸다.

(a) 미분방정식의 위상모형을 이용하여 $t\to\infty$일 때 $X(t)$의 움직임을 예측하여라.

(b) $\alpha=\beta$인 경우를 생각해 보자. 미분방정식의 위상모형을 이용하여 $X(0)<\alpha$일 때 $t\to\infty$에 따라서 $X(t)$의 움직임을 예측하여라. 또한 $X(0)>\alpha$일 때 $t\to\infty$에 따라서 $X(t)$의 움직임을 예측하여라.

(c) $k=1$이고 $\alpha=\beta$일 때 미분방정식의 양적인 해가 $X(t)=\alpha-\dfrac{1}{t+c}$임을 증명하여라. $X(0)=\dfrac{\alpha}{2}$를 만족하는 해를 구하여라. $X(0)=2\alpha$를 만족하는 해를 구하여라. 이 두 해의 그래프를 그려라. $t\to\infty$일 때 해들의 움직임이 (b)에서 구한 해와 일치하는가?

2.2 변수분리형 미분방정식

소개 모든 미분방정식 중에서 가장 간단한 형태인 변수 분리 가능한 1계 미분방정식을 푸는 방법에 대하여 학습한다. 이 절에서 논의된 방법과 미분방정식을 풀기 위한 다른 많은 방법들은 적분을 포함하기 때문에, 미적분학 교재를 참조하여 기억과 중요한 공식들($\int du/u$와 같은)과 적분기법(부분적분과 같은)을 복습해야 한다.

적분에 의한 풀이 1계 미분방정식 $dy/dx=f(x,y)$를 생각해 보자. 만일 f가 변수 y에 좌우되지 않으면, 즉 $f(x,y)=g(x)$이면 미분방정식

$$\frac{dy}{dx}=g(x) \tag{1}$$

는 적분을 이용하여 풀 수 있다. 만일 $g(x)$가 연속함수라면, (1)의 양변을 적분하여

$$y=\int g(x)dx=G(x)+c$$

를 얻을 수 있다. 여기서 $G(x)$는 $g(x)$의 역도함수(부정적분)이다. 예를 들어 $dy/dx = 1+e^{2x}$이면, 이 미분방정식의 해는 $y=\int(1+e^{2x})dx$ 또는 $y=x+\frac{1}{2}e^{2x}+c$, $x\in(-\infty,\infty)$가 된다.

정의 방정식 (1)은 풀이의 방법뿐만 아니라 정규형 $dy/dx=f(x, y)$에 있는 함수 f가 x의 함수와 y의 함수의 곱으로 분해될 수 있는 특별한 경우이다.

정의 2.2.1 변수분리형 미분방정식

$$\frac{dy}{dx}=g(x)h(y)$$

형태의 1계 미분방정식을 분리형(separable) 또는 변수분리형(separable variables)미분방정식이라고 한다.

예를 들어 방정식 $\frac{dy}{dx}=y^2xe^{3x+4y}$는 분리가능하지만 $\frac{dy}{dx}=y+\sin x$는 분리가능하지 않다. 첫 번째 방정식에서 $f(x, y)=y^2xe^{3x+4y}$를

$$f(x, y)=y^2xe^{3x+4y}=\underset{g(x)}{(xe^{3x})}\underset{h(y)}{(y^2e^{4y})}$$

와 같이 하나의 변수만을 갖는 함수의 곱으로 분해할 수 있지만, 두 번째 방정식에서 $y+\sin x$는 x의 함수와 y의 함수의 곱으로 분해할 수 있는 방법이 없다.

풀이방법 양변을 $h(y)$로 나누면 변수분리형 미분방정식 $\frac{dy}{dx}=g(x)h(y)$는

$$p(y)\frac{dy}{dx}=g(x) \tag{2}$$

로 나타낼 수 있다. 여기서 편의상 $1/h(y)$는 $p(y)$로 나타낸다. 마지막 형태로부터 즉각적으로 $h(y)=1$이면 (2)를 (1)로 간단히 할 수 있음을 알 수 있다.

만일 $y=\phi(x)$가 (2)의 해라면 $p(\phi(x))\phi'(x)=g(x)$이어야 하고 따라서

$$\int p(\phi(x))\phi'(x)dx=\int g(x)dx \tag{3}$$

이다. 그러나 $dy=\phi'(x)dx$이므로 식 (3)은

$$\int p(y)dy=\int g(x)dx \quad \text{또는} \quad H(y)=G(x)+c \tag{4}$$

와 같다. 여기서 $H(y)$는 $p(y)=1/h(y)$의 역도함수이고 $G(x)$는 $g(x)$의 역도함수이다.

식 (4)는 변수분리형의 해를 구하는 과정을 제시한다. 보통은 음함수로 주어지는

데, 단일변수를 갖는 해 집합족은 $p(y)dy = g(x)dx$의 양변을 적분하여 얻을 수 있다.

참고 만일 $H(y) + c_1 = G(x) + c_2$이면 $c_2 - c_1$은 (4)와 같이 새로운 상수인 c로 대체할 수 있기 때문에 변수분리형 미분방정식의 적분에서 두 개의 상수를 사용할 필요는 없다. 뒤에 학습할 많은 장에 있는 예제에서 주어진 방정식을 편리하게 사용하기 위해 상수들을 재구성할 것이다. 예를 들면 상수들의 곱이나 결합들은 종종 하나의 상수로 대체된다.

예제 1 변수분리형 미분방정식의 풀이

$(1+x)dy - ydx = 0$을 풀어라.

풀이 주어진 미분방정식의 양변을 $(1+x)y$로 나누면 $\dfrac{dy}{y} = \dfrac{dy}{1+x}$로 쓸 수 있으므로

$$\int \frac{dy}{y} = \int \frac{dx}{1+x}$$

$$\ln|y| = \ln|1+x| + c_1 \qquad \leftarrow \text{지수 법칙 } 5$$

$$\begin{aligned} |y| &= e^{\ln|1+x|+c_1} = e^{\ln|1+x|} \cdot e^{c_1} \quad \leftarrow \begin{cases} |1+x| = 1+x, & x \geq -1 \\ |1+x| = -(1+x), & x < -1 \end{cases} \\ &= |1+x|e^{c_1} \\ &= \pm e^{c_1}(1+x). \end{aligned}$$

가 된다. $\pm e^{c_1}$을 c라고 하면 $y = c(1+x)$, $x \in (-\infty, \infty)$가 된다. ■

예제1의 풀이 중 각 적분에서 로그함수가 나오므로, 적분상수에 대한 적절한 선택은 c 보다는 $\ln|c|$가 된다. 위의 풀이의 두 번째 줄을 $\ln|y| = \ln|1+x| + \ln|c|$라 쓰면 로그함수의 성질에 의하여 식의 우변을 결합할 수 있다. $\ln|y| = \ln|c(1+x)|$로부터 $y = c(1+x)$얻는다. 부정적분들이 모두 로그함수가 아닌 경우에서도 적분상수를 $\ln|c|$라고 하는 것이 좋을 때도 있다. 하지만 특별한 공식은 없다.

1.1절에서 해곡선이 음함수 해 $G(x, y) = 0$의 그래프 상의 선분이거나 호일 수도 있음을 알았다.

예제 2 해곡선

초깃값 문제 $\dfrac{dy}{dx} = -\dfrac{x}{y}$, $y(4) = -3$을 풀어라.

풀이 ▶ 주어진 방정식을 $ydy=-xdx$ 라고 다시 쓰면

$$\int ydy=-\int xdx \text{와 } \frac{y^2}{2}=-\frac{x^2}{2}+c_1$$

을 얻는다. 상수 $2c_1$을 c^2으로 대체하면 적분 결과를 $x^2+y^2=c^2$로 쓸 수 있다. 미분방정식에 대한 이 해는 원점을 중심으로 하는 동심원들의 1개의 매개변수의 집합족을 나타낸다.

$x=4$이고 $y=-3$이면 $16+9=25=c^2$이다. 따라서 초깃값 문제는 반지름이 5인 원 $x^2+y^2=25$이다. 간단하게 초깃값 조건을 만족하는 양함수 해에 대한 음함수 해를 구할 수 있다. 1.1절의 예제7에서 이 해가 $y=\phi_2(x)$ 또는 $y=-\sqrt{25-x^2}$, $-5<x<5$임을 보였다. 해곡선은 미분가능한 함수의 그래프이다. 이 경우 해곡선은 그림 2.2.1에서 파란 선으로 표시된 점 $(4, -3)$을 포함하는 아래쪽 반원이다. ■

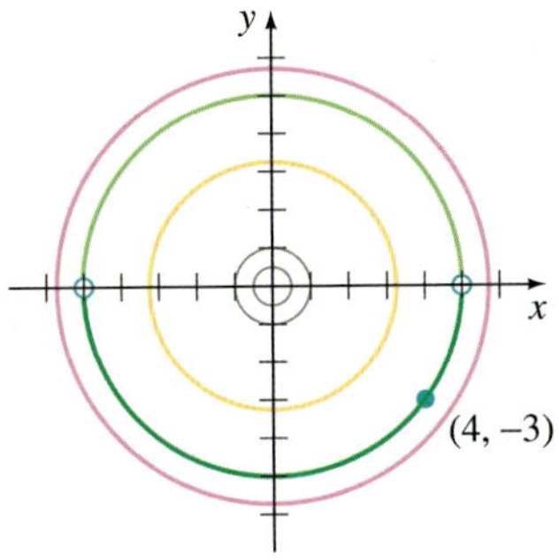

그림 2.2.1 예제2에 있는 초깃값 문제에 대한 해곡선들

예제 3 초깃값 문제

초깃값 문제 $\dfrac{dy}{dx}=1+y^2$, $y(0)=0$의 해를 구하여라.

풀이 ▶ 주어진 미분방정식을 $\dfrac{dy}{1+y^2}=dx$로 나타내면

$$\int \frac{dy}{1+y^2}=\int dx$$

이므로

$$\tan^{-1}y=x+c$$

임을 알 수 있다. $y(0)=0$을 대입하면 $c=0$을 얻는다. 따라서 해는 $\tan^{-1}y=x$ 또는 $y=\tan x$, $x\in(-\pi/2, \pi/2)$이다. ■

대부분은 예제3에서의 해 $\tan^{-1}y=x+c$을 $y=\tan(x+c)$로 쓰는 것을 선호한다. 그러나 여기서 우리는 조금 주의해야만 한다. c값을 간단하게 표현하면 실제로 무한개의 정의역에 대응하는 무한개의 특수해를 얻는다. 예를 들어, $c=0$에 대하여

$$\cdots\ y=\tan x, (-3\pi/2, -\pi/2),\ y=\tan x, (-\pi/2, \pi/2),\ y=\tan x, (\pi/2, 3\pi/2),\ \cdots$$

이 모두 미분방정식의 해가 된다. 그러나 그림 2.2.2의 붉은색 그래프만이 예제3의 초깃값 문제에 대한 해가 된다.

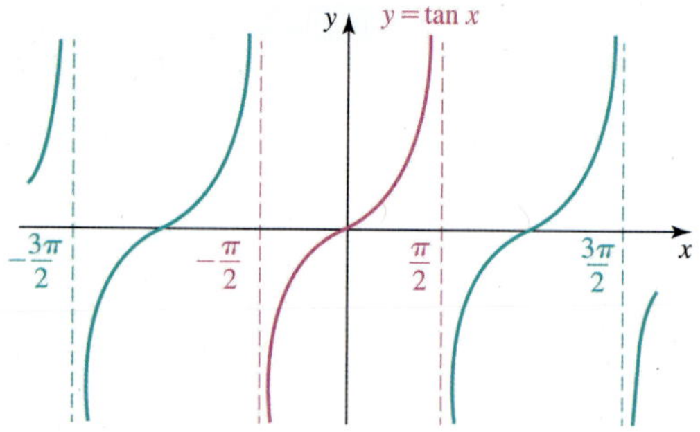

그림 2.2.2 예제3에 있는 미분방정식의 해

해의 상실 변수 제수가 어떤 점에서 0이 될 수 있으므로 변수 분리를 할 때는 주의를 기울여야 한다. 특히 r이 함수 $h(y)$의 근이라면, $y=r$을 $\frac{dy}{dx}=g(x)h(y)$에 대입하면 식의 양변이 모두 0이 된다; 다시 말하면 $y=r$이 미분방정식의 상수해가 된다.

하지만 변수를 분리한 후에 $\frac{dy}{h(y)}=g(x)dx$의 좌변은 r에서 정의되지 않는다. 결과적으로 $y=r$은 적분과 단순화 과정 후에 얻어진 해들의 집합족에서는 나타나지 않을 수 있다. 이러한 해를 **특이해**(singular solution)라고 한다.

예제 4 해의 상실

$\frac{dy}{dx}=y^2-4$를 풀어라.

풀이 주어진 방정식을

$$\frac{dy}{y^2-4}=dx$$

또는

$$\left[\frac{\frac{1}{4}}{y-2}-\frac{\frac{1}{4}}{y+2}\right]dy=dx \tag{5}$$

로 정리하자. (5)의 두 번째 방정식은 첫 번째 방정식의 좌변을 부분 분수하여 얻은 결과이다. 로그함수를 사용하여 식을 적분하면

$$\frac{1}{4}\ln|y-2|-\frac{1}{4}\ln|y+2|=x+c_1$$

$$\text{또는 } \ln\left|\frac{y-2}{y+2}\right|=4x+c_2 \text{ 또는 } \frac{y-2}{y+2}=\pm e^{4x+c_2}$$

이다. 여기서 상수 $4c_1$은 c_2로 대체한다. 끝으로 $\pm e^{c_2}$를 c로 대체하고 마지막 방정식을 y에 대하여 풀면

$$y = 2\frac{1+ce^{4x}}{1-ce^{4x}} \tag{6}$$

인 1개의 매개변수 해 집합족을 얻는다.

이제 주어진 미분방정식의 우변을 $\frac{dy}{dx} = (y-2)(y+2)$라고 인수분해하면, 2.1절의 임계점에 대한 논의로부터 $y=2$와 $y=-2$가 두 상수(평형) 해가 됨을 알 수 있다. $y=2$는 $c=0$에 대응하는 (6)에 의하여 정의된 해 집합족의 원소이다. 하지만 $y=-2$는 특이해이다; 어떤 매개변수 c를 선택하여도 (6)으로부터 얻어질 수 없다. 이 후자의 해는 해를 구하는 과정에서 잃어버릴 수 있다. (5)의 검토는 이 단계들에서 $y=\pm 2$가 배제되었다는 것을 분명하게 알려준다. ■

예제 5 초깃값 문제

$(e^{2y}-y)\cos x\frac{dy}{dx} = e^y \sin 2x$, $y(0)=0$을 풀어라.

풀이 식의 양변을 $e^y \cos x$로 나누면

$$\frac{e^{2y}-y}{e^y}dy = \frac{\sin 2x}{\cos x}dx$$

이 된다. 적분을 하기 전에, 식의 좌변에서 항별로 나눗셈을 시행하고 식의 우변에서는 삼각함수 공식 $\sin 2x = 2\sin x\cos x$를 적용한다. 그러면

부분 적분→ $$\int (e^y - ye^{-y})dy = 2\int \sin x\, dx$$

으로부터

$$e^y + ye^{-y} + e^{-y} = -2\cos x + c \tag{7}$$

이다. $x=0$일 때 $y=0$인 초깃값 조건을 이용하면 $c=4$가 된다. 그러면 초깃값 문제의 해는

$$e^y + ye^{-y} + e^{-y} = 4 - 2\cos x \tag{8}$$

이다. ■

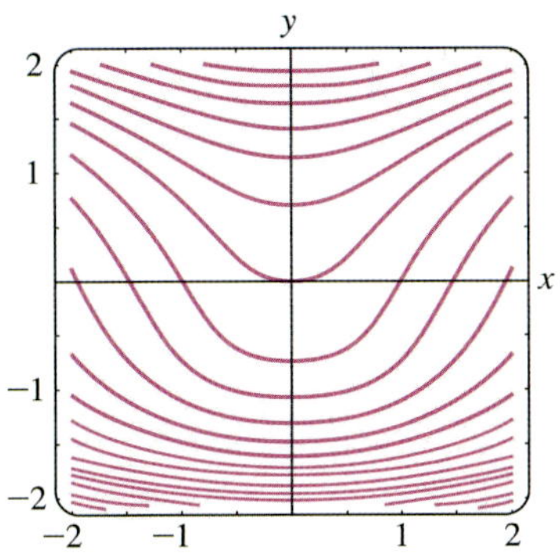

그림 2.2.3 $G(x, y) = e^y + ye^{-y} + e^{-y} + 2\cos x$ 의 등고선들

컴퓨터 사용하기 1.1절의 끝 부분에 있는 주의에서 양적인 해 $y=\phi(x)$를 구하기 위하여 음함수 해 $G(x, y)=0$을 사용하는 것이 매우 어려울 수 있음을 언급하였다. 방정식 (8)은 y를 x의 항으로 구하는 일이 부호를 밀치는 힘들고 단조로운 일보다 더 큰 문제가 존재하고 있음을 보여준다.(때때로 그것은 단순하게 끝낼 수 없다!) (8)과 같은 음함수 해들은 때때로 당황스럽다; 방정식의 그래프도, $y(0)=0$을 만족하는 해가 명백하게 존재하는 구간들도 분명하지 않다. 음함수 해가 어떤 모습인지를 "알아보는" 문제는 몇몇 경우에서 첨단기술을 이용하여 극복

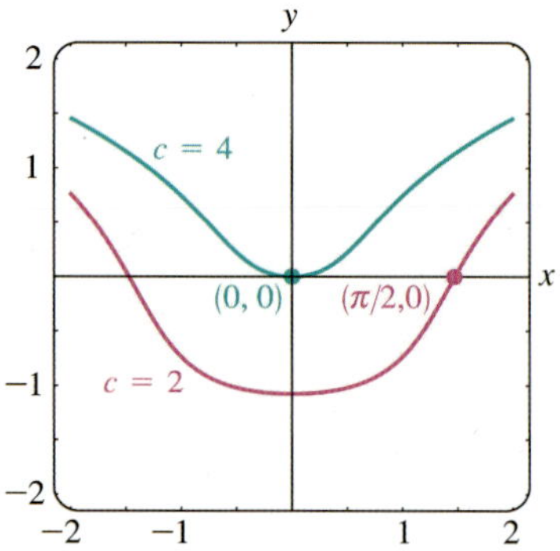

그림 2.2.4 $c=2$와 $c=4$인 등고선들

할 수 있다. 그 중 한 가지 방법*은 컴퓨터 대수 체계(CAS)의 경로 그림 응용을 사용하는 것이다. 다변수 미적분학으로부터 이변수 함수인 $z=G(x, y)$에 대하여 c가 상수인 $G(x, y)=c$로 정의된 2차원 곡선들을 그 함수의 **등고선**이라고 한다. 컴퓨터 대수 체계를 활용하여 함수 $G(x, y)=e^y+ye^{-y}+e^{-y}+2\cos x$의 몇몇 등고선을 그림 2.2.3에 표현했다. (7)에서 정의된 해들의 집합족은 등고선 $G(x, y)=c$이다. 그림 2.2.4는 등고선 $G(x, y)=4$를 파란색으로 보여주는데 이것은 (8)의 특수해이다. 그림 2.2.4에 있는 다른 곡선은 등고선 $G(x, y)=2$를 나타내는데 이것은 $y(\pi/2)=0$을 만족하는 $G(x, y)=c$의 집합족의 한 원소이다.

만일 초기 조건이 1계 미분방정식에 대한 해들의 집합족에 있는 매개변수 c의 특별한 값을 산출함에 의하여 특수 해를 유도한다면, 대부분의 학생들은(그리고 강사들도) 편안하고 만족스러워하는 것이 일반적인 경향이다. 하지만 초깃값 문제의 해는 유일하지 않을 수 있다. 1.2절의 예제4의 초깃값 문제

$$\frac{dy}{dx}=xy^{1/2},\ y(0)=0 \tag{9}$$

가 적어도 2개의 해 $y=0$와 $y=\frac{1}{16}x^4$를 가짐을 보였다. 이제 이 문제를 풀어보도록 하자. 변수를 분리하여 $y^{-1/2}dy=x\,dx$를 적분하면

$$2y^{1/2}=\frac{x^2}{2}+c_1$$

가 된다. y에 대하여 풀고 $\frac{1}{2}c_1$을 c로 대치하면

$$y=\left(\frac{x^2}{4}+c\right)^2 \tag{10}$$

가 된다. (10)으로 주어진 이 집합족에 있는 각각의 함수는 만일 $c\geq 0$를 택하면 구간 $(-\infty, \infty)$ 위에서 정의된 미분방정식의 해가 된다. 연습문제2.2의 문제56을 참조하여라. (10)에 $x=0$, $y=0$을 대입하면 $c=0$이다. 그러므로 $y=\frac{1}{16}x^4$이 초깃값 문제의 해가 된다. 그러나 해 $y=0$은 해집합족 (10)의 원소가 아님에 주목하자. 이 특이해는 $y^{1/2}$로 나누는 과정에서 잃어버렸다.

또한, 매개변수 $a\geq 0$의 임의의 선택에 대하여 조각적으로 정의된 함수

$$y=\begin{cases}0, & x<a\\ \frac{1}{16}(x^2-a^2)^2, & x\geq a\end{cases}$$

가 미분방정식(9)과 초깃값 조건을 동시에 만족하므로 초깃값 문제(9)는 무수히 많은 해를 갖고 있다. 그림 2.2.5를 참조하여라.

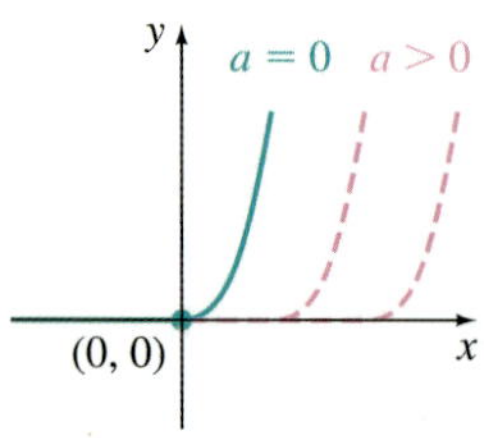

그림 2.2.5 (9)의 조각적으로 정의된 해들

* 2.6절에서 수치적 해결도구의 개념을 바탕으로 하는 다른 여러 개의 풀이 과정을 논의하게 될 것이다.

적분에 의하여 정의된 해들 1.1절 끝부분의 주의 중 (ii)에서 어떤 종류의 미분방정식의 해를 구하는 방법이 적분으로 정의된 함수로 이어질 수 있다는 것을 언급하였다. 이것은 특별히 변수 분리 미분방정식에 적용되는데 적분이 해를 구하는 방법이기 때문이다. 예를 들어, 만일 g가 x_0과 x를 포함하는 어떤 구간 I에서 연속이면, 구간 I에서 주어진 초깃값 문제 $dy/dx = g(x)$, $y(x_0) = y_0$의 해는

$$y(x) = y_0 + \int_{x_0}^{x} g(t)dt$$

이다. 이를 알아보기 위하여 1.1절 (12)로부터 $\int_{x_0}^{x_0} g(t)dt = 0$이므로 $dy/dx = g(x)$이고 $y(x_0) = y_0$가 된다. $\int g(t)dt$가 기본적인 함수가 아니라면(즉 기본적인 함수의 항으로 표현될 수 없다면) $y(x) = y_0 + \int_{x_0}^{x} g(t)dt$의 형태가 초깃값 문제의 명확한 해를 얻는 데 있어서 우리가 할 수 있는 최선의 방법일 것이다. 다음 예제는 이 개념을 잘 설명해 준다.

예제 6 초깃값 문제

$\dfrac{dy}{dx} = e^{-x^2}$, $y(3) = 5$를 풀어라.

풀이 함수 $g(x) = e^{-x^2}$은 $(-\infty, \infty)$에서 연속이지만 역도함수는 기본적인 함수가 아니다. 명목상 적분 변수로서 t를 사용하여 다음과 같이 표현한다.

$$\int_3^x \frac{dy}{dt}dt = \int_3^x e^{-t^2}dt$$

$$y(t)\Big]_3^x = \int_3^x e^{-t^2}dt$$

$$y(x) - y(3) = \int_3^x e^{-t^2}dt$$

$$y(x) = y(3) + \int_3^x e^{-t^2}dt\ .$$

초기 조건 $y(3) = 5$을 사용하여, 해

$$y(x) = 5 + \int_3^x e^{-t^2}dt$$

를 얻는다. ■

예제6에서 설명된 과정은 $f(y)$는 기본적인 역도함수를 갖지만 $g(x)$는 기본적인 역도함수를 갖지 않는 경우와 같은 변수 분리 방정식 $dy/dx = g(x)f(y)$에도 똑같이 잘 적용된다. 연습문제2.2 문제29와 30을 참조하여라.

주의

앞의 몇 개의 예제들에서 1계 미분방정식에 대한 1개의 매개변수를 갖는 해 집합족에 있는 상수는 편의에 따라 다시 이름을 붙일 수 있음을 보였다. 또한 같은 방정식을 올바르게 푼 두 사람이 비슷하지 않은 답을 보여주는 경우가 쉽게 일어난다. 예를 들어, 변수를 분리함에 의하여 미분방정식 $(1+y^2)\,dx+(1+x^2)dy=0$에 대한 1개의 매개변수를 갖는 해 집합족은

$$\arctan x+\arctan y=c \quad \text{또는} \quad \frac{x+y}{1-xy}=c \quad \text{또는} \quad y=\frac{c-x}{cx+1}$$

이다. 여러분이 여러분의 방법을 다음 몇 개의 절을 통해서 배워가면서, 해 집합족이 하나의 집합족에서 상수를 다시 정의하거나 대수와 삼각함수를 적용한 다른 집합족에서 얻을 수 있다는 점에서 동치일 수 있음을 명심하여야 한다. 연습문제2.2의 문제27과 28을 참조하여라.

연습문제 2.2

(1–22) 변수 분리를 통하여 주어진 미분방정식을 풀어라.

1. $\dfrac{dy}{dx}=\sin 5x$
2. $\dfrac{dy}{dx}=(x+1)^2$
3. $dx+e^{3x}dy=0$
4. $dy-(y-1)^2dx=0$
5. $x\dfrac{dy}{dx}=4y$
6. $\dfrac{dy}{dx}+2xy^2=0$
7. $\dfrac{dy}{dx}=e^{3x+2y}$
8. $e^x y\dfrac{dy}{dx}=e^{-y}+e^{-2x-y}$
9. $y\ln x\dfrac{dx}{dy}=\left(\dfrac{y+1}{x}\right)^2$
10. $\dfrac{dy}{dx}=\left(\dfrac{2y+3}{4x+5}\right)^2$
11. $\csc y\,dx+\sec^2 x\,dy=0$
12. $\sin 3x\,dx+2y\cos^3 3x\,dy=0$
13. $(e^y+1)^2e^{-y}dx+(e^x+1)^3e^{-x}dy=0$
14. $x(1+y^2)^{1/2}dx=y(1+x^2)^{1/2}dy$
15. $\dfrac{dS}{dr}=kS$
16. $\dfrac{dQ}{dt}=k(Q-70)$
17. $\dfrac{dP}{dt}=P-P^2$
18. $\dfrac{dN}{dt}+N=Nte^{t+2}$
19. $\dfrac{dy}{dx}=\dfrac{xy+3x-y-3}{xy-2x+4y-8}$
20. $\dfrac{dy}{dx}=\dfrac{xy+2y-x-2}{xy-3y+x-3}$
21. $\dfrac{dy}{dx}=x\sqrt{1-y^2}$
22. $(e^x+e^{-x})\dfrac{dy}{dx}=y^2$

(23–30) 주어진 초깃값 문제에 대한 양함수 해를 구하여라.

23. $\dfrac{dx}{dt}=4(x^2+1),\quad x(\pi/4)=1$
24. $\dfrac{dy}{dx}=\dfrac{y^2-1}{x^2-1},\quad y(2)=2$
25. $x^2\dfrac{dy}{dx}=y-xy,\quad y(-1)=-1$
26. $\dfrac{dy}{dt}+2y=1,\quad y(0)=\dfrac{5}{2}$
27. $\sqrt{1-y^2}\,dx-\sqrt{1-x^2}\,dy=0,\quad y(0)=\dfrac{\sqrt{3}}{2}$

28. $(1+x^4)dy+x(1+4y^2)dx=0, \quad y(1)=0$

29. $\dfrac{dy}{dx}=-y\ln y, \ y(0)=e$

30. $x\sinh y\dfrac{dy}{dx}=\cosh y, \ y(1)=0$

(31–34) 예제6의 풀이와 같은 방법으로 주어진 초깃값 문제의 양함수 해를 구하여라.

31. $\dfrac{dy}{dx}=ye^{-x^2}, \quad y(4)=1$

32. $\dfrac{dy}{dx}=y^2\sin x^2, \quad y(-2)=\dfrac{1}{3}$

33. $\dfrac{dy}{dx}=(1+y^2)\sqrt{1+\cos x^3}, \quad y(1)=1$

34. $\dfrac{dy}{dx}=\dfrac{e^{-2y}\sin x}{1+x^2}, \quad y(0)=0$

(35–38) 주어진 초깃값 문제의 양함수 해를 구하여라. 해석적인 방법으로 정확한 정의구간 I를 구하여라. 그래프를 그리는 도구를 사용하여 해곡선을 그려라.

35. $\dfrac{dy}{dx}=\dfrac{2x+1}{2y}, \quad y(-2)=-1$

36. $(2y-2)\dfrac{dy}{dx}=3x^2+4x+2, \ y(1)=-2$

37. $e^y dx-e^{-x}dy=0, \ y(0)=0$

38. $\sin x dx+ydy=0, \ y(0)=1$

39. (a) 예제4의 미분방정식에 초깃값 조건들: $y(0)=2$, $y(0)=-2$ 그리고 $y\left(\dfrac{1}{4}\right)=1$이 주었을 때의 각각의 초깃값에 대하여 미분방정식의 해를 구하여라.
    (b) $\ln c_1$이 해의 좌변의 적분상수로 사용되고 $4\ln c_1$이 $\ln c$로 대체되었을 때 예제4의 미분방정식의 해를 구하여라. 그리고 (a)의 초깃값 문제의 해를 구하여라.

40. 제시된 점을 지나는 미분방정식 $x\dfrac{dy}{dx}=y^2-y$의 해를 구하여라.
    (a) $(0, 1)$ (b) $(0, 0)$
    (c) $\left(\dfrac{1}{2}, \dfrac{1}{2}\right)$ (d) $\left(2, \dfrac{1}{4}\right)$

41. 문제21과 22에 대하여 특이해를 각각 구하여라.

42. $2x\sin^2 y dx-(x^2+10)\cos y\, dy=0$의 음함수 해가 $\ln(x^2+10)+\csc y=c$ 됨을 보여라. 만일 우리가 미분방정식의 해 중에서 잃어버린 해가 있다면 그 상수해를 구하여라.

(43–46) 종종 미분방정식의 해의 형태에 있어서 급격한 변화는 초기 조건이나 방정식 자체에서 아주 작은 변화에 따라서 대응하기도 한다. 주어진 초깃값 문제의 양함수 해를 구하여라. 그래프를 그리는 도구를 사용하여 각 해의 그래프를 그려라. 점 $(0, 1)$의 근방에서 각각의 해곡선들을 비교하여라.

43. $\dfrac{dy}{dx}=(y-1)^2, \quad y(0)=1$

44. $\dfrac{dy}{dx}=(y-1)^2, \quad y(0)=1.01$

45. $\dfrac{dy}{dx}=(y-1)^2+0.01, \quad y(0)=1$

46. $\dfrac{dy}{dx}=(y-1)^2-0.01, \quad y(0)=1$

47. 모든 자율 1계 미분방정식 $dy/dx=f(y)$는 분리가능하다. 초기 조건들이 $y_1(0)=2, y_2(0)=\dfrac{1}{2}, \ y_3(0)=-\dfrac{1}{2}$, $y_4(0)=-2$일 때 미분방정식 $dy/dx=y-y^3$의 양함수 해 $y_1(x)$, $y_2(x)$, $y_3(x)$와 $y_4(x)$를 차례로 구하여라. 그래프를 그리는 도구를 이용하여 각 해의 그래프를 그려라. 이 그래프들과 연습문제2.1의 문제19에서 예측하였던 것들과 비교하여라. 각 해들이 정확한 정의역을 구하여라.

48. (a) 자율 1계 미분방정식 $dy/dx=1/(y-3)$은 임계점을 갖지 않는다. 그럼에도 불구하고 3을 위상 선 위에 놓고 방정식의 위상모형을 구하여라. 해곡선들이 어디서 위로 오목하고 아래로 오목한지를 알아내기 위하여 d^2y/dx^2을 계산하여라. 연습문제2.1의 문제35와 36을 참조하여라. 위상모형과 오목성을 이용하여 수작업으로 몇 개의 전형적인 해곡선을 그려라.
    (b) 초기 조건 $y_1(0)=4, \ y_2(0)=2, \ y_3(1)=2, \ y_4(-1)=4$을 만족하는 (a)에 있는 미분방정식의 양함수 해 $y_1(x)$, $y_2(x)$, $y_3(x)$와 $y_4(x)$를 차례로 구하여라. 각

해의 그래프를 그리고 (a)에서 그린 그래프와 비교하여라. 각 해들의 정확한 정의구간을 구하여라.

(49–54) 적분법 또는 대입법을 사용하여 주어진 미분방정식 또는 초깃값 문제의 양함수 해를 구하여라.

49. $\dfrac{dy}{dx}=\dfrac{1}{1+\sin x}$

50. $\dfrac{dy}{dx}=\dfrac{\sin\sqrt{x}}{\sqrt{y}}$

51. $(\sqrt{x}+x)\dfrac{dy}{dx}=\sqrt{y}+y$

52. $\dfrac{dy}{dx}=y^{2/3}-y$

53. $\dfrac{dy}{dx}=\dfrac{e^{\sqrt{x}}}{y},\ y(1)=4$

54. $\dfrac{dy}{dx}=\dfrac{x\tan^{-1}x}{y},\quad y(0)=3$

토론 문제

55. (a) 예제2에 있는 초깃값 문제의 양함수 해 $y=\phi_2(x)$의 정의구간이 개구간 $(-5,\ 5)$가 되는 이유를 설명하여라.

(b) 미분방정식의 임의의 해는 x축과 만날 수 있는가? $x^2+y^2=1$이 초깃값 문제 $dy/dx=-x/y,\ y(1)=0$의 음함수 해라고 생각하는가?

56. 68쪽에서 1계 미분방정식 $dy/dx=xy^{1/2}$의 단일변수 해들의 집합족이 $c\ge 0$인 $y=\left(\frac{1}{4}x^4+c\right)^2$임을 보였다. 이 집합족의 각각의 해는 $(-\infty,\infty)$에서 정의된다. 만일 c를 음수로 택하면 위의 문장은 참이 아니다. $c=-1$에 대하여 $y=\left(\frac{1}{4}x^4-1\right)^2$이 구간 $(-\infty,\infty)$에서 미분방정식의 해가 아닌 이유를 설명하여라. $y=\left(\frac{1}{4}x^4-1\right)^2$이 미분방정식의 해가 되는 정의역을 구하여라.

57. 문제47과 48에서 모든 자율적인 1계 미분방정식 $dy/dx=f(y)$는 분리가능함을 알았다. 이 사실이 초깃값 문제 $\dfrac{dy}{dx}=\sqrt{1+y^2}\sin^2 y,\ y(0)=\dfrac{1}{2}$를 푸는 데 도움이 되는가? 논의하여라. 수작업으로 이치에 맞는 이 문제의 해곡선을 그려라.

58. (a) 초깃값 문제

$$\frac{dy}{dx}=y,\ y(0)=1$$

와

$$\frac{dy}{dx}=y+\frac{y}{x\ln x},\ y(e)=1$$

을 풀어라.

(b) (a)에서 구한 2개의 해곡선의 교점의 y좌표에는 1.65백만 자리 이상이 있음을 보여라.

59. 함수의 제곱에 미분한 함수의 제곱을 더한 결과가 1이 되는 함수를 구하여라.

60. (a) 문제27에 있는 미분방정식은 $|x|<1,\ |y|<1$로 정의되는 xy평면의 정사각형 영역에서 정규형

$$\frac{dy}{dx}=\sqrt{\frac{1-y^2}{1-x^2}}$$

와 동치이다. 하지만 근호 안에 값은 $|x|>1,\ |y|>1$로 정의되는 영역에서 음이 아 니다. xy평면에서 미분방정식이 실수 해를 갖는 모든 영역들을 그려라.

(b) $|x|>1,\ |y|>1$로 정의되는 영역에서 (a)에 있는 미분방정식을 풀어라. $y(2)=2$에 대한 미분방정식의 음함수 해와 양함수 해를 구하여라.

수학적 모델

61. 호킹 방사선 영어 이론에 따르면 물리학자이자 우주론자인 스티븐 호킹(1942-2018)은 블랙홀이라고 불리는 항성질량의 질량 $m(t)$은 방사선으로 인해 시간이 흐르면 감소한다. 항성 질량에 대한 모델은

$$\frac{dm}{dt}=-\frac{k}{m}m^2$$

으로 주어진다. $m(0)=m_0$일 때 $m(t)$에 대하여 풀어라.

그림 2.2.6 문제61에 있는 블랙홀에 대한 예술가의 개념

62. 매달린 사슬

(a) 유연한 강철 사슬이 그 자체의 하중 아래 매달려 있고 그 끝은 같은 높이의 연속된 두 기둥의 꼭대기에 붙어 있다고 가정하자.(그림 2.2.7 참조.) 기둥들 사이의 사슬

모양을 결정할 때 우리는 먼저 미분방정식

$$\frac{du}{dx}=a\sqrt{1+u^2}$$

을 풀어야만 하는데, 여기서 a는 상수 이다. $u(0)=0$일 때 $u(x)$에 대하여 풀어라.

그림 2.2.7 문제62의 매달린 사슬

(b) (a)에서 구한 함수 $u(x)$는 미분방정식

$$\frac{dy}{dx}=u$$

에 의한 사슬 $y(x)$의 모양과 관계가 있다. $y(0)=1/a$일 때 $y(x)$에 대하여 풀어라. 매달린 사슬의 모양을 식별하여라.

63. **화학반응** 단일반응을 포함하는 어떤 2차 화학반응에서 반응속도는

$$\frac{dx}{dt}=k(A-x)^2$$

으로 주어지는데, 여기서 k와 A는 상수이고 $x(t)$는 시간 t에서 형성된 새로운 화학반응의 그램수 이다. $x(0)=0$일 때 $x(t)$에 대하여 풀어라.

64. **타우토크론 문제** 타우토크론 문제는 곡선 C에서 마찰 없이 미끄러지는 구슬이 최저점까지 하강하는 시간이 시작점과 무관한 곡선 C를 찾는 것으로 구성된다. 만약 그림 2.2.8의 곡선 C가 타우토크론이라면, x좌표축의 서로 다른 위치 x_1, x_2, x_3에서 출발한 세 개의 구슬은 동시에 원점 $(0,0)$에 도달할 것이다. 네덜란드의 수학자이자 천문학자인 크리스티안 하위헌스(1629 - 1695)가 1673년에 타우토크론 문제의 해결책을 처음으로 발표하였다. 이러한 곡선을 결정하기 위해서는 다음과 같은 미분방정식

$$1+\left(\frac{dx}{dy}\right)^2=\frac{a}{y}$$

이 풀려야만 하는데, 여기서 a는 상수이다.

$$dx=\sqrt{\frac{a-y}{y}}\,dy$$

형태의 미분방정식을 풀어서 C에 대한 매개변수방정식을 구하여라.

$y=a\sin^2\phi$를 대입하여라.

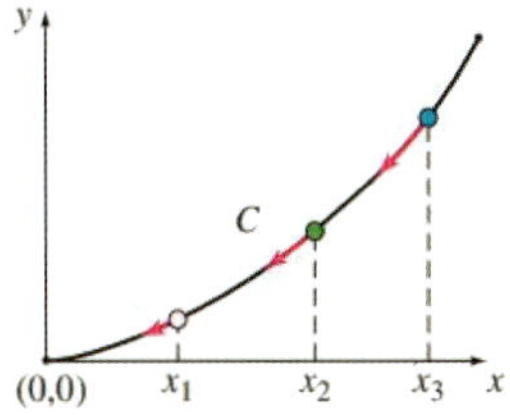

그림 2.2.8 문제64의 타우토크론

65. **현수교** 1.3절의 식 (16)에서 두 개의 수직 지지대 사이에 휘기 쉬운 케이블 선의 모습에 대한 수학적 모델이

$$\frac{dy}{dx}=\frac{W}{T_1} \tag{11}$$

임을 알았다. 여기서 W는 그림 1.3.9와 같이 두 점 P_1과 P_2 사이에 전체 수직 부하의 일부분을 나타낸다. 미분방정식 (11)은 매달린 다리를 설명하는 다음 조건하에서 변수분리 가능하다.

이제 x축과 y축이 그림 2.2.9와 같다고 가정하자. 즉, x축은 수평적인 노면을 따라서 그려지고 y축은 다리의 전체 길이인 구간 $[-L/2, L/2]$ 중에서 케이블의 가장 낮은 지점인 점 $(0, a)$를 지난다. 이 매달린 다리의 경우에서는, 일반적인 가설은 식 (11)에 있는 수직 부하는 오직 수평축을 따라서 균등하게 분산된 다리의 노면뿐이라는 것이다. 다시 말해서, 모든 케이블의 무게는 노면의 무게에 비교하여 무시되며 노면의 단위 길이당 무게 (수평 미터당 뉴턴)는 상수 ρ라고 가정한다. 이 정보를 이용하여 매달린 다리에 있는 두 개의 케이블의 각각의 모습($y=\phi(x)$로 나타나는 곡선)을 규정하는 적절한 초깃값 문제를 만들고 이를 풀어라. 휨 h와 지간 L을 이용하여 초깃값 문제의 해를 표현하여라.(그림 2.2.9 참조)

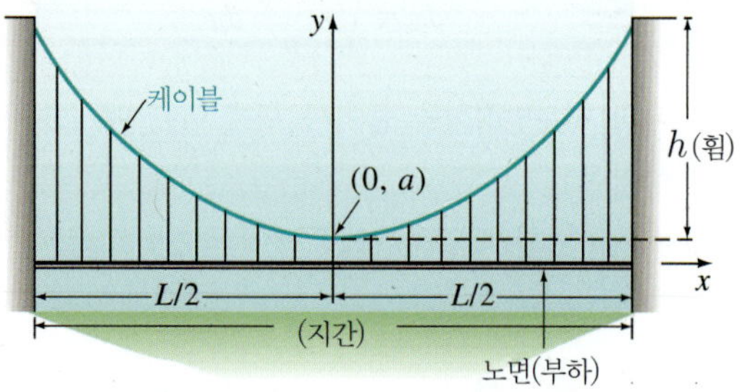

그림 2.2.9 문제65에 있는 케이블의 모습

컴퓨터 실습 과제

66. (a) 컴퓨터 대수 체계와 등고선의 개념을 사용하여 미분방정식 $\dfrac{dy}{dx}=-\dfrac{8x+5}{3y^2+1}$의 해 집합족의 원소에 대한 대표적인 그래프를 그려라. 서로 다른 등고선뿐만 아니라 $a \le x \le b$, $c \le y \le d$로 정의되는 다양한 직사각형 영역에서도 실행해 보아라.

(b) 서로 다른 좌표축에서 초기 조건 $y(0)=-1$, $y(0)=2$; $y(-1)=4$; $y(-1)=-3$에 대응하는 특수해의 그래프를 그려라.

67. (a) 초깃값 문제 $(2y+2)\,dy-(4x^3+6x)\,dx=0$ $y(0)=-3$의 음함수 해를 구하여라.

(b) (a)를 이용하여 초깃값 문제의 양함수 해 $y=\phi(x)$를 구하여라.

(c) (b)에서 구한 답을 함수로서만 생각하도록 하자. 그래프를 그리는 도구나 컴퓨터 대수 체계(CAS)를 이용하여 이 함수의 그래프를 그리고, 그래프를 이용하여 이 함수의 정의역을 추론하여라.

(d) 컴퓨터 대수 체계의 해 구하는 응용 방법을 이용하여 (b)에 있는 해 $y=\phi(x)$가 정의되는 가장 큰 구간을 근사적으로 구하여라. 그래프를 그리는 도구나 컴퓨터 대수 체계를 이용하여 이 구간에서 초깃값 문제에 대한 해곡선을 그려라.

68. (a) 컴퓨터 대수 체계와 등고선의 개념을 사용하여 미분방정식

$$\frac{dy}{dx}=-\frac{x(1-x)}{y(-2+y)}$$

의 해 집합족에 속하는 원소의 대표적인 그래프를 그려라. 결과가 그림 2.2.6과 비슷해질 때까지 서로 다른 등고선뿐만 아니라 xy 평면에 있는 다양한 직사각형 영역에서도 실행해 보아라.

(b) 분리된 좌표축에서 초깃값 $y(0)=\dfrac{3}{2}$에 대응하는 음함수 해의 그래프를 그려라. 색연필을 이용하여 초기 조건을 만족하는 해 ϕ의 해곡선에 대응하는 그래프의 일부분을 표시하여라. 컴퓨터 대수 체계의 해를 구하는 응용 방법을 이용하여 $y=\phi(x)$가 정의되는 가장 큰 구간을 근사적으로 구하여라. [힌트: 우선 (a)의 곡선상의 점들 중 접선이 수직이 되는 점들을 찾는다.]

(c) 초기 조건 $y(0)=-2$에 대하여 (b)를 반복하여 풀어라.

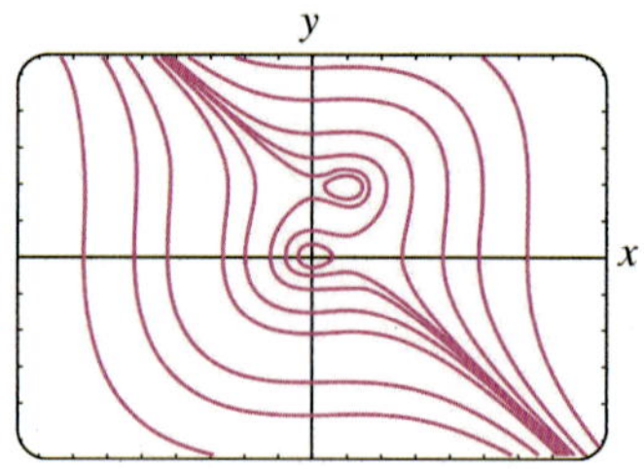

그림 2.2.10 문제68에 있는 등고선들

2.3 선형방정식

소개 다음 선형방정식을 검토하여 1계 미분방정식의 해를 구하는 방법에 대하여 계속 알아본다. 선형 미분방정식들은 특별히 "친밀한" 미분방정식의 집합족이므로, 주어진 선형방정식이 1계이든지 고계이든지, 우리가 검토할 수 있는 방정식에 대한 일종의 해를 구할 수 있을 가능성이 항상 높기 때문이다.

정의 1계 선형 미분방정식의 형태는 1.1절의 식 (7)에 주어져 있다. 1.1절의 식 (6)에서 $n=1$일 때의 경우인 이 형태는 다음 정의에서 간단히 다시 설명된다.

정의 2.3.1 선형방정식

$$a_1(x)\frac{dy}{dx}+a_0(x)y=g(x) \tag{1}$$

형태의 1계 미분방정식을 변수 y에 대한 **선형방정식(linear equation)**이라고 한다.

표준형 식 (1)의 양변을 선행 계수 $a_1(x)$로 나누면 **표준형(standard form)**이라고 불리는 좀 더 유용한 형태의 선형방정식을 얻게 된다:

$$\frac{dy}{dx}+P(x)y=f(x) \tag{2}$$

계수 함수 P와 f가 모두 연속이 되는 구간 I에서 식 (2)의 해를 찾는다.

방정식 (2)의 해를 구하는 일반적인 과정을 알아보기 전에 (2)의 어떤 예는 변수 분리로도 풀 수 있다는 사실에 주목하여라. 예를 들어, 방정식

각각의 방정식을 (2)와 맞추어 본다. 첫번째는 $P(x)=2x$, $f(x)=0$, 두번째는 $P(x)=-1$, $f(x)=5$ ▶

$$\frac{dy}{dx}+2xy=0, \qquad \frac{dy}{dx}=y+5$$

는 선형이며 변수 분리형이지만

$$\frac{dy}{dx}+y=x$$

는 변수 분리형이 아니다.

해를 구하는 방법 식 (2)를 풀기 위한 방법은 방정식의 좌측은 특수한 함수 $\mu(x)$를 (2)의 양쪽에 곱하면 전미분 형태로 나타난다는 주목할 만한 사실에 달려 있다.

$$\frac{d}{dx}\overbrace{[\mu(x)y]}^{\text{곱}} = \overbrace{\mu\frac{dy}{dx} + \frac{d\mu}{dx}y}^{\text{곱의 규칙}} = \overbrace{\mu\frac{dy}{dx} + \mu P y}^{\mu(x)\text{가 곱해진 (2)의 좌측}}$$

이들은 같다.

를 원하므로 함수 $\mu(x)$를 구하는 것은 상대적으로 쉽다. 만일

$$\frac{d\mu}{dx} = \mu P$$

이라면 이 방정식은 성립한다. 마지막 방정식은 변수 분리형으로 풀 수 있다. $\dfrac{d\mu}{\mu} = P dx$을 적분하고 $\ln[\mu(x)] = \int P(x)dx + c_1$를 풀면 $\mu(x) = c_2 e^{\int P(x)dx}$가 된다. ($e^{\int P(x)dx}$의 상수배이므로) $\mu(x)$는 무한히 많은 함수가 될 수 있지만 어떤 함수를 취해도 같은 결과가 나온다. 그러므로 계산을 간단히 하기 위해 $c_2 = 1$로 한다. 함수

연습문제2.3의 문제57을 참조하여라. ▶

$$\mu(x) = e^{\int P(x)dx} \tag{3}$$

를 (2)의 **적분인자**(integrating factor)라고 한다.

지금까지 우리가 한 것은 이것이다: (2)의 양변에 (3)을 곱하고, 계산에 의해, 좌측은 적분인자와 y의 곱의 도함수가 된다;

$$e^{\int P(x)dx}\frac{dy}{dx} + P(x)e^{\int P(x)dx}y = e^{\int P(x)dx}f(x)$$

$$\frac{d}{dx}\left[e^{\int P(x)dx}y\right] = e^{\int P(x)dx}f(x).$$

마지막으로 (3)을 적분인자라 부르는 이유를 알 수 있다. 마지막 방정식의 양변을 적분하면

$$e^{\int P(x)dx}y = \int e^{\int P(x)dx}f(x)\,dx + c$$

이며 이를 y에 관하여 푼다. 이 결과는 (2)의 단일변수 해들의 집합족이 된다:

$$y = e^{-\int P(x)dx}\int e^{\int P(x)dx}f(x)dx + ce^{-\int P(x)dx} \tag{4}$$

이다.

공식 (4)를 **암기하지 말라**고 강조한다. 다음 과정을 매번 실행하도록 한다.

1계 선형 미분방정식 풀이법

(i) 선형방정식을 식 (2)의 표준형로 변형한다.

(ii) 방정식의 표준형으로부터 $P(x)$를 찾은 다음 적분인자 $e^{\int P(x)dx}$를 구한다. 부정적분 $\int P(x)dx$를 계산할 때 상수는 사용할 필요는 없다.

(iii) 표준형의 미분방정식의 양변에 적분인자를 곱한다. 그 결과로 얻어진 식의 좌변은 자동적으로 적분인자와 y의 도함수이다.

$$\frac{d}{dx}\left[e^{\int P(x)dx}y\right] = e^{\int P(x)dx}f(x) \tag{5}$$

(iv) 마지막 방정식의 양변을 적분하고 y에 관하여 푼다.

예제 1 선형 미분방정식 풀기

$\dfrac{dy}{dx} - 3y = 0$을 풀어라.

풀이 이 선형방정식은 변수 분리법에 의하여 풀 수도 있다. 다른 방안으로, 이 방정식이 이미 식 (2)의 표준형이므로 $P(x) = -3$이고 적분인자는 $e^{\int(-3)dx} = e^{-3x}$이다. 주어진 미분방정식에 이 적분인자를 곱하면

$$e^{-3x}\frac{dy}{dx} - 3e^{-3x}y = e^{-3x}\cdot 0\text{이고 이것은 } \frac{d}{dx}[e^{-3x}y] = 0\text{와 같음}$$

을 알 수 있다. 마지막 등식을 적분하면,

$$\int \frac{d}{dx}[e^{-3y}y]dx = \int 0dx$$

$e^{-3x}y = c$ 또는 $y = ce^{3x}$, $-\infty < x < \infty$를 얻게 된다. ■

예제 2 선형 미분방정식 풀기

$\dfrac{dy}{dx} - 3y = 6$을 풀어라.

풀이 예제1에서와 같이 선형방정식은 이미 $P(x) = -3$인 표준형이다. 그러므로 적분인자는 여전히 e^{-3x}이다. 주어진 미분방정식에 적분인자를 곱하면 $e^{-3x}\dfrac{dy}{dx} - 3e^{-3x}y = 6e^{-3x}$이고 그래서 $\dfrac{d}{dx}[e^{-3x}y] = 6e^{-3x}$가 된다. 마지막 방정식을 적분하면,

$$\int \frac{d}{dx}[e^{-3x}y]dx = 6\int e^{-3x}dx\text{이므로 } e^{-3x}y = -2e^{-3x} + c$$

또는

$$y = -2 + ce^{3x},\quad -\infty < x < \infty$$

이 된다. ■

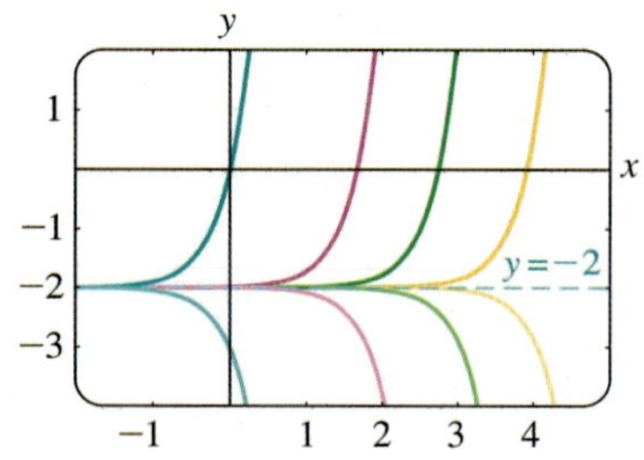

그림 2.3.1 예제2의 미분방정식의 해곡선

식 (1)에서 a_1, a_0와 g가 상수들일 때, 미분방정식은 자율적이다. 예제2에서 표준형인 미분방정식 $dy/dx = 3(y+2)$으로부터 -2가 임계점이고 불안정하다(밀개)라는 것을 증명할 수 있다. 따라서 평형 해 $y = -2$의 그래프의 위 또는 아래에 있는 초기 점을 갖는 해곡선은 x가 증가함에 따라서 수평선에서 멀어진다. 그래프를 그리는 도구를 사용하여 얻은 그림 2.3.1은 몇몇 추가적인 해곡선들과 함께 $y = -2$의 그래프를 보여준다.

일반해 (2)에 있는 함수 P와 f가 모두 구간 I에서 연속이라고 가정하자. 식 (4)로 유도하는 단계에서 만일 (2)가 I에서 해를 갖는다면 이 해는 (4)에서 주어진 형태가 되어야 한다. 역으로 미분을 사용하여 (4)로 주어진 형태의 어떤 함수도 I에서 미분방정식 (2)의 해가 된다는 것은 직접적으로 증명할 수 있다. 다시 말하면, (4)는 식 (2)의 해들 중 1개의 매개변수 집합족이고 구간 I에서 정의된 (2)의 모든 해는 이 집합족의 원소이다. 그래서 (4)를 구간 I에서 미분방정식의 **일반해**(**general solution**)라고 한다. (1.1절의 끝에 있는 주의 참조) 식 (2)를 정규형 $y' = F(x, y)$로 나타내면 $F(x, y) = -P(x)y + f(x)$이고 $\partial F/\partial y = -P(x)$임을 확인할 수 있다. 구간 I에서 함수 P와 f가 연속이라는 사실로부터 함수 F와 $\partial F/\partial y$가 또한 I에서 연속이라는 것을 알 수 있다. 정리 1.2.1에서 보인 것과 같이, x_0를 포함하는 적당한 구간 I_0에서 정의된 초깃값 문제

$$\frac{dy}{dx} + P(x)y = f(x), \quad y(x_0) = y_0 \tag{6}$$

는 오직 단 하나의 해가 존재함을 알 수 있다. 그러나 x_0가 I에 있는 경우 식 (6)의 해를 구하는 것은 (4)에서 c의 적절한 값을 구하는 것과 같다. 즉 이것은 I에 있는 각각의 x_0에 대하여 이에 대응하는 c가 존재한다. 다시 말해서, 초깃값 문제(6)에 대한 정리 1.2.1에 있는 존재성과 유일성에 대한 구간 I_0는 전체 구간 I가 된다.

예제 3 일반해

$x\dfrac{dy}{dx} - 4y = x^6 e^x$를 풀어라.

풀이 주어진 식의 양변을 x로 나누면 주어진 미분방정식의 표준형은

$$\frac{dy}{dx} - \frac{4}{x}y = x^5 e^x \tag{7}$$

가 된다. 이 형태로부터 $P(x) = -4/x$와 $f(x) = x^5 e^x$임을 알 수 있고 함수 P와

f는 구간 $(0, \infty)$에서 연속이다. 따라서 적분인자는

$x > 0$이기 때문에 $\ln|x|$ 대신에 $\ln x$를 사용할 수 있다.

$$e^{-4\int dx/x} = e^{-4\ln x} = e^{\ln x^{-4}} = x^{-4}$$

이다. 여기서 $b^{\log_b N} = N$, $N > 0$이라는 기본적인 등식을 사용하였다. 이제 식 (7)에 x^{-4}을 곱하고 다시 정리하면

$$x^{-4}\frac{dy}{dx} - 4x^{-5}y = xe^x \text{ 이고 } \frac{d}{dx}[x^{-4}y] = xe^x$$

이다. 부분적분에 의하여 구간 $(0, \infty)$에서 정의된 일반해는 $x^{-4}y = xe^x - e^x + c$ 또는 $y = x^5e^x - x^4e^x + cx^4$이다. ■

예제3에서 구간 $(0, \infty)$이 중요한 이유가 궁금한 경우에는 이 문단과 다음 예제4를 읽어라. ▶

선행 계수가 1인 경우를 제외하고, 식 (1)의 방정식을 표준형 (2)로 바꾸기 위하여 $a_1(x)$로 나누는 것이 필요하다. $a_1(x) = 0$이 되는 x의 값을 방정식의 **특이점**(singular point)라고 한다. 특이점들은 잠재적으로 문제가 된다. 특히 식 (2)에서 만일 $P(x)$($a_0(x)$를 $a_1(x)$로 나누어 얻어지는)가 어떤 점에서 불연속이면 그 불연속성은 미분방정식의 해를 구하는 것을 뒤로 미루게 할지도 모른다.

예제 4 일반해

$(x^2 - 9)\dfrac{dy}{dx} + xy = 0$의 일반해를 구하여라.

풀이 ▶ 주어진 미분방정식을 표준형

$$\frac{dy}{dx} + \frac{x}{x^2 - 9}y = 0 \tag{8}$$

으로 변형하면 $P(x) = x/(x^2 - 9)$가 된다. 함수 P가 구간 $(-\infty, -3)$, $(-3, 3)$ 그리고 $(3, \infty)$에서 연속이지만, 첫 번째와 세 번째 구간에서만 방정식을 풀도록 한다. 이 두 구간들에서 적분인자는

$$e^{\int \frac{x}{x^2-9}dx} = e^{\frac{1}{2}\int 2x\,dx/(x^2-9)} = e^{\frac{1}{2}\ln|x^2-9|} = \sqrt{x^2 - 9}$$

이다. 표준형 (8)에 이 적분인자를 곱하면,

$$\frac{d}{dx}[\sqrt{x^2 - 9}\,y] = 0$$

을 얻는다. 마지막 식의 양변을 적분하면 $\sqrt{x^2 - 9}\,y = c$를 얻는다. $(-\infty, -3)$이거나 $(3, \infty)$에서 방정식의 일반해는 $y = \dfrac{c}{\sqrt{x^2 - 9}}$이다. ■

예제4에서 $x=3$과 $x=-3$은 방정식의 특이점들이고 일반해 $y=c/\sqrt{x^2-9}$에 있는 모든 함수는 이 점들에서 불연속임을 유의하여라. 한편, $x=0$은 예제3에서 미분방정식의 특이점이지만 일반해 $y=x^5e^x-x^4e^x+cx^4$에서 보는 바와 같이 1개의 매개변수 집합족에 있는 모든 함수가 $x=0$에서 연속이고 구간 $(0, \infty)$가 아닌 구간 $(-\infty, \infty)$에서 정의된다는 점에서 일반해는 의미가 있다. 하지만 특이점 $x=0$이 여전히 문제를 일으킬 수 있기 때문에 구간 $(-\infty, \infty)$에서 정의된 $y=x^5e^x-x^4e^x+cx^4$에 속한 함수들은 미분방정식의 일반해로 고려될 수 없다. 연습문제2.3의 문제52와 53을 참조하여라.

예제 5 초깃값 문제

$\dfrac{dy}{dx}+y=x$, $y(0)=4$를 풀어라.

풀이 이 방정식은 표준형이고 $P(x)=1$과 $f(x)=x$는 $(-\infty, \infty)$에서 연속이다. 적분인자는 $e^{\int dx}=e^x$이고

$$\frac{d}{dx}[e^x y]=xe^x$$

를 적분하면 $e^x y=xe^x-e^x+c$이다. 마지막 식을 y에 대하여 풀면 일반해는 $y=x-1+ce^{-x}$이다. 하지만 초깃값 조건으로부터 $x=0$일 때 $y=4$를 얻는다. 이 값을 일반해에 대입하면 $c=5$를 얻는다. 따라서 구간 $(-\infty, \infty)$에서 이 문제의 해는

$$y=x-1+5e^{-x} \tag{9}$$

가 된다. ■

그래프를 그리는 도구를 사용하여 얻은 그림 2.3.2는 1개의 매개변수 집합족 $y=x-1+ce^{-x}$에 있는 다른 여러 가지 원소들의 그래프들과 함께 해 (9)의 그래프는 짙은 파란색으로 나타냈다. x가 증가할 때 이 집합족에 속한 모든 함수의 그래프들이 해 $y=x-1$의 그래프에 접근한다는 것은 매우 흥미로운 결과이다. 마지막 해는 이 집합족에서 $c=0$과 대응되고 그림 2.3.2에서 짙은 초록색 선으로 나타냈다. 해의 점근적 행동은 ce^{-x}, $c\neq 0$의 역할이 x의 값이 증가할 때 무시할 정도가 된다는 사실 때문이다. $x\to\infty$일 때 $e^{-x}\to 0$이기 때문에 ce^{-x}를 **과도항**(transient term)이라고 한다. 이러한 행동은 선형방정식의 모든 일반해의 특성은 아니지만 (예제2 참조), 과도의 개념은 종종 응용문제에 있어서 매우 중요하다.

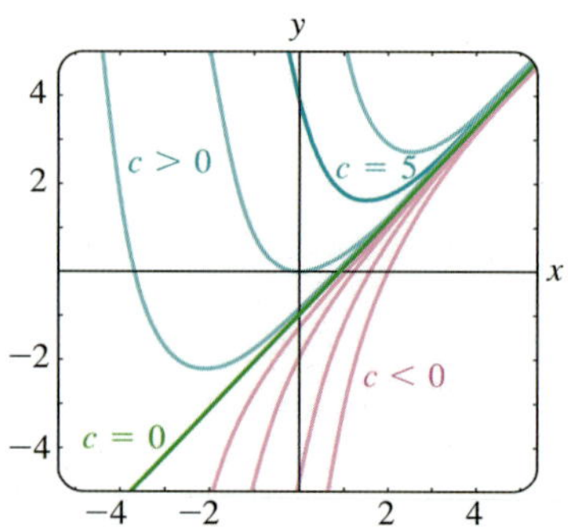

그림 2.3.2 예제5의 미분방정식의 해곡선

조각적 미분방정식 수학적 모델(특히 생명과학과 공학 분야에서)을 세우는데, 미분방정식에 있는 한 두 개의 계수가 조각마다 정의된 함수가 될 수도 있다. 특별히, (2)에 $P(x)$ 또는 $f(x)$가 조각마다 정의된 함수일 때, 방정식을 **조각마다 선형 미분방정식**(piecewise-linear differential equation)이라 부른다. 다음 예제에서, $f(x)$는 $x=1$에서 한 개의 도약 불연속을 가진 구간 $[0, \infty)$에서 조각마다 연속이다. 기본개념은 함수 f가 정의되는 두 개의 구간에 대응하여 초깃값 문제를 푸는 것이다; 각각의 부분은 이 절의 방법에 의하여 풀 수 있는 선형방정식으로 구성되어 있다. $y(x)$가 구간 $[0, \infty)$에서 연속이 되도록 $x=1$에서 두 개의 해를 짜맞추는 것이 가능하다.

예제 6 초깃값 문제

$f(x)=\begin{cases}1, & 0 \le x \le 1\\ 0, & x>1\end{cases}$ 일 때 미분방정식 $\dfrac{dy}{dx}+y=f(x)$, $y(0)=0$을 풀어라.

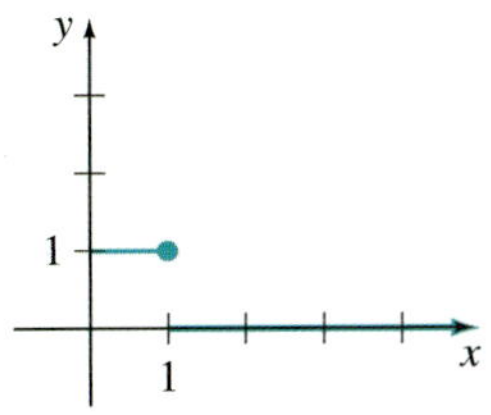

그림 2.3.3 예제6의 불연속 함수 $f(x)$

풀이 ▶ 불연속인 함수 f의 그래프는 그림 2.3.3과 같다. 우선 구간 $[0, 1]$에서 그리고 다음 구간 $(1, \infty)$에서 미분방정식을 $y(x)$에 대하여 푼다. $0 \le x \le 1$에 대하여 미분방정식은

$$\frac{dy}{dx}+y=1 \quad \text{또는, 동치로} \quad \frac{d}{dx}[e^{x}y]=e^{x}$$

이다. 이 식을 적분하고 y에 대하여 풀면 $y=1+c_1e^{-x}$가 된다. $y(0)=0$이므로 $c_1=-1$이고 따라서 해는 $0 \le x \le 1$에서 $y=1-e^{-x}$가 된다. 다음 $x>1$일 때 미분방정식

$$\frac{dy}{dx}+y=0$$

을 풀면 $y=c_2e^{-x}$이다. 따라서

$$y=\begin{cases}1-e^{-x}, & 0 \le x \le 1\\ c_2e^{-x}, & x>1\end{cases}$$

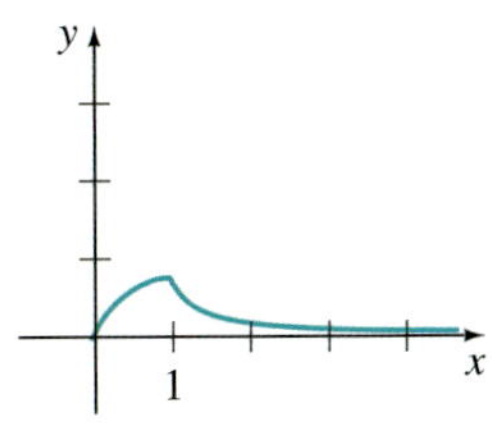

그림 2.3.4 예제6에 있는 (10)의 그래프

라 쓸 수 있다. 한 점에서 연속성의 정의를 사용하면, 앞의 함수가 $x=1$에서 연속이 되도록 c_2를 결정하는 것이 가능하다. $\lim_{x\to 1^+} y(x)=y(1)$이라는 조건에서 $c_2e^{-1}=1-e^{-1}$ 또는 $c_2=e-1$이 된다. 그림 2.3.4에서 나타나 있는 것과 같이 함수

$$y=\begin{cases}1-e^{-x}, & 0 \le x \le 1\\ (e-1)e^{-x}, & x>1\end{cases} \tag{10}$$

은 구간 $(0, \infty)$에서 연속이다. ■

식 (10)과 그림 2.3.4를 좀 더 고려해야 할 필요가 있다: 연습문제2.3 문제55를 읽고 풀어보아야 한다.

오차함수 수학, 과학과 공학에서 몇몇 중요한 함수들은 비기본적인 함수의 적분의 형태로 정의된다. 이러한 두 개의 특별한 함수는 **오차함수**(error function)와 **여오차함수**(complementary error function)이다:

$$\operatorname{erf}(x) = \frac{2}{\sqrt{\pi}}\int_0^x e^{-t^2}\,dt \text{ 와 } \operatorname{erfc}(x) = \frac{2}{\sqrt{\pi}}\int_x^\infty e^{-t^2}\,dt \qquad (11)$$

알려진 결과 $\int_0^\infty e^{-t^2}\,dt = \sqrt{\pi}/2$*로 부터 $(2/\sqrt{\pi})\int_0^\infty e^{-t^2}dt = 1$가 된다. 정적분의 구간 덧셈 성질 $\int_0^\infty = \int_0^x + \int_x^\infty$ 을 이용하여, 마지막 방정식의 결과를 다른 형태인

$$\frac{2}{\sqrt{\pi}}\int_0^\infty e^{-t^2}dt = \overbrace{\frac{2}{\sqrt{\pi}}\int_0^x e^{-t^2}dt}^{\operatorname{erf}(x)} + \overbrace{\frac{2}{\sqrt{\pi}}\int_x^\infty e^{-t^2}dt}^{\operatorname{erfc}(x)} = 1 \qquad (12)$$

로 쓸 수 있다. 식 (12)로부터 오차함수 $\operatorname{erf}(x)$와 여오차함수 $\operatorname{erfc}(x)$는 항등식

$$\operatorname{erf}(x) + \operatorname{erfc}(x) = 1$$

을 만족한다. 확률과 통계와 응용 편미분방정식에서의 중요성 때문에 오차함수는 광범위하게 표로 만들어졌다. $\operatorname{erf}(0) = 0$은 하나의 자명한 함수 값이다. $\operatorname{erf}(x)$의 수치적 값들은 Mathematica와 같은 컴퓨터 대수 체계를 사용하여 구할 수 있다.

(6)의 초깃값 문제를 풀고 (5)의 좌측의 부정적분이 비기본적인 함수로 이어진다면, 2.2절 예제6에서 보았듯이 구간 $[x_0, x]$위에서 정적분을 대신 이용하는 것이 편리하다. 마지막 예제는 이런 과정이 x_0에서의 초기 조건을 자동적으로 포함하고 있다는 것을 보여준다; 다시 말하면 일반해에서 상수 c를 구할 필요가 없다.

예제 7 오차함수

초깃값 문제 $\frac{dy}{dx} - 2xy = 2$, $y(0) = 1$을 풀어라.

풀이 방정식이 이미 표준형이고 적분인자는 $e^{-x^2}dx$ 이다. 방정식의 양변을 적분인자 $e^{\int(-2x\,dx)} = e^{-x^2}$으로 곱하면 $e^{-x^2}\frac{dy}{dx} - 2xe^{-x^2}y = 2e^{-x^2}$이고 이 식은

$$\frac{d}{dx}[e^{-x^2}y] = 2e^{-x^2} \qquad (13)$$

과 같다. 방정식 (13)의 양변을 부정적분하면 비기본적인 함수의 적분 $\int e^{-x^2}dx$가 되므로 $x_0 = 0$으로 구간 $[0, x]$ 위에서 정적분을 사용하자:

---

* 이 결과는 부록A에서 증명하였다.

$$\int_0^x \frac{d}{dt}(e^{-t^2}y(t))\,dt = 2\int_0^x e^{-t^2}dt \text{ 또는 } e^{-x^2}y(x) - y(0) = 2\int_0^x e^{-t^2}dt$$

이다. 초기 조건 $y(0) = 1$을 적용하면 마지막 방정식은 해

$$y = e^{x^2} + 2e^{x^2}\int_0^x e^{-t^2}dt \tag{14}$$

를 구하게 한다. 인자 $\sqrt{\pi}/\sqrt{\pi}$를 다음과 같이 해에 대입하면

$$y = e^{x^2} + 2e^{x^2}\int_0^x e^{-t^2}dt = e^{x^2}[1 + \sqrt{\pi}(\underbrace{\frac{2}{\sqrt{\pi}}\int_0^x e^{-t^2}dt}_{\mathrm{erf}(x)})]$$

(11)로부터 (14)는

$$y = e^{x^2}[1 + \sqrt{\pi}\,\mathrm{erf}(x)] \tag{15}$$

와 같이 오차함수의 항으로 다시 쓸 수 있다. 컴퓨터 대수 체계의 도움으로 해 (15)의 그래프는 그림 2.3.5로 주어진다.

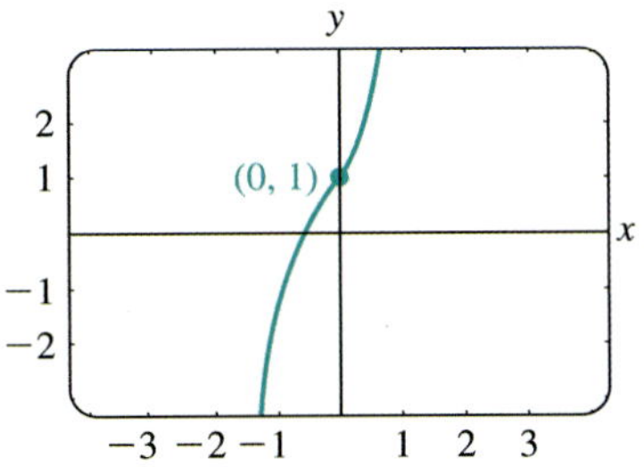

그림 2.3.5 예제7에 있는 (15)의 그래프

연습문제2.3의 문제43-48을 참조하여라. ■

컴퓨터의 사용 컴퓨터 대수 체계인 Mathematica와 Maple들은 dsolve라는 명령어*를 사용하면 몇 가지 종류의 미분방정식의 음함수 또는 양함수 해를 만들어 낼 수 있다.

주의

(i) 때때로 1계 미분방정식은 한 변수에서는 선형이 아니지만 다른 변수에는 선형인 경우가 있다. 예를 들어, 미분방정식 $\frac{dy}{dx} = \frac{1}{x+y^2}$은 변수 y에 대하여 선형이 아니다. 지만 역수 $\frac{dx}{dy} = x + y^2$ 또는 $\frac{dx}{dy} - x = y^2$은 변수 x에 대하여 선형이다. 적분인자 $e^{\int(-1)dy} = e^{-y}$와 부분적분을 이용하면 두 번째 방정식에 대하여 양함수 해 $x = -y^2 - 2y - 2 + ce^y$를 얻을 수 있음을 증명해야 한다. 이 표현은 첫 번째 방정식의 음함수 해가 된다.

(ii) 수학자들은 공학으로부터 어떤 단어에 대하여 적절하게 설명될 수 있는 용어를 차용하였다. 앞에서 사용한 용어 "과도적인(transient)"도 그런 용어 중 하나이다. 앞으로의 토론에서 "입력"과 "출력"이라는 단어가 종종 나타나게 될 것이다. 식 (2)에 있는 함수 f를 **입력**(input) 또는 **구동함수**(driving function)라고 한다; 주어진 입력에 대하

* 어떤 명령어는 같은 철자들로 되어 있지만 매스매티카에서는 대문자로 시작하고(Dsolve) 메이플에서는 소문자로 시작한다(dsolve). 이와 같은 공통 문법을 논의할 때는 타협하여 예를 들어, dsolve라고 쓴다. 1계 선형 미분방정식을 풀기 위해 사용하는 완벽한 입력 명령어에 대해서는 Student Resource and Solution Manual을 참조하여라.

여 미분방정식의 해 $y(x)$를 **출력**(output) 또는 **응답**(response)이라고 한다.

(iii) 오차함수와 연계되어 언급한 **특별한 함수**(special function)라는 용어도 또한 연습문제 2.3 문제49와 50에서 도입한 **사인 적분 함수**(integral sine function)와 **프레넬 사인 적분**(Fresnel sine integral)에 적용된다. "특별한 함수들"은 실제로 잘 정의된 수학의 한 분야이다. 프레넬 사인 적분 함수는 프랑스의 공학자이자 물리학자인 오귀스탱 장 프레넬(1788-1827)이 광학 연구에서 접했던 두 가지 특수 적분 함수 중 하나이다. 더 많은 특별한 함수들은 6.4절과 부록 A에서 공부한다.

연습문제 2.3

(1–24) 주어진 미분방정식의 일반해를 구하여라. 일반해가 정의되는 가장 큰 구간 I를 구하여라. 일반해에서 과도적인 항들이 있는지를 판정하여라.

1. $\dfrac{dy}{dx}=5y$

2. $\dfrac{dy}{dx}+2y=0$

3. $\dfrac{dy}{dx}+y=e^{3x}$

4. $3\dfrac{dy}{dx}+12y=4$

5. $y'+3x^2y=x^2$

6. $y'+2xy=x^3$

7. $x^2y'+xy=1$

8. $y'=2y+x^2+5$

9. $x\dfrac{dy}{dx}-y=x^2\sin x$

10. $x\dfrac{dy}{dx}+2y=3$

11. $x\dfrac{dy}{dx}+4y=x^3-x$

12. $(1+x)\dfrac{dy}{dx}-xy=x+x^2$

13. $x^2y'+x(x+2)y=e^x$

14. $xy'+(1+x)y=e^{-x}\sin 2x$

15. $y\,dx-4(x+y^6)dy=0$

16. $y\,dx=(ye^y-2x)dy$

17. $\cos x\dfrac{dy}{dx}+(\sin x)y=1$

18. $\cos^2 x\sin x\dfrac{dy}{dx}+(\cos^3 x)y=1$

19. $(x+1)\dfrac{dy}{dx}+(x+2)y=2xe^{-x}$

20. $(x+2)^2\dfrac{dy}{dx}=5-8y-4xy$

21. $\dfrac{dr}{d\theta}+r\sec\theta=\cos\theta$

22. $\dfrac{dP}{dt}+2tP=P+4t-2$

23. $x\dfrac{dy}{dx}+(3x+1)y=e^{-3x}$

24. $(x^2-1)\dfrac{dy}{dx}+2y=(x+1)^2$

(25–36) 주어진 초깃값 문제를 풀어라. 해가 정의되는 가장 큰 구간 I을 구하여라.

25. $\dfrac{dy}{dx}=x+5y,\ y(0)=3$

26. $\dfrac{dy}{dx}=2x-3y,\ y(0)=\dfrac{1}{3}$

27. $xy'+y=e^x,\quad y(1)=2$

28. $y\dfrac{dx}{dy}-x=2y^2,\ y(1)=5$

29. $L\dfrac{di}{dt}+Ri=E,\ i(0)=i_0,\ L,\ R,\ E$와 i_0는 상수들이다.

30. $\frac{dT}{dt}=k(T-T_m)$; $T(0)=T_0$, k, T_m과 T_0는 상수들이다.

31. $x\frac{dy}{dx}+y=4x+1$, $y(1)=8$

32. $y'+4xy=x^3e^{x^2}$, $y(0)=-1$

33. $(x+1)\frac{dy}{dx}+y=\ln x$, $y(1)=10$

34. $x(x+1)\frac{dy}{dx}+xy=1$, $y(e)=1$

35. $y'-(\sin x)y=2\sin x$, $y(\pi/2)=1$

36. $y'+(\tan x)y=\cos^2 x$, $y(0)=-1$

(37–40) 예제6의 방법과 유사한 방법으로 주어진 초깃값 문제를 풀어라. 그래프를 그리는 도구를 사용하여 연속함수 $y(x)$의 그래프를 그려라.

37. $\frac{dy}{dx}+2y=f(x)$, $y(0)=0$, 여기서

$$f(x)=\begin{cases}1, & 0\le x\le 3\\ 0, & x>3\end{cases}$$

38. $\frac{dy}{dx}+y=f(x)$, $y(0)=1$, 여기서

$$f(x)=\begin{cases}1, & 0\le x\le 1\\ -1, & x>1\end{cases}$$

39. $\frac{dy}{dx}+2xy=f(x)$, $y(0)=2$, 여기서

$$f(x)=\begin{cases}x, & 0\le x\le 1\\ 0, & x\ge 1\end{cases}$$

40. $(1+x^2)\frac{dy}{dx}+2xy=f(x)$, $y(0)=0$, 여기서

$$f(x)=\begin{cases}x, & 0\le x<1\\ -x, & x\ge 1\end{cases}$$

(41–42) 예제6의 방법과 유사한 방법으로 주어진 초깃값 문제를 풀어라. 그래프를 그리는 도구를 사용하여 연속함수 $y(x)$의 그래프를 그려라.

41. $y'+P(x)y=4x$, $y(0)=3$, 여기서

$$P(x)=\begin{cases}2, & 0\le x\le 1\\ -2/x, & x>1\end{cases}$$

42. $y'+P(x)y=4x$, $y(0)=4$, 여기서

$$P(x)=\begin{cases}1, & 0\le x\le 2\\ 5, & x>2\end{cases}$$

(43–44) 예제7의 방법과 유사한 방법으로 주어진 초깃값 문제의 해를 $\mathrm{erf}(x)$(문제43)과 $\mathrm{erfc}(x)$(문제43)의 항으로 표현하여라.

43. $y'-2xy=1$, $y(1)=1$

44. $y'-2xy=-1$, $y(0)=\sqrt{\pi}/2$

(45–46) 예제7의 방법과 유사한 방법으로 주어진 초깃값 문제의 해를 적분으로 정의된 함수의 항으로 표현하여라.

45. $\frac{dy}{dx}+e^x y=1$, $y(0)=1$

46. $x^2\frac{dy}{dx}-y=x^3$, $y(1)=0$

47. 사인 적분 함수(sine integral function)는

$$\mathrm{Si}(x)=\int_0^x \frac{\sin t}{t}dt$$

로 정의한다. 여기서 피적분함수는 $x=0$에서 1로 정의한다. 부록A를 참조하여라. 초깃값 문제

$$x^3\frac{dy}{dx}+2x^2y=10\sin x,\quad y(1)=0$$

의 해를 $\mathrm{Si}(x)$의 항으로 표현하여라.

48. 프라넬 사인 적분(Fresnel sine integral) 함수는

$$S(x)=\int_0^x \sin\left(\frac{\pi}{2}t^2\right)dt$$

로 정의한다. 부록A를 참조하여라. 초깃값 문제

$$\frac{dy}{dx}-(\sin x^2)y=0,\ y(0)=5$$

를 $S(x)$의 항으로 표현하여라.

(49–50) 주어진 미분방정식은 y에 대하여 선형이 아니다. 그럼에도불구하고 다음 미분방정식의 일반해를 구하여라.

49. $dx=(x+y^2)dy$

50. $y\,dx+(2x+xy-3)dy=0$

토론 문제

51. 예제2 아래에 있는 논의를 다시 읽어보아라. 모든 비상수적

인 해가 $x \to \infty$ 일 때 수평점근선 $y = 4$ 에 접근하는 1계 선형 미분방정식을 만들어 보아라.

52. 예제3을 다시 읽어 보고 정리 1.2.1을 참조하여 $xy' - 4y = x^6 e^x$ 와 주어진 초기 조건들로 이루어진 초기값 문제에 대한 해의 존재성과 유일성을 논의하여 보아라.

(a) $y(0) = 0$

(b) $y(0) = y_0$, $y_0 > 0$

(c) $y(x_0) = y_0$, $x_0 > 0$, $y_0 > 0$

53. 예제4를 다시 읽어 보고 구간 $(-3, 3)$에서 미분방정식의 일반해를 구하여라.

54. 예제5 아래에 있는 논의를 다시 읽어 보아라. 모든 해가 $x \to \infty$ 일 때 직선 $y = 3x - 5$ 에 접근하는 1계 선형 미분방정식을 만들어 보아라.

55. 예제6을 다시 읽어 보고 식 (10)에 있는 함수가 구간 $[0, \infty)$에서 초깃값 문제의 "해"가 된다고 말하는 것이 기술적으로 왜 잘못되었는지를 논의하여라.

56. (a) $y = x^3 + c/x^3$이 미분방정식의 일반해가 되는 $xy' + 3y = g(x)$ 형태의 1계 선형 미분방정식을 만들어 보아라. 이 해의 정의구간 I를 구하여라.

(b) (a)에서 구한 미분방정식에 대하여 초깃값 문제의 해가 $y = x^3 - 1/x^3$가 될 수 있도록 초기 조건 $y(x_0) = y_0$를 구하여라. 해가 $y = x^3 + 2/x^3$이 되도록 초기 조건을 구하여라. 각각의 해들에 대한 정의구간 I를 구하여라. 해곡선들의 그래프를 그려라. 해가 $(-\infty, \infty)$에서 정의되는 초깃값 문제가 존재하는가?

(c) (b)에서 구한 각각의 초깃값 문제는 유일한가? 다시 말해서 예를 들어 x가 적당한 구간 I에 있을 때 $y = x^3 - 1/x^3$가 해가 되는 초깃값 문제가 하나 이상 존재하는가?

57. 적분인자 (3)을 정하는 데 있어서, $\int P(x)\,dx$ 의 계산에서 적분상수를 이용하지 않았다. $\int P(x)\,dx + c_1$를 사용하는 것이 (2)의 해를 구하는 데 아무런 효과가 없는 이유를 설명하여라.

58. $P(x)$가 적당한 구간 I에서 연속이고 a가 I의 한 원소라고 가정하자. 초깃값 문제 $y' + P(x)y = 0$, $y(a) = 0$의 해에 대하여 무엇을 말할 수 있는가?

수학적 모델

59. 방사성 붕괴 계열 다음의 연립미분방정식은 특정한 형태의 원소들의 방사성 계열의 붕괴에 대한 연구에서 볼 수 있다.

$$\frac{dx}{dt} = -\lambda_1 x, \quad \frac{dy}{dt} = \lambda_1 x - \lambda_2 y$$

이며 여기서 λ_1과 λ_2는 상수들이다. $x(0) = x_0$와 $y(0) = y_0$에 대하여 이 연립방정식을 어떻게 풀 수 있는지 논의하여라. 생각을 구체화하여라.

60. 심장 박동 조율기 심장 박동 조율기는 개폐기, 일정한 전압 E_0를 갖고 있는 전지, 일정한 전기용량 C인 축전기 그리고 일정한 저항 R인 저항기로서의 심장으로 되어 있다. 개폐기가 닫혀있을 때, 축전기가 충전되고 개폐기가 열려 있을 때 축전기는 심장에 전기적인 자극을 주면서 방전된다. 심장이 자극을 받는 동안에 심장을 지나는 전압 E는 선형 미분방정식

$$\frac{dE}{dt} = -\frac{1}{RC}E$$

를 만족한다. $E(4) = E_0$에 대한 미분방정식을 풀어라.

컴퓨터 실습 과제

61. (a) 컴퓨터 대수 체계를 이용하여 구간 $(-\infty, \infty)$에서 문제44의 초깃값 문제에 대한 해곡선을 그려라.

(b) 표나 컴퓨터 대수 체계를 이용하여 $y(2)$의 값을 구하여라.

62. (a) 컴퓨터 대수 체계를 이용하여 구간 $[0, \infty]$에서 문제47의 초깃값 문제에 대한 해곡선을 그려라.

(b) 컴퓨터 대수 체계를 이용하여 구간에서 해 $y(x)$의 최댓값을 구하여라.

63. (a) 컴퓨터 대수 체계를 이용하여 구간$(-\infty, \infty)$에서 문제48의 초깃값 문제에 대한 해곡선을 그려라.

(b) $x \to \infty$ 일 때 프라넬 사인 적분 $S(x) \to \frac{1}{2}$ 이고 $x \to -\infty$ 일 때 $S(x) \to -\frac{1}{2}$가 되는 것은 이미 알려져 있다. $x \to \infty$ 일 때 해 $y(x)$는 어디로 접근하는가? $x \to -\infty$ 일 때 해 $y(x)$는 어디로 접근하는가?

(c) 컴퓨터 대수 체계를 이용하여 구간에서 해 $y(x)$의 최댓값과 최솟값을 구하여라.

2.4 완전 미분방정식

소개 간단한 형태의 미분방정식

$$y\,dx + x\,dy = 0$$

은 분리가능이고 선형이지만 이 방정식의 좌변에 있는 표현이 함수 $f(x,\ y) = xy$의 미분 형태임을 이용하여 다른 방법으로 풀 수 있다. 여기서 미분 형태라는 것은

$$d(xy) = y\,dx + x\,dy$$

를 의미한다. 이 절에서는 미분 형태 $M(x,\ y)dx + N(x,\ y)dy = 0$로 쓰여진 1계 미분방정식을 학습하게 된다. 계수 M과 N에 대하여 간단한 판정법을 적용함에 의하여 $M(x,\ y)dx + N(x,\ y)dy$가 함수 $f(x,\ y)$의 미분인지를 확인할 수 있다. 만일 확인 결과 미분이면 부분 적분을 이용하여 f를 구할 수 있다.

이변수 함수의 미분 만일 $z = f(x,\ y)$가 xy 평면 위의 영역 R에서 연속인 1계 편미분을 갖는 이변수 함수라면, 미적분학에서 이 함수의 미분(differential)은

$$dz = \frac{\partial f}{\partial x}dx + \frac{\partial f}{\partial y}dy \tag{1}$$

이라고 정의한다는 것을 배웠다. c가 상수인 $f(x,\ y) = c$인 특별한 경우에, (1)은

$$\frac{\partial f}{\partial x}dx + \frac{\partial f}{\partial y}dy = 0 \tag{2}$$

가 된다. 다시 말해서, 주어진 1개의 매개변수 집합족 함수 $f(x,\ y) = c$에 대하여 등식의 양변을 미분하여 1계 미분방정식을 만들어 낼 수 있다. 예를 들어, $x^2 - 5xy + y^3 = c$이면 (2)에 의하여 1계 미분방정식

$$(2x - 5y)\,dx + (-5x + 3y^2)\,dy = 0 \tag{3}$$

이 된다.

정의 물론 $M(x,\ y)dx + N(x,\ y)dy = 0$ 형태로 표현된 모든 1계 미분방정식이 $f(x,\ y) = c$의 미분에 대응하는 것은 아니다. 우리의 목적을 위하여 앞에서 풀었던 문제들을 돌아보는 것이 더욱 중요하다. 만일 (3)처럼 주어진 1계 미분방정식이 있다면, 미분 표현 $(2x - 5y)dx + (-5x + 3y^2)dy$가 미분 $d(x^2 - 5xy + y^3)$임을 알 수 있는 방법이 있을까? 만일 가능하다면 (3)의 음함

수 해는 $x^2 - 5xy + y^3 = c$가 된다. 다음의 정의 아래에 이 질문에 대한 답을 하도록 한다.

정의 2.4.1 완전방정식

미분 표현 $M(x, y)dx + N(x, y)dy$가 xy평면의 한 영역 R에서 정의된 함수 $f(x, y)$의 미분에 대응하면, 이 표현을 영역 R에서 **완전미분(exact differential)**이라고 한다. 만일 1계 미분방정식

$$M(x, y)dx + N(x, y)dy = 0$$

의 좌변이 완전미분이라면, 이 미분방정식을 **완전방정식(exact equation)**이라고 한다.

예를 들어, $x^2y^3dx + x^3y^2dy = 0$은 식의 좌변이

$$d\left(\frac{1}{3}x^3y^3\right) = x^2y^3dx + x^3y^2dy$$

인 완전미분이므로 완전방정식이다. $M(x, y) = x^2y^3$이고 $N(x, y) = x^3y^2$이라고 하면, $\partial M/\partial y = 3x^2y^2 = \partial N/\partial x$가 된다. 다음에 주어진 정리 2.4.1은 편도함수 $\partial M/\partial y$와 $\partial N/\partial x$가 같은 것은 우연의 일치가 아님을 보여준다.

정리 2.4.1 완전미분 판별법

$M(x, y)$와 $N(x, y)$가 $a < x < b$, $c < y < d$로 정의된 영역 R에서 연속이고 1계 편도함수가 연속이라고 하자. $M(x, y)dx + N(x, y)dy$가 완전미분이 되기 위한 필요충분조건은

$$\frac{\partial M}{\partial y} = \frac{\partial N}{\partial x} \tag{4}$$

이다.

필요조건의 증명 증명을 단순화하기 위하여 $M(x, y)$와 $N(x, y)$가 모든 (x, y)에 대하여 연속인 1계 편도함수를 갖는다고 가정하자. 만일 식 $M(x, y)dx + N(x, y)dy$가 완전미분이면 적당한 함수 f가 존재하여 영역 R의 모든 x에 대하여

$$M(x, y)dx + N(x, y)dy = \frac{\partial f}{\partial x}dx + \frac{\partial f}{\partial y}dy$$

가 성립한다. 따라서

$$M(x, y) = \frac{\partial f}{\partial x}, \quad N(x, y) = \frac{\partial f}{\partial y}$$

이고

$$\frac{\partial M}{\partial y}=\frac{\partial}{\partial y}\left(\frac{\partial f}{\partial x}\right)=\frac{\partial^2 f}{\partial y \partial x}=\frac{\partial}{\partial x}\left(\frac{\partial f}{\partial y}\right)=\frac{\partial N}{\partial x}$$

이다. 혼합된 편도함수의 등식은 $M(x, y)$와 $N(x, y)$의 1계 편도함수의 연속성의 결과이다.

정리 2.4.1의 충분조건은 식 (4)가 성립할 때 $\frac{\partial f}{\partial x}=M(x, y)$와 $\frac{\partial f}{\partial y}=N(x, y)$가 성립하는 함수 f가 존재하는 것을 보이는 것이다. 함수 f를 구하는 것은 실제로 완전방정식을 구하기 위한 기본적인 과정을 반영한다.

해를 구하는 방법 미분 형태 $M(x, y)dx+N(x, y)dy=0$로 주어진 함수가 식 (4)의 등식을 만족하는가를 밝혀야 한다. 만일 등식을 만족한다면

$$\frac{\partial f}{\partial x}=M(x, y)$$

를 만족하는 함수 f가 존재한다. y를 상수로 간주하고 $M(x, y)$를 x에 대하여 적분하여 f를 구할 수 있다:

$$f(x, y)=\int M(x, y)dx+g(y) \tag{5}$$

이고 여기서 임의의 함수 $g(y)$는 "적분상수"이다. 이제 식 (5)를 y에 대하여 미분하고 $\frac{\partial f}{\partial y}=N(x, y)$라고 가정한다.

$$\frac{\partial f}{\partial y}=\frac{\partial}{\partial y}\int M(x, y)dx+g'(y)=N(x, y).$$

이로부터

$$g'(y)=N(x, y)-\frac{\partial}{\partial y}\int M(x, y)dx \tag{6}$$

를 얻는다. 마지막으로 식 (6)을 y에 대하여 적분하고 그 결과를 식 (5)에 대입한다. 이 방정식의 음함수 해는 $f(x, y)=c$이다.

몇 가지 점에 주의를 해야 한다. 첫 번째는, (6)에 있는 식 $N(x, y)-(\partial/\partial y)\int M(x, y)dx$는 x에 좌우되지 않음을 아는 것은 중요한데 그 이유는

$$\begin{aligned}\frac{\partial}{\partial x}\left[N(x, y)-\frac{\partial}{\partial y}\int M(x, y)dx\right]&=\frac{\partial N}{\partial x}-\frac{\partial}{\partial y}\left(\frac{\partial}{\partial x}\int M(x, y)dx\right)\\&=\frac{\partial N}{\partial x}-\frac{\partial M}{\partial y}=0\end{aligned}$$

이기 때문이다. 두 번째는 $\frac{\partial f}{\partial y}=N(x, y)$라는 가정 하에서만 앞의 과정을 수행할 수 있다. y에 관하여 N을 적분하고 그 결과를 미분하면 식 (5)와 식 (6)과 비슷한 결과가 각각

$$f(x, y) = \int N(x, y)dx + h(x) \text{와}$$

$$h'(x) = M(x, y) - \frac{\partial}{\partial x}\int N(x, y)dy$$

가 된다는 것을 알 수 있다. 각각의 경우에 있어서 이 공식들의 어느 것도 암기할 필요는 없다.

예제 1 완전 미분방정식 풀기

$2xy\,dx + (x^2 - 1)dy = 0$을 풀어라.

풀이 ▶ $M(x, y) = 2xy,\ N(x, y) = x^2 - 1$이라고 하면

$$\frac{\partial M}{\partial y} = 2x = \frac{\partial N}{\partial x}$$

이 성립한다. 따라서 미분방정식은 완전방정식이므로 정리 2.4.1에 의하여

$$\frac{\partial f}{\partial x} = 2xy \text{ 와 } \frac{\partial f}{\partial y} = x^2 - 1$$

을 만족하는 함수 $f(x, y)$가 존재한다. 이들 식 중에 첫 번째 함수를 적분하면

$$f(x, y) = x^2y + g(y)$$

가 된다. 이 식을 y에 대하여 편도함수를 택하고 결과를 $N(x, y)$라고 하면

$$\frac{\partial f}{\partial y} = x^2 + g'(y) = x^2 - 1 \quad \leftarrow \ N(x, y)$$

가 된다. 따라서 $g'(y) = -1$이고 $g(y) = -y$이다. 그러므로 $f(x, y) = x^2y - y$이므로 음함수 형태의 방정식의 해는 $x^2y - y = c$이다. 해의 양함수 형태는 $y = c/(x^2 - 1)$임을 쉽게 알 수 있으며 해는 $x = 1$ 또는 $x = -1$을 포함하지 않는 임의의 구간에서 정의된다. ■

참고 예제1에 있는 미분방정식의 해는 $f(x, y) = x^2y - y$가 아니다. 오히려 해는 $f(x, y) = c$이다; 만일 상수가 $g'(y)$의 적분에서 사용된다면 $f(x, y) = 0$으로 해를 쓸 수 있다.

예제 2 완전 미분방정식 풀기

$(e^{2y} - y\cos xy)dx + (2xe^{2y} - x\cos xy + 2y)dy = 0$을 풀어라.

풀이 ▶ 주어진 미분방정식은

$$\frac{\partial M}{\partial y} = 2e^{2y} + xy\sin xy - \cos xy = \frac{\partial N}{\partial x}$$

이 성립하므로 완전 미분방정식이다. 따라서

$$M(x,\ y)=\frac{\partial f}{\partial x} \text{와 } N(x,\ y)=\frac{\partial f}{\partial y}$$

를 만족하는 함수 $f(x,\ y)$가 존재한다. 다양성을 위하여 $\partial f/\partial y=N(x,\ y)$ 라는 가정에서 시작하자; 즉,

$$\frac{\partial f}{\partial y}=2xe^{2y}-x\cos xy+2y$$
$$f(x,\ y)=2x\int e^{2y}\,dy-x\int \cos xy\,dy+2\int y\,dy+h(x)$$

이다. y에 관한 적분에서 x는 평범한 상수로 간주되기 때문에 x가 적분기호 $\int$ 앞에 올 수 있음을 유의하여야 한다. 따라서

$$f(x,\ y)=xe^{2y}-\sin xy+y^2+h(x)$$
$$\frac{\partial f}{\partial x}=e^{2y}-y\cos xy+h'(x)=e^{2y}-y\cos xy \ \leftarrow M(x,\ y)$$

이고 $h'(x)=0$ 또는 $h(x)=c$이다. 그러므로 해들의 집합족은

$$xe^{2y}-\sin xy+y^2+c=0$$

이다. ■

예제 3 **초깃값 문제**

$\dfrac{dy}{dx}=\dfrac{xy^2-\cos x\sin x}{y(1-x^2)}$, $y(0)=2$를 풀어라.

풀이 ▶ 미분방정식을

$$(\cos x\sin x-xy^2)\,dx+y(1-x^2)\,dy=0$$

으로 변형하면 미분방정식은

$$\frac{\partial M}{\partial y}=-2xy=\frac{\partial N}{\partial x}$$

이므로 완전방정식이다. 이제

$$\frac{\partial f}{\partial y}=y(1-x^2)$$
$$f(x,\ y)=\frac{y^2}{2}(1-x^2)+h(x)$$
$$\frac{\partial f}{\partial x}=-xy^2+h'(x)=\cos x\sin x-xy^2$$

이다. 마지막 식은 $h'(x)=\cos x\,\sin x$ 임을 의미한다. 적분을 하면

$$h(x) = -\int (\cos x)(-\sin x\, dx) = -\frac{1}{2}\cos^2 x$$

가 된다. 따라서

$$\frac{y^2}{2}(1-x^2) - \frac{1}{2}\cos^2 x = c_1 \quad \text{또는} \quad y^2(1-x^2) - \cos^2 x = c \qquad (7)$$

이며 여기서 $2c_1$은 c로 치환되었다. $x=0$일 때 $y=2$인 초깃값 조건으로부터 $4(1)-\cos^2(0)=c$이므로 $c=3$이다. 이 문제의 음함수인 해는 $y^2(1-x^2)-\cos^2 x=3$이다. ■

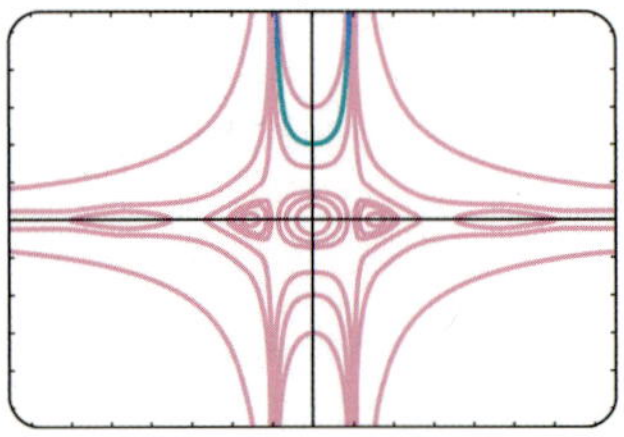

그림 2.4.1 예제3의 미분방정식의 해곡선

초깃값 문제의 미분방정식의 해곡선은 그림 2.4.1의 파란색으로 그려져 있다; 이것은 곡선들 중 흥미로운 집합족의 일부분이다. 식 (7)에서 주어진 1개의 매개변수 해집합의 원소들의 그래프는 다양한 방법으로 얻을 수 있으며 그 중 두 개는 등고선을 그리는 소프트웨어를 사용하여 얻을 수 있는데 그중 하나는 그래프를 그리는 소프트웨어를 이용하여 등고선을 그리는 것이고(2.2절에서 이미 언급함) 다른 하나는 그래프를 그리는 도구를 사용하여 다양한 c에 대하여 y에 대한 $y^2=(c+\cos^2 x)/(1-x^2)$을 풀어서 얻어지는 양함수의 해의 그래프를 그린 것이다.

적분인자들 2.3절에서 선형방정식 $y'+P(x)y=f(x)$의 좌변은 이 식에 적절한 적분인자를 곱하면 도함수로 변형될 수 있었다. 때때로 이러한 기본적인 생각이 완전 미분방정식이 아닌 미분방정식 $M(x,y)dx+N(x,y)dy=0$에도 적용될 수 있다. 즉, 때때로 미분방정식에 **적분인자** $\mu(x,y)$ 곱해서 식

$$\mu(x,y)M(x,y)dx+\mu(x,y)N(x,y)dy=0 \qquad (8)$$

의 좌변이 완전 미분방정식이 될 수 있는 적분인자를 찾는 것이 가능할 수 있음을 의미한다. μ를 찾기 위한 시도에서 완전성을 위하여 판별식 (4)에 주목하여야 한다. 방정식(8)이 완전 미분방정식이 되기 위한 필요충분조건은 $(\mu M)_y=(\mu N)_x$이며 여기서 첨자들은 편미분을 나타낸다. 곱에 관한 미분법칙에 의하여 마지막 방정식은 $\mu M_y+\mu_y M=\mu N_x+\mu_x N$ 또는

$$\mu_x N-\mu_y M=(M_y-N_x)\mu \qquad (9)$$

가 된다. 비록 M, N, M_y와 N_x가 x와 y에 대해 알고 있는 함수이지만, 식 (9)로부터 미지의 함수 $\mu(x,y)$를 결정하는 데 있어서의 어려움은 편미분방정식을 풀어야만 하는 것이다. 우리가 편미분방정식을 풀 수 있는 준비가 되어 있지 않기 때문에 가정을 단순화해야 한다. 이제 μ를 일변수 함수라고 가정하자; 예를 들어, μ가 x에만 좌우된다고 하자. 이 경우, $\mu_x=d\mu/dx$이고 $\mu_y=0$이며 따라서 식 (9)는

$$\frac{d\mu}{dx} = \frac{M_y - N_x}{N}\mu \tag{10}$$

로 나타낼 수 있다. 만일 $(M_y - N_x)/N$가 x와 y 모두에 좌우된다면 우리는 여전히 곤경에 처하게 된다. 하지만, 만일 모든 대수적인 단순화가 이루어지면 $(M_y - N_x)/N$가 단지 변수 x에만 좌우되고, 따라서 식 (10)은 1계 상미분방정식이 된다. 식 (10)이 선형인 동시에 변수 분리이므로 최종적으로 μ를 결정할 수 있다. 2.2절 또는 2.3절로부터 $\mu(x) = e^{\int((M_y - N_x)/N)dx}$가 된다. 같은 방법으로 식 (9)로부터 만일 μ가 단지 변수 y에만 좌우된다면

$$\frac{d\mu}{dy} = \frac{N_x - M_y}{M}\mu \tag{11}$$

이 된다. 이 경우 만일 $(N_x - M_y)/M$ 이 y만의 함수이면, μ에 대하여 식 (11)을 풀 수 있다.

미분방정식

$$M(x, y)dx + N(x, y)dy = 0 \tag{12}$$

에 대한 결과를 요약하면 다음과 같다.

- 만일 $(M_y - N_x)/N$가 x만의 함수이면 (12)에 대한 적분인자는

$$\mu(x) = e^{\int \frac{M_y - N_x}{N}dx} \tag{13}$$

  이다.

- 만일 $(N_x - M_y)/M$가 y만의 함수이면 (12)에 대한 적분인자는

$$\mu(y) = e^{\int \frac{N_x - M_y}{M}dy} \tag{14}$$

  이다.

예제 4 완전이 아닌 미분방정식을 완전으로 만들기

비선형인 1계 미분방정식

$$xy\,dx + (2x^2 + 3y^2 - 20)\,dy = 0$$

은 완전 미분방정식이 아니다. $M = xy$, $N = 2x^2 + 3y^2 - 20$ 으로부터 편미분 $M_y = x$와 $N_x = 4x$를 얻는다.

$$\frac{M_y - N_x}{N} = \frac{x - 4x}{2x^2 + 3y^2 - 20} = \frac{-3x}{2x^2 + 3y^2 - 20}$$

이 x와 y에 좌우되므로 식 (13)으로부터 첫 번째 몫을 얻을 수 없다. 하지만 (14)는 단지 y에만 좌우하는 몫을 얻는다:

$$\frac{N_x - M_y}{M} = \frac{4x - x}{xy} = \frac{3x}{xy} = \frac{3}{y}$$

그러면 적분인자는 $e^{\int \frac{3}{y} dy} = e^{3 \ln y} = e^{\ln y^3} = y^3$ 이다. 주어진 미분방정식에 $\mu(y) = y^3$ 을 곱하면

$$xy^4\, dx + (2x^2y^3 + 3y^5 - 20y^3)\, dy = 0$$

을 얻게 된다. 이 절에서 설명된 방법을 이용하여 보인 것과 같이 마지막 방정식이 완전방정식이고 해들의 집합족이 $\frac{1}{2}x^2y^4 + \frac{1}{2}y^6 - 5y^4 = c$ 임을 보여야 한다. ■

주의

(i) 주어진 미분방정식이 완전 미분방정식인가를 확인할 때 미분방정식이 엄밀하게 $M(x, y)dx + N(x, y)dy = 0$ 의 형태인가를 우선 확인하여야 한다. 때때로 미분방정식은 $G(x, y)dx = H(x, y)dy$로 표현되는 경우도 있다. 이러한 경우, 식 (4)를 사용하기 전에 우선적으로 주어진 식을 $G(x, y)dx - H(x, y)dy = 0$으로 변형한 후 $M(x, y) = G(x, y)$와 $N(x, y) = -H(x, y)$로 놓아야 한다.

(ii) 몇몇 미분방정식을 다루는 책에서는 완전 미분방정식에 대한 내용을 선형 미분방정식보다 앞에서 다루기도 한다. 그 경우 적분인자를 구하기 위한 방법은 $y' + P(x)y = f(x)$ 에 대한 적분인자를 유도하기 위한 방법으로 사용된다. 마지막에 있는 방정식을 $(P(x)y - f(x))\,dx + dy = 0$ 의 미분 형태로 변형하면

$$\frac{M_y - N_x}{N} = P(x)$$

가 된다. 식 (13)으로부터 2.3절에서 사용된 친근한 적분인자 $e^{\int P(x)dx}$ 를 얻을 수 있다.

연습문제 2.4

(1–20) 주어진 미분방정식이 완전미분방정식인가를 판정하여라. 만일 완전미분방정식이면 해를 구하여라.

1. $(2x - 1)dx + (3y + 7)dy = 0$
2. $(2x + y)dx - (x + 6y)dy = 0$
3. $(5x + 4y)dx + (4x - 8y^3)dy = 0$
4. $(\sin y - y\sin x)dx + (\cos x + x\cos y - y)dy = 0$
5. $(2xy^2 - 3)dx + (2x^2y + 4)dy = 0$
6. $\left(2y - \frac{1}{x} + \cos 3x\right)\frac{dy}{dx} + \frac{y}{x^2} - 4x^3 + 3y\sin 3x = 0$
7. $(x^2 - y^2)dx + (x^2 - 2xy)dy = 0$
8. $\left(1 + \ln x + \frac{y}{x}\right)dx = (1 - \ln x)dy$

9. $(x-y^3+y^2\sin x)dx=(3xy^2+2y\cos x)dy$

10. $(x^3+y^3)dx+3xy^2\,dy=0$

11. $(y\ln y-e^{-xy})dx+\left(\dfrac{1}{y}+x\ln y\right)dy=0$

12. $(3x^2y+e^y)dx+(x^3+xe^y-2y)dy=0$

13. $x\dfrac{dy}{dx}=2xe^x-y+6x^2$

14. $\left(1-\dfrac{3}{y}+x\right)\dfrac{dy}{dx}+y=\dfrac{3}{x}-1$

15. $\left(x^2y^3-\dfrac{1}{1+9x^2}\right)\dfrac{dx}{dy}+x^3y^2=0$

16. $(5y-2x)y'-2y=0$

17. $(\tan x-\sin x\sin y)dx+\cos x\cos y\,dy=0$

18. $(2y\sin x\cos x-y+2y^2e^{xy^2})dx$
$=(x-\sin^2 x-4xye^{xy^2})dy$

19. $(4t^3y-15t^2-y)dt+(t^4+3y^2-t)dy=0$

20. $\left(\dfrac{1}{t}+\dfrac{1}{t^2}-\dfrac{y}{t^2+y^2}\right)dt+\left(ye^y+\dfrac{t}{t^2+y^2}\right)dy=0$

(21–26) 주어진 초깃값 문제를 풀어라.

21. $(x+y)^2dx+(2xy+x^2-1)dy=0,\quad y(1)=1$

22. $(e^x+y)dx+(2+x+ye^y)dy=0,\quad y(0)=1$

23. $(4y+2t-5)dt+(6y+4t-1)dy=0,\quad y(-1)=2$

24. $\left(\dfrac{3y^2-t^2}{y^5}\right)\dfrac{dy}{dt}+\dfrac{t}{2y^4}=0,\quad y(1)=1$

25. $(y^2\cos x-3x^2y-2x)dx$
$+(2y\sin x-x^3+\ln y)dy=0,\quad y(0)=e$

26. $\left(\dfrac{1}{1+y^2}+\cos x-2xy\right)\dfrac{dy}{dx}=y(y+\sin x),\ y(0)=1$

(27–28) 주어진 미분방정식이 완전미분방정식이 되도록 하는 k의 값을 구하여라.

27. $(y^3+kxy^4-2x)dx+(3xy^2+20x^2y^3)dy=0$

28. $(6xy^3+\cos y)dx+(2kx^2y^2-x\sin y)dy=0$

(29–32) 주어진 미분방정식은 완전미분방정식이 아니다. 주어진 미분방정식에 적분인자 $\mu(x,y)$를 곱하여 얻어지는 새로운 미분방정식이 완전미분방정식임을 증명하고 풀어라.

29. $(-xy\sin x+2y\cos x)dx+2x\cos x\,dy=0;$
$\mu(x,y)=xy$

30. $(x^2+2xy-y^2)dx+(y^2+2xy-x^2)dy=0;$
$\mu(x,y)=(x+y)^{-2}$

31. $(x^3y^2+y)dx+xdy=0;\mu(x,y)=1/x^2y^2$

32. $xdx+(y-x^2-y^2)dy=0;\mu(x,y)=1/(x^2+y^2)$

(33–38) 예제4에서와 같이 적절한 적분인자를 찾아서 주어진 미분방정식을 풀어라.

33. $(2y^2+3x)dx+2xy\,dy=0$

34. $y(x+y+1)dx+(x+2y)dy=0$

35. $6xy\,dx+(4y+9x^2)dy=0$

36. $\cos x\,dx+\left(1+\dfrac{2}{y}\right)\sin x\,dy=0$

37. $(10-6y+e^{-3x})dx-2dy=0$

38. $(y^2+xy^3)dx+(5y^2-xy+y^3\sin y)dy=0$

(39–40) 예제4에서와 같이 적당한 적분인자를 찾아서 주어진 초깃값 미분방정식을 풀어라.

39. $x\,dx+(x^2y+4y)dy=0,\quad y(4)=0$

40. $(x^2+y^2-5)dx=(y+xy)dy,\quad y(0)=1$

41. (a) 미분방정식

$$(4xy+3x^2)dx+(2y+2x^2)dy=0$$

의 1개의 매개변수 해 집합족은 $x^3+2x^2y+y^2=c$임을 증명하여라.

(b) 초기 조건들 $y(0)=-2$와 $y(1)=1$이 같은 음함수 해를 결정함을 증명하여라.

(c) $y_1(0)=-2$이고 $y_2(1)=1$일 때 (a)에서 구한 미분방

정식의 양함수 해 $y_1(x)$와 $y_2(x)$의 해를 구하여라. 그래프를 그리는 도구를 사용하여 $y_1(x)$와 $y_2(x)$의 그래프를 그려라.

토론 문제

42. 문제29-40에서 사용한 적분인자의 개념을 생각해 보자. 두 방정식 $M dx + N dy = 0$와 $\mu M dx + \mu N dy = 0$는 하나의 해가 다른 하나의 해가 된다는 점에서 반드시 동치라고 할 수 있는가? 이에 대하여 논의하여라.

43. 예제3을 다시 읽어 보고 초깃값 미분방정식의 양함수 해가 정의되는 구간(그림 2.4.1에 있는 파란색 그래프)이 개구간 $(-1, 1)$이 되는 이유를 설명하여라.

44. 각각의 미분방정식이 완전방정식이 되도록 어떻게 함수 $M(x, y)$와 $N(x, y)$를 찾을 수 있는지 논의하고 생각을 실행하여라.

(a) $M(x, y)dx + (x e^{xy} + 2xy + \frac{1}{x})dy = 0$

(b) $(x^{-1/2}y^{1/2} + \frac{x}{x^2 + y})dx + N(x, y)dy = 0$

45. 미분방정식들은 종종 현명한 아이디어에 의하여 풀 수 있다. 여기서 그런 문제를 생각해 보기로 한다. 미분방정식 $(x - \sqrt{x^2 + y^2})dx + y\,dy = 0$은 완전방정식은 아니지만 이를 재배열한 $(xdx + ydy)/\sqrt{x^2 + y^2} = dx$와 $\frac{1}{2}d(x^2 + y^2) = x\,dx + y\,dy$의 관찰이 어떻게 해를 유도할 수 있는지를 설명하여라.

46. 참 또는 거짓을 판정하여라; 모든 변수 분리 1계 미분방정식 $dy/dx = g(x)h(y)$는 완전방정식이다.

수학적 모델

47. 낙하하는 사슬 길이가 8 ft인 균등한 사슬의 일부가 높은 위치의 수평인 테이블의 모서리에 있는 말뚝에 느슨하게 감겨있고, 사슬의 남은 부분은 테이블의 모서리에 편안하게 매달려 있다. 그림 2.4.2를 참조하여라. 걸쳐져 있는 사슬의 길이가 3 ft이고 사슬의 무게는 2 lb/ft이며 양의 방향이 아래쪽으로 향한다고 가정하자. $t = 0$초에서 시작하여, 매달려 있는 부분의 무게로 인하여 테이블 위의 사슬이 부드럽게 풀리면서 마루로 떨어진다. 만일 $x(t)$가 시간 $t > 0$일 때 테이블 위에서부터 매달린 사슬의 길이라고 하면 $v = dx/dt$는 속도가 된다. 모든 저항력들이 무시될 때 x에 대하여 v에 관련된 수학적 모델은

$$xv\frac{dv}{dx} + v^2 = 32x$$

로 주어진다.

(a) 이 모델을 미분 형태로 변형하여라. 문제33-38에서 과정을 쓰고 적절한 적분인자를 찾아서 x에 대한 v의 미분방정식을 풀어라. 양함수 해 $v(x)$를 구하여라.

(b) 사슬이 테이블을 떨어질 때의 속도를 구하여라.

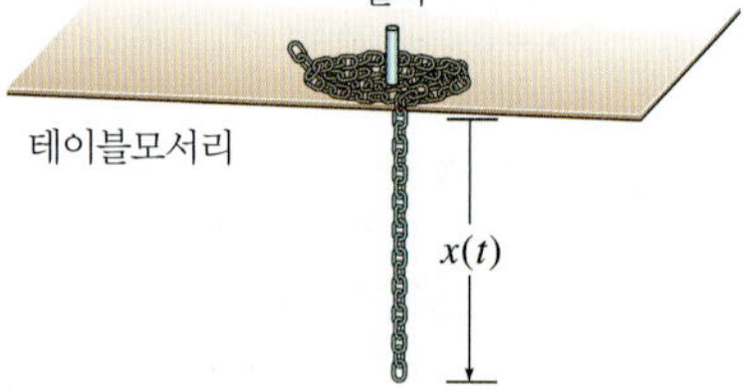

그림 2.4.2 문제47의 감겨져 있지 않은 사슬

컴퓨터 실습 문제

48. 유선들

(a) 미분방정식

$$\frac{2xy}{(x^2 + y^2)^2}dx + \left[1 + \frac{y^2 - x^2}{(x^2 + y^2)^2}\right]dy = 0$$

의 해는 경계가 방정식 $x^2 + y^2 = 1$인 원형인 물체 주변을 따라 흐르는 유체 흐름의 유선으로 해석되어 질 수 있다. 이 미분방정식을 풀고 $c = 0$에 대한 $f(x, y) = c$의 해를 구하여라.

(b) 컴퓨터 대수 체계를 이용하여 다음의 세 가지 다른 방법으로 $c = 0$, ± 0.2, ± 0.4, ± 0.6, ± 0.8에 대한 유선들의 그려라. 첫 번째로 컴퓨터 대수 체계의 "contourplot" 이란 명령어를 사용하여라.
두 번째로 변수 y의 항으로 x를 풀어라. 주어진 c에 대하여 y에 관하여 구한 두 함수를 그리고 그 그래프들을 결합하여라. 세 번째로 컴퓨터 대수 체계를 이용하여 x의 항으로 y에 대한 3차 방정식을 풀어라.

2.5 치환에 의한 해법

소개 일반적으로 미분방정식을 풀 때 미분방정식이 어떤 형태의 방정식인가(예를 들어, 변수 분리, 선형, 완전 등등)를 파악하고 방정식의 특성에 맞는 수학적 풀이단계(즉, 변수 분리와 적분)를 구성하는 절차를 수행하여 방정식의 해를 구한다. 하지만 주어진 방정식이 풀이법을 알고 있는 특정한 형태의 부류에 속하지 않아서 난처한 경우에 처하게 되는 경우도 종종 있다. 이 절에서 논의되는 치환 과정은 이러한 상황에서 매우 유용하게 사용된다.

치환 종종 미분방정식을 푸는 데 있어서 첫 단계는 치환을 이용하여 주어진 미분방정식을 다른 형태의 미분방정식으로 변형하는 것이다. 예를 들어 u가 변수 x에 관한 함수일 때 치환 $y = g(x, u)$를 이용하여 1계 미분방정식 $\frac{dy}{dx} = f(x, y)$를 변형한다고 하자. 만일 g의 1계 편도함수가 존재한다면, 연쇄법칙에 의하여 $\frac{dy}{dx} = \frac{\partial g}{\partial x}\frac{dx}{dx} + \frac{\partial g}{\partial u}\frac{du}{dx}$이고, 이를 이용하면 $\frac{dy}{dx} = g_x(x, u) + g_u(x, u)\frac{du}{dx}$가 된다. $\frac{dy}{dx}$를 앞의 미분으로 치환하고 $f(x, y)$에 있는 y를 $g(x, u)$로 치환하면 미분방정식 $\frac{dy}{dx} = f(x, y)$는 $g_x(x, u) + g_u(x, u)\frac{du}{dx} = f(x, g(x, u))$으로 변형되어, du/dx로 풀면 $\frac{du}{dx} = F(x, u)$의 형태를 가진 미분방정식이 된다. 이 마지막 방정식의 해 $u = \phi(x)$를 구할 수 있게 되면, 원래의 미분방정식의 해는 $y = g(x, \phi(x))$가 된다.

이제 치환에 의하여 풀 수 있는 세 가지 서로 다른 종류의 1계 미분방정식들을 논의하고자 한다.

동차방정식들 만일 함수 f가 적당한 실수 α에 대하여 $f(tx, ty) = t^{\alpha} f(x, y)$를 만족하면 f를 차수가 α인 **동차함수(homogeneous function)**라고 한다. 예를 들어, $f(x, y) = x^3 + y^3$은

$$f(tx, ty) = (tx)^3 + (ty)^3 = t^3(x^3 + y^3) = t^3 f(x, y)$$

이므로 차수가 3인 동차함수인 반면 $f(x, y) = x^3 + y^3 + 1$은 동차함수가 아니다.

$$f(tx, ty) = \frac{tx - 2ty}{3tx + ty} = \frac{t(x - 2y)}{t(3x + y)} = \frac{x - 2y}{3xy} = t^0 f(x, y)$$

$$g(tx, ty) = \frac{1}{\sqrt{t^2x^2 + t^2y^2}} = \frac{1}{r\sqrt{x^2 + y^2}} = t^{-1}\frac{1}{\sqrt{x^2y^2}} = t^{-1}g(x, y)$$

이므로 함수

$$f(x,\ y)=\frac{x-2y}{3xy}\text{와 }\ g(x,\ y)=\frac{1}{\sqrt{x^2+y^2}}$$

는 각각 차수가 0, -1인 동차함수이다.

$$M(x,y)dx+N(x,y)dy=0 \tag{1}$$

인 형태의 1계 미분방정식의 계수 함수들인 M과 N이 같은 차수의 동차방정식이면 주어진 미분방정식을 **동차형**(homogeneous)이라고 한다.

다시 말해서 $M(tx,\ ty)=t^{\alpha}M(x,\ y)$이고 $N(tx,\ ty)=t^{\alpha}N(x,\ y)$이면 (1)은 동차이다. 또한 만일 M과 N이 차수 α인 동차함수이면

$$u=\frac{y}{x}\text{ 일 때 } M(x,\ y)=x^{\alpha}M(1,\ u)\text{이고 } N(x,\ y)=x^{\alpha}N(1,\ u) \tag{2}$$

라고 나타낼 수 있으며 또한

$$v=\frac{x}{y}\text{ 일 때 } M(x,\ y)=y^{\alpha}M(v,\ 1)\text{이고 } N(x,\ y)=y^{\alpha}N(v,\ 1) \tag{3}$$

라고 나타낼 수 있다. 연습문제2.5의 문제33을 참조하여라. 성질 (2)와 (3)은 동차 미분방정식을 풀기 위하여 사용할 치환법을 제시한다. 특히, u와 v가 새로운 종속 변수들일 때 $y=ux$ 또는 $y=vx$의 치환을 사용하면 동차방정식은 변수 분리 1계 미분방정식으로 변환된다. 이를 보이기 위하여, (2)의 결과로서 동차방정식 $M(x,\ y)dx+N(x,\ y)dy=0$은 $u=y/x$ 또는 $y=ux$일 때

$$x^{\alpha}M(1,\ u)dx+x^{\alpha}N(1,\ u)dy=0\ \text{ 또는 }\ M(1,\ u)dx+N(1,\ u)dy=0$$

으로 나타낼 수 있음을 유의하여라. 마지막 방정식에 미분계수 $dy=udx+xdu$를 대입하여 항을 모으면 변수 u와 x에 대한 변수 분리 미분방정식을 얻는다:

$$M(1,\ u)dx+N(1,\ u)[udx+xdu]=0$$
$$[M(1,\ u)+uN(1,\ u)]dx+xN(1,\ u)du=0$$
$$\text{또는 }\ \frac{dx}{x}+\frac{N(1,\ u)du}{M(1,\ u)+uN(1,\ u)}=0$$

이제 앞 절에서와 같은 조언을 하고자 한다: 여기서 제시한 어떠한 공식도 암기하려고 하지 말고(특히 마지막 공식); 그보다는 매번 각 단계를 풀어라. 치환 $x=vy$와 $dx=vdy+ydv$를 이용하면 비슷한 방법으로 (3)도 변수 분리 방정식을 유추함을 증명할 수 있다.

예제 1 동차 미분방정식 풀기

$(x^2+y^2)dx+(x^2-xy)dy=0$를 풀어라.

풀이 ▶ $M(x, y) = x^2 + y^2$ 이고 $N(x, y) = x^2 - xy$ 라고 하면 이 계수들은 모두 차수가 2인 동차함수들임을 알 수 있다. $y = ux$ 라고 하면 $dy = u\,dx + x\,du$ 이고 대입하면 주어진 미분방정식은 다음과 같이 된다.

$$(x^2 + u^2x^2)dx + (x^2 - ux^2)(u\,dx + x\,du) = 0$$

$$x^2(1+u)dx + x^3(1-u)du = 0$$

$$\frac{1-u}{1+u}du + \frac{dx}{x} = 0$$

$$\left[-1 + \frac{2}{1+u}\right]du + \frac{dx}{x} = 0. \leftarrow \text{나눗셈}$$

마지막 식의 양변을 적분하면

$$-u + 2\ln|1+u| + \ln|x| = \ln|c|$$

$$-\frac{y}{x} + 2\ln\left|1 + \frac{y}{x}\right| + \ln|x| = \ln|c| \leftarrow u = y/x\text{로 다시 대입}$$

가 된다. 로그함수의 성질을 이용하면 앞의 해를

$$\ln\left|\frac{(x+y)^2}{cx}\right| = \frac{y}{x} \quad \text{또는} \quad (x+y)^2 = cxe^{y/x}$$

로 나타낼 수 있다. ■

동차 미분방정식을 풀 때 두 개의 치환 방법 중 어느 것을 사용해도 되지만 $M(x, y)$가 $N(x, y)$보다 단순한 경우에는 실제로 $x = vy$를 사용한다. 또한 하나의 치환을 사용한 후 적분을 시도할 때 닫힌 형식에서 적분이 매우 어렵거나 불가능한 경우가 생길 수 있다; 다른 치환 방법을 적용하면 문제를 쉽게 풀 수도 있다.

그림 2.5.1 제이콥 베르누이

베르누이 방정식 1965년경 스위스 수학자 **제이콥 베르누이(Jacob Bernoulli,** 1654-1705)가 다음의 방정식을 연구한 후에 이를 **베르누이 방정식(Bernoulli's equation)**이라고 하였다. 즉, n이 임의의 실수일 때 미분방정식

$$\frac{dy}{dx} + P(x)y = f(x)y^n \tag{4}$$

을 **베르누이 방정식(Bernoulli's equation)**이라고 한다. $n = 0$ 일 때 미분방정식 (4)는 선형미분방정식이고, $n = 1$ 일 때 미분방정식 (4)는 선형이고 변수분리형이다. 1696년 독일의 석학 고트프리트 빌헬름 라이프니츠(3쪽 참조)가 $n \neq 0$ 이고 $n \neq 1$ 일 때 치환 $u = y^{1-n}$ 을 통해 (4)에 주어진 형태의 미분방정식을 선형미분방정식으로 바꿀 수 있음을 알았다. 다음 예제가 이러한 치환 방법을 설명해 준다.

예제 2 **베르누이 방정식 풀기**

$x\dfrac{dy}{dx}+y=x^2y^2$ 을 풀어라.

풀이 우선 주어진 미분방정식의 양변을 x로 나누어 (4)로 주어진 형태로 방정식을 다시 쓰면

$$\frac{dy}{dx}+\frac{1}{x}y=xy^2$$

이 된다. 주어진 미분방정식은 $n=2$ 일 때 $u=y^{-1}$ 또는 $y=u^{-1}$로 치환한다.

$$\frac{dy}{dx}=\frac{dy}{du}\frac{du}{dx}=-u^{-2}\frac{du}{dx} \qquad \leftarrow \text{연쇄법칙}$$

을 주어진 방정식에 대입하고 간단히 한다. 그 결과는

$$\frac{du}{dx}-\frac{1}{x}u=-x$$

가 된다. $(0,\infty)$에서 이 선형방정식에 대한 적분인자는

$$e^{-\int dx/x}=e^{-\ln x}=e^{\ln x^{-1}}=x^{-1}$$

이다. $\dfrac{d}{dx}[x^{-1}u]=-1$를 적분하면 $x^{-1}u=-x+c$ 또는 $u=-x^2+cx$이 된다. $u=y^{-1}$이므로 $y=1/u$이고 따라서 주어진 방정식의 해는 $y=1/(-x^2+cx)$이다. ■

$y=0$은 방정식의 특이해이기 때문에 예제2에 있는 원래의 비선형 미분방정식의 일반해는 구하지 못했던 것을 주시하여라.

변수분리형으로의 변형

$$\frac{dy}{dx}=f(Ax+By+C) \tag{5}$$

형태의 미분방정식은 치환 $u=Ax+By+C$, $B\neq 0$을 이용하여 항상 변수 분리 방정식으로 축소할 수 있다. 다음의 예제3은 이러한 기법을 보여준다.

예제 3 **초깃값 문제**

$\dfrac{dy}{dx}=(-2x+y)^2-7,\quad y(0)=0$을 풀어라.

풀이 $u=-2x+y$라고 놓으면 $du/dx=-2+dy/dx$이고 따라서 미분방정식은

$$\frac{du}{dx}+2=u^2-7 \quad 또는 \quad \frac{du}{dx}=u^2-9$$

으로 변형된다. 이 마지막 방정식은 변수 분리이다. 부분 분수를 사용하면

$$\frac{du}{(u-3)(u+3)}=dx \quad 또는 \quad \frac{1}{6}\left[\frac{1}{u-3}-\frac{1}{u+3}\right]du=dx$$

가 되고 식을 적분하면

$$\frac{1}{6}\ln\left|\frac{u-3}{u+3}\right|=x+c_1 \quad 또는 \quad \frac{u-3}{u+3}=e^{6x+6c_1}=ce^{6x} \quad \leftarrow e^{6c_1}을\ c로\ 대체$$

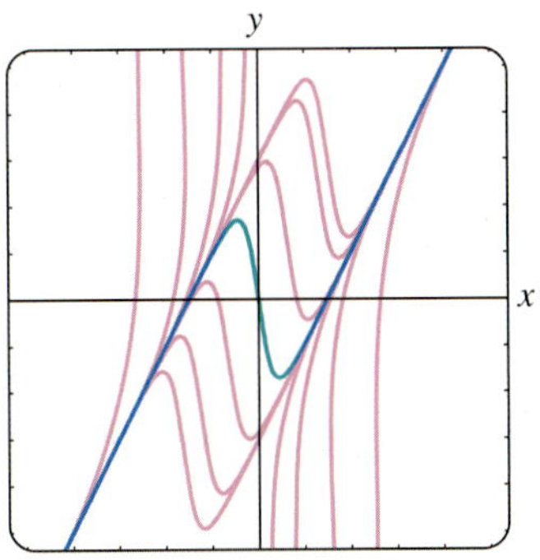

그림 2.5.2 예제3의 미분방정식의 해

이다. 마지막 등식을 u에 대하여 풀고 다시 대입하면 해는

$$u=\frac{3(1+ce^{6x})}{1-ce^{6x}} \quad 또는 \quad y=2x+\frac{3(1+ce^{6x})}{1-ce^{6x}} \tag{6}$$

이다. 초깃값 조건 $y(0)=0$을 (6)에 있는 마지막 식에 대입하면 $c=-1$이 된다. 그래프를 그릴 수 있는 도구를 사용하여 얻은 그림 2.5.2은 (6)의 해 집합족의 몇몇 원소들의 그래프와 함께 파란색의 곡선이 특수해 $y=2x+\frac{3(1-e^{6x})}{1+e^{6x}}$의 그래프를 보여준다. ■

연습문제 2.5

(1–10) 적절한 치환을 사용하여 주어진 미분방정식을 풀어라.

1. $(x-y)dx+x\,dy=0$
2. $(x+y)dx+xdy=0$
3. $xdx+(y-2x)dy=0$
4. $ydx=2(x+y)dy$
5. $(y^2+yx)dx-x^2dy=0$
6. $(y^2+yx)dx+x^2dy=0$
7. $\frac{dy}{dx}=\frac{y-x}{y+x}$
8. $\frac{dy}{dx}=\frac{x+3y}{3x+y}$
9. $-y\,dx+(x+\sqrt{xy})dy=0$
10. $x\frac{dy}{dx}=y+\sqrt{x^2-y^2},\ x>0$

(11–14) 주어진 초깃값 문제를 풀어라.

11. $xy^2\frac{dy}{dx}=y^3-x^3,\quad y(1)=2$
12. $(x^2+2y^2)\frac{dx}{dy}=xy,\quad y(-1)=1$
13. $(x+ye^{y/x})dx-xe^{y/x}dy=0,\quad y(1)=0$
14. $y\,dx+x(\ln x-\ln y-1)dy=0,\quad y(1)=e$

문제15-22에 있는 각각의 미분방정식들은 베르누이 방정식이다.

(15–20) 적절한 치환을 사용하여 주어진 미분방정식을 풀어라.

15. $x\frac{dy}{dx}+y=\frac{1}{y^2}$
16. $\frac{dy}{dx}-y=e^xy^2$
17. $\frac{dy}{dx}=y(xy^3-1)$
18. $x\frac{dy}{dx}-(1+x)y=xy^2$
19. $t^2\frac{dy}{dt}+y^2=ty$
20. $3(1+t^2)\frac{dy}{dt}=2ty(y^3-1)$

(21–22) 주어진 초깃값 문제를 풀어라.

21. $x^2\frac{dy}{dx}-2xy=3y^4,\quad y(1)=\frac{1}{2}$

22. $y^{1/2}\dfrac{dy}{dx}+y^{3/2}=1, \quad y(0)=4$

문제23-30에 있는 각각의 미분방정식들은 (5)에서 주어진 형태이다.

(23-28) 적절한 치환을 사용하여 주어진 미분방정식을 풀어라.

23. $\dfrac{dy}{dx}=(x+y+1)^2$

24. $\dfrac{dy}{dx}=\dfrac{1-x-y}{x+y}$

25. $\dfrac{dy}{dx}=\tan^2(x+y)$

26. $\dfrac{dy}{dx}=\sin(x+y)$

27. $\dfrac{dy}{dx}=2+\sqrt{y-2x+3}$

28. $\dfrac{dy}{dx}=1+e^{y-x+5}$

(29-30) 주어진 초깃값 문제를 풀어라.

29. $\dfrac{dy}{dx}=\cos(x+y), \quad y(0)=\pi/4$

30. $\dfrac{dy}{dx}=\dfrac{3x+2y}{3x+2y+2}, \quad y(-1)=-1$

토론 문제

(31-32) 어떤 2계 미분방정식은 치환을 통해 1계 미분방정식으로 바꿀 수 있다. 치환 $u=y'$을 이용하여 주어진 미분방정식을 1계 미분방정식으로 바꾼 후 이 장에서 토의된 방법으로 미분방정식을 풀어라. 그 후 다시 치환 $u=y'$을 이용하여 주어진 미분방정식의 해를 구하여라.

31. $y''+(y')^2=0$

32. $y''-2y'=4x$

33. (a) 임의의 동차 미분방정식

$$M(x, y)\,dx+N(x, y)\,dy=0$$

을

$$\frac{dy}{dx}=F\left(\frac{y}{x}\right)$$

로 항상 표현할 수 있는 이유를 설명하여라.

(b) (a)의 미분방정식에서 $u=y/x$로 치환하면 변수분리형이 됨을 보여라.

34. 미분방정식

$$(5x^2-2y^2)\,dx-xy\,dy=0$$

을 문제33의 (a)에서 주어진 형태로 변형하여라. 치환 $u=y/x$를 이용하여 미분방정식을 풀어라.

35. (a) 문제10에 있는 미분방정식의 두 개의 특이해를 찾아라.

(b) 문제10에서 설명된 것처럼 초깃값이 $y(5)=0$이면 해가 정의되기 위한 최대의 구간 I는 어떻게 되겠는가? 그래프를 그리는 도구를 이용하여 초깃값 문제에 대한 해곡선의 그래프를 그려라.

36. 예제3에서 해 $y(x)$는 $x\to\pm\infty$일 때 비유계이다. 그럼에도 불구하고, $y(x)$는 $x\to-\infty$일 때 어떤 곡선에 점근적이고 $x\to\infty$일 때 다른 곡선에 점근적이다. 이 곡선들의 방정식들은 무엇인가?

37. 베네치아의 법학자이자 수학자인 자코포 프란체스코 리카티(1676-154)가

$$dy/dx=P(x)+Q(x)y+R(x)y^2$$

형태의 몇몇 미분방정식을 푼 이후 이러한 형태의 미분방정식을 **리카티미분방정식**(Riccati's equation)이라고 하였다.

(a) 리카티미분방정식은 방정식의 특수해 y_1을 알고 있다면 연속적인 두 번의 치환을 이용하여 풀 수 있다. 치환 $y=y_1+u$를 이용하여 리카티 방정식을 $n=2$인 베르누이 방정식 (4)로 축소할 수 있음을 보여라. 베르누이 방정식은 치환 $w=u^{-1}$을 이용하여 선형방정식으로 축소될 수 있다.

(b) $y_1=2/x$가 미분방정식

$$\frac{dy}{dx}=-\frac{4}{x^2}-\frac{1}{x}y+y^2$$

의 알려진 해일 때 이 미분방정식에 대한 1개의 매개변수의 해 집합족을 구하여라.

38. $xy'=y\ln(xy)$를 풀기 위한 적절한 치환을 구하여라.

수학적 모델

39. 떨어지는 체인 2.4절의 연습문제47에서 우리는 높은 수평인 테이블의 끝에서 미끄러져 떨어지는 체인의 속도 v에 대한 수학적 모델에 대한 미분방정식이

$$xv\frac{dv}{dx}+v^2=32x$$

임을 알았다. 그 문제에서는 적분인자를 이용하여 주어진 방정식을 완전 미분방정식으로 변형하여 풀도록 하였다. 이번에는 주어진 방정식이 베르누이 방정식이라는 것을 이용하

여 미분방정식을 풀어라.

40. 개체 수의 증가 개체 수 역학의 연구에서 증가하지만 유계인 개체 수에 대한 가장 유명한 모델들 중의 하나는

$$\frac{dP}{dt} = P(a - bP)$$

인 **로지스틱 방정식**(logistic equation)이며 여기서 a와 b는 양의 상수들이다. 비록 우리가 이 방정식으로 돌아와서 3.2절에 있는 다른 방법으로 풀겠지만, 이번에는 주어진 미분방정식이 베르누이 방정식이라는 사실을 이용하여 미분방정식을 풀어라.

2.6 수치적 방법

소개 1계 미분방정식은 정보의 근원이다. 이 단원은 미분방정식의 해를 구하려고 시도하기도 전에 1계 미분방정식으로부터 해에 관하여 양적인 정보를 모을 수 있음을 관찰하는 것부터 시작하고자 한다. 2.2절에서 2.5절까지 해석적으로 1계 미분방정식을 학습하였다. 즉 양함수 해와 음함수 해를 구하기 위한 몇 가지 과정을 전개하였다. 미분방정식은 해를 갖고 있을 수 있지만 항상 해석적으로 해를 구할 수 있는 것은 아니다. 그래서 미분방정식의 해석에 대한 서로 다른 형태의 모양을 정리하여 미분방정식을 수치적으로 "풀 수" 있는 방법을 이 절에서 제공하려 한다; 이것은 미분방정식이 알려지지 않은 해에 근사하기 위한 알고리즘을 만드는 초석으로 사용될 수 있음을 의미한다.

이 절에서는 가장 간단한 형태의 수치적 방법만을 개발하려고 한다. 가장 간단한 방법이란 접점의 작은 근방에서 접선이 함수의 값에 근사하는 데 사용될 수 있다는 개념을 활용한다. 상미분방정식에 대한 좀 더 확대된 형태의 수치적 방법은 9장에서 다룬다.

접선 이용하기 초깃값 조건을 갖는 1계 미분방정식

$$y' = f(x, y), \quad y(x_0) = y_0$$

의 해가 존재한다고 가정하자. 이 해에 근사하는 한 가지 방법은 접선들을 이용하는 것이다. 예를 들어, $y(x)$를 1계 초깃값 문제 $y' = 0.1\sqrt{y} + 0.4x^2$, $y(2) = 4$의 알려지지 않은 해라고 하자. 이 초깃값 문제에서 비선형적 방정식은 2.2절, 2.4절, 2.5절에서 학습한 어떤 방법에 의해서도 직접적으로 풀리지 않지만; 그럼에도 불구하고 알려지지 않은 $y(x)$의 근사적인 수치적 값들을 구할 수 있다. 특별히 $y(2.5)$의 값을 알고자 한다고 가정하자. 초깃값 문제는 해를 갖고 있으며 그림 2.6.1(a)에

서 미분방정식의 방향장의 흐름이 제시한 것처럼, 해곡선은 파란색으로 표시된 곡선과 유사한 형태를 가져야만 한다.

그림 2.6.1(a)에 있는 방향장은 정수 좌표로 된 격자에 있는 점들을 지나는 선형성분들에 의하여 만들어진다. 해곡선이 초기 점 $(2, 4)$를 지나는 것처럼, 이 점에서의 선형성분은 기울기가 $f(2, 4) = 0.1\sqrt{4} + 0.4(2)^2 = 1.8$인 접선이다. 그림 2.6.1(a)와 국소적으로 확대된 2.6.1(b)에서 명백히 나타난 바와 같이 x가 2에 접근할 때 해곡선들의 점들은 접선(선형성분)위의 점들에 접근한다. 점 $(2, 4)$, 기울기 $f(2, 4) = 1.8$ 그리고 곡선의 점-기울기를 이용하면 접선의 방정식이 $y = L(x)$임을 알 수 있다. 단, $L(x) = 1.8x + 0.4$이다. 접선의 마지막 방정식은 $x = 2$에서 $y(x)$의 **선형화**(linearization)라고 하며 $x = 2$의 작은 근방에서 $y(x)$에 근삿값으로 사용될 수 있다. 만일 $y_1 = L(x_1)$이 접선에서 y좌표를 나타내고 $y(x_1)$이 $x = 2$에 가까운 x좌표 x_1에 대응하는 해곡선 위의 y좌표이면 $y(x_1) \approx y_1$이다. 만일 $x_1 = 2.1$을 선택하면 $y_1 = L(2.1) = 1.8(2.1) + 0.4 = 4.18$이고 따라서 $y(2.1) \approx 4.18$이다.

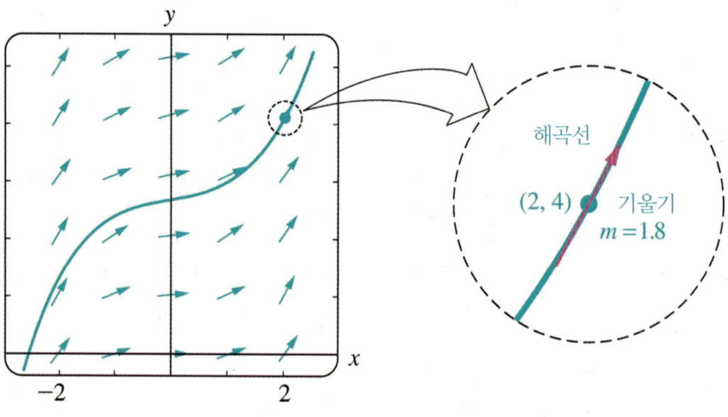

(a) $y \geq 0$에 대한 방향장 (b) $(2, 4)$에서의 선형성분

그림 2.6.1 점 $(2, 4)$ 근방의 확대

오일러 방법 지금까지 설명한 과정을 일반화하기 위하여, $x = x_0$에서 (1)의 알려지지 않은 해 $y(x)$의 선형화를 사용한다.

$$L(x) = y_0 + f(x_0, y_0)(x - x_0) \tag{2}$$

이 선형화의 그래프는 점 (x_0, y_0)에서 $y = y(x)$의 그래프에 접하는 직선이다. 이제 h를 그림 2.6.2에 나타난 바와 같이 x축의 양의 증분이라고 하자. 식 (2)에서 x를 $x_1 = x_0 + h$로 치환하면

$$L(x_1) = y_0 + f(x_0, y_0)(x_0 + h - x_0) \quad \text{또는} \quad y_1 = y_0 + hf(x_1, y_1)$$

가 되는데 여기서 $y_1 = L(x_1)$이다. 접선상의 점 (x_1, y_1)은 해곡선 위의 점 $(x_1, y(x_1))$에 근사한다. 물론 $L(x_1) \approx y_1(x_1)$ 또는 $y_1 \approx y(x_1)$의 근삿값의 정

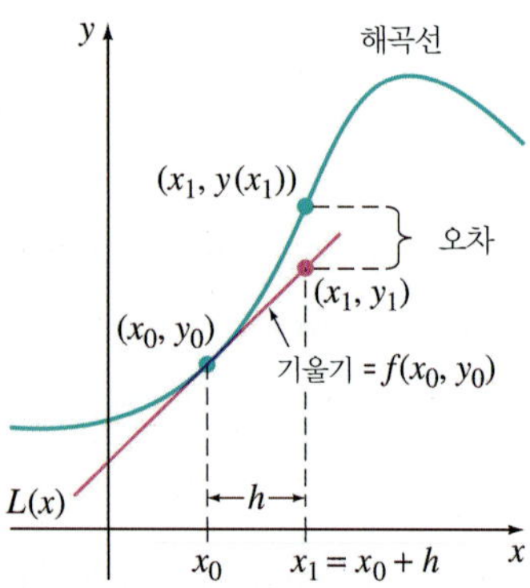

그림 2.6.2 접선을 이용한 $y(x_1)$ 근사

확도는 증분 h의 크기에 절대적으로 좌우된다. 일반적으로, 이 **단계별 크기**(step size)는 "매우 작은" 것을 선택해야만 한다. 점 (x_1, y_1)에서 두 번째 "접선"을 이용하여 이 과정을 반복한다.* 앞의 논의에 있었던 (x_0, y_0)와 같이 (x_1, y_1)을 새로운 시작점으로 하여 x_0로부터 길이 h의 두 단계에 대응하여 근삿값 $y_2 \approx y(x_2)$를 얻는다. 다시 말해서 $x_2 = x_1 + h = x_0 + 2h$ 이고

$$y(x_2) = y(x_0 + 2h) = y(x_1 + h) \approx y_2 = y_1 + hf(x_1, y_1)$$

이다. 이 과정을 반복하여, $x_n = x_0 + nh,\ n = 0, 1, 2, \cdots$ 일 때 $y_1, y_2, y_3, \cdots$ 들을 일반 공식

$$y_{n+1} = y_n + hf(x_n, y_n) \tag{3}$$

에 의하여 귀납적으로 정의될 수 있다. 연속적인 "접선들"을 사용하는 이 과정을 **오일러 방법**(Euler's method)이라고 한다.

예제 1 오일러 방법

초깃값 문제 $y' = 0.1\sqrt{y} + 0.4x^2,\ y(2) = 4$를 생각해 보자. 오일러 방법을 이용하여 $h = 0.1$ 일 때와 $h = 0.05$일 때 각각의 경우에 대하여 $y(2.5)$의 근삿값을 구하여라.

풀이 항등식 $f(x, y) = 0.1\sqrt{y} + 0.4x^2$ 로부터, 식 (3)은

$$y_{n+1} = y_n + h\left(0.1\sqrt{y_n} + 0.4x_n^2\right)$$

이 된다. $h = 0.1,\ x_0 = 2,\ y_0 = 4$ 이고 $n = 0$ 일 때

$$y_1 = y_0 + h(0.1\sqrt{y_0} + 0.4x_0^2) = 4 + 0.1(0.1\sqrt{4} + 0.4(2)^2) = 4.18$$

이며 우리가 이미 보인바와 같이 이것은 $y(2.1)$의 값에 대한 근삿값이다. 그러나 좀 더 작은 단계별 크기 $h = 0.05$를 사용하면 $x = 2.1$에 도달하기 위하여 두 단계가 필요하다.

$$y_1 = 4 + 0.05(0.1\sqrt{4} + 0.4(2)^2) = 4.09$$
$$y_2 = 4.09 + 0.05(0.1\sqrt{4.09} + 0.4(2.05)^2) = 4.18416187$$

로부터 $y_1 \approx y(2.05)$이고 $y_2 \approx y(2.1)$이다. 이 계산의 나머지 부분은 소프트웨어를 사용하여 계산하였다. 결과들은 표 2.6.1과 표 2.6.2에 요약되어 있는데 각 성분은 반올림하여 소수점 아래 네 자리로 나타내었다. 표 2.6.1과 표 2.6.2에서 $x = 2.5$에 도달하기 위하여 $h = 0.1$일 때는 5단계를 그리고 $h = 0.05$ 일 때는 10단계를 거쳤다. 직관적으로, $h = 0.05$에 대응하는 $y_{10} = 5.0997$이 $h = 0.1$에 대응하는 $y_5 = 5.0768$

표 2.6.1 $h = 0.1$

x_n	y_n
2.00	4.0000
2.10	4.1800
2.20	4.3768
2.30	4.5914
2.40	4.8244
2.50	5.0768

* (x_1, y_1)이 해곡선 위가 아닌 첫 번째 접선 위에 있는 점이기에 이것은 실제적인 접선이 아니다.

표 2.6.2 $h=0.05$

x_n	y_n
2.00	4.0000
2.05	4.0900
2.10	4.1842
2.15	4.2826
2.20	4.3854
2.25	4.4927
2.30	4.6045
2.35	4.7210
2.40	4.8423
2.45	4.9686
2.50	5.0997

보다 좀 더 $y(2.5)$에 근접할 것이라고 예측할 수 있다. ■

예제2에서 이미 해를 알고 있는 미분방정식에 오일러 방법을 적용한다. 이렇게 하는 것은 초깃값 문제에 대한 참값 또는 실제적인 해 $y(x_n)$과 각각의 단계에 있는 y_n을 비교하기 위해서이다.

예제 2 근삿값과 실제 값의 비교

초깃값 문제 $y' = 0.2xy$, $y(1) = 1$을 생각해 보자. 오일러 방법을 사용하여 $h = 0.1$과 $h = 0.05$일 때에 대하여 각각 $y(1.5)$의 근삿값을 구하여라.

풀이 $f(x, y) = 0.2xy$라고 하면 식 (3)은 $x_0 = 1$과 $y_0 = 1$에 대하여

$$y_{n+1} = y_n + h(0.2x_n y_n)$$

이 된다. 컴퓨터 소프트웨어를 이용하여 표 2.6.3과 표 2.6.4와 같은 결과를 얻는다. ■

표 2.6.3 $h=0.1$

x_n	y_n	실제 값	절대 오차	% 상대 오차의 백분율
1.00	1.0000	1.0000	0.0000	0.00
1.10	1.0200	1.0212	0.0012	10.12
1.20	1.0424	1.0450	0.0025	0.24
1.30	1.0675	1.0714	0.0040	0.37
1.40	1.0952	1.1008	0.0055	0.50
1.50	1.1259	1.1331	0.0073	0.64

표 2.6.4 $h=0.05$

x_n	y_n	실제 값	절대 오차	% 상대 오차의 백분율
1.00	1.0000	1.0000	0.0000	0.00
1.05	1.0100	1.0103	0.0003	0.03
1.10	1.0206	1.0212	0.0006	0.06
1.15	1.0318	1.0328	0.0009	0.09
1.20	1.0437	1.0450	0.0013	0.12
1.25	1.0562	1.0579	0.0016	0.16
1.30	1.0694	1.0714	0.0020	0.19
1.35	1.0833	1.0857	0.0024	0.22
1.40	1.0980	1.1008	0.0028	0.25
1.45	1.1133	1.1166	0.0032	0.29
1.50	1.1295	1.1331	0.0037	0.32

■

예제1에서 참값은 알려진 해 $y = e^{0.1(x^2-1)}$로부터 계산할 수 있다. (증명하라). 절대 오차(absolute error)는

$$|\text{참값} - \text{근삿값}|$$

으로 정의한다. 상대 오차(relative error)와 상대 오차의 백분율(percentage relative error)은 차례로 다음과 같이 정의한다.

$$\frac{\text{절대 오차}}{|\text{참값}|} \text{와} \frac{\text{절대 오차}}{|\text{참값}|} \times 100$$

표 2.6.3과 2.6.4로부터 단계별 크기 h가 감소함에 따라 근삿값의 정확도는 증가한다는 것을 명확하게 알 수 있다. 또한 각 단계에서 상대 오차의 백분율이 증가하지만 그것이 그렇게 나쁘지 않음을 알 수 있다. 하지만 하나의 예에 현혹되어서는 안 된다. 예제2에 있는 미분방정식의 우변의 계수를 0.2에서 2로 바꾸면 $x_n = 1.5$에서 상대 오차의 백분율은 현격히 증가하게 된다. 연습문제2.6의 문제4를 참조하여라.

경고 오일러 방법은 미분방정식의 해를 근사적으로 구할 수 있는 많은 방법들 중 한 방법에 불과하다. 단순한 형태는 매력적이지만 오일러 방법은 복잡한 계산에는 거의 사용되지 않는다. 여기서는 수치적 방법의 가장 기본적인 방법을 소개하기 위하여 오일러 방법을 도입하였다. 상당한 정도의 정확성을 주는 수치적 방법에 대하여 좀 더 심도 있게 논의를 하고자 할 예정인데 그 방법은 **RK4 방법**으로 알려진 **4차 룽게-쿠타 방법**(fourth order Runge-Kutta metod)이고 이는 9장에서 상세히 다룬다.

수치적 해결도구 실제로 양함수 해나 음함수 해를 구할 수 있는지에 관계없이, 만일 미분방정식의 해가 존재하면, 해는 좌표 평면에서 매끄러운 곡선으로 표현된다. 1계 상미분방정식에 대한 임의의 수치적 방법의 바탕에 깔려있는 기본적인 아이디어는 미리 선정한 x의 값에 대하여 해의 y의 값에 어느 정도 근사 할 수 있다는 것이다. 해곡선 위의 특별한 초깃값 $(x_0,\ y_0)$에서 시작하여 y좌표 y_i들이 늘 알려지지 않은 해 $y(x)$의 그래프 위에 있는 점들 $(x_1,\ y(x_1)),\ (x_2,\ y(x_2)),\ \cdots,(x_n,\ y(x_n))$의 y성분들인 $y(x_i)$에 근사하는 점들 $(x_1,\ y_1),\ (x_2,\ y_2),\ \cdots,\ (x_n,\ y_n)$의 수열에 단계적으로 접근하도록 계산을 계속한다. x성분을 좀 더 가깝게 하고 (즉, h의 값을 작게 하고) 점들 $(x_1,\ y_1),\ (x_2,\ y_2),\ \cdots,\ (x_n,\ y_n)$을 짧은 선분으로 연결하면 실제 해곡선에 근접하는 다각형 곡선을 얻게 된다. 곡선을 그리는 것은 컴퓨터로 잘 적용할 수 있는 작업이다. 수치적 방법의 도구를 제공하거나 이 방법에 의하여 만들어진 수치적 자료에 부합하는 근사적인 해곡선의 시각적 표현에 도움이 되는 컴퓨터 프로그램을 **수치적 해결도구**(numerical solver)라고 한다. 컴퓨터 대수 체계와 같이 커다란 소프트웨어 패키지에 담겨 있거나 독립적으로 존재하는 패키지와 같은 다양한 수치적 해결도구가 존재한다. 몇몇 소프트웨어 패키지는 단지 만들어진 수치적 근삿값의 좌표만 그리는 반면 다른 소프트웨어는 대응하는 근삿값 또는 수치적 해곡선(numerical solution curve)들뿐만이 아니라 수치적인 자료를 만들기도 한다. 수치적 해결도구에 의하여 만들어진 그래프의 점을 연결하여 만든 그림을 이용하여 만들어진 그림 2.6.3에 있는 두 가지 색의 다각형의 그래프들은 구간 $[0,\ 4]$에서 단계별 크기 $h = 1$로 하여 오일러 방법과 RK4 방법을 이용하여 얻은 $y' = 0.2xy,\ y(0) = 1$

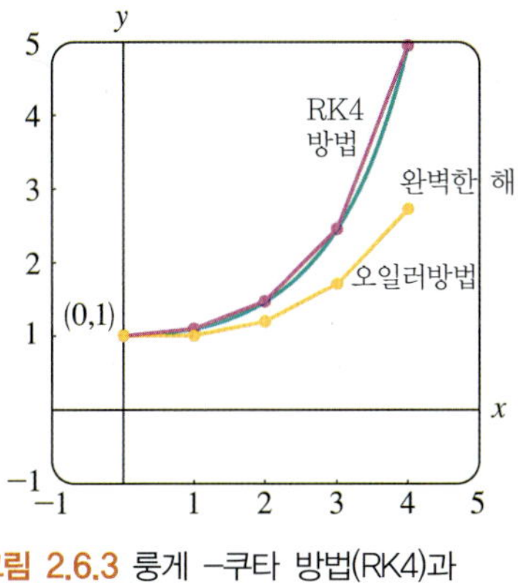

그림 2.6.3 룽게 -쿠타 방법(RK4)과 오일러 방법의 비교

에 대한 **수치적 해곡선**들이다. 파란색 매끈한 곡선은 초깃값 문제의 정확한 해 $y = e^{0.1x^2}$의 그래프이다. 그림 2.6.3에서 알 수 있듯이 $h = 1$의 매우 큰 단계별 크기에 대해서도, RK4 방법은 좀 더 신뢰할 만한 "해곡선"을 만들어낸다. RK4 방법에 의하여 얻어진 수치적 해곡선은 좀 더 전형적으로 사용되는 작은 단계별 크기인 $h = 0.1$를 사용했을 때 구간 $[0, 4]$에서 실제 해곡선과 구별하기 어렵다.

수치적 해결도구 사용하기 다양한 수치적 방법의 지식이 수치적 해결도구를 사용하기 위하여 반드시 필요한 것은 아니다. 해결도구는 일반적으로 미분방정식이 $dy/dx = f(x, y)$의 정규형으로 표현되는 것을 요구한다. 그래프만을 그리는 수치적 해결도구는 $f(x, y)$와 초기 자료 x_0, y_0 그리고 원하는 수치적 방법을 지정할 것을 요구한다. 만일 당신의 생각이 $y(a)$의 수치적인 값에 근사하는 것이면, 해결도구는 추가적으로 h에 대한 값 또는, 동치적으로 $x = x_0$로부터 $x = a$로 도달하는 데 걸리는 단계의 수를 필요로 한다. 예를 들어 그림 2.6.3에 있는 초깃값 문제에 대하여 $y(4)$에 근사하기를 원하면 $x = 0$에서 출발하여 $h = 1$의 단계별 크기로 네 단계를 거쳐서 $x = 4$에 도달하며 이는 $h = 0.1$의 단계별 크기로는 40 단계와 동치이다. 비록 수학적인 양에 근사하려고 시도할 때 만나게 되는 많은 문제들을 여기에 다 언급할 수 없지만 적어도 정규형의 어떤 1계 미분방정식에 적용하였을 때 수치적 해결도구가 어떤 점들의 근처에서 실패하거나, 불완전하거나 또는 잘못된 그래프를 보여 줄 수 있음을 명심하여야 한다. 그림 2.6.4는 1계 초깃값 미분방정식 $dy/dx = f(x, y)$, $y(0) = 1$에 오일러 방법을 사용하여 얻은 그래프이다. 동치인 결과를 서로 다른 세 개의 수치적 해결도구를 이용하여 얻었으며 그래프는 거의 해곡선이 아니다. (왜?) 수치적 해결도구가 난관에 봉착하면 몇 가지 의지가 되는 방안이 있다; 좀 더 당연한 세 가지 방법이 있는데 하나는 단계별 크기를 줄이는 것이고 다른 방법은 다른 수치적 방법을 사용하는 것이고 마지막 방법은 다른 수치적 도구를 사용하는 것이다.

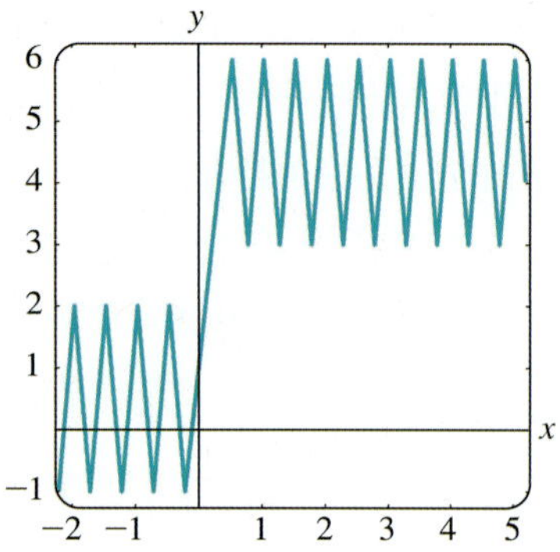

그림 2.6.4 매우 효율적이지 않은 수치적 해곡선

연습문제 2.6

(1–2) 오일러 방법을 사용하여 주어진 값의 소수점 아래 네 자리 근삿값을 구하여라. $h = 0.1$ 일 때와 $h = 0.05$ 일 때 각각의 경우에 수작업으로 (3)의 귀납법을 시행하여라.

1. $y' = 2x - 3y + 1,\ y(1) = 5;\quad y(1.2)$

2. $y' = x + y^2,\ y(0) = 0;\quad y(0.2)$

(3–4) 오일러 방법을 사용하여 주어진 값의 소수점 아래 네 자리 근삿값을 구하여라. 처음에는 $h = 0.1$ 을 사용하고 다음에는 $h = 0.05$ 를 사용하여라. 각각의 초깃값 문제에 대하여 양함수 해를 구하고 표 2.6.3 표 2.6.4와 유사한 표를 만들어 보아라.

3. $y' = y,\ y(0) = 1;\ y(1.0)$

4. $y' = 2xy,\ y(1) = 1;\ y(1.5)$

(5–10) 수치적 해결도구와 오일러 방법을 사용하여 주어진 값의 소수점 아래 네 자리 근삿값을 구하여라. 처음에는 $h = 0.1$ 을 사용하고 다음에는 $h = 0.05$ 를 사용하여라.

5. $y' = e^{-y},\ y(0) = 0;\quad y(0.5)$

6. $y' = x^2 + y^2,\ y(0) = 1;\quad y(0.5)$

7. $y' = (x - y)^2,\ y(0) = 0.5;\quad y(0.5)$

8. $y' = xy + \sqrt{y},\ y(0) = 1;\quad y(0.5)$

9. $y' = xy^2 - \dfrac{y}{x},\ y(1) = 1;\quad y(1.5)$

10. $y' = y - y^2,\ y(0) = 0.5;\quad y(0.5)$

(11–12) 수치적 해결도구를 사용하여 주어진 초깃값 문제에 대한 수치적 해곡선을 구하여라. 처음에는 오일러 방법을 사용하고 다음에 RK4 방법을 사용하여라. 각각의 경우에 $h = 0.25$ 를 사용하여라. 같은 좌표 상에 두 개의 해곡선을 그려라. 만일 가능하다면, 각각의 곡선에 다른 색을 사용하여라. $h = 0.1$과 $h = 0.05$로 반복하여라.

11. $y' = 2(\cos x)y,\ y(0) = 1$

12. $y' = y(10 - 2y),\ y(0) = 1$

토론 문제

13. 수치적 해결도구와 오일러 방법을 사용하여 $y(x)$ 가 $y' = 2xy^2,\ y(0) = 1$의 해일 때 $y(1.0)$ 의 근삿값을 구하여라. 처음에는 $h = 0.1$을 사용하고 다음에 $h = 0.05$를 사용하여라. RK4 방법을 이용하여 과정을 반복하여라. $y(1.0)$ 의 근삿값이 왜 그렇게 큰 차이가 나타나는지에 대하여 논의하여라.

컴퓨터 실습 문제

14. (a) 수치적 해결도구와 RK4 방법을 이용하여 초깃값 문제 $y' = -2xy + 1,\ y(0) = 0$ 의 해의 그래프를 그려라.
    (b) 이 장에서 개발한 해석적 방법들 중 하나를 사용하여 초깃값 문제를 풀어라.
    (c) (b)에 있는 해석적인 해 $y(x)$ 와 컴퓨터 대수 체계를 사용하여 모든 극값의 좌표를 구하여라.

2장 복습

(1–12) 교재를 참조하지 말고 문제에 답하여라. 빈 칸을 채우거나 또는 참이나 거짓으로 답하여라.

1. k와 A가 상수들일 때 선형 미분방정식 $y' - ky = A$는 자율적이다. 방정식의 임계점 _____은 $k > 0$ 일 때 _____(끌개 또는 밀개)이고 $k < 0$ 일 때 _____(끌개 또는 밀개)이다.

2. 초깃값 문제 $x\dfrac{dy}{dx} - 4y = 0,\ y(0) = k$는 $k =$ ____에 대하여 무수히 많은 해를 가지며 $k =$ _____에 대하여 해를

갖지 않는다.

3. k_1과 k_2가 0이 아닌 상수일 때 선형 미분방정식 $y' + k_1 y = k_2$는 항상 상수해를 갖는다. _____

4. 선형 미분방정식 $a_1(x)y' + a_0(x)y = 0$는 또한 변수 분리가능하다. _____

5. 3계 비선형 미분방정식의 정규형에 대한 예는 ____이다.

6. 1계 미분방정식 $\frac{dr}{d\theta} = r\theta + r + \theta + 1$은 변수 분리가능하지 않다.____________

7. 모든 자율 미분방정식 $dy/dx = f(y)$은 변수 분리가능하다. ___________

8. 직관적으로 미분방정식 $y' + |y| = 2$의 두 해는______이다.

9. $y' = e^x y$이면 $y =$_______이다.

10. 미분가능함수 $y(x)$가 $y' = |x|$, $y(-1) = 2$을 만족하면 $y(x) =$ __________이다.

11. $y = e^{\cos x}\int_0^x te^{-\cos t}dt$는 1계 선형 미분방정식 ________________________________의 해이다.

12. 한 개의 임계점 -3을 가지는 자율적 1계 선형 미분방정식의 ________이고, 반면에 한 개의 임계점 -3을 가지는 자율적 1계 비선형 미분방정식의 _______이다.

(13–14) 위상 모방이 주어진 그림과 일치하는 자율 1계 미분방정식 $dy/dx = f(y)$를 만들어 보아라.

13.

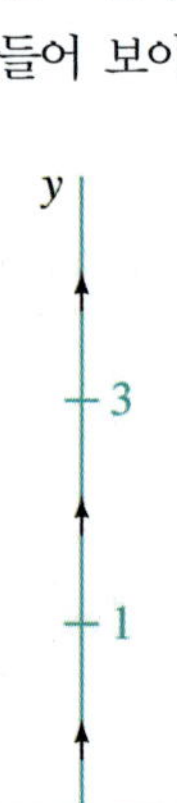

그림 2.R.1 문제13에 대한 그래프

14.

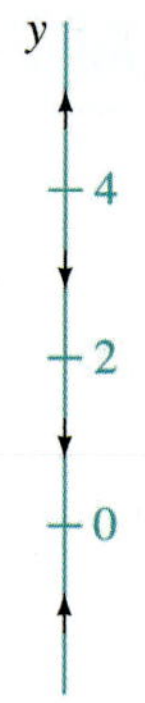

그림 2.R.2 문제14에 대한 그래프

15. n이 양의 정수일 때 0은 자율 미분방정식 $dy/dt = x^n$의 임계점이다. 어떤 n에 대하여 0이 점근적으로 안정적인가? 또 준안정적인가? 또 불안정한가? 미분방정식 $dy/dt = -x^n$에 대하여 같은 질문에 답을 하여라.

16. $f(P) = -0.5P^3 - 1.7P + 3.4$일 때 미분방정식

$$\frac{dP}{dt} = f(P)$$

를 생각해 보자. 함수 $f(P)$는 그림 2.R.3에서와 같이 하나의 실근을 갖는다. 미분방정식을 풀지 않고

$$\lim_{t\to\infty} P(t)$$

의 값을 계산하여라.

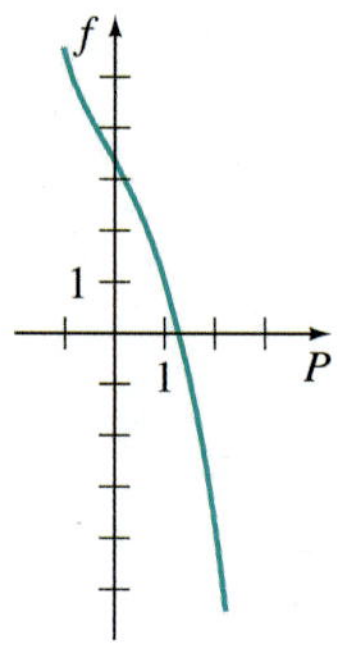

그림 2.R.3 문제16에 대한 그래프

17. 그림 2.R.4는 미분방정식 $dy/dx = f(x, y)$의 방향장의 일부이다. 수작업으로 두 개의 서로 다른 해곡선을 그려라. 하나는 검은색으로 표시한 선형성분에 접하는 것으로 다른 하나는 파란색으로 표현한 선형성분에 접하는 것으로 그려라.

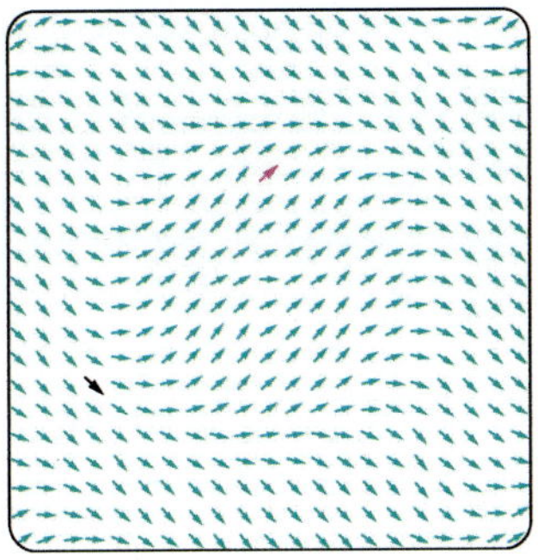

그림 2.R.4 문제17에 대한 방향장의 일부분

18. 다음 각각의 미분방정식들을 변수 분리, 완전, 선형, 동차 또는 베르누이로 분류하여라. 몇몇 방정식은 하나 이상의 분류에 속할 수 있다. 방정식을 풀지는 말아라.

(a) $\dfrac{dy}{dx}=\dfrac{x-y}{x}$ (b) $\dfrac{dy}{dx}=\dfrac{1}{y-x}$

(c) $(x+1)\dfrac{dy}{dx}=-y+10$ (d) $\dfrac{dy}{dx}=\dfrac{1}{x(x-y)}$

(e) $\dfrac{dy}{dx}=\dfrac{y^2+y}{x^2+x}$ (f) $\dfrac{dy}{dx}=5y+y^2$

(g) $y\,dx=(y-xy^2)dy$ (h) $x\dfrac{dy}{dx}=ye^{x/y}-x$

(i) $xyy'+y^2=2x$ (j) $2xyy'+y^2=2x^2$

(k) $y\,dx+x\,dy=0$

(l) $\left(x^2+\dfrac{2y}{x}\right)dx=(3-\ln x^2)dy$

(m) $\dfrac{dy}{dx}=\dfrac{x}{y}+\dfrac{y}{x}+1$ (n) $\dfrac{y}{x^2}\dfrac{dy}{dx}+e^{2x^3+y^2}=0$

(19–26) 주어진 미분방정식을 풀어라.

19. $(y^2+1)dx=y\sec^2x\,dy$

20. $y(\ln x-\ln y)dx=(x\ln x-x\ln y-y)dy$

21. $(6x+1)y^2\dfrac{dy}{dx}+3x^2+2y^3=0$

22. $\dfrac{dx}{dy}=-\dfrac{4y^2+6xy}{3y^2+2x}$ 23. $t\dfrac{dQ}{dt}+Q=t^4\ln t$

24. $(2x+y+1)y'=1$ 25. $(x^2+4)dy=(2x-8xy)dx$

26. $(2r^2\cos\theta\sin\theta+r\cos\theta)d\theta+(4r+\sin\theta-2r\cos^2\theta)dr=0$

(27–30) 주어진 초깃값 문제의 해를 적분이 정의된 함수의 항으로 표현하여라.

27. $2\dfrac{dy}{dx}+(4\cos x)y=x,\ y(0)=1$

28. $\dfrac{dy}{dx}-4xy=\sin x^2\ ,\ y(0)=7$

29. $x\dfrac{dy}{dx}+2y=xe^{x^2}\ ,\ y(1)=3$

30. $x\dfrac{dy}{dx}+(\sin x)y=0,\ y(0)=10$

(31–32) 주어진 초깃값 문제를 풀어라.

31. $\dfrac{dy}{dx}+y=f(x),\ y(0)=5$, 여기서

$$f(x)=\begin{cases} e^{-x}, & 0\le x<1 \\ 0, & x\ge 1\end{cases}$$

32. $\dfrac{dy}{dx}+P(x)y=e^x,\ y(0)=-1$, 여기서

$$P(x)=\begin{cases} 1, & 0\le x<1 \\ -1, & x\ge 1\end{cases}$$

(33–34) 주어진 초깃값 문제를 풀고 해가 정의되는 가장 큰 구간 I를 구하여라.

33. $\sin x\dfrac{dy}{dx}+(\cos x)y=0,\quad y\left(\dfrac{7\pi}{6}\right)=-2$

34. $\dfrac{dy}{dt}+2(t+1)y^2=0,\quad y(0)=-\dfrac{1}{8}$

35. (a) 초깃값 문제 $\dfrac{dy}{dx}=\sqrt{y},\ y(x_0)=y_0$를 풀지 않고 왜 $y_0<0$에 대하여 해를 갖지 않는지를 설명하여라.

(b) $y_0>0$에 대하여 (a)에 있는 초깃값 문제를 풀고 해가 정의되는 가장 큰 구간 I를 구하여라.

36. (a) 초깃값 문제 $\dfrac{dy}{dx}=\dfrac{y^2-x^2}{xy},\ y(1)=-\sqrt{2}$ 의 음함수 해를 구하여라.

(b) (a)에 있는 문제의 양함수 해를 구하고 해가 정의되는 가장 큰 구간 I를 구하여라. 그래프를 그리는 도구가 도움을 줄 것이다.

37. 1계 미분방정식 $dy/dx=f(x,y)$ 에 대한 해의 집합족에 속

한 몇몇 함수의 그래프가 그림 2.R.5에 나타나 있다. 하나는 점 $(1, -1)$을 지나고 다른 하나는 $(-1, 3)$을 지나는 두 개의 음함수 해의 그래프가 파란색으로 나타나 있다. 한 장의 종이 위에 이 그림을 다시 그려라. 색연필을 사용하여 $y_1(1)=-1$이고 $y_2(-1)=3$인 음함수 해에 의하여 정의되는 해 $y=y_1(x)$와 $y=y_2(x)$에 대한 해곡선들을 각각 추적하여라. $y=y_1(x)$와 $y=y_2(x)$가 정의되는 구간들을 구하여라.

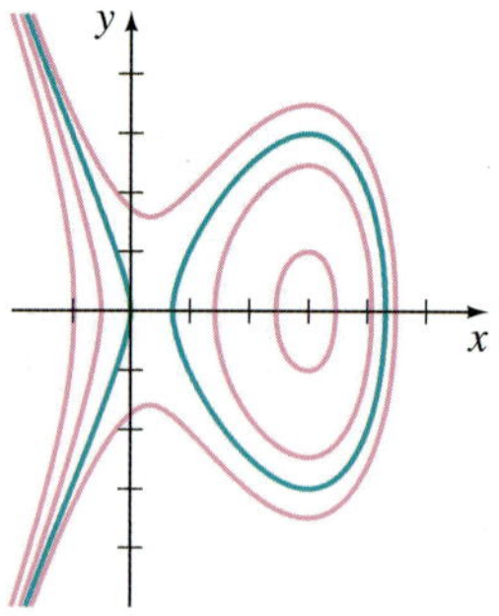

그림 2.R.5 문제37에 대한 그래프

38. $y(x)$가 초깃값 문제 $y'=1+x\sqrt{y}$, $y(1)=9$의 해일 때 단계별 크기 $h=0.1$인 오일러 방법을 이용하여 $y(1.2)$의 근삿값을 구하여라.

(39–40) 각 그래프는 자율 1계 미분방정식 $dy/dx=f(y)$의 방향장의 일부를 나타낸다. 각각 다른 종이에 이 그래프들을 다시 그린 후 격자 위에 방향장을 완성하여라. $h=\frac{1}{2}$이고 m과 n이 $-7\le m\le 7$, $-7\le n\le 7$인 정수들일 때 격자점들은 (mh, nh)이다. 각각의 방향장에서 빨간색으로 표시된 점들을 지나는 근사적인 해곡선을 수작업으로 그려라. 다음을 논의하여라. 미분방정식이 구간 $-3.5\le y\le 3.5$에서 임계점을 갖는가? 만일 그렇다면 임계점들이 점근적으로 안정적인지, 불안정한지 또는 준안정적인지 구별하여라.

39.

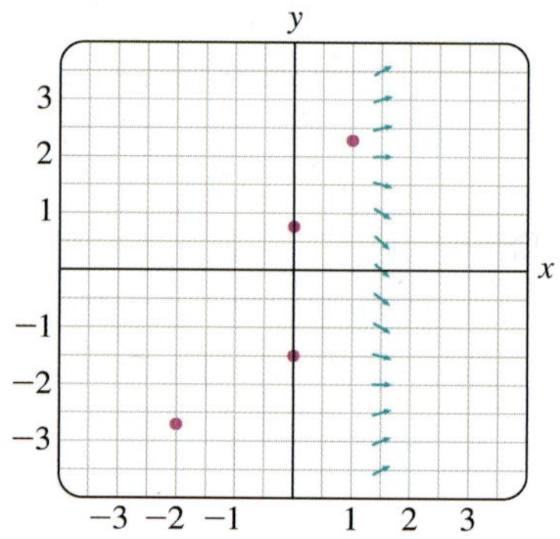

그림 2.R.6 문제39에 대한 방향장의 일부분

40.

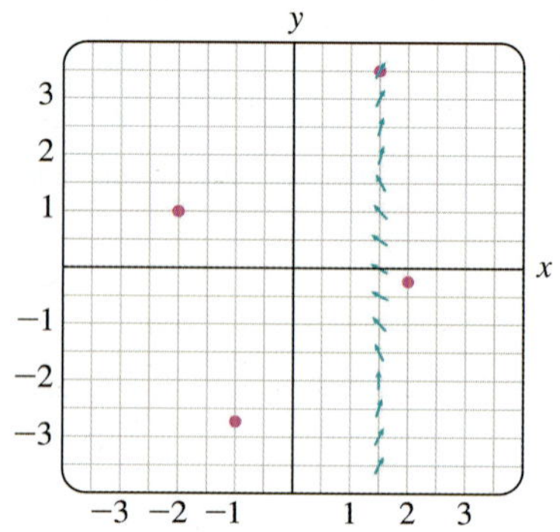

그림 2.R.7 문제40에 대한 방향장의 일부분

03

1계 미분방정식의 모델

1.3절에서 우리는 1계 미분방정식이 인구의 증가, 방사성 감쇠, 물체의 냉각, 혼합물, 화학적 반응, 탱크에 있는 구멍을 통해서 빠져나가는 유체, 암기의 비율과 직렬회로에서의 전류에 대한 연구 등에 있어서 수학적 모델로서 어떻게 사용될 수 있는지 알았다. 2장에서 학습한 방법들을 이용하여 우리는 응용 분야에서 자주 나타나는 몇몇 선형 미분방정식(3.1절)과 비선형 미분방정식(3.2절)을 풀 수 있다.

3.1 선형 모델

소개 이 절에서는 1.3절에서 도입하였던 1계 선형 모델의 문제들을 풀고자 한다.

성장과 붕괴 k가 비례상수일 때 초깃값 문제

$$\frac{dx}{dt} = kx, \quad x(t_0) = x_0 \tag{1}$$

는 성장 또는 붕괴와 관련된 다양한 현상을 설명하는 모델로 사용된다. 1.3절에 있는 생물학적 응용에서 짧은 기간 동안에 어떤 개체(박테리아, 작은 동물들)의 성장 비율은 시간 t일 때 존재하는 개체 수에 비례한다는 것을 알았다. 임의의 초기 시간 t_0에서 개체 수를 알면 (1)의 해를 이용하여 미래의 개체 수를 예측할 수 있다. 이는 $t > t_0$에서 (1)에 있는 비례상수 k의 값은 $t_1 > t_0$에서의 x에 대한 차후의 측정을 이용하여 초깃값 문제의 해로부터 결정될 수 있다. 물리학과 화학에서 식 (1)은 1계 반응(first-order reaction)의 형태로 보여진다. 이것은 비율 또는 속도인 dx/dt의 반응이 시간 t에서 전환되지 않았거나 남아있는 물질의 양 x에 직접적으로 비례함을 의미한다. 방사능에 의하여 U-238(우라늄)이 Th-234(토륨)로 분할 또는 붕괴하는 것이 1계 반응이다.

예제 1 박테리아의 성장

초기에 P_0개의 박테리아가 배양되어 있다고 하자. $t = 1$일 때 박테리아의 수가 $\frac{3}{2}P_0$로 관측되었다. 만일 성장하는 비율이 시간 t일 때 존재하는 박테리아의 수 $P(t)$에 비례한다고 할 때 박테리아의 수가 3배가 되는 데 필요한 시간을 계산하여라.

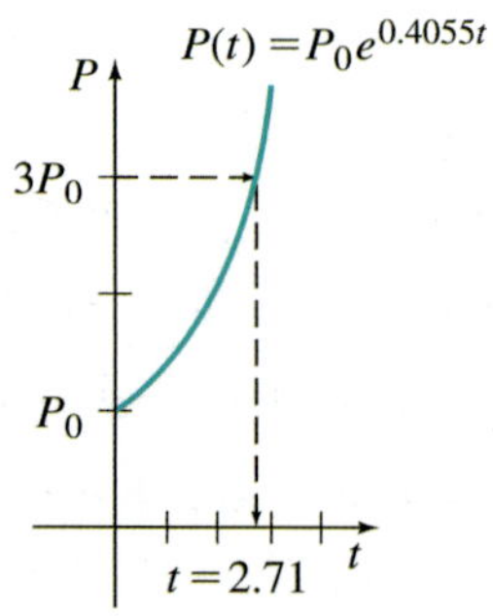

그림 3.1.1 예제1의 인구수가 세 배가 되는 시간

풀이 우선 x를 P로 대체하고 미분방정식 (1)을 푼다. $t_0 = 0$일 때 초깃값 조건은 $P(0) = P_0$이다. 이제 $P(1) = \frac{3}{2}P_0$라는 경험적 관찰을 이용하여 비례상수 k를 결정한다. 미분방정식 $dP/dt = kP$는 분리가능하고 선형적이다. 1계 선형 미분방정식의 표준형인

$$\frac{dP}{dt} - kP = 0$$

으로 변형하면 이 식에서 적분인자가 e^{-kt} 임을 알 수 있다. 이 방정식의 양변에 이 적분인자를 곱하고 적분을 하면

$$\frac{d}{dt}[e^{-kt}P] = 0 \text{과 } e^{-kt}P = c$$

를 차례로 얻는다. 따라서 $P(t) = ce^{kt}$ 이다. $t = 0$일 때 $P_0 = ce^0 = c$이므로 $P(t) = P_0 e^{kt}$ 이다. $t = 1$ 일 때 $\frac{3}{2}P_0 = P_0 e^k$이므로 $e^k = \frac{3}{2}$ 이다. 마지막 식으로부터 $k = \ln\frac{3}{2} = 0.4055$ 이므로 $P(t) = P_0 e^{0.4055t}$ 이다. 이제 박테리아의 수가 3배가 되는 시간을 구하기 위하여 $3P_0 = P_0 e^{0.4055t}$ 을 만족하는 t를 구해야 한다. $0.4055t = \ln 3$ 이므로

$$t = \frac{\ln 3}{0.4055} \approx 2.71 \text{시간}$$

이다.(그림 3.1.1 참조) ■

예제1에서 $t = 0$ 일 때 존재하는 박테리아의 실제 수 P_0는 배양 중인 개체의 수가 3배가 되는 데 필요한 시간을 결정하는 데 아무런 역할을 하지 못했다. 초기 박테리아의 수가 100개 또는 1,000,000개일 때 이 수가 3배가 되는 데 걸리는 시간은 대략 2.71시간이다.

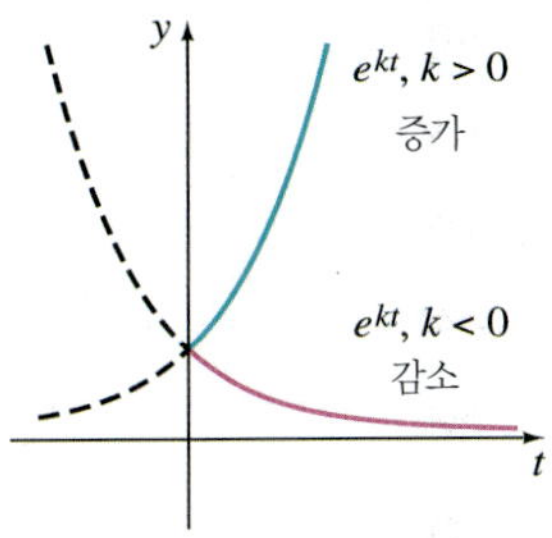

그림 3.1.2 성장($k > 0$)과 붕괴($k < 0$)

그림 3.1.2에서 알 수 있듯이 지수함수 e^{kt} 은 $k > 0$ 일 때 t가 증가하면 증가하고 $k < 0$ 일 때 t가 증가하면 감소한다. 따라서 성장을 설명하는 문제들(인구, 박테리아 또는 자본 등의 어떤 경우에서도)은 양의 k값에 따라서 결정된다. 반면에 붕괴에 관련된 문제들(방사능 붕괴와 같은)은 음의 k값을 갖는다. 따라서 k는 $k > 0$ 일 때 **성장 상수** 또는 $k < 0$ 일 때 **붕괴 상수**라고 한다.

반감기 물리학에서 방사성 물질의 **반감기**는 방사성 물질의 안전성의 척도이다. 반감기는 단순히 초기의 양이 A_0 인 원자의 양의 절반이 다른 성분의 원자로 붕괴 또는 변형되는 데 걸리는 시간을 말한다. 물질의 반감기가 길면 길수록 그 물질은 좀 더 안정적이다. 예를 들어 가장 일반적으로 발생하는 우라늄 동위핵 U-238은 대략 4,500,000,000년의 반감기를 갖고 있다. 즉 45억년 동안 주어진 U-238의 절반 정도가 납 Pb-206으로 변형된다. 반면, 라듐의 동위원소 Ra-223의 반감기는 11.4일이다. 라듐의 33개 동위원소 중 Ra-226의 원자핵은 반감기가 대략 1600년일 정도로 매우 안정적이며 1920년대에는 야광시계의 눈금판을 칠하는데 사용하기도 했다. 1600년 동안 Ra-226의 원자핵은 반감기가 약 3.8일인 Rn-222의 라돈 원자핵으로 변형된다. 라돈은 땅속에서 발생하는 무겁고, 무취하며 무색인 방사능이 높은 가스이다. 라돈은 밀폐된 콘크리트 바닥을 투과하기 때문에 일부 새롭게 단열성이 높은 주택의 지하실에 자주 축적된다. 몇몇 의료기관에서는 라돈 가스의 노출이 흡

연 다음으로 폐암의 두 번째 중요 원인이라고 주장한다. 짧은 반감기로 인하여 동위원소 Ra-223과 Ra-222는 핵의학에서 암, 특히 전이성 골암과 진행성 전립선암을 치료하는 데 자주 사용된다.

예제 2 플루토늄의 반감기

breeder 반응기는 상대적으로 안정적인 우라늄-238을 동위핵 플루토늄-239로 변환시킨다. 초기의 양이 A_0 인 플루토늄은 15년 후 0.043%가 붕괴된 것으로 판정되었다. 만일 붕괴의 비율이 남은 양에 비례한다고 할 때 이 동위핵의 반감기를 구하여라.

풀이 $A(t)$를 시간 t 일 때 남아있는 플루토늄의 양이라고 하자. 예제1에서와 같이 초깃값 문제

$$\frac{dA}{dt} = kA, \quad A(0) = A_0$$

의 해는 $A(t) = A_0 e^{kt}$ 이다. 초기 양 A_0의 0.043%가 붕괴되었다면 이 물질의 99.957%가 남게 된다. 붕괴 상수 k를 구하기 위하여 $0.99957A_0 = A(15)$를 이용하는데 이 식을 정리하면 $0.99957A_0 = A_0 e^{15k}$이다. 이 식을 k에 대하여 풀면 $k = \frac{1}{15} \ln 0.99957 = -0.00002867$ 이다. 따라서 $A(t) = A_0 e^{-0.00002867t}$ 이다. 이제 반감기를 구하려면 $A(t) = \frac{1}{2} A_0$가 되는 시간 t를 구해야 한다. 식을 t에 대하여 풀면 $\frac{1}{2} A_0 = A_0 e^{-0.00002867t}$, 즉 $\frac{1}{2} = e^{-0.00002867t}$ 이다. 마지막 식을 정리하면

$$t = \frac{\ln 2}{0.00002867} \approx 24{,}180 \text{ 년}$$

이다. ■

그림 3.1.3 윌리드 리비

탄소의 연대결정 1950년경에 물리화학자 윌라드 리비(Willard Libby, 1908-1980)가 이끈 시카고대학의 연구팀은 화석의 대략적인 연대를 추정하기 위한 도구로서 방사성 탄소를 사용하는 방법을 고안하였다.(그림 3.1.3 참조) 탄소 연대결정 이론은 동위핵 탄소 14가 대기 중에서 우주 방사가 질소-14에 영향을 줌에 의하여 만들어진다는 사실에 기인한다. 대기 중에 존재하는 안정적인 C-12에 대한 C-14의 양의 비율은 일정하며 이에 대한 결과로서 모든 생명체에 존재하는 동위핵의 비례적인 양이 대기 중의 것과 같다. 생명체가 죽었을 때 숨을 쉬거나 또는 섭취하여 얻는 C-14의 흡수량은 멈추게 된다. 따라서 대기 중 발견되는 고정된 양의 비와 함께 화석에 남아있는 C-14의 비례적인 양을 비교하면 화석의 연대에 대한 합리적인 추정값을 얻을 수 있다. 이 방법은 C-14의 반감기에 대한 지식을 기초로 한다. 리비는 이 방법에 기초하여 C-14의 반감기를 대략 5600년으로 계산하

그림 3.1.4 유다의 영지주의 복음서 한 페이지

였으며, 이를 **리비 반감기**(Libby half-life)라 한다. 하지만 오늘날 통상적으로 인정되는 C-14의 반감기 값은 **케임브리지 반감기**(Cambridge half-life)인데 그것은 대략 5730년으로 보고 있다. 이러한 결과물로 리비는 1960년에 노벨화학상을 수상하였다. 리비의 방법은 이집트의 무덤에 있는 목제 가구의 연대, 사해 문서의 아마섬유 직물로 짠 포장의 연대 그리고 튜린(Turin)의 불가사의한 수의의 연대를 밝히는 데 사용되었다(그림 3.1.4와 3.1절 연습문제14 참조).

예제 3 화석의 연대

화석화된 뼈에는 C-14 초기양의 0.1%가 포함된 것으로 알려져 있다. 화석의 연대를 추정하여라.

풀이 ▸ 예제2에서 처럼 $A(t)=A_0e^{kt}$에서 시작한다. 붕괴 상수 k의 값을 구하기 위하여 $\frac{1}{2}A_0=A(5730)$ 또는 $\frac{1}{2}A_0=A_0e^{5730k}$을 이용한다. $5730k=\ln\frac{1}{2}=-\ln 2$로부터 $k=-(\ln 2)/5730=-0.00012097$이다. 따라서 $A(t)=A_0e^{-0.00012097t}$이다. $A(t)=\frac{1}{1000}A_0$에서 $0.001A_0=A_0e^{-0.00012097t}$이고 이를 정리하면 $-0.00012097t=\ln(0.001)=-\ln 1000$이다. 따라서 화석의 연대는 대략

$$t=\frac{\ln 1000}{0.00012097}\approx 57,100\text{년}$$

이다. ■

예제3에서 구한 연대는 실제로 이 방법의 정확성의 경계에 있다. 일반적으로 탄소-14기법은 동위핵에 대한 10번의 반감기, 또는 대략 60,000년까지만 제한적으로 구할 수 있다. 이러한 제한에 대한 기본적인 한 가지 이유는 C-14의 상대적으로 짧은 반감기때문이다. 다른 문제도 있다: 남은 C-14을 정확하게 측정하는데 필요한 화학적 분석은 $0.001A_0$ 지점 근방에서 매우 까다롭다. 또한 이 분석을 위해서는 표본의 다소 큰 샘플을 파괴해야 한다. 만일 이 측정이 표본의 실제 방사능을 바탕으로 간접적으로 실행되면, 화석으로부터의 방사선과 통상적인 자연 방사선을 구별하는 것이 매우 어렵게 된다. 하지만 최근에는 입자가속기를 사용하여 안정적인 C-12로부터 직접적으로 C-14를 분리해내는 것이 가능해졌다. C-12에 대한 C-14의 비를 엄밀하게 계산하면 이 방법의 정확성은 70,000~100,000년까지 확장될 수 있다. 이러한 이유와 C-14 연대 결정이 유기물로 제한되는 사실 때문에, 이 방법은 고고학자들이 주로 사용한다. 한편, 화석의 연대기나 지구의 연대기에 대한 질문에 관심 있는 지질학자들은 **방사성 탄소 연대 측정법**(radiometric-dating)을 이용한다. 1905년경 뉴질랜드 태생의 영국 물리학자인 어네스트 러더포드(**Ernest Rutherford, 1871-1937**)에 의해 고안된 방사능측정법은 매우 긴 반감기를 가지며 자연적으로 발생하는 방사성

1988년 튜린의 수의에 대한 탄소-14 연대기 측정법을 사용하기 위해 한 무리의 과학자들이 초대 되었을 때 표본의 크기와 위치가 가장 큰 어려움 이었다.

우라늄-238의 반감기는 약 44.7억년이다.

그림 3.1.5 어네스트 러더포드

동위원소의 방사성붕괴와 붕괴동위원소의 측정양과 알려진 붕괴율을 사용하여 붕괴 물질의 측정양을 비교하는 것을 토대로 한다.(그림 3.1.5 참조) 칼륨-아르곤, 루비듐-스트론튬 또는 우라늄-납을 이용한 방사성 탄소 연대 측정법은 수십억 년된 바위의 확실한 연대를 알려준다. **칼륨-아르곤 연대 측정법**은 광물이나 용암과 같은 육상 물질과 운석이나 달의 암석과 같은 외계 물질의 연대 측정에도 사용된다. 공룡 뼈와 같은 화석은 유기 물질이 거의 남아 있지 않기 때문에 C-14 방법으로 연대를 측정할 수 없으며, 화석의 발견된 암석 지층의 연대를 측정하여 연대를 추정할 수 있다.(3.3절의 연습문제5, 6 참조) 핵물리의 아버지라 불리는 러더포드는 1908년에 노벨상을 수상하였고 1914년에 기사작위를 받았다.

뉴턴의 냉각/가열 법칙 1.3절의 식 (3)에서 어떤 물체에 대한 뉴턴의 냉각/가열에 대한 경험적인 법칙의 수학적 공식이 1계 선형 미분방정식

$$\frac{dT}{dt} = k(T - T_m) \tag{2}$$

으로 설명되었다. 여기서 k는 비례상수이고 $T(t)$는 $t > 0$일 때 물체의 온도이며 T_m은 주변의 온도인데 주변의 온도라는 것은 물체를 둘러싼 **매질의 온도**를 말한다. 예제4에서 T_m은 상수라고 가정한다.

예제 4 케이크의 냉각

케이크를 오븐에서 꺼낼 때의 온도가 300 °F로 측정되었다. 3분 후의 온도는 200 °F였다. 이 케이크가 실내온도인 70 °F까지 식는 데 얼마나 걸리겠는가?

풀이 식 (2)에서 $T_m = 70$이다. 초깃값 문제

$$\frac{dT}{dt} = k(T - 70), \quad T(0) = 300 \tag{3}$$

을 풀어야 하고 $T(3) = 200$이 되도록 k의 값을 구해야 한다.

방정식 (3)은 선형적이고 분리가능하다. 만일 변수를 분리하면

$$\frac{dT}{T - 70} = k\,dt$$

에서 $\ln|T - 70| = kt + c_1$을 얻고 따라서 $T = 70 + c_2 e^{kt}$이다. $t = 0$일 때 $T = 300$이므로 $300 = 70 + c_2$에서 $c_2 = 230$을 얻는다. 따라서 $T = 70 + 230e^{kt}$이다. 마지막으로 $T(3) = 200$에서 $e^{3k} = \frac{13}{23}$, 즉 $k = -0.19018$이다. 그러므로

$$T(t) = 70 + 230e^{-0.19018t} \tag{4}$$

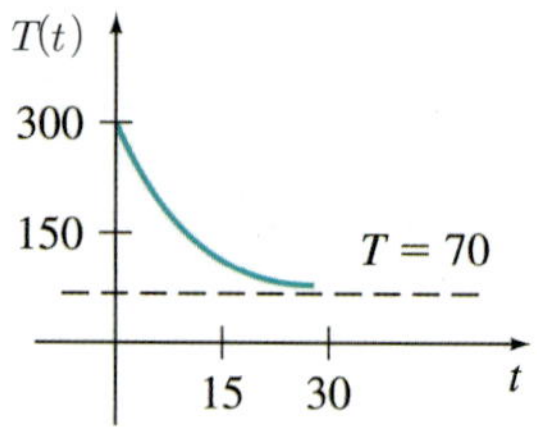

(a)

$T(t)$	T(분)
75°	20.1
74°	21.3
73°	22.8
72°	24.9
71°	28.6
70.5°	32.3

(b)

그림 3.1.6 예제4의 식어가는 케이크의 온도

이다. $\lim_{t \to \infty} T(t) = 70$ 이므로 식 (4)는 $T(t) = 70$ 에 대한 유한한 해를 제공하지 않는다. 하지만 직관적으로 케이크가 어느 정도 오랜 시간이 지나면 실내온도에 도달할 것이라고 추측할 수 있다. '오랜' 시간은 얼마나 오랜 시간일까? 물론 (3)의 모델이 물리적인 직관을 정확히 따르지 않는다는 사실로 인하여 방해를 받지 않아야 한다. 그림 3.1.6의 (a)와 (b)는 케이크가 대략 30분 정도 지나면 실내온도에 근접함을 보여준다. ■

식 (2)에서 주변온도가 상수일 필요는 없지만 시간 t 의 함수 $T_m(t)$ 가 될 수 있다(3.1절의 연습문제20 참조).

혼합물 두 액체의 혼합물은 때때로 1계 선형 미분방정식으로 설명된다. 1.3절에서 두 개의 소금물 용액의 혼합물을 논의할 때 혼합탱크에서 소금의 양이 변하는 비율 $A'(t)$ 는

$$\begin{aligned} \frac{dA}{dt} &= (\text{들어오는 소금의 비율}) - (\text{나가는 소금의 비율}) \\ &= R_{in} - R_{out} \end{aligned} \tag{5}$$

으로 설명되었다. 예제5에서 우리는 1.3절의 31쪽에 있는 식 (8)을 푼다.

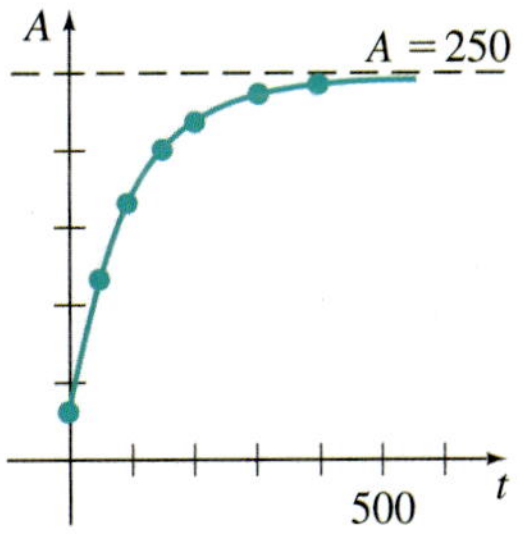

(a)

t(분)	A(kg)
50	266.41
100	397.67
150	477.27
200	525.57
300	572.62
400	589.93

(b)

그림 3.1.7 예제5의 탱크안에 있는 소금의 킬로그램

예제 5 두 소금 용액의 혼합물

1.3절에서 논의하였던 큰 탱크는 300L의 소금물 용액을 담을 수 있었다. 소금이 탱크 안으로 들어오고 나갔으며 소금물 용액은 3L/min의 비율로 탱크 안으로 부어져서 이미 탱크 안에 있는 용액과 혼합되었고 혼합물은 3L/min의 비율로 탱크 밖으로 빠져나갔다. 들어온 용액에 있는 소금의 농도는 2kg/L이었고 따라서 소금은 $R_{in} = (2\,\text{kg/L}) \cdot (3\,\text{L/min}) = 6\,\text{kg/min}$ 의 비율로 탱크 안에 들어왔고 $R_{out} = (A/300\,\text{kg/L}) \cdot (3\,\text{L/min}) = A/100\,\text{kg/min}$ 의 비율로 탱크에서 빠져나갔다. 이 자료와 식 (5)로부터 1.3절의 식 (8)을 얻는다. 문제를 부여하여 보자. 만일 초기에 50kg의 소금이 300L의 용액 속에 녹아있었다면 오랜 시간이 흐른 후에 탱크 안에는 얼마나 많은 소금이 남아 있겠는가?

풀이 ▶ 시간 t 에서 탱크 안에 있는 소금의 양 $A(t)$ 를 구하기 위하여 초깃값 문제

$$\frac{dA}{dt} + \frac{1}{100}A = 6, \quad A(0) = 50$$

을 푼다. 여기서 초기 조건 $A(0) = 50$ 은 초기에 탱크 안에 있는 소금의 양을 의미하는 것이지 탱크 안의 액체의 양을 의미하는 것은 아니다. 선형 미분방정식의 적분인자가 $e^{t/100}$ 이므로 주어진 방정식은

$$\frac{d}{dt}[e^{t/100}A] = 6e^{t/100}$$

으로 나타낼 수 있다. 마지막 식을 적분하여 A 에 대하여 풀면 일반해는 $A(t) = 600 + ce^{-t/100}$이다. $t = 0$ 일 때 $A = 50$이므로 $c = -550$ 이다. 그러므로 시간 t 일 때 탱크 안에 있는 소금의 양은

$$A(t) = 600 - 550e^{-t/100} \qquad (6)$$

으로 표현된다. 해 (6)은 표 3.1.7(b)에 있는 표를 만드는 데 사용된다. 또한 식 (6)과 그림 3.1.7(a)로부터 $t \to \infty$ 일 때 $A(t) \to 600$임을 알 수 있다. 물론 이 결과는 직관적으로 예측한 바와 같다. 오랜 시간 후에 용액 안에 있는 소금의 양은 (300 L)(2 kg/L) = 600 kg이다. ■

예제5에서 용액이 탱크 안에 들어가는 비율과 밖으로 나오는 비율이 같다고 가정하였다. 하지만 반드시 이 조건이 필요한 것은 아니다. 다른 소금물 용액이 탱크 안에 들어오는 비율인 r_{in}보다 빠르게 또는 느리게 혼합된 소금물 용액이 r_{out}의 비율로 탱크 밖으로 나갈 수 있다. 다음 예는 탱크 안으로 들어오는 비율보다 탱크 밖으로 빠져나가는 비율이 느린 경우를 설명한다.

예제 6 예제5 다시 풀기

예제5에서 잘 혼합한 용액이 $r_{out} = 2$L/min의 느린 비율로 탱크 밖으로 빠져 나간다면 액체는

$$r_{in} - r_{out} = (3-2)\text{L/min} = 1\text{L/min}$$

의 비율로 탱크 안에 누적된다. t분 후에

$$(1\text{L/min}) \cdot (t\text{ min}) = t\text{ L}$$

가 축적되어 탱크는 $300 + t$ 리터의 소금물을 갖게 되며 유출 용액의 농도는 $c(t) = A/(300+t)$ kg/L이고 소금의 빠져나가는 비율은 $R_{out} = c(t) \cdot r_{out}$, 즉

$$R_{out} = \left(\frac{A}{300+t}\text{kg/L}\right) \cdot (2\text{ L/min}) = \frac{2A}{300+t}\text{kg/min}$$

이다. 따라서 식 (5)는

$$\frac{dA}{dt} = 6 - \frac{2A}{300+t} \quad \text{또는} \quad \frac{dA}{dt} + \frac{2}{300+t}A = 6$$

이다. 위 식의 적분인자는

$$e^{\int 2dt/(300+t)} = e^{2\ln(300+t)} = e^{\ln(300+t)^2} = (300+t)^2$$

이다. 이 인자를 곱하면 위의 식은

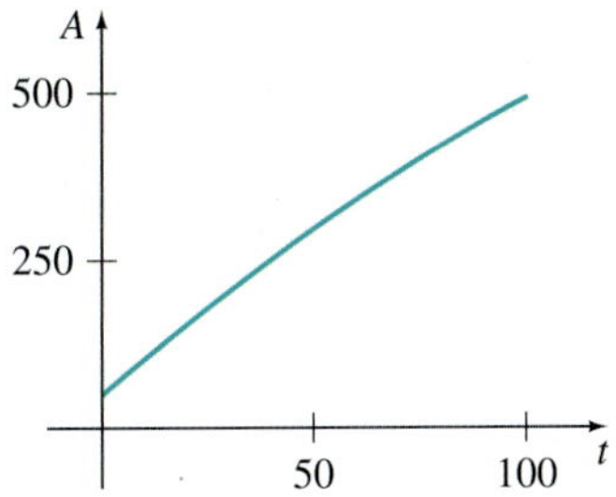

그림 3.1.8 예제6의 $A(t)$ 그래프

$$\frac{d}{dt}[(300+t)^2 A] = 6(300+t)^2$$

으로 표현할 수 있다. 마지막 방정식을 적분하면

$$(300+t)^2 A = 2(300+t)^3 + c$$

를 얻는다. 초기 조건 $A(0)=50$을 사용하여 A에 대하여 풀면

$$A(t) = 600 + 2t - (4.95 \times 10^7)(300+t)^{-2}$$

이다. 그림 3.1.8에서 알 수 있듯이 예상한 바와 같이 $t \to \infty$일 때 $A \to \infty$임을 알 수 있다.

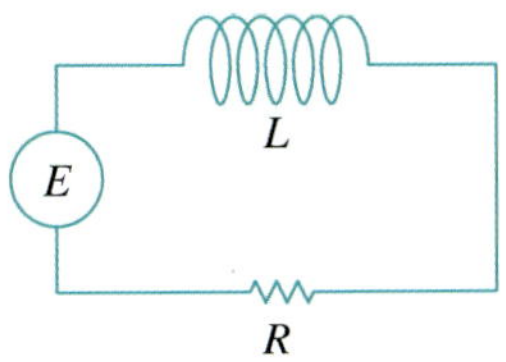

그림 3.1.9 LR 직렬회로

직렬 회로 저항기와 유도기만을 포함하는 직렬 회로에 대하여 키르히호프의 제2법칙은 유도기($L(di/dt)$)를 지나는 전압 강하와 저항(iR)을 지나는 전압 강하의 합이 회로에서 인가전압($E(t)$)과 같다는 것이다(그림 3.1.9 참조).

따라서 전류 $i(t)$에 대한 선형 미분방정식

$$L\frac{di}{dt} + Ri = E(t) \tag{7}$$

를 얻는다. 여기서 L과 R은 각각 인덕턴스와 저항으로 알려진 상수들이다. 전류 $i(t)$는 또한 계의 응답(response)이라고 정의한다.

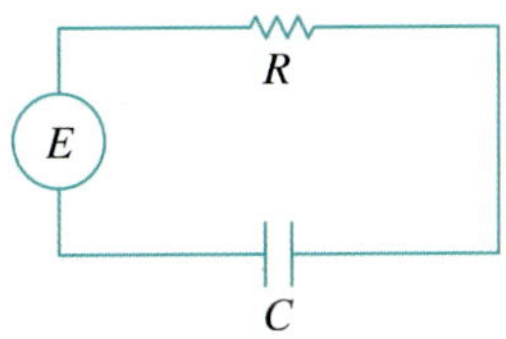

그림 3.1.10 RC 직렬회로

전기용량이 C인 축전기를 지나는 전압 강하는 $q(t)/C$로 주어지는데 여기서 q는 축전지의 전하이다. 따라서 그림 3.1.10에 있는 직렬 회로에 대하여 키르히호프의 제2법칙은

$$Ri + \frac{1}{C}q = E(t) \tag{8}$$

가 된다. 그러나 전류 i와 전하 q는 $i = dq/dt$에 의하여 관련되어지므로 식 (8)은 선형 미분방정식

$$R\frac{dq}{dt} + \frac{1}{C}q = E(t) \tag{9}$$

가 된다.

예제 7 직렬 회로

12 볼트의 전지가 인덕턴스가 $\frac{1}{2}$ 헨리이고 저항이 10옴인 직렬 회로에 연결되어 있다. 초기 전류가 0일 때 전류 i를 구하여라.

풀이 식 (7)로부터 $i(0)=0$에 대하여

$$\frac{1}{2}\frac{di}{dt} + 10i = 12$$

를 풀어야 한다. 우선 미분방정식의 양변에 2를 곱하고 적분인자 e^{20t} 을 이용한다. 그러면

$$\frac{d}{dt}[e^{20t}i] = 24e^{20t}$$

을 얻는다. 마지막 식의 양변을 적분하여 i 에 대하여 풀면 $i(t) = \frac{6}{5} + ce^{-20t}$ 이 된다. $i(0) = 0$ 이므로 $0 = \frac{6}{5} + c$ 이고 따라서 $c = -\frac{6}{5}$ 이다. 그러므로 응답은 $i(t) = \frac{6}{5} - \frac{6}{5}e^{-20t}$ 이다. ■

2.3절의 식 (4)로부터 (7)의 일반해를 다음과 같이 쓸 수 있다:

$$i(t) = \frac{e^{-(R/L)t}}{L}\int e^{(R/L)t}E(t)\,dt + ce^{-(R/L)t} \tag{10}$$

특히 $E(t) = E_0$ 가 상수일 때 식 (10)은

$$i(t) = \frac{E_0}{R} + ce^{-(R/L)t} \tag{11}$$

이 된다. $t \to \infty$ 일 때 식 (11)의 두 번째 항은 0으로 접근한다. 이러한 항을 일반적으로 **과도항**(transient term)이라고 한다. 다른 나머지 항들을 해의 **정상 상태**(steady-state) 부분이라고 한다. 이 경우 E_0/R를 **정상 상태 전류**(steady–state current)라고 한다. t 의 값이 큰 경우 회로는 단순히 **옴의 법칙**($E = iR$)을 따르게 된다. 게오르그 시몬 옴(Georg Simon Ohm, 1789-1854)은 당시 신성 로마제국에 속해있던 바이로이트 왕국의 에를링겐에서 태어난 물리학자이자 수학자였다.

주의

예제1에 있는 초깃값 문제의 해 $P(t) = P_0e^{0.4055t}$ 은 임의의 시간 $t > 0$ 에서 박테리아의 개체의 수를 나타내었다. 물론 $P(t)$ 는 구간 $P_0 \le P < \infty$ 에서 연속함수이다. 하지만 개체의 수를 논의하고 있기 때문에 상식적으로 P는 단지 양의 정수 값만을 갖는다. 더욱이 개체의 수는 우리의 해에서 예견된 것처럼 연속적으로 증가할 것이라고 예측할 수 없다. — 매 초마다, 매 백만분의 일초마다 등 — 아마도 전혀 성장이 없는 시간 $[t_1, t_2]$의 구간들이 있을지도 모른다. 그러면 아마도 그림 3.1.11(a)에서 보여준 그래프는 지수함수의 그래프보다도 P에 대한 좀 더 현실적인 설명을 보여주게 된다. 이산적인 현상을 설명하기 위하여 연속함수를 사용하는 것은 정교함 보다는 편리함의 문제가 된다. 하지만 몇 가지 목적을 위하여 만일 우리의 모델이 그림 3.1.11(a)처럼 미시적으로 보는 것이 아니라 그림 3.1.11(b), 3.1.11(c)와 같이 거시적으로 시간을 두고 볼 때 모델의 시스템을 아주 잘 접근하여 설명할 수 있다면 만족할 수 있다.

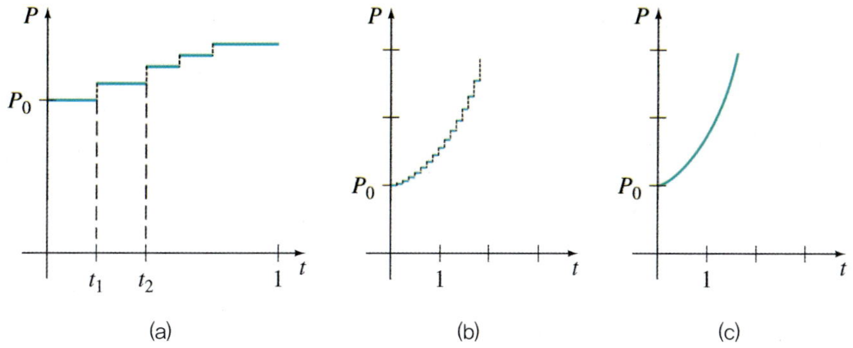

그림 3.1.11 인구 증가는 이산 과정이다.

연습문제 3.1

성장과 붕괴

1. 공동체의 인구는 시간 t 일 때의 사람의 수에 비례하여 증가한다고 알려져 있다. 만일 초기 인구의 수 P_0 가 5년만에 두 배가 되었다면 인구가 세 배가 되는 데 얼마나 걸리겠는가? 또 인구가 네 배가 되는 데 얼마나 걸리겠는가?

2. 문제1의 공동체의 인구가 3년 후에 10,000명이 된다고 가정하면 초기의 인구 P_0 는 얼마인가? 10년 후의 인구는 얼마인가? $t = 10$ 일 때 인구는 얼마나 빠르게 증가하는가?

3. 한 마을의 인구는 시간 t 일 때의 사람의 수에 비례하여 증가한다. 초기의 인구는 500명이고 10년 동안 15% 증가한다면 30년 후의 인구는 얼마인가? $t = 30$ 일 때 인구는 얼마나 빨리 증가하는가?

4. 배양기에 있는 박테리아의 수는 시간 t 일 때의 수에 비례하여 증가한다. 3시간 후에 400마리의 박테리아가 있는 것으로 관측되었고 10시간 후에는 2000마리의 박테리아가 있는 것으로 관측되었다. 초기의 박테리아의 수는 얼마인가?

5. 납 Pb-209의 방사성 동위핵은 시간 t 일 때의 양에 비례하여 붕괴되고 반감기는 3.3시간이다. 만일 1그램의 동위핵이 초기에 존재한다면 납의 90%가 붕괴되는 데 얼마나 걸리겠는가?

6. 초기에 100밀리그램의 방사성 물질이 있었다. 6시간 후에 그 질량이 3% 감소하였다. 만일 붕괴의 비율이 시간 t 일 때의 방사성 물질의 양에 비례한다고 할 때 24시간 후에 남아있는 양을 구하여라.

7. 문제6에서 언급한 방사성 물질의 반감기를 구하여라.

8. (a) 방사성 물질의 붕괴 모델로서 초깃값 문제 $dA/dt = kA,\ A(0) = A_0$를 생각해 보자. 일반적으로 이 물질의 반감기 T는 $T = -(\ln 2)/k$임을 증명하여라.
   (b) (a)에 있는 초깃값 문제의 해를 $A(t) = A_0 2^{-t/T}$ 으로 나타낼 수 있음을 증명하여라.
   (c) 만일 방사성 물질이 (a)에서 주어진 반감기 T를 갖는다면, 초기의 양 A_0 가 $\frac{1}{8}A_0$ 로 붕괴하는 데 얼마나 걸리겠는가?

9. 임의의 시간 t 일 때 남아있는 방사성 물질의 양 $A(t)$ 는 초기의 양 A_0 와 시간 $t_1 > 0$ 일 때 물질의 양 A_1 에 의해 직접적으로 결정될 수 있다.
$$A(t) = A_0\left(\frac{A_1}{A_0}\right)^{t/t_1}$$
임을 증명하여라.

10. (a) 문제9의 결과를 이용하여 방사성 물질의 반감기 T가
$$T = \frac{t_1 \ln 2}{\ln A_0 - \ln A_1}$$

임을 증명하여라.

(b) (a)의 결과를 이용하여 문제7에 있는 반감기를 증명하여라.

11. 빛의 수직 빔이 투명한 매질을 통과할 때 강도 I가 감소하는 비율은 t가 매질의 두께(미터)를 나타낼 때 $I(t)$에 비례한다. 깨끗한 바닷물에서 표면 아래 1미터에서의 강도는 입사빔의 초기 강도 I_0의 25%이다. 표면에서 3미터 아래에서의 빔의 강도는 얼마인가?

12. 이자가 복리로 누적될 때 저축한 돈은 시간 t에서의 돈 S에 비례하는 비율로 증가하며 이것은 r이 연이율일 때 $dS/dt = rS$로 표현된다.

(a) \$5000를 연속적으로 연이율이 $5\frac{3}{4}$%인 복리로 저축하였을 때 5년 후에 받을 수 있는 금액을 구하여라.

(b) 저축한 돈이 2배가 되는 데 몇 년이 걸리는지를 구하여라.

(c) 계산기를 사용하여 (a)에서 구한 돈과 이자가 3개월마다 복리로 계산되는 식

$$S = 5000\left(1 + \frac{1}{4}(0.0575)\right)^{5(4)}$$

을 이용하여 얻게 되는 돈을 비교하여라.

탄소 연대기

13. 고고학자들은 프랑스 라스코(Lascaux) 지역에 있는 동굴의 벽과 천장에 그려진 선사시대 그림의 연대를 알아내기 위하여 그 지역에서 찾아낸 불에 탄 나무의 조각이나 숯을 이용하였다(그림 3.1.12 참조). 115쪽에 있는 정보를 사용하여 불에 탄 나무 조각과 같은 종류의 살아있는 나무에서 발견한 C-14의 85.5%가 붕괴되었다는 것을 알아냈을 때 불에 탄 나무 조각의 대체적인 연대를 구하여라.

그림 3.1.12 문제13의 동굴 벽화

14. 십자가에 못 박힌 사람의 몸에 대한 음영을 보여주는 튜린의 수의는 많은 사람들에 의하여 나사렛 예수의 매장 수의라고 믿어져 왔다(그림 3.1.13 참조). 1988년에 바티칸은 수의의 탄소연대를 측정하는 것을 허락하였다. 3개의 독립적인 과학 연구소에서 그 옷을 분석하였고 그 수의가 역사적으로 발견된 때와 일치하는 대략 660년 정도 된 것이라고 결론을 내렸다. 이 연대기를 이용하여 1988년에 이 옷에 남아있는 C-14의 양이 초기 양의 몇 퍼센트가 되는지를 구하여라.

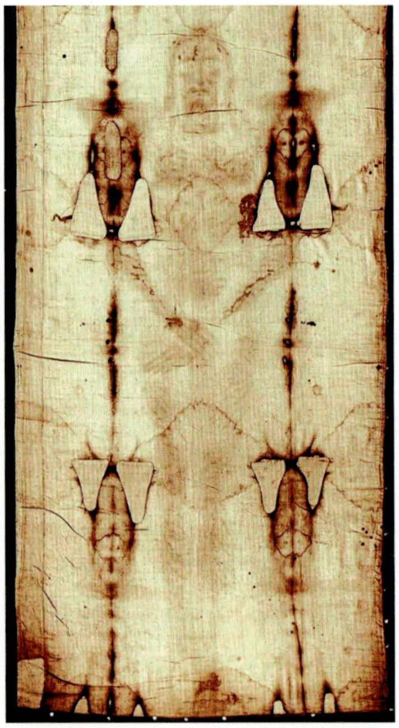

그림 3.1.13 문제14의 수의 상

뉴턴의 냉각/가열 법칙

15. 21℃의 방에 있던 온도계를 -12℃인 실외로 옮겼다. 30초 후에 온도계의 온도는 10℃였다. $t = 1$분일 때 온도계의 온도는 몇 도인가? 온도계의 온도가 -9℃에 도달하는 데 얼마나 걸리겠는가?

16. 실내에 있던 온도계를 -15℃인 실외로 옮겼다. 1분 후에 온도계의 온도가 13℃였고 5분 후에는 -1℃였다. 처음 실내의 온도는 얼마였는가?

17. 초기 온도가 20℃인 작은 쇠막대가 끓는 물이 담겨있는 큰 용기 속에 빠졌다. 만일 1초에 2℃씩 막대의 온도가 올라갈 때 막대의 온도가 90℃가 되는 데 얼마나 걸리겠는가? 98℃가 되는 데 얼마나 걸리겠는가?

18. 크기가 같은 두 개의 큰 용기 A와 B에 서로 다른 액체가 채워져 있다. 용기 A와 용기 B에 담겨있는 액체는 각각 0℃

와 100℃로 유지되고 있다. 초기 온도가 100℃인 작은 쇠막대를 용기 A에 넣었더니 식어갔다. 1분 후에 막대의 온도는 90℃였고 2분 후에 막대를 꺼내서 바로 옆의 용기에 넣었더니 용기 B에서 1분 후에 막대의 온도가 10℃ 증가하였다. 모든 과정의 시작에서부터 측정하여 막대의 온도가 99.9℃가 되는 데 얼마나 걸리겠는가?

19. 21℃인 온도계를 일정한 온도로 미리 가열해 둔 오븐에 넣었다. 오븐의 유리창을 통해서 온도를 관측한 결과 $\frac{1}{2}$분 후에 온도계의 온도는 43℃였고 1분 후에는 63℃였다. 오븐은 얼마나 뜨거운가?

20. $t=0$에서 화학물질이 담긴 밀봉된 시험관이 액체 욕조 안에 놓여있다. 시험관 안에 있는 화학물질의 초기 온도는 80°F이다. 욕조 안의 액체는 화씨로 측정하여 t를 분단위로 측정하였을 때 $T_m(t)=100-40e^{-0.1t}$, $t\geq 0$인 제어된 온도를 갖는다.
   (a) 식 (2)에서 $k=-0.1$이라고 가정하자. 초깃값 문제를 풀기 전에 짧은 시간 동안 화학물질의 온도 $T(t)$가 어떻게 변하는지에 대하여 설명하여라. 또한 오랜 시간 동안의 온도의 변화에 대하여 설명하여라.
   (b) 초깃값 문제를 풀어라. 그래프를 그리는 도구를 사용하여 다양한 길이의 시간 구간에서 $T(t)$의 그래프를 그려라. 이 그래프가 (a)에서 예측한 바와 일치하는가?

21. 실내온도가 21℃로 일정한 어느 집의 밀폐된 방에서 사체가 발견되었다. 발견 당시 사체의 온도는 29℃였고 1시간 후 다시 측정한 사체의 온도는 27℃였다. 사망 당시의 시간을 $t=0$이라 하고 이때 사체의 온도가 37℃라고 가정하자. 사체가 발견되기까지 얼마나 많은 시간이 흘렀는지를 구하여라. [힌트: $t_1>0$을 사체가 발견된 시간을 이라 두고 문제를 풀 것.]

22. 사체가 식어가는 비율은 노출되는 표면적 S와 관련있다. 만일 S가 상수이면 식 (2)는

$$\frac{dT}{dt}=kS(T-T_m)$$

으로 변형된다. 이때 $k<0$이고 T_m은 상수이다.
두 개의 컵 A와 B에 동시에 커피를 채웠다고 하자. 초기에 커피의 온도는 66℃였고 컵 B에 있는 커피의 표면적이 컵 A보다 2배나 더 넓다. 30분 후 컵 A에 있는 커피의 온도는 38℃이고 $T_m=21$℃라면 30분 후 컵 B에 있는 커피의 온도는 얼마인가?

혼합물

23. 한 탱크에 30g의 소금이 녹아 있는 액체 200L가 담겨있다. 1L당 1g의 소금이 녹아있는 소금물이 4 L/min의 비율로 탱크 안으로 들어오고 잘 혼합된 용액이 같은 비율로 탱크 밖으로 빠져나간다. 시간 t에서 탱크 안에 있는 소금의 그램수 $A(t)$를 구하여라.

24. 문제23에서 소금물이 아닌 깨끗한 물이 탱크 안으로 들어간다고 가정하고 문제를 풀어라.

25. 어떤 큰 탱크에 500 L의 깨끗한 물이 채워져 있다. 리터당 1 kg의 소금이 용해되어있는 소금물이 5 L/min의 비율로 탱크 안으로 들어오고 잘 혼합된 용액이 같은 비율로 탱크 밖으로 빠져나간다. 시간 t일 때 탱크 안에 있는 소금의 킬로그램의 수 $A(t)$를 구하여라.

26. 문제25에서 시간 t에서 탱크 안에 있는 소금물의 농도 $c(t)$는 얼마인가? $t=5$분일 때 농도는 얼마인가? $t\to\infty$일 때 탱크 안에 있는 소금물의 농도 $c(t)$는 얼마인가? 탱크 안의 소금물의 농도가 $t\to\infty$일 때의 농도의 절반이 되려면 시간이 얼마나 걸리겠는가?

27. 용액이 10 L/min의 비율로 빠르게 탱크 밖으로 빠져나온다는 가정하에서 문제25를 다시 풀어라. 탱크가 비워지는 것은 언제인가?

28. 만일 유입되는 소금물의 농도가 가변적이고 $c_{in}(t)=2+\sin(t/4)$ kg/L로 주어진다면 예제5에서 시간 t일 때 탱크 안에 있는 소금의 양을 결정하여라. 실제적인 그래프 없이 초깃값 문제의 해곡선이 어떻게 생겼는지를 추론하여라. 그래프를 그리는 도구를 이용하여 구간 [0, 300]에서 해의 그래프를 그려라. 구간 [0, 600]에서 해의 그래프를 그리고 그림 3.1.7(a)의 그래프와 이 그래프를 비교하여라.

29. 한 큰 탱크에 10 kg의 소금이 녹아있는 100 L의 용액이 부분적으로 채워져 있다. 리터당 0.5 kg의 소금이 녹아있는 소금물이 6 L/min의 비율로 탱크 안으로 들어오고 그런 다음 잘 섞인 용액이 4 L/min의 느린 비율로 탱크 밖으로 빠져나

간다. 30분 후 탱크 안에 있는 소금의 킬로그램 수를 구하여라.

30. 예제5에서 소금 혼합물을 포함하고 있는 탱크의 크기는 주어지지 않았다. 예제5에서 논의했던 것처럼 소금물이 3 L/min의 비율로 탱크 안으로 들어오고 잘 혼합된 용액이 2 L/min의 비율로 탱크 밖으로 빠져나간다고 가정하자. 소금물이 1L/min의 비율로 축적되어가기 때문에 어떠한 유한한 탱크도 궁극적으로는 넘치게 된다. 이제 탱크가 위 뚜껑이 없고 총 400 L를 담을 수 있다고 가정하자.

(a) 탱크는 언제 넘치겠는가?

(b) 탱크가 넘치는 순간에 탱크 안에 있는 소금의 킬로그램 수는 얼마인가?

(c) 비록 탱크는 넘치고 있지만 소금물 용액이 계속해서 3 L/min의 비율로 탱크 안으로 들어오고 잘 혼합된 용액이 2 L/min의 비율로 탱크 밖으로 빠져나간다고 가정하자. $t = 150$ 분일 때 탱크 안에 있는 소금의 킬로그램의 수를 구하는 방법을 제시하여라.

(d) $t\to\infty$ 일 때 탱크 안에 있는 소금물의 파운드 수를 구하여라. 이 답이 직관과 일치하는가?

(e) 그래프를 그리는 도구를 사용하여 구간 $[0, 500]$ 에서 $A(t)$의 그래프를 그려라.

직렬 회로

31. 30볼트의 기전력이 인덕턴스가 0.1헨리이고 저항이 50옴인 LR 직렬회로에 적용되었다. $i(0) = 0$ 일 때 전류 $i(t)$를 구하여라. $t\to\infty$ 일 때 전류를 구하여라.

32. $E(t) = E_0 \sin \omega t$ 이고 $i(0) = i_0$ 라는 가정하에서 식 (7)을 풀어라.

33. 100볼트의 기전력이 저항이 200옴이고 전기 용량이 10^{-4} 패럿인 RC 직렬회로에 적용되었다. $q(0) = 0$ 일 때 축전지의 전하 $q(t)$를 구하여라. 전류 $i(t)$를 구하여라.

34. 200볼트의 기전력이 저항이 1000옴이고 전기 용량이 5×10^{-6} 패럿인 RC 직렬회로에 적용되었다. $i(0) = 0.4$ 일 때 축전지의 전하 $q(t)$를 구하여라. $t = 0.005$ 초에서 전하와 전류를 구하여라. $t\to\infty$ 일 때 전하를 구하여라.

35. 기전력

$$E(t) = \begin{cases} 120, & 0 \le t \le 20 \\ 0, & t > 20 \end{cases}$$

이 인덕턴스가 20헨리이고 저항이 2옴인 LR 직렬회로에 적용되었다. $i(0) = 0$ 일 때 전류 $i(t)$를 구하여라.

36. RC 직렬 회로가

$$L(t) = \begin{cases} 1 - \dfrac{1}{10}t, & 0 \le t \le 10 \\ 0, & t > 10 \end{cases}$$

으로 정의된 인덕턴스를 갖는 다양한 저항기를 갖고 있다. 저항이 0.2옴, 인가전압 $E(t) = 4$, $i(0) = 0$일 때 전류 $i(t)$를 구하여라. $i(t)$의 그래프를 그려라.

추가적인 선형 모델

37. 공기저항 1.3절의 식 (14)에서 $k > 0$가 비례상수일 때 순간 속도에 비례하는 공기저항을 갖는 물체의 낙하 속도 ν를 설명하는 미분방정식이

$$m\frac{d\nu}{dt} = mg - k\nu$$

임을 알았다. 양의 방향은 아래로 향하는 방향이다.

(a) 초기 조건 $\nu(0) = \nu_0$ 에 대하여 방정식을 풀어라.

(b) (a)에서 구한 해를 이용하여 물체의 최종 속도를 구하여라. 2.1절 연습문제40에서 미분방정식을 풀지 않고 어떻게 최종 속도를 구하는지를 배웠다.

(c) 만일 물체가 지상 위에서 놓인 지점에서부터 측정한 거리 s 가 $ds/dt = \nu(t)$ 에 의한 속도 ν와 관련이 된다면 $s(0) = 0$ 일 때 $s(t)$ 에 대한 명시적인 표현을 구하여라.

38. 높이가 얼마나? – 공기저항 없음 그림 3.1.14에 있는 것과 같이 무게가 75N인 작은 포탄이 초기 속도 $\nu_0 = 90$m/s로 수직인 위쪽으로 발사되었다고 하자. "포탄이 얼마나 높이 올라갈까?"에 대한 질문의 답변은 공기의 저항을 고려하는지에 따라서 달라진다.

(a) 만일 공기저항이 무시되었다고 가정하자. 양의 방향이 위쪽 방향이면 포탄의 상태에 대한 모델은 $d^2s/dt^2 = -g$ (1.3절의 식 (12))로 주어진다. $ds/dt = \nu(t)$ 이므로 마지막 미분방정식은 $g = 9.8$ m/s²에 대하여 $d\nu/dt = -g$ 와 같다. 시간 t 에서 포탄의 속도 $\nu(t)$ 를 구하여라.

(b) (a)에서 구한 결과를 이용하여 지상으로부터 측정한 탄환의 높이 $s(t)$ 를 구하여라. 포탄이 도달하는 최고 높이를 구하여라.

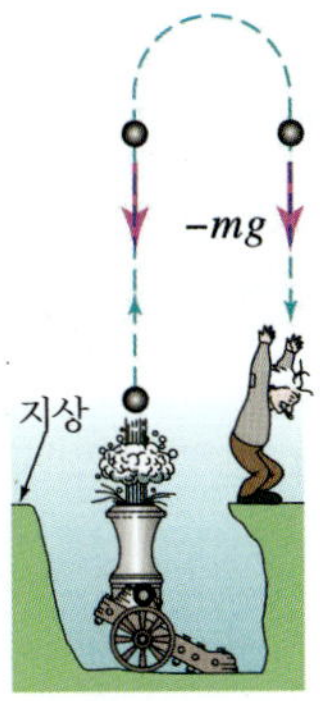

그림 3.1.14 문제38의 포탄 최고 높이 구하기

39. 높이가 얼마나? – 선형 공기저항 문제38을 다시 하지만 이번에는 공기저항이 순간 속도에 비례한다고 가정하자. 포탄이 도달하는 최고 높이가 (b)에서 구한 높이보다 낮을 것이라고 유추할 수 있다. 비례상수가 $k = 0.0025$라고 가정하고 포탄이 도달하는 최고 높이를 구하여라. [힌트: 문제37에 있는 미분방정식을 약간 변형한다.]

40. 스카이다이빙 한 스카이다이버의 몸무게는 550N이고 그녀의 낙하산과 장비를 합한 무게가 별도로 160N이다. 고도 4500m의 비행기에서 나온 후에 그녀는 15초를 기다렸다가 낙하산을 펼친다. 문제37에 있는 모델에서 비례상수가 자유낙하일 때 $k = 0.23$이고 낙하산이 펼쳐진 후에는 $k = 4.5$라고 가정하자. 비행기에서 벗어났을 때 그녀의 초기 속도는 0이라고 가정한다. 비행기를 벗어난 후 20초일 때의 그녀의 속도는 얼마이고 20초 동안 그녀가 이동한 거리는 어떻게 될까?(그림 3.1.15 참조) 20초에서 그녀의 속도는 최종 속도와 비교하여 어떤가? 그녀가 지상에 도달하는 데 얼마나 걸리겠는가? [힌트: 두 개의 서로 다른 초깃값 문제들에 관하여 생각해 보자.]

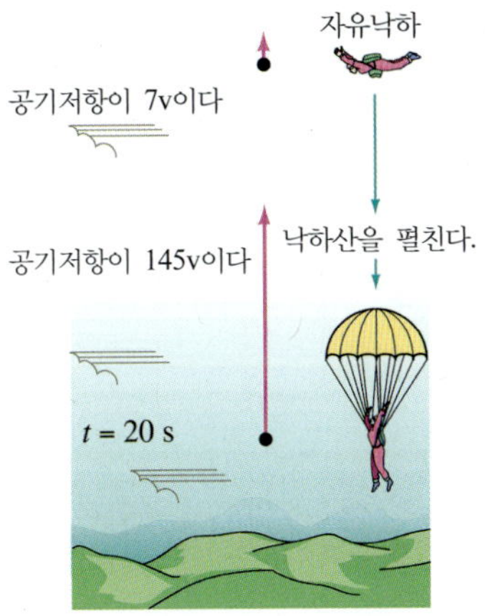

그림 3.1.15 문제40의 지상에 도달하는 시간구하기

41. 로켓의 운동 총 질량이 $m(t)$인 작은 1인승 로켓이 수직으로 발사되었다고 가정하자. 여기서 위쪽이 양의 방향이고 공기의 저항은 선형적이며 로켓의 연료 소모율은 일정하다. 1.3절의 연습문제22에서 로켓의 속도 $v(t)$에 대한 수학적인 모델이

$$\frac{dv}{dt}+\frac{k-\lambda}{m_0-\lambda t}v=-g+\frac{R}{m_0-\lambda t}$$

임을 보이기 위해 (17)에서 설명한 뉴턴의 제2운동법칙을 이용하였다. 여기서 k는 공기저항의 비례상수, λ는 연료 소모율에 대한 상수, R은 로켓의 추진체, $t=0$에서 로켓의 총질량 m_0에 대하여 $m(t)=m_0-\lambda t$이고 g는 중력 가속도이다.

(a) $m_0=200\text{kg}$, $R=2000\text{N}$, $\lambda=1\text{kg/s}$, $g=9.8\text{m/s}^2$, $k=3\text{kg/s}$, $v(0)=0$일 때 로켓의 속도 $v(t)$를 구하여라.

(b) $ds/dt=v$와 (a)의 결과를 이용하여 시간 t에서 로켓의 고도 $s(t)$를 구하여라.

42. 로켓의 운동–계속 문제41에서 로켓의 초기 질량이 m_0이고 연료량이 50kg이라 하자.

(a) 완전연소시간 t_b, 즉 모든 연료가 소모된 시간은 얼마인가?

(b) 완전연소가 되었을 때 로켓의 속도는 얼마인가?

(c) 완전연소가 되었을 때 로켓의 고도는 얼마인가?

(d) (b)에서의 수보다 더 높은 고도를 얻기를 기대하는 이유는 무엇인가?

(e) 완전연소 후 로켓의 속도에 대한 수학적인 모델은 무엇인가?

43. 증발하는 낙숫물 낙숫물이 떨어지면 구면적인 모습을 유지하는 동안에 그것은 증발한다. 만일 낙숫물이 증발하는 비율이 표면적에 비례한다고 하고 공기저항이 무시할 만하다고 가정하면 낙숫물의 속도 $v(t)$에 대한 모델은

$$\frac{dv}{dt}+\frac{3(k/\rho)}{(k/\rho)t+r_0}v=g$$

이다. 여기서 ρ는 물의 밀도이고 r_0는 $t=0$에서 낙숫물의 반지름이며 $k<0$는 비례상수이고 아래쪽 방향이 양의 방향으로 간주된다.

(a) 낙숫물이 정지 상태에서 떨어진다고 할 때 $v(t)$를 구하여라.

(b) 1.3절의 문제36을 다시 읽어 보고 시간 t에서 낙숫물의 반지름이 $r(t)=(k/\rho)t+r_0$임을 증명하여라.

(c) 만일 $r_0 = 3\,\text{mm}$이고 낙숫물이 구름으로부터 떨어진 후 10초 후에 $r = 2\text{mm}$일 때 낙숫물이 완전하게 증발하는 데 걸리는 시간을 구하여라.

44. 변동이 심한 인구 k가 양의 상수일 때 미분방정식 $dP/dt = (k\cos t)P$는 연례적으로 계절에 의한 변화가 심한 인구 $P(t)$에 대한 수학적 모델이다. $P(0) = P_0$일 때 방정식을 풀어라. 그래프를 그리는 도구를 사용하여 다양한 P_0에 대한 해의 그래프를 그려라.

45. 인구 모델 한 사회의 인구 $P(t)$의 변화에 대한 한 모델은

$$\frac{dP}{dt} = \frac{dB}{dt} - \frac{dD}{dt}$$

라고 가정된다. 여기서 dB/dt와 dD/dt는 각각 출생과 사망의 비율을 나타낸다.

(a) $dB/dt = k_1 P$이고 $dD/dt = k_2 P$일 때 $P(t)$를 구하여라.

(b) $k_1 > k_2$, $k_1 = k_2$, $k_1 < k_2$인 경우들을 분석하여라.

46. 일정한 수확 모델 일정한 비율로 수확이 행해지는 어장의 개체 수를 설명하는 모델이

$$\frac{dP}{dt} = kP - h$$

이다. 여기서 k와 h는 양의 상수들이다.

(a) $P(0) = P_0$일 때 미분방정식을 풀어라.

(b) $P_0 > h/k$, $P_0 = h/k$, $0 < P_0 < h/k$인 세 가지 경우에 대하여 시간이 증가함에 따라 개체 수 $P(t)$의 변화를 설명하여라.

(c) (b)의 결과를 이용하여 물고기의 개체 수가 유한한 시간 내에 멸종할 것인지를(즉, $P(T) = 0$가 되는 시간 $T > 0$가 존재하는지) 판정하여라. 만일 물고기가 모두 없어진다고 할 때 T를 구하여라.

47. 약의 전이 약이 혈류로 전이되는 비율에 대한 수학적 모델은

$$\frac{dx}{dt} = r - kx$$

로 주어진다. 여기서 r과 k는 양의 상수들이다. 함수 $x(t)$는 시간 t일 때 혈류 안에 있는 약의 농도를 나타낸다.

(a) 미분방정식이 자율적이므로 2.1절의 위상 사진의 개념을 이용하여 $t \to \infty$일 때 $x(t)$의 극한을 구하여라.

(b) $x(0) = 0$일 때 미분방정식을 풀어라. $x(t)$의 그래프를 그리고 (a)에 있는 예측을 증명하여라. 언제쯤 농도가 극한 농도의 절반에 도달하는가?

48. 기억 건망증을 고려할 때 어떤 대상에 대한 기억의 비율은

$$\frac{dA}{dt} = k_1(M - A) - k_2 A$$

로 주어진다. 여기서 $k_1 > 0$, $k_2 > 0$이고 $A(t)$는 시간 t에서 기억되어져야 하는 양이며 M은 기억되어져야 하는 총량을 나타내면 $M - A$는 기억되어야할 것으로 남아있는 양이다.

(a) 미분방정식이 자율적이므로 2.1절의 위상 사진의 개념을 이용하여 $t \to \infty$일 때 $A(t)$의 극한값을 구하여라. 그리고 그 결과를 설명하여라.

(b) $A(0) = 0$일 때 미분방정식을 풀어라. $A(t)$의 그래프를 그리고 (a)에 있는 예측을 증명하여라.

49 심장 보조장치 그림 3.1.16에 있는 심장 보조장치는 개폐기, 전지, 축전기 그리고 저항기로서의 심장으로 되어 있다. 개폐기 S가 P에 있을 때 축전지는 충전된다. S가 Q에 있을 때 축전지는 전기적 자극을 심장에 보내면서 방전된다. 2.3절의 연습문제60에서 전기적 자극이 심장으로 보내지는 시간 동안 심장을 지나는 전압은 선형 미분방정식

$$\frac{dE}{dt} = -\frac{1}{RC}E$$

를 만족한다.

(a) $0 < t < t_1$인 길이가 t_1인 시간 구간에서 개폐기 S가 그림 3.1.16과 같이 P에 있고 축전지가 충전되고 있다고 가정하자. 시간 t_1에서 개폐기가 Q로 옮겨졌을 때 $t_1 \le t < t_1 + t_2$인 길이가 t_2인 시간 구간에서 축전지는 전기적 자극을 심장에 보내면서 방전된다. 따라서 $0 < t < t_1 + t_2$인 초기의 충전/방전 구간에서 심장에 대한 전압은 실제적으로 부분적으로 정의되는 미분방정식

$$\frac{dE}{dt} = \begin{cases} 0, & 0 \le t < t_1 \\ -\dfrac{1}{RC}E, & t_1 \le t < t_1 + t_2 \end{cases}$$

에 의하여 모델화된다.

P와 Q사이에서 S를 움직여서 길이가 t_1이고 t_2인 시간 구간들에서 충전과 방전이 무한히 반복된다. $t_1 = 4\,s$, $t_2 = 2\,s$, $E_0 = 12\text{V}$ 그리고 $E(0) = 0$, $E(4) = 12$, $E(6) = 0$, $E(10) = 12$, $E(12) = 0$이라고 가정하자. 구

간 $0 \le t \le 24$에서 $E(t)$를 구하여라.

(b) 예증을 위하여 $R = C = 1$이라고 가정하자. 그래프를 그리는 도구를 사용하여 구간 $0 \le t \le 24$에서 (a)에 있는 초깃값 문제에 대한 해의 그래프를 그려라.

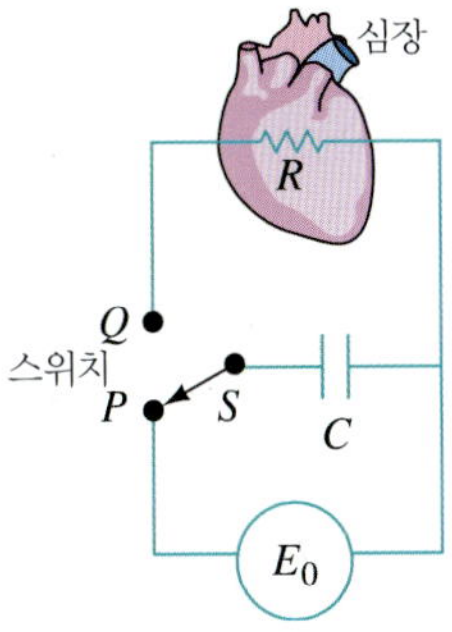

그림 3.1.16 문제49에 있는 보조기의 모델

50. 미끄럼 상자

(a) 질량이 m인 상자가 그림 3.1.17에서와 같이 수평선과 θ의 각도를 이루는 경사면을 미끄러져 내려온다. 다음 세 경우에 대하여 시간 t에서 상자의 속도 $v(t)$에 대한 미분방정식을 구하여라.

(i) 미끄럼 마찰이 없고 공기저항도 없는 경우

(ii) 미끄럼 마찰은 있고 공기저항은 없는 경우

(iii) 미끄럼 마찰이 있고 공기저항도 있는 경우

(ii)와 (iii)의 경우 μ가 미끄럼 마찰의 계수이고 N이 상자 무게의 법선 성분일 때 상자의 움직임과 반대인 마찰의 힘은 μN이라는 사실을 이용한다. (iii)의 경우 공기저항은 순간의 속도에 비례한다고 가정한다.

(b) (a)에서 상자의 무게가 96파운드이고 평면이 기운 각도가 $\theta = 30°$이며 미끄럼 마찰 계수가 $\mu = \sqrt{3}/4$이고 공기저항에 따른 뒤처진 힘이 수치적으로 $\frac{1}{4}\nu$와 같다고 가정하자. 상자가 지상으로부터 50피트 위의 지점에서 정지 상태에서 시작한다고 가정하고 세 가지 경우에 대하여 미분방정식을 구하여라.

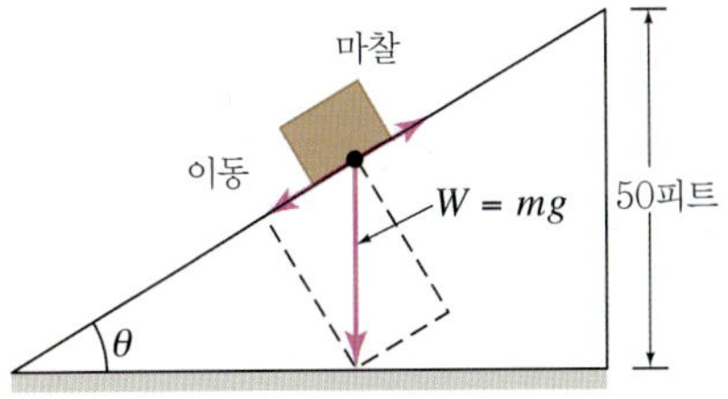

그림 3.1.17 문제50의 경사면을 미끄러져 내려오는 상자

51. 미끄럼 상자 – 계속

(a) 문제50에서 $s(t)$를 최고점으로부터 기울어진 평면을 따라서 아래로 측정한 거리라고 하자. $ds/dt = \nu(t)$와 문제50의 (b)에 있는 세 가지 경우의 해를 이용하여 상자가 경사면 아래로 완전히 미끄러져 내려오는 데 걸리는 시간을 구하여라. 컴퓨터 대수 체계의 해 발견하기 응용이 여기서 유용하게 사용된다.

(b) 마찰($\mu \ne 0$)은 있지만 공기저항은 없는 경우 경사각도 θ가 $\tan\theta \le \mu$를 만족하면 지상으로부터 최고점인 곳에서 정지 상태에서 시작하여 상자가 평면을 미끄러져 내려오지 않는 이유를 설명하여라.

(c) 만일 초기 속도 $\nu(0) = \nu_0 > 0$이면 $\tan\theta \le \mu$일 때 상자는 평면을 미끄러져 내려올 것이다. $\mu = \sqrt{3}/4$이고 $\theta = 23^0$라고 가정하자. $\tan\theta \le \mu$임을 증명하여라. $\nu_0 = 1$ ft/s일 때 상자가 얼마나 빨리 평면에서 미끄러져 내려오는가?

(d) $\mu = \sqrt{3}/4$과 $\theta = 23^0$를 이용하여 상자가 지상으로부터 최고점 15m 높이에서 정지 상태에서 출발하여 경사면을 따라서 완벽하게 미끄러져 내려오기 위한 최소의 초기 속도 ν_0의 근삿값을 구하여라. 그런 다음 평면을 완전히 내려오는 데 걸리는 시간을 구하여라.

52. 위로 올라가기

(a) 공기저항이 무시된 모델인 문제38의 (a)는 포탄이 최고 높이에 도달하는 시간 t_a가 포탄이 최고 높이에서 지상으로 떨어지는 시간 t_d와 같음은 잘 알려져 있다. 이에 더하여 충격속도 ν_i의 크기는 포탄의 초기 속도 ν_0와 같을 것이다. 이 결과들을 증명하여라.

(b) 공기저항을 고려한 문제39의 모델을 이용하여 t_a와 t_d의 값을 비교하고 ν_i의 크기와 ν_0의 크기를 비교하여라. 컴퓨터 대수 체계(또는 그래프 계산기)의 해 발견하기 응용이 여기서 중요하게 사용된다.

3.2 비선형 모델

소개 몇 가지 비선형 모델을 살펴보면서 하나로 된 1계 미분방정식에 대한 학습을 마무리한다.

인구 역학 만일 $P(t)$가 시간 t에서 인구의 크기를 나타날 때 지수적인 증가에 대한 모델은 적당한 $k > 0$에 대하여 $dP/dt = kP$라는 가정에서 시작된다. 이 모델에서

$$\frac{dP/dt}{P} \tag{1}$$

로 정의된 **상대적인** 또는 **특정한 증가 비율**은 상수 k이다. 환경의 제한된 자원이 언젠가는 인구 증가에 제한을 가하기 때문에 오랜 기간에 걸쳐 기하급수적으로 성장한 실제 사례는 찾기 어렵다. 따라서 다른 모델에 대하여 식 (1)은 인구 P의 크기가 증가함에 따라서 감소될 것으로 예측된다.

인구 증가 (또는 감소)의 비율이 단지 현재의 인구에 의존할 뿐이며 계절적인 현상(1.3절 연습문제33 참조)과 같은 어떠한 시간에 의존하는 메커니즘이 아니라고 가정하면

$$\frac{dP/dt}{P} = f(P) \text{ 또는 } \frac{dP}{dt} = Pf(P) \tag{2}$$

로 설명할 수 있다. 동물의 개체 수에 대한 모델로 폭 넓게 사용되는 식 (2)에 있는 미분방정식을 **밀도에 의존하는 가설**(density-dependent hypothesis)이라고 한다.

로지스틱 방정식 환경이 개체군에서 고정된 수 K 이하의 개체를 유지할 수 있다고 가정하자. 이 K의 값을 환경의 **운송 용량**(carrying capacity)이라고 한다. 식 (2)에 있는 함수 f에 대하여 $f(K) = 0$이고 $f(0) = r$이라고 둔다. 그림 3.2.1은 이 두 조건을 만족하는 세 함수 f를 보여준다. 우리가 할 수 있는 가장 간단한 가정은 $f(P)$가 $f(P) = c_1P + c_2$인 선형이라는 것이다. 만일 $f(0) = r$이고 $f(K) = 0$인 조건을 사용하면 차례로 $c_2 = r$이고 $c_1 = -r/K$이므로 f는 $f(P) = r - (r/K)P$의 형태가 된다. 따라서 식 (2)는

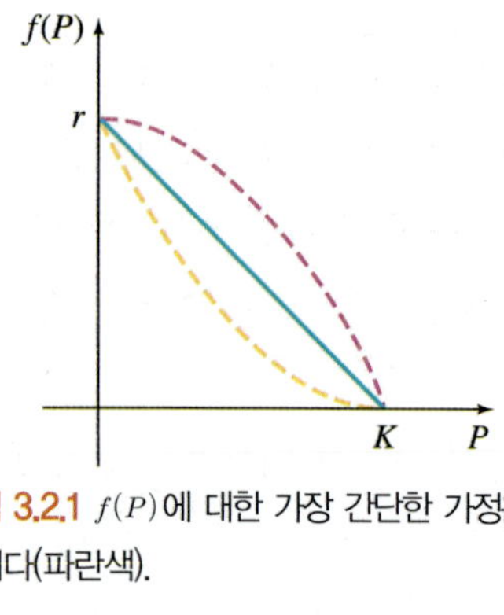

그림 3.2.1 $f(P)$에 대한 가장 간단한 가정은 직선이다(파란색).

$$\frac{dP}{dt} = P\left(r - \frac{r}{K}P\right) \tag{3}$$

가 된다. 상수값을 변경하면 비선형방정식 (3)은

$$\frac{dP}{dt} = P(a - bP) \tag{4}$$

가 된다. 1840년경 벨기에 수학자이며 생물학자였던 **피에르 베러스트**(Pierre Francois Verhulst, 1804-1849)는 다양한 나라의 인구수를 예측하기 위한 수학적 모델을 연구하였다. 그가 연구한 방정식 중의 하나가 식 (4)였고 이때 $a > 0$, $b > 0$이다. 식 (4)는 **로지스틱 방정식**으로 알려져 있으며 그 해를 **로지스틱 함수**라고 한다. 로지스틱 함수의 그래프를 **로지스틱 곡선**이라고 한다.

선형 미분방정식 $dP/dt = kP$는 인구수가 매우 큰 경우에는 인구수에 대한 정확한 모델이 되지 못한다. 인구 과밀로 인한 환경오염, 식량과 연료에 대한 과도하고 경쟁적인 수요 등 환경에 미치는 악영향은 인구 증가를 억제하는 영향을 미칠 수 있다. 이제 보게 되는 것과 같이 식 (4)의 해는 $t \to \infty$일 때 유계이다. 만일 식 (4)를 $dP/dt = aP - bP^2$으로 다시 표현하면, $b > 0$일 때 비선형인 항 $-bP^2$은 "방해" 또는 "경쟁"항으로 설명된다. 대부분의 응용에서 양의 상수 a는 상수 b보다 매우 크다. 로지스틱 곡선은 제한된 공간에서 박테리아, 원생동물, 물벼룩(Daphnia)과 과일 파리(Drosophila)의 증가 형태를 엄밀하게 설명하는 것으로 알려져 왔다.

로지스틱 방정식의 해 식 (4)를 풀기 위한 한 가지 방법은 변수 분리법이다. $dP/P(a - bP) = dt$의 좌변을 분해하여 부분 분수로 만든 후 적분을 하면

$$\left(\frac{1/a}{P} + \frac{b/a}{a - bP}\right)dP = dt$$

$$\frac{1}{a}\ln|P| - \frac{1}{a}\ln|a - bP| = t + c$$

$$\ln\left|\frac{P}{a - bP}\right| = at + ac$$

$$\frac{P}{a - bP} = c_1 e^{at}$$

을 얻는다. 마지막 방정식으로부터

$$P(t) = \frac{ac_1 e^{at}}{1 + bc_1 e^{at}} = \frac{ac_1}{bc_1 + e^{-at}}$$

이다. 만일 $P(0) = P_0$, $P_0 \neq a/b$이면 $c_1 = P_0/(a - bP_0)$이고 치환을 하여 간단히 정리하면 해는

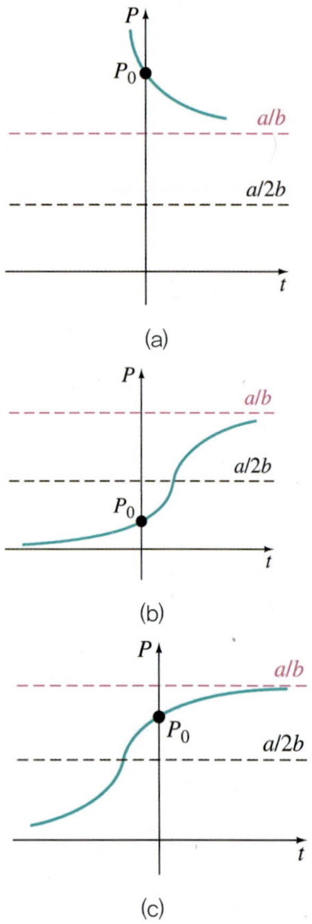

그림 3.2.2 서로 다른 초기 조건에 대한 로지스틱 곡선들

$$P(t)=\frac{aP_0}{bP_0+(a-bP_0)e^{-at}} \tag{5}$$

이다.

$P(t)$의 그래프들 로지스틱 함수 $P(t)$의 그래프의 기본적인 모습은 많은 노력 없이 쉽게 얻을 수 있다. 변수 t가 항상 시간을 나타내고 $t<0$인 응용은 거의 나타나지 않지만 그럼에도 불구하고 P의 다양한 그래프를 표현할 때 이 구간을 포함하는 것은 흥미 있는 일이다. 식 (5)로부터 $t\to\infty$일 때

$$P(t)\to\frac{aP_0}{bP_0}=\frac{a}{b}$$

이고 $t\to-\infty$일 때

$$P(t)\to 0$$

임을 알 수 있다. 그림 3.2.2에 나타나 있는 점선 $P=a/2b$는 로지스틱 곡선의 변곡점의 종축을 나타낸다. 이를 확인하기 위하여 곱에 대한 미분법칙을 이용하여 (4)를 미분한다.

$$\begin{aligned}\frac{d^2P}{dt^2}&=P\left(-b\frac{dP}{dt}\right)+(a-bP)\frac{dP}{dt}\\&=\frac{dP}{dt}(a-2bP)\\&=P(a-bP)(a-2bP)\\&=2b^2P\left(P-\frac{a}{b}\right)\left(P-\frac{a}{2b}\right).\end{aligned}$$

미적분학으로부터 $d^2P/dt^2=0$을 만족하는 점들이 변곡점이 가능성이 있는 점들이지만 $P=0$과 $P=a/b$는 자명하게 배제될 수 있다. 여기서 $P=a/2b$는 그래프의 오목성이 변할 수 있는 유일한 종축의 값이다. $0<P<a/2b$에서 $P''>0$이고 $a/2b<P<a/b$에서 $P''<0$이다. 따라서 왼쪽에서 오른쪽으로 본 것처럼 그래프는 $P=a/2b$에 대응하는 점에서 위로 오목에서 아래로 오목으로 변한다. 초기 조건이 $0<P_0<a/2b$를 만족할 때 $P(t)$의 그래프는 그림 3.2.2(b)와 같이 S자의 모습을 한다. $a/2b<P<a/b$에 대하여 그래프는 여전히 S자 모양이지만 변곡점은 그림 3.2.2의 (c)에서 보는 바와 같이 음의 t값에서 발생한다.

이미 $dx/dt=kx(n+1-x)$, $k>0$ 형태인 1.3절의 (5)에서 식 (4)의 형태를 보았다. 이 미분방정식은 처음 한 명의 감염자에서 시작하여 고정된 인구에게 전파되는 유행병의 확산을 설명하는 합리적인 모델을 제공한다. 해 $x(t)$는 시간 t에서 질병에 감염된 사람의 수를 나타낸다.

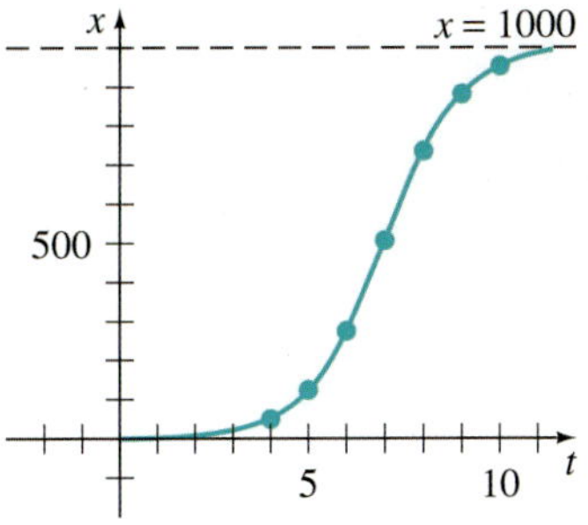

(a)

t(날의 수)	x(감염된 수)
4	50 (관찰된 수)
5	124
6	276
7	507
8	735
9	882
10	953

(b)

그림 3.2.3 예제1의 감염된 학생 수

예제 1 로지스틱 성장

독감 바이러스를 옮기는 학생이 고립된 1000명의 학생이 재학 중인 캠퍼스에 돌아왔다고 가정하자. 바이러스가 확산되는 비율은 감염된 학생의 수\ 뿐만이 아니라 감염되지 않는 학생의 수에 비례한다고 가정할 때 4일 후에 관찰된 감염 학생의 수가 $x(4) = 50$일 때 6일 후에 감염된 학생의 수를 구하여라.

풀이 아무도 병이 지속되는 동안 캠퍼스를 떠나지 않은 것으로 가정하고 초깃값 문제

$$\frac{dx}{dt} = kx(1000 - x), \qquad x(0) = 1$$

을 풀어야 한다. $a = 1000k$와 $b = k$라고 놓으면 (5)로부터 바로

$$x(t) = \frac{1000k}{k + 999ke^{-1000kt}} = \frac{1000}{1 + 999e^{-1000kt}}$$

을 얻는다. 이제 $x(4) = 50$을 이용하여

$$50 = \frac{1000}{1 + 999e^{-4000k}}$$

로부터 k값을 구한다. $-1000k = \frac{1}{4}\ln\frac{19}{999} = -0.9906$이므로

$$x(t) = \frac{1000}{1 + 999e^{-0.9906t}}$$

이다. 따라서

$$x(6) = \frac{1000}{1 + 999e^{-5.9436}} = 276 \text{ (명)}$$

이다. $x(t)$에 대한 추가적인 계산 결과는 그림 3.2.3(b)에 있는 표에 있다. 감염된 학생의 수 $x(t)$는 t가 증가함에 따라 1000명에 육박한다. ■

로지스틱 방정식의 변형 로지스틱 방정식은 다양한 형태로 존재한다. 예를 들어, 미분방정식

$$\frac{dP}{dt} = P(a - bP) - h \text{와} \quad \frac{dP}{dt} = P(a - bP) + h \tag{6}$$

는 각각 물고기가 h의 비율로 **수확되거나 입식될 때** 양어장에 있는 물고기의 수에 대한 모델로 알려져 있다. $h > 0$가 상수일 때 식 (6)에 있는 미분방정식은 변수 분리에 의하여 양적으로 분석할 수 있거나 해석적으로 해를 구할 수 있다. (6)에 있는 미분방정식은 각각 **외국으로의 이주**로 인한 인구의 감소와 국내로의 이주로 인한 인구의 증가에 대한 모델로도 사용될 수 있다. (6)에서 비율 h는 시간 t

의 함수이거나 또는 개체의 수에 의존할 수 있다. 예를 들어, 수확은 시간이 지남에 따라 주기적으로 수행될 수도 있고, 때때로 인구 P에 비례하는 비율로 수행될 수도 있다. 후자의 경우 모델은 $P' = P(a-bP)-cP$, $c>0$와 유사하다.

어떤 사회의 인구수는 그 사회의 인구수 P가 매우 작을 때 **이민으로 인한 기여도**가 매우 크게 변할 수 있지만 반대로 그 사회의 인구수 P가 매우 클 때 이민으로 인한 기여도가 매우 작게 변할 수 있다. 한 사회의 인구수에 대한 합리적인 모델은 $c>0$이고 $k>0$일 때 $P' = P(a-bP)+ce^{-kP}$이다(3.2절 연습문제26 참조). (2)에서 주어진 형태의 또 다른 방정식인

$$\frac{dP}{dt} = P(a - b\ln P) \tag{7}$$

는 영국인 수학자 **벤자민 곰페르츠**(Benjamin Gompertz,1779-1865)의 이름을 딴 **곰페르츠 미분방정식**(Gompertz differential equation)으로 알려진 로지스틱 방정식의 변형이다. 이 미분방정식은 때때로 인구의 증가와 감소, 딱딱한 종양의 성장과 어떤 종류의 보험 통계의 예측에 대한 연구에서 모델로 사용된다(3.2절 연습문제10 참조).

화학적 반응들 A 화학물질 a그램을 B 화학물질 b그램과 섞었다고 하자. 만일 A의 M 부분과 B의 N 부분이 혼합물이 되고 $X(t)$가 만들어진 혼합물 C의 그램 수이면 시간 t에서 남아있는 A 화학물질의 그램 수와 B 화학물질의 그램 수는 각각

$$a - \frac{M}{M+N}X \text{ 와 } b - \frac{N}{M+N}X$$

이다. 질량작용법칙은 온도의 변화가 없을 때 두 물질이 반응하는 비율이 시간 t에서 변하지 않고 남아있는 A의 양과 B의 양의 곱에 비례한다는 것이다.

$$\frac{dX}{dt} \propto \left(a - \frac{M}{M+N}X\right)\left(b - \frac{N}{M+N}X\right) \tag{8}$$

만일 첫 번째 인수로부터 $M/(M+N)$을 인수분해하고 두 번째 인수로부터 $N/(M+N)$을 인수분해하며 비례상수 $k>0$를 도입하면 (8)은

$$\frac{dX}{dt} = k(\alpha - X)(\beta - X) \tag{9}$$

의 형태가 된다. 여기서 $\alpha = a(M+N)/M$이고 $\beta = b(M+N)/N$이다. 1.3절의 (6)으로부터 비선형방정식 (9)에 의하여 설명되는 화학적 반응을 **2차 반응**(second-order reaction)이라고 한다.

예제 2 이차 화학반응

화학물질 A와 B를 혼합하여 혼합물 C가 만들어졌다. 두 화학물질 사이에 남아 있는 남은 반응은 1g의 A에 대하여 4g의 B가 사용되어 만들어진다. 30g의 혼합물 C가 10분 만에 만들어지는 것으로 관찰되었다. 반응의 비율이 남아있는 A와 B의 양에 비례하고 초기에 50g의 A와 32g의 B가 있다고 할 때 시간 t에서 C의 양을 구하여라. 15분이 지난 후에 얼마나 많은 혼합물 C가 존재하는가? $t \to \infty$일 때 해를 설명하여라.

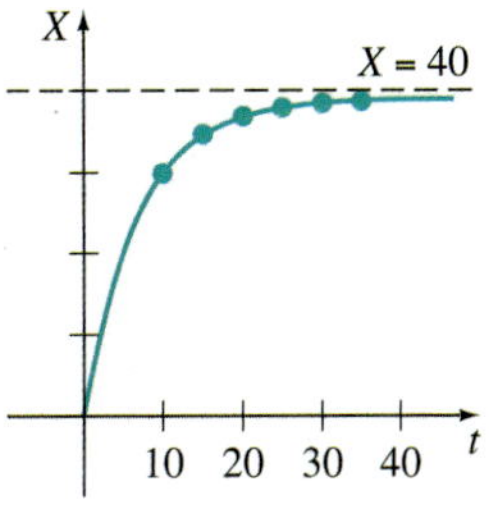

(a)

t(분)	X(g)
10	30 (추정값)
15	34.78
20	37.25
25	38.54
30	39.22
35	39.59

(b)

그림 3.2.4 예제2에 있는 혼합물 C의 그램 수

풀이 $X(t)$를 시간 t에서 존재하는 혼합물 C의 그램 수를 나타낸다고 하자. 당연히 $X(0) = 0$g이고 $X(10) = 30$g이다. 예를 들어 2g의 혼합물 C가 존재한다면 ag의 A와 bg의 B를 사용하여야 했으므로 $a + b = 2$이고 $b = 4a$이다. 따라서 $a = \frac{2}{5} = 2\left(\frac{1}{5}\right)$g의 화학물질 A와 $b = \frac{8}{5} = 2\left(\frac{4}{5}\right)$g의 화학물질 B를 사용하여야 한다. 일반적으로 Xg의 혼합물 C를 만들기 위하여

$$\frac{1}{5}X\text{g의 } A\text{와 } \frac{4}{5}X\text{g의 } B$$

를 사용하여야 한다. 시간 t일 때 남아있는 A와 B의 양들은 각각

$$50 - \frac{1}{5}X \text{와 } 32 - \frac{4}{5}X$$

이다. 이제 혼합물 C가 만들어지는 비율은

$$\frac{dX}{dt} \propto \left(50 - \frac{1}{5}X\right)\left(32 - \frac{4}{5}X\right)$$

이다. 이 식을 간단히 하기 위하여 첫 번째 항을 $\frac{1}{5}$로 인수분해하고 두 번째항을 $\frac{4}{5}$로 인수분해하고 난 다음 비례상수를 도입한다.

$$\frac{dX}{dt} = k(250 - X)(40 - X)$$

변수 분리와 부분 분수에 의하여

$$-\frac{1/210}{250 - X}\,dX + \frac{1/210}{40 - X}\,dX = k\,dt$$

라고 쓸 수 있다. 양변을 적분하면

$$\ln\frac{250 - X}{40 - X} = 210kt + c_1, \text{ 즉 } \frac{250 - X}{40 - X} = c_2 e^{210kt} \tag{10}$$

이다. $t = 0$일 때 $X = 0$이고 이 점에서 $c_2 = \frac{25}{4}$이다. $t = 10$에서 $X = 30$g이므로 $210k = \frac{1}{10}\ln\frac{88}{25} = 0.1258$이다. 이 정보를 이용하여 X에 대한 (10)에 있는 마지막 방정식을 푼다.

$$X(t) = 1000\,\frac{1 - e^{-0.1258t}}{25 - 4e^{-0.1258t}} \tag{11}$$

식 (11)로 부터 $X(15) = 34.78$g임을 알 수 있다. 시간에 대한 함수로서 X의 성질은 그림 3.2.4에 나타나 있다. 3.2.4의 표와 (11)로 부터 $t \to \infty$ 일 때 $X \to 40$임은 자명하다. 이것은

$$50 - \frac{1}{5}(40) = 42\text{g의 } A\text{와 } 32 - \frac{4}{5}(40) = 0\,\text{g}$$

의 B를 남겨두고 40g의 혼합물 C가 만들어진다는 것을 의미한다. ■

주의

부정적분 $\int du/(a^2 - u^2)$는 로그함수, 역 쌍곡 탄젠트 함수 또는 역 쌍곡 코탄젠트 함수를 이용하여 적분할 수 있다. 예를 들어, 다음의 두 가지 결과가 있다.

$$\int \frac{du}{a^2 - u^2} = \frac{1}{a}\tanh^{-1}\frac{u}{a} + c, \quad |u| < a \tag{12}$$

$$\int \frac{du}{a^2 - u^2} = \frac{1}{2a}\ln\left|\frac{a+u}{a-u}\right| + c, \quad |u| \neq a, \tag{13}$$

(12)는 3.2절의 연습문제17과 28에 적용가능하며 (13)은 문제29에 적용하는 것이 좋다.

연습문제 3.2

로지스틱 방정식

1. 나라 전체에 있는 슈퍼마켓 중 자동으로 계산을 하고 나갈 수 있는 슈퍼마켓의 수 $N(t)$는 초깃값 문제

$$\frac{dN}{dt} = N(1 - 0.0005N), \quad N(0) = 1$$

로 설명된다.

(a) 2.1절의 위상 사진 개념을 이용하여 오랜 시간이 지난 후에 이 새로운 체계를 선택할 슈퍼마켓이 얼마나 될 지를 예측하여라. 수작업으로 주어진 초깃값 문제의 해곡선을 그려라.

(b) 초깃값 문제를 풀고 그래프를 그리는 도구를 사용하여 (a)에 그린 해곡선을 입증하여라. $t = 10$ 일 때 얼마나 많은 회사들이 이 새로운 기술을 적용할 것으로 예측되는가?

2. 어떤 사회에서 특정한 광고에 노출된 사람의 수 $N(t)$ 는 로지스틱 함수를 이용하여 나타낼 수 있다. 초기에는 $N(0) = 500$이고 $N(1) = 1000$으로 알려졌다. 이 사회에서 결국 그 광고를 보게 될 사람의 수가 50,000명이라고 할 때 $N(t)$를 구하여라.

3. 큰 도시의 교외지역의 인구 $P(t)$에 대한 모델은 t가 월 단위일 때 초깃값 문제

$$\frac{dP}{dt} = P(10^{-1} - 10^{-7}P), \quad P(0) = 5000$$

으로 설명된다. 인구의 극한값은 얼마인가? 인구가 극한값 인구의 절반이 될 때는 언제인가?

4. (a) 1790년과 1950년 사이의 미국의 인구통계가 표 3.2.1에 주어져 있다. 1790년, 1850년, 1910년의 자료를 이용하

여 로지스틱 인구 모델을 만들어라.

(b) 실제 인구통계자료와 (a)에 있는 모델에 의하여 예측된 인구를 비교하는 표를 만들어라. 오차를 계산하고 각각의 기입된 짝에 대한 오차와 백분율 오차를 구하여라.

표 3.2.1

연도	인구수(백만명)
1790	3.929
1800	5.308
1810	7.240
1820	9.638
1830	12.866
1840	17.069
1850	23.192
1860	31.433
1870	38.558
1880	50.156
1890	62.948
1900	75.996
1910	91.972
1920	105.711
1930	122.775
1940	131.669
1950	150.697

로지스틱 모델의 변형

5. 만일 일정한 개수인 h 개의 어류가 매 단위 시간당 양어장에서 수확된다면 시간 t에서 개체 수 $P(t)$에 대한 모델은

$$\frac{dP}{dt} = P(a - bP) - h, \quad P(0) = P_0$$

로 설명된다. 여기서 a, b, h 와 P_0는 양의 상수들이다. 이제 $a = 5, b = 1, h = 4$라고 가정하자. 미분방정식이 자율적이므로 2.1절의 위상 사진의 개념을 이용하여 $P_0 > 4$, $1 < P_0 < 4$, $0 < P_0 < 1$인 경우에 대응하는 대표적인 해곡선들의 그래프를 그려라. 각각의 경우에 장기간의 개체 수의 움직임을 결정하여라.

6. 문제5에 있는 초깃값 문제를 풀어라. 그래프 그리는 도구를 사용하여 주어진 세 개의 구간 각각에서 초기 조건을 취한 P(t)의 그래프를 그려서 문제5의 위상 사진 결과를 검증하여라.

7. 문제5와 문제6에 있는 정보를 이용하여 양어장에 있는 물고기의 개체 수가 유한한 시간 안에 멸종되는지에 대하여 판정하여라. 만일 멸종이 된다면 그 시간을 구하여라.

8. $a = 5, b = 1, h = \frac{25}{4}$인 경우에 문제5에 있는 수확 모델을 양적으로 그리고 해석적으로 조사하여라. 개체 수가 유한한 시간 안에 멸종되는지에 대하여 결정하여라. 만일 멸종이 된다면 그 시간을 구하여라.

9. $a = 5,\ b = 1,\ h = 7$인 경우에 대하여 문제8에 있는 수확 모델을 다시 풀어라.

10. (a) 곰페르츠 미분방정식 (7)에서 $a = b = 1$이라고 가정하자. 미분방정식이 자율적이므로 2.1절의 위상 사진의 개념을 이용하여 $P_0 > e$와 $0 < P_0 < e$에 대응하는 대표적인 해곡선들을 그려라.
    (b) (7)에서 $a = 1, b = -1$이라고 하자. 새로운 위상 사진을 이용하여 $P_0 > e^{-1}$과 $0 < P_0 < e^{-1}$에 대응하는 대표적인 해곡선들을 그려라.
    (c) $P(0) = P_0$에 관한 (7)의 양적인 해를 구하여라.

화학적 반응

11. 두 화학물질 A와 B를 섞어서 화학물질 C를 만들었다. 반응의 속도는 화학물질 C로 전환되지 않은 A와 B의 순간적인 양의 곱에 비례한다. 초기에 A가 40g 있었고 B가 50g 있었으며 B 화학물질 1g당 A 화학물질 2g이 사용되었다. C가 10g이 만들어지는 데 5분이 걸린 것으로 관측되었다. 20분 동안에 C가 얼마나 만들어지겠는가? 오랜 시간이 지난 후 최종적인 C의 양은 얼마나 되는가? 오랜 시간이 지난 후 남아있는 A와 B의 양은 얼마나 되는가?

12. 처음에 A가 100g이 있었다고 가정하고 문제11을 풀어라. 화학물질 C가 궁극적으로 만들어지는 양의 절반 정도가 만들어지는 데 얼마나 걸리는가?

추가적인 비선형 모델

13. **새고 있는 원기둥 탱크** 직원기둥 모양의 탱크에서 바닥의 원형 구멍을 통해서 물이 새고 있다. 구멍에서 물의 마찰과 수축을 무시하였을 때 1.3절의 (10)에서 본 것처럼 탱크에 있는 물의 높이 h는

$$\frac{dh}{dt} = -\frac{A_h}{A_w}\sqrt{2gh}$$

로 설명된다. 여기서 A_w와 A_h는 각각 물과 구멍의 단면적을 의미한다.

(a) 물의 초기 높이가 H일 때 미분방정식을 풀어라. 수작업으로 $h(t)$의 그래프를 그리고 기호 A_w, A_h, H를 이용하여 정의되는 구간 I를 구하여라. $g = 32\text{ft/s}^2$을 이용하여라.

(b) 탱크의 높이가 10ft이고 반경이 2ft이며 원형의 구멍은 반지름이 $\frac{1}{2}$in라고 가정하자. 만일 탱크가 초기에 꽉 차 있었다면 완전히 비워지는 데 얼마나 걸리겠는가?

14. 새고 있는 원기둥 탱크 — 계속 구멍에서 물의 마찰과 수축이 고려될 때 문제15에 있는 모델은 $0 < c < 1$일 때

$$\frac{dh}{dt} = -c\frac{A_h}{A_w}\sqrt{2gh}$$

로 주어진다. 만일 $c = 0.6$이면 문제13(b)에서 탱크가 비워지는 데 얼마나 걸리겠는가?(1.3절의 연습문제13 참조)

15 새고 있는 원뿔 모양의 탱크 정점이 아래에 있는 직원뿔 모양의 탱크의 바닥에 원형 모양의 구멍을 통해서 물이 새고 있다.

(a) 탱크의 높이가 20ft이고 반지름이 8ft이며 원형의 구멍은 반지름이 2in라고 가정하자. 1.3절의 연습문제14에서 탱크로부터 새는 물의 높이 h에 관련된 미분방정식을 찾으라는 문제를 풀었다. 이 모델에 있는 구멍에서 $c = 0.6$인 물의 마찰과 수축이 고려되었고 $g = 32\text{ ft/s}^2$이다(그림 1.3.14 참조). 만일 탱크가 초기에 꽉 차 있었다면 완전히 비워지는 데 얼마나 걸리겠는가?

(b) 만일 탱크의 정점의 각도가 60°이고 원형의 구멍은 반지름이 2in라고 가정하자. 물의 높이 h와 관련된 미분방정식을 결정하여라. $c = 0.6$과 $g = 32\text{ ft/s}^2$를 이용하여라. 만일 물의 높이가 초기에 9ft였다면 탱크가 비는 데 얼마나 걸리겠는가?

16. 뒤집혀진 원뿔 모양의 탱크 그림 3.2.5와 같이 문제15에 있는 원뿔모양의 탱크가 뒤집어져 있고 원형 바닥의 중앙에 5cm 크기의 원형 모양의 구멍을 통해서 물이 새고 있다고 가정하자. 물이 꽉 찬 탱크가 비워지는 시간과 문제15에 있는 정점이 아래에 위치한 물이 꽉찬 탱크의 물이 비워지는 시간은 같은가? 마찰/수축 계수는 $c = 0.6$이고 $g = 9.8\text{m/s}^2$이다.

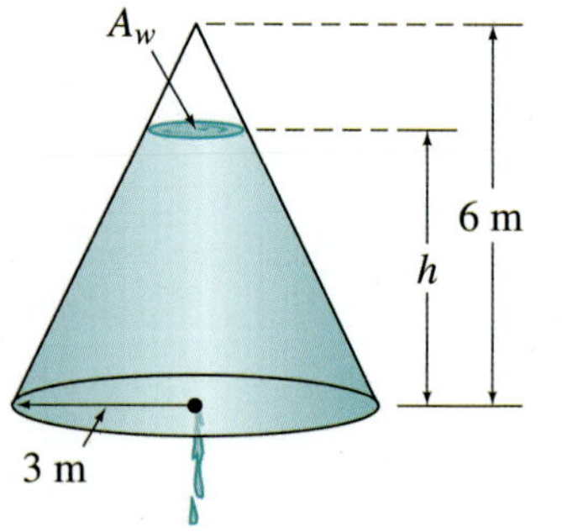

그림 3.2.5 문제16의 뒤집혀진 원뿔모양 탱크

17. 공기저항 순간 속도의 제곱에 비례하는 공기저항을 받는 낙하 질량 m의 속도 ν에 대한 미분방정식은

$$m\frac{dv}{dt} = mg - kv^2$$

이다. 여기서 $k > 0$는 비례상수이고 양의 방향은 아래쪽 방향이다.

(a) 초기 조건 $v(0) = v_0$에 대한 미분방정식을 풀어라.

(b) (a)에 있는 해를 이용하여 물체의 최종 속도를 구하여라. 2.1절의 연습문제41에서 미분방정식을 풀지 않고 어떻게 최종 속도를 구하는지를 알았다.

(c) 만일 물체가 지상 위에 놓여진 지점에서부터 측정한 거리 s가 $ds/dt = \nu(t)$에 의한 속도 ν와 관련이 된다면 $s(0) = 0$일 때 $s(t)$에 대한 양적인 표현을 구하여라.

18. 얼마나 높을까? – 비선형 공기저항 3.11절 연습문제38과 39에 있는 초기 속도가 $v_0 = 100\text{ m/s}$이고 수직으로 위로 발사된 7kg의 포탄을 생각해 보자. 만일 공기저항이 순간 속도의 제곱에 비례할 때 포탄이 도달할 수 있는 최고 높이를 구하여라. 양의 방향이 위쪽이고 $k = 0.0004$로 가정한다. [힌트: 문제17의 미분방정식을 약간 변형한다.]

19. 가라앉는 느낌

(a) 저항이 순간 속도의 제곱에 비례하고 크기가 아르키메데스의 원리에 의하여 주어지는 위쪽으로의 부력이 작용하는 물속에 가라앉고 있는 질량이 m인 물체의 속도 $v(t)$에 대한 미분방정식을 구하여라(1.3절 연습문제18 참조). 양의 방향이 아래로 향하는 방향이라고 가정한다.

(b) (a)에 있는 미분방정식을 풀어라.

(c) 가라앉고 있는 물체의 최종 속도를 구하여라.

20. 태양 집전자 미분방정식

$$\frac{dy}{dx} = \frac{-x + \sqrt{x^2 + y^2}}{y}$$

은 들어오는 모든 빛을 한 점으로 반사하는 평면 곡선 C의 모습을 설명하며 또한 반사하는 망원경의 거울, 인공위성 안테나 혹은 태양 집전자에 대한 모델이 될 수 있다(2.1절 연습문제29 참조). 이 미분방정식을 풀 수 있는 다양한 방법이 있다.

(a) 미분방정식이 동차임을 증명하여라(2.5절 참조).

$y = ux$의 치환을 이용하면 주어진 미분방정식은

$$\frac{u\,du}{\sqrt{1+u^2}\,\left(1 - \sqrt{1+u^2}\,\right)} = \frac{dx}{x}$$

으로 변형됨을 보여라. 컴퓨터 대수 체계(또는 적절한 치환)를 이용하여 이 식의 좌변을 적분하여라. 곡선 C가 원점을 초점으로 하는 포물선이고 x축에 대하여 대칭임을 보여라.

(b) 첫 번째 미분방정식은 $u = x^2 + y^2$의 치환을 이용하여 풀 수 있음을 증명하여라.

21. 쓰나미

(a) 쓰나미의 모습에 대한 단순한 모델은

$$\frac{dW}{dx} = W\sqrt{4 - 2W}$$

로 주어진다. 여기서 $W(x) > 0$는 근해에 관련된 위치의 함수로 표현된 파도의 높이이다. 관찰에 의하여 미분방정식의 모든 상수해들을 구하여라.

(b) (a)에 있는 미분방정식을 풀어라. 컴퓨터 대수 체계가 적분을 계산하는 데 매우 유용하다.

(c) 그래프를 그리는 도구를 이용하여 초기 조건 $W(0) = 2$를 만족하는 모든 해들의 그래프를 그려라.

22. 증발 반구 모양 탱크처럼 생긴 야외 장식용 연못에 바닥의 삽입물을 통해서 탱크 안으로 물이 채워지고 있다. 탱크의 반경이 $R = 10$ m이고 물이 πm³/min의 비율로 탱크 안으로 들어오고 있으며 시작할 때 탱크 안은 비었다고 가정하자. (그림 3.2.6 참조) 탱크가 채워짐에 따라서 증발로 인하여 물을 잃는다. 증발의 비율이 물의 표면의 면적 A에 비례하고 비례상수가 $k = 0.01$이라고 가정하자.

(a) 시간 t에서 물의 부피의 변화의 비율 $\frac{dV}{dt}$가 실제 비율이다. 이 실제 비율을 이용하여 시간 t에서 물의 높이 h에 대한 미분방정식을 풀어라. 그림에 있는 물의 부피는 $R = 10$일 때 $V = \pi Rh^2 - \frac{1}{3}\pi h^3$이다. h를 이용하여 물 $A = \pi r^2$의 표면의 넓이를 표현하여라.

(b) (a)에 있는 미분방정식을 풀어라. 해의 그래프를 그려라.

(c) 만일 증발이 없다면 탱크가 채워지는 데 얼마나 걸리겠는가?

(d) 증발이 있을 때 (c)에서 구한 시간의 물의 깊이는 얼마인가? 탱크가 결국은 채워지겠는가? 당신의 주장을 증명하여라.

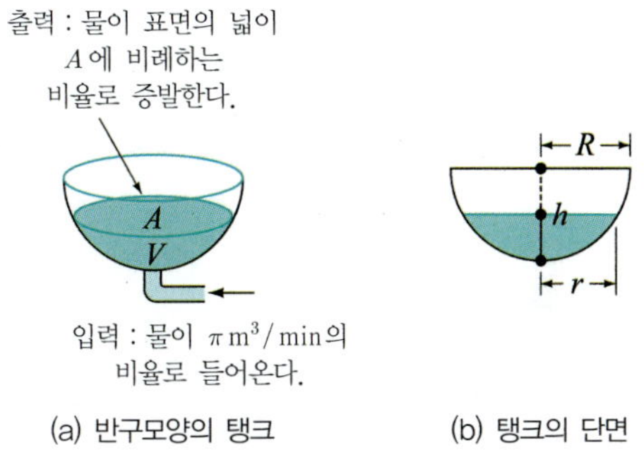

그림 3.2.6 문제22의 장식된 연못

23. 파멸의 방정식 $k > 0$이고 $c \geq 0$인 미분방정식

$$\frac{dP}{dt} = kP^{1+c}$$

을 생각해 보자. 3.1절에서 $c = 0$인 경우 선형 미분방정식 $dP/dt = kP$는 무한구간 $[0, \infty)$에서 인구수 $P(t)$가 무한히 증가하는 것을 보여주는 수학적 모델임을 알았다. 이것은 $t \to \infty$일 때 $P(t) \to \infty$임을 의미한다(112쪽의 예제1 참조).

(a) $c = 0.01$이라 하고 비선형 미분방정식

$$\frac{dP}{dt} = kP^{1.01}, \quad k > 0$$

이 작은 동물의 개체 수에 대한 수학적 모델이라 가정하자. 이때 t는 월별로 계산한다. 초기 조건 $P(0) = 10$과 동물의 개체 수가 5개월마다 2배씩 증가한다는 사실을 이용하여 미분방정식을 풀어라.

(b) (a)에 있는 미분방정식을 파멸 방정식이라고 하는데 그 이유는 개체 수 $P(t)$가 유한한 시간 구간 $(0, T)$에서 무한 성장함을 보여주기 때문이다. 이것은 $t \to T^-$일 때 $P(t) \to \infty$인 적당한 T가 존재함을 의미한다. T를

구하여라.

(c) (a)를 이용하여 $P(50)$ 과 $P(100)$ 을 구하여라.

24. 파멸 또는 멸종 식 (4)의 개체 수 모델이

$$\frac{dP}{dt} = P(bP - a)$$

로 변형되었다고 가정하자.

(a) 만일 $a > 0$, $b > 0$ 이면 위상 사진(50쪽 그림 2.1.5 참조)을 이용하여 초기 조건 $P(0) = P_0$에 따라서 수학적 모델이 파멸의 시나리오($P(t) \to \infty$) 또는 멸종의 시나리오($P(t) \to 0$)을 설명함을 증명하여라.

(b) 초깃값 문제

$$\frac{dP}{dt} = P(0.0005P - 0.1), \ P(0) = 300$$

을 풀어라. 이 모델이 유한한 시간 T에서 개체 수에 대한 파멸을 예측하는 모델임을 증명하여라.

(c) 초기 조건 $P(0) = 100$ 에 대하여 (b)의 미분방정식을 풀어라. 이 모델이 $t \to \infty$ 일 때 개체 수에 대한 멸종을 예측하는 모델임을 증명하여라.

프로젝트 문제

25. 회귀선 산포도와 최소 제곱 선형 적합에 대한 컴퓨터 대수 체계의 설명을 읽어보아라. 주어진 자료의 점들에 가장 적합한 직선을 **회귀선** 또는 **최소 제곱 직선**이라고 한다. 해야 할 작업은 회귀선의 방정식이 문제4에 있는 표의 인구 자료에 바탕을 둔 회귀선의 식처럼 (2)에 있는 $f(P)$를 정의하여 미국 인구에 대한 로지스틱 모델을 만드는 것이다. 이 일을 하는 한 가지 방법은 dP/dt의 자리에 전향 차분 몫

$$Q(t) = \frac{1}{P(t)} \frac{P(t+h) - P(t)}{h}$$

를 사용하여 (2)에 있는 첫 번째 식의 좌변에 있는 $\dfrac{1}{P}\dfrac{dP}{dt}$에 근사시키는 것이다.

(a) $t = 0, 10, 20, \cdots, 160$과 $h = 10$을 사용하여 t, $P(t)$, $Q(t)$의 값에 대한 표를 만들어라. 예를 들어, 표의 첫 번째 줄에는 반드시 $t = 0$, $P(0)$, $Q(0)$가 포함되어야 한다. $P(0) = 3.929$와 $P(10) = 5.308$일 때 $Q(0) = \dfrac{1}{P(0)} \dfrac{P(10) - P(0)}{10} = 0.035$이다. $Q(160)$은 1960년도의 인구 통계자료에 있는 인구 $P(170)$에 의존한다. 이 값을 찾아보아라.

(b) 컴퓨터 대수 체계를 사용하여 (a)에서 계산한 자료 $(P(t), Q(t))$의 산포도를 그려라. 또한 컴퓨터 대수 체계를 사용하여 회귀선의 방정식을 구하고 산포도들 위에 회귀선의 그래프를 겹쳐서 그려라.

(c) $f(P)$가 (b)에서 구한 회귀선의 방정식일 때 로지스틱 모델 $dP/dt = Pf(P)$를 만들어라.

(d) 초기 조건 $P(0) = 3.929$를 사용하여 (c)에 있는 모델을 풀어라.

(e) 컴퓨터 대수 체계를 사용하여 (a)에 있는 표로부터 순서쌍 $(t, P(t))$의 또 다른 산포도를 구하여라. 또한 컴퓨터 대수 체계를 사용하여 회귀선의 방정식을 구하고 산포도들 위에 (d)에 있는 해의 그래프를 겹쳐서 그려라.

(f) 1970년, 1980년 그리고 1990년 미국 인구 통계를 찾아보아라. 이 연도들에 대하여 (c)에 있는 로지스틱 모델이 어떤 인구를 예측하는가? $t \to \infty$일 때 미국 인구 $P(t)$에 대하여 모델이 무엇을 예측하는가?

26. 이민 모델 (a) 2.1절의 예제3과 예제4에서 (4)의 임의의 해 $P(t)$는 $P_0 > a/b$와 $0 < P_0 < a/b$에 대하여 $t \to \infty$일 때 **점근적인 성질**(asymptotic behavior) $P(t) \to a/b$를 갖는 것을 보았다. 그 결과로 평형 해 $P = a/b$를 **끌개**(attractor)라고 한다. 컴퓨터 대수 체계의 해 발견하기 응용을 사용하여 이민 모델

$$\frac{dP}{dt} = P(1 - P) + 0.3e^{-P}$$

의 근사적인 평형 해를 구하여라.

(b) 그래프를 그리는 도구를 사용하여 함수 $F(P) = P(1 - P) + 0.3e^{-P}$의 그래프를 그려라. 이 그래프가 어떻게 (a)에서 구한 수가 끌개인지를 결정하는 데 사용되는지를 설명하여라.

(c) 수치적 해결도구를 사용하여 $P_0 = 0.2$와 $P_0 = 1.2$인 초깃값 문제

$$\frac{dP}{dt} = P(1 - P), \ P(0) = P_0$$

에 대한 해곡선들과 $P_0 = 0.2$와 $P_0 = 1.2$인 초깃값 문제

$$\frac{dP}{dt} = P(1 - P) + 0.3e^{-P}, \ P(0) = P_0$$

에 대한 해곡선들을 비교하여라. 같은 좌표축에 모든 곡선들을 겹쳐서 그려라. 하지만 만일 가능하다면 다른 색을 사용하여 두 번째 초깃값 문제의 그래프들을 그려라. 오랜 시간이 지난 후 이민 모델이 로지스틱 모델과 비교하여 인구가 몇 퍼센트가 증가할 것으로 예측되는가?

27. 얼마나 높이? 문제18에서 t_a를 포탄이 최고 높이에 도달하는 데 걸리는 시간, t_d를 포탄이 최고 높이에서 지상으로 떨어지는 데 걸리는 시간이라고 하자. t_a와 t_d의 값을 비교하고 초기 속도가 v_0일 때 충격 속도 v_i를 구하여라.(3.1절 연습문제52 참조) 컴퓨터 대수 체계의 해 발견하기 응용이 여기서 유용하게 사용된다. [힌트: 포탄이 떨어질 때 문제17에 있는 모델을 이용하여라.]

28. 스카이다이빙 한 스카이다이버가 스톱워치와 고도계를 갖고 있다. 그림 3.2.7에 나와 있는 것처럼 고도 6000m 상공을 날고 있는 비행기에서 벗어나 25초 후에 낙하산을 펴고 고도가 4500m인 것을 확인하였다. 공기저항이 순간 속도의 제곱에 비례하고 비행기를 벗어날 때 초기 속도가 0이고 $g = 9.8\text{m/s}^2$이라고 가정하자.

(a) 비행기로부터 측정하여 스카이다이버가 t시간 동안 자유 낙하한 거리 $s(t)$를 구하여라. [힌트: 문제17에 있는 모델에서 비례상수 k는 특별히 정해져 있지 않다. 문제17의 (b)에서 얻은 최종 속도 v_t에 대한 표현을 사용하여 초깃값 문제로부터 k를 제거한 후 v_t에 대하여 풀어라.]

(b) $t = 15$초에서 스카이다이버는 얼마나 낙하하였으며 속도는 얼마인가?

그림 3.2.7 문제28의 스카이다이버

29. 바닥에 닿기 한 헬리콥터가 액체(물은 아님)로 가득한 커다란 열린 탱크 위 150m 상공을 선회한다. 무게가 700N인 조밀하고 아담한 물체가 헬리콥터로부터 정지 상태에서 풀어져서 액체 속으로 떨어졌다. 공기의 저항은 물체가 공중에 있는 동안 순간 속도 v에 비례하는 반면 물체가 액체에 들어간 다음에는 점성 감쇠는 v^2에 비례한다고 가정하자. 공기에 대하여 $k = 0.1$로, 액체에 대하여는 $k = 0.15$로 선택한다. 양의 방향이 아래쪽 방향이라고 가정하자. 탱크의 높이가 25m일 때 물체가 탱크의 바닥에 닿을 때 시간과 충격 속도를 결정하여라. [힌트: 두 개의 초깃값 문제를 이용하여 생각을 해 보아라. 만일 (13)을 사용하면 절댓값을 제거할 때 주의하여야 한다. 물체가 닿을 때 속도(두 번째 문제에 대한 초기 속도)와 액체 속을 지나서 떨어지는 물체의 최종 속도 v_t를 비교하면 좋다.]

30. 올드만 강 그림 3.2.8(a)에서 y축과 점선으로 표시된 수직선 $x = 1$은 각각 서로 1km 떨어져 있는 강의 서쪽과 동쪽 강가를 나타낸다고 하자. 강물은 $|\mathbf{v}_r| = v_r$ km/h인 일정한 속도 $\mathbf{v}_r$로 북쪽으로 흐른다고 하자. 한 사람이 동쪽 강가의 $(1, 0)$인 지점에서 강물로 들어가서 벡터 $\mathbf{v}_s$로 주어진 강에 비례한 비율로 한 방향으로 수영을 한다. 여기서 속력 $|\mathbf{v}_s| = v_s$ km/h는 상수이다. 그 사람은 정확히 $(0, 0)$인 서쪽 강가에 도달하기를 원해서 속도 벡터 $\mathbf{v}_s$를 유지하면서 항상 $(0, 0)$인 지점으로 향해 가도록 수영을 한다. 그림 3.2.8(b)를 사용하여 강에서 수영자의 경로에 대한 수학적 모델이

$$\frac{dy}{dx} = \frac{v_s y - v_r\sqrt{x^2+y^2}}{v_s x}$$

임을 증명하여라. [힌트: 그림 3.2.8에서 보여준 경로를 따라서 수영자의 속도 $\mathbf{v}$는 $\mathbf{v} = \mathbf{v}_s + \mathbf{v}_r$의 결과이다. $\mathbf{v}_s$와 $\mathbf{v}_r$을 x축과 y축 성분들로 분해하여라. 만일 $x = x(t)$와 $y = y(t)$가 수영자의 경로에 대한 매개변수 방정식들이면 $\mathbf{v} = (dx/dt,\ dy/dt)$이다.]

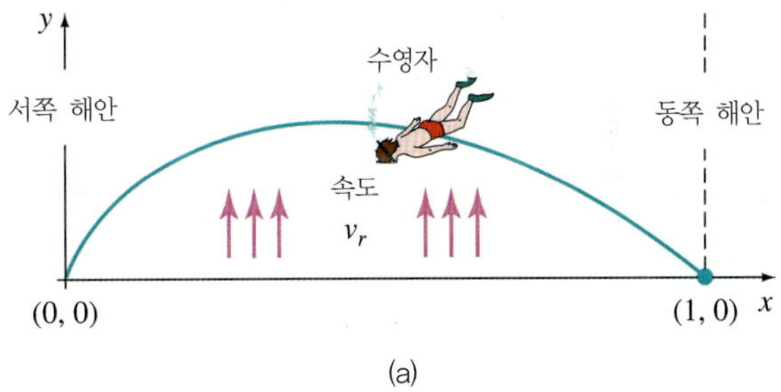

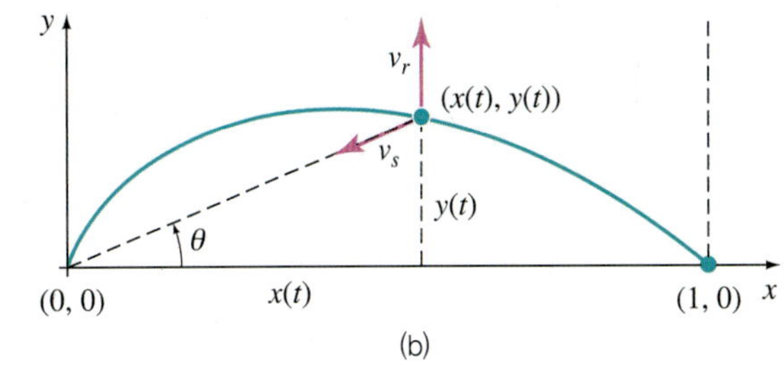

그림 3.2.8 문제30의 수영자 경로

31. (a) $y(1) = 0$에 대하여 문제30에 있는 미분방정식을 풀어라. 쉽게 구할 수 있게 $k = v_r/v_s$이라고 둔다.

(b) $k=1$, $k>1$ 그리고 $0<k<1$의 경우에 대하여 $\lim_{x\to 0^+} y(x)$를 조사하여 수영자가 점 $(0, 0)$에 도달하기 위한 v_s의 값을 구하여라.

32. **올드만 강에서 계속 움직이기** 문제30에 있는 사람이 $(1, 0)$에서 강물로 들어갔지만 이번에는 그의 속도 벡터 $\mathbf{v}_s$가 서쪽 강가를 향한 방향이 되도록 수영을 하기로 했다고 가정하자. 속력 $|\mathbf{v}_s| = v_s$mi/h는 상수이다. 강에서 수영한 사람의 경로에 대한 수학적 모델이

$$\frac{dy}{dx} = -\frac{v_r}{v_s}$$

임을 증명하여라.

33. 문제30에서와 같이 일직선인 강에서 흐르는 속력 v_r은 항상 상수인 것은 아니다. 오히려 시간당 마일로 계측한 물이 흐르는 속력에 대한 근삿값은 $v_r(x) = 30x(1-x)$, $0 \le x \le 1$과 같은 함수일 수 있다. 이 값들은 강가에서 (이 경우, $v_r(0) = 0$이고 $v_r(1) = 0$이다.) 작은 값을 갖고 강의 중간에서 최댓값을 갖는다. $y(1) = 0$일 때 문제30에 있는 미분방정식을 풀어라. 여기서 $v_s = 2$km/h이고 $v_r(x)$는 앞에서 주어진 함수이다. 수영자가 강을 가로질러갈 때, 점 $(0, 0)$에 도달하기 위하여 강을 따라서 얼마나 멀리 걸어가야 하는가?

34. **계속 떨어지는 빗물** 한 병의 액체로 된 원기회복제를 열었더니 다음의 문구가 병의 뚜껑 안쪽에 적혀있었다. 떨어지는 빗물의 평균속도는 11km/h이다.
인터넷의 빠른 검색을 통해서 기상학자 제프 하비가 '평균적인' 구면 형태의 빗물의 반경이 0.1cm이고 대략적인 부피는 0.0000000044m³라는 추가적인 정보를 제공하였음을 알았다. 이 자료와 필요하면 다른 자료를 더 검색하여 '떨어지는 빗물의 평균속도는 11km/h이다.'는 문구가 3.1절 연습문제 37과 38 그리고 3.1절의 연습문제17에 있는 모델에 부합하는지를 결정하기 위한 다른 합리적인 가정을 만들어 보아라 (1.3절 연습문제36 참조).

35. **조용히 흐르는 시간** 물시계인 **클렙시드라**(clepsydra)는 용기나 탱크의 바닥에 있는 작은 구멍을 통해서 넘쳐 나오는 물의 높이 변화를 관찰함에 의하여 시간의 경과를 측정할 수 있도록 고대 이집트인, 그리스인, 로마인과 중국인들에 의하여 고안되었다.

(a) 탱크가 유리로 만들어졌고 반지름이 1m인 직원기둥의 모습이라고 하자. 각각의 문제들에서 $h(0) = 2$m가 탱크의 맨 위까지 차있는 물의 높이이고 바닥에 있는 구멍은 반지름이 0.8mm인 원형이고 $g = 9.8$m/s²이며 $c = 0.6$이라고 가정한다. 문제12에 있는 미분방정식을 이용하여 물의 높이 $h(t)$를 구하여라.

(b) (a)에 있는 탱크에서 그림 3.2.9와 같이 1시간이 지났을 때 밑에서부터 얼마나 높은 곳에 마크가 만들어지겠는가? 계속해서 2시간, 3시간, ⋯, 12시간이 지났을 때 마크가 어디에 표시될 지를 결정하여라. 이 마크들이 아주 균등하지 않은 이유를 설명하여라.

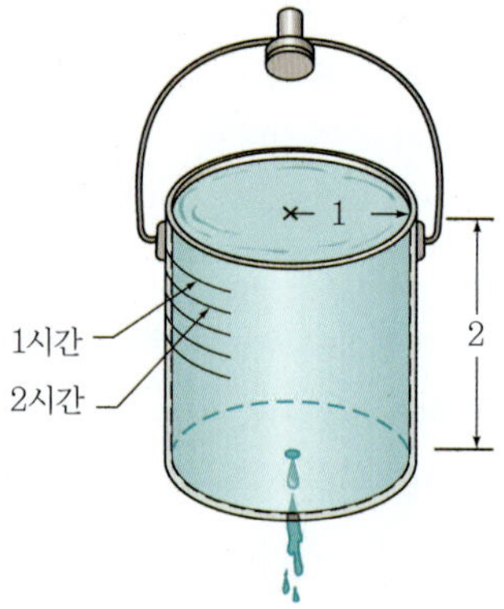

그림 3.2.9 문제35의 물시계

36. (a) 유리로 된 탱크가 그림 3.2.10과 같이 원형의 단면을 갖는 원뿔의 모습으로 되어있다고 하자. 문제35(a)의 탱크의 꼭대기까지 물이 채워졌을 때 $h(0) = 2$m이고 바닥의 구멍은 반지름이 0.8mm, $g = 9.8$m/s², $c = 0.6$이라고 가정한다. 문제14에 있는 미분방정식을 이용하여 물의 높이 $h(t)$를 구하여라.

(b) 이 물시계는 1시간과 같은 길이의 12개의 시간 구간으로 측정할 수 있는가? 논리적인 수학을 이용하여 설명하여라.

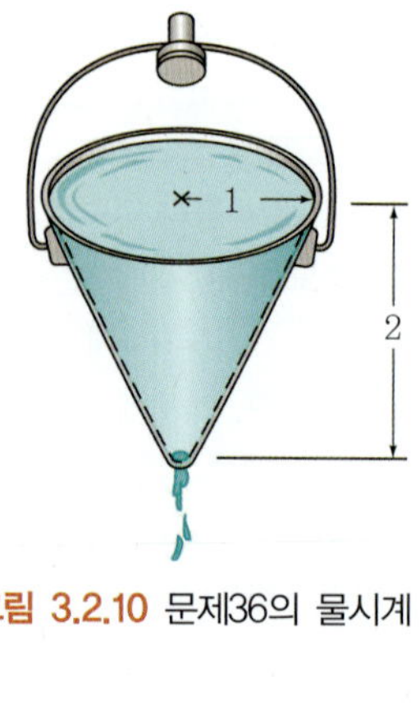

그림 3.2.10 문제36의 물시계

37. $r = f(h)$가 시간 표시가 균등한 간격으로 된 물 시계의 모습을 정의한다고 하자. 문제14에 있는 미분방정식을 이용하여 $f(h)$를 구하고 r의 함수로서 전형적인 h의 그래프를 그려라. 구멍의 단면적 A_h가 상수라고 가정한다. [힌트: 이 상황에서 $a > 0$이 상수일 때 $dh/dt = -a$이다.]

3.3 1계 미분방정식 계의 모델

소개 이 절은 우리가 어떤 수학적 모델들을 논의할 것이라는 점에서 1.3절과 유사하지만 하나의 미분방정식 대신에 1계 미분방정식의 계를 논의한다는 점에서는 다르다. 몇몇 모델들은 앞선 두 절에서 탐구한 주제를 바탕으로 하겠지만 이 계를 푸는 일반적인 방법으로 심화되지는 않을 것이다. 이에 대한 몇 가지 이유가 있다. 첫째, 이 시점에서 우리는 계를 풀기 위한 필요한 수학적 도구를 갖고 있지 않다. 두 번째, 우리가 논의할 몇몇 계들(1계 비선형 미분방정식의 계)은 단순하게 해석적으로 풀 수 없다. 우리는 4, 7, 8장에서 선형 미분방정식의 계에 대한 해를 구하는 방법을 학습할 것이다.

선형/비선형 계 한 개의 미분방정식은 환경에 따른 하나의 개체들에 대한 수학적 모델으로서 사용될 수 있다. 그러나 만일 같은 환경에서 살아가면서 상호작용하기도 하고 경쟁하는 두 종족이 있다면(예를 들어, 토끼와 여우) 그들의 개체수 $x(t)$와 $y(t)$에 대한 모델은

$$\begin{aligned}\frac{dx}{dt} &= g_1(t, x, y)\\ \frac{dy}{dt} &= g_2(t, x, y)\end{aligned} \tag{1}$$

와 같은 두 개의 1계 선형방정식의 계이다. g_1과 g_2가 x와 y에 대하여 선형적일 때 즉, g_1과 g_2가

$$g_1(t, x, y) = c_1x + c_2y + f_1(t),\ \ g_2(t, x, y) = c_3x + c_4y + f_2(t)$$

의 형태이고 계수 c_i가 t에 의존할 때 (1)을 **선형계**라고 한다. 선형적이지 않은 미분방정식의 계를 **비선형계**라고 한다.

방사성 계열 1.3절과 3.1절의 방사성 붕괴에 대한 논의에서 붕괴의 비율이 시간 t에서 존재하는 물질의 핵의 양 $A(t)$에 비례한다고 가정하였다. 한 물질이 방사능에 의하여 붕괴될 때 늘 안정된 물질로 한 단계만 변형되는 것은 아니다. 오히려 첫 번째 물질이 다른 방사성 물질로 붕괴되고 차례로 세 번째 물질, 네 번째 물질 등등으로 붕괴된다. 안정적인 원소가 될 때 까지 계속해서 일어나는 이 과정을 **방사성 붕괴 계열**(radioactive decay series)이라고 한다. 예를 들어 우라늄 붕괴 계열은 U-238 → Th-234 → ⋯ → Pb-206인데, 여기서 Pb-206이 납의 안정적인 동위핵이다. 방사성 계열에서 다양한 원소의 반감기들은 수십억 년(U-238의 경우 4.5×10^9 년)부터 $\frac{1}{2}$ 초까지 다양하다. 방사성 붕괴는 개략적으로 $X \xrightarrow{-\lambda_1} Y \xrightarrow{-\lambda_2} Z$로 설명되는데, 여기서 $k_1 = -\lambda_1 < 0$과 $k_2 = -\lambda_2 < 0$는 각각 물질 X와 Y에 대한 붕괴 상수들이며 Z는 안정적인 원소이다. 또한 $x(t)$, $y(t)$, $z(t)$를 각각 물질 X, Y, Z가 시간 t일 때 남은 양이라고 하자. 원소 X의 붕괴는

$$\frac{dx}{dt} = -\lambda_1 x$$

로 설명되는 반면에 두 번째 원소 Y가 붕괴되는 비율은 순수하게 비율

$$\frac{dy}{dt} = \lambda_1 x - \lambda_2 y$$

인데 이것은 Y가 X의 붕괴로부터 얻어진 원자들이고 동시에 자기 자신의 붕괴 때문에 잃어버린 원자들이다. Z는 안정적인 원소이므로 단순히 Y의 붕괴로부터 원자를 얻는다.

$$\frac{dz}{dt} = \lambda_2 y$$

다시 말해서 세 원소에 대한 방사성 붕괴 계열의 모델은 세 개의 1계 미분방정식

$$\begin{aligned}\frac{dx}{dt} &= -\lambda_1 x\\ \frac{dy}{dt} &= \lambda_1 x - \lambda_2 y\\ \frac{dz}{dt} &= \lambda_2 y\end{aligned} \tag{2}$$

의 선형계이다.

혼합물 그림 3.3.1에 있는 두 탱크를 보자. 논의를 위하여 탱크 A에는 50L의 물에 25kg의 소금이 녹아있다고 하고 탱크 B에는 순수한 물 50L가 있다고 가정하자. 액체가 그림과 같이 탱크 안으로 들어왔다가 나간다고 하자. 혼합물이 두 탱크 사이에서 교환되고 잘 혼합된 액체가 탱크 B 밖으로 빠져나온다고 가정한다. 시간 t에서 $x_1(t)$와 $x_2(t)$가 각 탱크 A와 B에 있는 소금 무게의 파운드 수를 나타내

는 수학적 모델을 만들고자 한다.

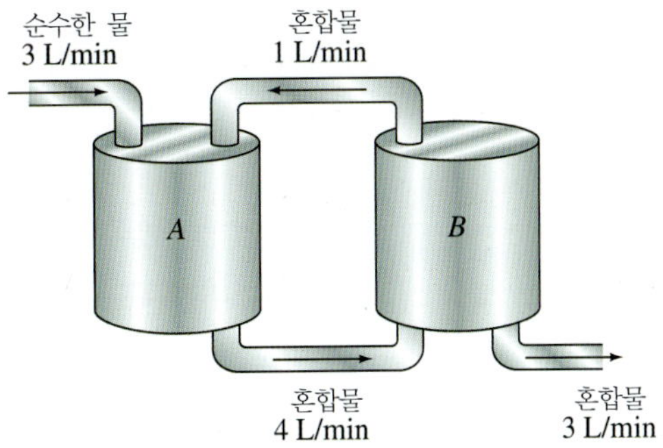

그림 3.3.1 연결된 혼합 탱크들

1.3절의 31쪽 그림 1.3.2의 것과 3.1절의 예제5와 유사한 해석에 의하여 탱크 A에 대한 $x_1(t)$의 순수한 변화 비율이

$$\frac{dx_1}{dt}=\overbrace{(3\,\mathrm{L/min})\cdot(0\,\mathrm{kg/L}+(1\,\mathrm{L/min})\cdot\left(\frac{x_2}{50}\,\mathrm{kg/L}\right)}^{\text{소금의 입력 비율}}-\overbrace{(4\,\mathrm{L/min})\cdot\left(\frac{x_1}{50}\,\mathrm{kg/L}\right)}^{\text{소금의 출력 비율}}$$
$$=-\frac{2}{25}x_1+\frac{1}{50}x_2$$

임을 알 수 있다. 같은 방법으로 탱크 B에 대한 $x_2(t)$의 순수 변화 비율은

$$\frac{dx_2}{dt}=4\cdot\frac{x_1}{50}-3\cdot\frac{x_2}{50}-1\cdot\frac{x_2}{50}$$
$$=\frac{2}{25}x_1-\frac{2}{25}x_2$$

이다. 따라서 선형계

$$\begin{aligned}\frac{dx_1}{dt}&=-\frac{2}{25}x_1+\frac{1}{50}x_2\\\frac{dx_2}{dt}&=\frac{2}{25}x_1-\frac{2}{25}x_2\end{aligned}\qquad(3)$$

를 얻는다. 앞선 계는 초기 조건들 $x_1(0)=25$, $x_2(0)=0$에 의하여 수행됨을 명심하여야 한다.

포식자-먹이 모델 서로 다른 두 종류의 동물들이 같은 환경에서 상호작용하고 첫 번째 종류의 동물들은 채식만을 하고 두 번째 종류의 동물들은 오직 첫 번째 종류의 동물들을 잡아먹기만 한다고 가정하자. 다시 말해서 한 종족은 포식자이고 다른 종족은 먹이이다. 예를 들어 늑대들은 풀을 먹고 사는 순록을 사냥하고 상어들은 작은 생선들을 먹어치우며 눈부엉이는 레밍이라고 불리는 북극지방의 설치류를 추적한다. 논의를 위하여 포식자는 여우이고 먹이는 토끼라고 가정한다.

시간 t에서 $x(t)$와 $y(t)$를 각각 여우와 토끼의 개체 수라고 하자. 만일 토끼가 없다면 여우는 먹이의 부족으로 인하여

$$\frac{dx}{dt} = -ax, \quad a > 0 \tag{4}$$

을 따라서 개체의 수가 감소한다. 하지만 토끼가 같은 환경에 존재하면 단위 시간당 이 두 종족 사이의 상호작용 또는 만남의 수는 그들의 개체 수 x와 y에 연합하여 비례(즉, 곱 xy에 비례)하는 것이 합리적이다. 토끼가 존재하면 식량이 제공되는 것이고 따라서 여우들은 $b > 0$에 대하여 bxy의 비율로 계에 대하여 늘어난다. 이 마지막 비율을 식 (4)에 추가하면 여우의 개체 수에 대한 모델을 얻을 수 있다.

$$\frac{dx}{dt} = -ax + bxy \tag{5}$$

한편, 만일 여우가 없다면 무한한 식량이 제공된다는 가정하에 토끼들은 시간 t일 때 존재하는 토끼의 수에 비례하는 비율로 증가한다.

$$\frac{dy}{dt} = dy, \quad d > 0 \tag{6}$$

하지만 여우가 존재할 때 토끼의 개체 수에 대한 모델은 식 (6)에서 $c > 0$에 대하여 cxy만큼 감소한다. 이것은 토끼들이 여우와 만나서 잡혀 먹히는 비율만큼 감소한다는 것을 말한다.

$$\frac{dy}{dt} = dy - cxy \tag{7}$$

식 (5)와 (7)들은 비선형 미분방정식계

$$\begin{aligned} \frac{dx}{dt} &= -ax + bxy = x(-a + by) \\ \frac{dy}{dt} &= dy - cxy = y(d - cx) \end{aligned} \tag{8}$$

를 형성하는데, 여기서 a, b, c, d는 모두 양의 상수들이다. 이 유명한 방정식의 계는 **로카-볼테라 포식자-먹이 모델**로 알려져 있다. 두 개의 상수해인 $x(t) = 0$, $y(t) = 0$와 $x(t) = d/c$, $y(t) = a/b$를 제외하고 비선형계 (8)은 기본적인 함수들을 이용하여 풀 수 없다. 하지만 우리는 이러한 계를 양적으로 그리고 질적으로 분석할 수 있다(9장의 "상미분방정식의 수치적 해법"과 10장의 "비선형 1계 미분방정식의 계"를 참조*).

* 10장에서 15장까지는 경곗값 문제를 갖는 미분방정식의 확장판에 있다.

예제 1 포식자-먹이 모델

$$\frac{dx}{dt} = -0.16x + 0.08xy$$

$$\frac{dy}{dt} = 4.5y - 0.9xy$$

가 포식자-먹이 모델을 나타낸다고 가정하자. 우리는 지금 개체 수를 다루고 있기 때문에 $x(t) \geq 0,\ y(t) \geq 0$이다. 수치적 해결도구를 사용하여 얻은 그림 3.3.2는 같은 좌표평면상에 겹쳐서 그려진 이 모델에 대한 포식자와 먹이의 전형적인 개체 수의 곡선들을 보여준다. 초기 조건으로 $x(0) = 4$와 $y(0) = 4$가 사용되었다. 빨간색의 곡선은 포식자(여우)의 개체 수 $x(t)$를 나타내고 파란색의 곡선은 먹이(토끼)의 개체 수 $y(t)$를 나타낸다. 모델은 두 개체의 수 $x(t)$와 $y(t)$가 시간에 따라서 주기적인 것으로 예측하게 한다. 이 예측은 직관적으로 맞는데 그 이유는 먹이의 수가 감소함에 따라서 포식자의 개체 수는 궁극적으로 먹이의 수가 줄어듦에 따라서 감소하게 되고 반대로 포식자의 수가 줄어듦에 따라서 먹이의 수가 다시 증가하게 된다. 그런 후 이것은 포식자의 수를 증가하는 것을 야기하고 궁극적으로는 먹이의 수에 대한 또 다른 감소가 야기된다. ■

경쟁 모델 이제 두 개의 서로 다른 종류의 동물들이 같은 환경 속에서 살고 있다고 가정하자. 하지만 포식자와 먹이의 관계가 아니라 같은 환경 안에서 같은 자원(음식과 삶의 공간)을 놓고 경쟁한다고 하자. 상대편 종족이 존재하지 않았을 때 각 개체 수가 증가하는 비율은 각각

$$\frac{dx}{dt} = ax\,, \quad \frac{dy}{dt} = cy \tag{9}$$

로 주어진다고 가정하자.

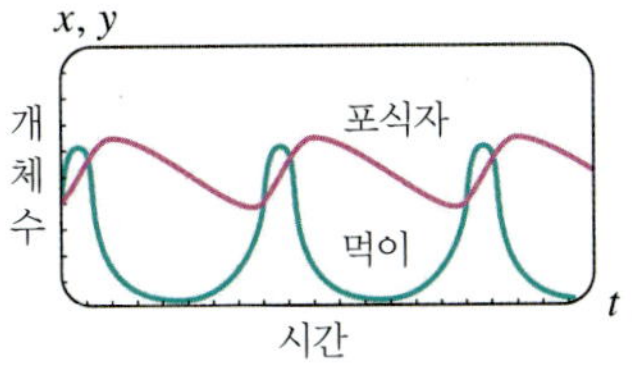

그림 3.3.2 예제1의 포식자(빨간색)와 먹이(파란색)의 개체 수

두 종족이 경쟁을 하기 때문에 이 비율들은 다른 개체 수의 영향으로 인하여 줄어들 것이라고 하는 또 다른 가정을 할 수 있다. 따라서 이 두 개체에 대한 모델은 선형계

$$\begin{aligned}\frac{dx}{dt} &= ax - by\\ \frac{dy}{dt} &= cy - dx\end{aligned} \tag{10}$$

로 주어진다. 여기서 a, b, c, d는 모두 양의 상수들이다.

한편 (5)와 같이 (9)에 있는 각각의 증가 비율은 두 종족 간의 상호작용의 수에 비례하여 감소될 것이다:

$$\begin{aligned}\frac{dx}{dt} &= ax - bxy\\ \frac{dy}{dt} &= cy - dxy\end{aligned} \tag{11}$$

자세히 보면 이 비선형계는 로카-볼테라 포식자-먹이 모델과 유사하다. 마지막으로 고립된 지역에서 각 종족이 지수적으로 증가하고 있다고 나타낸 (9)에 있는 비율을 로그적으로 증가하고 있는 비율(이것은 오랜 시간이 지난 후에 인구가 유계가 된다는 것을 의미한다)로 대체하는 것이 현실적이다.

$$\frac{dx}{dt} = a_1 x - b_1 x^2, \quad \frac{dy}{dt} = a_2 y - b_2 y^2 \tag{12}$$

이 새로운 비율들이 상호작용의 수에 비례하는 비율에 의하여 감소될 때 또 다른 비선형계

$$\begin{aligned} \frac{dx}{dt} &= a_1 x - b_1 x^2 - c_1 xy = x(a_1 - b_1 x - c_1 y) \\ \frac{dy}{dt} &= a_2 y - b_2 y^2 - c_2 xy = y(a_2 - b_2 y - c_2 x) \end{aligned} \tag{13}$$

를 얻는데 여기서 계수들은 모두 양수들이다. 선형계 (10)과 비선형계 (11), (13)을 **경쟁 모델**(competition model)이라고 한다.

회로망 한 개 이상의 고리를 갖는 회로망은 동시적인 미분방정식을 야기한다. 그림 3.3.3에서 보인 것처럼 전류 $i_1(t)$는 회로망의 갈래점이라고 불리는 점 B_1 에서 그림과 같은 방향들로 갈라진다. **키르히호프의 제1법칙**에 의하여

$$i_1(t) = i_2(t) + i_3(t) \tag{14}$$

가 성립한다. 또한 각 고리에 대하여 **키르히호프의 제2법칙**을 적용할 수 있다. 고리 $A_1B_1B_2A_2A_1$에 대하여 고리의 각 부분을 가로지르는 전압 강하들을 합하면

$$E(t) = i_1 R_1 + L_1 \frac{di_2}{dt} + i_2 R_2 \tag{15}$$

가 된다. 같은 방법으로 고리 $A_1B_1C_1C_2B_2A_2A_1$ 에 대하여 구하면

$$E(t) = i_1 R_1 + L_2 \frac{di_3}{dt} \tag{16}$$

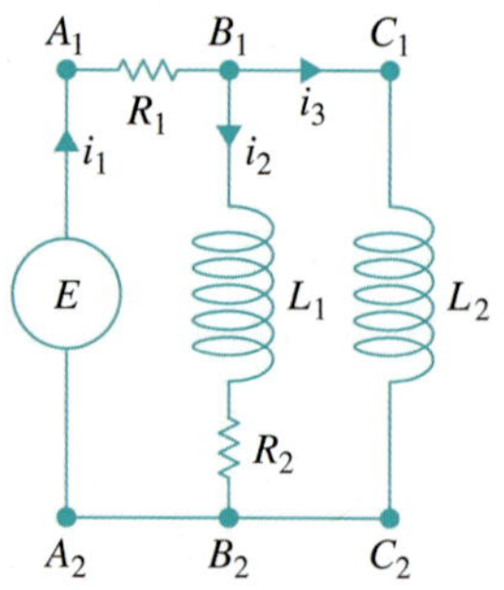

그림 3.3.3 (17)에 설명된 모델의 회로망

이다. (14)를 이용하여 (15)와 (16)에서 i_1 을 제거하면 전류 $i_2(t)$와 $i_3(t)$ 에 대하여 두 개의 1계 선형 방정식

$$\begin{aligned} L_1 \frac{di_2}{dt} + (R_1 + R_2)i_2 + R_1 i_3 &= E(t) \\ L_2 \frac{di_3}{dt} + R_1 i_2 + R_1 i_3 &= E(t) \end{aligned} \tag{17}$$

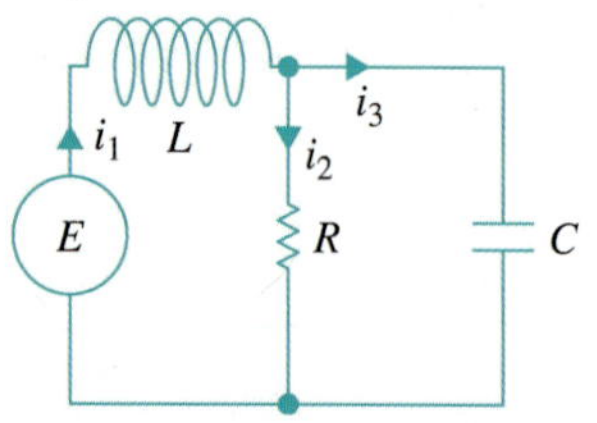

그림 3.3.4 (18)에 설명된 모델의 회로망

를 얻는다. 그림 3.3.4에 있는 저항, 유도기, 축전기가 포함된 회로망에서 전류 $i_1(t)$와 $i_2(t)$를 설명하는 미분방정식의 계가

$$L\frac{di_1}{dt} + Ri_2 = E(t)$$
$$RC\frac{di_2}{dt} + i_2 - i_1 = 0 \quad (18)$$

임을 보이는 것은 연습문제로 남긴다(3.3절 연습문제16 참조).

연습문제 3.3

방사성 계열

1. 우리는 아직 1계 미분방정식의 계를 푸는 방법에 대하여 학습하지 않았다. 그럼에도 불구하고 식 (2)와 같은 계는 하나의 1계 선형 방정식을 어떻게 푸는가에 대한 지식 이외의 다른 지식을 사용하지 않고도 풀 수 있다. 초기 조건들 $x(0)=x_0$, $y(0)=0$, $z(0)=0$에 관하여 식 (2)의 해를 구하여라.

2. 문제1에서 시간이 하루 단위로 측정되었고 붕괴 상수들이 $k_1=-0.138629$와 $k_2=-0.004951$이고 $x_0=20$이라고 가정하자. 그래프를 그리는 도구를 사용하여 같은 좌표축 위에 해 $x(t)$, $y(t)$, $z(t)$의 그래프를 그려라. 그래프를 이용하여 물질 X와 Y의 반감기를 추정하여라.

3. 문제2에 있는 그래프를 이용하여 $x(t)$와 $y(t)$의 값이 같을 때의 시간에 대한 근삿값, $x(t)$와 $z(t)$의 양이 같을 때의 시간에 대한 근삿값 그리고 $y(t)$와 $z(t)$의 시간이 같을 때의 시간에 대한 근삿값을 구하여라. $y(t)$와 $z(t)$의 양이 같을 때가 언제인지를 계산하여 구한 시간이 직관적으로 구한 시간과 같은 이유는 무엇인가?

4. Z가 안정적인 원소일 때 네 원소 W, X, Y, Z의 방사성 계열에 대한 수학적 모델을 만들어라.

5. **포타슘–40의 붕괴** 화학원소 포타슘은 지표와 바다에서 광범위하게 찾을 수 있는 부드러운 금속이다. 비록 포타슘이 세 동위원소로 구성되어 자연적으로 생겨나지만, 단지 동위원소 포타슘-40(K-40)만이 방사성이다. 특이하게도 이 동위원소는 서로 다른 두 핵반응에 의해 붕괴된다. 베타 입자를 제거함으로써 K-40의 초기량 K_0의 대부분이 안정 동위원소인 칼슘-40 (Ca-40)으로 붕괴되지만, 전자포획에 의해 K_0의 작은 양이 안정 동위원소인 아르곤-40 (Ar-40)으로 붕괴된다. Ca-40의 양 $C(t)$와 Ar-40의 양 $A(t)$의 증가율이 잔존 포타슘의 양 $K(t)$와 비례하고, $K(t)$의 붕괴율 또한 $K(t)$에 비례하므로, 우리는 1계 선형 미분방정식의 계

$$\frac{dC}{dt}=\lambda_1 K$$
$$\frac{dA}{dt}=\lambda_2 K$$
$$\frac{dK}{dt}=-(\lambda_1+\lambda_2)K$$

를 얻는데, 여기서 λ_1, λ_2는 양의 비례상수이다. 문제1에서의 과정을 통해 앞에서 말한 것에 대한 수학적인 모델을 구할 수 있다.

(a) $K(0)=K_0$일 때, 주어진 미분방정식 계의 마지막 식을 사용하여 $K(t)$를 구하여라. 다음에, $K(t)$와 첫 번째 및 두 번째 식을 이용하여 $C(t)$와 $A(t)$를 구하여라. $C(0)=0$, $A(0)=0$이라 가정하여라.

(b) $\lambda_1=4.7526\times10^{-10}$, $\lambda_2=0.5874\times10^{-10}$으로 주어졌을 때, K-40의 반감기를 구하여라.

(c) (a)에서 구한 $C(t)$와 $A(t)$를 이용하여 오랜 시간이 흐른 후 K-40의 초기량 K_0가 Ca-40으로 붕괴되는 백분율과 아주 오랜 시간이 지난 후 Ar-40으로 붕괴되는 백분율을 구하여라.

6. **포타슘–아르곤 연대기** K-40 붕괴를 구하는 방법에 대한 지식이 매우 오래된 화성암의 연대를 구하는 데 이용된다. (그림 3.3.5 참조).

(a) 문제5의 (a)에서 구한 해를 이용하여 비 $A(t)/K(t)$를

구하여라.

(b) (a)에서 구한 $A(t)/K(t)$를 이용하여

$$t = \frac{1}{\lambda_1+\lambda_2}\ln\left[1+\frac{\lambda_1+\lambda_2}{\lambda_2}\frac{A(t)}{K(t)}\right]$$

임을 보여라.

(c) 화성암 샘플에 Ar-40 8.5×10^{-7}g과 K-40 5.4×10^{-6}g이 포함되어 있다고 가정하자. (b)의 결과를 이용하여 화성암의 대략적인 연대를 구하여라.

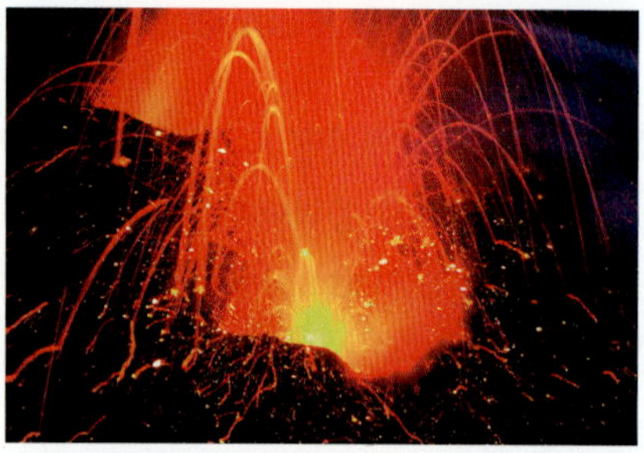

그림 3.3.5 화성암은 화산 용암의 고체화를 통해 형성된다.

혼합물

7. 식 (3)의 계에서 설명된 것과 같이 액체가 들어오고 나가는 비율이 같은 탱크 A와 B를 생각해 보자. 순수한 물 대신에 리터당 2kg의 소금이 포함된 소금물 용액이 탱크 A로 들어간다면 미분방정식의 계는 어떻게 되는가?

8. 그림 3.3.6에서 주어진 정보를 이용하여 시간 t에서 탱크 A, B, C에 있는 소금의 파운드 수 $x_1(t)$, $x_2(t)$, $x_3(t)$에 대한 수학적 모델을 각각 만들어 보아라.

그림 3.3.6 문제8의 혼합된 탱크들

9. 두 개의 매우 큰 탱크 A와 B에 부분적으로 소금물 100L가 들어있다. 처음 100kg의 소금이 탱크 A에 있는 용액에 녹아있고 50kg의 소금이 탱크 B에 있는 용액에 녹아있다. 그림 3.3.7과 같이 시스템은 잘 혼합된 용액이 단지 두 탱크 사이만을 오고 가도록 폐쇄되어 있다.

(a) 그림에서 주어진 정보를 이용하여 시간 t에서 탱크 A와 B에 있는 소금의 파운드 수 $x_1(t)$와 $x_2(t)$에 대한 수학적 모델을 각각 만들어 보아라.

(b) 시간 t에서 성립하는 변수들 $x_1(t)$와 $x_2(t)$ 사이의 관계를 구하여라. 이 관계가 직관적으로 왜 적절하다고 판단되는지를 설명하여라. 이 관계를 이용하여 t = 30분일 때 탱크 B에 있는 소금의 양을 구하여라.

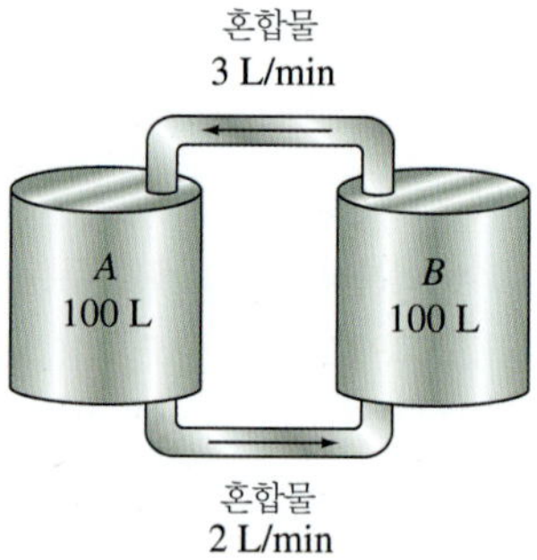

그림 3.3.7 문제9의 혼합된 탱크들

10. 세 개의 큰 탱크들이 그림 3.3.8에서와 같이 소금물을 담고 있다. 그림에 있는 정보를 이용하여 시간 t에서 탱크 A, B, C에 있는 소금의 파운드 수 $x_1(t)$, $x_2(t)$, $x_3(t)$에 대한 수학적 모델을 각각 만들어 보아라. 계를 풀지 않고 $t\to\infty$일 때 $x_1(t)$, $x_2(t)$, $x_3(t)$의 극한값을 예측하여라.

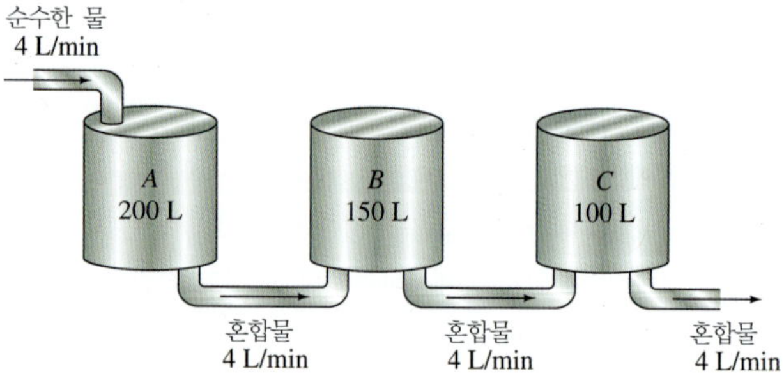

그림 3.3.8 문제10의 혼합된 탱크들

포식자-먹이 모델

11.
$$\frac{dx}{dt} = -0.1x + 0.02xy$$
$$\frac{dy}{dt} = 0.2y - 0.025xy$$

로 주어진 로카-볼테라 포식자-먹이 모델을 생각해 보자. 여기서 $x(t)$는 포식자의 개체 수이고 $y(t)$는 먹이의 개체 수

를 1000마리 단위로 나타낸다. $x(0)=6$ 이고 $y(0)=6$ 이라고 가정하자. 수치적 해결도구를 사용하여 $x(t)$와 $y(t)$의 그래프를 그려라. 그래프를 이용하여 두 종족의 개체 수가 처음으로 같을 때의 시간 $t>0$를 근사적으로 구하여라. 그래프를 이용하여 각 종족의 개체 수의 주기를 근사적으로 구하여라.

경쟁 모델

12.
$$\frac{dx}{dt}=x(2-0.4x-0.3y)$$
$$\frac{dy}{dt}=y(1-0.1y-0.3x)$$

로 정의된 경쟁 모델을 생각해 보자. 여기서 $x(t)$와 $y(t)$는 1000마리 단위로 나타내며 t는 연 단위로 나타낸다. 수치적 해결도구를 사용하여 다음 각각의 경우에 대하여 오랜 시간이 지난 후의 개체 수를 분석하여라.

(a) $x(0)=1.5,\quad y(0)=3.5$

(b) $x(0)=1,\quad y(0)=1$

(c) $x(0)=2,\quad y(0)=7$

(d) $x(0)=4.5,\quad y(0)=0.5$

13.
$$\frac{dx}{dt}=x(1-0.1x-0.05y)$$
$$\frac{dy}{dt}=y(1.7-0.1y-0.15x)$$

로 정의된 경쟁 모델을 생각해 보자. 여기서 $x(t)$와 $y(t)$의 개체 수는 1000마리 단위로 나타내며 t는 연 단위로 나타낸다. 수치적 해결도구를 사용하여 다음 각각의 경우에 대하여 오랜 시간이 지난 후의 개체 수를 분석하여라.

(a) $x(0)=1,\quad y(0)=1$

(b) $x(0)=4,\quad y(0)=10$

(c) $x(0)=9,\quad y(0)=4$

(d) $x(0)=5.5,\quad y(0)=3.5$

회로망

14. 그림 3.3.9와 같은 전기회로망에서 전류 $i_2(t)$와 $i_3(t)$를 설명하는 미분방정식의 계가

$$L\frac{di_2}{dt}+L\frac{di_3}{dt}+R_1 i_2=E(t)$$
$$-R_1\frac{di_2}{dt}+R_2\frac{di_3}{dt}+\frac{1}{C}i_3=0$$

임을 증명하여라.

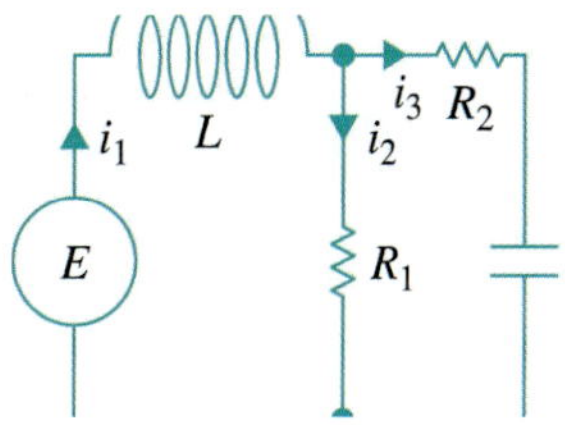

그림 3.3.9 문제14의 회로망

15. 그림 3.3.10과 같은 전기회로망에서 전류 $i_2(t)$와 $i_3(t)$를 설명하는 1계 미분방정식의 계를 구하여라.

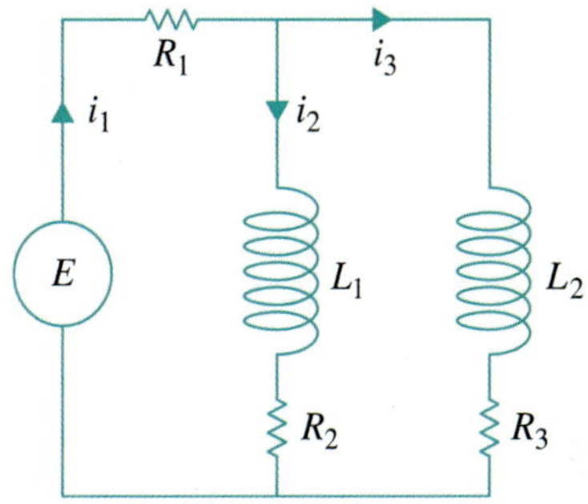

그림 3.3.10 문제15의 회로망

16. (18)에 있는 선형계가 그림 3.3.4의 회로망에서 전류 $i_1(t)$와 $i_2(t)$를 설명함을 증명하여라. [힌트: $dq/dt=i_3$]

추가적인 비선형 모델

17. **SIR 모델** 전염성이 있는 질병이 고정된 인구가 n명인 마을에서 감염자들과 질병에 걸린 것으로 의심되는 사람들 간의 접촉을 통해서 퍼져나가고 있다. 초기에는 모든 사람이 질병에 걸리기 쉬웠고 전염병이 퍼지는 동안에 아무도 마을을 떠나지 않은 것으로 가정하자. 시간 t에서 $s(t), i(t), r(t)$가 차례로 질병에 감염된 것으로 의심되었지만 실제로는 감염되지 않은 사람의 수, 질병에 감염된 사람의 수, 질병에서 회복된 사람의 수라고 하자. 왜 미분방정식의 계

$$\frac{ds}{dt}=-k_1 s i$$
$$\frac{di}{dt}=-k_2 i+k_1 s i$$
$$\frac{dr}{dt}=k_2 i$$

가 **SIR 모델**이라고 불리는 마을을 통한 전염병의 확산에 대한 합리적인 수학적 모델인가를 설명하여라. 여기서 k_1(감염 비율)과 k_2(회복 비율)는 양의 상수이다. 이 방정식의 계에 관련된 그럴듯한 초깃값 조건을 주어라.

18. (a) 문제17에서 왜

$$\frac{ds}{dt} = -k_1 s i$$
$$\frac{di}{dt} = -k_2 i + k_1 s i$$

만을 분석하는 것으로도 충분한가를 설명하여라.

(b) $k_1 = 0.2$, $k_2 = 0.7$이고 $n = 10$이라고 가정하자. $i(0) = i_0$, $0 < i_0 < 10$인 다양한 값을 선택한다. 수치적 해결도구를 사용하여 두 가지 경우 $s_0 > k_2/k_1$와 $s_0 \le k_2/k_1$에 대하여 전염병에 관한 예측한 바를 설명하여라. 전염병의 경우에 있어서 궁극적으로 감염된 사람의 수를 추정하여라.

19. 영양소의 농도 그림 3.3.11에서와 같이 칸막이 A와 B는 액체로 채워져 있으며 투과할 수 있는 얇은 막으로 분리되어 있다. 그림은 세포의 외부와 내부의 나누어진 표현이다. 세포의 성장에 필요한 영양소가 얇은 막을 통과하는 것으로 가정한다. 시간 t에서 칸막이 A와 B에 있는 영양소의 농도 $x(t)$와 $y(t)$에 대한 모델은

$$\frac{dx}{dt} = \frac{k}{V_A}(y - x)$$
$$\frac{dy}{dt} = \frac{k}{V_B}(x - y)$$

인 미분방정식의 선형계로 주어진다. 여기서 V_A와 V_B가 칸막이의 부피이고 $k > 0$가 투과 인자이다. $x(0) = x_0$와 $y(0) = y_0$가 영양소의 초기 농도를 나타낸다고 하자. 계에 있는 방정식의 기초와 $x_0 > y_0 > 0$이라는 가정을 이용하여 같은 좌표 평면 위에 계의 해곡선들을 그리고 이유를 설명하여라. 오랜 시간이 지난 후에 대한 해의 성질을 논의하여라.

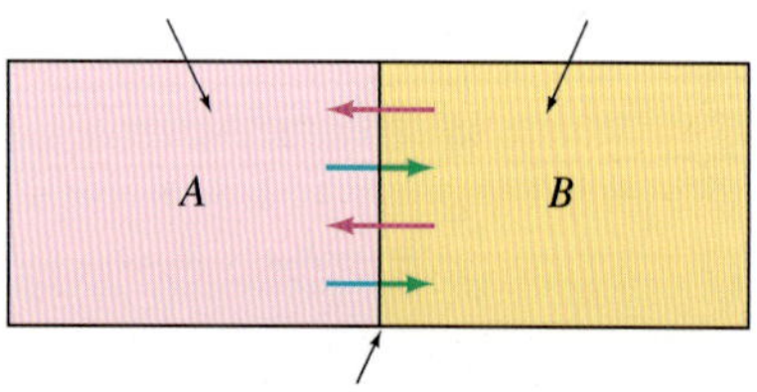

그림 3.3.11 문제19의 얇은 막을 통한 영양소의 흐름

20. (2)에 있는 계처럼 문제19에 있는 계는 좀 더 깊은 지식이 없이도 풀 수 있다. $x(t)$와 $y(t)$에 대하여 풀고 이 그래프를 문제19에서 그린 그래프들과 비교하여라. $t \to \infty$일 때 $x(t)$와 $y(t)$의 극한값을 구하여라. 마지막 질문에 대한 답이 왜 직관적으로 의미가 있는지를 설명하여라.

21. 혼합물 143쪽과 그림 3.3.1에 있는 혼합물 문제의 물리적 설명을 바탕으로 함수 $x_1(t)$와 $x_2(t)$의 성질을 논의하여라. 오랜 시간이 지난 후 각각의 함수의 성질은 어떻게 되는가? $x_1(t)$와 $x_2(t)$의 가능한 그래프들을 그려라. 수치적 해결도구를 사용하여 초기 조건 $x_1(0) = 25$, $x_2(0) = 0$에 대한 (3)의 수치적 해곡선을 얻어서 당신의 추측을 점검해 보아라.

22. 뉴턴의 냉각/가열 법칙 그림 3.3.12에서와 같이 작은 쇠막대가 용기 A 안에 놓여있고 용기 A는 좀 더 큰 용기 B 안에 놓여있다. 쇠막대가 식으면 용기 A 안에 있는 매질의 주변 온도 $T_A(t)$도 뉴턴의 냉각법칙에 따라서 변한다. 용기 A가 식으면 용기 B 안의 매질의 온도는 크게 변하지 않으며 상수 T_B로 생각할 수 있다. $T(t)$가 용기 A 안에 있는 쇠막대의 온도라고 할 때 $T(t)$와 $T_A(t)$의 온도에 대한 수학적 모델을 만들어 보아라. 문제1, 문제5, 문제20과 같이 이 모델은 앞에서 다룬 지식을 사용하여 풀 수 있다. 초기 조건 $T(0) = T_0$, $T_A(0) = T_1$에 대한 계의 해를 구하여라.

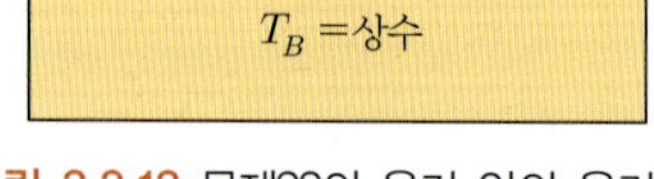

그림 3.3.12 문제22의 용기 안의 용기

3장 복습

(1–2) 본문을 언급하지 말고 답하여라. 빈 칸을 채우거나 참과 거짓을 말하여라.

1. 만일 $P(t) = P_0 e^{0.15t}$ 이 시간 t 에서 하나의 환경에 있는 개체의 수를 나타낸다면 $P(t)$ 에 의해 만족되는 미분방정식은 ___________.

2. 방사성 물질의 붕괴 비율은 시간 t 에 남아있는 양 $A(t)$ 에 비례한다고 할 때 물질의 반감기는 반드시 $T = -(\ln 2)/k$ 이다. 시간 $t = T$ 에서 물질의 붕괴 비율은 시간 $t = 0$ 에서 붕괴 비율의 절반이다. _______

3. **인구** 1976년 3월에 세계 인중적인 뉴스 잡지에서는 평균적으로 연간 인구 증가 비율을 1.8%로 하여 세계 인구가 45년 후에 80억 명이 될 것이라고 예측하였다. 이 값을 어떻게 인구의 증가 비율이 시간 t 에 존재하는 인구의 수에 비례한다고 가정한 모델에 의하여 예측한 인구의 수와 비교할 수 있을까?

4. **이산화탄소의 농도** 0.06%의 이산화탄소가 포함된 공기가 부피가 200m³인 방으로 들어온다. 공기는 50m³/min의 비율로 들어오며 순환된 공기는 같은 비율로 방에서 빠져나간다. 초기에 방안에 0.2%의 이산화탄소가 있었다고 할 때 시간 t 에서 방의 있는 이산화탄소의 양을 구하여라. 10분 후에 농도는 얼마인가? 이산화탄소의 정상 상태 또는 평형 농도는 얼마인가?

5. **외치의 냉동인간** 1991년 9월에 두 명의 독일 관광객이 오스트리아와 이탈리아 사이의 국경에 있는 외츠탈 알프스의 빙하에서 부분적으로 냉동된 잘 보존된 남성의 시신을 발견하였다.(그림 3.R.1 참조) 시신에서 발견된 상처와 멍 자국, 머리에 생긴 외상, 왼쪽 어깨에서 발견된 화살촉으로 미루어 볼 때 외치의 냉동인간은 살해당했음을 알 수 있다. 탄소연대 측정기술을 이용하여 외치 냉동인간의 시체에는 살아있는 인간에게서 나타나는 C-14의 53%를 포함하고 있음을 알 수 있었다. 1991년에 그 냉동인간의 탄소연대측정을 하였다고 가정하여라. 3.1절의 예제3에서 설명된 방법을 이용하여 대략적인 그가 사망한 날짜를 구하여라.

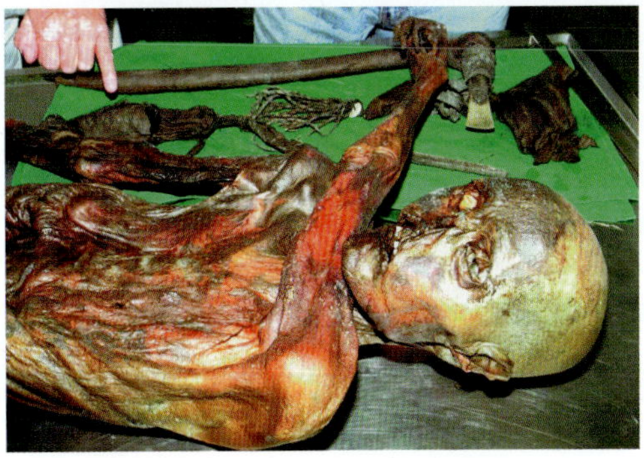

그림 3.R.1 문제5의 외치 냉동인간

6. **암 치료** 액상 방사성 요오드-131은 갑상선암 치료에 종종 사용된다. 표본에 있던 요오드-131의 초기량 A_0 가 1일이 지난 후 8.3%만큼 감소하였다고 가정하자.
   (a) 8일 후 표본에 남아있는 요오드-131의 양을 구하여라.
   (b) (a)에서의 결과의 중요성을 설명하여라.

7. **트랙트릭스** 트랙트릭스의 미분방정식
$$\frac{dy}{dx} = -\frac{y}{\sqrt{a^2 - y^2}}$$
를 풀어라(1.3절 연습문제28 참조). 초깃점이 y 축 위의 $(0, 10)$ 에 있고 로프의 길이는 $x = 10$ m로 가정한다.

8. **농도** 한 세포가 일정한 농도 C_s 의 용매를 포함한 용액 속에 담겨있다고 가정하자. 또한 그 세포는 일정한 부피 V 를 가지며 투과할 수 있는 얇은 막의 넓이는 상수 A 라고 가정하자. 독일의 물리학자이자 생리학자인 **아돌프 픽(Adolf Eugen Fick**, 1829-1901)이 1855년에 도입한 **픽의 확산 법칙(Fick's law of diffusion)**에 따르면 $C(t)$ 가 시간 t 에서 세포의 내부에 있는 용매의 농도일 때 세포의 질량 m의 변화율은 면적 A와 차이 $C_s - C(t)$ 에 직접적으로 비례한다. $m = V \cdot C(t)$ 이고 $C(0) = C_0$ 일 때 $C(t)$ 를 구하여라.(그림 3.R.2 참조)

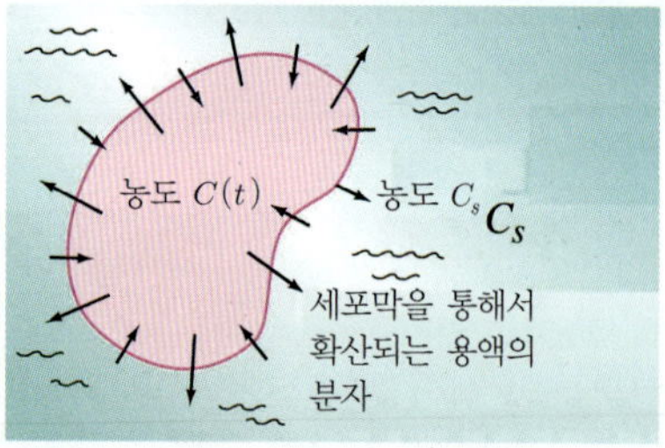

그림 3.R.2 문제8의 세포

9. **온도** 물체가 식어감에 따라서 매질의 온도는 물체에 의하여 잃어버린 열을 완벽하게 흡수함에 따라서 올라간다고 가정하자. 시간 t에서 $T(t)$와 $T_m(t)$가 각각 물체의 온도와 매질의 온도라고 하자. 만일 초기의 물체의 온도가 T_1이고 초기의 매질의 온도가 T_2라고 할 때 이 경우 뉴턴의 냉각법칙에 의하여 $k<0$일 때 $dT/dt = k(T - T_m)$이다. 여기서 $T_m = T_2 + B(T_1 - T)$이고 $B > 0$는 상수이다.
   (a) 앞의 미분방정식은 자율적이다. 2.1절의 위상 사진 개념을 이용하여 $t\to\infty$일 때 온도 $T(t)$의 극한값을 구하여라. $t\to\infty$일 때 $T_m(t)$의 극한값은 얼마인가?
   (b) 실제로 미분방정식을 풀어서 (a)에 있는 답변을 증명하여라.
   (c) (a)에 있는 답변의 물리적 해석을 논의하여라.

10. **온도 스테판의 방사능 법칙**(Stefan's law of radiation)에 의하면 일정한 절대온도 T_m인 매질에서 냉각되는 물체의 절대온도 T는 k가 상수일 때

$$\frac{dT}{dt} = k(T^4 - T_m^4)$$

으로 주어진다. 오스트리아 제국에서 태어난 수리물리학자인 요셉 스테판(Jesef Stefan, 1835-1893)은 1879년에 방사능 법칙을 발표하였다. 스테판의 법칙은 뉴턴의 냉각법칙보다 좀 더 폭넓은 범위의 온도에 대하여 사용될 수 있다.
   (a) 미분방정식을 풀어라.
   (b) T_m과 비교하여 $T - T_m$이 작은 값일 때 뉴턴의 냉각법칙이 스테판의 법칙을 근사화함을 증명하여라. [힌트: 미분방정식의 우변의 이항 급수를 생각해 보아라.]

11. **회로** RC 직렬회로가 가변 저항을 갖는다고 가정하자. k_1, k_2가 알려진 양의 상수일 때, 시간 t에서 저항이 $R(t) = k_1 + k_2 t$로 정의되면, 3.1절의 미분방정식 (9)는

$$(k_1 + k_2 t)\frac{dq}{dt} + \frac{1}{C}q = E(t)$$

가 되는데, 여기서 C는 상수이다. E_0, q_0가 상수일 때, $E(t) = E_0$, $q(0) = q_0$이면

$$q(t) = E_0 C + (q_0 - E_0 C)\left(\frac{k_1}{k_1 + k_2 t}\right)^{1/Ck_2}$$

임을 보여라.

12. **브라키스토크론** 해 곡선에 대한 물리학과 수학에서 가장 간단하면서도 가장 유명한 문제 중 하나는 1696년 요한 베르누이(야곱의 형제)가 제기한 문제이다. 유연하고 매끄러운 줄이 두 지점 P_1과 P_2사이에 고정되어 있다고 가정하고, 중력의 영향을 받아 구슬이 P_1과 P_2에서 마찰 없이 자유롭게 미끄러질 수 있다고 가정하자. 문제는 다음과 같다.

> 구슬이 가장 짧은 시간에 P_1에서 P_2로 미끄러지도록 줄을 어떻게 구부려야 하는가, 즉 줄의 y(x) 모양이 어떻게 되어야 하는가?

그림 3.R.3에서 여러 도형을 그렸고 P_1을 xy평면의 원점에 고정했다. 직관적으로 두 점 사이의 최단 거리가 직선이므로 줄의 모양이 직선이 되어야 한다고 생각한다. 하지만 이 생각은 틀렸다! 몇 년 전에 갈릴레오는 그 모양이 원호일 것이라고 추측했다. 더 나은 추측이지만 여전히 틀렸다. **브라키스토크론** 문제(그리스어로 브라키스토스는 최단, 크로노스는 시간을 의미함)라고 불리게 된 이 문제는 많은 수학자들을 당황하게 만들었고, 베르누이는 이 문제를 직접 풀었다. 매개변수의 변분이라는 방법을 사용하여 베르누이의 분석은 일계 미분방정식를 이끌어냈다.
   (a) 이 변수 분리 가능한 1계 미분방정식을 풀기 위하여 우선 k, y, dy를 사용하여 dx를 구하라.
   (b) 해 곡선에 대한 매개변수 방정식을 구하기 위하여 치환 $y = k\sin^2\theta$와 $\theta = 0$일 때 $y = 0$을 사용하라. 이 곡선은 **사이클로이드**로 밝혀졌다.

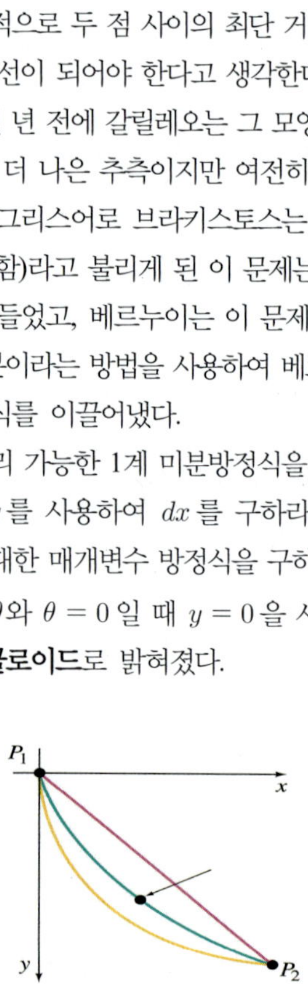

그림 3.R.3 문제12의 미끄러지는 구슬

13. 두 개의 상호작용을 하는 동물 종족에 대한 모델이

$$\frac{dx}{dt} = k_1 x(\alpha - x)$$

$$\frac{dy}{dt} = k_2 xy$$

이다. t에 관하여 x와 y를 풀어라.

14. 초기에 두 개의 큰 탱크 A와 B가 각각 100L의 소금물 용액을 담고 있다. 잘 저은 액체가 그림 3.R.4처럼 탱크들 사이에서 오고 간다. 그림에서 주어진 정보를 사용하여 시간 t에서 탱크 A와 B에 있는 소금의 파운드 수 $x_1(t)$와 $x_2(t)$에 대한 수학적 모델을 각각 만들어 보아라.

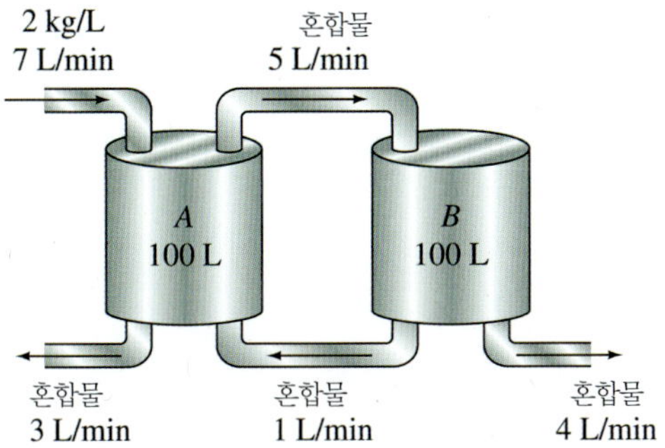

그림 3.R.4 문제14의 혼합된 탱크들

곡선군 $G(x, y, c_1) = 0$에 있는 모든 곡선들이 다른 곡선군 $H(x, y, c_2) = 0$에 있는 모든 곡선들에 직교적으로 교차할 때 이 곡선군들을 서로에 대한 **직교 절선들**(orthogonal trajectories)이라고 한다(그림 3.R.5 참조). 만일 $dy/dx = f(x, y)$가 한 곡선군의 미분방정식이면 이 곡선군의 직교 절선들에 대한 미분방정식은 $dy/dx = -1/f(x, y)$이다. 문제15-18에서 dy/dx를 구하고 이 방정식으로부터 c_1을 제거하여 주어진 곡선군에 대한 미분방정식을 구하여라. 이 곡선군의 직교 절선들을 구하여라. 그래프를 그리는 도구를 이용하여 같은 좌표축 위에 두 곡선군을 그려라.

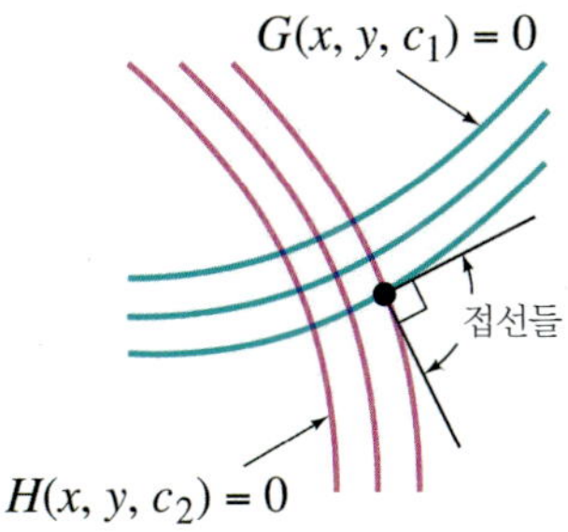

그림 3.R.5 직교 곡선군들

15. $y = c_1 x$

16. $x^2 - 2y^2 = c_1$

17. $y = c_1 e^x$

18. $y = \dfrac{1}{x + c_1}$

하나의 매개변수로 이루어진 곡선군 $G(x, y, x_1) = 0$의 직교 절선들이 그 자체인 경우, 이 곡선군을 **자기 직교(self orthogonal)** 라고 한다. 문제19와 문제20에서 주어진 방법을 사용하여 공초점형 포물선 $y^2 = 4c(x + c)$의 곡선군이 자기 직교임을 나타낸다.

19. 곡선군 $y^2 = 4c(x + c)$가 조각 단위로 정의되었다고 가정하자 :
$y^2 = 4p(x + p),\ p > 0$ (오른쪽으로 열린 포물선)
$y^2 = -4q(x - q),\ q > 0$ (왼쪽으로 열린 포물선)
두 방정식으로 정의된 곡선들의 교점을 구하여라. 그리고 교점에서 접선들이 직교함을 보여라.

20. 곡선군 $y^2 = 4c(x + c)$로 정의된 미분방정식과 이 함수족의 직교 절선들로 정의된 미분방정식이 같음을 보여라.

21. 식별자 $a = r,\ b = r/K,\ a/b = K$가 있는 그림 2.1.7과 3.2.2는 3.2절의 로지스틱 인구모델 (3)이 초기 인구가 P_0 $(0 < P_0 < K)$일 때 P_0가 아무리 작아도 오랜 시간 동안 인구는 증가하지만 수용량 K를 초과하지는 않을 것임을 예측하는 것을 보여준다. 또한, $P_0 > K$인 경우 이 모델이 인구가 시간이 지남에 따라 스스로 유지할 수 없으므로 감소하지만 생태계의 수용 능력 K 아래로 떨어지지 않는다고 예측한다. 미국의 생태학자 와더 앨리(Warder Clyde Allee, 1885−1955)는 특정 어장이 일정 수준 이상으로 고갈되면 어류 개체수가 회복되지 않는다는 것을 보여주었다. 미분 방정식 (3)의 두 가지 특성이 동일하지만, 오랜 시간 동안 인구가 자체적으로 지속될 수 없고 점차 소멸해 가는 저점, 즉 **임계 수준** $A\ (0 < A < K)$를 갖는 인구 P를 설명하기 위해 미분방정식 (3)을 어떻게 수정할 수 있을까? [힌트: 원하는 것의 그림을 단계적으로 그린 후 미분방정식을 만들어라.]

22. **나무 톱질하기** 길고 균일한 나무 조각(단면은 동일)을 수직 톱날로 길이에 수직으로 자른다(그림 3.R.6 참조). 톱날의 측면과 톱날이 통과하는 목재 사이의 마찰을 무시하면, 톱날이 목재 조각을 통과하는 속도는 톱날과 접촉하는 목재의 너비에 반비례한다고 가정할 수 있다. 톱날이 목재를 통해

좌, 우로 움직임으로써 단면의 너비는 음이 아닌 연속함수 w로 바뀐다. 나무의 단면을 구간 $[a, b]$에서 정의된 xy평면에 있는 영역으로 나타내면, 그림 3.R.6(c)에서 보듯이, 톱날의 위치 x는 시간 t의 함수이고 톱날에 의해 만들어진 수직 단면은 수직선분으로 나타낼 수 있다. 이 수직선의 길이는 그 지점에서 나무의 폭 $w(x)$가 된다. 톱날의 위치 $x(t)$와 톱날이 오른쪽까지 움직일 때의 비 dx/dt는

$$w(x)\frac{dx}{dt}=k,\ \ x(0)=a$$

에 의해 $w(x)$와 관련된다. 여기서 k는 단위 시간당 톱날로 제거된 나무의 제곱 단위 수를 나타낸다.

(a) 톱이 컴퓨터화되어 $k=1$이 되도록 프로그래밍할 수 있다고 가정하자. 나무 조각이 원형 통나무일 때 앞서 언급한 초깃값 문제의 암시적인 해를 구하여라. 단면은 중심이 $(0, 0)$이고 반지름이 2인 원이라 가정하여라. [힌트: 시간 절약을 위해 앞표지의 오른쪽 내부 쪽에 주어진 적분표의 공식 41을 참조하여라.]

(b) (a)에서 얻어진 시간 t에 대한 암시적인 해를 x의 함수로 나타내어라. 함수 $t(x)$의 그래프를 그려라. 그래프를 사용하여 이 나무 조각을 잘라내기 위해 톱을 사용한 시간을 추정하여라. 그 후 정확한 시간을 구하여라.

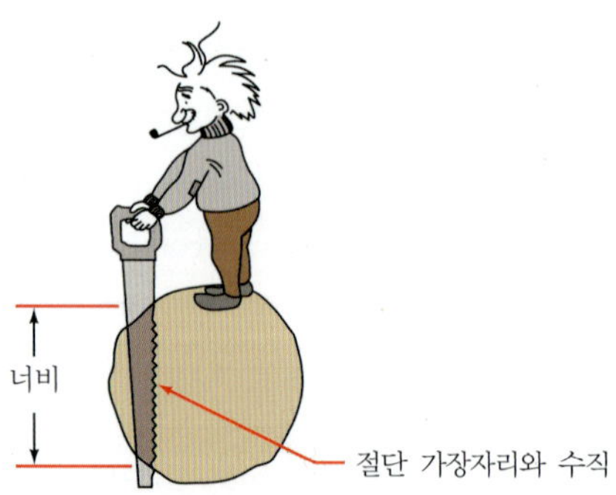

(a) 단면

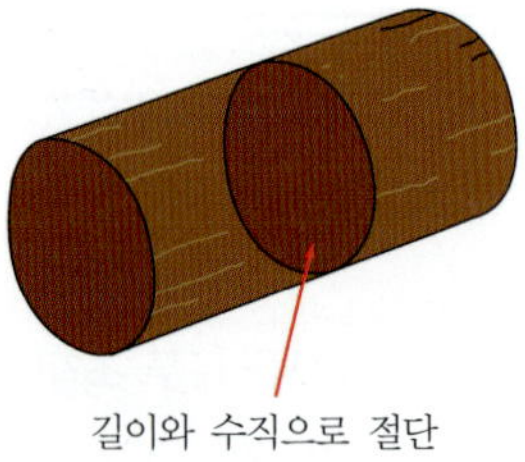

(b) 통나무 옆면

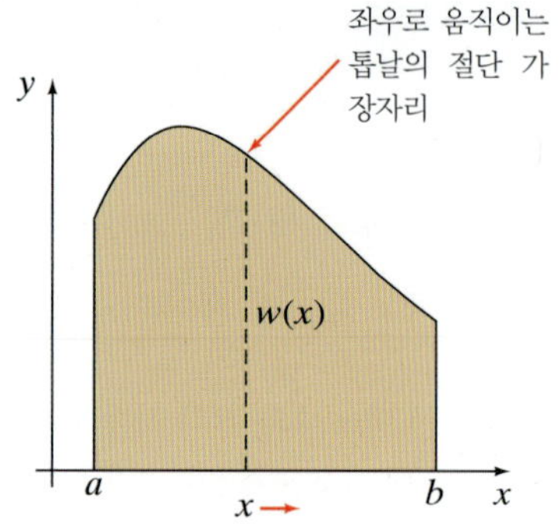

(c) 단면

그림 3.R.6 문제22의 통나무 톱질

23. 나무 톱질하기-계속 균일한 나무 조각의 단면이 그림 3.R.7에 주어진 것처럼 삼각형 영역일 때 문제22에서 초깃값 문제를 풀어라. 다시 $k=1$이라 가정하자. 이 나무 조각을 자르는데 얼마나 걸릴까?

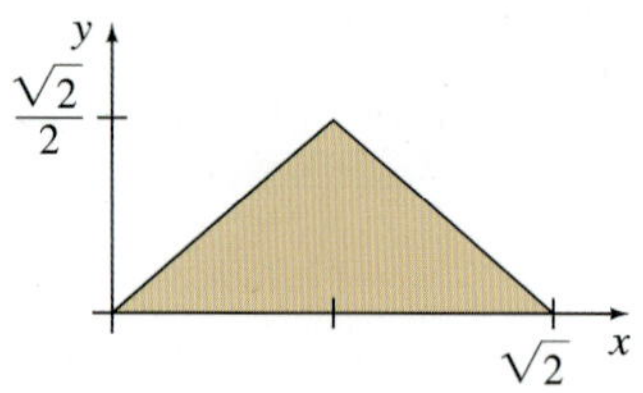

그림 3.R.7 문제23의 삼각단면

24. 화학적 운동학 가스가 A형 분자로 구성되었다고 가정하자. 그 가스가 가열되면 분자 충돌에 의해 두 번째 물질 B가 만들어진다. $t \geq 0$일 때, $A(t)$와 $B(t)$를 시간 t에서 각각 나타내는 A형과 B형의 분자 수라고 하자. A형 분자 수 감소 비율에 대한 수학적인 모델은

$$\frac{dA}{dt}=-kA^2,\ \ k>0$$

이다.

(a) $A(0)=A_0$일 때 $A(t)$를 구하여라.

(b) $A(t)+B(t)=A_0$라고 가정하고 시간 t에 나타나는 물질 B의 분자 수를 구하여라.

(c) $t \geq 0$일 때 $A(t)$와 $B(t)$의 대략적인 그래프를 그려라.

04

고계 미분방정식

이제 2계 또는 고계 상미분방정식의 해를 구하자. 이 장의 처음 일곱 개의 절에서 우리는 특정한 형태의 선형 미분방정식의 기초 이론과 그 해를 구하는 방법을 고찰할 것이다. 이 장은 비선형 고계 방정식의 간단한 고찰로 끝을 맺는다.

4.1 선형방정식 이론

소개

1.1절 끝 부분의 주의 (vi)와 2.3절의 76쪽을 다시 읽어라.

우리는 2장에서 변수 분리형, 완전 미분방정식, 선형, 동차, 또는 베르누이 방정식과 같은 형태로 표현된 일부 1계 미분방정식의 해를 구할 수 있었다. 위의 형태의 미분방정식의 해가 일변수 함수 형태의 집합족이라도 한 가지 경우를 제외하고 이 집합족은 미분방정식의 일반해를 나타내지는 못한다. **일반해**란 주어진 구간 I 에서 정의된 미분방정식의 모든 해를 포함한 구간 I 위에서 정의된 해의 집합족을 일컫는다. 계수가 연속이라는 조건을 주의하면서 1계 선형 미분방정식만의 일반해를 구할 수 있다. 이 절의 근본 목표는 고계 선형 미분방정식의 해를 구하는 것이기 때문에 우리는 우선 선형방정식에 대한 기초 이론을 검토할 필요가 있다.

4.1.1 초깃값 및 경곗값 문제

초깃값 문제(Initial Value Problem) 1.2절에서 우리는 일반적인 n계 미분방정식의 초깃값 문제를 정의하였다. 선형 미분방정식에서 **n계 초깃값 문제(IVP)** 는

해를 구한다. :

$$a_n(x)\frac{d^ny}{dx^n}+a_{n-1}(x)\frac{d^{n-1}y}{dx^{n-1}}+\cdots+a_1(x)\frac{dy}{dx}+a_0(x)y=g(x)$$

조건 :

$$y(x_0)=y_0,\ y'(x_0)=y_1,\ \cdots,\ y^{(n-1)}(x_0)=y_{n-1} \tag{1}$$

이다. 위와 같은 문제에 대하여 우리는 미분방정식과 x_0에서 정의된 n개의 초기조건 : $y(x_0)=y_0,\ y'(x_0)=y_1,\ \cdots,\ y^{n-1}(x_0)=y_{n-1}$을 만족하는 x_0을 포함한 구간 I 에서 정의된 함수를 구해야 함을 상기하자. 2계 초깃값 문제의 경우 해곡선은 $(x_0,\ y_0)$을 지나며 그 점에서 함수의 기울기는 y_1 임을 보였다.

존재성과 유일성 1.2절에서 1계 미분방정식의 초깃값 문제의 해가 유일하게 존재하는 조건을 명시한 정리를 제시하였다. 문제(1)의 해가 유일하게 존재할 충분조건은 다음 정리와 같다.

정리 4.1.1 유일한 해의 존재성

$a_n(x)$, $a_{n-1}(x)$, $\cdots$, $a_1(x)$, $a_0(x)$과 $g(x)$가 구간 I에서 연속이며 구간 I의 모든 점 x에 대하여 $a_n(x) \neq 0$이라 하자. 만일 $x = x_0$가 구간 I 내의 한 점이면 초깃값 문제(1)의 해 $y(x)$는 구간 I에서 유일하게 존재한다.

예제 1 IVP 해의 유일성

초깃값 문제

$$3y''' + 5y'' - y' + 7y = 0,\ y(1) = 0,\ y'(1) = 0,\ y''(1) = 0$$

는 자명한 해 $y = 0$를 갖는다. 3계 방정식은 계수가 상수인 선형방정식이므로 정리 4.1.1의 조건을 만족한다. 그러므로 $x = 1$을 포함한 구간에서 $y = 0$은 유일한 해가 된다. ■

예제 2 IVP 해의 유일성

함수 $y = 3e^{2x} + e^{-2x} - 3x$가 초깃값 문제

$$y'' - 4y = 12x,\ y(0) = 4,\ y'(0) = 1$$

의 해가 됨을 확인할 수 있다. 위의 미분방정식은 선형이며 $x = 0$을 포함한 임의의 구간 I에서 계수들과 $g(x) = 12x$ 모두 연속이며 $a_2(x) = 1 \neq 0$이다. 정리 4.1.1에 의하여 주어진 함수는 구간 I에서 유일한 해가 된다. ■

정리 4.1.1에서의 조건인 구간 I의 모든 점 x에 대하여 $a_i(x)$, $i = 0, 1, 2, \cdots, n$이 연속이고 $a_n(x) \neq 0$은 모두 중요하다. 특히 구간 I의 어떤 점 x에 대하여 $a_n(x) = 0$이면 선형 미분방정식 초깃값 문제의 해가 유일하지 않을 수 있으며 심지어 해가 존재하지 않을 수도 있다. 예를 들면 c가 임의의 상수일 때 $y = cx^2 + x + 3$은 구간 $(-\infty, \infty)$에서의 초깃값 문제

$$x^2y'' - 2xy' + 2y = 6,\ y(0) = 3,\ y'(0) = 1$$

의 해가 된다. 즉 위의 문제에서 해는 유일하게 존재하지 않는다. 비록 정리 4.1.1의 대부분의 조건을 만족하지만, 명백한 어려움은 $a_2(x) = x^2$은 $x = 0$에서 0이고 초깃값 조건은 $x = 0$에서 주어진 것이다.

경곗값 문제(Boundary Value Problem) 다른 형태의 문제는 종속변수 y 또는 그 도함수의 값이 서로 다른 점에서 주어진 2계 또는 그 이상의 선형 미분방정식의 해를 구하는 것이다. 다음과 같은

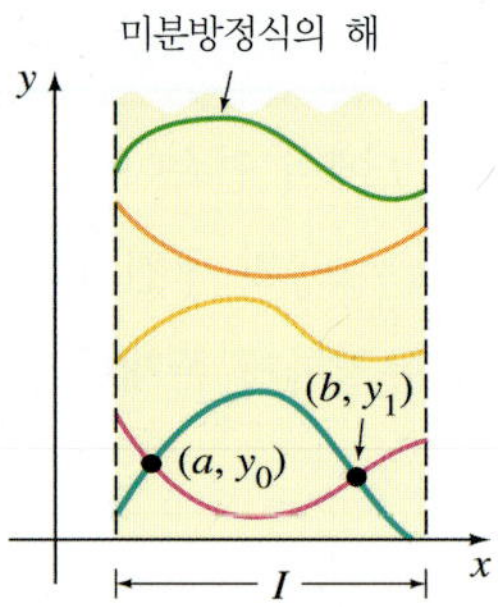

그림 4.1.1 두 점을 지나는 BVP의 해곡선

$$\text{해를 구한다: } a_2(x)\frac{d^2y}{dx^2}+a_1(x)\frac{dy}{dx}+a_0(x)y=g(x)$$

$$\text{조건: } y(a)=y_0,\ \ y(b)=y_1$$

문제를 **경곗값 문제**(BVP)라 한다. $y(a)=y_0$, $y(b)=y_1$을 **경계 조건**(boundary condition)이라 한다. 위의 문제의 해는 a와 b를 포함하는 구간 I에서 미분방정식을 만족하는 함수로 그 그래프는 두 점 (a, y_0)과 (b, y_1)를 지난다(그림 4.1.1 참조).

2계 미분방정식에서 y_0, y_1가 임의의 상수일 때 각각의 쌍

$$y'(a)=y_0,\ \ y(b)=y_1$$
$$y(a)=y_0,\ \ y'(b)=y_1$$
$$y'(a)=y_0,\ \ y'(b)=y_1$$

들은 다른 형태의 경계 조건이 된다. 위의 세 쌍의 조건은 일반적인 경계 조건인

$$\alpha_1 y(a)+\beta_1 y'(a)=\gamma_1$$
$$\alpha_2 y(b)+\beta_2 y'(b)=\gamma_2$$

의 특별한 경우이다.

다음 예제는 정리 4.1.1의 조건을 모두 만족하지만 경곗값 문제는 여러 해를 가질 수도 있고(그림 4.1.1에서 제시한 것과 같이), 유일한 해를 가질 수도 있고, 또는 해가 하나도 없을 수도 있음을 보여준다.

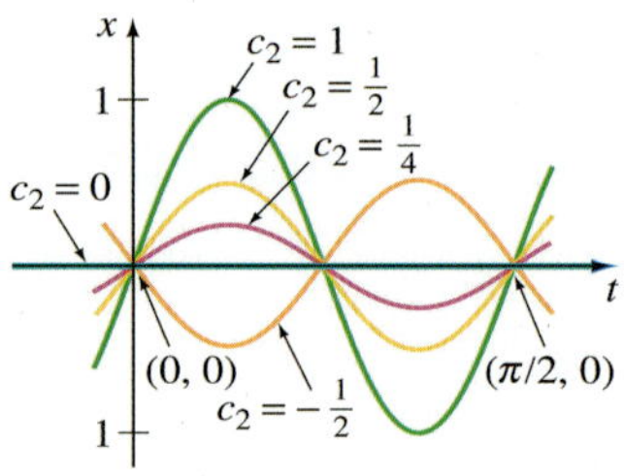

그림 4.1.2 예제3 (a)의 BVP에 대한 해곡선

예제 3 많은 해, 유일한 해 또는 해가 없는 경곗값 문제

1.1절의 예제9에서 우리는 미분방정식 $x''+16x=0$의 두 개의 매개변수의 해 집합족이

$$x=c_1\cos 4t+c_2\sin 4t \tag{2}$$

임을 보였다.

(a) 경계 조건 $x(0)=0$, $x\left(\frac{\pi}{2}\right)=0$을 만족하는 해를 구한다고 하자. 첫 번째 조건 $0=c_1\cos 0+c_2\sin 0$으로 $c_1=0$이므로 $x=c_2\sin 4t$가 된다. 그러나 $t=\frac{\pi}{2}$이면 $\sin 2\pi=0$이므로 임의의 상수 c_2에 대하여 $0=c_2\sin 2\pi$을 만족한다. 그러므로 경곗값 문제

$$x''+16x=0,\ x(0)=0,\ x\left(\frac{\pi}{2}\right)=0 \tag{3}$$

는 무수히 많은 해를 가진다. 그림 4.1.2는 $(0,0)$과 $\left(\frac{\pi}{2},0\right)$을 지나는 한 개의 매개변수 집합족 $x=c_2\sin 4t$ 중 일부 원소들의 그래프이다.

(b) 만일 (3)에서의 경계 조건을

$$x'' + 16x = 0,\ x(0) = 0\ ,\ x\left(\frac{\pi}{8}\right) = 0 \tag{4}$$

으로 바꾸면 여전히 $x(0)=0$ 의 조건으로 해 (2)에서 $c_1 = 0$이다. 그러나

$x = c_2 \sin 4t$

에 $x\left(\frac{\pi}{8}\right)=0$을 대입하면 $0 = c_2 \sin\frac{\pi}{2} = c_2 \cdot 1$이 된다. 그러므로 $x=0$은 새로운 경곗값 문제의 해가 된다. 실제로 $x=0$이 (4)의 유일한 해가 됨을 증명할 수 있다.

(c) 마지막으로 이 문제를

$$x'' + 16x = 0,\ x(0) = 0\ ,\ x\left(\frac{\pi}{2}\right) = 1 \tag{5}$$

으로 바꾸면 $x(0)=0$의 조건으로 $c_1 = 0$이 되지만 $x = c_2 \sin 4t$에 $x\left(\frac{\pi}{2}\right) = 1$를 대입하면 $1 = c_2 \sin 2\pi = c_2 \cdot 0 = 0$이 되어 모순이 된다. 그러므로 경곗값 문제(5)는 해를 가지지 않는다. ■

4.1.2 동차방정식

$$a_n(x)\frac{d^n y}{dx^n} + a_{n-1}(x)\frac{d^{n-1}y}{dx^{n-1}} + \cdots + a_1(x)\frac{dy}{dx} + a_0(x)y = 0 \tag{6}$$

형태의 n계 선형 미분방정식을 **동차**(homogeneous)라 하고 $g(x) \neq 0$인

$y=0$은 항상 동차 선형 방정식의 해이다. ▶

$$a_n(x)\frac{d^n y}{dx^n} + a_{n-1}(x)\frac{d^{n-1}y}{dx^{n-1}} + \cdots + a_1(x)\frac{dy}{dx} + a_0(x)y = g(x) \tag{7}$$

형태의 방정식을 **비동차**(non-homogeneous)라 한다. 예를 들면 $2y'' + 3y' - 5y = 0$은 동차 2계 선형 미분방정식이며 $x^3 y''' + 6y' + 10y = e^x$는 비동차 3계 선형 미분방정식이다. 여기서 **동차**라는 용어는 2.5절에서 언급되었던 계수가 동차함수라는 것과는 관계가 없다.

비동차 미분방정식 (7)을 풀기 위해서 우리는 먼저 그와 관련된 **동차 미분방정식**(associated homogeneous equation) (6)을 풀 수 있어야 한다.

이 책의 나머지 부분 전체에서, 실제로 과목에서, 불필요한 반복을 피하기 위하여 선형방정식 (1)에 대한 정의와 정리를 언급할 때 다음과 같은 중요한 가정을 하기로 하자. 어떤 공통구간 I 위에서

이 두 가정을 기억하여라. ▶

- 계수 함수 $a_i(x)\,(i = 0, 1, 2, \cdots, n)$과 $g(x)$는 연속이다.
- 그 구간의 모든 점 x에서 $a_n(x) \neq 0$이다.

미분연산자 미적분학에서 미분은 종종 영문 대문자 D, 즉 $\frac{dy}{dx} = Dy$로 표현된다. 기호 D는 미분가능한 함수를 다른 함수로 변환하기에 **미분연산자**(differential operator)라고 한다. 예를 들어 $D(\cos 4x) = -4\sin 4x$이고 $D(5x^3 - 6x^2) = 15x^2 - 12x$가 된다. 고계 도함수는 다음과 같이 자연스럽게 D의 항으로 표현한다. 충분하게 미분 가능한 함수 y에 대하여

$$\frac{d}{dx}\left(\frac{dy}{dx}\right) = \frac{d^2y}{dx^2} = D(Dy) = D^2y \text{이며, 일반적으로 } \frac{d^ny}{dx^n} = D^ny$$

가 된다. $D+3$, D^2+3D-4와 $5x^3D^3 - 6x^2D^2 + 4xD + 9$과 같이 D를 포함한 다항식들도 미분연산자이다. 일반적으로,

$$L = a_n(x)D^n + a_{n-1}(x)D^{n-1} + \cdots + a_1(x)D + a_0(x) \tag{8}$$

을 **n계 미분연산자** 또는 **다항식 연산자**(polynomial operator)라 정의한다.

미분의 두 가지 기본성질 $D(cf(x)) = cDf(x)$(여기서 c는 상수)와 $D\{f(x) + g(x)\} = Df(x) + Dg(x)$에 의해, 미분연산자 L은 선형성인 성질을 가진다. 즉, 미분 가능한 2개의 함수의 일차결합에 작용한 L은 각각의 함수에 L을 작용한 함수의 일차결합과 같다. 기호로 이것은 상수 α와 β에 대하여

$$L\{\alpha f(x) + \beta g(x)\} = \alpha L(f(x)) + \beta L(g(x)) \tag{9}$$

을 의미한다. (9) 때문에 우리는 n계 미분연산자 L을 **선형연산자**(linear operator)라 한다.

미분방정식 어떠한 선형 미분방정식도 기호 D의 식으로 표현할 수 있다. 예를 들어 미분방정식 $y'' + 5y' + 6y = 5x - 3$은 $D^2y + 5Dy + 6y = 5x - 3$ 또는 $(D^2 + 5D + 6)y = 5x - 3$으로 나타낸다. (8)을 사용하여 (6)과 (7)의 형태의 n계 선형 미분방정식을 각각

$$L(y) = 0 \text{와 } L(y) = g(x)$$

로 간단히 나타낼 수 있다.

중첩원리(Superposition Principle) 다음 정리에서 두 개 또는 그 이상의 동차 선형 미분방정식의 해들의 합 또는 **중첩**도 해가 됨을 알 수 있다.

정리 4.1.2 중첩원리-동차방정식

y_1, y_2, $\cdots$, y_k를 구간 I에서 n계 동차 미분방정식 (6)의 해라 하자. 그러면 임의의 상수 c_i $(i = 1, 2, \cdots, k)$에 대하여 일차결합

$$y = c_1 y_1(x) + c_2 y_2(x) + \cdots + c_k y_k(x)$$

도 그 구간에서 미분방정식의 해가 된다.

증명 $k=2$인 경우를 증명하자. L을 (8)과 같이 정의된 미분연산자라 하고 $y_1(x)$와 $y_2(x)$를 동차방정식 $L(y)=0$의 해라 하자. 만일 $y = c_1y_1(x) + c_2y_2(x)$라 하면 L의 선형성 때문에 다음 등식이 성립한다.

$$L(y) = L[c_1y_1(x) + c_2y_2(x)] = c_1 L(y_1) + c_2 L(y_2) = c_1 \cdot 0 + c_2 \cdot 0 = 0$$

■

정리 4.1.2에 대한 따름정리

(A) 동차 선형 미분방정식의 해 $y_1(x)$의 상수배인 $y = c_1y_1(x)$도 해가 된다.

(B) 동차 선형 미분방정식은 언제나 자명한 해 $y=0$을 갖는다.

예제 4 중첩-동차 미분방정식

함수 $y_1 = x^2$과 $y_2 = x^2 \ln x$는 모두 구간 $(0, \infty)$에서 동차 선형방정식 $x^3y''' - 2xy' + 4y = 0$의 해가 된다. 중첩원리에 의하여 일차결합

$$y = c_1x^2 + c_2x^2 \ln x$$

도 그 구간에서 미분방정식의 해가 된다. ■

함수 $y = e^{7x}$는 $y'' - 9y' + 14y = 0$의 해이다. 미분방정식이 선형이며 동차이므로 $y = ce^{7x}$도 해가 된다. c의 여러 값에 대하여 $y = 9e^{7x}$, $y=0$, $y = -\sqrt{5}e^{7x}$, $\cdots$ 역시 미분방정식의 해가 됨을 알 수 있다.

일차종속과 일차독립 다음 두 개념은 선형 미분방정식의 연구에 기본이 된다.

정의 4.1.1 일차종속/독립

구간 I의 모든 점 x에서

$$c_1f_1(x) + c_2f_2(x) + \cdots + c_nf_n(x) = 0$$

을 만족하는 적어도 하나가 0이 아닌 상수 $c_1, c_2, \cdots c_n$이 존재하면, 함수

$f_1(x), f_2(x), \cdots, f_n(x)$의 집합을 구간 I에서 **일차종속(linearly dependent)**이라 한다. 만일 함수의 집합이 구간 I에서 일차종속이 아니면 구간 I에서 **일차독립(linearly independent)**이라 한다.

다시 말하면 만일 구간 I의 모든 점 x에 대하여

$$c_1 f_1(x) + c_2 f_2(x) + \cdots + c_n f_n(x) = 0$$

을 만족하는 상수들이 $c_1 = c_2 = \cdots = c_n = 0$뿐이면 함수의 집합을 그 구간에서 일차독립이라 한다.

두 개의 함수 $f_1(x)$와 $f_2(x)$로 구성된 집합에 대하여 이 정의를 이해하는 것이 쉽다. 만일 함수들의 집합이 구간에서 일차종속이면 구간의 모든 점 x에 대하여 $c_1 f_1(x) + c_2 f_2(x) = 0$을 만족하는 모두 영이 아닌 상수 c_1과 c_2이 존재한다. 그러므로 $c_1 \neq 0$이라 하면 $f_1(x) = -\dfrac{c_2}{c_1} f_2(x)$가 된다: 즉 두 개의 함수들의 집합이 일차종속이면 한 함수는 다른 함수의 상수배가 된다. 역으로 만일 어떤 상수 c_2에 대하여 $f_1(x) = c_2 f_2(x)$이면 그 구간의 모든 점 x에 대하여 $(-1) \cdot f_1(x) + c_2 f_2(x) = 0$를 만족한다. 그러므로 적어도 한 상수는 (즉 $c_1 = -1$) 영이 아니다. 구간에서 어떤 함수도 다른 함수의 상수배가 아닐 때 우리는 두 함수 $f_1(x)$와 $f_2(x)$의 집합이 일차독립이라 결론짓는다. 예를 들면 함수 $f_1(x) = \sin 2x$, $f_2(x) = \sin x \cos x$라 하면 사인 함수의 배각공식으로 $\sin 2x = 2 \sin x \cos x$이므로 $f_1(x)$가 $f_2(x)$의 상수배가 되므로 구간 $(-\infty, \infty)$에서 일차종속이다. 한편 $f_1(x) = x$, $f_2(x) = |x|$의 함수의 집합은 구간 $(-\infty, \infty)$에서 일차독립이다. 그림 4.1.3을 보면 어떤 함수도 구간에서 다른 함수의 상수배가 될 수 없음을 확인할 수 있다.

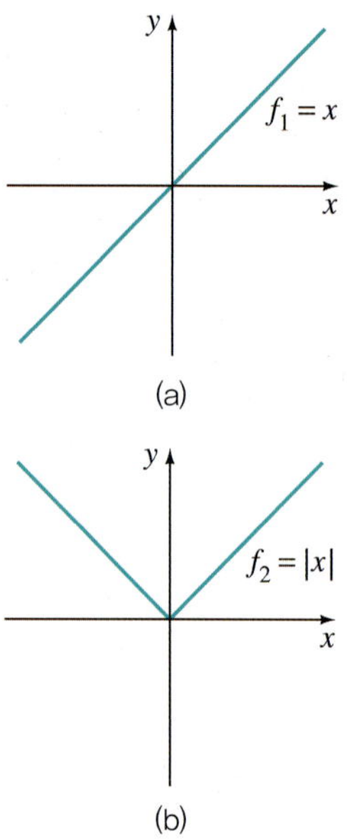

그림 4.1.3 f_1과 f_2로 구성된 집합은 $(-\infty, \infty)$에서 일차독립이다.

앞의 논리로 $f_1(x)$와 $f_2(x)$가 일차독립인 구간에서 몫 $\dfrac{f_2(x)}{f_1(x)}$는 상수가 될 수가 없다. 이 간단한 사실은 다음 절에서 언급할 것이다.

예제 5 일차종속인 함수들의 집합

함수 $f_1(x) = \cos^2 x$, $f_2(x) = \sin^2 x$, $f_3(x) = \sec^2 x$, $f_4(x) = \tan^2 x$의 집합은 구간 $\left(-\dfrac{\pi}{2}, \dfrac{\pi}{2}\right)$에서 일차종속이다. 왜냐하면 $c_1 = c_2 = 1$, $c_3 = -1$, $c_4 = 1$이면 $c_1 \cos^2 x + c_2 \sin^2 x + c_3 \sec^2 x + c_4 \tan^2 x = 0$을 만족하기 때문이다. 여기서 $\cos^2 x + \sin^2 x = 1$와 $1 + \tan^2 x = \sec^2 x$의 관계식을 이용했다. ■

만일 함수 $f_1(x), f_2(x), \cdots, f_n(x)$ 중 적어도 한 함수가 나머지 함수들의 일차결합으로 표현될 수 있다면 이들 함수의 집합은 구간에서 일차종속이다. 예를 들어 세 개의 함수 $f_1(x)$, $f_2(x)$, $f_3(x)$중 적어도 하나가 다른 두 개의 일차결합, 즉

$$f_3(x) = c_1 f_1(x) + c_2 f_2(x)$$

으로 표현된다면 세 함수는 일차종속이다. n개의 함수들 중 어떤 함수도 나머지 함수의 일차결합이 아니면 이들 함수는 일차종속이다.

예제 6 **일차종속인 함수의 집합**

함수 $f_1(x) = \sqrt{x} + 5$, $f_2(x) = \sqrt{x} + 5x$, $f_3(x) = x - 1$, $f_4(x) = x^2$의 집합은 구간 $(0, \infty)$에서 일차종속이다. 왜냐하면 f_2는 다른 함수 f_1, f_3, f_4의 일차결합으로 표현되기 때문이다. 구간 $(0, \infty)$ 위의 모든 점 x에 대하여

$$f_2(x) = 1 \cdot f_1(x) + 5 \cdot f_3(x) + 0 \cdot f_4(x)$$

를 만족한다. ■

미분방정식의 해 우리는 근본적으로는 일차독립인 함수들 특히 선형 미분방정식의 일차독립인 해들에 관심이 있다. 비록 정의 4.1.1을 직접 적용할 수 있지만 n계 동차 선형 미분방정식 (6)의 n개의 해 y_1, y_2, $\cdots$, y_n가 일차독립인지 판정하는 문제는 행렬식을 이용하여 다소 기계적으로 해결할 수 있다.

정의 4.1.2 **론스키 행렬식(Wronskian)**

각각의 함수 $f_1(x)$, $f_2(x)$, $\cdots$, $f_n(x)$ 이 적어도 $n-1$계 도함수가 존재한다고 하자. 행렬식

$$W(f_1, f_2, \cdots, f_n) = \begin{vmatrix} f_1 & f_2 & \cdots & f_n \\ f_1' & f_2' & \cdots & f_n' \\ \vdots & \vdots & \cdots & \vdots \\ f_1^{(n-1)} & f_2^{(n-1)} & \cdots & f_n^{(n-1)} \end{vmatrix}$$

을 함수의 **론스키 행렬식**이라 한다. 여기서 f'는 도함수를 뜻한다.

론스키 행렬식은 폴란드 철학자이면서 수학자인 Jósef Maria Hoëné-Wronski (1778-1853)의 이름이다.

정리 4.1.3 **일차독립인 해의 판정법**

y_1, y_2, $\cdots$, y_n을 구간 I 위에서 n계 동차 선형방정식 (6)의 n개의 해라 하자. 해들의 집합이 구간 I에서 **일차독립**이 되기 위한 필요충분조건은 그 구간의 모든 점 x에서 $W(y_1, y_2, \cdots, y_n) \neq 0$이다.

정리 4.1.3으로부터 만일 $y_1,\ y_2,\ \cdots,\ y_n$이 구간 I 위에서 (6)의 n개의 해가 되면 론스키 행렬식 $W(y_1, y_2, \cdots, y_n)$는 구간의 모든 점에서 영이든지 또는 구간의 모든 점에서 절대로 영이 될 수 없다.

그러므로 I 안의 어떤 x_0에 대해 $W(y_1,\ y_2,\ \cdots,\ y_n) \neq 0$를 보일 수 있다면 해 $y_1,\ y_2,\ \cdots,\ y_n$은 I에서 일차독립이다. 예를 들어 구간 $(0,\ \infty)$에서 미분방정식

$$x^2y'' + 7xy' + 13y = 0$$

의 해 $y_1(x) = \dfrac{\cos(2\ln x)}{x^3},\ y_2(x) = \dfrac{\sin(2\ln x)}{x^3}$를 생각하자.

계수 함수 $a_2(x) = x^2,\ a_1(x) = 7x,\ a_0(x) = 13$은 $(0,\ \infty)$에서 연속이고 구간 안의 모든 x에 대해 $a_2(x) \neq 0$이다. 론스키 행렬식은

$$W(y_1(x),\ y_2(x)) = \begin{vmatrix} \dfrac{\cos(2\ln x)}{x^3} & \dfrac{\sin(2\ln x)}{x^3} \\ \dfrac{-2x^2\sin(2\ln x) - 3x^2\cos(2\ln x)}{x^6} & \dfrac{2x^2\cos(2\ln x) - 3x^2\sin(2\ln x)}{x^6} \end{vmatrix}$$

이다. 복잡한 행렬식을 계산하기 보다는 구간 $(0,\ \infty)$에서 $x = 1$을 대입하면

$$W(y_1(1),\ y_2(1)) = \begin{vmatrix} 1 & 0 \\ -3 & 2 \end{vmatrix} = 2$$

이다. $W(y_1(1),\ y_2(1)) = 2 \neq 0$이라는 사실은 $(0,\ \infty)$에서 $y_1(x)$와 $y_2(x)$가 일차독립이라는 사실을 의미한다.

n계 동차 선형 미분방정식의 n개의 일차독립인 해집합은 특별한 이름이 주어진다.

정의 4.1.3 기본 해집합(Fundamental set of solutions)

구간 I에서 n계 동차 선형방정식 (6)의 일차독립인 n개의 해 $y_1,\ y_2, \cdots,\ y_n$의 집합을 그 구간에서의 기본 해집합이라 한다.

선형방정식에 대한 기본 해집합의 존재 여부는 다음 정리에 의해 알 수 있다.

정리 4.1.4 기본 해집합의 존재성

구간 I 위에서 n계 동차 선형 미분방정식 (6)에 대한 기본 해집합은 존재한다.

3차원 공간의 모든 벡터들은 **일차독립**인 벡터 i, j, k의 일차결합으로 표현되는 것과 마찬가지로 구간 I 위에서 n계 동차 선형 미분방정식의 해들도 I에서 일차독립인 n개의 해들의 일차결합으로 표현된다. 즉, 일차독립인 n개의 해 $y_1, y_2, \cdots, y_n$가 미분방정식의 일반해의 기본 주축돌이 된다.

정리 4.1.5 일반해-동차방정식

$y_1, y_2, \cdots, y_n$을 구간 I 위에서 n계 동차 선형 미분방정식 (6)의 기본 해 집합이라 하자. 그 구간 위에서 이 방정식의 **일반해**(general solution)는

$$y = c_1 y_1(x) + c_2 y_2(x) + \cdots + c_n y_n(x)$$

이다. 여기서 $c_i, i = 1, 2, \cdots, n$는 임의의 상수이다.

정리 4.1.5는 $Y(x)$가 그 구간에서 미분방정식 (6)의 임의의 해가 되면

$$Y(x) = C_1 y_1(x) + C_2 y_2(x) + \cdots + C_n y_n(x)$$

를 만족하는 상수 $C_1, C_2, \cdots, C_n$을 찾을 수 있다는 것이다.

$n = 2$인 경우를 증명하자.

증명 구간 I에서 미분방정식 $a_2 y'' + a_1 y' + a_0 y = 0$에 대하여 Y는 임의의 해이고 y_1과 y_2는 일차독립인 해라 하자. $x = t$를 I 위의 점으로 $W(y_1(t), y_2(t)) \neq 0$를 만족한다고 가정하자. $Y(t) = k_1$, $Y'(t) = k_2$라 하자. 연립방정식

$$C_1 y_1(t) + C_2 y_2(t) = k_1$$
$$C_1 y_1'(t) + C_2 y_2'(t) = k_2$$

을 살펴보면, 계수들의 행렬식 $\begin{vmatrix} y_1(t) & y_2(t) \\ y_1'(t) & y_2'(t) \end{vmatrix} \neq 0$을 만족하면 C_1과 C_2는 유일하게 존재함을 안다. 그러나 이 행렬식은 단순히 $x = t$에서의 론스키 행렬식을 계산한 것이며 가정에 의하여 $W \neq 0$이다. $G(x) = C_1 y_1(x) + C_2 y_2(x)$라 하면, $G(x)$가 미분방정식의 주어진 두 개의 해의 중첩이므로 $G(x)$는 미분방정식을 만족한다; $G(x)$는 초기 조건

$$G(t) = C_1 y_1(t) + C_2 y_2(t) = k_1 \text{과 } G'(t) = C_1 y_1'(t) + C_2 y_2'(t) = k_2$$

을 만족하며 $Y(x)$는 같은 선형방정식과 같은 초기 조건을 만족한다. 선형 초깃값 문제의 해는 유일하게 존재하므로(정리 4.1.1) $Y(x) = G(x)$ 또는 $Y(x) = C_1 y_1(x) + C_2 y_2(x)$가 된다. ■

예제 7 **동차 미분방정식의 일반해**

동차 선형 미분방정식 $y''-9y=0$은 구간 $(-\infty, \infty)$에서 함수 $y_1=e^{3x}$와 $y_2=e^{-3x}$를 해로 갖는다. 두 해가 x축 위에서 일차독립이다. 이 사실은 모든 x에 대하여 론스키 행렬식

$$W(e^{3x},\ e^{-3x})=\begin{vmatrix} e^{3x} & e^{-3x} \\ 3e^{3x} & -3e^{-3x} \end{vmatrix}=-6\neq 0$$

으로부터 확인할 수 있다. y_1, y_2가 기본 해집합이 되며, 결과적으로 $y=c_1e^{3x}+c_2e^{-3x}$가 그 구간에서 방정식의 일반해가 된다. ■

예제 8 **일반해로부터 구한 해**

함수 $y=4\sinh 3x-5e^{-3x}$는 예제7의 미분방정식의 해가 된다.(이를 증명하여라) 정리 4.1.5의 관점에서 우리는 이 해를 일반해 $y=c_1e^{3x}+c_2e^{-3x}$로부터 구할 수 있어야 한다. 만일 $c_1=2$와 $c_2=-7$이라 하면 $y=2e^{3x}-7e^{-3x}$은

$$y=2e^{3x}-2e^{-3x}-5e^{-3x}=4\left(\frac{e^{3x}-e^{-3x}}{2}\right)-5e^{-3x}$$

이다. 마지막 식은 $y=4\sinh 3x-5e^{-3x}$이 된다. ■

예제 9 **동차 미분방정식의 일반해**

함수 $y_1=e^{x}$, $y_2=e^{2x}$, $y_3=e^{3x}$는 3계 미분방정식 $y'''-6y''+11y'-6y=0$을 만족한다. 모든 실수 x에 대하여

$$W(e^{x},\ e^{2x},\ e^{3x})=\begin{vmatrix} e^{x} & e^{2x} & e^{3x} \\ e^{x} & 2e^{2x} & 3e^{3x} \\ e^{x} & 4e^{2x} & 9e^{3x} \end{vmatrix}=2e^{6x}\neq 0$$

이 성립하므로 함수 y_1, y_2, y_3은 $(-\infty,\ \infty)$에서 기본 해집합이 된다. 그러므로 $y=c_1e^{x}+c_2e^{2x}+c_3e^{3x}$는 그 구간에서 미분방정식의 일반해가 된다. ■

4.1.3 비동차방정식

(7)을 만족하며 임의의 매개변수가 없는 함수 y_p를 방정식의 **특수해**(particular solution) 또는 **특수적분**(particular integral)이라 한다. 예를 들면 상수함수 $y_p=3$가 비동차 미분방정식 $y''+9y=27$의 특수해임을 직접 대입하면 알 수 있다.

이제 만약 y_1, y_2, $\cdots$, y_k을 구간 I에서 (6)의 해라 하고 y_p를 I에서 (7)의 특

수해라 하면 일차결합

$$y = c_1 y_1(x) + c_2 y_2(x) + \cdots + c_k y_k(x) + y_p \tag{10}$$

도 역시 비동차방정식 (7)의 해가 된다. 왜냐하면 일차결합

$$c_1 y_1(x) + c_2 y_2(x) + \cdots + c_k y_k(x)$$

는 연산자 $L = a_n D^n + a_{n-1} D^{n-1} + \cdots + a_1 D + a_0$에 의해 영이 되는 반면 y_p는 $g(x)$로 변환되기 때문이다. 만일 n계 미분방정식 (6)의 $k = n$개의 일차독립인 해가 주어지면, (10)의 식은 (7)의 일반해가 된다.

정리 4.1.6 **일반해-비동차방정식**

y_p가 구간 I에서 n계 비동차 선형 미분방정식 (7)의 특수해이고 $y_1, y_2, \cdots, y_n$을 구간 I에서 관련된 동차 선형 미분방정식 (6)의 기본 해집합이라 하자. 그러면 그 구간에서 미분방정식의 일반해는

$$y = c_1 y_1(x) + c_2 y_2(x) + \cdots + c_n y_n(x) + y_p$$

이다. 여기서 c_i, $i = 1, 2, \cdots, n$는 임의의 상수들이다.

증명 L을 (8)에서 정의된 미분연산자라 하고 $Y(x)$와 $y_p(x)$는 비동차방정식 $L(y) = g(x)$의 특수해라 하자. 만일 $u(x) = Y(x) - y_p(x)$라 하면 L의 선형성 때문에

$$L(u) = L\{Y(x) - y_p(x)\} = L(Y(x)) - L(y_p(x)) = g(x) - g(x) = 0$$

이 된다. 그러므로 $u(x)$는 동차방정식 $L(y) = 0$의 해가 된다. 정리 4.1.5에 의하여

$$u(x) = c_1 y_1(x) + c_2 y_2(x) + \cdots + c_n y_n(x) \text{ 이며}$$
$$Y(x) - y_p(x) = c_1 y_1(x) + c_2 y_2(x) + \cdots + c_n y_n(x)$$

또는

$$Y(x) = c_1 y_1(x) + c_2 y_2(x) + \cdots + c_n y_n(x) + y_p(x)$$

이다. ■

여함수(Complementary Function) 정리 4.1.6에서 비동차 선형방정식의 일반해는 두 함수의 합으로 되어있음을 알았다:

$$y = c_1 y_1(x) + c_2 y_2(x) + \cdots + c_n y_n(x) + y_p(x) = y_c(x) + y_p(x).$$

(6)의 일반해인 일차결합 $y_c(x) = c_1 y_1(x) + c_2 y_2(x) + \cdots + c_n y_n(x)$를 방정식 (7)에 대한 **여함수**(complementary function)라 한다. 다시 말하면 비동차 선형 미분방정식을 풀기 위하여 우리는 먼저 관련된 동차방정식을 풀고 비동차방정식의 특

수해를 구해야 한다. 그러면 비동차방정식의 일반해는

$$y = \text{ 여함수 } + \text{ 어떤 특수해 } = y_c + y_p$$

이다.

예제 10 비동차방정식의 일반해

함수 $y_p = -\frac{11}{12} - \frac{1}{2}x$를 비동차방정식

$$y''' - 6y'' + 11y' - 6y = 3x \tag{11}$$

에 대입하면 y_p가 특수해임을 쉽게 보인다. (11)의 일반해를 구하기 위해서 관련된 동차방정식

$$y''' - 6y'' + 11y' - 6y = 0$$

을 풀어야 한다. 그러나 예제9에서 구간 $(-\infty, \infty)$에서 위 방정식의 일반해가 $y_c = c_1e^x + c_2e^{2x} + c_3e^{3x}$임을 보였다. 그러므로 그 구간에서 (11)의 일반해는

$$y = y_c + y_p = c_1e^x + c_2e^{2x} + c_3e^{3x} - \frac{11}{12} - \frac{1}{2}x$$

이다. ■

다른 중첩원리 이 절의 마지막 정리는 비동차방정식의 특수해를 구하는 방법을 배울 때 4.4절에서 활용할 것이다.

정리 4.1.7 중첩원리-비동차방정식

$y_{p_1}, y_{p_2}, \cdots, y_{p_k}$를 구간 I 위에서 k개의 서로 다른 함수 $g_1, g_2, \cdots, g_k$에 대응되는 각각의 n계 비동차 선형 미분방정식 (7)의 특수해라 하자. 즉 $i = 1, 2, \cdots, k$에 대하여 y_{p_i}는 이에 대응되는

$$a_n(x)y^{(n)} + a_{n-1}(x)y^{(n-1)} + \cdots + a_1(x)y' + a_0(x)y = g_i(x) \tag{12}$$

의 특수해로 정의하자. 그러면

$$y_p(x) = y_{p_1}(x) + y_{p_2}(x) + \cdots + y_{p_k}(x) \tag{13}$$

는

$$a_n(x)y^{(n)} + a_{n-1}(x)y^{(n-1)} + \cdots + a_1(x)y' + a_0(x)y = g_1(x) + g_2(x) + \cdots + g_k(x) \tag{14}$$

의 특수해가 된다.

증명 $k=2$인 경우를 증명하자. L을 (8)에서 정의된 미분연산자라 하고 $y_{p_1}(x)$와 $y_{p_2}(x)$를 비동차방정식 $L(y)=g_1(x)$와 $L(y)=g_2(x)$의 특수해라 하자.
$y_p(x)=y_{p_1}(x)+y_{p_2}(x)$라 하면 y_p가 $L(y)=g_1(x)+g_2(x)$의 특수해가 됨을 보여야 한다. 이 결과는 다시 연산자 L의 선형성에 의하여 얻어진다:
$L(y_p)=L\{y_{p_1}(x)+y_{p_2}(x)\}=L(y_{p_1}(x))+L(y_{p_2}(x))=g_1(x)+g_2(x).$ ■

예제 11 중첩-비동차 미분방정식

$y_{p_1}=-4x^2$는 $y''-3y'+4y=-16x^2+24x-8$의 특수해이고
$y_{p_2}=e^{2x}$는 $y''-3y'+4y=2e^{2x}$의 특수해이며
$y_{p_3}=xe^x$는 $y''-3y'+4y=2xe^x-e^x$의 특수해임을 보여야 한다.
정리 4.1.7의 (13)로부터 y_{p_1}, y_{p_2}, y_{p_3}의 중첩

$$y=y_{p_1}+y_{p_2}+y_{p_3}=-4x^2+e^{2x}+xe^x$$

는

$$y''-3y'+4y=\underbrace{-16x^2+24x-8}_{g_1(x)}+\underbrace{2e^{2x}}_{g_2(x)}+\underbrace{2xe^x-e^x}_{g_3(x)}.$$

의 해가 된다. ■

참조 만일 각각의 $i=1,\ 2,\ \cdots,\ k$에 대하여 y_{p_i}가 (12)의 특수해이면 c_i가 상수일 때 일차결합

$$y_p=c_1y_{p_1}+c_2y_{p_2}+\ \cdots\ +c_ky_{p_k}$$

는 미분방정식의 우변 항이 일차결합

$$c_1g_1(x)+c_2g_2(x)+\ \cdots\ +c_kg_k(x)$$

인 (14)의 특수해이다.

동차와 비동차 선형 미분방정식을 풀기 전에 우리는 다음 절에서 제시될 추가적인 이론이 필요하다.

주의

이 주의는 1.3절의 끝부분에서 언급된 동역학계의 간단한 설명의 연장이다.
수학적인 모델이나 규칙이 n계 선형 미분방정식

$$a_n(t)y^{(n)}+a_{n-1}(t)y^{(n-1)}+\ \cdots\ +a_1(t)y'+a_0(t)y=g(t)$$

인 동역학계를 n계 **선형계**(linear system)라 한다. n개의 시간–종속 함수 $y(t)$, $y'(t)$, $\cdots$, $y^{(n-1)}(t)$를 그 체계의 **상태변수**(state variables)라 한다. 어떤 시간 t에서 이들의 값은 **체계의 상태**(state of the system)를 준다. 함수 g는 **입력함수**(input function) 또는 **강제함수**(forcing function)라고 부른다. 미분방정식의 해 $y(t)$는 **출력**(output) 또는 **체계의 반응**(response of the system)이라 한다. 정리 4.1.1에서 언급된 조건 하에서 출력 또는 반응 $y(t)$는 시간 t_0에서 규정된 입력과 체계의 상태(초기 조건 $y(t_0)$, $y'(t_0)$, $\cdots$, $y^{(n-1)}(t_0)$)에 의하여 유일하게 존재한다.

선형계가 되기 위한 동역학계에선 중첩원리(정리 4.1.7)가 그 체계에서는 성립해야 한다. 즉 입력의 중첩에 대한 이 체계의 반응은 출력의 중첩이다. 우리는 3.1절(1계 선형방정식)에서 간단한 몇 개의 선형계를 보았다; 5.1절에서는 수학적 모델이 2계 미분방정식인 선형계를 공부할 것이다.

연습문제 4.1

4.1.1 초깃값과 경곗값 문제

(1–4) 주어진 함수들의 집합족은 제시된 구간에서 미분방정식의 일반해이다. 초깃값 문제의 해가 되는 집합족의 원소를 구하여라.

1. $y = c_1e^x + c_2e^{-x}$, $(-\infty, \infty)$,
$y'' - y = 0$, $y(0) = 0$, $y'(0) = 1$

2. $y = c_1e^{4x} + c_2e^{-x}$, $(-\infty, \infty)$,
$y'' - 3y' - 4y = 0$, $y(0) = 1$, $y'(0) = 2$

3. $y = c_1x + c_2x\ln x$, $(0, \infty)$,
$x^2y'' - xy' + y = 0$, $y(1) = 3$, $y'(1) = -1$

4. $y = c_1 + c_2\cos x + c_3\sin x$, $(-\infty, \infty)$,
$y''' + y' = 0$, $y(\pi) = 0$, $y'(\pi) = 2$, $y''(\pi) = -1$

5. 구간 $(-\infty, \infty)$에서 $xy'' - y' = 0$의 해인 두 개의 매개변수의 집합족 $y = c_1 + c_2x^2$에서 초깃값 조건 $y(0) = 0$, $y'(0) = 1$을 만족하는 상수 c_1과 c_2를 구할 수 없음을 보여라. 이것이 정리 4.1.1에 위배되지 않는 이유를 설명하여라.

6. 문제5에서 초깃값 조건 $y(0) = 0$, $y'(0) = 0$을 만족하는 해 집합족의 두 원소를 구하여라.

7. 구간 $(-\infty, \infty)$에서 $x'' + \omega^2x = 0$의 일반해가 $x(t) = c_1\cos\omega t + c_2\sin\omega t$로 주어졌을 때 초기 조건 $x(0) = x_0$, $x'(0) = x_1$을 만족하는 해는

$$x(t) = x_0\cos\omega t + \frac{x_1}{\omega}\sin\omega t$$

임을 보여라.

8. 문제7에서 주어진 $x'' + \omega^2x = 0$의 일반해를 이용하여 초기 조건 $x(t_0) = x_0$, $x'(t_0) = x_1$을 만족하는 해는 문제7에서 주어진 해를 t_0만큼 이동한

$$x(t) = x_0\cos\omega(t - t_0) + \frac{x_1}{\omega}\sin\omega(t - t_0)$$

임을 보여라.

(9–10) 주어진 초깃값 문제가 유일한 해를 갖게 되는 중점이 $x = 0$인 구간을 구하여라.

9. $(x-2)y'' + 3y = x$, $y(0) = 0$, $y'(0) = 1$

10. $y'' + (\tan x)y = e^x$, $y(0) = 1$, $y'(0) = 0$

11. (a) 문제1의 집합족에서 경곗값 조건 $y(0) = 0$, $y(1) = 1$을 만족하는 $y'' - y = 0$의 해를 구하여라.

(b) (a)의 미분방정식은 구간 $(-\infty, \infty)$에서 다른 일반해

$y = c_3\cosh x + c_4\sinh x$를 가진다. 이 집합족에서 (a)의 경곗값 조건을 만족하는 해를 구하여라.

(c) (a)와 (b)의 해가 서로 동치임을 보여라.

12. 문제5의 집합족으로 경곗값 조건 $y(0)=1,\ y'(1)=6$을 만족하는 $xy''-y'=0$의 해를 구하여라.

(13–14) 두 개의 매개변수 집합족은 구간 $(-\infty, \infty)$에서 주어진 미분방정식의 해이다. 경곗값 조건을 만족하는 원소가 해 집합족에 있는지 알아보아라.

13. $y = c_1 e^x \cos x + c_2 e^x \sin x;\ y''-2y'+2y=0$

(a) $y(0)=1,\ y'(\pi)=0$

(b) $y(0)=1,\ y(\pi)=-1$

(c) $y(0)=1,\ y\left(\dfrac{\pi}{2}\right)=1$

(d) $y(0)=0,\ y(\pi)=0$

14. $y = c_1x^2 + c_2x^4 + 3;\ x^2y''-5xy'+8y=24$

(a) $y(-1)=0,\ y(1)=4$

(b) $y(0)=1,\ y(1)=2$

(c) $y(0)=3,\ y(1)=0$

(d) $y(1)=3,\ y(2)=15$

4.1.2 동차방정식

(15–22) 주어진 함수들의 집합이 구간 $(-\infty, \infty)$에서 일차독립이 되는지 알아보아라.

15. $f_1(x)=x,\quad f_2(x)=x^2,\quad f_3(x)=4x-3x^2$

16. $f_1(x)=0,\quad f_2(x)=x,\quad f_3(x)=e^x$

17. $f_1(x)=5,\quad f_2(x)=\cos^2 x,\quad f_3(x)=\sin^2 x$

18. $f_1(x)=\cos 2x,\ f_2(x)=1,\ f_3(x)=\cos^2 x$

19. $f_1(x)=x,\ f_2(x)=x-1,\quad f_3(x)=x+3$

20. $f_1(x)=2+x,\ f_2(x)=2+|x|$

21. $f_1(x)=1+x,\ f_2(x)=x,\ f_3(x)=x^2$

22. $f_1(x)=e^x,\ f_2(x)=e^{-x},\ f_3(x)=\sinh x$

(23–30) 주어진 함수들이 제시된 구간에서 미분방정식의 기본해가 되는지 알아보아라. 일반해를 구하여라.

23. $y''-y'-12y=0;\quad e^{-3x},\ e^{4x},\ (-\infty, \infty)$

24. $y''-4y=0;\ \cosh 2x,\ \sinh 2x,\ (-\infty, \infty)$

25. $y''-2y'+5y=0;\ e^x\cos 2x,\ e^x\sin 2x,\ (-\infty, \infty)$

26. $4y''-4y'+y=0;\ e^{x/2},\ xe^{x/2},\ (-\infty, \infty)$

27. $x^2y''-6xy'+12y=0;\ x^3, x^4, (0, \infty)$

28. $x^2y''+xy'+y=0;\ \cos(\ln x), \sin(\ln x), (0, \infty)$

29. $x^3y'''+6x^2y''+4xy'-4y=0;\ x, x^{-2}, x^{-2}\ln x, (0, \infty)$

30. $y^{(4)}+y''=0;\ 1, x, \cos x, \sin x, (-\infty, \infty)$

4.1.3 비동차방정식

(31–34) 주어진 함수들의 두 개의 매개변수 집합족이 제시된 구간에서 비동차 미분방정식의 일반해가 됨을 증명하여라.

31. $y''-7y'+10y=24e^x;$
$y=c_1e^{2x}+c_2e^{5x}+6e^x,\ (-\infty, \infty)$

32. $y''+y=\sec x;$
$y=c_1\cos x+c_2\sin x+x\sin x+(\cos x)\ln(\cos x),$
$(-\pi/2,\ \pi/2)$

33. $y''-4y'+4y=2e^{2x}+4x-12;$
$y=c_1e^{2x}+c_2xe^{2x}+x^2e^{2x}+x-2,\ (-\infty, \infty)$

34. $2x^2y''+5xy'+y=x^2-x;$
$y=c_1x^{-1/2}+c_2x^{-1}+\dfrac{1}{15}x^2-\dfrac{1}{6}x,\ (0, \infty)$

35. (a) $y_{p_1}=3e^{2x}$와 $y_{p_2}=x^2+3x$가 각각
$y''-6y'+5y=-9e^{2x}$와
$y''-6y'+5y=5x^2+3x-16$
의 특수해가 됨을 보여라.

(b) (a)를 이용하여
$y''-6y'+5y=5x^2+3x-16-9e^{2x}$와
$y''-6y'+5y=-10x^2-6x+32+e^{2x}$
의 특수해를 구하여라.

36. (a) 검산에 의해 $y''+2y=10$의 특수해를 구하여라.
(b) 검산에 의해 $y''+2y=-4x$의 특수해를 구하여라.
(c) $y''+2y=-4x+10$의 특수해를 구하여라.
(d) $y''+2y=8x+5$의 특수해를 구하여라.

토론 문제

37. $n=1, 2, 3, \cdots$라 하자. $D^n x^{n-1}=0$와 $D^n x^n = n!$이 주어진 미분방정식의 일반해를 구하는 데 어떻게 이용하는지 서술하여라.
(a) $y''=0$
(b) $y'''=0$
(c) $y^{(4)}=0$
(d) $y''=2$
(e) $y'''=6$
(f) $y^{(4)}=24$

38. $y_1=e^x$와 $y_2=e^{-x}$가 동차 선형 미분방정식의 두 개의 해라 하자. $y_3=\cosh x$와 $y_4=\sinh x$도 같은 미분방정식의 해가 되는 이유를 설명하여라.

39. 미분방정식 $\dfrac{d^4y}{dx^4}-10\dfrac{d^2y}{dx^2}+9y=0$ 을 $y=e^{mx}$로 치환하여 4개의 선형 독립인 해를 구하여라. 구간 $(-\infty,\infty)$에서 방정식의 일반해를 구하여라.

40. y_{p_1}, y_{p_2}가 비동차 선형 미분방정식 (7)의 특수해이면, $y=y_{p_1}-y_{p_2}$는 관련된 동차 선형 미분방정식 (6)의 해임을 증명하여라.

41. (a) $y_1=x^3$과 $y_2=|x|^3$가 구간 $(-\infty, \infty)$에서 미분방정식 $x^2y''-4xy'+6y=0$의 일차독립인 해임을 증명하여라.
(b) (a)의 함수 y_1, y_2가 모든 실수 x에 대하여 $W(y_1, y_2)=0$임을 보여라. 이 결과는 정리 4.1.3에 위배되는가? 설명하여라.
(c) $Y_1=x^3$과 $Y_2=x^2$ 또한 구간 $(-\infty, \infty)$에서 (a)의 미분방정식에 대한 일차독립인 해임을 증명하여라.
(d) 함수 y_1, y_2, Y_1, Y_2 외에 $y(0)=0$, $y'(0)=0$을 만족하는 미분방정식의 해를 구하여라.
(e) 정리 4.1.2인 중첩원리에 의하여 일차결합 $y=c_1y_1+c_2y_2$와 $Y=c_1Y_1+c_2Y_2$ 모두 미분방정식의 해이다. 구간 $(-\infty, \infty)$에서 일차결합 중 한 개 또는 두 개 모두가 미분방정식의 일반해가 되든지 아니면 둘 다 일반해가 되지 않는지를 논하여라.

42. 함수 $f_1(x)=e^{x+2}$와 $f_2(x)=e^{x-3}$은 구간 $(-\infty, \infty)$에서 일차독립 또는 일차종속인가? 서술하여라.

43. $y_1, y_2, \cdots, y_k$가 구간 $(-\infty, \infty)$에서 상수를 계수로 가지는 동차 n계 미분방정식의 k개인 일차독립인 해라 하자. 정리 4.1.2에 의하여 $y_{k+1}=0$ 또한 미분방정식의 해가 된다. $(-\infty, \infty)$에서 $y_1, y_2, \cdots, y_k, y_{k+1}$은 일차독립 또는 일차종속인가? 서술하여라.

44. $y_1, y_2, \cdots, y_k$가 구간 $(-\infty, \infty)$에서 상수를 계수로 가지는 동차 n계 미분방정식의 자명하지 않은 k개의 해라 하고 $k=n+1$이라 하자. $y_1, y_2, \cdots, y_k$는 구간 $(-\infty, \infty)$에서 일차독립 또는 일차종속인가? 서술하여라.

4.2 계수의 감소

소개 앞 절에서 우리는 2계 동차 선형 미분방정식

$$a_2(x)y''+a_1(x)y'+a_0(x)y=0 \tag{1}$$

의 일반해는 적당한 구간 I에서 일차독립인 (1)의 해 y_1과 y_2의 일차결합 $y=c_1y_1+c_2y_2$임을

알았다. 다음 절을 시작하면서, 미분방정식 (1)의 계수가 상수일 때 그 해를 구하는 방법에 대해 알아본다. 몇몇 경우에서는 대수학에서의 간단한 방법으로 미분방정식 (1)의 오직 한 개의 해 y_1을 구한다. 만일 미분방정식의 자명한 해가 아닌 y_1을 알면 동차방정식 (1)의 ((1)의 계수가 변수일 때도) 두 번째 해 y_2를 구할 수 있다. 이 절에서 설명하는 기본 개념은 알고 있는 해 y_1을 포함하여 대입에 의하여 방정식 (1)을 1계 선형 미분방정식으로 계수를 감소하는 것이다. (1)의 두 번째 해 y_2는 이 1계 미분방정식을 푼 후에 얻어진다.

계수의 감소 y_1이 구간 I에서 정의된 (1)의 자명하지 않은 해라 하자. 구간 I에서 y_1, y_2가 일차독립이 되는 두 번째 해인 y_2를 구하자. 4.1절로부터 y_1, y_2가 일차독립이면 이들의 몫인 y_2/y_1는 I에서 상수가 아니다. 즉 $\dfrac{y_2(x)}{y_1(x)} = u(x)$ 또는 $y_2(x) = u(x)y_1(x)$이다. 함수 $u(x)$는 $y_2(x) = u(x)y_1(x)$를 주어진 미분방정식에 대입하면 구할 수 있다. u를 구하기 위해 1계 선형 미분방정식을 풀어야하므로 이 방법을 **계수의 감소**(reduction of order)라 한다.

예제 1 계수의 감소에 의한 두 번째 해

구간 $(-\infty, \infty)$에서 $y'' - y = 0$의 해 $y_1 = e^x$가 주어졌을 때 두 번째 해 y_2를 구하기 위해 계수의 감소를 이용하자.

풀이 $y(x) = u(x)y_1(x) = u(x)e^x$라 하면 곱셈공식에 의하여

$$y' = ue^x + e^x u', \quad y'' = ue^x + 2e^x u' + e^x u''$$

이므로

$$y'' - y = e^x(u'' + 2u') = 0$$

이다. $e^x \neq 0$이므로 마지막 방정식은 $u'' + 2u' = 0$을 만족한다. $w = u'$를 대입하면 u를 포함한 2계 선형방정식은 w에 관한 1계 선형 미분방정식 $w' + 2w = 0$이 된다. 적분인수 e^{2x}를 이용하면 $\dfrac{d}{dx}[e^{2x}w] = 0$이다. 적분하면 $w = c_1 e^{-2x}$ 또는 $u' = c_1 e^{-2x}$이다. 다시 적분하면 $u = -\dfrac{1}{2}c_1 e^{-2x} + c_2$가 된다. 그러므로

$$y = u(x)e^x = -\frac{1}{2}c_1 e^{-x} + c_2 e^x \tag{2}$$

이다. $c_2 = 0$과 $c_1 = -2$이면 우리는 원하는 두 번째 해 $y_2 = e^{-x}$를 구한다. 모든 x에 대하여 $W(e^x, e^{-x}) \neq 0$이므로 이 해들은 구간 $(-\infty, \infty)$에서 일차독립이다. ■

$y_1 = e^x$와 $y_2 = e^{-x}$가 2계 선형방정식의 일차독립인 해가 됨을 보였기 때문에 식 (2)는 실제적으로 구간 $(-\infty, \infty)$에서 $y'' - y = 0$의 일반해가 된다.

일반적인 경우 방정식 (1)을 **표준형**(standard form)

$$y'' + P(x)y' + Q(x)y = 0 \tag{3}$$

으로 고치기 위해 $a_2(x)$으로 식을 나누자. 여기서 $P(x)$ 와 $Q(x)$는 적당한 구간 I에서 연속인 함수이다. $y_1(x)$를 구간 I에서 (3)의 알고 있는 해라 하고 그 구간의 모든 점 x에 대하여 $y_1(x) \neq 0$이라 하자. $y = u(x)y_1(x)$라 하면

$$y' = uy_1' + y_1u', \quad y'' = uy_1'' + 2y'_1u' + y_1u''$$

$$y'' + Py' + Qy = u\underbrace{[y''_1 + Py'_1 + Qy_1]}_{0} + y_1u'' + (2y'_1 + Py_1)u' = 0$$

이 된다. 그러므로 $w = u'$이라 하면

$$y_1u'' + (2y_1' + Py_1)u' = 0 \quad \text{또는} \quad y_1w' + (2y_1' + Py_1)w = 0 \tag{4}$$

이다. (4)의 마지막 방정식은 선형이면서 변수 분리형이다. 변수를 분리하고 적분을 하면

$$\frac{dw}{w} + 2\frac{y_1'}{y_1}dx + Pdx = 0$$

$$\ln|wy_1^2| = -\int Pdx + c \quad \text{또는} \quad wy_1^2 = c_1e^{-\int Pdx}$$

이다. w에 관하여 마지막 방정식을 풀고, $w = u'$을 대입하고 적분을 하면

$$u = c_1\int \frac{e^{-\int Pdx}}{y_1^2}dx + c_2$$

이 된다. $c_1 = 1$과 $c_2 = 0$이면 $y = u(x)y_1(x)$로부터 방정식 (3)의 두 번째 해가 된다. 위의 결과를 정리하면 다음과 같다.

정리 4.2.1 계수의 감소

$y_1(x)$를 구간 I에서 동차 미분방정식 (3)의 자명하지 않은 해라 하자. 그러면

$$y_2 = y_1(x)\int \frac{e^{-\int P(x)dx}}{y_1^2(x)}dx \tag{5}$$

는 구간 I에서 (3)의 두 번째 해가 된다.

(5)에서 정의된 함수 y_2가 방정식 (3)을 만족하는 것을 확인하는 것은 미분의 좋은 복습일 것이다. 게다가 $y_2(x)$가 (5)의 해이면, $y_1(x)$가 0이 아닌 임의의 구간 I에서 $y_1(x)$, $y_2(x)$가 일차독립이다. 일차독립임을 증명하기 위해 정리 4.1.3을 적용

한다. 론스키 행렬은

$$W(y_1, y_2) = \begin{vmatrix} y_1(x) & y_2(x) \\ y_1{}'(x) & y_2{}'(x) \end{vmatrix} = \begin{vmatrix} y_1(x) & y_1(x)\displaystyle\int \frac{e^{-\int P(x)dx}}{y_1^2(x)}dx \\ y_1{}'(x)\,\dfrac{e^{-\int P(x)dx}}{y_1(x)} & +\,y_1{}'(x)\displaystyle\int \frac{e^{-\int P(x)dx}}{y_1^2(x)}dx \end{vmatrix}$$

$$= e^{-\int P(x)dx} \neq 0$$

I에서 (3)의 일반해는 선형결합 $y(x) = c_1 y_1(x) + c_2 y_2(x)$이다.

예제 2 공식 (5)에 의한 두 번째 해

함수 $y_1 = x^2$는 $x^2 y'' - 3xy' + 4y = 0$의 해이다. 구간 $(0, \infty)$에서 미분방정식의 일반해를 구하여라.

풀이 방정식의 표준형은 $y'' - \dfrac{3}{x}y' + \dfrac{4}{x^2}y = 0$에서, (5)에 의하여

$$y_2 = x^2 \int \frac{e^{3\int \frac{1}{x}dx}}{x^4}dx \quad \leftarrow e^{3\int \frac{1}{x}dx} = e^{\ln x^3} = x^3$$

$$= x^2 \int \frac{dx}{x} = x^2 \ln x$$

이다. 구간 $(0, \infty)$에서 일반해는 $y = c_1 y_1 + c_2 y_2$가 된다;

즉 $y = c_1 x^2 + c_2 x^2 \ln x$이다. ■

주의

(i) 공식 (5)는 다음 절과 4.7절, 6.3절에서 다시 언급되기에 그 공식의 유도와 적용을 이 절에서 예시했다. 우리는 원하는 결과를 구하는 시간을 단축하기 위하여 (5)를 이용한다. 학생들이 (5)를 외워야 할지 또는 계수의 감소에 대한 첫 번째 원리를 알아야 할지는 교수님께서 말씀하실 것이다.

(ii) 비동차방정식 $a_2(x)y'' + a_1(x)y' + a_0(x)y = g(x)$의 일반해를 구할 때 관련된 동차 미분방정식의 해 y_1을 알고 있을 경우마다 계수의 감소를 사용할 수 있다. 연습문제4.2의 문제19–22를 참조하여라.

(iii) (5)의 적분은 기본함수가 아닐 수도 있다. 이 경우에 적분으로 정의된 함수로 두 번째 해를 표현한다:

$$y_2 = y_1(x) \int_{x_0}^{x} \frac{e^{-\int P(t)dt}}{y_1^2(t)}dt$$

여기서 피적분함수는 구간 $[x_0, x]$에서 연속이다. 연습문제4.2의 문제23, 24를 참조하여라.

연습문제 4.2

(1–18) 제시된 함수 $y_1(x)$는 주어진 미분방정식의 해이다. 계수의 감소 또는 공식 (5)을 이용하여 두 번째 해 $y_2(x)$을 구하여라.

1. $y'' - 4y' + 4y = 0;\ y_1 = e^{2x}$
2. $y'' + 2y' + y = 0;\ y_1 = xe^{-x}$
3. $y'' + 16y = 0;\quad y_1 = \cos 4x$
4. $y'' + 9y = 0;\quad y_1 = \sin 3x$
5. $y'' - y = 0;\quad y_1 = \cosh x$
6. $y'' - 25y = 0;\quad y_1 = e^{5x}$
7. $9y'' - 12y' + 4y = 0;\quad y_1 = e^{2x/3}$
8. $6y'' + y' - y = 0;\quad y_1 = e^{x/3}$
9. $x^2y'' - 7xy' + 16y = 0;\quad y_1 = x^4$
10. $x^2y'' + 2xy' - 6y = 0;\quad y_1 = x^2$
11. $xy'' + y' = 0;\quad y_1 = \ln x$
12. $4x^2y'' + y = 0;\quad y_1 = x^{1/2}\ln x$
13. $x^2y'' - xy' + 2y = 0;\quad y_1 = x\sin(\ln x)$
14. $x^2y'' - 3xy' + 5y = 0;\quad y_1 = x^2\cos(\ln x)$
15. $(1 - 2x - x^2)y'' + 2(1 + x)y' - 2y = 0;\ y_1 = x + 1$
16. $(1 - x^2)y'' + 2xy' = 0;\quad y_1 = 1$
17. $xy'' - (2x + 1)y' + (x + 1)y = 0;\quad y_1 = e^x$
18. $y'' + 2(\tan x)y' - y = 0;\quad y_1 = \sin x$

(19–22) 제시된 함수 $y_1(x)$는 주어진 관련된 동차 미분방정식의 해이다. 계수의 감소 방법을 이용하여 동차 미분방정식의 두 번째 해 $y_2(x)$를 구하고 주어진 비동차 미분방정식의 특수해를 구하여라.

19. $y'' - 4y = 2;\quad y_1 = e^{-2x}$
20. $y'' + y' = 1;\quad y_1 = 1$
21. $y'' - 3y' + 2y = 5e^{3x};\quad y_1 = e^x$
22. $y'' - 4y' + 3y = x;\quad y_1 = e^x$

(23–24) 제시된 함수 $y_1(x)$는 주어진 미분방정식의 해이다. 공식 (5)를 사용하여 적분으로 정의된 함수로 표현된 두 번째 해 $y_2(x)$를 구하여라.

23. $x^2y'' + (x^2 - x)y' + (1 - x)y = 0;\ y_1 = x$
24. $2xy'' - (2x + 1)y' + y = 0;\ y_1 = e^x$

토론 문제

25. (a) a, b, c가 상수인 2계 방정식 $ay'' + by' + cy = 0$이 항상 $y_1 = e^{m_1x}$ (여기서 m_1은 상수)의 형태의 해를 적어도 한 개 가진다는 것을 설명하여라.
    (b) (a)의 미분방정식의 두 번째 해는 m_1, m_2는 상수인 $y_2(x) = e^{m_2x}$ 또는 $y_2(x) = xe^{m_1x}$의 형태가 되는 이유를 설명하여라.
    (c) 문제1–8을 재검토하여라. 위의 (a)와 (b)의 답이 문제

3-5의 정답에 모순이 안 되는 이유를 설명할 수 있는가?

26. $y_1(x)=x$가 $xy''-xy'+y=0$의 해가 됨을 증명하여라. 계수의 감소에 의하여 무한급수의 형태인 두 번째 해 $y_2(x)$를 구하여라. $y_2(x)$가 정의되는 구간을 추정하여라.

컴퓨터 실습 과제

27. (a) $y_1(x)=e^x$가

$$xy''-(x+10)y'+10y=0$$

의 해가 됨을 보여라.

(b) 식 (5)를 이용하여 두 번째 해 $y_2(x)$를 구하여라. 컴퓨터 대수 체계를 활용하여 필요한 적분을 구하여라.

(c) 정리 4.1.2의 따름정리 (A)를 이용하여 두 번째 해가 간단하게

$$y_2(x)=\sum_{n=0}^{10}\frac{1}{n!}x^n$$

로 표현됨을 설명하여라.

4.3 상수를 계수로 가지는 동차 선형 미분방정식

소개 이 절의 내용을 전개하는 방법으로 1계 미분방정식, 좀 더 특별하게, $a\neq 0$, b는 상수인 동차 선형방정식 $ay'+by=0$으로 되돌아가자. 이런 형태의 방정식은 변수 분리 또는 적분인수를 이용하여 풀 수 있지만 대수학에서만 사용되는 다른 방법으로 풀 수 있다. 다른 방법을 설명하기 전 다음을 고찰해 보자: y'에 대하여 $ay'+by=0$을 풀면 $y'=ky$ (여기서 k는 상수)가 된다. 이 사실로 미지의 해 y의 성질을 알 수 있다; 도함수가 자기 자신의 상수배인 자명하지 않은 기본 함수는 지수함수인 e^{mx}뿐이다. 새로운 풀이 방법: 만일 $y=e^{mx}$와 $y'=me^{mx}$를 $ay'+by=0$에 대입하면

$$ame^{mx}+be^{mx}=0 \text{ 또는 } e^{mx}(am+b)=0\text{이다.}$$

모든 실수 x에 대하여 e^{mx}는 절대로 영이 아니므로 마지막 방정식은 m이 일차다항식 $am+b=0$의 근일 때만 만족된다. 그 유일한 근 m에 대하여 $y=e^{mx}$이 미분방정식의 해가 된다. 계수가 상수인 방정식 $2y'+5y=0$을 예로 들자. 미분방정식에 $y=e^{mx}$를 미분하여 대입할 필요가 없다; 단지 방정식 $2m+5=0$을 만들어 m에 관하여 풀면 된다. $m=-\frac{5}{2}$로부터 $y=e^{-\frac{5}{2}x}$가 $2y'+5y=0$의 해가 되며 구간 $(-\infty,\infty)$에서의 일반해는 $y=c_1e^{-\frac{5}{2}x}$이다.

이 절에서 우리는 위에서 언급한 과정이 계수 $a_i\ (i=0,1,\cdots,n)$가 실수인 상수이며 $a_n\neq 0$인 고계 동차 선형 미분방정식

$$a_ny^{(n)}+a_{n-1}y^{(n-1)}+\cdots+a_2y''+a_1y'+a_0y=0 \qquad (1)$$

에 대한 지수 함수가 해가 되는 것을 보일 것이다.

보조방정식(Auxiliary equation) 우선 a, b와 c가 상수인 2계 방정식

$$ay'' + by' + cy = 0 \tag{2}$$

을 고찰해보자. 만일 $y = e^{mx}$ 형태의 해를 찾는다면, $y' = me^{mx}$와 $y'' = m^2e^{mx}$을 대입하면, 방정식 (2)는

$$am^2e^{mx} + bme^{mx} + ce^{mx} = 0 \quad \text{또는} \quad e^{mx}(am^2 + bm + c) = 0$$

이 된다. 소개에서와 같이 모든 x에 대하여 $e^{mx} \neq 0$이므로 $y = e^{mx}$가 미분방정식 (2)의 해가 되는 유일한 경우는 m이 이차방정식

$$am^2 + bm + c = 0 \tag{3}$$

의 근이 되는 경우이다. 이 마지막 방정식을 미분방정식 (2)의 **보조방정식**(auxiliary equation)이라 한다. (3)의 두 근은 $m_1 = \dfrac{-b + \sqrt{b^2 - 4ac}}{2a}$와 $m_2 = \dfrac{-b - \sqrt{b^2 - 4ac}}{2a}$이므로 (2)의 일반해는 다음 세 가지 경우와 대응되는 형태가 된다.

- m_1과 m_2가 서로 다른 실수 $(b^2 - 4ac > 0)$,
- m_1과 m_2가 서로 같은 실수 $(b^2 - 4ac = 0)$,
- m_1과 m_2가 켤레 복소수 $(b^2 - 4ac < 0)$.

우리는 각각의 경우를 차례로 살펴보자.

경우 I **서로 다른 실근** 보조방정식 (3)이 서로 다른 실근 m_1과 m_2을 가진다는 가정하에 두 해 $y_1 = e^{m_1x}$과 $y_2 = e^{m_2x}$을 구한다. 이 두 함수는 구간 $(-\infty, \infty)$에서 일차독립이므로 기본 해집합이 된다. 그러므로 이 구간에서 (2)의 일반해는

$$y = c_1e^{m_1x} + c_2e^{m_2x} \tag{4}$$

이다.

경우 II **실수인 중근** $m_1 = m_2$이면 오직 한 개의 지수 함수해 $y_1 = e^{m_1x}$만 구해진다. 근의 공식으로부터 $m_1 = m_2$이면 $b^2 - 4ac = 0$이므로 $m_1 = -\dfrac{b}{2a}$이 된다. 4.2절 (5)로부터 방정식의 두 번째 해는

$$y_2 = e^{m_1x}\int \frac{e^{2m_1x}}{e^{2m_1x}}dx = e^{m_1x}\int dx = xe^{m_1x} \tag{5}$$

이다. (5)에서 $-\dfrac{b}{a} = 2m_1$을 이용했다. 그러므로 일반해는

$$y = c_1e^{m_1x} + c_2xe^{m_1x} \tag{6}$$

이다.

경우 III **켤레 복소수근** 만일 m_1과 m_2가 복소수이면 α와 $\beta > 0$가 실수인 $m_1 = \alpha + i\beta$과 $m_2 = \alpha - i\beta$로 나타내며 $i^2 = -1$이다. 형식적으로 이 경우와 **경우 I** 과는 차이가 없어서

$$y = C_1 e^{(\alpha + i\beta)x} + C_2 e^{(\alpha - i\beta)x}$$

이다. 하지만 실제적으로 복소수 지수함수보다는 실수함수를 다루기를 선호한다. 따라서 오일러(Euler)의 공식;

$$e^{i\theta} = \cos\theta + i\sin\theta \quad (\text{여기서 } \theta\text{는 실수})$$

을 이용하자.* $\cos(-\beta x) = \cos\beta x$와 $\sin(-\beta x) = -\sin\beta x$를 이용하면

$$e^{i\beta x} = \cos\beta x + i\sin\beta x \text{와 } e^{-i\beta x} = \cos\beta x - i\sin\beta x \qquad (7)$$

이 된다. (7)의 두 식들을 더하고 빼면 각각

$$e^{i\beta x} + e^{-i\beta x} = 2\cos\beta x \text{와 } e^{i\beta x} - e^{-i\beta x} = 2i\sin\beta x$$

이 된다. 임의의 상수 C_1와 C_2에 대하여 $y = C_1 e^{(\alpha + i\beta)x} + C_2 e^{(\alpha - i\beta)x}$는 (2)의 해이므로, $C_1 = C_2 = 1$과 $C_1 = 1$, $C_2 = -1$을 택하면 차례로 다음과 같은 두 해를 구한다.

$$y_1 = e^{(\alpha + i\beta)x} + e^{(\alpha - i\beta)x} \text{과 } y_2 = e^{(\alpha + i\beta)x} - e^{(\alpha - i\beta)x}$$

그래서

$$y_1 = e^{\alpha x}(e^{i\beta x} + e^{-i\beta x}) = 2e^{\alpha x}\cos\beta x \text{와}$$
$$y_2 = e^{\alpha x}(e^{i\beta x} - e^{-i\beta x}) = 2ie^{\alpha x}\sin\beta x$$

가 된다. 그러므로 정리 4.1.2의 따름정리 (A)에 의하여 마지막 두 결론은 $e^{\alpha x}\cos\beta x$와 $e^{\alpha x}\sin\beta x$는 (2)의 실수해가 됨을 보여준다. 더구나 이 해들은 구간 $(-\infty, \infty)$에서 기본 해집합이 된다. 결과적으로 일반해는

$$y = c_1 e^{\alpha x}\cos\beta x + c_2 e^{\alpha x}\sin\beta x = e^{\alpha x}(c_1\cos\beta x + c_2\sin\beta x) \qquad (8)$$

이다.

예제 1 2계 미분방정식

다음 미분방정식을 풀어라.

---

* 오일러(Euler) 공식의 형식적인 유도는 매클로린(Maclaurin) 급수 $e^x = \sum_{n=0}^{\infty} \frac{x^n}{n!}$에 $x = i\theta$를 대입하고 $i^2 = -1$, $i^3 = -i$, …를 이용하여 급수를 실수와 허수부분으로 분리하면 얻어진다. 그렇게 하여 $e^{i\theta}$를 $\cos\theta + i\sin\theta$라 정의한다.

(a) $2y''-5y'-3y=0$ (b) $y''-10y'+25y=0$ (c) $y''+4y'+7y=0$

풀이 보조방정식, 근과 대응되는 일반해를 구한다.

(a) $2m^2-5m-3=(2m+1)(m-3)=0,\quad m_1=-\frac{1}{2},\ m_2=3$

(4)로부터 $y=c_1e^{-\frac{x}{2}}+c_2e^{3x}$이다.

(b) $m^2-10m+25=(m-5)^2=0,\quad m_1=m_2=5$

(6)으로부터 $y=c_1e^{5x}+c_2xe^{5x}$이다.

(c) $m^2+4m+7=0,\ m_1=-2+\sqrt{3}i,\ m_2=-2-\sqrt{3}i$

$\alpha=-2,\ \beta=\sqrt{3}$ 인 (8)로부터 $y=e^{-2x}(c_1\cos\sqrt{3}x+c_2\sin\sqrt{3}x)$이다. ■

예제 2 초깃값 문제

$4y''+4y'+17y=0,\ y(0)=-1,\ y'(0)=2$를 풀어라.

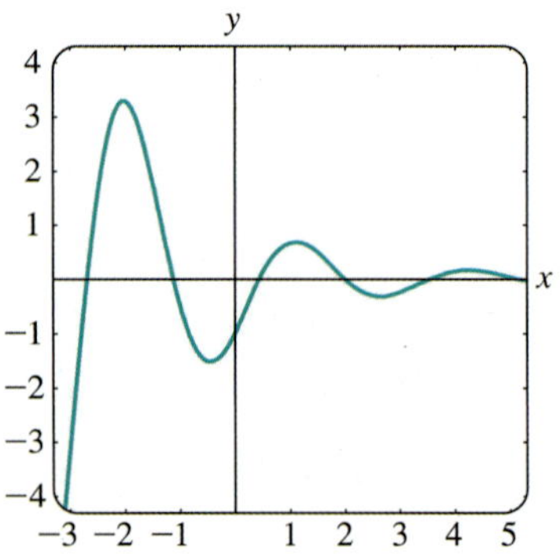

그림 4.3.1 예제2의 초깃값 문제의 해곡선

풀이 근의 공식에 의하여 보조방정식 $4m^2+4m+17=0$의 근은 $m_1=-\frac{1}{2}+2i$와 $m_2=-\frac{1}{2}-2i$이다. (8)로부터 $y=e^{-\frac{x}{2}}(c_1\cos2x+c_2\sin2x)$이다. 조건 $y(0)=-1$을 적용하면 $e^0(c_1\cos0+c_2\sin0)=-1$로부터 $c_1=-1$이다. $y=e^{-\frac{x}{2}}(-\cos2x+c_2\sin2x)$를 미분하여 $y'(0)=2$를 이용하면 $2c_2+\frac{1}{2}=2$ 또는 $c_2=\frac{3}{4}$이다. 그러므로 초깃값 문제의 해는 $y=e^{-\frac{x}{2}}\left(-\cos2x+\frac{3}{4}\sin2x\right)$이다. 그림 4.3.1에서 해는 진동하지만 $x\to\infty$함에 따라 $y\to0$임을 알 수 있다. ■

알아야 할 가치가 있는 두 개의 방정식 k가 실수인 두 개의 미분방정식

$$y''+k^2y=0\text{과}\quad y''-k^2y=0$$

는 응용수학에서 중요하다. $y''+k^2y=0$에 대한 보조방정식 $m^2+k^2=0$은 허수해 $m_1=ki$와 $m_2=-ki$를 갖는다. $\alpha=0,\ \beta=k$인 (8)로부터, 미분방정식의 일반해는

$$y=c_1\cos kx+c_2\sin kx \tag{9}$$

가 된다. 반면 $y''-k^2y=0$에 대한 보조방정식 $m^2-k^2=0$은 두 개의 서로 다른 실수해 $m_1=k$와 $m_2=-k$를 가지므로 (4)에 의하여 미분방정식의 일반해는

$$y=c_1e^{kx}+c_2e^{-kx} \tag{10}$$

이다. 만일 (10)에서 $c_1=c_2=\frac{1}{2}$와 $c_1=\frac{1}{2},\ c_2=-\frac{1}{2}$로 택하면 특수해 $y=\frac{1}{2}(e^{kx}+e^{-kx})=\cosh kx$ 와 $y=\frac{1}{2}(e^{kx}-e^{-kx})=\sinh kx$를 구한다. $\cosh kx$

와 $\sinh kx$는 x축의 어느 구간에서도 일차독립이므로 $y''-k^2y=0$의 일반해의 다른 형태는

$$y=c_1\cosh kx+c_2\sinh kx \tag{11}$$

가 된다. 연습문제4.3 문제43, 44를 참조하여라.

고계 방정식 일반적으로 $a_i,\ i=0,\ 1,\ \cdots,\ n$가 실수인 n계 미분방정식 (1)을 풀기 위하여 n차 다항식

$$a_nm^n+a_{n-1}m^{n-1}+\ \cdots\ +a_2m^2+a_1m+a_0=0 \tag{12}$$

을 풀어야만 한다. (12)의 모든 근이 서로 다른 실수이면 (1)의 일반해는

$$y=c_1e^{m_1x}+c_2e^{m_2x}+\ \cdots\ +c_ne^{m_nx}$$

이다. 3차 이상의 보조방정식의 근은 많은 경우의 수가 생기기에 경우 II와 경우 III와 유사하게 요약하기에는 다소 어려움이 있다. 예를 들면 5차 방정식의 경우 5개의 서로 다른 실근 또는 3개의 서로 다른 실근과 2개의 복소수 근 또는 1개의 실근과 4개의 복소수 근 또는 서로 같은 5개의 실근 또는 5개의 실근 중 2개는 같은 실근 등등의 근을 가질 수 있다. m_1이 n차 보조방정식의 중복도 k (즉, k개의 근이 m_1과 같음)인 근이면

$$e^{m_1x},\quad xe^{m_1x},\quad x^2e^{m_1x},\quad \cdots,\quad x^{k-1}e^{m_1x}$$

은 일차독립인 해가 되며 일반해는 일차결합

$$c_1e^{m_1x}+c_2xe^{m_1x}+c_3x^2e^{m_1x}+\ \cdots\ +c_kx^{k-1}e^{m_1x}$$

을 포함해야 함을 보일 수 있다. 마지막으로 계수가 실수이면 보조방정식의 복소수 근은 항상 켤레 복소수의 쌍으로 나타나는 것을 기억해야만 한다. 그래서 예를 들면 3차 다항방정식은 많아야 두 개의 복소수 근을 가질 수 있다.

예제 3 3계 미분방정식

$y'''+3y''-4y=0$을 풀어라.

풀이 $m^3+3m^2-4=0$의 한 근이 $m_1=1$이므로 $m-1$는 m^3+3m^2-4의 인수이다. 나눗셈에 의하여

$$m^3+3m^2-4=(m-1)(m^2+4m+4)=(m-1)(m+2)^2$$

이므로 다른 근은 $m_2=m_3=-2$이다. 그러므로 미분방정식의 일반해는

$$y=c_1e^{x}+c_2e^{-2x}+c_3xe^{-2x}$$

이다. ■

예제 4 **4계 미분방정식**

$\frac{d^4y}{dx^4}+2\frac{d^2y}{dx^2}+y=0$을 풀어라.

풀이 보조방정식 $m^4+2m^2+1=(m^2+1)^2=0$은 근 $m_1=m_3=i$와 $m_2=m_4=-i$를 갖는다. 경우 Ⅱ로부터 해는

$$y=C_1e^{ix}+C_2e^{-ix}+C_3xe^{ix}+C_4xe^{-ix}$$

이다. 오일러의 공식에 의하여 상수를 다시 정한 후 $C_1e^{ix}+C_2e^{-ix}$는

$$c_1\cos x+c_2\sin x$$

으로 다시 쓸 수 있으며 마찬가지로 $x(C_3e^{ix}+C_4e^{-ix})$는 $x(c_3\cos x+c_4\sin x)$로 나타낼 수 있다. 그러므로 일반해는

$$y=c_1\cos x+c_2\sin x+c_3x\cos x+c_4x\sin x$$

이다. ■

예제4는 보조방정식이 중근인 복소수 근을 가지는 특별한 경우를 예시했다. 일반적으로 $m_1=\alpha+i\beta$, $\beta>0$가 실수를 계수로 갖는 보조방정식의 중복도 k인 복소수 근이면 그 켤레 복소수 $m_2=\alpha-i\beta$도 중복도 k인 근이 된다. $2k$개의 복소수 해

$$e^{(\alpha+i\beta)x},\ xe^{(\alpha+i\beta)x},\ x^2e^{(\alpha+i\beta)x},\ \cdots,\ x^{k-1}e^{(\alpha+i\beta)x}$$
$$e^{(\alpha-i\beta)x},\ xe^{(\alpha-i\beta)x},\ x^2e^{(\alpha-i\beta)x},\ \cdots,\ x^{k-1}e^{(\alpha-i\beta)x}$$

로부터, 오일러의 공식으로, 대응되는 미분방정식의 일반해는 $2k$개의 일차독립인 실수 해

$$e^{\alpha x}\cos\beta x,\ xe^{\alpha x}\cos\beta x,\ x^2e^{\alpha x}\cos\beta x,\ \cdots,\ x^{k-1}e^{\alpha x}\cos\beta x,$$
$$e^{\alpha x}\sin\beta x,\ xe^{\alpha x}\sin\beta x,\ x^2e^{\alpha x}\sin\beta x,\ \cdots,\ x^{k-1}e^{\alpha x}\sin\beta x$$

의 일차결합을 포함한다. 예제4는 $k=2$, $\alpha=0$과 $\beta=1$이다.

유리수 근 물론 상수를 계수로 갖는 미분방정식을 푸는 데 가장 어려운 것은 2차 이상의 보조방정식의 근을 구하는 것이다. 우리가 시도할 수 있는 방법은 보조방정식에 대한 유리수 근을 조사하는 것이다. $m_1=\frac{p}{q}$가 정수를 계수로 갖는 보조방정식 $a_nm^n+a_{n-1}m^{n-1}+\cdots+a_2m^2+a_1m+a_0=0$의 유리수 근(기약분수로

표현된)이면 p는 a_0의 약수이며 q는 a_n의 약수가 된다.

예제 5 유리수 근 구하기

$3y''' + 5y'' + 10y' - 4y = 0$을 풀어라.

풀이 방정식을 풀기 위해 $3m^3 + 5m^2 + 10m - 4 = 0$을 풀어야 한다. 특별히 3차 보조방정식에서 $a_0 = -4$와 $a_n = 3$의 모든 약수는 $p : \pm 1, \pm 2, \pm 4$와 $q : \pm 1, \pm 3$이므로 가능한 유리수 근은

$$\frac{p}{q}:\ \pm 1,\ \pm 2,\ \pm 4, \pm\frac{1}{3},\ \pm\frac{2}{3},\ \pm\frac{4}{3}$$

이다.

조립제법에 의하여 이들 각각의 수를 검토해야 한다. 이런 방법으로 $m_1 = \dfrac{1}{3}$이 근이 됨을 찾아내고 인수분해하면

$$3m^3 + 5m^2 + 10m - 4 = \left(m - \frac{1}{3}\right)(3m^2 + 6m + 12)$$

이 된다. 근의 공식으로 나머지 근은 $m_2 = -1 - \sqrt{3}i$와 $m_3 = -1 + \sqrt{3}i$이다. 그래서 $3y''' + 5y'' + 10y' - 4y = 0$의 일반해는 $y = c_1 e^{\frac{x}{3}} + e^{-x}(c_2 \cos\sqrt{3}x + c_3 \sin\sqrt{3}x)$이다.

컴퓨터의 활용 적절한 계산기나 컴퓨터 프로그램을 사용하여 보조방정식의 근을 구하거나 근의 근삿값을 구하는 것은 기계적인 문제이다. 차수가 5미만인 (일변수) 다항식은 Mathematica나 Maple에서 solve 명령어를 사용한 대수공식에 의하여 풀 수 있다. 차수가 5 이상인 보조다항식에서는 Mathematica에서 NSolve와 FindRoot와 같은 수치적인 명령어를 사용할 필요가 있을 것이다. 다항식을 푸는 컴퓨터의 역량 때문에, 이런 컴퓨터 대수 체계는 dsolve 명령어에 의하여 상수가 계수인 동차 선형 미분방정식의 명확한 해도 역시 구할 수 있다는 것은 놀랍지가 않다.

랄프 팔머 애그뉴(Ralph Palmer Agrew)의 저서인 《미분방정식》*(저자가 학생일 때 사용한) 교재에 다음 문장이 적혀있다:

이 과목에서는 학생들에게

$$4.317\frac{d^4y}{dx^4} + 2.179\frac{d^3y}{dx^3} + 1.416\frac{d^2y}{dx^2} + 1.295\frac{dy}{dx} + 3.169y = 0 \qquad (13)$$

과 같은 방정식의 유효한 해를 구하기 위한 계산 기량과 적절한 도구를 반드시 갖

---

* McGraw-Hill, New York, 1960

출 것을 기대하는 것은 타당하지 않다.

계산 기량이 시간이 갈수록 개선되었는지는 논쟁의 대상이지만 과학 기술이 개선되었다는 것은 확실하다. 학생이 컴퓨터 대수 체계를 접한다면, 방정식 (13)은 적절히 고려되어진다. 결과를 간단히 하고 재명칭을 하면 Mathematica에서 근사 일반해는

$$\begin{aligned}y &= c_1e^{-0.728852x}\cos(0.618605x) + c_2e^{-0.728852x}\sin(0.618605x)\\ &\quad + c_3e^{0.476478x}\cos(0.759081x) + c_4e^{0.476478x}\sin(0.759081x)\end{aligned}$$

가 된다.

마지막으로 예를 들어 4계 방정식으로 되어있는 초깃값 문제에 직면하면 미분방정식의 일반해는 4개의 초기 조건을 만족하여, 4개의 미지수(일반해 안에 c_1, c_2, c_3, c_4)에 대한 4개의 선형방정식을 풀어야 한다. 컴퓨터 대수 체계인 CAS를 활용하여 이 연립방정식을 푸는 것은 많은 시간을 단축할 수 있다. 연습문제4.3 문제77, 78, 4장의 복습 문제47을 참조하여라.

연습문제 4.3

(1–14) 주어진 2계 미분방정식의 일반해를 구하여라.

1. $4y'' + y' = 0$ **2.** $y'' - 36y = 0$

3. $y'' - y' - 6y = 0$ **4.** $y'' - 3y' + 2y = 0$

5. $y'' + 8y' + 16y = 0$ **6.** $y'' - 10y' + 25y = 0$

7. $12y'' - 5y' - 2y = 0$ **8.** $y'' + 4y' - y = 0$

9. $y'' + 9y = 0$ **10.** $3y'' + y = 0$

11. $y'' - 4y' + 5y = 0$ **12.** $2y'' + 2y' + y = 0$

13. $3y'' + 2y' + y = 0$ **14.** $2y'' - 3y' + 4y = 0$

(15–30) 주어진 고계 미분방정식의 일반해를 구하여라.

15. $y''' - 4y'' - 5y' = 0$ **16.** $y''' - y = 0$

17. $y''' - 5y'' + 3y' + 9y = 0$

18. $y''' + 3y'' - 4y' - 12y = 0$

19. $\dfrac{d^3u}{dt^3} + \dfrac{d^2u}{dt^2} - 2u = 0$ **20.** $\dfrac{d^3x}{dt^3} - \dfrac{d^2x}{dt^2} - 4x = 0$

21. $y''' + 3y'' + 3y' + y = 0$

22. $y''' - 6y'' + 12y' - 8y = 0$

23. $y^{(4)} + y''' + y'' = 0$ **24.** $y^{(4)} - 2y'' + y = 0$

25. $16\dfrac{d^4y}{dx^4} + 24\dfrac{d^2y}{dx^2} + 9y = 0$ **26.** $\dfrac{d^4y}{dx^4} - 7\dfrac{d^2y}{dx^2} - 18y = 0$

27. $\dfrac{d^5u}{dr^5} + 5\dfrac{d^4u}{dr^4} - 2\dfrac{d^3u}{dr^3} - 10\dfrac{d^2u}{dr^2} + \dfrac{du}{dr} + 5u = 0$

28. $2\dfrac{d^5x}{ds^5} - 7\dfrac{d^4x}{ds^4} + 12\dfrac{d^3x}{ds^3} + 8\dfrac{d^2x}{ds^2} = 0$

29. $\dfrac{d^6y}{dx^6} - 2\dfrac{d^5y}{dx^5} + 5\dfrac{d^4y}{dx^4} = 0$

30. $\dfrac{d^6y}{dx^6} - 3\dfrac{d^4y}{dx^4} + 3\dfrac{d^2y}{dx^2} - y = 0$

(31–38) 주어진 초깃값 문제를 풀어라.

31. $y'' + 16y = 0, \quad y(0) = 2, \quad y'(0) = -2$

32. $\dfrac{d^2y}{d\theta^2} + y = 0, \ y\left(\dfrac{\pi}{3}\right) = 0, \ y'\left(\dfrac{\pi}{3}\right) = 2$

33. $\dfrac{d^2y}{dt^2} - 4\dfrac{dy}{dt} - 5y = 0, \ y(1) = 0, \ y'(1) = 2$

34. $4y'' - 4y' - 3y = 0, \ y(0) = 1, \ y'(0) = 5$

35. $y'' + y' + 2y = 0, \ y(0) = y'(0) = 0$

36. $y'' - 2y' + y = 0, \ y(0) = 5, \ y'(0) = 10$

37. $y''' + 12y'' + 36y' = 0,$
$y(0) = 0, \ y'(0) = 1, \ y''(0) = -7$

38. $y''' + 2y'' - 5y' - 6y = 0,$
$y(0) = y'(0) = 0, \quad y''(0) = 1$

(39–42) 주어진 경곗값 문제를 풀어라.

39. $y'' - 10y' + 25y = 0, \quad y(0) = 1, \quad y(1) = 0$

40. $y'' + 4y = 0, \quad y(0) = 0, \quad y(\pi) = 0$

41. $y'' + y = 0, \quad y'(0) = 0, \quad y'\left(\dfrac{\pi}{2}\right) = 0$

42. $y'' - 2y' + 2y = 0, \quad y(0) = 1, \quad y(\pi) = 1$

(43–44) 먼저 (10)에서 주어진 일반해의 형태를 이용하여 주어진 문제를 풀어라. 다음 (11)에서 주어진 형태를 이용하여 다시 풀어라.

43. $y'' - 3y = 0, \quad y(0) = 1, \quad y'(0) = 5$

44. $y'' - y = 0, \quad y(0) = 1, \quad y'(1) = 0$

(45–46) 주어진 경곗값 문제가 비자명해(즉, 0이 아닌 해)를 갖는 모든 $\alpha > 0$를 찾아라.

45. $y'' + \alpha^2 y = 0, \quad y(0) = 0, \quad y(2) = 0$

46. $y'' + \alpha^2 y = 0, \quad y'(0) = 0, \quad y(4) = 0$

(47–52) 각각의 그래프는 다음 미분방정식들 중 하나의 특수해의 그래프이다.

(a) $y'' - 3y' - 4y = 0$ (b) $y'' + 4y = 0$
(c) $y'' + 2y' + y = 0$ (d) $y'' + y = 0$
(e) $y'' + 2y' + 2y = 0$ (f) $y'' - 3y' + 2y = 0$

그래프에 맞는 미분방정식을 짝지어라. 그 이유를 설명하여라.

47.

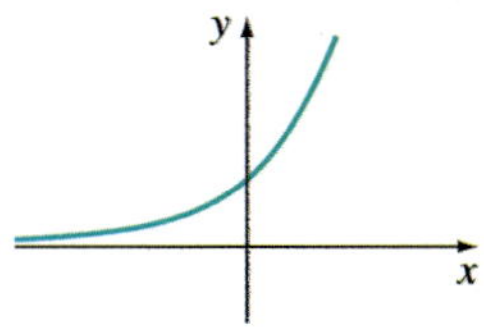

그림 4.3.2 문제47의 그래프

48.

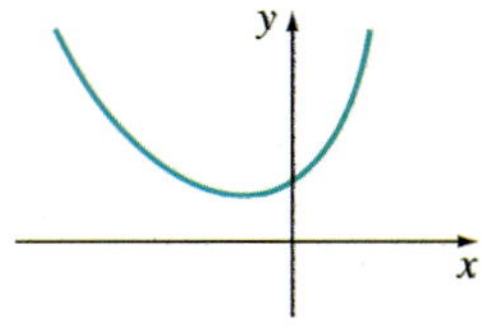

그림 4.3.3 문제48의 그래프

49.

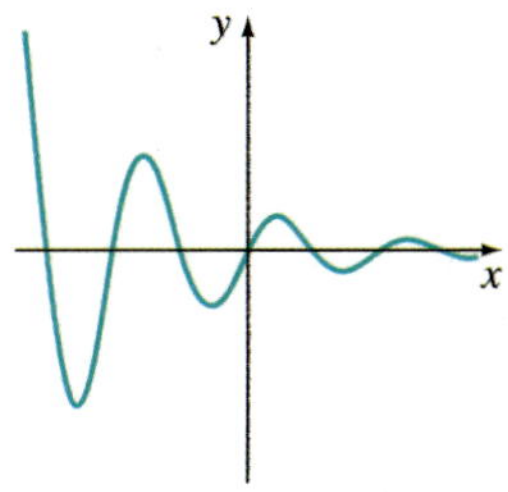

그림 4.3.4 문제49의 그래프

50.

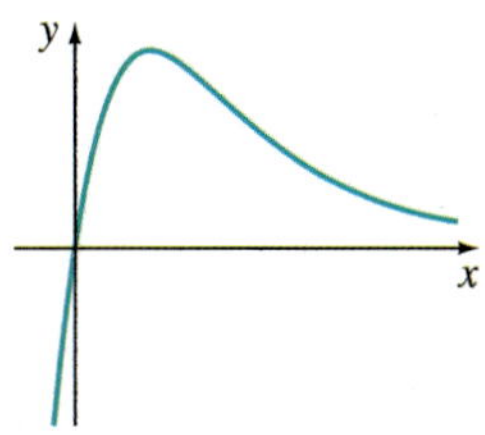

그림 4.3.5 문제50의 그래프

51.

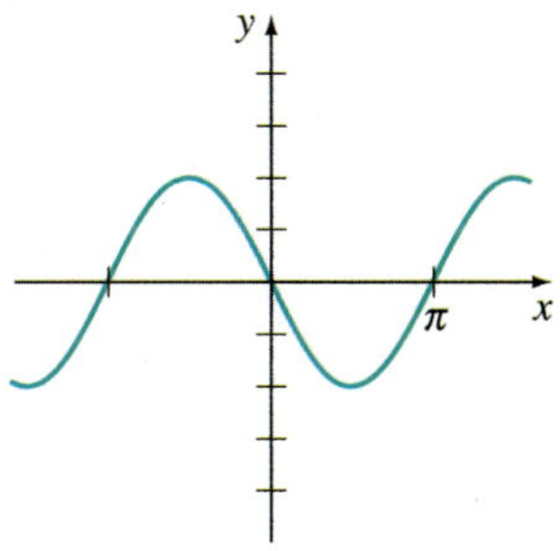

그림 4.3.6 문제51의 그래프

52.

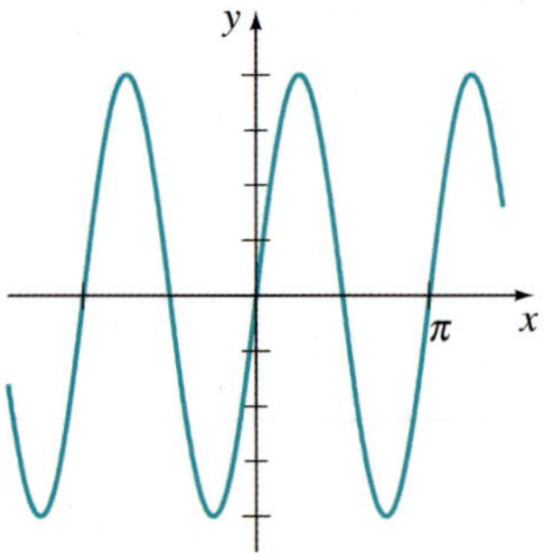

그림 4.3.7 문제52의 그래프

(53–62) 주어진 함수를 일반해로 가지는 상수가 계수인 동차 미분방정식을 구하여라.

53. $y=c_1e^{x}+c_2e^{5x}$

54. $y=c_1e^{-4x}+c_2e^{-3x}$

55. $y=c_1+c_2e^{2x}$

56. $y=c_1e^{10x}+c_2xe^{10x}$

57. $y=c_1\cos 3x+c_2\sin 3x$

58. $y=c_1\cosh 7x+c_2\sinh 7x$

59. $y=c_1e^{-x}\cos x+c_2e^{-x}\sin x$

60. $y=c_1+c_2e^{2x}\cos 5x+c_3e^{2x}\sin 5x$

61. $y=c_1+c_2x+c_3e^{8x}$

62. $y=c_1\cos x+c_2\sin x+c_3\cos 2x+c_4\sin 2x$

63. 변수인 함수의 정적분을 포함하는 방정식을 자연스럽게 적분방정식이라 부른다. 적분방정식은 때때로 미분방정식으로 변형되어 풀릴 수 있다. 적분방정식

$$y(x)=3-4\int_0^x y(t)dt+e^{-x}\int_0^x e^t y(t)dt$$

를 고려하자.

(a) 1.1절 (12)를 이용하여 $y'(x)$를 찾고

$$e^x[y'(x)+3y(x)]=-\int_0^x e^t y(t)dt$$

임을 증명하여라.

(b) (a)의 결과를 미분하여 $y(x)$에 대한 동차 선형 2계 미분방정식을 찾아라.

64. 문제63의 첫 번째 식을 이용하여 $y(0)$의 수치적 값을 결정하라. 문제63의 두 번째 식을 이용하여 $y'(0)$의 수치적 값을 결정하라. 문제63(b)에서 찾은 미분방정식의 초깃값 $y(0), y'(0)$을 갖는 해를 구하여라.

토론 문제

65. 실수를 계수로 하는 3차 보조다항식의 두 근이 $m_1=-\frac{1}{2}$와 $m_2=3+i$이다. 이에 대응되는 동차 선형 미분방정식은 무엇인가? 토론: 구한 미분방정식이 유일한가?

66. 만일 $m_1=\frac{1}{2}$가 $2y'''+7y''+4y'-4y=0$의 보조다항식의 한 근일 때 주어진 미분방정식의 일반해를 구하여라.

67. $y_1=e^{-4x}\cos x$가 $y'''+6y''+y'-34y=0$의 한 해라 할 때, 주어진 미분방정식의 일반해를 구하여라.

68. 복소수 $3+2i$가 상수인 계수를 갖는 동차 선형 6계 미분 방정식의 보조방정식의 중복도 3인 근이다. 이 미분방정식의 일반해를 찾아라.

69. 보조방정식이

$$m^4-8m^3+18m^2-8m+1=(m^2-4m+1)^2=0$$

인 미분방정식

$$y^{(4)}-8y'''+18y''-8y'+y=0$$

의 일반해를 구하여라.

70. $y^{(4)}+y=0$을 풀기 위하여 $m^4+1=0$의 근을 구해야만 한다. 이는 컴퓨터 대수 체계를 활용하면 쉬운 문제이지만 복소수를 이용하여 손으로도 계산할 수 있다. $m^4+1=(m^2+1)^2-2m^2$을 관찰하여라. 이것이 어떻게 도움이 되는가? 미분방정식을 풀어라.

71. $y=\sinh x-2\cos\left(x+\frac{\pi}{6}\right)$가 $y^{(4)}-y=0$의 특수해임을 증명하여라. 이 특수해와 미분방정식의 일반해를 조화시켜라.

72. **경곗값 문제** $y''+\lambda y=0,\ y(0)=0,\ y\left(\frac{\pi}{2}\right)=0$를 보자. 토론 : 문제가 (a) 자명한 해 (b) 자명하지 않은 해를 가지도록 λ를 결정할 수 있는가?

컴퓨터 실습 과제

(73–76) 보조다항식의 근이나 주어진 미분방정식의 일반해를 직접적으로 구하는 수단으로 컴퓨터를 활용하여라. 만일 일반해를 구하기 위하여 컴퓨터 대수 체계를 활용한다면 결과를 간단히 하고 필요하다면 실수 함수의 형태로 해를 작성하여라.

73. $y'''-6y''+2y'+y=0$

74. $6.11y'''+8.59y''+7.93y'+0.778y=0$

75. $3.15y^{(4)} - 5.34y'' + 6.33y' - 2.03y = 0$

76. $y^{(4)} + 2y'' - y' + 2y = 0$

(77–78) 보조다항식을 풀기 위하여 컴퓨터 대수 체계를 활용하여라. 미분방정식의 일반해를 구하여라. 그리고 초깃값 조건이 일반해에 적용될 때 생기는 계수 c_i, $i = 1, 2, 3, 4$에 대한 연립방정식을 풀기 위하여 컴퓨터 대수 체계를 활용하여라.

77. $2y^{(4)} + 3y''' - 16y'' + 15y' - 4y = 0$,
$y(0) = -2,\quad y'(0) = 6,\quad y''(0) = 3,\quad y'''(0) = \frac{1}{2}$

78. $y^{(4)} - 3y''' + 3y'' - y' = 0$,
$y(0) = y'(0) = 0, y''(0) = y'''(0) = 1$

4.4 미정계수-중첩접근*

소개 비동차 선형 미분방정식

$$a_n y^{(n)} + a_{n-1} y^{(n-1)} + \cdots + a_2 y'' + a_1 y' + a_0 y = g(x) \tag{1}$$

을 풀기위하여 우리는 다음과 같은 두 가지를 해야 한다.

(i) 여함수 y_c를 구한다.

(ii) 비동차방정식 (1)의 임의의 특수해 y_p를 구한다.

그러면 4.1절에서 설명한 것과 같이 (1)의 일반해는 $y = y_c + y_p$이다. 여함수 y_c는 (1)과 관련된 동차방정식, 즉, $a_n y^{(n)} + a_{n-1} y^{(n-1)} + \cdots + a_2 y'' + a_1 y' + a_0 y = 0$의 일반해이다. 4.3 절에서 계수가 상수일 때 위와 같은 형태의 방정식의 해를 구하는 방법을 배웠다. 이 절에서의 목표는 특수해를 구하는 방법을 개발하는 것이다.

미정계수법 비동차 선형 미분방정식의 특수해 y_p을 구하는 두 가지 방법 중 첫 번째를 **미정계수법**(Method of undetermined coefficients)이라 한다. 이 방법에 뒷받침된 개념은 입력함수 $g(x)$을 생성할 수 있는 함수의 종류를 유도하여, 배운 가설로, y_p의 형태를 가정하는 것이다. 일반적인 방법은 다음과 같은 형태로 선형 미분방정식 (1)을 제한한다.

- 계수 a_i , $i = 0, 1, \cdots, n$는 상수이다.

* **강사에게 참고**: 이 절에서 미정계수법은 비동차방정식에 대한 중첩원리(정리 4.1.7)의 관점으로부터 계발되었다. 4.5절에서는 전반적으로 다른 접근인, 미분 영화 연산자를 활용하는 개념이 제시될 것이다. 마음에 드는 방법을 골라라.

- $g(x)$는 상수 k, 다항식, 지수함수 $e^{\alpha x}$, sine 또는 cosine 함수인 $\sin\beta x$, $\cos\beta x$, 또는 이들 함수들의 유한개의 합과 곱으로 된 함수이다.

참고 엄밀히 말해 $g(x)=k$(상수)는 다항식 함수이다. 다항식 함수를 생각할 때 우선 상수함수는 떠오르지 않아서, 강조하기 위하여, 불필요하게 "상수함수, 다항식, …" 이라고 계속 언급한다.

다음 함수들은 위의 설명에 적합한 입력함수 $g(x)$ 형태의 예들이다.

$$g(x)=10,\quad g(x)=x^2-5x,\quad g(x)=15x-6+8e^{-x}$$
$$g(x)=\sin 3x-5x\cos 2x,\qquad g(x)=xe^x\sin x+(3x^2-1)e^{-4x}$$

즉, $g(x)$는 다음 형태와 같은 함수들의 일차결합이다.

$$P(x)=a_nx^n+a_{n-1}x^{n-1}+\cdots+a_1x+a_0,\quad P(x)e^{\alpha x},\quad P(x)e^{\alpha x}\sin\beta x,\quad P(x)e^{\alpha x}\cos\beta x$$

여기서 n은 음이 아닌 정수이고 α와 β는 실수이다. 미정계수법은

$$g(x)=\ln x,\quad g(x)=\frac{1}{x},\quad g(x)=\tan x,\quad g(x)=\sin^{-1}x$$

등일 때 (1)의 형태의 방정식에는 적용할 수 없다. 입력함수 $g(x)$가 위와 같은 형태인 미분방정식은 4.6절에서 다룰 것이다.

상수, 다항식, 지수함수 $e^{\alpha x}$, 사인 함수 코사인 함수로 구성된 함수의 집합은 원소들의 합과 곱의 도함수가 다시 상수, 다항식, 지수함수 $e^{\alpha x}$, 사인 함수와 코사인 함수로 구성된 함수의 합과 곱이 되는 놀랄 만한 성질이 있다. 도함수의 일차결합인

$$a_ny_p^{(n)}+a_{n-1}y_p^{(n-1)}+\cdots+a_2y_p''+a_1y_p'+a_0y_p$$

이 $g(x)$와 같아야 하므로 y_p가 $g(x)$와 같은 형태가 될 것이라 가정하는 것이 타당하게 보인다.

다음 두 예제는 기본 방법을 제시한다.

예제 1 미정계수법을 이용한 일반해

$y''+4y'-2y=2x^2-3x+6$를 풀어라.

풀이 **1단계** 우선 관련된 동차 미분방정식 $y''+4y'-2y=0$을 풀자. 근의 공식에 의하여 보조다항식 $m^2+4m-2=0$의 근은 $m_1=-2-\sqrt{6}$와 $m_2=-2+\sqrt{6}$이다. 그러므로 여함수는

$$y_c=c_1e^{-(2+\sqrt{6})x}+c_2e^{(-2+\sqrt{6})x}$$

이다.

2단계 $g(x)$가 2차 다항식이므로 특수해 역시 2차 다항식

$$y_p = Ax^2 + Bx + C$$

의 형태라 가정하자. 우리는 y_p가 (2)의 해가 되도록 특정한 상수 A, B와 C를 구하여야 한다. y_p와 그의 도함수

$$y_p{}' = 2Ax + B \text{와 } y_p{}'' = 2A$$

를 주어진 미분방정식 (2)에 대입하면

$$y_p{}'' + 4y_p{}' - 2y_p = 2A + 8Ax + 4B - 2Ax^2 - 2Bx - 2C = 2x^2 - 3x + 6$$

이 된다. 마지막 방정식은 항등식이므로 x의 거듭제곱이 같은 항의 계수는 같아야 한다.

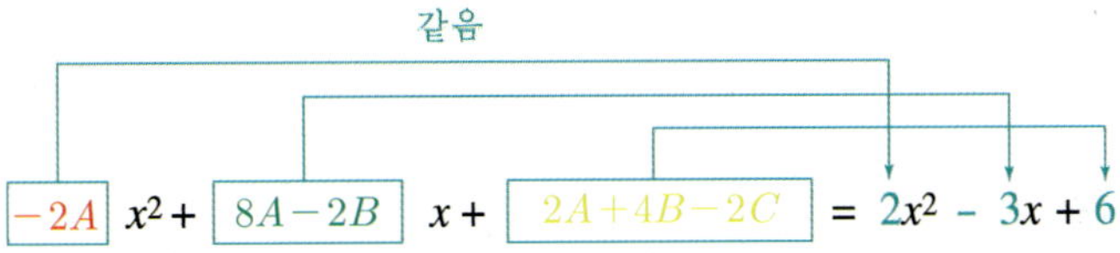

즉, $-2A = 2$, $8A - 2B = -3$, $2A + 4B - 2C = 6$이다.
연립방정식을 풀면 $A = -1$ $B = -\dfrac{5}{2}$ $C = -9$가 된다. 그러므로 특수해는

$$y_p = -x^2 - \frac{5}{2}x - 9$$

이다.

3단계 주어진 방정식의 일반해는

$$y = y_c + y_p = c_1 e^{-(2+\sqrt{6})x} + c_2 e^{(-2+\sqrt{6})x} - x^2 - \frac{5}{2}x - 9$$

이다. ■

예제 2 미정계수법을 이용한 특수해

$y'' - y' + y = 2\sin 3x$의 특수해를 구하여라.

풀이 ▶ 특수해에 대한 첫 번째 가정은 $A\sin 3x$일 것이다. 그러나 $\sin 3x$를 연속적으로 미분하면 $\sin 3x$와 $\cos 3x$가 생기므로 우리는 특수해를 다음과 같이 이들 두 함수가 모두 포함된 함수로 가정해야 할 것이다;

$$y_p = A\cos 3x + B\sin 3x$$

y_p를 미분하여 그 결과를 미분방정식에 대입하여 정리하면 다음 식이 얻어진다.

$$y_p{}'' - y_p{}' + y_p = (-8A - 3B)\cos 3x + (3A - 8B)\sin 3x = 2\sin 3x$$

또는

같음

$$\boxed{-8A-3B}\cos 3x + \boxed{3A-8B}\sin 3x = 0\cos 3x + 2\sin 3x.$$

연립방정식

$$-8A-3B=0,\ \ 3A-8B=2$$

으로부터 $A=\dfrac{6}{73}$, $B=-\dfrac{16}{73}$이 된다. 이 방정식의 특수해는

$$y_p=\frac{6}{73}\cos 3x-\frac{16}{73}\sin 3x$$

이다. ■

우리가 언급한 것처럼 특수해 y_p를 가정하는 형태는 맹목적인 가정이 아닌, 이론적으로 가정해야 한다. 이 이론적인 가정은 $g(x)$를 구성하는 함수의 형태뿐만 아니라, 예제4에서와 같이, 여함수 y_c가 구성된 함수 형태를 파악하여야 한다.

예제 3 중첩에 의한 y_p의 구성

$y''-2y'-3y=4x-5+6xe^{2x}$를 풀어라.

풀이 **1단계** 먼저 관련된 동차방정식 $y''-2y'-3y=0$의 해는 $y_c=c_1e^{-x}+c_2e^{3x}$로 구해진다.

2단계 $g(x)$에서 $4x-5$의 존재로 특수해에 일차 다항식이 포함됨을 알 수 있다. 더구나 xe^{2x}의 도함수에는 $2xe^{2x}$와 e^{2x}가 있으므로 특수해에 $2xe^{2x}$와 e^{2x} 모두가 포함한다고 가정한다. 다시 말해, g는 다음 두 개의 기본 함수의 합이다;

$$g(x)=g_1(x)+g_2(x)=\text{다항식}+\text{지수함수}$$

이에 대응하여, 비동차방정식의 중첩원리(정리 4.1.7)에 의하여 $y_{p_1}=Ax+B$이고 $y_{p_2}=Cxe^{2x}+Ee^{2x}$인

$$y_p=y_{p_1}+y_{p_2}$$

를 특수해라 가정하자.

$$y_p=Ax+B+Cxe^{2x}+Ee^{2x}$$

를 주어진 방정식 (3)에 대입하여 정리하면

$$\begin{aligned} y_p''-2y_p'-3y_p &= -3Ax-2A-3B-3Cxe^{2x}+(2C-3E)e^{2x} \\ &= 4x-5+6xe^{2x} \end{aligned} \tag{4}$$

가 된다. 이 항등식으로부터 우리는 4개의 방정식

$$-3A=4,\quad -2A-3B=-5,\quad -3C=6\text{과}\ 2C-3E=0$$

을 푼다. 마지막 방정식은 (4)의 오른쪽에서 e^{2x}의 계수가 영으로부터 얻어진다. 연립방정식을 풀면 $A=-\frac{4}{3}$, $B=\frac{23}{9}$, $C=-2$, $E=-\frac{4}{3}$이다. 결과적으로

$$y_p=-\frac{4}{3}x+\frac{23}{9}-2xe^{2x}-\frac{4}{3}e^{2x}$$

이다.

3단계 이 미분방정식의 일반해는

$$y=c_1e^{-x}+c_2e^{3x}-\frac{4}{3}x+\frac{23}{9}-\left(2x+\frac{4}{3}\right)e^{2x}$$

이다. ■

중첩원리(정리 4.1.7)를 생각하면 예제3을 두 개의 좀 더 간단한 문제를 푸는 관점으로 접근할 수 있다.

$$y_{p_1}=Ax+B\text{를}\ y''-2y'-3y=4x-5\text{에}$$
$$y_{p_2}=Cxe^{2x}+Ee^{2x}\text{를}\ y''-2y'-3y=6xe^{2x}\text{에}$$

대입하면 차례로 $y_{p_1}=-\frac{4}{3}x+\frac{23}{9}$과 $y_{p_2}=-(2x+\frac{4}{3})e^{2x}$가 얻어진다. 그러므로 (3)의 특수해는 $y_p=y_{p_1}+y_{p_2}$이다.

다음 예는 y_p의 형태에 대한 가정이 "명백하게" 옳지 않은 가정임을 보여준다.

예제 4 방법의 사소한 결함

$y''-5y'+4y=8e^x$의 특수해를 구하여라.

풀이 ▶ e^x의 도함수는 다른 새로운 함수를 만들지 않는다. 앞의 예에서 했던 것처럼 특수해를 $y_p=Ae^x$의 형태로 가정하는 것이 타당할 것이다. 그러나 이 함수를 미분방정식에 대입하면 $0=8e^x$인 모순인 방정식이 되므로 y_p에 대한 가정은 확실히 잘못되었다. 이 어려움은 여함수 $y_c=c_1e^x+c_2e^{4x}$를 관찰하면 명백하다. 가정인 Ae^x는 이미 y_c안에 있다. 이는 e^x가 관련된 동차 미분방정식의 해임을 의미하며 상수배인 Ae^x를 미분방정식에 대입하면 영이 된다. 그러면 y_p는 어떤 형태여야 하는가? 4.3절 **경우 II** 처럼 특수해가

$$y_p=Axe^x$$

의 형태인지를 판명하자. $y_p'=Axe^x+Ae^x$와 $y_p''=Axe^x+2Ae^x$를 미분방정식에 대입하여 간단히 하면

$$y_p'' - 5y_p' + 4y_p = -3Ae^x = 8e^x$$

가 된다. 마지막 방정식에서 $A = -\frac{8}{3}$이 얻어진다. 그러므로 주어진 방정식의 특수해는 $y_p = -\frac{8}{3}xe^x$이다. ■

예제1-3과 예제4에서 사용된 풀이 과정의 차이는 두 가지 경우로 고려해야 함을 제시한다. 첫 번째 경우는 예제1-3의 경우를 반영한 것이다.

경우 I 가정한 특수해에 있는 함수는 관련된 동차방정식의 해가 아니다.

표 4.4.1은 (1)의 $g(x)$의 몇 가지 특별한 예와 더불어 이에 대응되는 특수해의 형태를 제시한다. 물론 가정한 특수해 y_p안의 함수와 여함수 y_c에 있는 함수와는 중복되지 않아야만 한다.

표 4.4.1 시행 특수해

$g(x)$	y_p의 형태
1. 1 (임의의 상수)	A
2. $5x+7$	$Ax+B$
3. $3x^2-2$	Ax^2+Bx+C
4. x^3-x+1	Ax^3+Bx^2+Cx+E
5. $\sin 4x$	$A\cos 4x+B\sin 4x$
6. $\cos 4x$	$A\cos 4x+B\sin 4x$
7. e^{5x}	Ae^{5x}
8. $(9x-2)e^{5x}$	$(Ax+B)e^{5x}$
9. x^2e^{5x}	$(Ax^2+Bx+C)e^{5x}$
10. $e^{3x}\sin 4x$	$Ae^{3x}\cos 4x+Be^{3x}\sin 4x$
11. $5x^2\sin 4x$	$(Ax^2+Bx+C)\cos 4x+(Ex^2+Fx+G)\sin 4x$
12. $xe^{3x}\cos 4x$	$(Ax+B)e^{3x}\cos 4x+(Cx+E)e^{3x}\sin 4x$

예제 5 특수해의 형태 – 경우 I

다음 방정식의 특수해의 형태를 구하여라.

(a) $y'' - 8y' + 25y = 5x^3e^{-x} - 7e^{-x}$

(b) $y'' + 4y = x\cos x$

풀이 (a) $g(x) = (5x^3 - 7)e^{-x}$로 쓸 수 있다. 표 4.4.1의 9행의 형태로 특수해는

$$y_p = (Ax^3 + Bx^2 + Cx + E)e^{-x}$$

의 형태로 가정한다. y_p와 여함수 $y_c = e^{4x}(c_1\cos 3x + c_2\sin 3x)$와는 중복된 항이

없다.

(b) 함수 $g(x) = x\cos x$는 특수해 y_p에서 이차 대신 일차 다항식과 $\cos 4x$와 $\sin 4x$ 대신에 $\cos x$와 $\sin x$를 사용한 것을 제외하고는 표 4.4.1의 11행과 비슷하다:

$$y_p = (Ax+B)\cos x + (Cx+E)\sin x$$

다시 y_p와 여함수 $y_c = c_1\cos 2x + c_2\sin 2x$와는 중복된 항이 없음을 확인하자. ■

만일 $g(x)$가 위의 표에 있는 종류의 m개 함수의 합으로 되어있으면, (예제3과 같이) 특수해 y_p에 대한 가정은 이들의 항과 대응되는 $y_{p_1}, y_{p_2}, \cdots, y_{p_m}$의 시행 특수해 형태의 합으로 구성된다;

$$y_p = y_{p_1} + y_{p_2} + \cdots + y_{p_m}.$$

다음과 같이 다른 방법으로 표현할 수 있다.

경우 I에 대한 규칙 y_p의 형태는 $g(x)$의 거듭 미분으로 생성된 일차독립인 모든 함수들의 일차결합이다.

예제 6 중첩에 의한 y_p 만들기 - 경우 I

$y'' - 9y' + 14y = 3x^2 - 5\sin 2x + 8xe^{6x}$의 특수해의 형태를 구하여라.

풀이 방정식의 우측 $g(x) = 3x^2 - 5\sin 2x + 8xe^{6x}$는 세 종류의 다른 형태로 구성되어 있다: x^2, $\sin 2x$, xe^{6x}. 이들 함수의 도함수들은 x, 1; $\cos 2x$; e^{6x}의 추가적인 함수가 만들어진다. 그러므로

x^2와 관련하여	$y_{p_1} = Ax^2 + Bx + C$
$\sin 2x$와 관련하여	$y_{p_2} = E\cos 2x + F\sin 2x$
xe^{6x}와 관련하여	$y_{p_3} = (Gx+H)e^{6x}$

를 가정한다. 특수해에 대한 가정은 다음과 같다.

$$y_p = y_{p_1} + y_{p_2} + y_{p_3} = Ax^2 + Bx + C + E\cos 2x + F\sin 2x + (Gx+H)e^{6x}.$$

이 가정과 여함수 $y_c = c_1e^{2x} + c_2e^{7x}$와 중복되는 항은 없다. ■

경우 II 가정한 특수해의 함수는 또한 관련된 동차 미분방정식의 해이다.

다음 예는 예제4와 비슷하다.

예제 7 특수해 - 경우 II

$y'' - 2y' + y = e^x$의 특수해를 구하여라.

풀이 ▶ 여함수는 $y_c = c_1 e^x + c_2 x e^x$이다. 예제4와 같이 e^x가 관련된 동차방정식 $y'' - 2y' + y = 0$의 근이라는 것은 y_c로부터 명백하므로 $y_p = Ae^x$의 가정은 틀리게 된다. 게다가 xe^x항 역시 y_c에 중복되어 있으므로 $y_p = Axe^x$ 형태의 특수해도 구할 수 없다. 그러면

$$y_p = Ax^2 e^x$$

를 시도해 보자. 주어진 미분방정식에 대입하면 $2Ae^x = e^x$가 되어 $A = \frac{1}{2}$이다. 그러므로 특수해는 $y_p = \frac{1}{2}x^2 e^x$이다. ■

다시 $g(x)$가 표 4.4.1에서 주어진 종류 중 m개 항으로 구성되어 있다고 가정하고 특수해 y_p에 대한 보편적인 가정이 $y_p = y_{p_1} + y_{p_2} + \cdots + y_{p_m}$라 하자. 여기서 y_{p_i}, $i = 1, 2, \cdots, m$는 각 항에 대응되는 시행 특수해 형태라 하자. 경우 II에서 언급된 가정 하에서 우리는 다음과 같은 일반적인 규칙을 만들 수 있다.

경우 II에 대한 곱셈규칙 어떤 y_{p_i}의 항에 y_c안의 항과 중복된 함수가 있다면 그 y_{p_i}에는 x^n을 곱해야 한다. 여기서 n은 중복을 소거하는 가장 작은 양의 정수이다.

예제 8 초깃값 문제

$y'' + y = 4x + 10\sin x$, $y(\pi) = 0$, $y'(\pi) = 2$를 풀어라.

풀이 ▶ 관련된 동차방정식 $y'' + y = 0$의 해는 $y_c = c_1\cos x + c_2\sin x$이다. $g(x) = 4x + 10\sin x$는 일차다항식과 사인 함수의 합이므로, 표 4.4.1의 2와 5행에서 y_p에 대한 정상적인 가정은 $y_{p_1} = Ax + B$와 $y_{p_2} = C\cos x + E\sin x$의 합이다;

$$y_p = Ax + B + C\cos x + E\sin x \tag{5}$$

하지만 $\cos x$와 $\sin x$ 두 항은 가정한 y_p와 여함수 y_c에서 중복되는 항이다. 중복은 단순히 y_{p_2}에 x를 곱함으로써 소거된다. (5) 대신에

$$y_p = Ax + B + Cx\cos x + Ex\sin x \tag{6}$$

로 사용한다.

이를 미분하고 그 결과를 미분방정식에 대입하면

$$y_p'' + y_p = Ax + B - 2C\sin x + 2E\cos x = 4x + 10\sin x$$

이므로 $A=4$, $B=0$, $-2C=10$, $2E=0$이다. 연립방정식의 해는 $A=4$, $B=0$, $C=-5$, $E=0$이다. (6)으로부터 $y_p = 4x - 5x\cos x$ 이다. 주어진 방정식의 일반해는

$$y = y_c + y_p = c_1\cos x + c_2\sin x + 4x - 5x\cos x$$

이다. 다음 주어진 초깃값 조건을 일반해에 대입하자. 먼저 $\cos\pi = -1$, $\sin\pi = 0$이므로 $y(\pi) = c_1\cos\pi + c_2\sin\pi + 4\pi - 5\pi\cos\pi = 0$으로부터 $c_1 = 9\pi$이다. 다음 도함수

$$y' = -9\pi\sin x + c_2\cos x + 4 + 5x\sin x - 5\cos x \text{와}$$
$$y'(\pi) = -9\pi\sin\pi + c_2\cos\pi + 4 + 5\pi\sin\pi - 5\cos\pi = 2$$

로부터 $c_2 = 7$이다. 그러므로 초깃값의 해는

$$y = 9\pi\cos x + 7\sin x + 4x - 5x\cos x$$

가 된다. ■

예제 9 곱셈공식의 이용

$y'' - 6y' + 9y = 6x^2 + 2 - 12e^{3x}$을 풀어라.

풀이 여함수는 $y_c = c_1e^{3x} + c_2xe^{3x}$이다. 표 4.4.1의 3행과 7행에 의하여 특수해에 대한 일반적인 가정은 $y_p = \underbrace{Ax^2 + Bx + C}_{y_{p_1}} + \underbrace{Ee^{3x}}_{y_{p_2}}$

라 할 수 있다. 이들 함수를 보면 y_{p_2}중 한 항이 y_c에 중복됨을 알 수 있다. y_{p_2}에 x을 곱하면 xe^{3x}가 아직도 y_c에 있다. 그러나 y_{p_2}에 x^2을 곱하면 모든 중복이 소거된다. 그러므로 특수해의 형태는

$$y_p = Ax^2 + Bx + C + Ex^2e^{3x}$$

이다. 이를 미분하여 미분방정식에 대입하고 동류항을 정리하면

$$\begin{aligned} y_p'' - 6y_p' + 9y_p &= 9Ax^2 + (-12A + 9B)x + 2A - 6B + 9C + 2Ee^{3x} \\ &= 6x^2 + 2 - 12e^{3x} \end{aligned}$$

이다. 위의 항등식으로부터 $A = \frac{2}{3}$, $B = \frac{8}{9}$, $C = \frac{2}{3}$, $E = -6$이 된다. 그러므로 일반해 $y = y_c + y_p$는

$$y = c_1e^{3x} + c_2xe^{3x} + \frac{2}{3}x^2 + \frac{8}{9}x + \frac{2}{3} - 6x^2e^{3x}$$

이다. ■

예제 10 3계 미분방정식- 경우 I

$y''' + y'' = e^x \cos x$를 풀어라.

풀이 보조방정식 $m^3 + m^2 = 0$로부터 $m_1 = m_2 = 0$과 $m_3 = -1$이다. 그러므로 방정식의 여함수는 $y_c = c_1 + c_2 x + c_3 e^{-x}$이다. $g(x) = e^x \cos x$이므로 표 4.4.1의 10행으로부터

$$y_p = Ae^x \cos x + Be^x \sin x$$

로 가정할 수 있다. 여함수와 중복되는 항이 y_p에 없으므로 하던 방법으로 계속하면 된다.

$$y_p''' + y_p'' = (-2A + 4B)e^x \cos x + (-4A - 2B)e^x \sin x = e^x \cos x$$

로부터 $-2A + 4B = 1$, $-4A - 2B = 0$이 된다. 이 연립방정식으로부터 $A = -\frac{1}{10}$, $B = \frac{1}{5}$이므로 특수해는 $y_p = -\frac{1}{10} e^x \cos x + \frac{1}{5} e^x \sin x$이다. 그러므로 일반해는

$$y = y_c + y_p = c_1 + c_2 x + c_3 e^{-x} - \frac{1}{10} e^x \cos x + \frac{1}{5} e^x \sin x$$

이다. ■

예제 11 4계 미분방정식- 경우 II

$y^{(4)} + y''' = 1 - x^2 e^{-x}$의 특수해 형태를 구하여라.

풀이 특수해에 대한 보편적인 추측인

$$y_p = \underbrace{A}_{y_{p_1}} + \underbrace{Bx^2 e^{-x} + Cxe^{-x} + Ee^{-x}}_{y_{p_2}}$$

와 $y_c = c_1 + c_2 x + c_3 x^2 + c_4 e^{-x}$를 비교하면 y_c와 y_p 사이의 중복은 y_{p_1}에 x^3을 곱하고 y_{p_2}에 x을 곱하면 소거된다. 그러므로 특수해에 대한 올바른 가정은

$$y_p = Ax^3 + Bx^3 e^{-x} + Cx^2 e^{-x} + Exe^{-x}$$

이다. ■

주의

(i) 4.4절의 문제27-36는 초깃값 문제를 풀어야 하고 문제37-40은 경곗값 문제를 풀어야 한다. 예제8에서와 같이 초기 조건 또는 경계 조건은 일반해 $y = y_c + y_p$에 적용해야 한다. 여함수 y_c에만 상수 $c_1, c_2, \cdots, c_n$을 포함되기 때문에 학생들은 이들 조건을 여함수에만 적용하는 실수를 종종 한다.

(ii) 이 절의 195쪽 "경우 I에 대한 규칙"으로부터 우리는 입력함수 $g(x)$가 188쪽의 파란색으로 강조한 네 가지 기본형태 중 하나와 다른 형태일 때 미정계수법이 비동차 선형 미분방정식에 잘 적용되지 않는 이유를 보였다. 예를 들면 $p(x)$가 다항식이면 $P(x)e^{\alpha x}\sin\beta x$의 거듭 미분은 모든 같은 형태인 유한개의 함수 – 다항식 곱하기 $e^{\alpha x}\sin\beta x$ 또는 다항식 곱하기 $e^{\alpha x}\cos\beta x$을 포함하는 일차독립인 집합을 생성한다. 한편 $g(x)=\ln x$ 또는 $g(x)=\tan^{-1}x$와 같은 입력함수를 거듭 미분 하면 무한히 많은 함수를 포함하는 일차독립인 집합을 생성한다:

$\ln x$의 도함수들 : $\dfrac{1}{x},\ -\dfrac{1}{x^2},\ \dfrac{2}{x^3},\ \cdots,$

$\tan^{-1}x$의 도함수들 : $\dfrac{1}{1+x^2},\ -\dfrac{2x}{(1+x^2)^2},\ \dfrac{-2+6x^2}{(1+x^2)^3},\ \cdots.$

연습문제 4.4

(1–26) 미정계수법으로 주어진 미분방정식을 풀어라.

1. $y''+3y'+2y=6$
2. $4y''+9y=15$
3. $y''-10y'+25y=30x+3$
4. $y''+y'-6y=2x$
5. $\frac{1}{4}y''+y'+y=x^2-2x$
6. $y''-8y'+20y=100x^2-26xe^x$
7. $y''+3y=-48x^2e^{3x}$
8. $4y''-4y'-3y=\cos 2x$
9. $y''-y'=-3$
10. $y''+2y'=2x+5-e^{-2x}$
11. $y''-y'+\frac{1}{4}y=3+e^{x/2}$
12. $y''-16y=2e^{4x}$
13. $y''+4y=3\sin 2x$
14. $y''-4y=(x^2-3)\sin 2x$
15. $y''+y=2x\sin x$
16. $y''-5y'=2x^3-4x^2-x+6$
17. $y''-2y'+5y=e^x\cos 2x$
18. $y''-2y'+2y=e^{2x}(\cos x-3\sin x)$
19. $y''+2y'+y=\sin x+3\cos 2x$
20. $y''+2y'-24y=16-(x+2)e^{4x}$
21. $y'''-6y''=3-\cos x$
22. $y'''-2y''-4y'+8y=6xe^{2x}$
23. $y'''-3y''+3y'-y=x-4e^x$
24. $y'''-y''-4y'+4y=5-e^x+e^{2x}$
25. $y^{(4)}+2y''+y=(x-1)^2$
26. $y^{(4)}-y''=4x+2xe^{-x}$

(27–36) 주어진 초깃값 문제를 풀어라.

27. $y'' + 4y = -2, \quad y\left(\frac{\pi}{8}\right) = \frac{1}{2}, \quad y'\left(\frac{\pi}{8}\right) = 2$

28. $2y'' + 3y' - 2y = 14x^2 - 4x - 11,$
$y(0) = 0, \ y'(0) = 0$

29. $5y'' + y' = -6x, \quad y(0) = 0, \quad y'(0) = -10$

30. $y'' + 4y' + 4y = (3+x)e^{-2x}, \ y(0) = 2, \ y'(0) = 5$

31. $y'' + 4y' + 5y = 35e^{-4x}, \ y(0) = -3, \ y'(0) = 1$

32. $y'' - y = \cosh x, \quad y(0) = 2, \quad y'(0) = 12$

33. $\frac{d^2x}{dt^2} + w^2 x = F_0 \sin wt, \ x(0) = 0, \ x'(0) = 0$

34. $\frac{d^2x}{dt^2} + w^2 x = F_0 \cos \gamma t, \ x(0) = 0, \ x'(0) = 0$

35. $y''' - 2y'' + y' = 2 - 24e^x + 40e^{5x}, \ y(0) = \frac{1}{2},$
$y'(0) = \frac{5}{2}, \quad y''(0) = -\frac{9}{2}$

36. $y''' + 8y = 2x - 5 + 8e^{-2x}, \ y(0) = -5, \quad y'(0) = 3$
$y''(0) = -4$

(37–40) 주어진 경곗값 문제를 풀어라.

37. $y'' + y = x^2 + 1, \ y(0) = 5, \ y(1) = 0$

38. $y'' - 2y' + 2y = 2x - 2, \ y(0) = 0, \quad y(\pi) = \pi$

39. $y'' + 3y = 6x, \ y(0) = 0, \quad y(1) + y'(1) = 0$

40. $y'' + 3y = 6x, \ y(0) + y'(0) = 0, \quad y(1) = 0$

(41–42) 입력함수 $g(x)$가 불연속일 때 주어진 초깃값 문제를 풀어라. [힌트: 두 구간에서 각각의 문제를 풀고 y와 y'가 $x = \frac{\pi}{2}$(문제41)와 $x = \pi$ (문제42)에서 연속이 되도록 해를 구하여라.]

41. $y'' + 4y = g(x), \ y(0) = 1, \quad y'(0) = 2,$ 여기서

$$g(x) = \begin{cases} \sin x, & 0 \le x \le \frac{\pi}{2} \\ 0, & x > \frac{\pi}{2} \end{cases}$$

42. $y'' - 2y' + 10y = g(x), \ y(0) = 0, \quad y'(0) = 0,$ 여기서

$$g(x) = \begin{cases} 20, & 0 \le x \le \pi \\ 0, & x > \pi \end{cases}$$

토론 문제

43. a, b, c, k는 상수인 미분방정식 $ay'' + by' + cy = e^{kx}$을 보자. 관련된 동차 미분방정식의 보조다항식은 $am^2 + bm + c = 0$이다.

(a) k가 보조다항식의 근이 아니면 특수해는 $y_p = Ae^{kx}$의 형태임을 보여라.
여기서 $A = \frac{1}{(ak^2 + bk + c)}$이다.

(b) k가 보조다항식의 중복도 1인 근이라 하면 특수해는 $y_p = Axe^{kx}$의 형태임을 보여라.
여기서 $A = \frac{1}{(2ak + c)}$이다. $k \ne -\frac{b}{2a}$임을 어떻게 아는지 설명하여라.

(c) 만일 k가 보조다항식의 중복도 2인 근이라 하면 특수해는 $y_p = Ax^2e^{kx}$의 형태임을 보여라. 여기서 $A = \frac{1}{2a}$이다.

44. $y'' + y = \sin x \cos 2x$의 특수해를 구하기 위해 이 절의 방법을 어떻게 사용되는지 서술하고, 아이디어를 전개하여라.

(45–48) 풀이 없이, 주어진 그림 중 하나와 $y'' + y = f(x)$의 해곡선의 그래프를 짝지어라.

(i) $f(x) = 1,$ (ii) $f(x) = e^{-x},$
(iii) $f(x) = e^x,$ (iv) $f(x) = \sin 2x,$
(v) $f(x) = e^x \sin x,$ (vi) $f(x) = \sin x.$

이유를 간단히 설명하여라.

45.

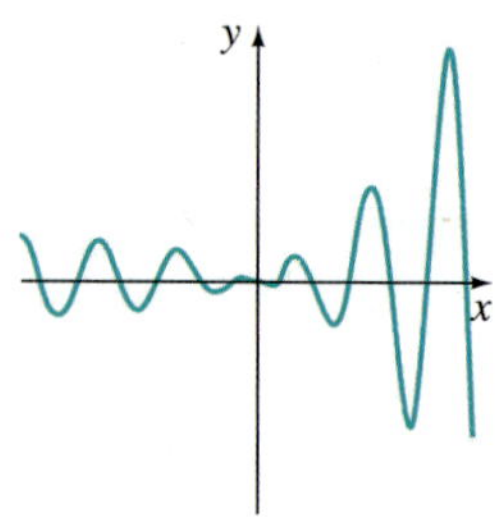

그림 4.4.1 문제45에 대한 그래프

46.

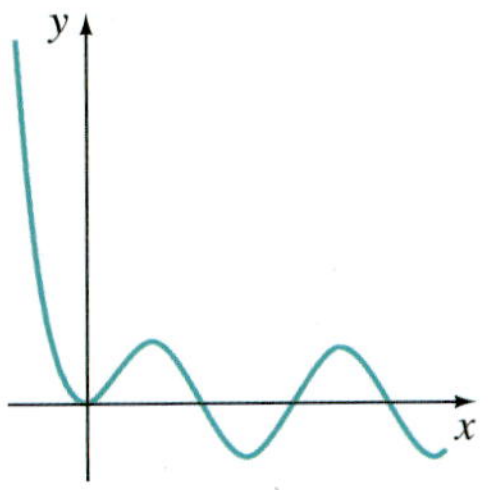

그림 4.4.2 문제46에 대한 그래프

47.

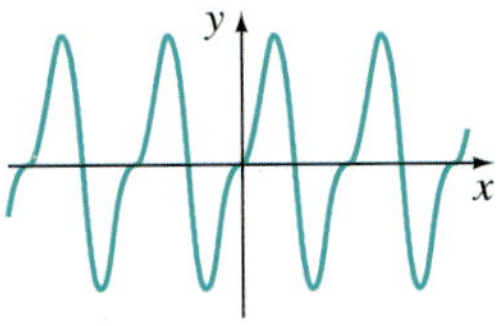

그림 4.4.3 문제47에 대한 그래프

48.

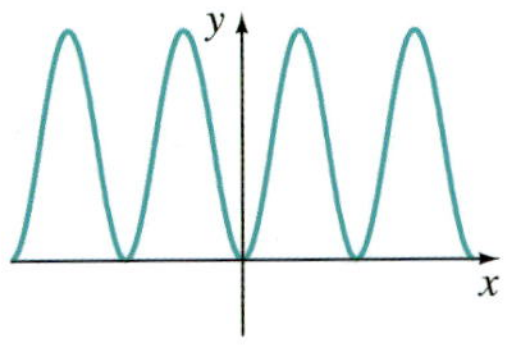

그림 4.4.4 문제48에 대한 그래프

컴퓨터 실습 과제

(49–50) 주어진 미분방정식의 특수해를 구하여라. 미분과 식의 계산은 컴퓨터 대수 체계를 활용하여라.

49. $y'' - 4y' + 8y = (2x^2 - 3x)e^{2x}\cos 2x + (10x^2 - x - 1)e^{2x}\sin 2x$

50. $y^{(4)} + 2y'' + y = 2\cos x - 3x\sin x$

4.5 미정계수-영화접근

소개 4.1절에서 n계 미분방정식은 $D^k y = \dfrac{d^k y}{dx^k}$, $k = 0, 1, \cdots, n$ 일 때

$$a_n D^n y + a_{n-1}D^{n-1}y + \cdots + a_1 Dy + a_0 y = g(x) \tag{1}$$

로 쓸 수 있음을 보였다. L을 n계 선형 미분, 다항식 또는 연산자

$$a_n D^n + a_{n-1}D^{n-1} + \cdots + a_1 D + a_0 \tag{2}$$

로 나타내면 (1)은 우리의 목적에 적합할 때, $L(y) = g(x)$로 쓸 수 있다.

연산자 표기는 간단할 뿐만 아니라 실용적인 단계에서 미분연산자의 응용은 앞 절에서 제시된 특수해 y_p의 형태를 결정하는 데 설명하기 힘든 규칙을 체계화할 수 있다. 이 절에서는 특별한 규칙이 없다; y_p의 형태는 일단 (1)에서의 $g(x)$을 영으로 만드는 적당한 선형 미분연산자를 찾으면 자동적으로 결정된다. 이것이 어떻게 되는지 공부하기 전에 우리는 두 가지의 개념을 고찰해야 한다.

연산자의 인수분해 계수 a_i, $i = 0, 1, \cdots, n$이 실수일 때 고유다항식 $a_n m^n +$

$a_{n-1}m^{n-1}+\cdots a_1m+a_0$이 인수분해 되면 선형 미분연산자 (1)도 인수분해가 된다. 즉 r_1이 보조다항식

$$a_nm^n+a_{n-1}m^{n-1}+\cdots a_1m+a_0=0$$

의 근이 되면, $L=(D-r_1)P(D)$이다. 여기서 다항식 표현 $P(D)$는 $n-1$계 선형 미분연산자이다. 예를 들면 만일 D를 대수적 양으로 간주하면 D^2+5D+6은 $(D+2)(D+3)$ 또는 $(D+3)(D+2)$로 인수분해가 된다. 그러므로 $y=f(x)$가 2계 도함수를 포함하면

$$(D^2+5D+6)y=(D+2)(D+3)y=(D+3)(D+2)y$$

이다. 이것은 일반적인 성질을 제시한다.

상수를 계수로 갖는 선형미분 연산자의 인수는 교환할 수 있다.

$y''+4y'+4y=0$과 같은 미분방정식은

$$(D^2+4D+4)y=0,\ (D+2)(D+2)y=0 \text{ 또는 } (D+2)^2y=0$$

과 같이 쓸 수 있다.

영화연산자 L이 상수를 계수로 갖는 선형 미분연산자이고 f가 $L(f(x))=0$을 만족하는 충분히 미분가능한 함수이면 L을 그 함수의 **영화연산자**(annihilator)라 한다. 예를 들면 상수함수 $y=k$은 $Dk=0$이므로 D에 의하여 영이 된다. $y=x$는 x의 1계와 2계 도함수가 각각 1과 0이므로 미분연산자 D^2에 의하여 영이 된다. 같은 방법으로 $D^3x^2=0$이다.

미분연산자 D^n은 다음 각각의 함수를 영으로 만든다.

$$1,\ x,\ x^2,\ \cdots,\ x^{n-1} \tag{3}$$

(3)의 결과와 미분은 각 항별로 할 수 있다는 사실로, 다항식

$$c_0+c_1x+c_2x^2+\ \cdots\ +c_{n-1}x^{n-1} \tag{4}$$

을 영으로 만드는 것은 x의 최고 차수를 영으로 만드는 연산자를 찾는 것이다.

선형 n계 미분연산자 L에 의하여 영으로 되는 함수는 동차 미분방정식 $L(y)=0$의 일반해로부터 얻어질 수 있는 함수들이다.

미분연산자 $(D-\alpha)^n$는 다음 각각의 함수를 영으로 만든다.

$$e^{\alpha x},\ xe^{\alpha x},\ x^2e^{\alpha x},\ \cdots,\ x^{n-1}e^{\alpha x} \tag{5}$$

이것을 증명하기 위해서, 동차방정식 $(D-\alpha)^ny=0$의 보조다항식은 $(m-\alpha)^n$

$=0$임을 주목하여라. α는 중복도 n인 근이므로 일반해는

$$y=c_1e^{\alpha x}+c_2xe^{\alpha x}+\cdots+c_nx^{n-1}e^{\alpha x} \tag{6}$$

가 된다.

예제 1 영화연산자

다음 주어진 함수를 영으로 만드는 미분연산자를 구하여라.

(a) $1-5x^2+8x^3$ (b) e^{-3x} (c) $4e^{2x}-10xe^{2x}$

풀이 (a) (3)에서 $D^4x^3=0$이 되므로 (4)로부터
$D^4(1-5x^2+8x^3)=0$이다.

(b) (5)에서 $\alpha=-3$, $n=1$이라 하면
$(D+3)e^{-3x}=0$이다.

(c) (5)와 (6)에서 $\alpha=2$, $n=2$라 하면
$(D-2)^2(4e^{2x}-10xe^{2x})=0$이다. ■

α와 β, $\beta>0$인 실수이면, 근의 공식에 의하여 $[m^2-2\alpha m+(\alpha^2+\beta^2)]^n=0$은 각각 중복도가 n인 복소수 근 $\alpha+i\beta$와 $\alpha-i\beta$을 갖는다. 4.3절 마지막 부분의 설명으로부터 우리는 다음 결과를 얻는다.

> 미분연산자 $[D^2-2\alpha D+(\alpha^2+\beta^2)]^n$는 다음 각각의 함수를 영으로 만든다.
>
> $$e^{\alpha x}\cos\beta x,\ xe^{\alpha x}\cos\beta x,\ x^2e^{\alpha x}\cos\beta x\ \cdots,\ x^{n-1}e^{\alpha x}\cos\beta x,$$
> $$e^{\alpha x}\sin\beta x,\ xe^{\alpha x}\sin\beta x,\ x^2e^{\alpha x}\sin\beta x\ \cdots,\ x^{n-1}e^{\alpha x}\sin\beta x. \tag{7}$$

예제 2 영화연산자

$5e^{-x}\cos 2x-9e^{-x}\sin 2x$을 영으로 만드는 미분연산자를 구하여라.

풀이 함수 $e^{-x}\cos 2x$와 $e^{-x}\sin 2x$에서 $\alpha=-1$, $\beta=2$임을 알 수 있다. 그러므로 (7)로부터 D^2+2D+5는 각각의 함수를 영으로 만든다. D^2+2D+5는 선형연산자이므로 $5e^{-x}\cos 2x-9e^{-x}\sin 2x$과 같이 이들 함수의 어떠한 일차결합도 영으로 만든다. ■

$\alpha=0$이고 $n=1$인 (7)의 특별한 경우는

$$(D^2+\beta^2)\begin{cases}\cos\beta x \\ \sin\beta x\end{cases} = 0 \tag{8}$$

이다. 예를 들면 D^2+16는 $\sin 4x$와 $\cos 4x$의 일차결합을 영으로 만든다.

우리는 종종 두 개 이상의 함수의 합을 영으로 만들어야 한다. 예제1과 2에서와 같이, L이 $L(y_1)=0$과 $L(y_2)=0$이 되는 선형 미분연산자이면 L은 일차결합 $c_1y_1(x)+c_2y_2(x)$을 영으로 만든다. 이것은 바로 정리 4.1.2의 결과이다. L_1과 L_2이 상수를 계수로 하는 선형 미분연산자로 L_1이 $y_1(x)$를 영으로 만들고 L_2이 $y_2(x)$을 영으로 만들지만 $L_1(y_2)\neq 0$과 $L_2(y_1)\neq 0$이라고 하자. 그러면 미분연산자의 곱 L_1L_2는 합 $c_1y_1(x)+c_2y_2(x)$을 영으로 만든다. 이를 선형성과 $L_1L_2=L_2L_1$을 이용하여 쉽게 보일 수 있다;

$$\begin{aligned} L_1L_2(y_1+y_2) &= L_1L_2(y_1)+L_1L_2(y_2) \\ &= L_2L_1(y_1)+L_1L_2(y_2) \\ &= L_2[\underbrace{L_1(y_1)}_{0}]+L_1[\underbrace{L_2(y_2)}_{0}]=0 \end{aligned}$$

예를 들면 (3)으로부터 D^2은 $7-x$을 영으로 만들고 (8)로부터 D^2+16은 $\sin 4x$를 영으로 만든다. 그러므로 연산자의 곱 $D^2(D^2+16)$은 일차결합 $7-x+6\sin 4x$를 영으로 만든다.

참고 함수를 영으로 만드는 미분연산자는 유일하지 않다. 예제1의 (b)에서 $D+3$은 e^{-3x}를 영으로 만들지만 $D+3$을 인수로 가지는 고계 미분연산자도 e^{-3x}를 영으로 만든다. 예를 들면 $(D+3)(D+1)$, $(D+3)^2$과 $D^3(D+3)$도 e^{-3x}을 영으로 만든다. (이를 증명하여라.) 당연히, 함수 $y=f(x)$에 대한 미분소멸자를 구할 때 우리는 가능한 최소의 계수를 가지는 연산자를 원한다.

미정계수 이는 앞 절의 논리를 다시 가져온다. $L(y)=g(x)$가 상수를 계수로 하는 선형 미분방정식이며 입력함수 $g(x)$가 (3), (5)와 (7)에 제시된 함수의 유한개의 합과 곱으로 되어있다고 가정하자. 즉 $g(x)$는 다음 형태의 함수의 일차결합으로 되어 있다.

$$k(\text{상수}),\ x^m,\ x^me^{\alpha x},\ x^me^{\alpha x}\cos\beta x\text{와 } x^me^{\alpha x}\sin\beta x$$

여기서 m은 음이 아닌 정수이고 α와 β는 실수이다. 이런 함수 $g(x)$는 연산자 D^n, $(D-\alpha)^n$과 $(D^2-2\alpha D+\alpha^2+\beta^2)^n$의 곱으로 되어있는 최소 계수의 미분연산자 L_1에 의하여 영이 되는 것을 알고 있다. L_1을 방정식 $L(y)=g(x)$의 양쪽 변에 작용하면 $L_1L(y)=L_1(g(x))=0$이 된다. 고계 동차 방정식 $L_1L(y)=0$의 해를 구함으로써 처음의 비동차 방정식 $L(y)=g(x)$의 특수해 y_p의 형태를 찾을 수 있다. 정확한 특수해를 구하기 위하여 우리는 이 가정한 형태를 $L(y)=g(x)$에 대입한다. **미정계수법**이라 불리는 y_p를 구하는 이 과정을 다음 몇 가지 예제에서 제시한다.

그 전에 비동차 선형 미분방정식 $L(y)=g(x)$의 일반해는 y_c가 여함수일 때 즉 y_c가 관련된 동차방정식 $L(y)=0$의 일반해일 때, $y=y_c+y_p$이다. 각 방정식 $L(y)=g(x)$의 일반해는 구간 $(-\infty, \infty)$에서 정의한다.

예제 3 미정계수법에 의한 일반해

$y''+3y'+2y=4x^2$을 풀어라. (9)

풀이 **1단계** 먼저 동차방정식 $y''+3y'+2y=0$을 풀자. 보조다항식 $m^2+3m+2=(m+1)(m+2)=0$으로부터 $m_1=-1$과 $m_2=-2$이므로 여함수는

$$y_c=c_1e^{-x}+c_2e^{-2x}$$

이다.

2단계 $4x^2$은 미분연산자 D^3에 의하여 영이 되므로 $D^3(D^2+3D+2)y=4D^3x^2$은

$$D^3(D^2+3D+2)y=0 \tag{10}$$

과 같다. (10)의 5계 방정식의 보조방정식

$$m^3(m^2+3m+2)=0 \text{ 또는 } m^3(m+1)(m+2)=0$$

은 $m_1=m_2=m_3=0$, $m_4=-1$, $m_5=-2$를 근으로 가진다. 그러므로 일반해는

$$y=c_1+c_2x+c_3x^2+\boxed{c_4e^{-x}+c_5e^{-2x}} \tag{11}$$

이다. (11)의 상자 안의 항들은 원래의 방정식 (9)의 여함수이다. 그러므로 (9)의 특수해 y_p 또한 방정식 (10)을 만족해야 한다. 이는 (11)에 남아있는 항이 y_p의 기본형 이여야만 한다:

$$y_p=A+Bx+Cx^2 \tag{12}$$

여기서 편의상 상수 c_1, c_2와 c_3을 각각 A, B와 C로 바꾸었다. (12)가 (9)의 특수해가 되려면 특정한 계수 A, B와 C를 구해야만 한다. (12)를 미분하면

$$y_p'=B+2Cx,\ y_p''=2C$$

이며 이를 (9)에 대입하면

$$y_p''+3y_p'+2y_p=2C+3B+6Cx+2A+2Bx+2Cx^2=4x^2$$

이다. 마지막 방정식은 항등식이므로 x의 거듭제곱의 계수는 서로 같아야 한다.

같음

$$\boxed{2C}\,x^2 + \boxed{2B+6C}\,x + \boxed{2A+3B+2C} = 4x^2 + 0x + 0.$$

즉 $2C=4,\ 2B+6C=0,\ 2A+3B+2C=0$ (13)

이다. (13)의 방정식들을 풀면 $A=7,\ B=-6,\ C=2$이다. 그러므로 $y_p=7-6x+2x^2$이다.

3단계 방정식 (9)의 일반해는 $y=y_c+y_p$ 또는

$$y=c_1e^{-x}+c_2e^{-2x}+7-6x+2x^2$$

이다. ■

예제 4 미정계수법에 의한 일반해

$y''-3y'=8e^{3x}+4\sin x$를 풀어라. (14)

풀이 **1단계** 관련된 동차방정식 $y''-3y'=0$의 보조방정식은 $m^2-3m=m(m-3)=0$이므로 $y_c=c_1+c_2e^{3x}$이다.

2단계 $(D-3)e^{3x}=0$이고 $(D^2+1)\sin x=0$이므로 미분연산자 $(D-3)(D^2+1)$을 (14)의 양쪽 변에 작용하면

$$(D-3)(D^2+1)(D^2-3D)y=0 \tag{15}$$

이다. (15)의 보조방정식은

$$(m-3)(m^2+1)(m^2-3m)=0 \quad \text{또는} \quad m(m-3)^2(m^2+1)=0$$

이다. 그러므로

$$y=\boxed{c_1+c_2e^{3x}}+c_3xe^{3x}+c_4\cos x+c_5\sin x$$

이다. y_c와 대응된 상자 안에 일차결합의 항을 제외하면 y_p의 형태는

$$y_p=Axe^{3x}+B\cos x+C\sin x$$

이다. (14)에 y_p를 대입하여 간단히 하면

$$y_p''-3y_p'=3Ae^{3x}+(-B-3C)\cos x+(3B-C)\sin x=8e^{3x}+4\sin x$$

이다. 계수비교를 하면 $3A=8,\ -B-3C=0,\ 3B-C=4$가 된다.

그러므로 $A=\frac{8}{3},\ B=\frac{6}{5},\ C=-\frac{2}{5}$이므로

$$y_p = \frac{8}{3}xe^{3x} + \frac{6}{5}\cos x - \frac{2}{5}\sin x$$

이다.

3단계 (14)의 일반해는

$$y = c_1 + c_2e^{3x} + \frac{8}{3}xe^{3x} + \frac{6}{5}\cos x - \frac{2}{5}\sin x$$

이다. ■

예제 5 미정계수법에 의한 일반해

$y'' + y = x\cos x - \cos x$를 풀어라. (16)

풀이 ▶ 여함수는 $y_c = c_1\cos x + c_2\sin x$이다. $\cos x$와 $x\cos x$을 (7)의 첫 번째 행의 함수들과 비교하면 $\alpha = 0$이고 $n = 1$이므로 $(D^2+1)^2$이 방정식 (16)의 오른쪽 항에 대한 소멸자이다. 이 연산자를 미분방정식에 작용하면

$$(D^2+1)^2(D^2+1)y = 0 \quad \text{또는} \quad (D^2+1)^3 y = 0$$

이다. i와 $-i$ 모두 마지막 미분방정식의 보조방정식의 중복도 3인 복소수 근이므로

$$y = c_1\cos x + c_2\sin x + c_3x\cos x + c_4x\sin x + c_5x^2\cos x + c_6x^2\sin x$$

이다. (16)에

$$y_p = Ax\cos x + Bx\sin x + Cx^2\cos x + Ex^2\sin x$$

를 대입하여 간단히 하면

$$\begin{aligned} y_p'' + y_p &= 4Ex\cos x - 4Cx\sin x + (2B+2C)\cos x + (-2A+2E)\sin x \\ &= x\cos x - \cos x \end{aligned}$$

이다. 계수비교에 의하여 방정식 $4E = 1$, $-4C = 0$, $2B + 2C = -1$, $-2A + 2E = 0$을 만족하므로 $A = \frac{1}{4}$, $B = -\frac{1}{2}$, $C = 0$과 $E = \frac{1}{4}$이다. 그러므로 (16)의 일반해는

$$y = c_1\cos x + c_2\sin x + \frac{1}{4}x\cos x - \frac{1}{2}x\sin x + \frac{1}{4}x^2\sin x$$

이다. ■

예제 6 특수해의 형태

$y'' - 2y' + y = 10e^{-2x}\cos x$의 특수해의 형태를 구하여라. (17)

풀이 ▶ 주어진 방정식의 여함수는 $y_c = c_1e^x + c_2xe^x$이다.

(7)에서 $\alpha=-2$, $\beta=1$이고 $n=1$로부터

$$(D^2+4D+5)e^{-2x}\cos x=0$$

이다. 연산자 D^2+4D+5를 (17)에 적용하면

$$(D^2+4D+5)(D^2-2D+1)y=0 \tag{18}$$

이다. (18)의 보조다항식의 근은 $-2-i$, $-2+i$, 1과 1이므로

$$y=c_1e^x+c_2xe^x+c_3e^{-2x}\cos x+c_4e^{-2x}\sin x$$

으로부터 (17)의 특수해는

$$y_p=Ae^{-2x}\cos x+Be^{-2x}\sin x$$

형태이다. ■

예제 7 **특수해의 형태**

$$y'''-4y''+4y'=5x^2-6x+4x^2e^{2x}+3e^{5x} \tag{19}$$

의 특수해의 형태를 구하여라.

풀이 $D^3(5x^2-6x)=0$, $(D-2)^3x^2e^{2x}=0$ $(D-5)e^{5x}=0$이므로 $D^3(D-2)^3(D-5)$를 (19)에 작용하면

$$D^3(D-2)^3(D-5)(D^3-4D^2+4D)y=0$$

또는 $D^4(D-2)^5(D-5)y=0$이다.

마지막 미분방정식의 보조방정식의 근은 0, 0, 0, 0, 2, 2, 2, 2, 2와 5이다. 그러므로

$$\begin{aligned} y= {} & c_1+c_2x+c_3x^2+c_4x^3+c_5e^{2x}+c_6xe^{2x} \\ & +c_7x^2e^{2x}+c_8x^3e^{2x}+c_9x^4e^{2x}+c_{10}e^{5x} \end{aligned} \tag{20}$$

이다. 일차결합 $c_1+c_5e^{2x}+c_6xe^{2x}$는 (19)의 여함수와 일치하므로 (20)의 나머지 항이 미분방정식의 특수해의 형태가 된다:

$$y_p=Ax+Bx^2+Cx^3+Ex^2e^{2x}+Fx^3e^{2x}+Gx^4e^{2x}+He^{5x}$$

■

요약 편의상 미정계수법은 다음과 같이 요약된다.

미정계수법–영화연산자 접근 미분방정식 $L(y)=g(x)$가 상수를 계수로 갖고 함수 $g(x)$가 상수, 다항식, 지수함수 $e^{\alpha x}$, 사인함수와 코사인함수의 유한개의 합과 곱으로 되어 있다고 하자.

(i) 동차방정식 $L(y)=0$의 해인 여함수 y_c를 구하여라.

(ii) $g(x)$을 영으로 만드는 미분연산자 L_1를 비동차방정식 $L(y)=g(x)$의 양변에 작용하여라.

(iii) 고계 동차 미분방정식 $L_1L(y)=0$의 일반해를 구하여라.

(iv) 단계 (iii)의 해에서 단계 (i)에서 구한 여함수 y_c에서 중복된 모든 항을 없애라. 나머지 항들로 일차결합 y_p를 구성하여라. 이것이 $L(y)=g(x)$의 특수해 y_p의 형태이다.

(v) 단계 (iv)에서 찾은 y_p를 $L(y)=g(x)$에 대입하여라. 등식의 양쪽 변의 모든 함수들의 계수를 일치시켜 y_p의 미정계수에 대한 연립방정식을 풀어라.

(vi) 단계 (v)에서 구한 특수해를 가지고 주어진 미분방정식의 일반해 $y=y_c+y_p$를 만들어라.

주의

미정계수법은 변수를 계수로 하는 선형 미분방정식이나 $g(x)$가

$$g(x)=\ln x,\quad g(x)=\frac{1}{x},\quad g(x)=\tan x,\quad g(x)=\sin^{-1}x$$

와 같은 형태인 계수가 상수인 선형방정식에는 적용할 수 없다. 입력함수 $g(x)$가 위의 형태인 미분방정식은 다음 절에서 다룰 것이다.

연습문제 4.5

(1–10) 주어진 미분방정식을 $L(y)=g(x)$의 꼴로 표현하여라. 여기서 L은 상수를 계수로 하는 선형 미분연산자이다. 가능하면 L을 인수분해 하여라.

1. $9y''-4y=\sin x$
2. $y''-5y=x^2-2x$
3. $y''-4y'-12y=x-6$
4. $2y''-3y'-2y=1$
5. $y'''+10y''+25y'=e^x$
6. $y'''+4y'=e^x\cos 2x$
7. $y'''+2y''-13y'+10y=xe^{-x}$
8. $y'''+4y''+3y'=x^2\cos x-3x$
9. $y^{(4)}+8y'=4$
10. $y^{(4)}-8y''+16y=(x^3-2x)e^{4x}$

(11–14) 주어진 미분방정식이 제시한 함수를 영으로 만드는 것을 보여라.

11. $D^4;\quad y=10x^3-2x$
12. $2D-1;\quad y=4e^{x/2}$
13. $(D-2)(D+5);\quad y=e^{2x}+3e^{-5x}$
14. $D^2+64;\quad y=2\cos 8x-5\sin 8x$

(15–26) 주어진 함수를 영으로 만드는 선형 미분연산자를 구하여라.

15. $1+6x-2x^3$

16. $x^3(1-5x)$

17. $1+7e^{2x}$

18. $x+3xe^{6x}$

19. $\cos 2x$

20. $1+\sin x$

21. $13x+9x^2-\sin 4x$

22. $8x-\sin x+10\cos 5x$

23. $e^{-x}+2xe^x-x^2e^x$

24. $(2-e^x)^2$

25. $3+e^x\cos 2x$

26. $e^{-x}\sin x-e^{2x}\cos x$

(27–34) 주어진 미분연산자에 의하여 영이 되는 일차독립인 함수들을 구하여라.

27. D^5

28. D^2+4D

29. $(D-6)(2D+3)$

30. $D^2-9D-36$

31. D^2+5

32. $D^2-6D+10$

33. D^3-10D^2+25D

34. $D^2(D-5)(D-7)$

(35–64) 미정계수법에 의하여 주어진 미분방정식을 풀어라.

35. $y''-9y=54$

36. $2y''-7y'+5y=-29$

37. $y''+y'=3$

38. $y'''+2y''+y'=10$

39. $y''+4y'+4y=2x+6$

40. $y''+3y'=4x-5$

41. $y'''+y''=8x^2$

42. $y''-2y'+y=x^3+4x$

43. $y''-y'-12y=e^{4x}$

44. $y''+2y'+2y=5e^{6x}$

45. $y''-2y'-3y=4e^x-9$

46. $y''+6y'+8y=3e^{-2x}+2x$

47. $y''+25y=6\sin x$

48. $y''+4y=4\cos x+3\sin x-8$

49. $y''+6y'+9y=-xe^{4x}$

50. $y''+3y'-10y=x(e^x+1)$

51. $y''-y=x^2e^x+5$

52. $y''+2y'+y=x^2e^{-x}$

53. $y''-2y'+5y=e^x\sin x$

54. $y''+y'+\frac{1}{4}y=e^x(\sin 3x-\cos 3x)$

55. $y''+25y=20\sin 5x$

56. $y''+y=4\cos x-\sin x$

57. $y''+y'+y=x\sin x$

58. $y''+4y=\cos^2 x$

59. $y'''+8y''=-6x^2+9x+2$

60. $y'''-y''+y'-y=xe^x-e^{-x}+7$

61. $y'''-3y''+3y'-y=e^x-x+16$

62. $2y'''-3y''-3y'+2y=(e^x+e^{-x})^2$

63. $y^{(4)}-2y'''+y''=e^x+1$

64. $y^{(4)}-4y''=5x^2-e^{2x}$

(65–72) 주어진 초깃값 문제를 풀어라.

65. $y''-64y=16,\quad y(0)=1,\quad y'(0)=0$

66. $y''+y'=x,\quad y(0)=1,\quad y'(0)=0$

67. $y''-5y'=x-2,\quad y(0)=0,\quad y'(0)=2$

68. $y''+5y'-6y=10e^{2x},\quad y(0)=1,\quad y'(0)=1$

69. $y''+y=8\cos 2x-4\sin x,\ y\left(\frac{\pi}{2}\right)=-1,\ y'\left(\frac{\pi}{2}\right)=0$

70. $y'''-2y''+y'=xe^x+5,\ y(0)=2,\quad y'(0)=2,\ y''(0)=-1$

71. $y''-4y'+8y=x^3,\quad y(0)=2,\quad y'(0)=4$

72. $y^{(4)}-y'''=x+e^x,\ y(0)=0,\ y'(0)=0,\ y''(0)=0,\ y'''(0)=0$

토론 문제

73. L이 인수분해는 되지만 변수를 계수로 갖는 선형미분연산자라 하자. L의 인수들은 교환법칙이 성립하는가? 답에 논리를 전개하여라.

4.6 매개변수 변화법

소개 미정계수법은 폭넓게 선형방정식에 적용하기에 한계를 가지는 두 가지 약점이 있음을 4.4절과 4.5절에서 지적하였다: 미분방정식이 상수를 계수로 가지고 입력함수 $g(x)$가 표 4.4.1에 제시된 형태여야만 한다. 이 절에서는 이론적으로 위와 같은 제약이 없는 비동차 선형 미분방정식의 특수해 y_p를 구하는 방법을 알아본다. 유명한 천문학자이며 수학자인 **조제-프루이 라그랑주** (**Joseph Louis Lagrange**, 1736-1813)에 의한 이 방법은 **매개변수 변화법**(variation of parameters)으로 알려져 있다.

고계 미분방정식에 대한 이 강력한 방법을 배우기 전에 표준형으로 바꾼 1계 선형 미분방정식의 해를 구하는 방법을 다시 봐야 한다. 이 절의 처음 도입부는 선택적이고 이 절의 두 번째 도입에서 시작되는 주된 논리를 유도한다. 시간이 안 되면 도입부는 선행학습으로 한다.

재논의하는 1계 선형 미분방정식 2.3절에서 1계 선형 미분방정식 $a_1(x)y' + a_0(x)y = g(x)$의 일반해는 우선 표준형으로 바꾸어

$$\frac{dy}{dx} + P(x)y = f(x) \tag{1}$$

로 구할 수 있으며 $P(x)$와 $f(x)$는 공통구간 I에서 연속임을 가정한다. 적분인자 방법을 이용하여 구간 I에서의 (1)의 일반해는

2.3절의 (4)를 참조하여라. ▶

$$y = c_1 e^{-\int P(x)dx} + e^{-\int P(x)dx} \int e^{\int P(x)dx} f(x)dx$$

이다. 앞의 해는 정리 4.1.6로 주어진, 다시 말해 $y = y_c + y_p$ 형태의 해이다. 이 경우 $y_c = c_1 e^{-\int P(x)dx}$는 관련된 동차 미분방정식

$$\frac{dy}{dx} + P(x)y = 0 \tag{2}$$

의 해이며

$$y_p = e^{-\int P(x)dx} \int e^{\int P(x)dx} f(x)dx \tag{3}$$

는 비동차방정식 (1)의 특수해이다. 고계 선형 비동차 미분방정식을 푸는 방법을 유도하기 위하여 **매개변수 변화법**으로 알려진 방법으로 특수해 (3)을 다시 유도할 것이다.

기본 과정은 4.2절에서 이용한 것이다. ▶

y_1이 동차방정식 (2)의 알려진 해, 즉

$$\frac{dy_1}{dx} + P(x)y_1 = 0 \tag{4}$$

라 하자. $y_1 = e^{-\int P(x)dx}$ 이 (4)의 해가 되는 것은 쉽게 보일 수 있고 방정식이 선형이므로, $c_1 y_1(x)$가 일반해가 된다. 매개변수 변화법은 $y_p = u_1(x)y_1(x)$ 형태로 된 (1)의 특수해를 구하는 것이다. 다시 말하면 매개변수 c_1을 함수 u_1으로 치환하는 것이다.

$y_p = u_1 y_1$을 (1)에 대입하고 곱셈법칙을 사용하면

$$\frac{d}{dx}[u_1 y_1] + P(x)u_1 y_1 = f(x)$$

$$u_1 \frac{dy_1}{dx} + y_1 \frac{du_1}{dx} + P(x)u_1 y_1 = f(x)$$

$$u_1 \overbrace{\left[\frac{dy_1}{dx} + P(x)y_1\right]}^{(4)\text{ 때문에 } 0} + y_1 \frac{du_1}{dx} = f(x)$$

이므로 $y_1 \dfrac{du_1}{dx} = f(x)$

가 된다. 변수를 분리하고 적분하여 u_1을 구한다:

$$du_1 = \frac{f(x)}{y_1(x)}dx \text{ 이므로 } u_1 = \int \frac{f(x)}{y_1(x)}dx.$$

그러므로 구하고자 하는 특수해는

$$y_p = u_1 y_1 = y_1 \int \frac{f(x)}{y_1(x)}dx$$

이다. $y_1 = e^{-\int P(x)dx}$ 인 사실로 마지막 결과는 (3)과 일치한다.

2계 선형 미분방정식 매개변수 변화법을 고계 미분방정식에 확장할 수 있음을 보이겠지만 우선 2계 선형 미분방정식

$$a_2(x)y'' + a_1(x)y' + a_0(x)y = g(x) \tag{5}$$

의 경우를 생각하자. 이 방법 또한 (5)를 계수 $a_2(x)$로 양변을 나누어 방정식을 표준형

$$y'' + P(x)y' + Q(x)y = f(x) \tag{6}$$

으로 만드는 것부터 시작한다. (6)에서 계수함수 $P(x)$, $Q(x)$와 $f(x)$가 모두 어떤 공통구간 I 에서 연속이라 가정한다. 계수가 상수함수일 때는 4.3절에서 보인 것처럼 (6)과 관련된 동차 미분방정식의 일반해인 여함수 $y_c = c_1 y_1(x) + c_2 y_2(x)$를 구하는데 어려움은 없다. 위의 설명과 비슷하게, 우리는 다음 질문을 한다: (6)의 특수해가

$$y_p = u_1(x)y_1(x) + u_2(x)y_2(x) \tag{7}$$

이 되도록 y_c 안의 변수 c_1과 c_2를 함수 u_1과 u_2로 바꿀 수 있을까? 이 질문에 답하기 위하여 (7)을 (6)에 대입하자. y_p를 두 번 미분하기 위하여 곱의 공식을 사용하면

$$y_p' = u_1y_1' + y_1u_1' + u_2y_2' + y_2u_2'$$
$$y_p'' = u_1y_1'' + y_1'u_1' + y_1u_1'' + u_1'y_1' + u_2y_2'' + y_2'u_2' + y_2u_2'' + u_2'y_2'$$

이 된다. (7)과 위의 도함수를 (6)에 대입하고 동류항을 정리하면

$$\begin{aligned} y_p'' + P(x)y_p' + Q(x)y_p &= u_1 \overbrace{[y_1'' + Py_1' + Qy_1]}^{0} + u_2 \overbrace{[y_2'' + Py_2' + Qy_2]}^{0} \\ &\quad + y_1u_1'' + u_1'y_1' + y_2u_2'' + u_2'y_2' + P[y_1u_1' + y_2u_2'] + y_1'u_1' + y_2'u_2' \\ &= \frac{d}{dx}[y_1u_1'] + \frac{d}{dx}[y_2u_2'] + P[y_1u_1' + y_2u_2'] + y_1'u_1' + y_2'u_2' \\ &= \frac{d}{dx}[y_1u_1' + y_2u_2'] + P[y_1u_1' + y_2u_2'] + y_1'u_1' + y_2'u_2' = f(x) \end{aligned} \tag{8}$$

가 된다. 두 개의 미지의 함수 u_1과 u_2를 구해야 하기 때문에 두 개의 방정식이 필요하다. 함수 u_1과 u_2가 $y_1u_1' + y_2u_2' = 0$을 만족한다는 가정을 함으로써 이 두 방정식을 구할 수 있다. 이 가정은 갑자기 나온 것이 아니라 (8)에서의 처음 두 항에 의해 나온 것이다. 만일 $y_1u_1' + y_2u_2' = 0$ 이라 하면 (8)는 $y_1'u_1' + y_2'u_2' = f(x)$로 간단히 되기 때문이다. 도함수 u_1'과 u_2'를 구하기 위하여 필요한 두 개의 방정식을 구했다. 크래머(Cramer)의 법칙에 의하여 연립방정식

$$y_1u_1' + y_2u_2' = 0$$
$$y_1'u_1' + y_2'u_2' = f(x)$$

의 해는 행렬식의 형태로 나타내어진다:

$$u_1' = \frac{W_1}{W} = -\frac{y_2f(x)}{W} \text{ 과 } u_2' = \frac{W_2}{W} = \frac{y_1f(x)}{W} \tag{9}$$

여기서

$$W = \begin{vmatrix} y_1 & y_2 \\ y_1' & y_2' \end{vmatrix}, \quad W_1 = \begin{vmatrix} 0 & y_2 \\ f(x) & y_2' \end{vmatrix}, \quad W_2 = \begin{vmatrix} y_1 & 0 \\ y_1' & f(x) \end{vmatrix} \tag{10}$$

이다. 함수 u_1과 u_2는 (9)의 결과를 적분함으로 얻어진다. 행렬식 W는 y_1과 y_2의 론스키 행렬식이다. 구간 I에서 y_1과 y_2가 일차독립이므로, 구간의 모든 값 x에 대하여 $W(y_1(x), y_2(x)) \neq 0$이다.

방법의 요약 일반적으로, 방법을 이해하는 것 대신 공식을 암기하는 것은 좋은 생각이 아니다. 그러나 미분방정식을 풀어야 할 때마다 사용하기에는 진행되는 과정이 너무 길고 복잡하다. 이런 경우에 공식 (9)를 사용하는 것이 좀 더 효율적이다.

그러므로 $a_2y''+a_1y'+a_0y=g(x)$를 풀기 위하여 먼저 여함수 $y_c=c_1y_1+c_2y_2$을 구한 뒤 론스키 행렬식 $W(y_1(x),\ y_2(x))$을 계산한다. $f(x)$를 구하기 위하여 방정식을 a_2로 나누어 표준형 $y''+Py'+Qy=f(x)$으로 고친다. (10)에서 정의한 W_1과 W_2로 $u_1'=\dfrac{W_1}{W}$와 $u_2'=\dfrac{W_2}{W}$를 적분하여 u_1과 u_2을 구한다. 특수해는 $y_p=u_1y_1+u_2y_2$이고 방정식의 일반해는 $y=y_c+y_p$이다.

예제 1 매개변수의 변화법을 이용한 일반해

$y''-4y'+4y=(x+1)e^{2x}$를 풀어라.

풀이 보조다항식 $m^2-4m+4=(m-2)^2=0$으로부터 $y_c=c_1e^{2x}+c_2xe^{2x}$이다. $y_1=e^{2x}$, $y_2=xe^{2x}$라 하고 론스키 행렬식을 계산하면

$$W(e^{2x},\ xe^{2x})=\begin{vmatrix} e^{2x} & xe^{2x} \\ 2e^{2x} & 2xe^{2x}+e^{2x} \end{vmatrix}=e^{4x}$$

이다. 주어진 미분방정식은 (6)의 형태이므로(즉 y''의 계수가 1임), $f(x)=(x+1)e^{2x}$이다. (10)으로부터

$$W_1=\begin{vmatrix} 0 & xe^{2x} \\ (x+1)e^{2x} & 2xe^{2x}+e^{2x} \end{vmatrix}=-(x+1)xe^{4x},$$

$$W_2=\begin{vmatrix} e^{2x} & 0 \\ 2e^{2x} & (x+1)e^{2x} \end{vmatrix}=(x+1)e^{4x}$$

이고 (9)로부터

$$u_1'=-\frac{(x+1)xe^{4x}}{e^{4x}}=-x^2-x, \qquad u_2'=\frac{(x+1)e^{4x}}{e^{4x}}=x+1$$

이다. 이로부터 $u_1=-\dfrac{1}{3}x^3-\dfrac{1}{2}x^2$과 $u_2=\dfrac{1}{2}x^2+x$이다. 그러므로 (7)로부터

$$y_p=\left(-\frac{1}{3}x^3-\frac{1}{2}x^2\right)e^{2x}+\left(\frac{1}{2}x^2+x\right)xe^{2x}=\frac{1}{6}x^3e^{2x}+\frac{1}{2}x^2e^{2x}$$

이고

$$y=y_c+y_p=c_1e^{2x}+c_2xe^{2x}+\frac{1}{6}x^3e^{2x}+\frac{1}{2}x^2e^{2x}$$

이다. ■

예제 2 매개변수의 변화법을 이용한 일반해

$4y''+36y=\csc 3x$을 풀어라.

풀이 방정식을 4로 나누어 표준형 (6)로 고치자:

$$y'' + 9y = \frac{1}{4}\csc 3x.$$

보조방정식 $m^2 + 9 = 0$의 근은 $m_1 = 3i$와 $m_2 = -3i$이므로 여함수는 $y_c = c_1 \cos 3x + c_2 \sin 3x$이다. $y_1 = \cos 3x$, $y_2 = \sin 3x$와 $f(x) = \frac{1}{4}\csc 3x$를 이용하면

$$W(\cos 3x, \sin 3x) = \begin{vmatrix} \cos 3x & \sin 3x \\ -3\sin 3x & 3\cos 3x \end{vmatrix} = 3,$$

$$W_1 = \begin{vmatrix} 0 & \sin 3x \\ \frac{1}{4}\csc 3x & 3\cos 3x \end{vmatrix} = -\frac{1}{4},$$

$$W_2 = \begin{vmatrix} \cos 3x & 0 \\ -3\sin 3x & \frac{1}{4}\csc 3x \end{vmatrix} = \frac{1}{4}\frac{\cos 3x}{\sin 3x}$$

이다. $u_1{}' = \frac{W_1}{W} = -\frac{1}{12}$와 $u_2{}' = \frac{W_2}{W} = \frac{1}{12}\frac{\cos 3x}{\sin 3x}$을 적분하면 $u_1 = -\frac{1}{12}x$와 $u_2 = \frac{1}{36}\ln|\sin 3x|$이므로 특수해는

$$y_p = -\frac{1}{12}x\cos 3x + \frac{1}{36}(\sin 3x)\ln|\sin 3x|$$

이다. 방정식의 일반해는

$$y = y_c + y_p = c_1\cos 3x + c_2\sin 3x - \frac{1}{12}x\cos 3x + \frac{1}{36}(\sin 3x)\ln|\sin 3x| \tag{11}$$

이다. ■

방정식 (11)은 예를 들면 구간 $\left(0, \frac{\pi}{6}\right)$에서의 미분방정식의 일반해를 나타낸다.

적분상수 $u_1{}'$과 $u_2{}'$의 부정적분을 계산할 때마다 적분상수를 쓸 필요가 없다. 왜냐하면

$$\begin{aligned} y = y_c + y_p &= c_1 y_1 + c_2 y_2 + (u_1 + a_1)y_1 + (u_2 + b_1)y_2 \\ &= (c_1 + a_1)y_1 + (c_2 + b_1)y_2 + u_1 y_1 + u_2 y_2 \\ &= C_1 y_1 + C_2 y_2 + u_1 y_1 + u_2 y_2 \end{aligned}$$

이기 때문이다.

적분으로 정의된 함수 해를 구하는 방법이 적분을 포함할 때 기본 함수의 적분을 만나는 경우를 앞 절과 앞 장에서 자주 보았다. 다음 예제에서 보듯이 2계 선형 미분방정식의 특수해 (7)를 구하는 데 우리가 할 수 있는 가장 좋은 것은 적분으로 정의된 함수

$$u_1(x) = -\int_{x_0}^{x} \frac{y_2(t)f(t)}{W(t)}dt, \quad u_2(t) = \int_{x_0}^{x} \frac{y_1(t)f(t)}{W(t)}dt$$

를 사용하는 것이다. 여기에서 피적분함수는 $[x_0, x]$에서 연속이라고 가정한다. 연습문제4.6 문제27-30을 참조하여라.

예제 3 매개변수의 변화법을 이용한 일반해

$y'' - y = \dfrac{1}{x}$을 풀어라.

풀이 보조방정식 $m^2 - 1 = 0$의 근은 $m_1 = -1$과 $m_2 = 1$이다. 그러므로 $y_c = c_1 e^x + c_2 e^{-x}$이다. $W(e^x, e^{-x}) = -2$이고

$$u_1' = -\frac{e^{-x}(1/x)}{-2}, \quad u_2' = \frac{e^{-x}(1/x)}{-2}$$

$$u_1 = \frac{1}{2}\int_{x_0}^{x} \frac{e^t}{t}dt \ , \ u_2 = -\frac{1}{2}\int_{x_0}^{x} \frac{e^t}{t}dt$$

이다. 위의 적분은 기본함수가 아니므로 다음과 같이 쓰자.

$$y_p = \frac{1}{2}e^x \int_{x_0}^{x} \frac{e^{-t}}{t}dt - \frac{1}{2}e^{-x}\int_{x_0}^{x} \frac{e^t}{t}dt$$

이므로

$$y = y_c + y_p = c_1 e^x + c_2 e^{-x} + \frac{1}{2}e^x \int_{x_0}^{x} \frac{e^{-t}}{t}dt - \frac{1}{2}e^{-x}\int_{x_0}^{x} \frac{e^t}{t}dt \quad (12)$$

이다. ■

예제3에서 원점을 포함하지 않은 $[x_0, x]$인 임의의 구간에서 적분할 수 있다. 4.8절에서 다룰 다른 방법에 의해서 예제3의 방정식을 풀 것이다.

고계 방정식 2계 비동차방정식에서 고찰한 방법은 표준형

$$y^{(n)} + P_{n-1}(x)y^{(n-1)} + \cdots + P_1(x)y' + P_0(x)y = f(x) \quad (13)$$

으로 바꾼 n계 선형방정식에도 일반화할 수 있다.
만일 $y_c = c_1 y_1 + c_2 y_2 + \cdots + c_n y_n$이 (13)의 여함수이면 특수해는

$$y_p = u_1(x)y_1(x) + u_2(x)y_2(x) + \cdots + u_n(x)y_n(x)$$

이다. 여기서 u_k', $k = 1, 2, \cdots, n$은 n개의 방정식

$$\begin{aligned} y_1u_1' + \quad y_2u_2' + \cdots + \quad y_nu_n' &= 0 \\ y_1'u_1' + \quad y_2'u_2' + \cdots + \quad y_n'u_n' &= 0 \\ \vdots \qquad\qquad\qquad\qquad \vdots \\ y_1^{(n-1)}u_1' + y_2^{(n-1)}u_2' + \cdots + y_n^{(n-1)}u_n' &= f(x) \end{aligned} \tag{14}$$

에 의해 결정된다. 이 연립방정식의 처음 $n-1$개의 방정식은, (8)의 $y_1u_1' + y_2u_2' = 0$과 같이, $y_p = u_1(x)y_1(x) + u_2(x)y_2(x) + \cdots + u_n(x)y_n(x)$을 (13)에 대입한 후 얻어진 방정식을 간단히 하기 위해 가정한 것이다. 크래머의 법칙에 의하여

$$u_k' = \frac{W_k}{W}, \quad k = 1, 2, \cdots, n$$

인데 여기서 W는 $y_1, y_2, \cdots, y_n$의 론스키 행렬식이고 W_k는 론스키 행렬식의 k번째 열 대신에 (14)의 오른쪽 항(즉, $(0, 0, \cdots, f(x))$로 구성된 열)로 이루어진 행렬의 행렬식이다. $n = 2$이면 (9)가 된다. $n = 3$이면 특수해는 $y_p = u_1y_1 + u_2y_2 + u_3y_3$ 인데 여기서 y_1, y_2와 y_3은 관련된 동차 미분방정식의 일차독립인 해집합을 이루며 u_1, u_2, u_3은

$$W_1 = \begin{vmatrix} 0 & y_2 & y_3 \\ 0 & y_2' & y_3' \\ f(x) & y_2'' & y_3'' \end{vmatrix}, \quad W_2 = \begin{vmatrix} y_1 & 0 & y_3 \\ y_1' & 0 & y_3' \\ y_1'' & f(x) & y_3'' \end{vmatrix},$$

$$W_3 = \begin{vmatrix} y_1 & y_2 & 0 \\ y_1' & y_2' & 0 \\ y_1'' & y_2'' & f(x) \end{vmatrix}, \quad W = \begin{vmatrix} y_1 & y_2 & y_3 \\ y_1' & y_2' & y_3' \\ y_1'' & y_2'' & y_3'' \end{vmatrix}$$

인

$$u_1' = \frac{W_1}{W}, \quad u_2' = \frac{W_2}{W}, \quad u_3' = \frac{W_3}{W} \tag{15}$$

으로 결정된다. 연습문제4.6 문제33-36을 보아라.

특수해는 유일하지 않을 수 있음 다음 연습문제에서 y_p의 형태를 간단히 하는 것을 주저하지 마라. u_1'와 u_2'의 원시함수를 어떻게 구하는 것에 따라 책 뒤의 해답 절에 제시된 것과 y_p가 같지 않을 수 있다. 예를 들면 4.6절 문제3에서 $y_p = \frac{1}{2}\sin x - \frac{1}{2}x\cos x$와 $y_p = -\frac{1}{2}x\cos x$ 모두 미분방정식 $y'' + y = \sin x$의 특수해이다. 첫 번째 특수해를 이용하면, 일반해는 $y = c_1\cos x + c_2\sin x + \frac{1}{2}\sin x - \frac{1}{2}x\cos x$이다. 하지만 $y = c_1\cos x + (c_2 + \frac{1}{2})\sin x - \frac{1}{2}x\cos x$로 적고 $c_3 = c_2 + \frac{1}{2}$로 정의하면, 다른 유효한 일반해는 $y = c_1\cos x + c_2\sin x - \frac{1}{2}x\cos x$이다.

주의

매개변수 변화법은 관련된 동차방정식을 풀 수만 있다면 특수해 y_p를 항상 구할 수 있는 방법이라는 점에서 미정계수법과 구별되는 우월성이 있다. 위의 방법은 함수 $f(x)$가 188쪽에서 제시한 네 가지 형태의 함수의 일차결합이라고 제한하지 않는다. 다음 절에서 배울 것과 같이 매개변수 변화법은, 미정계수법과 다르게 변수를 계수로 가지는 선형 미분방정식에 응용할 수 있다.

연습문제 4.6

(1–20) 각각의 미분방정식을 매개변수 변화법으로 풀어라.

1. $y'' + y = \sec x$
2. $y'' + y = \tan x$
3. $y'' + y = \sin x$
4. $y'' + y = \sec\theta\tan\theta$
5. $y'' + y = \cos^2 x$
6. $y'' + y = \sec^2 x$
7. $y'' - y = \cosh x$
8. $y'' - y = \sinh 2x$
9. $y'' - 9y = \dfrac{9x}{e^{3x}}$
10. $4y'' - y = e^{x/2} + 3$
11. $y'' + y' = 3$
12. $y'' - 4y' + 3y = e^x$
13. $y'' + 3y' + 2y = \dfrac{1}{1+e^x}$
14. $y'' - 2y' + y = \dfrac{e^x}{1+x^2}$
15. $y'' + 3y' + 2y = \sin e^x$
16. $y'' - 2y' + y = e^t \arctan t$
17. $y'' + 2y' + y = e^{-t}\ln t$
18. $2y'' + y' = 6x$
19. $3y'' - 6y' + 6y = e^x \sec x$
20. $4y'' - 4y' + y = e^{x/2}\sqrt{1-x^2}$

(21–26) 초깃값 조건 $y(0) = 1,\ y'(0) = 0$을 갖는 각각의 미분방정식을 매개변수 변화법으로 풀어라.

21. $4y'' - y = xe^{x/2}$
22. $y'' + y' = e^{-x}$
23. $y'' - 2y' + y = e^x \sec^2 x$
24. $2y'' + y' - y = x + 1$
25. $y'' + 2y' - 8y = 2e^{-2x} - e^{-x}$
26. $y'' - 4y' + 4y = (12x^2 - 6x)e^{2x}$

(27–30) 예제3에서와 같이 다음 비분방정식을 매개변수 변화법으로 풀어라.

27. $y'' + y = e^{x^2}$
28. $y'' - 4y = \dfrac{e^{2x}}{x}$
29. $y'' + y' - 2y = \ln x$
30. $2y'' + 2y' + y = 4\sqrt{x}$

(31–32) 예시된 함수들이 $(0,\ \infty)$에서 관련된 동차 미분방정식의 일차독립인 해라 하자. 주어진 비동차방정식의 일반해를 구하여라.

31. $x^2y'' + xy' + \left(x^2 - \dfrac{1}{4}\right)y = x^{3/2}$;
 $y_1 = x^{-\frac{1}{2}}\cos x,\ y_2 = x^{-\frac{1}{2}}\sin x$
32. $x^2y'' + xy' + y = \sec(\ln x)$;
 $y_1 = \cos(\ln x),\ y_2 = \sin(\ln x)$

(33–36) 주어진 3계 미분방정식을 매개변수 변화법으로 풀어라.

33. $y''' + y' = \tan x$
34. $y''' + 4y' = \sec 2x$
35. $y''' - 2y'' - y' + 2y = e^{4x}$
36. $y''' - 3y'' + 2y' = \dfrac{e^{2x}}{1+e^x}$

토론 문제

(37–38) 주어진 미분방정식을 푸는 데 미정계수법과 매개변수 변화법의 방법을 어떻게 조화시킬 수 있는지에 관하여 서술하여라. 아이디어를 전개하여라.

37. $3y'' - 6y' + 30y = 15\sin x + e^x \tan 3x$

38. $y'' - 2y' + y = 4x^2 - 3 + x^{-1}e^x$

39. 문제1, 7, 17과 20에서 일반해가 정의되는 구간은 무엇인가? 문제32에서 일반해가 정의되는 구간이 $(0, \infty)$이 아닌지 그 이유를 설명하여라.

40. $x^4y'' + x^3y' - 4x^2y = 1$과 관련된 동차방정식의 해가 $y_1 = x^2$일 때 주어진 미분방정식의 일반해를 구하여라.

4.7 코시-오일러 방정식

소개 앞 절에서 상수가 계수인 고계 선형 미분방정식의 명확한 해를 구할 수 있는 다소 수월한 방법은 변수가 계수인 선형방정식엔 적용되지 않는다. 우리는 6장에서 선형 미분방정식이 변수를 계수로 가질 때 통상적으로 기대할 수 있는 최선책은 급수의 형태를 가진 해를 구하는 것임을 배우게 된다. 그럼에도 이번 절에서 다루는 미분방정식의 형태는 이 규칙의 예외이다; 일반해가 항상 x의 지수, 사인, 코사인 또는 로그함수로 표시될 수 있는 변수를 계수로 가지는 선형방정식이다. 해를 구하는 방법은 보조방정식을 풀 수 있는 상수가 계수인 방정식에 대한 해를 구하는 방법과 많이 비슷하다.

그림 4.7.1 오귀스탱 루이 코시

그림 4.7.2 레온하르트 오일러

코시-오일러 방정식 $a_n, a_{n-1}, \cdots, a_0$이 상수인

$$a_nx^n\frac{d^ny}{dx^n} + a_{n-1}x^{n-1}\frac{d^{n-1}y}{dx^{n-1}} + \cdots + a_1x\frac{dy}{dx} + a_0y = g(x) \tag{1}$$

의 형태의 선형 미분방정식은 **코시-오일러(Cauchy-Euler) 방정식**이라고 알려져 있다. 이 미분방정식은 아주 유명한 두 명의 수학자, **오귀스탱 루이 코시(Augustin-Louis Cauchy**, 프랑스 1789-1857)와 **레온하르트 오일러(Leonhard Euler**, 스위스 1707-1783)에 경의를 표하며 이름 지어졌다. 그림 4.7.1과 4.7.2를 참조하여라. 코시의 이름은 업적을 인정받아서 파리에 있는 에펠탑에 새겨진 72명의 프랑스인 수학자, 과학자 그리고 공학자 중 하나다. (1)에서 주어진 형태의 방정식의 명백한 특성은 단항식 계수 x^k의 차수 $k = n, n-1, \cdots, 1, 0$가 k계 도함수 $\frac{d^ky}{dx^k}$의 계수와 일치한다:

같음 같음 같음 같음

$$a_nx^n\frac{d^ny}{dx^n} + a_{n-1}x^{n-1}\frac{d^{n-1}y}{dx^{n-1}} + \cdots$$

4.3절에서와 같이 2계 동차다항식

$$ax^2\frac{d^2y}{dx^2}+bx\frac{dy}{dx}+cy=0 \tag{2}$$

의 일반해의 형태를 자세히 검토하면서 설명을 시작하자. 고계다항식의 해도 유사하게 구할 수 있다. 또한 일단 여함수 y_c를 결정하면 매개변수 변화법으로 비동차 방정식 $ax^2y''+bxy'+cy=g(x)$도 풀 수 있다.

주의

코시-오일러 방정식 (1)의 선행 계수 a_nx^n은 $x=0$일 때 영이 된다. 그러므로 정리 4.1.1의 기본 결과가 코시-오일러 방정식에 적용될 수 있기 위하여 구간 $(0, \infty)$에서 정의되는 일반해를 구한다는 것으로 한정하자. 또한 구간 $(-\infty, 0)$도 사용될 수 있다.

해를 구하는 방법 $y=x^m$의 형태의 해를 시도해보자. 여기서 m은 구해야만 한다. e^{mx}을 상수가 계수인 선형방정식에 대입했을 때와 비슷하게 x^m을 대입할 때에 코시-오일러 방정식의 각 항은 m에 관한 다항식에 x^m을 곱한 것이 되는데 이는

$$\begin{aligned}a_kx^k\frac{d^ky}{dx^k}&=a_kx^km(m-1)(m-2)\cdots(m-k+1)x^{m-k}\\&=a_km(m-1)(m-2)\cdots(m-k+1)x^m\end{aligned}$$

이기 때문이다. 예를 들면 2계 방정식 (2)에 $y=x^m$을 대입하면,

$$\begin{aligned}ax^2\frac{d^2y}{dx^2}+bx\frac{dy}{dx}+cy&=am(m-1)x^m+bmx^m+cx^m\\&=(am(m-1)+bm+c)x^m\end{aligned}$$

이 된다. m이 **보조방정식**

$$am(m-1)+bm+c=0 \text{ 또는 } am^2+(b-a)m+c=0 \tag{3}$$

의 근이 될 때마다 $y=x^m$은 미분방정식의 해가 된다. 여기서 이차방정식의 근이 서로 다른 실근, 실근인 중근, 또는 복소수가 고려되어야 할 세 가지 경우가 된다. 복소수 근은 서로 켤레 복소수이다.

경우 I 서로 다른 실근 m_1과 m_2를 $m_1\neq m_2$인 (3)의 실근이라 하자. $y_1=x^{m_1}$과 $y_2=x^{m_2}$은 기본 해집합을 이룬다. 그러므로 (2)의 일반해는

$$y=c_1x^{m_1}+c_2x^{m_2} \tag{4}$$

이다.

예제 1 **서로 다른 근**

$x^2\dfrac{d^2y}{dx^2}-2x\dfrac{dy}{dx}-4y=0$을 풀어라.

풀이 방정식 (3)을 단지 암기하는 것보다, 이 새로운 형태의 보조 다항식과 4.3절에서 얻어진 보조다항식 사이의 유래와 차이를 이해하고서 $y=x^m$이 해가 된다고 가정하는 것이 더 좋을 듯하다. 미분을 두 번하여, $\dfrac{dy}{dx}=mx^{m-1}$과 $\dfrac{d^2y}{dx^2}=m(m-1)x^{m-2}$을 미분방정식에 대입한다:

만일 $m^2-3m-4=0$이면

$$\begin{aligned} x^2\frac{d^2y}{dx^2}-2x\frac{dy}{dx}-4y &= x^2\cdot m(m-1)x^{m-2}-2x\cdot mx^{m-1}-4x^m \\ &= x^m(m(m-1)-2m-4)=x^m(m^2-3m-4)=0 \end{aligned}$$

이다. $(m+1)(m-4)=0$이면 $m_1=-1,\ m_2=4$이므로 $y=c_1x^{-1}+c_2x^4$ 이다. ■

경우 II **실수인 중근** (3)의 근이 중복되면 (즉, $m_1=m_2$) $y=x^{m_1}$인 근 한 개만 구해진다. 이차방정식 $am^2+(b-a)m+c=0$의 근들이 같다면 판별식은 영이여만 한다. 근의 공식으로부터 근은 $m_1=-\dfrac{b-a}{2a}$이다. 4.2절의 (5)를 이용하면 두 번째 해 y_2를 구할 수 있다. 먼저 코시-오일러 방정식을 표준형으로 쓰면

$$\frac{d^2y}{dx^2}+\frac{b}{ax}\frac{dy}{dx}+\frac{c}{ax^2}y=0$$

이고 $P(x)=\dfrac{b}{ax}$이고 $\displaystyle\int\frac{b}{ax}dx=\left(\frac{b}{a}\right)\ln x$이다. 그러므로

$$\begin{aligned} y_2 &= x^{m_1}\int\frac{e^{-\left(\frac{b}{a}\right)\ln x}}{x^{2m_1}}dx \\ &= x^{m_1}\int x^{-\frac{b}{a}}\cdot x^{-2m_1}dx \quad \leftarrow e^{-(b/a)\ln x}=e^{\ln x^{-b/a}}=x^{-b/a} \\ &= x^{m_1}\int x^{-\frac{b}{a}}\cdot x^{\frac{b-a}{a}}dx \quad \leftarrow -2m_1=(b-a)/a \\ &= x^{m_1}\int\frac{dx}{x}=x^{m_1}\ln x \end{aligned}$$

이다. 그러므로 (2)의 일반해는

$$y=c_1x^{m_1}+c_2x^{m_1}\ln x \tag{5}$$

이다.

예제 2 중근

$4x^2\dfrac{d^2y}{dx^2}+8x\dfrac{dy}{dx}+y=0$을 풀어라.

풀이 $y=x^m$을 대입하면 $4m^2+4m+1=0$ 또는 $(2m+1)^2=0$이면

$$4x^2\frac{d^2y}{dx^2}+8x\frac{dy}{dx}+y=x^m(4m(m-1)+8m+1)=x^m(4m^2+4m+1)=0$$

이 된다. $m_1=-\dfrac{1}{2}$이므로 일반해는 $y=c_1x^{-\frac{1}{2}}+c_2x^{-\frac{1}{2}}\ln x$가 된다. ■

고계 방정식에서 m_1이 중복도 k인 근이 되면

$$x^{m_1},\ \ x^{m_1}\ln x,\ \ x^{m_1}(\ln x)^2,\ \cdots,\ \ x^{m_1}(\ln x)^{k-1}$$

은 k개의 일차독립인 해이다. 이에 대응하여, 미분방정식의 해는 이 k개의 해의 일차결합을 포함한다.

경우 III **켤레 복소수 근** (3)의 근이 α와 $\beta>0$인 실수인 켤레 복소수 $m_1=\alpha+i\beta$과 $m_2=\alpha-i\beta$라 하면 해는

$$y=C_1x^{\alpha+i\beta}+C_2x^{\alpha-i\beta}$$

이다. 그러나 보조방정식의 근이 복소수이면, 상수가 계수인 방정식의 경우와 같이 우리는 실수 함수들의 항들로만 되어있는 해를 원한다. 항등식

$$x^{i\beta}=(e^{\ln x})^{i\beta}=e^{i\beta\ln x}$$

은 오일러 공식에 의하여

$$x^{i\beta}=\cos(\beta\ln x)+i\sin(\beta\ln x)$$

와 같다. 같은 방법으로

$$x^{-i\beta}=\cos(\beta\ln x)-i\sin(\beta\ln x)$$

가 된다. 두 결과를 더하고 빼면 각각

$$x^{i\beta}+x^{-i\beta}=2\cos(\beta\ln x)\text{과}\ \ x^{i\beta}-x^{-i\beta}=-2i\sin(\beta\ln x)$$

가 된다. $y=C_1x^{\alpha+i\beta}+C_2x^{\alpha-i\beta}$는 임의의 상수 값들에 대하여 해가 된다는 사실로부터 각각 $C_1=C_2=1$과 $C_1=1,\ C_2=-1$이라 하면

$$y_1=x^\alpha(x^{i\beta}+x^{-i\beta})\text{와}\ \ y_2=x^\alpha(x^{i\beta}-x^{-i\beta})$$

또는 $$y_1=2x^\alpha\cos(\beta\ln x)\text{와}\ \ y_2=2ix^\alpha\sin(\beta\ln x)$$

모두 해가 된다.

구간 $(0, \infty)$에서 $\beta > 0$이고 $W(x^{\alpha}\cos(\beta\ln x), x^{\alpha}\sin(\beta\ln x)) = \beta x^{2\alpha-1} \neq 0$이므로

$$y_1 = x^{\alpha}\cos(\beta\ln x)\text{와 } y_2 = x^{\alpha}\sin(\beta\ln x)$$

은 미분방정식의 실수해들의 기본 해집합으로 구성이 된다. 그러므로 (2)의 일반해는

$$y = x^{\alpha}[c_1\cos(\beta\ln x) + c_2\sin(\beta\ln x)] \tag{6}$$

이다.

예제 3 초깃값 문제

$4x^2y'' + 17y = 0,\ y(1) = -1,\ y'(1) = -\frac{1}{2}$를 풀어라.

풀이 ▶ y'항이 주어진 코시-오일러 방정식에서 빠져 있다; 그럼에도 $y = x^m$을 대입하면, $4m^2 - 4m + 17 = 0$이면

$$4x^2y'' + 17y = x^m(4m(m-1) + 17) = x^m(4m^2 - 4m + 17) = 0$$

이다. 근의 공식으로부터 두 근은 $m_1 = \frac{1}{2} + 2i$와 $m_2 = \frac{1}{2} - 2i$이다. $\alpha = \frac{1}{2}$와 $\beta = 2$로부터 미분방정식의 일반해는

$$y = x^{\frac{1}{2}}[c_1\cos(2\ln x) + c_2\sin(2\ln x)]$$

임을 (6)으로부터 알 수 있다. 초깃값 조건 $y(1) = -1,\ y'(1) = -\frac{1}{2}$을 위의 해에 적용하고 $\ln 1 = 0$을 이용하면 $c_1 = -1$과 $c_2 = 0$이다. 그러므로 초깃값 문제의 해는 $y = -x^{\frac{1}{2}}\cos(2\ln x)$이다. 그림 4.7.3은 컴퓨터의 소프트웨어를 활용하여 얻어진 이 함수의 그래프이다. 특수해는 $x \to \infty$함에 따라 진동하며 유계하지 않음을 알 수 있다. ■

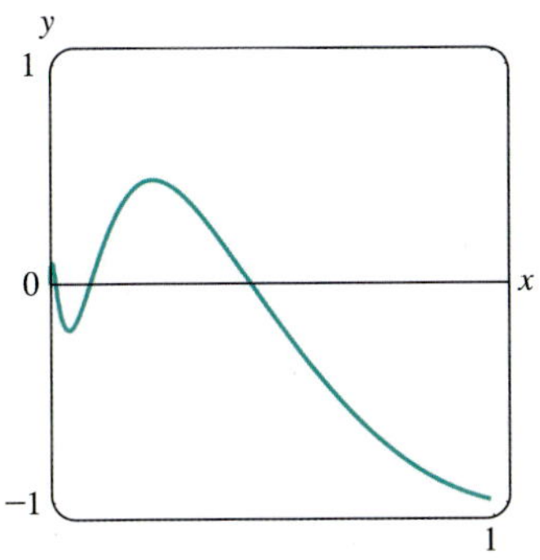

(a) $0 < x \leq 1$에 대한 해

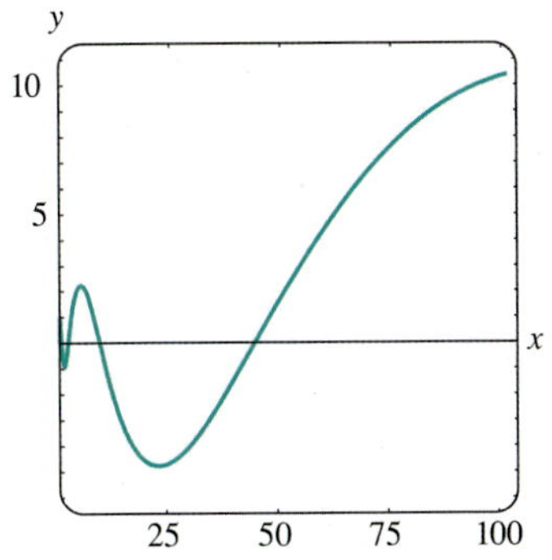

(b) $0 < x \leq 100$에 대한 해

그림 4.7.3 예제3에서의 IVP 해곡선

다음 예는 3계 코시-오일러 방정식의 해를 제시한다.

예제 4 3계 방정식

$x^3\frac{d^3y}{dx^3} + 5x^2\frac{d^2y}{dx^2} + 7x\frac{dy}{dx} + 8y = 0$을 풀어라.

풀이 ▶ $y = x^m$의 3계까지의 도함수는

$$\frac{dy}{dx} = mx^{m-1},\quad \frac{d^2y}{dx^2} = m(m-1)x^{m-2},\quad \frac{d^3y}{dx^3} = m(m-1)(m-2)x^{m-3}$$

이므로 주어진 미분방정식은

$$x^3\frac{d^3y}{dx^3}+5x^2\frac{d^2y}{dx^2}+7x\frac{dy}{dx}+8y$$
$$=x^3m(m-1)(m-2)x^{m-3}+5x^2m(m-1)x^{m-2}+7xmx^{m-1}+8x^m$$
$$=x^m(m(m-1)(m-2)+5m(m-1)+7m+8)$$
$$=x^m(m^3+2m^2+4m+8)=x^m(m+2)(m^2+4)=0$$

이다. 이 경우 $m_1=-2$, $m_2=2i$, $m_3=-2i$이면 $y=x^m$이 미분방정식의 해가 된다. 그러므로 일반해는 $y=c_1x^{-2}+c_2\cos(2\ln x)+c_3\sin(2\ln x)$이다. ■

비동차 방정식 4.4절과 4.5절에서 언급된 미정계수법은 변수를 계수로 갖는 선형 미분방정식에는 일반적으로 적용할 수 없다. 결과적으로, 다음 예에서 매개변수 변화법이 사용된다.

예제 5 매개변수 변화법

$x^2y''-3xy'+3y=2x^4e^x$를 풀어라.

풀이 이 방정식은 비동차이므로 먼저 관련된 동차방정식을 풀어야 한다. 보조다항식 $(m-1)(m-3)=0$으로부터 $y_c=c_1x+c_2x^3$이다. 특수해 $y_p=u_1y_1+u_2y_2$을 구하기 위하여 매개변수 변화법을 사용하기 전에 공식, $u_1'=\frac{W_1}{W}$과 $u_2'=\frac{W_2}{W}$을 기억하자. 여기서 W_1, W_2와 W는 미분방정식을 표준형 $y''+P(x)y'+Q(x)y=f(x)$으로 고친다는 가정하에 213쪽에서 유도한 행렬식이다. 그러므로 주어진 방정식을 x^2로 나눈

$$y''-\frac{3}{x}y'+\frac{3}{x^2}y=2x^2e^x$$

로부터 $f(x)=2x^2e^x$이다. $y_1=x$, $y_2=x^3$과

$$W=\begin{vmatrix}x & x^3\\ 1 & 3x^2\end{vmatrix}=2x^3,\quad W_1=\begin{vmatrix}0 & x^3\\ 2x^2e^x & 3x^2\end{vmatrix}=-2x^5e^x,$$
$$W_2=\begin{vmatrix}x & 0\\ 1 & 2x^2e^x\end{vmatrix}=2x^3e^x$$

로부터

$$u_1'=-\frac{2x^5e^x}{2x^3}=-x^2e^x \text{와 } u_2'=\frac{2x^3e^x}{2x^3}=e^x$$

이다. u_2'는 바로 적분하고 u_1'는 부분적분법으로 두 번 적분하면 $u_1=-x^2e^x+2xe^x-2e^x$이고 $u_2=e^x$이다. 그러므로 $y_p=u_1y_1+u_2y_2$는

$$y_p = (-x^2e^x + 2xe^x - 2e^x)x + e^x x^3 = 2x^2e^x - 2xe^x$$

이다. 결과적으로 $y = y_c + y_p = c_1x + c_2x^3 + 2x^2e^x - 2xe^x$ 이다. ■

상수 계수로의 변형 코시-오일러 방정식의 해와 상수를 계수로 하는 선형방정식의 해의 형태와의 사이에 닮은 점은 우연의 일치가 아니다. 예를 들면 $ay'' + by' + cy = 0$과 $ax^2y'' + bxy' + cy = 0$의 보조방정식의 근들이 서로 다른 실근일 때 각각의 일반해는

$$y = c_1e^{m_1x} + c_2e^{m_2x} \text{ 와 } y = c_1x^{m_1} + c_2x^{m_2} \quad x > 0 \tag{7}$$

이다. $e^{\ln x} = x$, $x > 0$로부터 (7)에서 주어진 두 번째 해는 첫 번째 해와 같은 형태로 표시할 수 있다:

$$y = c_1e^{m_1\ln x} + c_2e^{m_2\ln x} = c_1e^{m_1t} + c_2e^{m_2t}, \text{ 여기서 } t = \ln x.$$

이 마지막 결과는 코시-오일러 방정식에 $x = e^t$를 대입함으로써 항상 상수가 계수인 선형 미분방정식으로 쓸 수 있음을 보여준다. 이 개념은 앞 절의 방법을 이용하여 변수 t에 관한 새로운 미분방정식을 푸는 것이고 일단 일반해가 구해지면 $t = \ln x$를 다시 대입한다. 마지막 예제에서 제시한 이 방법은 미분에 대한 연쇄법칙을 사용해야 한다.

예제 6 상수 계수로 변환하기

$x^2y'' - xy' + y = \ln x$를 풀어라.

풀이 $x = e^t$ 또는 $t = \ln x$를 대입하면

$$\frac{dy}{dx} = \frac{dy}{dt}\frac{dt}{dx} = \frac{1}{x}\frac{dy}{dt} \quad \leftarrow \text{연쇄법칙}$$

$$\frac{d^2y}{dx^2} = \frac{1}{x}\frac{d}{dx}\left(\frac{dy}{dt}\right) + \frac{dy}{dt}\left(-\frac{1}{x^2}\right) \quad \leftarrow \text{곱셈공식과 연쇄법칙}$$

$$= \frac{1}{x}\left(\frac{d^2y}{dt^2}\frac{1}{x}\right) + \frac{dy}{dt}\left(-\frac{1}{x^2}\right) = \frac{1}{x^2}\left(\frac{d^2y}{dt^2} - \frac{dy}{dt}\right)$$

이다. 주어진 미분방정식에 대입하여 간단히 하면

$$\frac{d^2y}{dt^2} - 2\frac{dy}{dt} + y = t$$

이다. 이 마지막 방정식은 상수를 계수로 가지므로 보조방정식은 $m^2 - 2m + 1 = 0$ 또는 $(m-1)^2 = 0$이다. 그러므로 $y_c = c_1e^t + c_2te^t$이다.

미정계수법에 의하여 특수해는 $y_p = A + Bt$ 의 형태이다. 이 가정으로

$-2B+A+Bt=t$이므로 $A=2$와 $B=1$이다. $y=y_c+y_p$로부터

$$y=c_1e^t+c_2te^t+2+t$$

이다. $x=e^t$ 또는 $t=\ln x$를 대입하면 구간 $(0, \infty)$에서 주어진 미분방정식의 일반해는 $y=c_1x+c_2x\ln x+2+\ln x$이다. ■

$x<0$에 대한 해 위의 설명에서 $x>0$에 대한 코시-오일러 방정식의 해를 구했다. $x<0$에 대한 코시-오일러의 해를 구하는 한 방법은 $t=-x$ ($t>0$을 의미하는)을 대입하여 독립변수를 바꾸고 연쇄법칙을 이용하는 것이다:

$$\frac{dy}{dx}=\frac{dy}{dt}\frac{dt}{dx}=-\frac{dy}{dt} \text{와} \quad \frac{d^2y}{dx^2}=\frac{d}{dt}\left(-\frac{dy}{dt}\right)\frac{dt}{dx}=\frac{d^2y}{dt^2}.$$

연습문제4.7 문제45, 46을 보아라.

다른 형태

$$a(x-x_0)^2\frac{d^2y}{dx^2}+b(x-x_0)\frac{dy}{dx}+cy=0 \tag{8}$$

형태의 2계 방정식도 코시-오일러 방정식이라 한다. $x_0=0$이면 (8)은 (2)로 변환됨을 파악하여라.

(2)에서와 같이 (8)도 풀 수 있다. 즉, $y=(x-x_0)^m$에 대한 해를 구하고

$$\frac{dy}{dx}=m(x-x_0)^{m-1} \text{과} \quad \frac{d^2y}{dx^2}=m(m-1)(x-x_0)^{m-2}$$

를 이용한다. 다시 말하면 독립변수 $t=x-x_0$의 치환으로 (8)을 익숙한 (2)의 형태로 바꾸어 변형된 방정식의 해를 구하여 다시 치환한다. 연습문제4.7 문제47-50를 보아라.

연습문제 4.7

(1–18) 주어진 미분방정식을 풀어라.

1. $x^2y''-2y=0$
2. $4x^2y''+y=0$
3. $xy''+y'=0$
4. $xy''-3y'=0$
5. $x^2y''+xy'+4y=0$
6. $x^2y''+5xy'+3y=0$
7. $x^2y''-3xy'-2y=0$
8. $x^2y''+3xy'-4y=0$
9. $25x^2y''+25xy'+y=0$
10. $4x^2y''+4xy'-y=0$
11. $x^2y''+5xy'+4y=0$
12. $x^2y''+8xy'+6y=0$
13. $3x^2y''+6xy'+y=0$
14. $x^2y''-7xy'+41y=0$
15. $x^3y'''-6y=0$
16. $x^3y'''+xy'-y=0$
17. $xy^{(4)}+6y'''=0$

18. $x^4y^{(4)}+6x^3y'''+9x^2y''+3xy'+y=0$

(19–24) 매개변수 변화법으로 주어진 미분방정식을 풀어라.

19. $xy''-4y'=x^4$

20. $2x^2y''+5xy'+y=x^2-x$

21. $x^2y''-xy'+y=2x$

22. $x^2y''-2xy'+2y=x^4e^x$

23. $x^2y''+xy'-y=\ln x$

24. $x^2y''+xy'-y=\dfrac{1}{x+1}$

(25–30) 주어진 초깃값 문제를 풀어라. 그래프를 그리는 도구로 해곡선의 그래프를 그려라.

25. $x^2y''+3xy'=0,\quad y(1)=0,\quad y'(1)=4$

26. $x^2y''-5xy'+8y=0,\quad y(2)=32,\quad y'(2)=0$

27. $x^2y''+xy'+y=0,\quad y(1)=1,\quad y'(1)=2$

28. $x^2y''-3xy'+4y=0,\quad y(1)=5,\quad y'(1)=3$

29. $xy''+y'=x,\quad y(1)=1,\quad y'(1)=-\dfrac{1}{2}$

30. $x^2y''-5xy'+8y=8x^6,\quad y\left(\dfrac{1}{2}\right)=0,\quad y'\left(\dfrac{1}{2}\right)=0$

(31–32) 주어진 경곗값 문제를 풀어라.

31. $x^2y''-7xy'+12y=0,\quad y(0)=0,\quad y(1)=0$

32. $x^2y''-3xy'+5y=0,\quad y(1)=0,\quad y(e)=1$

(33–38) 주어진 일반해를 갖는 동차 코시–오일러 미분방정식을 구하여라.

33. $y=c_1x^4+c_2x^{-2}$

34. $y=c_1+c_2x^5$

35. $y=c_1x^{-3}+c_2x^{-3}\ln x$

36. $y=c_1+c_2x+c_3x\ln x$

37. $y=c_1\cos(\ln x)+c_2\sin(\ln x)$

38. $y=c_1x^{\frac{1}{2}}\cos(\frac{1}{2}\ln x)+c_2x^{\frac{1}{2}}\sin(\frac{1}{2}\ln x)$

치환 이용

(39–44) $t=\ln x$를 대입하여 주어진 코시–오일러 방정식을 상수가 계수인 미분방정식으로 변형하여라. 4.3–4.5절에서 이용하는 방법을 새로운 방정식에 적용하여 원래의 방정식을 풀어라.

39. $x^2y''+9xy'-20y=0$

40. $x^2y''-9xy'+25y=0$

41. $x^2y''+10xy'+8y=x^2$

42. $x^2y''-4xy'+6y=\ln x^2$

43. $x^2y''-3xy'+13y=4+3x$

44. $x^3y'''-3x^2y''+6xy'-6y=3+\ln x^3$

(45–46) $t=-x$를 대입하여 구간 $(-\infty, 0)$에서 주어진 초깃값 문제를 풀어라.

45. $4x^2y''+y=0,\quad y(-1)=2,\quad y'(-1)=4$

46. $x^2y''-4xy'+6y=0,\quad y(-2)=8,\quad y'(-2)=0$

(47–48) $y=(x-x_0)^m$을 이용하여 주어진 미분방정식을 풀어라.

47. $(x+3)^2y''-8(x+3)y'+14y=0$

48. $(x-1)^2y''-(x-1)y'+5y=0$

(49–50) $t=x-x_0$을 대입하여 주어진 미분방정식을 풀어라.

49. $(x+2)^2y''+(x+2)y'+y=0$

50. $(x-4)^2y''-5(x-4)y'+9y=0$

토론 문제

51. 문제50의 일반해가 정의되는 가장 큰 구간을 구하여라.

52. 보조다항식의 근이 2와 $1-i$이라 하면 실수를 계수로 하는 가장 낮은 계수의 코시–오일러 미분방정식을 찾을 수 있는가? 아이디어를 전개하여라.

53. 초기 조건 $y(0)=y_0,\ y'(0)=y_1$이 다음 각각의 미분방정식에 적용되었다:

$$x^2y''=0,$$
$$x^2y''-2xy'+2y=0,$$
$$x^2y''-4xy'+6y=0.$$

각각의 초깃값 문제가 해를 가지는 y_0와 y_1의 값은 무엇인가?

54. 그림 4.7.3에서 해곡선의 x절편은 무엇인가?
구간 $0 < x < \frac{1}{2}$에서 x절편은 몇 개인가?

수학적 모델링

55. 원판의 구부러짐 균형잡힌 원판의 구부러짐을 분석하는데 원판의 편향곡선 방정식 $w(r)$은 미분방정식

$$\frac{d^3w}{dr^3}+\frac{1}{r}\frac{d^2w}{dr^2}-\frac{1}{r^2}\frac{dw}{dr}=\frac{q}{2D}r \tag{9}$$

을 만족한다. 여기서 q와 D는 상수이고 r은 원판 위의 한 점에서 중심까지의 거리이다.

(a) 4.6절의 (15)에서 주어진 매개변수 변화법과 이 절에서의 방법을 사용하여 (9)의 일반해를 구하여라.

(b) 경계 조건

$$w'(0)=0,\ w(a)=0,\ w'(a)=0$$

를 만족하는 (9)의 해를 구하여라. 여기에서 $a>0$은 원판의 반지름이다. [힌트: 조건 $w'(0)=0$는 올바르다. 이 조건을 이용하여 (a)에서 구한 일반해에서 하나의 상수를 결정하여라.]

56. 방정식 (9)가 발견된 공학 교재의 저자는 적분으로 미분방정식 해를 구한다고 진술하고 있다. 맞는 말이지만 커다란 힌트가 필요하다.

(a) 방정식 (9)는 다른 형태

$$\frac{d}{dr}\left[\frac{1}{r}\frac{d}{dr}\left(r\frac{dw}{dr}\right)\right]=\frac{q}{2D}r \tag{10}$$

로 표현할 수 있음을 보여라.

(b) r에 관한 적분만을 사용하여 방정식 (10)을 풀어라. 구한 결과가 문제55의 (a)에서 구한 해와 동일하다는 것을 보여라.

컴퓨터 실습 과제

(57–60) 보조다항식의 (근사치)근을 컴퓨터 대수 체계를 활용하여 구하고 주어진 미분방정식을 풀어라.

57. $2x^3y'''-10.98x^2y''+8.5xy'+1.3y=0$

58. $x^3y'''+4x^2y''+5xy'-9y=0$

59. $x^4y^{(4)}+6x^3y'''+3x^2y''-3xy'+4y=0$

60 $x^4y^{(4)}-6x^3y'''+33x^2y''-105xy'+169y=0$

(61–62) 매개변수 변화법에 의하여 주어진 미분방정식을 풀어라. 컴퓨터 대수 체계를 사용하여 보조다항식의 근과 4.6절의 (15)으로 주어진 행렬식을 구하여라.

61. $x^3y'''-x^2y''-2xy'+6y=x^2$

62. $x^3y'''+2x^2y''-8xy'+12y=x^{-4}$

4.8 그린함수(Green's function)

소개 5장에서 우리는 2계 선형 미분방정식

$$a_2(x)\frac{d^2y}{dx^2}+a_1(x)\frac{dy}{dx}+a_0(x)y=g(x) \tag{1}$$

이 많은 응용 문제에 중요한 역할을 할 것임을 보일 것이다. 물리적 시스템에 대한 수학적인 해석에서 초깃값 문제 또는 경곗값 문제에서 (1)의 **반응** 또는 **출력** 함수 $y(x)$가 종종 **강제** 또는

입력함수 $g(x)$로 표현되는 것이 바람직하기도 하다. 이런 식으로 시스템의 반응함수는 빠르게 다른 강제함수로 해석되어질 수 있다.

이것이 어떻게 진행되는지를 알기 위해 우리는 미분방정식 (1)을 선행 계수 $a_2(x)$로 나누어서 얻어진 표준형태

$$y'' + P(x)y' + Q(x)y = f(x) \tag{2}$$

의 초깃값 문제의 해를 고찰하기 시작했다. 이 절에서 또한 계수함수 $P(x)$, $Q(x)$와 $f(x)$가 어떤 공통구간 I에서 연속함수라고 가정한다.

4.8.1 초깃값 문제

3개의 초깃값 문제들

2계 초깃값 문제

$$y'' + P(x)y' + Q(x)y = f(x),\ y(x_0) = y_0,\ y'(x_0) = y_1 \tag{3}$$

의 해 $y(x)$는 두 개의 해를 합한 형태로 표현할 수 있다:

$$y(x) = y_h(x) + y_p(x) \tag{4}$$

여기서 $y_h(x)$는 관련된 동차 미분방정식의 비동차 초깃값 문제

$$y'' + P(x)y' + Q(x)y = 0,\ y(x_0) = y_0,\ y'(x_0) = y_1 \tag{5}$$

여기서 y_0 또는 y_1 중 적어도 하나는 영이 아니라고 가정한다. 만일 y_0과 y_1이 모두 0일 경우엔 초깃값 문제의 해는 $y=0$이다.

의 해이고 $y_p(x)$는 비동차 미분방정식의 동차 (즉, 영)초깃값 조건

$$y'' + P(x)y' + Q(x)y = f(x),\ y(x_0) = 0,\ y'(x_0) = 0 \tag{6}$$

의 해이다.

계수 P와 Q가 상수인 경우 초깃값 문제(5)의 해는 어려움 없이 구해진다: 4.3절의 방법으로 동차 미분방정식의 일반해를 구하고 주어진 초깃값 조건으로 일반해의 두 개의 상수를 구한다. 그래서 초깃값 문제(6)의 해를 구하는 데 초점을 맞출 것이다. 영인 초깃값 조건으로 (6)의 해는 초기에 정지 상태인 물리적 시스템으로 나타낼 수 있어서 때때로 **정지 해**(rest solution)라 한다.

그린함수(Green's function) 만일 $y_1(x)$와 $y_2(x)$가 구간 I에서 (2)와 관련된 동차 미분방정식의 기본 해집합을 이룬다면, 구간 I에서 비동차방정식 (2)의 특수해는 매개변수 변환법으로 구할 수 있다. 4.6절의 (3)를 보면 이 해의 형태는

$$y_p(x) = u_1(x)y_1(x) + u_2(x)y_2(x) \tag{7}$$

이다. (7)의 변수계수인 $u_1(x)$와 $u_2(x)$는 4.6절의 (9)로 정의한다:

$$u_1'(x) = -\frac{y_2(x)f(x)}{W}, \quad u_2'(x) = \frac{y_1(x)f(x)}{W} \tag{8}$$

구간 I에서 $y_1(x)$와 $y_2(x)$가 일차독립이므로 I의 모든 x에 대하여 론스키 행렬식 $W = W(y_1(x),\ y_2(x)) \neq 0$이다. 만일 x와 x_0이 I의 점이면, (8)에서의 도함수 $u_1'(x)$와 $u_2'(x)$를 구간 $[x_0,\ x]$ 위에서 적분하여 그 결과를 (7)에 대입하여

t로 적분하는 경우 $y_1(x)$와 $y_2(x)$는 상수이므로 이 두 함수는 정적분 안으로 들어간다. ▶

$$\begin{aligned} y_p(x) &= y_1(x)\int_{x_0}^{x}\frac{-y_2(t)f(t)}{W(t)}dt + y_2(x)\int_{x_0}^{x}\frac{y_1(t)f(t)}{W(t)}dt \\ &= \int_{x_0}^{x}\frac{-y_1(x)y_2(t)}{W(t)}f(t)dt + \int_{x_0}^{x}\frac{y_1(t)y_2(x)}{W(t)}f(t)dt \end{aligned} \tag{9}$$

을 얻는다. 여기서 $W(t) = W(y_1(t),\ y_2(t)) = \begin{vmatrix} y_1(t) & y_2(t) \\ y_1'(t) & y_2'(t) \end{vmatrix}$이다.

정적분의 성질로부터 (9)의 두 번째 줄의 두 적분은 한 개의 적분

$$y_p(x) = \int_{x_0}^{x} G(x,t)f(t)dt \tag{10}$$

으로 다시 쓸 수 있다. (10)의 함수 $G(x,t)$,

$$G(x,t) = \frac{y_1(t)y_2(x) - y_1(x)y_2(t)}{W(t)} \tag{11}$$

중요함. 이 문단은 두 번 읽어라. ▶

는 미분방정식 (2)의 **그린함수**(Green's function)라 한다. 그린함수는 1830년경에 이 개념을 개발한 영국인 수학자이자 물리학자 George Green(1793-1841)의 이름을 따서 지어졌다.

그린함수 (11)는 오직 (2)와 관련된 동차 미분방정식의 기본해 $y_1(x)$와 $y_2(x)$에만 종속되고 강제함수 $f(x)$에는 종속되지 않는다. 그러므로 (2)에서 좌변은 같은 식이나 다른 강제함수를 가진 2계 선형 미분방정식 모두는 같은 그린함수를 가진다. 그러므로 (11)에 대한 다른 정의는 2계 미분연산자 $L = D^2 + P(x)D + Q(x)$에 대한 그린함수이다.

예제 1 특수해

(10)과 (11)을 이용하여 $y'' - y = f(x)$의 특수해를 구하여라.

풀이 ▶ 관련된 동차 미분방정식 $y'' - y = 0$의 해는 $y_1 = e^x$, $y_2 = e^{-x}$이고 $W(y_1(t),\ y_2(t)) = -2$이다. (11)로부터 그린함수는

$$G(x,\ t) = \frac{e^t e^{-x} - e^x e^{-t}}{-2} = \frac{e^{x-t} - e^{-(x-t)}}{2} = \sinh(x-t) \tag{12}$$

이다. 그러므로 (10)에 의하여 미분방정식의 특수해는

$$y_p(x) = \int_{x_0}^{x} \sinh(x-t) f(t) dt \tag{13}$$

이다. ■

예제 2 **일반해**

다음 비동차 미분방정식의 일반해를 구하여라.

(a) $y'' - y = 1/x$　　　　(b) $y'' - y = e^{2x}$

풀이 예제1로부터 두 미분방정식은 같은 여함수 $y_c(x) = c_1 e^{-x} + c_2 e^{x}$를 가진다. 더욱이 위의 예제1에서 언급하였듯이 두 미분방정식의 그린함수는 (12)이다.

(a) $f(x) = 1/x$이고 $f(t) = 1/t$이므로 (13)으로부터 $y'' - y = 1/x$의 특수해는 $y_p(x) = \int_{x_0}^{x} \frac{\sinh(x-t)}{t} dt$이다. 그러므로 원점을 포함하지 않는 구간 $[x_0, x]$에서 주어진 미분방정식의 일반해는 $y = y_c + y_p$로

$$y = c_1 e^{x} + c_2 e^{-x} + \int_{x_0}^{x} \frac{\sinh(x-t)}{t} dt \tag{14}$$

이다. 이 해와 4.6절의 예제3에서 구한 해와 비교해보아라.

(b) (13)에서 $f(x) = e^{x}$이므로 $y'' - y = e^{2x}$의 특수해는 $y_p(x) = \int_{x_0}^{x} \sinh(x-t) e^{2t} dt$이다. 그래서 일반해 $y = y_c + y_p$는

$$y(x) = c_1 e^{x} + c_2 e^{-x} \int_{x_0}^{x} \sinh(x-t) e^{2t} dt \tag{15}$$

이다. ■

이제, 동차 초기치 조건인 특별한 초깃값 문제(6)에 대해 알아보자. $f(x) \neq 0$인 경우의 해를 구하는 한 가지 방법은 4.4절과 4.6절에서 이미 제시했다. 즉 초기 조건 $y(x_0) = 0,\ y'(x_0) = 0$을 비동차 미분방정식의 일반해에 대입한다. 그러나 (10)에서 정의된 함수가 초깃값 문제의 해인 것을 알기에 실제적으로 대입할 필요가 없다.

정리 4.8.1 **초깃값 문제(6)의 해**

(10)에서 정의된 함수 $y_p(x)$는 초깃값 문제(6)의 해이다.

증명 식을 만든 과정에 의하여 (10)의 $y_p(x)$가 비동차 미분방정식을 만족한다. 다음 정적분은 $\int_{a}^{a} = 0$의 성질을 가지므로

$$y_p(x_0) = \int_{x_0}^{x_0} G(x_0,t)f(t)dt = 0$$

이다. 마지막으로 $y_p{}'(x_0) = 0$임을 보이기 위해 적분의 도함수에 관한 Leibniz 공식* 을 이용하자:

$$y_p{}'(x) = \overbrace{G(x,x)f(x)}^{(11)\text{로부터 } 0} + \int_{x_0}^{x} \frac{y_1(t)y_2{}'(x) - y_1{}'(x)y_2(t)}{W(t)} f(t)dt$$

그러므로

$$y_p{}'(x_0) = \int_{x_0}^{x_0} \frac{y_1(t)y_2{}'(x_0) - y_1{}'(x_0)y_2(t)}{W(t)} f(t)dt = 0$$

이다.

예제 3 재논의하는 예제2

초깃값 문제를 풀어라.

(a) $y'' - y = 1/x, \ y(1) = 0, \ y'(1) = 0$

(b) $y'' - y = e^{2x}, \ y(0) = 0, \ y'(0) = 0$

풀이 ▶ (a) $x_0 = 1$과 $f(t) = 1/t$이므로 예제2의 (14)와 정리 4.8.1로부터 초깃값 문제의 해는 $y_p(x) = \int_1^x \frac{\sinh(x-t)}{t} dt$이다. 여기서 $[1, x], \ x > 0$이다.

(b) $x_0 = 0$이고 $f(t) = e^{2t}$이므로 (15)로부터 IVP의 해는

$$y_p(x) = \int_0^x \sinh(x-t)e^{2t}dt \tag{16}$$

가 된다. ■

예제3의 (b)에서, 우리는 (16)의 적분을 풀 수 있는데, t에 관한 적분에서 x는 상수임을 염두에 두자:

$$\begin{aligned} y_p(x) &= \int_0^x \sinh(x-t)e^{2t}dt = \int_0^x \frac{e^{x-t} - e^{-(x-t)}}{2} e^{2t}dt \\ &= \frac{1}{2}e^x \int_0^x e^t dt - \frac{1}{2}e^{-x} \int_0^x e^{3t}dt \\ &= \frac{1}{3}e^{2x} - \frac{1}{2}e^x + \frac{1}{6}e^{-x}. \end{aligned}$$

---

* 부록A를 보아라.

예제 4 **(10)과 (11)의 사용**

초깃값 문제를 풀어라.

$$y'' + 4y = x \ , \ y(0) = 0, \ y'(0) = 0.$$

풀이 우선 주어진 미분방정식에 대한 그린함수를 구하자.
$y'' + 4y = 0$의 두 개의 일차독립인 해는 $y_1(x) = \cos 2x$와 $y_2(x) = \sin 2x$이다. $W(\cos 2t, \ \sin 2t) = 2$와 (11)로부터

여기서 우리는 삼각 등식 $\sin(2x - 2t) = \sin 2x \cos 2t - \cos 2x \sin 2t$을 이용했다.

$$G(x, \ t) = \frac{\cos 2t \sin 2x - \cos 2x \sin 2t}{2} = \frac{1}{2} \sin 2(x - t)$$

가 된다. (10)에서 $x_0 = 0$과 $f(t) = t$이므로 주어진 초깃값 문제의 해는

$$y_p(x) = \frac{1}{2} \int_0^x t \sin 2(x - t) dt$$

가 된다. 만약에 적분을 계산하려면 우선

$$y_p(x) = \frac{1}{2} \sin 2x \int_0^x t \cos 2t dt - \frac{1}{2} \cos 2x \int_0^x t \sin 2t dt$$

로 쓰고 부분적분을 이용하면 된다:

$$y_p(x) = \frac{1}{2} \sin 2x \left[\frac{1}{2} t \sin 2t + \frac{1}{4} \cos 2t \right]_0^x - \frac{1}{2} \cos 2x \left[-\frac{1}{2} t \cos 2t + \frac{1}{4} t \sin 2t \right]_0^x$$

또는 $y_p(x) = \dfrac{1}{4} x - \dfrac{1}{8} \sin 2x$이다. ■

초깃값 문제-연속 마지막으로 (3)으로 나타낸 초깃값 문제의 해를 구하기 위해서 정리 4.8.1을 사용할 수 있다. 이미 (4)로 주어진 함수이다.

정리 4.8.2 **초깃값 문제(3)의 해**

만일 $y_h(x)$가 초깃값 문제(5)의 해이고 $y_p(x)$가 구간 I에서의 초깃값 문제 (6)의 해 (10)이면

$$y(x) = y_h(x) + y_p(x) \tag{17}$$

은 초깃값 문제(3)의 해가 된다.

증명 $y_h(x)$는 기본해의 일차결합이므로 4.1절의 (10)에 의하여 $y = y_h + y_p$는 비동차 미분방정식의 해가 된다. 더욱이 y_h는 (5)의 초기 조건을 만족하고 y_p는 (6)의 초기 조건을 만족하므로

$$y(x_0) = y_h(x_0) + y_p(x_0) = y_0 + 0 = y_0$$
$$y'(x_0) = {y_h}'(x_0) + {y_p}'(x_0) = y_1 + 0 = y_1$$

이 된다. ■

(5)에는 강제함수가 존재하지 않고 (6)에는 강제함수가 존재하는 것을 상기하며 초깃값 문제(3)에서 표현한 물리적 시스템에서 반응함수 $y(x)$는 두 개의 다른 반응함수로 분해할 수 있다:

$$y(x) = \underbrace{y_h(x)}_{\substack{\text{초깃값 문제로 인한} \\ \text{시스템의 반응} \\ y(x_0)=y_0,\ y'(x_0)=y_1}} + \underbrace{y_p(x)}_{\substack{\text{강제함수 } f\text{로 인한} \\ \text{시스템의 반응}}} \tag{18}$$

다음 초깃값 문제는 용수철/질량계로 유도된 순수 공명 상태를 나타낸다. 272쪽을 참조하여라.

예제 5 정리 4.8.2의 활용

초깃값 문제 $y'' + 4y = \sin 2x$, $y(0) = 1,\ y'(0) = -2$를 풀어라.

풀이 ▶ 두 개의 초깃값 문제를 풀어야 한다.

먼저 $y'' + 4y = 0,\ y(0) = 1,\ y'(0) = -2$을 풀자. 동차 미분방정식의 일반해 $y(x) = c_1\cos 2x + c_2\sin 2x$에 초깃값 조건을 대입하면 $c_1 = 1$이고 $c_2 = -1$이다. 그러므로 $y_h(x) = \cos 2x - \sin 2x$이다.

다음 $y'' + 4y = \sin 2x,\ y(0) = 0$, $y'(0) = 0$을 풀자. 미분방정식의 왼쪽 편은 예제4의 미분방정식과 같으므로 같은 그린함수, $G(x,t) = \frac{1}{2}\sin 2(x-t)$이다.

$f(t) = \sin 2t$로 (10)으로부터 두 번째 문제의 해는

$$y_p(x) = \frac{1}{2}\int_0^x \sin 2(x-t)\sin 2t\,dt$$

가 된다.

마지막으로 정리 4.8.2의 (17)로 주어진 초깃값 문제의 해는

$$y(x) = y_h(x) + y_p(x) = \cos 2x - \sin 2x + \frac{1}{2}\int_0^x \sin 2(x-t)\sin 2t\,dt \tag{19}$$

이다. ■

원한다면, 삼각함수 항등식

$$\sin A\sin B = \frac{1}{2}[\cos(A-B) - \cos(A+B)]$$

과 $A=2(x-t)$와 $B=2t$을 이용하여 정적분 (19)를 적분할 수 있다:

$$\begin{aligned} y_p(x) &= \frac{1}{2}\int_0^x \sin 2(x-t)\sin 2t dt \\ &= \frac{1}{4}\int_0^x [\cos(2x-4t)-\cos 2x]dt \qquad (20) \\ &= \frac{1}{4}[-\frac{1}{4}\sin(2x-4t)-t\cos 2x]_0^x \\ &= \frac{1}{8}\sin 2x - \frac{1}{4}x\cos 2x. \end{aligned}$$

그러므로 (19)의 해는

$$y(x)=y_h(x)+y_p(x)=\cos 2x-\sin 2x+\left(\frac{1}{8}\sin 2x-\frac{1}{4}x\cos 2x\right),$$

또는

$$y(x)=\cos 2x-\frac{7}{8}\sin 2x-\frac{1}{4}x\cos 2x \qquad (21)$$

이다. (18)에서 언급된 물리적인 의미는 (21)에서는 해 $y(x)=y_h(x)+y_p(x)$의 두 부분에서 같은 두 함수를 더하면서 그 의미가 없어졌다.

(19)에서 주어진 해의 묘미는 같은 상태의 초기 조건에서 강제함수가 변해도 시스템의 반응함수를 바로 적을 수 있다는 것이다. 예를 들면 예제5에서의 문제를

$$y''+4y=x,\ y(0)=1,\ y'(0)=-2$$

로 바꾸면 (19)의 적분에서 단순히 $\sin 2t$를 t로 바꾸어서 해는

$$\begin{aligned} y(x) &= y_h(x)+y_p(x) \\ &= \cos 2x-\sin 2x+\frac{1}{2}\int_0^x t\sin 2(x-t)dt \\ &= \frac{1}{4}x+\cos 2x-\frac{9}{8}\sin 2x \end{aligned}$$

← 예제 4를 참조하여라.

가 된다.

강제함수 f는 특수해 $y_p(x)=\int_{x_0}^x G(x,t)f(t)dt$ 안에만 있으므로 해 (17)는 f가 조각적으로 정의될 때 유효하다. 다음 예는 이 논리를 설명한다.

예제 6 초깃값 문제

강제함수 f가 다음과 같이 조각적으로 정의된 초깃값 문제를 구하여라.

$$y''+4y=f(x),\ y(0)=1,\ y'(0)=-2$$

$$f(x)=\begin{cases} 0, & x<0 \\ \sin 2x, & 0\le x\le 2\pi \\ 0, & x>2\pi \end{cases}$$

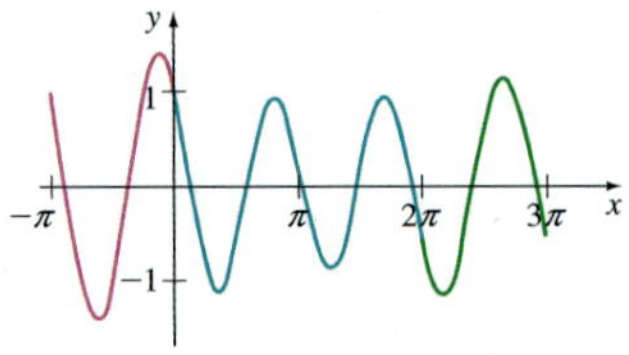

그림 4.8.1 예제6의 $y(x)$의 그래프

풀이 ▸ (19)에서 $\sin 2t$를 $f(t)$로 바꾸면,

$$y(x) = \cos 2x - \sin 2x + \frac{1}{2}\int_0^x \sin 2(x-t)f(t)dt$$

가 된다. f가 세 조각으로 정의되므로 세 가지 경우로 정적분을 계산하여야 한다. $x < 0$이면

$$y_p(x) = \frac{1}{2}\int_0^x \sin 2(x-t)0dt = 0,$$

$0 \le x \le 2\pi$이면

$$\begin{aligned} y_p(x) &= \frac{1}{2}\int_0^x \sin 2(x-t)\sin 2t dt \quad \leftarrow \text{(20)의 적분을 사용하면} \\ &= \frac{1}{8}\sin 2x - \frac{1}{4}x\cos 2x \end{aligned}$$

이고 마지막으로 $x > 2\pi$이면 예제5의 적분을 인용할 수 있다:

$$\begin{aligned} y_p(x) &= \frac{1}{2}\int_0^{2\pi} \sin 2(x-t)\sin 2t dt + \frac{1}{2}\int_{2\pi}^x \sin 2(x-t)0dt \\ &= \frac{1}{2}\pi\int_0^{2\pi} \sin 2(x-t)\sin 2t dt \\ &= \frac{1}{4}\left[-\frac{1}{4}\sin(2x-4t) - t\cos 2x\right]_0^{2\pi} \quad \leftarrow \text{(20)의 적분을 사용하면} \\ &= -\frac{1}{16}\sin(2x-8\pi) - \frac{1}{2}\pi\cos 2x + \frac{1}{16}\sin 2x \leftarrow \sin(2x-8\pi) = \sin 2x \\ &= -\frac{1}{2}\pi\cos 2x \end{aligned}$$

이다. 그러므로 $y_p(x)$는

$$y_p(x) = \begin{cases} 0, & x < 0 \\ \frac{1}{8}\sin 2x - \frac{1}{4}x\cos 2x, & 0 \le x \le 2\pi \\ -\frac{1}{2}\pi\cos 2x, & x > 2\pi \end{cases}$$

이므로

$$y(x) = y_h(x) + y_p(x) = \cos 2x - \sin 2x + y_p(x)$$

이다. 조각을 다 합하면

$$y(x) = \begin{cases} \cos 2x - \sin 2x, & x < 0 \\ (1 - \frac{1}{4}x)\cos 2x - \frac{7}{8}\sin 2x, & 0 \le x \le 2\pi \\ (1 - \frac{1}{2}\pi)\cos 2x - \sin 2x, & x > 2\pi \end{cases}$$

이다. $y(x)$의 세 형태는 그림 4.8.1에서 서로 다른 색으로 표현했다. ■

다음으로 경곗값 문제(BVP)를 어떻게 다른 형태의 그린함수를 사용하여 푸는지 알아보자.

4.8.2 경곗값 문제

같은 점에서 $y(x)$와 $y'(x)$의 값이 주어지는 2계 미분방정식의 초깃값 문제와 다르게 2계 미분방정식의 BVP는 두 개의 다른 점 $x=a$와 $x=b$에서 $y(x)$와 $y'(x)$의 값이 주어진다.

$$y(a)=0, \quad y(b)=0; \; y(a)=0, \quad y'(b)=0; \; y'(a)=0, \quad y'(b)=0$$

과 같은 조건은 좀 더 일반적인 동차경곗값 조건인

$$A_1 y(a)+B_1 y'(a)=0 \tag{22}$$

$$A_2 y(b)+B_2 y'(b)=0 \tag{23}$$

의 특수한 경우이다. 여기서 A_1, A_2, B_1과 B_2는 상수이다. 특별히 우리의 목표는

$$\begin{aligned} &y''+P(x)y'+Q(x)y=f(x), \\ &A_1 y(a)+B_1 y'(a)=0 \\ &A_2 y(b)+B_2 y'(b)=0 \end{aligned} \tag{24}$$

의 형태인 비동차 경곗값 문제에 대한 (10)과 비슷한 적분해 $y_p(x)$를 구하는 것이다. $P(x)$, $Q(x)$와 $f(x)$가 $[a, b]$에서 연속이라는 가정과 더불어서, 동차 문제

$$\begin{aligned} &y''+P(x)y'+Q(x)y=0, \\ &A_1 y(a)+B_1 y'(a)=0 \\ &A_2 y(b)+B_2 y'(b)=0 \end{aligned}$$

가 자명한 해 $y=0$만을 가진다고 가정한다. 마지막 가정은 (24)의 해가 유일하고 해가 적분 $y_p(x)=\int_a^b G(x, t)f(t)dt$으로 주어진다는 것을 보증한다. 여기서 $G(x, t)$는 그린함수이다.

$G(x, t)$의 존재성을 보이는 것은 또 (7)과 (8)의 매개변수 변화법으로 시작한다.

다른 그린함수 $y_1(x)$와 $y_2(x)$가 $[a, b]$에서 (24)의 미분방정식과 관련된 동차 미분방정식의 일차독립인 해라 하고 x는 $[a, b]$의 점이라 하자. (8)의 도함수를 같은 구간 위에서 적분하여 (9)를 구한 것과는 다르게 (8)의 첫 번째 식은 구간 $[b, x]$에서 적분하고 (8)의 두 번째 식은 구간 $[a, x]$에서 적분하자:

$$u_1(x)=-\int_b^x \frac{y_2(t)f(t)}{W(t)}dt \text{와 } u_2(x)=\int_a^x \frac{y_1(t)f(t)}{W(t)}dt \tag{25}$$

$u_1'(x)$와 $u_2'(x)$을 다른 구간에서 적분하는 이유는 잠시 후 알 수 있다. (25)로부터 미분방정식의 특수해 $y_p(x)=u_1(x)y_1(x)+u_2(x)y_2(x)$는

여기서 (25)에 있는 −부호로 적분구간을 바꾸었다.

$$y_p(x) = y_1(x)\int_x^b \frac{y_2(t)f(t)}{W(t)}dt + y_2(x)\int_a^x \frac{y_1(t)f(t)}{W(t)}dt$$

또는
$$y_p(x) = \int_a^x \frac{y_2(x)y_1(t)}{W(t)}f(t)dt + \int_x^b \frac{y_1(x)y_2(t)}{W(t)}f(t)dt \qquad (26)$$

이다. (26)의 우변은 하나의 적분

$$y_p(x) = \int_a^b G(x,\ t)f(t)dt \qquad (27)$$

으로 쓸 수 있다. 여기서 함수 $G(x,\ t)$는

$$G(x,\ t) = \begin{cases} \dfrac{y_1(t)y_2(x)}{W(t)}, & a \le t \le x \\ \dfrac{y_1(x)y_2(t)}{W(t)}, & x \le t \le b \end{cases} \qquad (28)$$

이다. 조각적으로 정의된 함수 (28)을 경곗값 문제(24)의 **그린함수**라 한다. $G(x,\ t)$는 구간 $[a,\ b]$위의 점 x에서 연속인 함수임을 보일 수 있다.

이제 (28)의 $G(x,\ t)$안의 해인 $y_1(x)$와 $y_2(x)$가 $x=a$에서 $A_1y_1(a)+B_1y_1{}'(a)=0$를 만족하고 $x=b$에서 $A_2y(b)+B_2y'(b)=0$를 만족한다면, 놀랍게도 (27)에서 정의된 $y_p(x)$는 (24)의 동차 경곗값 조건을 만족한다.

이것을 보이기 위해

(30)의 두 번째 줄은 $y_1(x)u_1{}'(x)+y_2(x)u_2{}'(x)=0$ 으로부터 얻어진다. 4.6의 (4)에 이어진 이론을 참조하라

$$y_p(x) = u_1(x)y_1(x) + u_2(x)y_2(x) \qquad (29)$$

와

$$\begin{aligned} y_p{}'(x) &= u_1(x)y_1{}'(x) + y_1(x)u_1{}'(x) + u_2(x)y_2{}'(x) + y_2(x)u_2{}'(x) \\ &= u_1(x)y_1{}'(x) + u_2(x)y_2{}'(x) \end{aligned} \qquad (30)$$

이 필요하다. 우선 (25)에서 $u_1(b)=0$과 $u_2(a)=0$을 보자. 이 두 성질 중 두 번째를 보면 $y_1(x)$가 같은 경곗값 조건을 만족할 때마다 $y_p(x)$는 (22)를 만족함을 보일 수 있다. (29)와 (30)으로부터

$$\begin{aligned} A_1y_p(a)+B_1y_p{}'(a) &= A_1[u_1(a)y_1(a)+\overbrace{u_2(a)}^{0}y_2(a)] \\ &\quad + B_1[u_1(a)y_1{}'(a)+\underbrace{u_2(a)}_{0}y_2{}'(a)] \\ &= u_1(a)\underbrace{[A_1y_1(a)+B_1y_1{}'(a)]}_{(22)\text{로부터 } 0} = 0 \end{aligned}$$

이다. 마찬가지로 $u_1(b)=0$에 의하여 $y_2(x)$가 (23)을 만족할 때마다 $y_p(x)$도 (23)을 만족한다:

$$A_2y_p(b)+B_2y_p{}'(b)=A_2[\overbrace{u_1(b)}^{0}y_1(b)+u_2(b)y_2(b)]$$
$$+B_2[\underbrace{u_1(b)}_{0}y_1{}'(b)+u_2(b)y_2{}'(b)]$$
$$=u_2(b)\underbrace{[A_2y_2(b)+B_2y_2{}'(b)]}_{(22)\text{로부터 } 0}=0.$$

이 결과를 다음 정리로 요약한다.

정리 4.8.3　BVP(24)의 해

$y_1(x)$와 $y_2(x)$가 구간 $[a,\ b]$에서

$$y''+P(x)y'+Q(x)y=0$$

의 일차독립인 해라 하고 $y_1(x)$와 $y_2(x)$가 각각 (22)와 (23)를 만족한다고 하자. 그러면 (27)로 정의된 $y_p(x)$가 경곗값 문제(24)의 해가 된다.

예제 7　정리 4.8.3의 활용

경곗값 문제를 풀어라.

$$y''+4y=3,\ y'(0)=0,\ y(\pi/2)=0.$$

풀이 관련된 동차 미분방정식 $y''+4y=0$의 해는 $y_1(x)=\cos 2x$이고 $y_2(x)=\sin 2x$이며 $y_1(x)$는 $y'(0)=0$를 만족하는 반면 $y_2(x)$는 $y(\pi/2)=0$를 만족한다. 론스키 행렬식은 $W(y_1,\ y_2)=2$이므로 (28)로부터 경곗값 문제의 그린함수는

$$G(x,\ t)=\begin{cases}\dfrac{1}{2}\cos 2t\sin 2x, & 0\le t\le x\\[2mm] \dfrac{1}{2}\cos 2x\sin 2t, & x\le t\le \pi/2\end{cases}$$

이다. 정리 4.8.3으로부터 BVP의 해는 (27)에서 $a=0,\ b=\pi/2$와 $f(t)=3$이다:

$$y_p(x)=3\int_0^{\pi/2}G(x,\ t)dt$$
$$=3\cdot\frac{1}{2}\sin 2x\int_0^x\cos 2t\,dt+3\cdot\frac{1}{2}\cos 2x\int_x^{\pi/2}\sin 2t\,dt$$

또는 정적분을 적분한 $y_p(x)=\dfrac{3}{4}+\dfrac{3}{4}\cos 2x$이다. ■

위의 예제에서 $y_1(x)$가 (22)를 만족하고 $y_2(x)$가 (23)을 만족한다는 것이 이들 함수가 유일하게 존재함을 의미하는 것은 아니다. 다음 예제에서 보듯이, 이들 함수를 임의로 선택할 수도 있다.

예제 8 경곗값 문제

경곗값 문제를 풀어라.

$$x^2y'' - 3xy' + 3y = 24x^5,\ \ y(1) = 0,\ \ y(2) = 0.$$

풀이 미분방정식은 코시 오일러 미분방정식이다. 보조방정식 $m(m-1)-3m+3 = (m-1)(m-3) = 0$으로부터 관련된 동차 미분방정식의 일반해는 $y = c_1x + c_2x^3$이다. 이 해에 $y(1) = 0$을 적용하면 $c_1 + c_2 = 0$ 또는 $c_1 = -c_2$이다. $c_2 = -1$이라 하면 $c_1 = 1$이고 $y_1 = x - x^3$이다. 한편 $y(2) = 0$을 일반해에 적용하면 $2c_1 + 8c_2 = 0$ 또는 $c_1 = -4c_2$이다. $c_2 = -1$이라 하면 $c_1 = 4$이고 $y_2(x) = 4x - x^3$이 된다. 이 두 함수의 론스키 행렬식은

$$W(y_1(x),\ y_2(x)) = \begin{vmatrix} x - x^3 & 4x - x^3 \\ 1 - 3x^2 & 4 - 3x^2 \end{vmatrix} = 6x^3$$

이다. 그러므로 경곗값 문제에 대한 그린함수는

$$G(x,\ t) = \begin{cases} \dfrac{(t-t^3)(4x-x^3)}{6t^3}, & 1 \le t \le x \\ \dfrac{(x-x^3)(4t-t^3)}{6t^3}, & x \le t \le 2 \end{cases}$$

이다. 강제함수 f가 정확한지 확인하기 위하여 미분방정식을 표준형

$$y'' - \frac{3}{x}y' + \frac{3}{x^2}y = 24x^3$$

으로 고치자. 위 방정식에서 $f(t) = 24t^3$이므로 (27)의 y_p는

$$\begin{aligned} y_p(x) &= 24\int_1^2 G(x,t)t^3dt \\ &= 4(4x - x^3)\int_1^x (t - t^3)dt + 4(x - x^3)\int_x^2 (4t - t^3)dt \end{aligned}$$

이다. 적분을 한 후 간단히 하면 해는

$y_p(x)$가 미분방정식과 두 경곗값 조건을 만족함을 보여라. ▶

$$y_p(x) = 3x^5 - 15x^3 + 12x$$

이다. ■

주의

우리는 복잡하지만 훌륭한 그린함수의 이론을 겨우 손을 댔을 뿐이다. 2계 선형 편미분방정식에서도 그린함수는 구할 수 있지만 추후 고등 과목의 주제로 남겨둔다.

연습문제 4.8

4.8.1 초깃값 문제

(1–6) 주어진 미분방정식의 특수해 $y_p(x)$를 예제1과 같이 (10)의 적분형태로 구하여라.

1. $y'' - 16y = f(x)$
2. $y'' + 3y' - 10y = f(x)$
3. $y'' + 2y' + y = f(x)$
4. $4y'' - 4y' + y = f(x)$
5. $y'' + 9y = f(x)$
6. $y'' - 2y' + 2y = f(x)$

(7–12) 주어진 미분방정식의 일반해를 예제2와 같이 구하여라. 문제1-6에서 구한 결과를 이용하여라. $y_p(x)$로 정의된 적분은 계산하지 않는다.

7. $y'' - 16y = xe^{-2x}$
8. $y'' + 3y' - 10y = x^2$
9. $y'' + 2y' + y = e^{-x}$
10. $4y'' + 4y' + y = \arctan x$
11. $y'' + 9y = x + \sin x$
12. $y'' - 2y' + 2y = \cos^2 x$

(13–18) 초깃값 문제의 해를 예제3과 같이 구하여라. $y_p(x)$로 정의된 적분을 계산하여라.

13. $y'' - 4y = e^{2x},\ y(0) = 0,\ y'(0) = 0$
14. $y'' - y' = 1,\ y(0) = 0,\ y'(0) = 0$
15. $y'' - 10y' + 25y = e^{5x},\ y(0) = 0,\ y'(0) = 0$
16. $y'' + 6y' + 9y = x,\ y(0) = 0,\ y'(0) = 0$
17. $y'' + y = \csc x \cot x,\ y(\pi/2) = 0,\ y'(\pi/2) = 0$
18. $y'' + y = \sec^2 x,\ y(\pi) = 0,\ y'(\pi) = 0$

(19–30) 주어진 초깃값 문제의 해를 예제5와 같이 구하여라.

19. $y'' - 4y = e^{2x},\ y(0) = 1,\ y'(0) = -4$
20. $y'' - y' = 1,\ y(0) = 10,\ y'(0) = 1$
21. $y'' - 10y' + 25y = e^{5x},\ y(0) = -1,\ y'(0) = 1$
22. $y'' + 6y' + 9y = x,\ y(0) = 1,\ y'(0) = -3$
23. $y'' + y = \csc x \cot x,\ y(\pi/2) = -\pi/2,\ y'(\pi/2) = -1$
24. $y'' + y = \sec^2 x,\ y(\pi) = \frac{1}{2},\ y'(\pi) = -1$
25. $y'' + 3y' + 2y = \sin e^x,\ y(0) = -1,\ y'(0) = 0$
26. $y'' + 3y' + 2y = \frac{1}{1+e^x},\ y(0) = 0,\ y'(0) = 1$
27. $x^2y'' - 2xy' + 2y = x,\ y(1) = 2,\ y'(1) = -1$
28. $x^2y'' - 2xy' + 2y = x\ln x,\ y(1) = 1,\ y'(1) = 0$
29. $x^2y'' - 6y = \ln x,\ y(1) = 1,\ y'(1) = 3$
30. $x^2y'' - xy' + y = x^2,\ y(1) = 4,\ y'(1) = 3$

(31–34) 조각적으로 정의된 강제함수를 포함한 초깃값 문제의 해를 예제6과 같이 구하여라.

31. $y'' - y = f(x),\ y(0) = 8,\ y'(0) = 2$

 여기서 $f(x) = \begin{cases} -1, & x < 0 \\ 1, & x \ge 0 \end{cases}$

32. $y'' - y = f(x),\ y(0) = 3,\ y'(0) = 2$

 여기서 $f(x) = \begin{cases} 0, & x < 0 \\ x, & x \ge 0 \end{cases}$

33. $y'' + y = f(x),\ y(0) = 1,\ y'(0) = -1$

 여기서 $f(x) = \begin{cases} 0, & x < 0 \\ 10, & 0 \le x \le 3\pi \\ 0, & x > 3\pi \end{cases}$

34. $y'' + y = f(x),\ y(0) = 0,\ y'(0) = 1$

 여기서 $f(x) = \begin{cases} 0, & x < 0 \\ \cos x, & 0 \le x \le 4\pi \\ 0, & x > 4\pi \end{cases}$

4.8.2 경곗값 문제

(35–36) (a) (27)와 (28)를 이용하여 경곗값 문제를 풀어라. (b) $y_p(x)$가 미분방정식과 경계치 조건도 만족함을 보여라.

35. $y'' = f(x),\ y(0) = 0,\ y(1) = 0$
36. $y'' = f(x),\ y(0) = 0,\ y(1) + y'(1) = 0$

37. 문제35에서 $f(x)=1$일 때 BVP의 해를 구하여라.

38. 문제36에서 $f(x)=x$일 때 BVP의 해를 구하여라.

(39–44) 주어진 경곗값 문제의 해를 예제7과 8과 같이 구하여라.

39. $y''+y=1,\ y(0)=0,\ y(1)=0$

40. $y''+9y=1,\ y(0)=0,\ y'(\pi)=0$

41. $y''-2y'+2y=e^x,\ y(0)=0,\ y(\pi/2)=0$

42. $y''-y'=e^{2x},\ y(0)=0,\ y(1)=0$

43. $x^2y''+xy'=1,\ y(e^{-1})=0,\ y(1)=0$

44. $x^2y''-4xy'+6y=x^4,\ y(1)-y'(1)=0,\ y(3)=0$

4.9 소거에 의한 연립 선형 미분방정식의 해

소개 연립 상미분방정식은 한 개의 독립변수에 관하여 두 개 이상의 종속변수인 미지의 함수에 대한 한 개의 독립변수에 관한 도함수를 포함하는 두 개 또는 그 이상의 방정식을 포함한다. 상수를 계수로 가지는 미분방정식의 연립방정식을 풀기 위한 **연립방정식의 소거법**은 변수의 소거의 대수적 원리에 근거를 둔다. 우리는 대수적 방정식에 상수를 곱하는 것과 유사하게 도함수의 결합으로 상미분방정식에 도함수의 적당한 결합을 작용하는 것을 배울 것이다.

연립방정식의 소거 선형 미분방정식의 연립방정식에서 미지수의 소거는 미분연산자의 기호로 연립방정식의 각각의 방정식을 다시 쓰면 편리하다. 4.1절에서 $a_i,\ i=0,1,\cdots,n$가 상수인 한 개의 선형방정식

$$a_ny^{(n)}+a_{n-1}y^{(n-1)}+\cdots a_1y'+a_0y=g(t)$$

을 $(a_nD^n+a_{n-1}D^{n-1}+\cdots a_1D+a_0)y=g(t)$로 다시 쓸 수 있다는 것을 상기하자. 만일 n계 미분연산자 $a_nD^n+a_{n-1}D^{n-1}+\cdots a_1D+a_0$가 좀 더 낮은 계수의 미분연산자로 인수분해된다면 그 인수들은 서로 교환된다. 예를 들면 연립방정식

$$x''+2x'+y''=x+3y+\sin t$$
$$x'+y'=-4x+2y+e^{-t}$$

을 연산자 D로 다시 쓰면 우선 종속변수가 포함된 모든 항을 한 쪽에 두고 같은 변수로 묶는다:

는 $x''+2x'-x+y''-3y=\sin t \qquad (D^2+2D-1)x+(D^2-3)y=\sin t$

$$x'+4x+y'-2y=e^{-t} \qquad (D+4)x+(D-2)y=e^{-t}$$

와 같다.

연립방정식의 해 연립 미분방정식의 해는 적당한 공통구간 I에서 연립방정식의 각각의 방정식을 만족하는 충분히 미분 가능한 함수 $x=\phi_1(t)$, $y=\phi_2(t)$, $z=\phi_3(t)$ 등의 집합이다.

해법 1계 선형 방정식으로 되어 있는 단순한 연립방정식

$$\frac{dx}{dt}=3y \qquad\qquad Dx-3y=0$$
$$\text{또는} \qquad\qquad\qquad (1)$$
$$\frac{dy}{dt}=2x \qquad\qquad 2x-Dy=0$$

을 생각해 보자. (1)의 첫 번째 방정식에 D를 작용하고 두 번째 방정식에 -3을 곱하여 두 방정식을 더하여 연립방정식에서 y를 소거하면 $D^2x-6x=0$이 된다. 이 미분방정식의 보조방정식의 근이 $m_1=\sqrt{6}$과 $m_2=-\sqrt{6}$이므로

$$x(t)=c_1e^{-\sqrt{6}t}+c_2e^{\sqrt{6}t} \qquad (2)$$

이다. (1)의 첫 번째 방정식에 2를 곱하고 두 번째 방정식에 D를 작용하여 빼면 y에 관한 미분방정식 $D^2y-6y=0$ 이 생긴다. 이로부터

$$y(t)=c_3e^{-\sqrt{6}t}+c_4e^{\sqrt{6}t} \qquad (3)$$

이다.

연립방정식 자체가 임의로 택할 수 있는 해에 있는 매개변수의 수를 제한하기 때문에 (2)와 (3)은 모든 c_1, c_2, c_3과 c_4에 대하여 연립방정식 (1)을 만족하지 않는다. 이를 보이기 위하여 $x(t)$와 $y(t)$를 원래의 연립방정식 (1)의 첫 번째 방정식에 대입하여 간단히 하면,

$$(-\sqrt{6}c_1-3c_3)e^{-\sqrt{6}t}+(\sqrt{6}c_2-3c_4)e^{\sqrt{6}t}=0$$

가 된다. 위 식은 모든 t에 대하여 영이 되어야 하므로 $-\sqrt{6}c_1-3c_3=0$이고 $\sqrt{6}c_2-3c_4=0$이다. 이 두 식으로부터 우리는 c_3을 c_1의 배수로 c_4를 c_2의 배수로 쓸 수 있다:

$$c_3=-\frac{\sqrt{6}}{3}c_1 \text{과} \quad c_4=\frac{\sqrt{6}}{3}c_2 \qquad (4)$$

그러므로 연립방정식의 해는

$$x(t)=c_1e^{-\sqrt{6}t}+c_2e^{\sqrt{6}t}, \quad y(t)=-\frac{\sqrt{6}}{3}c_1e^{-\sqrt{6}t}+\frac{\sqrt{6}}{3}c_2e^{\sqrt{6}t}$$

이다.

(2)와 (3)을 (1)의 두 번째 방정식에 대입하여 상수 사이에 같은 관계식 (4)가 성립함을 보여야만 한다.

예제 1 **소거 해법**

$$Dx+(D+2)y=0 \qquad (5)$$
$$(D-3)x-2y=0$$

을 풀어라.

풀이 첫 번째 방정식에 $D-3$을 두 번째 방정식에 D를 작용하여 빼서 연립방정식에서 x를 소거하자. 이로부터 y에 관한 미분방정식

$$[(D-3)(D+2)+2D]y=0 \quad \text{또는} \quad (D^2+D-6)y=0$$

이 된다. 위의 미분방정식의 보조방정식은 $m^2+m-6=(m-2)(m+3)=0$이므로

$$y(t)=c_1e^{2t}+c_2e^{-3t} \qquad (6)$$

이 된다. 같은 방법으로 y를 소거하면 $(D^2+D-6)x=0$이 되며, 이로부터

$$x(t)=c_3e^{2t}+c_4e^{-3t} \qquad (7)$$

이다. 위의 설명에서 언급한 것처럼 (5)의 해는 네 개의 독립적인 상수를 포함하지 않는다. (6)과 (7)을 (5)의 첫 번째 방정식에 대입하면

$$(4c_1+2c_3)e^{2t}+(-c_2-3c_4)e^{-3t}=0$$

이 된다. $4c_1+2c_3=0$과 $-c_2-3c_4=0$으로부터 $c_3=-2c_1$과 $c_4=-\frac{1}{3}c_2$이다. 따라서 연립방정식의 해는

$$x(t)=-2c_1e^{2t}-\frac{1}{3}c_2e^{-3t}, \quad y(t)=c_1e^{2t}+c_2e^{-3t}$$

이다. ■

우리는 c_3과 c_4를 c_1과 c_2의 항으로 쉽게 풀 수 있기 때문에 예제1의 해는

$$x(t)=c_3e^{2t}+c_4e^{-3t}, \quad y(t)=-\frac{1}{2}c_3e^{2t}-3c_4e^{-3t}$$

의 다른 형태로 쓸 수 있다.

연립방정식을 풀 때는 때때로 주의를 기울여야 한다. 예제1에서 먼저 x에 대하여 풀었다면 연립방정식 (5) 중 마지막 방정식을 이용하여 상수들 사이의 관계식과 더불어 y를 구할 수 있을 것이다. $x(t)$를 $y=\frac{1}{2}(Dx-3x)$에 대입하여 $y=-\frac{1}{2}c_3e^{2t}-3c_4e^{-3t}$가 됨을 보여야 할 것이다. 처음 설명에서 (4)에서 주어

이 방법은 시간을 줄일 수 있다. ▶

진 관계식과 (1)의 해 $y(t)$가 (2)의 $x(t)$와 (1)의 첫 번째 방정식인

$$y=\frac{1}{3}Dx=-\frac{1}{3}\sqrt{6}\,c_1e^{-\sqrt{6}t}+\frac{1}{3}\sqrt{6}\,c_2e^{\sqrt{6}t}$$

의 형태에 의해 구할 수 있음을 참조하여라.

예제 2 **소거 해법**

$$\begin{aligned} x'-4x+y''&=t^2 \\ x'+x+y'&=0 \end{aligned} \tag{8}$$

를 풀어라.

풀이 먼저 미분연산자 기호로 연립방정식을 다시 표기한다:

$$\begin{aligned} (D-4)x+D^2y&=t^2 \\ (D+1)x+Dy&=0 \end{aligned} \tag{9}$$

x를 소거하면

$$[(D+1)D^2-(D-4)D]y=(D+1)t^2-(D-4)0$$
$$\text{또는}\quad (D^3+4D)y=t^2+2t$$

가 된다. 보조방정식 $m(m^2+4)=0$의 근이 $m_1=0$, $m_2=2i$과 $m_3=-2i$이므로 여함수는 $y_c=c_1+c_2\cos2t+c_3\sin2t$이다. 특수해 y_p를 구하기 위하여 $y_p=At^3+Bt^2+Ct$를 가정하여 미정계수를 구하자. $y_p{}'=3At^2+2Bt+C$, $y_p{}''=6At+2B$, $y_p{}'''=6A$,

$$y_p{}'''+4y_p{}'=12At^2+8Bt+6A+4C=t^2+2t$$

이다. 마지막 식은 $12A=1$, $8B=2$와 $6A+4C=0$이므로 $A=\frac{1}{12}$, $B=\frac{1}{4}$와 $C=-\frac{1}{8}$가 된다. 그러므로

$$y=y_c+y_p=c_1+c_2\cos2t+c_3\sin2t+\frac{1}{12}t^3+\frac{1}{4}t^2-\frac{1}{8}t \tag{10}$$

이다. 연립방정식 (9)에서 y를 소거하면

$$[(D-4)-D(D+1)]x=t^2$$

또는

$$(D^2+4)x=-t^2$$

이다. 명백히 $x_c=c_4\cos2t+c_5\sin2t$이고 미정계수법을 이용하여 $x_p=At^2+Bt+C$의 형태인 특수해를 구하자. 이 경우에 통상적인 미분과 대수를 이용하면 $x_p=-\frac{1}{4}t^2+\frac{1}{8}$이므로

$$x = x_c + x_p = c_4\cos 2t + c_5\sin 2t - \frac{1}{4}t^2 + \frac{1}{8} \tag{11}$$

가 된다.

이제 (10)과 (11)을 (8)의 한 방정식에 대입하여 c_4와 c_5를 c_2와 c_3의 항으로 나타내자. 두 번째 방정식에 대입하여 항을 정리하면,

$$(c_5 - 2c_4 - 2c_2)\sin 2t + (2c_5 + c_4 + 2c_3)\cos 2t = 0$$

이 되므로 $c_5 - 2c_4 - 2c_2 = 0$이고 $2c_5 + c_4 + 2c_3 = 0$이다. c_4와 c_5를 c_2와 c_3의 항으로 풀면 $c_4 = -\frac{1}{5}(4c_2 + 2c_3)$과 $c_5 = \frac{1}{5}(2c_2 - 4c_3)$이다. 마지막으로 (8)의 해는

$$x(t) = -\frac{1}{5}(4c_2 + 2c_3)\cos 2t + \frac{1}{5}(2c_2 - 4c_3)\sin 2t - \frac{1}{4}t^2 + \frac{1}{8},$$
$$y(t) = c_1 + c_2\cos 2t + c_3\sin 2t + \frac{1}{12}t^3 + \frac{1}{4}t^2 - \frac{1}{8}t$$

이다. ■

예제 3 재논의하는 혼합물 문제

3.3절의 (3)에서 연립 1계 선형 미분방정식

$$\frac{dx_1}{dt} = -\frac{2}{25}x_1 + \frac{1}{50}x_2,$$
$$\frac{dx_2}{dt} = \frac{2}{25}x_1 - \frac{2}{25}x_2$$

은 그림 3.3.1에서와 같이 수조 A와 B의 소금물의 혼합에서 소금의 양 $x_1(t)$와 $x_2(t)$에 대한 모델임을 보였다. 그 절에서 우리는 연립방정식을 풀 수가 없었다. 그러나 이제 미분연산자 표현에 의해 위의 연립방정식은

$$\left(D + \frac{2}{25}\right)x_1 - \frac{1}{50}x_2 = 0$$
$$-\frac{2}{25}x_1 + \left(D + \frac{2}{25}\right)x_2 = 0$$

로 쓸 수 있다. 첫 번째 방정식에 $D + \frac{2}{25}$을 작용하고 두 번째 방정식에 $\frac{1}{50}$을 곱한 후 더하여 간단히 하면 $(625D^2 + 100D + 3)x_1 = 0$이 된다. 보조방정식

$$625m^2 + 100m + 3 = (25m + 1)(25m + 3) = 0$$

으로부터 $x_1(t) = c_1e^{-\frac{t}{25}} + c_2e^{-\frac{3t}{25}}$임을 바로 안다. $x_2(t)$는 연립방정식의 첫 번째 방정식 $x_2 = 50\left(D + \frac{2}{25}\right)x_1$에서 구해진다. 이런 방법으로 연립방정식의 해는

$$x_1(t) = c_1e^{-\frac{t}{25}} + c_2e^{-\frac{3t}{25}}, \quad x_2(t) = 2c_1e^{-\frac{t}{25}} - 2c_2e^{-\frac{3t}{25}}$$

가 된다. 146-147쪽의 설명에서 초깃값 조건이 $x_1(0) = 25$와 $x_2(0) = 0$이라 가정하였다. 이 조건을 해에 대입하면 $c_1 + c_2 = 25$와 $2c_1 - 2c_2 = 0$이 된다. 이

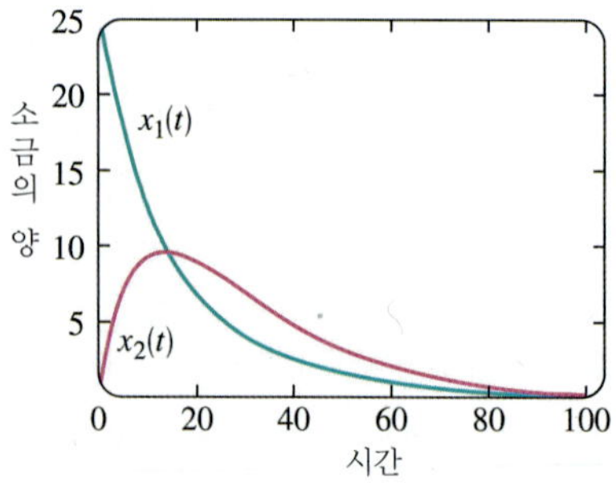

그림 4.9.1 예제3의 탱크 A와 B안의 소금의 양

방정식을 풀면 $c_1 = c_2 = \dfrac{25}{2}$ 이다. 결과적으로 초깃값 문제의 해는

$$x_1(t) = \frac{25}{2}e^{-\frac{t}{25}} + \frac{25}{2}e^{-\frac{3t}{25}}, \quad x_2(t) = 25e^{-\frac{t}{25}} - 25e^{-\frac{3t}{25}}$$

이다. 이 두 방정식의 그래프는 그림 4.9.1로 주어졌다. 순수한 물이 수조 A에서 일정하게 들어가면 $t \to \infty$ 임에 따라 $x_1(t) \to 0$과 $x_2(t) \to 0$임을 알 수 있다.

연습문제 4.9

(1–20) 연립방정식 소거법에 의하여 연립 미분방정식을 풀어라.

1. $\dfrac{dx}{dt} = 2x - y,\quad \dfrac{dy}{dt} = x$

2. $\dfrac{dx}{dt} = 4x + 7y,\quad \dfrac{dy}{dt} = x - 2y$

3. $\dfrac{dx}{dt} = -y + t,\quad \dfrac{dy}{dt} = x - t$

4. $\dfrac{dx}{dt} - 4y = 1,\quad \dfrac{dy}{dt} + x = 2$

5. $(D^2+5)x - 2y = 0$
$-2x + (D^2+2)y = 0$

6. $(D+1)x + (D-1)y = 2$
$3x + (D+2)y = -1$

7. $\dfrac{d^2x}{dt^2} = 4y + e^t$
$\dfrac{d^2y}{dt^2} = 4x - e^t$

8. $\dfrac{d^2x}{dt^2} + \dfrac{dy}{dt} = -5x$
$\dfrac{dx}{dt} + \dfrac{dy}{dt} = -x + 4y$

9. $Dx + D^2y = e^{3t}$
$(D+1)x + (D-1)y = 4e^{3t}$

10. $D^2x - Dy = t$
$(D+3)x + (D+3)y = 2$

11. $(D^2-1)x - y = 0$
$(D-1)x + Dy = 0$

12. $(2D^2 - D - 1)x - (2D+1)y = 1$
$(D-1)x + Dy = -1$

13. $2\dfrac{dx}{dt} - 5x + \dfrac{dy}{dt} = e^t$
$\dfrac{dx}{dt} - x + \dfrac{dy}{dt} = 5e^t$

14. $\dfrac{dx}{dt} + \dfrac{dy}{dt} = e^t$
$-\dfrac{d^2x}{dt^2} + \dfrac{dx}{dt} + x + y = 0$

15. $(D-1)x + (D^2+1)y = 1$
$(D^2-1)x + (D+1)y = 2$

16. $D^2x - 2(D^2+D)y = \sin t$
$x + Dy = 0$

17. $Dx = y$
$Dy = z$
$Dz = x$

18. $Dx + z = e^t$
$(D-1)x + Dy + Dz = 0$
$x + 2y + Dz = e^t$

19. $\dfrac{dx}{dt} = 6y$
$\dfrac{dy}{dt} = x + z$
$\dfrac{dz}{dt} = x + y$

20. $\dfrac{dx}{dt} = -x + z$
$\dfrac{dy}{dt} = -y + z$
$\dfrac{dz}{dt} = -x + y$

(21–22) 주어진 초깃값 문제를 풀어라.

21 $\dfrac{dx}{dt} = -5x - y$
$\dfrac{dy}{dt} = 4x - y$
$x(1) = 0,\quad y(1) = 1$

22 $\dfrac{dx}{dt} = y - 1$
$\dfrac{dy}{dt} = -3x + 2y$
$x(0) = 0,\quad y(0) = 0$

수학적 모델

23. **발사체 운동** 총으로 쏜 총탄의 무게는 $w = mg$이고 속도 $\mathbf{v}$는 운동 궤도에 접한다. 총탄의 무게를 제외하고 발사체에 작용하는 공기저항과 다른 모든 힘을 무시할 때 운동 궤도를

나타내는 연립 미분방정식을 세워라. 그림 4.9.2를 참조하고 연립 미분방정식을 풀어라. [힌트: x와 y 방향에서 뉴턴의 제2운동 법칙을 사용하여라.]

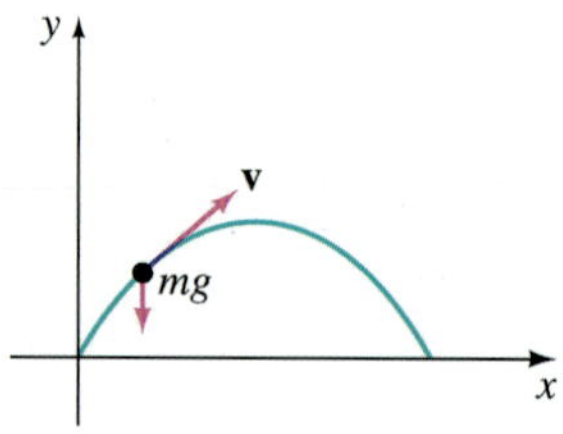

그림 4.9.2 문제23의 발사체의 궤도

24. **공기저항을 가진 발사체 운동** 공기저항이 발사체의 궤도에 접하지만 운동에 반대로 작용하는 뒤처진 힘이 $\mathbf{k}$ (크기 k인) 일 때 문제23에서의 운동궤도를 나타내는 연립 미분방정식을 세워라. 그림 4.9.3을 참조하여 연립 미분방정식을 풀어라. [힌트: $\mathbf{k}$는 속도의 상수배, $\beta\mathbf{v}$ 이다.]

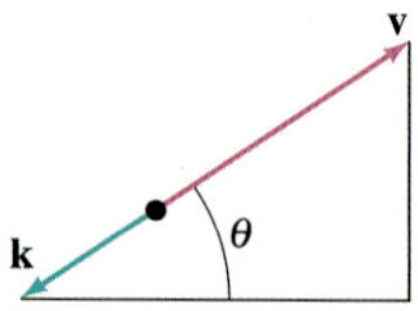

그림 4.9.3 문제24의 힘

토론 문제

25. 다음 연립방정식에 대해 검토하고 논하여라.

$$\begin{aligned} Dx \qquad -2Dy &= t^2 \\ (D+1)x - 2(D+1)y &= 1. \end{aligned}$$

컴퓨터 실습 과제

26. 예제3의 그림 4.9.1을 다시 검토하여라. 근을 구하는 응용프로그램을 이용하여 언제 탱크 A보다 탱크 B에 더 많은 소금이 포함되는지를 확인하여라.

27. (a) 연습문제3.3 문제10을 다시 읽어라. 그 문제에서 우리는 연립 미분방정식

$$\frac{dx_1}{dt} = -\frac{1}{50}x_1$$
$$\frac{dx_2}{dt} = \frac{1}{50}x_1 - \frac{2}{75}x_2$$
$$\frac{dx_3}{dt} = \frac{2}{75}x_2 - \frac{1}{25}x_3$$

이 그림 3.3.8에서 보이는 것처럼 연결된 혼합 탱크 A, B, C에서의 소금의 양에 관한 모델임을 보여야 했다. $x_1(0)=15$, $x_2(0)=10$, $x_3(0)=5$가 되도록 연립방정식을 풀어라.

(b) 컴퓨터 대수 체계를 활용하여 구간 [0, 200]에서 (그림 4.9.1과 같은) 같은 좌표평면 위에 $x_1(t)$, $x_2(t)$와 $x_3(t)$의 그래프를 그려라.

(c) 탱크 A에는 순수한 물만 들어가기 때문에 궁극적으로 소금이 세 개의 모든 탱크에서 빠져 나갈 것이라는 것은 이치에 맞다. 컴퓨터 대수 체계의 근을 찾는 프로그램을 사용하여 각각의 탱크 안에 소금의 양이 0.5kg보다 작거나 같게 되는 시점을 구하여라. 소금의 양 $x_1(t)$, $x_2(t)$와 $x_3(t)$가 동시에 0.5kg보다 작거나 같게 되는 때는 언제인가?

4.10 비선형 미분방정식

소개 고계 비선형 미분방정식에 관한 어려움과 해석적인 해를 구하는 몇 가지의 방법이 이 절에서 고찰된다. 이 절에서 다루는 해를 구하는 두 가지 방법은 2계 미분방정식을 1계 미분방정식으로 줄이기 위하여 변수 변환법을 적용한다. 이러한 의미로 이 방법은 4.2절의 내용과 비슷하다.

몇 가지 차이점 선형과 비선형 미분방정식 사이에는 몇 가지 중요한 차이점이 있다. 4.1절에서 우리는 2계 이상의 동차 선형방정식은 해의 일차결합도 해로 가짐을 보였다(정리 4.1.2) 비선형 방정식은 이와 비슷한 성질이 없다.(연습문제 4.10 문제1, 2, 22 참조). 우리는 1계 선형 미분방정식과 상수를 계수로 하는 고계 방정식의 일반해를 구할 수 있다. 1계 비선형 미분방정식을 일변수 집합족의 형태로 풀 수 있을 때에도 이 집합족은 일반적으로 일반해를 제시하지 않는다. 다시 말하면 1계 비선형 미분방정식은 선형방정식이 가질 수 없는 특이해를 가질 수 있다. 그러나 2계 또는 그 이상의 선형과 비선형의 중요한 차이점은 가해성의 부분에 달려있다. 주어진 선형방정식에 대해서는 명백한 해 또는 무한급수 형태의 해(6장 참고)와 같은 어떤 형태의 해를 구할 수 있는 기회가 있다. 반면에 비선형 고계 미분방정식은 해석적인 방법에 의하여 실제적으로 해를 구할 수 없게 한다. 이것이 낙담시키는 것 같지만 할 수 있는 방법들이 아직 있다. 1.3절의 마지막에서 지적한 것처럼 비선형 미분방정식을 정성적으로 그리고 수치적으로 분석할 수 있다.

예를 들면 물리학적인 체계와 같은 수학적인 모델을 조율함으로써, 고차의 해결 모델은 비선형일 가능성이 높기 때문에, 이 시점에서 비선형 미분방정식이 중요한 것을 명백히 하자.

가끔은 특별한 형태의 2계 비선형 미분방정식의 명백한/불투명한 해를 구할 수 있는 해석적인 방법을 예제로 제시하는 것으로 시작하자.

계수의 감소 종속변수 y가 없는 2계 비선형 미분방정식 $F(x, y', y'')=0$과 독립변수 x가 없는 2계 비선형 미분방정식 $F(y, y', y'')=0$은 1계 방법을 이용하여 풀 수 있다. 각각의 방정식에 $u=y'$을 대입하는 방법에 의하여 1계 방정식으로 감소시킬 수 있다.

종속변수의 부재 다음 예는 $F(x, y', y'')=0$의 형태의 방정식에 대입 기술을 제시한다. 만일 $u=y'$이면 미분방정식은 $F(x, u, u')=0$이 된다. 마지막 방정식을 u에 대해 풀 수 있으면, 적분에 의하여 y를 구할 수 있다. 2계 방정식을 풀고 있기 때문에 그 해는 두 개의 임의의 상수가 포함되어야 함을 주의하자.

예제 1 **종속변수 y가 없다.**

$y''=2x(y')^2$을 풀어라.

풀이 $u=y'$이라 하면 $\dfrac{du}{dx}=y''$이다. 대입하면 2계 방정식은 변수 분리가 되는 1계 방정식으로 감소된다; 독립변수는 x이고 종속변수는 u이다:

$$\frac{du}{dx}=2xu^2 \text{ 또는 } \frac{du}{u^2}=2xdx$$
$$\int u^{-2}du=\int 2xdx$$
$$-u^{-1}=x^2+c_1^2$$

이다. 편리하게 적분상수를 c_1^2이라 쓴다. 그 이유는 다음 몇 단계에서 명백해질 것이다. $u^{-1}=\frac{1}{y'}$ 이므로

$$\frac{dy}{dx}=-\frac{1}{x^2+c_1^2}$$

이고, 따라서

$$y=-\int\frac{dx}{x^2+c_1^2} \text{ 또는 } y=-\frac{1}{c_1}\tan^{-1}\frac{x}{c_1}+c_2$$

이다. ■

독립변수의 부재 다음 $F(y, y', y'')=0$ 형태의 방정식을 푸는 법을 보인다. 한 번 더 $u=y'$이라 하면 독립변수 x가 없으므로 이를 대입하여 미분방정식을 독립변수가 y이고 종속변수가 u인 미분방정식으로 변형한다. 이를 위하여 연쇄법칙(Chain rule)을 사용하여 2계 도함수 y''을 구한다.

$$y''=\frac{du}{dx}=\frac{du}{dy}\frac{dy}{dx}=u\frac{du}{dy}.$$

이 경우 풀어야 할 1계 방정식은

$$F\left(y,\ u,\ u\frac{du}{dy}\right)=0$$

이다.

예제 2 독립변수 x가 없다.

$yy''=(y')^2$을 풀어라.

풀이 ▶ $u=y'$에 의하여, 위에서 보인 연쇄법칙과 변수 분리로 주어진 미분방정식은

$$y\left(u\frac{du}{dy}\right)=u^2 \text{ 또는 } \frac{du}{u}=\frac{dy}{y}$$

이 된다. 마지막 방정식을 적분하면 $\ln|u|=\ln|y|+c_1$을 얻어 상수 $\pm e^{c_1}$을 c_2로 하면 $u=c_2y$가 된다. 다시 $u=\frac{dy}{dx}$를 대입하고, 변수 분리하고, 적분하고, 상수를 다시 치환한다.

$$\int\frac{dy}{y}=c_2\int dx \text{ 또는 } \ln|y|=c_2x+c_3 \text{ 또는 } y=c_4e^{c_2x}$$

이다. ■

테일러급수의 활용 어떤 경우에는 초깃값 조건이 x_0에서 지정된 비선형 초깃값 문제의 해는 x_0에 관한 테일러급수에 의해 근사할 수 있다.

예제 3 초깃값 문제의 테일러급수 해

초깃값 문제

$$y''=x+y-y^2,\quad y(0)=-1,\quad y'(0)=-1 \tag{1}$$

의 해가 존재한다고 가정하자. 추가적으로 만일 이 문제의 해 $y(x)$가 0에서 해석적이라 가정하면 $y(x)$는 0에서 테일러급수로 전개가 된다:

$$y(x)=y(0)+\frac{y'(0)}{1!}x+\frac{y''(0)}{2!}x^2+\frac{y'''(0)}{3!}x^3+\frac{y^{(4)}(0)}{4!}x^4+\frac{y^{(5)}(0)}{5!}x^5+\cdots. \tag{2}$$

지정된 초기 조건 $y(0)=-1$, $y'(0)=1$ 때문에 급수 (2)의 처음과 두 번째 항의 값은 알 수 있다. 게다가 미분방정식 자체로 0에서의 2계 도함수의 값이 정해진다: $y''(0)=0+y(0)-y(0)^2=0+(-1)-(-1)^2=-2$. 미분방정식의 순차적인 도함수를 계산함으로써 고계 도함수 y''', $y^{(4)}$, …의 표현을 구할 수 있다:

$$y'''(x)=\frac{d}{dx}(x+y-y^2)=1+y'-2yy' \tag{3}$$

$$y^{(4)}(x)=\frac{d}{dx}(1+y'-2yy')=y''-2yy''-2(y')^2 \tag{4}$$

$$y^{(5)}(x)=\frac{d}{dx}(y''-2yy''-2(y')^2)=y'''-2yy'''-6y'y'' \tag{5}$$

등. $y(0)=-1$과 $y'(0)=1$를 이용하여 (3)에서 $y'''(0)=4$이다. $y(0)=-1$, $y'(0)=1$과 $y''(0)=-2$으로 (4)에 의해 $y^{(4)}(0)=-8$이다. $y'''(0)=4$이므로 (5)에서 $y^{(5)}(0)=24$이다. 그러므로 (2)로 초깃값 문제(1)의 급수해의 처음 여섯 번째 항은

$$y(x)=-1+x-x^2+\frac{2}{3}x^3-\frac{1}{3}x^4+\frac{1}{5}x^5+\cdots$$

이다. ■

수치적 해결도구의 사용 오일러의 방법 또는 룽게 쿠타(Rúnge-Kùtta) 방법과 같은 수치적 방법은 단지 1계 미분방정식을 위해 개발되었고 1계 방정식의 연립방정식으로 확장된다. n계 초깃값 문제를 수치적으로 해석하기 위하여 n계 상미분방정식을 n개의 1계 방정식의 연립방정식으로 나타낸다. 간단하게 여기서 2계 초깃값 문제를 어떻게 하는지 보여준다.

먼저 y''에 관하여 푼다(즉, 미분방정식을 정칙형 $y''=f(x,y,y')$으로 놓고

$y' = u$라 한다). 예를 들어 $y' = u$을

$$\frac{d^2y}{dx^2} = f(x, y, y'),\ \ y(x_0) = y_0,\ \ y'(x_0) = u_0 \tag{6}$$

에 대입하면 $y'' = u'$과 $y'(x_0) = u(x_0)$이고 초깃값 문제(6)는

해를 구한다: $\begin{cases} y' = u \\ u' = f(x, y, u) \end{cases}$

조건 : $y(x_0) = y_0,\ \ u(x_0) = u_0$

이 된다. 그러나 이 연립방정식을 지원하는 상업적인 수치적 해결도구가 필요하지* 않을 수 있다.

예제 4 **예제3의 그래프적인 해석**

위의 과정에 따르면 우리는 예제3에서 2계 초깃값 문제는

$$\frac{dy}{dx} = u$$

$$\frac{du}{dx} = x + y - y^2$$

초깃값 조건 $y(0) = -1,\ u(0) = 1$과 동치이다. 수치적 해결도구의 도움으로 해곡선은 그림 4.10.1에서 파랑색으로 표현된 해곡선이 된다. 비교하기 위하여 5차 테일러 다항식 $T_5(x) = -1 + x - x^2 + \frac{2}{3}x^3 - \frac{1}{3}x^4 + \frac{1}{5}x^5$의 그래프는 빨강색으로 되어 있다. 예제3에서 얻어진 테일러급수의 수렴구간은 알지 못하지만 원점의 근방에서 두 곡선이 근접하는 것은 멱급수가 구간 $(-1, 1)$에서 수렴할 수 있음을 시사한다. ■

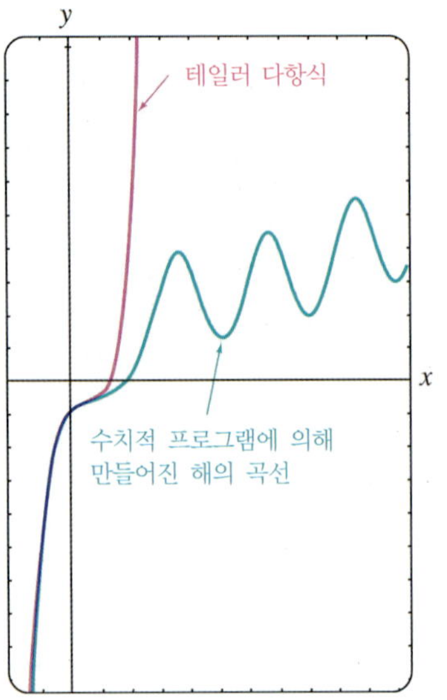

그림 4.10.1 예제3의 두 근사해의 비교

정성적인 문제 그림 4.10.1의 파랑색 그래프는 정성적인 형상에 관한 몇 개의 문제를 제기한다: 처음의 초깃값 문제의 해는 $x \to \infty$함에 따라 진동하는가? 그림 4.10.2의 좀 더 큰 구간에서 수치적 해결도구에 의해 생성된 그래프는 그 답이 항상 맞는다는 것을 시사하는 것 같다. 그러나 이 하나의 예제가(또는 각종 예제에서조차도) 미분방정식 $y'' = x + y - y^2$의 모든 해가 사실상 진동하는지 여부와 같은 기본 질문의 답이 아니다. 또한 x가 -1에 가까우면 그림 4.10.2의 해곡선에 무엇이 일어나는가? $x \to -\infty$일 때 미분방정식 해의 움직임은 무엇인가? $x \to \infty$일 때 해는 유계한가? 일반적으로 2계 비선형 미분방정식에 대한 이와 같은 질문은

* 어떤 수치적 해결도구는 2계 미분방정식이 정칙형 $y'' = f(x, y, y')$의 형태로 표현되어야만 한다. 연립방정식의 첫 번째 방정식은 언제나 $y' = u$이고 두 번째 방정식은 $u' = f(x, y, u)$이기 때문에 단 한 개의 방정식을 두 개의 방정식으로 되어 있는 연립방정식으로 바꾸는 것은 컴퓨터 프로그램에 내장되어 있다.

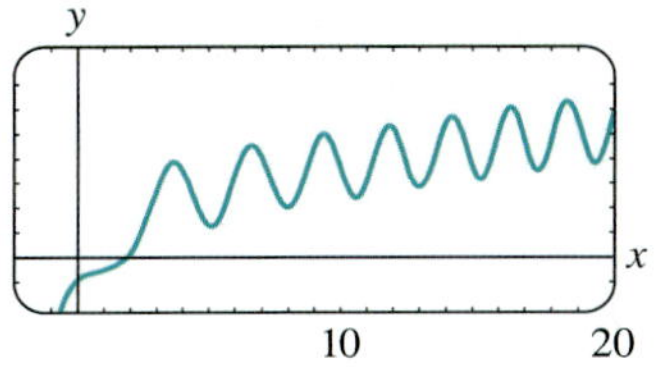

그림 4.10.2 (1)의 IVP에 대한 수치 해곡선

쉽게 대답하지 못한다. 그러나 어떤 형태의 2계 방정식들은 체계적인 정성적 해석에 적합하여 2.1절에서 접한 1계 관계식들과 같이 그것들은 독립변수에 확실한 종속변수가 없는 형태가 된다. 독립변수 x가 없는

$$F(y, y', y'') = 0 \quad \text{또는} \quad \frac{d^2y}{dx^2} = f(y, y')$$

형태의 2계 상미분방정식을 **자율적**(autonomous)이라 한다. 예제2의 미분방정식은 자율적이고 예제3의 방정식은 오른쪽 항에서 x항의 존재 때문에 비자율적이다.

연습문제 4.10

(1–2) y_1과 y_2가 주어진 미분방정식의 해가 되지만 일반적으로 $y = c_1y_1 + c_2y_2$는 해가 되지 않음을 보여라.

1. $(y'')^2 = y^2;\quad y_1 = e^x,\quad y_2 = \cos x$

2. $yy'' = \frac{1}{2}(y')^2;\quad y_1 = 1,\quad y_2 = x^2$

(3–6) 다음 미분방정식은 종속변수 y가 없는 경우이다. 예제1과 같이 $u = y'$로 치환하여 주어진 미분방정식을 풀어라.

3. $y'' + (y')^2 + 1 = 0$

4. $y'' = 1 + (y')^2$

5. $x^2y'' + (y')^2 = 0$

6. $e^{-x}y'' = (y')^2$

(7–10) 다음 미분방정식은 독립변수 x가 없는 경우이다. 예제2와 같이 $u = y'$로 치환하여 주어진 미분방정식을 풀어라.

7. $yy'' + (y')^2 + 1 = 0$

8. $(y+1)y'' = (y')^2$

9. $y'' + 2y(y')^3 = 0$

10. $y^2y'' = y'$

(11–12) 주어진 초깃값 문제를 풀어라.

11. $2y'y'' = 1,\ y(0) = 2,\ y'(0) = 1$

12. $y'' + x(y')^2 = 0,\ y(1) = 4,\ y'(1) = 2$

13. 초깃값 문제

$$y'' + yy' = 0,\ y(0) = 1,\ y'(0) = -1$$

을 보자.

(a) 미분방정식과 수치적 해결도구에 의하여 해곡선의 그래프를 그려라.

(b) 초깃값 문제의 명확한 해를 구하여라. 그래프 그리는 도구를 활용하여 이 해의 그래프를 그려라.

(c) (b)에서 구한 해가 정의되는 구간을 구하여라.

14. 초깃값 문제

$$(y'')^2 + (y')^2 = 1,\ y\left(\frac{\pi}{2}\right) = \frac{1}{2},\ y'\left(\frac{\pi}{2}\right) = \frac{\sqrt{3}}{2}$$

의 두 해를 구하여라. 수치적 해결도구를 활용하여 해곡선의 그래프를 그려라.

(15–16) $u = y'$로 치환하면 베르누이 방정식이 됨을 보여라. 이 미분방정식을 풀어라(2.5절을 참조).

15. $xy'' = y' + (y')^3$

16. $xy'' = y' + x(y')^2$

(17–20) 예제3과 같은 방법으로 하여 0의 근방에서 주어진 초깃값 문제의 테일러급수 해를 처음 영이 아닌 여섯 개의 항을 구하여라. 수치적 해결도구와 그래프를 그리는 도구를 활용하여 해곡선과 테일러 다항식의 그래프를 비교하여라.

17. $y'' = x + y^2,\ y(0) = 1,\ y'(0) = 1$

18. $y'' + y^2 = 1,\ y(0) = 2,\ y'(0) = 3$

19. $y'' = x^2 + y^2 - 2y',\ y(0) = 1,\ y'(0) = 1$

20. $y'' = e^y,\ y(0) = 0,\ \ y'(0) = -1$

21. 미적분학에서 함수 $y = f(x)$로 정의된 곡선의 곡률은

$$\kappa = \frac{y''}{[1 + (y')^2]^{3/2}}$$

로 정의했다. $\kappa = 1$인 $y = f(x)$를 구하여라. [힌트: 간단히 하기 위하여, 적분상수는 무시하여라.]

토론 문제

22. 문제1에서 $\cos x$와 e^x가 비선형방정식 $(y'')^2 - y^2 = 0$의 해가 됨을 보였다. $\sin x$와 e^{-x}도 해가 됨을 보여라. 미분방정식을 풀지 않고 선형방정식에 관한 지식만으로 어떻게 이들 명확한 해를 구할 수 있는지 설명하여라. 증명하지 않고, 일반적으로 일차결합 $y = c_1 e^x + c_2 e^{-x} + c_3 \cos x + c_4 \sin x$와 $y = c_2 e^{-x} + c_4 \sin x$가 미분방정식의 해가 되지 않지만 두 개의 특정한 일차결합 $y = c_1 e^x + c_2 e^{-x}$와 $y = c_3 \cos x + c_4 \sin x$는 미분방정식을 만족해야만 하는지 그 이유를 논하여라.

23. 이 절에서 배운 계수의 감소 방법이 어떻게 3계 미분방정식 $y''' = \sqrt{1 + (y'')^2}$에 적용되는지 논하여라. 아이디어를 전개하고 방정식을 풀어라.

24. 예제1의 비선형 미분방정식 $y'' = 2x(y')^2$에 대한 해의 다른 두 개의 매개변수 집합족을 어떻게 구하는가에 대해 논하여라. [힌트: 적분상수로 $+c_1^2$대신 $-c_1^2$을 사용했다고 가정하자.]

수학적 모델

25. **역장에서의 운동** 역제곱 역장에서 x축 위를 직선방향으로 움직이는 물체의 위치 $x(t)$에 대한 수학적 모델은

$$\frac{d^2x}{dt^2} = -\frac{k^2}{x^2}$$

으로 주어진다. $t = 0$일 때 물체는 정지 상태에서 위치 $x = x_0,\ x_0 > 0$에서 움직이기 시작했다. 시간 t에서 물체의 속도는 $v^2 = 2k^2(1/x - 1/x_0)$으로 주어짐을 보여라. 시간 t를 x에 관하여 표현하기 위하여 마지막 방정식과 컴퓨터 대수 체계를 활용하여 적분을 하여라.

26. 움직이는 물체의 위치 $x(t)$에 대한 수학적 모델은

$$\frac{d^2x}{dt^2} + \sin x = 0$$

이다. $x(0) = 0,\ x'(0) = x_1,\ x_1 \geq 0$에 대한 방정식의 근을 수치적 해결도구를 활용하여 그래프적으로 고찰하여라. $t \geq 0$와 다양한 x_1의 값에 대하여 물체의 운동을 논하여라. 같은 방법으로 방정식

$$\frac{d^2x}{dt^2} + \frac{dx}{dt} + \sin x = 0$$

을 연구하여라. dx/dt 항에 대한 가능한 물리적인 해석을 하여라.

4장 복습

(1–10) 교과서를 참조하지 말고 답하여라. 빈칸을 채우거나 참 또는 거짓인지를 답하여라.

1. 초깃값 문제 $y'' + x^2 y = 0,\ y(0) = 0,\ y'(0) = 0$의 유일한 해는 _______이다.

2. $y'' - y = 1 + e^x$의 특수해 y_p를 미정계수법으로 가정한 해는 _______이다.

3. 선형 미분방정식의 해의 상수배도 또한 해가 된다. _______

4. 만일 두 함수 f_1과 f_2로 이루어진 집합이 구간 I에서 일차독립이면 구간 I의 모든 점 x에서 론스키 행렬식 $W(f_1, f_2) \neq 0$이다. _______

5. $y = \sin 5x$가 상수가 계수인 동차 2계 선형 미분방정식의 해이면 미분방정식의 일반해는 _______이다.

6. $y = 1 - x + 6x^2 + 3e^x$가 상수가 계수인 4계 선형 동차 미분방정식의 해이면 보조다항식의 근은 _______이다.

7. $y=c_1x^2+c_2x^2\ln x,\ x>0$이 동차 2계 코시−오일러 방정식의 해이면 미분방정식은 ______이다.

8. $A=$______ 일 때 $y_p=Ax^2$이 $y'''+y''=1$의 특수해이다.

9. 만일 $y_{p_1}=x$가 $y''+y=x$의 특수해이고 $y_{p_2}=x^2-2$가 $y''+y=x^2$의 특수해이면 $y''+y=x^2+x$의 특수해는 ______이다.

10. 만일 $y_1=e^x$와 $y_2=e^{-x}$가 동차 선형 미분방정식의 해이면, 필연적으로 $y=-5e^{-x}+10e^x$도 또한 이 미분방정식의 해가 된다.

11. 두 함수 $f_1(x)=x^2$과 $f_2(x)=x|x|$의 집합이 일차독립이 되는 구간을 구하여라. f_1과 f_2로 이루어진 집합이 일차종속이 되는 구간을 구하여라.

12. 론스키 행렬식을 이용하지 않고 주어진 함수들의 집합이 제시된 구간에서 일차독립인지 종속인지를 밝혀라.
(a) $f_1(x)=\ln x,\ f_2(x)=\ln x^2,\ (0,\infty)$
(b) $f_1(x)=x^n,\ f_2(x)=x^{n+1},\ n=1,2,\cdots\ (-\infty,\infty)$
(c) $f_1(x)=x,\ f_2(x)=x+1,\ (-\infty,\infty)$
(d) $f_1(x)=\cos\left(x+\dfrac{\pi}{2}\right),\ f_2(x)=\sin x,\ (-\infty,\infty)$
(e) $f_1(x)=0,\ f_2(x)=x,\ (-5,5)$
(f) $f_1(x)=2,\ f_2(x)=2x,\ (-\infty,\infty)$
(g) $f_1(x)=x^2,\ f_2(x)=1-x^2,$
$f_3(x)=2+x^2,\ (-\infty,\infty)$
(h) $f_1(x)=xe^{x+1},\ f_2(x)=(4x-5)e^x,$
$f_3(x)=xe^x,\ (-\infty,\infty)$

(13–14) 제시된 함수 $y_1(x)$가 주어진 미분방정식의 해임을 증명하여라. 4.2절의 (5)를 이용하여 구간 $(0,\infty)$에서 방정식의 일반해를 구하여라.

13. $y''-2xy'+2y=0;\quad y_1(x)=x$

14. $x^2y''+3xy'+y=0;\quad y_1(x)=x^{-1}$

15. $m_1=3$ $m_2=-5$와 $m_3=1$이 각각 중복도 1, 2, 3인 보조다항식의 근이라 하자. 만일 대응되는 동차 선형 미분방정식이 다음과 같은 경우 각각의 미분방정식의 일반해를 구하여라.
(a) 계수가 상수인 방정식
(b) 코시−오일러 방정식

16. a, b, c가 상수인 미분방정식 $ay''+by'+cy=g(x)$을 보자. 미정계수 방법이 적용되는 입력함수 $g(x)$와 매개변수 변화법이 적용되는 입력함수를 찾아라.
(a) $g(x)=e^x\ln x$
(b) $g(x)=x^3\cos x$
(c) $g(x)=\dfrac{\sin x}{e^x}$
(d) $g(x)=2x^{-2}e^x$
(e) $g(x)=\sin^2 x$
(f) $g(x)=\dfrac{e^x}{\sin x}$

(17–18) 다음 숫자들을 보조방정식의 근으로 하는 상수 계수를 갖는 2계 코시−오일러 동차 미분방정식을 구하여라.

17. $m_1=4, m_2=-1$

18. $m_1=i$

(19–34) 이 장에서 전개된 과정을 사용하여 각각의 미분방정식의 일반해를 구하여라.

19. $y''-2y'-2y=0$

20. $2y''+2y'+3y=0$

21. $y'''+10y''+25y'=0$

22. $2y'''+9y''+12y'+5y=0$

23. $3y'''+10y''+15y'+4y=0$

24. $2y^{(4)}+3y'''+2y''+6y'-4y=0$

25. $y''-3y'+5y=4x^3-2x$

26. $y''-2y'+y=x^2e^x$

27. $y'''-5y''+6y'=8+2\sin x$

28. $y'''-y''=6$

29. $y''-2y'+2y=e^x\tan x$

30. $y''-y=\dfrac{2e^x}{e^x+e^{-x}}$

31. $6x^2y''+5xy'-y=0$

32. $2x^3y'''+19x^2y''+39xy'+9y=0$

33. $x^2y''-4xy'+6y=2x^4+x^2$

34. $x^2y'' - xy' + y = x^3$

(35–36) $\omega \neq \alpha$와 $\omega = \alpha$인 두 경우에 대하여 주어진 미분방정식의 일반해를 $y = y_c + y_p$의 형태로 구하여라. y_p에서의 계수는 구하지 않는다.

35. $y'' + \omega^2 y = \sin\alpha x$

36. $y'' - \omega^2 y = e^{\alpha x}$

37. $y^{(4)} + 2y''' + 11y'' + 2y' + 10y = 0$의 한 해 $y = \sin x$가 주어졌을 때 계산기나 컴퓨터를 사용하지 않고 미분방정식의 일반해를 구하여라.

38. $y_1 = 1$과 $y_2 = e^{-x}$가 관련된 동차 미분방정식의 해이고 $y_p = \frac{1}{2}x^2 - x$가 특수해가 되는 상수를 계수로 하는 비동차 2계 선형 미분방정식을 구하여라.

39. (a) 4계 미분방정식 $y^{(4)} - 2y'' + y = 0$의 일반해를 모두 쌍곡선함수로 이루어진 형태로 구하여라.
(b) $y^{(4)} - 2y'' + y = \sinh x$의 특수해의 형태를 구하여라.

40. 미분방정식 $x^2y'' - (x^2 + 2x)y' + (x+2)y = x^3$을 보자. $y_1 = x$가 관련된 동차방정식의 한 해가 됨을 증명하여라. 4.2절에서 설명한 계수의 감소 방법이 동차방정식의 두 번째 해인 y_2와 비동차방정식의 특수해 y_p를 유도함을 보여라. 구간 $(0, \infty)$에서 미분방정식의 일반해를 구하여라.

(41–46) 제시된 조건에 대한 주어진 미분방정식을 풀어라.

41. $y'' - 2y' + 2y = 0, \ y\left(\frac{\pi}{2}\right) = 0, \ y(\pi) = -1$

42. $y'' + 2y' + y = 0, \quad y(-1) = 0, \quad y'(0) = 0$

43. $y'' - y = x + \sin x, \ y(0) = 2, \quad y'(0) = 3$

44. $y'' + y = \sec^3 x, \ y(0) = 1, \ y'(0) = \frac{1}{2}$

45. $y'y'' = 4x, \quad y(1) = 5, \quad y'(1) = 2$

46. $2y'' = 3y^2, \ y(0) = 1, \quad y'(0) = 1$

47. (a) $12y^{(4)} + 64y''' + 59y'' - 23y' - 12y = 0$의 보조다항식의 근을 컴퓨터 대수 체계를 활용하여 구하여라. 이 방정식의 일반해를 구하여라.
(b) 초깃값 조건 $y(0) = -1, \ y'(0) = 2, y''(0) = 5, y'''(0) = 0$에 대하여 (a)의 미분방정식을 풀어라. 4개의 방정식의 4개의 미지수에 대한 연립방정식을 풀기 위하여 컴퓨터 대수 체계를 활용하여라.

48. $xy'' + y' + \sqrt{x} = 0$의 해 집합족 중 그래프가 $x = 1$에서 x축에 접하는 한 원소를 구하여라. 그래프를 그리는 도구를 활용하여 해곡선의 그래프를 그려라.

(49–52) 연립방정식 소거법을 사용하여 주어진 연립방정식을 풀어라.

49. $$\frac{dx}{dt} + \frac{dy}{dt} = 2x + 2y + 1$$
$$\frac{dx}{dt} + 2\frac{dy}{dt} = y + 3$$

50. $$\frac{dx}{dt} = 2x + y + t - 2$$
$$\frac{dy}{dt} = 3x + 4y - 4t$$

51. $$(D-2)x \qquad - y = -e^t$$
$$-3x + (D-4)y = -7e^t$$

52. $$(D+2)x + (D+1)y = \sin 2t$$
$$5x + (D+3)y = \cos 2t$$

05 고계 미분방정식 모델링

우리는 단일 미분방정식이 다양한 물리적 시스템에 대한 수학적 모델 역할을 할 수 있음을 보았다. 2계 선형 미분방정식의 형태

$$a\frac{d^2y}{dt^2}+b\frac{dy}{dt}+cy=g(t)$$

는 과학 및 공학의 다양한 분야의 문제 분석에서 나타난다. 5.1절에서 우리는 이 미분방정식에 있는 네 항의 용어와 물리적 해석을 제외하고는 전기의 직렬회로와 진동하는 용수철 / 질량 시스템의 미분방정식이 동일하다는 것을 알게 된다.

5.1 선형모델 : 초깃값 문제

소개 이 절에서 우리는 각각의 수학적 모델이 $t=0$으로 택한 시간에서 정의된 초기 조건을 가진 상수가 계수인 2계 미분방정식으로 되는 몇 가지의 선형 동역학계를 고찰할 것이다:

$$a\frac{d^2y}{dt^2}+b\frac{dy}{dt}+cy=g(t), \quad y(0)=y_0, \quad y'(0)=y_1.$$

함수 g가 시스템의 **구동함수**(driving function), **강제함수**(forcing function) 또는 **입력**(input) 임을 상기하자. 초기 조건을 만족하는 $t=0$을 포함하는 구간 I에서의 미분방정식의 해 $y(t)$를 시스템의 **반응**(response) 또는 **출력**(output)이라 한다.

5.1.1 용수철/질량계 : 자유 비감쇠운동

우리는 용수철에 매달린 질량 m의 운동을 조사함으로써 이 절을 시작하려고 한다. 이 논의에서 용수철이라는 단어는 유연한 코일 또는 나선형 용수철을 나타낸다. 이 절의 끝에 있는 설명을 참조하여라.

후크의 법칙 유연한 용수철이 단단한 지지대에 수직으로 매달려 있고 그 끝에 질량 m인 물체가 달려있다고 가정하자. 용수철의 늘어난 길이 s 또는 연장된 길이는 물론 물체의 질량에 따라 달라진다; 다른 무게를 가진 물체의 질량은 서로 다른 길이로 용수철을 늘린다. 영국의 자연철학자이자 박식가인 **로버트 후크**(**Robert Hooke**, 1635~1703)이 1660년경 고안한 후크의 법칙에 의하여 용수철은 연장된 방향의 반대이고 늘어난 길이 s에 비례하는 복원력 F을 발휘한다. 간단히 **용수철상수** 또는 **용수철 강성**이라 불리는 비례상수 $k>0$에 대하여 $F=-ks$이다. 따라서 용수철은 본질적으로 상수 k에 의하여 특징을 규정한다. $|F|=k|s|$를 이용하여 우리는 $50\,\mathrm{N}$의 질량이 용수철을 $0.5\,\mathrm{m}$ 늘어나게 하면 $50=k(0.5)$, 즉 $k=100\,\mathrm{N/m}$를 얻는다. 그러면 필연적으로 질량이 80N인 물체는 같은 용수철을 $0.8\mathrm{m}$ 늘어나게 한다.

뉴턴의 제2법칙 질량 m인 물체를 무시할 수 있는 질량을 갖는 작은 용수철의 하단에 매달면 용수철은 길이 s만큼 늘어나고 무게 W가 용수철의 복원력 ks에

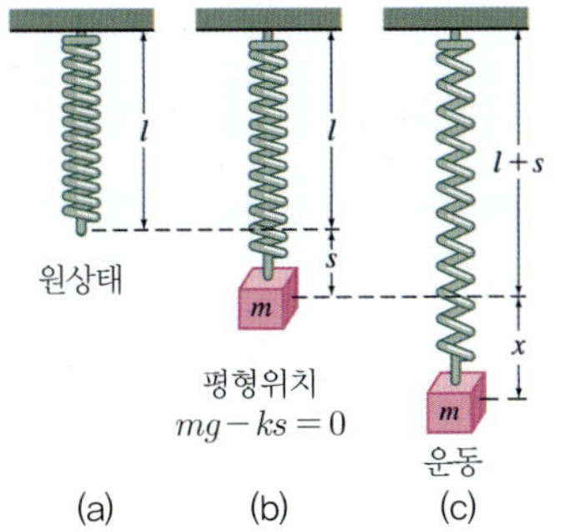

그림 5.1.1 용수철/질량계

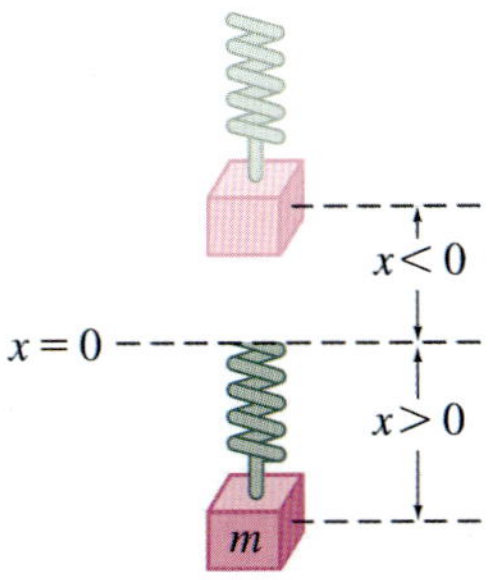

그림 5.1.2 평형위치 아래 방향이 양의 방향이다.

의해 균형을 이루는 지점에서 평형위치(또는 여유 위치)에 도달한다. 무게는 $W = mg$로 정의하는데, 여기서 m은 킬로그램 또는 그램으로 측정되고, g는 중력 가속도 ($9.8\,\mathrm{m/s^2}$, 또는 $980\,\mathrm{cm/s^2}$)이다. 그림 5.1.1에서 보듯이, 평형 조건은 $mg = ks$ 또는 $mg - ks = 0$이다. 이제 용수철의 질량이 초기 변위(늘림 또는 압축) 및 초기 속도가 주어짐으로써 움직인다고 가정하자. 운동이 수직선을 따라 움직이고, 질량의 변위 $x(t)$는 평형위치에 대응하는 선분 $x = 0$ 위에 위치하고, 평형위치 아래에서 측정된 변위가 양수라고 가정하자.(그림 5.1.2를 참조하여라.) 이런 역동적인 상황을 설명해주는 수학적인 모델을 만들기 위해, 우리는 뉴턴의 제2 운동법칙을 사용한다: (즉, 질량 m인 움직이는 물체에 작용하는 알짜힘 또는 합력은 $\sum F_k = ma$로 주어지는데, 여기서 $a = d^2x/dt^2$는 가속도이다.) 질량이 다른 모든 외부의 힘에 영향을 받지 않는 진동 (**자유운동(free motion)**)을 한다고 가정하면, 뉴턴의 제2법칙으로부터

$$m\frac{d^2x}{dt^2} = \underbrace{-k(x+s)+mg}_{\text{알짜힘}} = -kx + \underbrace{mg-ks}_{0} = -kx \qquad (1)$$

이 주어진다. 식 (1)의 우변의 첫 번째 항 $F_1 = -k(x+s)$이 용수철의 복원력이다; 음의 부호는 용수철의 복원력이 운동의 방향과 반대 방향으로 작용함을 나타낸다. 두 번째 항 $F_2 = mg$는 항상 아래쪽 또는 양의 방향으로 작용하는 질량의 무게이다.

자유 비감쇠운동에 관한 미분방정식 (1)을 질량 m으로 나누면 2계 미분방정식 $\dfrac{d^2x}{dt^2} + \dfrac{k}{m}x = 0$ 또는 $\omega^2 = \dfrac{k}{m}$인 방정식

$$\frac{d^2x}{dt^2} + \omega^2 x = 0 \qquad (2)$$

이 된다. 방정식 (2)는 **단순조화운동(simple harmonic motion)** 또는 **자유 비감쇠 운동(free undamped motion)**을 나타낸다. (2)와 관련된 확실한 두 개의 초기 조건은 물체의 초기 변위인 $x(0) = x_0$과 초기 속도인 $x'(0) = x_1$이다. 예를 들어 $x_0 > 0$, $x_1 < 0$이면 이 물체는 위쪽으로 향하는 속도로 평형위치 아래의 한 지점에서 시작한다. $x'(0) = 0$일 때, 물체는 정지 상태에서 놓아진다고 한다. 예를 들어 $x_0 < 0$, $x_1 = 0$이면 이 물체는 정지 상태에서 평형위치보다 $|x_0|$ 위인 지점에서 놓아진다.

운동방정식 방정식 (2)를 풀기 위하여, 보조방정식 $m^2 + \omega^2 = 0$의 근이 복소수 $m_1 = \omega i$, $m_2 = -\omega i$임을 주목하자. 4.3절의 (8)로부터 (2)의 일반해는

$$x(t) = c_1 \cos \omega t + c_2 \sin \omega t \qquad (3)$$

이다. (3)으로 표현된 운동의 **주기**(period)는 $T=\frac{2\pi}{\omega}$이다. 실수 T는 물체가 한 번의 운동 사이클을 실행한 시간(초 단위)을 나타낸다. 한 번의 사이클은 물체가 한 번의 완전한 진동, 즉, 질량 m인 물체가 평형위치 아래의 가장 낮은 지점으로부터 평형위치 위의 가장 높은 지점으로 움직이는 것이다. 그래픽 관점에서 볼 때 $T=\frac{2\pi}{\omega}$초는 $x(t)$의 연속되는 두 최대 지점(또는 최소 지점) 사이 시간 간격의 길이이다. $x(t)$의 최댓값은 물체가 평형위치 아래로 가장 먼 거리에 있을 때의 물체에 대응하는 양수의 변위이며 $x(t)$의 최솟값은 물체가 평형위치 위로 가장 먼 거리에 있을 때의 물체에 대응하는 음수의 변위라는 점을 명심한다. 우리는 두 경우 모두 물체의 **극변위**(extreme displacement)라 한다. 운동의 **진동수**(frequency)는 $f=\frac{1}{T}=\frac{\omega}{2\pi}$이고 매 초당 완성되는 사이클의 개수이다. 예를 들어, $x(t)=2\cos 3\pi t-4\sin 3\pi t$이면 주기는 $T=\frac{2\pi}{3\pi}=\frac{2}{3}\,\text{s}$이고 진동수는 $f=\frac{3}{2}$ cycles/s이다. 그래픽 관점에서 볼 때 $x(t)$의 그래프는 매 $\frac{2}{3}$초마다 반복된다. 즉, $x\left(t+\frac{2}{3}\right)=x(t)$이고 1초마다 그래프의 $\frac{3}{2}$사이클이 완성된다. (또는 그래프의 세 개의 사이클이 2초마다 완성된다.) 실수 $\omega=\sqrt{\frac{k}{m}}$ (radian/second로 측정)는 이 운동계의 **원형 진동수**(circular frequency)라 한다. 교재에 따라 $f=\frac{\omega}{2\pi}$와 ω 모두를 이 운동계의 **고유 진동수**(natural frequency)라 하기도 한다. 마지막으로 초기 조건이 (3)에서의 c_1과 c_2를 구하기 위하여 사용될 때 결과의 특수해 또는 반응을 **운동방정식**(equation of motion)이라 한다.

예제 1 자유 비감쇠 운동

무게가 $9.8\,\text{N}$인 물체가 용수철을 $0.2\,\text{m}$ 늘어나게 했다. $t=0$일 때 물체는 위쪽으로 향하는 속도 $0.4\,\text{m/s}$로 평형위치 아래 $0.25\,\text{m}$ 지점에서 놓여졌다. 운동방정식을 구하여라.

풀이 ▶ 우리는 뉴턴으로 주어진 무게의 단위를 질량의 단위로 바꾼다. $m=\frac{W}{g}$로부터 우리는 $m=1.0\,\text{kg}$을 얻는다. 또한 후크의 법칙과, $9.8=k(0.2)$로부터 용수철 상수는 $k=49\,\text{N/m}$이다. 따라서 (1)로부터

$$1.0\frac{d^2x}{dt^2}=-49x \quad \text{또는} \quad \frac{d^2x}{dt^2}+49x=0$$

이다. 초기 변위와 초기 속도는 각각 $x(0)=0.25\,\text{m}$, $x'(0)=-0.4\,\text{m/s}$인데, 여기서 마지막 조건에서의 음의 부호는 물체가 음 또는 위쪽으로 향하는 초기 속도로 주어진다.

$\omega^2=49$ 또는 $\omega=7\,\text{rad/s}$이므로 미분방정식의 일반해는

$$x(t)=c_1\cos 7t+c_2\sin 7t \tag{4}$$

이다. 초기 조건을 $x(t)$와 $x'(t)$에 적용하면 $c_1 = 0.25$이고 $c_2 = -0.057$이다. 그에 따라서 운동방정식은

$$x(t) = 0.25\cos 7t - 0.057\sin 7t \tag{5}$$

이다. ■

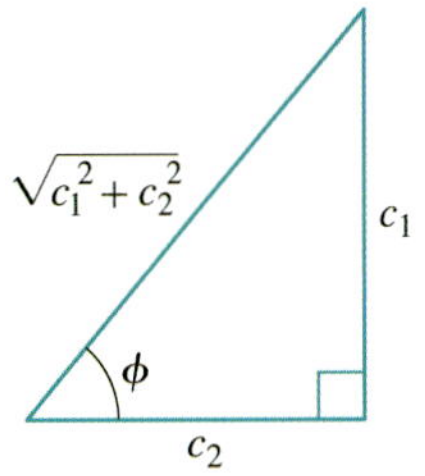

그림 5.1.3 $c_1 > 0$, $c_2 > 0$과 위상각 ϕ 사이의 관계

$x(t)$의 다른 형태 $c_1 \neq 0$과 $c_2 \neq 0$일 때, 자유 진동의 실제적인 **진폭(amplitude)** A는 방정식 (3)의 관찰로는 분명하지 않다. 예를 들어 예제1의 물체는 평형위치 아래 0.25 m에서 처음 변위되었지만, 진동 진폭은 0.25 m보다 크다. 그러므로 가끔은 (3)의 형태인 해를 조금 더 간단한 형태

$$x(t) = A\sin(\omega t + \phi) \tag{6}$$

로 바꾸는 것이 편리한데, 여기서 $A = \sqrt{c_1^2 + c_2^2}$이고 ϕ는

$$\left.\begin{aligned} \sin\phi &= \frac{c_1}{A} \\ \cos\phi &= \frac{c_2}{A} \end{aligned}\right\} \tan\phi = \frac{c_1}{c_2} \tag{7}$$

으로 정의된 **위상각(phase angle)**이다. 이를 증명하기 위하여 사인 함수에 대한 덧셈공식을 이용하여 (6)을 전개한다:

$$A\sin\omega t\cos\phi + A\cos\omega t\sin\phi = (A\sin\phi)\cos\omega t + (A\cos\phi)\sin\omega t. \tag{8}$$

그림 5.1.3으로부터 ϕ가

$$\sin\phi = \frac{c_1}{\sqrt{c_1^2 + c_2^2}} = \frac{c_1}{A}, \quad \cos\phi = \frac{c_2}{\sqrt{c_1^2 + c_2^2}} = \frac{c_2}{A}$$

으로 주어지면, (8)은

$$A\frac{c_1}{A}\cos\omega t + A\frac{c_2}{A}\sin\omega t = c_1\cos\omega t + c_2\sin\omega t = x(t)$$

이 된다.

예제 2 해 (5)의 다른 형태

앞의 설명을 고려하면 해 (5)를 $x(t) = A\sin(8t + \phi)$인 다른 형태로 쓸 수 있다. 직접계산에 의해 진폭은

$$A = \sqrt{(0.25)^2 + (-0.057)^2} = 0.256\,\text{m}$$

인데, (7)로 정의된 위상각 ϕ를 계산할 때는 주의가 필요하다. $c_1 = 0.25$이고 $c_2 = -0.057$일 때 $\tan\phi = -4.386$이고, 계산기를 이용하여 $\tan^{-1}(-4.386) = -1.346$ rad을 얻는다. $\tan^{-1}(-4.386)$은 4사분면에 위치하고 $c_1 > 0$과 $c_2 < 0$이므로

$\sin\phi > 0$과 $\cos\phi < 0$인 사실에 모순이므로 이는 위상각이 아니다. 그러므로 ϕ는 2사분면의 각 $\phi = \pi + (-1.346) = 1.794$rad을 택하여야만 한다. 그래서 (5)는

$$x(t) = 0.256\sin(7t + 1.794) \tag{9}$$

와 같다. 이 함수의 주기는 $T = 2\pi/7 = \pi/3.5$ s이다. ■

일부 과학이나 공대 강사들은 (3)이 이동한 코사인 함수

$$x(t) = A\cos(\omega t - \phi) \tag{6'}$$

로 표현된 것을 더 선호한다는 것을 인지해야 한다. 여기서 $A = \sqrt{c_1^2 + c_2^2}$이다. 이 경우 rad으로 측정된 위상각 ϕ는 (7)과 약간 다르게 정의한다:

$$\left.\begin{aligned} \sin\phi &= \frac{c_2}{A} \\ \cos\phi &= \frac{c_1}{A} \end{aligned}\right\} \tan\phi = \frac{c_2}{c_1}. \tag{7'}$$

예를 들면, 예제2에서 $c_1 = 0.25$이고 $c_2 = -0.057$이면, (7')는 $\tan\phi = -0.228$이 된다. $\sin\phi < 0$이고 $\cos\phi > 0$이므로 각 ϕ는 4사분면에 있으므로 소수점 아래 세 자리로 반올림하여 $\phi = \tan^{-1}(-0.228) = -0.224$rad이 된다. (6')으로부터 해 (5)의 두 번째 다른 형태

$$x(t) = 0.256\cos(7t - (-0.224)) \quad \text{또는} \quad x(t) = 0.256\cos(7t + 0.224)$$

를 얻는다.

그래프적 해석 그림 5.1.4(a)는 예제2에서의 물체가 대략 두 번의 완전한 운동 사이클을 따라 움직이는 것을 보여준다. 왼쪽부터 오른쪽으로 보면 처음 5개의 위치 (검은 점으로 표시)는 평형위치 아래가 초기 위치($x = 0.25$)인 물체, 처음으로 위쪽 방향인 평형위치($x = 0$)를 지나는 물체, 평형위치 위의 극변위 ($x = -0.256$)에서의 물체, 두 번째로 아래쪽 방향인 평형위치($x = 0$)에 있는 물체 그리고 평형위치 아래의 극변위($x = 0.256$)에서의 물체와 일치한다. 그림 5.1.4(b)에 주어진, (9)의 그래프 위의 검은 점들은 위에서 주어진 5개의 점과 동일하다. 그러나 그림 5.1.4(b)에서 tx평면의 양의 방향은 일반적으로 위로 향하는 방향이므로 그림 5.1.4(a)에서 표시한 양의 방향과 반대이다. 그러므로 5.1.4(b)의 물체의 운동을 표현한 파랑색 실선 그래프는 5.1.4(a)의 파랑색 점으로 표시된 곡선을 t축에 관하여 반사한 것이다.

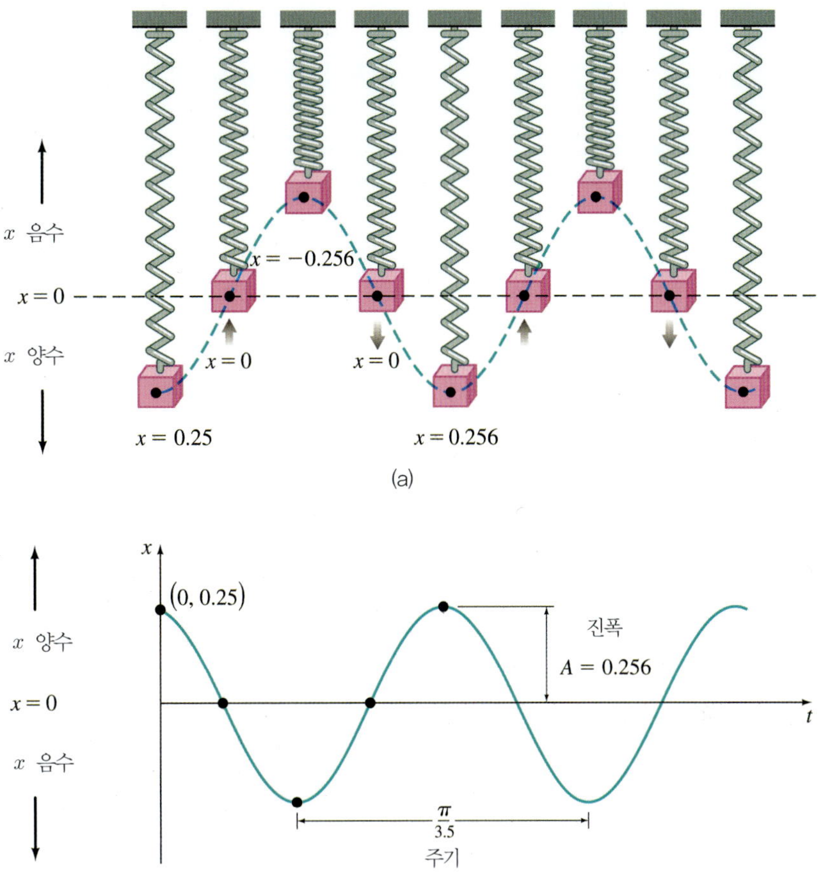

그림 5.1.4 단조 조화 운동

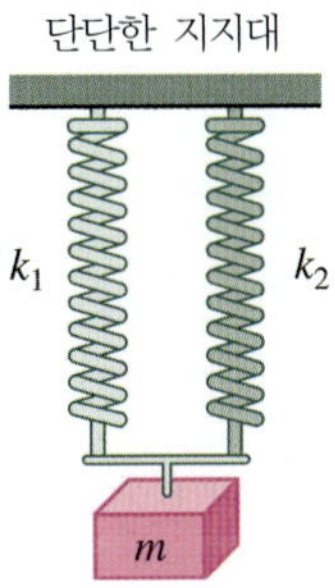

그림 5.1.5 평행 용수철

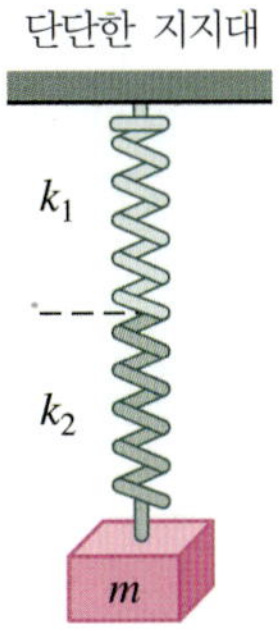

그림 5.1.6 일렬 연결 용수철

$x(t)$의 그래프가 양의 t축 (선 $x=0$)을 지날 때의 시간을 구하기 쉽기 때문에 (6)의 형태의 식은 매우 유용하다. 음이 아닌 정수 n에 대하여 $\omega t+\phi=n\pi$일 때 $\sin(\omega t+\phi)=0$이다.

이중 용수철계 그림 5.1.5에서 보듯이 같은 단단한 지지대에 고정되어 있는 상수 k_1, k_2를 갖는 평행한 두 용수철에 질량이 m인 물체가 매달려 있다고 가정하자. 그 물체가 평형위치로부터 벗어나게 되면 두 용수철에 대하여 그 변위 x는 같으므로 (1)에서 용수철의 순복원력은 단순히 $-k_1x-k_2x=-(k_1+k_2)x$가 된다. 우리는

$$k_{\text{eff}}=k_1+k_2$$

을 운동계의 **유효 용수철상수**라 한다.

한편, 두 개의 직렬로 연결된 용수철에 질량 m인 물체가 매달려 있다고 가정하자. 즉, 그림 5.1.6과 같이 용수철이 끝에서 끝까지 부착되어 있다고 가정한다. 이 경우, 각 용수철의 변위 x_1, x_2에 대하여 평형 상태에서 질량의 변위 x는 합

$x = x_1 + x_2$로 구성된다. 그런데 복원력은 두 용수철 모두 동일하므로 k_{eff}가 운동계의 유효 용수철상수이면

$$-k_{\text{eff}}(x_1 + x_2) = -k_1 x_1 = -k_2 x_2$$

을 얻는다. $k_1 x_1 = k_2 x_2$ 로부터 $x_1 = (k_2/k_1)x_2$이므로 $-k_{\text{eff}}(x_1 + x_2) = -k_2 x_2$는

$$k_{\text{eff}}\left(\frac{k_2}{k_1}x_2 + x_2\right) = k_2 x_2$$

와 같게 된다. 마지막 식을 k_{eff}에 대하여 풀면

$$k_{\text{eff}} = \frac{k_1 k_2}{k_1 + k_2}$$

이 된다. 따라서 위의 두 경우 모두 운동 미분방정식은 (1)이고 상수 k를 k_{eff}로 바꾼 것이 된다. 연습문제5.1 문제13-18을 참조하여라.

가변 용수철상수를 갖는 운동계 위에서 논의한 모델에서는 우리는 이상적인 세계, 즉 용수철의 물리적 특징이 시간이 지나도 변하지 않는 세계를 가정하였다. 그렇지만 비이상적인 세계에서는 오랜 기간 용수철/질량계가 작동하면 용수철이 약해진다고 예측하는 것이 합리적으로 보인다. 다른 말로 하면 "용수철상수"는 시간이 지남에 따라 변할 것이다. 또는, 좀 더 구체적으로 말하면 부식될 것이다. **낡은 용수철**(aging spring)에 관한 한 가지 모델에서 (1)의 용수철상수 k는 감소함수 $K(t) = ke^{-\alpha t}$, $k > 0$, $\alpha > 0$로 대체된다. 선형 미분방정식 $mx'' + ke^{-\alpha t}x = 0$은 4장에서 다룬 방법으로는 풀 수가 없다. 그럼에도 불구하고 6장에서 이용할 방법으로 두 개의 일차독립인 해를 구할 수 있다. 5.1절의 연습문제19와 6.4절의 예제5를 참조하여라.

용수철/질량계가 온도가 빠르게 떨어지는 환경에 놓여있을 때, 상수 k는 시간에 따라 증가하는 함수 $K(t) = kt$, $k > 0$로 바꾸는 것이 타당할 수 있다. 그 결과로 생기는 모델, $mx'' + ktx = 0$은 **에어리의 미분방정식**(Airy's differential equation)의 형태이다. 낡아가는 용수철의 방정식처럼, 에어리의 방정식은 6장의 방법에 의하여 풀 수 있다. 6.2절의 예제5를 참조하여라.

5.1.2 용수철/질량계 : 자유 감쇠운동

방정식 (1)에서 표현된 운동은 움직이는 물체에 작용하는 지연력이 없다고 가정하므로 자유 조화운동의 개념은 다소 비현실적이다. 물체가 완전한 진공상태에서 매달려 있지 않는 한, 적어도 주위 매질로 인한 저항력이 있을 것이다. 그림 5.1.7

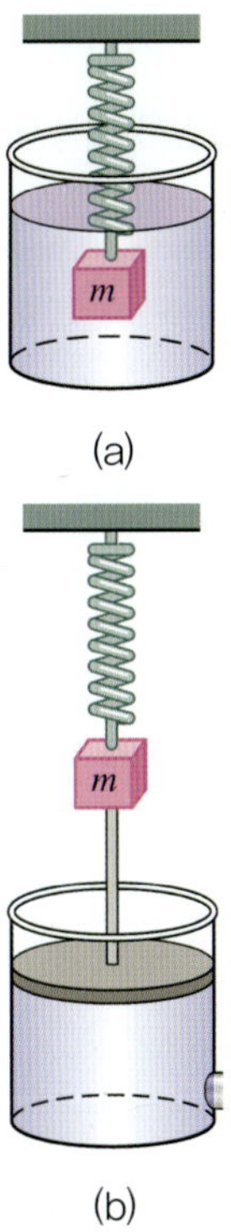

그림 5.1.7 감쇠 장치

에서 보듯이, 물체가 점성물질에 매달려 있을 수 있거나 대시 포트 감쇠장치에 연결될 수도 있다.

자유 감쇠운동의 미분방정식 역학의 연구에서는, 물체에 작용하는 감쇠력은 순간 속도의 힘에 비례한다고 생각한다. 특별히, 우리는 앞으로의 논의에 있어서 이 힘이 $\frac{dx}{dt}$의 상수배인 수로 주어진다고 가정할 것이다. 다른 외부의 힘이 이 운동계에 작용하지 않으면, 뉴턴의 제2법칙에 의하여

$$m\frac{d^2x}{dt^2} = -kx - \beta\frac{dx}{dt} \tag{10}$$

이다. 여기서 β는 양의 감쇠상수(damping constant)이고 음의 부호는 감쇠력이 운동의 반대 방향에서 작용하는 사실의 결과이다.

(10)을 질량 m으로 나누면 **자유 감쇠운동(free damped motion)**의 미분방정식은

$$\frac{d^2x}{dt^2} + \frac{\beta}{m}\frac{dx}{dt} + \frac{k}{m}x = 0$$

또는

$$\frac{d^2x}{dt^2} + 2\lambda\frac{dx}{dt} + \omega^2 x = 0 \tag{11}$$

인데, 여기서

$$2\lambda = \frac{\beta}{m}, \quad \omega^2 = \frac{k}{m} \tag{12}$$

이다. 보조방정식이 $m^2 + 2\lambda m + \omega^2 = 0$이면 대응하는 근이

$$m_1 = -\lambda + \sqrt{\lambda^2 - \omega^2}, \quad m_2 = -\lambda - \sqrt{\lambda^2 - \omega^2}$$

이기 때문에 오직 대수적 편리함을 위해 기호 2λ를 사용한다.

세 가지 가능한 경우는 $\lambda^2 - \omega^2$의 대수적 부호에 의해 구분할 수 있다. 각각의 해는 감쇠인수 $e^{-\lambda t}$, $\lambda > 0$를 포함하기 때문에 물체의 변위는 시간 t가 증가할수록 무시할 수 있다.

경우 I $\lambda^2 - \omega^2 > 0$ 이 경우 감쇠계수 β가 용수철상수 k에 비하여 크기 때문에 이 운동계는 **과잉감쇠(overdamped)**한다고 한다. (11)에 대응하는 일반해는 $x(t) = c_1 e^{m_1 t} + c_2 e^{m_2 t}$ 또는

$$x(t) = e^{-\lambda t}\left(c_1 e^{\sqrt{\lambda^2 - \omega^2}\,t} + c_2 e^{-\sqrt{\lambda^2 - \omega^2}\,t}\right) \tag{13}$$

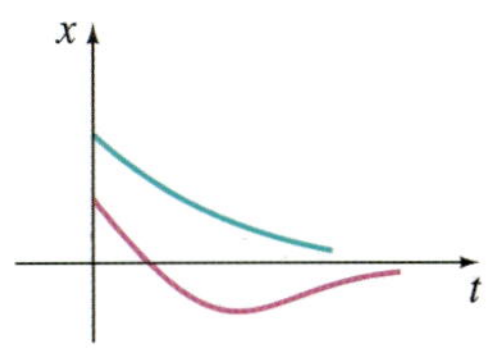

그림 5.1.8 과잉감쇠계의 운동

이다. 이 방정식은 매끄럽고 비진동인 운동을 나타낸다. 그림 5.1.8은 $x(t)$의 두 가지 가능한 그래프를 보여준다.

경우 II $\lambda^2-\omega^2=0$ 감쇠력이 조금만 감소해도 진동 운동이 발생하기 때문에 이 운동계는 **임계감쇠(critically damped)**라고 한다. (11)의 일반해는 $x(t)=c_1e^{m_1t}+c_2te^{m_1t}$ 또는

$$x(t)=e^{-\lambda t}(c_1+c_2t). \tag{14}$$

이다. 몇 개의 전형적인 그래프는 그림 5.1.9에 주어진다. 이 운동이 과잉 운동계의 운동과 매우 유사하다. (14)로부터 이 물체가 최대 한 번만 평형위치를 지나갈 수 있음을 확실히 알 수 있다.

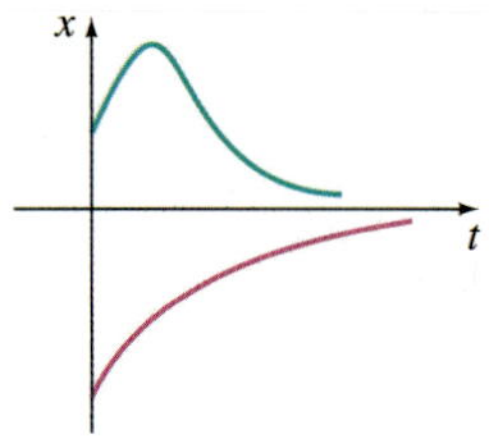

그림 5.1.9 임계감쇠계의 운동

경우 III $\lambda^2-\omega^2<0$ 이 경우에는 감쇠계수가 용수철상수에 비하여 작기 때문에 이 운동계는 **부족감쇠(underdamped)**라 한다. 근 m_1과 m_2는 복소수이다:

$$m_1=-\lambda+\sqrt{\omega^2-\lambda^2}\,i,\quad m_2=-\lambda-\sqrt{\omega^2-\lambda^2}\,i.$$

그러므로 방정식 (11)의 일반해는

$$x(t)=e^{-\lambda t}(c_1\cos\sqrt{\omega^2-\lambda^2}\,t+c_2\sin\sqrt{\omega^2-\lambda^2}\,t) \tag{15}$$

이다. 그림 5.1.10에서와 같이 (15)로 표현된 운동은 진동한다; 계수 $e^{-\lambda t}$ 때문에, 진동의 진폭은 $t\to\infty$ 함에 따라 0으로 다가간다.

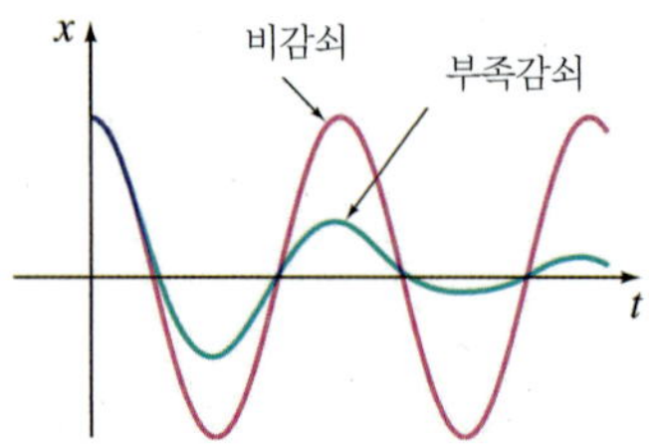

그림 5.1.10 부족감쇠계의 운동

예제 3 과잉감쇠 운동

초깃값 문제

$$\frac{d^2x}{dt^2}+5\frac{dx}{dt}+4x=0,\ x(0)=1,\ x'(0)=1$$

의 해가

$$x(t)=\frac{5}{3}e^{-t}-\frac{2}{3}e^{-4t} \tag{16}$$

가 되는 것은 쉽게 확인된다. 이 초깃값 문제는 용수철에 있는 물체의 과잉감쇠운동을 나타낸다고 해석할 수 있다. 이 물체는 아래로 향하는 속도 1 m/s로 평형위치 아래 단위 1인 지점에서 처음 놓아졌다.

$x(t)$의 그래프를 그리기 위하여 우리는 함수가 극값을 가지는 즉, 1계 도함수(속도)가 영이 되는 시간 t의 값을 구한다. (16)을 미분하면 $x'(t)=-\frac{5}{3}e^{-t}+\frac{8}{3}e^{-4t}$이고 $x'(t)=0$은 $e^{3t}=\frac{8}{5}$ 또는 $t=\frac{1}{3}\ln\frac{8}{5}=0.157$이다. 1계 도함수 판정과 우리의 물리적인 직관으로 $x(0.157)=1.069\,\text{m}$에서 실제적으로 최댓값이라는 것이 나온다. 다시 말하면 물체는 평형위치 아래 1.069m 지점에서 극 변위가 된다. 우리는 또한 그래프가 t축과 만나는지를 즉, 물체가 평형위치를 지나가는지

확인해야 한다. 이 경우에는 방정식 $x(t)=0$ 또는 $e^{3t}=\frac{2}{5}$는 물리적으로 관련이 없는 해 $t=\frac{1}{3}\ln\frac{2}{5}=-0.305$를 갖기 때문에 이런 일이 발생하지 않는다. 다른 관련 데이터와 함께 $x(t)$의 그래프는 그림 5.1.11에 주어졌다. ■

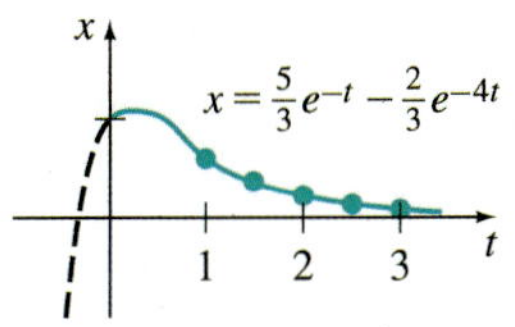

(a)

t	$x(t)$
1	0.601
1.5	0.370
2	0.225
2.5	0.137
3	0.083

(b)

그림 5.1.11 예제3의 과잉감쇠계

예제 4 임계 감쇠 운동

무게가 2.45N인 물체가 용수철을 0.6125m 늘어나게 했다. 수치적으로 순간 속도의 2배와 같은 감쇠력이 이 운동계에 작용한다고 가정하고, 위쪽으로 향하는 3m/s 속도로 평형위치에서 물체가 놓아졌을 때의 운동방정식을 구하여라.

풀이 ▶ 후크의 법칙으로부터 $2.45=k(0.6125)$이므로 $k=4\text{N/m}$이고 $W=mg$이므로 $m=\frac{2.45}{9.8}=\frac{1}{4}\text{kg}$이다. 따라서 운동 미분방정식은

$$\frac{1}{4}\frac{d^2x}{dt^2}=-4x-2\frac{dx}{dt} \quad \text{또는} \quad \frac{d^2x}{dt^2}+8\frac{dx}{dt}+16x=0 \qquad (17)$$

이다. (17)의 보조방정식은 $m^2+8m+16=(m+4)^2=0$이므로 $m_1=m_2=-4$이다. 따라서 이 운동계는 임계감쇠이고,

$$x(t)=c_1e^{-4t}+c_2te^{-4t} \qquad (18)$$

이다. 초기 조건 $x(0)=0$과 $x'(0)=-3$을 적용하면 차례로 $c_1=0$과 $c_2=-3$이다. 그러므로 운동방정식은

$$x(t)=-3te^{-4t} \qquad (19)$$

이다.

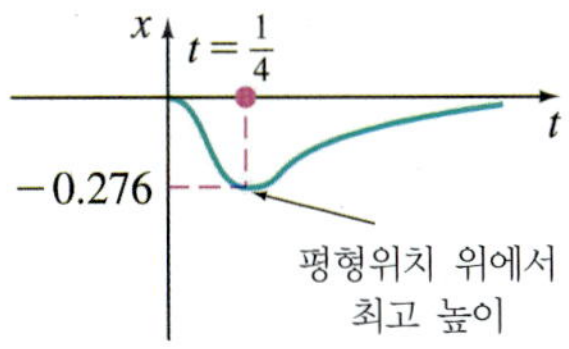

그림 5.1.12 예제4의 임계감쇠계

$x(t)$의 그래프를 그리기 위하여 예제3과 같이 한다. $x'(t)=-3e^{-4t}(1-4t)$로부터 $t=\frac{1}{4}$이면 $x'(t)=0$이 된다. 대응하는 극 변위는 $x\left(\frac{1}{4}\right)=-3\left(\frac{1}{4}\right)e^{-1}=-0.276\text{m}$이다. 그림 5.1.12에서와 같이 이 값은 물체가 평형위치 위로 최대 높이 0.276m 지점에 도달함을 의미한다. ■

예제 5 부족 감쇠 운동

무게가 4.9N인 물체가 5m 길이의 용수철에 매달려 있다. 평형상태에서 용수철은 5.98m이다. 만일 물체가 평형상태 위 2m인 지점에 놓아졌을 때 주변 매질이 수치적으로 순간 속도와 같은 저항력을 준다고 할 경우에 변위 $x(t)$를 구하여라.

풀이 ▶ 물체가 매달린 후 용수철이 늘어난 길이는 $5.98-5=0.98\text{m}$이므로 후크의 법칙에 의해 $4.9=k(0.98)$ 또는 $k=5\text{N/m}$이다. 더욱이 $m=\frac{4.9}{9.8}=\frac{1}{2}\text{kg}$이므로 미분방정식은

$$\frac{1}{2}\frac{d^2x}{dt^2}=-5x-\frac{dx}{dt} \quad \text{또는} \quad \frac{d^2x}{dt^2}+2\frac{dx}{dt}+10x=0 \tag{20}$$

로 주어진다. 계속 진행하면 $m^2+2m+10=0$의 근은 $m_1=-1+3i$과 $m_2=-1-3i$이며 이는 이 운동계가 부족감쇠임을 나타내며

$$x(t)=e^{-t}(c_1\cos 3t+c_2\sin 3t) \tag{21}$$

이다. 마지막으로 초기 조건 $x(0)=-2$과 $x'(0)=0$으로부터 $c_1=-2$와 $c_2=-\frac{2}{3}$이므로 운동방정식은

$$x(t)=e^{-t}\left(-2\cos 3t-\frac{2}{3}\sin 3t\right) \tag{22}$$

이다. ■

$x(t)$의 다른 형태 261쪽과 같은 방법에 의하여 우리는 임의의 해

$$x(t)=e^{-\lambda t}(c_1\cos\sqrt{\omega^2-\lambda^2}\,t+c_2\sin\sqrt{\omega^2-\lambda^2}\,t)$$

를 다른 형태의 방정식

$$x(t)=Ae^{-\lambda t}\sin\left(\sqrt{\omega^2-\lambda^2}\,t+\phi\right) \tag{23}$$

으로 쓸 수 있다. 여기서 $A=\sqrt{c_1^2+c_2^2}$이고 위상각 ϕ는 방정식

$$\sin\phi=\frac{c_1}{A},\quad \cos\phi=\frac{c_2}{A},\quad \tan\phi=\frac{c_1}{c_2}$$

에 의해 결정된다. 계수 $Ae^{-\lambda t}$는 때때로 진동의 **감쇠진폭**(damped amplitude)이라 한다. (23)은 주기함수가 아니기 때문에 수 $\frac{2\pi}{\sqrt{\omega^2-\lambda^2}}$을 **준주기**(quasi period), $\frac{\sqrt{\omega^2-\lambda^2}}{2\pi}$를 **준진동수**(quasi frequency)라 한다. 준주기는 $x(t)$의 연속적인 두 최댓값 사이의 시간 간격이다. 우리는 예제5의 운동방정식에서 $A=\frac{2\sqrt{10}}{3}$이고 $\phi=4.391\,\text{rad}$임을 보여야 한다. 그러므로 (22)와 동치인 형태는

$$x(t)=\frac{2\sqrt{10}}{3}e^{-t}\sin(3t+4.391)$$

이다.

5.1.3 용수철/질량계 : 강제운동

감쇠력 갖는 강제운동의 미분방정식 이제 용수철에서 진동하는 물체에 작용하는 외부 힘 $f(t)$를 고려한다고 가정하자. 예를 들면, $f(t)$가 용수철 지지대의 수직 진동운동을 유발하는 구동력을 표현한다고 할 수 있다. 그림 5.1.13를 참조하

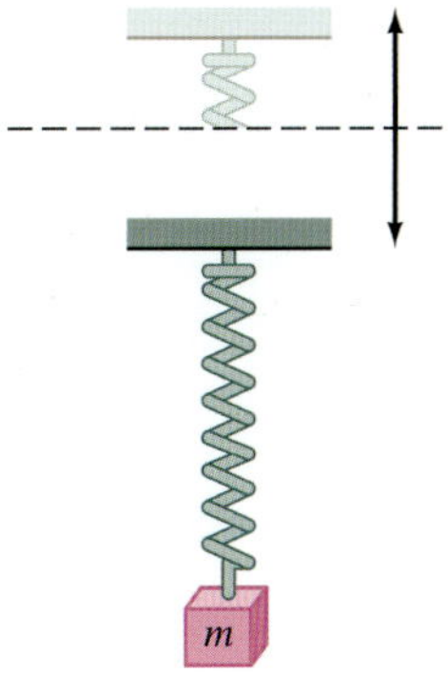

그림 5.1.13 지지대의 수직 진동운동

여라. 뉴턴의 제2법칙 공식에 $f(t)$를 포함하면 **구동**(driven) 또는 **강제운동**(forced motion)의 미분방정식이 된다:

$$m\frac{d^2x}{dt^2} = -kx - \beta\frac{dx}{dt} + f(t) \tag{24}$$

(24)를 m으로 나누면

$$\frac{d^2x}{dt^2} + 2\lambda\frac{dx}{dt} + \omega^2 x = F(t) \tag{25}$$

인데, 여기서 $F(t) = \frac{f(t)}{m}$이고 앞 절에서와 같이 $2\lambda = \frac{\beta}{m}$, $\omega^2 = \frac{k}{m}$이다. 마지막 비동차방정식을 풀기 위하여 우리는 미정계수법이나 매개변수 변화법을 사용할 수 있다.

예제 6 초깃값 문제의 해석

초깃값 문제

$$\frac{1}{5}\frac{d^2x}{dt^2} + 1.2\frac{dx}{dt} + 2x = 5\cos 4t, \quad x(0) = \frac{1}{2}, \quad x'(0) = 0 \tag{26}$$

을 해석하고 풀어라.

풀이 ▶ 우리는 이 문제가 용수철($k = 2$lb/ft 또는 N/m)에 매달려 있는 물체 ($m = \frac{1}{5}$ slug 또는 kg)로 구성된 진동하는 운동계를 나타내기 위한 초깃값 문제로 해석할 수 있다. 이 물체는 평형위치 아래 $\frac{1}{2}$단위(피트 또는 미터) 지점에서 놓아졌다. 이 운동은 감쇠 ($\beta = 1.2$)되고 $t = 0$에서 시작하는 외부 주기적인 $\left(T = \frac{\pi}{2}\text{ s}\right)$ 힘에 의하여 움직인다. 직관적으로 우리는 감쇠가 있어도 이 운동계는 강제함수가 “꺼진(turned off)” 시간까지 운동계의 움직임이 남아 있을 것이고, 그럴 경우 진폭이 감소될 것이라 예상할 수 있다. 그럼에도 문제가 주어졌을 때 $f(t) = 5\cos 4t$는 영원히 “작동하는(on)” 상태로 남아 있을 것이다.

일반적인 방법으로 미분방정식 (26)에 5를 곱하여

$$\frac{d^2x}{dt^2} + 6\frac{dx}{dt} + 10x = 0$$

을 풀자. $m_1 = -3 + i$, $m_2 = -3 - i$이므로 $x_c(t) = e^{-3t}(c_1\cos t + c_2\sin t)$이다. 미정계수법을 이용하여 특수해가 $x_p(t) = A\cos 4t + B\sin 4t$의 형태라고 가정하자. $x_p(t)$를 미분하여 미분방정식에 대입하면

$$x_p'' + 6x_p' + 10x_p = (-6A + 24B)\cos 4t + (-24A - 6B)\sin 4t = 25\cos 4t$$

가 된다. 구한 연립방정식

$$-6A+24B=25, \quad -24A-6B=0$$

의 해는 $A=-\dfrac{25}{102}$와 $B=\dfrac{50}{51}$이다. 그러므로

$$x(t)=e^{-3t}(c_1\cos t+c_2\sin t)-\frac{25}{102}\cos 4t+\frac{50}{51}\sin 4t \qquad (27)$$

이다. 위의 방정식에 $t=0$이라 하면 $c_1=\dfrac{38}{51}$이 된다. 방정식을 미분하여 $t=0$이라 하면 $c_2=-\dfrac{86}{51}$이다. 그러므로 운동방정식은

$$x(t)=e^{-3t}\left(\frac{38}{51}\cos t-\frac{86}{51}\sin t\right)-\frac{25}{102}\cos 4t+\frac{50}{51}\sin 4t \qquad (28)$$

이 된다. ■

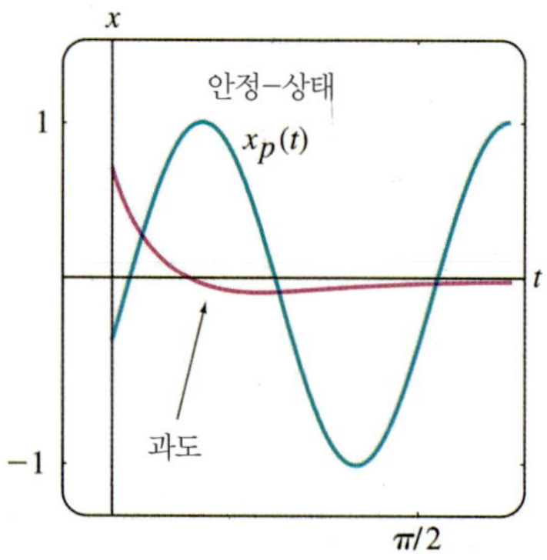

(a)

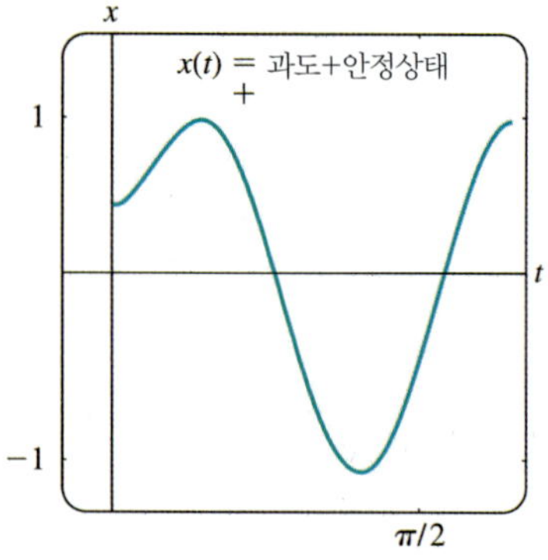

(b)

그림 5.1.14 예제6 (28)의 해 그래프

과도 및 안정상태 항 F가 $F(t)=F_0\sin\gamma t$ 또는 $F(t)=F_0\cos\gamma t$와 같은 주기함수일 때, $\lambda>0$에 관한 (25)의 일반해는 비주기함수 $x_c(t)$와 주기함수 $x_p(t)$의 합이 된다. 게다가 시간이 갈수록 $x_c(t)$는 소멸된다. 즉 $\lim_{t\to\infty}x_c(t)=0$이다. 따라서 시간의 값이 크면, 물체의 변위는 특수해 $x_p(t)$에 가깝게 근사한다. 여함수 $x_c(t)$를 **과도항**(transient term) 또는 **과도해**(transient solution)라 하고 적당한 시 구간 후에 남아있는 해의 일부분인 함수 $x_p(t)$를 **안정상태 항**(steady-state term) 또는 **안정상태 해**(steady-state solution)라 한다. 그래서 F에 의해 움직여진 용수철/질량계에서 초기 조건의 결과는 일시적임에 주의하자. (28)의 특수해에서 $e^{-3t}\left(\dfrac{38}{51}\cos t-\dfrac{86}{51}\sin t\right)$는 과도항이고 $x_p(t)=-\dfrac{25}{102}\cos 4t+\dfrac{50}{51}\sin 4t$는 안정상태 항이다. 이 두 개의 항과 해 (28)에 대한 그래프는 각각 그림 5.1.14(a)와 5.1.14(b)로 주어졌다.

예제 7 과도/안정상태 해

초깃값 문제

$$\frac{d^2x}{dt^2}+2\frac{dx}{dt}+2x=4\cos t+2\sin t,\ x(0)=0,\ x'(0)=x_1\ \ (x_1\text{는 상수})$$

의 해는

$$x(t)=\underbrace{(x_1-2)e^{-t}\sin t}_{\text{과도}}+\underbrace{2\sin t}_{\text{안정상태}}$$

이다. 그림 5.1.15는 초기 속도 x_1의 값에 따른 해곡선의 그래프이다. 이 그래프는 약 $t>\dfrac{3\pi}{2}$에 대해 과도항의 영향은 무시될 수 있음을 보여준다. ■

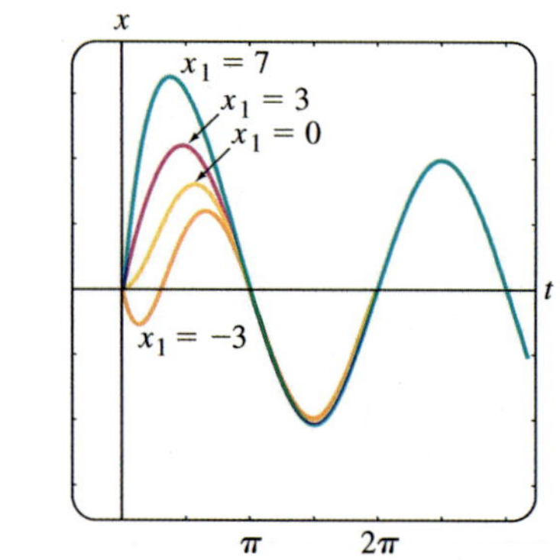

그림 5.1.15 다양한 초기 속도 x_1에 대한 예제7의 해 그래프

감쇠력이 없는 강제운동의 미분방정식 주기적인 외부의 힘이 있고 감쇠력이 없는 문제의 해에는 과도항이 없다. 또한 자유 비감쇠진동과 근접하거나 같은 진동수를 갖는 주기적인 외부력이 진동 역학계에서 심각한 문제를 야기할 수 있음을 알게 될 것이다.

예제 8 비감쇠력 운동

초깃값 문제

$$\frac{d^2x}{dt^2}+\omega^2 x = F_0 \sin\gamma t,\ x(0)=0,\ x'(0)=0 \tag{29}$$

를 풀어라. 여기서 F_0은 상수이고 $\gamma \neq \omega$이다.

풀이 여함수는 $x_c(t)=c_1\cos\omega t+c_2\sin\omega t$이다. 특수해를 구하기 위하여 $x_p(t)=A\cos\gamma t+B\sin\gamma t$라 하면

$$x_p''+\omega^2 x_p = A(\omega^2-\gamma^2)\cos\gamma t+B(\omega^2-\gamma^2)\sin\gamma t = F_0\sin\gamma t$$

이다. 계수비교를 하면 $A=0$이고 $B=\dfrac{F_0}{\omega^2-\gamma^2}$이므로

$$x_p(t)=\frac{F_0}{\omega^2-\gamma^2}\sin\gamma t$$

이다. 주어진 초기 조건을 일반해

$$x(t)=c_1\cos\omega t+c_2\sin\omega t+\frac{F_0}{\omega^2-\gamma^2}\sin\gamma t$$

에 적용하면 $c_1=0$과 $c_2=-\dfrac{\gamma F_0}{\omega(\omega^2-\gamma^2)}$을 얻는다. 따라서 해는

$$x(t)=\frac{F_0}{\omega(\omega^2-\gamma^2)}(-\gamma\sin\omega t+\omega\sin\gamma t),\ \gamma\neq\omega \tag{30}$$

이다. ■

순수 공명 방정식 (30)은 $\gamma=\omega$이면 정의가 안 되지만 $\gamma\to\omega$일 때의 극한값은 로피탈(L'Hospital) 정리에 의하여 구할 수 있다는 것은 흥미롭다. 이 극한 과정은 구동력의 진동수 $\left(\dfrac{\gamma}{2\pi}\right)$를 자유 진동의 진동수 $\left(\dfrac{\omega}{2\pi}\right)$로 "조정(turing in)" 하는 것과 비슷하다. 직관적으로 우리는 어떤 시 구간동안 진동의 진폭이 계속 증가할 수 있을 것으로 기대한다. $\gamma=\omega$에 대하여 이 해가

$$x(t) = \lim_{\gamma\to\omega} F_0 \frac{-\gamma\sin\omega t + \omega\sin\gamma t}{\omega(\omega^2-\gamma^2)} = F_0 \lim_{\gamma\to\omega} \frac{\frac{d}{d\gamma}(-\gamma\sin\omega t + \omega\sin\gamma t)}{\frac{d}{d\gamma}(\omega^3-\omega\gamma^2)}$$

$$= F_0 \lim_{\gamma\to\omega} \frac{-\sin\omega t + \omega t\cos\gamma t}{-2\omega\gamma}$$

$$= F_0 \frac{-\sin\omega t + \omega t\cos\omega t}{-2\omega^2}$$

$$= \frac{F_0}{2\omega^2}\sin\omega t - \frac{F_0}{2\omega}t\cos\omega t \qquad (31)$$

가 되도록 정의한다. 짐작한 것처럼 $t\to\infty$ 함에 따라 변위는 커진다; 사실은 $t_n = \frac{n\pi}{\omega}$, $n = 1, 2, \cdots$ 일 때 $|x(t_n)|\to\infty$ 이다. 우리가 방금 설명한 것과 같은 현상을 **순수 공명**(pure resonance)이라 한다. 주어진 그림 5.1.16의 그래프는 이 경우의 전형적인 운동을 보여준다.

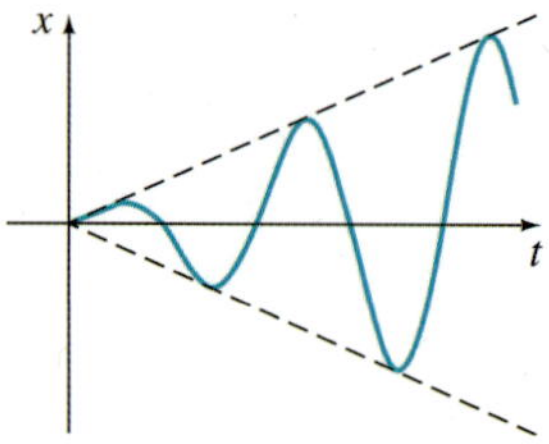

그림 5.1.16 순수 공명

결론적으로 $\gamma = \omega$에 대한 해를 구하기 위하여 (30)의 극한 과정을 활용할 필요는 없음을 참조하여야 한다. 다른 방법으로 방정식 (31)은 초깃값 문제

$$\frac{d^2x}{dt^2} + \omega^2 x = F_0\sin\omega t,\ \ x(0)=0,\ \ x'(0)=0$$

를 미정계수법이나 매개변수 변화법으로 직접 풀어서 얻을 수 있다.

용수철/질량계의 변위가 실제로 (31)과 같은 함수로 표현된다면, 운동계는 반드시 실패할 것이다. 질량이 크게 진동하면 결국 용수철이 탄성 한계를 넘어서게 된다. 또한 그림 5.1.16에 제시된 공명 모델은 항상 존재하는 감쇠력의 지연 효과를 무시하기 때문에 완전히 비현실적이라 주장할 수도 있다. 가장 작은 감쇠량을 고려했을 때 순수 공명이 발생할 수 없는 것은 사실이지만, 크고 똑같이 파괴적인 진동의 진폭($t\to\infty$ 에 따라 유계이지만)이 발생할 수 있다. 연습문제5.1의 문제47을 참조하여라.

5.1.4 아날로그 직렬회로

LRC 직렬회로 이 장의 소개에서 언급한 것처럼, 다른 많은 물리적 운동계는 감쇠력이 있는 강제운동에 관한 미분방정식과 비슷한 2계 선형 미분방정식으로 설명할 수 있다:

$$m\frac{d^2x}{dt^2} + \beta\frac{dx}{dt} + kx = f(t). \qquad (32)$$

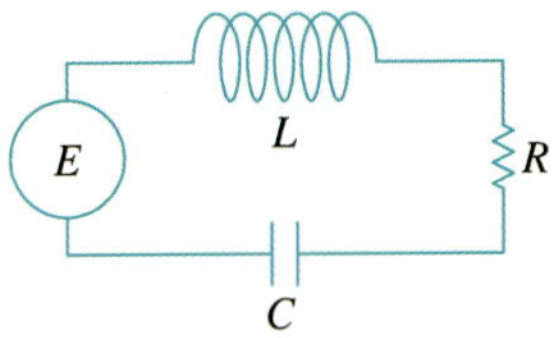

그림 5.1.17 LRC 직렬회로

만일 $i(t)$를 그림 5.1.17과 같은 LRC 직렬 전기회로의 전류라 하면, 그림 1.3.4와 같은 유도기, 저항기와 축전기를 지나가면서 전압은 떨어진다. 키르히호프(Kirchhoff)의 제2법칙에 의하여 이들 전압의 합은 회로에 부가된 전압 $E(t)$와 같다; 즉,

$$L\frac{di}{dt}+Ri+\frac{1}{C}q=E(t) \tag{33}$$

이다. 그러나 축전기의 전하 $q(t)$는 $i=\dfrac{dq}{dt}$인 전류 $i(t)$와 연관이 되어, (33)은 2계 선형 미분방정식

$$L\frac{d^2q}{dt^2}+R\frac{dq}{dt}+\frac{1}{C}q=E(t) \tag{34}$$

이 된다.

방정식 (34)의 항을 방정식 (32)의 해당 항과 비교함으로써 우리는 전하 q는 변위 x에 해당하고 인덕턴스 L은 질량 m에 해당되며 저항 R은 감쇠상수 b에 해당하고 전기용량의 역수 $\dfrac{1}{C}$는 스프링 상수 k에 해당하고, 인가된 전압 $E(t)$가 외부힘 $f(t)$에 해당한다는 것을 알 수 있다.

회로 분석에 이용되는 용어는 용수철/질량계에서 표현되는 용어와 비슷하다. 만일 $E(t)=0$이면 회로의 **전기진동**(electrical vibration)이 **자유**(free)롭다고 한다. (34)의 보조방정식이 $Lm^2+Rm+\dfrac{1}{C}=0$이므로 $R\neq 0$인 경우 판별식의 값 $R^2-\dfrac{4L}{C}$에 따라 세 가지 형태의 해가 있다. 회로가

$R^2-4L/C>0$이면 **과잉감쇠**(overdamped),
$R^2-4L/C=0$이면 **임계감쇠**(critically damped),
$R^2-4L/C<0$이면 **부족감쇠**(underdamped)

라 한다.

위의 각각의 세 가지 경우에서 (34)의 일반해는 $e^{-Rt/2L}$인수를 포함하고, $t\to\infty$이면 $q(t)\to 0$이다. 부족감쇠의 경우 $q(0)=q_0$이면 축전기의 전하가 감소함에 따라 전하는 진동한다; 다시 말하면 $t\to\infty$에 따라 축전기는 충전되고 방전된다. $E(t)=0$이고 $R=0$이면 회로는 비감쇠 되었다고 하고, t가 무한히 증가함에 따라 전기 진동은 영으로 다가가지 않는다; 이 회로의 반응은 **단순조화**(simple harmonic)이다.

예제 9 부족 감쇠 직렬 회로

$L=0.25$ henry(H), $R=10$ ohms(Ω), $C=0.001$ farad(F), $E(t)=0$, $q(0)=q_0$

coulombs(C)이고 $i(0)=0$일 때 LRC 직렬회로에서 축전기의 전하 $q(t)$를 구하여라.

풀이 ▸ $\dfrac{1}{C}=1000$이므로 방정식 (34)는

$$\frac{1}{4}q''+10q'+1000q=0 \quad \text{또는} \quad q''+40q'+4000q=0$$

이다. 이 동차방정식을 풀면 회로는 부족감쇠이며 $q(t)=e^{-20t}(c_1\cos 60t+c_2\sin 60t)$이다. 초기 조건을 적용하면, $c_1=q_0$이고 $c_2=\dfrac{1}{3}q_0$이다. 그러므로

$$q(t)=q_0e^{-20t}\left(\cos 60t+\frac{1}{3}\sin 60t\right)$$

이다. (23)을 이용하여 위의 해를

$$q(t)=\frac{q_0\sqrt{10}}{3}e^{-20t}\sin(60t+1.249)$$

라고 쓸 수 있다. ■

회로에 인가전압 $E(t)$가 있을 때 전기 진동은 **강제되었다(forced)**고 한다. 이 경우 $R\neq 0$이면, (34)의 여함수 $q_c(t)$를 **과도해(transient solution)**라 한다. $E(t)$가 주기적이거나 상수이면, (34)의 특수해 $q_p(t)$는 **안정상태 해(steady-state solution)**가 된다.

예제 10 안정상태 전류

인가전압이 $E(t)=E_0\sin\gamma t$일 때 LRC 직렬회로에서의 안정상태 해 $q_p(t)$와 **안정상태 전류**를 구하여라.

풀이 ▸ 안정상태 해 $q_p(t)$는 미분방정식

$$L\frac{d^2q}{dt^2}+R\frac{dq}{dt}+\frac{1}{C}q=E_0\sin\gamma t$$

의 특수해이다. 미정계수법을 이용하여, 특수해가 $q_p(t)=A\sin\gamma t+B\cos\gamma t$의 형태라 가정하자. 이를 미분방정식에 대입하고, 간단히 하여 계수비교를 하면

$$A=\frac{E_0\left(L\gamma-\dfrac{1}{C\gamma}\right)}{-\gamma\left(L^2\gamma^2-\dfrac{2L}{C}+\dfrac{1}{C^2\gamma^2}+R^2\right)}, \quad B=\frac{E_0R}{-\gamma\left(L^2\gamma^2-\dfrac{2L}{C}+\dfrac{1}{C^2\gamma^2}+R^2\right)}$$

이다. A와 B를 적당한 새로운 기호로 표현하는 것이 편하다.

만일 $X=L\gamma-\dfrac{1}{C\gamma}$ 라 하면, $X^2=L^2\gamma^2-\dfrac{2L}{C}+\dfrac{1}{C^2\gamma^2}$이다.

만일 $Z=\sqrt{X^2+R^2}$ 라 하면, $Z^2=L^2\gamma^2-\dfrac{2L}{C}+\dfrac{1}{C^2\gamma^2}+R^2$이다.

그러므로 $A=\dfrac{E_0X}{(-\gamma Z^2)}$이고 $B=\dfrac{E_0R}{(-\gamma Z^2)}$이므로 안정상태 전하는

$$q_p(t)=-\frac{E_0X}{\gamma Z^2}\sin\gamma t-\frac{E_0R}{\gamma Z^2}\cos\gamma t$$

이다. 안정상태 전류는 $i_p(t)=q_p{}'(t)$로 주어진다:

$$i_p(t)=\frac{E_0}{Z}\left(\frac{R}{Z}\sin\gamma t-\frac{X}{Z}\cos\gamma t\right) \tag{35}$$

예제10에서 정의된 $X=L\gamma-\dfrac{1}{C\gamma}$와 $Z=\sqrt{X^2+R^2}$를 각각 회로의 **반응저항**(reactance)과 **임피던스**(impedance)라 한다. 반응저항과 임피던스 모두 옴(ohms)으로 측정한다.

그림 5.1.18 쥐덫

그림 5.1.19 차고 문

그림 5.1.20 깨지고 있는 와인잔

그림 5.1.21 록히드 L-188 엑렉트라

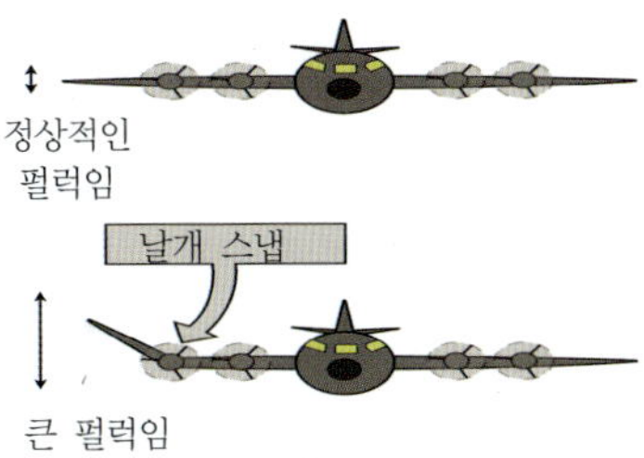

그림 5.1.22 둘로 부러지는 날개

주의

(i) 당겨지지 않고 비틀어지는 코일 용수철을 **토션 용수철**(torsion spring)이라고 한다. 토션 용수철의 수학은 기본적으로 늘어나는 용수철의 경우와 동일하다. 미분방정식

$$I\frac{d^2\theta}{dt^2}+C\frac{dtheta}{dt}+k\theta=\tau(t) \tag{36}$$

은 (24)와 유사하다. 여기서 $\theta(t)$는 비틀림 각도, $Cd\theta/dt$는 각도 감쇠, $k\theta$는 용수철에 의해 가해지는 토크(후크의 법칙의 각도 형태), $\tau(t)$는 구동 토크를 나타낸다. 토션 용수철의 간단한 예는 그림 5.1.18에 표시된 쥐덫의 용수철이다. 차고 문 개폐 장치는 문의 무게에 따라 1개 또는 2개의 토션 용수철을 사용한다. 문을 닫으면 용수철이 비틀리므로 문을 열면 용수철이 풀리면서 문을 들어 올리는 데 도움이 된다. 용수철을 그림 5.1.19에서 두 개의 문창 위에 있다.

(ii) 음향 진동은 큰 기계적 진동만큼 파괴적일 수 있다. 재즈 가수들은 낮은 와인잔의 파괴에 영향을 줄 수도 있다. 그림 5.1.20을 참조하여라. 오르간과 피콜로의 소리가 창문을 깨트리는 것으로 알려져 있다.

나팔소리가 나자 사람들은 소리치기 시작했다. 그들은 신호 경적을 듣자 엄청난 함성을 질렀다. 성벽이 무너져....(Joshua 6:20)

음향 공명의 힘으로 인해서 예리코 성벽이 무너졌습니까? 이것은 일부 현대 학자들의 추측이다.

(iii) 비행 중에 창밖을 본 적이 있다면 아마도 비행기의 날개가 완전히 단단하지 않다는 것을 보았을 것이다. 적당한 양의 굴곡이나 펄럭임은 허용될 뿐만 아니라 날개가 페퍼민트 사탕처럼 부러지는 것을 방지하는 데에도 필요하다. 1959년 말과 1960년 초에 비교적 새로운 터보프롭 록히드 L-188 엘렉트라와 관련된 두 차례의 비행기 추락 사

고가 발생했는데, 이는 대규모 기계적 진동의 파괴적인 영향을 보여준다. 그림 5.1.21을 참조하여라.

이러한 충돌의 특이한 점은 비행 중에 발생했다는 것이였다. 공중 충돌을 제외하고 비행 중 가장 안전한 시기는 비행기가 순항 고도에 도달했을 때이다. 비행기는 기동성이 가장 낮을 때, 즉 이착륙할 때 사고에 가장 취약하다는 것은 잘 알려져 있다. 따라서 비행기 두 대가 단순히 하늘에서 떨어지는 것은 비극일 뿐만 아니라 항공기 산업에 당황스러운 일이었으며 공기역학 엔지니어에게는 당혹스러운 문제였다. 이런 종류의 충돌이 발생하면 일종의 구조적 결함이 즉시 의심된다. 대규모 기술 조사 후에 문제는 결국 각 사례에서 외부 엔진과 엔진 하우징에 있는 것으로 밝혀졌다. 대략적으로 각 비행기가 약 65km/hr의 임계 속도를 초과하면 프로펠러와 엔진이 흔들리기 시작하여 엔진 하우징에 의해 억제되거나 감쇠될 수 없는 자이로스코프 힘이 발생하는 것으로 확인되었다. 이 외부 진동력은 이미 진동하는 날개로 전달되었다. 항공기 날개는 비정상적이고 과도한 힘을 견디도록 설계되었기 때문에 이것 자체가 파괴적으로 위험할 필요는 없다. (실제로 문제의 특정 날개는 믿을 수 없을 정도로 강력해서 가능한 모든 비행 조건에서 의도적으로 날개를 부러뜨리려고 시도한 테스트 엔지니어와 조종사도 그렇게 하지 못했다.) 그러나 불행하게도 엔진이 빠르게 흔들리는 짧은 시간이 지난 후, 가해진 힘의 진동수는 실제로 접근하는 위치까지 느려졌고 마침내 날개 펄럭임의 최대 진동수(초당 약 3주기)와 일치했다. 결과적으로 공명 상황은 마침내 테스트 엔지니어가 할 수 없었던 일을 달성한 것이다: 즉, 날개 펄럭임의 진폭이 날개를 부러뜨릴 만큼 커졌다. 그림 5.1.22을 참조하여라.

문제는 두 단계로 해결되었다. 이 특정 항공기의 모든 모델은 엔진 하우징을 상당히 강화(또는 보강)하여 각 항공기를 수정할 수 있을 때까지 시속 650km 미만의 속도로 비행해야만 했다. 강화된 엔진 하우징은 나중에 엔진이 흔들리는 경우에도 중요한 공명 현상을 방지할 수 있는 감쇠 효과를 제공할 수 있는 것으로 나타났다.

연습문제 5.1

5.1.1 용수철/질량계 : 자유 비감쇠 운동

1. 질량 1.8kg의 물체가 용수철상수가 16N/m인 용수철에 매달려 있다. 단순조화운동의 주기는 얼마인가?

2. 질량 20kg의 물체가 용수철에 매달려 있다. 만일 단순조화운동의 진동수가 $2/\pi$ cycles/s이라면 용수철상수 k는 얼마인가? 원래 매달린 물체를 80kg의 물체로 바꾸었을 때의 단순조화운동의 진동수는 얼마인가?

3. 질량 7.35N의 물체가 용수철의 강성이 72N/m인 용수철의 끝에 매달려 있다. 처음 평형위치에서 0.25m 위인 지점에서 정지 상태인 물체를 놓았다. 운동방정식을 구하여라.

4. 만일 문제3에서 물체가 아래로 향하는 속도 2m/s로 평형위치에서 놓아졌을 때의 운동방정식을 구하여라.

5. 질량 0.625kg의 물체가 용수철의 강성이 40N/m인 용수철에 매달려 있다. 정지 상태인 이 물체가 평형위치의 0.5m 아래 지점에서 놓아졌다.

(a) 시간 $t=\pi/12$, $\pi/8$, $\pi/6$, $\pi/4$와 $9\pi/32$s에서 물체의 위치를 구하여라.

(b) $t=3\pi/16$s일 때 물체의 속도는 얼마인가? 이 순간에 물체가 향한 방향은 어느 쪽인가?

(c) 물체가 평형위치를 지나는 시간은 언제인가?

6. 400N의 힘이 용수철을 2m 늘어나게 한다. 50kg의 물체가 용수철 끝에 매달려 있고 평형위치에서 위쪽으로 10m/s의 속도로 놓아졌다. 운동방정식을 구하여라.

7. 용수철상수가 20N/m인 다른 용수철이 문제6의 용수철/질량계와 같은 단단한 구조물에 평행하게 매달려 있다. 질량 20kg의 물체가 두 번째 용수철에 매달려 있고 두 개의 물체 모두 위쪽으로 향하는 속도 10m/s로 평형위치에서 처음 놓아졌다.

(a) 어떤 물체가 운동의 진폭이 더 큰가?

(b) 어떤 물체가 시간 $t=\pi/4$s에서 더 빨리 움직이는가? 시간 $t=\pi/2$s에서는?

(c) 두 물체가 같은 위치에 있을 때는 언제인가? 이때 물체는 어디에 있는가? 물체들은 어떤 방향으로 움직이는가?

8. 무게 32N의 물체가 용수철을 2m 늘어나게 한다. 최초 물체가 평형위치 1m 위 지점에서 위쪽으로 2m/s의 속도를 갖도록 놓아질 때 운동의 주기와 진폭을 구하여라. 4π초까지 물체는 몇 번의 완전한 사이클을 만드는가?

9. 질량 9.8N의 물체가 용수철에 매달려 있다. 움직일 때, 용수철/질량계는 단순조화운동을 나타낸다.

(a) 용수철상수가 1N/m이고 물체를 평형위치 아래 0.5m 지점에서 아래쪽으로 속도 1.5m/s로 놓았을 때의 운동방정식을 구하여라.

(b) (6)에서 주어진 형태로 운동방정식을 나타내어라.

(c) (6')에서 주어진 형태로 운동방정식을 나타내어라.

10. 무게 10N의 물체가 용수철을 $\frac{1}{4}$m 늘어나게 한다. 물체를 떼어내고 무게가 1.6kg인 물체를 아래쪽으로 속도 $\frac{5}{4}$m/s로 하여 평형위치에서 $\frac{1}{3}$m 위인 지점에 처음 놓았다.

(a) (6)에서 주어진 형태로 운동방정식을 나타내어라.

(b) (6')에서 주어진 형태로 운동방정식을 나타내어라.

(c) (a)와 (b)에서 얻은 해 중 하나를 이용하여 평형위치 아래의 변위가 수치적으로 운동 진폭의 $\frac{1}{2}$이 되는 시간을 구하여라.

11. 질량 19.6N의 물체가 용수철을 9.8cm 늘어나게 한다. 물체는 처음 아래쪽으로 속도 5m/s로 하여 평형위치 위 $-\frac{2}{3}$m 지점에서 놓아졌다.

(a) 운동방정식을 구하여라.

(b) 운동의 진폭과 주기는 얼마인가?

(c) 3π초 후에 물체는 몇 번의 완전한 사이클을 만드는가?

(d) 물체는 두 번째로 아래로 향하는 평형 위치를 통과하는 시간은 언제인가?

(e) 물체는 평형 위치의 양쪽에서 극변위를 갖는 시점은 언제인가?

(f) $t=3$s일 때의 물체의 위치는 어디인가?

(g) $t=3$s일 때의 순간 속도는 얼마인가?

(h) $t=3$s일 때의 가속도는 얼마인가?

(i) 물체가 평형위치를 지날 때의 순간속도는 얼마인가?

(j) 물체가 평형위치 아래 5m 지점에 있을 때는 언제인가?

(k) 물체가 평형위치 아래 5m 지점에서 위로 향할 때는 언제인가?

12. 질량 1kg의 물체가 용수철상수 9N/m인 용수철에 매달려 있다. 물체가 위로 향하는 속도 $\sqrt{3}$m/s로 평형위치 1m 위 지점에서 놓아졌다. 물체가 속도 3m/s로 아래로 향할 때의 시간을 구하여라.

13. 20lb의 물체가 한 용수철은 6in 다른 하나의 용수철은 2in 늘어나게 한다. 두 용수철은 그림 5.1.5와 같이 동일한 단단한 고정대에 평행하게 매달려 있다. 이 이중 용수철 운동계의 유효 용수철상수를 구하여라. 물체를 아래로 향하는 속도 3ft/s로 평형위치에서 처음 놓았을 때의 운동방정식을 구하여라.

14. 어떤 물체가 한 용수철을 $\frac{1}{3}$m 다른 용수철을 $\frac{1}{2}$m 늘어나게 했다. 두 개의 용수철이 그림 5.1.5에서 처럼 단단한 고정대에 평행하게 매달려 있다. 처음 물체를 놔두고 질량 8N인 물체를 이중용수철 장치에 매달고 움직이기 시작했다. 만일 운동 주기가 $\pi/15$초이면 처음 물체의 질량은 얼마인가?

15. 그림 5.1.6과 같이 용수철이 일렬로 연결되어 있다고 가정하고, 문제13을 다시 풀어라.

16. 그림 5.1.6과 같이 용수철이 일렬로 연결되어 있다고 가정하고, 문제14를 다시 풀어라.

17. 두 용수철이 용수철상수 k를 가질 때 그림 5.1.5와 같은 평행-용수철계의 유효 용수철상수를 구하여라. 이 결과를 물리적으로 설명하여라.

18. 두 용수철이 용수철상수 k를 가질 때 그림 5.1.6과 같은 직렬-용수철계의 유효 용수철상수를 구하여라. 이 결과를 물리적으로 설명하여라.

19. 용수철/질량계의 모델이 $4x'' + e^{-0.1t}x = 0$이다. 미분방정식만 보고 긴 시간 동안의 이 용수철/질량계의 움직임에 대하여 논하여라.

20. 용수철/질량계의 모델이 $4x'' + tx = 0$이다. 미분방정식만 보고 오랜 시간 동안의 이 용수철/질량계의 움직임에 대하여 논하여라.

5.1.2 용수철/질량계 : 자유감쇠운동

(21–24) 주어진 그림은 감쇠 용수철/질량계의 운동방정식의 그래프를 나타낸 것이다. 그래프를 보고

(a) 초기 변위가 평형위치보다 높거나 낮은지 그리고

(b) 물체는 처음 정지 상태에서 놓아졌는지, 아래로 향하는지 또는 위로 향하는지를 결정하여라.

21.

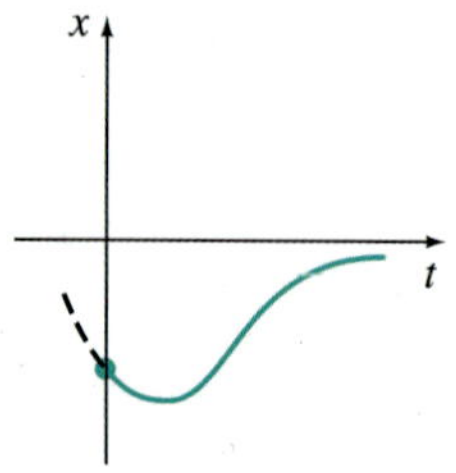

그림 5.1.23 문제21의 그래프

22.

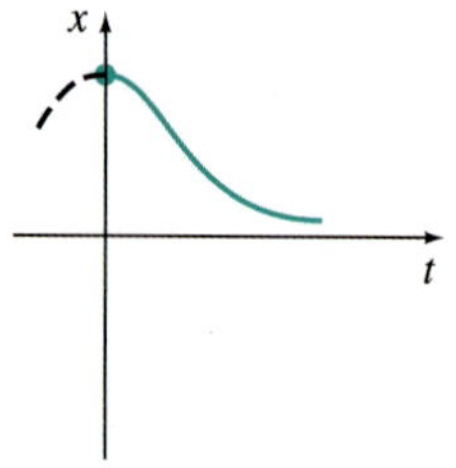

그림 5.1.24 문제22의 그래프

23.

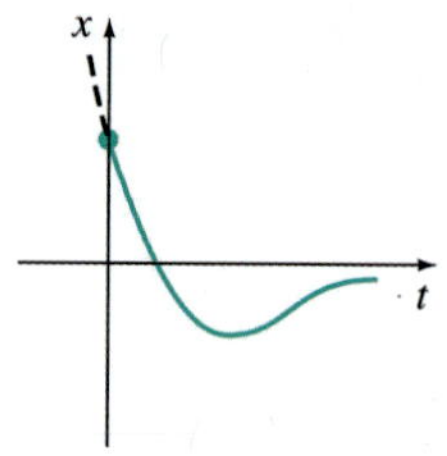

그림 5.1.25 문제23의 그래프

24.

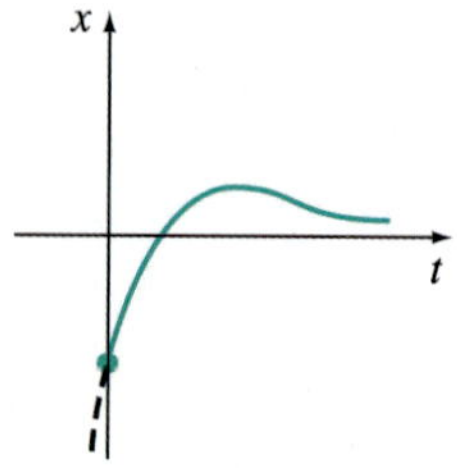

그림 5.1.26 문제24의 그래프

25. 1.225N의 물체가 용수철상수가 2N/m인 용수철에 매달려 있다. 매질은 순간 속도와 수치적으로 같은 감쇠력을 생기게 한다. 이 물체가 아래로 향하는 속도 8m/s로 평형위치에서 1m 위 지점에서 처음으로 놓아졌다. 이 물체가 평형위치를 지나는 시간을 구하여라. 물체가 평형위치로부터 극 변위를 가지는 시간을 구하여라. 이 순간의 물체의 위치는 어디인가?

26 4m의 용수철에 질량 8N의 물체를 매달면 길이가 8m가 된다. 물체가 움직이는 동안 매질은 수치적으로 순간 속도의 $\sqrt{2}$ 배인 감쇠력이 생기게 한다. 아래로 향하는 속도 5m/s로 평형위치에서 물체를 처음 놓았을 때의 운동방정식을 구하여라. 물체가 평형위치로부터 극 변위가 되는 시간을 구하여라. 이 순간의 물체의 위치는 어디인가?

27. 질량 1kg의 물체가 용수철상수가 16N/m인 용수철에 매달려 있고 전체 장치는 수치적으로 순간 속도의 10배와 같은 감쇠력을 전하는 액체에 잠겨 있다. 다음의 운동방정식을 구하여라.

(a) 물체가 평형위치 1m 아래 지점에서 처음 정지 상태에서 놓아졌을 때

(b) 물체가 위로 향하는 속도 12m/s로 평형위치 1m 아래 지점에서 처음 놓아졌을 때

28. 문제27의 (a)와 (b)에서 물체가 평형위치를 지나는지를 결정하여라. 각각의 경우에서 물체가 평형위치로부터 극 변위가 되는 시간을 구하여라. 이 순간 물체의 위치는 어디인가?

29. 2N의 힘이 용수철을 1m 늘어나게 한다. 무게 0.98N의 물체가 용수철에 매달려 있고 이 장치는 수치적으로 순간 속도의 0.4배와 같은 감쇠력을 생기게 하는 매질에 잠겨있다.

(a) 물체가 평형위치 1m 위 지점 정지 상태에서 처음 놓아졌을 때의 운동방정식을 구하여라.

(b) (23)에서 주어진 형태로 운동방정식을 나타내어라.

(c) 물체가 위로 향하며 평형위치를 지나는 처음 시점을 구하여라.

30. 무게 10N의 물체를 5m의 용수철에 매달았더니 용수철이 7m가 되었다. 이 물체를 떼어내고 무게 8N의 다른 물체를 매달았다. 전체 장치를 수치적으로 순간 속도와 같은 감쇠력을 생기게 하는 매질에 놓았다.

(a) 물체를 아래로 향하는 1m/s의 속도로 평형위치 $\frac{1}{2}$m 아래의 지점에서 처음 놓았을 때의 운동방정식을 구하여라.

(b) (23)에서 주어진 형태로 운동방정식을 나타내어라.

(c) 물체가 아래로 향하며 평형위치를 지나는 시점을 구하여라.

(d) 운동방정식의 그래프를 그려라.

31. 무게 10lb의 물체가 용수철을 2ft 늘어나게 한다. 물체는 수치적으로 순간 속도의 β $(\beta>0)$배와 같은 감쇠력이 생기는 완충 제어 장치 판 (Dashpot board)에 달려 있다. 후속 운동이 (a) 과잉감쇠 (b) 임계감쇠 (c) 부족감쇠가 되도록 감쇠상수 β의 값을 구하여라.

32. 24N의 물체가 용수철을 4m 늘어나게 했다. 후속 운동이 수치적으로 순간 속도의 β $(\beta>0)$배와 같은 감쇠력을 주는 매질 안에서 일어난다. 만일 물체가 위쪽으로 향하는 속도 2m/s로 평형위치에서 놓아진다면 $\beta>3\sqrt{2}$일 때의 운동방정식이

$$x(t)=\frac{-3}{\sqrt{\beta^2-18}}e^{-2\beta t/3}\sinh\frac{2}{3}\sqrt{\beta^2-18t}$$

가 됨을 보여라.

5.1.3 용수철/질량계 : 강제운동

33. 질량 9.5kg의 물체가 용수철의 강성이 6N/m인 용수철에 매달려 있다. 물체가 평형위치 아래 2m인 지점 정지 상태에서 처음 놓아지고 후속 운동이 수치적으로 순간 속도의 $\frac{1}{2}$배와 같은 감쇠력이 생기는 매질 안에서 일어난다. 물체에 $f(t)=10\cos 3t$와 같은 외부 힘이 가해졌을 때 운동방정식을 구하여라.

34. 질량 1kg의 물체가 용수철상수 5N/m인 용수철에 매달려 있다. 처음 물체가 아래로 향하는 속도 5m/s로 평형위치 아래 1m인 지점에서 놓아져 후속 운동이 수치적으로 순간 속도의 2배와 같은 감쇠력이 생기는 매질 안에서 일어난다.

(a) 물체에 $f(t)=12\cos 2t+3\sin 2t$인 외부 힘이 가해졌을 때 운동방정식을 구하여라.

(b) 과도 상태와 안정 상태의 해의 그래프를 같은 좌표평면에 그려라.

(c) 운동방정식의 그래프를 그려라.

35. 용수철에 매달린 질량 1kg의 물체가 용수철의 강성이 16 N/m인 용수철에 매달린 후 평형위치에서 멈추었다. $t=0$에서 시작하여 $f(t)=8\sin 4t$인 외부 힘이 이 운동계에 작용되었다. 주변 매질이 수치적으로 순간 속도의 8배와 같은 감쇠력을 줄 때 운동방정식을 구하여라.

36. 문제35에서 외부 힘이 $f(t)=e^{-t}\sin 4t$일 때 운동방정식을 구하여라. $t\to\infty$에 대한 변위를 분석하여라.

37. 질량 2kg의 물체가 용수철상수 32N/m인 용수철에 매달려 있을 때 평형위치에서 정지한다. $t=0$일 때 시작하여 $f(t)=68e^{-2t}\cos 4t$인 외부 힘이 이 운동계에 작용된다. 감쇠가 없을 때의 운동방정식을 구하여라.

38. 문제37에서 운동방정식을 $x(t)=A\sin(\omega t+\phi)+Be^{-2t}\sin(4t+\theta)$의 형태로 써라. 아주 오랜 시간 후 진동의 진폭은 얼마인가?

39. 질량 m인 물체가 용수철상수가 k인 용수철 끝에 매달려 있다. 물체가 평형위치에 도달한 후 고정대가 수평선 L과 수직으로 수식 $h(t)$에 따라서 진동하기 시작하였다. h의 값은 L로부터 거리를 미터로 측정한 값을 나타낸다. 그림 5.1.27을 참조하여라.

(a) 전체 운동계가 감쇠력이 수치적으로 $\beta(dx/dt)$와 같은 매질에서 움직일 때의 운동에 대한 미분방정식을 구하여라.

(b) 만일 무게 0.5kg의 물체가 용수철의 강성이 4N/m 이고 $\beta=2$, $h(t)=5\cos t$, $x(0)=x'(0)=0$일 때 (a)의 미분방정식을 풀어라.

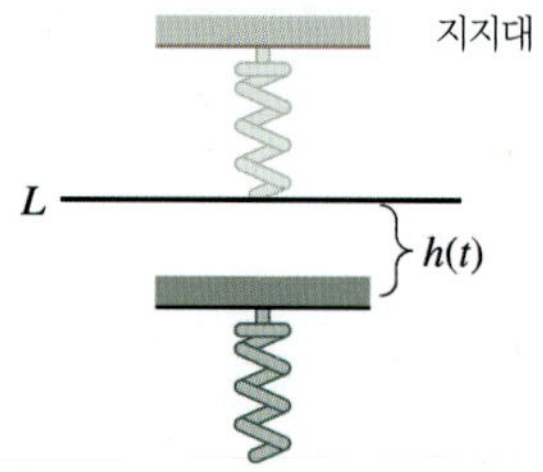

그림 5.1.27 문제39의 진동하는 지지대

40. 질량 100g인 물체가 용수철상수 1600dyne/cm인 용수철에 매달려 있다. 물체가 평형에 도달한 후, 그 고정대가 수식 $h(t)=\sin 8t$에 따라 진동한다. 여기서 h는 처음 위치로부터의 변위를 나타낸다. 문제39와 그림 5.1.27을 참조하여라.

(a) 감쇠가 없는 상태에서 물체가 정지 상태로 평형위치에서 움직이기 시작하는 경우의 운동방정식을 구하여라.

(b) 물체가 평형위치를 통과하는 시점은 언제인가?

(c) 물체가 극 변위를 갖는 시점은 언제인가?

(d) 최대와 최소 변위는 얼마인가?

(e) 운동방정식의 그래프를 그려라.

(41–42) 주어진 미분방정식을 모델로 하는 용수철/질량계를 말로 설명하여라. 모든 상수는 양수라고 가정한다.

41. $m\dfrac{d^2x}{dt^2}+\beta\dfrac{dx}{dt}+ke^{-\alpha t}x=f(t)$

42. $m\dfrac{d^2x}{dt^2}+\beta\dfrac{dx}{dt}+(k_1+(k-k_1)e^{-\alpha t})x=A\cos 2\pi t,$

$0<k_1<k$

(43–44) 문제43과 44에서는 주어진 초깃값 문제를 풀어라.

43. $\dfrac{d^2x}{dt^2}+4x=-5\sin 2t+3\cos 2t,$

$x(0)=-1,\ x'(0)=1$

44. $\dfrac{d^2x}{dt^2}+9x=5\sin 3t,\ x(0)=2,\ x'(0)=0$

45. (a) 초깃값 문제

$$\frac{d^2x}{dt^2}+\omega^2x=F_0\cos\gamma t,\ x(0)=0,\ x'(0)=0$$

의 해가 $x(t)=\dfrac{F_0}{\omega^2-\gamma^2}(\cos\gamma t-\cos\omega t)$ 임을 보여라.

(b) $\lim\limits_{\gamma\to\omega}\dfrac{F_0}{\omega^2-\gamma^2}(\cos\gamma t-\cos\omega t)$의 값을 구하여라.

46. 외부력이 $F_0\cos\omega t$일 때 문제45의 (b)에서 얻어진 결과와 매개변수 변화법을 사용하여 얻어진 해를 비교하여라.

47. (a) 문제45의 (a)에서 주어진 $x(t)$가

$$x(t)=\frac{-2F_0}{\omega^2-\gamma^2}\sin\frac{1}{2}(\gamma-\omega)t\sin\frac{1}{2}(\gamma+\omega)t$$

의 형태로 쓸 수 있음을 보여라.

(b) 만일 $\epsilon=\dfrac{1}{2}(\gamma-\omega)$라 하면 ϵ이 작을 때 근사해가

$$x(t)=\frac{F_0}{2\epsilon\gamma}\sin\epsilon t\sin\gamma t$$

임을 보여라. ϵ이 작을 때, 가해진 힘의 진동수 $\gamma/2\pi$는 자유진동의 진동수 $\omega/2\pi$에 가깝다. 이것이 발생하면 운동은 그림 5.1.28과 같다. 이런 경우의 진동을 **맥놀이**(beat)라 하고 $\sin\epsilon t$의 진동수는 $\sin\gamma t$의 진동수에 비해 매우 작기 때문에 발생한다. 점으로 표시된 곡선 또는 그래프 $x(t)$를 감싼 곡선은 $\pm(F_0/2\epsilon\gamma)\sin\epsilon t$의 그래프에서 얻었다. F_0, ϵ,γ의 다양한 값에 대하여 그래프를 그리는 도구를 사용하여 그림 5.1.28의 그래프를 확인하여라.

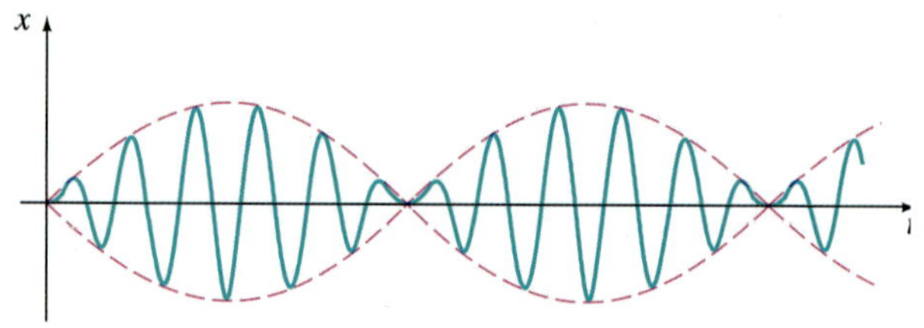

그림 5.1.28 문제47의 맥놀이 현상

컴퓨터 실습 과제

48. 문제45 (a)의 모델에 감쇠력이 더해졌을 때 맥놀이가 존재할 수 있는가?

$$\frac{d^2x}{dt^2}+2\lambda\frac{dx}{dt}+\omega^2x=F_0\cos\gamma t,\ x(0)=0,\ x'(0)=0$$

의 양함수 해의 그래프 또는 수치적 해결도구를 사용하여 얻은 해곡선으로부터 답을 정당화하여라.

49. (a) $\dfrac{d^2x}{dt^2}+2\lambda\dfrac{dx}{dt}+\omega^2x=F_0\sin\gamma t$의 일반해가

$$x(t)=Ae^{-\lambda t}\sin(\sqrt{\omega^2-\lambda}\,t+\phi)$$

$$+\frac{F_0}{\sqrt{(\omega^2-\lambda^2)^2+4\lambda^2\gamma^2}}\sin(\gamma t+\theta)$$

임을 보여라. 여기서 $A=\sqrt{c_1^2+c_2^2}$ 이고 위상각 ϕ, θ는 각각 $\sin\phi=c_1/A$, $\cos\phi=c_2/A$이며

$$\sin\theta=\frac{-2\lambda\gamma}{\sqrt{(\omega^2-\gamma^2)^2+4\lambda^2\gamma^2}},$$

$$\cos\theta=\frac{\omega^2-\gamma^2}{\sqrt{(\omega^2-\gamma^2)^2+4\lambda^2\gamma^2}}$$

이다.

(b) (a)의 해는 $x(t)=x_c(t)+x_p(t)$의 형태를 갖는다. $x_c(t)$는 과도항 임을 보이고 시간인 큰 경우 해는 $x_p(t)=g(\gamma)\sin(\gamma t+\theta)$로 근사함을 보여라. 여기서

$$g(\gamma)=\frac{F_0}{\sqrt{(\omega^2-\gamma^2)^2+4\lambda^2\gamma^2}}$$

이다. $x_p(t)$의 진폭 $g(\gamma)$는 $t\to\infty$함에 따라 유계하지만 최대 진동은 $\gamma_1=\sqrt{\omega^2-2\lambda^2}$ 의 값에서 발생함을 보여라. g의 최댓값은 얼마인가? 실수 $\sqrt{\omega^2-2\lambda^2}/2\pi$를 이 운동계의 **공명진동수**(resonance frequency)라 한다.

(c) $F_0=2$, $m=1$, $k=4$일 때 g는

$$g(\gamma)=\frac{2}{\sqrt{(4-\gamma^2)^2+\beta^2\gamma^2}}$$

이 된다. 감쇠계수가 $\beta=2$, $\beta=1$, $\beta=\frac{3}{4}$, $\beta=\frac{1}{2}$, $\beta=\frac{1}{4}$에 대응되는 γ_1과 $g(\gamma_1)$의 값에 대한 표를 작성하여라. 그래프를 그리는 도구를 활용하여 각각의 감쇠계수에 대응하는 g의 그래프를 그려라. 같은 좌표축에 그려라. 이 그래프의 집합족을 이 운동계의 **공명곡선**(resonance curve) 또는 **진동수 반응곡선**(frequency response curve)이라 한다. $\beta\to 0$에 따라 γ_1은 어떤 값으로 가까워지는가? $\beta\to 0$에 따라 공명곡선은 어떻게 되는가?

50. 다음과 같은 초깃값 문제로 설명되는 비감쇠 용수철/질량계에 대해 생각해 보자.

$$\frac{d^2x}{dt^2}+\omega^2x=F_0\sin^n\gamma t,\ x(0)=0,\quad x'(0)=0$$

(a) $n=2$에 대하여 이 운동계가 순수 공명 상태에 있을 때 단일 진동수 $\gamma_1/2\pi$가 존재하는 이유를 설명하여라.

(b) $n=3$에 대하여 이 운동계가 순수 공명 상태에 있을 때 두 개의 진동수 $\gamma_1/2\pi$와 $\gamma_2/2\pi$가 존재하는 이유를 설명하여라.

(c) $\omega=1$이고 $F_0=1$이라 하자. (a)에서 $n=2$이고 $\gamma=\gamma_1$에 대한 초깃값 문제의 해 그래프를 수치적 해결도구를 활용하여 그려라. (b)에서 $n=3$이고 $\gamma=\gamma_1$ 및 $\gamma=\gamma_2$에 해당되는 초깃값 문제의 해 그래프를 그려라.

5.1.4 아날로그 직렬회로

51. $L=0.05\text{H}$, $R=2\Omega$, $C=0.01\text{F}$, $E(t)=0\text{V}$, $q(0)=5\text{C}$, $i(0)=0\text{A}$일 때 $t=0.01\text{s}$에서 LRC 직렬회로 축전기의 전하를 구하여라. 축전기의 전하가 처음으로 영이 되는 시간을 구하여라.

52. $L=\frac{1}{4}\text{H}$, $R=20\Omega$, $C=\frac{1}{300}\text{F}$, $E(t)=0\text{V}$, $q(0)=4\text{C}$, $i(0)=0\text{A}$일 때 LRC 직렬회로 축전기의 전하를 구하여라. 축전기의 전하가 0과 같을 수 있는가?

(53–54) 축전기의 전하와 주어진 LRC 직렬회로의 전류를 구하여라. 축전기의 최대 전하를 구하여라.

53. $L=\frac{5}{3}\text{H}$, $R=10\Omega$, $C=\frac{1}{30}\text{f}$, $E(t)=300\text{V}$, $q(0)=0\text{C}$, $i(0)=0\text{A}$

54. $L=1\text{H}$, $R=100\Omega$, $C=0.0004\text{f}$, $E(t)=30\text{V}$, $q(0)=0\text{C}$, $i(0)=2\text{A}$

55. $L=1\text{H}$, $R=2\Omega$, $C=0.25\text{f}$, $E(t)=50\cos t\text{V}$일 때 LRC 직렬회로의 안정 상태의 전하와 안정 상태의 전류를 구하여라.

56. 예제10의 LRC 직렬회로의 안정 상태의 전류의 증폭은 E_0/Z로 주어짐을 보여라. 여기서 Z는 회로의 임피던스이다.

57. 문제56을 이용하여 $L=\frac{1}{2}\text{H}$, $R=20\Omega$, $C=0.001\text{f}$, $E(t)=100\sin 60t\text{V}$일 때 LRC 직렬회로의 안정 상태의 전류가 $i_p(t)=4.160\sin(60t-0.588)$가 됨을 보여라.

58. $L=\frac{1}{2}\text{H}$, $R=20\Omega$, $C=0.001\text{f}$, $E(t)=100,\ \sin 60t+200\cos 40t\text{V}$일 때 LRC 직렬회로의 안정 상태의 전류를 구하여라.

59. $L=\frac{1}{2}\text{H}$, $R=10\Omega$, $C=0.01\text{f}$, $E(t)=150\text{V}$, $q(0)=1\text{C}$,

$i(0)=0$A일 때 LRC 직렬회로 축전기의 전하를 구하여라. 긴 시간 후의 축전기의 전하는 얼마인가?

60. 만일 L, R, C, E_0이 상수이면 예제10에서의 안정 상태의 전류의 증폭이 $\gamma=1/\sqrt{LC}$일 때 최대가 됨을 보여라. 최대 증폭은 얼마인가?

61. L, R, E_0, γ가 상수이면 예제10에서 안정 상태의 전류의 증폭은 전기용량이 $C=1/L\gamma^2$일 때 최대임을 보여라.

62. $L=0.1$H, $C=0.1$f, $E(t)=100\sin\gamma t$V, $q(0)=0$C이고 $i(0)=0$A일 때 축전기의 전하와 LC회로의 전류를 구하여라.

63. $E(t)=E_0\cos\gamma t$, V$q(0)=q_0$C이고 $i(0)=i_0$A일 때, 축전기의 전하와 LC회로의 전류를 구하여라.

64. 문제63에서 회로가 공명일 때의 전류를 구하여라.

5.2 선형모델 : 경곗값 문제

소개 앞 절은 2계 수학적 모델의 초기 조건, 즉 한 점에서 미지의 함수와 그 함수에 대한 1계 도함수의 값이 지정되는 조건이 수반되는 운동계를 다루었다. 그러나 가끔 물리적 운동계에 대한 수학적 설명에서는 경계 조건, 즉 미지의 함수와 그 함수의 도함수 중 하나, 심지어 두 개(또는 그 이상)의 다른 지점에서 미지의 함수와 그 도함수 중 하나의 선형 조합에 대해 지정된 조건을 동반한 선형 미분방정식을 풀어야 한다.

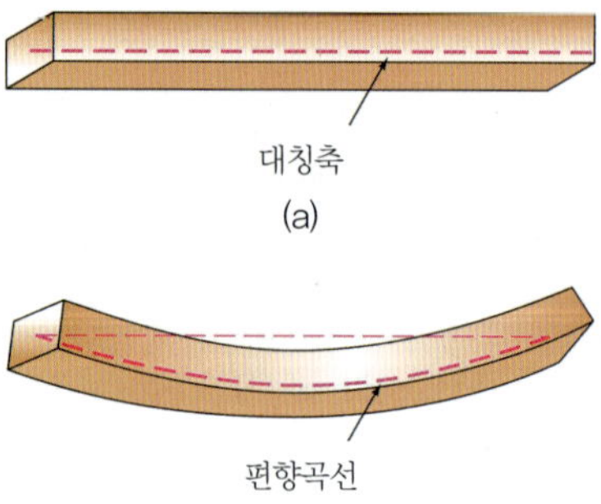

그림 5.2.1 균일한 빔의 편향

빔의 편향 많은 구조물은 대들보 또는 빔을 사용하여 건설되며 이 빔들은 그들 자체의 무게나 어떤 외부 힘의 영향으로 휘거나 뒤틀어진다. 이제 살펴보겠지만, 이 편향 $y(x)$는 상대적으로 간단한 4계 선형 미분방정식에 의해 좌우된다.

우선 길이 L인 빔이 동질이며 길이의 단면이 균일하다고 가정하자. 빔의 하중(무게 포함)이 없을 경우 모든 단면의 중심을 연결하는 곡선은 **대칭축**(axis of symmetry)이라 불리는 직선이다. 그림 5.2.1(a)를 참조하여라. 부하가 빔에 대칭축을 포함한 수직 평면에서 가해지면 그림 5.2.1(b)와 같이 빔은 비틀어지며, 이때 단면의 모든 중심을 연결한 곡선을 **편향곡선**(deflection curve) 또는 **탄성곡선**(elastic curve)이라 한다. 편향곡선은 빔의 모양과 유사하다. x축이 대칭축과 같고 그 축으로부터 측정한 편향 $y(x)$가 아래쪽으로 향하면 양수라 가정하자. 탄성학에서 빔을 따라 한 점 x에서의 휨 모멘트 $M(x)$는 방정식

$$\frac{d^2M}{dx^2}=w(x) \tag{1}$$

에 의해 단위 길이 당 부하 $w(x)$와 관련이 있음을 보여준다. 게다가 휨 모멘트 $M(x)$는 탄성곡선의 곡률 κ에 비례한다.

$$M(x)=EI\kappa \tag{2}$$

여기서 E와 I는 상수이다; E는 빔의 물질에 대한 영(Young)의 탄성률이고 I는 빔 단면의 (중립축이라 알려진 축에 의한) 관성모멘트이다. 곱 EI을 빔의 **굽힘 강성률**(flexural rigidity)이라 한다.

미적분학으로부터, 곡률은 $\kappa=\dfrac{y''}{[1+(y')^2]^{\frac{3}{2}}}$로 주어진다. 편향 $y(x)$가 작고 기울기가 $y'(0)\approx 0$이면 $[1+(y')^2]^{\frac{3}{2}}\approx 1$이다. 만약 $\kappa\approx y''$라 하면 방정식 (2)는 $M=EIy''$가 된다. 이 마지막 표현식의 2계 도함수는

$$\frac{d^2M}{dx^2}=EI\frac{d^2}{dx^2}y''=EI\frac{d^4y}{dx^4} \tag{3}$$

이다. (1)의 주어진 결과를 이용하여 (3)의 $\dfrac{d^2M}{dx^2}$를 대체하면 편향 $y(x)$는 4계 미분방정식

$$EI\frac{d^4y}{dx^4}=w(x) \tag{4}$$

을 만족함을 알 수 있다.

그림 5.2.2 다이빙 보드

방정식 (4)와 관련된 경계 조건은 빔의 양 끝이 어떻게 지지되는지에 따라 달라진다. 외팔보 빔은 한 쪽 끝은 **박혀**(embedded) 있거나 **고정**(clamped)되어져 있고 다른 한 쪽은 **자유**(free)롭다. 수영장 다이빙 보드는 외팔보 빔으로 간주될 수 있다. 그림 5.2.2를 참조하여라. 뻗은 팔, 비행기 날개와 발코니 등이 이런 빔의 일반적인 예이지만 나무, 깃대, 고층 건물과 조지 워싱턴(George Washington) 기념비도 한 쪽 끝이 파묻혀 있고 바람의 힘에 구부러지는 힘이 있으므로 외팔보와 같은 역할을 할 수 있다. 외팔보에 대하여서는 편향 $y(x)$는 매립된 끝 $x=0$지점에서 다음 두 조건을 만족하여야만 한다:

- 편향이 없기 때문에 $y(0)=0$이고
- 편향곡선이 x축에 접하기 때문에 (다시 말하면 편향곡선의 기울기가 이 점에서 영이기 때문에) $y'(0)=0$이다.

  $x=L$에서 자유로운 끝 지점의 조건은
- 휨 모멘트가 영이기 때문에 $y''(L)=0$이고
- 층 밀리기 힘이 영이기 때문에 $y'''(L)=0$이다.

(a) 양 끝이 박혀있음

(b) 외팔보빔 : 왼쪽 끝이 박혀 있고 오른쪽 끝은 자유로움

(c) 양쪽 끝이 단순히 걸쳐짐

그림 5.2.3 양 끝의 상태가 여러 가지인 빔

함수 $F(x)=\dfrac{dM}{dx}=EI\dfrac{d^3y}{dx^3}$을 **층 밀리기 힘**(shear force)이라 부른다. 빔의 한 쪽 끝은 **단순지지**(simply supported) 되거나 **경첩식인**(hinged) (또한 **핀지지**(pin supported) 또는 지레받침지지(fulcrum supported)라고 하는) 지지로 연결된 경우 그러면 그 끝에서 $y=0$과 $y''=0$이여야만 한다. 표 5.2.1은 (4)와 관련된 경곗값 조건을 요약한 것이다. 그림 5.2.3을 참조하여라.

표 5.2.1

빔의 양 끝	경곗값 조건
끼워짐	$y=0,\ y'=0$
자유로움	$y''=0,\ y'''=0$
간단히 걸쳐짐 또는 경첩에 달림	$y=0,\ y''=0$

예제 1 박혀있는 빔

길이 L인 빔의 양쪽 모두 박혀 있다. 만일 일정한 부하 w_0이 빔 길이를 따라 균등하게 걸릴 때(즉 $w(x)=w_0,\ 0<x<L$), 빔의 편향을 구하여라.

풀이 (4)로부터 편향 $y(x)$는

$$EI\frac{d^4y}{dx^4}=w_0$$

를 만족한다. 빔은 왼쪽 끝 ($x=0$)과 오른쪽 끝 ($x=L$) 모두 박혀있으므로 수직 편향은 없고 편향직선은 이들 점에서 수평이 된다. 그러므로 경계 조건은

$$y(0)=0,\ y'(0)=0,\ y(L)=0,\ y'(L)=0$$

이다. 우리는 일반적인 방법으로 비동차 미분방정식을 풀 수 있거나 ($m=0$이 보조방정식 $m^4=0$의 중복도 4인 근이 되므로 y_c를 구하고 미정계수법으로 특수 해 y_p를 구한다.) 또는 단순히 $\frac{d^4y}{dx^4}=\frac{w_0}{EI}$를 4번 연속하여 적분한다. 어떤 방법이든 방정식의 일반해 $y=y_c+y_p$는

$$y(x)=c_1+c_2x+c_3x^2+c_4x^3+\frac{w_0}{24EI}x^4$$

가 된다. 이제 조건 $y(0)=0,\ y'(0)=0$은 차례로 $c_1=0$이고 $c_2=0$인 반면 나머지 조건 $y(L)=0,\ y'(L)=0$을 $y(x)=c_3x^2+c_4x^3+\frac{w_0}{24EI}x^4$에 적용하면 연립방정식

$$c_3L^2+c_4L^3+\frac{w_0}{24EI}L^4=0,$$

$$2c_3L+3c_4L^2+\frac{w_0}{6EI}L^3=0$$

을 얻는다. 이 연립방정식을 풀면 $c_3=\frac{w_0L^2}{24EI}$이고 $c_4=-\frac{w_0L}{12EI}$이다. 그러므로 편향은

$$y(x)=\frac{w_0L^2}{24EI}x^2-\frac{w_0L}{12EI}x^3+\frac{w_0}{24EI}x^4$$

또는 $y(x)=\frac{w_0L^2}{24EI}x^2(x-L)^2$이다. $w_0=24EI$이고 $L=1$이라 하면 편향곡선은 그림 5.2.4가 된다. ■

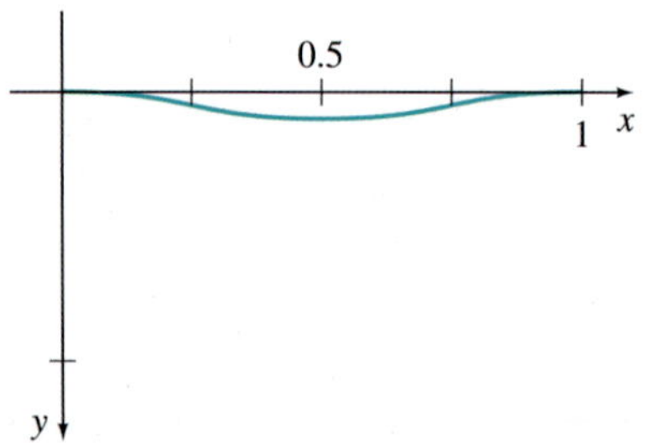

그림 5.2.4 예제1의 BVP에 대한 편향곡선

두 점 경곗값 문제로 설명되는 물리적 시스템인 저항하지 않는 빔에 대한 논의에서는 종종 2계 미분방정식이 포함된다. 그러므로 이 절의 나머지 논의에서는 다음 형태의 경곗값 문제에 관심을 갖는다.

풀어라: $$a_2(x)\frac{d^2y}{dx^2}+a_1(x)\frac{dy}{dx}+a_0(x)y=g(x), \qquad a<x<b \tag{5}$$

관련된 조건: $$\begin{aligned} A_1y(a)+B_1y'(a)&=C_1 \\ A_2y(b)+B_2y'(b)&=C_2 \end{aligned} \tag{6}$$

(5)에서 우리는 계수 $a_0(x), a_1(x), a_2(x)$와 $g(x)$는 구간 $[a,b]$에서 연속이라 하고 모든 구간 x에 대해서 $a_2(x)\neq 0$라고 가정하자. (6)에서는 A_1과 B_1이 동시에 0이 아니고 A_2와 B_2도 동시에 0이 아니라고 하자. 구간 $[a,b]$의 모든 x에 대해 $g(x)=0$이고 C_1과 C_2가 0일 때 경곗값 문제를 **동차**(homogeneous)라고 부른다. 그렇지 않으며 경곗값 문제를 **비동차**(nonhomogeneous)라고 한다. 예를 들어 경곗값 문제들

$$y''+y=0,\ \ y(0)=0,\ \ y(\pi)=0$$

$$y''+y=x,\ \ y(0)=0,\ \ y(\pi)=0$$

는 차례로 동차와 비동차이다.

고윳값과 고유함수 동차 경곗값 문제와 관련된 응용에서 미분방정식 (5)의 계수 중 하나 이상이 상수 매개변수 λ에 따라 달라질 수 있다. 결과적으로 동차 미분방정식 (5)의 해 $y_1(x)$와 $y_2(x)$ 또한 λ에 따라 달라진다. 그런 다음 경곗값 문제가 자명하지 않는, 즉 0이 아닌 해를 갖는 매개변수 λ을 값을 결정하려고 한다. 다음 예에서는 이 아이디어를 보여준다.

예제 2 경곗값 문제의 자명하지 않은 해

경곗값 문제

$$y''+\lambda y=0, \quad y(0)=0, \quad y(L)=0$$

를 풀어라.

풀이 다음 세 가지의 경우를 고려하자: $\lambda=0,\ \lambda<0,\ \lambda>0$. ■

경우 I $\lambda=0$이면 $y''=0$의 해는 $y=c_1x+c_2$이다. 조건 $y(0)=0$, $y(L)=0$을 이 해에 적용하면 차례로 $c_2=0$과 $c_1=0$이다. 그러므로 $\lambda=0$에 대한 경곗값 문제의 유일한 해는 자명한 해인 $y=0$뿐이다.

경우 II $\lambda < 0$이면 편리하게 양수인 α에 대하여 $\lambda = -\alpha^2$라 하자. 이 식으로 보조방정식 $m^2 - \alpha^2 = 0$의 근은 $m_1 = \alpha$와 $m_2 = -\alpha$이다. 우리가 작업하는 구간이 유한하므로 $y'' - \alpha^2 y = 0$의 일반해를 $y = c_1 \cosh \alpha x + c_2 \sinh \alpha x$으로 선택한다. $y(0)$는

우리는 여기서 포물선 함수를 사용하였다. 182쪽의 "알아야 할 가치가 있는 두 개의 방정식"을 다시 읽어라. ▶

$$y(0) = c_1 \cosh 0 + c_2 \sinh 0 = c_1 \cdot 1 + c_2 \cdot 0 = c_1$$

이므로 $y(0) = 0$은 $c_1 = 0$을 의미한다. 그러므로 $y = c_2 \sinh \alpha x$이다. 두 번째 조건 $y(L) = 0$로부터 $c_2 \sinh \alpha L = 0$이 된다. $\alpha \neq 0$이므로, $\sinh \alpha L \neq 0$이다. 결과적으로 $c_2 = 0$일 수밖에 없다. 다시 이 경곗값 문제의 유일한 해는 자명한 해인 $y = 0$뿐이다.

경우 III $\lambda > 0$이면 양수인 α에 대하여 $\lambda = \alpha^2$이라 하자. 보조방정식 $m^2 + \alpha^2 = 0$은 복소수 근 $m_1 = \alpha i$와 $m_2 = -\alpha i$를 가지므로 $y'' + \alpha^2 y = 0$의 일반해는 $y = c_1 \cos \alpha x + c_2 \sin \alpha x$이다. 앞에서와 같이 $y(0) = 0$으로부터 $c_1 = 0$이므로 $y = c_2 \sin \alpha x$이다. 마지막 조건 $y(L) = 0$, 또는 $c_2 \sin \alpha L = 0$은 $c_2 = 0$이면 만족한다. 그러나 이는 $y = 0$을 의미한다. 만약 $c_2 \neq 0$이면 $\sin \alpha L = 0$은 αL이 π의 정수배일 때 만족한다.

$$\alpha L = n\pi \quad \text{또는} \quad \alpha = \frac{n\pi}{L} \quad \text{또는} \quad \lambda_n = \alpha_n^2 = \left(\frac{n\pi}{L}\right)^2, \quad n = 1,\ 2,\ 3,\ \cdots$$

이다. 그러므로 임의의 영이 아닌 실수 c_2에 대하여 각각의 양의 정수 n에 대하여 $y_n = c_2 \sin\left(\frac{n\pi x}{L}\right)$는 문제의 해가 된다. 미분방정식이 동차이므로 해의 임의의 상수배 역시 해가 되며 만일 원하면 단순히 $c_2 = 1$로 택하자. 다시 말하면 수열

$$\lambda_1 = \frac{\pi^2}{L^2}, \quad \lambda_2 = \frac{4\pi^2}{L^2}, \quad \lambda_3 = \frac{9\pi^2}{L^2}, \quad \cdots$$

에 대하여 이 수열에 대응하는 함수

$$y_1 = \sin\frac{\pi}{L}x, \quad y_2 = \sin\frac{2\pi}{L}x, \quad y_3 = \sin\frac{3\pi}{L}x, \quad \cdots$$

는 $n = 1,\ 2,\ 3,\ \cdots$에 대한 각각 주어진 문제 $y'' + \lambda_n y = 0,\ \ y(0) = 0,\ \ y(L) = 0$의 자명하지 않은 해가 된다. ■

예제2에서의 경곗값 문제에서 자명하지 않은 해가 존재하기 위한 수 $\lambda_n = \frac{n^2\pi^2}{L^2}$, $n = 1,\ 2,\ 3,\ \cdots$를 **고윳값(eigenvalue)**이라 한다. 이들 수 λ_n에 대응하는 자명하지 않은 해 $y_n = c_2 \sin\left(\frac{n\pi x}{L}\right)$ 또는 간단히 $y_n = \sin\left(\frac{n\pi x}{L}\right)$를 **고유함수(eigenfunction)**라 한다. $n = 1, 2, 3, 4, 5$에 대한 고유함수의 그래프가 그림 5.2.5에 나타나 있다. 각 그래프가 두 점 $(0, 0)$과 $(0, L)$을 지남에 주목하여라.

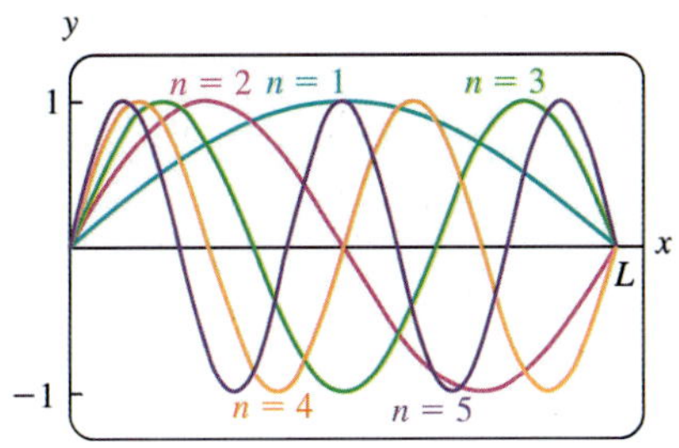

그림 5.2.5 $n = 1,2,3,4,5$일 때 고유함수 $y_n = \sin(n\pi x/L)$의 그래프

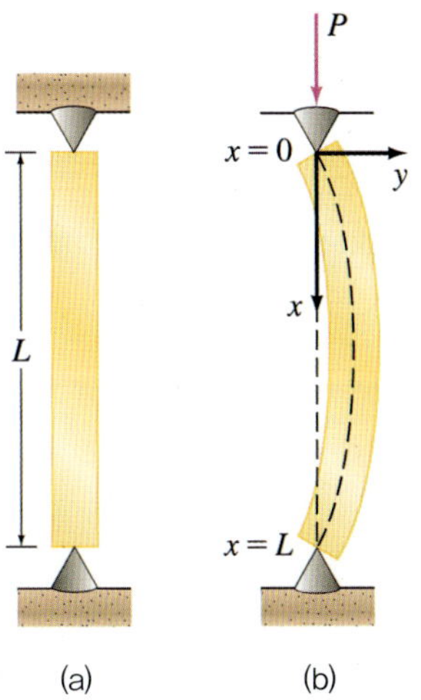

그림 5.2.6 압축력을 받는 탄성 기둥의 휨

예제 3 예제2 재논의

예제2와 위의 설명으로부터 5는 고윳값이 아니므로 경곗값 조건

$$y'' + 5y = 0 \ , \ y(0) = 0, \ y(L) = 0$$

은 자명한해 $y = 0$만을 가진다. ■

얇은 수직 기둥의 휨 18세기에 오일러는 축 방향으로 압축력을 가하는 상태에서 얇고 탄력이 있는 기둥이 어떻게 휘는지 분석하는 데 고윳값 문제를 연구한 최초의 수학자 중의 한 명이다.

절단면이 균등한 길고 가느다란 길이 L인 수직 기둥을 생각해 보자. 그림 5.2.6와 같이 수직이고 일정한 압축력, 또는 하중 P가 기둥의 위쪽에서 가해질 때 기둥의 편향을 $y(x)$라 하자. 기둥을 따라 임의의 점에서 휨모멘트를 비교함으로써 우리는 E가 영의 탄성률이고 I가 기둥의 무게중심을 따라 수직선으로 자른 절단면의 관성모멘트인 식

$$EI\frac{d^2y}{dx^2} = -Py \quad \text{또는} \quad EI\frac{d^2y}{dx^2} + Py = 0$$

을 얻는다.

예제 4 오일러하중

기둥이 양쪽 끝에서 단순히 지지되거나 경첩에 달려 있는 길이 L인 가늘고 수직이며 동질인 기둥에 일정한 축 방향의 하중 P가 걸릴 때 이 기둥의 편향을 구하여라.

풀이 ▶ 풀어야 할 경곗값 문제는

$$EI\frac{d^2y}{dx^2} + Py = 0, \quad y(0) = 0, \quad y(L) = 0$$

이다. 먼저 $y = 0$은 이 문제의 완벽히 좋은 해임을 주시하여라. 이 해는 간단하고 직관적으로 해석된다: 하중 P가 충분히 크지 않으면, 편향은 없다. 그렇다면 질문은 다음과 같다: 어떤 P값에 대해 기둥이 휘어지는가? 수학적인 용어로: P의 어떤 값이 주어진 경곗값 문제에 대해 자명하지 않은 해를 존재하게 하는가?

$\lambda = \dfrac{P}{EI}$라 하면

$$y'' + \lambda y = 0, \quad y(0) = 0, \quad y(L) = 0$$

는 예제2의 문제와 동일하다. 그 풀이의 경우 III으로부터 편향은 $y_n(x) = c_2 \sin\left(\dfrac{n\pi x}{L}\right)$이고 대응하는 고윳값은 $\lambda_n = \dfrac{P_n}{EI} = \dfrac{n^2\pi^2}{L^2}$, $n = 1, 2, 3, \cdots$이다.

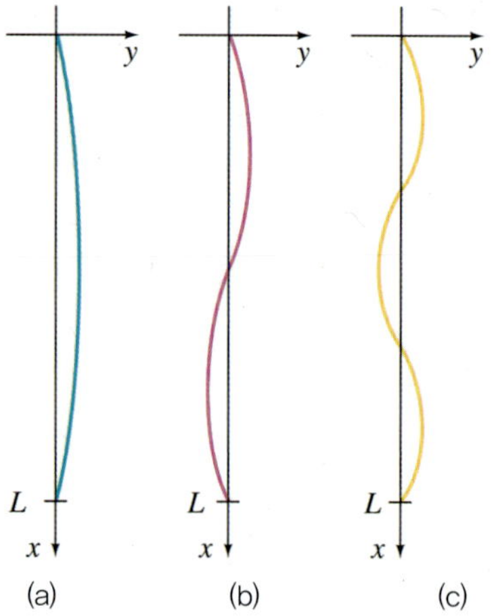

그림 5.2.7 압축력 P_1, P_2, P_3에 대응하는 편향곡선

물리적으로 이는 압축력이 $P_n = \dfrac{n^2\pi^2 EI}{L^2}$, $n = 1, 2, 3, \cdots$ 중 한 값일 때만 기둥이 휘어지든지 기울어지는 것을 의미한다. 이런 다양한 힘을 **임계하중**(critical loads)이라 한다. **오일러하중**이라고 하는 가장 작은 임계하중 $P_1 = \dfrac{\pi^2 EI}{L^2}$에 대응하는 편향은 $y_1(x) = c_2 \sin\left(\dfrac{\pi x}{L}\right)$이고 **첫 번째 휨 방식**(first buckling mode)으로 알려져 있다.■

예제4에서 $n=1$, $n=2$와 $n=3$에 대응하는 편향곡선은 그림 5.2.7에 주어져 있다. 원래의 기둥에 $x = \dfrac{L}{2}$에서 물리적인 제제 장치가 있는 경우 가장 작은 임계하중은 $P_2 = \dfrac{4\pi^2 EI}{L^2}$가 되고 편향곡선은 그림 5.2.7(b)과 같을 것이다. $x = \dfrac{L}{3}$과 $x = \dfrac{2L}{3}$에서 기둥에 제제가 가해지면, 임계하중 $P_3 = \dfrac{9\pi^2 EI}{L^2}$가 적용될 때까지 기둥은 휘어지지 않을 것이고 편향곡선은 그림 5.2.7(c)과 같을 것이다. 연습문제 5.2의 문제25를 참조하여라.

회전하는 줄 간단한 2계 선형 미분방정식

$$y'' + \lambda y = 0 \tag{8}$$

이 수학적인 모델로 계속해서 발생한다. 5.1절에서 간단한 용수철/질량계의 조화 운동과 간단한 직렬회로의 조화 반응에 대한 모델로서 각각 $\dfrac{d^2x}{dt^2} + \left(\dfrac{k}{m}\right)x = 0$과 $\dfrac{d^2q}{dt^2} + \left(\dfrac{1}{LC}\right)q = 0$ 형태인 (8)을 보았다. (7)의 얇은 기둥에 대한 편향에 관한 모델이 (8)과 같은 $\dfrac{d^2y}{dt^2} + \left(\dfrac{P}{EI}\right)y = 0$로 표현되는 것은 명백하다. 이 절에서 편향곡선 또는 회전하는 모델에서, 한 번 더 기본 방정식 (8)을 다시 접하게 된다. 이 물리적 상황은 두 사람이 줄넘기를 잡고 동시에 돌리는 것과 유사하다. 그림 5.2.8(a)와 5.2.8(b)를 참조하여라.

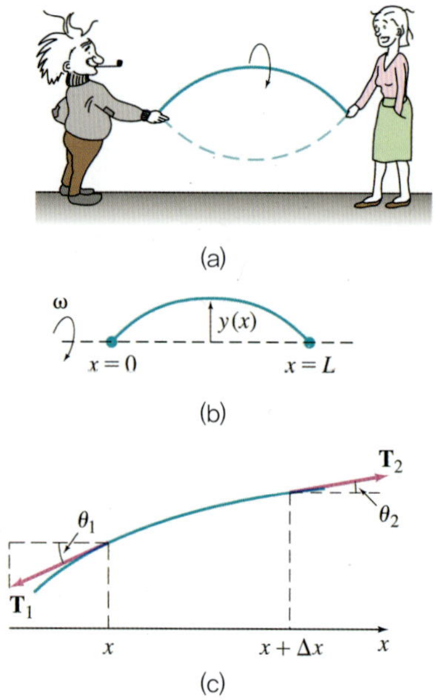

그림 5.2.8 회전하는 줄과 줄에 작용하는 힘

일정한 선밀도 (단위 길이 당 질량) ρ를 가진 길이 L인 줄이 x축을 따라 늘어나고 $x=0$과 $x=L$에 고정되어 있다고 가정하자. 줄이 일정한 각속력 ω로 축을 중심으로 회전한다고 가정하자. 작은 Δx에 대하여 구간 $[x, x+\Delta x]$ 위에서 줄의 일부분을 생각해 보자. 만약 줄의 접선에 작용하는, 크기 T의 장력 $\mathbf{T}$가 줄을 따라 일정하다면 원하는 미분방정식은 구간 $[x, x+\Delta x]$에서 줄에 작용하는 알짜힘(net force)에 대한 두 개의 서로 다른 공식을 같게 함으로써 얻을 수 있다. 우선 그림 5.2.8(c)에서 수직인 알짜힘은

$$F = T\sin\theta_2 - T\sin\theta_1 \tag{9}$$

이다. (라디안으로 측정한) 각 θ_1과 θ_2가 작으면, $\sin\theta_2 \simeq \tan\theta_2$이고 $\sin\theta_1 \simeq \tan\theta_1$이다. 게다가 $\tan\theta_2$와 $\tan\theta_1$이 차례로 벡터 $\mathbf{T_2}$와 $\mathbf{T_1}$을 포함하는 직선의 기울기이므로,

$$\tan\theta_2 = y'(x+\Delta x) \text{이고 } \tan\theta_1 = y'(x)$$

라 쓸 수 있다. 그러므로 (9)는

$$F \approx T[y'(x+\Delta x) - y'(x)] \tag{10}$$

이 된다. 두 번째로 뉴턴의 제2법칙, $F = ma$을 이용하여 이와 같은 알짜힘의 다른 형태를 구할 수 있다. 여기서 구간에서 줄의 질량은 $m = \rho\Delta x$이다. 반지름이 r인 원 안에서 각속력 ω로 회전하는 물체의 구심가속도는 $a = r\omega^2$이다. Δx가 작으면 $r = y$라 하자. 그러면 수직인 알짜힘은

$$F \approx -(\rho\Delta x)y\omega^2 \tag{11}$$

으로 근사된다. 여기서 음의 부호는 가속도가 양의 y 방향에 반대되는 방향을 가리킨다는 사실에서 비롯된다. (10)과 (11)을 같게 하면

$$T[y'(x+\Delta x) - y'(x)] = -(\rho\Delta x)y\omega^2 \text{ 또는}$$

미분몫

$$T\frac{y'(x+\Delta x) - y'(x)}{\Delta x} + \rho\omega^2 y = 0 \tag{12}$$

이다. Δx가 0에 가까워지면 (12)의 미분몫은 2계 도함수 $\dfrac{d^2y}{dx^2}$에 근사한다. 결과적으로 모델

$$T\frac{d^2y}{dx^2} + \rho\omega^2 y = 0 \tag{13}$$

이 된다. 줄은 그 끝이 $x = 0$과 $x = L$에 고정되었으므로 방정식 (13)의 해 $y(x)$는 경곗값 조건 $y(0) = 0$과 $y(L) = 0$을 만족해야 한다고 예상한다.

주의

(i) 고윳값은 예제2와 같이 항상 쉽게 찾을 수 있는 것은 아니다; $\tan x = -x$나 $\cos x \cosh x = 1$과 같은 방정식의 근을 근사화해야 할 경우도 있다. 연습문제5.2의 문제32와 38을 참조하여라.

(ii) 선형 미분방정식의 일반해에 적용할 경곗값 조건은 미지수가 일반해에서의 계수 c_i가 미지수인 일차방정식의 동차 대수적 연립방정식을 유도할 수 있다. 동차 대수적 연립방정식은 적어도 한 개의 자명한 해를 갖기 때문에 항상 해가 존재한다. 그러나 n개의 미지수를 가진 n개의 일차방정식의 동차 연립방정식이 자명하지 않은 해를 가지기 위한 필요충분조건은 계수의 행렬식이 영이 되어야 한다. 연습문제5.2 문제21, 22, 32에에서 이 마지막 사실을 사용해야 할 수도 있다.

연습문제 5.2

빔의 편향

(1–5) 적절한 경계 조건을 적용하여 방정식 (4)를 풀어라. 빔의 길이는 L이고 w_0은 상수이다.

1. (a) 빔의 왼쪽 끝은 박혀져 있고 오른쪽 끝은 자유로우며 $w(x)=w_0$, $0<x<L$이다.

(b) 그래프를 그리는 도구를 활용하여 $w_0=24EI$이고 $L=1$일 때의 편향곡선의 그래프를 그려라.

2. (a) 빔의 양 끝이 간단히 걸쳐져 있고 $w(x)=w_0$, $0<x<L$이다.

(b) 그래프를 그리는 도구를 활용하여 $w_0=24EI$이고 $L=1$일 때의 편향곡선의 그래프를 그려라.

3. (a) 빔의 왼쪽 끝은 박혀져 있고 오른쪽 끝은 간단히 걸쳐져 있으며 $w(x)=w_0$, $0<x<L$이다.

(b) 그래프를 그리는 도구를 활용하여 $w_0=48EI$이고 $L=1$일 때의 편향곡선의 그래프를 그려라.

4. (a) 빔의 왼쪽 끝은 박혀 있고 오른쪽 끝은 간단히 걸쳐져 있으며 $w(x)=w_0\sin(\pi x/L)$, $0<x<L$이다.

(b) 그래프를 그리는 도구를 활용하여 $w_0=2\pi^3 EI$이고 $L=1$일 때의 편향곡선의 그래프를 그려라.

(c) 컴퓨터 대수 체계(또는 그래프 계산기)의 근을 구하는 프로그램을 활용하여 (b)의 그래프에서 최대 편향이 일어나는 점의 근삿값을 구하여라. 최대 편향은 얼마인가?

5. (a) 빔의 양쪽 끝이 모두 간단히 걸쳐져 있고 $w(x)=w_0x$, $0<x<L$이다.

(b) 그래프를 그리는 도구를 활용하여 $w_0=36EL$이고 $L=1$일 때의 편향곡선의 그래프를 그려라.

(c) 컴퓨터 대수 체계 (또는 그래프 계산기)의 근을 구하는 프로그램을 활용하여 (b)의 그래프에서 최대 편향이 일어나는 점의 근삿값을 구하여라. 최대 편향은 얼마인가?

6 (a) 문제1의 외팔보 빔의 최대 편향을 구하여라.

(b) 길이가 절반인 빔의 최대 편향은 (a) 부분의 값과 어떻게 비교가 되는가?

(c) 문제2에서 간단히 걸쳐져 있는 빔의 최대 편향을 구하여라.

(d) (c)와 같이 간단히 걸쳐져 있는 빔의 최대 편향은 예제1의 박혀있는 빔의 최대 편향의 값과 어떻게 비교가 되는가?

7. 길이 L인 외팔보 빔의 오른쪽 끝이 박혀있으며 P 파운드의 수평 장력이 빔의 자유로운 왼쪽 끝에 가해진다. 그림 5.2.8과 같이, 원점을 자유로운 끝 부분이라 할 때, 빔의 편향 $y(x)$은 다음 미분방정식

$$EIy''=Py-w(x)\frac{x}{2}$$

을 만족한다. $w(x)=w_0x$, $0<x<L$이고 $y(0)=0$, $y'(L)=0$일 때 외팔보 빔의 편향을 구하여라.

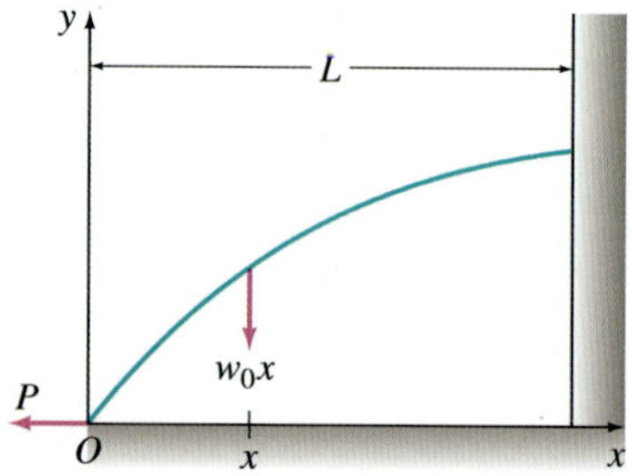

그림 5.2.9 문제7의 외팔보 빔의 편향

8. 문제7에서 자유로운 빔의 끝에 장력 대신 압축력이 작용할 때, 편향의 미분방정식은

$$EIy''=-Py-w(x)\frac{x}{2}$$

이다. 만일 $w(x)=w_0x$, $0<x<L$이고 $y(0)=0$, $y'(L)=0$일 때 이 방정식을 풀어라.

고윳값와 고유함수

(9–20) 주어진 경곗값 문제에 대한 고윳값과 고유함수를 구하여라.

9. $y''+\lambda y=0,\quad y(0)=0,\quad y(\pi)=0$

10. $y''+\lambda y=0,\quad y(0)=0,\quad y(\pi/4)=0$

11. $y''+\lambda y=0,\quad y'(0)=0,\quad y(L)=0$

12. $y''+\lambda y=0,\quad y(0)=0,\quad y'(\pi/2)=0$

13. $y''+\lambda y=0,\quad y'(0)=0,\quad y'(\pi)=0$

14. $y''+\lambda y=0,\quad y(-\pi)=0,\quad y(\pi)=0$

15. $y''+2y'+(\lambda+1)y=0,\quad y(0)=0,\ y(5)=0$

16. $y'' + (\lambda + 1)y = 0,\quad y'(0) = 0,\quad y'(1) = 0$

17. $x^2y'' + xy' + \lambda y = 0,\quad y(1) = 0,\quad y(e^{\pi}) = 0$

18. $x^2y'' + xy' + \lambda y = 0,\quad y'(e^{-1}) = 0,\quad y(1) = 0$

19. $x^2y'' + xy' + \lambda y - 0,\quad y'(1) = 0,\quad y(e^2) = 0$

20. $x^2y'' + xy' + \lambda y = 0,\quad y(1) = 0,\quad y'(e) = 0$

(21–22) 주어진 경곗값 문제에 관한 고윳값과 고유함수를 구하여라. $\lambda = \alpha^4$, $\alpha > 0$ 경우만 고려하여라. [힌트: 주의에 있는 (ii)를 읽어라.]

21. $y^{(4)} - \lambda y = 0,\ y(0) = 0,\ y''(0) = 0,\ y(1) = 0,\ y''(1) = 0$

22. $y^{(4)} - \lambda y = 0,\ y'(0) = 0,\ y'''(0) = 0,\ y(\pi) = 0,$
$y''(\pi) = 0$

얇은 기둥의 휨

23. 그림 5.2.7을 고려해 보자. 만일 임계하중이 P_4가 되도록 하려면 물리적인 구속 장치를 어디에 배치해야 하는가? 이 부하에 대한 편향곡선을 그려라.

24. 얇은 기둥의 임계하중은 기둥 양 끝의 조건에 따라 달라진다. 예제4에서의 오일러하중 P_1의 값은 기둥 양 끝이 경첩에 매달려 있다는 가정에서 유도되었다. 가늘고 수직인 균질의 기둥은 밑면 $(x = 0)$이 고정되어 있고 꼭대기는 $(x = L)$ 자유롭고 일정한 축의 하중 P가 자유로운 끝에 가해진다고 가정하자. 이 하중은 그림 5.2.10과 같이 편향 δ는 작은 값을 갖거나 편향을 유발하지 않는다. 두 경우 모두 편향 $y(x)$에 대한 미분방정식은

$$EI\frac{d^2y}{dx^2} + Py = P\delta$$

이다.

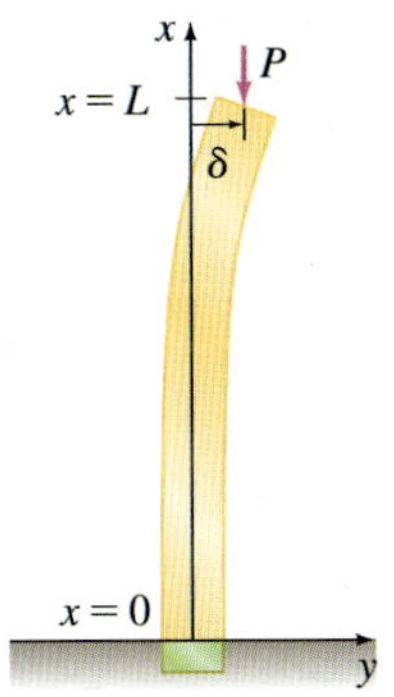

그림 5.2.10 문제24의 수직 기둥의 편향

(a) $\delta = 0$일 때 예상되는 편향은 얼마인가?

(b) $\delta \neq 0$일 때 이 기둥에 대한 오일러하중이 예제4에서 양 끝이 박혀있는 기둥에 대한 오일러하중의 $\frac{1}{4}$임을 보여라.

25. 문제24에서 언급한 것과 같이 일정한 축 압축력 P가 가해지는 얇고 탄력적인 기둥의 편향 $y(x)$를 결정하는 미분방정식 (5)는 기둥의 양 끝이 경첩에 달려 있을 때만 유효하다. 일반적으로 이 기둥의 편향을 좌우하는 미분방정식은

$$\frac{d^2}{dx^2}\left(EI\frac{d^2y}{dx^2}\right) + P\frac{d^2y}{dx^2} = 0$$

이다. 기둥이 균일(EI는 상수)하고 기둥의 양 끝은 경첩에 달려있다고 가정하자. 경곗값 문제 $y(0) = 0,\ y''(0) = 0,\ y(L) = 0,\ y''(L) = 0$를 만족하는 4계 미분방정식의 해는 예제4에서의 분석과 같음을 보여라.

26. 균일하고 얇고 탄력적인 기둥이 끝점 $x = 0$에 경첩에 달려 있고 끝점 $x = L$은 박혀 있다고 하자.

(a) 문제25에서 주어진 4계 미분방정식을 이용하여 고윳값 λ_n, 임계하중 P_n, 오일러하중 P_1과 편형 $y_n(x)$를 구하여라.

(b) 그래프를 그리는 도구를 활용하여 첫 번째 좌굴 모드의 그래프를 그려라.

회전하는 줄

27. 회전하는 줄의 모양에 관한 수학적 모델을 세우는 과정에서 도입된 경곗값 문제를 생각해 보자.

$$T\frac{d^2y}{dx^2} + \rho\omega^2 y = 0,\ y(0) = 0,\ y(L) = 0.$$

상수 T와 ρ에 대하여, 각회전 ω_n의 **임계속도**를 경곗값 문제가 자명하지 않은 해를 가지는 ω의 값으로 정의하자. 임계속도 ω_n과 대응되는 편향 $y_n(x)$를 구하여라.

28. 장력 T의 크기가 일정하지 않을 때 회전하는 줄에 의해 추정된 편향곡선 또는 $y(x)$의 모양에 관한 모델은

$$\frac{d}{dx}\left[T(x)\frac{dy}{dx}\right] + \rho\omega^2 y = 0$$

으로 주어진다. $1 < x < e$이고 $T(x) = x^2$이라 가정하자.

(a) 만일 $y(1) = 0,\ y(e) = 0$이고 $\rho\omega^2 > 0.25$이면 각회전의 임계속도는 $\omega_n = \frac{1}{2}\sqrt{(4n^2\pi^2 + 1)/\rho}$이고 대응되는 편향은

$$y_n(x) = c_2 x^{-1/2}\sin(n\pi \ln x),\ n = 1,\ 2,\ 3,\ \cdots$$

임을 보여라.

(b) 그래프를 그리는 도구를 활용하여 구간 $[1, e]$에서 $n = 1, 2, 3$에 관한 편향곡선의 그래프를 그려라. $c_2 = 1$로 선택하여라.

추가적인 경곗값 문제

29. **구의 온도** 반지름이 $r = a$와 $r = b$, $a < b$인 중심이 같은 두 개의 구를 고려해 보자. 그림 5.2.11을 참조하여라. 두 구 사이 영역의 온도 $u(r)$은 경곗값 문제

$$r\frac{d^2u}{dr^2} + 2\frac{du}{dr} = 0,\ u(a) = u_0,\ u(b) = u_1$$

로 결정된다. 여기서 u_0과 u_1은 상수이다. $u(r)$을 풀어라.

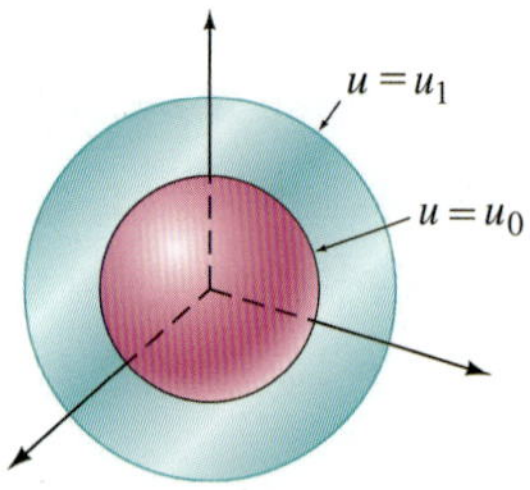

그림 5.2.11 문제29의 중심이 같은 구

30. **링의 온도** 그림 5.2.12에서 제시된 원형 링의 온도 $u(r)$는 경곗값 문제

$$r\frac{d^2u}{dr^2} + \frac{du}{dr} = 0,\ u(a) = u_0,\ u(b) = u_1$$

로 결정된다. 여기서 u_0과 u_1은 상수이다.

$$u(r) = \frac{u_0 \ln(r/b) - u_1 \ln(r/a)}{\ln(a/b)}$$

임을 보여라.

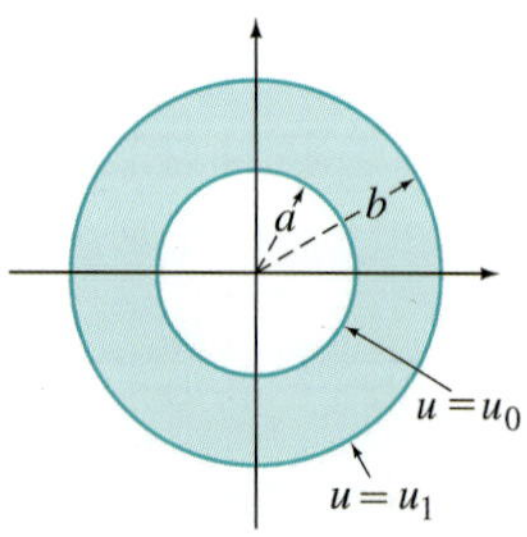

그림 5.2.12 문제30의 원형 링

31. **축의 회전** 구간 $[0, L]$ 위의 x축이 배의 프로펠러 축과 같은 긴 직선축의 기하학적인 중심이라 하자. 그림 5.2.13을 참조하여라. 축이 일정한 각속도 w로 회전할 때 축의 편향 $y(x)$는 미분방정식

$$EI\frac{d^4y}{dx^4} - \rho w^2 y = 0$$

을 만족하는데, 여기서 ρ는 단위길이에 대한 밀도이다. 축이 양 끝에서 단순히 지지되거나 또는 경첩으로 연결되어 있다면, 경계 조건은

$$y(0) = 0,\ y''(0) = 0,\ y(L) = 0,\ y''(L) = 0$$

이다.

그림 5.2.13 전함 USS missouri의 프로펠러 축

(a) $\lambda = \alpha^4 = \rho w^2/EI$일 때, 이 경곗값 문제에 대한 고윳값과 고유함수를 구하여라.

(b) (a)의 고윳값 λ_n을 이용하여 대응하는 각속도 w_n을 구하여라. w_n을 **임계속도**라 한다. w_1을 **기본임계속도**라 하는데, 예제4와 같이 이 속도에서 $y = 0$에서 $y_1(x)$에 의해 주어진 축 편향으로 모양이 변경된다.

32. **축의 회전-연속** 문제31에서 $L = 1$이라 하자. 축이 양 끝에 고정되어 있다면, 경계 조건은

$$y(0) = 0,\ y'(0) = 0,\ y(1) = 0,\ y'(1) = 0$$

이다.

(a) 고윳값 $\lambda_n = \alpha_n^4$이 $\cos\alpha\cosh\alpha = 1$의 양의 근으로 정의됨을 보여라. [힌트: 문제21, 22의 방법을 참조하여라.]

(b) 고유함수가

$$y_n(x) = (-\sin\alpha_n + \sinh\alpha_n)(\cos\alpha_n x - \cosh\alpha_n x) + (\cos\alpha_n - \cosh\alpha_n)(\sin\alpha_n x - \sinh\alpha_n x)$$

임을 보여라.

토론 문제

33. **단순조화운동** 5.1절에서 논의한 단순조화운동에 대한 모델 $mx'' + kx = 0$은 이 절의 예제2와 관련이 있다. 용수철상수가 $k = 10\text{N/m}$인 자유 비감쇠 용수철/질량계를 생각하자. 용수철에 매달린 각각의 물체가 $t = 0$일 때 영이 아닌 속도 v_0로 평형위치에서 놓아졌을 때 $t = 1$초에서 평형위치를 지나갈 수 있는 물체의 질량 m_n을 결정하여라. 각각의 질량 m_n은 $0 < t < 1$의 시 구간에서 평형위치를 몇 번이나 지나가는가?

34. **감쇠운동** 문제33의 용수철/질량계에 대한 모델을

$$mx'' + 2x' + kx = 0$$

로 바꾼다고 가정하자. 다시 말하면, 이 운동계는 자유롭지만 감쇠가 수치적으로 순간 속도의 두 배와 같게 된다. 초깃값 조건과 용수철상수가 문제33과 같을 때, $t = 1$초에서 평형위치를 지나는 질량 m를 찾을 수 있는지를 알아보아라.

(35–36) 주어진 경곗값 문제가 (a) 정확히 1개의 자명하지 않은 해 (b) 하나 이상의 해 (c) 해가 없음 (d) 자명한 해를 가지도록 y_0과 y_1의 값 (문제35)과 $L > 0$인 L의 값 (문제36)을 구할 수 있는지 판정하여라.

35. $y'' + 16y = 0,\ y(0) = y_0,\ y(\pi/2) = y_1$

36. $y'' + 16y = 0,\ y(0) = 1,\ y(L) = 1$

37. 경곗값 문제

$$y'' + \lambda y = 0,\ y(-\pi) = y(\pi),\ y'(-\pi) = y'(\pi)$$

을 생각하자.

(a) 명시된 경곗값 조건의 형태를 **주기적 경곗값 조건**이라 한다. 이들 조건에 대한 기하학적 해석을 하여라.

(b) 이 문제의 고윳값과 고유함수를 구하여라.

(c) 그래프를 그리는 도구를 활용하여 일부 고유함수의 그래프를 그려라. (a)에서 주어진 경곗값 조건에 대한 기하학적 해석을 증명하여라.

38. 경곗값 문제

$$y'' + \lambda y = 0,\ y(0) = 0,\ y(1) + y'(1) = 0$$

에 대한 고윳값과 고유함수가 각각 $\lambda_n = \alpha_n^2$과 $y_n = \sin\alpha_n x$임을 보여라. 여기서 $\alpha_n,\ n = 1,\ 2,\ 3,\ \cdots$은 방정식 $\tan\alpha = -\alpha$의 연속적인 양의 근이다.

컴퓨터 실습 과제

39. 컴퓨터 대수 체계를 활용하여 그래프를 그려 문제38의 방정식 $\tan\alpha = -\alpha$이 무한히 많은 해를 가짐을 스스로 확신하여라. 방정식의 음수의 해는 왜 무시할 수 있는지 설명하여라. $\alpha = 0$은 $\tan\alpha = -\alpha$의 명백한 근이지만 $\lambda = 0$은 왜 고윳값이 아닌지를 설명하여라.

40. 컴퓨터 대수 체계의 근을 구하는 프로그램을 활용하여 문제38의 경곗값 문제에 대한 처음 4개의 고윳값 $\lambda_1,\ \lambda_2,\ \lambda_3$과 λ_4의 근삿값을 구하여라.

41. 컴퓨터 대수 체계를 활용하여 경곗값 문제:

$$y'' + \lambda y = 0,\ y(0) = 0,\ y(1) - \frac{1}{2}y'(1) = 0$$

에 대한 고윳값 $\lambda_1,\ \lambda_2,\ \lambda_3$과 λ_4의 근삿값을 구하여라. 대응하는 근사 고유함수 $y_1(x),\ y_2(x),\ y_3(x),\ y_4(x)$를 구하여라.

42. 컴퓨터 대수 체계를 활용하여 문제32의 (a)에 있는 방정식으로 정의된 고윳값 $\lambda_1,\ \lambda_2,\ \lambda_3$과 λ_4의 근삿값을 구하여라.

5.3 비선형 모델

소개 이 절에서 우리는 일부의 비선형 고계 수학적 모델을 검토한다. 249쪽에 소개된 대입 방법(미분방정식의 계수를 줄이는 것을 유도한)을 이용하여 이런 모델의 일부를 풀 수 있다. 풀리지 않는 모델의 경우에서는, 비선형 미분방정식을 선형화(linearization)라고 불리는 방법에 의해서 어떻게 선형 미분방정식으로 변형할 수 있는지를 보인다.

비선형 용수철 5.1절 (1)의 수학적 모델은

$$m\frac{d^2x}{dt^2}+F(x)=0 \tag{1}$$

의 형태를 갖는다. 여기서 $F(x)=kx$이다. x는 평형위치에서부터 물체의 변위를 나타내므로, $F(x)=kx$는 후크의 법칙이다. 즉, 힘은 물체를 평형상태로 되돌리려 하는 용수철에 의하여 발휘된다. 선형 복원력 $F(x)=kx$하에서 움직이는 용수철을 자연스럽게 **선형 용수철**(linear spring)이라 한다. 그러나 용수철이 완전하게 선형이기는 드물다. 만들어진 방법과 사용된 재질에 따라 용수철은 부드러운 것부터 단단한 것까지 다양하며, 따라서 그 복원력은 선형 법칙에 의해 주어진 것보다 낮은 것부터 높은 것까지 다양할 수 있다. 자유운동의 경우에는, 노화되지 않은 용수철이 어떤 비선형인 특성을 갖는다면, 용수철의 복원력은 ((1)의 $F(x)$) 예를 들면, 평형위치 아래의 물체의 변위 x의 세 제곱 승에 비례하거나 또는 $F(x)$가 비선형 함수 $F(x)=kx+k_1x^3$로 주어진 것과 같이 변위의 거듭제곱의 일차결합에 비례한다고 가정하는 것이 합리적일 수 있다.

$$m\frac{d^2x}{dt^2}+kx^3=0 \quad \text{또는} \quad m\frac{d^2x}{dt^2}+kx+k_1x^3=0 \tag{2}$$

와 같이 수학적 모델이 비선형 복원력을 포함한 용수철을 **비선형 용수철**(nonlinear spring)이라 한다. 게다가 우리는 운동에 전하는 감쇠가 순간 속도 $\frac{dx}{dt}$에 비례하고 용수철의 복원력이 일차함수 $F(x)=kx$로 주어진 수학적 모델을 공부했다. 그러나 이러한 것은 단순한 가정에 불과하다; 실제 상황에서는 감쇠가 좀 더 순간 속도 $\frac{dx}{dt}$의 어떤 거듭제곱에 비례할 수 있다. 비선형 미분방정식

$$m\frac{d^2x}{dt^2}+\left|\frac{dx}{dt}\right|\frac{dx}{dt}+kx=0 \tag{3}$$

은 감쇠력이 속도의 제곱에 비례하는 자유 용수철/질량계의 한 모델이다. 선형 감쇠력과 비선형 복원력, 비선형 감쇠력과 비선형 복원력 등 다른 종류의 모델을 구상할 수 있다. 요점은 물리적 운동계의 비선형 특성은 비선형인 수학적 모델로 이어진다는 것이다.

(2)에서 $F(x)=kx^3$과 $F(x)=kx+k_1x^3$는 x에 대한 기함수이다. x의 홀수인 거듭제곱을 포함하는 다항식 함수가 복원력에 관한 합리적인 모델을 제공하는 이유를 알기 위하여 F를 평형위치 $x=0$에 중심을 둔 멱급수로 표현해보자:

$$F(x)=c_0+c_1x+c_2x^2+c_3x^3+\ \cdots.$$

변위 x가 작으면 충분히 큰 n에 대하여서는 x^n의 값은 무시할 수 있다. 예를 들어 네 번째 항으로 멱급수를 자르면 $F(x)=c_0+c_1x+c_2x^2+c_3x^3$이다. $x>0$에서의 힘은

$$F(x)=c_0+c_1x+c_2x^2+c_3x^3$$

이고 $-x<0$에서의 힘은

$$F(-x)=c_0-c_1x+c_2x^2-c_3x^3$$

로 같은 크기를 갖고 반대 방향으로 작용하려면 $F(-x)=-F(x)$이여만 한다. 이는 F가 기함수임을 의미하므로 $c_0=0$이고 $c_2=0$으로 $F(x)=c_1x+c_3x^3$이다. 급수에서 처음 두 항만을 사용하면, 같은 논리로 선형 함수 $F(x)=c_1x$가 생성된다. $F(x)=c_1x+c_2x^2$과 같은 혼합된 힘을 지닌 복원력과 대응하는 진동을 비대칭적(unsymmetrical)이라 한다. 다음 논의에서 $c_1=k$이고 $c_3=k_1$이라 하자.

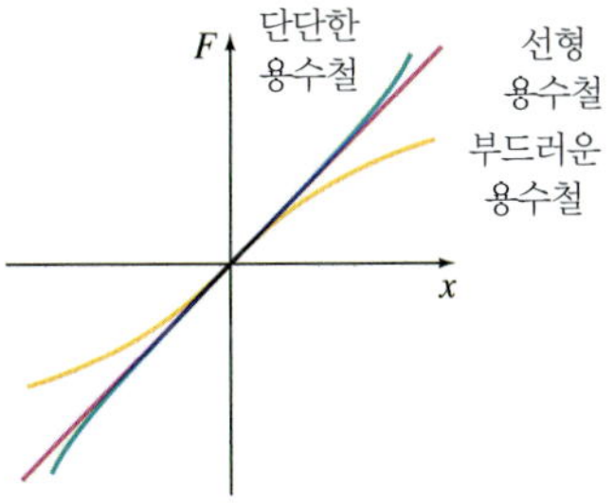

그림 5.3.1 단단하고 부드러운 용수철

단단한 용수철과 부드러운 용수철 복원력이 $F(x)=kx+k_1x^3\ (k>0)$으로 주어진 경우에서 방정식 (1)을 자세히 관찰하자. 용수철은 $k_1>0$이면 **단단(hard)**하고, $k_1<0$이면 **부드럽다(soft)**고 한다. 세 가지 형태의 복원력에 관한 그래프는 그림 5.3.1에 나타나 있다. 다음 예제는 미분방정식 $m\dfrac{d^2x}{dt^2}+kx+k_1x^3=0$, $m>0, k>0$의 두 가지 특별한 경우를 보여준다.

예제 1 부드러운 용수철과 단단한 용수철의 비교

미분방정식

$$\frac{d^2x}{dt^2}+x+x^3=0 \tag{4}$$

과

$$\frac{d^2x}{dt^2}+x-x^3=0 \tag{5}$$

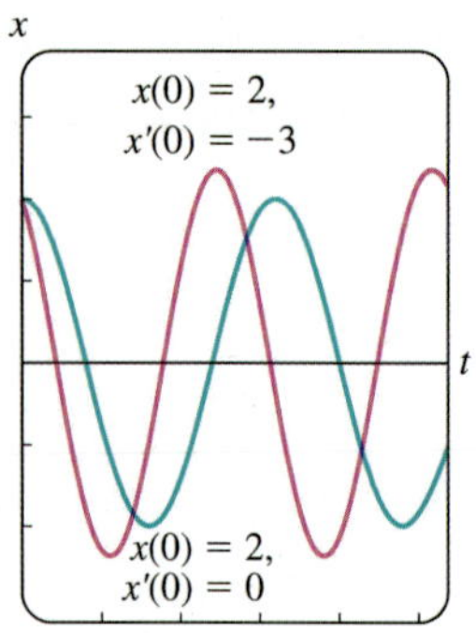

(a) 단단한 용수철

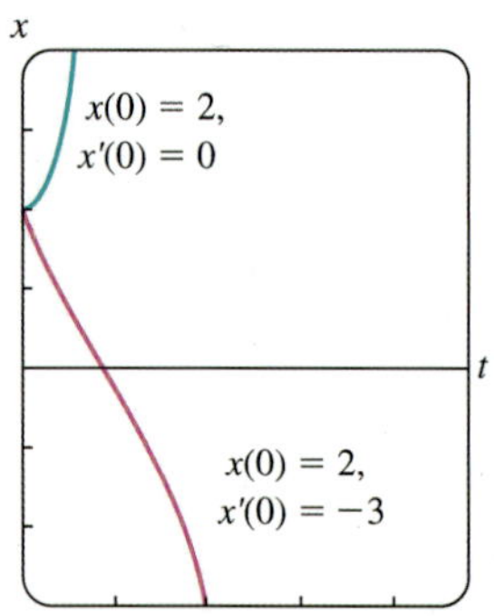

(b) 부드러운 용수철

그림 5.3.2 수치적 해곡선

은 (2)의 두 번째 방정식의 특별한 경우이고 각각 단단한 용수철과 부드러운 용수철의 모델이다. 그림 5.3.2(a)는 (4)의 두 해이고 5.3.2(b)는 수치적 해결도구로부터 얻어진 (5)의 두 개의 해를 나타낸다. 빨간색 곡선은 초기 조건 $x(0)=2,\ x'(0)=-3$을 만족하는 해이고 파란색으로 그려진 곡선은 $x(0)=0,\ x'(0)=0$을 만족하는 해이다. 이 들 해곡선은 단단한 용수철의 물체 운동은 진동하는 반면, 부드러운 용수철의 물체 운동은 진동하지 않음을 알려준다. 그러나 우리는 두 개의 수치적인 해곡선에 근거하여 그 결론을 조심해서 이끌어 내야만 한다. 이 두 개의 방정식의 해의 성질에 대한 좀 더 완벽한 그림은 10장에서 논의될 정성적인 분석으로부터 얻어질 수 있다. ■

비선형 진자 앞뒤로 움직이는 물체를 **물리적 진자**(phisical pendulum)라 한다. **단진자**(simple pendulum)는 물리적 진자의 특별한 경우로 길이 l인 막대의 끝에 질량 m인 물체가 매달려 있다. 수직 평면에 단진자의 운동을 설명하려면, 우리는 막대의 무게는 무시하고 이 운동계에 작용하는 외부적 감쇠나 구동력이 없다는 단순한 가정을 한다. 그림 5.3.3에서와 같이 수직으로부터 측정된 진자의 변위각 θ는 OP의 오른쪽에서 측정하면 양수로 OP의 왼쪽에선 음수로 간주한다. 반지름이 l인 원의 호 s는 공식 $s=l\theta$에 의해 중심각 θ와 관련이 있다. 그러므로 각가속도는

$$a=\frac{d^2s}{dt^2}=l\frac{d^2\theta}{dt^2}$$

이다. 뉴턴의 제2법칙으로

$$F=ma=ml\frac{d^2\theta}{dt^2}$$

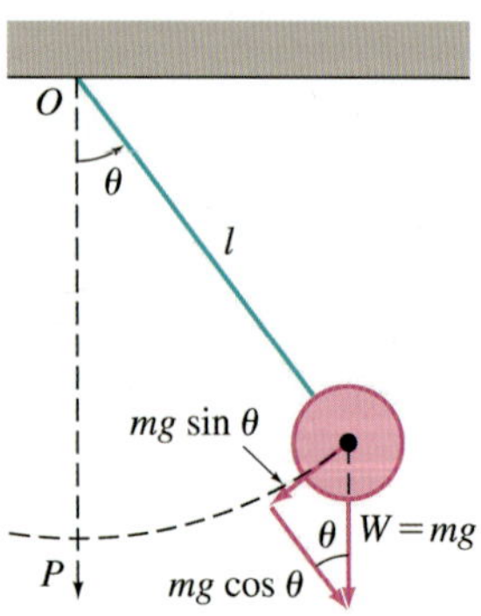

그림 5.3.3 단진자

이다. 그림 5.3.3에서 무게 W로 인한 힘의 접선성분의 크기는 $mg\sin\theta$이다. $\theta>0$이면 왼쪽이고 $\theta<0$이면 오른쪽을 가리키기 때문에 이 방향에서 힘은 $-mg\sin\theta$ 이다. 접선력에 대한 두 개의 다른 식을 같게 하면 $ml\dfrac{d^2\theta}{dt^2}=-mg\sin\theta$, 또는

$$\frac{d^2\theta}{dt^2}+\frac{g}{l}\sin\theta=0 \tag{6}$$

을 얻는다.

선형화 $\sin\theta$의 존재로 모델 (6)은 비선형이다. 비선형 고계 미분방정식의 해의 움직임을 이해하려고 우리는 때때로 비선형인 항을 특정 근삿값으로 대체하여 문제를 단순화하려고 시도한다. 예를 들면 $\sin\theta$에 대한 매클로린급수는

$$\sin\theta=\theta-\frac{\theta^3}{3!}+\frac{\theta^5}{5!}-\ \cdots$$

로 주어지므로 $\sin\theta\approx\theta-\dfrac{\theta^3}{6}$으로 근사하면, 방정식 (6)은

$$\frac{d^2\theta}{dt^2}+\left(\frac{g}{l}\right)\theta-\left(\frac{g}{6l}\right)\theta^3=0$$

이 된다. 이 방정식은 $m=1$, $k=\frac{g}{l}$이고 $k_1=-\frac{g}{6l}$인 (2)의 두 번째 비선형 방정식이다. 그럼에도 변위 θ가 $\sin\theta\approx\theta$로 대체 사용을 정당화할 만큼 충분히 작으면 (6)은

$$\frac{d^2\theta}{dt^2}+\frac{g}{l}\theta=0 \tag{7}$$

이 된다. 연습문제5.3 문제25를 참조하여라. $\omega^2=\frac{g}{l}$이면 (7)은 선형 용수철/질량계의 자유 비감쇠 진동에 대한 모델인 5.1절의 미분방정식 (2)로 인식된다.

다시 말하면 (7)은 5.2절 284-285쪽에서 논의된 기본 선형 방정식 $y''+\lambda y=0$이다. 결과적으로 방정식 (7)은 방정식 (6)의 **선형화**(linearization)라고 한다. (7)의 일반해는 $\theta(t)=c_1\cos\omega t+c_2\sin\omega t$이므로 이 선형화는 작은 진동에 따르는 초기 조건에 대하여 (6)에 의해 설명된 진자의 운동이은 주기적일 것이라는 것을 암시한다.

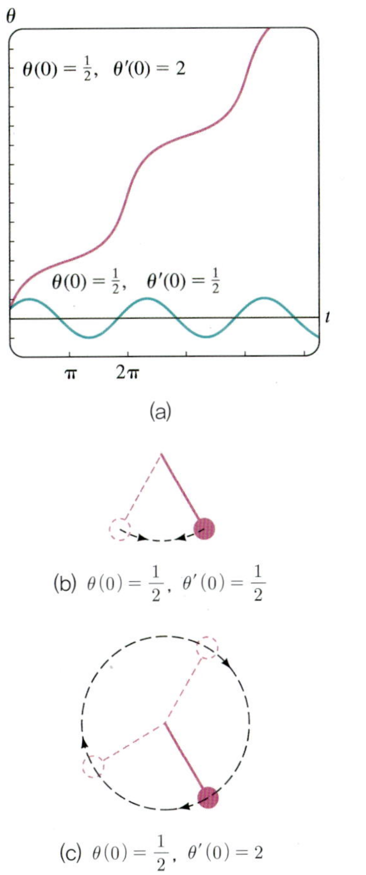

그림 5.3.4 (b) 진동하는 진자 (c) 회전하는 진자

예제 2 두 개의 초깃값 문제

그림 5.3.4(a)의 그래프는 수치적 해결도구의 도움으로 얻어졌으며 $\omega^2=1$일 때 방정식 (6)의 근사적 또는 수치적 해곡선을 나타낸다. 파란색 곡선은 초기 조건 $\theta(0)=\frac{1}{2}$, $\theta'(0)=\frac{1}{2}$을 만족하는 (6)의 해곡선인 반면 빨간색의 곡선은 초기 조건 $\theta(0)=\frac{1}{2}$, $\theta'(0)=2$을 만족하는 (6)의 해를 나타낸다. 파란색 곡선은 명백하게 $A\le 1$인 진폭으로 그림 5.3.4(b)에서 보는 것과 같이 앞뒤로 진동하는 진자의 주기적인 해를 나타낸다. 빨간색 곡선은 시간이 갈수록 θ가 무한히 증가함을 보여준다. 같은 초기 변위로 시작하는 진자는 그것을 꼭대기 위쪽으로 보낼 수 있을 만큼 충분히 큰 초기 속도가 주어졌다. 다시 말하면, 그림 5.3.4(c)와 같이 진자는 중심축을 중심으로 회전하고 있다. 감쇠가 없으면 각 경우의 운동은 무한정 계속된다. ■

전화선의 모양 1계 미분방정식 $\frac{dy}{dx}=\frac{W}{T_1}$은 1.3절의 방정식 (16)이다. 34쪽의 그림 1.3.9의 설명으로 만든 이 미분방정식은 전선에 수직으로 부하가 걸릴 때 두 개의 수직인 지지대 사이에 늘어진 유연한 전선의 모양에 대한 수학적 모델 역할을 한다. 2.2절에서 현수교의 케이블이 가지고 있는 수직 부하가 x축을 따라 골고루 분배된 수평적인 노반의 무게라는 가정 하에서 우리는 이 단순한 미분방정식을 풀었다. ρ가 노반의 단위 길이 당 무게라 할 때 $W=\rho x$로 수직인 전선주 사이의 각각의 전선의 모양은 포물선 모양으로 나타난다. 우리는 두 개의 전선주 사이에 늘어진 전선과 같이, 오직 전선의 무게로만 늘어졌다는 가정 하에 동질의 유연한

전선의 모양를 결정할 수 있다. 그림 5.3.5를 참조하여라. 수직인 부하는 전선 그 자체이므로 ρ가 전선의 선형 밀도(예: 미터당 뉴턴으로 측정됨)이고 s가 그림 1.3.9의 P_1P_2의 길이라 하면 $W=\rho s$이다. 그러므로

$$\frac{dy}{dx}=\frac{\rho s}{T_1} \tag{8}$$

이다. 점 P_1과 P_2 사이의 호의 길이는

$$s=\int_0^x \sqrt{1+\left(\frac{dy}{dx}\right)^2}\,dx \tag{9}$$

로 주어지기 때문에 미적분학의 기본 정리로 (9)의 도함수는

$$\frac{ds}{dx}=\sqrt{1+\left(\frac{dy}{dx}\right)^2} \tag{10}$$

이다. (8)을 x에 관하여 미분하여 (10)을 이용하면 2계 방정식

$$\frac{d^2y}{dx^2}=\frac{\rho}{T_1}\frac{ds}{dx} \quad \text{또는} \quad \frac{d^2y}{dx^2}=\frac{\rho}{T_1}\sqrt{1+\left(\frac{dy}{dx}\right)^2} \tag{11}$$

이 된다.

그림 5.3.5 두 지지대 사이에 전화선을 매달아 놓은 모양이 현수선이다

다음의 예제에서 우리는 (11)을 풀고 늘어진 전선으로 가정한 곡선은 **현수선**(catenary)임을 보인다. 더 나아가기 전에 (11)의 2계 비선형 미분방정식은 4.10절에서 다룬 $F(x,\ y',\ y'')=0$의 형태인 방정식 중 하나임을 생각하자. $u=y'$를 대입하는 방법에 의하여 방정식의 계수를 줄임으로써 이런 형태의 방정식을 풀 수 있는 기회가 있음을 상기하자.

예제 3 (11)의 해

그림 1.3.9의 y축의 위치로부터 2계 미분방정식 (11)과 연관된 초깃값 조건은 명백하게 $y(0)=a$이고 $y'(0)=0$이 된다. $u=y'$를 대입하면 방정식 (11)은 $\frac{du}{dx}=\frac{\rho}{T_1}\sqrt{1+u^2}$이 된다. 변수 분리를 하여,

$$\int\frac{du}{\sqrt{1+u^2}}=\frac{\rho}{T_1}\int dx \quad \text{로부터} \quad \sinh^{-1}u=\frac{\rho}{T_1}x+c_1$$

이다. $y'(0)=0$는 $u(0)=0$과 동치이다. $\sinh^{-1}0=0$이므로 $c_1=0$이고 따라서 $u=\sinh\left(\frac{\rho x}{T_1}\right)$이다. 마지막으로 $\frac{du}{dx}=\sinh\left(\frac{\rho x}{T_1}\right)$의 양변을 적분하면 $y=\frac{T_1}{\rho}\cosh\frac{\rho}{T_1}x+c_2$이다. $y(0)=a$, $\cosh 0=1$이므로 $c_2=a-\frac{T_1}{\rho}$가 된다. 그러므로 늘어진 전선의 모양은

$$y = \left(\frac{T_1}{\rho}\right)\cosh\left(\frac{\rho x}{T_1}\right) + a - \frac{T_1}{\rho}$$

으로 주어진다는 것을 알 수 있다. ■

예제3에서 처음부터 우리가 $a = \dfrac{T_1}{\rho}$로 택할 만큼 현명했다면 문제의 해는 간단히 쌍곡 코사인 $y = \left(\dfrac{T_1}{\rho}\right)\cosh\left(\dfrac{\rho x}{T_1}\right)$이 될 것이다.

로켓 운동 1.3절의 (12)에서 지구 표면 근처에서 질량이 m인 물체의 자유 낙하에 관한 미분방정식은

$$m\frac{d^2s}{dt^2} = -mg \quad \text{또는 간단히} \quad \frac{d^2s}{dt^2} = -g$$

로 주어짐을 보였다. 여기서 s는 지구 표면으로부터 물체까지의 거리를 나타내며 양의 방향은 위쪽으로 향하는 것으로 간주한다. 다시 말하면, 여기서의 가정은 지구의 반지름 R에 비해 물체까지의 거리 s가 작다는 것이다; 다른 식으로 말하면, 지구 중심으로부터 물체까지의 거리 y는 대략 R과 같다. 한편, R과 비교하여 로켓이나 인공위성과 같은 물체까지의 거리 y가 크다면, 변수 y에 관한 미분방정식을 유도하기 위하여 운동에 대한 뉴턴의 두 번째 법칙과 만유인력의 법칙을 결합한다.

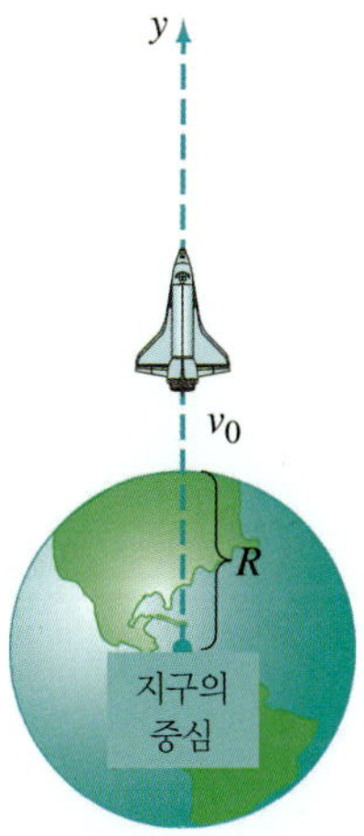

그림 5.3.6 로켓까지의 거리는 R보다 크다

로켓이 그림 5.3.6과 같이 지구로부터 수직으로 발사되었다고 가정하자. 양의 방향이 위쪽으로 향하는 것이고 공기저항을 무시한다면, 연료가 완전 연소된 후에 운동 미분방정식은

$$m\frac{d^2y}{dt^2} = -k\frac{Mm}{y^2} \quad \text{또는} \quad \frac{d^2y}{dt^2} = -k\frac{M}{y^2} \tag{12}$$

이다. 여기서 k는 비례상수, y는 지구 중심으로부터 로켓까지의 거리, M은 지구의 질량이고 m은 로켓의 질량이다. 상수 k를 정하기 위해서는 $y = R$일 때, $\dfrac{kMm}{R^2} = mg$ 또는 $k = \dfrac{gR^2}{M}$라는 사실을 사용해야 한다. 그러므로 (12)의 마지막 방정식은

$$\frac{d^2y}{dt^2} = -g\frac{R^2}{y^2} \tag{13}$$

이 된다. 연습문제5.3 문제14를 참조하여라.

변화하는 질량 위의 설명에서 우리는 로켓이 연료를 다 소모한 후, 아마 로켓의 질량 m이 일정할 때, 로켓의 운동을 설명한 것임을 유념하여라. 물론 로켓이 상승하는 동안 로켓의 총 질량은 연료가 소모되는 것에 따라 달라진다. 연습문

제1.3의 (17)에서 원래 뉴턴이 제시한 제2운동법칙은 질량 m인 물체가 속도 v로 역장 위를 움직일 때 물체의 운동량 mv의 시간 변화율은 물체에 작용하는 가해진 힘 또는 알짜힘 F와 같다:

$$F = \frac{d}{dt}(mv). \tag{14}$$

m이 일정하면 (14)는 좀 더 익숙한 형태로 a는 가속도인 $F = m\frac{dv}{dt} = ma$가 된다. 다음 예제에서는 물체의 질량 m이 변하는 (14)로 주어진 뉴턴의 제2법칙을 사용한다.

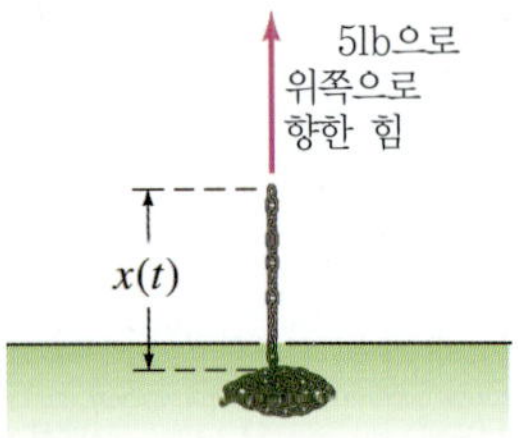

그림 5.3.7 예제4의 일정한 힘으로 위쪽으로 당겨지는 체인

예제 4 일정한 힘에 의하여 위로 당겨지는 체인

균등한 10ft 길이의 체인이 운동장에 느슨하게 감겨져 있다. 체인의 한 끝이 5lb의 일정한 힘으로 수직으로 위로 당겨진다. 체인의 무게는 1lb/ft이다. 시간 t일 때 운동장 위 체인 끝의 높이를 구하여라. 그림 5.3.7을 참조하여라.

풀이 ▶ $x = x(t)$를 시간 t에서 공중에 있는 체인 끝의 높이라 하면 $v = \frac{dx}{dt}$이고 양의 방향이 위로 향하는 것이다. 시간이 t일 때 공중에 있는 체인에 대하여 다음과 같은 변량들이 있다.

무게 : $W = (x \text{ ft}) \cdot (1 \text{ lb/ft}) = x,$

질량 : $m = \frac{W}{g} = \frac{x}{32},$

순력 : $F = 5 - W = 5 - x.$

(14)로부터 우리는

곱공식 ↓

$$\frac{d}{dt}\left(\frac{x}{32}v\right) = 5 - x \quad \text{또는} \quad x\frac{dv}{dt} + v\frac{dx}{dt} = 160 - 32x \tag{15}$$

을 얻는다. $v = \frac{dx}{dt}$이므로 위의 방정식은

$$x\frac{d^2x}{dt^2} + \left(\frac{dx}{dt}\right)^2 + 32x = 160 \tag{16}$$

이다. 2계 비선형 미분방정식 (16)은 4.10절에서 계수를 줄임으로써 풀 수 있는 두 가지 형태 중 두 번째인 $F(x, x', x'') = 0$ 형태이다. (16)을 풀기 위하여 (15)로 되돌아가 연쇄법칙과 더불어 $v = x'$를 적용한다. $\frac{dv}{dt} = \frac{dv}{dx}\frac{dx}{dt} = v\frac{dv}{dx}$으로부터 (15)의 두 번째 방정식은

$$xv\frac{dv}{dx} + v^2 = 160 - 32x \tag{17}$$

가 된다. (17)은 2장에서 풀었던 1계 미분방정식의 어떠한 형태로도 분류되지 않기 때문에 (17)은 풀기 어려운 것처럼 보인다. 그러나 (17)을 미분형식 $M(x, v)dx + N(x, v)dv = 0$의 꼴로 다시 쓰면 방정식

$$(v^2 + 32x - 160)dx + xvdv = 0 \tag{18}$$

은 완전 미분방정식은 아니지만 적분인수를 방정식에 곱하면 완전 미분방정식으로 변형될 수 있다. $\dfrac{(M_v - N_x)}{N} = \dfrac{1}{x}$로부터 2.4절 (13)에서 $x > 0$에 대한 적분인수는 $e^{\int \frac{dx}{x}} = e^{\ln x} = x$임을 알 수 있다. (18)에 $\mu(x) = x$를 곱한 방정식은 완전 미분방정식이다(증명하여라). $\dfrac{\partial f}{\partial x} = xv^2 + 32x^2 - 160x$, $\dfrac{\partial f}{\partial v} = x^2 v$이고 2.4절과 같이 계산하면

$$\frac{1}{2}x^2v^2 + \frac{32}{3}x^3 - 80x^2 = c_1 \tag{19}$$

가 된다. 체인 전부가 처음엔 운동장에 놓여 있다고 가정했기 때문에 $x(0) = 0$이다. 이 조건을 (19)에 적용하면 $c_1 = 0$이다. $v = \dfrac{dx}{dt} > 0$에 대하여 대수적 방정식 $\dfrac{1}{2}x^2v^2 + \dfrac{32}{3}x^3 - 80x^2 = 0$을 풀면 또 다른 1계 미분방정식

$$\frac{dx}{dt} = \sqrt{160 - \frac{64}{3}x}$$

을 얻는다. 이 방정식은 변수 분리에 의하여 풀 수 있다.

$$-\frac{3}{32}\left(160 - \frac{64}{3}x\right)^{\frac{1}{2}} = t + c_2 \tag{20}$$

임을 보여야 한다. 여기서 초기 조건 $x(0) = 0$으로부터 $c_2 = -3\sqrt{10}/8$을 얻는다. 마지막으로 (20)의 양변을 제곱하여 x에 관하여 풀면 우리는 원하는 결과

$$x(t) = \frac{15}{2} - \frac{15}{2}\left(1 - \frac{4\sqrt{10}}{15}t\right)^2 \tag{21}$$

를 얻는다. 물리적인 측면에서 그림 5.3.8에 주어진 (21)의 그래프는 그대로 받아들여서는 안 된다. 연습문제5.3의 문제15를 참조하여라. ■

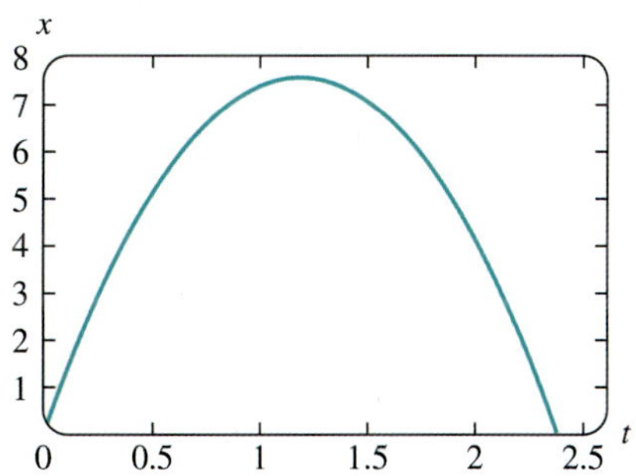

그림 5.3.8 예제4 (21)의 그래프

연습문제 5.3

강사에게 문제24, 25번과 추가로 문제1-6, 8-13, 15, 20, 21번의 전부 또는 일부분은 컴퓨터 실습 과제로 할 수 있다.

비선형 용수철

(1–4) 주어진 미분방정식은 (1)에서의 복원력 $F(x)$가 비선형인 비감쇠 용수철/질량계의 모델이다. 각각의 방정식에 대하여 주어진 초기 조건을 만족하는 해곡선을 수치적 해결도구를 활용하여 그려라. 해가 주기적이면 해곡선을 이용하여 진동주기 T를 추측하여라.

1. $\dfrac{d^2x}{dt^2}+x^3=0,$

$x(0)=1,\ x'(0)=1;\ x(0)=\dfrac{1}{2},\ x'(0)=-1$

2. $\dfrac{d^2x}{dt^2}+4x-16x^3=0,$

$x(0)=1,\ x'(0)=1;\ x(0)=-2,\ x'(0)=2$

3. $\dfrac{d^2x}{dt^2}+2x-x^2=0,$

$x(0)=1,\ x'(0)=1;\ x(0)=\dfrac{3}{2},\ x'(0)=-1$

4. $\dfrac{d^2x}{dt^2}+xe^{0.01x}=0,$

$x(0)=1,\ x'(0)=1;\ x(0)=3,\ x'(0)=-1$

5. 문제3에서 물체가 초기 속도 $x'(0)=x_1$으로 초기 위치 $x(0)=1$에서 놓아졌다고 가정하자. 수치적 해결도구를 활용하여 물체 운동이 비주기적이 되는 가장 작은 값 $|x_1|$을 추측하여라.

6. 문제3에서 물체가 초기 속도 $x'(0)=1$으로 초기 위치 $x(0)=x_0$에서 놓아졌다고 가정하자. 수치적 해결도구를 활용하여 운동이 진동하는 구간 $a \le x_0 \le b$를 추측하여라.

7. 문제4에서 미분방정식의 선형화를 구하여라.

8. $x''+8x-6x^3+x^5=0$으로 주어진 비감쇠 비선형 용수철/질량계의 모델을 고려하자. 수치적 해결도구를 활용하여 다음과 같은 초기 조건을 갖는 진동 운동계의 특성을 논하여라.

$x(0)=1,\ x'(0)=1;\ x(0)=-2,\ x'(0)=\dfrac{1}{2}$

$x(0)=\sqrt{2},\ x'(0)=1;\ x(0)=2,\ x'(0)=\dfrac{1}{2}$

$x(0)=2,\ x'(0)=0;\ x(0)=-\sqrt{2},\ x'(0)=-1.$

(9–10) 주어진 미분방정식은 감쇠 비선형 용수철/질량계의 모델이다. $t\to\infty$함에 따라 각각의 운동계의 움직임을 예측하여라. 수치적 해결도구를 활용하여 각각의 방정식에 주어진 초기 조건을 만족하는 해곡선을 구하여라.

9. $\dfrac{d^2x}{dt^2}+\dfrac{dx}{dt}+x+x^3=0,$

$x(0)=-3,\ x'(0)=4;\ x(0)=0,\ x'(0)=-8$

10. $\dfrac{d^2x}{dt^2}+\dfrac{dx}{dt}+x-x^3=0,$

$x(0)=0,\ x'(0)=\dfrac{3}{2};\ x(0)=-1,\ x'(0)=1$

11. 주기적으로 움직이는 비감쇠 용수철/질량계의 모델 $mx''+kx+k_1x^3=F_0\cos\omega t$는 독일의 기계 엔지니어이자 발명가인 George Duffing(1861-1944)의 이름을 따서 **더핑의 미분방정식**(Duffing's differential equation)이라 한다. 초깃값 문제 $x''+x+k_1x^3=5\cos t,\ x(0)=1,\ x'(0)=0$을 생각해 보자. $k_1=0.01$부터 $k_1=100$의 범위에 있는 $k_1>0$인 k_1의 값에 대하여 수치적 해결도구를 활용하여 운동계의 움직임을 관찰하여라. 그리고 결론을 서술하여라.

12. (a) 문제11의 운동계가 진동하는 $k_1<0$인 k_1의 값을 구하여라.

(b) 초깃값 문제

$$x''+x+k_1x^3=\cos\frac{3}{2}t,\ x(0)=0,\ x'(0)=0$$

을 생각해 보자. 운동계가 진동하는 $k_1<0$인 k_1의 값을 구하여라.

비선형 진자

13.
$$\frac{d^2\theta}{dt^2}+2\lambda\frac{d\theta}{dt}+\omega^2\sin\theta=0$$

으로 주어진 자유 감쇠 비선형 진자의 모델을 고려해 보자.

수치적 해결도구를 활용하여 $\lambda^2-\omega^2>0$과 $\lambda^2-\omega^2<0$의 두 가지 경우의 운동계가 각각 5.1절에서 논의가 된 용수철/질량계의 과잉감쇠와 부족감쇠의 경우와 일치하는지를 조사하여라.

$\lambda^2-\omega^2>0$일 때 $\lambda=2,\ \omega=1,\ \theta(0)=1$과 $\theta'(0)=2$을 활용하여라. $\lambda^2-\omega^2<0$일 때 $\lambda=\frac{1}{3},\ \omega=1,\ \theta(0)=-2$과 $\theta'(0)=4$을 활용하여라.

로켓 운동

14. (a) $v=\frac{dy}{dt}$를 대입하여 (13)을 y의 항으로 v를 풀어라. 완전 연소 될 때 로켓의 속력이 $v=v_0$이고 그 순간에 $y\approx R$이라 가정하면, 적분상수 c의 근삿값이 $c=-gR+\frac{1}{2}v_0^2$임을 보이자.
    (b) (a)의 v에 관한 해를 이용하여 로켓의 이탈 속도가 $v_0=\sqrt{2gR}$로 주어짐을 보이자. [힌트: $y\to\infty$로 택하고 모든 시간 t에 대하여 $v>0$임을 가정하자.]
    (c) (b)의 결과가 태양계의 어떠한 물체에 대하여서도 성립한다. $g=9.8\text{m/s}^2$과 $R=6500\text{km}$를 이용하여 지구로부터 이탈속도가 대략 $v_0=40{,}000\text{km/h}$임을 보여라.
    (d) 만일 중력 가속도가 $0.165g$이고 $R=1738\text{km}$일 때 달로부터의 이탈속도를 구하여라.

변화하는 질량

15. (a) 예제4에서 일정한 5파운드의 힘으로 들어 올릴 수 있는 체인의 양을 직관적으로 예상할 수 있는가?
    (b) 체인의 초기 속도는 얼마인가?
    (c) 그림 5.3.7에서 주어진 $x(t)\geq 0$에 대응하는 시간 간격이 해 (21)에서 정의된 구간 I가 아닌 이유는 무엇인가? 구간 I를 구하여라. 실제적으로 얼마나 많은 체인이 들어 올려졌는가? 이 답과 (a)에서 예측한 값과 어떤 차이가 있는지 설명하여라.

16. 미터 단위로 측정된 길이 L인 균일한 체인이 아래 끝이 마루에 닿도록 수직으로 매달려 있다. 체인의 무게는 20N/m이다. 매달린 위쪽 끝이 정지 상태에서 시간 $t=0$에 풀어졌고 체인은 똑바로 떨어졌다. $x(t)$는 시간 t에 대한 마루 위에 있는 체인의 길이를 나타내고, 공기저항은 무시되었으며, 양의 방향이 아래로 향한 방향이라면

$$(L-x)\frac{d^2x}{dt^2}-\left(\frac{dx}{dt}\right)^2=Lg$$

이다.
    (a) v를 x에 관하여 풀어라. x를 t에 관하여 풀어라. v를 t에 관하여 나타내어라.
    (b) 체인이 완전히 바닥에 떨어지는 데 걸리는 시간을 구하여라.
    (c) (a)의 모델에서 체인의 위쪽 끝이 땅에 닿는 때의 속도는 얼마로 예측하는가?

추가적인 수학적 모델

17. **추적곡선** 해군의 훈련에서 그림 5.3.9와 같이 배 S_1은 잠수함 S_2의 추적을 받는다. 배 S_1은 $t=0$일 때 점 (0, 0)에서 출발하고 일정한 속도 v_1으로 직선 방향 (y축)으로 앞으로 나아간다. 잠수함 S_2는 곡선 C를 따라 일정한 속도 v_2로 움직이며 그림의 점선 L로 표시한 것과 같이 눈으로 보면서 S_1을 따라가고 있다. S_2가 시간 $t=0$일 때 $(a,\ 0)\ a>0$인 점에서 출발하고 L은 C에 접한다고 가정하자.

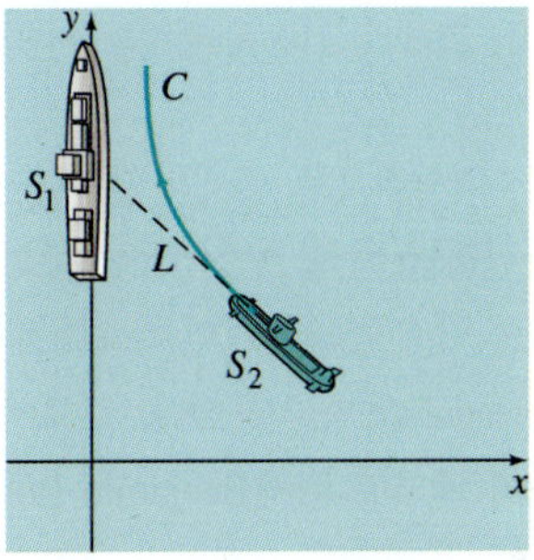

그림 5.3.9 문제17의 추적곡선

    (a) 곡선 C를 나타내는 수학적 모델을 구하여라.
    (b) 미분방정식의 명확한 해를 구하여라. 편의상 $r=v_1/v_2$라 정의하자.
    (c) $r>1,\ r<1$ 그리고 $r=1$인 경우에 S_1과 S_2의 경로가 교차하는지를 확인하여라. [힌트: $\frac{dt}{dx}=\frac{dt}{ds}\frac{ds}{dx}$, 여기서 s는 C를 따라 측정된 호의 길이이다.]

18. **추적곡선** 다른 해군 훈련에서 구축함 S_1이 잠수함 S_2를 추적한다. x축 위의 $(9,0)$에 있는 S_1이 $(0,0)$에 있는 S_2를 감지하고 동시에 S_2가 S_1를 감지하였다. 구축함 S_1의 선장은 잠수함이 즉시 회피하는 행동을 취할 것이라고 가정하고 새로운 항로는 아마도 그림 5.3.10에서 제시한 직선과 같을 것이라 추측하였다. S_1이 $(3,0)$에 있을 때, 원점을 향한 직선 항로에서 추적곡선 C로 바꿨다. 구축함의 속도는 항상

30km/h로 일정하고 잠수함의 속도는 15km/h로 일정하다고 가정하자.

(a) 선장이 항로를 C로 선회 명령하기 전에 S_1이 $(3, 0)$인 지점에 도달할 때까지 기다리는 이유를 설명하여라.

(b) 극좌표를 이용하여 곡선 C에 대한 방정식 $r=f(\theta)$를 구하여라.

(c) T를 구축함이 잠수함을 요격하는 초기 탐지 시점부터 측정된 시간을 나타낸다. T의 상계를 구하여라.

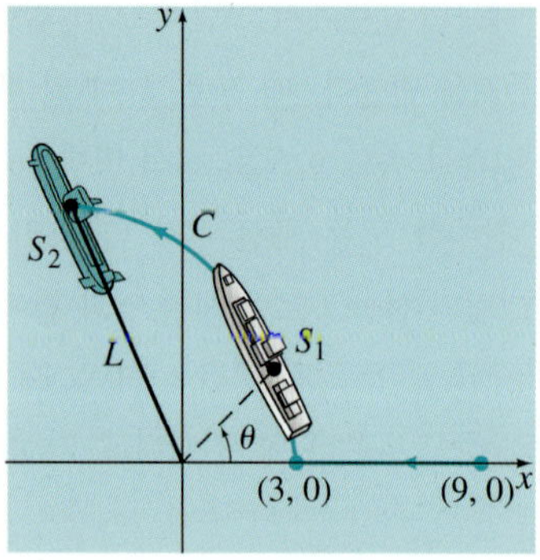

그림 5.3.10 문제18의 추적곡선

19. 탄동 진자 역사적으로, 조립라인으로 생산된 탄약(총알)에 대한 품질관리를 위해, 제조업체는 총의 포구속도, 즉, 총알이 총구에서 나갈 때의 총알의 속도를 정하기 위해 **탄동 진자**(ballistic pendulum)를 사용한다. 1742년 영국의 수학자이자 군사 기술자 벤자민 로빈(Benjamin Robins)에 의해서 발명된 탄동진자는 질량을 무시할 수 있는 막대에 질량 m_w인 나무 조각이 부착 되어 있는 단순한 평면 진자이다. 이 시스템은 미지 속도 v_b로 수평하게 움직이는 총알의 충격으로 작동된다; $t=0$인 충격 당시의 총질량은 m_w+m_b이다. 여기서 m_b는 나무에 박힌 총알의 질량이다. 이 절의 (7)에서 작은 진동의 경우에서는 그림 5.3.3으로 나타낸 보통 진자의 각변위 $\theta(t)$는 $\theta>0$이 수직 오른쪽으로의 운동이라 할 때 선형 미분방정식 $\theta''+(g/l)\theta=0$으로 주어진다. 속도 v_b는 그림 5.3.11과 같은 최대 각변위 $\theta_{\max}$에서 질량 m_w+m_b의 높이 h를 측정하여 구할 수 있다.

직관적으로, 충격 이후 합성 질량 (나무+총알)의 수평속도 V는 총알의 속도 v_b의 일부에 불과하다. 즉,

$$V=\left(\frac{m_b}{m_w+m_b}\right)v_b$$

이다. 원 궤도를 따라 움직이는 물체가 이동한 거리 s는 공식 $s=l\theta$에 의해 반지름 l과 중심각 θ와 연관이 있다. 이 공식을 시간 t에 관하여 미분하면, 물체의 각속도 ω와 그 선형속도 v는 $v=l\omega$가 된다. 따라서 총알이 나무 조각에 충격을 준 시간 t에서의 초기 각속도 ω_0는 $V=l\omega_0$ 또는

$$V=\left(\frac{m_b}{m_w+m_b}\right)\frac{v_b}{l}$$

와 관련된다.

(a) 초깃값 문제

$$\frac{d^2\theta}{dt^2}+\frac{g}{l}\theta=0,\ \theta(0)=0,\ \theta'(0)=\omega_0.$$

를 풀어라.

(b) (a)의 결과로

$$v_b=\left(\frac{m_w+m_b}{m_b}\right)\sqrt{lg}\,\theta_{\max}$$

임을 보여라.

(c) 그림 5.3.11을 이용하여 $\cos\theta_{\max}$를 l과 h로 나타내라. $\cos\theta$를 매클로린급수의 처음 두 항을 사용하여 $\theta_{\max}$를 l과 h로 나타내라. 마지막으로 v_b가

$$v_b=\left(\frac{m_w+m_b}{m_b}\right)\sqrt{2gh}$$

(근사적)으로 나타남을 보여라.

(d) (c)의 결과를 이용하여 $m_b=5\text{g}$, $m_w=1\text{kg}$과 $h=6\text{cm}$일 때 v_b를 구하여라.

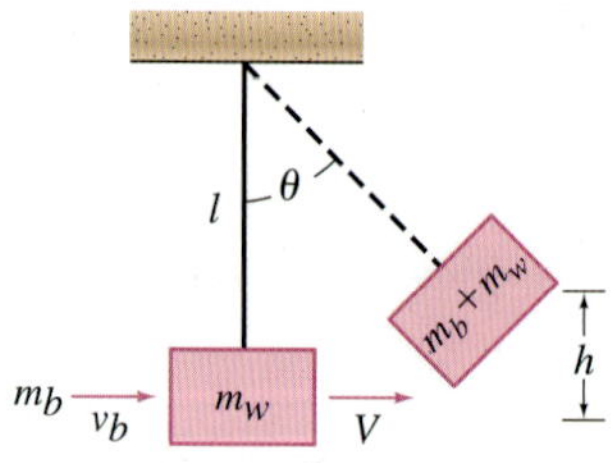

그림 5.3.11 문제19의 탄동진자

20. 구호품 그림 5.3.12에서 보듯이 일정 속도 v_0로 수평하게 날아가는 비행기가 땅에 있는 사람에게 구호품 주머니를 떨어뜨린다. 원점은 구호품을 떨어뜨리는 점이고 양의 x축은 앞쪽을 가리키고 양의 y축은 아래쪽을 가리킨다고 가정하자. 공기저항의 수평과 수직 성분은 각각 $(dx/dt)^2$과 $(dy/dt)^2$에 비례한다는 가정 하에, 만일 구호품의 위치가 $r(t)=x(t)\mathbf{i}+y(t)\mathbf{j}$로 주어진다면, 구호품의 속도는 $v(t)=(dx/dt)\mathbf{i}+(dy/dt)\mathbf{j}$이다. 벡터 형태의 뉴턴 제2운동

법칙에서 구성 성분을 동일시하면,

$$m\frac{dv}{dt}=mg-k\left[\left(\frac{dx}{dt}\right)^2\mathbf{i}+\left(\frac{dy}{dt}\right)^2\mathbf{j}\right]$$

로부터

$$m\frac{d^2x}{dt^2}=mg-k\left(\frac{dx}{dt}\right)^2,\ x(0)=0,\ x'(0)=v_0$$

$$m\frac{d^2y}{dt^2}=mg-k\left(\frac{dy}{dt}\right)^2,\ y(0)=0,\ y'(0)=0$$

을 얻는다.

(a) $u=dx/dt$, $w=dy/dt$를 대입하고 변수 분리로 위의 두 초깃값 문제를 풀어라. [힌트 : 3.2절 마지막의 주의를 참조하여라.]

(b) 비행기가 고도 300m에서 일정한 속도 500km/h로 날아가고 있다고 가정하자. 공기저항에 대한 비례상수는 $k=0.0053$이고 구호품의 무게는 1000N이라 가정하자. CAS의 근을 구하는 응용도구 또는 수평거리를 측정하는 그래픽 연산자를 이용하여 구호품이 움직인 수평거리(떨어지는 지점부터 땅에 닿는 지점까지 측정)를 계산하여라.

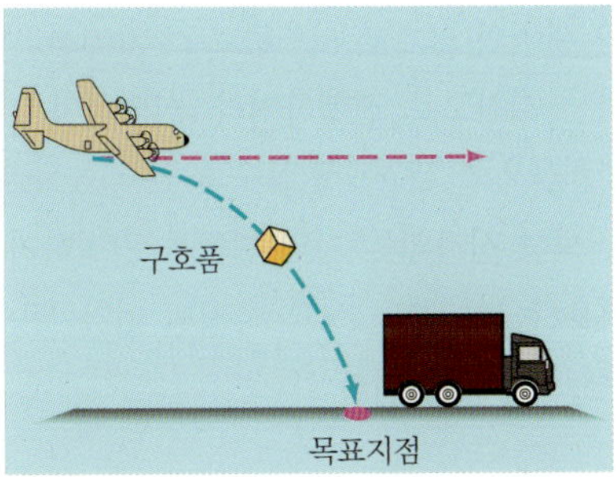

그림 5.3.12 문제20의 비행기에서 투하

토론 문제

21. 방정식 (3)의 감쇠 항이 $\beta\left(\frac{dx}{dt}\right)^2$ 대신 $\beta\left|\frac{dx}{dt}\right|\frac{dx}{dt}$로 표현되는 이유를 논하여라.

22. (a) 계산기를 사용하여 θ가 rad으로 측정된 값으로 $\sin\theta\approx\theta$가 상당히 좋은 추정치라고 생각될 수 있는 구간 $0\le\theta<\theta_1$을 구하여라. 그래프를 그리는 도구를 활용하여 $0\le x\le\pi/2$에서 $y=x$와 $y=\sin x$의 그래프를 같은 좌표축에서 그려라. 그래프가 계산기의 결과를 확인하는가?

(b) 수치적 해결도구를 활용하여 (a)에서 찾은 구간 $0\le\theta<\theta_1$의 여러 값 θ_0에 대한 초깃값 문제

$$\frac{d^2\theta}{dt^2}+\sin\theta=0,\ \theta(0)=\theta_0,\ \theta'(0)=0$$

과

$$\frac{d^2\theta}{dt^2}+\theta=0,\ \theta(0)=\theta_0,\ \theta'(0)=0$$

의 해곡선을 그려라. $\theta_0>\theta_1$인 여러 개의 θ_0에 대한 초깃값 문제의 해곡선을 그려라.

23. 달에서의 진자운동 길이 l인 진자는 지구 또는 달 중 어디에서 더 빠르게 진동하는가?

(a) $l=3$이고 지구에서 중력 가속도는 $g=9.8$로 하자. 수치적 해 도구를 이용하여 초기 조건 $\theta(0)=1$, $\theta'(0)=2$인 비선형 모델 (6)의 수치적 해곡선을 생성하여라. 달의 중력 가속도를 0.165g 값으로 하여 문제를 다시 풀어라.

(b) (a)의 그래프로 어떤 진자가 더 빠르게 진동하는지를 정하여라. 어떤 진자의 운동 진폭이 더 큰가?

24. 달에서의 진자운동–연속 이번에는 문제23의 두 부분을 선형 모델 (7)을 이용하여 풀어라.

컴퓨터 실습 과제

25. 비선형 진자에 대한 초깃값 문제

$$\frac{d^2\theta}{dt^2}+\sin\theta=0,\ \theta(0)=\frac{\pi}{12},\ \theta'(0)=-\frac{1}{3}$$

를 보자. 그림 5.3.3과 같이 진자가 초기 위치에서 오른쪽인 위치 OP에 도달한 최초의 시간 $t_1>0$(즉, $\theta(t)=0$에 대한 첫 번째 양의 근)을 구하기를 원한다고 하자. 이 문제와 다음 문제에서 우리는 풀이의 여러 방법을 연구할 수 있다.

(a) 선형 문제

$$d^2\theta/dt^2+\theta=0,\ \theta(0)=\pi/12,\ \theta'(0)=-\frac{1}{3}$$

을 풀어 t_1을 근사하여라.

(b) 4.10절 예제3에서 제시한 방법을 이용하여 비선형 초깃값 문제에 대한 0을 중심으로 한 테일러급수 해 $\theta(t)$의 처음 영이 아닌 4개의 항을 구하여라.

(c) (b)의 테일러급수의 처음 두 항을 이용하여 t_1을 근사하여라.

(d) (b)의 테일러급수의 처음 세 항을 이용하여 t_1을 근사하

여라.

(e) 컴퓨터 대수 체계의 근을 구하는 응용도구 또는 그래프 계산기를 활용하고 (b)의 테일러급수의 처음 네 항을 이용하여 t_1을 근사하여라.

(f) 문제의 이 경우에서는 Mathematica의 명령어를 통해 근 t_1의 근삿값을 구할 수 있도록 한다. 이 과정은 쉽게 $\theta(t)=0$의 어떤 근도 근사할 수 있도록 변형된다. (만일 Mathematica가 없으면 가지고 있는 컴퓨터 대수 체계 문법에 맞도록 하여 주어진 과정을 적용하여라.) 정확하게 재구성하여 주어진 명령어로 각각의 줄을 실행하여라.

```
sol = NDSolve[{y"[t]+Sin[y[t]] = = 0,
        y[0] = = Pi/12, y'(0) = = -1/3},
        y, {t, 0, 5}]//Flatten
solution = y[t]/.sol
Clear[y]
y[t_]: = Evaluate[solution]
y[t]
gr1 = Plot[y[t], {t, 0, 5}]
root = FindRoot[y[t] = = 0, {t, 1}]
```

(g) (f)의 문법을 적절히 수정하고 $\theta(t)=0$의 다음 두 개의 양수 근을 구하여라.

26. θ_0 rad의 초기 변위로 정지 상태에서 놓아진 진자를 생각해 보자. 초기 조건 $\theta(0)=\theta_0$, $\theta'(0)=0$으로 선형 모델 (7)을 풀면 $\theta(t)=\theta_0\cos\sqrt{g/l}\,t$가 된다. 이 모델로 예상한 진폭의 주기는 익숙한 공식 $T=2\pi/\sqrt{g/l}=2\pi\sqrt{l/g}$로 주어진다. T에 대한 공식 중 흥미로운 것은 이것이 초기 변위 θ_0의 크기에 좌우되지 않는 것이다. 다시 말하면, 선형 모델은 진자가 초기 변위에서 다시 돌아가려고 흔들리는 데 걸리는 시간(말하자면 $\theta_0=\pi/2(=90°)$에서 $-\pi/2$까지)과 한 번 회전하는 데 걸리는 시간(말하자면 $\theta_0=\pi/360(=0.5°)$에서 $-\pi/360$까지)은 정확히 같다고 예측한다. 이것은 상식적으로 말이 안되는 일이다. 실제적인 주기는 θ_0에 따라 달라져야 한다.

만일 $g=9.8$ m/s²이고 $l=9.8$m라고 가정하면 이 선형 모델의 진폭주기는 $T=2\pi s$이다. 이 진폭주기와 $\theta_0=\pi/4$일 때 비선형 모델에서 예측한 주기를 비교해 보자. 신빙성이 있는 데이터를 만들 수 있는 수치적 해결도구를 활용하여 구간 $0\le t\le 2$에서

$$\frac{d^2\theta}{dt^2}+\sin\theta=0,\ \theta(0)=\frac{\pi}{4},\ \theta'(0)=0$$

의 해를 근사하여라. 문제25처럼 t_1을 진자가 그림 5.3.3의 OP 위치에 도달한 최초의 시간이라고 하면 비선형 진자의 주기는 $4t_1$이다. 방정식 $\theta(t)=0$을 푸는 또 다른 방법이 있다. 작은 단위의 크기로 시도하고 $t=0$에서 시작하여 $t=2$로 끝나는 시간으로 진행하여라. 신빙성이 있는 데이터로 $\theta(t)$가 처음으로 양수에서 음수로 변하는 시간 t_1을 관찰하여라. 비선형 진자의 주기의 참값을 결정하기 위하여 t_1의 값을 사용하여라. $T=2\pi$로 측정된 기간 동안의 상대오차의 퍼센트를 계산하여라.

5장 복습

(1–8) 교과서를 참조하지 말고 답하여라. 빈칸을 채우거나 참/거짓으로 답하여라.

1. 만일 무게 10N의 물체가 용수철 1m를 늘어나게 하면 무게 30N의 물체는 용수철을 ________ m 늘어나게 한다.

2. 무게 8N의 물체가 용수철상수 6.25N/m인 용수철에 매달려 있는 단순조화운동의 주기는 ________ 초이다.

3. 용수철/질량계의 미분방정식은 $x''+16x=0$이다. 물체가 아래로 향하는 속도 3 m/s로 평형위치 1m 위인 지점에서 처음 놓아졌다면 진동의 진폭은 ________ m 이다.

4. 순수 공명은 감쇠력이 있는 곳에서는 발생하지 않는다. ________

5. 감쇠력이 있는 곳에서 용수철의 물체의 변위는 $t\to\infty$에 따라 항상 0으로 가까워진다. ________

6. 움직임이 심하게 감쇠된 운동인 용수철의 물체는 두 번 평형

위치를 통과하는 것이 가능하다. ________

7. 임계감쇠 때 감쇠가 증가하면 ________ 시스템이 발생한다.

8. 단순조화운동을 $x=(\sqrt{2}/2)\sin(2t+\phi)$로 나타낸다면 초기 조건이 $x(0)=-\frac{1}{2}$와 $x'(0)=1$이면 위상각 ϕ은 ________ 이다.

(9–10) 경곗값 문제 $y''+\lambda y=0,\ y'(0)=0,\ y'(\pi)=0$의 고윳값과 고유함수는 각각 $\lambda_n=n^2,\ n=0, 1, 2, \cdots$와 $y=\cos nx$이다. 빈 칸을 채워라.

9. $\lambda=8$일 때 경곗값 문제의 해는 $y=$________이다. 왜냐하면 ________ 때문이다.

10. $\lambda=36$일 때 경곗값 문제의 해는 $y=$________이다. 왜냐하면 ________ 때문이다.

11. 자유 비감쇠 용수철/질량계는 3초의 주기로 진동한다. 질량 8N의 물체를 용수철에서 떼어낼 때 이 운동계는 주기가 2초였다. 용수철에 달려 있었던 처음 물체의 무게는 얼마인가?

12. 무게 50N의 물체가 용수철을 0.6m 늘어나게 했다. 그 물체는 위로 향하는 속도 1.2m/s로 평형위치 0.3m 아래의 지점에서 처음 놓아졌다.
(a) 운동방정식을 구하여라.
(b) 단순조화운동의 진폭, 주기와 진동수는 얼마인가?
(c) 물체가 평형위치 0.3 m 아래 지점으로 돌아오는 시간은 언제인가?
(d) 물체가 위로 향하여 평형위치를 지나는 시간은 언제인가? 아래로 움직이는 시간은?
(e) $t=\frac{3\pi}{16}$ s일 때 물체의 속도는 얼마인가?
(d) 속도가 0이 되는 때는 언제인가?

13. 10N의 힘이 용수철을 0.3m 늘어나게 한다. 한 끝점을 고정하고 40N의 물체가 다른 한 끝에 매달려 있다. 이 운동계는 수치적으로 순간 속도의 $\frac{3}{2}$배에 해당하는 마찰력이 생기는 책상 위에 놓여있다. 처음에 이 물체는 평형위치보다 10cm 위인 지점에 놓고 정지 상태에서 놓아졌다. x축을 수평 직선으로 하여 운동이 일어난다면 운동방정식을 구하여라.

14. 무게 150N인 물체가 용수철을 15cm 늘어나게 한다. 이 물체는 순간 속도의 β배와 수치적으로 동일한 감쇠력을 제공하는 매체를 통해 이동한다. 용수철/질량계가 진동 운동으로 나타내는 $\beta>0$의 값을 구하여라.

15. 용수철상수가 $k=2$인 용수철이 수치적으로 순간 속도의 4배와 같은 감쇠력을 가진 용액 안에 매달려 있다. 만일 질량 m인 물체가 용수철에 매달려 있을 때 이후의 자유 운동이 진동하지 않는 m의 값을 결정하여라.

16. 용수철에 매달린 물체의 수직적 운동은 초깃값 문제 $\frac{1}{4}x''+x'+x=0,\ x=0,\ x(0)=4,\ x'(0)=2$로 나타낸다. 물체의 최대 수직인 변위를 구하여라.

17. 20 N의 물체는 용수철을 0.5m 늘어나게 한다. $f(t)=\cos\gamma t+\sin\gamma t$와 같은 주기적인 힘이 $t=0$에 시작하여 이 용수철에 가해진다. 감쇠력이 없는 상태에서, 이 운동계가 순수 공명 상태에 놓이는 γ의 값은 무엇인가?

18. A가 일정한 힘일 때 $x''+2\lambda x'+\omega^2x=A$의 특수해를 구하여라.

19. $\frac{1}{8}$kg의 물체가 용수철상수가 3N/m인 용수철에 매달려 있다. 전체 운동계는 수치적으로 순간 속도와 같은 감쇠력을 가지는 용액에 잠겨있다. $t=0$에서 시작하여 $f(t)=e^{-t}$와 같은 외부 힘이 이 운동계에 가해진다. 물체가 평형위치 아래 2m 지점에서 정지 상태로부터 놓아졌을 때 운동방정식을 구하여라.

20. (a) W N인 물체가 한 용수철을 0.16 m를 늘어나게 하고 다른 용수철을 0.08m 늘어나게 한다. 그림 5.1.6과 같이 두 용수철을 일렬로 붙인 후 물체를 두 개의 용수철에 물체를 매달았다. 자유운동이고 감쇠력이 없다고 가정하자. 만일 물체를 평형위치 아래 0.3 m 지점에서 아래로 향하는 속도 0.2m/s로 놓았을 때의 운동방정식을 구하여라.
(b) 물체의 최대 속력이 $\frac{2}{3}\sqrt{3g+1}$임을 보여라.

21. 한 직렬회로가 $L=1$ h의 인덕턴스, $C=10^{-4}$ f의 전기용량,

$E(t)=100\sin 50t$ V인 기전력을 포함하고 있다. 처음 전하 q와 전류 i가 모두 0이다.

(a) 전하 $q(t)$을 구하여라.

(b) 전류 $i(t)$를 구하여라.

(c) 축전기의 전하가 0이 되는 시간을 구하여라.

22. (a) LRC 직렬회로에서 전류 $i(t)$는

$$L\frac{d^2i}{dt^2}+R\frac{di}{dt}+\frac{1}{C}i=E'(t)$$

를 만족함을 보여라. 여기서 $E'(t)$는 $E(t)$의 도함수이다.

(b) (a)의 미분방정식에 대해 두 가지 초기 조건 $i(0)$와 $i'(0)$를 지정할 수 있나. 만일 $i(0)=i_0$과 $q(0)=q_0$이라면 $i'(0)$은 얼마인가?

23. 경곗값 문제

$$y''+\lambda y=0,\ y(0)=y(2\pi),\ y'(0)=y'(2\pi)$$

를 고려하자. $\lambda=0$인 경우를 제외하고 각각의 고윳값에 대한 두 개의 일차독립인 고유함수가 존재함을 보여라.

24. 구슬이 마찰력인 없는 길이 L인 막대를 따라 미끄러지도록 되어 있다. 이 막대는 수직인 평면에서 막대의 중간에 고정된 회전축 P를 중심으로 일정한 각속도 ω로 회전하고 있지만, 회전축의 설계는 구슬이 막대의 전체 길이를 따라 움직이게 되어 있다. $r(t)$는 그림 5.R.1에서와 같이 이 회전 좌표계에 대한 구슬의 위치를 나타낸다. 이 회전하는 기준틀에 뉴턴의 운동 제2법칙을 적용하려면, 구슬에 작용하는 순력은 실제 힘 (이 경우, 중력에 의한 힘)과 관성력(코리올리, 횡력, 구심력) 합이라는 사실을 활용할 필요가 있다. 결과적으로 r에 대한 미분방정식은

$$m\frac{d^2r}{dt^2}=m\omega^2r-mg\sin\omega t$$

이다.

(a) 초기 조건 $r(0)=r_0$, $r'(0)=v_0$에 따라 위의 미분방정식을 풀어라.

(b) 구슬이 단순조화운동을 나타내는 초기 조건을 구하여라. 구슬의 단순조화운동을 수용할 수 있는 막대의 최소 길이 L은 얼마인가?

(c) (b)에서 구한 초기 조건과 다른 초기 조건에 대해, 구슬은 궁극적으로 막대에서 벗어난다. (a)의 해 $r(t)$를 이용하여 설명하여라.

(d) $\omega=1$rad/s라 하자. 그래프를 그리는 도구나 계산기를 활용하여 초기 조건 $r(0)=0$, $r'(0)=v_0$에 대한 해 $r(t)$의 그래프를 그려라. 여기서 v_0은 0, 10, 15, 16, 16.1, 17이다.

(e) 막대의 길이가 $L=10$m라 하자. (d)의 각각 초기 조건의 쌍에 대하여, 근을 구하는 프로그램을 활용하여 구슬이 막대 위에 놓여있는 전체 시간을 구하여라.

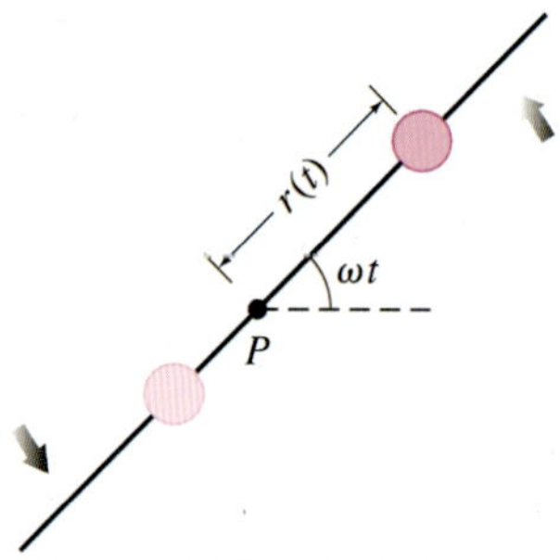

그림 5.R.1 문제24의 회전하는 막대

25. 마찰이 없는 평평하고 건조한 표면에 질량 m의 물체는 용수철상수가 k인 용수철의 자유로운 끝에 붙어있다고 가정하자. 그림 5.R.2(a)에서 물체는 평형위치 $x=0$에 있다. 즉, 용수철이 늘어나거나 줄어들지도 않았다. 그림 5.R.2(b)와 같이 물체의 변위 $x(t)$는 평형위치의 오른쪽은 양수이고 왼쪽은 음수이다. 물체가 자유롭게 미끄러지는 변위 $x(t)$에 대한 미분방정식을 결정하여라. 이 미분방정식의 유도와 5.1절 (1)로 유도된 해석의 차이를 논하여라.

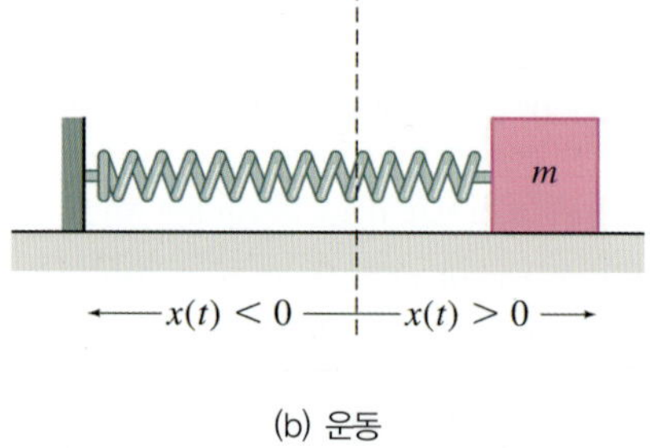

그림 5.R.2 문제25의 미끄러지는 용수철/질량계

26. 문제25의 마찰이 없는 평평하고 건조한 표면에 질량 m의 물체는 그림 5.R.3과 같이 두 개의 용수철에 달려 있다고 가정하자. 용수철상수가 k_1과 k_2일 때 자유롭게 미끄러지는 물체에 대한 변위 $x(t)$의 미분방정식을 구하여라.

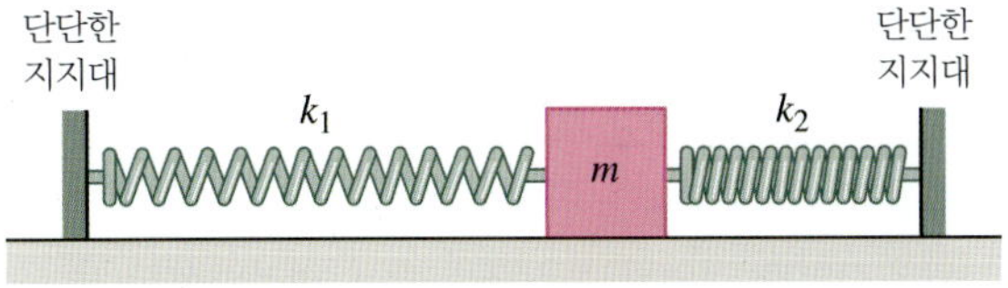

그림 5.R.3 문제26의 두 개의 용수철계

27. 문제25의 용수철/질량계에서 질량 m인 물체가 미끄럼 마찰 계수가 $\mu > 0$인 건조한 표면 위에서 미끄러진다고 가정하자. 운동마찰의 지연력이 일정한 크기를 갖는 경우 $f_k = \mu mg$이다. 여기서 mg가 물체의 무게이고 움직이는 방향의 반대로 작용하며, 이를 **쿨롱 마찰력**(coulomb friction)이라 한다. **부호함수**

$$sgn(x') = \begin{cases} -1, & x' < 0 \quad (\text{왼쪽으로 운동}) \\ 1, & x' > 0 \end{cases}$$

를 이용하여 감쇠 미끄러지는 물체의 변위 $x(t)$에 관한 조각적으로 정의된 미분방정식을 결정하여라.

28. 단순화를 위해 문제27에서 $m=1$, $k=1$이고 $f_k=1$이라 하자.
   (a) 물체가 평형위치에서 오른쪽으로 5.5단위 떨어진 지점에서 정지 상태로 놓아졌을 때 물체의 변위 $x(t)$를 구하여라. 즉 초기 조건은 $x(0)=5.5$, $x'(0)=0$이다. 놓으면 직관적으로 물체의 움직임이 왼쪽으로 이동하게 된다. 이 해가 정의되는 시간 간격 $[0,\ t_1]$을 구하여라. t_1일 때 물체는 어디에 있는가?
   (b) $t > t_1$에 대하여 물체의 움직임이 오른쪽으로 가고 있다고 가정하자. t_1에서의 초기 조건으로 $x(t)$를 구하고 이 해가 정의되는 시간 간격 $[t_1,\ t_2]$를 구하여라. t_2일 때 물체는 어디에 있는가?
   (c) $t > t_2$에 대하여 물체의 움직임이 왼쪽으로 가고 있다고 가정하자. t_2에서의 초기 조건으로 $x(t)$를 구하고 이 해가 정의되는 시간 간격 $[t_2,\ t_3]$를 구하여라. t_3일 때 물체는 어디에 있는가?
   (d) t_3에서의 초기 조건으로 $t > t_3$에 대하여 모델이 더 이상의 움직임이 없다고 예측한다는 것을 보여라.
   (e) 구간 $[0,\ t_3]$에서 변위 $x(t)$의 그래프를 그려라.

29. 매클로린급수를 이용하여 초깃값 문제

$$\frac{d^2\theta}{dt^2} + \frac{g}{l}\sin\theta = 0,\ \theta(0) = \frac{\pi}{6},\ \theta'(0) = 0$$

의 멱급수 해가

$$\theta(t) = \frac{\pi}{6} - \frac{g}{4l}t^2 + \frac{\sqrt{3}\,g^2}{96l^2}t^4 + \cdots$$

임을 보여라. [힌트: 4.10절의 예제3을 참조하여라.]

30. **용수철 진자** 뉴턴의 제2법칙의 유리함수 표현은 다음과 같다: 한 점에 대한 각 운동량의 시간 변화율은 가해진 힘의 모멘트(회전력)과 같다. 감쇠 또는 다른 외적인 힘이 없을 때, 그림 5.3.3에서 보듯이 진자에 대한 5.3절의 (14)와 유사하여

$$\frac{d}{dt}\left(ml^2\frac{d\theta}{dt}\right) = -mgl\sin\theta \qquad (1)$$

이다.
   (a) m과 l이 상수이면 (1)이 5.3절의 (6)이 됨을 보여라.
   (b) 그림 5.3.3에서 막대가 무시할 만한 질량의 용수철로 교체되었다고 가정하자. 물체의 질량 m이 자유롭게 부착되면 용수철을 그림 5.R.4에 표시된 수직 평형 위치에 매달려 있고 길이는 l_0이다. 용수철 진자가 움직일 때 그 운동은 수직면에서 일어나고 용수철은 구부러지지 않을 만큼 충분히 단단하다고 가정하자. $t > 0$일 때 용수철의 길이는 $l(t) = l_0 + x(t)$인데, 여기서 x는 평형 위치로부터의 변위이다. (1)로 정의된 변위각 $\theta(t)$에 대한 미분방정식을 구하여라.

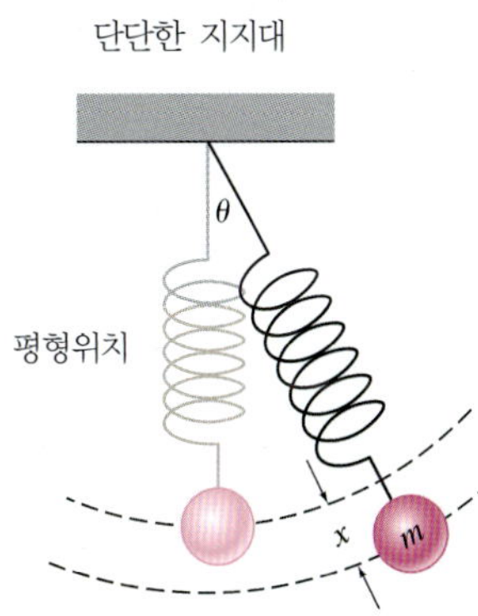

그림 5.R.4 문제30의 용수철 진자

31. 잡힌 진자 길이가 l이고 무시할 만한 질량을 갖는 줄의 끝에 질량 m인 물체가 매달려 있는 진자를 생각하자. $t=0$에서 수직 평형위치 OP의 오른쪽으로 작은 변위각 $\theta_0>0$에서 정지 상태에서 놓아지게 된다. 그림 5.R.5를 참조하여라. 시간 $t_1>0$에서 그 줄이 O로부터 $\frac{3}{4}l$ 거리에 있는 OP 위의 점 N에 있는 못을 때리면, 그림에서 보듯이 그 물체는 왼쪽으로 계속 이동한다.

(a) 그림에서 보듯이 변위각 $\theta_1(t)$에 대한 선형 초깃값 문제를 만들고 풀어라. $\theta_1(t)$가 정의 되는 구간 $[0,\ t]$를 구하여라.

(b) 그림에서 보듯이 변위각 $\theta_2(t)$에 대한 선형 초깃값 문제를 만들고 풀어라. $\theta_2(t)$가 정의 되는 구간 $[t_1,\ t_2]$를 구하여라. 여기서 t_2는 질량 m이 수직선 NP로 돌아오는 데 걸리는 시간이다.

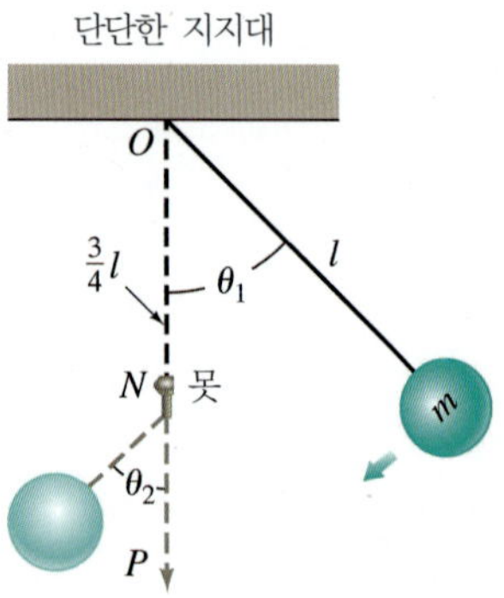

그림 5.R.5 문제31의 진자

32. 갤로핑 거티 다리는 다리 위를 달리는 자동차, 바닥에 부딪히는 물, 상부 구조를 가로지르는 바람으로부터 끊임없이 극단적인 힘을 받는 진동기계장치의 좋은 예이다. 1940년 11월 7일, 워싱턴주 퓨젯 사운드에 있는 타코마 협곡 현수교가 개통된지 4개월 만에 폭풍으로 붕괴되고 말았다. 그림 5.R.6을 참조하여라. 그 다리는 지역 주민들에 의해 "Galloping Gertie"라고 불리었고, 많은 운전자들에게 매우 흥미진진한 횡단을 준 도로의 수직 기복 운동으로 유명했기 때문에 그 붕괴가 전혀 놀랄 일이 아니었다. 오랫동안 부실하게 설계된 다리의 상부 구조로 인해 다리를 가로질러 불어오는 바람이 주기적으로 소용돌이를 일으키고 이 힘의 주파수가 다리의 고유 주파수에 접근했을 때 경량 도로의 큰 변화가 발생하여 다리가 붕괴되었다고 추측하였다. 다시 말해서, 그 다리가 기계공명의 희생물이었다고 생각하였다. 그러나 272쪽 그림 5.1.16에서 보듯이, 공명은 감쇠가 전혀 없는 곳에서만 일어날 수 있는 선형 현상이다. 최근에 공명 이론은 감쇠가 있는 경우에도 큰 진동을 묘사할 수 있는 수학적인 모델로 바뀌었다. 이 교재의 이전 판에 나오는 길버트 루이스의 프로젝트인 타코마 협곡 현수교의 붕괴에서, 길버트 루이스는 시간이 지남에 따라 진동의 진폭이 증가하는 스프링(수직 지지 케이블)에 부착된 물체(도로의 일부)의 구동 진동을 설명하는 간단한 조각별 정의 모델을 조사한다. 이 문제에서는 해당 프로젝트에서 논의된 모델 중 하나의 해를 구하는 방법을 알게 된다.

조각별로 정의된 복원력을 갖는 미분방정식

$$\frac{d^2x}{dt^2}+F(x)=\sin 4t,\ F(x)=\begin{cases}4x,\ x\geq 0\\ x,\ x<0\end{cases}$$

은 구동 용수철/질량계에 있는 단위 질량의 변위 $x(t)$에 대한 모델이다. 5.1절에서와 같이, 수직선을 따라 운동하고, 평형위치는 $x=0$이며 아래쪽이 양의 방향이라고 가정한다. 복원력은 운동 방향과 반대로 작용한다: 물체가 평형위치 아래($x>0$)에 있을 때의 복원력은 $4x$이고 물체가 평형위치 위($x>0$)에 있을 때의 복원력은 x이다.

(a) 초깃값 문제

$$\frac{d^2x}{dt^2}+4x=\sin 4t,\ x(0)=0,\ x'(0)=v_0>0 \quad (2)$$

을 풀어라.

초기 조건은 그 물체가 하향 속도를 갖는 평형위치로부터 해제되었음을 의미한다. 해를 이용하여 $x(t)=0$일 때 처음 시간, 즉 물체가 해제된 후 처음으로 평형위치로 돌아오는 시간, t_1을 결정하여라. (2)의 해는 구간 $[0,\ t_1]$에서 정의된다.

[힌트: 배각공식 $\sin 4t=2\sin 2t\cos 2t$가 도움이 될 것이다.]

(b) $t>t_1$일 때 물체가 평형위치 위에 있으므로 새로운 미분방정식

$$\frac{d^2x}{dt^2}+x=\sin 4t \quad (3)$$

을 풀어야만 한다. 하나의 초기 조건은 $x(t_1)=0$이다. (a)에 있는 (2)의 해를 이용하여 $x'(t_1)$을 구하여라. 이 새로운 초기 조건에 대하여 방정식 (3)의 해를 구하여라. 그 해를 이용하여 $x(t)=0$일 때 두 번째 시간 $t_2>t_1$를 구하여라. (3)의 해는 구간 $[t_1,\ t_2]$에서 정의된다. [힌트: 사인함수에 대한 배각공식을 두 번 이용하여

라.]

(c) $x(t)=0$일 때 세 번째 시간 $t_3>t_2$에 대하여 다른 초깃값 문제를 만들고 풀어서 구간 $[t_2, t_3]$에서 정의된 $x(t)$를 구하여라.

(d) $x(t)=0$일 때 네 번째 시간 $t_4>t_3$에 대하여 다른 초깃값 문제를 만들고 풀어서 구간 $[t_3, t_4]$에 정의된 $x(t)$를 구하여라.

(e) 가정 $v_0>0$에 의해 물체의 상-하 한 주기는 구간 $[0, t_2]$, $[t_2, t_4]$, $[t_4, t_6]$등에서 완성된다. 시간이 지남에 따라 물체의 진폭이 증가해야만 하는 이유를 설명하여라. [힌트: 각 주기의 초기에 물체의 속도를 조사하여라.]

(f) (2)에서 $v_0=0.01$이라 하자. (a), (b), (c), (d)의 구간 위의 네 해를 이용하여 구간 $[0, t_4]$ 위에서 정의된 조각별 연속인 함수 $x(t)$를 만들어라. 그래프 유틸리티를 이용하여 $[0, t_4]$ 위의 $x(t)$의 그래프를 구하여라.

그림 5.R.6 타코마협곡 다리의 붕괴

33. 번지점프 번지줄은 힘을 가하면 늘어나는 탄력있는 줄이다. 번지 점프 스포츠에서는 번지 줄의 한쪽 끝을 다리와 같은 단단한 지지대에 연결하고 다른 쪽 끝은 다리에서 뛰어내리는 사람의 발에 연결한다.

줄의 자연적인(늘리지 않은) 길이가 L ft이고 번지 점프하는 사람의 발의 위치가 시간의 함수 $x(t), t\geq 0$이며 강이 다리 아래 180 ft에 있다고 가정하자. 그림 5.R.7을 참조하여라. 점프하는 사람의 발이:

- 다리 위에 있는 경우, $x(t)=-L$;
- 공중에 있지만 아직 줄의 끝은 아닌 경우, $-L<x(t)<0$;
- 줄의 끝에 있는 경우, $x(t)=0$;
- 줄의 끝보다 아래에 있는 경우, $x(t)>0$이다.

점프하는 사람 몸에 가해지는 알짜힘 mx''은 미분방정식

$$m\frac{d^2x}{dt^2}=mg+f(x)-\beta\frac{dx}{dt} \tag{4}$$

으로 표현된다. 여기서 mg는 점프하는 사람의 무게, $\beta x'$은 공기의 저항, 그리고 $k\geq 0$에 대해

$$f(x)=\begin{cases}0, & x\leq 0\\ -kx, & x>0\end{cases} \tag{5}$$

이다. 함수 (5)는 기본적으로 후크의 법칙이다. 떨어지는 사람의 발이 줄의 자연적인(늘어지지 않은) 길이 L을 지날 때만 줄이 늘어나서 점프하는 사람에게 힘 $f(x)$를 가하게 된다. (4)는 조각적 선형 방정식이므로 두 가지 경우를 고려한다. 이 문제에서는 점프하는 사람이 단순히 다리에서 발을 떼었다가 발이 번지 줄 끝에 도달할 때까지 자유롭게 떨어진다고 가정하여 발의 위치 $x(t)$를 결정하여라. 이 경우 $k=0$이다.

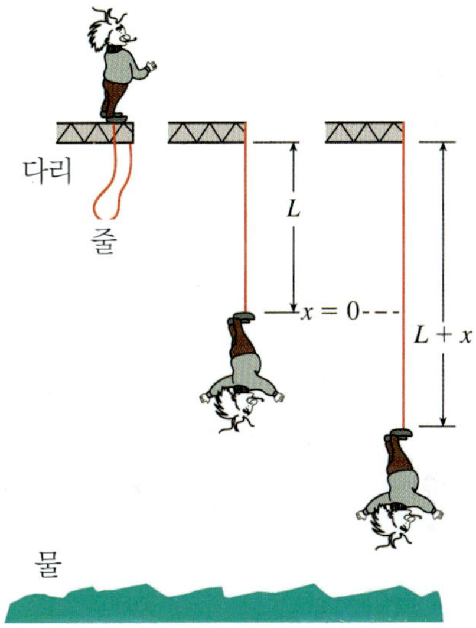

그림 5.R.7 문제33의 번지점프하는 사람

(a) $m=5, mg=160\,\text{lb}, g=32\,\text{ft/s}^2, \beta=1, L=100\,\text{ft}$이고 초기조건이 $x(0)=-100,\ x'(0)=0$일 때 미분방정식 (4)를 풀어라.

(b) CAS(또는 그래프 계산기)의 근 찾기 응용 프로그램을 사용하여 점프하는 사람의 발이 줄 끝에 도달하는 첫 번째 시간 t_1, 즉 $x(t_1)=0$을 찾아라. 답을 소수점 이하 두 자리로 반올림하여라.

(c) 줄 끝에 있는 점프하는 사람의 속도 ν_1, 즉 $x'(t_1)=\nu_1$을 구하여라

34. 번지 점프-계속 문제33의 해 $x(t)$는 $0\leq t\leq t_1$에 대한 점

프하는 사람 발의 위치를 나타낸다. 여기서 t_1은 줄의 끝에 도달하는 데 걸리는 시간이다. $t \geq t_1$에 대해 $x(t)$를 결정하여라. 즉, $x(t)$는 줄이 뒤로 당겨지기 시작하는 시간 동안 줄 끝 아래의 점프하는 사람 발의 위치이다. 이 경우 $k = 14.5$을 택한다.

(a) $m = 5, mg = 160\,\mathrm{lb}, \mathrm{g} = 32\,\mathrm{ft/s^2}, \beta = 1, \mathrm{L} = 100\,\mathrm{ft}$이고 초기조건이 $x(t_1) = 0,\ x'(t_1) = \nu_1$일 때 미분방정식 (1)을 풀어라. 여기서 t_1과 ν_1은 문제33의 (b)와 (c)에서 찾은 수이다.

(b) CAS(또는 그래프 계산기)를 사용하여 (a)에서 찾은 함수의 도함수 $x'(t)$를 그래프로 나 타내어라. 그래프를 사용하여 $x'(t_2) = 0$인 첫 번째 시간 $t_2 > t_1$을 찾아라. 점프하는 사람이 하강하는 첫 번째 정지 지점에 도달하는 데 걸리는 총 시간 $t_1 + t_2$은 얼마인가?

(c) 시간 $t_1 + t_2$에서 점프하는 사람의 발이 다리 아래 얼마나 멀리 떨어져 있는가?

06 선형 미분방정식의 급수 해

지금까지 선형 2계(또는 그 이상) 미분 방정식에 대한 연구에서 우리는 주로 상수 계수를 갖는 방정식을 풀었다. 4.7절의 코시-오일러 방정식이 유일한 예외였다. 응용 분야에서 변수 계수를 갖는 선형 고계 방정식은 상수 계수를 갖는 미분방정식만큼 중요하다. 4.7절에서 설명한 것처럼, $y'' - xy = 0$와 같은 단순한 선형 2계 방정식조차도 자명하지 않은 기본 함수인 해를 갖지 않는다. 하지만 이것이 $y'' - xy = 0$의 두 가지 선형 독립 해를 찾을 수 없다는 의미는 아니다; 찾을 수 있다. 6.2절과 6.4절에서 우리는 이 방정식의 해가 무한 급수로 정의되는 함수임을 볼 수 있다.

6.1 멱급수 복습

소개 4.3절에서 우리는 상수 계수를 갖는 동차 선형 미분방정식을 해결하는 것은 본질적으로 대수학의 문제라는 것을 보았다. 보조방정식의 근을 구함으로써 기본함수 $e^{\alpha x}$, $x^k e^{\alpha x}$, $x^k e^{\alpha x} \cos\beta x$ $x^k e^{\alpha x}\sin\beta x$의 선형결합으로써 미분방정식의 일반해를 표현할 수 있었다. 그러나 4.7절의 소개에서 지적했듯이 변수 계수를 갖는 대부분의 선형 고계 미분방정식은 기본함수로 표현할 수 없다. 이러한 종류의 방정식을 해결하는 방법은 무한급수의 형태로 해를 가정하고 미정계수법(4.4절)과 유사한 방법을 이용하여 해결하는 것이다. 6.2절에서는 멱급수 형태의 해를 갖는 변수 계수의 선형 2계 미분방정식을 고려하기 위해 해당 주제에 대한 복습으로 이 장을 시작하는 것이 적절하다.

멱급수 $x-a$에 관한 **멱급수는**

합의 첨자는 $n=0$에서 시작할 필요는 없다. ▶

$$\sum_{n=0}^{\infty} c_n(x-a)^n = c_0 + c_1(x-a) + c_2(x-a)^2 + \cdots$$

형태의 무한급수라는 미적분학을 기억해 보자.

이러한 급수를 **중심이 a인 멱급수**(power series centered at a)라고 한다. 예를 들어 멱급수 $\sum_{n=0}^{\infty}(x+1)^n$은 중심이 $a=-1$이다. 다음 절에서는 x에 관한 멱급수 즉, 중심 $a=0$인 멱급수에 대해서만 주로 관심을 가질 것이다. 예를 들면 $\sum_{n=0}^{\infty} 2^n x^n = 1+2x+4x^2+\cdots$ 와 같은 x에 관한 멱급수에 대하여만 생각한다.

중요한 성질들 다음 기호 목록은 멱급수 $\sum_{n=0}^{\infty} c_n(x-a)^n$에 대한 중요한 사실들을 요약한다.

- **수렴성**: 부분합 $\{S_N(x)\}$가 수렴하면 즉, $\lim_{N\to\infty} S_N(x) = \lim_{N\to\infty}\sum_{n=0}^{N} c_n(x-a)^n$이 존재하면 멱급수 $\sum_{n=0}^{\infty} c_n(x-a)^n$은 구체적인 x값에서 **수렴한다**고 한다. 극한이 x값에서 존재하지 않으면 급수는 **발산한다**고 한다.
- **수렴구간**: 모든 멱급수는 수렴구간을 갖는다. **수렴구간**(interval of convergence)은 급수가 수렴하는 모든 실수 x의 집합이다. 수렴구간의 중심은 급수의 중심 a이다.
- **수렴반경**: 멱급수에 대한 수렴구간의 반경 R을 급수의 **수렴반경**(radius of

convergence)이라고 한다. 만일 $R>0$이면 멱급수는 $|x-a|<R$에서 수렴하고 $|x-a|>R$에서 발산한다. 만일 급수가 중심 a에서만 수렴한다면 $R=0$이다. 만일 급수가 모든 x에 대하여 수렴한다면 우리는 $R=\infty$이라고 쓴다. 절대부등식 $|x-a|<R$은 $a-R<x<a+R$과 동일하다는 것을 기억하여라. 멱급수는 구간의 끝점 $a-R$과 $a+R$에서 수렴할 수도 있고 수렴하지 않을 수도 있다. 그림 6.1.1은 $R>0$에 대한 네 가지 가능한 수렴 구간을 보여준다.

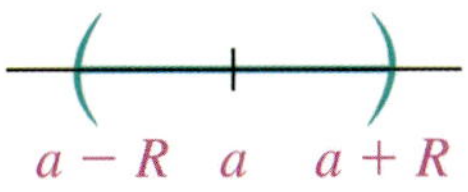

(a) 수렴 구간 $(a-R,\ a+R)$, 급수는 양 끝점에서 모두 발산한다.

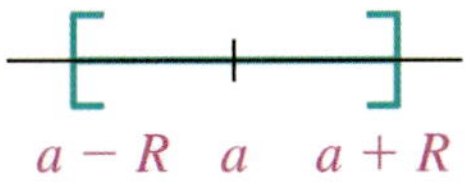

(b) 수렴 구간 $[a-R,\ a+R]$, 급수는 양 끝점에서 모두 수렴한다.

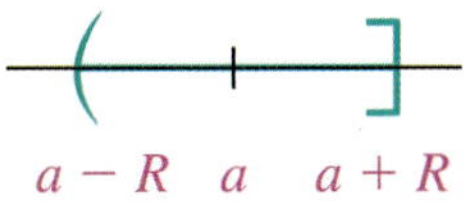

(c) 수렴 구간 $(a-R,\ a+R]$, 급수는 오른쪽 끝점에서 수렴하고 왼쪽 끝점에서 발산한다.

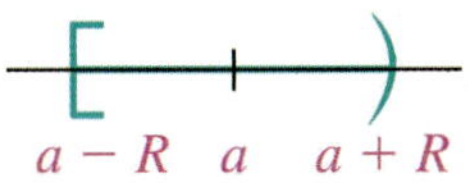

(d) 수렴 구간 $[a-R,\ a+R)$, 급수는 왼쪽 끝점에서 수렴하고 오른쪽 끝점에서 발산한다.

그림 6.1.1 $R>0$에 대한 수렴 구간

- **절대수렴:** 수렴구간 안에서 멱급수는 **절대수렴**한다. 즉, x가 수렴구간 안에 있는 수이고 구간의 끝점이 아니라면 절댓값 급수 $\left|\sum_{n=0}^{\infty} c_n(x-a)^n\right|$은 수렴한다.
- **비판정법:** 멱급수의 수렴성은 종종 **비판정법**으로 판정할 수 있다. $\sum_{n=0}^{\infty} c_n(x-a)^n$에서 모든 n에 대하여 $c_n \neq 0$이고

$$\lim_{n\to\infty}\left|\frac{c_{n+1}(x-a)^{n+1}}{c_n(x-a)^n}\right| = |x-a|\lim_{n\to\infty}\left|\frac{c_{n+1}}{c_n}\right| = L$$

라고 하자. $L<1$이면 이 급수는 절대수렴하고 $L>1$이면 발산한다. $L=1$이면 이 판정법으로 결론을 내릴 수 없다. 비판정법은 항상 끝점 $a\pm R$에서 결론을 내릴 수 없다.

예제 1 수렴구간

멱급수 $\sum_{n=1}^{\infty}\frac{(x-3)^n}{2^n n}$에 대해 수렴구간과 수렴반경을 구하여라.

풀이 비판정법을 적용하면

$$\lim_{n\to\infty}\left|\frac{\dfrac{(x-3)^{n+1}}{2^{n+1}(n+1)}}{\dfrac{(x-3)^n}{2^n n}}\right| = |x-3|\lim_{n\to\infty}\frac{n}{2(n+1)} = \frac{1}{2}|x-3|$$

이다. $\frac{1}{2}|x-3|<1$ 또는 $|x-3|<2$ 또는 $1<x<5$이면 이 급수는 절대수렴한다. 마지막 부등식은 수렴의 개구간을 정의한다.

$|x-3|>2$ 즉 $x>5$ 또는 $x<1$이면 이 급수는 발산한다. 수렴 개구간의 끝점 $x=1$에서 급수 $\sum_{n=1}^{\infty}((-1)^n/n)$은 교대급수판정법에 의해 수렴한다. 오른쪽 끝점 $x=5$에서 급수 $\sum_{n=1}^{\infty}\frac{1}{n}$은 발산하는 조화급수이다. 그러므로 수렴구간은 $[1,\ 5)$이고 수렴반경은 $R=2$이다. ■

- **멱급수로 표현되는 함수:** 멱급수는 함수, 즉 급수의 수렴 구간을 정의역으로 하

는 함수 $f(x) = \sum_{n=0}^{\infty} c_n (x-a)^n$로 정의한다. 만일 수렴반경이 $R > 0$ 또는 $R = \infty$이면 f는 $(a-R,\ a+R)$ 또는 $(-\infty, \infty)$에서 연속이며, 미분가능하고 적분가능하다. 더욱이 $f'(x)$과 $\int f(x)dx$는 항별 미분과 적분을 통해 얻어질 수 있다. 끝점에서의 수렴성은 미분에 의해 잃어버리거나 적분을 통해서 얻어질 수도 있다. 만일

$$y = \sum_{n=0}^{\infty} c_n x^n = c_0 + c_1 x + c_2 x^2 + c_3 x^3 + \cdots$$

이 x에 관한 멱급수이면 처음 두 개의 도함수는 $y' = \sum_{n=0}^{\infty} c_n n x^{n-1}$, $y'' = \sum_{n=0}^{\infty} c_n n(n-1)x^{n-2}$이다. 1계 도함수에서 첫 번째항과 2계 도함수에서 처음 두 항은 0이라는 점에 유의해라. 이들 항을 생략하고 다시 표현하면

$$\begin{aligned} y' &= \sum_{n=1}^{\infty} c_n n x^{n-1} = c_1 + 2c_2 x + 3c_3 x^2 + 4c_4 x^3 + \cdots, \\ y'' &= \sum_{n=2}^{\infty} c_n n(n-1)x^{n-2} = 2c_2 + 6c_3 x + 12c_4 x^2 + \cdots \end{aligned} \tag{1}$$

이다. (1)의 두 결과들을 이해했는지 확인하여라. 특히 각 급수에서 시작하는 합의 첨자를 주의하여라. 이 결과들은 중요하며 다음 절에서 모든 예제에 사용될 것이다.

- **항등식 성질**: 어떤 개구간의 모든 x에 대해 $\sum_{n=0}^{\infty} c_n (x-a)^n = 0$, $R > 0$이면 모든 n에 대해 $c_n = 0$이다.
- **한 점에서의 해석적 성질** : 함수 f가 양의 수렴반경 또는 무한 수렴반경을 갖는 $x-a$에 관한 멱급수로 표현되면 **점 a에서 해석적(analytic at a point a)**이라고 한다. 미적분학에서 e^x, $\cos x$, $\sin x$, $e^x \ln(1+x)$ 등등 같은 무한 미분가능 함수를 보았고 이 함수들은

$$\sum_{n=0}^{\infty} \frac{f^{(n)}(a)}{n!}(x-a)^n = f(a) + \frac{f'(a)}{1!}(x-a) + \frac{f''(a)}{2!}(x-a)^2 + \cdots$$

와 같은 테일러급수 또는

$$\sum_{n=0}^{\infty} \frac{f^{(n)}(0)}{n!}x^n = f(0) + \frac{f'(0)}{1!}x + \frac{f''(0)}{2!}x^2 + \cdots$$

와 같은 매클로린급수로 표현된다는 사실을 배웠다. 다음 매클로린급수 표현 중 일부를 기억할 것이다.

매클로린급수	수렴구간
$e^x = 1 + \frac{x}{1!} + \frac{x^2}{2!} + \frac{x^3}{3!} + \cdots = \sum_{n=0}^{\infty} \frac{1}{n!} x^n$	$(-\infty, \infty)$
$\cos x = 1 - \frac{x^2}{2!} + \frac{x^4}{4!} - \frac{x^6}{6!} + \cdots = \sum_{n=0}^{\infty} \frac{(-1)^n}{(2n)!} x^{2n}$	$(-\infty, \infty)$
$\sin x = x - \frac{x^3}{3!} + \frac{x^5}{5!} - \frac{x^7}{7!} + \cdots = \sum_{n=0}^{\infty} \frac{(-1)^n}{(2n+1)!} x^{2n+1}$	$(-\infty, \infty)$
$\tan^{-1} x = x - \frac{x^3}{3} + \frac{x^5}{5} - \frac{x^7}{7} + \cdots = \sum_{n=0}^{\infty} \frac{(-1)^n}{2n+1} x^{2n+1}$	$[-1, 1]$
$\cosh x = 1 + \frac{x^2}{2!} + \frac{x^4}{4!} + \frac{x^6}{6!} + \cdots = \sum_{n=0}^{\infty} \frac{1}{(2n)!} x^{2n}$	$(-\infty, \infty)$
$\sinh x = x + \frac{x^3}{3!} + \frac{x^5}{5!} + \frac{x^7}{7!} + \cdots = \sum_{n=0}^{\infty} \frac{1}{(2n+1)!} x^{2n+1}$	$(-\infty, \infty)$
$\ln(1+x) = x - \frac{x^2}{2} + \frac{x^3}{3} - \frac{x^4}{4} + \cdots = \sum_{n=0}^{\infty} \frac{(-1)^{n+1}}{n} x^n$	$(-1, 1]$
$\frac{1}{1-x} = 1 + x + x^2 + x^3 + \cdots = \sum_{n=0}^{\infty} x^n$	$(-1, 1)$

(2)

이 결과들은 다른 함수들의 멱급수 표현을 얻는 데도 사용된다. 예를 들어 e^{x^2}에 대한 매클로린급수를 구하고자 한다면 e^x에 대한 매클로린급수에서 x만을 바꾸면 된다:

$$e^{x^2} = 1 + \frac{x^2}{1!} + \frac{x^4}{2!} + \frac{x^6}{3!} \quad \cdots = \sum_{n=0}^{\infty} \frac{1}{n!} x^{2n}.$$

유사하게 $a=1$에 중심을 둔 $\ln x$의 테일러급수를 구하기 위해 $\ln(x+1)$에 대한 매클로린급수에서 x를 $x-1$로 바꾼다:

$$\ln x = \ln(1+(x-1)) = (x-1) - \frac{(x-1)^2}{2} + \frac{(x-1)^3}{3} - \frac{(x-1)^4}{4} \quad \cdots$$
$$= \sum_{n=1}^{\infty} \frac{(-1)^{n+1}}{n} (x-1)^n.$$

e^{x^2}에 대한 멱급수의 수렴구간은 e^x의 수렴구간인 $(-\infty, \infty)$와 같다. 그러나 $\ln x$의 테일러급수에 대한 수렴구간은 $(0, 2]$이며 이것은 구간 $(-1, 1]$을 우측으로 1만큼 이동한 것이다.

비판정법을 사용하면 수렴구간은 (0, 2]가 됨을 보일 수 있다. ▶

- **멱급수의 연산:** 멱급수는 덧셈, 곱셈, 나눗셈의 연산을 통해 결합된 수 있다. 멱급수의 연산은 두 다항식의 덧셈, 곱셈, 나눗셈과 유사하다. 즉, x의 같은 거듭제곱의 계수끼리 더하고, 분배법칙을 사용하고 항끼리 모아 긴 나눗셈을 수행한다.

예제 2 **멱급수의 곱셈**

$e^x \sin x$의 멱급수를 구하여라.

풀이 ▸ e^x와 $\sin x$의 급수를 사용하면

$$
\begin{aligned}
e^x \sin x &= \left(1 + x + \frac{x^2}{2} + \frac{x^3}{6} + \frac{x^4}{24} + \cdots\right)\left(x - \frac{x^3}{6} + \frac{x^5}{120} - \frac{x^7}{5040} + \cdots\right) \\
&= (1)x + (1)x^2 + \left(-\frac{1}{6} + \frac{1}{2}\right)x^3 + \left(-\frac{1}{6} + \frac{1}{6}\right)x^4 \\
&\quad + \left(\frac{1}{120} - \frac{1}{12} + \frac{1}{24}\right)x^5 + \cdots \\
&= x + x^2 + \frac{x^3}{3} - \frac{x^5}{30} - \cdots
\end{aligned}
$$

e^x와 $\sin x$에 대한 멱급수는 $(-\infty, \infty)$에 대해 수렴하므로 급수의 곱도 같은 구간에서 수렴한다. 멱급수의 곱셈 또는 나눗셈을 포함하는 문제는 컴퓨터 대수 시스템을 사용하면 최소한의 번거로움으로 해결할 수 있다. ■

합 첨자의 이동 이 장의 남은 세 개 절을 위해서 합의 기호로 표현된 두 개 이상의 멱급수의 합(각 급수가 합산 표기법으로 표현됨)을 단일 표현식으로 단순화하는 데 익숙해지는 것이 중요하다. 다음 예제에서 볼 수 있듯이 두 개 이상의 합계를 하나의 합으로 결합하려면 재첨자화, 즉 합계 첨자의 이동이 필요한 경우가 많다.

예제 3 **멱급수의 합**

$\sum_{n=2}^{\infty} n(n-1)c_n x^{n-2} - \sum_{n=0}^{\infty} c_n x^{n+1}$를 하나의 멱급수로 나타내어라.

풀이 ▸ 주어진 두 급수를 더하기 위해 $\sum$의 첨자를 같은 수로 시작하고 각 급수에서 x의 거듭제곱이 "동위상"이어야 한다. 즉, 하나의 급수가 x의 첫 번째 거듭제곱에서 시작한다면, 다른 급수도 같은 거듭제곱으로 시작해야 한다. 주어진 문제에서 첫 번째 급수는 x^0에서 시작하고 두 번째 급수는 x^1에서 시작한다. 첫 번째 급수의 첫 번째 항을 따로 빼내서 작성함으로써,

(급수는 $n=3$에서 시작한다 ↓) (급수는 $n=0$에서 시작한다 ↓)

$$
\sum_{n=2}^{\infty} n(n-1)c_n x^{n-2} - \sum_{n=0}^{\infty} c_n x^{n+1} = 2 \cdot 1 c_2 x^0 + \sum_{n=3}^{\infty} n(n-1)c_n x^{n-2} - \sum_{n=0}^{\infty} c_n x^{n+1} \quad (3)
$$

오른쪽에 있는 두 급수 모두 같은 x의 거듭제곱, 즉 x^1로 시작하는 것을 볼 수 있다. 이제 $\sum$의 동일한 첨자를 얻으려면 x의 지수에서 영감을 받아서 첫 번째 급수에서 $k=n-2$로 놓고, 동시에 두 번째 급수도 $k=n+1$로 놓는다. $k=n-2$로부터 $n=3$인 경우 $k=1$이고 $k=n+1$에서 $n=0$이면 $k=1$이여서 (3)의 우측 항은

$$2c_2 + \sum_{k=1}^{\infty}(k+2)(k+1)c_{k+2}x^k - \sum_{k=1}^{\infty} c_{k-1}x^k. \tag{4}$$

(동일)

로 된다. 합계 첨자는 "더미" 변수라는 점을 기억하여라; 어떤 경우에는 $k=n-2$이고 다른 경우에는 $k=n+1$이라는 사실은 중요한 것이 합의 첨자의 값이라는 점을 염두에 둔다면 혼동을 일으키지 않을 것이다. $k=n-1$의 경우 n이 $n=2, 3, 4, \cdots$의 값을 취하고 $k=n+1$인 경우는 $n=0, 1, 2, \cdots$의 값을 취할 때 두 경우 모두 k는 동일한 연속 값 $k=1, 2, 3, \cdots$들을 취한다. 이제 (4)에서의 급수를 항별 더하면

$$\sum_{n=2}^{\infty} n(n-1)c_n x^{n-2} - \sum_{n=0}^{\infty} c_n x^{n+1} = 2c_2 + \sum_{k=1}^{\infty}[(k+2)(k+1)c_{k+2} - c_{k-1}]x^k \tag{5}$$

이 된다. ■

만일 (5)의 결과를 확신하지 못한다면 등식의 처음 몇 항을 표현하여 보아라.

미리보기 이 절의 중요한 점은 다음 절에서 2계 선형 미분방정식의 해를 구하는 데 멱급수를 사용하므로 편안하게 멱급수에 대한 중요한 사실을 상기시키는 것이다. 이 절의 마지막 예에서는 방금 논의한 많은 개념을 연결한다. 또한 6.2절에서 사용될 방법에 대한 미리보기도 제공한다. 1계 선형 미분방정식을 풀어 의도적으로 예제를 단순화 하려고 한다. 또한 이해를 위해 2.3절에의 적분인자 방법에 의해 주어진 방정식을 푸는 법을 이미 알고 있다는 사실을 잠시 중단한다.

예제 4 멱급수의 해

미분방정식 $y'+y=0$의 멱급수 해 $y=\sum_{n=0}^{\infty} c_n x^n$를 구하여라.

풀이 다음 단계들로 나누어서 해결한다.

(ⅰ) 가정된 해의 도함수를 계산한다.

$$y' = \sum_{n=1}^{\infty} c_n n x^{n-1} \qquad \leftarrow \text{(1)의 첫째 줄을 보아라.}$$

(ii) y와 y'를 미분방정식에 대입한다.

$$y' + y = \sum_{n=1}^{\infty} c_n n x^{n-1} + \sum_{n=0}^{\infty} c_n x^n$$

(iii) 합의 첨자를 이동한다. 합의 첨자가 시작점이 같고 x의 거듭제곱이 동일할 때 다음과 같이 결합한다.

$$y' + y = \underbrace{\sum_{n=1}^{\infty} c_n n x^{n-1}}_{k=n-1} + \underbrace{\sum_{n=0}^{\infty} c_n x^n}_{k=n}$$

$$= \sum_{k=0}^{\infty} c_{k+1}(k+1)x^k + \sum_{k=0}^{\infty} c_k x^k$$

$$= \sum_{k=0}^{\infty} [c_{k+1}(k+1) + c_k] x^k$$

(iv) 우리는 어떤 구간의 모든 x에 대해 $y' + y = 0$의 해를 구해야 하므로

$$\sum_{k=0}^{\infty} [c_{k+1}(k+1) + c_k] x^k = 0$$

는 항등식이고 $c_{k+1}(k+1) + c_k = 0$ 또는

$$c_{k+1} = -\frac{1}{k+1} c_k, \quad k = 0, 1, 2, \cdots$$

이다.

(v) k가 $k=0$부터 시작하는 연속적인 정수값을 대입하면

$$c_1 = -\frac{1}{1} c_0 = -c_0$$

$$c_2 = -\frac{1}{2} c_1 = -\frac{1}{2}(-c_0) = \frac{1}{2} c_0$$

$$c_3 = -\frac{1}{3} c_2 = -\frac{1}{3}\left(\frac{1}{2} c_0\right) = -\frac{1}{3 \cdot 2} c_0$$

$$c_4 = -\frac{1}{4} c_3 = -\frac{1}{4}\left(-\frac{1}{3 \cdot 2} c_0\right) = \frac{1}{4 \cdot 3 \cdot 2} c_0$$

등등 이며 여기서 c_0는 임의의 상수이다.

(vi) 처음 가정된 해와 (v)의 결과를 이용하면 형식적인 같은 멱급수 해

$$y = c_0 + c_1 x + c_2 x^2 + c_3 x^3 + c_4 x^4 + \cdots$$

$$= c_0 - c_0 x + \frac{1}{2} c_0 x^2 - c_0 \frac{1}{3 \cdot 2} x^3 + c_0 \frac{1}{4 \cdot 3 \cdot 2} x^4 - \cdots$$

$$= c_0 \left[1 - x + \frac{1}{2} x^2 - \frac{1}{3 \cdot 2} x^3 + \frac{1}{4 \cdot 3 \cdot 2} x^4 - \cdots\right]$$

를 얻는다.

(v)에서 계수들의 패턴은 $c_k = c_0(-1)^k / k!, \quad k = 0, 1, 2, \cdots$ 라는 것이 매우 명백하

므로 합계 표기법으로 다음과 같이 쓸 수 있다

원하는 경우 합의 첨자 n으로 표현할 수 있다. ▶

$$y = c_0 \sum_{k=0}^{\infty} \frac{(-1)^k}{k!} x^k. \tag{6}$$

(2)의 첫 번째 멱급수 표현에서 (6)의 해는 $y = c_0 e^{-x}$임을 알 수 있다. 2.3절에서 배운 방법을 사용하면 구간 $(-\infty, \infty)$에서 $y' + y = 0$의 해는 $y = ce^{-x}$임을 알 수 있다. 이 구간은 멱급수 (6)의 수렴구간이다.

연습문제 6.1

(1–10) 멱급수의 수렴반경과 수렴구간을 구하여라.

1. $\sum_{n=1}^{\infty} \frac{(-1)^n}{n} x^n$

2. $\sum_{n=1}^{\infty} \frac{1}{n^2} x^n$

3. $\sum_{n=1}^{\infty} \frac{2^n}{n} x^n$

4. $\sum_{n=0}^{\infty} \frac{5^n}{n!} x^n$

5. $\sum_{k=1}^{\infty} \frac{(-1)^k}{10^k} (x-5)^k$

6. $\sum_{k=0}^{\infty} k!(x-1)^k$

7. $\sum_{k=1}^{\infty} \frac{1}{k^2+k} (3x-1)^k$

8. $\sum_{k=0}^{\infty} 3^{-k}(4x-5)^k$

9. $\sum_{k=1}^{\infty} \frac{2^{5k}}{5^{2k}} \left(\frac{x}{3}\right)^k$

10. $\sum_{n=0}^{\infty} \frac{(-1)^n}{9^n} x^{2n+1}$

(11–16) (2)를 이용하여 주어진 함수의 매클로린급수를 구하여라. 답을 시그마 표기법으로 작성하여라.

11. $e^{-x/2}$

12. xe^{3x}

13. $\frac{1}{2+x}$

14. $\frac{x}{1+x^2}$

15. $\ln(1-x)$

16. $\sin x^2$

(17–18) a의 표시된 값에 중심을 둔 주어진 함수의 테일러 급수를 찾기 위해 (2)의 적절한 급수를 사용하여라. 답을 시그마 표기법으로 작성하여라.

17. $\sin x,\ a = 2\pi$ [힌트 : 주기성을 이용하여라]

18. $\ln x,\ a = 2$ [힌트 : $x = 2[1 + (x-2)/2]$]

(19–20) 주어진 함수는 $a = 0$에서 해석적이다. (2)의 적절한 급수와 곱셈을 사용하여 주어진 함수의 매클로린 급수 중 0이 아닌 처음 4개의 항을 구하여라.

19. $\sin x \cos x$

20. $e^{-x}\cos x$

(21–22) 주어진 함수는 $a = 0$에서 해석적이다. (2)의 적절한 급수와 나눗셈을 사용하여 주어진 함수의 매클로린 급수 중 0이 아닌 처음 4개의 항을 구하여라.

21. $\sec x$

22. $\tan x$

(23–24) 주어진 멱급수의 일반항이 x^k를 포함하도록 치환을 사용하여 합의 지수를 이동하여라.

23. $\sum_{n=1}^{\infty} nc_n x^{n+2}$

24. $\sum_{n=3}^{\infty} (2n-1)c_n x^{n-3}$

(25–30) 일반항이 x^k를 포함하는 단일 멱급수를 사용하여 주어진 표현식을 다시 작성하려면 예제 3과 같이 진행하여라.

25. $\sum_{n=1}^{\infty} nc_n x^{n-1} - \sum_{n=0}^{\infty} c_n x^n$

26. $\sum_{n=1}^{\infty} nc_n x^{n-1} + 3\sum_{n=0}^{\infty} c_n x^{n+2}$

27. $\sum_{n=1}^{\infty} 2nc_n x^{n-1} + \sum_{n=0}^{\infty} 6c_n x^{n+1}$

28. $\sum_{n=2}^{\infty} n(n-1)c_n x^{n-2} + \sum_{n=0}^{\infty} c_n x^{n+2}$

29. $\sum_{n=2}^{\infty} n(n-1)c_n x^{n-2} - 2\sum_{n=1}^{\infty} nc_n x^n + \sum_{n=0}^{\infty} c_n x^n$

30. $\sum_{n=2}^{\infty} n(n-1)c_n x^n + 2\sum_{n=2}^{\infty} n(n-1)c_n x^{n-2} + 3\sum_{n=1}^{\infty} nc_n x^n$

(31–34) 직접 대입하여 주어진 멱급수가 미분방정식의 해인지 검증하여라.[힌트 : x^{2n+1}에 대해 $k=n+1$로 놓아라]

31. $y = \sum_{n=0}^{\infty} \frac{(-1)^n}{n!} x^{2n}, \quad y' + 2xy = 0$

32. $y = \sum_{n=0}^{\infty} (-1)^n x^{2n}, \quad (1+x^2)y' + 2xy = 0$

33. $y = \sum_{n=1}^{\infty} \frac{(-1)^{n+1}}{n} x^n, \quad (x+1)y'' + y' = 0$

34. $y = \sum_{n=0}^{\infty} \frac{(-1)^n}{2^{2n}(n!)^2} x^{2n}, \quad xy'' + y' + xy = 0$

(35–38) 예제4의 방법을 이용하여 주어진 선형 1계 미분방정식의 멱급수 해 $y = \sum_{n=0}^{\infty} c_n x^n$를 구하여라.

35. $y' - 5y = 0$

36. $4y' + y = 0$

37. $y' = xy$

38. $(1+x)y' + y = 0$

토론 문제

39. 문제19에서 $\sin x \cos x$의 매클로린급수를 구하기 위해 두 멱급수의 곱셈을 이용하였는데 더 쉬운 방법을 찾아보아라.

40. 문제21에서 $\sec x$의 매클로린급수에 대한 수렴구간은 무엇인가?

6.2 보통점 근방에서의 해

소개 앞 절의 마지막 예제에서 1계 선형 미분방정식의 멱급수 해를 구하는 방법을 알아보았다. 이 절에서는 2계 선형 미분방정식의 멱급수 해를 구하는 더 중요한 문제들을 살펴보겠다. 더 중요한 점은 미분방정식의 **보통점**(ordinary point)인 숫자 x_0를 중심으로 하는 멱급수의 형태로 2계 선형 방정식의 해를 구하는 것이다. 이제 보통점의 정의부터 시작하자.

정의 동차 2계 선형 미분방정식

$$a_2(x)y'' + a_1(x)y' + a_0(x)y = 0 \tag{1}$$

을 계수 $a_2(x)$로 나누면

$$y'' + P(x)y' + Q(x)y = 0 \tag{2}$$

로 바뀐 표준형 방정식을 얻을 수 있다. 우리는 다음과 같이 정의를 한다.

정의 6.2.1 보통점과 특이점

표준형 방정식 (2)에서 두 계수 $P(x)$와 $Q(x)$가 x_0에서 해석적이면 점 $x = x_0$는 미분방정식 (1)의 미분의 **보통점**(ordinary point)이라고 한다. (1)의 보통점이 아닌 점을 미분방정식의 **특이점**(singular point)이라고 한다.

예제 1 보통점

(a) $y'' + y = 0$, $y'' + 3y' + 2y = 0$와 같이 상수 계수를 갖는 동차 2계 선형 미분방정식은 특이점을 갖지 않는다. 즉, x의 모든 유한값*은 방정식의 보통점이다.

(b) x의 모든 유한값은 미분방정식

$$y'' + e^x y' + (\sin x)y = 0$$

의 보통점이다. 특히 e^x와 $\sin x$는 6.1절의 (2)에서 보았듯이 $x = 0$에서 해석적이므로 $x = 0$는 미분방정식의 보통점이다.

정의 6.2.1의 두 번째 문장을 다시 표현하면 (2)의 계수함수 $P(x)$, $Q(x)$중 적어도 하나가 x_0에서 해석적이 아니라면 x_0는 특이점이다.

예제 2 특이점

(a) 미분방정식

$$y'' + xy' + (\ln x)y = 0$$

은 표준형이다. 계수함수는

$$P(x) = x, \quad Q(x) = \ln x$$

이다. $P(x) = x$는 모든 실수에서 해석적이고 $Q(x) = \ln x$는 모든 양의 실수에서 해석적이다. 그러나 $Q(x) = \ln x$는 $x = 0$에서 불연속이므로 x의 멱급수로 표현할 수 없다, 즉, 중심이 0인 멱급수로 나타낼 수 없다. 그러므로 $x = 0$는 미분방정식의 특이점이다.

(b) $xy'' + y' + xy = 0$을 표준형

---

* 우리의 목적에 따라 보통점과 특이점은 항상 유한점이 됩니다. 예를 들어 상미분방정식은 무한대에서 특이점을 갖는 것이 가능하다.

$$y'' + \frac{1}{x}y' + y = 0$$

로 바꾸면 $P(x) = \dfrac{1}{x}$은 $x = 0$에서 해석적이지 않다는 것을 알 수 있다. 그러므로 $x = 0$는 방정식의 특이점이다.

다항식 계수 우리는 (1)의 계수 $a_2(x)$, $a_1(x)$, $a_0(x)$가 공통인수가 없는 다항 함수인 경우에 주로 관심을 가질 것이다. 임의의 x에 대하여 다항 함수는 해석적이고, 유리함수는 분모가 0이 되는 점을 제외하고 해석적이다. 그러므로 (2)에서 계수 $P(x) = \dfrac{a_1(x)}{a_2(x)}$, $Q(x) = \dfrac{a_0(x)}{a_2(x)}$는 $a_2(x) = 0$인 점을 제외하고 해석적이다. 그렇다면 $a_2(x_0) \neq 0$라면 $x = x_0$는 (1)의 보통점이고 반면에 $a_2(x_0) = 0$이면 $x = x_0$는 (1)의 특이점임을 알 수 있다.

예제 3 **보통점과 특이점**

(a) 미분방정식 $(x^2 - 1)y'' + 2xy' + 6y = 0$의 유일한 특이점은 $x^2 - 1 = 0$의 해 또는 $x = \pm 1$이 된다. x의 모든 다른 값은 보통점이 된다.

(b) 코시−오일러 방정식

$$x^2y'' + y = 0 \leftarrow x = 0\text{에서 } a_2(x) = x^2 = 0$$

을 살펴보면 $x = 0$에 특이점이 있음을 알 수 있고, 모든 다른 점은 보통점이다.

(c) 특이점은 실수일 필요는 없다. 방정식

$$(x^2 + 1)y'' + xy' - y = 0$$

의 특이점은 $x^2 + 1 = 0$의 해, 즉 $x = \pm i$이다. x의 모든 다른 점들 (실수 또는 복소수)은 보통점이 된다. ■

우리는 증명 없이 멱급수 해의 존재성에 대해 다음과 같은 정리를 제시한다.

정리 6.2.1 **멱급수 해의 존재성**

$x = x_0$가 미분방정식 (1)의 보통점이면 x_0에 중심을 둔 멱급수 즉,

$$y = \sum_{n=0}^{\infty} c_n (x - x_0)^n$$

형태의 두 개의 일차독립인 해를 얻을 수 있다. 급수 해는 적어도 $|x - x_0| < R$에 의해 정의된 어떤 구간상에서 수렴한다. 여기서 R은 x_0에서 가장 가까운 특이점까지의 거리이다.

$y=\sum_{n=0}^{\infty}c_n(x-x_0)^n$ 형태의 해를 **보통점 $\boldsymbol{x_0}$ 주위의 해(solution about the ordinary point $\boldsymbol{x_0}$)**라고 한다. 정리 6.2.1에서의 거리 R은 x_0 주위의 미분방정식의 급수 해의 수렴반경에 대한 최솟값 또는 하한이다.

예제 4 최소 수렴 반경

2계 미분방정식

$$(x^2-2x+5)y''+xy'-y=0$$

의 급수 해의 최소 수렴반경을 (a) 보통점 $x=0$에 대하여 (b) 보통점 $x=-1$에 대하여 구하여라.

풀이 $x^2-2x+5=0$으로부터 근의 공식을 통해 주어진 미분 방정식의 특이점이 복소수 $1\pm 2i$임을 알 수 있다.

(a) $x=0$는 미분방정식의 보통점이므로 정리 6.2.1에 의해 0을 중심으로 하는 두 개의 멱급수 해를 찾을 수 있다.
즉, $y=\sum_{n=0}^{\infty}c_nx^n$와 같은 해를 얻을 수 있고, 게다가 이들 해를 구하지 않고서도 $R=\sqrt{5}$는 복소평면 안에 보통점 0(점 $(0,\ 0)$)에서 $1+2i$(점 $(1,\ 2)$) 또는 $1-2i$(점 $(1,\ -2)$)까지의 거리이므로 우리는 각 급수 해가 적어도 $|x|<\sqrt{5}$에 대해 수렴한다는 사실을 알 수 있다. 그림 6.2.1을 보아라.

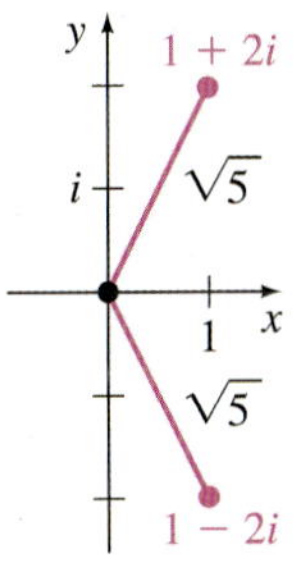

그림 6.2.1 예제4에서 특이점부터 보통점 0까지 거리

(b) $x=-1$은 미분방정식의 보통점이므로 정리 6.2.1은 다음과 같은 두 개의 멱급수 해 $y=\sum_{n=0}^{\infty}c_n(x+1)^n$를 찾을 수 있음을 보장한다. 각각의 특이점부터 -1(점 $(-1,\ 0)$) 까지의 거리는 $R=\sqrt{8}=2\sqrt{2}$이므로 적어도 $|x+1|<2\sqrt{2}$에 대해 각 급수 $y=\sum_{n=1}^{\infty}c_n(x+1)^n$는 수렴하게 된다. ■

참고 다음 예제와 연습문제6.2의 문제에서는 단순화를 위해 보통점 $x=0$에 대한 멱급수 해만 찾을 것이다.
만일 보통점 $x_0\neq 0$ 주위의 상미분방정식의 멱급수 해를 구하고자 한다면 방정식에서 변수 변환 $t=x-x_0$을 취한 후 (이는 $x=x_0$을 $t=0$으로 변환한다.), $y=\sum_{n=0}^{\infty}c_nt^n$ 형태의 새로운 방정식의 해를 구한 후 $t=x-x_0$를 대입하면 된다.

멱급수 해 구하기 동차 2계 선형 미분방정식의 멱급수 해를 구하는 과정은 4.4절에서 수행한 것과 매우 유사하기 때문에 "미정 급수 계수법"으로 정확하게 설명된다.

6.1절의 예제4에서 풀지 않은 경우를 여기에 간단히 설명하고자 한다. $y=\sum_{n=0}^{\infty} c_n x^n$을 미분방정식에 대입한 후 6.1절의 예제3에서 했던 것처럼 급수를 정리하고 계수 c_n을 결정하기 위해 방정식의 우측과 모든 계수를 같게 놓는다. 그러나 우측항은 0이므로 6.1절의 글머리 목록에 있는 항등성질에 의해 x의 모든 계수는 0과 같아야 한다. 이는 모든 계수가 0이라는 의미는 아니다; 이해가 안 되지만, 결국 정리 6.2.1은 우리가 2개의 해를 얻을 수 있다는 것을 보장한다. $y=\sum_{n=0}^{\infty} c_n x^n = c_0 + c_1 x + c_2 x^2 + \cdots$라는 단일 가정이 어떻게 두 종류의 계수 집합을 얻어서 보통점 $x=0$ 주위의 서로 다른 급수 해 $y_1(x)$, $y_2(x)$ 갖게 되는지 예제5에서 자세히 살펴보겠다. 미분방정식의 일반해는 $y=C_1 y_1(x)+C_2 y_2(x)$이 된다. 실제로 $C_1=c_0$, $C_2=c_1$을 보일 수 있다.

예제 5 멱급수 해

이 예제를 풀기 전에, 6.1절의 예제4를 다시 보기를 권한다.

$y''-xy=0$의 해를 구하여라.

풀이 특이점이 존재하지 않으므로 정리 6.2.1은 0을 중심으로 $|x|<\infty$에 대해 수렴하는 두 개의 멱급수 해를 보장한다. $y=\sum_{n=0}^{\infty} c_n x^n$과 2계 도함수 $y''=\sum_{n=1}^{\infty} n(n-1)c_n x^{n-2}$(6.1절의 (1)을 보아라.)을 미분방정식에 대입하면

$$y''-xy=\sum_{n=2}^{\infty} c_n n(n-1)x^{n-2} - x\sum_{n=0}^{\infty} c_n x^n$$

$$=\sum_{n=2}^{\infty} c_n n(n-1)x^{n-2} - \sum_{n=0}^{\infty} c_n x^{n+1} \tag{3}$$

을 얻는다. 합의 지수를 이동하여 (3)의 등식 오른쪽에 마지막 두 급수에 이미 추가하였다. 6.1절 (5)에서 주어진 결과를 이용하면

$$y''-xy=2c_2+\sum_{k=1}^{\infty}[(k+1)(k+2)c_{k+2}-c_{k-1}]x^k=0 \tag{4}$$

이다. 이제 항등식 성질을 사용한다. (4)의 식에서 우변이 0이므로 x의 각 거듭제곱의 계수는 0이 되어야 한다. 즉, $2c_2=0$(이것은 x^0의 계수이다.) 이고

$$(k+1)(k+2)c_{k+2}-c_{k-1}=0, \quad k=1,\ 2,\ 3,\ \cdots \tag{5}$$

이다. 이제 $2c_2=0$은 분명히 $c_2=0$을 나타낸다. 그러나 **점화식**이라 부르는 식 (5)는 계수 집합의 특정 부분 집합을 0이 아닌 것으로 선택할 수 있는 방식으로 c_k를 결정한다. k의 모든 값에 대해 $(k+1)(k+2)\neq 0$이므로 우리는 c_{k+2}를 c_{k-1}에 대해서 (5)를 풀 수 있다:

$$c_{k+2}=\frac{c_{k-1}}{(k+1)(k+2)},\quad k=1,\ 2,\ 3,\ \cdots \tag{6}$$

이다.

이 관계식은 (6)에서 표현된 k를 계속 대입함으로써 가정된 해의 계속되는 계수를 한 번에 하나씩 생성한다:

$$\begin{aligned}
k&=1, \quad c_3=\frac{c_0}{2\cdot 3}\\
k&=2, \quad c_4=\frac{c_1}{3\cdot 4}\\
k&=3, \quad c_5=\frac{c_2}{4\cdot 5}=0 && \leftarrow c_2=0\\
k&=4, \quad c_6=\frac{c_3}{5\cdot 6}=\frac{1}{2\cdot 3\cdot 5\cdot 6}c_0\\
k&=5, \quad c_7=\frac{c_4}{6\cdot 7}=\frac{1}{3\cdot 4\cdot 6\cdot 7}c_1\\
k&=6, \quad c_8=\frac{c_5}{7\cdot 8}=0 && \leftarrow c_5=0\\
k&=7, \quad c_9=\frac{c_6}{8\cdot 9}=\frac{1}{2\cdot 3\cdot 5\cdot 6\cdot 8\cdot 9}c_0\\
k&=8, \quad c_{10}=\frac{c_7}{9\cdot 10}=\frac{1}{3\cdot 4\cdot 6\cdot 7\cdot 9\cdot 10}c_1\\
k&=9, \quad c_{11}=\frac{c_8}{10\cdot 11}=0 && \leftarrow c_8=0
\end{aligned}$$

등등. 이제 방금 얻은 계수를 처음 가정

$$y=c_0+c_1x+c_2x^2+c_3x^3+c_4x^4+c_5x^5+c_6x^6+c_7x^7+c_8x^8+c_9x^9+c_{10}x^{10}+c_{11}x^{11}+\ \cdots,$$

에 계수를 대입하면

$$\begin{aligned}
y=c_0+c_1x+0+\frac{c_0}{2\cdot 3}x^3+\frac{c_1}{3\cdot 4}x^4+0+\frac{c_0}{2\cdot 3\cdot 5\cdot 6}x^6+\frac{c_1}{3\cdot 4\cdot 6\cdot 7}x^7\\
+0+\frac{c_0}{2\cdot 3\cdot 5\cdot 6\cdot 8\cdot 9}x^9+\frac{c_1}{3\cdot 4\cdot 6\cdot 7\cdot 9\cdot 10}x^{10}+0+\ \cdots
\end{aligned}$$

을 얻는다. c_0와 c_1을 포함하는 항으로 나누면 $y=c_0y_1(x)+c_1y_2(x)$을 얻을 수 있다. 여기서

$$\begin{aligned}
y_1(x)&=1+\frac{1}{2\cdot 3}x^3+\frac{1}{2\cdot 3\cdot 5\cdot 6}x^6+\frac{1}{2\cdot 3\cdot 5\cdot 6\cdot 8\cdot 9}x^9+\ \cdots\\
&=1+\sum_{k=1}^{\infty}\frac{1}{2\cdot 3\ \cdots\ (3k-1)(3k)}x^{3k}\\
y_2(x)&=x+\frac{1}{3\cdot 4}x^4+\frac{1}{3\cdot 4\cdot 6\cdot 7}x^7+\frac{1}{3\cdot 4\cdot 6\cdot 7\cdot 9\cdot 10}x^{10}+\ \cdots\\
&=x+\sum_{k=1}^{\infty}\frac{1}{3\cdot 4\ \cdots\ (3k)(3k+1)}x^{3k+1}.
\end{aligned}$$

이다. 점화식 (6)을 재귀적으로 사용하면 c_0와 c_1이 완전히 결정되지 않은 상태로 남으

그림 6.2.2 조지 비델 에어리

므로 임의로 선택할 수 있다. 이 예제 앞에서 언급했듯이 일차결합 $y = c_0 y_1(x) + c_1 y_2(x)$은 실제로 미분방정식의 일반해를 나타낸다. 각 급수 해는 $|x| < \infty$, 즉, 구간 $(-\infty, \infty)$에 대해 수렴한다는 사실은 정리 6.2.1에 의해 밝혀졌을지라도 이 사실은 비판정법에 의해서도 증명될 수 있다. ■

예제 5의 미분 방정식은 영국 수학자이자 천문학자인 **조지 비델 에어리(Sir George Biddell Airy**, 1801-1892)의 이름을 따서 에어리의 방정식이라고 한다. 1835년 왕립 천문학자로 임명된 에어리는 그리니치를 본초 자오선(지구 경도 0도선)의 위치로 설정하는 일을 담당했다. 그림 6.2.2를 보아라. 에어리의 미분방정식은 빛의 굴절, 지구표면의 전자파의 굴절, 공기역학, 자체 무게로 구부러지는 균일하고 얇은 수직 기둥의 편향에 대한 연구에서 주로 접하게 된다. 에어리 방정식의 다른 형태는 $y'' + xy = 0$와 $y'' \pm \alpha^2 xy = 0$이다. 마지막 방정식의 응용에 대하여는 연습문제6.4 문제45를 참조하여라.

예제 6 멱급수 해

$(x^2+1)y'' + xy' - y = 0$의 해를 구하여라.

풀이 이미 324쪽에서 본 것처럼 주어진 미분방정식은 $x = \pm i$에서 특이점을 갖는다는 사실을 알고 있고 그래서 0에 중심을 둔 멱급수 해는 적어도 $|x| < 1$에 대해 수렴한다. 여기서 1은 복소평면 0에서 i 또는 $-i$까지의 거리이다.

가정 $y = \sum_{n=0}^{\infty} c_n x^n$와 처음 두 개의 도함수들은

$$\begin{aligned}
&(x^2+1)\sum_{n=2}^{\infty} n(n-1)c_n x^{n-2} + x\sum_{n=1}^{\infty} nc_n x^{n-1} - \sum_{n=0}^{\infty} c_n x^n \\
&= \sum_{n=2}^{\infty} n(n-1)c_n x^n + \sum_{n=2}^{\infty} n(n-1)c_n x^{n-2} + \sum_{n=1}^{\infty} nc_n x^n - \sum_{n=0}^{\infty} c_n x^n \\
&= 2c_2x^0 - c_0x^0 + 6c_3x + c_1x - c_1x + \underbrace{\sum_{n=2}^{\infty} n(n-1)c_n x^n}_{k=n} \\
&\quad + \underbrace{\sum_{n=4}^{\infty} n(n-1)c_n x^{n-2}}_{k=n-2} + \underbrace{\sum_{n=2}^{\infty} nc_n x^n}_{k=n} - \underbrace{\sum_{n=2}^{\infty} c_n x^n}_{k=n} \\
&= 2c_2 - c_0 + 6c_3x + \sum_{k=2}^{\infty} [k(k-1)c_k + (k+2)(k+1)c_{k+2} + kc_k - c_k]x^k \\
&= 2c_2 - c_0 + 6c_3x + \sum_{k=2}^{\infty} [(k+1)(k-1)c_k + (k+2)(k+1)c_{k+2}]x^k = 0
\end{aligned}$$

로 이어진다.

항등식으로부터 우리는 $2c_2 - c_0 = 0$, $6c_3 = 0$이고

$$(k+1)(k-1)c_k + (k+2)(k+1)c_{k+2} = 0$$

을 알 수 있다. 그러므로

$$c_2 = \frac{1}{2}c_0$$
$$c_3 = 0$$
$$c_{k+2} = \frac{1-k}{k+2}c_k, \quad k = 2,\ 3,\ 4,\ \cdots$$

이다. 마지막 식에 $k = 2,\ 3,\ 4,\ \cdots$을 대입하면

$$c_4 = -\frac{1}{4}c_2 = -\frac{1}{2\cdot 4}c_0 = -\frac{1}{2^2 2!}c_0$$
$$c_5 = -\frac{2}{5}c_3 = 0 \quad \leftarrow c_3 = 0$$
$$c_6 = -\frac{3}{6}c_4 = \frac{3}{2\cdot 4\cdot 6}c_0 = \frac{1\cdot 3}{2^3 3!}c_0$$
$$c_7 = -\frac{4}{7}c_5 = 0 \quad \leftarrow c_5 = 0$$
$$c_8 = -\frac{5}{8}c_6 = -\frac{3\cdot 5}{2\cdot 4\cdot 6\cdot 8}c_0 = -\frac{1\cdot 3\cdot 5}{2^4 4!}c_0$$
$$c_9 = -\frac{6}{9}c_7 = 0, \quad \leftarrow c_7 = 0$$
$$c_{10} = -\frac{7}{10}c_8 = \frac{3\cdot 5\cdot 7}{2\cdot 4\cdot 6\cdot 8\cdot 10}c_0 = \frac{1\cdot 3\cdot 5\cdot 7}{2^5 5!}c_0$$

등등 이다. 그러므로

$$\begin{aligned} y &= c_0 + c_1x + c_2x^2 + c_3x^3 + c_4x^4 + c_5x^5 + c_6x^6 + c_7x^7 + c_8x^8 + c_9x^9 + c_{10}x^{10} + \cdots \\ &= c_0\left[1 + \frac{1}{2}x^2 - \frac{1}{2^2 2!}x^4 + \frac{1\cdot 3}{2^3 3!}x^6 - \frac{1\cdot 3\cdot 5}{2^4 4!}x^8 + \frac{1\cdot 3\cdot 5\cdot 7}{2^5 5!}x^{10} - \cdots\right] + c_1x \\ &= c_0y_1(x) + c_1y_2(x) \end{aligned}$$

이다. 두 개의 해는 다항식 $y_2(x) = x$와 멱급수

$$y_1(x) = 1 + \frac{1}{2}x^2 + \sum_{n=2}^{\infty}(-1)^{n-1}\frac{1\cdot 3\cdot 5\ \cdots\ (2n-3)}{2^n n!}x^{2n}, \quad |x| < 1$$

이다. ■

예제 7 3항 점화식

미분방정식

$$y'' - (1+x)y = 0$$

의 멱급수 해 $y = \sum_{n=0}^{\infty} c_n x^n$를 찾는다면 $c_2 = \frac{1}{2}c_0$와 3항 점화식

$$c_{k+2} = \frac{c_k + c_{k-1}}{(k+1)(k+2)}, \quad k = 1,\ 2,\ 3,\ \cdots$$

을 얻는다. 이 두 결과로부터 모든 계수 $c_n\,(n \geq 3)$은 c_0와 c_1으로 표현할 수 있다. 예를 들어 먼저 $c_0 \neq 0,\ c_1 = 0$이라고 하자. 그러면 c_0에 의해 표현된 하나의 해에 대한 계수를 얻는다. 다음으로 만일 $c_0 = 0,\ c_1 \neq 0$을 선택하면, 다른 해에 대한 계수는 c_1에 의해 표현된다. 두 경우 모두 $c_2 = \frac{1}{2}c_0$이므로 $k = 1,\ 2,\ 3,\ \cdots$에 대한 점화식은

$c_0 \neq 0,\ c_1 = 0$

$$c_2 = \frac{1}{2}c_0$$

$$c_3 = \frac{c_1 + c_0}{2 \cdot 3} = \frac{c_0}{2 \cdot 3} = \frac{c_0}{6}$$

$$c_4 = \frac{c_2 + c_1}{3 \cdot 4} = \frac{c_0}{2 \cdot 3 \cdot 4} = \frac{c_0}{24}$$

$$c_5 = \frac{c_3 + c_2}{4 \cdot 5} = \frac{c_0}{4 \cdot 5}\left[\frac{1}{6} + \frac{1}{2}\right] = \frac{c_0}{30}$$

$c_0 = 0,\ c_1 \neq 0$

$$c_2 = \frac{1}{2}c_0 = 0$$

$$c_3 = \frac{c_1 + c_0}{2 \cdot 3} = \frac{c_1}{2 \cdot 3} = \frac{c_1}{6}$$

$$c_4 = \frac{c_2 + c_1}{3 \cdot 4} = \frac{c_1}{3 \cdot 4} = \frac{c_1}{12}$$

$$c_5 = \frac{c_3 + c_2}{4 \cdot 5} = \frac{c_1}{4 \cdot 5 \cdot 6} = \frac{c_1}{120}$$

등등이 된다. 마지막으로 방정식의 일반해는 $y = c_0 y_1(x) + c_1 y_2(x)$이다. 여기서

$$y_1(x) = 1 + \frac{1}{2}x^2 + \frac{1}{6}x^3 + \frac{1}{24}x^4 + \frac{1}{30}x^5 + \cdots$$

$$y_2(x) = x + \frac{1}{6}x^3 + \frac{1}{12}x^4 + \frac{1}{120}x^5 + \cdots$$

이다. 각 급수는 x의 모든 유한 값에 대해 수렴한다. ■

다항식이 아닌 계수 다음 예제는 계수가 다항식이 아닌 미분방정식에서 보통점 $x_0 = 0$ 주위의 멱급수 해를 구하는 방법을 설명해 준다. 이 예제에서는 두 개의 멱급수의 곱셈이 적용되는 것을 볼 수 있다.

예제 8 다항식이 아닌 계수를 갖는 미분방정식

$y'' + (\cos x)y = 0$의 해를 구하여라.

풀이 ▸ 우리가 이미 본 것처럼 $\cos x$는 $x = 0$에서 해석적이므로 $x = 0$는 미분방정

식의 보통점임을 알 수 있다.

일반적인 가정 $y=\sum_{n=0}^{\infty} c_n x^n$과 함께 6.1절의 (2)에서 주어진 $\cos x$에 대한 매클로린급수와 6.1절의 (1)을 사용하면

$$
\begin{aligned}
y''+(\cos x)y &= \sum_{n=2}^{\infty} n(n-1)c_n x^{n-2} + \left(1-\frac{x^2}{2!}+\frac{x^4}{4!}-\frac{x^6}{6!}+\cdots\right)\sum_{n=0}^{\infty} c_n x^n \\
&= 2c_2+6c_3x+12c_4x^2+20c_5x^3+\cdots \\
&\quad +\left(1-\frac{x^2}{2!}+\frac{x^4}{4!}+\cdots\right)(c_0+c_1x+c_2x^2+c_3x^3+\cdots) \\
&= 2c_2+c_0+(6c_3+c_1)x+\left(12c_4+c_2-\frac{1}{2}c_0\right)x^2 \\
&\quad +\left(20c_5+c_3-\frac{1}{2}c_1\right)x^3+\cdots=0
\end{aligned}
$$

을 얻는다.

$2c_2+c_0=0,\ 6c_3+c_1=0,\ 12c_4+c_2-\frac{1}{2}c_0=0,\ 20c_5+c_3-\frac{1}{2}c_1=0$ 등등과 같다. $c_2=-\frac{1}{2}c_0,\ c_3=-\frac{1}{6}c_1,\ c_4=\frac{1}{12}c_0,\ c_5=\frac{1}{30}c_1,\ \cdots$이 성립한다. 항별로 모으면, 우리는 일반해 $y=c_0y_1(x)+c_1y_2(x)$을 얻는다. 여기서

$$
y_1(x)=1-\frac{1}{2}x^2+\frac{1}{12}x^4-\ \cdots,\quad y_2(x)=x-\frac{1}{6}x^3+\frac{1}{30}x^5-\ \cdots
$$

이다. 미분방정식은 유한한 특이점을 갖지 않으므로 두 멱급수는 $|x|<\infty$에 대해 수렴한다. ■

해곡선 멱급수 해 $y(x)=\sum_{n=0}^{\infty} c_n x^n$의 근사그래프는 다양한 방법으로 얻을 수 있다. 우리는 항상 급수의 부분합 수열로의 항을 그래프로 표시 할 수 있다. 즉, 다항식 $S_N(x)=\sum_{n=0}^{N} c_n x^n$의 그래프이다.

매우 큰 값 N에 대해 $S_N(x)$는 보통점 $x=0$ 주위의 $y(x)$의 대략적인 모양을 알 수 있다. 또한 4.10절에서 했던 것처럼 Solver를 사용하여 대략적인 또는 수치적 해 곡선을 얻을 수도 있다.

예를 들어, 예제5의 에어리 방정식의 급수 해를 살펴본다면 $y_1(x)$와 $y_2(x)$는 초깃값 문제

$$
\begin{aligned}
&y''-xy=0,\ y(0)=1,\ y'(0)=0 \\
&y''-xy=0,\ y(0)=0,\ y'(0)=1
\end{aligned}
\tag{7}
$$

의 해가 된다는 것을 알 수 있다. 급수 해의 가정 $y=\sum_{n=0}^{\infty} c_n x^n,\ y(0)=c_0,$ $y'(0)=c_1$으로부터 명백해야 하기 때문에 지정된 초기 조건은 $y=c_0y_1(x)$

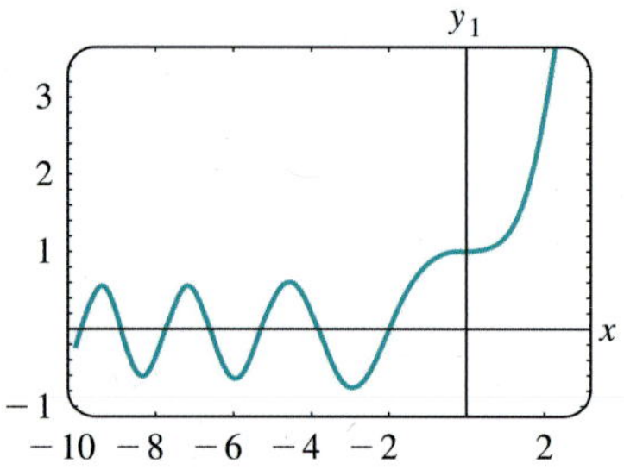

(a) $y_1(x)$의 그래프

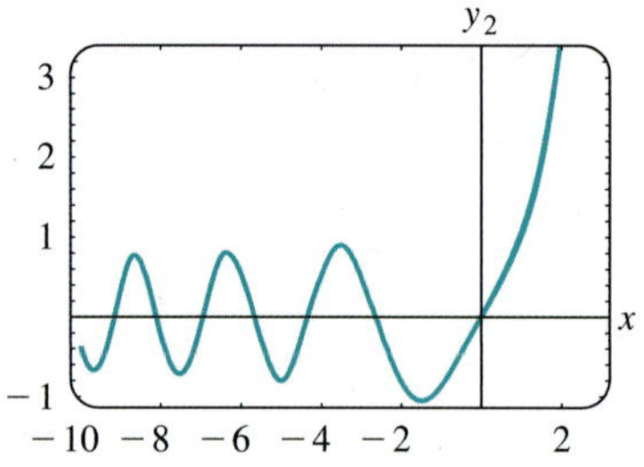

(b) $y_2(x)$의 그래프

그림 6.2.3 에어리 미분방정식에 대한 수치해 곡선

$+c_1y_2(x)$에서 해 $y_1(x)$ 및 $y_2(x)$를 선택한다. 한편 수치 Solver에 방정식 시스템이 필요한 경우 $y''-xy=0$에서 $y'=u$라고 하면 $y''=u'=xy$이고, 에어리 방정식과 동치인 두 개의 연립 1계 미분방정식은

$$\begin{aligned} y' &= u \\ u' &= xy \end{aligned} \tag{8}$$

이다.

(8)에서의 초기 조건은 (7)의 초기 조건을 다시 표현한 $y(0)=1,\ u(0)=0$와 $y(0)=0,\ u(0)=1$이다. 그림 6.2.3에서 주어진 $y_1(x)$와 $y_2(x)$의 그래프는 수치적 Solver의 도움으로 그린 것이다.

주의

(i) 이어지는 문제에서는, 각각의 경우에 합의 기호로 해를 표현할 수 있다고 기대하지 마라. 점화관계식 또는 예제8과 같이 곱셈을 사용하여 급수 해 $y=\sum_{n=0}^{\infty}c_nx^n$에서 원하는 만큼 많은 항을 만들 수 있더라도 계수 c_n에 대한 일반항을 추론하는 것은 불가능할 수 있다. 우리는 예제7과 8에서 했던 것처럼 단지 급수의 처음 몇 항만을 작성하는 것으로 만족해야 할 수도 있다.

(ii) 만일 $P(x)$, $Q(x)$와 $f(x)$가 x_0에서 해석적이면 점 x_0는 비동차 2계 선형 미분방정식 $y''+P(x)y'+Q(x)y=f(x)$의 보통점이다. 더욱이 정리 6.2.1은 이러한 미분방정식으로 확장된다. 즉, 예제5–8과 같은 방법으로 비동차 선형 미분방정식의 멱급수 해 $y=\sum_{n=0}^{\infty}c_n(x-x_0)^n$을 구할 수 있다(연습문제6.2의 문제26을 참조하여라).

연습문제 6.2

(1–2) 주어진 미분방정식을 풀지 말고, 보통점 $x=0$에 대한 멱급수 해의 최소 수렴 반경을 구하여라. 보통점 $x=1$에 대해서도 구하여라.

1. $(x^2-25)y''+2xy'+y=0$

2. $(x^2-2x+10)y''+xy'-4y=0$

(3–6) 주어진 미분방정식에 대하여 보통점 $x=0$근방의 두 멱급수 해를 구하여라. 급수 해와 4.3절의 방법으로 구한 해를 비교하여라. 두 가지 형태의 해의 차이점을 설명하여라.

3. $y''+y=0$

4. $y''-y=0$

5. $y''-y'=0$

6. $y''+2y'=0$

(7–18) 보통점 $x=0$에 관해 주어진 미분방정식의 두 개의 멱급수 해를 구하여라.

7. $y''+xy=0$

8. $y''+x^2y=0$

9. $y'' - 2xy' + y = 0$

10. $y'' - xy' + 2y = 0$

11. $y'' + x^2 y' + xy = 0$

12. $y'' + 2xy' + 2y = 0$

13. $(x-1)y'' + y' = 0$

14. $(x+2)y'' + xy' - y = 0$

15. $y'' - (x+1)y' - y = 0$

16. $(x^2+1)y'' - 6y = 0$

17. $(x^2+2)y'' + 3xy' - y = 0$

18. $(x^2-1)y'' + xy' - y = 0$

(19–22) 멱급수 해법을 이용하여 주어진 초깃값 문제를 풀어라.

19. $(x-1)y'' - xy' + y = 0,\ y(0) = -2,\ y'(0) = 6$

20. $(x+1)y'' - (2-x)y' + y = 0,\ y(0) = 2,\ y'(0) = -1$

21. $y'' - 2xy' + 8y = 0,\ y(0) = 3,\ \ y'(0) = 0$

22. $(x^2+1)y'' + 2xy' = 0,\ y(0) = 0,\ y'(0) = 1$

(23–24) 예제8의 방법을 사용하여 보통점 $x=0$ 주위의 주어진 미분방정식의 두 개의 멱급수 해를 구하여라.

23. $y'' + (\sin x)y = 0$

24. $y'' + e^x y' - y = 0$

토론 문제

25. 주어진 미분방정식 $(\cos x)y'' + y' + 5y = 0$을 풀지말고, 보통점 $x=0$에 대한 멱급수 해의 최소 수렴 반경을 구하여라. 보통점 $x=1$에 대해서도 구하여라.

26. 보통점 $x=0$ 주위의 비동차방정식 $y'' - xy = 1$을 풀기 위해 멱급수 해법을 어떻게 사용 할 수 있는가? 비동차방정식 $y'' - 4xy' - 4y = e^x$은 어떤가요? 두 방정식을 모두 해결하여 아이디어를 실행해 보아라.

27. $x=0$는 미분방정식 $xy'' + (\sin x)y = 0$의 보통점 또는 특이점인가? 논리적인 수학이론으로 답을 설명하여라.[힌트 : $\sin x$의 매클로린급수를 이용하여 $(\sin x)/x$를 검토하여라.]

28. $x=0$는 미분방정식 $y'' + 5xy' + \sqrt{x}\,y = 0$의 보통점인가?

컴퓨터 활용 문제

29. (a) $y'' + xy' + y = 0$에 대해 두 개의 멱급수 해를 구하고 합의 기호로 해 $y_1(x)$와 $y_2(x)$를 표현하여라.
    (b) 컴퓨터 대수 시스템(CAS)를 사용하여 $y_1(x)$에 대한 부분합 $S_N(x)$의 그래프를 그려라. $N = 2,\ 3,\ 5,\ 6,\ 8,\ 10$을 사용하여라. $y_2(x)$에 대해서도 부분합 $S_N(x)$을 사용하여 마찬가지로 구하여라.
    (c) (b)에서 얻어진 그래프와 수치적인 방법으로 구한 곡선을 비교하여라. 초기 조건 $y_1(0) = 1,\ y_1'(0) = 0$와 $y_2(0) = 0,\ y_2'(0) = 1$을 사용하여라.
    (d) (a)에서 구한 $y_1(x)$를 다시 검토하여라. 이 급수를 기본함수로 표현하여라. 4.2절의 (5)를 사용하여 방정식의 두 번째 해를 구하여라. 이 두 번째 해는 멱급수 해 $y_2(x)$와 동일한지 확인하여라.

30. (a) 예제8의 $y_1(x)$와 $y_2(x)$ 각각에 대해 하나 이상의 음이 아닌 항을 구하여라.
    (b) 초깃값 문제 $y'' + (\cos x)y = 0,\ y(0) = 1,\ y'(0) = 1$의 급수 해 $y(x)$를 구하여라.
    (c) 컴퓨터를 사용하여 $N = 2,\ 3,\ 4,\ 5,\ 6,\ 7$일 때 (b)에서의 해 $y(x)$에 대한 부분합 $S_N(x)$의 그래프를 그려라.
    (d) (b)에서의 초깃값 문제에 대해 (c)에서 얻어진 그래프와 수치적인 방법으로 구한 곡선을 비교하여라.

6.3 특이점 근방에서의 해

소개 두 개의 미분방정식 $y'' - xy = 0$와 $xy'' + y = 0$은 변수 계수를 갖는 선형 미분방정식이라는 점에서 유사하다. 그것이 그들의 공통점의 전부이다. $x = 0$는 $y'' - xy = 0$의 **보통점**이기 때문에 그 점에 중심을 둔 두 개의 서로 다른 멱급수 해를 구하는 방법을 6.2절에서 배웠다. 반대로 $x = 0$은 $xy'' + y = 0$의 **특이점**이기 때문에 두 개의 무한 급수를 찾는 것(멱급수라고 말하지 않았다는 점에 주의) - 그 점 주위의 방정식의 해를 구하는 것은 어려운 작업이 될 것이다.

이 설에서 설명하는 해의 방법이 항상 두개의 무한급수 해를 생성하는 것은 아니다. 하나의 해가 구해지면 4.2절의 (5)에서 주어진 식을 이용해 두 번째 해를 구할 수 있다.

정의 선형 미분방정식

$$a_2(x)y'' + a_1(x)y' + a_0(x)y = 0 \tag{1}$$

의 특이점 x_0는 정칙과 비정칙으로 나눌 수 있다. 이러한 구분은 표준형

$$y'' + P(x)y' + Q(x)y = 0 \tag{2}$$

에서의 P와 Q의 형태에 따라서 분류된다.

정의 6.3.1 정칙 특이점과 비정칙 특이점

함수 $p(x) = (x - x_0)P(x)$와 $q(x) = (x - x_0)^2 Q(x)$가 모두 x_0에서 해석적이면 특이점 $x = x_0$는 미분방정식 (1)의 **정칙 특이점**(regular singular point)이라고 한다. 정칙이 아닌 특이점을 **비정칙 특이점**(irregular singular point)이라고 한다.

정의 6.3.1의 두 번째 문장은 함수 $p(x) = (x - x_0)P(x)$와 $q(x) = (x - x_0)^2 Q(x)$중 하나 또는 두 개가 x_0에서 해석적이 아니면 x_0는 비정칙 특이점이 된다는 것을 의미한다.

다항식 계수 6.2절과 같이 계수 $a_2(x)$, $a_1(x)$, $a_0(x)$가 공통인자가 없는 다항식인 선형방정식 (1)에 주로 관심을 둘 것이다. 만일 $a_2(x_0) = 0$이면 표준형 (2)에서의 유리함수 $P(x) = a_1(x)/a_2(x)$와 $Q(x) = a_0(x)/a_2(x)$ 중 적어도 하나는

x_0에서 해석적이지 않으므로 $x=x_0$는 (1)의 특이점이다. 그러나 $a_2(x)$는 다항식이고 x_0는 근의 하나이므로 대수학의 인수정리에 의해 $x-x_0$는 $a_2(x)$의 인수이다. 이것은 $a_1(x)/a_2(x)$와 $a_0(x)/a_2(x)$를 최저항으로 축소시킨 후 인수 $x-x_0$가 분모 중 하나 또는 둘 다에서 양의 정수 거듭제곱으로 유지되어야 함을 의미한다. 지금부터 $x=x_0$가 (1)의 특이점이지만 $p(x)=(x-x_0)P(x)$와 $q(x)=(x-x_0)^2\,Q(x)$에 의해 정의된 함수가 x_0에서 해석적이라고 가정하자. $P(x)$에 $x-x_0$를 곱하고 $Q(x)$에 $(x-x_0)^2$을 곱하면 (취소를 통해) $x-x_0$는 분모에 더 이상 나타나지 않는다는 결론에 이른다. 이제 분모를 빠르게 시각적으로 확인하여 x_0 정칙인지 아닌지 확인할 수 있다:

인수 $x-x_0$가 $P(x)$의 분모에 최대 1차 멱승으로 나타나고 $Q(x)$의 분모에서 최대 2차 멱승으로 나타나면 $x=x_0$는 정칙 특이점이 된다.

더욱이, 만약 $x=x_0$가 정칙 특이점이고 (2)에 $(x-x_0)^2$을 곱한다면 원래의 미분방정식은

$$(x-x_0)^2y''+(x-x_0)p(x)y'+q(x)y=0 \tag{3}$$

이 된다. 여기서 p와 q는 $x=x_0$에서 해석적이다.

예제 1 ▸ 특이점의 분류

$x=2$와 $x=-2$는

$$(x^2-4)^2y''+3(x-2)y'+5y=0$$

의 특이점이라는 것이 분명해야 한다.

$(x^2-4)^2=(x-2)^2(x+2)^2$으로 방정식을 나누고 계수를 최저차 항으로 줄이면

$$P(x)=\frac{3}{(x-2)(x+2)^2},\quad Q(x)=\frac{5}{(x-2)^2(x+2)^2}$$

이다. 이제 각 특이점에서 $P(x)$와 $Q(x)$를 테스트 해 본다.

$x=2$가 정칙 특이점인 경우, 인수 $x-2$는 $P(x)$의 분모에 최대 1차 멱승으로 나타나야 하고 $Q(x)$의 분모에는 최대 2차 멱승으로 나타나야 한다. $P(x)$와 $Q(x)$의 분모를 보면 이 두 가지 조건이 모두 충족하며 그래서 $x=2$는 정칙 특이점이 된다. 다른 방법으로 유리함수

$$p(x)=(x-2)P(x)=\frac{3}{(x+2)^2},\quad q(x)=(x-2)^2Q(x)=\frac{5}{(x+2)^2}$$

는 $x=2$에서 해석적이라는 사실을 확인함으로써 동일한 결론을 얻을 수 있다.

한편 인수 $x-(-2)=x+2$는 $P(x)$의 분모에서 2차 멱승으로 나타나므로 $x=-2$

는 방정식의 비정칙 특이점이 된다. 이것은

$$p(x) = (x+2)P(x) = \frac{3}{(x-2)(x+2)}$$

이 $x = -2$에서 해석적이 아니라는 사실로도 확인할 수 있다. ■

예제1에서 $x = 2$는 정칙 특이점이기 때문에 원래의 방정식은

$p(x)$: $x = 2$에서 해석적 ↓　　$q(x)$: $x = 2$에서 해석적 ↓

$$(x-2)^2 y'' + (x-2)\frac{3}{(x+2)^2} y' + \frac{5}{(x+2)^2} y = 0$$

으로 표현할 수도 있다.

다른 예제로는 $P(x) = \dfrac{-2}{x^2}$와 $Q(x) = \dfrac{8}{x^3}$의 분모를 조사함으로써 $x = 0$는 $x^3y'' - 2xy' + 8y = 0$의 비정칙 특이점이다. 반면에, $x - 0$와 $(x-0)^2$이 각각 $P(x) = -2$와 $Q(x) = \dfrac{8}{x}$의 분모에 나타나지 않기 때문에 $x = 0$는 $xy'' - 2xy' + 8y = 0$의 정칙 특이점이다. 특이점 $x = x_0$에 대하여 $P(x)$와 $Q(x)$의 분모에 각각 1보다 작은 $x - x_0$의 음수가 아닌 거듭제곱(즉, 0)과 2보다 작은 음이 아닌 거듭제곱(즉, 0과 1)이 존재하면 x_0는 정칙 특이점이다. 특이점은 복소수가 될 수도 있다. $x = 3i$와 $x = -3i$는 모두 방정식 $(x^2+9)y'' - 3xy' + (1-x)y = 0$의 정칙 특이점임을 확인해 보아라.

참조 2계 코시-오일러 방정식 $ax^2y'' + bxy' + cy = 0$는 $x = 0$에서 정칙 특이점을 갖는다. 여기서 a, b, c는 실수이다. $y_1 = x^2$과 $y_2 = x^2 \ln x$는 구간 $(0, \infty)$에서 코시-오일러 방정식 $x^2y'' - 3xy' + 4y = 0$의 두 해임을 확인해 보아라. 만일 정칙 특이점 $x = 0$ 주위의 멱급수 해(즉, $y = \sum_{n=0}^{\infty} c_n x^n$)를 구하고자 한다면 우리는 다항식 해 $y_1 = x^2$만 얻는 데 성공할 것이다. 두 번째 해를 얻을 수 없다는 사실은 $\ln x$(결과적으로 $y_2 = x^2 \ln x$)가 $x = 0$에서 해석적이지 않기 때문에 놀라운 일이 아니다. 즉, y_2는 $x = 0$를 중심으로 한 테일러급수 전개를 갖지 않는다.

프로베니우스 방법 정칙 특이점에 대한 미분방정식 (1)을 풀기 위해 유명한 독일 수학자 **페르디난트 게오르크 프로베니우스(Ferdinand Georg Frobenius,** 1849-1917)가 제시한 다음 정리를 적용한다.

정리 6.3.1 프로베니우스 정리

$x=x_0$가 미분방정식 (1)의 정칙 특이점이면

$$y=(x-x_0)^r\sum_{n=0}^{\infty}c_n(x-x_0)^n=\sum_{n=0}^{\infty}c_n(x-x_0)^{n+r} \tag{4}$$

와 같은 급수 해가 적어도 하나 존재한다. 여기서 수 r은 결정해야 할 상수이다. 이 급수는 적어도 구간 $0<x-x_0<R$에서 수렴한다.

정리 6.3.1의 첫 번째 문장에서 '적어도'라는 표현에 주목하자. 정리 6.2.1과 대조적으로 정리 6.3.1에서의 이 표현은 반드시 (4)와 같은 형태의 2개의 급수 해를 구할 수 있다는 것을 의미하는 것은 아니다. 정칙 특이점 x_0주위의 급수 해를 구하는 **프로베니우스 방법**은 주어진 미분방정식에 $y=\sum_{n=0}^{\infty}c_n(x-x_0)^{n+r}$을 대입한 후 점화식에 의해 미정계수 c_n을 결정한다는 점에서 앞 절의 "멱급수법"과 유사하다. 그러나, 이 과정에서 추가적인 작업이 필요하다: 계수를 결정하기 전에 알 수 없는 지수 r을 구해야 한다는 점이다. 만일 r이 음이 아닌 정수가 아닌 숫자인 것으로 밝혀지면 대응되는 해 $y=\sum_{n=0}^{\infty}c_n(x-x_0)^{n+r}$은 멱급수가 아니다.

보통점 주위의 해를 공부할 때 했던 것처럼, 미분방정식을 간단히 풀기 위해 정칙 특이점은 $x=0$라고 가정할 것이다.

예제 2 두 개의 급수 해

$x=0$은 미분방정식

$$3xy''+y'-y=0 \tag{5}$$

의 정칙 특이점이므로 $y=\sum_{n=0}^{\infty}c_nx^{n+r}$ 형태의 해를 구하려고 할 것이다.

$$y'=\sum_{n=0}^{\infty}(n+r)c_nx^{n+r-1},\quad y''=\sum_{n=0}^{\infty}(n+r)(n+r-1)c_nx^{n+r-2}$$

이므로

$$\begin{aligned}&3xy''+y'-y\\&=3\sum_{n=0}^{\infty}(n+r)(n+r-1)c_nx^{n+r-1}+\sum_{n=0}^{\infty}(n+r)c_nx^{n+r-1}-\sum_{n=0}^{\infty}c_nx^{n+r}\\&=\sum_{n=0}^{\infty}(n+r)(3n+3r-2)c_nx^{n+r-1}-\sum_{n=0}^{\infty}c_nx^{n+r}\\&=x^r\Bigg[r(3r-2)c_0x^{-1}+\underbrace{\sum_{n=1}^{\infty}(n+r)(3n+3r-2)c_nx^{n-1}}_{k=n-1}-\underbrace{\sum_{n=0}^{\infty}c_nx^n}_{k=n}\Bigg]\end{aligned}$$

$$= x^r \left[r(3r-2)c_0 x^{-1} + \sum_{k=0}^{\infty} [(k+r+1)(3k+3r+1)c_{k+1} - c_k]x^k \right] = 0$$

인데 $r(3r-2)c_0 = 0$이고

$$(k+r+1)(3k+3r+1)c_{k+1} - c_k = 0, \quad k = 0, 1, 2, \cdots$$

을 의미한다. $c_0 = 0$로 택하면 아무것도 얻을 수 없기 때문에

$$r(3r-2) = 0 \tag{6}$$

이고

$$c_{k+1} = \frac{c_k}{(k+r+1)(3k+3r+1)}, \quad k = 0, 1, 2, \cdots \tag{7}$$

이여야만 한다.

2차 방정식 (6)을 만족하는 2개의 r을 (7)에 대입하면 두 개의 점화관계식

$$r_1 = \frac{2}{3}, \ c_{k+1} = \frac{c_k}{(3k+5)(k+1)}, \ k = 0, 1, 2, \cdots \tag{8}$$

$$r_2 = 0, \ c_{k+1} = \frac{c_k}{(k+1)(3k+1)}, \ k = 0, 1, 2, \cdots \tag{9}$$

을 얻는다.

(8)로부터	(9)로부터
$c_1 = \frac{c_0}{5 \cdot 1}$	$c_1 = \frac{c_0}{1 \cdot 1}$
$c_2 = \frac{c_1}{8 \cdot 2} = \frac{c_0}{2!5 \cdot 8}$	$c_2 = \frac{c_1}{2 \cdot 4} = \frac{c_0}{2!1 \cdot 4}$
$c_3 = \frac{c_2}{11 \cdot 3} = \frac{c_0}{3!5 \cdot 8 \cdot 11}$	$c_3 = \frac{c_2}{3 \cdot 7} = \frac{c_0}{3!1 \cdot 4 \cdot 7}$
$c_4 = \frac{c_3}{14 \cdot 4} = \frac{c_0}{4!5 \cdot 8 \cdot 11 \cdot 14}$	$c_4 = \frac{c_3}{4 \cdot 10} = \frac{c_0}{4!1 \cdot 4 \cdot 7 \cdot 10}$
$\vdots$	$\vdots$
$c_n = \frac{c_0}{n!5 \cdot 8 \cdot 11 \cdots (3n+2)}$	$c_n = \frac{c_0}{n!1 \cdot 4 \cdot 7 \cdots (3n-2)}$

이다.

여기서 보통점 주위의 해를 얻을 때 나타나지 않았던 사실을 만나게 된다: 우리는 두 개의 다른 종류의 계수 집합으로 보이는 것이 있지만, 각 집합에는 동일한 배수 c_0가 포함되어 있다. 이 항을 제외하면 급수 해는

$$y_1(x) = x^{2/3} \left[1 + \sum_{n=1}^{\infty} \frac{1}{n!5 \cdot 8 \cdot 11 \cdots (3n+2)} x^n \right] \tag{10}$$

$$y_2(x) = x^0\left[1 + \sum_{n=1}^{\infty} \frac{1}{n!1 \cdot 4 \cdot 7 \cdots (3n-2)} x^n\right] \qquad (11)$$

이 된다.

비판정법에 의해 (10)과 (11)은 x의 모든 값에 대해 수렴한다는 것을 입증할 수 있다; 즉, $|x| < \infty$. 또한 해의 형태로부터 어떤 급수도 다른 것은 상수배가 아니므로 $y_1(x)$와 $y_2(x)$는 x축 상에서 일차독립이라는 것이 분명하다. 따라서 중첩원리에 의해 $y = C_1y_1(x) + C_2y_2(x)$는 (5)의 다른 해가 된다. $(0, \infty)$와 같은 원점을 포함하지 않는 구간에서 이 일차결합은 미분방정식의 일반해를 나타낸다. ■

결정방정식 방정식 (6)을 문제의 **결정방정식**이라고 하고 $r_1 = \frac{2}{3}$와 $r_2 = 0$을 특이점 $x = 0$의 **결정근** 또는 **지수**라고 한다. $y = \sum_{n=0}^{\infty} c_n x^{n+r}$을 주어진 미분방정식에 대입한 후에 간단히 하면 결정방정식은 x의 가장 낮은 거듭제곱의 전체 계수를 0으로 놓아서 얻어지는 결과인 r의 2차 방정식이다. 우리는 r의 2개의 값을 구하고 이 값들을 (7)과 같은 점화관계식에 대입한다. 정리 6.3.1은 가정된 급수 형식의 해를 적어도 하나 이상 찾을 수 있음을 보장한다.

$y = \sum_{n=0}^{\infty} c_n x^{n+r}$을 미분방정식에 대입하기에 앞서서 결정방정식을 얻는 것도 가능하다. 만일 $x = 0$가 (1)의 정칙 특이점이면 $P(x)$와 $Q(x)$가 표준형 (2)에서 정의된 함수일 때 정의 6.3.1에 의해 $p(x) = xP(x)$와 $q(x) = x^2Q(x)$는 $x = 0$에서 해석적이다; 즉, 양의 수렴반경을 갖는 구간상에서 멱급수 전개

$$\begin{aligned} p(x) &= xP(x) = a_0 + a_1x + a_2x^2 + \cdots, \\ q(x) &= x^2Q(x) = b_0 + b_1x + b_2x^2 + \cdots \end{aligned} \qquad (12)$$

가 가능하다. (2)에 x^2을 곱하면 (3)과 같은 형태

$$x^2y'' + x[xP(x)]y' + [x^2Q(x)]y = 0 \qquad (13)$$

을 얻는다. $y = \sum_{n=0}^{\infty} c_n x^{n+r}$을 대입하고 (12)의 두 급수를 (13)에 대입하여 급수의 곱셈을 시행하면, 일반적인 결정방정식

$$r(r-1) + a_0r + b_0 = 0 \qquad (14)$$

을 얻는다. 여기서 a_0, b_0는 (12)에서 정의된 것이다. 연습문제6.3절의 문제13과 14를 보아라.

예제 3 두 개의 급수 해

$2xy'' + (1+x)y' + y = 0$의 해를 구하여라.

풀이 ▸ $y=\sum_{n=0}^{\infty}c_n x^{n+r}$을 대입하면

$$\begin{aligned}
&2xy''+(1+x)y'+y\\
&=2\sum_{n=0}^{\infty}(n+r)(n+r-1)c_n x^{n+r-1}+\sum_{n=0}^{\infty}(n+r)c_n x^{n+r-1}\\
&\quad+\sum_{n=0}^{\infty}(n+r)c_n x^{n+r}+\sum_{n=0}^{\infty}c_n x^{n+r}\\
&=\sum_{n=0}^{\infty}(n+r)(2n+2r-1)c_n x^{n+r-1}+\sum_{n=0}^{\infty}(n+r+1)c_n x^{n+r}\\
&=x^r\Bigg[r(2r-1)c_0x^{-1}+\underbrace{\sum_{n=1}^{\infty}(n+r)(2n+2r-1)c_n x^{n-1}}_{k=n-1}+\underbrace{\sum_{n=0}^{\infty}(n+r+1)c_n x^n}_{k=n}\Bigg]\\
&=x^r\left[r(2r-1)c_0x^{-1}+\sum_{k=0}^{\infty}[(k+r+1)(2k+2r+1)c_{k+1}+(k+r+1)c_k]x^k\right],
\end{aligned}$$

이고 이것으로부터

$$r(2r-1)=0 \tag{15}$$

$$(k+r+1)(2k+2r+1)c_{k+1}+(k+r+1)c_k=0 \tag{16}$$

$k=0,\ 1,\ 2,\ \cdots$이다. (15)로부터 결정근은 $r_1=\dfrac{1}{2}$과 $r_2=0$이다.

$r_1=\dfrac{1}{2}$에 대하여 (16)에서 $k+\dfrac{3}{2}$으로 나누면

$$c_{k+1}=\frac{-c_k}{2(k+1)},\quad k=0,\ 1,\ 2,\ \cdots \tag{17}$$

이고 반면에 $r_2=0$에 대해 (16)은

$$c_{k+1}=\frac{-c_k}{2k+1},\quad k=0,\ 1,\ 2,\ \cdots \tag{18}$$

이 된다.

(17)로부터

$$\begin{aligned}
c_1&=\frac{-c_0}{2\cdot 1}\\
c_2&=\frac{-c_1}{2\cdot 2}=\frac{c_0}{2^2\cdot 2!}\\
c_3&=\frac{-c_2}{2\cdot 3}=\frac{-c_0}{2^3\cdot 3!}\\
c_4&=\frac{-c_3}{2\cdot 4}=\frac{c_0}{2^4\cdot 4!}\\
&\vdots\\
c_n&=\frac{(-1)^n c_0}{2^n n!}
\end{aligned}$$

(18)로부터

$$\begin{aligned}
c_1&=\frac{-c_0}{1}\\
c_2&=\frac{-c_1}{3}=\frac{c_0}{1\cdot 3}\\
c_3&=\frac{-c_2}{5}=\frac{-c_0}{1\cdot 3\cdot 5}\\
c_4&=\frac{-c_3}{7}=\frac{c_0}{1\cdot 3\cdot 5\cdot 7}\\
&\vdots\\
c_n&=\frac{(-1)^n c_0}{1\cdot 3\cdot 5\cdot 7\cdots(2n-1)}
\end{aligned}$$

이다. 그러므로 결정근 $r_1 = \frac{1}{2}$에 대하여 우리는 해

$$y_1(x) = x^{1/2}\left[1 + \sum_{n=1}^{\infty} \frac{(-1)^n}{2^n n!} x^n\right] = \sum_{n=0}^{\infty} \frac{(-1)^n}{2^n n!} x^{n+1/2},$$

을 얻을 수 있다. 여기서 또 c_0를 생략했다. 이 급수는 $x \geq 0$에 대해 수렴하고; 주어진 바와 같이 이 급수는 $x^{1/2}$이 존재하므로 $x < 0$에 대하여 정의되지 않는다. $r_2 = 0$에 대해 두 번째 해는

$$y_2(x) = 1 + \sum_{n=1}^{\infty} \frac{(-1)^n}{1 \cdot 3 \cdot 5 \cdot 7 \cdots (2n-1)} x^n, \quad |x| < \infty$$

이다. 구간 $(0, \infty)$에서 일반해는 $y = C_1 y_1(x) + C_2 y_2(x)$이다. ■

예제 4 단 하나의 급수 해

$xy'' + y = 0$의 해를 구하여라.

풀이 $xP(x) = 0$, $x^2Q(x) = x$이고 0와 x는 그 자체로 0에 중심을 둔 멱급수이므로 $a_0 = 0$, $b_0 = 0$이고 (14)에 의해 결정방정식은 $r(r-1) = 0$이다. 결정근 $r_1 = 1$, $r_2 = 0$에 대응되는 2개의 점화관계식으로부터 정확히 동일한 계수 집합을 생성하는지 확인해야 한다. 다시 말해서, 이 경우에 프로베니우스 방법은 하나의 급수 해

$$y_1(x) = \sum_{n=0}^{\infty} \frac{(-1)^n}{n!(n+1)!} x^{n+1} = x - \frac{1}{2}x^2 + \frac{1}{12}x^3 - \frac{1}{144}x^4 + \cdots$$

만을 생성한다. ■

세 가지 경우 논의를 위해 $x = 0$가 방정식 (1)의 정칙 특이점이고 결정근 r_1, r_2는 실수라고 다시 가정해 보자. 프로베니우스 방법을 사용할 때 우리는 결정근 r_1, r_2의 성질에 따라서 세 가지 경우로 나눌 수 있다. 처음 두 가지 경우에서는 r_1은 서로 다른 근 중 가장 큰 근을 나타낸다, 즉, $r_1 > r_2$이다. 마지막 경우에서는 $r_1 = r_2$인 경우이다.

경우 I r_1, r_2는 서로 다르고 차 $r_1 - r_2$가 양의 정수가 아니면 방정식 (1)의 해는

$$y_1(x) = \sum_{n=0}^{\infty} c_n x^{n+r_1}, \quad c_0 \neq 0, \quad y_2(x) = \sum_{n=0}^{\infty} b_n x^{n+r_2}, \quad b_0 \neq 0$$

형태의 두 개의 일차독립인 해가 존재한다.

이것은 예제2와 예제3에서 설명되었다.

다음으로 근의 차가 N이고 N이 양의 정수라면 두 번째 해는 로그함수를 포함할 수 있다.

경우 II r_1, r_2는 서로 다르고 차 $r_1 - r_2$가 양의 정수이면 방정식 (1)의 해는

$$y_1(x) = \sum_{n=0}^{\infty} c_n x^{n+r_1}, \quad c_0 \neq 0 \tag{19}$$

$$y_2(x) = Cy_1(x)\ln x + \sum_{n=0}^{\infty} b_n x^{n+r_2}, \quad b_0 \neq 0 \tag{20}$$

형태의 두 개의 일차독립인 해가 존재한다. 여기서 C는 0일 수도 있는 상수이다.

마지막으로 $r_1 = r_2$인 경우에 두 번째 해는 항상 로그함수를 포함하게 된다. 이 경우는 보조방정식의 근이 같을 때 코시-오일러 방정식의 해를 구하는 과정과 유사하다.

경우 III r_1, r_2가 같으면 방정식 (1)의 해는

$$y_1(x) = \sum_{n=0}^{\infty} c_n x^{n+r_1}, \quad c_0 \neq 0 \tag{21}$$

$$y_2(x) = y_1(x)\ln x + \sum_{n=1}^{\infty} b_n x^{n+r_1} \tag{22}$$

형태의 두 개의 일차독립인 해가 존재한다.

두 번째 해를 구하는 법 차 $r_1 - r_2$가 양의 정수이면(**경우 II**) $y = \sum_{n=0}^{\infty} c_n x^{n+r}$ 형태를 갖는 두 개의 해를 찾을 수도 있고 찾지 못할 수도 있다. 이것은 우리가 미리 알지 못하는 것이고 단지 결정근을 구하고 계수 c_n을 정의하는 점화관계식을 주의깊게 관찰한 후에 결정되는 것이다. 우리는 다행히 x의 거듭제곱, 즉 $y_1(x) = \sum_{n=0}^{\infty} c_n x^{n+r_1}$(식 (19))와 $y_2(x) = \sum_{n=0}^{\infty} b_n x^{n+r_2}$($C=0$인 식 (20))만을 포함하는 두 해를 찾을 만큼 운이 좋을 수도 있다. 연습문제6.3절의 문제31번을 보아라. 한편 예제4에서는 결정근의 차가 양의 정수($r_1 - r_2$)$= 1$이고 프로베니우스 방법은 두 번째 급수 해를 제공하는 데 실패했다. 이 상황에 $C \neq 0$인 식 (20)은 두 번째 해의 모양이 무엇인지를 알려준다. 마지막으로 차 $r_1 - r_2$가 0일 때 (**경우 III**) 프로베니우스 방법은 두 번째 급수 해를 제공하지 못한다. 두 번째 해 (22)는 항상 로그함수를 포함하고 $C=1$경우 (20)과 동일한 것으로 표시될 수 있다. 로그함수를 갖는 두 번째 해를 구하는 한 가지 방법은 y_1이 알려진 해일 때

$$y_2(x) = y_1(x)\int \frac{e^{-\int P(x)dx}}{y_1^2(x)}dx \tag{23}$$

가 항상 $y''+P(x)y'+Q(x)y=0$의 해가 된다는 사실을 사용하는 것이다. 다음 예제에서 (23)을 사용하는 방법을 설명한다.

예제 5 CAS를 사용한 예제4 재검토

$xy''+y=0$의 일반해를 구하여라.

풀이 예제4에서 주어진 해

$$y_1(x)=x-\frac{1}{2}x^2+\frac{1}{12}x^3-\frac{1}{144}x^4+\ \cdots$$

와 (23)을 이용하여 두 번째 해 $y_2(x)$를 구할 수 있다. 시간, 에너지, 인내심이 있는 사람은 급수의 제곱, 긴 나눗셈, 몫의 적분 등의 고된 작업을 손으로 수행할 수 있다. 그러나 이러한 모든 작업은 CAS의 도움으로 비교적 쉽게 수행할 수 있다. 그 결과는 다음과 같다.

$$\begin{aligned}
y_2(x)&=y_1(x)\int\frac{e^{-\int 0dx}}{[y_1(x)]^2}dx\\
&=y_1(x)\int\frac{dx}{\left[x-\frac{1}{2}x^2+\frac{1}{12}x^3-\frac{1}{144}x^4+\ \cdots\right]^2}\\
&=y_1(x)\int\frac{dx}{\left[x^2-x^3+\frac{5}{12}x^4-\frac{7}{72}x^5+\ \cdots\right]} && \leftarrow \text{제곱하면}\\
&=y_1(x)\int\left[\frac{1}{x^2}+\frac{1}{x}+\frac{7}{12}+\frac{19}{72}x+\ \cdots\right]dx && \leftarrow \text{나누면}\\
&=y_1(x)\left[-\frac{1}{x}+\ln x+\frac{7}{12}x+\frac{19}{144}x^2+\ \cdots\right] && \leftarrow \text{적분하면}\\
&=y_1(x)\ln x+y_1(x)\left[-\frac{1}{x}+\frac{7}{12}x+\frac{19}{144}x^2+\ \cdots\right],
\end{aligned}$$

또는

$$y_2(x)=y_1(x)\ln x+\left[-1-\frac{1}{2}x+\frac{1}{2}x^2+\ \cdots\right]. \qquad \leftarrow \text{곱하면}$$

구간 $(0,\ \infty)$상에서 일반해는 $y=C_1y_1(x)+C_2y_2(x)$이다. ■

예제5에서 y_2의 마지막 형태는 $C=1$인 (20)과 일치한다. 괄호 안에 급수는 $r_2=0$인 (20)에서의 합에 대응한다.

주의

(i) 2계 선형 미분방정식의 세 가지 다른 형태 (1), (2), (3)은 다양한 이론적인 개념을 이야기하는 데 사용된다. 그러나 실제적인 수준에서 보면 프로베니우스 방법을 사용하여 미분방정식을 풀게 되었을 때 (1)에서 주어진 미분방정식의 형태를 사용하는 것이 바람직하다.

(ii) 때로는 결정근의 차 $r_1 - r_2$가 양의 정수$(r_1 > r_2)$이면 작은 근 r_2를 우선 사용하여 점화관계식을 반복하는 것이 좋다. 연습문제6.3절의 문제31과 32를 보아라.

(iii) 결정근 r은 이차방정식의 해이므로 복소수도 될 수 있다. 그러나 이 경우는 논의하지 않을 것이다.

(iv) $x=0$가 비정칙 특이점이라면 $y=\sum_{n=0}^{\infty} c_n x^{n+r}$ 형태의 미분방정식에 대한 해를 찾지 못할 수도 있다.

연습문제 6.3

(1–10) 주어진 미분방정식의 특이점을 구하여라. 각 특이점을 정칙과 비정칙으로 나누어라.

1. $x^3y'' + 4x^2y' + 3y = 0$

2. $x(x+3)^2y'' - y = 0$

3. $(x^2-9)^2y'' + (x+3)y' + 2y = 0$

4. $y'' - \dfrac{1}{x}y' + \dfrac{1}{(x-1)^3}y = 0$

5. $(x^3+4x)y'' - 2xy' + 6y = 0$

6. $x^2(x-5)^2y'' + 4xy' + (x^2-25)y = 0$

7. $(x^2+x-6)y'' + (x+3)y' + (x-2)y = 0$

8. $x(x^2+1)^2y'' + y = 0$

9. $x^3(x^2-25)(x-2)^2y'' + 3x(x-2)y' + 7(x+5)y = 0$

10. $(x^3-2x^2+3x)^2y'' + x(x-3)^2y' - (x+1)y = 0$

(11–12) 방정식의 각각의 정칙 특이점에 대해 주어진 미분방정식을 (3)의 형태로 나타내어라. 함수 $p(x)$와 $q(x)$를 확인하여라.

11. $(x^2-1)y'' + 5(x+1)y' + (x^2-x)y = 0$

12. $xy'' + (x+3)y' + 7x^2y = 0$

(13–14) $x=0$는 주어진 미분방정식의 정칙 특이점이다. 결정방정식의 일반형 (14)를 사용하여 특이점의 결정근을 구하여라. 미분방정식을 풀지 말고 프로베니우스의 방법을 사용하여 찾을 것으로 기대되는 급수 해의 개수에 대해 논의하여라.

13. $x^2y'' + (\frac{5}{3}x + x^2)y' - \frac{1}{3}y = 0$

14. $xy'' + y' + 10y = 0$

(15–24) $x=0$는 주어진 미분방정식의 정칙 특이점이다. 특이점의 결정근은 정수 차가 되지 않는다는 것을 보여라. 프로베니우스 방법을 사용하여 $x=0$ 주위의 두 개의 일차독립인 해를 얻어라. $(0, \infty)$상의 일반해를 만들어라.

15. $2xy'' - y' + 2y = 0$

16. $2xy'' + 5y' + xy = 0$

17. $4xy'' + \frac{1}{2}y' + y = 0$

18. $2x^2y'' - xy' + (x^2+1)y = 0$

19. $3xy'' + (2-x)y' - y = 0$

20. $x^2y'' - \left(x - \frac{2}{9}\right)y = 0$

21. $2xy'' - (3+2x)y' + y = 0$

22. $x^2y'' + xy' + \left(x^2 - \frac{4}{9}\right)y = 0$

23. $9x^2y'' + 9x^2y' + 2y = 0$

24. $2x^2y'' + 3xy' + (2x-1)y = 0$

(25–30) $x=0$는 주어진 미분방정식의 정칙 특이점이다. 특이점의 결정근은 정수 차가 된다는 것을 보여라. 프로베니우스 방법을 사용하여 $x=0$ 근방의 적어도 하나의 급수 해를 구하여라. 필요한 경우 (23)을 사용하고 언급이 있는 경우 CAS를 사용하여 두 번째 해를 구하여라. $(0, \infty)$상의 일반해를 만들어라.

25. $xy'' + 2y' - xy = 0$

26. $x^2y'' + xy' + \left(x^2 - \frac{1}{4}\right)y = 0$

27. $xy'' - xy' + y = 0$

28. $y'' + \frac{3}{x}y' - 2y = 0$

29. $xy'' + (1-x)y' - y = 0$

30. $xy'' + y' + y = 0$

(31–32) $x=0$는 주어진 미분방정식의 정칙 특이점이다. 특이점의 결정근은 정수 차가 된다는 것을 보여라. 우선 큰 근 r_1을 가지고 프로베니우스 방법에 의해 얻어진 점화관계식을 사용하여라. 얼마나 많은 해를 발견했는가? 다음으로 작은 근 r_2를 가지고 점화관계식을 사용하여라. 얼마나 많은 해를 발견했는가?

31. $xy'' + (x-6)y' - 3y = 0$ 32. $x(x-1)y'' + 3y' - 2y = 0$

33. (a) 미분방정식 $x^4y'' + \lambda y = 0$는 $x=0$에서 비정칙 특이점을 갖는다. $t = 1/x$로 치환하면 $t=0$에서 정칙 특이점을 갖는 미분방정식

$$\frac{d^2y}{dt^2} + \frac{2}{t}\frac{dy}{dt} + \lambda y = 0$$

이 됨을 보여라.

(b) 이 절에서의 방법을 사용하여 (a)의 두 번째 방정식에 대하여 정칙 특이점 $t=0$ 근방의 두 급수 해를 구하여라.

(c) 원래 방정식의 각 급수 해를 기본함수로 표현하여라.

수학적 모델

34. **점점 가늘어지는 기둥의 좌굴 현상** 일정한 수직의 압축력 또는 하중 P가 평평하고 얇은 기둥에 가해졌을 때 편향 $y(x)$는 경곗값 문제

$$EI\frac{d^2y}{dx^2} + Py = 0, \quad y(0) = 0, \quad y(L) = 0 \qquad (24)$$

의 해가 된다는 사실을 5.2절의 예제4에서 보았다. 여기서는 기둥의 양쪽 끝이 경첩으로 연결되어 있다고 가정한다. 기둥은 압축력이 임계 하중 P_n일 때만 좌굴되거나 휘어진다.

(a) 이 문제에서는 그림 6.3.1(a)와 같이 기둥의 길이가 L이고 양쪽 끝이 경첩으로 연결되어 있으며 단면이 원형이고 점점 가늘어지는 기둥이라고 가정한다. 그림 6.3.1(b)의 단면에 표시된 대로 선형 굵기 $y = cx$를 갖는다면 xy평면에 수직인 축에 관한 단면의 관성모멘트는 $I = \frac{1}{4}\pi r^2$이다. 여기서 $r = y$이고 $y = cx$이다. 그러므로 $I(x) = I_0(x/b)^4$이다. 여기서 $I_0 = I(b) = \frac{1}{4}\pi(cb)^4$이다. $I(x)$를 미분방정식 (24)에 대입하면 이 경우의 편향은 경곗값 문제

$$x^4\frac{d^2y}{dx^2} + \lambda y = 0, \quad y(a) = 0, \quad y(b) = 0$$

로부터 결정된다. 여기서 $\lambda = Pb^4/EI_0$이다. 문제33의 결과를 사용하여 구부러진 기둥에 대한 임계 하중 P_n을 구하여라. 적절한 항등식을 사용하여 경첩이 달린 좌굴 모드$y_n(x)$을 단일 함수로 표현하여라.

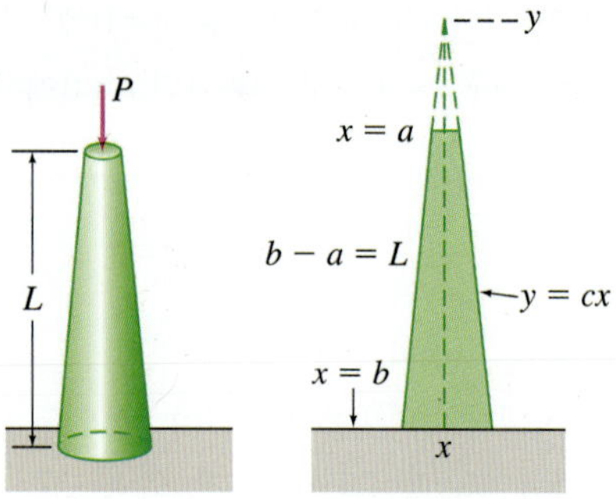

그림 6.3.1 문제34에서의 점점 가늘어지는 기둥

(b) CAS를 사용하여 $b=11$, $a=1$일 때 오일러하중 P_1에 대응하는 첫 번째 좌굴 모드 $y_1(x)$의 그래프를 그려라.

토론 문제

35. 3계 선형 미분방정식

$$a_3(x)y''' + a_2(x)y'' + a_1(x)y' + a_0(x)y = 0$$

에 대하여 정칙 특이점을 정의하는 방법에 대해 토론해라.

36. 미분방정식

$$x^3y'' + y = 0 \text{와} \quad x^2y'' + (3x-1)y' + y = 0$$

는 $x=0$에서 비정칙 특이점을 갖는다. 프로베니우스 방법을 이용하면 $x=0$ 근방의 급수 해를 얻을 수 있는지 결정하여라. 결과에 대해 토론하고 설명하여라.

37. $x=0$는 코시-오일러 방정식 $ax^2y'' + bxy' + cy = 0$의 정칙 특이점임을 알고 있다. 코시-오일러 방정식에 대한 결정방정식 (14)와 보조방정식은 서로 연관이 있는가? 이를 설명해 보아라.

6.4 특수한 함수들

소개 2.3절의 주의에서 **특수한 함수**라고 부르는 수학의 한 분야를 언급했다. 많은 함수들이 베셀(Bessel)함수, 르장드르(Legendre)함수, 에어리(Airy)함수, 체비쇼프(Chebyshev)다항식, 에르미트(Hermite)다항식, 야코비(Jacobi)다항식, 라게르(Laguerre)다항식, 가우스의 초기하 함수, 마티외(Mathieu)함수 등 적절한 명칭을 갖고 학습되기 때문에 아마도 이러한 응용수학의 분야에 대한 더 좋은 이름은 단순히 유명한 함수라고 이름 붙여도 좋을 것이다. 역사적으로 특수한 함수는 필요에 의해 나온 결과이다; 어떤 사람들은 물리적인 문제를 해결하려는 시도에서 발생되는 매우 특수한 미분방정식의 해가 필요하였을 것이다. 실제로 특수한 함수는 미분방정식에 의해 결정되고 정의되었으며 함수의 많은 성질들은 해의 급수 형태로부터 발견되었을 것이다. 이 절에서는 6.2절에서의 방법을 사용하여 응용수학과 물리학, 공학에서 종종 발생하는 두 개의 미분방정식

$$x^2y'' + xy' + (x^2 - \nu^2)y = 0 \tag{1}$$

$$(1 - x^2)y'' - 2xy' + n(n+1)y = 0 \tag{2}$$

의 해를 구하고자 한다. 방정식 (1)은 **베셀의 ν차 방정식**이라고 하며, 태양에서 다른 별까지의 정확한 거리를 최초로 결정한 독일의 천문학자, 물리학자, 수학자 **프리드리히 빌헬름 베셀**(**Friedrich Williheim Bessel**, 1784-1833)의 이름을 따서 명명되었다. 베셀은 타원형 행성 운동에 대한 연구에서 처음으로 특별한 형태의 방정식 (1)을 접했고 결국 일반 방정식 해의 특성에 대한 체계적인 연구를 수행하였다. 그림 6.4.1을 참조하여라. 미분방정식 (2)는 **르장드르의 n차 방정식**으로 알려져 있으며 유명한 프랑스 수학자 **아드리앙 마리 르장들**(**Adrein-Marie Legendre**, 1752-1833)의 이름을 따서 명명되었다. 그림 6.4.2를 참조하여라. (1)의 해를 구하는 경우 $\nu \geq 0$으로 가정할 것이다; 반면 (2)의 경우는 n이 음이 아닌 정수의 경우만을 생각하기로 한다.

그림 6.4.1 프리드리히 빌헬름 베셀

그림 6.4.2 아드리앙 마리 르장드르

베셀방정식의 해 $x = 0$는 베셀방정식의 정칙 특이점이므로 $y = \sum_{n=0}^{\infty} c_n x^{n+r}$ 형태의 해가 적어도 한 개 존재한다는 것을 안다. $y = \sum_{n=0}^{\infty} c_n x^{n+r}$을 (1)에 대입하면

$$\begin{aligned} & x^2y'' + xy' + (x^2 - \nu^2)y \\ &= \sum_{n=0}^{\infty} c_n(n+r)(n+r-1)x^{n+r} + \sum_{n=0}^{\infty} c_n(n+r)x^{n+r} + \sum_{n=0}^{\infty} c_n x^{n+r+2} - \nu^2 \sum_{n=0}^{\infty} c_n x^{n+r} \\ &= c_0(r^2 - r + r - \nu^2)x^r + x^r \sum_{n=1}^{\infty} c_n[(n+r)(n+r-1) + (n+r) - \nu^2]x^n + x^r \sum_{n=0}^{\infty} c_n x^{n+2} \\ &= c_0(r^2 - \nu^2)x^r + x^r \sum_{n=1}^{\infty} c_n[(n+r)^2 - \nu^2]x^n + x^r \sum_{n=0}^{\infty} c_n x^{n+2} \end{aligned} \tag{3}$$

이다. (3)으로부터 결정방정식은 $r^2 - \nu^2 = 0$이고, 결정근은 $r_1 = \nu,\ r_2 = -\nu$이다. $r_1 = \nu$일 때, (3)은

$$\begin{aligned}
&x^{\nu} \sum_{n=1}^{\infty} c_n n(n+2\nu) x^n + x^{\nu} \sum_{n=0}^{\infty} c_n x^{n+2} \\
&= x^{\nu}\left[(1+2\nu)c_1 x + \underbrace{\sum_{n=2}^{\infty} c_n n(n+2\nu)x^n}_{k=n-2} + \underbrace{\sum_{n=0}^{\infty} c_n x^{n+2}}_{k=n}\right] \\
&= x^{\nu}\left[(1+2\nu)c_1 x + \sum_{k=0}^{\infty} [(k+2)(k+2+2\nu)c_{k+2} + c_k] x^{k+2}\right] = 0
\end{aligned}$$

이 된다. 그러므로 일반적인 주장에 따르면 $(1+2\nu)c_1 = 0$이고

$$(k+2)(k+2+2\nu)c_{k+2} + c_k = 0$$

또는

$$c_{k+2} = \frac{-c_k}{(k+2)(k+2+2\nu)}, \quad k = 0,\ 1,\ 2,\ \cdots \tag{4}$$

이다.

(4)에서 $c_1 = 0$을 선택하면 $c_3 = c_5 = c_7 = \ \cdots\ = 0$을 의미한다, 그래서 $k = 0,\ 2, 4,\ \cdots$에 대해 $k+2 = 2n,\ n = 1,\ 2,\ 3,\ \cdots$로 놓으면

$$c_{2n} = -\frac{c_{2n-2}}{2^2 n(n+\nu)} \tag{5}$$

을 얻는다. 그러므로

$$\begin{aligned}
c_2 &= -\frac{c_0}{2^2 \cdot 1 \cdot (1+\nu)} \\
c_4 &= -\frac{c_2}{2^2 \cdot 2(2+\nu)} = \frac{c_0}{2^4 \cdot 1 \cdot 2(1+\nu)(2+\nu)} \\
c_6 &= -\frac{c_4}{2^2 \cdot 3(3+\nu)} = -\frac{c_0}{2^6 \cdot 1 \cdot 2 \cdot 3(1+\nu)(2+\nu)(3+\nu)} \\
&\vdots \\
c_{2n} &= \frac{(-1)^n c_0}{2^{2n} n!(1+\nu)(2+\nu)\ \cdots\ (n+\nu)}, \quad n = 1,\ 2,\ 3,\ \cdots
\end{aligned} \tag{6}$$

이다. c_0를 특정한 값, 즉

$$c_0 = \frac{1}{2^{\nu}\Gamma(1+\nu)}$$

로 택하는 것이 표준 관행이다. 여기서 $\Gamma(1+\nu)$는 **감마(Gamma)함수**이다. 감마함수의 정의는 부록 A를 참고하여라. 감마함수는 $\Gamma(1+\alpha) = \alpha\Gamma(\alpha)$가 성립하므

로 (6)의 분모에 있어서 나타난 곱은 하나의 항으로 줄일 수 있다. 예를 들어,

$$\Gamma(1+\nu+1)=(1+\nu)\Gamma(1+\nu)$$
$$\Gamma(1+\nu+2)=(2+\nu)\Gamma(2+\nu)=(2+\nu)(1+\nu)\Gamma(1+\nu).$$

따라서 (6)은 $n=0,\ 1,\ 2,\ \cdots$에 대해

$$c_{2n}=\frac{(-1)^n}{2^{2n+\nu}n!(1+\nu)(2+\nu)\ \cdots\ (n+\nu)\Gamma(1+\nu)}=\frac{(-1)^n}{2^{2n+\nu}n!\Gamma(1+\nu+n)}$$

와 같이 쓸 수 있다.

제1종의 베셀함수 얻어진 계수 c_{2n}과 $r=\nu$를 사용하면 (1)의 급수 해는 $y=\sum_{n=0}^{\infty}c_{2n}x^{2n+\nu}$이다. 이 해를 일반적으로 $J_\nu(x)$로 표시한다:

$$J_\nu(x)=\sum_{n=0}^{\infty}\frac{(-1)^n}{n!\Gamma(1+\nu+n)}\left(\frac{x}{2}\right)^{2n+\nu}. \tag{7}$$

$\nu\geq 0$이면 이 급수는 적어도 구간 $[0,\ \infty)$에서 수렴한다. 또한 둘째 지수 $r_2=-\nu$에 대해서 같은 방법으로

$$J_{-\nu}(x)=\sum_{n=0}^{\infty}\frac{(-1)^n}{n!\Gamma(1-\nu+n)}\left(\frac{x}{2}\right)^{2n-\nu} \tag{8}$$

을 얻는다. 함수 J_ν와 $J_{-\nu}$을 각각 차수 ν와 $-\nu$인 **제1종의 베셀함수**라고 부른다. ν의 값에 따라서 (8)은 x의 음의 멱승을 포함할 수도 있으므로 $(0,\ \infty)$에서 수렴한다.

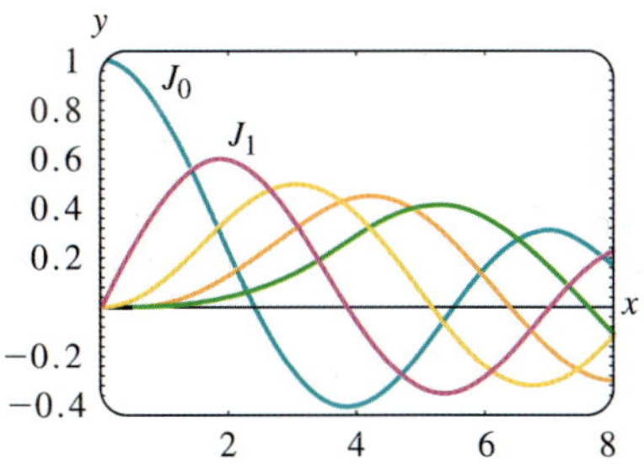

그림 6.4.3 $n=0,\ 1,\ 2,\ 3,\ 4$에 대한 제1종의 베셀함수

(1)의 일반해를 표기하는 경우에는 약간의 주의를 해야 한다. $\nu=0$일 때 (7)과 (8)은 동일하다는 것이 분명하다. 만일 $\nu>0$이고 $r_1-r_2=\nu-(-\nu)=2\nu$가 양의 정수가 아니면 6.3절의 **경우 I**에 의하여 $J_\nu(x)$와 $J_{-\nu}(x)$는 $(0,\ \infty)$에서 (1)의 일차독립인 해이고 따라서 이 구간에서 일반해는 $y=c_1J_\nu(x)+c_2J_{-\nu}(x)$이다. 그러나 또한 6.3절의 **경우 II**로부터 $r_1-r_2=2\nu$가 양의 정수일 때 (1)의 두번째 급수 해는 존재할 수 있음을 안다. 이 두 번째 경우에 있어서 두 가지 가능성을 구별한다. $\nu=m$=양의 정수일 때 (8)에 의해 정의된 $J_{-m}(x)$과 $J_m(x)$은 일차독립인 해가 아니다. 이것은 $J_{-m}(x)$는 $J_m(x)$의 상수배라는 것을 알 수 있다.(354쪽의 성질 (i) 참조) 또한 $r_1-r_2=2\nu$는 ν가 홀수인 양의 정수의 절반인 경우 양의 정수일 수 있다. 이 후자의 경우에 있어서 $J_\nu(x)$와 $J_{-\nu}(x)$는 일차독립임을 밝힐 수 있다. 즉, $(0,\ \infty)$에서 (1)의 일반해는

$$y=c_1J_\nu(x)+c_2J_{-\nu}(x),\quad \nu\neq \text{정수} \tag{9}$$

이다.

$y=J_0(x)$와 $y=J_1(x)$의 그래프는 그림 6.4.3에 주어졌다.

예제 1 차수 1/2인 베셀방정식

$\nu^2 = \dfrac{1}{4}$와 $\nu = \dfrac{1}{2}$임을 확인하고 (9)로부터 $(0,\ \infty)$상에서 방정식 $x^2y + xy' + \left(x^2 - \dfrac{1}{4}\right)y = 0$의 일반해는 $y = c_1 J_{1/2}(x) + c_2 J_{-1/2}(x)$이다. ■

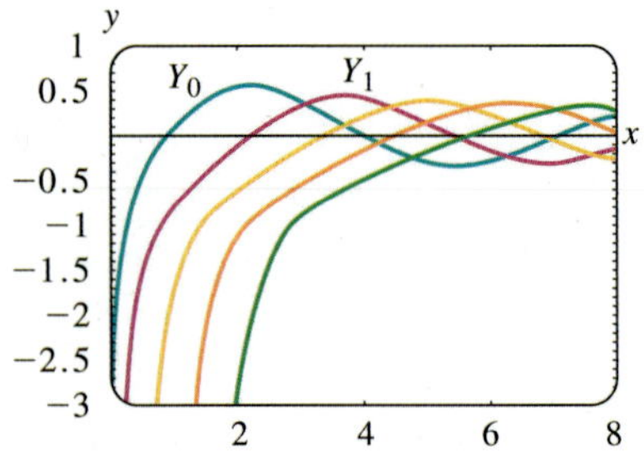

그림 6.4.4 $n = 0,\ 1,\ 2,\ 3,\ 4$에 대한 제2종의 베셀함수

제 2 종의 베셀함수 ν가 정수가 아니면 일차결합으로 정의된 함수

$$Y_\nu(x) = \frac{\cos\nu\pi J_\nu(x) - J_{-\nu}(x)}{\sin\nu\pi} \tag{10}$$

와 함수 $J_\nu(x)$는 (1)의 일차독립인 해이다. 그러므로 (1)의 일반해의 다른 형식은 ν가 정수가 아니면 $y = c_1 J_\nu(x) + c_2 Y_\nu(x)$이다. $\nu \to m$(m은 정수)일 때 (10)은 부정형 0/0이 된다. 그러나 로피탈 법칙에 의해 $\lim_{\nu \to \infty} Y_\nu(x)$는 존재함을 밝힐 수 있다. 더구나 함수

$$Y_m(x) = \lim_{\nu \to m} Y_\nu(x)$$

와 $J_m(x)$는 $x^2y'' + xy' + (x^2 - m^2)y = 0$의 일차독립인 해이다. 그러므로 ν의 임의의 값에 대해서 $(0,\ \infty)$상에서 (1)의 일반해는

$$y = c_1 J_\nu(x) + c_2 Y_\nu(x) \tag{11}$$

로 쓸 수 있다.

$Y_\nu(x)$를 차수 ν인 **제2종의 베셀함수**라고 한다. 그림 6.4.4에 $Y_0(x)$와 $Y_1(x)$의 그래프를 표시하였다. 제2종의 베셀함수는 1867년 독일 수학자 **칼 노이만(Carl Gottfried Neumann**, 1832-1925)에 의해 처음 소개되었기 때문에 차수가 ν인 노이만 함수라고도 한다. 노이만 함수는 종종 N_ν으로 표시한다.

예제 2 차수 3인 베셀방정식

$\nu^2 = 9$와 $\nu = 3$임을 확인하고 (11)로부터 $(0,\ \infty)$상에서 방정식 $x^2y'' + xy' + (x^2 - 9)y = 0$의 일반해는 $y = c_1 J_3(x) + c_2 Y_3(x)$이다. ■

베셀함수의 항으로 풀 수 있는 미분방정식 때때로 변수 변환에 의해 미분방정식을 (1)의 형태로 바꾸는 것이 가능하다. 그러면 원래의 미분방정식의 해를 베셀함수로 표현할 수 있다. 예를 들면

$$x^2y'' + xy' + (\alpha^2x^2 - \nu^2)y = 0 \tag{12}$$

에서 $t = \alpha x$, $\alpha > 0$라고 하면 연쇄법칙에 의해

$$\frac{dy}{dx} = \frac{dy}{dt}\frac{dt}{dx} = \alpha\frac{dy}{dt}, \quad \frac{d^2y}{dx^2} = \frac{d}{dt}\left(\frac{dy}{dx}\right)\frac{dt}{dx} = \alpha^2\frac{d^2y}{dt^2}$$

이다. 따라서 (12)는

$$\left(\frac{t}{\alpha}\right)^2\alpha^2\frac{d^2y}{dt^2} + \left(\frac{t}{\alpha}\right)\alpha\frac{dy}{dt} + (t^2 - \nu^2)y = 0 \text{ 또는 } t^2\frac{d^2y}{dt^2} + t\frac{dy}{dt} + (t^2 - \nu^2)y = 0$$

이 된다. 마지막 방정식은 차수 ν인 베셀방정식이고 해는

$$y = c_1 J_\nu(t) + c_2 Y_\nu(t)$$

이다. 마지막 방정식에서 $t = \alpha x$로 놓으면 (12)의 일반해는

$$y = c_1 J_\nu(\alpha x) + c_2 Y_\nu(\alpha x) \tag{13}$$

이다.

방정식 (12)를 **차수 ν인 매개변수 베셀방정식**이라고 하고 일반해 (13)은 원주좌표계로 표현되는 편미분방정식을 포함하는 경곗값 문제의 연구에서 매우 중요하다.

수정된 베셀함수 (1)과 유사한 또 다른 방정식은 **차수 ν인 수정된 베셀방정식**

$$x^2y'' + xy' - (x^2 + \nu^2)y = 0 \tag{14}$$

이다.

이 미분방정식은 (12)에서 설명된 방법으로 풀 수 있다. $t = ix$, $i^2 = -1$라고 하면 (14)는

$$t^2\frac{d^2y}{dt^2} + t\frac{dy}{dt} + (t^2 - \nu^2)y = 0$$

이 된다. 이 방정식의 해는 $J_\nu(t)$와 $Y_\nu(t)$이므로 (14)의 복소수 해는 $J_\nu(ix)$와 $Y_\nu(ix)$이다. 차수 ν인 **제1종의 수정된 베셀함수**라 불리는 실수 해는 $J_\nu(ix)$에 의해 정의된다;

$$I_\nu(x) = i^{-\nu}J_\nu(ix)$$

연습문제6.4의 문제21번을 보아라.

(14)의 일반해는 정수가 아닌 ν에 대해

$$y = c_1 I_\nu(x) + c_2 I_{-\nu}(x) \tag{15}$$

이다. (10)과 유사하게 정수가 아닌 위수 ν인 **제2종의 수정된 베셀함수**는

$$K_\nu(x) = \frac{\pi}{2}\frac{I_{-\nu}(x) - I_\nu(x)}{\sin\nu\pi} \tag{16}$$

이고 정수 $\nu = n$에 대해

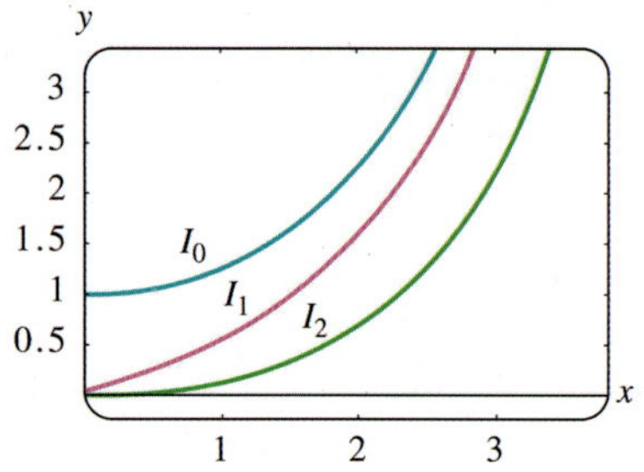

그림 6.4.5 $n=0,1,2$에 대한 제1종의 수정된 베셀함수

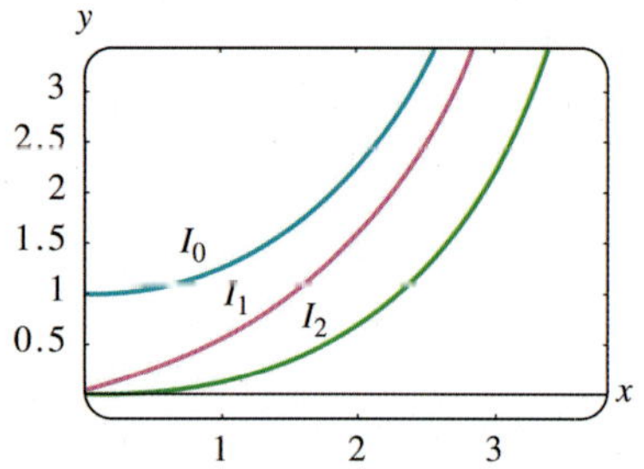

그림 6.4.6 $n=0,1,2$에 대한 제2종의 수정된 베셀함수

$$K_n(x) = \lim_{\nu \to n} K_\nu(x)$$

으로 정의한다.

I_ν와 K_ν는 ν의 임의의 값에 대해 구간 $(0, \infty)$상에서 일차독립이므로 (14)의 일반해는

$$y = c_1 I_\nu(x) + c_2 K_\nu(x) \tag{17}$$

이다.

$y=I_0(x)$, $y=I_1(x)$, $y=I_2(x)$의 그래프는 그림 6.4.5에 있고 $y=K_0(x)$, $y=K_1(x)$, $y=K_2(x)$의 그래프는 그림 6.4.6에 있다.

제1종과 2종의 베셀함수와는 달리 제1종과 2종의 수정된 베셀함수는 진동하지 않는다. 그림 6.4.5와 6.4.6은 수정된 베셀함수 $I_n(x)$와 $K_n(x)$, $n=0, 1, 2, \cdots$는 구간 $(0, \infty)$에서 실근을 갖지 않는다는 사실을 알려준다. 또한 제2종의 베셀함수 $Y_n(x)$와 같이 2종의 수정된 베셀함수 $K_n(x)$도 $x \to 0^+$일 때 유계가 아니다.

(14)를 변수 변환하면 **차수 ν의 수정된 베셀함수의 매개변수형태**

$$x^2y'' + xy' - (\alpha^2x^2 + \nu^2)y = 0 \tag{18}$$

를 얻는다.

구간 $(0, \infty)$에서 위 방정식의 일반해는

$$y = c_1 I_\nu(\alpha x) + c_2 K_\nu(\alpha x) \tag{19}$$

이다.

예제 3 매개변수화된 수정된 베셀방정식

$\alpha^2 = 25$, $\nu^2 = 4$, $\alpha = 5$, $\nu = 2$임을 확인하면 (19)에 의해 $x^2y'' + xy' - (25x^2+4)y = 0$의 구간 $(0, \infty)$상에서 일반해는 $y = c_1 I_2(5x) + c_2 K_2(5x)$가 된다.

매개변수를 적절하게 선택하여 많은 미분방정식이 해당 형태에 적합하기 때문에 중요한 또 다른 방정식은

$$y'' + \frac{1-2a}{x}y' + \left(b^2c^2x^{2c-2} + \frac{a^2 - p^2c^2}{x^2}\right)y = 0, \quad p \ge 0 \tag{20}$$

이다. 자세한 설명은 힘들지라도 (20)의 일반해

$$y = x^a\left[c_1 J_p(bx^c) + c_2 Y_p(bx^c)\right] \tag{21}$$

는 독립변수와 종속변수의 변환 $z = bx^c$, $y(x) = \left(\frac{z}{b}\right)^{a/c} w(z)$에 의해 구해질 수 있다. p가 정수가 아니라면 (21)에서 Y_p는 J_{-p}로 바꿀 수 있다.

예제 4 **(20)의 적용**

$(0,\ \infty)$상에서 $xy''+3y'+9y=0$의 일반해를 구하여라.

풀이 주어진 미분방정식을

$$y''+\frac{3}{x}y'+\frac{9}{x}y=0$$

로 다시 표현하면 (20)과 대응하여 다음과 같은 식을 얻는다:

$$1-2a=3,\ b^2c^2=9,\ 2c-2=-1,\ a^2-p^2c^2=0.$$

첫째와 셋째 방정식에서 $a=-1$이고 $c=1/2$이다. 이 값을 둘째와 넷째 식에 대입하면 $b=6,\ p=2$이다. (21)로부터 $(0,\ \infty)$상에서 주어진 미분방정식의 일반해는 $y=x^{-1}[c_1J_2(6x^{1/2})+c_2Y_2(6x^{1/2})]$이다. ■

노화된 스프링과 베셀 함수 노화된 스프링에서 질량 m인 물질의 자유 비감쇠운동에 대한 수학적 모델은 $mx''+ke^{-\alpha t}x=0,\ \alpha>0$임을 5.1절에서 보았다. 이제 이 방정식의 일반해를 구해보자.

예제 5 **노화된 스프링 다시 논의**

$s=\frac{2}{\alpha}\sqrt{\frac{k}{m}}e^{-\alpha t/2}$로 변수 변환을 이용하여 미분방정식 $mx''+ke^{-\alpha t}x=0$을 풀어라.

풀이 연쇄법칙에 의해

$$\frac{dx}{dt}=\frac{dx}{ds}\frac{ds}{dt}=\frac{dx}{ds}\left[\frac{2}{\alpha}\sqrt{\frac{k}{m}}\left(-\frac{\alpha}{2}\right)e^{-\alpha t/2}\right]=\frac{dx}{ds}\left(-\sqrt{\frac{k}{m}}e^{-\alpha t/2}\right)$$

$$\begin{aligned}\frac{d^2x}{dt^2}=\frac{d}{dt}\left(\frac{dx}{dt}\right)&=\frac{dx}{ds}\left[\frac{\alpha}{2}\sqrt{\frac{k}{m}}e^{-\alpha t/2}\right]+\frac{d}{dt}\left(\frac{dx}{ds}\right)\left(-\sqrt{\frac{k}{m}}e^{-\alpha t/2}\right)\\&=\frac{dx}{ds}\left[\frac{\alpha}{2}\sqrt{\frac{k}{m}}e^{-\alpha t/2}\right]+\frac{d^2x}{ds^2}\frac{ds}{dt}\left(-\sqrt{\frac{k}{m}}e^{-\alpha t/2}\right)\\&=\left(\frac{k}{m}e^{-\alpha t/2}\right)\frac{d^2x}{ds^2}+\left(\frac{\alpha}{2}\sqrt{\frac{k}{m}}e^{-\alpha t/2}\right)\frac{dx}{ds}\end{aligned}$$

이다. 따라서

$$m\frac{d^2x}{dt^2}+ke^{-\alpha t}x=ke^{-\alpha t}\frac{d^2x}{ds^2}+\frac{\alpha}{2}\sqrt{mk}\,e^{-\alpha t/2}\frac{dx}{ds}+ke^{-\alpha t}x=0$$

이다. 마지막 방정식에 $2^2/\alpha^2m$을 곱하면

$$\left(\frac{2^2}{\alpha^2}\frac{k}{m}e^{-\alpha t}\right)\frac{d^2x}{dt^2}+\left(\frac{2}{\alpha}\sqrt{\frac{k}{m}}e^{-\alpha t/2}\right)\frac{dx}{ds}+\left(\frac{2^2}{\alpha^2}\frac{k}{m}e^{-\alpha t}\right)x=0$$

또는 $s^2\dfrac{d^2x}{ds^2}+s\dfrac{dx}{ds}+s^2x=0$ 이다.

마지막 방정식은 (1)에서 $\nu=0$로 놓고 x와 s는 각각 y와 x의 역할을 한다. 따라서 (11)로부터 마지막 방정식의 일반해는 $x=c_1J_0(s)+c_2Y_0(s)$이다. 변수 변환한 식 s를 다시 대입하면 $mx''+ke^{-\alpha t}x=0$의 일반해는

$$x(t)=c_1J_0\left(\frac{2}{\alpha}\sqrt{\frac{k}{m}}e^{-\alpha t/2}\right)+c_2Y_0\left(\frac{2}{\alpha}\sqrt{\frac{k}{m}}e^{-\alpha t/2}\right)$$

이다. 연습문제6.4의 문제35와 43을 보아라. ■

5.1절에서 논의 되었던 시간에 따라서 변하는 스프링의 다른 모델은 $mx''+ktx=0$이다. m으로 나누면 $x''+\dfrac{k}{m}tx=0$는 에어리방정식 $y''+\alpha^2xy=0$이다. 326쪽을 보아라. 에어리 미분방정식의 일반해는 베셀함수로 표현할 수 있다. 연습문제6.4의 문제36, 37과 42를 보아라.

성질들 차수 $m(m=0,\ 1,\ 2,\ 3,\ \cdots)$인 베셀함수의 더 많은 유용한 몇 가지 성질을 아래에 나열하였다.

(i) $J_{-m}(x)=(-1)^mJ_m(x)$,　　(ii) $J_m(-x)=(-1)^mJ_m(x)$

(iii) $J_m(0)=\begin{cases}0, & m>0\\ 1, & m=0\end{cases}$,　　(iv) $\lim_{x\to0^+}Y_m(x)=-\infty$

성질 (ii)에서 $J_m(x)$는 m이 짝수일 때 우함수, m이 홀수일 때 기함수임을 나타낸다. 그림 6.4.4에서의 $Y_0(x)$와 $Y_1(x)$의 그래프는 성질 (iv) 즉, $Y_m(x)$는 원점에서 유계가 아니라는 사실을 설명해 준다. 마지막 사실은 (10)으로부터는 명확하지 않다. 차수 0의 베셀방정식의 해는 6.3절의 (21)에서의 해 $y_1(x)$와 (22)에서의 $y_2(x)$를 사용함으로써 얻을 수 있다. 6.3절의 (21)은 $y_1(x)=J_0(x)$인 반면에 (22)는

$$y_2(x)=J_0(x)\ln x-\sum_{k=1}^{\infty}\frac{(-1)^k}{(k!)^2}\left(1+\frac{1}{2}+\cdots+\frac{1}{k}\right)\left(\frac{x}{2}\right)^{2k}$$

이다. 차수 0의 제2종의 베셀함수 $Y_0(x)$는 일차결합 $Y_0(x)=\dfrac{2}{\pi}(\gamma-\ln 2)y_1(x)+\dfrac{2}{\pi}y_2(x)\ (x>0)$으로 정의된다. 즉,

$$Y_0(x)=\frac{2}{\pi}J_0(x)\left[\gamma+\ln\frac{x}{2}\right]-\frac{2}{\pi}\sum_{k=1}^{\infty}\frac{(-1)^k}{(k!)^2}\left(1+\frac{1}{2}+\ \cdots\ +\frac{1}{k}\right)\left(\frac{x}{2}\right)^{2k}$$

이다. 여기서 $\gamma=0.57721566\cdots$는 **오일러 상수**이다. 로그함수가 나타나 있으므

로 $Y_0(x)$는 $x=0$에서 불연속임이 분명하다.

수치적인 값 $J_0(x)$, $J_1(x)$, $Y_0(x)$, $Y_1(x)$의 처음 5개의 음 아닌 근은 표 6.4.1에 주어졌다. 이들의 추가적인 함숫값들은 표 6.4.2에 주어졌다.

표 6.4.1 $J_0(x)$, $J_1(x)$, $Y_0(x)$, $Y_1(x)$의 근

$J_0(x)$	$J_1(x)$	$Y_0(x)$	$Y_1(x)$
2.4048	0.0000	0.8936	2.1971
5.5201	3.8317	3.9577	5.4297
8.6537	7.0156	7.0861	8.5960
11.7915	10.1735	10.2223	11.7492
14.9309	13.3237	13.3611	14.8974

표 6.4.2 $J_0(x)$, $J_1(x)$, $Y_0(x)$, $Y_1(x)$의 수치적인 값

x	$J_0(x)$	$J_1(x)$	$Y_0(x)$	$Y_1(x)$
0	1.0000	0.0000	–	–
1	0.7652	0.4401	0.0883	−0.7812
2	0.2239	0.5767	0.5104	−0.1070
3	−0.2601	0.3391	0.3769	0.3247
4	−0.3971	−0.0660	−0.0169	0.3979
5	−0.1776	−0.3276	−0.3085	0.1479
6	0.1506	−0.2767	−0.2882	−0.1750
7	0.3001	−0.0047	−0.0259	−0.3027
8	0.1717	0.2346	0.2235	−0.1581
9	−0.0903	0.2453	0.2499	0.1043
10	−0.2459	0.0435	0.0557	0.2490
11	−0.1712	−0.1768	−0.1688	0.1637
12	0.0477	−0.2234	−0.2252	−0.0571
13	0.2069	−0.0703	−0.0782	−0.2101
14	0.1711	0.1334	0.1272	−0.1666
15	−0.0142	0.2051	0.2055	0.0211

미분 점화관계식 다양한 차수의 베셀 함수와 관련된 점화식은 이론 및 응용 측면에서 중요하다. 다음 예제에서 우리는 **미분 점화관계식**(differential recurrence relation)을 유도한다.

예제 6 급수 정의를 사용한 유도

공식 $xJ_\nu'(x)=\nu J_\nu(x)-xJ_{\nu+1}(x)$을 유도하여라.

풀이 (7)에 의해

$$xJ_\nu'(x)=\sum_{n=0}^{\infty}\frac{(-1)^n(2n+\nu)}{n!\Gamma(1+\nu+n)}\left(\frac{x}{2}\right)^{2n+\nu}$$

$$= \nu \sum_{n=0}^{\infty} \frac{(-1)^n}{n!\Gamma(1+\nu+n)} \left(\frac{x}{2}\right)^{2n+\nu} + 2\sum_{n=0}^{\infty} \frac{(-1)^n n}{n!\Gamma(1+\nu+n)} \left(\frac{x}{2}\right)^{2n+\nu}$$

$$= \nu J_\nu(x) + x \underbrace{\sum_{n=1}^{\infty} \frac{(-1)^n}{(n-1)!\Gamma(1+\nu+n)} \left(\frac{x}{2}\right)^{2n+\nu-1}}_{k=n-1}$$

$$= \nu J_\nu(x) - x \sum_{k=0}^{\infty} \frac{(-1)^k}{k!\Gamma(2+\nu+k)} \left(\frac{x}{2}\right)^{2k+\nu+1} = \nu J_\nu(x) - xJ_{\nu+1}(x)$$

이다. ■

예제 6에서의 결과는 다른 형태로 표현할 수 있다. $xJ_\nu'(x) - \nu J_\nu(x) = -xJ_{\nu+1}(x)$를 x로 나누면

$$J_\nu'(x) - \frac{\nu}{x} J_\nu(x) = -J_{\nu+1}(x)$$

이다. 위 표현은 $J_\nu(x)$에 관한 1계 선형 미분방정식으로 볼 수 있다. 등호의 양쪽에 적분인자 $x^{-\nu}$를 곱하면

$$\frac{d}{dx}[x^{-\nu} J_\nu(x)] = -x^{-\nu} J_{\nu+1}(x) \tag{22}$$

이다.

유사한 방법으로

$$\frac{d}{dx}[x^{\nu} J_\nu(x)] = x^{\nu} J_{\nu-1}(x) \tag{23}$$

을 얻는다. 연습문제6.4의 문제27을 보아라.

미분 점화관계식 (22)과 (23)은 제2종의 베셀함수 $Y_\nu(x)$에 대해서도 또한 성립한다. $\nu = 0$이면 (22)으로부터

$$\frac{d}{dx} J_0(x) = -J_1(x), \quad \frac{d}{dx} Y_0(x) = -Y_1(x) \tag{24}$$

이다. 이들 결과의 응용은 연습문제6.4 문제41에서 볼 수 있다. (24)와 비슷한 결과가 차수가 $\nu = 0$인 제1종 또는 제2의 수정된 베셀방정식에도 또한 성립한다:

$$\frac{d}{dx} I_0(x) = -I_1(x), \qquad \frac{d}{dx} K_0(x) = -K_1(x). \tag{25}$$

식(25) 도함수의 응용을 위해서 연습문제6.4에 문제43을 보아라.

정수의 반 차수의 베셀함수 차수 ν가 홀수 정수의 절반 즉, $\pm\frac{1}{2}$, $\pm\frac{3}{2}$, $\pm\frac{5}{2}$, $\cdots$이면 제1종과 2종의 베셀함수는 $\sin x$, $\cos x$, x의 멱승 등과 같은 기본

함수로 표현할 수 있다.

$\nu = \dfrac{1}{2}$에 대하여 살펴보자. (7)에 의해

$$J_{1/2}(x) = \sum_{n=0}^{\infty} \frac{(-1)^n}{n!\Gamma\left(1+\frac{1}{2}+n\right)} \left(\frac{x}{2}\right)^{2n+1/2}$$

이다. $\Gamma(1+\alpha) = \alpha\Gamma(\alpha)$이고, $\Gamma\left(\frac{1}{2}\right) = \sqrt{\pi}$이므로 $n=0$, $n=1$, $n=2$ 그리고 $n=3$에 대해 $\Gamma\left(1+\frac{1}{2}+n\right)$은 각각

$$\Gamma\left(\frac{3}{2}\right) = \Gamma\left(1+\frac{1}{2}\right) = \frac{1}{2}\Gamma\left(\frac{1}{2}\right) = \frac{1}{2}\sqrt{\pi}$$

$$\Gamma\left(\frac{5}{2}\right) = \Gamma\left(1+\frac{3}{2}\right) = \frac{3}{2}\Gamma\left(\frac{3}{2}\right) = \frac{3}{2^2}\sqrt{\pi}$$

$$\Gamma\left(\frac{7}{2}\right) = \Gamma\left(1+\frac{5}{2}\right) = \frac{5}{2}\Gamma\left(\frac{5}{2}\right) = \frac{5\cdot 3}{2^3}\sqrt{\pi} = \frac{5\cdot 4\cdot 3\cdot 2\cdot 1}{2^3 4\cdot 2}\sqrt{\pi} = \frac{5!}{2^5 2!}\sqrt{\pi}$$

$$\Gamma\left(\frac{9}{2}\right) = \Gamma\left(1+\frac{7}{2}\right) = \frac{7}{2}\Gamma\left(\frac{7}{2}\right) = \frac{7\cdot 5}{2^6\cdot 2!}\sqrt{\pi} = \frac{7\cdot 6\cdot 5!}{2^6\cdot 6\cdot 2!}\sqrt{\pi} = \frac{7!}{2^7 3!}\sqrt{\pi}.$$

로 된다. 일반적으로

$$\Gamma\left(1+\frac{1}{2}+n\right) = \frac{(2n+1)!}{2^{2n+1}n!}\sqrt{\pi}$$

이다. 그러므로

$$J_{1/2}(x) = \sum_{n=0}^{\infty} \frac{(-1)^n}{n!\dfrac{(2n+1)!}{2^{2n+1}n!}\sqrt{\pi}} \left(\frac{x}{2}\right)^{2n+1/2} = \sqrt{\frac{2}{\pi x}} \sum_{n=1}^{\infty} \frac{(-1)^n}{(2n+1)!} x^{2n+1}$$

이다. 6.1절의 (2)로부터 마지막 줄의 무한급수는 $\sin x$에 대한 매클로린급수이고 따라서

$$J_{1/2}(x) = \sqrt{\frac{2}{\pi x}}\sin x \tag{26}$$

이다.

$$J_{-1/2}(x) = \sqrt{\frac{2}{\pi x}}\cos x \tag{27}$$

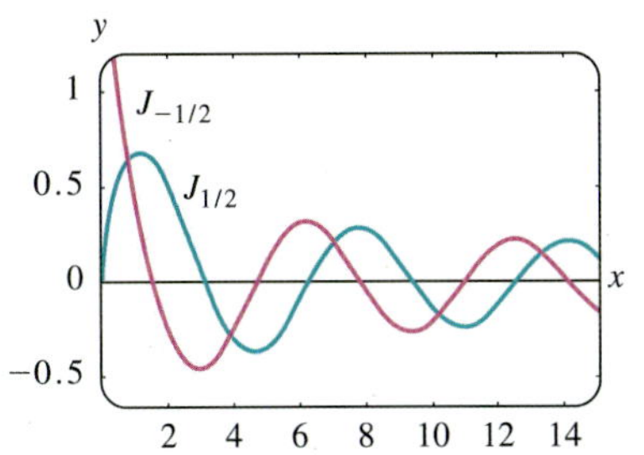

그림 6.4.7 차수 1/2(푸른색)과 차수 −1/2(붉은색)의 베셀함수

임을 보이는 것은 연습문제로 남긴다.

그림 6.4.7과 연습문제6.4 문제31, 32, 40을 보아라.

n이 정수이면 $\nu = n + \dfrac{1}{2}$는 홀수 정수의 절반이다. $\cos\left(n+\frac{1}{2}\right)\pi = 0$이고 $\sin\left(n+\frac{1}{2}\right)\pi = \cos n\pi = (-1)^n$이므로 (10)으로부터

$$Y_{n+1/2}(x) = (-1)^{n+1}J_{-(n+1/2)}(x)$$

이다.

$n=0$와 $n=-1$에 대해 차례로 $Y_{1/2}(x)=-J_{-1/2}(x)$이고 $Y_{-1/2}(x)=J_{1/2}(x)$이다. (26)과 (27)에 의해 이 결과는

$$Y_{1/2}(x)=-\sqrt{\frac{2}{\pi x}}\cos x \tag{28}$$

$$Y_{-1/2}(x)=\sqrt{\frac{2}{\pi x}}\sin x \tag{29}$$

와 같다.

구면 베셀함수 정수의 반 차수의 베셀함수는 2개의 중요한 함수

$$j_n(x)=\sqrt{\frac{\pi}{2x}}J_{n+1/2}(x)\text{와 } y_n(x)=\sqrt{\frac{\pi}{2x}}Y_{n+1/2}(x) \tag{30}$$

를 정의하는 데 사용하였다.

함수 $j_n(x)$를 제1종의 구면 베셀함수, $y_n(x)$를 제2종의 구면 베셀함수라고 부른다. 예를 들어, $n=0$일 때 식 (30)은

$$j_0(x)=\sqrt{\frac{\pi}{2x}}J_{1/2}(x)=\sqrt{\frac{\pi}{2x}}\sqrt{\frac{2}{\pi x}}\sin x=\frac{\sin x}{x}$$

$$y_0(x)=\sqrt{\frac{\pi}{2x}}Y_{1/2}(x)=-\sqrt{\frac{\pi}{2x}}\sqrt{\frac{2}{\pi x}}\cos x=-\frac{\cos x}{x}$$

이다.

(30)과 $n\geq 0$에 대한 그림 6.4.4에 의해 제2종의 구면 베셀함수 $y_n(x)$는 $x\to 0^+$일 때 유계가 아님이 분명하다.

구면 베셀함수는 구면좌표계에서 표현된 특수한 편미분방정식의 해에서 발생한다. 연습문제6.4의 문제60과 연습문제13.3의 문제13을 보아라.

르장드르방정식의 해 $x=0$는 르장드르방정식 (2)의 보통점이므로 $y=\sum_{k=0}^{\infty}c_k x^k$를 대입하고 인덱스를 이동하고 급수를 결합하여

$$\begin{aligned}(1-x^2)y''-2xy'+n(n+1)y\\ &=[n(n+1)c_0+2c_2]+[(n-1)(n+2)c_1+6c_3]x\\ &\quad+\sum_{j=2}^{\infty}[(j+2)(j+1)c_{j+2}+(n-j)(n+j+1)c_j]x^j=0\end{aligned}$$

이고

$$\begin{aligned}n(n+1)c_0+2c_2&=0\\ (n-1)(n+2)c_1+6c_3&=0\\ (j+2)(j+1)c_{j+2}+(n-j)(n+j+1)c_j&=0\end{aligned}$$

이 성립하므로

$$c_2 = -\frac{n(n+1)}{2!}c_0$$

$$c_3 = -\frac{(n-1)(n+2)}{3!}c_1$$

$$c_{j+2} = -\frac{(n-j)(n+j+1)}{(j+2)(j+1)}c_j, \quad j = 2,\ 3,\ 4,\ \cdots \tag{31}$$

이다.

점화관계식 (31)에서 j에 2, 3, 4, $\cdots$을 대입하면

$$c_4 = -\frac{(n-2)(n+3)}{4\cdot 3}c_2 = \frac{(n-2)n(n+1)(n+3)}{4!}c_0$$

$$c_5 = -\frac{(n-3)(n+4)}{5\cdot 4}c_3 = \frac{(n-3)(n-1)(n+2)(n+4)}{5!}c_1$$

$$c_6 = -\frac{(n-4)(n+5)}{6\cdot 5}c_4 = -\frac{(n-4)(n-2)n(n+1)(n+3)(n+5)}{6!}c_0$$

$$c_7 = -\frac{(n-5)(n+6)}{7\cdot 6}c_5 = -\frac{(n-5)(n-3)(n-1)(n+2)(n+4)(n+6)}{7!}c_1$$

등이다. 따라서 $|x| < 1$에 대하여 두 개의 일차독립 멱급수 해

$$\begin{aligned} y_1(x) = c_0\Big[1 &- \frac{n(n+1)}{2!}x^2 + \frac{(n-2)n(n+1)(n+3)}{4!}x^4 \\ &- \frac{(n-4)(n-2)n(n+1)(n+3)(n+5)}{6!}x^6 + \cdots\Big], \end{aligned} \tag{32}$$

$$\begin{aligned} y_2(x) = c_1\Big[x &- \frac{(n-1)(n+2)}{3!}x^3 + \frac{(n-3)(n-1)(n+2)(n+4)}{5!}x^5 \\ &- \frac{(n-5)(n-3)n(n-1)(n+2)(n+4)(n+6)}{7!}x^7 + \cdots\Big] \end{aligned}$$

을 얻는다.

만일 n이 짝수의 정수이면 첫째 급수는 유한항으로 끝나고, 반면에 $y_2(x)$는 무한급수가 됨을 알 수 있다. 예를 들어 $n = 4$이면

$$y_1(x) = c_0\left[1 - \frac{4\cdot 5}{2!}x^2 + \frac{2\cdot 4\cdot 5\cdot 7}{4!}x^4\right] = c_0\left[1 - 10x^2 + \frac{35}{3}x^4\right]$$

이다. 같은 방법으로 n이 홀수의 정수이면 $y_2(x)$에 대한 급수는 x^n을 갖는 항으로 끝난다; 즉, n이 음이 아닌 정수이면 르장드르방정식의 n차 다항식 해를 얻는다.

르장드르방정식 해의 상수배는 또한 해가 되므로 n이 각각 짝수인지 홀수인 양의 정수인지에 따라 c_0와 c_1에 대한 특정값을 선택하는 것이 전통적이다. $n = 0$에 대해 $c_0 = 1$, $n = 2,\ 4,\ 6,\ \cdots$에 대해

$$c_0 = (-1)^{n/2}\frac{1\cdot 3\cdots(n-1)}{2\cdot 4\cdots n}$$

을 택하고, $n=1$에 대해 $c_1=1$, $n=3,\ 5,\ 7,\ \cdots$에 대해

$$c_1=(-1)^{(n-1)/2}\frac{1\cdot 3\cdots n}{2\cdot 4\cdots (n-1)}$$

을 택한다.

예를 들어 $n=4$이면

$$y_1(x)=(-1)^{4/2}\frac{1\cdot 3}{2\cdot 4}\left[1-10x^2+\frac{35}{3}x^4\right]=\frac{1}{8}(35x^4-30x^2+3)$$

이다.

르장드르다항식 이러한 특정 n차 다항식 해를 **르장드르다항식**이라 하고 $P_n(x)$로 표시한다. $y_1(x)$와 $y_2(x)$에 대한 급수와 c_0와 c_1의 위 선택으로부터 처음 6개의 르장드르 다항식은

$$\begin{aligned} &P_0(x)=1, && P_1(x)=x,\\ &P_2(x)=\frac{1}{2}(3x^2-1), && P_3(x)=\frac{1}{2}(5x^3-3x),\\ &P_4(x)=\frac{1}{8}(35x^4-30x^2+3), && P_5(x)=\frac{1}{8}(63x^5-70x^3+15x) \end{aligned} \tag{33}$$

이다.

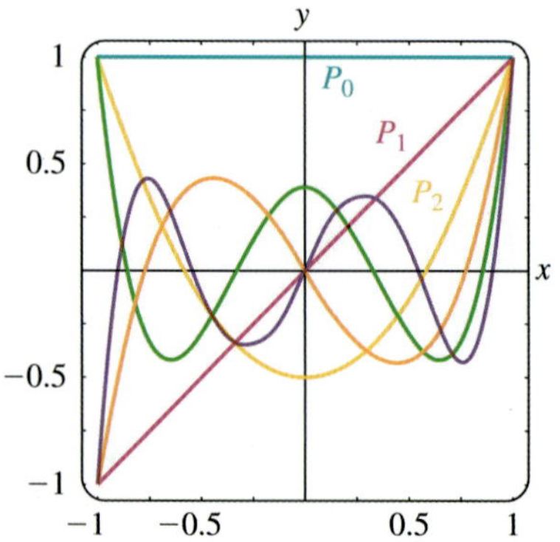

그림 6.4.8 $h=0,\ 1,\ 2,\ 3,\ 4,\ 5,\ 6$에 대한 르장드르다항식

$P_0(x),\ P_1(x),\ P_2(x),\ P_3(x),\ \cdots$는 차례로 미분방정식

$$\begin{aligned} n=0:&\quad (1-x^2)y''-2xy'=0,\\ n=1:&\quad (1-x^2)y''-2xy'+2y=0,\\ n=2:&\quad (1-x^2)y''-2xy'+6y=0,\\ n=3:&\quad (1-x^2)y''-2xy'+12y=0,\\ &\quad\vdots \end{aligned} \tag{34}$$

의 특수해임을 기억하라.

구간 $[-1,1]$상에서 (33)의 6개의 르장드르 다항식의 그래프는 그림 6.4.8에 주어졌다.

성질 (33)의 르장드르 다항식을 사용하여 다음 성질들을 검증하여라.

(i) $P_n(x)=(-1)^nP_n(-x)$ (ii) $P_n(1)=1$

(iii) $P_n(-1)=(-1)^n$ (iv) $P_n(0)=0,\ n$: 홀수

(v) $P_n{}'(0)=0,\ n$: 짝수

성질 (i)은 그림 6.4.8에서 알 수 있듯이 n이 짝수 또는 홀수인지에 따라서 $P_n(x)$이 우함수 또는 기함수임을 나타낸다.

점화관계 다양한 차수의 르장드르다항식에 관련된 점화관계식은 일부 응용 측면에서도 중요하다.

우리는 증명없이 $k=1,\ 2,\ 3,\ \cdots$에 대해 성립하는 다음의 3항 점화관계식

$$(k+1)P_{k+1}(x)-(2k+1)xP_k(x)+kP_{k-1}(x)=0 \tag{35}$$

을 진술한다. 우리는 (33)에서 처음 6개의 르장드르다항식을 나열했다.

만일 $P_6(x)$를 구하고자 한다면 (35)에서 $k=5$를 대입한다. 이 관계는 알고 있는 $P_4(x)$와 $P_5(x)$에 의해 $P_6(x)$를 표현한다. 연습문제5.4의 문제49를 보아라.

비록 점화식은 아닐지라도 다음 공식은 미분에 의해 르장드르다항식을 만들 수 있다:

$$P_n(x)=\frac{1}{2^n n!}\frac{d^n}{dx^n}(x^2-1)^n,\quad n=0,\ 1,\ 2,\ \cdots. \tag{36}$$

(36)에 제시된 공식은 1815년 프랑스 수학자 **벤자민 올랑드 로드리게스**(**Benjamin Olinde Rodrigues**, 1795-1851)의 박사 논문에 처음 등장했다. 따라서 당연히 방정식 (36)은 로드리게스 공식이라고 불린다. 가변계수를 사용하여 미분방정식의 해를 생성하기 위한 여러 가지 미분 공식들이 있다. 연습문제6.4절의 문제52, 55, 58을 보아라.

주의

르장드르 미분방정식 $(1-x^2)y''-2xy'+n(n+1)y=0$에서의 매개변수 n은 음이 아닌 정수를 나타낸다고 가정했지만, 보다 일반적인 설정에서 n은 임의의 실수를 나타낼 수 있다. 르장드르방정식의 임의의 해를 **르장드르함수**라고 부른다. n이 음 아닌 정수가 아니라면 (32)에서 주어진 르장드르함수 $y_1(x)$와 $y_2(x)$는 개구간 $(-1,1)$에 수렴하고 $x=\pm 1$에서 발산(유계가 아니다)하는 무한급수이다. n이 음이 아닌 정수이면 우리가 이미 보았던 것처럼 (32)의 르장드르함수 중 하나는 다항식이고 다른 하나는 $-1<x<1$에서 수렴하는 무한급수이다. 르장드르방정식은 $n=0,\ 1,\ 2,\ \cdots$인 경우에만 폐구간 $[-1,\ 1]$에서 유계인 해를 갖는다는 사실을 알아야 한다. 더 중요한 것은 폐구간 $[-1,\ 1]$에서 유계인 유일한 르장드르함수는 르장드르다항식 $P_n(x)$이거나 이 다항식의 상수배인 것이다. 연습문제6.4의 문제51과 6장의 복습문제24를 보아라.

연습문제 6.4

베셀방정식

(1–6) (1)을 사용하여 $(0, \infty)$상에서 주어진 미분방정식의 일반해를 구하여라.

1. $x^2y'' + xy' + \left(x^2 - \dfrac{1}{9}\right)y = 0$

2. $x^2y'' + xy' + (x^2 - 1)y = 0$

3. $4x^2y'' + 4xy' + (4x^2 - 25)y = 0$

4. $16x^2y'' + 16xy' + (16x^2 - 1)y = 0$

5. $xy'' + y' + xy = 0$

6. $\dfrac{d}{dx}[xy'] + \left(x - \dfrac{4}{x}\right)y = 0$

(7–8) (12)를 사용하여 $(0, \infty)$상에서 주어진 미분방정식의 일반해를 구하여라.

7. $x^2y'' + xy' + (9x^2 - 4)y = 0$

8. $x^2y'' + xy' + \left(36x^2 - \dfrac{1}{4}\right)y = 0$

(9–10) (18)를 사용하여 $(0, \infty)$상에서 주어진 미분방정식의 일반해를 구하여라.

9. $x^2y'' + xy' - \left(16x^2 + \dfrac{4}{9}\right)y = 0$

10. $x^2y'' + xy' - (2x^2 + 64)y = 0$

(11–12) 주어진 변수 변환을 이용하여 $(0, \infty)$상에서 주어진 미분방정식의 일반해를 구하여라.

11. $x^2y'' + 2xy' + \alpha^2x^2y = 0$; $y = x^{-1/2}\nu(x)$

12. $x^2y'' + \left(\alpha^2x^2 - \nu^2 + \dfrac{1}{4}\right)y = 0$; $y = \sqrt{x}\,\nu(x)$

(13–20) (20)을 사용하여 $(0, \infty)$상에서 주어진 미분방정식의 일반해를 구하여라.

13. $xy'' + 2y' + 4y = 0$

14. $xy'' + 3y' + xy = 0$

15. $xy'' - y' + xy = 0$

16. $xy'' - 5y' + xy = 0$

17. $x^2y'' + (x^2 - 2)y = 0$

18. $4x^2y'' + (16x^2 + 1)y = 0$

19. $xy'' + 3y' + x^3y = 0$

20. $9x^2y'' + 9xy' + (x^6 - 36)y = 0$

21. (7)의 급수를 사용하여 $I_\nu(x) = i^{-\nu}J_\nu(ix)$가 실함수임을 증명하여라.

22. 방정식 (20)에서의 b가 순허수 즉, $b = \beta i,\ \beta > 0,\ i^2 = -1$라고 하자. 이 가정을 사용하여 주어진 미분방정식의 일반해를 수정된 베셀함수 I_n과 K_n으로 표현하여라.

    (a) $y'' - x^2y = 0$　　(b) $xy'' + y' - 7x^3y = 0$

(23–26) 우선 (20)을 사용하여 주어진 미분방정식의 일반해를 베셀함수로 표현하여라. 그런 다음 (26)과 (27)을 사용하여 일반해를 기본함수로 표현하여라.

23. $y'' + y = 0$

24. $x^2y'' + 4xy' + (x^2 + 2)y = 0$

25. $16x^2y'' + 32xy' + (x^4 - 12)y = 0$

26. $4x^2y'' - 4xy' + (16x^2 + 3)y = 0$

27. (a) 예제6과 같이

$$xJ_\nu'(x) = -\nu J_\nu(x) + xJ_{\nu-1}(x)$$

을 증명하여라.

[힌트: $2n + \nu = 2(n + \nu) - \nu$을 이용하여라.]

(b) (a)의 결과를 사용하여 (23)을 유도하여라.

28. 문제27의 (a)와 함께 예제 6에서 얻어진 공식을 사용하여 다음 점화관계식을 유도하여라.

$$2\nu J_\nu(x) = xJ_{\nu+1}(x) + xJ_{\nu-1}(x)$$

(29–30) (22) 또는 (23)을 사용하여 다음 결과를 유도하여라.

29. $\int_0^x rJ_0(r)dr = xJ_1(x)$

30. $J_0'(x) = J_{-1}(x) = -J_1(x)$

31. 357쪽에서 했던 것처럼 (27)에서 주어진 $J_{-1/2}(x)$의 기본형태를 유도하여라.

32. 문제28의 점화관계식과 (26), (27)을 사용하여 $J_{3/2}(x)$, $J_{-3/2}(x)$와 $J_{5/2}(x)$, $J_{-5/2}(x)$을 $\sin x$, $\cos x$와 x의 멱승으로 표현하여라.

33. (a) (30)의 첫 번째 식과 문제32를 이용하여 구면 베셀함수 $j_1(x)$, $j_2(x)$를 구하여라.

(b) 그래프 프로그램을 이용하여 $j_1(x)$, $j_2(x)$를 같은 좌표평면상에 그려라.

34. (a) (30)의 두 번째 식과 문제32를 이용하여 구면 베셀함수 $y_1(x)$, $y_2(x)$를 구하여라.

(b) 그래프 프로그램을 이용하여 $y_1(x)$, $y_2(x)$를 같은 좌표평면상에 그려라.

35. 변수 변환 $s = \frac{2}{\alpha}\sqrt{\frac{k}{m}}e^{-\alpha t/2}$을 이용하여 노화 스프링의 미분방정식 $mx'' + ke^{-\alpha t}x = 0$, $\alpha > 0$은

$$s^2\frac{d^2x}{ds^2} + s\frac{dx}{ds} + s^2x = 0$$

가 됨을 보여라.

36. w가 표시된 베셀방정식의 해일 때 $y = x^{1/2}w\left(\frac{2}{3}\alpha x^{3/2}\right)$가 아래에 주어진 형태의 에어리의 미분방정식의 해가 됨을 보여라. [힌트: 미분하고 대입하여 간단히 한 후, $t = \frac{2}{3}\alpha x^{3/2}$로 놓는다.]

(a) $y'' + \alpha^2 xy = 0,\ x > 0;$

$t^2w'' + tw' + (t^2 - \frac{1}{9})w = 0,\ t > 0$

(b) $y'' - \alpha^2 xy = 0,\ x > 0;$

$t^2w'' + tw' - (t^2 + \frac{1}{9})w = 0,\ t > 0$

37. 문제36의 (a), (b)를 사용하여 구간 $(0, \infty)$에 대해 두 가지 형태의 에어리의 미분방정식의 일반해를 베셀함수로 표현하여라.

38. 표 6.4.1을 사용하여 경곗값 문제

$$xy'' + y' + \lambda xy = 0.$$

$x \to 0^+$일 때 $y(x)$, $y'(x)$는 유계, $y(2) = 0$

의 처음 세 개의 양의 고윳값과 대응되는 고유벡터를 구하여라. [힌트: $\lambda = \alpha^2$에 의해 미분방정식은 차수 0인 매개변수화 된 베셀방정식이 된다.]

39. (a) (20)을 사용하여 구간 $(0, \infty)$상에서 미분방정식 $xy'' + \lambda y = 0$의 일반해는

$$y = c_1\sqrt{x}J_1(2\sqrt{\lambda x}) + c_2\sqrt{x}Y_1(2\sqrt{\lambda x})$$

이 됨을 보여라.

(b) 직접 치환하여 $y = \sqrt{x}J_1(2\sqrt{x})$는 $\lambda = 1$인 경우에 미분방정식의 특수해가 됨을 증명하여라.

컴퓨터 활용 문제

40. CAS를 활용하여 $J_{3/2}(x)$, $J_{-3/2}(x)$, $J_{5/2}(x)$, $J_{-5/2}(x)$의 그래프를 그려라.

41. (a) 예제5에서 주어진 일반해를 사용하여 초깃값 문제

$$4x'' + e^{-0.1t}x = 0, \quad x(0) = 1, \quad x'(0) = -\frac{1}{2}$$

를 풀어라. 또한 계수를 계산하기 위해 표 6.4.1 또는 CAS와 함께 $J_0'(x) = -J_1(x)$, $Y_0'(x) = -Y_1(x)$을 사용하여라.

(b) CAS를 사용하여 구간 $0 \le t < \infty$상에서 (a)에서 얻어진 해의 그래프를 그려라.

42. (a) 문제37에서 얻어진 일반해를 사용하여 초깃값 문제

$$4x'' + tx = 0, \quad x(0.1) = 1, \quad x'(0.1) = -\frac{1}{2}$$

를 풀어라. CAS를 사용하여 계수를 계산하여라.

(b) CAS를 사용하여 구간 $0 \le t \le 200$상에서 (a)에서 얻어진 해의 그래프를 그려라.

수학적 모델

43. **냉각 핀** 냉각 핀은 장치에서 주변 매체(공기)로 열을 방출할 수 있는 기계 또는 전자장치의 외부 돌출부이다. 그림 6.4.9를 참조하여라. 환형 또는 링 모양의 냉각 핀은 일반적으로 원형 가열 파이프와 같은 원통형 표면에 사용된다. 그림

6.4.10을 참조하여라. 후자의 경우, r은 파이프 중심선에서 측정된 반경 방향 거리를 나타내고 $T(r)$은 $r_0 \le r \le r_1$에서 정의된 핀 내부 온도를 나타낸다. $T(r)$은 미분방정식

$$\frac{d}{dr}\left(r\frac{dT}{dr}\right) = a^2 r(T - T_m)$$

을 만족함을 보일 수 있다. 여기서 a^2은 상수이고 T_m은 일정한 공기 온도를 나타낸다. $r_0 = 1$, $r_1 = 3$와 $T_m = 70$이라고 가정하자. 치환 $w(r) = T(r) - 70$을 사용하여 경계조건 $T(1) = 160$, $T'(3) = 0$을 갖는 주어진 미분방정식의 해가

$$T(r) = 70 + 90\frac{K_1(3a)I_0(ar) + I_1(3a)K_0(ar)}{K_1(3a)I_0(a) + I_1(3a)K_0(a)}$$

임을 보여라. 여기서 $I_0(x)$와 $K_0(x)$는 제1종 및 제2종의 수정된 베셀함수이다. (25)에서 주어진 도함수들을 사용해야 할 것이다.

그림 6.4.9 자동차 엔진의 냉각핀

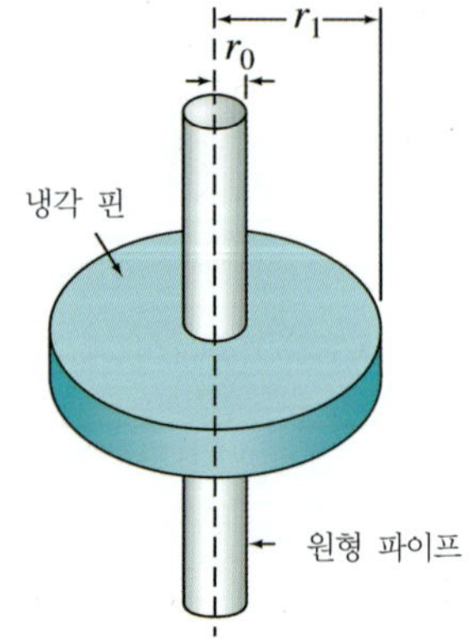

그림 6.4.10 문제43에서 환형 냉각핀 삽입

44. 경계조건이

$$T(1) = 160, \quad T(3) = 90$$

일 때 문제43의 미분방정식을 풀어라.

45. 자체 무게로 인한 기둥 굽힘 한쪽 끝이 땅에 묻혀서 수직으로 서 있는 길이 L의 균등하고 얇은 기둥은 길이나 높이가 특정 임계값을 초과하면 자체 무게의 영향으로 수직으로부터 휘어질 것이다. 점 $P(x)$에서 수직으로부터 원기둥의 편향각 $\theta(x)$는 경곗값 문제

$$EI\frac{d^2\theta}{dx^2} + \delta g(L-x)\theta = 0, \ \theta(0) = 0, \ \theta'(L) = 0$$

의 해가 된다는 사실은 보여질 수 있다. 여기서 E는 영(Young)의 계수, I는 단명의 관성모멘트, δ는 일정한 선형 밀도이고 x는 바닥에서부터 측정된 기둥의 거리이다(그림 6.4.11을 보아라.).기둥은 경곗값 문제가 자명하지 않은 해를 갖도록 하는 L의 값에 대해서만 구부러질 것이다.

(a) 변수 변환 $t = L - x$에 의해 경곗값 문제를 다시 진술하여라. 그리고 이 연습문제 세트의 앞부분에 있는 문제의 결과를 사용하여 미분방정식의 일반해를 베셀함수로 표현하여라.

(b) (a)에서 구한 일반해를 사용하여 경곗값 문제의 해를 구하고 임계길이 L 즉, 기둥이 구부러지기 시작하는 L의 최솟값을 정의하는 방정식을 구하여라.

(c) CAS를 사용하여 반지름 $r = 0.125$ cm $\delta g = 7.7$ kN/m, $E = 1.8 \times 10^8$ kPa, $A = \pi r^2$, $I = \frac{1}{4}\pi r^4$인 견고한 강철 막대의 임계길이 L을 구하여라.

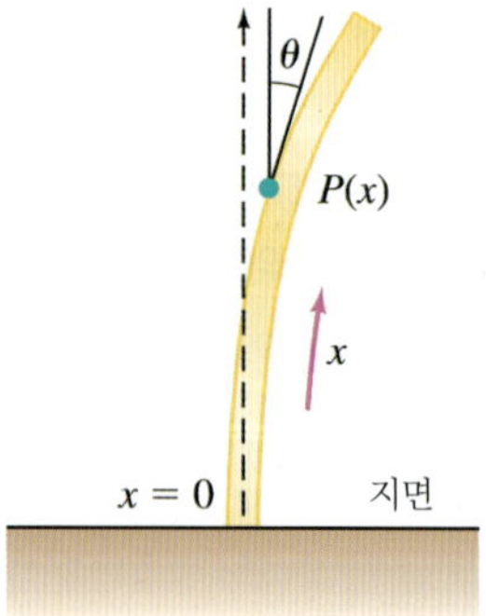

그림 6.4.11 문제45 빔

46. 수직힘을 받는 기둥의 경첩 일정한 수직 압축력 또는 하중 P가 균등한 단면의 얇은 기둥에 가해지고 양 끝에 경첩이 달려있다고 할 때 편향(처짐) $y(x)$는 경곗값 문제

$$EI\frac{d^2y}{dx^2} + Py = 0, \quad y(0) = 0, \quad y(L) = 0$$

의 해가 된다는 사실은 5.2절의 예제4에서 보았다.

(a) 굽힘 강성 계수 EI가 x에 비례하면 $EI(x)=kx$이다. 여기서 k는 비례상수이다. 만일 $EI(L)=kL=M$이 최대 강성 계수이면 $k=M/L$이고 그래서 $EI(x)=Mx/L$이다. 만일 $\sqrt{x}\,Y_1(2\sqrt{\lambda x})$가 $x=0$에서 0이 아니라면 문제39의 정보를 이용하여

$$M\frac{x}{L}\frac{d^2y}{dx^2}+Py=0,\quad y(0)=0,\quad y(L)=0$$

의 해를 구하여라.

(b) 표 6.4.1을 사용하여 기둥에 대한 오일러하중 P_1를 구하여라.

(c) CAS를 사용하여 오일러하중 P_1에 대응하는 첫 번째 경첩이 달린 모드 $y_1(x)$의 그래프를 그려라. 단순하게 하기 위해 $c_1=1,\ L=1$로 가정하여라.

47. 길이가 변하는 진자 5.3절 296쪽에서 이야기 되었던 단순한 진자에 대해서 한쪽 끝에 질량 m을 고정하는 막대는 유연한 와이어로 대체되고 와이어가 그림 6.4.12의 점 O에서 수평 지지대를 통해 도르래에 의해 공급된다고 가정하자. 이러한 방법으로 수직평면에서 운동하는 동안 질량 m의 물질은 올라가거나 내려갈 것이다. 즉, 진자의 길이 $l(t)$는 시간에 따라 달라진다. 5.3절에서 방정식 (6)으로 유도되는 동일한 가정하에서 5장 복습의 (1)로부터 변위각 θ에 대한 미분방정식은

$$\frac{d^2\theta}{dt^2}+2\frac{dl}{dt}\frac{d\theta}{dt}+g\sin\theta=0$$

이 된다는 사실을 보일 수 있다.

(a) l이 일정한 비율 ν로 증가하고 $l(0)=l_0$이면 앞서 말한 미분방정식의 선형화는

$$(l_0+\nu t)\frac{d^2\theta}{dt^2}+2\nu\frac{d\theta}{dt}+g\theta=0 \qquad (37)$$

이 됨을 보여라.

(b) 변수 변환 $x=(l_0+\nu t)/\nu$을 만들어서 (37)은

$$\frac{d^2\theta}{dx^2}+\frac{2}{x}\frac{d\theta}{dx}+\frac{g}{\nu x}\theta=0$$

이 됨을 보여라.

(c) (b)와 (20)을 사용하여 방정식 (37)의 일반해를 베셀함수로 표현하여라.

(d) (c)에서 얻어진 일반해를 사용하여 방정식 (37)와 초깃값 조건 $\theta(0)=\theta_0,\ \theta'(0)=0$로 이루어진 초깃값 문제를 풀어라.[힌트: 계산을 단순화하기 위해 변수변환 $u=\frac{2}{\nu}\sqrt{g(l_0+\nu t)}=2\sqrt{\frac{g}{\nu}}\,x^{1/2}$을 이용하여라. 또한 (22)은 $J_1(u)$와 $Y_1(u)$에 대해서 성립한다는 사실을 기억하여라. 마지막으로 항등식 $J_1(u)Y_2(u)-J_2(u)Y_1(u)=-\frac{2}{\pi u}$이 도움이 될 것이다.]

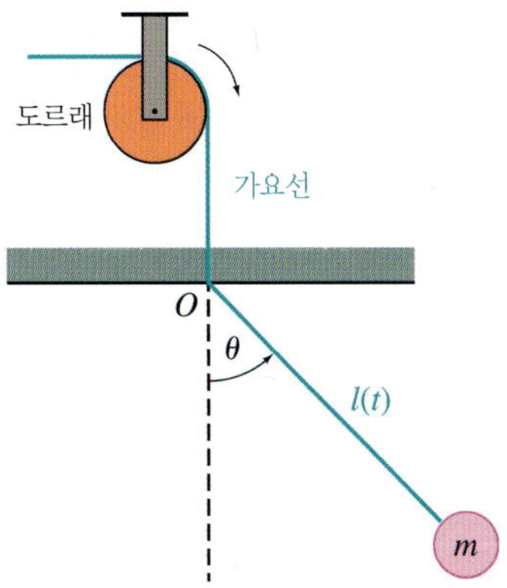

그림 6.4.12 문제47에서 길이가 변하는 진자

(e) CAS를 사용하여 $l_0=1m,\ \theta_0=\frac{1}{10}\,radian,\ \nu=\frac{1}{60}\,\text{m/s}$일 때 (d)에서의 초깃값 문제의 해 $\theta(t)$의 그래프를 그려라. [0, 10], [0, 30] 등과 같이 서로 다른 시간의 구간을 사용하여 그래프를 실험하여라.

(f) 와이어의 길이 l이 시간에 따라 증가할 때 그래프는 변위각 $\theta(t)$에 관해 무엇을 나타내는가?

르장드르방정식

48. (a) (32)에서 주어진 르장드르방정식의 양함수 해 $y_1(x)$와 $y_2(x)$를 사용하고 c_0와 c_1를 적당히 선택하여 르장드르다항식 $P_6(x)$와 $P_7(x)$을 구하여라.

(b) $P_6(x)$와 $P_7(x)$가 특수해가 되는 미분방정식을 만들어라.

49. 점화관계식 (35)와 $P_0(x)=1,\ P_1(x)=x$를 사용하여 다음 6개의 르장드르다항식을 만들어라.

50. 미분방정식

$$\sin\theta\frac{d^2y}{d\theta^2}+\cos\theta\frac{dy}{d\theta}+n(n+1)(\sin\theta)y=0$$

은 치환 $x=\cos\theta$를 통해서 르장드르방정식으로 변환됨을 증명하여라.

51. 문제

$$(1-x^2)y'' - 2xy' + \lambda y = 0,$$
$$y(0)=0,\ y(x),\ y'(x)\text{는 } [-1, 1]\text{에서 유계}$$

이 자명하지 않은 해를 갖도록 λ의 처음 세 개의 양의 값을 구하여라.

컴퓨터 활용 문제

52. 이 문제를 위해서 360쪽에 주어진 르장드르다항식의 목록과 그림 6.4.8에서 주어진 그래프를 무시하여라. 로드리게스 공식 (36)을 사용하여 르장드르다항식 $P_1(x)$, $P_2(x)$, $\cdots$, $P_7(x)$을 만들어라. CAS를 사용하여 미분과 단순화하는 작업을 하여라.

53. CAS를 사용하여 구간 $[-1, 1]$상에서 $P_1(x)$, $P_2(x)$, $\cdots$, $P_7(x)$의 그래프를 그려라.

54. 근 찾기 응용 프로그램을 사용하여 $P_1(x)$, $P_2(x)$, $\cdots$, $P_7(x)$의 근을 구하여라. 만일 르장드르다항식이 CAS에 내장된 함수인 경우 더 높은 차수의 르장드르다항식의 근을 구하여라. 임의의 르장드르다항식 $P_n(x)$의 근의 위치에 대하여 추측하고, 그 추측이 사실인지 조사하여라.

추가적인 미분방정식

55. 미분방정식

$$(1-x^2)y'' - 2xy' + \left[n(n+1) - \frac{m^2}{1-x^2}\right]y = 0$$

은 르장드르방정식이라고 알려져 있다. $m=0$일 때 이 방정식은 르장드르방정식 (2)가 된다. 르장드르방정식의 해는

$$P_n^m(x) = (1-x^2)^{m/2}\frac{d^m}{dx^m}P_n(x) \qquad (38)$$

이다. 여기서 $P_n(x)$, $n=0,\ 1,\ 2,\ \cdots$는 (33)에서 주어진 르장드르다항식이다. 르장드르방정식의 해 $P_n^m(x)$, $m=0,\ 1,\ 2,\ \cdots$를 르장드르함수라고 부른다.

56. 미분방정식

$$y'' - 2xy' + 2\alpha y = 0$$

은 프랑스 수학자인 Charles Hermite(1822-1901)의 이름을 붙여서 차수 α인 **샤를 에르미트(Charls Hermite**, 1822-1901) 방정식이라고 부른다. 이 방정식의 일반해는 $y(x) = c_0y_1(x) + c_1y_2(x)$임을 보여라. 여기서

$$y_1(x) = 1 + \sum_{k=1}^{\infty}(-1)^k\frac{2^k\alpha(\alpha-2)\cdots(\alpha-2k+2)}{(2k)!}x^{2k}$$
$$y_2(x) = x + \sum_{k=1}^{\infty}(-1)^k\frac{2^k(\alpha-1)(\alpha-3)\cdots(\alpha-2k+1)}{(2k+1)!}x^{2k+1}$$

은 보통점 0에 중심을 둔 멱급수 해이다.

57. (a) $\alpha=n$이 음 아닌 정수일 때 에르미트(Hermite) 미분방정식은 항상 차수 n의 다항식 해를 항상 갖는다. 문제53에서 주어진 $y_1(x)$를 사용하여 $n=0$, $n=2$, $n=4$에 대한 다항식 해를 구하여라. 그리고 $y_2(x)$를 사용하여 $n=1$, $n=3, n=5$에 대한 다항식 해를 구하여라.

(b) 에르미트다항식 $H_n(x)$는 $H_n(x)$의 x^n의 계수가 2^n이 되도록 에르미트 방정식의 해에 적절한 상수를 곱한 것으로 정의한다. (a)에서 다항식 해를 이용하여 처음 6개의 에르미트다항식은

$$H_0(x) = 1$$
$$H_1(x) = 2x$$
$$H_2(x) = 4x^2 - 2$$
$$H_3(x) = 8x^3 - 12x$$
$$H_4(x) = 16x^4 - 48x^2 + 12$$
$$H_5(x) = 32x^5 - 160x^3 + 120x$$

임을 보여라.

58. 에르미트 다항식(Hermite polynomials)에 대한 로드리게스의 공식(Rodrigues' formula)은

$$H_n(x) = (-1)^n e^{x^2}\frac{d^n}{dx^n}e^{-x^2}\text{이다.}$$

이 공식을 사용하여 문제57 (b)에 있는 여섯 개의 에르미트다항식을 구하여라.

59. 미분방정식

$$(1-x^2)y'' - xy' + \alpha^2 y = 0$$

은 러시아 수학자인 **파프누티 체비쇼프(Pafnuty Chebyshev**, 1821-1894)의 이름을 붙여서 체비쇼프(Chebyshev) 방정식이라고 부른다. 여기서 α는 매개변수이다. $\alpha=n$이 음 아닌 정수일 때 체비쇼프 미분방정식은 차수 n의 다항식 해를 항상 갖는다. 이 미분방정식의 5차 다항식 해를 구하여라.

60. n이 정수일 때 치환 $R(x)=(\alpha x)^{-1/2}Z(x)$을 이용하여 구간 $(0,\infty)$에서 미분방정식

$$x^2R''+2xR'+[\alpha^2x^2-n(n+1)]R=0$$

의 일반해는 $R(x)=c_1j_n(\alpha x)+c_2y_n(\alpha x)$임을 보여라. 여기서 $j_n(\alpha x)$, $y_n(\alpha x)$는 각각 (30)에서 정의된 제1종과 2종의 구면 베셀함수이다.

6장 복습

(1–2) 앞의 내용을 다시 참조하지 않고 참 또는 거짓으로 답하여라.

1. $x^2y''+xy'+(x^2-1)y=0$의 일반해는 $y=c_1J_1(x)+c_2J_{-1}(x)$이다. ________________

2. $x=0$는 $x^3y''-xy'+y=0$의 비정칙 특이점이므로 미분방정식은 $x=0$에서 해석적인 어떠한 해도 갖지 않는다.

____

3. 보통점 $x=0$에 중심을 둔 $y''+\ln(x+1)y'+y=0$의 두 멱급수 해는 다음 중 어떤 구간에서 모든 x에 대해 수렴하는 것이 보장되는가?

(a) $(-\infty,\ \infty)$ (b) $(-1,\ \infty)$

(c) $\left[-\frac{1}{2},\ \frac{1}{2}\right]$ (d) $[-1,\ 1]$

4. $x=0$는 어떤 선형 미분방정식의 보통점이다. $y=\sum_{n=0}^{\infty}c_nx^n$을 미분방정식에 대입한 후 x^0, x^1, x^2, x^3의 계수를 0으로 놓으면 다음이 얻어진다.

$$2c_2+2c_1+c_0=0$$
$$6c_3+4c_2+c_1=0$$
$$12c_4+6c_3+c_2-\frac{1}{3}c_1=0$$
$$20c_5+8c_4+c_3-\frac{2}{3}c_2=0$$

c_0와 c_1은 임의라는 것을 기억하고, 미분방정식의 2개의 멱급수 해의 처음 다섯 개의 항을 적어라.

5. 멱급수 $\sum_{k=0}^{\infty}c_k(x-4)^k$는 -2에서 수렴하고 13에서 발산한다고 가정하자. 이 급수가 -7, 0, 7, 10 그리고 11에서 수렴하는지, 논의해 보아라. 가능한 답으로는 "수렴한다", "수렴하지 않는다", "수렴 할 수도 있다"이다.

6. 나눗셈과 함께 $\sin x$와 $\cos x$에 대한 매클로린급수를 사용하여 함수 $f(x)=\dfrac{\sin x}{\cos x}$에 대한 x의 멱급수에서 처음 세 개의 영이 아닌 항을 구하여라.

(7–8) 주어진 성질을 만족하는 2계 선형 미분방정식을 만들어라.

7. $x=1$에서 정칙 특이점과 $x=0$에서 비정칙 특이점

8. $x=1$과 $x=-3$에서 정칙 특이점

(9–14) $x=0$에 대한 적당한 무한급수 방법을 사용하여 주어진 미분방정식의 두 개의 해를 구하여라.

9. $2xy''+y'+y=0$

10. $y''-xy'-y=0$

11. $(x-1)y''+3y=0$

12. $y''-x^2y'+xy=0$

13. $xy''-(x+2)y'+2y=0$

14. $(\cos x)y''+y=0$

(15–16) 주어진 경계값 문제를 풀어라.

15. $y''+xy'+2y=0,\quad y(0)=3,\quad y'(0)=-2$

16. $(x+2)y''+3y=0,\quad y(0)=0,\quad y'(0)=1$

17. 미분방정식 $(1-2\sin x)y''+xy=0$를 직접 풀지 말고, 보통점 $x=0$에 대한 멱급수 해의 수렴반경에 대한 하한을 구하여라.

18. $x=0$는 미분방정식의 보통점이지만 초깃값 문제

$$y''+xy'+y=0,\quad y(1)=-6,\quad y'(1)=3$$

에서 $y=\sum_{n=0}^{\infty}c_nx^n$ 형태의 해를 구하려는 시도는 좋은 생각이 아닌 이유를 설명하여라. 멱급수를 사용하여 이 문제를 푸는 더 좋은 방법을 구하여라.

(19–20) $x=0$가 주어진 미분방정식의 보통점, 특이점 또는 비정칙 특이점이 되는지를 조사하여라. [힌트: $\cos x$와 e^x의 매클로린 급수를 생각해보자.]

19. $xy'' + (1-\cos x)y' + x^2 y = 0$

20. $(e^x - 1 - x)y'' + xy = 0$

21. $x=0$는 미분방정식 $y'' + x^2 y' + 2xy = 5 - 2x + 10x^3$의 보통점이다. $y = \sum_{n=0}^{\infty} c_n x^n$이라고 가정하여 중심이 $x=0$인 3개의 멱급수로 구성된 일반해 $y = y_c + y_p$을 구하여라.

22. 1계 미분방정식 $dy/dx = x^2 + y^2$은 기본함수로 풀 수 없다. 그러나 이 해는 베셀함수로 표현할 수 있다.

(a) $y = -\dfrac{1}{u}\dfrac{du}{dx}$로 치환하면 $u'' + x^2 u = 0$로 됨을 보여라.

(b) 6.4절 (20)을 사용하여 $u'' + x^2 u = 0$의 일반해를 구하여라.

(c) $J_\nu'(x) = \dfrac{\nu}{x} J_\nu(x) - J_{\nu+1}(x)$와 $J_\nu'(x) = -\dfrac{\nu}{x} J_\nu(x) + J_{\nu-1}(x)$ 형태의 6.4절 (22)와 (23)을 사용하여 $dy/dx = x^2 + y^2$의 단일 매개변수 해집합이

$$y = x\frac{J_{3/4}\left(\frac{1}{2}x^2\right) - cJ_{-3/4}\left(\frac{1}{2}x^2\right)}{cJ_{1/4}\left(\frac{1}{2}x^2\right) + J_{-1/4}\left(\frac{1}{2}x^2\right)}$$

으로 주어진다는 사실을 보여라.

23. (a) 6.4절 (10)과 연습문제6.4절의 문제32을 사용하여

$$Y_{3/2}(x) = -\sqrt{\frac{2}{\pi x}}\left(\frac{\cos x}{x} + \sin x\right)$$

을 보여라.

(b) 정의 $I_\nu(x) = i^{-\nu} J_\nu(ix)$를 사용하여

$$I_{1/2}(x) = \sqrt{\frac{2}{\pi x}}\sinh x \text{와 } I_{-1/2}(x) = \sqrt{\frac{2}{\pi x}}\cosh x$$

을 보여라.

(c) 6.4절 (16)과 (b)을 이용하여

$$K_{1/2}(x) = \sqrt{\frac{\pi}{2x}}e^{-x}$$

을 보여라.

24. (a) 6.4절 (33), (34)로부터 $n=0$일 때 르장드르 미분방정식 $(1-x^2)y'' - 2xy' = 0$은 다항식 해 $y = P_0(x) = 1$을 갖는다는 사실을 보았다. 4.2절의 (5)을 사용하여 구간 $-1 < x < 1$에서 미분방정식을 만족하는 두 번째 르장드르함수는

$$y = \frac{1}{2}\ln\left(\frac{1+x}{1-x}\right)$$

임을 보여라.

(b) 6.4절 (30), (31)로부터 $n=1$일 때 르장드르 미분방정식 $(1-x^2)y'' - 2xy' + 2y = 0$은 다항식 해 $y = P_1(x) = x$을 갖는다는 사실을 보았다. 4.2절의 (5)를 사용하여 구간 $-1 < x < 1$에서 미분방정식을 만족하는 두 번째 르장드르함수는

$$y = \frac{x}{2}\ln\left(\frac{1+x}{1-x}\right) - 1$$

임을 보여라.

(c) 그래프의 유틸리티를 이용하여 (a)와 (b)에서 주어진 로그 르장드르함수의 그래프를 그려라.

25. (a) 이항급수를 사용하여

$$(1 - 2xt + t^2)^{-1/2} = \sum_{n=0}^{\infty} P_n(x)t^n$$

을 보여라.

(b) (a)에서 주어진 결과를 사용하여 $P_n(1) = 1$, $P_n(-1) = (-1)^n$임을 보여라. 360쪽의 성질 (i)과 (ii)를 참고하여라.

26. 구간 $(0, \infty)$에서 다음 미분방정식의 일반해를 베셀함수로 나타내라.

(a) $4x^2 y'' + 4xy' + (64x^2 - 25)y = 0$

(b) $x^2 y'' + xy' - (18x^2 + 9)y = 0$

07

라플라스 변환

5장에서는 다음과 같은 선형 수학적 모델을 공부하였다.

$$m x'' + \beta x' + kx = f(t) \quad \text{또는} \quad Lq'' + Rq' + \frac{q}{C} = E(t)$$

여기서 구동함수 $f(t)$ 및 $E(t)$는 연속이였다. 그러나 불연속 구동함수가 희귀한 것은 아니다. 2장과 4장의 기법을 사용하여 조각적 선형 미분방정식을 해결했어도, 본 장에서 다루는 라플라스 변환이 이와 같은 문제들의 해를 단순화하는 데 특히 유용한 도구이다.

7.1 라플라스 변환의 정의

소개 미분적분학에서 우리는 미분과 적분이 변환이라는 것을 배웠다. 즉, 개략적으로 이 연산들이 하나의 함수를 다른 함수로 변환한다는 것을 의미한다.

예를 들어, 함수 $f(x)=x^2$은 $\dfrac{d}{dx}x^2=2x$, $\displaystyle\int x^2dx=\frac{1}{3}x^3+c$와 같은 미분과 적분의 연산에 의하여 순서대로 일차함수와 3차의 다항식 함수족으로 변환되었다.

더욱이, 이 두 개의 변환은 함수의 일차결합의 변환이 변환의 일차결합이라는 선형성의 성질을 갖고 있다. 즉, 각 함수의 도함수와 적분이 존재한다면

$$\frac{d}{dx}[\alpha f(x)+\beta g(x)]=\alpha f'(x)+\beta g'(x)$$

$$\int[\alpha f(x)+\beta g(x)]dx=\alpha\int f(x)dx+\beta\int g(x)dx \quad (\text{여기서 } \alpha, \beta\text{는 상수})$$

이 성립한다.

이 절에서는 라플라스 변환이라고 하는 적분변환의 특수한 형태를 조사하고자 한다.

선형성 성질을 포함하는 것에 더하여 라플라스 변환은 선형 초깃값 문제를 해결하는 데 매우 유용한 많은 다른 흥미 있는 성질들을 가지고 있다.

적분변환 $f(x, y)$가 2변수 함수이면 이중 하나의 변수에 대한 f의 정적분은 다른 변수의 함수가 된다. 예를 들어, y를 상수로 간주하면 $\displaystyle\int_1^2 2xy^2dx=3y^2$이다. 마찬가지로 $\displaystyle\int_a^b K(s, t)f(t)dt$와 같은 정적분은 변수 t의 함수 f를 변수 s의 함수 F로 변환한다. 특히 적분구간이 유계가 아닌 구간 $[0, \infty)$에서의 적분변환에 관심을 갖는다. $t\geq 0$에 대해서 정의된 함수 $f(t)$의 이상적분 $\displaystyle\int_0^\infty K(s, t)f(t)dt$는 극한

$$\int_0^\infty K(s, t)f(t)dt=\lim_{b\to\infty}\int_0^b K(s, t)f(t)dt \tag{1}$$

으로 정의된다. (1)에서의 극한값이 존재하면 적분이 존재한다 또는 수렴한다고 하고, 극한값이 존재하지 않으면 **적분이 존재하지 않는다** 또는 **발산한다**고 한다. 일반적으로 (1)에서의 극한값은 변수 s의 특정한 값에 대하여만 존재하게 된다.

s는 앞으로 실변수로 가정한다.

정의 (1)에서의 함수 $K(s, t)$는 변환의 핵이라고 한다. 핵으로 $K(s, t)=e^{-st}$을 선택하면 특히 중요한 적분변환을 주게 된다.

그림 7.1.1 피에르-시몽 마르퀴스 드라플라스

정의 7.1.1 라플라스 변환

$t \geq 0$에 대해서 정의된 함수 f에 대하여 함수 F를 다음과 같이 정의하고

$$F(s) = \int_0^\infty e^{-st} f(t)dt \tag{2}$$

이를 f의 라플라스 변환이라 부른다. $F(s)$의 정의역은 이상적분 (2)가 수렴하는 s의 집합이다.

f의 라플라스 변환은 $L\{f(t)\}$로도 표기한다. 일반적으로 변환하는 함수를 나타내기 위해서 소문자를 사용하고 그것의 라플라스 변환은 대응된 대문자를 사용한다. 예를 들어,

$$L\{f(t)\} = F(s),\ L\{g(t)\} = G(s),\ L\{y(t)\} = Y(s)$$

로 나타낸다.

라플라스 변환은 프랑스 수학자, 천문학자, 물리학자인 **피에르-시몽 마르퀴스 드 라플라스(Pierre-Simon Marguis de Laplace**, 1749-1827)를 기념하기 위하여 붙인 것으로, 그는 확률 이론을 연구하는 과정에서 이 변환을 사용하였다. 그러나 라플라스 변환의 많은 이론은 레오나르드 오일러와 같은 다른 수학자들에 의해 개발되었으며, 올리버 헤비사이드는 이 변환을 실용적으로 사용하였다. 1814년 나폴레옹 보나파르트가 무너진 후 군주국을 복원하는 데 보르봉 왕조에 봉사한 공로로 루이 18세 왕이 라플라스에게 마키스(편작)의 칭호를 수여했다.

일반적인 경우, 변수 s는 복소수일 수 있다. 그러나 이 장 전반에 걸쳐 s가 실수라고 가정할 것이다. 다음 4개의 예제에서 보듯이, 함수 $F(s)$의 정의역은 함수 $f(t)$에 의해 결정된다.

예제 1 정의 7.1.1 적용

$L\{1\}$을 구하여라.

풀이 (2)로부터

$$L\{1\} = \int_0^\infty e^{-st}(1)dt = \lim_{b\to\infty}\int_0^b e^{-st}dt$$
$$= \lim_{b\to\infty}\frac{-e^{-st}}{s}\Big|_0^b = \lim_{b\to\infty}\frac{-e^{-sb}+1}{s} = \frac{1}{s} \quad (s>0)$$

여기서 $s>0$이면 지수 $-sb<0$이므로 $b\to\infty$ 일 때 $e^{-sb}\to 0$이고, $s<0$이면 위의

적분 값은 발산한다. ■

극한값 기호의 사용은 다소 지루하므로 $\lim_{b\to\infty}(\ )|_0^b$로 쓰는 대신에 간단하게 $|_0^\infty$로 나타내기로 한다. 예를 들어,

$$L\{1\} = \int_0^\infty e^{-st}(1)dt = \frac{-e^{-st}}{s}\Big|_0^\infty = \frac{1}{s}, \quad s > 0$$

상극한에서 $t\to\infty$일 때 $e^{-st}\to 0\ (s>0)$임을 이해한다.

예제 2 정의 7.1.1 적용

$L\{t\}$를 구하여라.

풀이 ▶ 정의 7.1.1로부터 $L\{t\} = \int_0^\infty e^{-st}t\,dt$이다. 부분적분과 $\lim_{t\to\infty} te^{-st} = 0$ $(s>0)$임을 이용하면 예제1의 결과로부터

$$L\{t\} = \frac{-te^{-st}}{s}\Big|_0^\infty + \frac{1}{s}\int_0^\infty e^{-st}dt = \frac{1}{s}L\{1\} = \frac{1}{s}\left(\frac{1}{s}\right) = \frac{1}{s^2}$$

임을 얻는다. ■

예제 3 정의 7.1.1 적용

다음을 구하여라.

(a) $L\{e^{-3t}\}$ (b) $L\{e^{5t}\}$

풀이 ▶ 각각의 경우에 정의 7.1.1을 사용하면

(a) $L\{e^{-3t}\} = \int_0^\infty e^{-3t}e^{-st}dt = \int_0^\infty e^{-(s+3)t}dt = \frac{-e^{-(s+3)t}}{s+3}\Big|_0^\infty = \frac{1}{s+3}$

마지막 결과는 $s+3>0$ 즉, $s>-3$에 대하여 $\lim_{t\to\infty} e^{-(s+3)t} = 0$이므로 성립한다.

(b) $L\{e^{5t}\} = \int_0 e^{5t}e^{-st}dt = \int_0^\infty e^{-(s-5)t}dt = \frac{-e^{-(s-5)t}}{s-5}\Big|_0^\infty = \frac{1}{s-5}$

(a)와 비교하여, 이 결과는 $s-5>0$ 즉, $s>5$에 대하여 $\lim_{t\to\infty} e^{-(s-5)t} = 0$이므로 성립한다. ■

예제 4 **정의 7.1.1 적용**

$L\{\sin 2t\}$를 구하여라.

풀이 정의 7.1.1과 두 번의 부분적분 적용에 의하여

$$\begin{aligned} L\{\sin 2t\} &= \int_0^\infty e^{-st}\sin 2t\,dt \\ &= \left.\frac{-e^{-st}\sin 2t}{s}\right|_0^\infty + \frac{2}{s}\int_0^\infty e^{-st}\cos 2t\,dt \qquad (3) \\ &= \frac{2}{s}\int_0^\infty e^{-st}\cos 2t\,dt,\ s>0 \qquad (4) \end{aligned}$$

$\lim_{t\to\infty} e^{-st}\cos 2t = 0,\ s>0$ ↓ $\sin 2t$의 라플라스 변환 ↓

$$\begin{aligned} &= \frac{2}{s}\left[\left.\frac{-e^{-st}\cos 2t}{s}\right|_0^\infty - \frac{2}{s}\int_0^\infty e^{-st}\sin 2t dt\right] \\ &= \frac{2}{s^2} - \frac{4}{s^2}L\{\sin 2t\} \end{aligned}$$

여기서 $L\{\sin 2t\}$에 관하여 풀면

$$L\{\sin 2t\} = \frac{2}{s^2+4},\quad s>0$$

이다. ■

예시 4의 (4)에서의 적분은 $\cos 2t$의 라플라스 변환이다. 따라서 (3)과 (4)는 s $\sin 2t$의 라플라스 변환이 $\cos 2t$의 라플라스 변환의 배수임을 보여준다.

$$L\{\sin 2t\} = \frac{2}{s}L\{\cos 2t\}$$

따라서, 추가적인 작업 없이 우리는 다음 결과를 얻는다.

$$L\{\cos 2t\} = \frac{s}{2}L\{\sin 2t\} = \frac{s}{2}\cdot\frac{2}{s^2+4} = \frac{s}{s^2+4},\quad s>0$$

라플라스 변환의 선형성 함수 f와 g가 각각 $s > c_1$ 와 $s > c_2$에서 라플라스 변환을 갖는다고 가정하자. 이 때 c가 c_1과 c_2의 최댓값이라면, $s > c$ 및 상수 α와 β에 대해 다음과 같이 쓸 수 있다.

$$\int_0^\infty e^{-st}[\alpha f(t)+\beta g(t)]dt = \alpha\int_0^\infty e^{-st}f(t)dt + \beta\int_0^\infty e^{-st}g(t)dt$$

다르게 표현하면 다음과 같다.

$$L\{\alpha f(t) + \beta g(t)\} = \alpha L\{f(t)\} + \beta L\{g(t)\} = \alpha F(s) + \beta G(s) \qquad (5)$$

(5)에서 주어진 성질 때문에 L은 선형변환이라고 한다. 또한, 정적분의 성질에 의해 함수 $f_1(t), f_2(t), \ldots, f_n(t)$의 유한 선형결합의 변환은 각 변환 $L\{f_1(t)\}$, $L\{f_2(t)\}, \cdots, L\{f_n(t)\}$의 선형결합이다. 단, 각 변환이 s의 공통 구간에서 존재하는 경우에만 성립한다.

예제 5 라플라스 변환의 선형성

본 예제에서는 라플라스 변환의 선형성을 보이기 위하여 앞의 예제들의 결과를 이용한다.

(a) 예제1과 2로부터, $s > 0$에 대하여

$$L\{1+5t\} = L\{1\} + 5L\{t\} = \frac{1}{s} + \frac{5}{s^2}$$

이다.

(b) 예제3과 4로부터, $s > 5$에 대하여

$$L\{4e^{5t} - 10\sin 2t\} = 4L\{e^{5t}\} - 10L\{\sin 2t\} = \frac{4}{s-5} - \frac{20}{s^2+4}$$

이다.

(c) 예제1, 2와 3으로부터, $s > 0$에 대하여

$$\begin{aligned} L\{20e^{-3t} + 7t - 9\} &= 20L\{e^{-3t}\} + 7L\{t\} - 9L\{1\} \\ &= \frac{20}{s+3} + \frac{7}{s^2} - \frac{9}{s} \end{aligned}$$

이다.

몇 가지 앞의 예제의 일반화를 다음 정리에 의하여 설명한다. 지금부터 s에 대한 어떤 제한을 언급하는 것을 삼가한다. 즉, 라플라스 변환이 수렴하도록 s를 제한하는 것으로 이해한다.

예제 6 라플라스 변환의 선형성

$L\{\sinh t\}$를 구하여라.

풀이 쌍곡 사인함수의 정의는 다음과 같다.

$$\sinh t = \frac{e^t - e^{-t}}{2} = \frac{1}{2}e^t - \frac{1}{2}e^{-t}$$

이제 예제3의 (a)와 (b)를 변형하여 다음을 보일 수 있다.

$$L\{e^t\} = \frac{1}{s-1}, \quad s > 1 \ \text{그리고}\ L\{e^{-t}\} = \frac{1}{s+1}, \quad s > -1$$

따라서 라플라스 변환의 선형성 (5)으로부터, $s>1$일 때, 다음을 얻는다.

$$L\{\sinh t\}=\frac{1}{2}L\{e^{t}\}-\frac{1}{2}L\{e^{-t}\}=\frac{1}{2}\left(\frac{1}{s-1}-\frac{1}{s+1}\right)=\frac{1}{s^2-1}$$

다음 정리에서 이전 예시들을 일반화한다. 여기서부터는 s의 범위를 명시하지 않고, 적절한 라플라스 변환의 수렴을 보장하기 위해 충분히 제한된 것으로 이해한다.

정리 7.1.1 몇 가지의 기본적인 함수들의 변환

(a) $L\{1\}=\dfrac{1}{s}$

(b) $L\{t^n\}=\dfrac{n!}{s^{n+1}},\quad n=1,2,3,\cdots$

(c) $L\{e^{at}\}=\dfrac{1}{s-a}$

(d) $L\{\sin kt\}=\dfrac{k}{s^2+k^2}$

(e) $L\{\cos kt\}=\dfrac{s}{s^2+k^2}$

(f) $L\{\sinh kt\}=\dfrac{k}{s^2-k^2}$

(g) $L\{\cosh kt\}=\dfrac{s}{s^2-k^2}$

정리 7.1.1의 (b)의 결과는 먼저 양의 정수 n에 대하여 부분적분을 이용하여

$$L\{t^n\}=\frac{n}{s}L\{t^{n-1}\}$$

임을 알 수 있다. 그러면 $n=1,2$와 3에 대하여 각각

$$L\{t\}=\frac{1}{s}\cdot L\{1\}=\frac{1}{s}\cdot\frac{1}{s}=\frac{1}{s^2}$$

$$L\{t^2\}=\frac{2}{s}\cdot L\{t\}=\frac{2}{s}\cdot\frac{1}{s^2}=\frac{2\cdot 1}{s^3}$$

$$L\{t^3\}=\frac{3}{s}\cdot L\{t^2\}=\frac{3}{s}\cdot\frac{2\cdot 1}{s^3}=\frac{3\cdot 2\cdot 1}{s^4}$$

이고, 이 방법을 계속하면

$$L\{t^n\}=\frac{n\cdots 3\cdot 2\cdot 1}{s^{n+1}}=\frac{n!}{s^{n+1}}$$

임을 확인하게 된다.

삼각함수의 라플라스 변환에 대한 더 많은 함수 목록과 그 변환은 부록 C에 제공된다. 다양한 삼각함수의 라플라스 변환은 삼각함수 항등식과 정리 7.1.1의 (d)와 (e)를 활용하여 얻을 수 있다.

예제 7 삼각함수 항등식 이용하기

$L\{\cos^2 t\}$를 구하여라.

풀이 cos함수의 반각 공식 $\cos^2 t = \frac{1}{2}(1+\cos 2t)$, 라플라스 변환의 선형성 (5), 그리고 정리 7.1.1의 (a), (e)로부터 $s>0$일 때 다음을 얻는다.

$$L\{\cos^2 t\} = L\left\{\frac{1}{2}(1+\cos 2t)\right\} = \frac{1}{2}L\{1\} + \frac{1}{2}L\{\cos 2t\}$$
$$= \frac{1}{2}\left(\frac{1}{s}\right) + \frac{1}{2}\left(\frac{s}{s^2+4}\right) = \frac{s^2+2}{s(s^2+4)}$$

$L\{f(t)\}$의 존재성에 대한 충분조건 라플라스 변환을 정의하는 적분이 모두 수렴하는 것은 아니다. 예를 들어, $L\left\{\frac{1}{t}\right\}$과 $L\{e^{t^2}\}$는 존재하지 않는다. $L\{f(t)\}$가 존재하기 위한 충분조건은 f가 $[0, \infty)$에서 조각적 연속이고, $t > T$에 대하여 지수위수인 것이다.

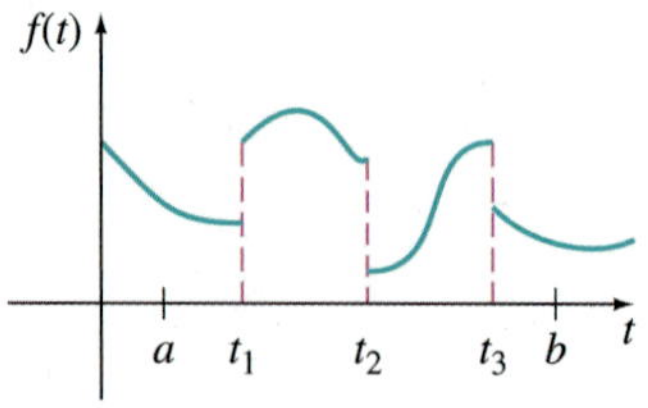

그림 7.1.2 조각적으로 연속인 함수

f가 $[0, \infty)$에서 **조각적 연속**이란 임의의 구간 $0 \le a \le t \le b$에서 많아야 유한개의 점 t_k $(k=1, 2, \cdots, n)$ $(t_{k-1} < t_k)$가 존재하여 그 점에서 f는 유한개의 불연속점을 가지며 각각의 개구간 (t_{k-1}, t_k)에서 연속임을 뜻한다.(그림 7.1.2 참조) **지수위수**의 개념은 다음과 같은 방법으로 정의된다.

정의 7.1.2 지수위수

상수 c, $M>0$과 $T>0$가 존재하여 $t>T$에 대하여 $|f(t)| \le Me^{ct}$이면 함수 f는 지수위수라고 한다.

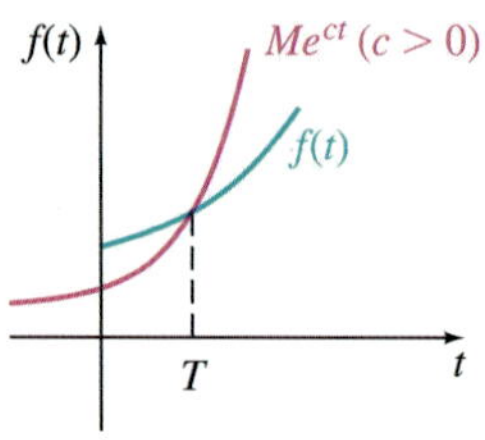

그림 7.1.3 f는 지수위수이다.

f가 증가함수이면 조건 $|f(t)| \le Me^{ct}$, $t>T$는 간단히 구간 (T, ∞)에서 f의 그래프가 지수함수 Me^{ct} (여기서 c는 양의 상수)의 그래프보다 빨리 증가하지 않음을 나타낸다.(그림 7.1.3 참조)

함수 $f(t)=t$, $f(t)=e^{-t}$, $f(t)=2\cos t$는

$$|t| \le e^t, \quad |e^{-t}| \le e^t, \quad |2\cos t| \le 2e^t \quad (t>0)$$

을 만족하므로 모두 $c=1$, $M=1$, $T=0$인 지수위수 함수들이다.

구간 $[0, \infty)$에서 이 그래프들의 비교는 그림 7.1.4에서 주어져 있다.

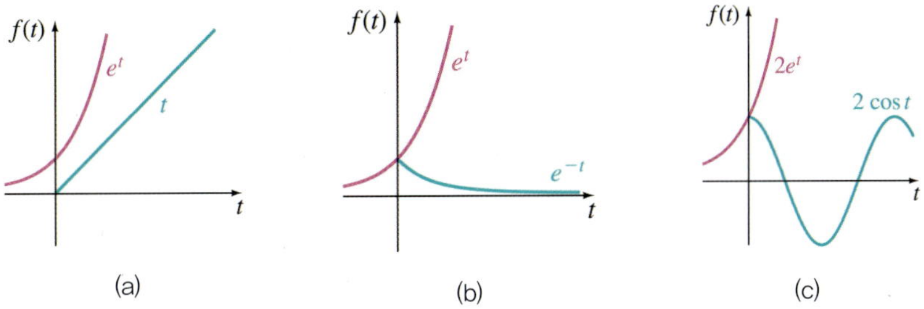

그림 7.1.4 지수위수인 세 개의 함수

t의 양의 정수 멱승은 $c > 0$에 대하여

$$|t^n| \leq Me^{ct} \quad \text{또는} \quad |\frac{t^n}{e^{ct}}| \leq M \quad (t > T)$$

은 $n = 1, 2, 3, \cdots$에 대하여 $\lim_{t \to \infty} \frac{t^n}{e^{ct}}$이 유한이라는 것과 같으므로 항상 지수위수이다.

이 결과는 로피탈의 법칙을 n번 적용함으로써 성립한다.

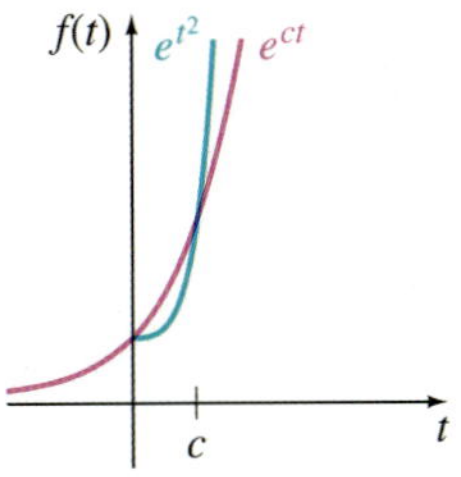

그림 7.1.5 e^{t^2}은 지수위수가 아니다.

$f(t) = e^{t^2}$과 같은 함수는 그림 7.1.5에서 보듯이 그것의 그래프가 $t > c > 0$에 대하여 e의 임의의 양의 일차 멱승보다 빨리 증가하기 때문에 지수위수가 아니다.

이것은 또한 c의 임의의 값에 대하여

$$t \to \infty \text{일 때,} \ |\frac{e^{t^2}}{e^{ct}}| = e^{t^2 - ct} = e^{t(t-c)} \to \infty$$

로부터 알 수 있다. 같은 이유로 임의의 s에 대하여 $t \to \infty$일 때, $e^{-st}e^{t^2} \to \infty$이므로 이상적분 $\int_0^\infty e^{-st}e^{t^2}dt$는 발산한다. 즉 $L\{e^{t^2}\}$은 존재하지 않는다.

정리 7.1.2 존재성에 대한 충분조건

f가 $[0, \infty)$에서 조각적 연속이고 지수위수이면 $L\{f(t)\}$는 $s > c$에 대하여 존재한다.

증명 정적분의 덧셈구간 성질에 의하여

$$L\{f(t)\} = \int_0^T e^{-st}f(t)dt + \int_T^\infty e^{-st}f(t)dt = I_1 + I_2$$

여기서 I_1은 $e^{-st}f(t)$가 연속인 구간에 대한 적분의 합으로 쓸 수 있으므로 존재한다. 또한, f가 지수위수이므로 상수 $c, M > 0, T > 0$이 존재하여 $t > T$에 대하여 $|f(t)| \leq Me^{ct}$이 성립하므로 $s > c$에 대하여

$$|I_2| \le \int_T^\infty |e^{-st}f(t)|\,dt \le M\int_T^\infty e^{-st}e^{ct}dt = M\int_T^\infty e^{-(s-c)t}dt = M\frac{e^{-(s-c)T}}{s-c}$$

이다. $\int_T^\infty Me^{-(s-c)t}dt$이 수렴하므로 이상적분에 대한 비교판정법에 의하여 $\int_T^\infty |e^{-st}f(t)|\,dt$도 수렴한다. 그러므로 I_2는 $s > c$에 대하여 존재한다. I_1과 I_2의 존재성은 $L\{f(t)\} = \int_0^\infty e^{-st}f(t)dt$가 $s > c$에 대하여 존재함을 의미한다.

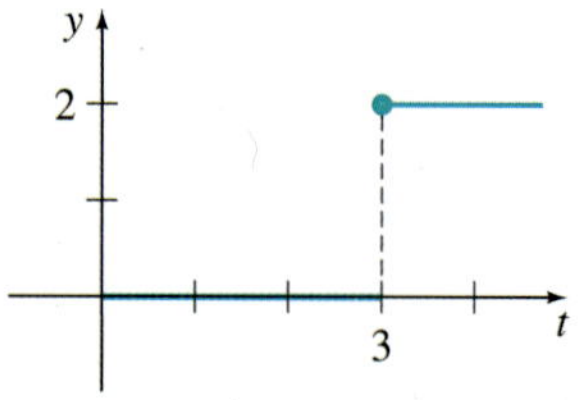

그림 7.1.6 예제8의 조각적으로 연속인 함수

예제 8 조각적 연속인 함수의 변환

$f(t) = \begin{cases} 0, & 0 \le t < 3 \\ 2, & t \ge 3 \end{cases}$에 대한 $L\{f(t)\}$를 구하여라.

풀이 그림 7.1.5에서 보듯이 f는 $t > 0$에서 조각적 연속이고 지수위수이다. f가 두 개의 구간에서 정의되었으므로 $L\{f(t)\}$는 다음과 같이 두 개의 적분의 합으로 나타낼 수 있다.

$$\begin{aligned} L\{f(t)\} = \int_0^\infty e^{-st}f(t)dt &= \int_0^3 e^{-st}(0)dt + \int_3^\infty e^{-st}(2)dt \\ &= 0 + \frac{2e^{-st}}{-s}\Big|_3^\infty \\ &= \frac{2e^{-3s}}{s}, \quad s > 0 \end{aligned}$$

■

일반적으로 연구대상이 되는 s의 함수 형태에 대한 추가적인 간단한 정리로 이 절을 마치고자 한다. 다음 정리는 s의 모든 임의의 함수가 지수위수이고 조각적 연속인 함수의 라플라스 변환인 것이 아님을 보여준다.

정리 7.1.3 $s \to \infty$ 일 때 $F(s)$의 거동

f가 $[0, \infty)$에서 조각적 연속이고 지수위수이고 $F(s) = L\{f(t)\}$이면 $\lim_{s\to\infty} F(s) = 0$이다.

증명 f가 지수위수이므로 상수 γ, $M_1 > 0$과 $T > 0$가 존재하여 $t > T$에 대하여 $|f(t)| \le M_1 e^{\gamma t}$이다. 또한, f는 $[0, T]$에서 조각적 연속이므로 이 구간에서 반드시 유계이다. 즉,

$$|f(t)| \le M_2 = M_2 e^{0t}$$

M을 $\{M_1, M_2\}$의 최대치로, c를 $\{0, \gamma\}$의 최대치라 하면 $s > c$에 대하여

$$|F(s)| \le \int_0^\infty e^{-st}|f(t)|dt \le M\int_0^\infty e^{-st}e^{ct}dt = M\int_0^\infty e^{-(s-c)t}dt = \frac{M}{s-c}$$

이다. $s \to \infty$ 일 때, $|F(s)| \to 0$이므로 $F(s) = L\{f(t)\} \to 0$이다.

주의

(i) 이 장에서는 조각적 연속이고 지수위수인 함수들을 주로 다루기로 한다. 그러나 이들 두 조건은 라플라스 변환이 존재하기 위한 충분조건이지 필요조건은 아님을 유의한다. $f(t) = t^{-\frac{1}{2}}$은 $[0, \infty)$에서 조각적 연속이 아니지만 라플라스 변환은 존재한다. $f(t) = 2te^{t^2}\cos e^{t^2}$은 지수위수가 아니지만 그것의 라플라스 변환이 존재함을 보일 수 있다(연습문제7.1의 문제47과 57 참조).

(ii) 정리 7.1.3의 결과로서 $F_1(s) = 1$과 $F_2(s) = \dfrac{s}{s+1}$는 $s \to \infty$일 때 $F_1(s) \not\to 0$이고 $F_2(s) \not\to 0$이므로 지수위수이고 조각적 연속인 함수의 라플라스 변환이 아니다. 그러나 이 사실로부터 $F_1(s)$와 $F_2(s)$는 라플라스 변환이 아니라고 할 수 없고, 다른 종류의 함수가 존재하는 것이다.

(iii) 이 장의 나머지 절에서는 예제에서 s에 대한 어떤 제한도 하지 않을 것이다. s는 적절한 라플라스 변환의 수렴을 보장하기에 충분히 제한된 것으로 간주한다.

연습문제 7.1

(1–18) 정의 7.1.1을 사용하여 $L\{f(t)\}$를 구하여라.

1. $f(t) = \begin{cases} -1, & 0 \le t < 1 \\ 1, & t \ge 1 \end{cases}$

2. $f(t) = \begin{cases} 4, & 0 \le t < 2 \\ 0, & t \ge 2 \end{cases}$

3. $f(t) = \begin{cases} t, & 0 \le t < 1 \\ 1, & t \ge 1 \end{cases}$

4. $f(t) = \begin{cases} 2t+1, & 0 \le t < 1 \\ 0, & t \ge 1 \end{cases}$

5. $f(t) = \begin{cases} \sin t, & 0 \le t < \pi \\ 0, & t \ge \pi \end{cases}$

6. $f(t) = \begin{cases} 0, & 0 \le t < \dfrac{\pi}{2} \\ \cos t, & t \ge \dfrac{\pi}{2} \end{cases}$

7.

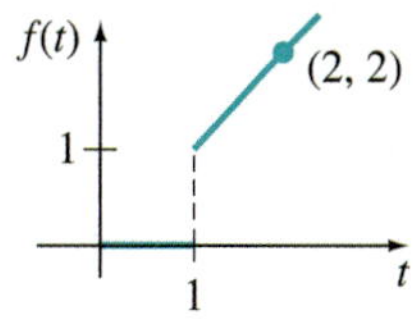

그림 7.1.7 문제7에 대한 그래프

8.

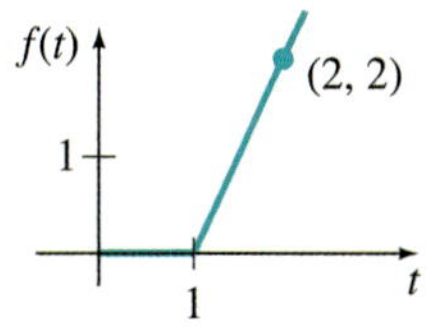

그림 7.1.8 문제8에 대한 그래프

9.

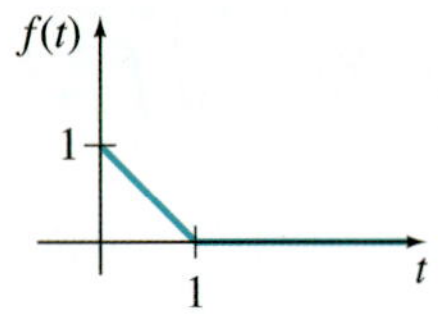

그림 7.1.9 문제9에 대한 그래프

10.

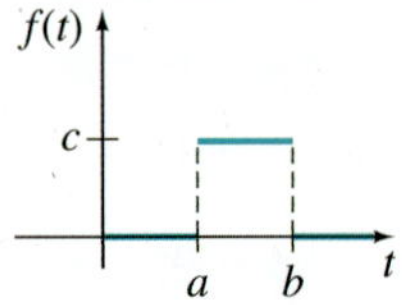

그림 7.1.10 문제10에 대한 그래프

11. $f(t)=e^{t+7}$
12. $f(t)=e^{-2t-5}$
13. $f(t)=te^{4t}$
14. $f(t)=t^2e^{-2t}$
15. $f(t)=e^{-t}\sin t$
16. $f(t)=e^t\cos t$
17. $f(t)=t\cos t$
18. $f(t)=t\sin t$

(19–38) 정리 7.1.1을 사용하여 $L\{f(t)\}$를 구하여라.

19. $f(t)=2t^4$
20. $f(t)=t^5$
21. $f(t)=4t-10$
22. $f(t)=7t+3$
23. $f(t)=t^2+6t-3$
24. $f(t)=-4t^2+16t+9$
25. $f(t)=(t+1)^3$
26. $f(t)=(2t-1)^3$
27. $f(t)=1+e^{4t}$
28. $f(t)=t^2-e^{-9t}+5$
29. $f(t)=(1+e^{2t})^2$
30. $f(t)=(e^t-e^{-t})^2$
31. $f(t)=4t^2-5\sin 3t$
32. $f(t)=\cos 5t+\sin 2t$
33. $f(t)=\sinh kt$
34. $f(t)=\cosh kt$
35. $f(t)=e^t\sinh t$
36. $f(t)=e^{-t}\cosh t$
37. $f(t)=\cosh^2 kt$
38. $f(t)=\sinh^2 kt$

(39–44) 먼저 삼각함수의 항등식을 사용하여 $L\{f(t)\}$를 구하여라.

39. $f(t)=\cos^2 t-\sin^2 t$
40. $f(t)=2\sin^2\dfrac{t}{2}$
41. $f(t)=\sin 3t\cos 3t$
42. $f(t)=\sin^4 t$
43. $f(t)=\sqrt{2}\sin\left(2t+\dfrac{\pi}{4}\right)$
44. $f(t)=10\cos\left(t+\dfrac{\pi}{6}\right)$

45. 6.4절(347쪽) 베셀함수의 연구에서 감마함수를 보았다. 감마함수의 정의는 이상적분

$$\Gamma(\alpha)=\int_0^\infty t^{\alpha-1}e^{-t}dt,\ \alpha>0$$

에 의하여 주어진다.
이 정의를 이용하여 $\Gamma(\alpha+1)=\alpha\Gamma(\alpha)$임을 보여라.
$\alpha=n$이 양의 정수일 때, 마지막 성질이 $\Gamma(n+1)=n!$을 보이는 데 사용될 수 있다.(부록A 참조)

46. 문제45와 변수 변환 $u=st$을 이용하여 정리 7.1.1의 (b)의 결과이 일반하인

$$L\{t^\alpha\}=\frac{\Gamma(\alpha+1)}{s^{\alpha+1}},\ \alpha>-1$$

를 보여라.

(47–50) 문제41, 42와 $\Gamma\left(\dfrac{1}{2}\right)=\sqrt{\pi}$를 이용하여 다음 함수들의 라플라스 변환을 구하여라.

47. $f(t)=t^{-\frac{1}{2}}$
48. $f(t)=t^{\frac{1}{2}}$
49. $f(t)=t^{\frac{3}{2}}$
50. $f(t)=2t^{\frac{1}{2}}+8t^{\frac{5}{2}}$

토론 문제

51. 어떤 s에 대하여 다음의 등식이 성립하는가?

$$L\{2e^{3t}-e^{-t}+s\}=2L\{e^{3t}\}-L\{e^t\}+5L\{1\}$$

52. 그림 7.1.4는 $f(t)=e^{t^2}$이 지수위수가 아님을 보여주지만 증명하지는 않는다. $M>0$과 충분히 큰 t에 대하여 $t^2>\ln M+ct$가 임의의 c에 대하여 $e^{t^2}>Me^{ct}$임을 보이는 데 어떻게 이용이 되는가?

53. 정리 7.1.1의 (c)를 사용하여

$$L\{e^{(a+ib)t}\}=\frac{s-a+ib}{(s-a)^2+b^2}$$

(여기서 a,b는 실수이고 $i^2=-1$이다)임을 보여라. 또한

오일러 공식(181쪽)이 $L\{e^{at}\cos bt\}=\dfrac{s-a}{(s-a)^2+b^2}$과 $L\{e^{at}\sin bt\}=\dfrac{b}{(s-a)^2+b^2}$을 유도하는 데 어떻게 사용될 수 있는지를 보여라.

54. 어떤 조건하에서 일차함수 $f(x)=mx+b,\ m\neq 0$가 일차 변환이 되는가?

55. $f(t)=\begin{cases} t, & 0\le t<2 \\ 4, & 2<t<5 \\ \dfrac{1}{t-5}, & t>5 \end{cases}$가 $[0,\infty)$에서 조각적 연속이 아닌 이유를 설명하여라.

56. $f(t)=\dfrac{1}{t^2}$의 라플라스 변환이 존재하지 않음을 보여라.

[힌트: $L\left\{\dfrac{1}{t^2}\right\}$이 두 개의 이상적분으로 나타낸다.

$$L\left\{\frac{1}{t^2}\right\}=\int_0^1\frac{e^{-st}}{t^2}dt+\int_1^\infty\frac{e^{-st}}{t^2}dt=I_1+I_2$$

여기서 I_1은 발산함을 보여라.]

57. $f(t)=2te^{t^2}\cos t^2$은 지수위수가 아니지만 라플라스 변환 $L\{2te^{t^2}\cos e^{t^2}\}$이 존재함을 보여라.
[힌트: 부분적분으로 시작한다.]

58. $L\{f(t)\}=F(s)$와 $a>0$가 상수이면

$$L\{f(at)\}=\frac{1}{a}F\left(\frac{s}{a}\right)$$

임을 보여라. 이 결과는 change of scale 정리로 알려져 있다.

(59–62) 주어진 라플라스 변환과 문제54의 결과를 이용하여, 각각의 문제에서 표시된 라플라스 변환을 구하여라. 여기서 a, k는 양의 상수이다.

59. $L\{e^t\}=\dfrac{1}{s-1}$; $L\{e^{at}\}$

60. $L\{\sin t\}=\dfrac{1}{s^2+1}$; $L\{\sin kt\}$

61. $L\{1-\cos t\}=\dfrac{1}{s(s^2+1)}$; $L\{1-\cos kt\}$

62. $L\{\sin t\sinh t\}=\dfrac{2s}{s^4+4}$; $L\{\sin kt\sinh kt\}$

7.2 역변환과 도함수의 변환

소개 이 절에서는 미지의 함수에 대한 어떤 형태의 방정식을 푸는 데 라플라스 변환이 어떻게 사용될 수 있는지에 대하여 조사하기 위하여 몇 가지 단계를 취한다.
역 라플라스 변환의 개념 즉, 좀 더 정확히는 라플라스 변환 $F(s)$의 역의 개념을 가지고 얘기를 시작한다. 도함수 $f'(t), f''(t), \cdots$의 라플라스 변환에서 몇 가지의 중요한 사전 지식을 조사한 후에 라플라스 변환과 역 라플라스 변환이 몇 가지의 간단한 상미분방정식을 해결하는 데 어떤 역할을 하는지를 설명한다.

7.2.1 역변환

역 문제 $F(s)$가 함수 $f(t)$의 라플라스 변환이면 즉, $L\{f(t)\}=F(s)$이면, $f(t)$는 $F(s)$의 **역 라플라스 변환**이라 하고, $f(t)=L^{-1}\{F(s)\}$로 표시한다. 예를 들어, 7.1절의 예제1, 2와 3으로부터 각각 아래의 관계식을 얻을 수 있다.

변환	**역변환**
$L\{1\}=\dfrac{1}{s}$	$1=L^{-1}\left\{\dfrac{1}{s}\right\}$
$L\{t\}=\dfrac{1}{s^2}$	$t=L^{-1}\left\{\dfrac{1}{s^2}\right\}$
$L\{e^{-3t}\}=\dfrac{1}{s+3}$	$e^{-3t}=L^{-1}\left\{\dfrac{1}{s+3}\right\}$

방정식에 대한 라플라스 변환의 응용에서 미지의 함수 $f(t)$를 직접 결정할 수는 없고 오히려 $f(t)$의 라플라스 변환 $F(s)$에 대하여 풀 수 있으며 $f(t)=L^{-1}\{F(s)\}$를 계산함으로써 f를 알아낸다는 사실로부터 간단히 알게 된다. 이 생각은 단순하다. $F(s)=\dfrac{-2s+6}{s^2+4}$가 라플라스 변환이라고 하고 $L\{f(t)\}=F(s)$가 되는 함수 $f(t)$를 구해 보자. 예제2에서 이 문제를 어떻게 해결하는지를 보게 될 것이다.

앞으로의 참고를 위해 정리 7.1.1과 유사한 역변환에 대한 정리가 다음 정리에서 제시된다.

정리 7.2.1 몇 가지 역변환

(a) $1=L^{-1}\left\{\dfrac{1}{s}\right\}$

(b) $t^n=L^{-1}\left\{\dfrac{n!}{s^{n+1}}\right\},\quad n=1,2,3,\cdots$

(c) $e^{at}=L^{-1}\left\{\dfrac{1}{s-a}\right\}$

(d) $\sin kt=L^{-1}\left\{\dfrac{k}{s^2+k^2}\right\}$

(e) $\cos kt=L^{-1}\left\{\dfrac{s}{s^2+k^2}\right\}$

(f) $\sinh kt=L^{-1}\left\{\dfrac{k}{s^2-k^2}\right\}$

(g) $\cosh kt=L^{-1}\left\{\dfrac{s}{s^2-k^2}\right\}$

역변환을 계산할 때, s의 함수가 표에서 주어진 라플라스 변환 $F(s)$의 형태와 완전히 일치하지 않는 경우가 있다. 이 경우에는 적당한 상수를 곱하고 나누어서 s의 함수를 조정하는 것이 필요하다.

예제 1 정리 7.2.1 적용

다음을 구하여라.

1. (a) $L^{-1}\left\{\frac{1}{s^5}\right\}$ (b) $L^{-1}\left\{\frac{1}{s^2+7}\right\}$

풀이 ▸ (a) 정리 7.2.1의 (b)에 주어진 형태와 일치하기 위해서는 $n+1=5$ 즉, $n=4$로 놓고 4!을 곱하고 나누면

$$L^{-1}\left\{\frac{1}{s^5}\right\}=\frac{1}{4!}L^{-1}\left\{\frac{4!}{s^5}\right\}=\frac{1}{24}t^4$$

(b) 정리 7.2.1의 (d)에 주어진 형태와 일치하기 위해서는 $k^2=7$ 즉, $k=\sqrt{7}$로 놓고 $\sqrt{7}$을 곱하고 나누어서 식을 조정하면

$$L^{-1}\left\{\frac{1}{s^2+7}\right\}=\frac{1}{\sqrt{7}}L^{-1}\left\{\frac{\sqrt{7}}{s^2+7}\right\}=\frac{1}{\sqrt{7}}\sin\sqrt{7}\,t$$

■

역 라플라스 변환의 선형성 7.1절의 (5)와 유사하게, 역 라플라스 변환도 선형 변환이다. 함수 $f(t)=L^{-1}\{F(s)\}$와 $g(t)=L^{-1}\{G(s)\}$가 $[0, \infty)$에서 조각적 연속이면서 지수위수라고 가정하자. 그렇다면 상수 α와 β에 대해 다음과 같이 쓸 수 있다.

$$L^{-1}\{\alpha F(s)+\beta G(s)\}=\alpha L^{-1}\{F(s)\}+\beta L^{-1}\{G(s)\} \qquad (1)$$

7.1절의 (5)와 같이 (1)은 라플라스 변환의 임의의 유한개의 일차결합으로 확장된다.

예제 2 항별 나눗셈과 선형성

$L^{-1}\left\{\frac{-2s+6}{s^2+4}\right\}$를 구하여라.

풀이 ▸ 먼저 s의 주어 진 함수를 항별 나눗셈에 의하여 두 개의 식으로 다시 쓴 후에 (1)을 사용하면

$$L^{-1}\left\{-\frac{2s+6}{s^2+4}\right\}=L^{-1}\left\{\frac{-2s}{s^2+4}+\frac{6}{s^2+4}\right\} \quad \leftarrow \text{항별 나눗셈}$$

$$=-2L^{-1}\left\{\frac{s}{s^2+4}\right\}+\frac{6}{2}L^{-1}\left\{\frac{2}{s^2+4}\right\} \qquad (2) \quad \leftarrow \text{선형성과 상수 조정}$$

$$=-2\cos 2t+3\sin 2t. \quad \leftarrow k=2\text{인 정리 7.2.1의 (e)와 (d)}$$

■

부분 분수 부분 분수는 역 라플라스 변환을 구하는 데 중요한 역할을 한다. 유리식의 항별 분수로의 분해는 대부분의 컴퓨터 대수 체계에서 단 하나의 명령에 의하여 빠르게 처리될 수 있다. 실제로, 어떤 컴퓨터 대수 체계는 라플라스 변환과 역 라플라스 변환 명령을 수행하는 패키지를 가지고 있다. 그러나 그러한 소프트웨어에 접근하지 못하는 여러분들을 위하여 이 절과 다음 절에서는 라플라스 변환 $F(s)$의 분모가

(i) 서로 다른 일차인수,

(ii) 반복되는 일차인수, 그리고

(iii) 실수 일차인수가 없는 이차의 다항식

을 갖는 중요한 경우에 대하여 기초 대수학 몇 가지를 복습한다. 이 장이 전개되면서 이러한 경우들 모두를 조사하여도 좀 더 많은 광범위한 이론의 복습을 위해서 미적분 또는 초급 미적분 교재를 복습하는 것이 도움이 될 수 있다.

다음의 예제는 $F(s)$의 분모가 서로 다른 일차인수의 곱으로 나타내어지는 경우의 부분 분수 분해에 대하여 보여준다.

예제 3 부분 분수: 서로 다른 일차인수

$\mathscr{L}^{-1}\left\{\dfrac{s^2+6s+9}{(s-1)(s-2)(s+4)}\right\}$를 구하여라.

풀이 $\dfrac{s^2+6s+9}{(s-1)(s-2)(s+4)}$을 부분 분수로 분해하면

$$\begin{aligned}\frac{s^2+6s+9}{(s-1)(s-2)(s+4)} &= \frac{A}{s-1}+\frac{B}{s-2}+\frac{C}{s+4}\\ &= \frac{A(s-2)(s+4)+B(s-1)(s+4)+C(s-1)(s-2)}{(s-1)(s-2)(s+4)}\end{aligned}$$

양변의 분모는 같으므로 분자를 같게 놓으면

$$s^2+6s+9=A(s-2)(s+4)+B(s-1)(s+4)+C(s-1)(s-2) \qquad (3)$$

이 등식 양변의 s의 멱승의 계수를 비교함으로써 세 개의 미지수 A, B, C를 갖는 세 개의 연립방정식을 얻는다. 그러나 이들 미지수를 결정하는 데 더욱 간단한 방법이 있다. (3)에서 각각 $s=1$, $s=2$, $s=-4$로 놓으면

$$16=A(-1)(5),\quad 25=B(1)(6),\quad 1=C(-5)(-6)$$

을 얻는다. 따라서 $A=-\dfrac{16}{5}$, $B=\dfrac{25}{6}$, $C=\dfrac{1}{30}$
그러므로 부분 분수 분해는

$$\frac{s^2+6s+9}{(s-1)(s-2)(s+4)}=-\frac{\frac{16}{5}}{s-1}+\frac{\frac{25}{6}}{s-2}+\frac{\frac{1}{30}}{s+4} \qquad (4)$$

L^{-1}의 선형성과 정리 7.2.1의 (c)로부터

$$L^{-1}\left\{\frac{s^2+6s+9}{(s-1)(s-2)(s+4)}\right\}$$

$$=-\frac{16}{5}L^{-1}\left\{\frac{1}{s-1}\right\}+\frac{25}{6}L^{-1}\left\{\frac{1}{s-2}\right\}+\frac{1}{30}L^{-1}\left\{\frac{1}{s+4}\right\} \tag{5}$$

$$=-\frac{16}{5}e^{t}+\frac{25}{6}e^{2t}+\frac{1}{30}e^{-4t}$$

■

7.2.2 도함수의 변환

도함수의 변환 이 장의 소개에서 언급한 대로, 우리의 목표는 미분 방정식을 해결하기 위해 라플라스 변환을 사용하는 것이다. 그러기 위해서는 $L\{dy/dt\}$와 $L\{d^2y/dt^2\}$등과 같은 양을 계산할 필요가 있다. 예를 들어, 함수 f가 연속이고, f'가 $[0,\infty)$에서 조각적 연속이며, 두 함수가 정의 7.1.2에 따라 c를 지수위수로 가지는 경우를 고려한다. 편의를 위해, f'가 $[0,\infty)$구간에서 단일한 불연속점 t_0를 가진다고 가정하자. 그러면 부분적분에 의해 다음을 얻는다.

$$L\{f'(t)\}=\int_0^{t_0}e^{-st}f'(t)dt+\int_{t_0}^{\infty}e^{-st}f'(t)dt$$

$$=\left[e^{-st}f(t)\,\Big|_0^{t_0}+s\int_0^{t_0}e^{-st}f(t)dt\right]+\left[e^{-st}f(t)\,\Big|_{t_0}^{\infty}+s\int_{t_0}^{\infty}e^{-st}f(t)dt\right]$$

$$=-f(0)+\lim_{t\to\infty}e^{-st}f(t)+s\left[\int_0^{t_0}e^{-st}f(t)dt+\int_{t_0}^{\infty}e^{-st}f(t)dt\right]$$

$$=-f(0)+\lim_{t\to\infty}e^{-st}f(t)+s\int_0^{\infty}e^{-st}f(t)dt$$

함수 f가 지수위수이기 때문에 $s>c$에 대하여 $t\to\infty$일 때, $e^{-st}f(t)\to 0$가 되고, 마지막 항은 $L\{f(t)\}$로 이해할 수 있다. $L\{f(t)\}=F(s)$라고 표기 한다면 다음을 보인 것이다.

$$L\{f'(t)\}=sF(s)-f(0) \tag{6}$$

위 (6)의 결과를 재귀적으로 사용하여 더 높은 차수의 라플라스 변환을 찾을 수 있다. 예를 들어, $L\{f'(t)\}=sL\{f(t)\}-f(0)$에서 $f'(t)$와 $f(t)$를 각각 $f''(t)$와 $f'(t)$로 치환하면 다음을 얻는다.

$$L\{f''(t)\}=sL\{f'(t)\}-f'(0)=s[sL\{f(t)\}-f(0)]-f'(0)$$

즉

$$L\{f''(t)\}=s^2F(s)-sf(0)-f'(0) \tag{7}$$

같은 방법으로 $L\{f''(t)\}=s^2F(s)-sf(0)-f'(0)$로부터

$$L\{f'''(t)\}=s^3F(s)-s^2f(0)-sf'(0)-f''(0) \tag{8}$$

임을 보일 수 있다. 위 결과 (6), (7)과 (8)는 다음 정리의 특수한 경우이다.

정리 7.2.2 도함수의 변환

$f, f', \cdots, f^{(n-1)}$가 $[0, \infty)$에서 연속이고, $f^{(n)}$가 $[0, \infty)$에서 조각적 연속이며, $f, f', \cdots, f^{(n-1)}$가 정의 7.1.2에 따라 c를 지수위수로 가지는 함수라고 가정하자. 그러면 $s > c$에 대하여

$$L\{f^n(t)\}=s^nF(s)-s^{n-1}f(0)-s^{n-2}f'(0)-\cdots-f^{(n-1)}(0)$$

가 성립한다. 여기서 $F(s)=L\{f(t)\}$이다.

선형 미분방정식 해결하기 정리 7.2.2에서 주어진 일반적인 결과로부터 $L\left\{\dfrac{d^ny}{dt^n}\right\}$은 $Y(s)=L\{y(t)\}$와 $t=0$에서 계산된 $y(t)$의 $n-1$개의 도함수로 결정됨이 명백하다. 이 성질은 라플라스 변환이 상수 계수를 갖는 미분방정식의 선형 초깃값 문제를 풀 때 적합하다.

그러한 미분방정식은 단순히 $y, y', y'', \cdots, y^{(n)}$에 관한 일차결합이다. 즉,

$$a_n\frac{d^ny}{dt^n}+a_{n-1}\frac{d^{n-1}y}{dt^{n-1}}+\cdots+a_0y=g(t),$$

$$y(0)=y_0,\ y'(0)=y_1,\ \cdots,\ y^{(n-1)}(0)=y_{n-1},$$

여기서 $a_i, i=0,1,\cdots,n$과 $y_0, y_1, \cdots, y_{n-1}$는 상수이다. 선형성에 의하여 일차결합의 라플라스 변환은 라플라스 변환의 일차결합이다. 즉,

$$a_nL\left\{\frac{d^ny}{dt^n}\right\}+a_{n-1}L\left\{\frac{d^{n-1}y}{dt^{n-1}}\right\}+\cdots+a_0L\{y\}=L\{g(t)\} \tag{9}$$

정리 7.2.2로부터 (9)는

$$\begin{aligned} &a_n[s^nY(s)-s^{n-1}y(0)-\cdots-y^{(n-1)}(0)]\\ &\quad+a_{n-1}[s^{n-1}Y(s)-s^{n-2}y(0)-\cdots-y^{(n-2)}(0)]\\ &\quad\quad+\cdots+a_0Y(s)=G(s) \end{aligned} \tag{10}$$

이다. 여기서 $L\{y(t)\}=Y(s)$와 $L\{g(t)\}=G(s)$이다. 다시 말하면 상수 계수를 갖는 선형 미분방정식의 라플라스 변환은 $Y(s)$에 관한 대수방정식이 된다. $Y(s)$에 대한 일반적인 변형된 방정식 (10)을 푼다면 먼저 $P(s)Y(s)=Q(s)+G(s)$를 얻고, 정리하면

$$Y(s) = \frac{Q(s)}{P(s)} + \frac{G(s)}{P(s)} \tag{11}$$

이다. 여기서 $P(s) = a_n s^n + a_{n-1} s^{n-1} + \cdots + a_0$, $Q(s)$는 계수 $a_i, i = 1, 2, \cdots, n$와 정해진 초기 조건 $y_0, y_1, \cdots, y_{n-1}$의 다양한 곱으로 구성된 $n-1$차수 이하의 s에 관한 다항식이고, $G(s)$는 $g(t)$의 라플라스 변환이다.

전형적으로 (11)에 있는 두 개의 항을 최소 공통분모로 놓고 그 다음에 이 식을 2개 이상의 부분 분수로 분해한다. 마지막으로 원래의 초깃값 문제의 해 $y(t)$는 $y(t) = L^{-1}\{Y(s)\}$이고, 여기서 역변환은 항별로 얻어진다.

이 절차는 그림 7.2.1의 도표에서 요약된다.

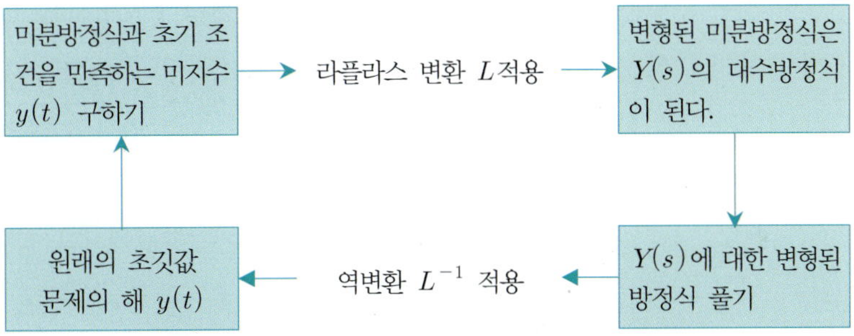

그림 7.2.1 라플라스 변환에 의한 초깃값 문제 해결 단계

다음의 예제는 $Y(s)$의 분모가 실수의 일차인수가 없는 2차의 다항식을 갖는 경우에서 부분 분수 분해처럼 미분방정식을 푸는 앞의 방법을 나타낸다.

예제 4 1계 초깃값 문제 해결

라플라스 변환을 사용하여 다음의 초깃값 문제를 풀어라.

$$\frac{dy}{dt} + 3y = 13\sin 2t, \quad y(0) = 6$$

풀이 ▶ 미분방정식의 양변에 라플라스 변환을 취하면

$$L\left\{\frac{dy}{dt}\right\} + 3L\{y\} = 13L\{\sin 2t\} \tag{12}$$

이다. (6)으로부터 $L\left\{\frac{dy}{dt}\right\} = sY(s) - y(0) = sY(s) - 6$이고, 정리 7.1.1의 (d)로부터 $L\{\sin 2t\} = \frac{2}{s^2+4}$이므로 (12)는

$$sY(s) - 6 + 3Y(s) = \frac{26}{s^2+4} \quad \text{또는} \quad (s+3)Y(s) = 6 + \frac{26}{s^2+4} \text{이다.}$$

$Y(s)$에 대하여 이 방정식을 풀면

$$Y(s)=\frac{6}{s+3}+\frac{26}{(s+3)(s^2+4)}=\frac{6s^2+50}{(s+3)(s^2+4)} \tag{13}$$

을 얻는다. 이차다항식 s^2+4는 실수를 사용하여 인수분해 되지 않으므로 부분 분수 분해에서 분자는 s에 대한 일차 다항식 즉,

$$\frac{6s^2+50}{(s+3)(s^2+4)}=\frac{A}{s+3}+\frac{Bs+C}{s^2+4}$$

이다. 이 등식의 우변을 공통분모로 놓고 분자를 같게 하면 $6s^2+50=A(s^2+4)+(Bs+C)(s+3)$이다. $s=-3$이면 $A=8$이다. 분모가 더 이상 실수 제로 인수를 갖지 않으므로, 양변의 s^2과 s의 계수를 같게 하면 $6=A+B$, $0=3B+C$이다. 첫 번째 방정식에 $A=8$를 대입하면 $B=-2$이고, 두 번째 방정식에 $B=-2$를 대입하면 $C=6$이다. 따라서

$$Y(s)=\frac{6s^2+50}{(s+3)(s^2+4)}=\frac{8}{s+3}+\frac{-2s+6}{s^2+4}$$

위 식의 마지막 유리식이 아직 두 개의 분수로 나타내어질 수 있으므로 완전히 끝나지 않았다. 이것은 예제2에서의 항별 나눗셈에 의하여 해결되었다. 예제2의 (2)로부터

$$y(t)=8L^{-1}\left\{\frac{1}{s+3}\right\}-2L^{-1}\left\{\frac{s}{s^2+4}\right\}+3L^{-1}\left\{\frac{2}{s^2+4}\right\}$$

이다. 정리 7.2.1의 (c), (d)와 (e)로부터 초깃값 문제의 해는

$$y(t)=8e^{-3t}-2\cos 2t+3\sin 2t$$

이다. ■

예제 5 2계 초깃값 문제 해결

$y''-3y'+2y=e^{-4t}$, $y(0)=1$, $y'(0)=5$을 풀어라.

풀이 ▸ 예제4에서와 같은 절차로 주어진 미분방정식을 변환한다. (6)과 (7), 주어진 초깃값 조건과 정리 7.1.1의 (c)를 사용하여 각 항의 변환의 합을 취한 다음 $Y(s)$에 대하여 푼다.

$$L\left\{\frac{d^2y}{dt^2}\right\}-3L\left\{\frac{dy}{dt}\right\}+2L\{y\}=L\{e^{-4t}\}$$

$$s^2Y(s)-sy(0)-y'(0)-3[sY(s)-y(0)]+2Y(s)=\frac{1}{s+4}$$

$$(s^2-3s+2)Y(s)=s+2+\frac{1}{s+4}$$

$$Y(s)=\frac{s+2}{s^2-3s+2}+\frac{1}{(s^2-3s+2)(s+4)}=\frac{s^2+6s+9}{(s-1)(s-2)(s+4)} \tag{14}$$

(14)에서 $Y(s)$의 부분 분수 분해에 대한 자세한 내용은 예제3에서 이미 제시되었다. (4)와 (5)의 결과에 의하여 초깃값 문제의 해는

$$y(t) = L^{-1}\{Y(s)\} = -\frac{16}{5}e^{t} + \frac{25}{6}e^{2t} + \frac{1}{30}e^{-4t}$$

이다. ■

예제4와 5는 선형 초깃값 문제를 풀기 위하여 라플라스 변환을 사용하기 위한 기본적인 절차를 제시하지만 이 예제들이 2.3절과 4.3-4.6절에서 설명된 문제들에 대한 접근보다 훨씬 더 좋지 않은 방법임을 나타낼 수도 있다. 하지만, 단지 두 개의 예제들로부터 어떤 부정적인 결론을 이끌어내지 말아라. 라플라스 변환의 사용에서는 고유한 많은 대수가 있으나 매개변수 변화를 사용하지 않거나 미정계수법의 경우와 대수에 대하여 걱정하지 않는 것을 보게 된다. 더구나 방법이 규정된 초기 조건이 직접 해에 포함되므로 초깃값 조건 문제의 특수해 속에 특별한 상수를 구하기 위하여 미분방정식의 일반해 $y = c_1y_1 + c_2y_2 + \cdots + c_ny_n + y_p$에 초기 조건을 적용하는 데 별도의 연산이 필요가 없다.

역 라플라스 변환의 유일성

함수 $F(s)$의 역 라플라스 변환은 유일하지 않을 수 있다. 즉, $f_1 \neq f_2$이지만 $L\{f_1(t)\} = L\{f_2(t)\}$일 수 있다. 우리의 목적에 있어서, 이것은 걱정할 것이 아니다. 만약 f_1과 f_2가 $[0, \infty)$ 구간에서 조각적 연속이며 지수위수라면, f_1과 f_2는 본질적으로 동일하다. 예를 들어, 만약 $f_1(t) = 1,\ t > 0$일 경우, 7.1의 예제1에서 본 것처럼 $L\{1\} = 1/s$이다. 한편,

$$f_2(t) = \begin{cases} 1, & 0 \le t < 4 \\ 7, & t = 4 \\ 1, & t > 4 \end{cases}$$

위 함수는 $[0, \infty)$에서 조각적 연속이고 지수위수이며 다음을 만족한다.

$$\begin{aligned} L\{f_2(t)\} &= \int_0^{\infty} f_2(t)e^{-st}dt = \int_0^4 e^{-st}dt + \int_4^{\infty} e^{-st}dt \\ &= -\frac{e^{-st}}{s}\Big|_0^4 - \frac{e^{-st}}{s}\Big|_4^{\infty} = \frac{1}{s},\ s > 0 \end{aligned}$$

자명하게 $L\{f_1(t)\} = L\{f_2(t)\}$이지만 $f_1 \neq f_2$이다. 하지만, 만약 f_1과 f_2가 $[0, \infty)$에서 연속이고 $L\{f_1(t)\} = L\{f_2(t)\}$이라면, 그 구간에서 $f_1 = f_2$이다.

라플라스 변환은 많은 연산 성질을 가지고 있다. 다음 장에서는 이러한 성질 중 일부를 살펴보고, 이를 이용하여 복잡한 문제를 해결하는 방법을 살펴볼 것이다.

주의

(i) 이 내용은 학생들이 직접 부분 분수 분해를 할 때 유용하다.

$L\{f(t)\}=F(s)$는 s의 유리함수이고 F의 분모는 서로 다른 일차인수의 곱인 특별한 경우에 부분 분수 분해에서 계수를 결정하는 다른 방법이 있다. 예제3을 다시 시도해 봄으로써 설명해보자.

$$\frac{s^2+6s+9}{(s-1)(s-2)(s+4)}=\frac{A}{s-1}+\frac{B}{s-2}+\frac{C}{s+4} \tag{15}$$

와 같은 부분 분수 분해의 양변에 간단히 $s-1$을 곱한 다음에 $s=1$을 놓는다. 등식의 우변에 있는 B, C의 계수는 0이므로

$$\left.\frac{s^2+6s+9}{(s-2)(s+4)}\right|_{s=1}=A \text{ 또는 } A=-\frac{16}{5}$$

을 얻는다. 다른 방법으로 쓰면

$$\left.\frac{s^2+6s+9}{\boxed{(s-1)}(s-2)(s+4)}\right|_{s=1}=-\frac{16}{5}=A$$

여기서 $s-1$로 곱해졌을 때 좌변의 지워지는 인수는 어둡게 하였다. 이제

$$\left.\frac{s^2+6s+9}{(s-1)\boxed{(s-2)}(s+4)}\right|_{s=2}=\frac{25}{6}=B\text{와 }\left.\frac{s^2+6x+9}{(s-1)(s-2)\boxed{(s+4)}}\right|_{s=-4}=\frac{1}{30}=C.$$

B, C를 얻기 위해서는 순서대로 $s-2$와 $s+4$를 어둡게 하면서 간단히 (15)의 좌변을 계산한다.

요구된 분해 (15)는 (4)에서 주어져 있다. 이와 같이 계수를 결정하는 특별한 기술은 자연스럽게 덮개 방법으로 알려져 있다.

(ii) 여기서는 역학계의 용어에 대한 소개를 하고자 한다. (9)와 (10)에 의하여 라플라스 변환은 선형 역학계에 적합하다.

(11)의 다항식 $P(s)=a_ns^n+a_{n-1}s^{n-1}+\cdots+a_0$은 (10)의 $Y(s)$의 전체 계수이며 간단히 도함수 $\dfrac{d^ky}{dt^k}$가 멱 s^k, $k=0,1,\cdots,n$로 대치된 미분방정식의 좌변이다. $P(s)$의 역수 즉, $W(s)=\dfrac{1}{P(s)}$를 역학계의 이동함수라고 하는 것은 관례적이며 (11)을

$$Y(s)=W(s)Q(s)+W(s)G(s) \tag{16}$$

으로 나타낸다. 이러한 방법으로 입력함수 g(즉, $W(s)G(s)$)에 대한 반응으로부터 초깃값 조건(즉, $W(s)Q(s)$)에 대한 반응에서의 효과들을 추가적인 의미로 분리하였다. (13)과 (14) 참조.

그러므로 이 역학계의 반응 $y(t)$는 두 반응의 중첩이다. 즉,

$$y(t)=L^{-1}\{W(s)Q(s)\}+L^{-1}\{W(s)G(s)\}=y_0(t)+y_1(t)$$

이다. 입력 $g(t)=0$이면 문제의 해는 $y_0(t)=L^{-1}\{W(s)Q(s)\}$이다. 이 해는 역학계의 제로-입력 반응이라고 한다. 다른 한편으로 함수 $y_1(t)=L^{-1}\{W(s)G(s)\}$는 입력 $g(t)$에 대한 출력이다. 이제 이 역학계의 초기 상태가 제로 상태(모든 초깃값

조건들이 제로이다)이면 $Q(s)=0$이므로 초깃값 문제의 유일한 해는 $y_1(t)$이다. 후자의 해는 이 역학계의 제로-상태 반응이라고 한다. $y_0(t)$와 $y_1(t)$ 모두 특수해이다. 여기서 $y_0(t)$는 주어진 초깃값 조건을 갖는 수반된 동차방정식으로 구성된 초깃값 문제의 해이고 $y_1(t)$는 제로 초깃값 조건을 갖는 비동차방정식으로 구성된 초깃값 문제의 해이다.

예제5에서 (14)로부터 이동함수는 $W(s)=\dfrac{1}{s^2-3s+2}$이고 제로-입력 반응은

$$y_0(t)=L^{-1}\left\{\frac{s+2}{(s-1)(s-2)}\right\}=-3e^t+4e^{2t}$$

이고 제로-상태 반응은

$$y_1(t)=L^{-1}\left\{\frac{1}{(s-1)(s-2)(s+4)}\right\}=-\frac{1}{5}e^t+\frac{1}{6}e^{2t}+\frac{1}{30}e^{-4t}$$

이다. $y_0(t)$와 $y_1(t)$의 합은 예제5의 해 $y(t)$이고 $y_0(0)=1,\ y_0{}'(0)=5$이고 반면에 $y_1(0)=0,\ y'_1(0)=0$임을 보여라.

연습문제 7.2

7.2.1 역변환

(1–30) 적당한 대수와 정리 7.2.1을 사용하여 주어진 역 라플라스 변환을 구하여라.

1. $L^{-1}\left\{\dfrac{1}{s^3}\right\}$

2. $L^{-1}\left\{\dfrac{1}{s^4}\right\}$

3. $L^{-1}\left\{\dfrac{1}{s^2}-\dfrac{48}{s^5}\right\}$

4. $L^{-1}\left\{\left(\dfrac{2}{s}-\dfrac{1}{s^3}\right)^2\right\}$

5. $L^{-1}\left\{\dfrac{(s+1)^3}{s^4}\right\}$

6. $L^{-1}\left\{\dfrac{(s+2)^2}{s^3}\right\}$

7. $L^{-1}\left\{\dfrac{1}{s^2}-\dfrac{1}{s}+\dfrac{1}{s-2}\right\}$

8. $L^{-1}\left\{\dfrac{4}{s}+\dfrac{6}{s^5}-\dfrac{1}{s+8}\right\}$

9. $L^{-1}\left\{\dfrac{1}{4s+1}\right\}$

10. $L^{-1}\left\{\dfrac{1}{5s-2}\right\}$

11. $L^{-1}\left\{\dfrac{5}{s^2+49}\right\}$

12. $L^{-1}\left\{\dfrac{10s}{s^2+16}\right\}$

13. $L^{-1}\left\{\dfrac{4s}{4s^2+1}\right\}$

14. $L^{-1}\left\{\dfrac{1}{4s^2+1}\right\}$

15. $L^{-1}\left\{\dfrac{2s-6}{s^2+9}\right\}$

16. $L^{-1}\left\{\dfrac{s+1}{s^2+2}\right\}$

17. $L^{-1}\left\{\dfrac{1}{s^2+3s}\right\}$

18. $L^{-1}\left\{\dfrac{s+1}{s^2-4s}\right\}$

19. $L^{-1}\left\{\dfrac{s}{s^2+2s-3}\right\}$

20. $L^{-1}\left\{\dfrac{1}{s^2+s-20}\right\}$

21. $L^{-1}\left\{\dfrac{0.9s}{(s-0.1)(s+0.2)}\right\}$

22. $L^{-1}\left\{\dfrac{s-3}{(s-\sqrt{3})(s+\sqrt{3})}\right\}$

23. $\mathcal{L}^{-1}\left\{\dfrac{s}{(s-2)(s-3)(s-6)}\right\}$

24. $\mathcal{L}^{-1}\left\{\dfrac{s^2+1}{s(s-1)(s+1)(s-2)}\right\}$

25. $\mathcal{L}^{-1}\left\{\dfrac{1}{s^3+5s}\right\}$

26. $\mathcal{L}^{-1}\left\{\dfrac{s}{(s+2)(s^2+4)}\right\}$

27. $\mathcal{L}^{-1}\left\{\dfrac{2s-4}{(s^2+s)(s^2+1)}\right\}$

28. $\mathcal{L}^{-1}\left\{\dfrac{1}{s^4-9}\right\}$

29. $\mathcal{L}^{-1}\left\{\dfrac{1}{(s^2+1)(s^2+4)}\right\}$

30. $\mathcal{L}^{-1}\left\{\dfrac{6s+3}{s^4+5s^2+4}\right\}$

(31–34) 제시된 함수 f의 라플라스 변환을 구해서 주어진 역 라플라스 변환을 구하여라.

31. $\mathcal{L}^{-1}\left\{\dfrac{1}{(s-a)^2-b^2}\right\}$; $f(t)=e^{at}\sin bt$

32. $\mathcal{L}^{-1}\left\{\dfrac{1}{s^2(s^2+a^2)}\right\}$; $f(t)=at-\sin at$

33. $\mathcal{L}^{-1}\left\{\dfrac{1}{(s^2+a^2)(s^2+b^2)}\right\}$; $f(t)=a\sin bt-b\sin at$

34. $\mathcal{L}^{-1}\left\{\dfrac{s}{(s^2+a^2)(s^2+b^2)}\right\}$; $f(t)=\cos bt-\cos at$

7.2.2 도함수의 변환

(35–46) 라플라스 변환을 사용하여 주어진 초깃값 문제를 풀어라.

35. $\dfrac{dy}{dt}-y=1,\quad y(0)=0$

36. $2\dfrac{dy}{dt}+y=0,\quad y(0)=-3$

37. $y'+6y=e^{4t},\quad y(0)=2$

38. $y'-y=2\cos 5t,\quad y(0)=0$

39. $y''+5y'+4y=0,\quad y(0)=1,\quad y'(0)=0$

40. $y''-4y'=6e^{3t}-3e^{-t},\quad y(0)=1,\quad y'(0)=-1$

41. $y''+y=\sqrt{2}\sin\sqrt{2}t,\quad y(0)=10,\quad y'(0)=0$

42. $y''+9y=e^{t},\quad y(0)=0,\quad y'(0)=0$

43. $2y'''+3y''-3y'-2y=e^{-t},\ y(0)=0,\ y'(0)=0,\ y''(0)=1$

44. $y'''+2y''-y'-2y=\sin 3t,$ $y(0)=0,\ y'(0)=0,\quad y''(0)=1$

45. $y^{(4)}-y=0,\ y(0)=1,\ y'(0)=0,\ y''(0)=0,\ y'''(0)=0$

46. $y^{(4)}+y''=1,\ y(0)=0,\ y'(0)=0,\ y''(0)=0,\ y'''(0)=0$

연습문제7.1의 문제49에 있는 결과들의 역 라플라스 변환은

$$\mathcal{L}^{-1}\left\{\frac{s-a}{(s-a)^2+b^2}\right\}=e^{at}\cos bt$$

$$\mathcal{L}^{-1}\left\{\frac{b}{(s-a)^2+b^2}\right\}=e^{at}\sin bt$$

이다.

(47–48) 라플라스 변환과 위의 역변환을 사용하여 주어진 초깃값 문제를 풀어라.

47. $y'+y=e^{-3t}\cos 2t,\ y(0)=0$

48. $y''-2y'+5y=0,\ y(0)=1,\ y'(0)=3$

(49–50) 문제31-34에서 구한 역 라플라스 변환중 하나를 사용하여 주어진 초깃값 문제를 풀어라.

49. $y''+4y=10\cos 5t,\ y(0)=0,\ y'(0)=0$

50. $y''+2y=4t,\ y(0)=0,\ y'(0)=0$

(51–52) 부록 C의 라플라스 변환표를 이용하여 주어진 초깃값 문제를 풀어라.

51. $y^{(4)}+16y=0,\quad y(0)=(0),\quad y'(0)=(0),\quad y''(0)=1,\quad y'''(0)=0$

52. $y^{(4)}+2y''+y=0,\quad y(0)=(0),\quad y'(0)=1,\quad y''(0)=0,\quad y'''(0)=0$

토론 문제

53. $F(s)=\mathcal{L}\{f(t)\}$를 이용하면 (6)의 변환은 다음과 같다.

$$\mathcal{L}\{f'(t)\}=s\mathcal{L}\{f(t)\}-f(0)$$

$f(t)=te^{at}$로 놓고 정리 7.1.1의 (c)와 연결하여 이 결과가 $L\{te^{at}\}$을 구하기 위하여 어떻게 사용될 수 있는지를 논하여라.

54. 문제53에서와 같은 식으로 해 보아라. 그러나 이번에는 $f(t)=t\sin kt$로 놓고 정리 7.1.1의 (d), (e)와 연결하여 (7)이 $L\{t\sin kt\}$를 구하기 위하여 어떻게 사용될 수 있는지를 논하여라.

55. $t\geq 0$에서 $f(t)$가 연속이고 지수위수라고 가정하자. $g(t)=\int_0^1 f(\tau)d\tau$일 때, (6)을 이용하여 다음을 보여라.

$$L\left\{\int_0^1 f(\tau)d\tau\right\}=\frac{F(s)}{s},\text{ 단 } F(s)=L\{f(t)\}$$

56. 같은 라플라스 변환을 갖는 두 개의 함수 f_1, f_2를 만들어라. 깊이 있게 생각하지 않고 만든다.

7.3 연산성질 I

소개 함수 $f(t)$의 라플라스 변환을 구할 때마다 정의 7.1.1을 사용하는 것이 편리하지는 않다. 예를 들어, $L\{e^t t^2\sin 3t\}$을 계산하는 데 포함된 부분적분은 간단하지 않다. 이 절과 다음 절에서 기본 정의와 적분을 사용하지 않고 좀 더 광범위한 변환표(부록 C의 표 참조)를 만들 수 있도록 수고를 덜어주는 라플라스 변환의 여러 가지의 연산성질들을 제시한다.

7.3.1 s축으로의 이동

이동 $L\{e^{5t}t^3\}$과 $L\{e^{-2t}\cos 4t\}$와 같은 변환의 계산은 $L\{t^3\}$과 $L\{\cos 4t\}$을 안다면 간단한 것이다. 일반적으로 함수 f의 라플라스 변환 $L\{f(t)\}=F(s)$을 안다면 f의 지수 곱의 라플라스 변환 즉, $L\{e^{at}f(t)\}$는 추가적으로 적분을 계산하지 않고 단지 $F(s)$를 $F(s-a)$로 이동함으로써 계산하는 것이 가능하다. 이 결과는 제1이동정리로 알려져 있다.

정리 7.3.1 제1이동정리

$L\{f(t)\}=F(s)$이고 a가 임의의 실수이면 $s>a+c$에 대하여

$$L\{e^{at}f(t)\}=F(s-a)$$

이다.

증명 이 증명은 정의 7.1.1에 의하여

$$L\{e^{at}f(t)\} = \int_0^\infty e^{-st}e^{at}f(t)dt = \int_0^\infty e^{-(s-a)}f(t)dt = F(s-a)$$

이므로 간단하다. ■

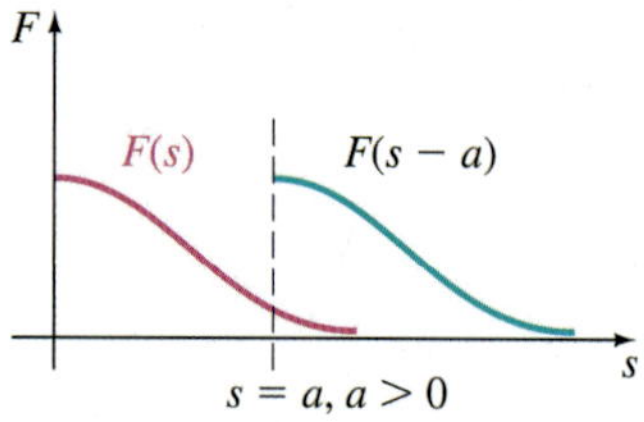

그림 7.3.1 s축으로의 이동

만일 s를 실변수로 간주하면 $F(s-a)$의 그래프는 $F(s)$의 그래프를 s축에서 $|a|$만큼 이동한 것이다. $a>0$이면 $F(s)$의 그래프는 오른쪽으로 a만큼 이동한 것이고, 반면에 $a<0$이면 $F(s)$의 그래프는 왼쪽으로 $|a|$만큼 이동한 것이다.(그림 7.3.1 참조)

이를 강조하기 위해서 간혹 기호

$$L\{e^{at}f(t)\} = L\{f(t)\}|_{s\to s-a}$$

를 사용하는 것이 유용하다. 여기서 $s\to s-a$는 $f(t)$의 라플라스 변환 $F(s)$에서 기호 s가 나타나는 곳에서는 $s-a$로 대치하는 것을 의미한다.

예제 1 제1이동정리 사용하기

(a) $L\{e^{5t}t^3\}$ (b) $L\{e^{-2t}\cos 4t\}$을 구하여라.

풀이 이 결과들은 정리 7.1.1과 7.3.1로부터 성립한다.

(a) $L\{e^{5t}t^3\} = L\{t^3\}|_{s\to s-5} = \dfrac{3!}{s^4}|_{s\to s-5} = \dfrac{6}{(s-5)^4}$

(b) $L\{e^{-2t}\cos 4t\} = L\{\cos 4t\}|_{s\to s-(-2)} = \dfrac{s}{s^2+16}|_{s\to s+2} = \dfrac{s+2}{(s+2)^2+16}$ ■

정리 7.3.1의 역형식 $F(s-a)$의 역변환을 계산하기 위해서는 $F(s)$를 인지하고 $F(s)$의 역 라플라스 변환을 취함으로써 $f(t)$를 구한 다음에 지수함수 e^{at}을 곱한다. 이 과정을 다음과 같이 기호로 요약할 수 있다.

$$L^{-1}\{F(s-a)\} = L^{-1}\{F(s)|_{s\to s-a}\} = e^{at}f(t) \tag{1}$$

여기서 $f(t) = L^{-1}\{F(s)\}$이다.

다음 예제의 첫 번째 부분은 $Y(s)$의 분모가 반복된 일차인수를 포함하는 경우에 부분 분수 분해를 나타낸다.

예제 2 부분 분수: 반복된 일차인수

(a) $L^{-1}\left\{\dfrac{2s+5}{(s-3)^2}\right\}$ (b) $L^{-1}\left\{\dfrac{\dfrac{s}{2}+\dfrac{5}{3}}{s^2+4s+6}\right\}$를 구하여라.

풀이 (a) 반복된 일차인수는 $(s-a)^n$ 항이다. 여기서 a는 실수, n는 $n \geq 2$인 양의 정수이다. $(s-a)^n$이 유리식의 분모에서 나타난다면 부분 분수 분해가 상수 분자와 $s-a, (s-a)^2, \cdots, (s-a)^n$와 같은 분모 인수를 가진 n개의 부분 분수를 포함한다고 하자. $a=3$, $n=2$로 놓으면

$$\frac{2s+5}{(s-3)^2}=\frac{A}{s-3}+\frac{B}{(s-3)^2}$$

로 나타낸다. 우변을 통분하여 분자를 정리하면 $2s+5=A(s-3)+B$이므로 $A=2$, $B=11$을 얻는다. 그러므로

$$\frac{2s+5}{(s-3)^2}=\frac{2}{s-3}+\frac{11}{(s-3)^2} \tag{2}$$

이므로

$$L^{-1}\left\{\frac{2s+5}{(s-3)^2}\right\}=2L^{-1}\left\{\frac{1}{s-3}\right\}+11L^{-1}\left\{\frac{1}{(s-3)^2}\right\} \tag{3}$$

이다. 이제 $\dfrac{1}{(s-3)^2}$은 $F(s)=\dfrac{1}{s^2}$이 우측으로 3만큼 이동되었다.

$L^{-1}\left\{\dfrac{1}{s^2}\right\}=t$이므로 (1)로부터

$$L^{-1}\left\{\frac{1}{(s-3)^2}\right\}=L^{-1}\left\{\frac{1}{s^2}\bigg|_{s\to s-3}\right\}=e^{3t}t$$

이다. 따라서 (3)은

$$L^{-1}\left\{\frac{2s+5}{(s-3)^2}\right\}=2e^{3t}+11e^{3t}t \tag{4}$$

이다.

(b) 우선 이차다항식 s^2+4s+6은 실수의 일차인수를 갖지 않는다는 것을 알 수 있다. 이 상황에서는 분모를 완전제곱식으로 변형한다. 즉,

$$\frac{\dfrac{s}{2}+\dfrac{5}{3}}{s^2+4s+6}=\frac{\dfrac{s}{2}+\dfrac{5}{3}}{(s+2)^2+2} \tag{5}$$

여기서 우리의 목표는 우변의 식을 s가 모두 $s+2$로 대치된 어떤 라플라스 변환 $F(s)$로 인식하는 것이다. 앞의 예제1의 (b)부분과 유사한 시도를 적용하면 (5)의 분모는 이미 정확한 형식 즉, s^2+2에서 s가 $s+2$로 대치되어있다. 그러나 상수

를 조정하여 분자를 결정하면

$$\frac{1}{2}s+\frac{5}{3}=\frac{1}{2}(s+2)+\frac{5}{3}-\frac{2}{2}=\frac{1}{2}(s+2)+\frac{2}{3}$$

이다.

이제 항별 나눗셈, L^{-1}의 선형성, 정리 7.2.1의 (d)와 (e) 그리고 (1)에 의하여

$$\frac{\frac{s}{2}+\frac{5}{3}}{(s+2)^2+2}=\frac{\frac{1}{2}(s+2)+\frac{2}{3}}{(s+2)^2+2}=\frac{1}{2}\frac{s+2}{(s+2)^2+2}+\frac{2}{3}\frac{1}{(s+2)^2+2}$$

$$L^{-1}\left\{\frac{\frac{s}{2}+\frac{5}{3}}{s^2+4s+6}\right\}=\frac{1}{2}L^{-1}\left\{\frac{s+2}{(s+2)^2+2}\right\}+\frac{2}{3}L^{-1}\left\{\frac{1}{(s+2)^2+2}\right\}$$

$$=\frac{1}{2}L^{-1}\left\{\frac{s}{s^2+2}\bigg|_{s\to s+2}\right\}+\frac{2}{3\sqrt{2}}L^{-1}\left\{\frac{\sqrt{2}}{s^2+2}\bigg|_{s\to s+2}\right\} \tag{6}$$

$$=\frac{1}{2}e^{-2t}\cos\sqrt{2}\,t+\frac{\sqrt{2}}{3}e^{-2t}\sin\sqrt{2}\,t \tag{7}$$

이다. ■

예제 3 초깃값 문제

$y''-6y'+9y=t^2e^{3t},\quad y(0)=2,\ y'(0)=17$을 풀어라.

풀이 ▶ 미분방정식을 변형하기에 앞서 주어진 방정식의 우변은 예제1의 (a)에 있는 함수와 유사하다. 선형성, 정리 7.3.1과 초깃값 조건을 사용한 후에 $Y(s)=L\{y(t)\}$에 관하여 간단히 한 후 풀면

$$L\{y''\}-6L\{y'\}+9L\{y\}=L\{t^2e^{3t}\}$$

$$s^2Y(s)-sy(0)-y'(0)-6[sY(s)-y(0)]+9Y(s)=\frac{2}{(s-3)^3}$$

$$(s^2-6s+9)Y(s)=2s+5+\frac{2}{(s-3)^3}$$

$$(s-3)^2Y(s)=2s+5+\frac{2}{(s-3)^3}$$

$$Y(s)=\frac{2s+5}{(s-3)^2}+\frac{2}{(s-3)^5}$$

이다.

우변의 첫 번째 항은 예제2의 (a)에서 (2)와 같은 부분 분수로 이미 분해되었다.

$$Y(s)=\frac{2}{s-3}+\frac{11}{(s-3)^2}+\frac{2}{(s-3)^5}$$

따라서

$$y(t)=2L^{-1}\left\{\frac{1}{s-3}\right\}+11L^{-1}\left\{\frac{1}{(s-3)^2}\right\}+\frac{2}{4!}L^{-1}\left\{\frac{4!}{(s-3)^5}\right\} \quad (8)$$

정리 7.3.1의 역형식 (1)로부터 (8)의 마지막 2개의 항은

$$L^{-1}\left\{\frac{1}{s^2}\Big|_{s\to s-3}\right\}=te^{3t}\text{과 } L^{-1}\left\{\frac{4!}{s^5}\Big|_{s\to s-3}\right\}=t^4e^{3t}$$

이다.

따라서 (8)은 $y(t)=2e^{3t}+11te^{3t}+\frac{1}{12}t^4e^{3t}$이다. ■

예제 4 **초깃값 문제**

$y''+4y'+6y=1+e^{-t}$, $y(0)=0$, $y'(0)=0$을 풀어라.

풀이 ▸

$$L\{y''\}+4L\{y'\}+6L\{y\}=L\{1\}+L\{e^{-t}\}$$

$$s^2Y(s)-sy(0)-y'(0)+4[sY(s)-y(0)]+6Y(s)=\frac{1}{s}+\frac{1}{s+1}$$

$$(s^2+4s+6)Y(s)=\frac{2s+1}{s(s+1)}$$

$$Y(s)=\frac{2s+1}{s(s+1)(s^2+4s+6)}$$

분모의 이차항은 실수의 일차인수로 인수분해 되지 않으므로 $Y(s)$에 대한 부분 분수 분해는

$$Y(s)=\frac{\frac{1}{6}}{s}+\frac{\frac{1}{3}}{s+1}-\frac{\frac{s}{2}+\frac{5}{3}}{s^2+4s+6}$$

이다. 더욱이 역변환을 취하는 데 마지막 항을 예제2의 (b)에 있는 필요한 형으로 이미 조정하였으므로 (6)과 (7)에 있는 결과에 의하여 해는

$$y(t)=\frac{1}{6}L^{-1}\left\{\frac{1}{s}\right\}+\frac{1}{3}L^{-1}\left\{\frac{1}{s+1}\right\}-\frac{1}{2}L^{-1}\left\{\frac{s+2}{(s+2)^2+2}\right\}$$

$$-\frac{2}{3\sqrt{2}}L^{-1}\left\{\frac{\sqrt{2}}{(s+2)^2+2}\right\}$$

$$=\frac{1}{6}+\frac{1}{3}e^{-t}-\frac{1}{2}e^{-2t}\cos\sqrt{2}\,t-\frac{\sqrt{2}}{3}e^{-2t}\sin\sqrt{2}\,t$$

이다. ■

7.3.2 t축으로의 이동

단위계단 함수 공학에서 "off" 또는 "on"인 함수를 자주 접하게 된다. 예를 들어, 기계적인 체계에 작동하는 외부력이나 회로에 인가된 전압은 일정시간 후에 없어질 수 있다. 이때 어떤 시간 $t=a$까지는 수 0이고, 그 시간 이후에는 수 1인 특수한 함수를 정의하는 것이 간편하다. 이 함수를 단위계단 함수 또는 **헤비사이드 함수**라고 한다. 이 장 마지막의 참조를 보아라.

정의 7.3.1 단위계단 함수

단위계단 함수 $U(t-a)$는

$$U(t-a)=\begin{cases}0 & 0\le t<a\\ 1, & t\ge a\end{cases}$$

으로 정의된다.

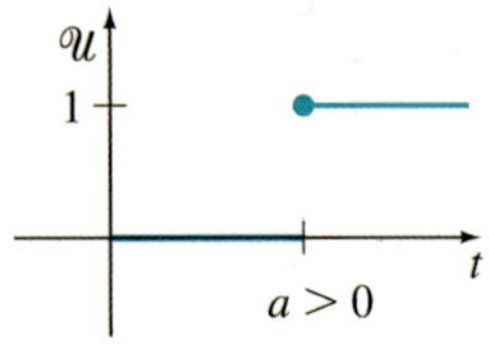

(a)

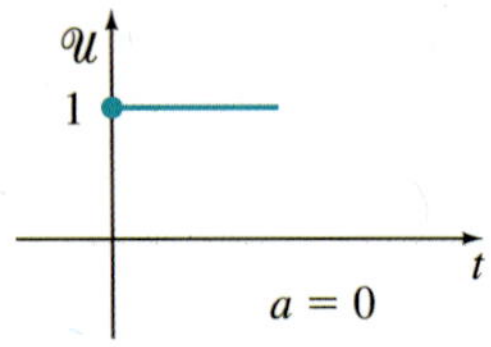

(b)

그림 7.3.2 단위계단 함수의 그래프

$U(t-a)$는 모두 라플라스 변환의 연구와 관련되므로 음이 아닌 t축 상에서만 정의된다. 넓은 의미에서 $t<a$에 대하여 $U(t-a)=0$이다. $U(t-a)$의 그래프는 그림 7.3.2에서와 같다. $a=0$인 경우에는 $t\ge 0$에 대하여 $U(t)=1$을 택한다.

$t\ge 0$에 대하여 정의된 함수 f와 $U(t-a)$가 곱해질 때 단위계단 함수는 이 결합된 함수의 그래프의 어떤 부분을 지운다. 예를 들어, $f(t)=2t-3$을 생각해 보자. $0\le t<1$에서 f의 그래프의 일부를 지우기 위해서는 단순히 곱

$$(2t-3)\,U(t-1)$$

을 만든다. 그림 7.3.3 참조.

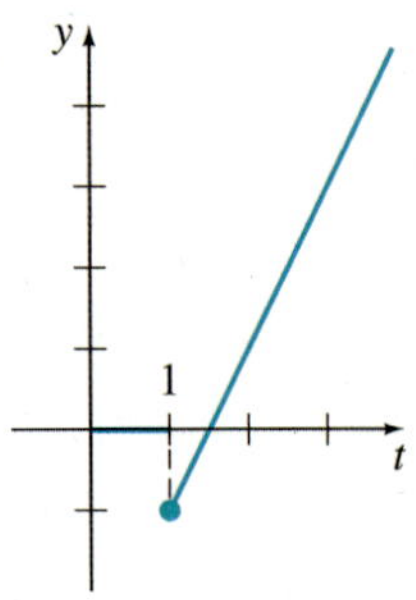

그림 7.3.3 함수는 $f(t)=(2t-3)U(t-1)$이다.

일반적으로 $f(t)U(t-a)$의 그래프는 $0\le t<a$에서는 0이고, $t\ge a$에서는 f의 그래프의 부분으로 표시된다. 또한 단위계단 함수는 간결한 형태로 조각적으로 정의된 함수를 나타내도록 사용될 수 있다. 예를 들어, 구간 $0\le t<2$, $2\le t<3$과 $t\ge 3$ 그리고 $U(t-2)$와 $U(t-3)$의 대응된 값을 생각하면 그림 7.3.4에서와 같은 조각적으로 정의된 함수는 $f(t)=2-3U(t-2)+U(t-3)$와 같음이 분명해진다. 또한

$$f(t)=\begin{cases}g(t), & 0\le t<a\\ h(t), & t\ge a\end{cases} \tag{9}$$

형태의 일반적인 조각적으로 정의된 함수는

$$f(t)=g(t)-g(t)U(t-a)+h(t)U(t-a) \tag{10}$$

와 같다. 마찬가지로

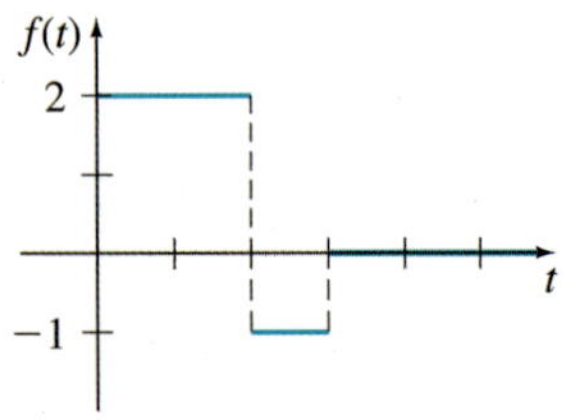

그림 7.3.4 함수는 $f(t)=2-3U(t-2)+U(t-3)$이다.

$$f(t)=\begin{cases}0, & 0\le t<a\\ g(t), & a\le t<b\\ 0 & t\ge b\end{cases} \tag{11}$$

형태의 함수는

$$f(t)=g(t)[U(t-a)-U(t-b)] \tag{12}$$

로 나타낼 수 있다.

예제 5 **조각적으로 정의된 함수**

$f(t)=\begin{cases}20t, & 0\le t<5\\ 0, & t\ge 5\end{cases}$를 단위계단 함수로 나타내고 그래프를 그려라.

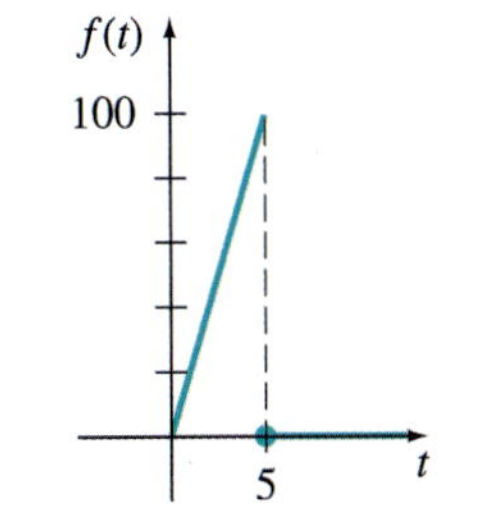

그림 7.3.5 예제5의 함수

풀이 f의 그래프는 그림 7.3.5에 주어져 있다. $a=5$, $g(t)=20t$와 $h(t)=0$으로 놓고 (9)와 (10)으로부터 $f(t)=20t-20t\,U(t-5)$를 얻는다. ■

$t\ge 0$에 대하여 정의된 일반적인 함수 $y=f(t)$를 생각해 보자. 조각적으로 정의된 함수

$$f(t-a)U(t-a)=\begin{cases}0, & 0\le t<a\\ f(t-a), & t\ge a\end{cases} \tag{13}$$

는 앞으로 논하게 될 내용에서 의미 있는 역할을 한다. 그림 7.3.6에서와 같이 $a>0$에 대하여 함수 $y=f(t-a)\,U(t-a)$의 그래프는 $t\ge a$에 대하여 $y=f(t-a)$의 그래프와 일치하지만 (즉, t축 상에서 오른쪽으로 a만큼 이동한 $y=f(t)$, $t\ge 0$의 전체 그래프이다.) $0\le t<a$에 대해서는 0이다.

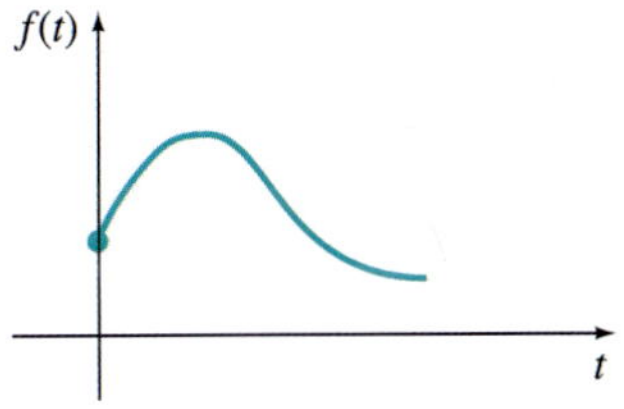

(a) $f(t),\ t\ge 0$

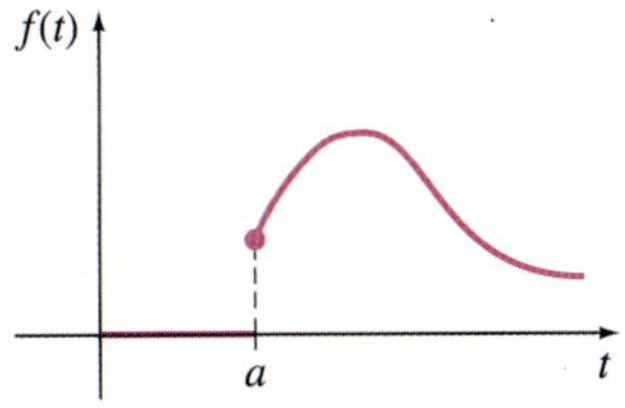

(b) $f(t-a)U(t-a)$

그림 7.3.6 t축으로의 이동

정리 7.3.1에서 $f(t)$의 지수배수는 변환 $F(s)$의 s축 상으로의 이동임을 보았다. 다음 정리의 결과로서 $F(s)$가 지수함수 e^{-as}, $a>0$에 의하여 곱해진 경우에 곱 $e^{-as}F(s)$의 역변환은 그림 7.3.6(b)에서 제시된 방식으로 함수 f가 t축을 따라 이동된 것이다. 다음의 변환설명에서 주어진 이 결과는 **제2이동정리**라고 한다.

정리 7.3.2 **제2이동정리**

$s>c\ge 0$에 대하여 $F(s)=L\{f(t)\}$가 존재하고 a가 양수이면, $s>c$에 대하여

$$L\{f(t-a)U(t-a)\}=e^{-as}F(s)$$

이다.

풀이 적분의 덧셈구간성질에 의하여

$$\int_0^\infty e^{-st} f(t-a)U(t-a)dt$$

는 다음과 같은 두 개의 적분으로 나타낼 수 있다:

$$\begin{aligned} L\{f(t-a)U(t-a)\} \\ &= \int_0^a e^{-st} f(t-a)\underbrace{U(t-a)}_{0 \le t < a\text{에 대하여 } 0}dt + \int_a^\infty e^{-st} f(t-a)\underbrace{U(t-a)}_{t \ge a\text{에 대하여 } 1}dt \\ &= \int_a^\infty e^{-st} f(t-a)dt. \end{aligned}$$

이제 마지막 적분에서 $v = t-a$로 놓으면 $dv = dt$이고

$$\begin{aligned} L\{f(t-a)U(t-a)\} = \int_0^\infty e^{-s(v+a)} f(v)dv &= e^{-as}\int_0^\infty e^{-sv} f(v)dv \\ &= e^{-as}L\{f(t)\} \end{aligned}$$

이다. ■

예제 6 **제 2이동정리 사용**

$L\{\sin 4tU(t-\pi/2)\}$를 구하여라.

풀이 함수 $f(t) = \sin 4t$의 주기는 $\pi/2$이기 때문에 다음과 같이 쓸 수 있다.

$$f(t) = \sin 4t = f(t-\pi/2) = \sin 4(t-\pi/2)$$

정리 7.3.2에서 $a = \pi/2$라 두면 다음을 얻는다.

$$\begin{aligned} L\{\sin 4tU(t-\pi/2)\} &= L\{\sin 4(t-\pi/2)U(t-\pi/2)\} \\ &= e^{-\pi s/2}L\{\sin 4t\} = e^{-\pi s/2}\frac{4}{s^2+16} \end{aligned}$$

■

가끔은 단위계단 함수만의 라플라스 변환을 구하고자 한다. 이것은 정의 7.1.1이나 정리 7.3.2로부터 구할 수 있다. 정리 7.3.2에서 $f(t) = 1$로 놓으면 $f(t-a) = 1$, $F(s) = L\{1\} = \dfrac{1}{s}$이므로

$$L\{U(t-a)\} = \frac{e^{-as}}{s} \tag{14}$$

이다.

예제 7 **그림 7.3.4 재논의**

그림 7.3.4의 함수 f의 라플라스 변환을 구하여라.

풀이 ▶ 함수 f를 단위계단 함수로 나타내면 $f(t)=2-3U(t-2)+U(t-3)$이고 (14)를 사용하면 라플라스 변환은

$$\begin{aligned} L\{f(t)\} &= 2L\{1\}-3L\{U(t-2)\}+L\{U(t-3)\} \\ &= \frac{2}{s}-3\frac{e^{-2s}}{s}+\frac{e^{-3s}}{s} \end{aligned}$$

이다. ■

정리 7.3.2의 역형식 $f(t)=L^{-1}\{F(s)\}$이면 정리 7.3.2 ($a>0$)의 역형식은

$$L^{-1}\{e^{-as}F(s)\}=f(t-a)U(t-a) \tag{15}$$

이다.

예제 8 공식 (15) 사용하기

(a) $L^{-1}\left\{\dfrac{1}{s-4}e^{-2s}\right\}$ (b) $L^{-1}\left\{\dfrac{s}{s^2+9}e^{-\frac{\pi s}{2}}\right\}$를 계산하여라.

풀이 ▶ (a) $a=2,\ F(s)=\dfrac{1}{s-4}$로 놓으면 $L^{-1}\{F(s)\}=e^{4t}$이므로 (15)로부터

$$L^{-1}\left\{\frac{1}{s-4}e^{-2s}\right\}=e^{4(t-2)}U(t-2)$$

이다.

(b) $a=\dfrac{\pi}{2},\ F(s)=\dfrac{s}{s^2+9}$로 놓으면 $L^{-1}\{F(s)\}=\cos 3t$이므로 (15)로부터

$$L^{-1}\left\{\frac{s}{s^2+9}e^{-\frac{\pi s}{2}}\right\}=\cos 3\left(t-\frac{\pi}{2}\right)U\left(t-\frac{\pi}{2}\right)$$

이다. 마지막 표현은 코사인에 대한 덧셈공식을 사용하여 좀 더 단순화될 수 있다. 이 결과는 $-\sin 3t\,U\left(t-\dfrac{\pi}{2}\right)$와 같음을 보여라. ■

정리 7.3.2의 또 다른 형식 우리는 자주 함수 g와 단위계단 함수 $U(t-a)$의 곱의 라플라스 변환을 구하는 문제에 직면한다. 여기서 g는 정리 7.3.2에 있는 정확한 이동 형식 $f(t-a)$를 필요로 한다. $g(t)U(t-a)$의 라플라스 변환을 구하기 위해서 $g(t)$를 대수적인 조작에 의하여 요구된 형식 $f(t-a)$로 결정하는 것이 가능하다. 예를 들어, $t^2U(t-a)$의 라플라스 변환을 구하기 위해서 정리 7.3.2를 사용한다면 $g(t)=t^2$을 형식 $f(t-2)$로 변형해야 한다. 구체적으로는 다음을 확인할 수 있다.

$$t^2=(t-2)^2+4(t-2)+4$$

정리 7.3.2의 선형성을 이용하여 다음을 얻는다.

$$\begin{aligned} L\{t^2 U(t-2)\} &= L\{(t-2)^2 U(t-2) + 4(t-2)U(t-2) + 4U(t-2)\} \\ &= L\{(t-2)^2 U(t-2)\} + L\{4(t-2)U(t-2)\} + L\{4U(t-2)\} \\ &= e^{-2s} L\{t^2\} + 4e^{-2s} L\{t\} + 4e^{-2s} L\{1\} \\ &= \frac{2e^{-2s}}{s^3} + \frac{4e^{-2s}}{s^2} + \frac{4e^{-2s}}{s} \end{aligned}$$

위의 조작은 시간을 걸리고 가끔 명확하지 않다. 정리 7.3.2의 다른 설명을 고안하는 것이 더 간단하다. 정의 7.3.1, $U(t-a)$의 정의와 치환 $u = t-a$를 사용하여 다음을 얻는다.

$$L\{g(t)U(t-a)\} = \int_a^\infty e^{-st} g(t)dt = \int_a^\infty e^{-s(u+a)} g(u+a)du = e^{-as} \int_a^\infty e^{-su} g(u+a)du$$

즉, 다음과 같다.

$$L\{g(t)U(t-a)\} = e^{-as} L\{g(t+a)\} \tag{16}$$

예를 들어, $a = 2$이고 $g(t) = t^2$일 때, (16)으로부터 다음을 얻는데,

$$\begin{aligned} L\{t^2 U(t-2)\} &= e^{-2s} L\{(t+2)^2\} \\ &= e^{-2s} L\{t^2 + 4t + 4\} \\ &= \frac{2e^{-2s}}{s^3} + \frac{4e^{-2s}}{s^2} + \frac{4e^{-2s}}{s} \end{aligned}$$

이는 앞의 계산과 일치한다.

예제 9 제2이동정리–또 다른 형식

$L\{\cos t\, U(t-\pi)\}$를 구하여라.

풀이 $g(t) = \cos t$와 $a = \pi$로 놓으면 코사인 함수의 덧셈 공식에 의하여 $g(t+\pi) = \cos(t+\pi) = -\cos t$이다. (16)에 의하여

$$L\{\cos t\, U(t-\pi)\} = -e^{-\pi s} L\{\cos t\} = -\frac{s}{s^2+1} e^{-\pi s}$$

이다. ■

다음 두 개의 예제에서 조각적 선형 미분방정식을 포함한 초깃값 문제와 경곗값 문제를 순서대로 해결한다.

예제 10 초깃값 문제

$y' + y = f(t)$, $y(0) = 5$를 풀어라. 여기서 $f(t) = \begin{cases} 0, & 0 \le t < \pi \\ 3\cos t, & t \ge \pi \end{cases}$이다.

풀이 ▶ 함수 f는 $f(t)=3\cos t\,U(t-\pi)$로 쓸 수 있고, 선형성, 예제7의 결과와 부분 분수에 의하여

$$L\{y'\}+L\{y\}=3L\{\cos t\,U(t-\pi)\}$$
$$sY(s)-y(0)+Y(s)=-3\frac{s}{s^2+1}e^{-\pi s}$$
$$(s+1)Y(s)=5-\frac{3s}{s^2+1}e^{-\pi s}$$
$$Y(s)=\frac{5}{s+1}-\frac{3}{2}\left[-\frac{1}{s+1}e^{-\pi s}+\frac{1}{s^2+1}e^{-\pi s}+\frac{s}{s^2+1}e^{-\pi s}\right] \tag{17}$$

이다.

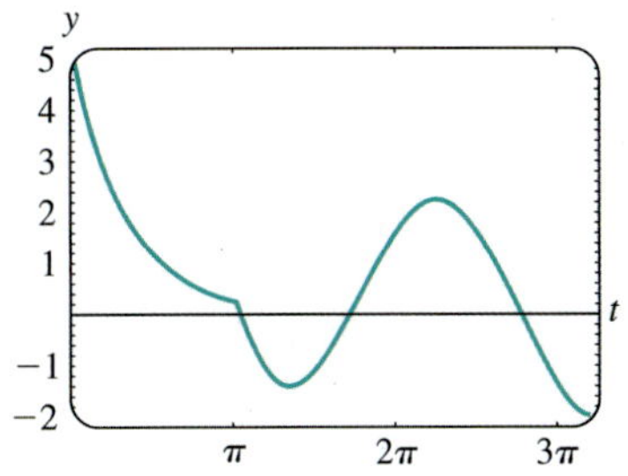

그림 7.3.7 예제10의 함수 (18)의 그래프

이제 예제7에서 한 것과 같이 진행하면 $a=\pi$로 놓고 (15)로부터 괄호안의 항의 역은

$$L^{-1}\left\{\frac{1}{s+1}e^{-\pi s}\right\}=e^{-(t-\pi)}U(t-\pi),$$
$$L^{-1}\left\{\frac{1}{s^2+1}e^{-\pi s}\right\}=\sin(t-\pi)U(t-\pi)$$

이고

$$L^{-1}\left\{\frac{s}{s^2+1}e^{-\pi s}\right\}=\cos(t-\pi)\,U(t-\pi)$$

이다.

따라서 (17)의 역은

$$\begin{aligned} y(t)&=5e^{-t}+\frac{3}{2}e^{-(t-\pi)}U(t-\pi)-\frac{3}{2}\sin(t-\pi)\,U(t-\pi)\\ &\quad-\frac{3}{2}\cos(t-\pi)\,U(t-\pi)\\ &=5e^{-t}+\frac{3}{2}[e^{-(t-\pi)}+\sin t+\cos t]\,U(t-\pi) \quad \leftarrow \text{삼각함수 항등식}\\ &=\begin{cases}5e^{-t}, & 0\le t<\pi\\ 5e^{-t}+\frac{3}{2}e^{-(t-\pi)}+\frac{3}{2}\sin t+\frac{3}{2}\cos t, & t\ge\pi\end{cases} \end{aligned} \tag{18}$$

이다. 그래프를 그리는 도구에 의하여 그림 7.3.7에서 보여진 (18)의 그래프를 얻었다. ■

막대 5.2절에서 단위 길이 당 하중 $w(x)$가 닿는 길이 L의 동일한 막대의 정지하고 있는 휨 $y(x)$는 4계 선형 미분방정식

$$EI\frac{d^4y}{dx^4}=w(x) \tag{19}$$

으로부터 구해짐을 보았다. 여기서 E는 영의 탄성계수이고 I는 막대의 횡단면의 관성능률이다. $w(x)$가 조각적으로 정의될 때 라플라스 변환은 (19)를 푸는 데 특히 유용하다. 그러나 라플라스 변환을 사용하기 위해서는 $y(x)$와 $w(x)$가 $(0,\ L)$에서보다는 오히려 $(0,\ \infty)$에서 정의되었다고 해야 한다. 또한 다음의 예제는 초깃

값 문제라기보다는 경곗값 문제임에 유의한다.

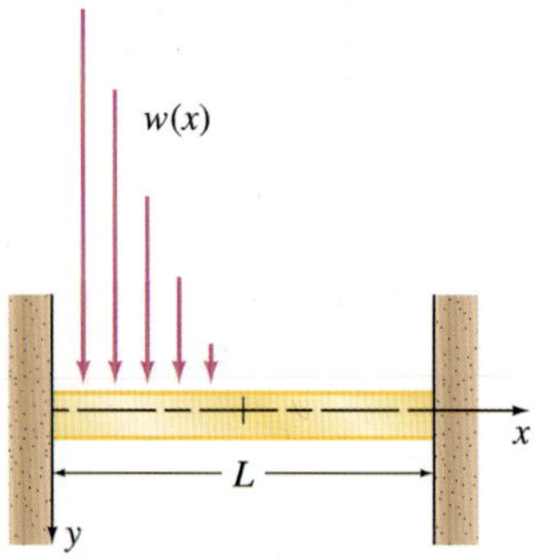

그림 7.3.8 예제11의 변수 하중을 갖는 둘러싸인 막대

예제 11 경곗값 문제

길이가 L인 막대가 그림 7.3.8에서와 같이 양쪽 끝이 둘러싸여 있다. 하중이

$$w(x)=\begin{cases} w_0\left(1-\dfrac{2}{L}x\right), & 0<x<\dfrac{L}{2} \\ 0, & \dfrac{L}{2}<x<L \end{cases}$$

으로 주어진 막대의 휨을 구하여라.

풀이 막대의 양쪽 끝이 둘러싸여 있기 때문에 경곗값 조건은 $y(0)=0,\ y'(0)=0,\ y(L)=0,\ y'(L)=0$임을 알 수 있다. 이제 (10)에 의하여 $w(x)$를 단위계단 함수로 다음과 같이 나타낼 수 있다.

$$\begin{aligned} w(x) &= w_0\left(1-\frac{2}{L}x\right)-w_0\left(1-\frac{2}{L}x\right)U\left(x-\frac{L}{2}\right) \\ &= \frac{2w_0}{L}\left[\frac{L}{2}-x+\left(x-\frac{L}{2}\right)U\left(x-\frac{L}{2}\right)\right] \end{aligned}$$

(19)를 x에 관하여 변형하면

$$EI(s^4Y(s)-s^3y(0)-s^2y'(0)-sy''(0)-y'''(0))=\frac{2w_0}{L}\left[\frac{L/2}{s}-\frac{1}{s^2}+\frac{1}{s^2}e^{-\frac{Ls}{2}}\right]$$

또는 $s^4Y(s)-sy''(0)-y'''(0)=\dfrac{2w_0}{EIL}\left[\dfrac{L/2}{s}-\dfrac{1}{s^2}+\dfrac{1}{s^2}e^{-\frac{Ls}{2}}\right]$이다.

$c_1=y''(0)$와 $c_2=y'''(0)$로 놓으면

$$Y(s)=\frac{c_1}{s^3}+\frac{c_2}{s^4}+\frac{2w_0}{EIL}\left[\frac{L/2}{s^5}-\frac{1}{s^6}+\frac{1}{s^6}e^{-\frac{Ls}{2}}\right]$$

이므로 결과적으로

$$\begin{aligned} y(x) &= \frac{c_1}{2!}\mathcal{L}^{-1}\left\{\frac{2!}{s^3}\right\}+\frac{c_2}{3!}\mathcal{L}^{-1}\left\{\frac{3!}{s^4}\right\}+\frac{2w_0}{EIL}\left[\frac{L/2}{4!}\mathcal{L}^{-1}\left\{\frac{4!}{s^5}\right\}-\frac{1}{5!}\mathcal{L}^{-1}\left\{\frac{5!}{s^6}\right\}\right. \\ &\quad \left.+\frac{1}{5!}\mathcal{L}^{-1}\left\{\frac{5!}{s^6}e^{-\frac{Ls}{2}}\right\}\right] \\ &= \frac{c_1}{2}x^2+\frac{c_2}{6}x^3+\frac{w_0}{60EIL}\left[\frac{5L}{2}x^4-x^5+\left(x-\frac{L}{2}\right)^5U\left(x-\frac{L}{2}\right)\right] \end{aligned}$$

이다.

마지막 결과에 조건 $y(L)=0,\ y'(L)=0$을 적용하면 c_1과 c_2에 대한 다음의 연립방정식을 얻는다.

$$c_1\frac{L^2}{2}+c_2\frac{L^3}{6}+\frac{49w_0L^4}{1920EI}=0,\ \ c_1L+c_2\frac{L^2}{2}+\frac{85w_0L^3}{960EI}=0$$

이를 풀면 $c_1=\dfrac{23w_0L^2}{960EI}$와 $c_2=\dfrac{-9w_0L}{40EI}$이고 따라서 휨은

$$y(x)=\frac{23w_0L^2}{1920EI}x^2-\frac{3w_0L}{80EI}x^3+\frac{w_0}{60EIL}\left[\frac{5L}{2}x^4-x^5+\left(x-\frac{L}{2}\right)^5U\left(x-\frac{L}{2}\right)\right]$$

으로 주어진다.

그림 7.3.9 올리버 헤비사이드

주의

이 장에서 제시된 많은 결과들은 영국의 전기기사인 **올리버 헤비사이드**(Oliver eaviside, 1850–1925)에 의해 고안되었다. 그림 7.3.9를 참조하여라. 그의 1899년 저작인 전자기학 이론(Electromagnetic Theory)에서 제시된 헤비사이드 연산자법은 송전선 연구에서 발생한 일정한 계수를 갖는 선형 미분방정식을 해결하는 수단이었다. 헤비사이드의 결과는 엄밀한 증명이 부족했기 때문에, 처음에는 수학자들로부터 비웃음을 받았다. 헤비사이드는 이에 반발하여 그 "기득권" 수학자들을 "얼간이"라고 불렀다. 헤비사이드는 그의 기호법을 사용하여 수학자들이 해결할 수 없었던 문제에 대한 답을 얻었을 때, 그들의 비웃음은 비판으로 변하고, 그의 논문들은 더 이상 수학 저널에 실리지 않게 되었다. 1902년 헤비사이드는 대기 상층에 이온화된 가스층이 존재하여 전파를 지구로 되돌리는 것을 예측했다. 1924년 이 층의 발견 이후, 이를 헤비사이드 층이라고 부르게 되었다. 헤비사이드는 과학계에서 잊혀진 채로 빈곤 속에서 은둔 생활을 하며 생을 마쳤다. 1925년 그는 난방이 안 되는 집에서 사망했다.

헤비사이드 연산자법을 견고한 기초 위에 세우려는 시도 속에서, 수학자들은 그의 미적분법의 규칙이 라플라스 변환의 많은 특성과 일치함을 발견했다. 시간이 흐르면서, 헤비사이드 연산자법은 라플라스 변환의 이론과 응용으로 대체되면서 사라졌습니다.

또한, 헤비사이드는 부분 분수를 빠르게 처리하는 방법으로 헤비사이드 커버업 방법(Heaviside Cover-Up Method)을 고안했다. 위키피디아의 헤비사이드 커버업 방법을 참조하여라.

연습문제 7.3

7.3.1 s축으로의 이동

(1–20) 표시된 대로 $F(s)$ 또는 $f(t)$를 구하여라.

1. $L\{te^{10t}\}$
2. $L\{te^{-6t}\}$
3. $L\{t^3e^{-2t}\}$
4. $L\{t^{10}e^{-7t}\}$
5. $L\{t(e^t+e^{2t})^2\}$
6. $L\{e^{2t}(t-1)^2\}$
7. $L\{e^t\sin 3t\}$
8. $L\{e^{-2t}\cos 4t\}$

9. $\mathscr{L}\{(1-e^{t}+3e^{-4t})\cos 5t\}$

10. $\mathscr{L}\left\{e^{3t}\left(9-4t+10\sin\frac{t}{2}\right)\right\}$

11. $\mathscr{L}^{-1}\left\{\frac{1}{(s+2)^3}\right\}$

12. $\mathscr{L}^{-1}\left\{\frac{1}{(s-1)^4}\right\}$

13. $\mathscr{L}^{-1}\left\{\frac{1}{s^2-6s+10}\right\}$

14. $\mathscr{L}^{-1}\left\{\frac{1}{s^2+2s+5}\right\}$

15. $\mathscr{L}^{-1}\left\{\frac{s}{s^2+4s+5}\right\}$

16. $\mathscr{L}^{-1}\left\{\frac{2s+5}{s^2+6s+34}\right\}$

17. $\mathscr{L}^{-1}\left\{\frac{s}{(s+1)^2}\right\}$

18. $\mathscr{L}^{-1}\left\{\frac{5s}{(s-2)^2}\right\}$

19. $\mathscr{L}^{-1}\left\{\frac{2s-1}{s^2(s+1)^3}\right\}$

20. $\mathscr{L}^{-1}\left\{\frac{(s+1)^2}{(s+2)^4}\right\}$

(21–24) 삼각함수들을 지수함수들을 이용해 표기하고 정리 7.3.1을 이용하여 $F(s)$를 찾아라.

21. $\mathscr{L}\{\sin kt \sinh kt\}$

22. $\mathscr{L}\{\sin kt \cosh kt\}$

23. $\mathscr{L}\{\cos kt \sinh kt\}$

24. $\mathscr{L}\{\cos kt \cosh kt\}$

(25–34) 라플라스 변환을 사용하여 주어진 초깃값 문제를 풀어라.

25. $y'+4y=e^{-4t},\ y(0)=2$

26. $y'-y=1+te^{t},\ y(0)=0$

27. $y''+2y'+y=0,\ y(0)=1,\ y'(0)=1$

28. $y''-4y'+4y=t^3e^{2t},\ y(0)=0,\ y'(0)=0$

29. $y''-6y'+9y=t,\ y(0)=0,\ y'(0)=1$

30. $y''-4y'+4y=t^3,\ y(0)=1,\ y'(0)=0$

31. $y''-6y'+13y=0,\ y(0)=0,\ y'(0)=-3$

32. $2y''+20y'+51y=0,\ y(0)=2,\ y'(0)=0$

33. $y''-y'=e^{t}\cos t,\ y(0)=0,\ y'(0)=0$

34. $y''-2y'+5y=1+t,\ y(0)=0,\ y'(0)=4$

(35–36) 라플라스 변환과 예제10에서 제시된 과정을 사용하여 주어진 경곗값 문제를 풀어라.

35. $y''+2y'+y=0,\ y'(0)=2,\ y(1)=2$

36. $y''+8y'+20y=0,\ y(0)=0,\ y'(\pi)=0$

37. 20 뉴턴의 무게에 의해 스프링은 0.6m 늘어난다. 평형위치 1.5m 위에서 무게가 제거되고 수치적으로 순간 속도와 같은 감쇠력이 작동하는 매개체에서 운동하고 있다. 라플라스 변환을 사용하여 운동 $x(t)$의 방정식을 구하여라.

38. LRC 직렬회로의 축전기에서 순간 충전 $q(t)$에 대한 미분방정식은

$$L\frac{d^2q}{dt^2}+R\frac{dq}{dt}+\frac{1}{C}q=E(t) \qquad (20)$$

에 의하여 주어짐을 생각하자. 5.1절 참조. 라플라스 변환을 사용하여 $L=1\text{H},\ R=20\Omega,\ C=0.005\text{F},\ E(t)=150\text{V},\ t>0,\ q(0)=0$과 $i(0)=0$일 때 $q(t)$를 구하여라. 전류 $i(t)$는 얼마인가?

39. 그림 7.3.10에서 보듯이 축전기를 충전하는 일정한 전압 E_0의 전지를 생각하자. 방정식 (20)을 L로 나누고 $2\lambda=\frac{R}{L}$과 $\omega^2=\frac{1}{LC}$로 정의한다. 라플라스 변환을 사용하여 $q(0)=0,\ i(0)=0$인 조건에 대한 $q''+2\lambda q'+\omega^2 q=\frac{E_0}{L}$의 해 $q(t)$는

$$g(t)=\begin{cases} E_0C\left[1-e^{-\lambda t}\left(\cosh\sqrt{\lambda^2-\omega^2}\,t + \frac{\lambda}{\sqrt{\lambda^2-\omega^2}}\sinh\sqrt{\lambda^2-\omega^2}\,t\right)\right], & \lambda>\omega \\ E_0C[1-e^{-\lambda t}(I+\lambda t)], & \lambda=\omega \\ E_0C\left[1-e^{-\lambda t}\left(\cos\sqrt{\omega^2-\lambda^2}\,t + \frac{\lambda}{\sqrt{\omega^2-\lambda^2}}\sin\sqrt{\omega^2-\lambda^2}\,t\right)\right], & \lambda<\omega \end{cases}$$

임을 보여라.

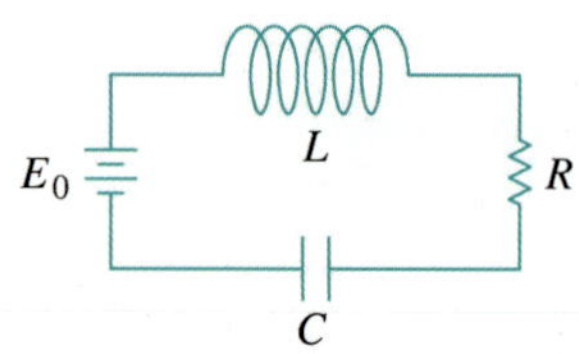

그림 7.3.10 문제39의 직렬회로

40. 라플라스 변환을 사용하여 $q(0)=0$과 $E(t)=E_0e^{-kt}$, $k>0$일 때 RC직렬회로에서 충전 $q(t)$를 구하여라. $k\neq\dfrac{1}{RC}$과 $k=\dfrac{1}{RC}$에 대한 두 가지 경우를 생각하여라.

7.3.2 *t*축으로의 이동

(41–52) 표시된 대로 $F(s)$ 또는 $f(t)$를 구하여라.

41. $L\{(t-1)U(t-1)\}$

42. $L\{e^{2-t}U(t-2)\}$

43. $L\{tU(t-2)\}$

44. $L\{(3t+1)U(t-1)\}$

45. $L\{\cos 2tU(t-\pi)\}$

46. $L\left\{\sin tU\left(t-\dfrac{\pi}{2}\right)\right\}$

47. $L^{-1}\left\{\dfrac{e^{-2s}}{s^3}\right\}$

48. $L^{-1}\left\{\dfrac{(1+e^{-2s})^2}{s+2}\right\}$

49. $L^{-1}\left\{\dfrac{e^{-\pi s}}{s^2+1}\right\}$

50. $L^{-1}\left\{\dfrac{se^{\frac{-\pi s}{2}}}{s^2+4}\right\}$

51. $L^{-1}\left\{\dfrac{e^{-s}}{s(s+1)}\right\}$

52. $L^{-1}\left\{\dfrac{e^{-2s}}{s^2(s-1)}\right\}$

(53–58) 주어진 그래프를 (a)-(f)에 있는 함수 중 하나와 일치하여라. $f(t)$의 그래프는 그림 7.3.11-17에 주어져 있다.

(a) $f(t)-f(t)U(t-a)$

(b) $f(t-b)U(t-b)$

(c) $f(t)U(t-a)$

(d) $f(t)-f(t)U(t-b)$

(e) $f(t)U(t-a)-f(t)U(t-b)$

(f) $f(t-a)U(t-a)-f(t-a)U(t-b)$

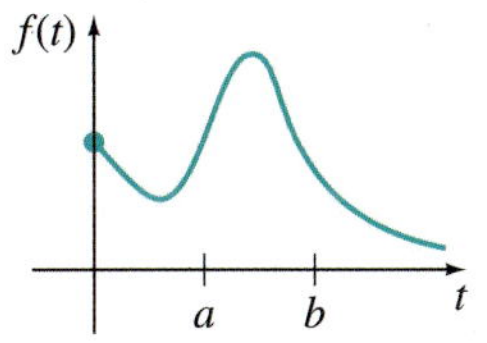

그림 7.3.11 문제53–58에 대한 그래프

53

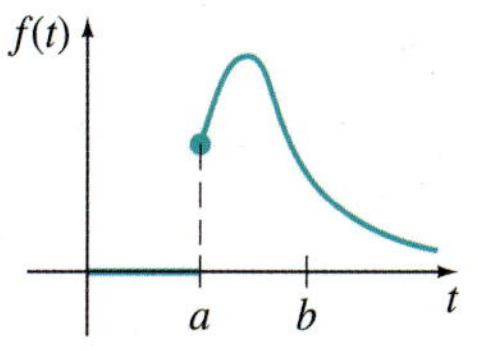

그림 7.3.12 문제53에 대한 그래프

54.

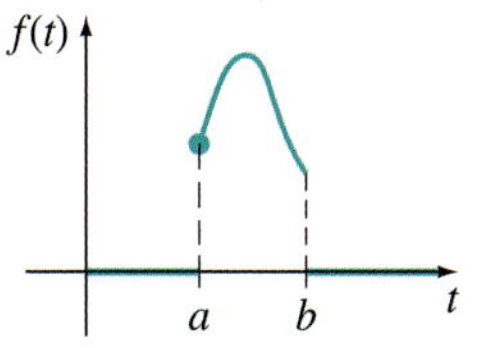

그림 7.3.13 문제54에 대한 그래프

55.

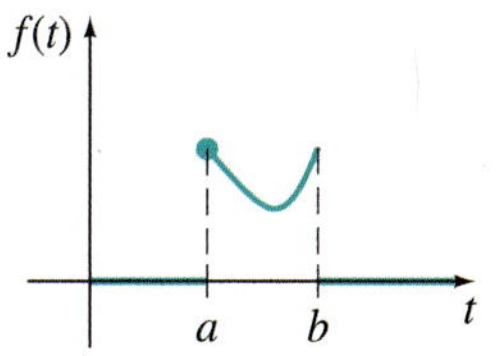

그림 7.3.14 문제55에 대한 그래프

56.

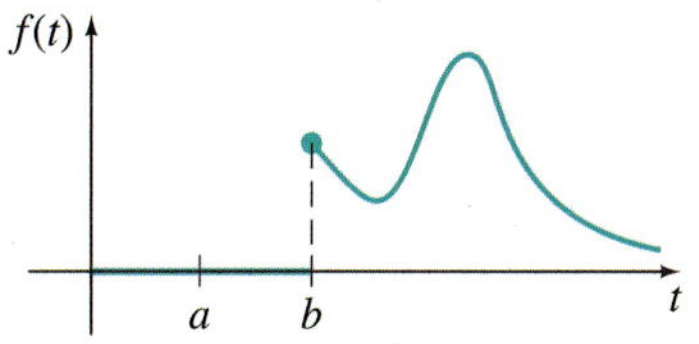

그림 7.3.15 문제56에 대한 그래프

57.

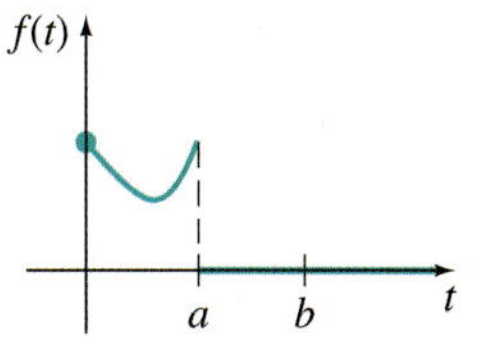

그림 7.3.16 문제57에 대한 그래프

58.

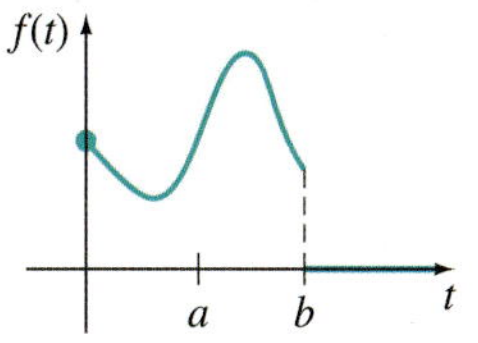

그림 7.3.17 문제58에 대한 그래프

(59–67) 각각의 함수를 단위계단 함수로 나타내고, 주어진 함수의 라플라스 변환을 구하여라.

59. $f(t)=\begin{cases}2, & 0\le t<3\\ -2, & t\ge 3\end{cases}$

60. $f(t)=\begin{cases}1, & 0\le t<4\\ 0, & 4\le t<5\\ 1, & t\ge 5\end{cases}$

61. $f(t)=\begin{cases}0, & 0\le t<1\\ t^2, & t\ge 1\end{cases}$

62. $f(t)=\begin{cases}0, & 0\le t<3\pi/2\\ \sin t, & t\ge 3\pi/2\end{cases}$

63. $f(t)=\begin{cases}t, & 0\le t<2\\ 0, & t\ge 2\end{cases}$

64. $f(t)=\begin{cases}\sin t, & 0\le t<2\pi\\ 0, & t\ge 2\pi\end{cases}$

65. $f(t)=\begin{cases}t, & 0\le t<1\\ 0, & 1\le t<2\\ \sin\pi t, & t\ge 2\end{cases}$

66. $f(t)=\begin{cases}\sin t, & 0\le t<2\pi\\ 2\sin t, & 2\pi\le t<4\pi\\ 3\sin t, & t\ge 4\pi\end{cases}$

67.

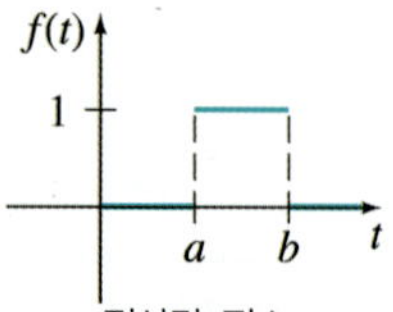

직사각 펄스

그림 7.3.18 문제67에 대한 그래프

68.

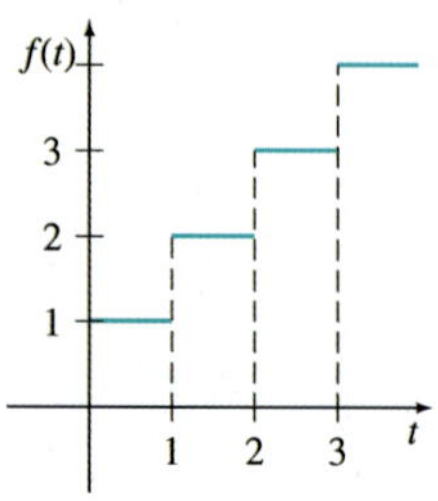

계단 함수

그림 7.3.19 문제68에 대한 그래프

69.

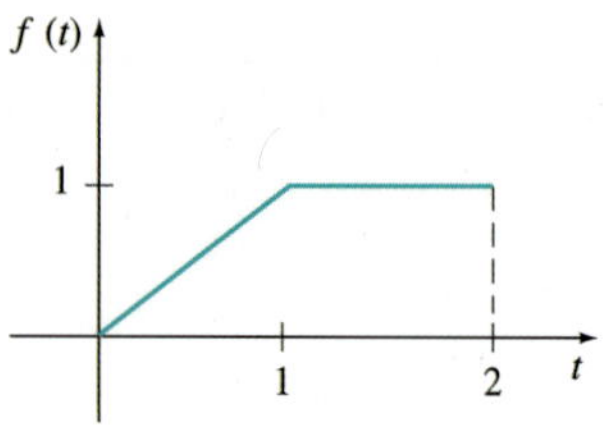

그림 7.3.20 문제69에 대한 그래프

70.

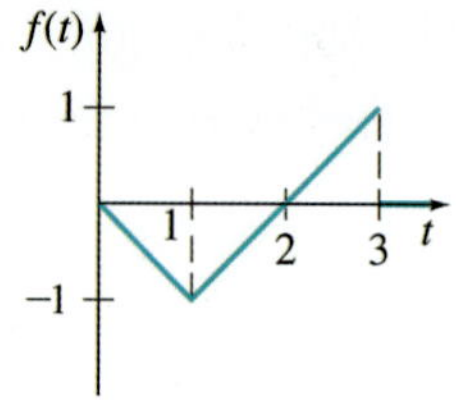

그림 7.3.21 문제70에 대한 그래프

(71–78) 라플라스 변환을 사용하여 주어진 초깃값 문제를 풀어라.

71. $y'+y=f(t),\ y(0)=0$ 여기서

$$f(t)=\begin{cases}0, & 0\le t<1\\ 5, & t\ge 1\end{cases}$$

72. $y'+y=f(t),\ y(0)=0$ 여기서

$$f(t)=\begin{cases}1, & 0\le t<1\\ -1, & t\ge 1\end{cases}$$

73. $y'+2y=f(t),\ y(0)=0$ 여기서

$$f(t)=\begin{cases}t, & 0\le t<1\\ 0, & t\ge 1\end{cases}$$

74. $y''+4y=f(t),\ y(0)=0,\ y'(0)=-1$ 여기서

$$f(t)=\begin{cases}1, & 0\le t<1\\ 0, & t\ge 1\end{cases}$$

75. $y''+4y=\sin t\,\mathcal{U}(t-2\pi),\ y(0)=1,\ y'(0)=0$

76. $y''-5y'+6y=\mathcal{U}(t-1),\ y(0)=0,\ \ y'(0)=1$

77. $y''+y=f(t),\ y(0)=0,\ y'(0)=1$ 여기서

$$f(t)=\begin{cases}0, & 0\le t<\pi\\ 1, & \pi\le t<2\pi\\ 0, & t\ge 2\pi\end{cases}$$

78. $y''+4y'+3y=1-\mathcal{U}(t-2)-\mathcal{U}(t-4)+\mathcal{U}(t-6)$
$y(0)=0,\ y'(0)=0$

79. 9.8 뉴턴의 무게에 의해 스프링은 61.25m 늘어난다고 하자. 평형위치에서 무게가 제거되고 $0\le t<5$에 대하여 강제력 $f(t)=20t$가 시스템에 작용하고 그 후에 제거된다면 운동 $x(t)$의 방정식을 구하여라. (예제5 참조) 모든 감쇠력은 무시한다. 그래프 그리는 도구를 사용하여 구간 $[0, 10]$에서 $x(t)$의 그래프를 그려라.

80. 강제력 $f(t)=\sin t$가 $0\le t<2\pi$에 대하여 시스템에 작용하고 그 후에 제거되는 경우에 문제79를 풀어라.

(81–82) 라플라스 변환을 사용하여 주어진 조건에 대응된 RC 직렬회로의 축전기에서 충전 $q(t)$를 구하여라.

81. $q(0)=0$, $R=2.5\,\Omega$, $C=0.08\,\text{F}$, $E(t)$는 그림 7.3.22에서 주어져 있다.

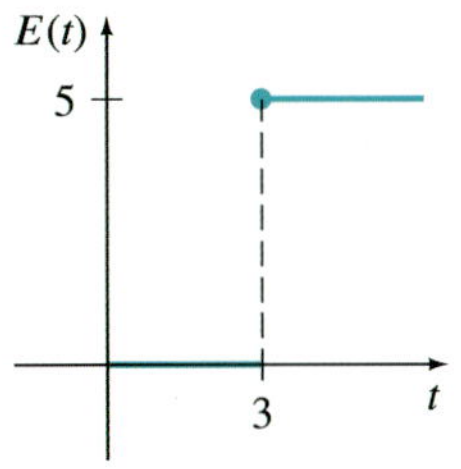

그림 7.3.22 문제81에서의 $E(t)$

82. $q(0)=q_0$, $R=10\,\Omega$, $C=0.1\,\text{F}$, $E(t)$는 그림 7.3.21에서 주어져 있다.

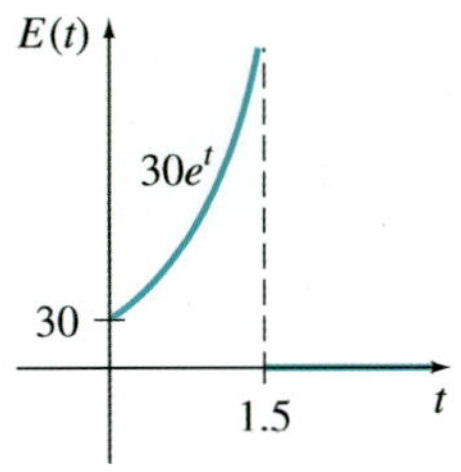

그림 7.3.23 문제82에서의 $E(t)$

83. (a) 라플라스 변환을 사용하여 $i(0)=0$, $L=1\,\text{H}$, $R=10\Omega$이고 $E(t)$가 그림 7.3.24에 주어진 바와 같을 때, 단일 LR 직렬회로에서 전류 $i(t)$를 구하여라.

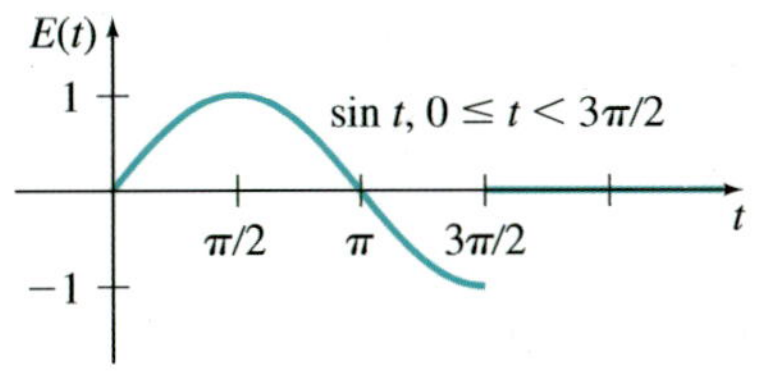

그림 7.3.24 문제83에서의 $E(t)$

(b) 컴퓨터 그래핑 프로그램을 사용하여 구간 $0 \le t \le 6$에서 $i(t)$ 그래프를 그려라. 그래프를 이용하여 전류의 최댓값과 최솟값 $i_{\max}$와 $i_{\min}$을 추정하여라.

84. (a) 라플라스 변환을 사용하여 $q(0)=0$, $R=50\Omega$, $C=0.01\text{F}$이고 $E(t)$가 그림 7.3.25에 주어진 바와 같을 때, RC 직렬회로의 축전기에서 충전 $q(t)$를 구하여라.

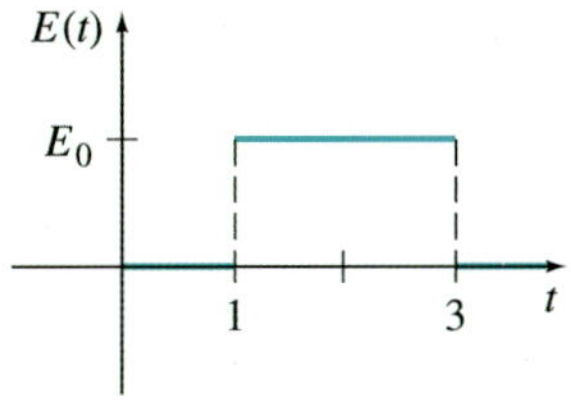

그림 7.3.25 문제84에서의 $E(t)$

(b) $E_0=100\,V$라 하자. 컴퓨터 그래핑 프로그램을 사용하여 구간 $0 \le t \le 6$에서 $q(t)$의 그래프를 그려라. 그래프를 이용하여 충전의 최댓값 $q_{\max}$을 추정하여라.

85. 왼쪽 끝이 고정되어 있고 오른쪽 끝은 자유로운 외팔보가 있다. 하중이

$$w(x)=\begin{cases} w_0, & 0 < x < \dfrac{L}{2} \\ 0, & \dfrac{L}{2} \le x < L \end{cases}$$

으로 주어질 때 라플라스 변환을 사용하여 휨 $y(x)$를 구하여라.

86. 하중이

$$w(x)=\begin{cases} 0, & 0 < x < \dfrac{L}{3} \\ w_0, & \dfrac{L}{3} < x < \dfrac{2L}{3} \\ 0, & \dfrac{2L}{3} < x < L \end{cases}$$

으로 주어질 때 문제85를 풀어라.

87. 하중이 예제10에서 주어진 바와 같을 때 왼쪽 끝이 고정되고 오른쪽 끝이 자유로운 외팔보의 휨 $y(x)$를 구하여라.

88. 왼쪽 끝이 고정되어 있고 단순히 오른쪽 끝에서 지탱하고 있는 막대가 있다. 하중이 문제85에서 주어진 바와 같을 때 휨 $y(x)$를 구하여라.

수학적 모델

89. 오븐 안의 케이크 오븐에서 꺼낸 케이크의 냉각에 관한 3.1절의 예제4를 다시 읽어 본다.

(a) 다음과 같은 가정에 근거하여 오븐 내부에 있는 동안 케이크의 온도에 대한 수학적 모델을 고안해 본다. $t=0$에서 케이크 혼합물은 20°의 실내 온도에 있다. 오븐은 예열하지 않아서 $t=0$에서 케이크 혼합물이 오븐 속에

놓여질 때 오븐 내부의 온도는 또한 20°이다. 오븐의 온도는 150°의 요구된 온도에 이를 때 $t=4$분까지 연속적으로 증가 한다; 오븐의 온도는 $t \ge 4$에 대하여 150°로 일정하다.

(b) 라플라스 변환을 사용하여 (a)의 초깃값 문제를 풀어라.

토론 문제

90. 정리 7.3.2가 주어진 라플라스 변환을 구하는 데 직접적으로 사용될 수 있도록 다음 함수들 각각을 어떻게 조정하는지 논하여라. 이 절의 (16)을 사용하여 답을 점검한다.

(a) $L\{(2t+1)\,U(t-1)\}$ (b) $L\{e^t\,U(t-5)\}$

(c) $L\{\cos t\,U(t-\pi)\}$ (d) $L\{(t^2-3t)\,U(t-2)\}$

91. a가 ki로 대치되었을 때 정리 7.3.1이 만족한다고 하자. 여기서 k는 실수이고 $i^2=-1$이다. $L\{te^{kti}\}$이

$$L\{t\cos kt\}=\frac{s^2-k^2}{(s^2+k^2)^2}$$

과

$$L\{t\sin kt\}=\frac{2ks}{(s^2+k^2)^2}$$

을 유도하는 데 사용될 수 있음을 보여라.

92. 문제91을 라플라스 변환을 사용하여 초깃값 문제 $x''+\omega^2x=\cos\omega t$, $x(0)=0$, $x'(0)=0$을 풀어라.

7.4 연산성질 II

소개 이 절에서는 라플라스 변환의 몇 가지의 추가적인 연산성질들을 조사한다. 특히, $f(t)$와 단항식 t^n의 곱에 대한 변환, 특수한 형태의 적분의 변환과 주기함수의 변환을 구하는 방법을 본다. 마지막 두 개의 변환 성질들은 지금까지 접하지 못한 어떤 방정식들 즉, 볼테라 적분방정식, 미적분방정식 그리고 입력함수가 조각적으로 정의된 주기함수인 상미분방정식 등을 풀 수 있게 한다.

7.4.1 변환식의 도함수

함수와 t^n의 곱 $f(t)$와 t의 곱에 대한 라플라스 변환은 $f(t)$의 라플라스 변환을 미분함으로써 구할 수 있다. 이 결과를 유도하기 위해서는 $F(s)=L\{f(t)\}$가 존재하고 미분과 적분의 순서를 바꿀 수 있다고 하면

$$\frac{d}{ds}F(s)=\frac{d}{ds}\int_0^\infty e^{-st}f(t)dt=\int_0^\infty \frac{\partial}{\partial s}[e^{-st}f(t)]dt$$
$$=-\int_0^\infty e^{-st}tf(t)dt=-L\{tf(t)\}.$$

즉, $$L\{tf(t)\}=-\frac{d}{ds}L\{f(t)\}$$

이다.

$t^2f(t)$의 라플라스 변환을 구하기 위해서 위의 결과를 사용하면

$$L\{t^2f(t)\}=L\{t\cdot tf(t)\}=-\frac{d}{ds}L\{tf(t)\}=-\frac{d}{ds}\left(-\frac{d}{ds}L\{f(t)\}\right)=\frac{d^2}{ds^2}L\{f(t)\}$$

이다.

앞의 두 가지 경우는 $L\{t^nf(t)\}$에 대한 일반적인 결과를 제시한다.

정리 7.4.1 변환식의 도함수

$F(s)=L\{f(t)\}$이고 $n=1,\ 2,\ 3,\ \cdots$이면

$$L\{t^nf(t)\}=(-1)^n\frac{d^n}{ds^n}F(s)$$

이다.

예제 1 정리 7.4.1 사용하기

$L\{t\sin kt\}$를 구하여라.

풀이 $f(t)=\sin kt$, $F(s)=\dfrac{k}{s^2+k^2}$, $n=1$로 놓으면 정리 7.4.1에 의하여

$$L\{t\sin kt\}=-\frac{d}{ds}L\{\sin kt\}=-\frac{d}{ds}\left(\frac{k}{s^2+k^2}\right)=\frac{2ks}{(s^2+k^2)^2}$$

이다. ■

라플라스 변환 $L\{t^2\sin kt\}$과 $L\{t^3\sin kt\}$를 구하기 위해서는 우리가 필요로 하는 모든 것은 차례대로 예제1의 결과를 s에 대하여 미분하고 여기에 $-$를 취하고 $L\{t^2\sin kt\}$를 s에 대하여 미분하고 여기에 $-$를 취하는 것이다.

$$L\{t^2\sin kt\}=-\frac{d}{ds}L\{t\sin kt\}=-\frac{d}{ds}\left(\frac{2ks}{(s^2+k^2)^2}\right)=\frac{6ks^2-2k^3}{(s^2+k^2)^3}$$

$$L\{t^3\sin kt\}=-\frac{d}{ds}L\{t^2\sin kt\}=-\frac{d}{ds}\left(\frac{6ks^2-2k^3}{(s^2+k^2)^3}\right)=\frac{24ks^3-24k^3s}{(s^2+k^2)^4}$$

참고 함수 t^ne^{at}의 변환 식을 구하기 위해서는 정리 7.3.1 또는 정리 7.4.1을 사용할 수 있다. 예를 들어,

정리 7.3.1: $L\{te^{3t}\}=L\{t\}_{s\to s-3}=\dfrac{1}{s^2}\Big|_{s\to s-3}=\dfrac{1}{(s-3)^2}$

정리 7.4.1: $L\{te^{3t}\}=-\dfrac{d}{ds}L\{e^{3t}\}=-\dfrac{d}{ds}\dfrac{1}{s-3}=(s-3)^{-2}=\dfrac{1}{(s-3)^2}$

예제 2 **초깃값 문제**

$x''+16x=\cos 4t,\ x(0)=0,\ x'(0)=1$을 풀어라.

풀이 ▶ 초깃값 문제는 스프링에 매달린 물체의 강제되고, 감쇠하지 않고, 잘 울리는 운동능력을 묘사한다. 이 물체는 평형위치로부터 아래쪽 방향으로 1m/s의 초기 속도로 시작한다. 미분방정식을 변형하면

$$(s^2+16)X(s)=1+\frac{s}{s^2+16} \quad \text{또는} \quad X(s)=\frac{1}{s^2+16}+\frac{s}{(s^2+16)^2}$$

이다. 이제 예제1에서

$$L^{-1}\left\{\frac{2ks}{(s^2+k^2)^2}\right\}=t\sin kt \tag{1}$$

임을 보았다. (1)에서 $k=4$로 놓고 정리 7.2.1의 (d)로부터

$$\begin{aligned} x(t)&=\frac{1}{4}L^{-1}\left\{\frac{4}{s^2+16}\right\}+\frac{1}{8}L^{-1}\left\{\frac{8s}{(s^2+16)^2}\right\} \\ &=\frac{1}{4}\sin 4t+\frac{1}{8}t\sin 4t \end{aligned}$$

를 얻는다. ■

정리 7.4.1은 때로 단항 계수(at^m, $m=0,1,2,\ldots$)를 가진 미분방정식을 포함하는 초깃값 문제를 해결하는 데 유용하다. 예를 들어, 선형 2차 미분방정식에 $ty''(t)$항이 포함되어 있다면, 정리 7.4.1에서 n이 51인 경우 라플라스 변환은

$$\begin{aligned} L\{ty''(t)\}&=-\frac{d}{ds}L\{y''(t)\} \\ &=-\frac{d}{ds}(s^2Y(s)-sy(0)-y'(0)) \\ &=-s^2Y'(s)-2sY(s)+y(0) \end{aligned} \tag{2}$$

식(2)의 마지막 항은 t에 관한 2차 미분방정식을 s에 관한 1차 미분방정식으로 바꾸는 효과를 준다. 다음 예시는 이 과정을 설명한다.

예제 3 **초깃값 문제**

$ty''+y'=t^3+1,\ \ y(0)=0,\ \ y'(0)=1$을 풀어라.

풀이 ▶ 위 (2)와 7.2장의 (6)을 이용하면 라플라스 변환은 다음과 같다.

$$
\begin{aligned}
&L\{ty''\}+L\{y'\}=L\{t^3\}+L\{1\}\\
&\qquad -\frac{d}{ds}(s^2Y(s)-sy(0)-y'(0))+(sY(s)-y(0))=\frac{3!}{s^4}+\frac{1}{s}.\\
&\qquad -s^2Y'(s)-2sY(s)+y(0)+sY(s)-y(0)=\frac{3!}{s^4}+\frac{1}{s}.
\end{aligned}
$$

단순화하면 선형 1차 미분방정식을 구할 수 있다.

$$
sY'(s)+Y(s)=-\frac{6}{s^5}-\frac{1}{2} \quad 즉, \quad \frac{d}{ds}[sY(s)]=-\frac{6}{s^5}-\frac{1}{2}.
$$

s에 대해 적분하고 $Y(s)$를 풀면 다음과 같다.

$$
Y(s)=\frac{3}{2}\frac{1}{s^5}+\frac{1}{s^2}+\frac{c}{s}.
$$

그러면 역 라플라스 변환은 다음과 같다.

$$
\begin{aligned}
y(t)&=\frac{3}{2}\frac{1}{4!}L^{-1}\left\{\frac{4!}{s^5}\right\}+L^{-1}\left\{\frac{1}{s^2}\right\}+cL^{-1}\left\{\frac{1}{s}\right\}\\
&=\frac{1}{16}t^4+t+c.
\end{aligned}
$$

주어진 초기 조건 $y(0)=0$을 마지막 식에 넣으면 $c=0$이 된다. 그러면 초깃값 문제의 해는 $y=\frac{1}{16}t^4+t$가 된다.

7.4.2 적분의 변환식

합성 곱 함수 f와 g가 $[0,\ \infty)$에서 조각적 연속이면 $f*g$로 표시된 특수한 곱은 적분

$$
f*g=\int_0^t f(\tau)g(t-\tau)d\tau \tag{3}
$$

에 의하여 정의되고 f와 g의 합성 곱이라고 한다.

(3)가 변수 τ에 대하여 적분하므로, 합성 곱 $f*g$는 t의 함수이다. 이 사실을 강조하기 위하여 (3)는 또한 $(f*g)(t)$로 나타낸다. 표현 $f*g$가 제시하듯이 합성 곱 (3)는 두 함수 f와 g의 일반화된 곱으로 이해된다.

예제 4 두 함수의 합성 곱

(a) $e^t * \sin t$ (b) $L\{e^t * \sin t\}$을 구하여라.

풀이 (a) $f(t)=e^t$, $g(t)=\sin t$로 놓으면 $f(\tau)=e^\tau$, $g(t-\tau)=\sin(t-\tau)$이다. (2)와 부분적분으로부터

$$\begin{aligned} e^t * \sin t &= \int_0^t e^\tau \sin(t-\tau)d\tau \\ &= \frac{1}{2}[e^\tau \sin(t-\tau) + e^\tau \cos(t-\tau)]_0^t \\ &= \frac{1}{2}(-\sin t - \cos t + e^t) \end{aligned} \tag{4}$$

이다.

(b) (4)와 정리 7.1.1의 (c), (d), (e)로부터

$$\begin{aligned} L\{e^t * \sin t\} &= -\frac{1}{2}L\{\sin t\} - \frac{1}{2}L\{\cos t\} + \frac{1}{2}L\{e^t\} \\ &= -\frac{1}{2}\frac{1}{s^2+1} - \frac{1}{2}\frac{s}{s^2+1} + \frac{1}{2}\frac{1}{s-1} \\ &= \frac{1}{(s-1)(s^2+1)} \end{aligned}$$

이다.

합성 곱의 성질 $f * g$라는 표기법에서 알 수 있듯이 합성곱 (3)은 종종 두 함수 f와 g의 일반화된 곱으로 해석된다. 실제로 $f * g$는 일반 곱셈과 유사한 몇 가지 성질을 가지고 있다. 함수 f, g, h가 $[0, \infty)$에서 부분적으로 연속적인 함수인 경우 다음과 같다.

$f * g = g * f$ (교환법칙)

$f * (g * h) = (f * g) * h$ (결합법칙)

$f * (g + h) = (f * g) + (f * h)$ (분배법칙)

$(cf) * g = f * (cg) = c(f * g)$ (c는 상수)

교환법칙 $f * g = g * f$는 단순하게 다음의 두 적분이 같다는 것을 말한다.

$$\int_0^t f(\tau)g(t-\tau)d\tau = \int_0^t f(t-\tau)g(\tau)d\tau$$

이를 증명하기 위해 변수 변환 $u = t - \tau$, $du = -d\tau$를 이용하자.

$$f * g = \int_0^t f(\tau)g(t-\tau)d\tau = -\int_t^0 f(t-u)g(u)du = \int_0^t g(u)f(t-u)du = g * f$$

하지만 주의할 점이 있다. 예를 들어, 점 $\cdot$이 곱셈을 $*$이 합성곱을 회전을 나타내는 경우 $f \cdot 1 = f$이지만 $f * 1 \neq f$이다. 즉, $*$ 연산에 대한 항등원은 1이 아니다.

합성 곱 정리 f와 g가 $t \geq 0$에 대하여 조각적 연속이면, 합 $f + g$의 라플라스 변환은 각각의 라플라스 변환의 합임을 보았다. 곱 fg의 라플라스 변환은 라플라

스 변환들의 곱이 아니지만, 합성 곱 정리라고 하는 다음의 정리에서 일반화된 곱 $f*g$의 라플라스 변환은 f와 g의 라플라스 변환들의 곱임을 보인다.

정리 7.4.2 합성 곱 정리

함수 $f(t)$와 $g(t)$가 $[0,\infty)$에서 조각적 연속이고 지수위수이면

$$L\{f*g\}=L\{f(t)\}L\{g(t)\}=F(s)\,G(s)$$

이다.

증명

$$F(s)=L\{f(t)\}=\int_0^\infty e^{-s\tau}f(\tau)d\tau \text{와}$$
$$G(s)=L\{g(t)\}=\int_0^\infty e^{-s\beta}g(\beta)d\beta$$

라고 하면

$$\begin{aligned}F(s)\,G(s)&=\left(\int_0^\infty e^{-s\tau}f(\tau)d\tau\right)\left(\int_0^\infty e^{-s\beta}g(\beta)d\beta\right)\\&=\int_0^\infty\int_0^\infty e^{-s(\tau+\beta)}f(\tau)g(\beta)\,d\tau d\beta\\&=\int_0^\infty f(\tau)d\tau\int_0^\infty e^{-s(\tau+\beta)}g(\beta)d\beta\end{aligned}$$

이다. τ를 고정하고 $t=\tau+\beta$로 놓으면 $dt=d\beta$이므로

$$F(s)\,G(s)=\int_0^\infty f(\tau)d\tau\int_\tau^\infty e^{-st}g(t-\tau)dt$$

이다. $t\tau$평면에서 그림 7.4.1의 음영 부분의 영역에 관하여 적분한다.

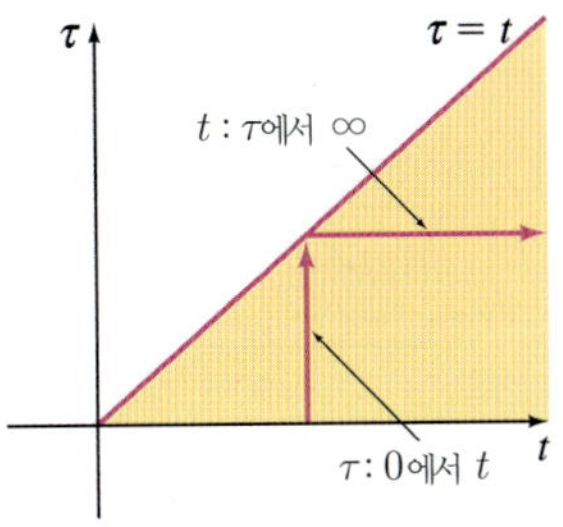

그림 7.4.1 t에서 τ까지 적분순서 바꾸기

f와 g가 $[0,\infty)$에서 조각적 연속이고 지수위수이므로 적분 순서를 교환할 수 있다. 즉,

$$\begin{aligned}F(s)\,G(s)&=\int_0^\infty e^{-st}dt\int_0^t f(\tau)\,g(t-\tau)d\tau\\&=\int_0^\infty e^{-st}\left\{\int_0^t f(\tau)g(t-\tau)d\tau\right\}dt=L\{f*g\}\end{aligned}$$

이다. ■

예제 5 정리 7.4.2 사용하기

$L\left\{\int_0^t e^\tau\sin(t-\tau)\,d\tau\right\}$를 구하여라.

풀이 예제3의 (b)에서 구한 변환 $L\{e^t*\sin t\}$과 같다.

f와 g의 합성 곱의 라플라스 변환은 각각의 라플라스 변환의 곱인 정리 7.4.2를 사용하면

$$\begin{aligned} L\left\{\int_0^t e^{\tau}\sin(t-\tau)\,d\tau\right\} &= L\{e^t * \sin t\} \\ &= L\{e^t\}\cdot L\{\sin t\} \\ &= \frac{1}{s-1}\cdot\frac{1}{s^2+1} \\ &= \frac{1}{(s-1)(s^2+1)} \end{aligned}$$

이다. ■

정리 7.4.2의 역형식 합성 곱 정리는 간혹 두 함수의 라플라스 변환의 곱에 관한 역 라플라스 변환을 구하는 데 유용하다. 정리 7.4.2로부터

$$L^{-1}\{F(s)G(s)\} = f * g \tag{5}$$

이다. 부록C에서 라플라스 변환의 표에 있는 많은 결과들이 (5)를 사용하여 유도될 수 있다. 예를 들어, 다음의 예제에서 표의 25번 즉,

$$L\{\sin kt - kt\cos kt\} = \frac{2k^3}{(s^2+k^2)^2} \tag{6}$$

을 얻는다.

예제 6 합성 곱으로서의 역변환

$L^{-1}\left\{\dfrac{1}{(s^2+k^2)^2}\right\}$를 구하여라.

풀이 $F(s) = G(s) = \dfrac{1}{s^2+k^2}$라 하면

$$f(t) = g(t) = \frac{1}{k}L^{-1}\left\{\frac{k}{s^2+k^2}\right\} = \frac{1}{k}\sin kt$$

이다. 이 경우에 식 (5)는

$$L^{-1}\left\{\frac{1}{(s^2+k^2)^2}\right\} = \frac{1}{k^2}\int_0^t \sin k\tau\,\sin k(t-\tau)d\tau \tag{7}$$

이다. 삼각함수의 항등식

$$\sin A\sin B = \frac{1}{2}[\cos(A-B) - \cos(A+B)]$$

와 치환 $A = k\tau$, $B = k(t-\tau)$에 의하여 (6)의 적분을 계산할 수 있다. 즉,

$$
\begin{aligned}
L^{-1}\left\{\frac{1}{(s^2+k^2)^2}\right\} &= \frac{1}{2k^2}\int_0^t [\cos k(2\tau-t)-\cos kt]d\tau \\
&= \frac{1}{2k^2}\left[\frac{1}{2k}\sin k(2\tau-t)-\tau\cos kt\right]_0^t \\
&= \frac{\sin kt - kt\cos kt}{2k^3}
\end{aligned}
$$

이다. 양변에 $2k^3$을 곱하면 (6)의 역형식을 얻는다. ■

적분의 변환 $g(t)=1$과 $L\{g(t)\}=G(s)=\dfrac{1}{s}$일 때, f의 적분의 라플라스 변환은

$$L\left\{\int_0^t f(\tau)d\tau\right\}=\frac{F(s)}{s} \tag{8}$$

임을 합성 곱 정리에 의하여 알 수 있다. (8)의 역형식 즉,

$$\int_0^t f(\tau)d\tau = L^{-1}\left\{\frac{F(s)}{s}\right\} \tag{9}$$

은 s^n이 분모의 인수이고 $f(t)=L^{-1}\{F(s)\}$가 적분하기 쉬울 때 부분 분수를 대신하여 사용될 수 있다. 예를 들어, $F(s)=\dfrac{1}{s^2+1}$인 $f(t)=\sin t$에 대하여 알고 있으므로 (9)에 의하여

$$L^{-1}\left\{\frac{1}{s(s^2+1)}\right\}=L^{-1}\left\{\frac{\frac{1}{s^2+1}}{s}\right\}=\int_0^t \sin\tau d\tau = 1-\cos t$$

$$L^{-1}\left\{\frac{1}{s^2(s^2+1)}\right\}=L^{-1}\left\{\frac{\frac{1}{s(s^2+1)}}{s}\right\}=\int_0^t (1-\cos\tau)d\tau = t-\sin t$$

$$L^{-1}\left\{\frac{1}{s^3(s^2+1)}\right\}=L^{-1}\left\{\frac{\frac{1}{s^2(s^2+1)}}{s}\right\}=\int_0^t (\tau-\sin\tau)d\tau = \frac{1}{2}t^2-1+\cos t$$

등이 있다.

볼테라 적분방정식 합성 곱 정리와 (8)의 결과는 적분기호 아래에 나타나는 미지의 함수에 대한 다른 형태의 방정식을 푸는 데 유용하다. 다음 예제에서 $f(t)$에 대한 볼테라 적분방정식(Volterra integral equation)

$$f(t)=g(t)+\int_0^t f(\tau)h(t-\tau)d\tau \tag{10}$$

을 푼다. 함수 $g(t)$와 $h(t)$는 알고 있고, (10)에서의 적분은 합성 곱 형식 (3)에서 g를 h로 놓은 것임에 유의한다.

예제 7 **적분방정식**

$f(t)$에 대한 $f(t)=3t^2-e^{-t}-\int_0^t f(\tau)e^{t-\tau}d\tau$를 풀어라.

풀이 ▶ 적분에서 $h(t-\tau)=e^{t-\tau}$로 놓으면 $h(t)=e^t$이다. 각 항에 라플라스 변환을 취하면, 특히 정리 7.4.2에 의하여 적분의 변환은 $L\{f(t)\}=F(s)$와 $L\{e^t\}=\dfrac{1}{s-1}$의 곱이다. 즉,

$$F(s)=3\cdot\frac{2}{s^3}-\frac{1}{s+1}-F(s)\cdot\frac{1}{s-1}$$

이다. 위의 방정식을 $F(s)$에 대하여 풀고 부분 분수로 분해하면

$$F(s)=\frac{6}{s^3}-\frac{6}{s^4}+\frac{1}{s}-\frac{2}{s+1}$$

이다. 역변환을 구하면

$$\begin{aligned} f(t)&=3L^{-1}\left\{\frac{2!}{s^3}\right\}-L^{-1}\left\{\frac{3!}{s^4}\right\}+L^{-1}\left\{\frac{1}{s}\right\}-2L^{-1}\left\{\frac{1}{s+1}\right\}\\ &=3t^2-t^3+1-2e^{-t}\end{aligned}$$

이다. ■

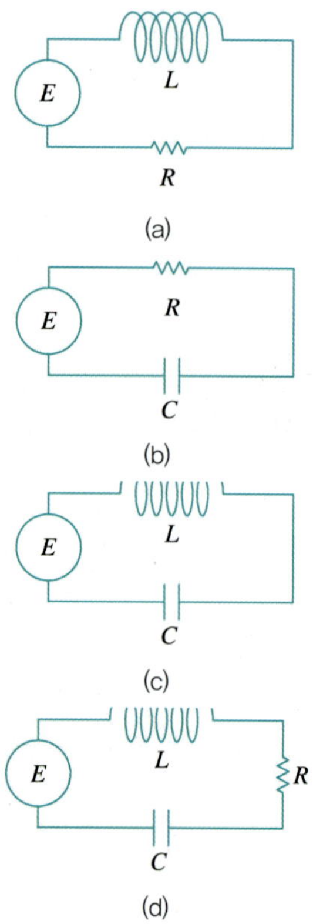

그림 7.4.2 *LRC* 직렬회로

직렬회로 단일 폐회로 또는 직렬회로에서 키르히호프의 두 번째 법칙은 인덕터, 저항, 축전기를 지나는 전압의 합은 인가전압 $E(t)$와 같음을 말한다. 이제 인덕터, 저항, 축전기를 지나는 전압은 각각 다음과 같다.

$$L\frac{di}{dt},\ Ri(t),\ \frac{1}{C}q(t)$$

여기서 $i(t)$는 전류이고 $q(t)$는 축전기의 전하이다. 상수 L, R, C를 차례로 인덕턴스, 저항, 축전량이라고 하자. 따라서 그림 7.4.2(a)에 표시된 것과 같은 LR직렬 회로에서 인덕턴스와 저항에 걸친 전압의 합은 다음의 미분 방정식이 된다.

$$L\frac{di}{dt}+Ri=E(t) \tag{11}$$

그림 7.4.2(b)의 RC직렬 회로에서 저항과 축전량 걸친 전압의 합은 다음과 같다.

$$Ri+\frac{1}{C}q=E(t)$$

$i(t)$와 $q(t)$는 $dq/dt=i$를 만족하므로 $q=\int_0^t i(\tau)d\tau$라고 쓸 수 있다. 이를 (12)에 대입하면 전류 $i(t)$에 대한 다음의 적분식을 얻는다.

$$Ri + \frac{1}{C}\int_0^t i(\tau)d\tau = E(t) \tag{13}$$

그림 7.4.2(c)의 LC-직렬 회로에서 전압의 합은 $i(t)$에 대한 적분과 미분을 동시에 포함하는 식을 준다.

$$L\frac{di}{dt} + \frac{1}{C}\int_0^t i(\tau)d\tau = E(t) \tag{14}$$

마지막으로, 그림 7.4.2(d)의 LRC-직렬 회로에 대해서는 다음을 얻는다.

$$L\frac{di}{dt} + Ri + \frac{1}{C}\int_0^t i(\tau)d\tau = E(t) \tag{15}$$

식 (14)와 (15)는 미적분방정식 이라 불린다. (8)의 변환에서 보면, (11), (13), (14), (15)를 푸는 데 라플라스 변환을 이용할 수 있다.

예제 8 미적분방정식

$L = 0.1\,H,\ R = 2\Omega,\ C = 0.1\,F, i(0) = 0$이고 인가전압

$$E(t) = 120t - 120t\ U(t-1)$$

일 때 단일 LRC 폐쇄회로에서 전류 $i(t)$를 구하여라.

풀이 주어진 자료를 대입하면 방정식 (10)은

$$0.1\frac{di}{dt} + 2i + 10\int_0^t i(\tau)d\tau = 120t - 120t\,U(t-1)$$

이다. 이제 (7)에 의하여 $L\left\{\int_0^t i(\tau)d\tau\right\} = \dfrac{I(s)}{s}$이고 여기서 $I(s) = L\{i(t)\}$이다. 따라서 미적분방정식의 라플라스 변환은

$$0.1\,sI(s) + 2I(s) + 10\frac{I(s)}{s} = 120\left[\frac{1}{s^2} - \frac{1}{s^2}e^{-s} - \frac{1}{s}e^{-s}\right]$$ ← 7.3절의 (16)에 의하여

이다. 이 방정식에 $10s$를 곱하고 $s^2 + 20s + 100 = (s+10)^2$을 사용하여 $I(s)$에 대하여 풀면

$$I(s) = 1200\left[\frac{1}{s(s+10)^2} - \frac{1}{s(s+10)^2}e^{-s} - \frac{1}{(s+10)^2}e^{-s}\right]$$

이다. 부분 분수에 의하여

$$I(s) = 1200\left[\frac{\frac{1}{100}}{s} - \frac{\frac{1}{100}}{s+10} - \frac{\frac{1}{10}}{(s+10)^2} - \frac{\frac{1}{100}}{s}e^{-s} + \frac{\frac{1}{100}}{s+10}e^{-s} + \frac{\frac{1}{10}}{(s+10)^2}e^{-s} - \frac{1}{(s+10)^2}e^{-s}\right]$$

이다. 제2이동정리의 역형식과 7.3절의 (15)로부터 최종적으로

$$i(t) = 12[1 - U(t-1)] - 12[e^{-10t} - e^{-10(t-1)}U(t-1)]$$
$$- 120te^{-10t} - 1080(t-1)e^{-10(t-1)}U(t-1)$$

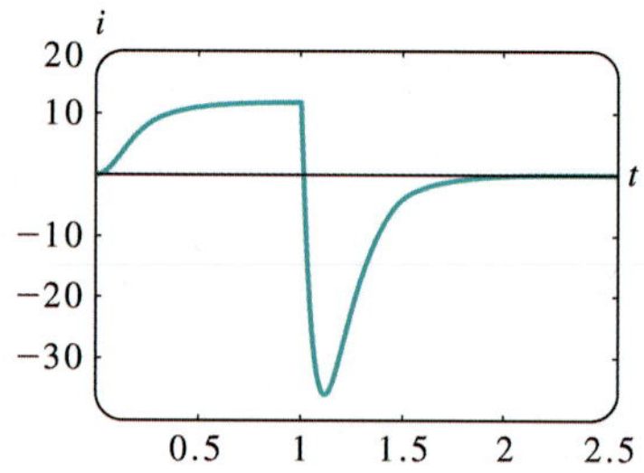

그림 7.4.3 예제7에서 전류 $i(t)$의 그래프

을 얻는다. 조각적으로 정의된 함수로 나타내면 전류는

$$i(t) = \begin{cases} 12 - 12e^{-10t} - 120te^{-10t}, & 0 \le t < 1 \\ -12e^{-10t} + 12e^{-10(t-1)} - 120te^{-10t} - 1080(t-1)e^{-10(t-1)}, & t \ge 1 \end{cases}$$

이다. 이 마지막 표현과 컴퓨터 대수 체계를 사용하여 두 개의 구간 각각에서 $i(t)$의 그래프를 그린 다음에 이 그래프들을 합성한다. 그림 7.4.3에서 입력 $E(t)$가 불연속일지라도 출력 또는 응답 $i(t)$는 연속함수임에 유의한다. ■

7.4.3 주기함수의 변환

주기함수 주기함수가 주기 T, $T > 0$를 가지면 $f(t+T) = f(t)$이다. 다음 정리는 주기함수의 라플라스 변환이 한 주기에 대하여 적분하여 얻어질 수 있음을 보인다.

정리 7.4.3 주기함수의 변환

$f(t)$가 $[0, \infty)$에서 조각적 연속이고 지수위수이고 주기 T를 갖는 주기함수이면

$$L\{f(t)\} = \frac{1}{1-e^{-sT}}\int_0^T e^{-st}f(t)dt$$

이다.

증명 f의 라플라스 변환을 두 개의 적분

$$L\{f(t)\} = \int_0^T e^{-st}f(t)dt + \int_T^\infty e^{-st}f(t)dt$$

으로 나타낸다.

$t = u + T$로 놓으면 마지막 적분은

$$\int_T^\infty e^{-st}f(t)dt = \int_0^\infty e^{-s(u+T)}f(u+T)du$$
$$= e^{-sT}\int_0^\infty e^{-su}f(u)du = e^{-sT}L\{f(t)\}$$

이 된다. 그러므로 $L\{f(t)\} = \int_0^T e^{-st}f(t)dt + e^{-sT}L\{f(t)\}$이다. 이 방정식을 $L\{f(t)\}$에 관하여 풀면 정리가 증명된다. ■

예제 9 주기함수의 변환

그림 7.4.4에서 표시된 주기함수의 라플라스 변환을 구하여라.

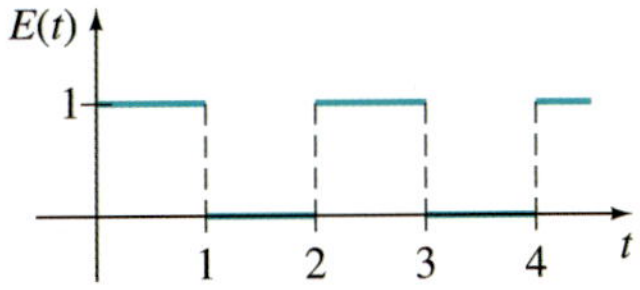
그림 7.4.4 예제9의 네모파

풀이 함수 $E(t)$는 네모파라 하고 주기 $T=2$를 갖는다. 구간 $0 \le t < 2$에서 $E(t)$는

$$E(t) = \begin{cases} 1, & 0 \le t < 1 \\ 0, & 1 \le t < 2 \end{cases}$$

에 의하여 정의될 수 있고 이 구간 밖에서는 $E(t+2) = E(t)$이다. 이제 정리 7.4.3으로부터

$$\begin{aligned} L\{E(t)\} &= \frac{1}{1-e^{-2s}} \int_0^2 e^{-st} E(t) dt \\ &= \frac{1}{1-e^{-2s}} \left[\int_0^1 e^{-st} \cdot 1dt + \int_1^2 e^{-st} \cdot 0dt \right] \\ &= \frac{1}{1-e^{-2s}} \frac{1-e^{-s}}{s} \qquad \leftarrow 1-e^{-2s} = (1+e^{-s})(1-e^{-s}) \\ &= \frac{1}{s(1+e^{-s})} \end{aligned} \tag{14}$$

이다. ■

예제 10 주기적 인가전압

단일 LR 폐쇄회로에서 전류 $i(t)$에 대한 미분방정식은

$$L\frac{di}{dt} + Ri = E(t) \tag{15}$$

이다. $i(0)=0$이고 그림 7.4.4에서와 같이 $E(t)$는 네모파 함수일 때 전류 $i(t)$를 결정하여라.

풀이 이전 예제의 (14)의 결과를 사용하면 미분방정식의 라플라스 변환은

$$LsI(s) + RI(s) = \frac{1}{s(1+e^{-s})}$$

즉,

$$I(s) = \frac{\frac{1}{L}}{s\left(s+\frac{R}{L}\right)} \cdot \frac{1}{1+e^{-s}} \tag{16}$$

이다. 마지막 함수의 역 라플라스 변환을 구하기 위해서 먼저 기하급수를 사용한다. $x = e^{-s}$, $s > 0$로 놓으면 기하급수

$$\frac{1}{1+x} = 1 - x + x^2 - x^3 + \cdots \text{는 } \frac{1}{1+e^{-s}} = 1 - e^{-s} + e^{-2s} - e^{-3s} + \cdots$$

이 된다. $\dfrac{1}{s\left(s+\dfrac{R}{L}\right)}=\dfrac{\dfrac{L}{R}}{s}-\dfrac{\dfrac{L}{R}}{s+\dfrac{R}{L}}$ 로부터 (16)을

$$I(s)=\frac{1}{R}\left(\frac{1}{s}-\frac{1}{s+\dfrac{R}{L}}\right)(1-e^{-s}+e^{-2s}-e^{-3s}+\cdots)$$
$$=\frac{1}{R}\left(\frac{1}{s}-\frac{e^{-s}}{s}+\frac{e^{-2s}}{s}-\frac{e^{-3s}}{s}+\cdots\right)$$
$$-\frac{1}{R}\left(\frac{1}{s+\dfrac{R}{L}}-\frac{1}{s+\dfrac{R}{L}}e^{-s}+\frac{e^{-2s}}{s+\dfrac{R}{L}}-\frac{e^{-3s}}{s+\dfrac{R}{L}}+\cdots\right)$$

으로 다시 나타낼 수 있다. 양변의 각 항에 제2이동정리의 형식을 적용하면

$$i(t)=\frac{1}{R}(1-\ U(t-1)+\ U(t-2)-\ U(t-3)+\cdots)$$
$$-\frac{1}{R}(e^{-\frac{Rt}{L}}-e^{-\frac{R(t-1)}{L}}U(t-1)+e^{-\frac{R(t-2)}{L}}U(t-2)$$
$$-e^{-\frac{R(t-3)}{L}}U(t-3)+\cdots)$$

또는 이와 동일하게

$$i(t)=\frac{1}{R}(1-e^{-\frac{Rt}{L}})+\frac{1}{R}\sum_{n=1}^{\infty}(-1)^n(1-e^{-\frac{R(t-n)}{L}})U(t-n)$$

을 얻는다. 해를 해석하기 위해서는 예시를 위하여 $R=1$, $L=1$과 $0\le t<4$로 놓으면 이 경우에는

$$i(t)=1-e^{-t}-(1-e^{t-1})U(t-1)+(1-e^{-(t-2)})U(t-2)-(1-e^{-(t-3)})U(t-3)$$

이고, 즉, 다시 말하면

$$i(t)=\begin{cases}1-e^{-t}. & 0\le t<1\\ -e^{-t}+e^{-(t-1)}, & 1\le t<2\\ 1-e^{-t}+e^{-(t-1)}-e^{-(t-2)}, & 2\le t<3\\ -e^{-t}+e^{-(t-1)}-e^{-(t-2)}+e^{-(t-3)}, & 3\le t<4\end{cases}$$

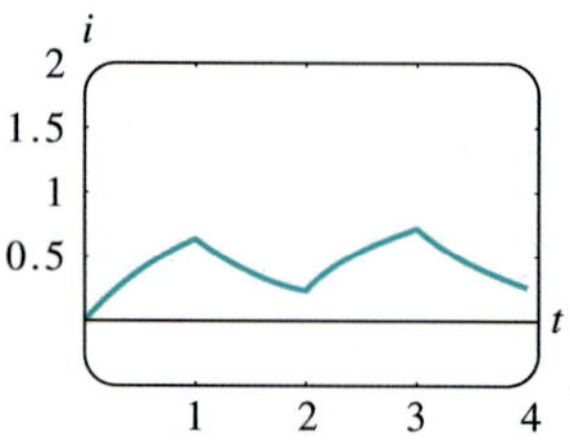

그림 7.4.5 예제10의 전류 $i(t)$의 그래프

이다. 그림 7.4.5에서와 같이 구간 $0\le t<4$에서 $i(t)$의 그래프는 컴퓨터 그래픽의 도움으로 얻어졌다. ■

주의

$y(t)=e^{-t}\int_0^t e^{u^2+u}du$이 선형 초깃값 문제 $y'+y=e^{t^2}$, $y(0)=0$의 완벽한 좋은 해임을 방정식의 치환이나 2.3절의 방법으로 확인할 수 있다. 이제 라플라스 변환의 응용으로 같은 방정식을 풀어보자. $L\{y(t)\}=Y(s)$와 $L\{e^{t^2}\}=F(s)$로 놓으면 방정식의 변환은

$$sY(s)-y(0)+Y(s)=F(s)$$

즉,

$$Y(s)=\frac{F(s)}{s+1}$$

이다.

$L^{-1}\{F(s)\}=e^{t^2}$과 $L^{-1}\left\{\frac{1}{s+1}\right\}=e^{-t}$임을 사용하면 합성곱 정리의 역형식 (5)로부터 초깃값 문제의 해는

$$y(t)=L^{-1}\left\{F(s)\cdot\frac{1}{s+1}\right\}=\int_0^t e^{\tau^2}\cdot e^{-(t-\tau)}d\tau=e^{-t}\int_0^t e^{\tau^2+\tau}d\tau$$

이다. τ를 u로 놓으면 이것이 처음에 주어진 해이다. 하지만 앞서 설명한 초깃값 문제의 라플라스 변환 "풀이 방법"은 말이 안 되는 것이다. 정리 7.1.2 앞의 논의를 읽어보고, 7.4장의 문제78을 참조하여라.

연습문제 7.4

7.4.1 변환식의 도함수

(1–8) 정리 7.4.1을 사용하여 주어진 라플라스 변환을 구하여라.

1. $L\{te^{-10t}\}$
2. $L\{t^3e^t\}$
3. $L\{t\cos 2t\}$
4. $L\{t\sinh 3t\}$
5. $L\{t^2\sinh t\}$
6. $L\{t^2\cos t\}$
7. $L\{te^{2t}\sin 6t\}$
8. $L\{te^{-3t}\cos 3t\}$

(9–14) 라플라스 변환을 사용하여 주어진 초깃값 문제를 풀어라. 필요하면 부록C의 라플라스 변환의 표를 이용하여라.

9. $y'+y=t\sin t,\quad y(0)=0$
10. $y'-y=te^t\sin t,\quad y(0)=0$
11. $y''+9y=\cos 3t,\quad y(0)=2,\quad y'(0)=5$
12. $y''+y=\sin t,\quad y(0)=1,\quad y'(0)=-1$
13. $y''+16y=f(t),\quad y(0)=0,\quad y'(0)=1,$

    여기서 $f(t)=\begin{cases}\cos 4t & 0\le t<\pi\\ 0, & t\ge\pi\end{cases}$
14. $y''+y=f(t),\ y(0)=1,\ y'(0)=0$

    여기서 $f(t)=\begin{cases}1, & 0\le t<\frac{\pi}{2}\\ \sin t, & t\ge\frac{\pi}{2}\end{cases}$

(15–16) 그래프를 그리는 도구를 이용하여 지시된 해의 그래프를 그려라.

15. 구간 $0\le t<\frac{\pi}{2}$에서 문제13의 $y(t)$
16. 구간 $0\le t<3\pi$에서 문제14의 $y(t)$

(17–20) 예제3과 같이 정리 7.4.1을 사용하여 주어진 미분방정식을 변환된 함수 $Y(s)=L\{y(t)\}$에 관한 1계의 선형 미분방정식으로 낮추어 풀고 난 후에 $y(t)=L^{-1}\{Y(s)\}$를 구하여라. 필요에 따라 부록 C의 라플라스 변환 표를 사용한다.(참고: 해답에 임의의 상수 c가 포함될 수 있다)

17. $ty''-y'=2t^2,\ y(0)=0,\ y'(0)=0$

18. $ty'' - 4ty' - 4y = 0,\ y(0) = 0,\ y'(0) = 5$

19. $ty'' - 2y' + ty = 0,\ y(0) = 0,\ y'(0) = 0$

20. $ty'' + (t-3)y' + y = 0,\ y(0) = 0,\ y'(0) = 0$

(21–22) 문제17-20에서와 같이 주어진 미분 방정식을 풀어라. 그러나 이 문제들 각각에서 $Y(s)$에 정리 7.1.3을 사용하여 적분 상수 c를 포함하는 항을 제거하라.

21. $2y'' + ty' - 2y = 10,\ y(0) = 0,\ y'(0) = 0$

22. $y'' + ty' - 2y = 8,\ y(0) = 0,\ y'(0) = 0$

7.4.2 적분의 변환 식

(23–26) 주어진 함수의 합성 곱 $f * g$를 구하여라. 적분 후에 $f * g$의 라플라스 변환을 구하여라.

23. $f(t) = 4t,\ g(t) = 3t^2$ **24.** $f(t) = t,\ g(t) = e^{-t}$

25. $f(t) = e^{-t},\ g(t) = e^t$ **26.** $f(t) = \cos 2t,\ g(t) = e^t$

(27–38) 정리 7.4.2를 사용하여 주어진 $f * g$의 라플라스 변환을 구하여라. 변환하기 전에는 합성 곱 적분을 계산하지 않는다.

27. $L\{1 * t^3\}$ **28.** $L\{t^2 * te^t\}$

29. $L\{e^{-t} * e^t \cos t\}$ **30.** $L\{e^{2t} * \sin t\}$

31. $L\left\{\int_0^t e^{\tau} d\tau\right\}$ **32.** $L\left\{\int_0^t \cos \tau d\tau\right\}$

33. $L\left\{\int_0^t e^{-\tau} \cos \tau d\tau\right\}$ **34.** $L\left\{\int_0^t \tau \sin \tau d\tau\right\}$

35. $L\left\{\int_0^t \tau e^{t-\tau} d\tau\right\}$ **36.** $L\left\{\int_0^t \sin \tau \cos (t-\tau) d\tau\right\}$

37. $L\left\{t\int_0^t \sin \tau d\tau\right\}$ **38.** $L\left\{t\int_0^t \tau e^{-\tau} d\tau\right\}$

(39–42) (9)을 사용하여 주어진 역변환을 구하여라.

39. $L^{-1}\left\{\frac{1}{s(s-1)}\right\}$ **40.** $L^{-1}\left\{\frac{1}{s^2(s-1)}\right\}$

41. $L^{-1}\left\{\frac{1}{s^3(s-1)}\right\}$ **42.** $L^{-1}\left\{\frac{1}{s(s-a)^2}\right\}$

(43–44) (3), (5)를 이용하여 주어진 초깃값 문제를 풀어라. $F(s) = L\{f(t)\}$라 하자.

43. $y'' + y' = f(t),\ y(0) = 1,\ y'(0) = 1$

44. $y'' - 4y' + 4y = f(t),\ y(0) = 0,\ y'(0) = 5$

45. 부록C의 표는

$$L^{-1}\left\{\frac{8k^3 s}{(s^2+k^2)^3}\right\}$$

에 대한 번호를 포함하고 있지 않는다.

(a) (6)의 결과를 가지고 (5)를 이용하여 이 역변환을 구하여라. 합성 곱을 계산하는 데 컴퓨터 프로그램을 사용하여라.

(b) (a)에 대한 여러분의 대답을 재검토하여라. 다른 방법으로 결과를 얻을 수 있는가?

46. 라플라스 변환과 문제39의 결과를 사용하여 초깃값 문제

$$y'' + y = \sin t + t \sin t,\ y(0) = 0,\ y'(0) = 0$$

를 풀어라. 그래프를 그리는 도구를 이용하여 해의 그래프를 그려라.

(47–58) 라플라스 변환을 사용하여 주어진 적분방정식 또는 미적분방정식을 풀어라.

47. $f(t) + \int_0^t (t-\tau) f(\tau) d\tau = t$

48. $f(t) = 2t - 4\int_0^t \sin \tau f(t-\tau) d\tau$

49. $f(t) = te^t + \int_0^t \tau f(t-\tau) d\tau$

50. $f(t) + 2\int_0^t f(\tau) \cos (t-\tau) d\tau = 4e^{-t} + \sin t$

51. $f(t) + \int_0^t f(\tau) d\tau = 1$

52. $f(t) = \cos t + \int_0^t e^{-\tau} f(t-\tau) d\tau$

53. $f(t) = 1 + t - \frac{8}{3}\int_0^t (\tau - t)^3 f(\tau) d\tau$

54. $t - 2f(t) = \int_0^t (e^{\tau} - e^{-\tau}) f(t-\tau) d\tau$

55. $y'(t) = 1 - \sin t - \int_0^t y(\tau) d\tau,\quad y(0) = 0$

56. $\dfrac{dy}{dt}+6y(t)+9\displaystyle\int_0^t y(\tau)d\tau=1,\quad y(0)=0$

57. $\dfrac{dy}{dt}=10-\displaystyle\int_0^t e^{-4t}y(t-\tau)d\tau,,\quad y(0)=5$

58. $\dfrac{dy}{dt}+2y+\displaystyle\int_0^t y(\tau)d\tau=t^3e^{-t},\quad y(0)=0$

59. $i(0)=0$와 다음 조건에 대하여 식 (13)을 풀어라.

$R=50\Omega,\ C=0.01f,\ E(t)=100[U(t-1)-U(t-3)].$

그래프 그리는 도구를 이용하여 $0\le t\le 5$일 때 그래프를 그려라.

60. $i(0)=0$와 다음 조건에 대하여 식 (14)를 풀어라.

$L=1h,\ C=0.04f,$

$E(t)=100t-100(t-1)U(t-1)-100U(t-4)$

그래프 그리는 도구를 이용하여 $0\le t\le 5$일 때 그래프를 그려라.

(61–62) L, R, C와 $E(t)$는 주어져 있고 $i(0)=0$에 대응한 방정식 (10)을 풀어라. 그래프 그리는 도구를 사용하여 구간 $0\le t\le 3$에서 해의 그래프를 그려라.

61. $L=0.1\,\text{H},\ R=3\,\Omega,\ C=0.05\text{F}$

$E(t)=100[U(t-1)-U(t-2)]$

62. $L=0.005\text{H},\ R=1\,\Omega,\ C=0.02\text{F}$

$E(t)=100[t-(t-1)U(t-1)]$

7.4.3 주기함수의 변환

(63–68) 정리 7.4.3을 사용하여 주어진 주기함수의 라플라스 변환을 구하여라.

63.

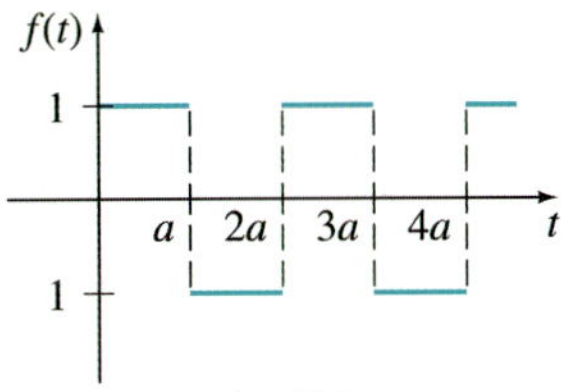

미로 함수

그림 7.4.6 문제63에 대한 그래프

64.

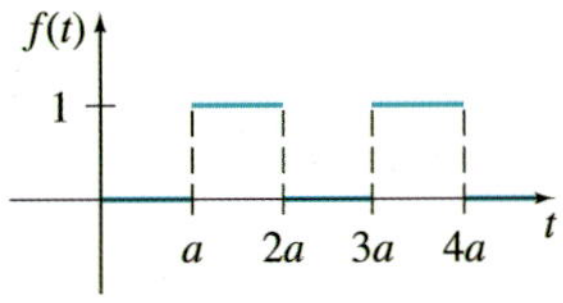

네모파

그림 7.4.7 문제64에 대한 그래프

65.

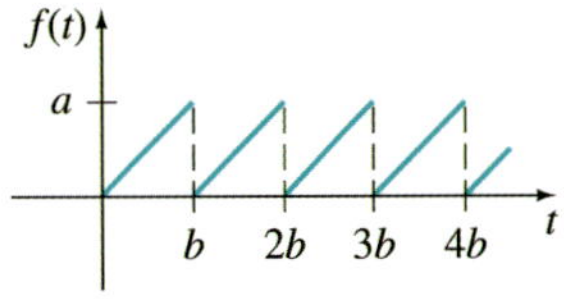

톱니함수

그림 7.4.8 문제65에 대한 그래프

66.

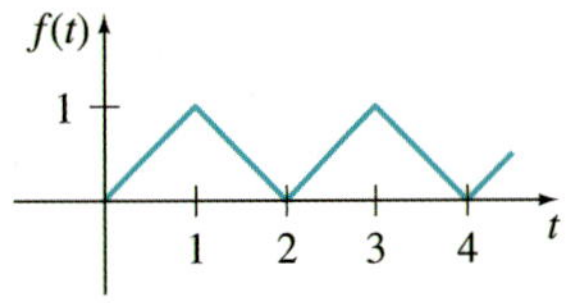

삼각 파동

그림 7.4.9 문제66에 대한 그래프

67.

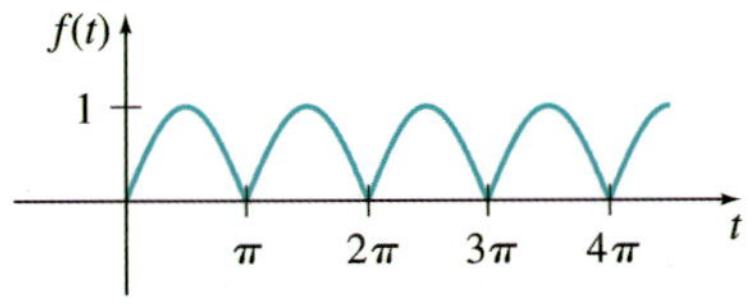

$\sin t$의 전 파동 정류

그림 7.4.10 문제67에 대한 그래프

68.

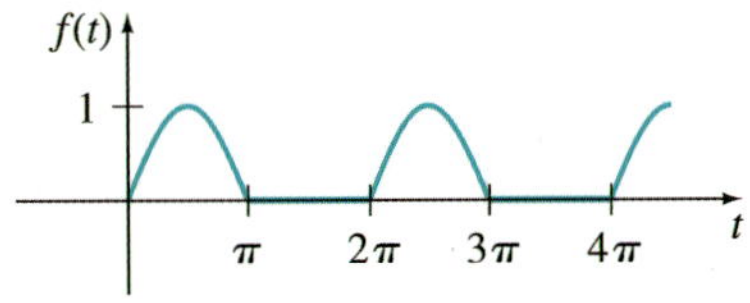

$\sin t$의 반 파동 정류

그림 7.4.11 문제68에 대한 그래프

(69–70) $E(t)$는 주어져 있고 $i(0)=0$에 대응한 방정식 (15)를 풀어라. 그래프를 그리는 이동 도구를 이용하여 $L=1,\ R=1$인 경우에 구간 $0\le t<4$에서 해의 그래프를 그려라.

69. $E(t)$는 폭이 1이고 $a=1$인 문제63의 미로함수이다.

70. $E(t)$는 폭이 1이고 $b=1$인 문제65의 톱니함수이다.

(71–72) 감쇠력을 갖는 강제된 스프링/질량 체계에 대한 모델

$$m\frac{d^2x}{dt^2}+\beta\frac{dx}{dt}+kx=f(t),\ x(0)=0,\ x'(0)=0$$

을 풀어라. 여기서 강제함수 f는 주어져 있다. 그래프 그리는 도구를 이용하여 t의 제시된 값에서 $x(t)$의 그래프를 그려라.

71. $m=\frac{1}{2}$, $\beta=1$, $k=5$, f는 진폭이 10이고 $a=\pi$, $0\le t<2\pi$를 갖는 문제63에서의 미로함수이다.

72. $m=1$, $\beta=2$, $k=1$, f는 진폭이 5이고 $a=\pi$, $0\le t<4\pi$를 갖는 문제64에서의 네모파이다.

토론 문제

(73–74) 정리 7.4.1이 어떻게 라플라스 역변환을 구하는 데 이용되는지 보여준다.

73. $F(s)=\ln\left(\frac{s-3}{s+1}\right)$

74. $F(s)=\arctan\left(\frac{2}{s}\right)$

(75–76)

$$L\left\{\frac{f(t)}{t}\right\}=\int_x^{\infty}F(u)du,\ L\{f(t)\}=F(s)$$

위 알려진 결과를 이용하여 다음의 주어진 함수의 라플라스 변환을 구하여라. α,k는 양의 상수이다.

75. $f(t)=\frac{\sin\alpha t}{t}$

76. $f(t)=\frac{2(1-\cos kt)}{t}$

77. (a) 라게르의 미분방정식

$$ty''+(1-t)y'+ny=0$$

은 n이 음이 아닌 정수일 때 다항식의 해를 갖는 것으로 알려져 있다. 이 해를 자연스럽게 라게르의 다항식이라 하고 $L_n(t)$로 나타낸다. $L_n(0)=1$로 알고 있다면 $n=0, 1, 2, 3, 4$에 대하여 $y=L_n(t)$를 구하여라.

(b) $L\left\{\frac{e^t}{n!}\frac{d^n}{dt^n}t^ne^{-t}\right\}=Y(s)$임을 보여라.

여기서 $Y(s)=L\{y\}$이고 $y=L_n(t)$는 (a)의 미분방정식의 다항식 해이다.

$$L_n(t)=\frac{e^t}{n!}\frac{d^n}{dt^n}t^ne^{-t},\ n=0,1,2,\cdots$$

으로 결론을 내린다. 라게르의 다항식을 생성하는 이 마지막 관계는 르장드르 다항식에 대한 로드리게스의 공식과 유사하다. 6.4의 (36) 참조.

78. 라플라스 변환 $L\{e^{-t^2}\}$이 존재하지만 이것을 구하지 않고 초깃값 문제 $y''+y=e^{-t^2}$, $y(0)=0$, $y'(0)=0$를 풀어라.

79. 적분방정식

$$f(t)=e^t+e^t\int_0^t e^{-\tau}f(\tau)d\tau$$

을 풀어라.

80. (a) 그림 7.4.4에서 주어진 네모파 함수 $E(t)$가

$$E(t)=\sum_{k=0}^{\infty}(-1)^kU(t-k)$$

으로 나타낼 수 있음을 보여라.

(b) (a)에서의 급수의 각항에 라플라스 변환을 취하여 이 절의 (14)를 얻어라.

81. 이상적분 $\int_0^{\infty}te^{-2t}\sin 4t\,dt$을 구하는 데 라플라스 변환을 사용하여라.

82. 로그함수의 변환 $f(t)=\ln t$가 $t=0$에서 불연속이므로 $L\{\ln t\}$가 존재하지 않는다고 가정할 수 있다. 그러나 이것은 사실이 아니다. 이 문제의 본질은 $f(t)=\ln t$, $t>0$의 라플라스 변환을 이끌어내기 위한 단계를 제시하는 것이다.

(a) 부분적분을 이용하여

$$L\{\ln t\}=sL\{t\ln t\}-\frac{1}{s}$$

임을 보여라.

(b) $L\{\ln t\}=Y(s)$이면, $n=1$에 대한 정리 7.4.1을 이용하여 (a)가

$$s\frac{dY}{ds}+Y=-\frac{1}{s}$$

임을 보인다. 앞의 미분방정식의 해 $Y(s)$를 구하여라.

(c) 마지막으로 오일러 상수의 적분 정의는

$\gamma=-\int_0^{\infty}e^{-t}\ln t\,dt$이다. 여기서 $\gamma=0.5772156649\cdots$이다. (b)에서의 해에서 $Y(1)=-\gamma$임을 이용하여

$$L\{\ln t\}=-\frac{\gamma}{s}-\frac{\ln s}{s},\ s>0$$

임을 보여라.

컴퓨터 활용 문제

83. 이 문제에서는 미분방정식의 라플라스 변환과 역변환을 구함으로서 초깃값 문제의 해를 얻도록 하는 Mathematica의

명령어를 알려준다. Mathematica에서 함수 $y(t)$의 라플라스 변환은 라플라스 변환 $[y[t], t, s]$을 사용함으로서 얻어진다. 문장의 둘째 줄에서 라플라스 변환 $[y[t], t, s]$이 기호 Y로 대치된다. (Mathematica를 갖고 있지 않다면 수중에 갖고 있는 컴퓨터 대수 체계에 대한 대응된 문장을 찾음으로써 주어진 과정을 적용한다.)

초깃값 문제

$$y'' + 6y' + 9y = t\sin t,\ y(0) = 2,\ y'(0) = -1$$

를 생각하자. 라플라스 변환 패키지를 넣고, 정확하게 다음의 일련의 명령어에서 각각의 줄을 재생하고 그 후 차례대로 실행하여라. 직접 출력을 복사하거나 결과를 출력하여라.

```
diffequat=y''[t]+6y'[t]+9y[t]== t`sin[t]
transformdeq=Laplacetransform[diffequat, t, s]/
y[0] rarrow 2, y'[0] → -1,
LaplaceTransform[y[t], t, s]→Y}
LAPLACE Transform[y[t], t, s]→Y}
soln=Solve[transformdeq, Y]//Flatten
Y=Y/.soln
∈verseLaplaceTransform[Y, s, t]
```

84. 문제83의 과정을 적절히 수정하여

$$y''' + 3y' - 4y = 0,\ y(0) = 0,\ y'(0) = 0,\ y''(0) = 1$$

의 해를 구하여라.

85. LC 직렬회로에서 축전기에서의 충전 $q(t)$는

$$\frac{d^2q}{dt^2} + q = 1 - 4U(t-\pi) + 6U(t-3\pi),\quad q(0) = 0,\ q'(0) = 0$$

으로 주어진다. 문제72의 과정을 적절히 수정하여 $q(t)$를 구하고, 해의 그래프를 그려라.

7.5 디랙의 델타 함수

소개 379쪽의 마지막 단락에서 정리 7.1.3의 직접적인 결과로서 $F(s) = 1$은 $[0, \infty)$에서 조각적 연속이고 지수위수인 함수 f의 라플라스 변환이 될 수 없다는 것을 지적하였다. 앞으로 다루는 내용에서는 이전 경우에 조사한 종류와는 아주 다른 함수를 소개하고자 한다. 라플라스 변환이 $F(s) = 1$인 함수가 실제 존재하거나 좀 더 정확하게는 일반화된 함수가 존재하게 됨을 보게 된다.

그림 7.5.1 골프클럽은 매우 짧은 시간 동안 볼에 큰 힘을 작용한다.

단위 충격 역학계는 간혹 매우 짧은 시간 동안에만 작용하는 커다란 외부력(또는 전기회로에서 기전력)을 받게 된다. 예를 들어, 진동하는 비행기의 날개는 번개에 맞을 수도 있고, 스프링 위에 있는 물체를 쇠망치로 강하게 가격하거나 어떤 종류의 클럽(야구방망이, 골프클럽, 테니스 라켓)으로 공(야구공, 골프공, 테니스 공)을 강하게 강타하여 하늘 높이 보내는 현상 등이다.(그림 7.5.1 참조)

그림 7.5.2의 (a)에서 보듯이 조각적으로 정의된 함수의 그래프는

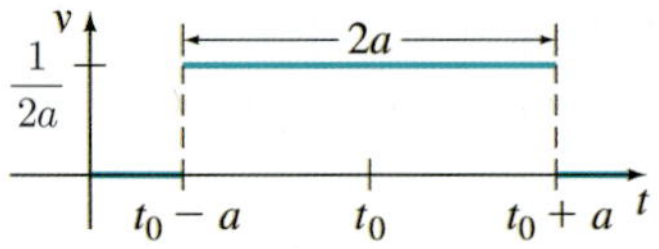

(a) $\delta_a(t-t_0)$의 그래프

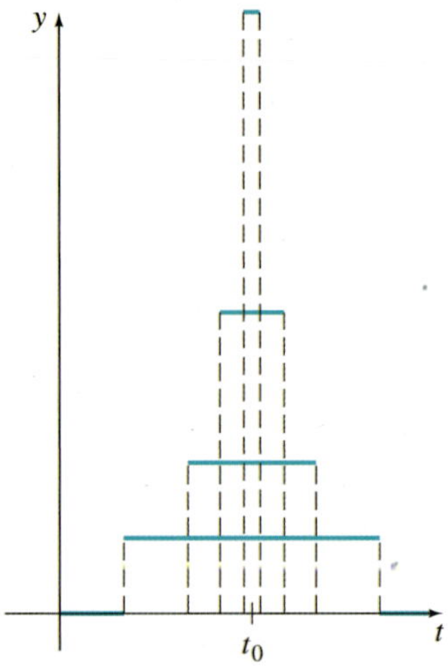

(b) $a \to 0$일 때 δ_a의 거동

그림 7.5.2 단위충격

$$\delta_a(t-t_0)=\begin{cases}0, & 0 \le t < t_0-a \\ \dfrac{1}{2a}, & t_0-a \le t < t_0+a \\ 0, & t \ge t_0+a\end{cases} \tag{1}$$

$(a>0,\ t_0>0)$ 그러한 힘에 대한 모형으로서 역할을 한다. a의 작은 값에 대해, $\delta_a(t-t_0)$는 본래 t_0 주위에서 매우 짧은 시간에만 작용하는 크기가 큰 일정한 함수이다. $a \to 0$일 때 $\delta_a(t-t_0)$의 거동은 그림 7.5.2의 (b)에 제시되어 있다. 함수 $\delta_a(t-t_0)$는 $\int_0^\infty \delta_a(t-t_0)dt=1$인 적분성질을 갖기 때문에 단위충격이라 한다.

디랙의 델타함수 실제로 다른 형태의 단위충격 즉, $\delta_a(t-t_0)$에 근사하고 극한

$$\delta(t-t_0)=\lim_{a\to 0}\delta_a(t-t_0) \tag{2}$$

에 의하여 정의된 함수로 다루는 것이 편리하다.

전혀 함수가 아닌 위의 표현은 다음 두 가지 성질

$$\text{(i)}\ \delta(t-t_0)=\begin{cases}\infty, & t=t_0 \\ 0, & t \ne t_0\end{cases} \text{와 (ii)}\ \int_0^\infty \delta(t-t_0)dt=1$$

로 특성화될 수 있다. 단위충격 $\delta(t-t_0)$은 영국의 이론 물리학자 **폴 디랙(Paul Dirac**, 1902-1984)의, 이름을 따서 디랙의 델타 함수라고도 한다.(그림 7.5.3) 디랙은 1933년 오스트리아 물리학자 슈뢰딩거와 노벨 물리학상을 공동 수상했다.

$L\{\delta(t-t_0)\}=\lim_{a\to 0}L\{\delta_a(t-t_0)\}$인 가정에 의하여 디랙의 델타 함수의 라플라스 변환을 얻을 수 있다.

그림 7.5.3 폴 디랙

정리 7.5.1 디랙의 델타 함수의 변환

$t_0>0$에 대하여

$$L\{\delta(t-t_0)\}=e^{-st_0} \tag{3}$$

이다.

증명 우선 $\delta_a(t-t_0)$를 7.3절의 (11)과 (12)에 의하여 단위계단 함수를 이용하여 나타낼 수 있다. 즉,

$$\delta_a(t-t_0)=\frac{1}{2a}[U(t-(t_0-a))-U(t-(t_0+a))]$$

이다. 선형성과 7.3절의 (14)에 의하여 위 식의 라플라스 변환은

$$L\{\delta_a(t-t_0)\}=\frac{1}{2a}\left[\frac{e^{-s(t_0-a)}}{s}-\frac{e^{-s(t_0+a)}}{s}\right]=e^{-st_0}\left(\frac{e^{sa}-e^{-sa}}{2sa}\right) \tag{4}$$

이다. (4)는 $a\to 0$일 때 부정형 $\frac{0}{0}$이므로 로피탈의 법칙을 적용하면

$$L\{\delta(t-t_0)\}=\lim_{a\to 0}L\{\delta_a(t-t_0)\}=e^{-st_0}\lim_{a\to 0}\left(\frac{e^{sa}-e^{-sa}}{2sa}\right)=e^{-st_0}$$

이다. ■

이제 $t_0=0$일 때 (3)으로부터

$$L\{\delta(t)\}=1$$

이라 할 수 있다.

위의 결과는 정리 7.1.3으로부터 $s\to\infty$일 때 $L\{f(t)\}\to 0$으로 기대되므로 $\delta(t)$는 우리가 생각한 일상적인 함수가 아니라는 사실을 강조한다.

예제 1 두 개의 초깃값 문제

다음 조건에 대응된 초깃값 문제를 풀어라.

$$y''+y=4\delta(t-2\pi)$$

(a) $y(0)=1,\ y'(0)=0$ (b) $y(0)=0,\ y'(0)=0$

이 두 초깃값 문제는 제동력이 무시될 수 있는 매체 속에서 움직이고 있는 스프링 상의 질량의 운동을 묘사하는 모형 역할을 한다. $t=2\pi$에서 질량은 아래로 예리하게 주어져 있다.

(a)에서는 질량이 평형위치 아래로 1단위에서 놓아준다. (b)에서는 질량을 평형위치에서 놓아준다.

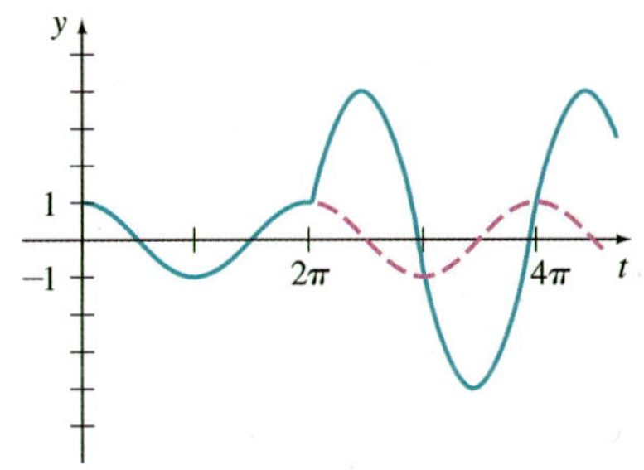

그림 7.5.4 예제1의 (a)에서 질량은 $t=2\pi$에서 부딪친다.

풀이 (a) (3)으로부터 미분방정식의 라플라스 변환은

$$s^2Y(s)-s+Y(s)=4e^{-2\pi s}$$

또는

$$Y(s)=\frac{s}{s^2+1}+\frac{4e^{-2\pi s}}{s^2+1}$$

이다. 7.3절의 (15)인 제2이동정리의 역형식을 사용하여

$$y(t)=\cos t+4\sin(t-2\pi)U(t-2\pi)$$

를 구한다. $\sin(t-2\pi)=\sin t$이므로 위의 해는

$$y(t)=\begin{cases}\cos t, & 0\le t<2\pi\\ \cos t+4\sin t, & t\ge 2\pi\end{cases} \tag{5}$$

으로 나타낼 수 있다.

그림 7.5.3에서 (5)의 그래프로부터 질량은 $t=2\pi$에서 부딪칠 때까지 단순조화운동을 나타냄을 보게 된다. 단위충격의 영향은 진동의 폭이 $t>2\pi$에 대해서 $\sqrt{17}$까지 증가하는 것이다.

(b) 이 경우에 있어서 방정식의 변환은 간단히

$$Y(s)=\frac{4e^{-2\pi s}}{s^2+1}$$

이므로

$$\begin{aligned} y(t) &= 4\sin(t-2\pi)\,U(t-2\pi) \\ &= \begin{cases} 0, & 0 \le t < 2\pi \\ 4\sin t, & t \ge 2\pi \end{cases} \end{aligned} \tag{6}$$

이다. 그림 7.5.4에서 (6)의 그래프는 초기 조건으로부터 예상할 수 있는 것처럼 질량은 $t=2\pi$에서 부딪칠 때까지 운동을 하지 않는다. ■

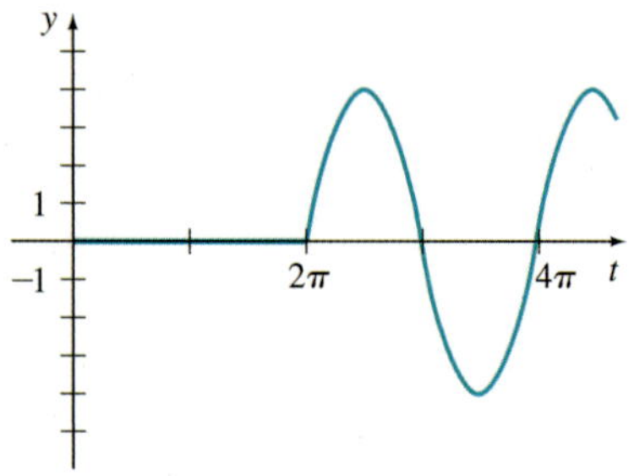

그림 7.5.5 예제1의 (a)에서 질량은 $t=2\pi$에서 부딪칠 때까지 운동하지 않는다.

대체 정의

$\delta(t-t_0)$가 보통의 함수였다면 426쪽의 성질 (i)은 $\int_0^\infty \delta(t-t_0)\,dt=1$이라기보다는 오히려 $\int_0^\infty \delta(t-t_0)\,dt=0$이였을 것이다. 디랙의 델타함수가 보통의 함수와 같이 "동작"하지 않기 때문에 사용자들은 정확한 결과를 산출해 내어도 처음에는 수학자들의 커다란 조롱을 받았다. 그러나 1940년대에 프랑스 수학자 로랑 슈바르츠(Laurent Schwartz, 1915–2002)가 그의 저서 〈분포이론〉에서 논란이 되었던 디랙의 함수를 엄밀하게 검토한 결과 **분포 이론** 또는 **일반화된 함수**라는 완전히 새로운 수학 분야로 발전시켰다. 이 이론에서 (2)는 $\delta(t-t_0)$의 일반적인 정의가 아니며 또한 함수의 값이 ∞ 또는 0인 함수를 언급하지도 않는다. 이 주제를 더 이상 다루지 않겠지만, 디랙의 델타 함수는 다른 함수들에 미치는 영향에 의하여 그 특징이 가장 잘 드러난다고 할 수 있다. 모든 연속함수 f에 대하여

$$\int_0^\infty f(t)\delta(t-t_0)\,dt=f(t_0) \tag{7}$$

를 만족하는 것이 $\delta(t-t_0)$의 정의라고 할 수 있다. 이 결과는 $\delta(t-t_0)$가 $[0,\infty)$에서 f의 값의 집합으로부터 값 $f(t_0)$의 걸러내는 효과를 주기 때문에 **감별성질**로서 알려져 있다. $f(t)=1$일 때, (7)로부터 다음을 얻는다.

$$\int_0^\infty \delta(t-t_0)\,dt=1 \tag{8}$$

이와 유사하게, $f(t)=e^{-st}$일 때, (7)로부터 다음을 얻는다.

$$\int_0^\infty e^{-st}\delta(t-t_0)\,dt=e^{-st_0} \tag{9}$$

위 (8), (9)의 결과는 428쪽의 성질 (ii)와 정리 7.5.1의 (3)과 일치한다. 7.5장의 연습문제19와 20을 보아라.

주의

7.2절의 마무리 부분의 주의 (iii)에서 상수 계수를 갖는 일반적인 선형 n계 미분방정식의 변환함수는 $W(s)=\dfrac{1}{P(s)}$이고, 여기서 $P(s)=a_n s^n+a_{n-1}s^{n-1}+\cdots+a_0$임을 나타낸다. 변환함수는 선형 체계의 **중력함수**(weight function)라고 하는 함수 $w(t)$의 라플라스 변환이다. 그러나 $w(t)$는 바로 토론의 관점에서 또한 특징지어질 수 있다. 간단히 하기 위해서 입력이 $t=0$에서 단위 충격인 2계 선형 체계

$$a_2y''+a_1y'+a_0y=\delta(t),\ y(0)=0,\ y'(0)=0$$

를 생각해 보자. 라플라스 변환을 적용하고 $L\{\delta(t)\}=1$을 사용하면 이 경우에 응답 y의 변환은 변환함수 $Y(s)=\dfrac{1}{a_2s^2+a_1s+a_0}=\dfrac{1}{P(s)}=W(s)$이므로 $y=L^{-1}\left\{\dfrac{1}{P(s)}\right\}$ $=w(t)$임을 본다. 이것으로부터 일반적으로 n계 선형 체계의 중력 함수 $y=w(t)$는 단위 충격에 대한 체계의 제로 상태 응답임을 알 수 있다. 이러한 이유로 $w(t)$는 또한 체계의 **충격응답**(impulse response)이라고 한다.

연습문제 7.5

(1–12) 라플라스 변환을 사용하여 주어진 초깃값 문제를 풀어라.

1. $y'-3y=\delta(t-2),\ y(0)=0$

2. $y'+y=\delta(t-1),\ y(0)=2$

3. $y''+y=\delta(t-2\pi),\ y(0)=0,\ y'(0)=1$

4. $y''+16y=\delta(t-2\pi),\ y(0)=0,\ y'(0)=0$

5. $y''+y=\delta\left(t-\frac{1}{2}\pi\right)+\delta\left(t-\frac{3}{2}\pi\right),\ y(0)=0,\ y'(0)=0$

6. $y''+y=\delta(t-2\pi)+\delta(t-4\pi),\ y(0)=1,\ y'(0)=0$

7. $y''+2y'=\delta(t-1),\ y(0)=0,\ y'(0)=1$

8. $y''-2y'=1+\delta(t-2),\ y(0)=0,\ y'(0)=1$

9. $y''+4y'+5y=\delta(t-2\pi),\ y(0)=0,\ y'(0)=0$

10. $y''+2y'+y=\delta(t-1),\ y(0)=0,\ y'(0)=0$

11. $y''+4y'+13y=\delta(t-\pi)+\delta(t-3\pi)$
$y(0)=1,\ y'(0)=0$

12. $y''-7y'+6y=e^t+\delta(t-2)+\delta(t-4)$
$y(0)=0,\ y'(0)=0$

13. $y''+y=U(t-1)+\delta(t-2)-U(t-3),$
$y(0)=0,\ y'(0)=0$

14. $y''+2y'+y=(t-1)\,U(t-1)+\delta(t-5),$
$y(0)=0,\ y'(0)=0$

(15–16) 라플라스 변환을 사용하여 주어진 초깃값 문제를 풀어라. 구간 $[0, 8\pi]$에서 해의 그래프를 그려라.

15. $y''+y=\sum_{k=1}^{\infty}\delta(t-k\pi),\ y(0)=0,\ y'(0)=1$

16. $y''+y=\sum_{k=1}^{\infty}\delta(t-2k\pi),\ y(0)=0,\ y'(0)=1$

(17–18) 길이 L의 동일한 막대에 $x=\frac{1}{2}L$에서 집중된 하중 w_0가 닿고 있다.(그림 7.5.6 (문제17)와 그림 7.5.7(문제18) 참조) 라플라스 변환을 사용하여 주어진 경곗값 조건에 대응한 미분방

정식

$$EI\frac{d^4y}{dx^4}=w_0\delta(x-\frac{1}{2}L),\quad 0<x<L$$

을 풀어라.

17. $y(0)=0,\ y'(0)=0,\ y''(L)=0,\ y'''(L)=0$

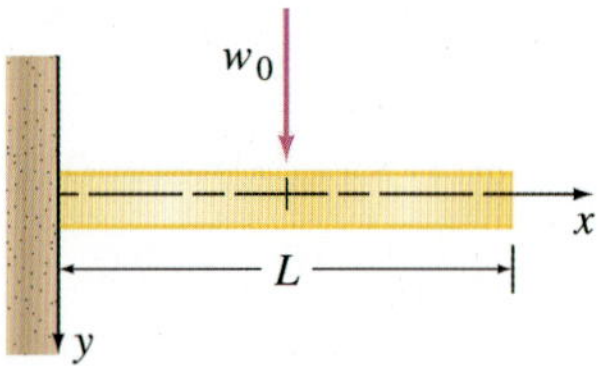

그림 7.5.6 막대는 왼쪽 끝이 포함되어 있고, 오른쪽 끝은 자유로이 있다.

18. $y(0)=0,\ y'(0)=0,\ y(L)=0,\ y'(L)=0$

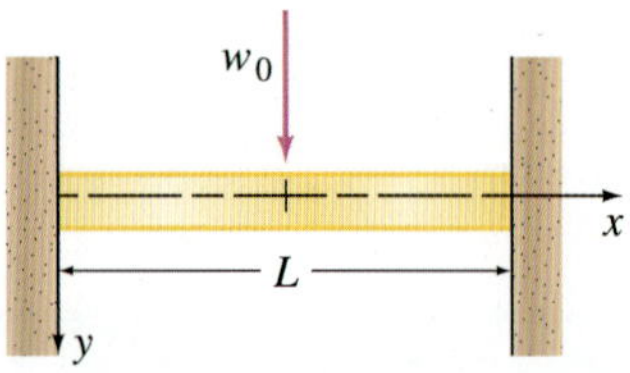

그림 7.5.7 막대는 양쪽이 포함되어 있다.

19. $y''+y=2\cos t\,\delta(t-\pi)+6\cos t\,\delta(t-2\pi)$
$y(0)=1,\ y'(0)=0$

20. $y''+4y'+3y=e^t\delta(t-1),\ y(0)=0,\ y'(0)=2$

토론 문제

21. 누군가가 두 개의 초깃값 문제

$$y''+2y'+10y=0,\ y(0)=0,\ y'(0)=1$$

$$y''+2y'+10y=\delta(t),\ y(0)=0,\ y'(0)=0$$

의 해가 정확히 같다고 한다. 여기에 동의하는가? 동의하면 그 이유를 설명하여라.

22. 본 절의 마무리 부분에서 주의(i)을 다시 검토하고, 라플라스 변환을 사용하여 초깃값 문제

$$y''+4y'+3y=e^t\delta(t-1),\ y(0)=0,\ y'(0)=2$$

를 풀어라. 그래프 그리는 도구를 이용하여 $0\le t\le 5$에서 $y(t)$의 그래프를 그려라.

7.6 연립 선형 미분방정식

소개 초기 조건이 주어졌을 때 상수 계수를 갖는 연립 선형 미분방정식에 있어서 각 방정식의 라플라스 변환은 이 연립방정식을 변환된 함수에 있어서 동차의 연립 대수방정식으로 변형한다. 변환된 함수들에 대한 연립 대수방정식을 풀고 보통의 방식대로 역 라플라스 변환을 구한다.

두 개의 스프링 두 질량 m_1과 m_2가 각각 스프링 상수가 k_1, k_2이고 무시할 수 있는 질량의 두 스프링 A, B에 연결한다. 교대로 두 스프링은 그림 7.6.1에서와 같이 달려있다.

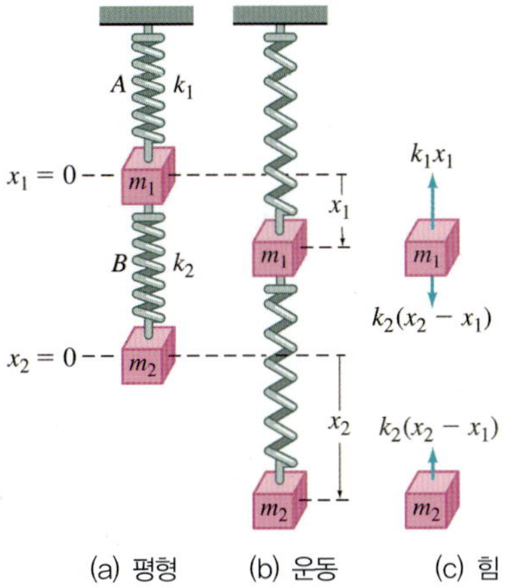

그림 7.6.1 두 개의 스프링/질량계

$x_1(t)$와 $x_2(t)$는 이들의 평형위치로부터 질량의 수직이동을 나타낸다고 하자. 이 장치가 운동할 때 스프링 B는 늘리기와 압축에 따른다. 따라서 그것의 최종적인 늘리기는 $x_2 - x_1$이므로 후크의 법칙으로부터 스프링 A와 B는 각각 m_1에 대해서 힘 $-k_1x_1$과 $k_2(x_2 - x_1)$이 가해지게 된다. 만일에 외부력이 이 계에 일어나지 않고 감쇠력이 존재하지 않는다면 m_1에 대한 최종적인 힘은 $-k_1x_1 + k_2(x_2 - x_1)$이다. 뉴턴의 제2법칙에 의하여

$$m_1\frac{d^2x_1}{dt^2} = -k_1x_1 + k_2(x_2 - x_1)$$

로 쓸 수 있다. 같은 방법으로 질량 m_2에 가해진 최종적인 힘은 B의 최종적인 늘리기에만 의존한다. 즉, $-k_2(x_2 - x_1)$이므로

$$m_2\frac{d^2x_2}{dt^2} = -k_2(x_2 - x_1)$$

이다. 바꾸어 말하면 두 개의 스프링 운동은 연립 2계 미분방정식

$$\begin{aligned} m_1x_1'' &= -k_1x_1 + k_2(x_2 - x_1) \\ m_2x_2'' &= -k_2(x_2 - x_1) \end{aligned} \qquad (1)$$

으로 표현된다.

다음 예제에서 $k_1 = 6$, $k_2 = 4$, $m_1 = 1$, $m_2 = 1$이고 질량은 반대의 단위 속도를 갖는 그들의 평형위치로부터 시작한다는 가정하에서 (1)을 푼다.

예제 1 **두 개의 스프링**

$x_1(0)=0,\ x_1'(0)=1,\ x_2(0)=0,\ x_2'(0)=-1$을 조건으로 갖는

$$\begin{aligned} x_1'' + 10x_1 \quad - 4x_2 &= 0 \\ -4x_1 + x_2'' + 4x_2 &= 0 \end{aligned} \tag{2}$$

을 풀어라.

풀이 각 방정식의 라플라스 변환은

$$\begin{aligned} s^2X_1(s) - sx_1(0) - x_1'(0) + 10X_1(s) - 4X_2(s) &= 0 \\ -4X_1(s) + s^2X_2(s) - sx_2(0) - x_2'(0) + 4X_2(s) &= 0 \end{aligned}$$

이고 여기서 $X_1(s)=L\{x_1(t)\}$, $X_2(s)=L\{x_2(t)\}$이다. 이 방정식은

$$\begin{aligned} (s^2+10)\,X_1(s) - 4X_2(s) &= 1 \\ -4X_1(s) + (s^2+4)\,X_2(s) &= -1 \end{aligned} \tag{3}$$

와 같다. (3)을 $X_1(s)$에 대하여 풀고 이 결과에서 부분 분수를 사용하면

$$X_1(s) = \frac{s^2}{(s^2+2)(s^2+12)} = -\frac{\frac{1}{5}}{s^2+2} + \frac{\frac{6}{5}}{s^2+12}$$

이므로

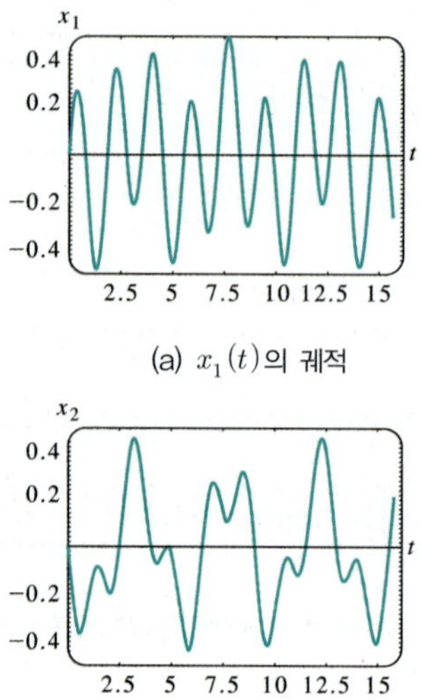

(a) $x_1(t)$의 궤적

(b) $x_2(t)$의 궤적

그림 7.6.2 예제1에서 두 질량의 위치

$$\begin{aligned} x_1(t) &= -\frac{1}{5\sqrt{2}}L^{-1}\left\{\frac{\sqrt{2}}{s^2+2}\right\} + \frac{6}{5\sqrt{12}}L^{-1}\left\{\frac{\sqrt{12}}{s^2+12}\right\} \\ &= -\frac{\sqrt{2}}{10}\sin\sqrt{2}\,t + \frac{\sqrt{3}}{5}\sin 2\sqrt{3}\,t \end{aligned}$$

이다. $X_1(s)$에 대한 표현을 (3)의 첫 번째 방정식에 대입하면

$$X_2(s) = -\frac{s^2+6}{(s^2+2)(s^2+12)} = -\frac{\frac{2}{5}}{s^2+2} - \frac{\frac{3}{5}}{s^2+12}$$

이므로

$$\begin{aligned} x_2(t) &= -\frac{2}{5\sqrt{2}}L^{-1}\left\{\frac{\sqrt{2}}{s^2+2}\right\} - \frac{3}{5\sqrt{12}}L^{-1}\left\{\frac{\sqrt{12}}{s^2+12}\right\} \\ &= -\frac{\sqrt{2}}{5}\sin\sqrt{2}\,t - \frac{\sqrt{3}}{10}\sin 2\sqrt{3}\,t \end{aligned}$$

이다. 마지막으로 주어진 연립방정식 (2)에 대한 해는

$$\begin{aligned} x_1(t) &= -\frac{\sqrt{2}}{10}\sin\sqrt{2}\,t + \frac{\sqrt{3}}{5}\sin 2\sqrt{3}\,t \\ x_2(t) &= -\frac{\sqrt{2}}{5}\sin\sqrt{2}\,t - \frac{\sqrt{3}}{10}\sin 2\sqrt{3}\,t \end{aligned} \tag{4}$$

이다. 그림 7.6.2에서 x_1과 x_2의 그래프는 각 질량의 복잡한 진동 운동을 나타낸다. ■

물론, n개의 질량 m_i, $i=1,2,\ldots,n$가 그림 7.6.1과 같이 n개의 스프링에 연결되어 있다면, 연립 2차 미분 방정식 (1)은 다음과 같이 일반화된다.

$$\begin{aligned} m_1x_1'' &= -k_1x_1 + k_2(x_2-x_1) \\ m_2x_2'' &= -k_2(x_2-x_1)+k_3(x_3-x_2) \\ m_3x_3'' &= -k_3(x_3-x_2)+k_3(x_4-x_3) \\ &\vdots \\ m_nx_n'' &= -k_n(x_n-x_{n-1}). \end{aligned} \tag{5}$$

이 연립 방정식은 다른 진동하는 물리 시스템의 모델이 됩니다. 이 장 끝에 있는 참고를 보아라.

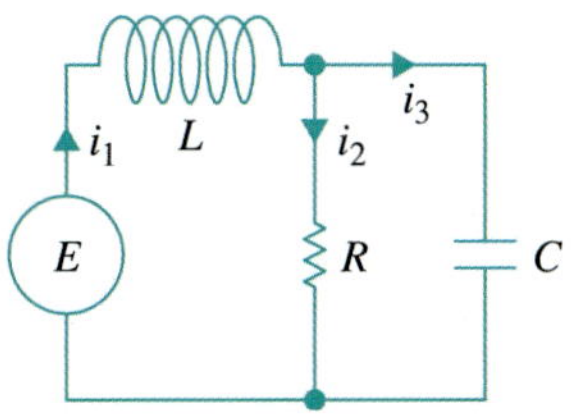

그림 7.6.3 전기회로

회로 3.3절의 (18)에서 그림 7.6.3에서 보인 회로에서 인덕터, 저항과 축전기를 포함 하는 전류 $i_1(t)$와 $i_2(t)$는 연립 1계 미분방정식

$$\begin{aligned} L\frac{di_1}{dt}+Ri_2 &= E(t) \\ RC\frac{di_2}{dt}+i_2-i_1 &= 0 \end{aligned} \tag{6}$$

에 의하여 주어졌음을 보았다. 다음 예제에서 이 연립방정식을 라플라스 변환에 의하여 푼다.

예제 2 전기회로

$E(t)=60\text{V}, L=1\text{V}, R=50\,\Omega$, $C=10^{-4}$F와 전류 i_1과 i_2는 초기에 0인 조건하에서 (6)의 방정식을 풀어라.

풀이 $i_1(0)=0$, $i_2(0)=0$을 조건으로 갖는

$$\begin{aligned} \frac{di_1}{dt}+50i_2 &= 60 \\ 50(10^{-4})\frac{di_2}{dt}+i_2-i_1 &= 0 \end{aligned}$$

을 푼다. 이 방정식 각각에 라플라스 변환을 적용하고 간단히 하면

$$\begin{aligned} sI_1(s)+50I_2(s) &= \frac{60}{s} \\ -200I_1(s)+(s+200)I_2(s) &= 0 \end{aligned}$$

이고, 여기서 $I_1(s)=L\{i_1(t)\}$, $I_2(s)=L\{i_2(t)\}$이다. 이 연립방정식을 I_1과 I_2에 대하여 풀고 이 결과를 부분 분수로 분해하면

$$I_1(s)=\frac{60s+12,000}{s(s+100)^2}=\frac{\frac{6}{5}}{s}-\frac{\frac{6}{5}}{s+100}-\frac{60}{(s+100)^2}$$

$$I_2(s)=\frac{12{,}000}{s(s+100)^2}=\frac{\frac{6}{5}}{s}-\frac{\frac{6}{5}}{s+100}-\frac{120}{(s+100)^2}$$

이다. 역 라플라스 변환을 취하면 전류는

$$i_1(t)=\frac{6}{5}-\frac{6}{5}e^{-100t}-60te^{-100t}$$
$$i_2(t)=\frac{6}{5}-\frac{6}{5}e^{-100t}-120te^{-100t}$$

임을 얻는다. ■

예제2에서 전류 $i_1(t)$와 $i_2(t)$는 모두 $t\to\infty$ 일 때 값 $\frac{E}{R}=\frac{6}{5}$이 됨에 유의한다. 더욱이 축전기를 지나는 전류는 $i_3(t)=i_1(t)-i_2(t)=60te^{-100t}$이므로 $t\to\infty$ 일 때 $i_3(t)\to 0$임을 본다.

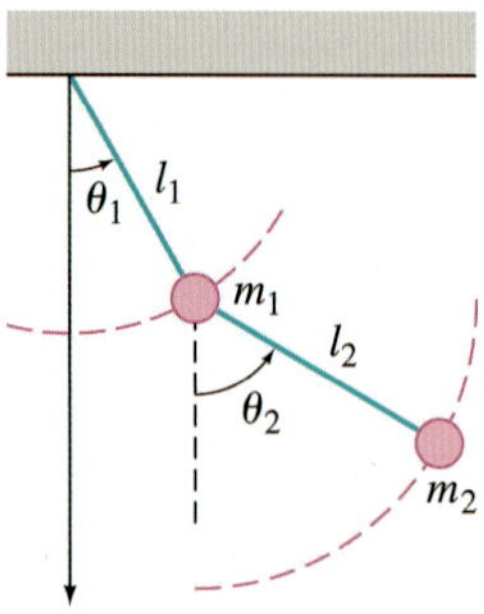

그림 7.6.4 이중 추

이중 추 그림 7.6.4에서 보이듯 추에 매달린 추로 이루어진 이중 추를 생각해 보자. 이 장치는 중력의 영향 하에서 수직인 평면으로 진동하고 각각의 막대기의 무게는 무시하고 감쇠력은 이 장치에 작용하지 않는다고 하자. 또한 그림 7.6.4는 이동각 θ_1은 이 장치의 회전축으로부터 아래쪽으로 연결된 수직축으로부터 rad으로 측정되었고 θ_2는 질량 m_1의 중심으로부터 아래쪽으로 연결된 수직축으로부터 측정되었음을 보인다. 양의 방향은 오른쪽이고 음의 방향은 왼쪽이다. 5.3절의 방정식 (6)에 대한 분석으로부터 예상하듯이 연립 미분방정식은 이 운동이 비선형임을 나타낸다. 즉,

$$\begin{aligned}(m_1+m_2)l_1^2\theta_1''+m_2l_1l_2\theta_2''\cos(\theta_1-\theta_2)+m_2l_1l_2(\theta_2')^2\sin(\theta_1-\theta_2)+(m_1+m_2)l_1g\sin\theta_1&=0\\ m_2l_2^2\theta_2''+m_2l_1l_2\theta_1''\cos(\theta_1-\theta_2)-m_2l_1l_2(\theta_1')^2\sin(\theta_1-\theta_2)+m_2l_2g\sin\theta_2&=0\end{aligned}\tag{7}$$

이동 $\theta_1(t)$와 $\theta_2(t)$는 작은 값으로 가정하면 근삿값 $\cos(\theta_1-\theta_2)\approx 1$, $\sin(\theta_1-\theta_2)\approx 0$, $\sin\theta_1\approx\theta_1$, $\sin\theta_2\approx\theta_2$은 방정식 (7)을 선형화

$$\begin{aligned}(m_1+m_2)l_1^2\theta_1''+m_2l_1l_2\theta_2''+(m_1+m_2)l_1g\,\theta_1&=0\\ m_2l_2^2\theta_2''+m_2l_1l_2\theta_1''+m_2l_2g\,\theta_2&=0\end{aligned}\tag{8}$$

로 바꿀 수 있게 한다.

예제 3 이중 추

$m_1=3$, $m_2=1$, $l_1=l_2=16$, $\theta_1(0)=1$, $\theta_2(0)=-1$, $\theta_1'(0)=0$, $\theta_2'(0)=0$ 일 때 방정식 (8)을 풀기 위하여 라플라스 변환을 사용하는 상세한 것은 연습문제로 남긴다.

해는

$$\theta_1(t) = \frac{1}{4}\cos\frac{2}{\sqrt{3}}t + \frac{3}{4}\cos 2t$$
$$\theta_2(t) = \frac{1}{2}\cos\frac{2}{\sqrt{3}}t - \frac{3}{2}\cos 2t \qquad (9)$$

임을 얻는다.

컴퓨터 대수 체계의 도움으로 $t=0$과 그 이후의 시간에서 두 질량의 위치는 그림 7.6.5에서 보인다. 연습문제7.6의 문제21을 참조.

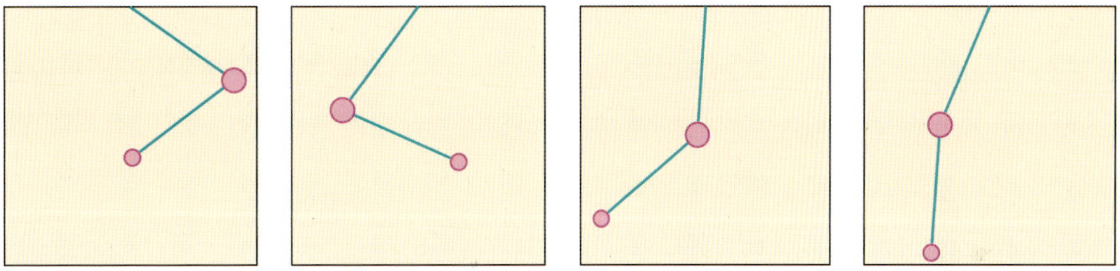

(a) $t = 0$ **(b)** $t = 1.4$ **(c)** $t = 2.5$ **(d)** $t = 8.5$

그림 7.6.5 예제3의 다양한 시간에서 이중 추에 있는 질량의 위치

주의

연립 미분방정식 (5)는 지진으로 인한 다층 건물의 연속된 층의 수평 이탈에 대한 수학적 모델로도 해석할 수 있다. i번째 층 중심의 수평 위치와 그 질량을 각각 x_i와 m_i로 표시하면, $x_{i+1} - x_i$는 i번째 층에 대한 $(i+1)$번째 층의 수평 이탈이다.
후크의 법칙이 성립한다고 가정하면, 이 두 층 사이의 복원력은 $k_i(x_{i+1} - x_i)$이며, 여기서 k_i는 상수이다. 3층 건물의 경우, 수평 이탈은 다음 세 가지 2차 미분 방정식으로 표현된다.

$$\begin{aligned} m_1 x_1'' &= -k_0 x_1 + k_1(x_2 - x_1) \\ m_2 x_2'' &= -k_1(x_2 - x_1) + k_2(x_3 - x_2) \\ m_3 x_3'' &= -k_2(x_3 - x_2). \end{aligned} \qquad (10)$$

그림 7.6.6 및 7.6.7*을 참조하여라.

그림 7.6.6 지진에 의해 파괴된 건물

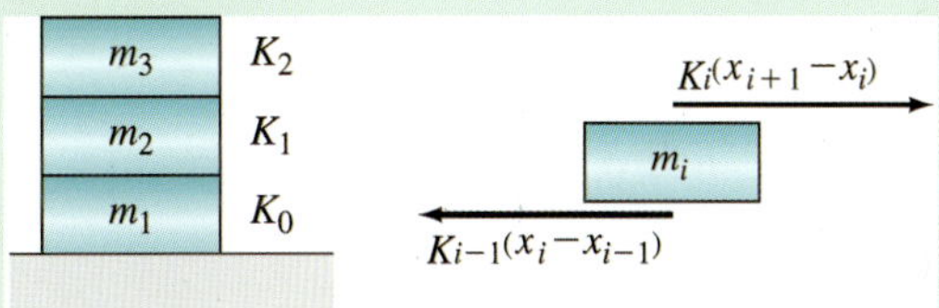

(a) 다층 건물 (b) 수평적인 힘을 받고 있는 층

그림 7.6.7 *이 모델에 대한 자세한 내용은 프로젝트 모듈 다층 건물의 지진 흔들림(Gilbert N. Lewis 저), "경곗값 문제가 있는 미분 방정식 6판(Dennis G. Zill 저)"를 참조하여라.

연습문제 7.6

(1–12) 라플라스 변환을 사용하여 주어진 연립 미분방정식을 풀어라.

1. $\dfrac{dx}{dt} = -x + y$, $\dfrac{dy}{dt} = 2x$, $x(0) = 0,\ y(0) = 1$

2. $\dfrac{dx}{dt} = 2y + e^t$, $\dfrac{dy}{dt} = 8x - t$, $x(0) = 1,\ y(0) = 1$

3. $\dfrac{dx}{dt} = x - 2y$, $\dfrac{dy}{dt} = 5x - y$, $x(0) = -1,\ y(0) = 2$

4. $\dfrac{dx}{dt} + 3x + \dfrac{dy}{dt} = 1$, $\dfrac{dx}{dt} - x + \dfrac{dy}{dt} - y = e^t$, $x(0) = 0,\ y(0) = 0$

5. $2\dfrac{dx}{dt} + \dfrac{dy}{dt} - 2x = 1$, $\dfrac{dx}{dt} + \dfrac{dy}{dt} - 3x - 3y = 2$, $x(0) = 0,\ y(0) = 0$

6. $\dfrac{dx}{dt} + x - \dfrac{dy}{dt} + y = 0$, $\dfrac{dx}{dt} + \dfrac{dy}{dt} + 2y = 0$, $x(0) = 0,\ y(0) = 1$

7. $\dfrac{d^2x}{dt^2} + x - y = 0$, $\dfrac{d^2y}{dt^2} + y - x = 0$, $x(0) = 0,\ x'(0) = -2,\ y(0) = 0,\ y'(0) = 1$

8. $\dfrac{d^2x}{dt^2} + \dfrac{dx}{dt} + \dfrac{dy}{dt} = 0$, $\dfrac{d^2y}{dt^2} + \dfrac{dy}{dt} - 4\dfrac{dx}{dt} = 0$, $x(0) = 1,\ x'(0) = 0,\ y(0) = -1,\ y'(0) = 5$

9. $\dfrac{d^2x}{dt^2} + \dfrac{d^2y}{dt^2} = t^2$, $\dfrac{d^2x}{dt^2} - \dfrac{d^2y}{dt^2} = 4t$, $x(0) = 8,\ x'(0) = 0,\ y(0) = 0,\ y'(0) = 0$

10. $\dfrac{dx}{dt} - 4x + \dfrac{d^3y}{dt^3} = 6\sin t$, $\dfrac{dx}{dt} + 2x - 2\dfrac{d^3y}{dt^3} = 0$, $x(0) = 0,\ y(0) = 0,\ y'(0) = 0,\ y''(0) = 0$

11. $\dfrac{d^2x}{dt^2} + 3\dfrac{dy}{dt} + 3y = 0$, $\dfrac{d^2x}{dt^2} + 3y = te^{-t}$, $x(0) = 0,\ x'(0) = 2,\ y(0) = 0$

12. $\dfrac{dx}{dt} = 4x - 2y + 2U(t-1)$, $\dfrac{dy}{dt} = 3x - y + U(t-1)$, $x(0) = 0,\ y(0) = \dfrac{1}{2}$

13. $k_1 = 3,\ k_2 = 2,\ m_1 = 1,\ m_2 = 1$과 $x_1(0) = 0,\ x_1'(0) = 1,\ x_2(0) = 1,\ x_2'(0) = 0$일 때, 연립방정식 (1)을 풀어라.

14. 그림 7.6.6에서 보인 두 개의 스프링의 수직 직선운동을 묘사하는 연립 미분방정식을 유도하고, 라플라스 변환을 사용하여 $k_1 = 1,\ k_2 = 1,\ k_3 = 1,\ m_1 = 1,\ m_2 = 1$과 $x_1(0) = 0,\ x_1'(0) = -1,\ x_2(0) = 0,\ x_2'(0) = 1$일 때, 이 연립방정식을 풀어라.

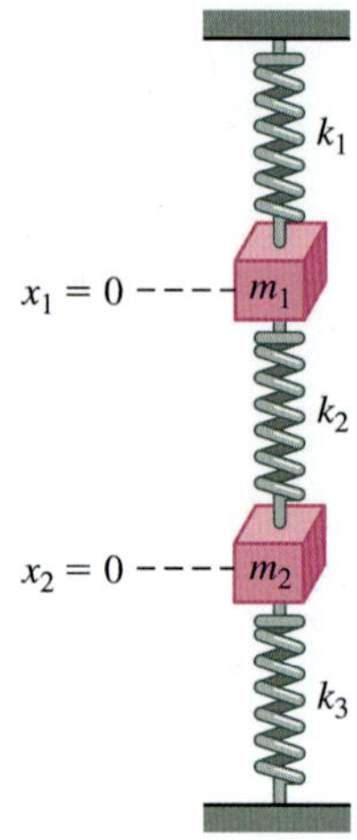

그림 7.6.8 문제14의 두 개의 스프링

15. (a) 그림 7.6.9에서 보인 전기회로에서 전류 $i_2(t)$와 $i_3(t)$에 대한 연립 미분방정식은

$$L_1\frac{di_2}{dt} + Ri_2 + Ri_3 = E(t)$$
$$L_2\frac{di_3}{dt} + Ri_2 + Ri_3 = E(t)$$

임을 보여라.

(b) $R = 5\,\Omega,\ L_1 = 0.01\text{H},\ L_2 = 0.0125\text{H},\ E = 100\text{V}$ $i_2(0) = 0$과 $i_3(0) = 0$이면 (a)의 연립방정식을 풀어라.

(c) 전류 $i_1(t)$를 결정하여라.

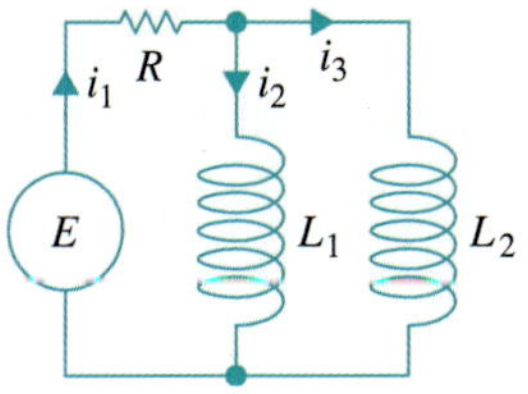

그림 7.6.9 문제15의 회로

16. (a) 연습문제3.3 문제14에서 그림 7.6.10에서 보인 전기회로에서 전류 $i_2(t)$와 $i_3(t)$는

$$L\frac{di_2}{dt}+L\frac{di_3}{dt}+R_1 i_2=E(t)$$
$$-R_1\frac{di_2}{dt}+R_2\frac{di_3}{dt}+\frac{1}{C}i_3=0$$

을 만족함을 보이도록 요구되었다.

$R_1=10\Omega,\ R_2=5\Omega,\ L=1\text{H},\ C=0.2\text{F}$

$E(t)=\begin{cases}120, & 0\le t<2\\ 0, & t\ge 2\end{cases}$, $i_2(0)=0$과 $i_3(0)=0$일 때,

이 방정식을 풀어라.

(b) 전류 $i_1(t)$를 결정하여라.

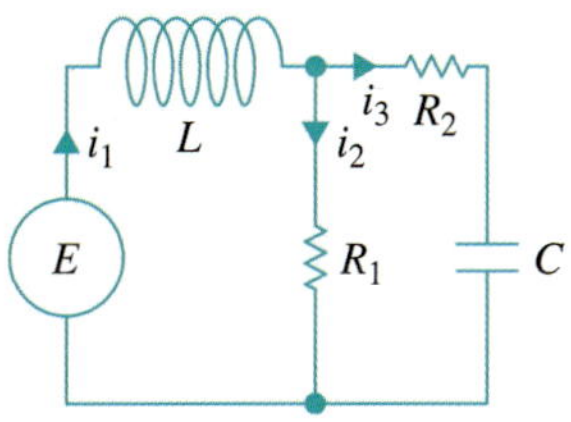

그림 7.6.10 문제16의 회로

17. $R_1=6\Omega,\ R_2=5\Omega,\ L_1=1\text{H},\ L_2=1\text{H},\ E(t)=50\sin t\text{V}$, $i_2(0)=0$과 $i_3(0)=0$일 때, 3.3절의 (17)에서 주어진 연립방정식을 풀어라.

18. $E=60\text{V},\ L=\frac{1}{2}\text{H},\ R=50\Omega,\ C=10^{-4}\text{F},\ i_1(0)=0$과 $i_2(0)=0$일 때, (5)를 풀어라.

19. $E=60\text{V},\ L=2\text{H},\ R=50\Omega,\ C=10^{-4}\text{F},\ i_1(0)=0$과 $i_2(0)=0$일 때, (5)를 풀어라.

20. (a) 그림 7.6.11에서 보인 전기회로에서 축전기에서의 전하 $q(t)$와 전류 $i_3(t)$에 대한 연립 미분방정식은

$$R_1\frac{dq}{dt}+\frac{1}{C}q+R_1 i_3=E(t)$$
$$L\frac{di_3}{dt}+R_2 i_3-\frac{1}{C}q=0$$

임을 보여라.

(b) $L=1\text{H},\ R_1=1\Omega,\ R_2=1\Omega,\ C=1\text{F}$,

$$E(t)=\begin{cases}0, & 0<t<1\\ 50e^{-t}, & t\ge 1\end{cases},\ i_3(0)=0$$

과 $q(0)=0$일 때, 전기용량에서의 전하를 구하여라.

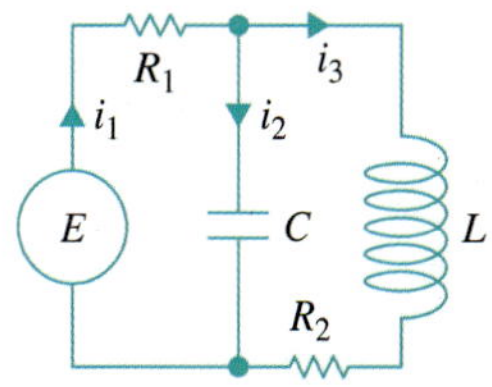

그림 7.6.11 문제20의 회로

수학적 모델들

21. **공기저항이 없는 발사체의 범위**

(a) 그림 7.6.12에서 본 카논 볼과 같은 발사체는 무게가 $\omega=mg$이고 운동경로에 접하는 초기 속도가 v_0이다. 공기저항과 무게를 제외한 모든 다른 물리력이 무시된다면 발사체의 운동은 선형 연립방정식

$$m\frac{d^2x}{dt^2}=0$$
$$m\frac{d^2y}{dt^2}=-mg$$

으로 나타냄을 연습문제4.9의 문제23에서 보았다. 라플라스 변환을 이용하여 초기 조건 $x(0)=0$, $x'(0)=v_0\cos\theta,\ y(0)=0,\ y'(0)=v_0\sin\theta$이 주어진 이 방정식을 풀어라. 여기서 $v_0=|\mathbf{v}_0|$는 상수이고, θ는 그림 7.R.13에서 본 고도의 상수 각이다. 해 $x(t)$와 $y(t)$는 발사체 궤적의 매개방정식이다.

(b) (a)에서의 $x(t)$를 이용하여 $y(t)$에서 매개변수 t를 소거하여라. y에 대해서 얻은 방정식을 이용하여 발사체의 수평범위 R이

$$R=\frac{v_0^2}{g}\sin 2\theta$$

으로 주어짐을 보여라.

(c) (b)의 공식으로부터 R이 $\sin 2\theta=1$ 또는 $\theta=\frac{\pi}{4}$일 때 최대임을 본다. 최대보다 작은 같은 범위가 두 개의 보각 θ와 $\frac{\pi}{2}-\theta$ 중에서 총의 발사에 의하여 도달됨을 보여라. 유일한 차이는 더 작은 각은 낮은 궤적에서 발생하는 반면에 더 큰 각은 높은 궤적에서 주어진다.

(d) $g=9.8\text{m/s}^2,\ \theta=38^\circ,\ v_0=100\text{m/s}$라고 하자. (b)를 이

용하여 발사체의 수평범위를 구하고, 발사체가 지상에 떨어질 때의 시간을 구하여라.

(e) (d)의 수치적 데이터를 가지고 (a)의 매개방정식 $x(t)$와 $y(t)$를 이용하여 발사체의 탄도곡선을 그려라. $\theta=52°$, $v_0=100$m/s로 반복하여라. 같은 좌표계에서 두 곡선을 겹쳐놓아라.

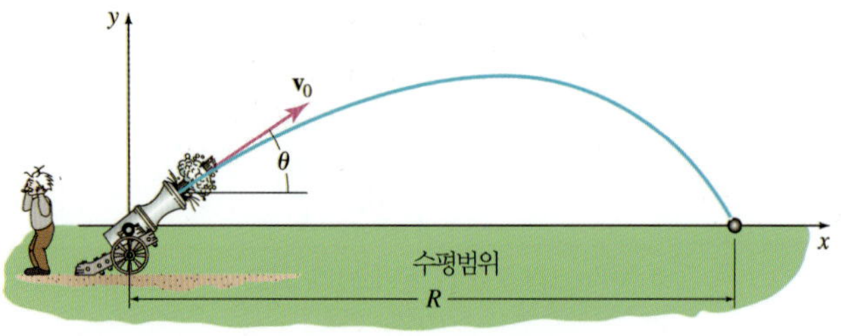

그림 7.6.12 문제21의 발사체

22. 공기저항이 있는 발사체의 범위 (a) 공기저항이 움직임에 반대로 작용하고 경로에 접한 물리력을 방해한다고 하자. 발사체의 속도에 비례하는 공기저항을 취하게 되면, 연습문제4.9의 문제24에서 발사체의 운동은 선형 연립방정식

$$m\frac{d^2x}{dt^2}=-\beta\frac{dx}{dt}$$
$$m\frac{d^2y}{dt^2}=-mg-\beta\frac{dy}{dt}$$

로 나타난다. 여기서 $\beta>0$이다. 라플라스 변환을 이용하여 초기 조건 $x(0)=0,\ x'(0)=v_0\cos\theta,\ y(0)=0,\ y'(0)=v_0\sin\theta$이 주어진 방정식을 풀어라. 여기서 $v_0=|\mathbf{v}_0|$이고, θ는 상수이다.

(b) $m=1$kg, $g=9.8$m/s², $\beta=0.01$, $\theta=38°$, $v_0=100$ m/s라고 하자. 컴퓨터 대수 체계를 이용하여 발사체가 지상에 떨어질 때 시간을 구하고, 수평범위에 대응한 시간을 구하여라.

(c) 보각 $\theta=52°$를 이용하여 (b)를 반복하고, (b)에서 구한 범위를 비교하여라. 문제21의 (c)에서의 성질을 만족하는가?

(d) (b)의 수치적 데이터를 가지고 (a)의 매개방정식 $x(t)$와 $y(t)$를 이용하여 발사체의 탄도곡선을 그려라. (b)의 같은 수치적 데이터를 가지고 반복하여라. 이때 $\theta=52°$로 취한다. 같은 좌표계에서 두 곡선을 겹쳐놓아라. 문제21의 (e)에서 얻어진 결과를 가지고 두 곡선을 비교하여라.

컴퓨터 활용 문제

23. (a) 라플라스 변환과 예제3에서 주어진 자료를 사용하여 (7)에서 주어진 연립방정식의 해 (9)를 얻어라.

(b) 그래프 그리는 도구를 이용하여 $t\theta$평면에서 $\theta_1(t)$와 $\theta_2(t)$의 그래프를 그려라. 어떤 질량이 보다 큰 힘의 극단적인 이동을 갖는가? 그래프를 이용하여 각각의 질량이 그것의 평형위치를 지나는 최초의 시간을 측정하고, 추의 운동이 주기적인지를 논하여라.

(c) 매개방정식으로 $\theta_1\theta_2$-평면에서 $\theta_1(t)$와 $\theta_2(t)$의 그래프를 그려라. 이 매개방정식에 의하여 정의된 곡선을 프랑스 물리학자 **쥘 앙투안 리사주(Jules Antoine Lissajous,** 1822~1880)의 이름을 따서 리사주 곡선이라 한다. 리사주는 좌표가 $(\theta_1(t),\ \theta_2(t))$인 곡선의 그래프를 그리는 장치를 발명했다.

(d) $t=0$에서 질량들의 위치는 그림 7.6.5(a)에서 주어진다. 1rad $\approx 57.3°$임에 유의한다. 계산기나 컴퓨터 대수 체계의 표 응용을 이용하여 $t=1,\ 2,\ \cdots,\ 10$에 대하여 각 θ_1과 θ_2의 값에 대한 도표를 만들고, 이러한 시간들에서 두 질량의 위치를 정하여라.

(e) 컴퓨터 대수 체계를 이용하여 $\theta_1(t)=\theta_2(t)$인 최초의 시간과 대응된 각의 값을 구하여라. 이러한 시간들에서 두 질량의 위치를 정하여라.

(f) 컴퓨터 대수 체계를 이용하여 그림 7.6.5와 같이 추 막대기와 같은 적당한 선을 그려라. 컴퓨터 대수 체계의 애니메이션 역량을 이용하여 0.1 시간의 증가를 사용함으로써 $t=0$에서 $t=10$까지 두 개의 추의 움직임에 관한 영상을 만들어라. [힌트: 질량 m_1과 m_2의 좌표 $(x_1(t),\ y_1(t))$와 $(x_2(t),\ y_2(t))$를 각각 $\theta_1(t)$와 $\theta_2(t)$로 나타내어라.]

7장 복습

(1–2) 단위 계단 함수 $U(t-a)$를 이용하여 다음의 함수를 표현하여라.

1. $f(t)=\begin{cases}0, & 0\le t<1\\ \sin t, & \pi\le t<2\pi\\ 0, & t\ge 2\pi\end{cases}$

2. $f(t)=\begin{cases}t, & 0\le t<1\\ 2-t, & 1\le t<2\\ 0, & 2\le t<3\\ -1, & t\ge 3\end{cases}$

(3–4) 라플라스 변환의 정의를 사용하여 $L\{f(t)\}$를 구하여라.

3. $f(t)=\begin{cases}t, & 0\le t<1\\ 2-t, & t\ge 1\end{cases}$

4. $f(t)=\begin{cases}0, & 0\le t<2\\ 1, & 2\le t<4\\ 0, & t\ge 4\end{cases}$

(5–38) 공란을 채우거나 참 또는 거짓으로 대답하여라.

5. f가 $[0,\infty)$에서 조각적 연속이 아니면, $L\{f(t)\}$는 존재하지 않는다. _____

6. 함수 $f(t)=(e^t)^{10}$은 지수위수가 아니다. _____

7. $F(s)=\dfrac{s^2}{s^2+4}$는 조각적 연속이고 지수위수인 함수의 라플라스 변환이 아니다. _____

8. $L\{f(t)\}=F(s)$이고 $L\{g(t)\}=G(s)$이면 $L^{-1}\{F(s)G(s)\}=f(t)g(t)$이다. _____

9. $L\{e^{-7t}\}=$_____

10. $L\{te^{-7t}\}=$_____

11. $L\{\sin 2t\}=$_____

12. $L\{e^{-3t}\sin 2t\}=$_____

13. $L\{t\sin 2t\}=$_____

14. $L\{\sin 2t\,U(t-\pi)\}=$_____

15. $L\{\sin^2 t\}=$_____

16. $L\{\cosh 6t\}=$_____

17. $L\left\{\int_0^t e^{\tau}\sin(t-\tau)d\tau\right\}=$_____

18. $L\left\{\int_0^t (t-\tau)^2\cos\tau d\tau\right\}=$_____

19. $L\{e^{3(t-4)}U(t-4)\}=$_____

20. $L\{1-\delta(t-5)\}=$_____

21. $L^{-1}\left\{\dfrac{20}{s^6}\right\}=$_____

22. $L^{-1}\left\{\dfrac{1}{3s-1}\right\}=$_____

23. $L^{-1}\left\{\dfrac{1}{(s-5)^3}\right\}=$_____

24. $L^{-1}\left\{\dfrac{1}{s^2-5}\right\}=$_____

25. $L^{-1}\left\{\dfrac{1}{s^2+s}\right\}=$_____

26. $L^{-1}\left\{\dfrac{1}{s^2+s-2}\right\}=$_____

27. $L^{-1}\left\{\dfrac{s}{s^2-10s+29}\right\}=$_____

28. $L^{-1}\left\{\dfrac{1}{s^2-12\pi s+37\pi^2}\right\}=$_____

29. $L^{-1}\left\{\dfrac{4s-86}{s^2+2s+101}\right\}=$_____

30. $L^{-1}\left\{\dfrac{e^{-5s}}{s^2}\right\}=$_____

31. $L^{-1}\left\{\dfrac{s+\pi}{s^2+\pi^2}e^{-s}\right\}=$_____

32. $L^{-1}\left\{\dfrac{1}{L^2s^2+n^2\pi^2}\right\}=$_____

33. $L\{e^{-5t}\}$이 $s>$_____에 대하여 존재한다.

34. $L\{f(t)\}=F(s)$이면 $L\{te^{8t}f(t)\}=$_____이다.

35. $L\{f(t)\}=F(s)$이고 $k>0$이면, $L\{e^{at}f(t-k)U(t-k)\}=$_____이다.

36. $L\left\{\int_0^t e^{a\tau}f(\tau)d\tau\right\}=$ _____이지만,

$L\left\{e^{at}\int_0^t f(\tau)d\tau\right\}=$ ______이다.

37. $1*1=$_____

38. $t^2*t=$_____

39. $L^{-1}\left\{\dfrac{1}{s^2+3s+\frac{5}{2}}\right\}=2e^{-3t/2}\sin\dfrac{t}{2}$가 주어질 때, 7.2장의 (6)을 이용하여 $L^{-1}\left\{\dfrac{s}{s^2+3s+\frac{5}{2}}\right\}$를 구하여라.

40 $L^{-1}\left\{\dfrac{1}{s^2-7s+12}\right\}=e^{4t}-e^{3t}$가 주어질 때, 7.4장의 (10)을 이용하여 $L^{-1}\left\{\dfrac{1}{s(s^2-7s+12)}\right\}$를 구하여라.

(41–44) 단위계단 함수를 이용하여 그래프가 그림 7.R.1에서 주어진 함수 $y=f(t)$의 관점에서 각 그래프에 대한 방정식을 구하여라.

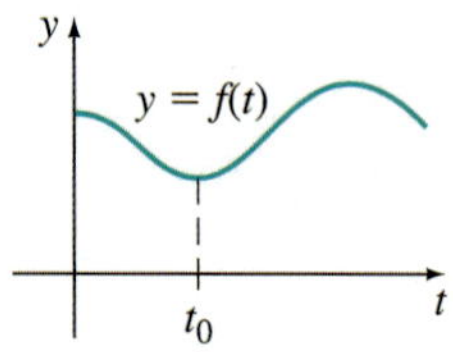

그림 7.R.1 문제41–44에 대한 그래프

41.

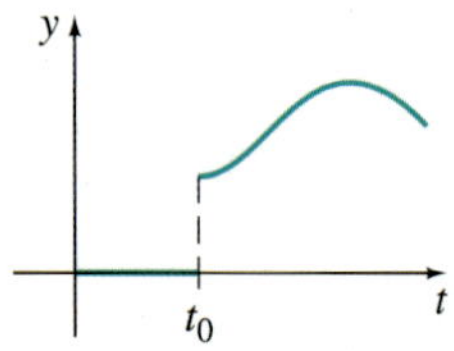

그림 7.R.2 문제41에 대한 그래프

42.

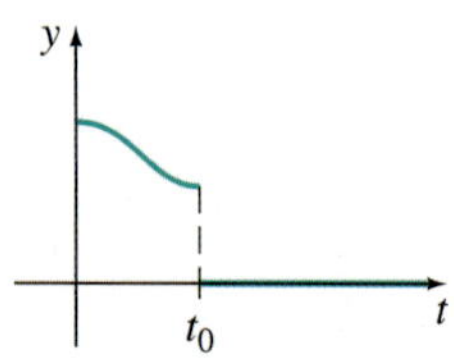

그림 7.R.3 문제42에 대한 그래프

43.

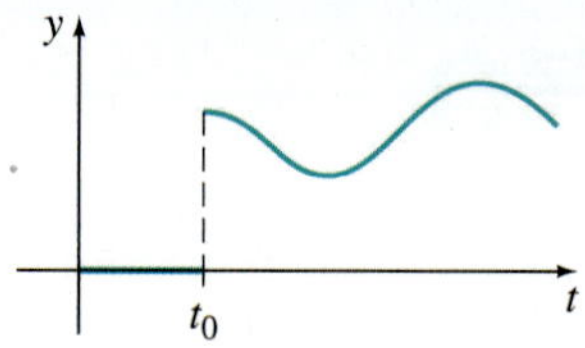

그림 7.R.4 문제43에 대한 그래프

44.

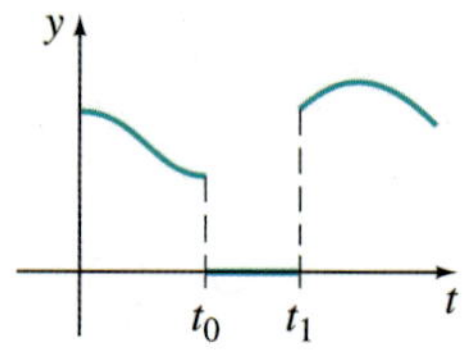

그림 7.R.5 문제44에 대한 그래프

(45–48) f를 단위계단 함수들로 나타내고 $L\{f(t)\}$와 $L\{e^t f(t)\}$를 구하여라.

45.

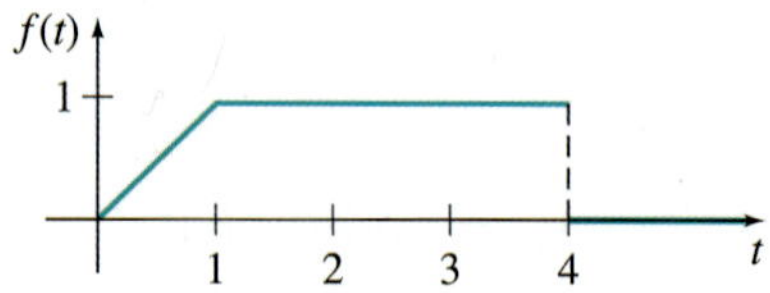

그림 7.R.6 문제45에 대한 그래프

46.

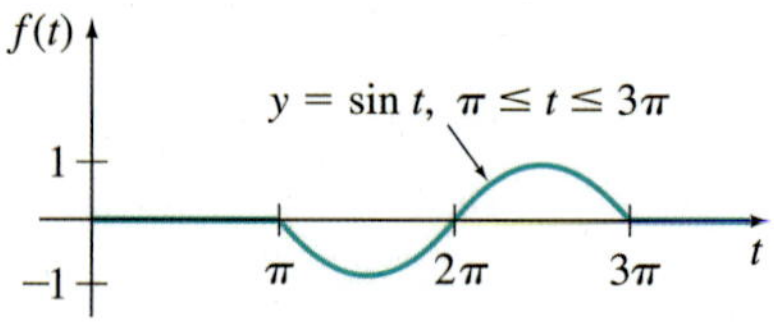

그림 7.R.7 문제46에 대한 그래프

47.

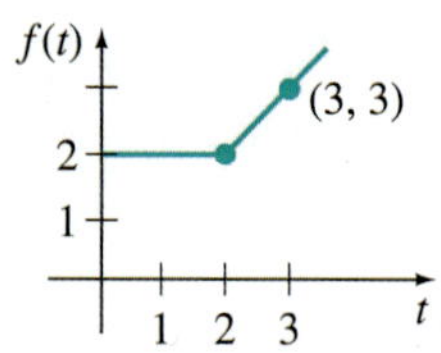

그림 7.R.8 문제47에 대한 그래프

48.

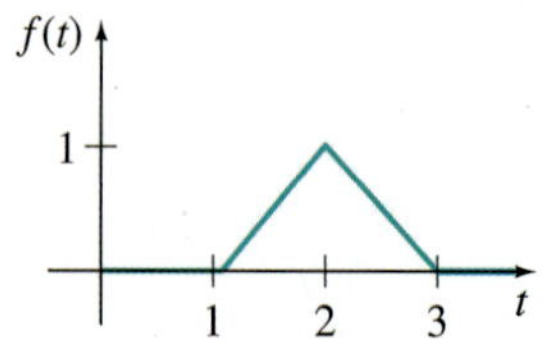

그림 7.R.9 문제48에 대한 그래프

(49–50) 주어진 함수의 그래프를 그리고,를 $L\{f(t)\}$를 구하여라.

49. $f(t) = -1 + 2\sum_{k=1}^{\infty}(-1)^{k+1}U(t-k)$

50. $f(t) = \sum_{k=0}^{\infty}(2k+1-t)[U(t-2k) - U(t-2k-1)]$

(51–52) 주어진 함수의 그래프를 그려라.

51. $f(t) = L^{-1}\left\{\frac{2}{s} - \frac{3e^{-s}}{s^2} + \frac{3e^{-3s}}{s^2}\right\}$

52. $f(t) = L^{-1}\left\{\frac{2}{s^3} - \frac{2e^{-2s}}{s^3} + \frac{4e^{-2s}}{s^2} + \frac{e^{-4s}}{s^2}\right\}$

(53–62) 라플라스 변환을 사용하여 주어진 방정식을 풀어라.

53. $y'' - 2y' + y = e^t,\ y(0) = 0,\ y'(0) = 5$

54. $y'' - 8y' + 20y = te^t,\ y(0) = 0,\ y'(0) = 0$

55. $y'' + 6y' + 5y = t - tU(t-2),\ y(0) = 1,\ y'(0) = 0$

56. $y' - 5y = f(t)$ 여기서

$$f(t) = \begin{cases} t^2, & 0 \le t < 1 \\ 0, & t \ge 1 \end{cases},\ y(0) = 1$$

57. $y' + 2y = f(t),\ y(0) = 1$ 여기서 $f(t)$는 그림 7.R.10에서 주어져 있다.

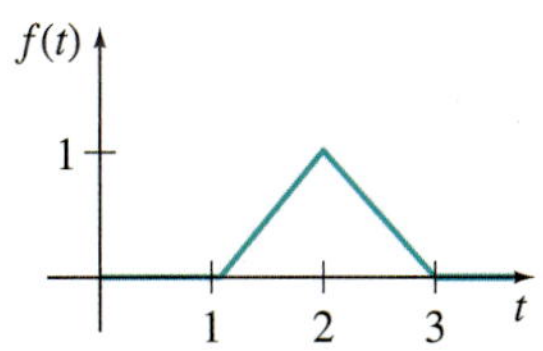

그림 7.R.10 문제57에 대한 그래프

58. $y'' + 5y' + 4y = f(t),\ y(0) = 0,\ y'(0) = 3$ 여기서

$$f(t) = 12\sum_{k=0}^{\infty}(-1)^k U(t-k)$$

59. $y'(t) = \cos t + \int_0^t y(\tau)\cos(t-\tau)d\tau,\ y(0) = 1$

60. $y' + y = \int_0^t d^{-\tau}y(t-\tau)d\tau,\ y(0) = 1$

61. $y(t) = e^{2t} + \int_0^t y(\tau)\sin(t-\tau)d\tau$

62. $\int_0^t y(\tau)y(t-\tau)d\tau = 6t^3$

(63–64) 라플라스 변환을 사용하여 각 연립방정식을 풀어라.

63. $x' + y = t$
$4x + y' = 0$
$x(0) = 1,\ y(0) = 2$

64. $x'' + y'' = e^{2t}$
$2x' + y'' = -e^{2t}$
$x(0) = 0,\ y(0) = 0,\ x'(0) = 0,\ y'(0) = 0$

65. RC 직렬회로에서 전류 $i(t)$는 적분방정식

$$Ri + \frac{1}{C}\int_0^t i(\tau)d\tau = E(t)$$

로부터 결정될 수 있다. 여기서 $E(t)$는 인가전압이다. $R = 10\Omega$, $C = 0.5\text{f}$와 $E(t) = 2(t^2 + t)$일 때, $i(t)$를 결정하여라.

66. 직렬회로는 각각 $L = \frac{1}{2}\text{H}$, $R = 10\Omega$와 $C = 0.01\text{F}$인 인덕터, 저항과 축전기를 포함하고 있다. 전압

$$E(t) = \begin{cases} 10, & 0 \le t < 5 \\ 0, & t \ge 5 \end{cases}$$

가 회로에 적용된다. $q(0) = 0$과 $q'(0) = 0$이면 $t > 0$에 대하여 축전기에서의 순간 전하 $q(t)$를 결정하여라.

67. 왼쪽 끝($x = 0$)이 고정되고 오른쪽 끝이 자유로운 길이 L의 균일한 외팔보가 있다. 단위 길이 당 하중이

$$w(x) = \frac{2w_0}{L}\left[\frac{L}{2} - x + \left(x - \frac{L}{2}\right)U\left(x - \frac{L}{2}\right)\right]$$

로 주어질 때, 휨 $y(x)$를 구하여라.

68. 동일한 막대가 신축성 있는 탄성에 의하여 지탱될 때, 그것의 휨 $y(x)$에 대한 미분방정식은

$$EI\frac{d^4y}{dx^4} + ky = w(x)$$

이다. 여기서 k는 지지대 계수이고 $-ky$는 하중 $w(x)$와 반대 방향으로 움직이는 지지대의 복원력이다.(그림 7.R.11 참조) 대수적인 편의상 미분방정식은

$$\frac{d^4y}{dx^4} + 4a^4y = \frac{w(x)}{EI}$$

으로 나타낼 수 있다. 여기서 $a = \left(\frac{k}{4EI}\right)^{\frac{1}{4}}$이다. $L = \pi$이고 $a = 1$이라 하자. 다음의 경우에서 탄성 지지대에서 지탱된 막대의 휨 $y(x)$를 구하여라.

(a) 기둥이 단순히 양쪽 끝이 고정되어 있고 그것의 길이를 따라 상수하중 w_0가 균일하게 분포되어 있을 때

(b) 기둥이 양쪽 끝이 포함되어 있고 $w(x)$가 $x=\frac{\pi}{2}$에서 적용된 집중하중 w_0 일 때

[힌트: 이 문제의 (a)와 (b)에서 부록C의 라플라스 변환의 표와 $s^4+4=(s^2-2s+2)(s^2+2s+2)$를 이용한다.]

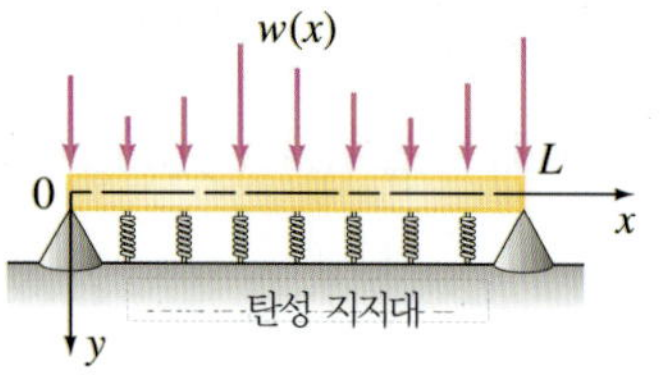

그림 7.R.11 문제68의 탄성 지지대에서의 막대

69. 스프링 결합 진자

(a) 두 개의 동일한 추가 상수 k인 스프링에 의하여 연결되어 있다.(그림 7.R.12 참조) 7.6절의 예제3에 앞서의 토론에서 만들어진 같은 가정하에서 이동 각 $\theta_1(t)$와 $\theta_2(t)$가 작을 때 이 운동을 묘사하는 선형 연립 미분방정식은

$$\theta_1'' + \frac{g}{l}\theta_1 = -\frac{k}{m}(\theta_1-\theta_2)$$
$$\theta_2'' + \frac{g}{l}\theta_2 = \frac{k}{m}(\theta_1-\theta_2)$$

임을 보일 수 있다. 라플라스 변환을 사용하여 $\theta_1(0)=\theta_0$, $\theta_1'(0)=0$, $\theta_2(0)=\psi_0$, $\theta_2'(0)=0$이고 θ_0와 ψ_0는 상수일 때, 이 연립방정식을 풀어라. 편의상 $\omega^2=\frac{g}{l}$, $K=\frac{k}{m}$이라 하자.

(b) (a)의 해를 이용하여 초기 조건이 $\theta_1(0)=\theta_0$, $\theta_1'(0)=0$ $\theta_2(0)=\theta_0$, $\theta_2'(0)=0$인 특수한 경우에 이중 추의 운동을 논하여라. 초기 조건이 $\theta_1(0)=\theta_0$, $\theta_1'(0)=0$, $\theta_2(0)=-\theta_0$, $\theta_2'(0)=0$일 때, 이중 추의 운동을 논하여라.

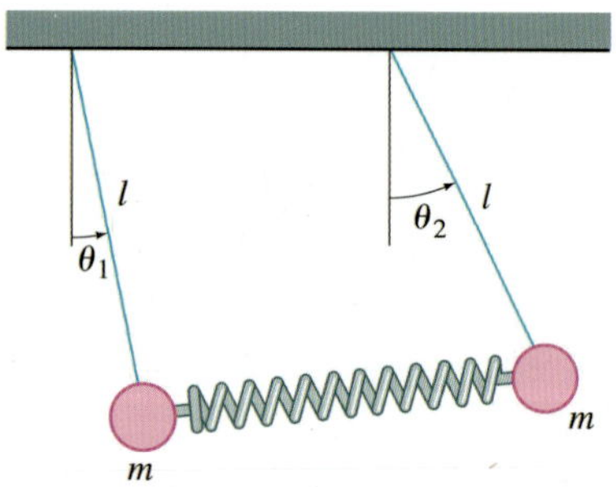

그림 7.R.12 문제69의 이중 추

70. 쿨롱 마찰 다시보기 5장 복습의 문제27에서 질량 m인 물질이 운동마찰의 계수가 상수 μ인 마른 수평표면 위를 미끄러지는 스프링/질량 체계를 보았다. 운동방향에 반대로 작용하는 마른표면의 힘 $f_k=\mu mg$을 억제하는 상수를 프랑스 물리학자 **샤를 오거스탱 드 쿨롱(Charles Augustin de Coulomb**, 1736-1806)을 기념하여 쿨롱마찰이라 한다. 이 물질의 변위 $x(t)$에 대한 조각적 선형 미분방정식이

$$m\frac{d^2x}{dt^2}+kx=\begin{pmatrix} f_k,\ x'<0\,(\text{왼쪽으로의 움직임}) \\ -f_k,\ x'>0\,(\text{오른쪽으로의 움직임}) \end{pmatrix}$$

으로 주어짐을 보았다.

(a) 물질이 점 $x(0)=x_0>0$에서 정지 상태에 놓여있고 다른 외부력은 없다고 하자. 이때, 질량 m인 물질을 나타내는 미분방정식은

$$x''+\omega^2x=F,\ 0<t<\frac{T}{2}$$
$$x''+\omega^2x=-F,\ \frac{T}{2}<t<T$$
$$x''+\omega^2x=F,\ T<t<\frac{3T}{2}$$

이다. 여기서 $\omega^2=\frac{k}{m}$, $F=\frac{f_k}{m}=\mu g$, $g=32$, $T=\frac{2\pi}{\omega}$이다. 이때, 시간 0, $\frac{T}{2}$, T, $\frac{3T}{2}$은 $x'(t)=0$에 대응함을 보여라.

(b) 일반적으로 초기 변위가 $\omega^2|x_0|>F$을 만족하는 이유를 설명하여라.

(c) 구간 $-\frac{F}{\omega^2}\le x\le\frac{F}{\omega^2}$이 적절하게 방정식의 "데드존"이라 불리는 이유를 설명하여라.

(d) 라플라스 변환과 미로 함수의 개념을 이용하여 $t\ge 0$에 대한 변위 $x(t)$에 대하여 풀어라.

(e) $m=1$, $k=1$, $f_k=1$, $x_0=5.5$인 경우에 구간 $[0, 2\pi)$에서 여러분이 구한 해가 5장 복습의 문제28의 (a), (b)와 일치함을 보여라.

(f) 각각의 연속적인 진동이 앞선 진동보다 $\frac{2F}{\omega^2}$가 짧음을 보여라.

(g) 방정식의 장기적 반응을 예측하여라.

08

연립 1계 선형 미분방정식

8.1 기본이론 – 선형 연립방정식

8.2 동차 선형 연립방정식

8.3 비동차 선형 연립방정식

8.4 행렬지수

8장 복습

3.3절, 4.9절과 7.6절에서 연립 상미분방정식을 다루었고, 체계적인 소거법이나 라플라스 변환을 사용하여 이러한 연립방정식 중 몇 개는 해결할 수 있었다. 이번 장에서는 1계 선형 연립 미분방정식에만 집중하고자 한다. 연립 선형 미분방정식과 해를 구하는 과정에 대한 일반적인 이론은 4장에서 다룬 선형 고계 방정식의 과정과 비슷함을 알게 될 것이다. 이 이론은 10장에서 다룰 연립 1계 비선형 미분방정식을 분석하는 데 기초가 된다. 행렬에 대한 표기와 성질들은 이 장에서 자주 사용된다. 만일 행렬의 개념에 대하여 모르는 부분이 있다면 부록B나 선형대수학 교재를 복습해야 한다.

8.1 기본이론-선형 연립방정식

소개 4.9절에서 n개의 미지수가 있는 식이 n개인 선형 연립미분방정식

$$\begin{aligned} P_{11}(D)x_1 + P_{12}(D)x_2 + \cdots + P_{1n}(D)x_n &= b_1(t) \\ P_{21}(D)x_1 + P_{22}(D)x_2 + \cdots + P_{2n}(D)x_n &= b_2(t) \\ \vdots \qquad\qquad\qquad & \quad \vdots \\ P_{n1}(D)x_1 + P_{n2}(D)x_2 + \cdots + P_{nn}(D)x_n &= b_n(t) \end{aligned} \tag{1}$$

의 해를 구하는 방법을 다루었다. 여기서 P_{ij}는 미분연산자 D에 관한 다양한 차수의 다항식이다. 이 장에서는 정규형

$$\begin{aligned} \frac{dx_1}{dt} &= g_1(t,\ x_1,\ x_2,\ \cdots,\ x_n) \\ \frac{dx_2}{dt} &= g_2(t,\ x_1,\ x_2,\ \cdots,\ x_n) \\ \vdots \qquad & \qquad \vdots \\ \frac{dx_n}{dt} &= g_n(t,\ x_1,\ x_2,\ \cdots,\ x_n) \end{aligned} \tag{2}$$

을 갖는 특별한 연립 1계 미분방정식에 대해서만 학습한다.

(2)와 같이 식의 개수가 n개인 연립 1계 미분방정식을 **1계 연립방정식**이라고 한다.

선형 연립방정식 (2)에서 함수 $g_1,\ g_2,\ \cdots,\ g_n$ 이 모두 종속변수 $x_1, x_2,\ \cdots, x_n$ 에 관해서 선형적일 때, 1계 연립 선형방정식의 **정규형**은 다음과 같다.

$$\begin{aligned} \frac{dx_1}{dt} &= a_{11}(t)x_1 + a_{12}(t)x_2 + \ \cdots \ + a_{1n}(t)x_n + f_1(t) \\ \frac{dx_2}{dt} &= a_{21}(t)x_1 + a_{22}(t)x_2 + \ \cdots \ + a_{2n}(t)x_n + f_2(t) \\ \vdots \qquad & \qquad\qquad \vdots \\ \frac{dx_n}{dt} &= a_{n1}(t)x_1 + a_{n2}(t)x_2 + \ \cdots \ + a_{nn}(t)x_n + f_n(t) \end{aligned} \tag{3}$$

(3)에 있는 형태의 연립방정식을 간단히 **선형 연립방정식**이라 한다. 계수 a_{ij}와 함수 f_i는 공통구간 I에서 연속인 함수라고 가정한다. $i = 0,\ 1,\ 2,\ \cdots,\ n$에 대하여 $f_i(t) = 0$이면 선형 연립방정식 (3)은 **동차**(homogeneous)라 하고 그렇지 않은 경우는 **비동차**(nonhomogeneous)라 한다.

선형 연립방정식의 행렬 형태 X, X', $\mathrm{A}(t)$와 $\mathrm{F}(t)$가 각각 행렬

$$\mathrm{X} = \begin{pmatrix} x_1(t) \\ x_2(t) \\ \vdots \\ x_n(t) \end{pmatrix}, \quad \mathrm{X}' = \frac{d}{dt}\begin{pmatrix} x_1(t) \\ x_2(t) \\ \vdots \\ x_n(t) \end{pmatrix} = \begin{pmatrix} x'_1(t) \\ x'_2(t) \\ \vdots \\ x'_n(t) \end{pmatrix},$$

$$\mathrm{A}(t) = \begin{pmatrix} a_{11}(t) & a_{12}(t) & \cdots & a_{1n}(t) \\ a_{21}(t) & a_{22}(t) & \cdots & a_{2n}(t) \\ \vdots & & & \vdots \\ a_{n1}(t) & a_{n2}(t) & \cdots & a_{nn}(t) \end{pmatrix}, \quad \mathrm{F}(t) = \begin{pmatrix} f_1(t) \\ f_2(t) \\ \vdots \\ f_n(t) \end{pmatrix}$$

를 나타내면 연립 1계 선형 미분방정식 (3)은

$$\frac{d}{dt}\begin{pmatrix} x_1 \\ x_2 \\ \vdots \\ x_n \end{pmatrix} = \begin{pmatrix} a_{11}(t) & a_{12}(t) & \cdots & a_{1n}(t) \\ a_{21}(t) & a_{22}(t) & \cdots & a_{2n}(t) \\ \vdots & & & \vdots \\ a_{n1}(t) & a_{n2}(t) & \cdots & a_{nn}(t) \end{pmatrix}\begin{pmatrix} x_1 \\ x_2 \\ \vdots \\ x_n \end{pmatrix} + \begin{pmatrix} f_1(t) \\ f_2(t) \\ \vdots \\ f_n(t) \end{pmatrix}$$

또는 간단히

$$\mathrm{X}' = \mathrm{AX} + \mathrm{F} \tag{4}$$

로 나타낼 수 있다. 만일 연립 미분방정식이 동차이면 행렬 형태는

$$\mathrm{X}' = \mathrm{AX} \tag{5}$$

이다.

예제 1 행렬표기로 나타낸 연립방정식

(a) $\mathrm{X} = \begin{pmatrix} x \\ y \end{pmatrix}$이면 동차 선형 연립방정식

$$\frac{dx}{dt} = 3x + 4y$$
$$\frac{dy}{dt} = 5x - 7y$$

의 행렬 형태는

$$\mathrm{X}' = \begin{pmatrix} 3 & 4 \\ 5 & -7 \end{pmatrix}\mathrm{X}$$

이다.

(b) $\mathrm{X} = \begin{pmatrix} x \\ y \\ z \end{pmatrix}$이면 비동차 선형 연립방정식

$$\frac{dx}{dt} = 6x + y + z + t$$
$$\frac{dy}{dt} = 8x + 7y - z + 10t$$
$$\frac{dz}{dt} = 2x + 9y - z + 6t$$

의 행렬 형태는

$$\mathbf{X}' = \begin{pmatrix} 6 & 1 & 1 \\ 8 & 7 & -1 \\ 2 & 9 & -1 \end{pmatrix}\mathbf{X} + \begin{pmatrix} t \\ 10t \\ 6t \end{pmatrix}$$

이다. ■

예제 2 행렬없이 연립방정식 표현하기

비동차 선형 연립방정식을 행렬없이 표현하여라.

$$\mathbf{X}' = \begin{pmatrix} 1 & 7 \\ 2 & -9 \end{pmatrix}\mathbf{X} + \begin{pmatrix} -4 \\ 1 \end{pmatrix}\cos t + \begin{pmatrix} 1 \\ -1 \end{pmatrix}$$

풀이 우선, $\mathbf{X} = \begin{pmatrix} x \\ y \end{pmatrix}$라 하면 좌변은 $\mathbf{X}' = \begin{pmatrix} \frac{dx}{dt} \\ \frac{dy}{dt} \end{pmatrix}$이다.

행렬곱과 행렬합을 이용하여 우변을 표현하면 한 개의 행을 갖는 행렬로 쓰여진다:

$$\begin{aligned} &\begin{pmatrix} 1 & 7 \\ 2 & -9 \end{pmatrix}\mathbf{X} + \begin{pmatrix} -4 \\ 1 \end{pmatrix}\cos t + \begin{pmatrix} 1 \\ -1 \end{pmatrix} \\ &= \begin{pmatrix} 1 & 7 \\ 2 & -9 \end{pmatrix}\begin{pmatrix} x \\ y \end{pmatrix} + \begin{pmatrix} -4 \\ 1 \end{pmatrix}\cos t + \begin{pmatrix} 1 \\ -1 \end{pmatrix} \\ &= \begin{pmatrix} x + 7y \\ 2x - 9y \end{pmatrix} + \begin{pmatrix} -4\cos t \\ \cos t \end{pmatrix} + \begin{pmatrix} 1 \\ -1 \end{pmatrix} \\ &= \begin{pmatrix} x + 7y - 4\cos t + 1 \\ 2x - 9y + \cos t - 1 \end{pmatrix} \end{aligned}$$

이제 두 행렬이 같은 것은 대응하는 위치의 성분이 같은 것이므로 다음을 얻는다.

$$\begin{pmatrix} \frac{dx}{dt} \\ \frac{dy}{dt} \end{pmatrix} = \begin{pmatrix} x + 7y - 4\cos t + 1 \\ 2x - 9y + \cos t - 1 \end{pmatrix}$$

즉, $\frac{dx}{dt} = x + 7y - 4\cos t + 1$ ■

$\frac{dy}{dt} = 2x - 9y + \cos t - 1.$

미분방정식 연립방정식으로 표현하기

때로는 미분방정식보다 연립방정식으로 작업하는 것이 유리할 때가 있다. 다음의 선형 n차 미분방정식을 생각하자.

$$y^{(n)} = f(t,\ y,\ y',\ y'',\ \cdots,\ y^{(n-1)}) \tag{6}$$

$$y = x_1,\ y' = x_2,\ y'' = x_3,\ \cdots,\ y^{(n-2)} = x_{n-1}, y^{(n-1)} = x_n \tag{7}$$

이라 놓고 (7)의 각 항을 미분하면 다음을 얻는다.

$$\begin{aligned} &y' = x'_1 = x_2,\ y'' = x'_2 = x_3,\ \cdots,\ y^{(n-1)} \\ &\quad = x'_{n-1} = x_n,\ y^{(n)} = x'_n = f(t,\ x_1,\ x_2,\ \cdots,\ x_n) \end{aligned}$$

따라서 (6)은 다음의 n개의 1차 연립방정식이 된다.

$$\begin{aligned} x'_1 &= x_2 \\ x'_2 &= x_3 \\ &\vdots \\ x'_{n-1} &= x_n \\ x'_n &= f(t,\ x_1,\ x_2, \cdots,\ x_n) \end{aligned} \tag{8}$$

예제 3 ▸ 미분방정식을 1차 연립방정식 표현하기

다음의 3차 미분방정식을 행렬을 이용하여 1차 연립방정식으로 표현하여라.

$$y''' - 3y'' + 5y' - y = 2e^{-2t}$$

풀이 ▸ (6)의 형태로 만들기 위해 $y''' = 3y'' - 5y' + y + 2e^{-2t}$로 표현해 보자. $y = x_1, y' = x_2, y'' = x_3$,를 대입하면 다음을 얻는다.

$$y' = x'_1 = x_2,\ y'' = x'_2 = x_3,\ y''' = x'_3 = x_1 - 5x_2 + 3x_3 + 2e^{-2t}.$$

위 결과는 비동차 선형 연립방정식이다.

$$\begin{aligned} x'_1 &= x_2 \\ x'_2 &= x_3 \\ x'_3 &= x_1 - 5x_2 + 3x_3 + 2e^{-2t} \end{aligned}$$

행렬을 사용하면 앞서 설명한 연립방정식은 $\mathrm{X}' = \mathrm{AX} + \mathrm{F}(\mathrm{t})$의 형태가 된다.

$$\begin{pmatrix} x'_1 \\ x'_2 \\ x'_3 \end{pmatrix}' = \begin{pmatrix} 0 & 1 & 0 \\ 0 & 0 & 1 \\ 1 & -5 & 3 \end{pmatrix} \begin{pmatrix} x_1 \\ x_2 \\ x_3 \end{pmatrix} + \begin{pmatrix} 0 \\ 0 \\ 2e^{-2t} \end{pmatrix}$$

■

선형 연립방정식의 해

선형 연립방정식 (3)의 해는 각각의 미분 방정식을 만족하는 공통 구간에 정의된 n개의 미분 가능한 함수 $x_1(t),\ x_2(t),\ \cdots, x_n(t)$의 집합이다. 이와 동일하게 행렬에 대해서도 다음과 같이 정의할 수 있다.

정의 8.1.1 미분방정식

구간 I에서 해벡터는 모든 성분들이 주어진 구간에서 연립방정식 (4)를 만족하는 임의의 열벡터

$$\mathrm{X} = \begin{pmatrix} \mathrm{x}_1(\mathrm{t}) \\ \mathrm{x}_2(\mathrm{t}) \\ \vdots \\ \mathrm{x}_n(\mathrm{t}) \end{pmatrix}$$

이다.

물론 (4)의 해벡터는 n개의 스칼라방정식 $x_1 = \phi_1(t)$, $x_2 = \phi_2(t)$, $\cdots$, $x_n = \phi_n(t)$와 동치이며 기하학적으로 공간 곡선의 매개방정식들의 집합으로 설명될 수 있다. $n=2$인 경우는 중요한데 방정식 $x_1 = \phi_1(t)$, $x_2 = \phi_2(t)$는 x_1x_2평면에서 곡선을 나타낸다. 보통 평면에서 곡선을 **직교절선**(trajectory)으로, x_1x_2평면을 **위상평면**(phase plane)이라 한다. 다음 절에서 이러한 개념들을 다시 살펴보고 그것에 대한 예제를 제시한다.

예제 4 해의 증명

$(-\infty, \infty)$에서

$$\mathbf{X}_1 = \begin{pmatrix} 1 \\ -1 \end{pmatrix} e^{-2t} = \begin{pmatrix} e^{-2t} \\ -e^{-2t} \end{pmatrix} \text{과 } \mathbf{X}_2 = \begin{pmatrix} 3 \\ 5 \end{pmatrix} e^{6t} = \begin{pmatrix} 3e^{6t} \\ 5e^{6t} \end{pmatrix}$$

이

$$\mathbf{X}' = \begin{pmatrix} 1 & 3 \\ 5 & 3 \end{pmatrix} \mathbf{X} \tag{9}$$

의 해임을 보여라.

풀이 $\mathbf{X}_1' = \begin{pmatrix} -2e^{-2t} \\ 2e^{-2t} \end{pmatrix}$이고 $\mathbf{X}_2' = \begin{pmatrix} 18e^{6t} \\ 30e^{6t} \end{pmatrix}$이므로

$$\mathbf{A}\mathbf{X}_1 = \begin{pmatrix} 1 & 3 \\ 5 & 3 \end{pmatrix} \begin{pmatrix} e^{-2t} \\ -e^{-2t} \end{pmatrix} = \begin{pmatrix} e^{-2t} - 3e^{-2t} \\ 5e^{-2t} - 3e^{-2t} \end{pmatrix} = \begin{pmatrix} -2e^{-2t} \\ 2e^{-2t} \end{pmatrix} = \mathbf{X}_1'$$

이고

$$\mathbf{A}\mathbf{X}_2 = \begin{pmatrix} 1 & 3 \\ 5 & 3 \end{pmatrix} \begin{pmatrix} 3e^{6t} \\ 5e^{6t} \end{pmatrix} = \begin{pmatrix} 3e^{6t} + 15e^{6t} \\ 15e^{6t} + 15e^{6t} \end{pmatrix} = \begin{pmatrix} 18e^{6t} \\ 30e^{6t} \end{pmatrix} = \mathbf{X}_2'$$

이다. ■

식의 개수가 n개인 연립 1계 선형 미분방정식에 관한 대부분의 이론은 연립 선형 n계 미분방정식의 이론과 비슷하다.

초깃값 문제 t_0가 구간 I의 한 점이고

$$\mathbf{X}(t_0) = \begin{pmatrix} x_1(t_0) \\ x_2(t_0) \\ \vdots \\ x_n(t_0) \end{pmatrix} \text{이고 } \mathbf{X}_0 = \begin{pmatrix} \gamma_1 \\ \gamma_2 \\ \vdots \\ \gamma_n \end{pmatrix}$$

이라 하자. 여기서 γ_i, $i = 1, 2, \cdots, n$ 는 주어진 상수들이다. 이때 문제를

$$\begin{aligned} &\text{조건에 대하여:} && \mathbf{X}(t_0) = \mathbf{X}_0 \\ &\text{문제를 풀어라:} && \mathbf{X}' = \mathbf{A}(t)\mathbf{X} + \mathbf{F}(t) \end{aligned} \tag{10}$$

가 주어진 구간에서의 초깃값 문제이다.

정리 8.1.1 변수분리형 미분방정식

행렬 $\mathbf{A}(t)$와 $\mathbf{F}(t)$의 성분들이 t_0가 속해있는 공통구간 I에서 연속인 함수라고 하자. 그러면 이 구간에서 초깃값 문제(7)의 유일한 해가 존재한다.

동차 연립방정식 다음에 언급할 몇 개의 정의와 정리에서 우리는 동차 연립방정식만을 다루기로 한다. 특별한 언급이 없다면 a_{ij}와 f_i는 항상 공통구간 I에서 t에 대한 연속함수라고 가정한다.

중첩원리 다음 결과는 선형 연립 미분방정식의 해에 대한 중첩원리이다.

정리 8.1.2 중첩원리

$\mathbf{X}_1, \mathbf{X}_2, \cdots, \mathbf{X}_k$를 구간 I에서 동차 연립방정식 (5)의 해벡터들의 집합이라 하자. 그러면 $c_i,\ i = 1, 2, \ldots, k$가 임의의 상수들일 때, 일차결합

$$\mathbf{X} = c_1\mathbf{X}_1 + c_2\mathbf{X}_2 + \cdots + c_k\mathbf{X}_k$$

도 이 구간에서 연립방정식의 해이다.

정리 8.1.2로부터 동차 연립 1계 선형 미분방정식의 임의의 해벡터의 상수배도 해임을 알 수 있다.

예제 5 중첩원리를 사용하기

두 벡터

$$\mathbf{X}_1 = \begin{pmatrix} \cos t \\ -\frac{1}{2}\cos t + \frac{1}{2}\sin t \\ -\cos t - \sin t \end{pmatrix} \text{와 } \mathbf{X}_2 = \begin{pmatrix} 0 \\ e^t \\ 0 \end{pmatrix}$$

가 연립방정식

$$\mathbf{X}' = \begin{pmatrix} 1 & 0 & 1 \\ 1 & 1 & 0 \\ -2 & 0 & -1 \end{pmatrix}\mathbf{X} \tag{11}$$

의 해이다. 중첩원리에 의하여 일차결합

$$\mathbf{X} = c_1\mathbf{X}_1 + c_2\mathbf{X}_2 = c_1\begin{pmatrix} \cos t \\ -\dfrac{1}{2}\cos t + \dfrac{1}{2}\sin t \\ -\cos t - \sin t \end{pmatrix} + c_2\begin{pmatrix} 0 \\ e^t \\ 0 \end{pmatrix}$$

은 이 연립방정식의 또 다른 해이다. ■

일차종속과 일차독립 우리는 기본적으로 동차 연립방정식 (5)의 일차독립인 해에 관심을 갖고 있다.

정의 8.1.2 일차종속/독립

$\mathbf{X}_1, \mathbf{X}_2, \cdots, \mathbf{X}_k$를 구간 I에서 동차 연립방정식 (5)의 해벡터들의 집합이라 하자. 이 구간의 임의의 t에 대하여 모두는 0이 아닌 $c_1, c_2, \cdots, c_k$가 존재하여

$$c_1\mathbf{X}_1 + c_2\mathbf{X}_2 + \cdots + c_k\mathbf{X}_k = 0$$

이 성립하면 해벡터 집합은 이 구간에서 **일차종속**이라 한다. 이 구간에서 일차종속이 아닌 해벡터 집합은 **일차독립**이라 한다.

$k = 2$인 경우는 자명하다. 즉, 두 개의 해벡터 $\mathbf{X}_1$과 $\mathbf{X}_2$는 하나가 다른 하나의 상수배이면 일차종속이고, 역도 성립한다. $k > 2$일 때 해벡터의 집합은 적어도 하나의 해벡터가 나머지 벡터의 일차결합으로 표현되면 해벡터의 집합은 일차종속이다.

론스키안 앞에서 언급한 하나의 상미분방정식의 이론에서와 같이 일차독립의 판정법으로 **론스키 행렬식**의 개념을 도입할 수 있다. 우리는 증명 없이 다음 정리를 서술한다.

정리 8.1.3 일차독립인 해들에 대한 판정

$$\mathbf{X}_1 = \begin{pmatrix} x_{11} \\ x_{21} \\ \vdots \\ x_{n1} \end{pmatrix}, \quad \mathbf{X}_2 = \begin{pmatrix} x_{12} \\ x_{22} \\ \vdots \\ x_{n2} \end{pmatrix}, \quad \cdots, \quad \mathbf{X}_n = \begin{pmatrix} x_{1n} \\ x_{2n} \\ \vdots \\ x_{nn} \end{pmatrix}$$

을 구간 I에서 동차 연립방정식 (5)의 n개의 해벡터들이라고 하자. 이때 해벡터의 집합이 구간 I에서 일차독립이기 위한 필요충분조건은 이 구간의 모든 t에 대해서 **론스키 행렬식**(Wronskian)

$$W(\mathrm{X}_1, \mathrm{X}_2, \cdots, \mathrm{X}_n) = \begin{vmatrix} x_{11} & x_{12} & \cdots & x_{1n} \\ x_{21} & x_{22} & \cdots, & x_{2n} \\ \vdots & & & \vdots \\ x_{n1} & x_{n2} & \cdots & x_{nn} \end{vmatrix} \neq 0 \quad (12)$$

인 것이다.

$\mathrm{X}_1, \mathrm{X}_2, \cdots, \mathrm{X}_n$이 (5)의 해벡터들이면 구간 I의 모든 t에 대해서

$$W(\mathrm{X}_1, \mathrm{X}_2, \cdots, \mathrm{X}_n) \neq 0 \text{ 또는 } W(\mathrm{X}_1, \mathrm{X}_2, \cdots, \mathrm{X}_n) = 0$$

임을 보일 수 있다. 따라서 구간 I의 어떤 t_0에 대해서 $W \neq 0$임을 보일 수 있다면 모든 t에 대해서 $W \neq 0$이므로 해들은 이 구간에서 일차독립이다.

4.1절의 론스키안의 정의와는 달리 여기서 행렬식 (9)의 정의는 미분을 포함하지 않음에 유의하여야 한다.

예제 6 일차독립인 해들

예제2에서 우리는 $\mathrm{X}_1 = \begin{pmatrix} 1 \\ -1 \end{pmatrix} e^{-2t}$과 $\mathrm{X}_2 = \begin{pmatrix} 3 \\ 5 \end{pmatrix} e^{6t}$은 연립방정식 (6)의 해임을 확인하였다. 분명하게 X_1과 X_2는 어느 벡터도 서로의 상수배가 아니므로 $(-\infty, \infty)$에서 일차독립이다. 또한 임의의 실수 t에 대해서

$$W(\mathrm{X}_1, \mathrm{X}_2) = \begin{vmatrix} e^{-2t} & 3e^{6t} \\ -e^{-2t} & 5e^{6t} \end{vmatrix} = 8e^{4t} \neq 0$$

이다. ■

정의 8.1.3 기본 해집합(Fundamental set of solutions)

구간 I에서 동차 연립방정식 (5)의 n개의 일차독립인 해벡터들의 임의의 집합 $\mathrm{X}_1, \mathrm{X}_2, \cdots, \mathrm{X}_n$을 이 구간에서 기본 해집합이라 한다.

정리 8.1.4 기본 해집합의 존재성

구간 I에서 동차 연립방정식 (5)에 대한 기본 해집합은 존재한다.

다음 두 정리는 정리 4.1.5와 4.1.6과 동치인 선형 연립방정식이다.

정리 8.1.5 일반해-동차 연립방정식

$\mathbf{X}_1, \mathbf{X}_2, \cdots, \mathbf{X}_n$을 구간 I에서 동차 연립방정식 (5)의 기본 해집합이라 하자. 이때 이 구간에서 연립방정식의 일반해는

$$\mathbf{X}=c_1\mathbf{X}_1+c_2\mathbf{X}_2+\cdots+c_n\mathbf{X}_n$$

이고, 이때 c_i, $i=1, 2, \cdots, n$는 임의의 상수들이다.

예제 7 연립방정식 (6)의 일반해

예제2로부터 $\mathbf{X}_1=\begin{pmatrix}1\\-1\end{pmatrix}e^{-2t}$과 $\mathbf{X}_2=\begin{pmatrix}3\\5\end{pmatrix}e^{6t}$은 $(-\infty, \infty)$에서 (6)의 일차독립인 해들임을 알 수 있다. 그러므로 $\mathbf{X}_1$과 $\mathbf{X}_2$는 이 구간에서 기본 해집합이고 이 구간에서 동차 연립방정식의 일반해는

$$\mathbf{X}=c_1\mathbf{X}_1+c_2\mathbf{X}_2=c_1\begin{pmatrix}1\\-1\end{pmatrix}e^{-2t}+c_2\begin{pmatrix}3\\5\end{pmatrix}e^{6t} \tag{13}$$

이다. ■

예제 8 연립방정식 (11)의 일반해

벡터

$$\mathbf{X}_1=\begin{pmatrix}\cos t\\ -\frac{1}{2}\cos t+\frac{1}{2}\sin t\\ -\cos t-\sin t\end{pmatrix},\quad \mathbf{X}_2=\begin{pmatrix}0\\1\\0\end{pmatrix}e^t,\quad \mathbf{X}_3=\begin{pmatrix}\sin t\\ -\frac{1}{2}\sin t-\frac{1}{2}\cos t\\ -\sin t+\cos t\end{pmatrix}$$

는 예제3(연습문제8.1의 문제16 참조)의 연립방정식 (8)의 해이다.
임의의 실수 t에 대해서

$$W(\mathbf{X}_1, \mathbf{X}_2, \mathbf{X}_3)=\begin{vmatrix}\cos t & 0 & \sin t\\ -\frac{1}{2}\cos t+\frac{1}{2}\sin t & e^t & -\frac{1}{2}\sin t-\frac{1}{2}\cos t\\ -\cos t-\sin t & 0 & -\sin t+\cos t\end{vmatrix}=e^t\neq 0$$

이므로 $\mathbf{X}_1$, $\mathbf{X}_2$와 $\mathbf{X}_3$는 $(-\infty, \infty)$에서 기본 해집합을 이룬다고 할 수 있다. 따라서 이 구간에서 동차 연립방정식의 일반해는 일차결합인 $\mathbf{X}=c_1\mathbf{X}_1+c_2\mathbf{X}_2+c_3\mathbf{X}_3$이다. 즉,

$$\mathbf{X}=c_1\begin{pmatrix}\cos t\\ -\frac{1}{2}\cos t+\frac{1}{2}\sin t\\ -\cos t-\sin t\end{pmatrix}+c_2\begin{pmatrix}0\\1\\0\end{pmatrix}e^t+c_3\begin{pmatrix}\sin t\\ -\frac{1}{2}\sin t-\frac{1}{2}\cos t\\ -\sin t+\cos t\end{pmatrix}$$

이다. ■

비동차 연립방정식 비동차 연립방정식에 대해서 구간 I에서 **특수해** $\mathbf{X}_p$는 임의의 매개변수와 상관없이 그 성분이 연립방정식 (4)를 만족하는 함수인 임의의 벡터이다.

정리 8.1.6 일반해-비동차 연립방정식

$\mathbf{X}_p$를 구간 I에서 비동차 연립방정식 (4)의 주어진 해라 하고

$$\mathbf{X}_c = c_1\mathbf{X}_1 + c_2\mathbf{X}_2 + \cdots + c_n\mathbf{X}_n$$

을 같은 구간에서 수반된 동차 연립방정식 (5)의 일반해라 하자. 그러면 이 구간에서 비동차 연립방정식의 **일반해**는

$$\mathbf{X} = \mathbf{X}_c + \mathbf{X}_p$$

이다. 수반된 동차 연립방정식 (5)의 일반해 $\mathbf{X}_c$를 비동차 연립방정식 (4)의 **여함수**라 한다.

예제 9 일반해-비동차 연립방정식

벡터 $\mathbf{X}_p = \begin{pmatrix} 3t-4 \\ -5t+6 \end{pmatrix}$는 $(-\infty, \infty)$에서 비동차 연립방정식

$$\mathbf{X}' = \begin{pmatrix} 1 & 3 \\ 5 & 3 \end{pmatrix}\mathbf{X} + \begin{pmatrix} 12t-11 \\ -3 \end{pmatrix} \qquad (14)$$

의 특수해이다. (이것을 보여라.) 같은 구간에서 (14)의 여함수, 즉 $\mathbf{X}' = \begin{pmatrix} 1 & 3 \\ 5 & 3 \end{pmatrix}\mathbf{X}$의 일반해는 예제7의 (13)에서 $\mathbf{X}_c = c_1\begin{pmatrix} 1 \\ -1 \end{pmatrix}e^{-2t} + c_2\begin{pmatrix} 3 \\ 5 \end{pmatrix}e^{6t}$임을 보였다. 그러므로 정리 8.1.6에 의하여

$$\mathbf{X} = \mathbf{X}_c + \mathbf{X}_p = c_1\begin{pmatrix} 1 \\ -1 \end{pmatrix}e^{-2t} + c_2\begin{pmatrix} 3 \\ 5 \end{pmatrix}e^{6t} + \begin{pmatrix} 3t-4 \\ -5t+6 \end{pmatrix}$$

은 $(-\infty, \infty)$에서 비동차 연립방정식 (14)의 일반해이다. ■

연습문제 8.1

(1–8) 선형 연립방정식을 행렬 형태로 나타내어라.

1. $\dfrac{dx}{dt} = 3x - 5y$, $\dfrac{dy}{dt} = 4x + 8y$

2. $\dfrac{dx}{dt} = 4x - 7y$, $\dfrac{dy}{dt} = 5x$

3. $2\dfrac{dx}{dt} = 5x - 14y + 9t$, $4\dfrac{dy}{dt} = -x + 6y - 2$

4. $6\dfrac{dx}{dt} = -2x + 12y - 3\sin 4t$, $\dfrac{dy}{dt} = 8x - 3y + 10\cos 4t$

5. $\dfrac{dx}{dt}=-3x+4y-9z$
$\dfrac{dy}{dt}=6x-y$
$\dfrac{dz}{dt}=10x+4y+3z$

6. $\dfrac{dx}{dt}=x-y$
$\dfrac{dy}{dt}=x+2z$
$\dfrac{dz}{dt}=-x+z$

7. $\dfrac{dx}{dt}=x-y+z+t-1$
$\dfrac{dy}{dt}=2x+y-z-3t^2$
$\dfrac{dz}{dt}=x+y+z+t^2-t+2$

8. $\dfrac{dx}{dt}=-3x+4y+e^{-t}\sin 2t$
$\dfrac{dy}{dt}=5x+9z+4e^{-t}\cos 2t$
$\dfrac{dz}{dt}=y+6z-e^{-t}$

(9–12) 행렬을 사용하지 않고 주어진 선형 연립방정식을 나타내어라.

9. $\mathbf{X}'=\begin{pmatrix}4 & 2\\ -1 & 3\end{pmatrix}\mathbf{X}+\begin{pmatrix}1\\ -1\end{pmatrix}e^t$

10. $\mathbf{X}'=\begin{pmatrix}7 & 5 & -9\\ 4 & 1 & 1\\ 0 & -2 & 3\end{pmatrix}\mathbf{X}+\begin{pmatrix}0\\ 2\\ 1\end{pmatrix}e^{5t}-\begin{pmatrix}8\\ 0\\ 3\end{pmatrix}e^{-2t}$

11. $\dfrac{d}{dt}\begin{pmatrix}x\\ y\\ z\end{pmatrix}=\begin{pmatrix}1 & -1 & 2\\ 3 & -4 & 1\\ -2 & 5 & 6\end{pmatrix}\begin{pmatrix}x\\ y\\ z\end{pmatrix}+\begin{pmatrix}1\\ 2\\ 2\end{pmatrix}e^{-t}-\begin{pmatrix}3\\ -1\\ 1\end{pmatrix}t$

12. $\dfrac{d}{dt}\begin{pmatrix}x\\ y\end{pmatrix}=\begin{pmatrix}3 & -7\\ 1 & 1\end{pmatrix}\begin{pmatrix}x\\ y\end{pmatrix}+\begin{pmatrix}4\\ 8\end{pmatrix}\sin t+\begin{pmatrix}t-4\\ 2t+1\end{pmatrix}e^{4t}$

(13–16) 주어진 미분방정식을 행렬을 이용하여 1차 연립방정식으로 표현하여라.

13. $y''+4y=t\cos t$

14. $y''+2y'-2y=3t-9$

15. $y'''+6y''+10y'-y=t^2$

16. $y^{(4)}+2y'+y=e^t$

(17–22) 벡터 $\mathbf{X}$가 주어진 동차 선형 연립방정식의 해임을 보여라.

17. $\dfrac{dx}{dt}=3x-4y$
$\dfrac{dy}{dt}=4x-7y;\quad \mathbf{X}=\begin{pmatrix}1\\ 2\end{pmatrix}e^{-5t}$

18. $\dfrac{dx}{dt}=-2x+5y$
$\dfrac{dy}{dt}=-2x+4y;\quad \mathbf{X}=\begin{pmatrix}5\cos t\\ 3\cos t-\sin t\end{pmatrix}e^t$

19. $\mathbf{X}'=\begin{pmatrix}-1 & \frac{1}{4}\\ 1 & -1\end{pmatrix}\mathbf{X};\quad \mathbf{X}=\begin{pmatrix}-1\\ 2\end{pmatrix}e^{-3t/2}$

20. $\mathbf{X}'=\begin{pmatrix}2 & 1\\ -1 & 0\end{pmatrix}\mathbf{X};\quad \mathbf{X}=\begin{pmatrix}1\\ 3\end{pmatrix}e^t+\begin{pmatrix}4\\ -4\end{pmatrix}te^t$

21. $\mathbf{X}'=\begin{pmatrix}1 & 2 & 1\\ 6 & -1 & 0\\ -1 & -2 & -1\end{pmatrix}\mathbf{X};\quad \mathbf{X}=\begin{pmatrix}1\\ 6\\ -13\end{pmatrix}$

22. $\mathbf{X}'=\begin{pmatrix}1 & 0 & 1\\ 1 & 1 & 0\\ -2 & 0 & -1\end{pmatrix}\mathbf{X};$
$\mathbf{X}=\begin{pmatrix}\sin t\\ -\frac{1}{2}\sin t-\frac{1}{2}\cos t\\ -\sin t+\cos t\end{pmatrix}$

(23–26) 주어진 벡터들은 연립방정식 $\mathbf{X}'=\mathbf{A}\mathbf{X}$의 해이다. 이 벡터들이 $(-\infty,\infty)$에서 기본 해집합을 형성하는지를 판정하여라.

23. $\mathbf{X}_1=\begin{pmatrix}1\\ 1\end{pmatrix}e^{-2t},\ \mathbf{X}_2=\begin{pmatrix}1\\ -1\end{pmatrix}e^{-6t}$

24. $\mathbf{X}_1=\begin{pmatrix}1\\ -1\end{pmatrix}e^t,\ \mathbf{X}_2=\begin{pmatrix}2\\ 6\end{pmatrix}e^t+\begin{pmatrix}8\\ -8\end{pmatrix}te^t$

25. $\mathbf{X}_1=\begin{pmatrix}1\\ -2\\ 4\end{pmatrix}+t\begin{pmatrix}1\\ 2\\ 2\end{pmatrix},\ \mathbf{X}_2=\begin{pmatrix}1\\ -2\\ 4\end{pmatrix},\ \mathbf{X}_3=\begin{pmatrix}3\\ -6\\ 12\end{pmatrix}+t\begin{pmatrix}2\\ 4\\ 4\end{pmatrix}$

26. $\mathbf{X}_1=\begin{pmatrix}1\\ 6\\ -13\end{pmatrix},\ \mathbf{X}_2=\begin{pmatrix}1\\ -2\\ -1\end{pmatrix}e^{-4t},\ \mathbf{X}_3=\begin{pmatrix}2\\ 3\\ -2\end{pmatrix}e^{3t}$

(27–30) 벡터 $\mathbf{X}_p$가 주어진 비동차 선형 연립방정식의 특수해임을 보여라.

27. $\dfrac{dx}{dt}=x+4y+2t-7$
$\dfrac{dy}{dt}=3x+2y-4t-18;\quad \mathbf{X}_p=\begin{pmatrix}2\\ -1\end{pmatrix}t+\begin{pmatrix}5\\ 1\end{pmatrix}$

28. $\mathbf{X}'=\begin{pmatrix}2 & 1\\ 1 & -1\end{pmatrix}\mathbf{X}+\begin{pmatrix}-5\\ 2\end{pmatrix};\quad \mathbf{X}_p=\begin{pmatrix}1\\ 3\end{pmatrix}$

29. $\mathbf{X}'=\begin{pmatrix}2 & 1\\ 3 & 4\end{pmatrix}\mathbf{X}-\begin{pmatrix}1\\ 7\end{pmatrix}e^t;\quad \mathbf{X}_p=\begin{pmatrix}1\\ 1\end{pmatrix}e^t+\begin{pmatrix}1\\ -1\end{pmatrix}te^t$

30. $\mathbf{X}' = \begin{pmatrix} 1 & 2 & 3 \\ -4 & 2 & 0 \\ -6 & 1 & 0 \end{pmatrix}\mathbf{X} + \begin{pmatrix} -1 \\ 4 \\ 3 \end{pmatrix}\sin 3t;$

$\mathbf{X}_p = \begin{pmatrix} \sin 3t \\ 0 \\ \cos 3t \end{pmatrix}$

31. $(-\infty, \infty)$에서 동차 선형 연립방정식

$$\mathbf{X}' = \begin{pmatrix} 0 & 6 & 0 \\ 1 & 0 & 1 \\ 1 & 1 & 0 \end{pmatrix}\mathbf{X}$$

의 일반해는

$$\mathbf{X} = c_1\begin{pmatrix} 6 \\ -1 \\ -5 \end{pmatrix}e^{-t} + c_2\begin{pmatrix} -3 \\ 1 \\ 1 \end{pmatrix}e^{-2t} + c_3\begin{pmatrix} 2 \\ 1 \\ 1 \end{pmatrix}e^{3t}$$

임을 보여라.

32. $(-\infty, \infty)$에서 비동차 선형 연립방정식

$$\mathbf{X}' = \begin{pmatrix} -1 & -1 \\ -1 & 1 \end{pmatrix}\mathbf{X} + \begin{pmatrix} 1 \\ 1 \end{pmatrix}t^2 + \begin{pmatrix} 4 \\ -6 \end{pmatrix}t + \begin{pmatrix} -1 \\ 5 \end{pmatrix}$$

의 일반해는

$$\mathbf{X} = c_1\begin{pmatrix} 1 \\ -1-\sqrt{2} \end{pmatrix}e^{\sqrt{2}t} + c_2\begin{pmatrix} 1 \\ -1+\sqrt{2} \end{pmatrix}e^{-\sqrt{2}t} + \begin{pmatrix} 1 \\ 0 \end{pmatrix}t^2 + \begin{pmatrix} -2 \\ 4 \end{pmatrix}t + \begin{pmatrix} 1 \\ 0 \end{pmatrix}$$

임을 보여라.

8.2 동차 선형 연립방정식

소개 8.1절의 예제5에서 동차 연립방정식 $\mathbf{X}' = \begin{pmatrix} 1 & 3 \\ 5 & 3 \end{pmatrix}\mathbf{X}$의 일반해는 $\mathbf{X} = c_1\mathbf{X}_1 + c_2\mathbf{X}_2 = c_1\begin{pmatrix} 1 \\ -1 \end{pmatrix}e^{-2t} + c_2\begin{pmatrix} 3 \\ 5 \end{pmatrix}e^{6t}$임을 알았다. 두 개의 해벡터 $\mathbf{X}_1$과 $\mathbf{X}_2$가 $\mathbf{X}_i = \begin{pmatrix} k_1 \\ k_2 \end{pmatrix}e^{\lambda_i t}$, $i = 1, 2$(여기서 k_1, k_2,, λ_1 λ_2는 상수이다.) 형식이므로 A가 $n \times n$ 상수행렬일 때, 일반적인 동차 1계 선형 연립방정식

$$\mathbf{X}' = \mathbf{A}\mathbf{X} \tag{1}$$

에 대하여

$$\mathbf{X} = \begin{pmatrix} k_1 \\ k_2 \\ \vdots \\ k_n \end{pmatrix}e^{\lambda t} = \mathbf{K}e^{\lambda t} \tag{2}$$

인 형식의 해를 항상 구할 수 있는가를 알고자 한다.

고윳값과 고유벡터 (2)이 동차 선형 연립방정식 (1)의 해벡터이면 $\mathbf{X}' = \mathbf{K}\lambda e^{\lambda t}$이므로 이 연립방정식은 $\mathbf{K}\lambda e^{\lambda t} = \mathbf{A}\mathbf{K}e^{\lambda t}$이 된다. $e^{\lambda t}$으로 나눈 후에 정리하면 $\mathbf{A}\mathbf{K} = \lambda\mathbf{K}$ 즉 $\mathbf{A}\mathbf{K} - \lambda\mathbf{K} = \mathbf{0}$을 얻는다. $\mathbf{K} = \mathbf{I}\mathbf{K}$이므로 마지막 방정식은

$$(\mathbf{A} - \lambda\mathbf{I})\mathbf{K} = \mathbf{0} \tag{3}$$

과 같다. 행렬방정식 (3)은 연립 대수방정식

$$\begin{aligned}(a_{11}-\lambda)k_1 + a_{12}k_2 + \cdots + a_{1n}k_n &= 0\\ a_{21}k_1 + (a_{22}-\lambda)k_2 + \cdots + a_{2n}k_n &= 0\\ &\vdots\\ a_{n1}k_1 + a_{n2}k_2 + \cdots + (a_{nn}-\lambda)k_n &= 0\end{aligned}$$

과 동치이다. 따라서 (1)의 자명하지 않은 해 X 를 구하기 위해서는 위의 연립방정식의 자명하지 않은 해를 먼저 구해야 한다. 즉, (3)을 만족하는 자명하지 않은 벡터 K 를 구해야 한다. 그러나 (3)이 명백한 해 $k_1 = k_2 = \cdots = k_n = 0$ 이외의 해를 갖기 위해서는

$$\det(\mathbf{A} - \lambda\mathbf{I}) = 0$$

이어야 한다. λ에 관한 이 다항식의 방정식을 행렬 A 의 **특성방정식**(characteristic equation)이라 하고, 이것의 해를 행렬 A 의 **고윳값**(eigenvalues)이라 한다. 고윳값 λ에 대응된 (3)의 해 $\mathbf{K} \neq \mathbf{0}$를 행렬 A 의 **고유벡터**(eigenvector)라고 한다. 이때 동차 연립방정식 (1)의 해는 $\mathbf{X} = \mathbf{K}e^{\lambda t}$이다.

앞으로의 논의에서 3가지 경우 즉, 서로 다른 실수 고윳값(즉, 고윳값이 같지 않다), 중복 고윳값과 마지막으로 복소 고윳값 등을 조사한다.

8.2.1 서로 다른 실수 고윳값

$n\times n$ 행렬 A 가 n개의 서로 다른 실수 고윳값들 $\lambda_1, \lambda_2, \cdots, \lambda_n$을 갖는 경우 n개의 일차독립인 고유벡터들 $\mathbf{K}_1, \mathbf{K}_2, \cdots, \mathbf{K}_n$ 의 집합은 항상 구할 수 있고

$$\mathbf{X}_1 = \mathbf{K}_1 e^{\lambda_1 t},\ \mathbf{X}_2 = \mathbf{K}_2 e^{\lambda_2 t},\ \cdots,\ \mathbf{X}_n = \mathbf{K}_n e^{\lambda_n t}$$

는 $(-\infty, \infty)$에서 (2)의 기본 해집합이다.

정리 8.2.1 일반해-동차 연립방정식

$\lambda_1, \lambda_2, \cdots, \lambda_n$을 동차 연립방정식 (2)의 계수행렬 A 의 n개의 서로 다른 실수 고윳값들이라 하고 $\mathbf{K}_1, \mathbf{K}_2, \cdots, \mathbf{K}_n$을 대응하는 고유벡터들이라고 하자. 이때 $(-\infty, \infty)$에서 (2)의 일반해는

$$\mathbf{X} = c_1\mathbf{K}_1 e^{\lambda_1 t} + c_2\mathbf{K}_2 e^{\lambda_2 t} + \cdots + c_n\mathbf{K}_n e^{\lambda_n t}$$

으로 주어진다.

예제 1 **서로 다른 고윳값들**

$$\frac{dx}{dt} = 2x + 3y$$
$$\frac{dy}{dt} = 2x + y \tag{4}$$

을 풀어라.

풀이 먼저 계수행렬의 고윳값들과 고유벡터들을 구한다. 특성방정식으로부터

$$\det(\mathbf{A} - \lambda\mathbf{I}) = \begin{vmatrix} 2-\lambda & 3 \\ 2 & 1-\lambda \end{vmatrix} = \lambda^2 - 3\lambda - 4 = (\lambda+1)(\lambda-4) = 0$$

이다. 고윳값들은 $\lambda_1 = -1$과 $\lambda_2 = 4$이다. 이제 $\lambda_1 = -1$에 대해서 (3)은

$$3k_1 + 3k_2 = 0$$
$$2k_1 + 2k_2 = 0$$

과 같으므로 $k_1 = -k_2$이다. $k_2 = -1$이면 대응하는 고유벡터는

$$\mathbf{K}_1 = \begin{pmatrix} 1 \\ -1 \end{pmatrix}$$

이다. $\lambda_2 = 4$에 대해서

$$-2k_1 + 3k_2 = 0$$
$$2k_1 - 3k_2 = 0$$

이므로 $k_1 = \frac{3}{2}k_2$이고 $k_2 = 2$로 놓으면 대응하는 고유벡터는

$$\mathbf{K}_2 = \begin{pmatrix} 3 \\ 2 \end{pmatrix}$$

이다. 계수행렬 A는 2×2 행렬이고 (4)의 두 개의 일차독립인 해들

$$\mathbf{X}_1 = \begin{pmatrix} 1 \\ -1 \end{pmatrix} e^{-t} \text{과 } \mathbf{X}_2 = \begin{pmatrix} 3 \\ 2 \end{pmatrix} e^{4t}$$

을 구했으므로 주어진 연립방정식의 일반해는

$$\mathbf{X} = c_1\mathbf{X}_1 + c_2\mathbf{X}_2 = c_1\begin{pmatrix} 1 \\ -1 \end{pmatrix} e^{-t} + c_2\begin{pmatrix} 3 \\ 2 \end{pmatrix} e^{4t} \tag{5}$$

이다. ■

위상적 묘사 연립 1계 선형 미분방정식의 해를 행렬로 나타내는 것은 단순히 4.9절에서 사용한 방법(개개의 함수들을 목록에 올리고 상수 사이의 관계)에 대한 대안임을 확고히 명심해야 한다. (5)의 우변의 벡터들을 더한 후에 좌변의 벡터의 대응된 항과 같게 하면 더욱 익숙한 명제

$$x = c_1 e^{-t} + 3c_2 e^{4t}, \quad y = -c_1 e^{-t} + 2c_2 e^{4t}$$

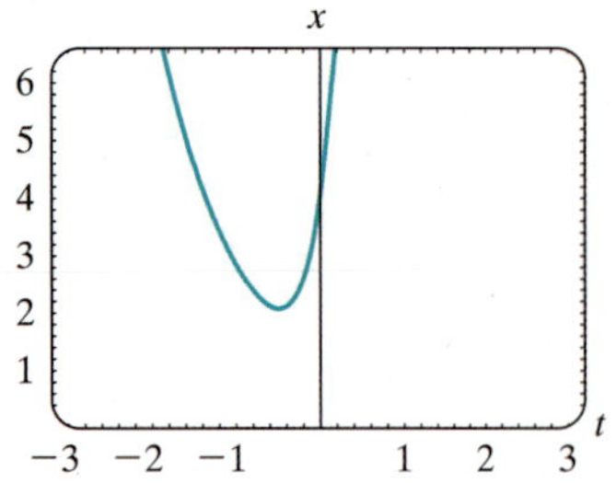

(a) $x = e^{-t} + 3e^{4t}$의 그래프

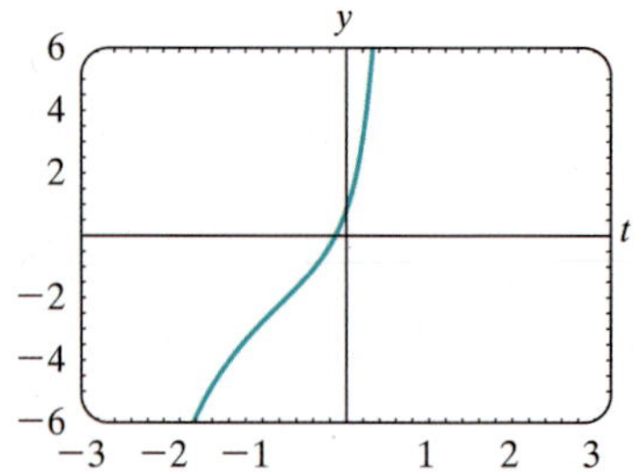

(b) $y = -e^{-t} + 2e^{4t}$의 그래프

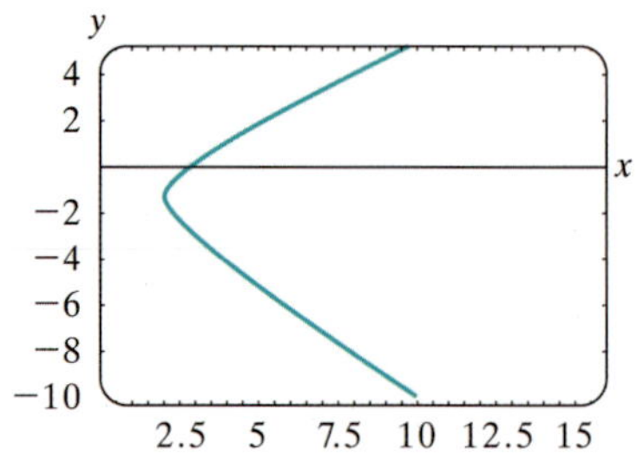

(c) 위상평면에서 $x = e^{-t} + 3e^{4t}$, $y = -e^{-t} + 2e^{4t}$으로 정의된 직교절선

그림 8.2.1 (5)로부터 해는 3개의 다른 평면에서 3가지의 다른 곡선을 준다.

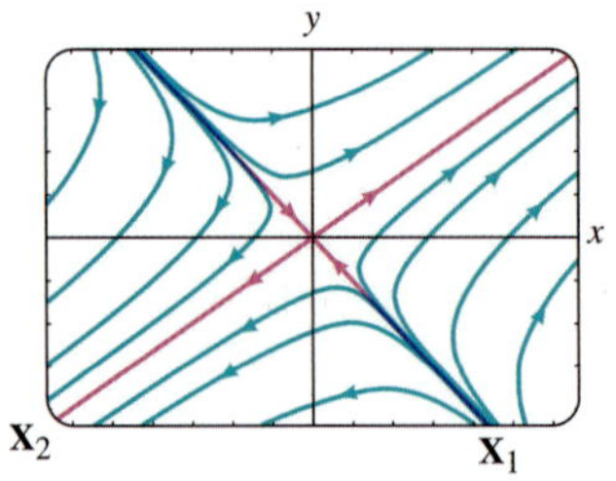

그림 8.2.2 연립방정식 (4)의 위상적 묘사

을 얻는다. 8.1절에서 지적하였듯이 이 방정식들을 xy평면 또는 **위상평면**에서 곡선의 매개방정식으로 해석할 수 있다. c_1과 c_2의 특수한 선택에 대응한 각각의 곡선은 **직교절선**이라고 한다. 해 (5)에서 상수 $c_1 = c_2 = 1$로 선택하여 그림 8.2.1에서 tx평면에서 $x(t)$의 그래프, ty평면에서 $y(t)$의 그래프와 위상평면에서 점 $(x(t), y(t))$들로 이루어진 직교절선이 나타나 있다. 그림 8.2.2에서 보여진 것처럼, 위상평면에서 대표적인 직교절선들의 모임을 주어진 선형 연립방정식의 **위상적 묘사**라고 한다. 그림 8.2.2에서 두 개의 빨간색 직선이 나타내는 것은 실제로 각각 해 $\mathbf{X}_2, -\mathbf{X}_1, -\mathbf{X}_2$와 $\mathbf{X}_1$에 의하여 1, 2, 3, 4사분면에서 매개변수적으로 정의된 4개의 빨간색 반직선이다. 예를 들어, 1사분면과 4사분면에서 반직선의 카테시안 방정식 $y = \frac{2}{3}x,\ x > 0$와 $y = -x,\ x > 0$는 각각 해 $x = 3e^{4t},\ y = 2e^{4t}$와 $x = e^{-t},\ y = -e^{-t}$에서 매개변수 t를 소거함으로써 얻어졌다. 또한, 모든 고유벡터는 이러한 반직선들 중 하나를 따라서 놓여있는 2차원 벡터로 상상할 수 있다. 고유벡터 $\mathbf{K}_2 = \begin{pmatrix} 3 \\ 2 \end{pmatrix}$는 1사분면에서 $y = \frac{2}{3}x$를 따라서 놓여있고, $\mathbf{K}_1 = \begin{pmatrix} 1 \\ -1 \end{pmatrix}$은 4사분면에서 $y = -x$를 따라서 놓여있다. 모든 벡터는 원점에서 출발한다. $\mathbf{K}_2$는 점 $(2, 3)$에서 종료하고 $\mathbf{K}_1$은 $(1, -1)$에서 종료한다.

원점은 모든 2×2 동차 선형 연립방정식 $\mathbf{X}' = \mathbf{A}\mathbf{X}$의 상수해 $x = 0,\ y = 0$일 뿐만 아니라 그러한 연립방정식들의 질적인 연구에서 중요한 위치이다. 물리적인 용어로 생각하면, 그림 8.2.2에서 각각의 직교절선 위에 화살촉은 시간 t에서 직교절선 위의 좌표 $(x(t), y(t))$를 갖는 입자가 시간이 증가하면서 움직이는 방향을 나타낸다. 2사분면과 4사분면에서 단지 반직선 위를 제외한 화살촉들은 입자가 시간 t가 증가하면서 원점에서부터 멀리 떨어지게 됨을 나타낸다. 시간 t가 $-\infty$에서 ∞까지의 범위를 생각하면, 해 $x = c_1 e^{-t} + 3c_2 e^{4t},\ y = -c_1 e^{-t} + 2c_2 e^{4t},\ c_1 \neq 0,\ c_2 \neq 0$는 직교절선 또는 움직이는 입자가 $\mathbf{X}_1$ 또는 $-\mathbf{X}_1$(e^{4t}은 $t \to -\infty$일 때에 무시할 수 있다.)으로 정의된 반직선중의 하나로 점근적으로 "시작하고", $\mathbf{X}_2$와 $-\mathbf{X}_2$ (e^{-t}은 $t\to\infty$ 일 때에 무시할 수 있다.)로 정의된 반직선 중에 하나로 점근적으로 "종료됨을" 보인다.

그림 8.2.2는 반대 부호의 실수 고윳값들을 갖는 모든 2×2 동차 선형 연립방정식들 $\mathbf{X}'=\mathbf{AX}$ 의 대표적인 위상적 묘사를 나타냄에 유의한다. 연습문제8.2의 문제19를 참조하여라. 또한 서로 다른 실수 고윳값들이 같은 대수적 부호를 갖는 두 가지 경우의 위상적 묘사는 그러한 모든 2×2 선형 연립방정식들의 특징이다. 유일한 차이는 화살촉이 λ_1과 λ_2가 양수일 때 $t\to\infty$ 일 때에 입자가 모든 직교절선 위에서 원점으로부터 멀리 떨어지고, λ_1과 λ_2가 음수일 때 모든 직교절선 위에서 원점쪽으로 움직임을 나타낸다는 것이다. 결과적으로, $\lambda_1>0$, $\lambda_2>0$인 경우에 원점을 **밀개**라 하고 $\lambda_1<0$, $\lambda_2<0$인 경우에 원점을 **끌개**라 한다. 연습문제8.2의 문제20을 참조하여라. 그림 8.2.2의 원점은 밀개도 끌개도 아니다. $\lambda=0$이 2×2 동차 선형 연립방정식의 고윳값인 경우의 조사는 연습문제로 남긴다. 연습문제8.2 문제53을 참조하여라.

예제 2 서로 다른 고윳값들

$$\begin{aligned}\frac{dx}{dt}&=-4x+y+z\\ \frac{dy}{dt}&=x+5y-z\\ \frac{dz}{dt}&=y-3z\end{aligned}\tag{6}$$

을 풀어라.

풀이 ▶ 셋째 행의 여인수를 사용하면

$$\det(\mathbf{A}-\lambda\mathbf{I})=\begin{vmatrix}-4-\lambda & 1 & 1\\ 1 & 5-\lambda & -1\\ 0 & 1 & -3-\lambda\end{vmatrix}=-(\lambda+3)(\lambda+4)(\lambda-5)=0$$

이므로 고윳값들은 $\lambda_1=-3, \lambda_2=-4$와 $\lambda_3=5$이다.

$\lambda_1=-3$에 대해서 가우스-조르당 소거법은

$$(\mathbf{A}+3\mathbf{I}\,|\,\mathbf{0})=\left(\begin{array}{ccc|c}-1 & 1 & 1 & 0\\ 1 & 8 & -1 & 0\\ 0 & 1 & 0 & 0\end{array}\right)\xrightarrow{\text{행 연산}}\left(\begin{array}{ccc|c}1 & 0 & -1 & 0\\ 0 & 1 & 0 & 0\\ 0 & 0 & 0 & 0\end{array}\right)$$

이므로 $k_1=k_3$이고 $k_2=0$이다. $k_3=1$로 선택하면 고유벡터와 대응된 해벡터는

$$\mathbf{K}_1=\begin{pmatrix}1\\0\\1\end{pmatrix},\quad \mathbf{X}_1=\begin{pmatrix}1\\0\\1\end{pmatrix}e^{-3t}\tag{7}$$

이다. 같은 방법으로 $\lambda_2 = -4$에 대해서

$$(\mathbf{A}+4\mathbf{I}\,|\,\mathbf{0}) = \left(\begin{array}{ccc|c} 0 & 1 & 1 & 0 \\ 1 & 9 & -1 & 0 \\ 0 & 1 & 0 & 0 \end{array}\right) \xrightarrow{\text{행 연산}} \left(\begin{array}{ccc|c} 1 & 0 & -10 & 0 \\ 0 & 1 & 1 & 0 \\ 0 & 0 & 0 & 0 \end{array}\right)$$

로 부터 $k_1 = 10k_3$이고 $k_2 = -k_3$이다. $k_3 = 1$로 선택하면 두 번째 고유벡터와 해벡터는

$$\mathbf{K}_2 = \begin{pmatrix} 10 \\ -1 \\ 1 \end{pmatrix}, \quad \mathbf{X}_2 = \begin{pmatrix} 10 \\ -1 \\ 1 \end{pmatrix} e^{-4t} \tag{8}$$

이 된다. 마지막으로 $\lambda_3 = 5$일 때 첨가행렬

$$(\mathbf{A}+5\mathbf{I}\,|\,\mathbf{0}) = \left(\begin{array}{ccc|c} -9 & 1 & 1 & 0 \\ 1 & 0 & -1 & 0 \\ 0 & 1 & -8 & 0 \end{array}\right) \xrightarrow{\text{행 연산}} \left(\begin{array}{ccc|c} 1 & 0 & -1 & 0 \\ 0 & 1 & -8 & 0 \\ 0 & 0 & 0 & 0 \end{array}\right)$$

로 부터

$$\mathbf{K}_3 = \begin{pmatrix} 1 \\ 8 \\ 1 \end{pmatrix}, \quad \mathbf{X}_3 = \begin{pmatrix} 1 \\ 8 \\ 1 \end{pmatrix} e^{5t} \tag{9}$$

이다.

(6)의 일반해는 (7), (8)과 (9)에 있는 해벡터들의 일차결합이다.

$$\mathbf{X} = c_1\begin{pmatrix} 1 \\ 0 \\ 1 \end{pmatrix} e^{-3t} + c_2\begin{pmatrix} 10 \\ -1 \\ 1 \end{pmatrix} e^{-4t} + c_3\begin{pmatrix} 1 \\ 8 \\ 1 \end{pmatrix} e^{5t}$$

■

컴퓨터의 사용 MATLAB, Mathematica, Maple 같은 소프트웨어 패키지는 행렬 A의 고윳값과 고유벡터를 구하는 데 있어서 시간을 절약할 수 있다.

8.2.2 중복 고윳값들

물론 $n \times n$ 행렬 A의 n개의 고윳값 $\lambda_1, \lambda_2, \cdots, \lambda_n$의 모든 값이 서로 다를 필요는 없다. 즉, 고윳값 중 몇 개는 중복될 수 있다. 예를 들어 연립방정식

$$\mathbf{X}' = \begin{pmatrix} 3 & -18 \\ 2 & -9 \end{pmatrix} \mathbf{X} \tag{10}$$

에서 계수행렬의 특성방정식은 $(\lambda+3)^2 = 0$이 됨을 쉽게 얻을 수 있으므로 $\lambda_1 = \lambda_2 = -3$은 중복도 2인 근이다. 이 값에 대하여 단일 고유벡터는 $\mathbf{K}_1 = \begin{pmatrix} 3 \\ 1 \end{pmatrix}$이므로

$$\mathbf{X}_1 = \begin{pmatrix} 3 \\ 1 \end{pmatrix} e^{-3t} \tag{11}$$

이 (10)의 하나의 해임을 알 수 있다. 그러나 이 연립방정식의 일반해를 구하는 것이 목적이므로 두 번째 해를 구하는 문제를 다룰 필요가 있다.

일반적으로 m이 양의 정수이고 $(\lambda - \lambda_1)^m$이 특성방정식의 인수이며 $(\lambda - \lambda_1)^{m+1}$이 인수가 아니면 λ_1은 **중복도 m인 고윳값**이라 한다. 다음 3개의 예제들은 아래의 경우들을 설명해 준다.

(i) 어떤 $n \times n$ 행렬 A에 대하여 중복도 $m \le n$인 고윳값 λ_1에 대응하는 m개의 일차독립인 고유벡터들 $\mathbf{K}_1, \mathbf{K}_2, \cdots, \mathbf{K}_m$을 구할 수 있다. 이 경우에는 연립방정식의 일반해는 일차결합

$$c_1\mathbf{K}_1 e^{\lambda_1 t} + c_2\mathbf{K}_2 e^{\lambda_1 t} + \cdots + c_m\mathbf{K}_m e^{\lambda_1 t}$$

을 포함한다.

(ii) 중복도 m인 고윳값 λ_1에 대응하는 오직 하나의 고유벡터가 존재하면

$$\begin{aligned} \mathbf{X}_1 &= \mathbf{K}_{11} e^{\lambda_1 t} \\ \mathbf{X}_2 &= \mathbf{K}_{21} t e^{\lambda_1 t} + \mathbf{K}_{22} e^{\lambda_1 t} \\ &\vdots \\ \mathbf{X}_m &= \mathbf{K}_{m1} \frac{t^{m-1}}{(m-1)!} e^{\lambda_1 t} + \mathbf{K}_{m2} \frac{t^{m-2}}{(m-2)!} e^{\lambda_1 t} \cdots + \mathbf{K}_{mm} e^{\lambda_1 t} \end{aligned}$$

형식의 m개의 일차독립인 해들을 항상 구할 수 있다. 이때 $\mathbf{K}_{ij}$는 열벡터이다.

중복도 2인 고윳값 중복도가 2인 고윳값을 생각해 보자. 첫 번째 예제에서 중복 고윳값에 대응하는 두 개의 서로 다른 고유벡터들을 구할 수 있는 행렬을 제시한다.

예제 3 중복 고윳값들

$$\mathbf{X}' = \begin{pmatrix} 1 & -2 & 2 \\ -2 & 1 & -2 \\ 2 & -2 & 1 \end{pmatrix} \mathbf{X}$$

을 풀어라.

풀이 특성방정식

$$\det(\mathbf{A} - \lambda\mathbf{I}) = \begin{vmatrix} 1-\lambda & -2 & 2 \\ -2 & 1-\lambda & -2 \\ 2 & -2 & 1-\lambda \end{vmatrix} = 0$$

에서 행렬식을 전개하면 $-(\lambda+1)^2(\lambda-5)=0$이므로 $\lambda_1=\lambda_2=-1$과 $\lambda_3=5$이다.

$\lambda_1=-1$에 대해서 가우스-조르당 소거법에 의하여

$$(\mathbf{A}+\mathbf{I}\,|\,\mathbf{0})=\left(\begin{array}{rrr|r}2&-2&2&0\\-2&2&-2&0\\2&-2&2&0\end{array}\right)\xrightarrow{\text{행 연산}}\left(\begin{array}{rrr|r}1&-1&1&0\\0&0&0&0\\0&0&0&0\end{array}\right)$$

이다. 이 마지막 행렬의 첫 번째 행은 $k_1-k_2+k_3=0$ 즉 $k_1=k_2-k_3$를 의미한다. $k_2=1$, $k_3=0$과 $k_2=1$, $k_3=1$로 택하면 순서대로 $k_1=1$과 $k_1=0$이다. 따라서 $\lambda_1=-1$에 대응하는 두 개의 고유벡터들은

$$\mathbf{K}_1=\begin{pmatrix}1\\1\\0\end{pmatrix}\text{과 }\mathbf{K}_2=\begin{pmatrix}0\\1\\1\end{pmatrix}$$

이다. 이들 고유벡터들은 다른 벡터의 상수배가 아니므로 같은 고윳값에 대응하는 두 개의 일차독립인 해들인

$$\mathbf{X}_1=\begin{pmatrix}1\\1\\0\end{pmatrix}e^{-t}\text{과 }\mathbf{X}_2=\begin{pmatrix}0\\1\\1\end{pmatrix}e^{-t}$$

이다. 마지막으로 $\lambda_3=5$에 대해서

$$(\mathbf{A}+5\mathbf{I}\,|\,\mathbf{0})=\left(\begin{array}{rrr|r}-4&2&2&0\\-2&-4&-2&0\\2&2&-4&0\end{array}\right)\xrightarrow{\text{행 연산}}\left(\begin{array}{rrr|r}1&0&-1&0\\0&1&1&0\\0&0&0&0\end{array}\right)$$

으로 부터 $k_1=k_3$이고 $k_2=-k_3$이다. $k_3=1$로 선택하면 $k_1=1, k_2=-1$이므로 세 번째 고유벡터는

$$\mathbf{K}_3=\begin{pmatrix}1\\-1\\1\end{pmatrix}$$

이다. 따라서 이 연립방정식의 일반해는

$$\mathbf{X}=c_1\begin{pmatrix}1\\1\\0\end{pmatrix}e^{-t}+c_2\begin{pmatrix}0\\1\\1\end{pmatrix}e^{-t}+c_3\begin{pmatrix}1\\-1\\1\end{pmatrix}e^{5t}$$

이다. ■

예제3에서 계수행렬 A는 대칭행렬로 알려진 특수한 종류의 행렬이다. $n\times n$ 행렬 $\mathbf{A}$는 전치행렬 $\mathbf{A}^T$(행과 열이 교환된 행렬)가 $\mathbf{A}$와 같으면 즉, $\mathbf{A}^T=\mathbf{A}$이면 **대칭적**(symmetric)이라고 한다. 연립방정식 $\mathbf{X}'=\mathbf{A}\mathbf{X}$에서 행렬 A가 대칭이고 실수 성분들을 가지면 항상 n개의 일차독립인 고유벡터들 $\mathbf{K}_1, \mathbf{K}_2, \cdots, \mathbf{K}_n$을 구할 수 있고 그러한 연립방정식의 일반해는 정리 8.2.1에서와 같이 주어짐을 보일 수 있다. 예제3에서 제시된바와 같이 이 결과는 고윳값들 중 몇 개가 중복된 경우에도 성립한다.

두 번째 해 λ_1을 중복도 2인 고윳값이라 하고 이 값에 대응하는 오직 하나의 고유벡터가 존재한다고 가정하자. 두 번째 해는

$$\mathbf{X}_2 = \mathbf{K}te^{\lambda_1 t} + \mathbf{P}e^{\lambda_1 t} \tag{12}$$

의 형식으로 구해질 수 있고 여기서

$$\mathbf{K} = \begin{pmatrix} k_1 \\ k_2 \\ \vdots \\ k_n \end{pmatrix} \text{이고 } \mathbf{P} = \begin{pmatrix} p_1 \\ p_2 \\ \vdots \\ p_n \end{pmatrix}$$

이다. 이것을 확인하기 위하여 (12)를 연립방정식 $\mathbf{X}' = \mathbf{AX}$에 대입하여 간단히 하면

$$(\mathbf{AK} - \lambda_1 \mathbf{K})te^{\lambda_1 t} + (\mathbf{AP} - \lambda_1 \mathbf{P} - \mathbf{K})e^{\lambda_1 t} = 0$$

이다. 이 방정식이 t의 모든 값에 대하여 성립해야 하므로

$$(\mathbf{A} - \lambda_1 \mathbf{I})\mathbf{K} = 0 \tag{13}$$

이고

$$(\mathbf{A} - \lambda_1 \mathbf{I})\mathbf{P} = \mathbf{K} \tag{14}$$

이다. 방정식 (13)은 간단히 $\mathbf{K}$가 λ_1에 대응한 $\mathbf{A}$의 고유벡터임을 뜻한다. (13)을 풀면 하나의 해 $\mathbf{X}_1 = \mathbf{K}e^{\lambda_1 t}$이 구해진다. 두 번째 해 $\mathbf{X}_2$를 구하기 위해서 벡터 $\mathbf{P}$에 대한 추가적인 연립방정식 (14)를 풀면 된다.

예제 4 중복 고윳값들

(10)에서 주어진 연립방정식의 일반해를 구하여라.

풀이 (11)로부터 $\lambda_1 = -3$이고 하나의 해는 $\mathbf{X}_1 = \begin{pmatrix} 3 \\ 1 \end{pmatrix}e^{-3t}$이다. $\mathbf{K} = \begin{pmatrix} 3 \\ 1 \end{pmatrix}$, $\mathbf{P} = \begin{pmatrix} p_1 \\ p_2 \end{pmatrix}$로 놓으면 이제 (14)로부터

$$(\mathbf{A} + 3\mathbf{I})\mathbf{P} = \mathbf{K} \quad \text{즉} \quad \begin{aligned} 6p_1 - 18p_2 &= 3 \\ 2p_1 - 6p_2 &= 1 \end{aligned}$$

을 풀어야 한다. 이 연립방정식은 하나의 방정식이 되므로 p_1과 p_2에 관하여 무한개의 선택을 갖는다. 예를 들면, $p_1 = 1$로 선택하면 $p_2 = \frac{1}{6}$이다. 그러나 간단히 하기 위하여 $p_2 = 0$이 되도록 $p_1 = \frac{1}{2}$을 선택하면 $\mathbf{P} = \begin{pmatrix} \frac{1}{2} \\ 0 \end{pmatrix}$이다. 따라서 (12)로부터 $\mathbf{X}_2 = \begin{pmatrix} 3 \\ 1 \end{pmatrix}te^{-3t} + \begin{pmatrix} \frac{1}{2} \\ 0 \end{pmatrix}e^{-3t}$이다. 이때 (10)의 일반해는 $\mathbf{X} = c_1\mathbf{X}_1 + c_2\mathbf{X}_2$ 이므로

$$\mathbf{X} = c_1\begin{pmatrix}3\\1\end{pmatrix}e^{-3t} + c_2\left[\begin{pmatrix}3\\1\end{pmatrix}te^{-3t} + \begin{pmatrix}\frac{1}{2}\\0\end{pmatrix}e^{-3t}\right]$$

이다. ■

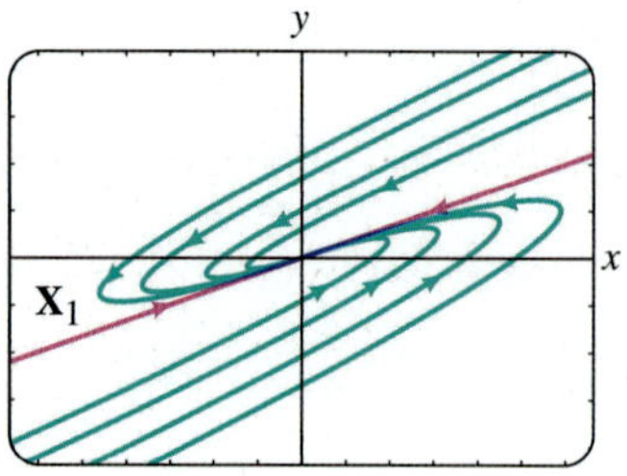

그림 8.2.3 연립방정식 (10)의 위상적 묘사

예제4에 있는 해에서 c_1과 c_2에 여러 가지 값을 지정하여 연립방정식 (10)의 직교절선들을 그릴 수 있다. (10)의 위상적 묘사가 그림 8.2.3에 주어져 있다. 해 $\mathbf{X}_1$과 $-\mathbf{X}_1$은 각각 그림에서 어둡게 표시된 두 개의 반직선 $y=\frac{1}{3}x,\ x>0$와 $y=\frac{1}{3}x,\ x<0$을 결정한다. 단 하나의 고윳값이 음수이고 모든 직교절선에서 $t\to\infty$일 때에 $e^{-3t}\to 0$이므로, $t\to\infty$일 때에 $(x(t), y(t))\to(0,0)$을 갖는다. 이것이 그림 8.2.3에서 화살촉들이 모든 직교절선 위의 입자가 시간이 증가하면서 원에 가까워지고 이러한 경우에 원점이 끌개가 되는 이유이다. 또한 이동하는 입자나 직교절선 $x=3c_1e^{-3t}+c_2\left(3te^{-3t}+\frac{1}{2}e^{-3t}\right)$, $y=c_1e^{-3t}+c_2te^{-3t}$, $c_2\neq 0$는 $t\to\infty$일 때에 반직선 중에 하나로 접선으로 $(0,0)$에 접근한다. 이에 반하여, 중복 고윳값이 양수일 때 이 상황은 반대가 되어 원점은 밀개가 된다. 연습문제8.2 문제 23을 참조하여라. 그림 8.2.2와 비슷하게 그림 8.2.3은 두 개의 음수인 중복 고윳값을 갖는 모든 2×2 동차 선형 연립방정식 $\mathbf{X}'=\mathbf{A}\mathbf{X}$의 전형을 보여준다. 연습문제8.2 문제34를 참조하여라.

중복도 3인 고윳값 계수행렬 A가 중복도 3인 고윳값 λ_1에 대응하는 오직 하나의 고유벡터를 가질 때 형식 (12)의 두 번째 해와

$$\mathbf{X}_3 = \mathbf{K}\frac{t^2}{2}e^{\lambda_1 t} + \mathbf{P}te^{\lambda_1 t} + \mathbf{Q}e^{\lambda_1 t} \tag{15}$$

형식의 세 번째 해를 구할 수 있고, 이때

$$\mathbf{K}=\begin{pmatrix}k_1\\k_2\\\vdots\\k_n\end{pmatrix},\quad \mathbf{P}=\begin{pmatrix}p_1\\p_2\\\vdots\\p_n\end{pmatrix},\quad \mathbf{Q}=\begin{pmatrix}q_1\\q_2\\\vdots\\q_n\end{pmatrix}$$

이다. (15)를 연립방정식 $X'=AX$에 대입하면 열벡터 $\mathbf{K}$, $\mathbf{P}$와 Q는

$$(\mathbf{A}-\lambda_1\mathbf{I})\mathbf{K}=\mathbf{0} \tag{16}$$

$$(\mathbf{A}-\lambda_1\mathbf{I})\mathbf{P}=\mathbf{K} \tag{17}$$

$$(\mathbf{A}-\lambda_1\mathbf{I})\mathbf{Q}=\mathbf{P} \tag{18}$$

를 만족한다. 물론 (16)과 (17)의 해는 해 $\mathbf{X}_1$과 $\mathbf{X}_2$를 공식화하는 데 이용될 수 있다.

예제 5 **중복 고윳값들**

$$\mathrm{X}' = \begin{pmatrix} 2 & 1 & 6 \\ 0 & 2 & 5 \\ 0 & 0 & 2 \end{pmatrix} \mathrm{X}$$

를 풀어라.

풀이 특성방정식 $(\lambda - 2)^3 = 0$은 $\lambda_1 = 2$가 중복도 3인 고윳값임을 나타낸다. $(\mathrm{A} - 2\mathrm{I})\mathrm{K} = 0$을 풀면 단 한 개의 고유벡터 $\mathrm{K} = \begin{pmatrix} 1 \\ 0 \\ 0 \end{pmatrix}$을 얻는다. 다음에 연립방정식 $(\mathrm{A} - 2\mathrm{I})\mathrm{P} = \mathrm{K}$와 $(\mathrm{A} - 2\mathrm{I})\mathrm{Q} = \mathrm{P}$를 계속해서 풀면 $\mathrm{P} = \begin{pmatrix} 0 \\ 1 \\ 0 \end{pmatrix}$이고 $\mathrm{Q} = \begin{pmatrix} 0 \\ -\frac{6}{5} \\ \frac{1}{5} \end{pmatrix}$이다. (12)와 (15)를 사용하면 이 연립방정식의 일반해는

$$\mathrm{X} = c_1 \begin{pmatrix} 1 \\ 0 \\ 0 \end{pmatrix} e^{2t} + c_2 \left[\begin{pmatrix} 1 \\ 0 \\ 0 \end{pmatrix} te^{2t} + \begin{pmatrix} 0 \\ 1 \\ 0 \end{pmatrix} e^{2t} \right] + c_3 \left[\begin{pmatrix} 1 \\ 0 \\ 0 \end{pmatrix} \frac{t^2}{2} e^{2t} + \begin{pmatrix} 0 \\ 1 \\ 0 \end{pmatrix} te^{2t} + \begin{pmatrix} 0 \\ -\frac{6}{5} \\ \frac{1}{5} \end{pmatrix} e^{2t} \right]$$

이다. ■

주의

고윳값 λ_1이 중복도 m을 갖는 경우에는 m개의 일차독립인 고유벡터들 또는 m보다 작은 수의 고유벡터들을 얻을 수 있다. 그러므로 461쪽에 있는 두 가지 경우는 중복 고윳값이 발생되는 경우에서는 가능성이 전혀 없는 것은 아니다. 5×5 행렬은 중복도 5인 고윳값을 갖고 3개의 대응하는 일차독립인 고유벡터들이 존재하는 경우가 일어날 수 있다. 연습문제8.2의 문제33과 54를 참조하여라.

8.2.3 복소 고윳값

$\lambda_1 = \alpha + \beta i$와 $\lambda_2 = \alpha - \beta i$, $\beta > 0$, $i^2 = -1$가 계수행렬 A의 복소 고윳값들이면 이들에 대응하는 고유벡터들도 복소 성분을 갖는다고 분명히 기대할 수 있다.

예를 들어, 연립방정식

$$\begin{aligned} \frac{dx}{dt} &= 6x - y \\ \frac{dy}{dt} &= 5x + 4y \end{aligned} \tag{19}$$

의 특성방정식은

$$\det(\mathbf{A}-\lambda\mathbf{I}) = \begin{vmatrix} 6-\lambda & -1 \\ 5 & 4-\lambda \end{vmatrix} = \lambda^2 - 10\lambda + 29 = 0$$

이다. 근의 공식으로부터 $\lambda_1 = 5+2i$, $\lambda_2 = 5-2i$를 얻는다.

이제 $\lambda_1 = 5+2i$에 대하여

$$\begin{aligned} (1-2i)k_1 - \qquad\quad k_2 &= 0 \\ 5k_1 - (1+2i)k_2 &= 0 \end{aligned}$$

을 푼다. $k_2 = (1-2i)k_1$이므로 $k_1 = 1$로 선택하면 다음의 고유벡터와 대응하는 해벡터를 얻는다. 즉,

$$\mathbf{K}_1 = \begin{pmatrix} 1 \\ 1-2i \end{pmatrix}, \quad \mathbf{X}_1 = \begin{pmatrix} 1 \\ 1-2i \end{pmatrix} e^{(5+2i)t}$$

같은 방법으로 $\lambda_2 = 5-2i$에 대하여

$$\mathbf{K}_2 = \begin{pmatrix} 1 \\ 1+2i \end{pmatrix}, \quad \mathbf{X}_2 = \begin{pmatrix} 1 \\ 1+2i \end{pmatrix} e^{(5-2i)t}$$

이다. 론스키안에 의하여 이 해벡터들이 일차독립임을 증명할 수 있고 따라서 (19)의 일반해는

$$\mathbf{X} = c_1\begin{pmatrix} 1 \\ 1-2i \end{pmatrix} e^{(5+2i)t} + c_2\begin{pmatrix} 1 \\ 1+2i \end{pmatrix} e^{(5-2i)t} \tag{20}$$

이다.

λ_2에 대응하는 $\mathbf{K}_2$의 성분은 λ_1에 대응하는 $\mathbf{K}_1$의 성분의 복소 공액임에 유의하여야 한다. 물론 λ_1의 복소 공액은 λ_2이다. 이것을 $\lambda_2 = \overline{\lambda_1}$과 $\mathbf{K}_2 = \overline{\mathbf{K}_1}$으로 표기한다. 우리는 다음과 같은 일반적인 결과를 제시한다.

정리 8.2.2 복소 고윳값에 대응하는 해들

A를 동차 연립방정식 (1)의 실수 성분들을 갖는 계수행렬이라 하고 $\mathbf{K}_1$을 복소 고윳값 $\lambda_1 = \alpha + i\beta$ (α와 β는 실수)에 대응하는 고유벡터라고 하자. 그러면

$$\mathbf{K}_1 e^{\lambda_1 t} \text{과 } \overline{\mathbf{K}_1}\, e^{\overline{\lambda_1} t}$$

은 (1)의 해들이다.

(20)과 같은 해를 실함수의 항으로 다시 나타내는 것은 바람직하고 상대적으로 쉽다. 이렇게 하려면 먼저 오일러 공식을 사용하여

$$e^{(5+2i)t} = e^{5t}e^{2ti} = e^{5t}(\cos 2t + i\sin 2t)$$
$$e^{(5-2i)t} = e^{5t}e^{-2ti} = e^{5t}(\cos 2t - i\sin 2t)$$

으로 나타낸다. 이때 복소수들을 곱한 후 항별로 모으고 $c_1 + c_2$를 C_1, $(c_1 - c_2)i$를 C_2로 대치하면 (20)은

$$\begin{aligned}
\mathbf{X} &= c_1 e^{5t}\begin{pmatrix}1\\1-2i\end{pmatrix}(\cos 2t + i\sin 2t) + c_2 e^{5t}\begin{pmatrix}1\\1+2i\end{pmatrix}(\cos 2t - i\sin 2t)\\
&= c_1 e^{5t}\begin{pmatrix}\cos 2t + i\sin 2t\\(1-2i)(\cos 2t + i\sin 2t)\end{pmatrix} + c_2 e^{5t}\begin{pmatrix}\cos 2t - i\sin 2t\\(1+2i)(\cos 2t - i\sin 2t)\end{pmatrix}\\
&= c_1 e^{5t}\begin{pmatrix}\cos 2t + i\sin 2t\\\cos 2t + 2\sin 2t + i(-2\cos 2t + \sin 2t)\end{pmatrix}\\
&\quad + c_2 e^{5t}\begin{pmatrix}\cos 2t - i\sin 2t\\\cos 2t + 2\sin 2t + i(2\cos 2t - \sin 2t)\end{pmatrix}\\
&= (c_{1_{c_2}})\begin{pmatrix}\cos 2t\\\cos 2t + 2\sin 2t\end{pmatrix}e^{5t} + (c_1 - c_2)i\begin{pmatrix}\sin 2t\\-2\cos 2t + \sin 2t\end{pmatrix}e^{5t}
\end{aligned}$$

$$\mathbf{X} = c_1\mathbf{X}_1 + c_2\mathbf{X}_2 \tag{21}$$

이 된다. 이때

$$\mathbf{X}_1 = \left[\begin{pmatrix}1\\1\end{pmatrix}\cos 2t - \begin{pmatrix}0\\-2\end{pmatrix}\sin 2t\right]e^{5t}$$

이고

$$\mathbf{X}_2 = \left[\begin{pmatrix}0\\-2\end{pmatrix}\cos 2t + \begin{pmatrix}1\\1\end{pmatrix}\sin 2t\right]e^{5t}$$

이다. 이제 (21)에서 벡터 $\mathbf{X}_1$과 $\mathbf{X}_2$는 초기 연립방정식의 일차독립인 실수해들의 집합임을 인식하는 것이 중요하다. 결과적으로 C_1, C_2와 c_1, c_2사이의 관계를 무시하는 근거가 되고 C_1과 C_2를 완전히 임의의 실수로 간주할 수 있다. 즉, 일차결합 (21)은 (19)의 또 다른 일반해이다. 또한 (21)에서 주어진 실수 형태로 (19)의 연립방정식의 위상적 묘사를 얻을 수 있다. (21)로부터 $x(t)$와 $y(t)$는

$$x = C_1 e^{5t}\cos 2t + C_2 e^{5t}\sin 2t$$
$$y = (C_1 - 2C_2)e^{5t}\cos 2t + (2C_1 + C_2)e^{5t}\sin 2t$$

이다. C_1과 C_2의 다양한 값들에 대한 직교절선 $(x(t),\ y(t))$를 그림으로써 그림 8.2.4에서 보여준 (19)의 위상적 묘사를 얻는다. λ_1의 실수부분이 $5 > 0$이므로 $t \to \infty$일 때에 $e^{5t} \to \infty$이다. 이것이 그림 8.2.4에서 화살촉들이 원점으로부터 멀어지는 이유이다. 즉, 모든 직교절선 위의 입자들이 $t \to \infty$일 때에 원점으로부터 멀리 나선형으로 상승하므로 원점은 밀개이다.

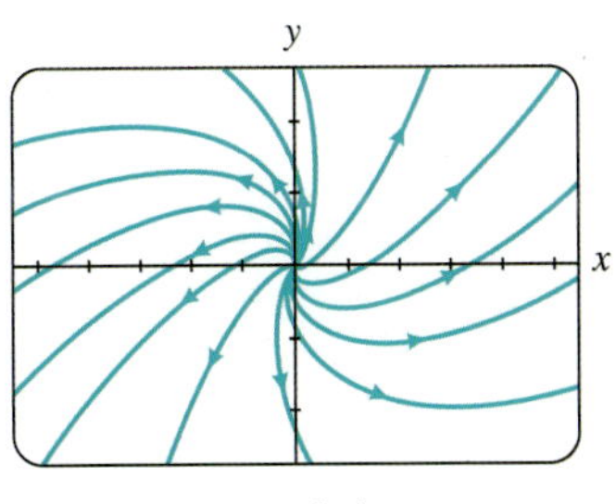

그림 8.2.4 연립방정식 (19)의 위상적 묘사

(21)에서 실수해를 얻은 과정을 일반화할 수 있다. $\mathbf{K}_1$을 복소 고윳값 $\lambda_1 = \alpha + i\beta$에 대응하는 계수행렬 A (실수 성분을 갖는)의 고유벡터라고 하면 정

리 8.2.2의 해 벡터들은

$$\mathrm{K}_1 e^{\lambda_1 t} = \mathrm{K}_1 e^{\alpha t} e^{i\beta t} = \mathrm{K}_1 e^{\alpha t}(\cos\beta t + i\sin\beta t)$$
$$\overline{\mathrm{K}_1}\, e^{\overline{\lambda_1} t} = \overline{\mathrm{K}_1}\, e^{\alpha t} e^{-i\beta t} = \overline{\mathrm{K}_1}\, e^{\alpha t}(\cos\beta t - i\sin\beta t)$$

로 나타낼 수 있다. 중첩원리인 정리 8.1.2에 의하여 다음의 벡터들

$$\mathrm{X}_1 = \frac{1}{2}(\mathrm{K}_1 e^{\lambda_1 t} + \overline{\mathrm{K}_1}\, e^{\overline{\lambda_1} t}) = \frac{1}{2}(\mathrm{K}_1 + \overline{\mathrm{K}_1})e^{\alpha t}\cos\beta t - \frac{i}{2}(-\mathrm{K}_1 + \overline{\mathrm{K}_1})e^{\alpha t}\sin\beta t$$

$$\mathrm{X}_2 = \frac{i}{2}(-\mathrm{K}_1 e^{\lambda_1 t} + \overline{\mathrm{K}_1}\, e^{\overline{\lambda_1} t}) = \frac{i}{2}(-\mathrm{K}_1 + \overline{\mathrm{K}_1})e^{\alpha t}\cos\beta t + \frac{1}{2}(\mathrm{K}_1 + \overline{\mathrm{K}_1})e^{\alpha t}\sin\beta t$$

가 또한 해가 된다.

임의의 복소수 $z = a + ib$에 대하여 $\frac{1}{2}(z + \bar{z}) = a$와 $\frac{i}{2}(-z + \bar{z}) = b$는 실수들이다. 그러므로 열벡터들 $\frac{1}{2}(\mathrm{K}_1 + \overline{\mathrm{K}_1})$와 $\frac{i}{2}(-\mathrm{K}_1 + \overline{\mathrm{K}_1})$의 성분은 실수이다.

$$\mathrm{B}_1 = \frac{1}{2}(\mathrm{K}_1 + \overline{\mathrm{K}_1}) \text{와 } B_2 = \frac{i}{2}(-\mathrm{K}_1 + \overline{\mathrm{K}_1}) \tag{22}$$

으로 정의함으로써 다음의 정리를 얻는다.

정리 8.2.3 복소 고윳값에 대응하는 실수해들

$\lambda_1 = \alpha + i\beta$를 동차 연립방정식 (1)의 계수행렬 A 의 복소 고윳값이라 하고 B_1과 B_2가 (22)에서 정의된 열벡터를 나타내면

$$\begin{aligned} \mathrm{X}_1 &= [\mathrm{B}_1\cos\beta t - \mathrm{B}_2\sin\beta t]e^{\alpha t} \\ \mathrm{X}_2 &= [\mathrm{B}_2\cos\beta t + \mathrm{B}_1\sin\beta t]e^{\alpha t} \end{aligned} \tag{23}$$

는 $(-\infty, \infty)$에서 (1)의 일차독립인 해들이다.

(22)에 있는 행렬 B_1과 B_2는 이들 벡터가 각각 고유벡터 K_1의 실수 부분과 허수 부분이므로 흔히

$$\mathrm{B}_1 = \mathrm{Re}(\mathrm{K}_1) \text{과 } \mathrm{B}_2 = \mathrm{Im}(\mathrm{K}_1) \tag{24}$$

으로 표시한다. 예를 들어, (21)은 (23)으로부터

$$\mathrm{K}_1 = \begin{pmatrix} 1 \\ 1-2i \end{pmatrix} = \begin{pmatrix} 1 \\ 1 \end{pmatrix} + i\begin{pmatrix} 0 \\ -2 \end{pmatrix}$$

$$\mathrm{B}_1 = \mathrm{Re}(\mathrm{K}_1) = \begin{pmatrix} 1 \\ 1 \end{pmatrix} \text{과 } \mathrm{B}_2 = \mathrm{Im}(\mathrm{K}_1) = \begin{pmatrix} 0 \\ -2 \end{pmatrix}$$

으로 나타낸다.

예제 6 복소 고윳값들

초깃값 문제

$$X' = \begin{pmatrix} 2 & 8 \\ -1 & -2 \end{pmatrix} X\ ;\quad X(0) = \begin{pmatrix} 2 \\ -1 \end{pmatrix} \tag{25}$$

을 풀어라.

풀이 먼저

$$\det(A - \lambda I) = \begin{vmatrix} 2-\lambda & 8 \\ -1 & -2-\lambda \end{vmatrix} = \lambda^2 + 4 = 0$$

으로부터 고윳값을 얻는다. 고윳값들은 $\lambda_1 = 2i$와 $\lambda_2 = \overline{\lambda_1} = -2i$이다. λ_1에 대하여 연립방정식

$$\begin{aligned} (2-2i)k_1 + \qquad 8k_2 &= 0 \\ -k_1 + (-2-2i)k_2 &= 0 \end{aligned}$$

으로부터 $k_1 = -(2+2i)k_2$이다. $k_2 = -1$로 선택하면

$$K_1 = \begin{pmatrix} 2+2i \\ -1 \end{pmatrix} = \begin{pmatrix} 2 \\ -1 \end{pmatrix} + i\begin{pmatrix} 2 \\ 0 \end{pmatrix}$$

이다. 이제 (24)로부터

$$B_1 = \mathrm{Re}(K_1) = \begin{pmatrix} 2 \\ -1 \end{pmatrix} \text{이고 } B_2 = \mathrm{Im}(K_1) = \begin{pmatrix} 2 \\ 0 \end{pmatrix}$$

이다. $\alpha = 0$이므로 (23)으로부터 이 연립방정식의 일반해

$$\begin{aligned} X &= c_1\left[\begin{pmatrix} 2 \\ -1 \end{pmatrix}\cos 2t - \begin{pmatrix} 2 \\ 0 \end{pmatrix}\sin 2t\right] + c_2\left[\begin{pmatrix} 2 \\ 0 \end{pmatrix}\cos 2t + \begin{pmatrix} 2 \\ -1 \end{pmatrix}\sin 2t\right] \\ &= c_1\begin{pmatrix} 2\cos 2t - 2\sin 2t \\ -\cos 2t \end{pmatrix} + c_2\begin{pmatrix} 2\cos 2t + 2\sin 2t \\ -\sin 2t \end{pmatrix} \end{aligned} \tag{26}$$

이다. 이 연립방정식의 해 (26)에 의하여 정의된 곡선과 직교절선의 몇 개의 그래프가 그림 8.2.5에서 위상적 묘사로서 제시되어 있다. 이제 초기 조건 $X(0) = \begin{pmatrix} 2 \\ -1 \end{pmatrix}$ 또는 이와 동치인 $x(0) = 2$와 $y(0) = -1$는 해가 $c_1 = 1,\ c_2 = 0$인 대수 연립방정식 $2c_1 + 2c_2 = 2,\ -c_1 = -1$을 제공한다. 따라서 이 문제에 대한 해는 $X = \begin{pmatrix} 2\cos 2t - 2\sin 2t \\ -\cos 2t \end{pmatrix}$이다. 특수해 $x = 2\cos 2t - 2\sin 2t,\ y = -\cos 2t$에 의하여 매개변수적으로 정의된 특별한 직교절선은 그림 8.2.5의 빨간색 곡선이다. 이 곡선이 $(2, -1)$을 지나는 것에 유의하여야 한다. ■

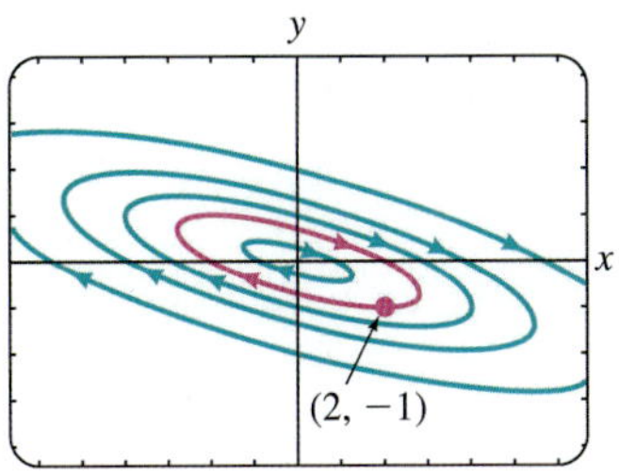

그림 8.2.5 예제6에 있는 (25)의 위상적 묘사

주의

이 절에서는 오로지 정규형인 $\mathbf{X}'=\mathbf{A}\mathbf{X}$ 인 동차 1계 선형 연립방정식을 조사하였다. 그러나 가끔은 물리적 동력계의 수학적 모델은 정규형이 $\mathbf{X}''=\mathbf{A}\mathbf{X}$ 인 동차 2계 연립방정식이다. 예를 들어, 7.6절의 (1)에 있는 짝지어진 스프링에 대한 모델인

$$\begin{aligned} m_1x_1'' &= -k_1x_1+k_2(x_2-x_1) \\ m_2x_2'' &= -k_2(x_2-x_1) \end{aligned} \tag{27}$$

은 $\mathbf{M}\mathbf{X}''=\mathbf{K}\mathbf{X}$ 로 쓸 수 있다. 여기서

$$\mathbf{M}=\begin{pmatrix} m_1 & 0 \\ 0 & m_2 \end{pmatrix},\quad \mathbf{K}=\begin{pmatrix} -k_1-k_2 & k_2 \\ k_2 & -k_2 \end{pmatrix},\quad \mathbf{X}=\begin{pmatrix} x_1(t) \\ x_2(t) \end{pmatrix}$$

이다. $\mathbf{M}$이 정칙행렬이므로 $\mathbf{X}''$ 에 대해서 $\mathbf{X}''=\mathbf{A}\mathbf{X}$ 로 풀 수 있다. 이때 $\mathbf{A}=\mathbf{M}^{-1}\mathbf{K}$ 이다. 따라서 (27)은

$$\mathbf{X}''=\begin{pmatrix} -\dfrac{k_1}{m_1}-\dfrac{k_2}{m_1} & \dfrac{k_2}{m_1} \\ \dfrac{k_2}{m_2} & -\dfrac{k_2}{m_2} \end{pmatrix}\mathbf{X} \tag{28}$$

와 동치이다. 이 절에서의 방법들은 치환을 사용하여 주어진 연립방정식을 1계 연립방정식으로 변환하여 (28)을 풀 수 있도록 한다. $x_1'=x_3$이고 $x_2'=x_4$라 하면 $x_3'=x_1''$ 이고 $x_4'=x_2''$ 이다. 따라서 (28)은 4개의 1계 선형 연립방정식

$$\begin{aligned} x_1' &= x_3 \\ x_2' &= x_4 \\ x_3' &= -\left(\frac{k_1}{m_1}+\frac{k_2}{m_1}\right)x_1+\frac{k_2}{m_1}x_2 \\ x_4' &= \frac{k_2}{m_2}x_1-\frac{k_2}{m_2}x_2 \end{aligned} \tag{29}$$

$$\text{즉, } \mathbf{X}'=\begin{pmatrix} 0 & 0 & 1 & 0 \\ 0 & 0 & 0 & 1 \\ -\dfrac{k_1}{m_1}-\dfrac{k_2}{m_1} & \dfrac{k_2}{m_1} & 0 & 0 \\ \dfrac{k_2}{m_2} & -\dfrac{k_2}{m_2} & 0 & 0 \end{pmatrix}\mathbf{X}$$

와 동치이다. (29)에 있는 계수행렬 A의 고윳값들과 고유벡터들을 구하면 이 1계 연립방정식의 해는 물리적 체계의 완전한 상태(시간 t에서 질량 (x_3와 x_4)의 속도뿐만 아니라 평형상태 (x_1과 x_2)에 대한 질량의 위치)를 제시한다. 연습문제8.2절의 문제52를 참조하여라.

연습문제 8.2

8.2.1 서로 다른 실수 고윳값들

(1–12) 주어진 연립방정식의 일반해를 구하여라.

1. $\frac{dx}{dt}=x+2y$
$\frac{dy}{dt}=4x+3y$

2. $\frac{dx}{dt}=2x+2y$
$\frac{dy}{dt}=x+3y$

3. $\frac{dx}{dt}=-4x+2y$
$\frac{dy}{dt}=-\frac{5}{2}x+2y$

4. $\frac{dx}{dt}=-\frac{5}{2}x+2y$
$\frac{dy}{dt}=\frac{3}{4}x-2y$

5. $X'=\begin{pmatrix}10 & -5\\ 8 & -12\end{pmatrix}X$

6. $X'=\begin{pmatrix}-6 & 2\\ -3 & 1\end{pmatrix}X$

7. $\frac{dx}{dt}=x+y-z$
$\frac{dy}{dt}=2y$
$\frac{dz}{dt}=y-z$

8. $\frac{dx}{dt}=2x-7y$
$\frac{dy}{dt}=5x+10y+4z$
$\frac{dz}{dt}=5y+2z$

9. $X'=\begin{pmatrix}-1 & 1 & 0\\ 1 & 2 & 1\\ 0 & 3 & -1\end{pmatrix}X$

10. $X'=\begin{pmatrix}1 & 0 & 1\\ 0 & 1 & 0\\ 1 & 0 & 1\end{pmatrix}X$

11. $X'=\begin{pmatrix}-1 & -1 & 0\\ \frac{3}{4} & -\frac{3}{2} & 3\\ \frac{1}{8} & \frac{1}{4} & -\frac{1}{2}\end{pmatrix}X$

12. $X'=\begin{pmatrix}-1 & 4 & 2\\ 4 & -1 & -2\\ 0 & 0 & 6\end{pmatrix}X$

(13–14) 주어진 초깃값 문제를 풀어라.

13. $X'=\begin{pmatrix}\frac{1}{2} & 0\\ 1 & -\frac{1}{2}\end{pmatrix}X,\ X(0)=\begin{pmatrix}3\\ 5\end{pmatrix}$

14. $X'=\begin{pmatrix}1 & 1 & 4\\ 0 & 2 & 0\\ 1 & 1 & 1\end{pmatrix}X,\ X(0)=\begin{pmatrix}1\\ 3\\ 0\end{pmatrix}$

15. 그림 8.2.6과 같이 두 개의 크고 연결된 혼합물 탱크A와 B에 각각 100L의 소금물이 들어 있다. 그림에 나타난 바와 같이 용액이 탱크들 사이에 들어오고 나간다. 탱크들 사이에 오고 가는 혼합물은 잘 섞이는 것으로 가정한다.

(a) 탱크A와 B에 있는 소금의 양 $x_1(t)$ 와 $x_2(t)$ 킬로그램 q에 대한 1계 선형 연립방정식으로 수학적 모델을 만들어라. 이 연립방정식을 행렬 형태로 나타내어라. [힌트: 3.3절을 참조]

(b) 이절에 있는 고윳값 방법을 사용하여 시간 t 에서 $x_1(0)=20,\ x_2(0)=5$ 일 때 (a)에 있는 선형 연립방정식을 풀어라.

(c) 그래프를 그리는 도구나 컴퓨터 대수 체계를 사용하여 같은 좌표평면에 $x_1(t)$ 와 $x_2(t)$ 의 그래프를 그려라.

(d) 탱크 A와 탱크 B에 들어있는 소금의 양이 같을 때 시스템이 멈춘다고 가정하자. 컴퓨터 대수 체계 또는 계산기의 근찾기 방법을 사용하여 시스템이 멈추는 시간의 근삿값을 구하여라.

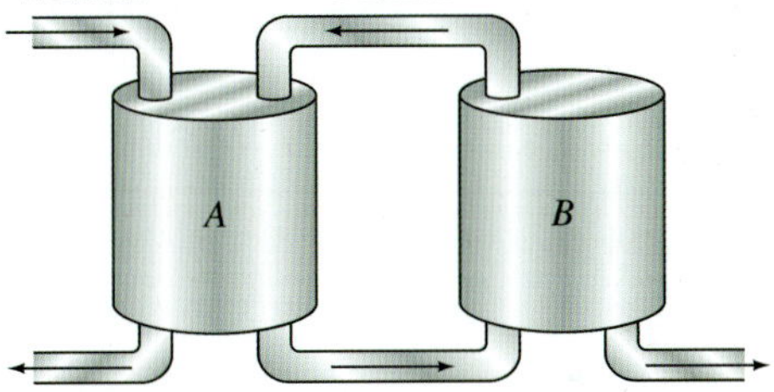

그림 8.2.6 문제15에 있는 혼합물 탱크

16. 4.9절의 연습문제27에서는 소거법을 사용하여 다음 선형 연립방정식

$$\frac{dx_1}{dt}=-\frac{1}{50}x_1$$
$$\frac{dx_2}{dt}=\frac{1}{50}x_1-\frac{2}{75}x_2$$
$$\frac{dx_3}{dt}=\frac{2}{75}x_2-\frac{1}{25}x_3$$

을 풀었다. 이 연립방정식은 150쪽의 그림 3.3.8에 있는 연결된 혼합물 탱크A, B, C에 있는 소금의 약 $x_1(t)$, $x_2(t)$ 와 $x_3(t)$ 킬로그램에 대한 수학적 모형이다.

(a) 이 절에 있는 고윳값 방법을 사용하여 $x_1(0)=15$, $x_2(0)=10,\ x_3(0)=5$ 에 관한 연립방정식을 풀어라.

(b) $\lim_{t\to\infty} x_1(t),\ \lim_{t\to\infty} x_2(t),\ \lim_{t\to\infty} x_3(t)$ 의 값은 얼마인가? 그 결과를 설명하여라.

컴퓨터 활용 문제

(17–18) 컴퓨터 대수 체계 또는 선형대수 소프트웨어를 이용하여 주어진 연립방정식의 일반해를 구하여라.

17. $\mathbf{X}'=\begin{pmatrix}0.9 & 2.1 & 3.2\\ 0.7 & 6.5 & 4.2\\ 1.1 & 1.7 & 3.4\end{pmatrix}\mathbf{X}$

18. $\mathbf{X}'=\begin{pmatrix}1 & 0 & 2 & -1.8 & 0\\ 0 & 5.1 & 0 & -1 & 3\\ 1 & 2 & -3 & 0 & 0\\ 0 & 1 & -3.1 & 4 & 0\\ -2.8 & 0 & 0 & 1.5 & 1\end{pmatrix}\mathbf{X}$

19. (a) 컴퓨터 소프트웨어를 이용하여 문제5의 연립방정식의 위상적 묘사를 얻어라. 가능하다면 그림 8.2.2에서와 같이 화살촉을 포함하고, 또한 위상적 묘사에서 4개의 반직선을 포함하여라.

(b) (a)에서 4개의 반직선 각각에 대한 카테시안 방정식들을 구하여라.

(c) 이 연립방정식의 위상적 묘사에서 고유벡터를 그려라.

20. 문제2와 4의 연립방정식에 대한 위상적 묘사를 구하여라. 각각의 연립방정식에 대하여 모든 반직선 직교절선을 구하고, 위상적 묘사에서 이 직선들을 포함하여라.

8.2.2 중복 고윳값들

(21–30) 주어진 연립방정식의 일반해를 구하여라.

21. $\dfrac{dx}{dt}=3x-y$
$\dfrac{dy}{dt}=9x-3y$

22. $\dfrac{dx}{dt}=-6x+5y$
$\dfrac{dy}{dt}=-5x+4y$

23. $\mathbf{X}'=\begin{pmatrix}-1 & 3\\ -3 & 5\end{pmatrix}\mathbf{X}$

24. $\mathbf{X}'=\begin{pmatrix}12 & -9\\ 4 & 0\end{pmatrix}\mathbf{X}$

25. $\dfrac{dx}{dt}=3x-y-z$
$\dfrac{dy}{dt}=x+y-z$
$\dfrac{dz}{dt}=x-y+z$

26. $\dfrac{dx}{dt}=3x+2y+4z$
$\dfrac{dy}{dt}=2x+2z$
$\dfrac{dz}{dt}=4x+2y+3z$

27. $\mathbf{X}'=\begin{pmatrix}5 & -4 & 0\\ 1 & 0 & 2\\ 0 & 2 & 5\end{pmatrix}\mathbf{X}$

28. $\mathbf{X}'=\begin{pmatrix}1 & 0 & 0\\ 0 & 3 & 1\\ 0 & -1 & 1\end{pmatrix}\mathbf{X}$

29. $\mathbf{X}'=\begin{pmatrix}1 & 0 & 0\\ 2 & 2 & -1\\ 0 & 1 & 0\end{pmatrix}\mathbf{X}$

30. $\mathbf{X}'=\begin{pmatrix}4 & 1 & 0\\ 0 & 4 & 1\\ 0 & 0 & 4\end{pmatrix}\mathbf{X}$

(31–32) 주어진 초깃값 문제를 풀어라.

31. $\mathbf{X}'=\begin{pmatrix}2 & 4\\ -1 & 6\end{pmatrix}\mathbf{X},\quad \mathbf{X}(0)=\begin{pmatrix}-1\\ 6\end{pmatrix}$

32. $\mathbf{X}'=\begin{pmatrix}0 & 0 & 1\\ 0 & 1 & 0\\ 1 & 0 & 0\end{pmatrix}\mathbf{X},\quad \mathbf{X}(0)=\begin{pmatrix}1\\ 2\\ 5\end{pmatrix}$

33. 5×5 행렬

$$\mathbf{A}=\begin{pmatrix}2 & 1 & 0 & 0 & 0\\ 0 & 2 & 0 & 0 & 0\\ 0 & 0 & 2 & 0 & 0\\ 0 & 0 & 0 & 2 & 1\\ 0 & 0 & 0 & 0 & 2\end{pmatrix}$$

은 중복도 5인 고윳값 λ_1을 가짐을 보이고, λ_1에 대응한 3개의 일차독립인 고유벡터들을 구할 수 있음을 보여라.

컴퓨터 활용 문제

34. 문제22와 23의 연립방정식에 대한 위상적 묘사를 구하여라. 각각의 연립방정식에 대하여 모든 반직선 직교절선을 구하고, 위상적 묘사에서 이 직선들을 포함하여라.

8.2.3 복소 고윳값들

(35–46) 주어진 연립방정식의 일반해를 구하여라.

35. $\dfrac{dx}{dt}=6x-y$
$\dfrac{dy}{dt}=5x+2y$

36. $\dfrac{dx}{dt}=x+y$
$\dfrac{dy}{dt}=-2x-y$

37. $\dfrac{dx}{dt}=5x+y$
$\dfrac{dy}{dt}=-2x+3y$

38. $\dfrac{dx}{dt}=4x+5y$
$\dfrac{dy}{dt}=-2x+6y$

39. $\mathbf{X}'=\begin{pmatrix}4 & -5\\ 5 & -4\end{pmatrix}\mathbf{X}$

40. $\mathbf{X}'=\begin{pmatrix}1 & -8\\ 1 & -3\end{pmatrix}\mathbf{X}$

41. $\dfrac{dx}{dt}=z$
$\dfrac{dy}{dt}=-z$
$\dfrac{dz}{dt}=y$

42. $\dfrac{dx}{dt}=2x+y+2z$
$\dfrac{dy}{dt}=3x+6z$
$\dfrac{dz}{dt}=-4x-3z$

43. $\mathbf{X}'=\begin{pmatrix}1&-1&2\\-1&1&0\\-1&0&1\end{pmatrix}\mathbf{X}$

44. $\mathbf{X}'=\begin{pmatrix}4&0&1\\0&6&0\\-4&0&4\end{pmatrix}\mathbf{X}$

45. $\mathbf{X}'=\begin{pmatrix}2&5&1\\-5&-6&4\\0&0&2\end{pmatrix}\mathbf{X}$

46. $\mathbf{X}'=\begin{pmatrix}2&4&4\\-1&-2&0\\-1&0&-2\end{pmatrix}\mathbf{X}$

(47–48) 주어진 초깃값 문제를 풀어라.

47. $\mathbf{X}'=\begin{pmatrix}1&-12&-14\\1&2&-3\\1&1&-2\end{pmatrix}\mathbf{X},\ \mathbf{X}(0)=\begin{pmatrix}4\\6\\-7\end{pmatrix}$

48. $\mathbf{X}'=\begin{pmatrix}6&-1\\5&4\end{pmatrix}\mathbf{X},\ \mathbf{X}(0)=\begin{pmatrix}-2\\8\end{pmatrix}$

49. 그림 8.2.7에 있는 혼합물 시스템은 닫힌 시스템이다. 탱크 A. B, C에는 초기에 그림에 나타나 있는 정도의 소금물이 담겨 있다.

(a) 탱크 A, B, C에 있는 소금의 양 $x_1(t)$, $x_2(t)$, $x_3(t)$ 킬로그램에 대한 1계 선형 연립방정식으로 수학적 모델을 만들어라. 이 연립방정식을 행렬의 형태로 나타내어라.

(b) 이 절에 있는 고윳값 방법을 사용하여 시간 t에서 $x_1(0)=30,\ x_2(0)=20,\ x_3(0)=5$일 때 (a)에 있는 선형 연립방정식을 풀어라.

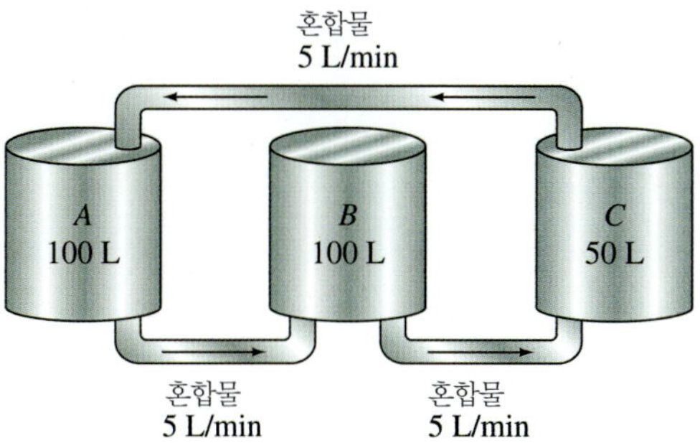

그림 8.2.7 문제49에 있는 혼합물 탱크

50. 문제49에 있는 선형 연립방정식에 대하여 다음을 구하여라.

(a) $x_1(t)+x_2(t)+x_3(t)=55$ 임을 보여라. 그리고 이 결과를 설명하여라.

(b) $\lim_{t\to\infty}x_1(t)$, $\lim_{t\to\infty}x_2(t)$, $\lim_{t\to\infty}x_3(t)$ 의 값은 얼마인가? 그 결과를 설명하여라.

컴퓨터 활용 문제

51. 문제38, 39와 40의 연립방정식에 대한 위상적 묘사를 구하여라.

52. (a) 472쪽 주의에 설명된 방법을 사용하여 7.6장의 예제1의 2차 연립방정식 (2)의 일반해를 구하여라. 즉, 치환을 사용하여 7.6장의 (2)를 4개의 선형 일차 연립방정식으로 표현하라. CAS 또는 선형 대수 소프트웨어를 사용하여 4×4 행렬의 고윳값과 고유벡터를 구하여라.

(b) 그런 다음 7.6장의 예제1에 주어진 초기 조건을 (a)에서 얻은 일반해에 적용한다. 이 특정해를 사용하여 7.6장의 해 (4)를 구한다.

토론 문제

53. 다음 선형 연립방정식을 풀어라.

(a) $\mathbf{X}'=\begin{pmatrix}1&1\\1&1\end{pmatrix}\mathbf{X}$ (b) $\mathbf{X}'=\begin{pmatrix}1&1\\-1&-1\end{pmatrix}\mathbf{X}$

각각의 연립방정식의 위상적 묘사를 구하여라. 각각의 묘사에서 직선 $y=-x$의 기하학적인 의미는 무엇인가?

54. 문제33에서 제시한 5×5 행렬을 생각하자. 행렬 방법에 대한 도움 없이 연립방정식 $\mathbf{X}'=\mathbf{AX}$를 풀고, 행렬 표현을 사용하여 일반해를 나타내어라. 이 연립방정식이 본 절의 행렬 방법을 사용하여 어떻게 해결될 수 있는지의 논의에 대한 근거로 일반해를 사용하여라. 여러분의 생각을 설명하여라.

55. 예제6의 선형 연립방정식의 해에 의하여 매개변수적으로 정의된 곡선의 카테시안 방정식을 구하여라. 그림 8.2.5에서 $(2,\ -1)$을 지나는 곡선을 확인하여라. (힌트: x^2, y^2과 xy를 계산하여라.)

56. 문제51의 위상적 묘사를 조사하여라. 복소 고윳값들을 갖는 2×2 동차의 선형 연립방정식의 위상적 묘사가 어떤 조건하에서 폐곡선 족으로 이루어지는가? 나선형 족으로 이루어지는가? 어떤 조건하에서 원점 $(0,\ 0)$이 밀개가 되는가? 끌개가 되는가?

8.3 비동차 선형 연립방정식

소개 8.1절에서 구간 I에서 **비동차 선형 연립방정식** $\mathrm{X}' = \mathrm{AX} + \mathrm{F}(t)$의 일반해는 $\mathrm{X} = \mathrm{X}_c + \mathrm{X}_p$임을 알았다. 여기서 $\mathrm{X}_c = c_1\mathrm{X}_1 + c_2\mathrm{X}_2 + \cdots + c_n\mathrm{X}_n$는 수반된 동차 선형 연립방정식 $\mathrm{X}' = \mathrm{AX}$의 **여함수** 또는 **일반해**이고 X_p는 비동차 연립방정식의 임의의 **특수해**이다. 8.2절에서 계수행렬 A가 $n \times n$ 상수행렬일 때 X_c를 구하는 방법을 살펴보았다. 이 절에서는 X_p를 얻기 위한 두 가지 방법을 생각해 보기로 한다.

비동차 선형 미분방정식의 **특수해**를 구하기 위해서 4장에서 사용한 **미정계수법**과 **매개변수 변화법**은 모두 비동차 선형 연립방정식 $\mathrm{X}' = \mathrm{AX} + \mathrm{F}(t)$의 해를 구하는 데 적용할 수 있다. 두 가지 방법 중 매개변수 변화법이 더욱 강력한 기법이다. 하지만 미정계수법이 특수해를 구하는 데 있어서는 빠른 방법을 제공하는 경우도 있다.

8.3.1 미정계수들

가정 4.4절에서와 같이 미정계수법은 특수해벡터 X_p의 형태에 대한 경험적 추측을 하는 것으로 구성되는데 추측은 열행렬 $\mathrm{F}(t)$의 성분을 구성하는 함수의 유형에 의하여 유발된다. 놀라운 일은 아니지만 미정계수의 행렬 형태는 A의 성분들이 상수이고 $\mathrm{F}(t)$의 성분들이 상수, 다항함수, 지수함수, 사인과 코사인, 또는 이 함수들의 유한 합과 곱일 때만 $\mathrm{X}' = \mathrm{AX} + \mathrm{F}(t)$에 적용할 수 있다.

예제 1 미정계수들

$(-\infty, \infty)$에서 연립방정식 $\mathrm{X}' = \begin{pmatrix} -1 & 2 \\ -1 & 1 \end{pmatrix}\mathrm{X} + \begin{pmatrix} -8 \\ 3 \end{pmatrix}$을 풀어라.

풀이 먼저 수반된 동차 연립방정식

$$\mathrm{X}' = \begin{pmatrix} -1 & 2 \\ -1 & 1 \end{pmatrix}\mathrm{X}$$

를 푼다. 계수행렬 A의 특성방정식

$$\det(\mathrm{A} - \lambda\mathrm{I}) = \begin{vmatrix} -1-\lambda & 2 \\ -1 & 1-\lambda \end{vmatrix} = \lambda^2 + 1 = 0$$

에서 복소 고윳값들을 $\lambda_1 = i$와 $\lambda_2 = \overline{\lambda_1} = -i$이다. 8.2절의 절차에 의하여

$$\mathbf{X}_c = c_1\begin{pmatrix}\cos t + \sin t\\ \cos t\end{pmatrix} + c_2\begin{pmatrix}\cos t - \sin t\\ -\sin t\end{pmatrix}$$

이다. 이제 $\mathbf{F}(t)$가 상수벡터이므로 상수인 특수해벡터를 $\mathbf{X}_p = \begin{pmatrix}a_1\\ b_1\end{pmatrix}$으로 가정한다. 이 가정을 주어진 연립방정식에 대입하고 성분을 일치하도록 하면

$$\begin{aligned}0 &= -a_1 + 2b_1 - 8\\ 0 &= -a_1 + b_1 + 3\end{aligned}$$

을 얻는다. 이 대수 연립방정식을 풀면 $a_1 = 14$이고 $b_1 = 11$이므로 특수해는 $\mathbf{X}_p = \begin{pmatrix}14\\ 11\end{pmatrix}$이다. $(-\infty, \infty)$에서 주어진 연립 미분방정식의 일반해는 $\mathbf{X} = \mathbf{X}_c + \mathbf{X}_p$이므로

$$\mathbf{X} = c_1\begin{pmatrix}\cos t + \sin t\\ \cos t\end{pmatrix} + c_2\begin{pmatrix}\cos t - \sin t\\ -\sin t\end{pmatrix} + \begin{pmatrix}14\\ 11\end{pmatrix}$$

이다. ■

예제 2 미정계수들

$(-\infty, \infty)$에서 연립방정식 $\mathbf{X}' = \begin{pmatrix}6 & 1\\ 4 & 3\end{pmatrix}\mathbf{X} + \begin{pmatrix}6t\\ -10t + 4\end{pmatrix}$를 풀어라.

풀이 ▶ 수반된 동차 연립방정식 $\mathbf{X}' = \begin{pmatrix}6 & 1\\ 4 & 3\end{pmatrix}\mathbf{X}$의 고윳값들과 대응하는 고유벡터들은

$\lambda_1 = 2, \lambda_2 = 7, \mathbf{K}_1 = \begin{pmatrix}1\\ -4\end{pmatrix}, \mathbf{K}_2 = \begin{pmatrix}1\\ 1\end{pmatrix}$이다. 그러므로 여함수는

$$\mathbf{X}_c = c_1\begin{pmatrix}1\\ -4\end{pmatrix}e^{2t} + c_2\begin{pmatrix}1\\ 1\end{pmatrix}e^{7t}$$

이다. 이제 $\mathbf{F}(t)$는 $\mathbf{F}(t) = \begin{pmatrix}6\\ -10\end{pmatrix}t + \begin{pmatrix}0\\ 4\end{pmatrix}$로 나타낼 수 있으므로 **같은** 형식을 갖는 연립방정식의 특수해를 구하기 위해서

$$\mathbf{X}_p = \begin{pmatrix}a_2\\ b_2\end{pmatrix}t + \begin{pmatrix}a_1\\ b_1\end{pmatrix}$$

으로 둔다. 이 가정을 주어진 연립방정식에 대입하면

$$\begin{pmatrix}a_2\\ b_2\end{pmatrix} = \begin{pmatrix}6 & 1\\ 4 & 3\end{pmatrix}\left[\begin{pmatrix}a_2\\ b_2\end{pmatrix}t + \begin{pmatrix}a_1\\ b_1\end{pmatrix}\right] + \begin{pmatrix}6\\ -10\end{pmatrix}t + \begin{pmatrix}0\\ 4\end{pmatrix}$$

이므로

$$\begin{pmatrix}0\\ 0\end{pmatrix} = \begin{pmatrix}(6a_2 + b_2 + 6)t + 6a_1 + b_1 - a_2\\ (4a_2 + 3b_2 - 10)t + 4a_1 + 3b_1 - b_2 + 4\end{pmatrix}$$

이다. 이 항등식으로부터 미지수가 4개인 4개의 대수방정식은

$$\begin{aligned}6a_2 + b_2 + 6 &= 0\\ 4a_2 + 3b_2 - 10 &= 0\end{aligned} \quad \text{와} \quad \begin{aligned}6a_1 + b_1 - a_2 &= 0\\ 4a_1 + 3b_1 - b_2 + 4 &= 0\end{aligned}$$

을이다. 처음 2개의 방정식을 연립하여 풀면 $a_2=-2$이고 $b_2=6$이다. 이때 이 값을 마지막 2개의 방정식에 대입하여 a_1과 b_1에 대하여 풀면 $a_1=-\frac{4}{7}$, $b_1=\frac{10}{7}$이다. 그러므로 특수해벡터는

$$\mathbf{X}_p=\begin{pmatrix}-2\\6\end{pmatrix}t+\begin{pmatrix}-\frac{4}{7}\\\frac{10}{7}\end{pmatrix}$$

이다. $(-\infty, \infty)$에서 이 연립방정식의 일반해는 $\mathbf{X}=\mathbf{X}_c+\mathbf{X}_p$이므로

$$\mathbf{X}=c_1\begin{pmatrix}1\\-4\end{pmatrix}e^{2t}+c_2\begin{pmatrix}1\\1\end{pmatrix}e^{7t}+\begin{pmatrix}-2\\6\end{pmatrix}t+\begin{pmatrix}-\frac{4}{7}\\\frac{10}{7}\end{pmatrix}$$

이다. ■

예제 3 $\mathbf{X}_p$의 형태

연립방정식

$$\frac{dx}{dt}=5x+3y-2e^{-t}+1$$
$$\frac{dy}{dt}=-x+y+e^{-t}-5t+7$$

에 대한 특수해벡터 $\mathbf{X}_p$의 형태를 결정하여라.

풀이 $\mathbf{F}(t)$가

$$\mathbf{F}(t)=\begin{pmatrix}-2\\1\end{pmatrix}e^{-t}+\begin{pmatrix}0\\-5\end{pmatrix}t+\begin{pmatrix}1\\7\end{pmatrix}$$

와 같은 행렬 형태로 나타낼 수 있으므로 특수해에 대한 자연스러운 가정은

$$\mathbf{X}_p=\begin{pmatrix}a_3\\b_3\end{pmatrix}e^{-t}+\begin{pmatrix}a_2\\b_2\end{pmatrix}t+\begin{pmatrix}a_1\\b_1\end{pmatrix}$$

이다. ■

주의

선형 연립방정식에 대한 미정계수법은 위의 3개의 예제가 나타내는 것처럼 간단하지 않다. 4.4절에서 특수해 y_p의 형태는 여함수 y_c의 사전 지식에 의하여 예견되었다. 이것은 $\mathbf{X}_p$의 형성에도 적용된다. 그러나 적용하는 데 많은 어려움이 있다. 4.4절에서 y_p의 형식을 정하는 특수한 규칙이 $\mathbf{X}_p$의 형성으로 이르게 하지는 않는다. 예를 들어, $\mathbf{F}(t)$가 예제1에서와 같은 상수벡터이고 $\lambda=0$이 중복도 1인 고윳값이면 $\mathbf{X}_c$는 상수벡터를 포함한다. 196쪽의

곱셈규칙에 의하여 평범하게 $\mathrm{X_p}=\begin{pmatrix}a_1\\b_1\end{pmatrix}t$ 형태의 특수해를 시도한다. 이것은 선형 연립방정식들에 대한 적절한 가정은 아니다. 특수해는 $\mathrm{X_p}=\begin{pmatrix}a_2\\b_2\end{pmatrix}t+\begin{pmatrix}a_1\\b_1\end{pmatrix}$가 되어야 한다. 이와 비슷하게 예제3에서, $\mathrm{F}(t)$에서 e^{-t}을 e^{2t} ($\lambda=2$는 고윳값)으로 대치하면 이때, 특수해벡터의 올바른 형태는

$$\mathrm{X_p}=\begin{pmatrix}a_4\\b_4\end{pmatrix}te^{2t}+\begin{pmatrix}a_3\\b_3\end{pmatrix}e^{2t}+\begin{pmatrix}a_2\\b_2\end{pmatrix}t+\begin{pmatrix}a_1\\b_1\end{pmatrix}$$

이다. 이러한 어려움에 파고들기보다는 매개변수 변화법을 사용한다.

8.3.2 매개변수 변화법

기초행렬 구간 I에서 $\mathrm{X_1}, \mathrm{X_2}, \cdots, \mathrm{X_n}$가 동차 연립방정식 $\mathrm{X}'=\mathrm{AX}$의 기본해집합이면 이 구간에서 연립방정식의 일반해는 일차결합 $\mathrm{X}=c_1\mathrm{X_1}+c_2\mathrm{X_2}+\cdots+c_n\mathrm{X_n}$이므로

$$\mathrm{X}=c_1\begin{pmatrix}x_{11}\\x_{21}\\\vdots\\x_{n1}\end{pmatrix}+c_2\begin{pmatrix}x_{12}\\x_{22}\\\vdots\\x_{n2}\end{pmatrix}+\cdots+c_n\begin{pmatrix}x_{1n}\\x_{2n}\\\vdots\\x_{nn}\end{pmatrix}=\begin{pmatrix}c_1x_{11}+c_2x_{12}+\cdots+c_nx_{1n}\\c_1x_{21}+c_2x_{22}+\cdots+c_nx_{2n}\\\vdots\\c_1x_{n1}+c_2x_{n2}+\cdots+c_nx_{nn}\end{pmatrix} \tag{1}$$

이다. (1)에서 마지막 행렬은 $n\times n$ 행렬과 $n\times 1$ 행렬의 곱으로 인식된다. 즉, 일반해 (1)은 곱

$$\mathrm{X}=\boldsymbol{\Phi}(t)\mathrm{C} \tag{2}$$

으로 나타낼 수 있다. 여기서 C는 임의의 상수들 $c_1, c_2, \cdots, c_n$의 $n\times 1$ 열벡터이고 행렬의 열이 동차 연립방정식 $\mathrm{X}'=\mathrm{AX}$의 해벡터의 성분들로 구성된 $n\times n$ 행렬

$$\boldsymbol{\Phi}(t)=\begin{pmatrix}x_{11}&x_{12}&\cdots&x_{1n}\\x_{21}&x_{22}&\cdots&x_{2n}\\\vdots&&&\vdots\\x_{n1}&x_{n2}&\cdots&x_{nn}\end{pmatrix}$$

을 이 구간에서 동차 연립방정식의 **기초행렬**(fundamental matrix)이라 한다.

앞으로 다루게 되는 내용에서는 기초행렬의 두 가지 성질이 사용된다.

- 기초행렬 $\boldsymbol{\Phi}(t)$는 정칙이다.
- $\boldsymbol{\Phi}(t)$가 동차 연립방정식 $\mathrm{X}'=\mathrm{AX}$의 기초행렬이면

$$\boldsymbol{\Phi}'(t)=\mathrm{A}\boldsymbol{\Phi}(t) \tag{3}$$

이다.

정리 8.1.3의 (9)를 다시 살펴보면 $\det(\boldsymbol{\Phi}(t))$가 론스키안 $W(\mathrm{X}_1, \mathrm{X}_2, \cdots, \mathrm{X}_n)$과 같음을 알 수 있다. 그러므로 구간 I에서 $\boldsymbol{\Phi}(t)$의 열벡터의 일차독립은 이 구간에 있는 모든 t에 대하여 $\det(\boldsymbol{\Phi}(t)) \neq 0$임을 보장한다. $\boldsymbol{\Phi}(t)$가 정칙이므로 곱의 역 $\boldsymbol{\Phi}^{-1}(t)$는 이 구간에 있는 모든 t에 대하여 존재한다. (3)에서 주어진 결과는 $\boldsymbol{\Phi}(t)$의 모든 열이 $\mathrm{X}' = \mathrm{AX}$ 의 해벡터라는 사실로부터 곧바로 얻어진다.

매개변수 변화법 4.6절에 있는 과정과 같이 (2)의 상수행렬 C 를 함수의 열행렬

$$\mathrm{U}(t) = \begin{pmatrix} u_1(t) \\ u_2(t) \\ \vdots \\ u_n(t) \end{pmatrix}$$

로 대치하면

$$\mathrm{X}_\mathrm{p} = \boldsymbol{\Phi}(t)\mathrm{U}(t) \tag{4}$$

가 비동차 연립방정식

$$\mathrm{X}' = \mathrm{AX} + \mathrm{F}(t) \tag{5}$$

의 특수해가 되는 것이 가능한지 알고자 한다. 곱의 법칙에 의하여 (4)의 마지막 표현의 도함수는

$$\mathrm{X}_\mathrm{p}' = \boldsymbol{\Phi}(t)\mathrm{U}'(t) + \boldsymbol{\Phi}'(t)\mathrm{U}(t) \tag{6}$$

이다. (6)에서 곱의 순서는 매우 중요하다. $\mathrm{U}(t)$는 열행렬이므로 곱 $\mathrm{U}'(t)\boldsymbol{\Phi}(t)$와 $\mathrm{U}(t)\boldsymbol{\Phi}'(t)$는 정의되지 않는다. (4)와 (6)을 (5)에 대입하면

$$\boldsymbol{\Phi}(t)\mathrm{U}'(t) + \boldsymbol{\Phi}'(t)\mathrm{U}(t) = \mathrm{A}\boldsymbol{\Phi}(t)\mathrm{U}(t) + \mathrm{F}(t) \tag{7}$$

이다. 이제 $\boldsymbol{\Phi}'(t)$를 대체하기 위하여 (3)을 사용하면 (7)은

$$\boldsymbol{\Phi}(t)\mathrm{U}'(t) + \mathrm{A}\boldsymbol{\Phi}(t)\mathrm{U}(t) = \mathrm{A}\boldsymbol{\Phi}(t)\mathrm{U}(t) + \mathrm{F}(t)$$

즉

$$\boldsymbol{\Phi}(t)\mathrm{U}'(t) = \mathrm{F}(t) \tag{8}$$

이 된다. 방정식 (8)의 양변에 $\boldsymbol{\Phi}^{-1}(t)$를 곱하면 $\mathrm{U}'(t) = \boldsymbol{\Phi}^{-1}(t)\mathrm{F}(t)$이므로 $\mathrm{U}(t) = \int \boldsymbol{\Phi}^{-1}(t)\mathrm{F}(t)dt$이다.

$\mathrm{X}_\mathrm{p} = \boldsymbol{\Phi}(t)\mathrm{U}(t)$이므로 (5)의 특수해는

$$\mathrm{X}_\mathrm{p} = \boldsymbol{\Phi}(t)\int \boldsymbol{\Phi}^{-1}(t)\mathrm{F}(t)dt \tag{9}$$

이다. (9)의 열행렬 $\boldsymbol{\Phi}^{-1}(t)\mathrm{F}(t)$의 부정적분을 계산하기 위해서는 각 성분을 적분한다. 따라서 연립방정식 (5)의 일반해는 $\mathrm{X} = \mathrm{X}_\mathrm{c} + \mathrm{X}_\mathrm{p}$이므로

$$\mathrm{X} = \boldsymbol{\Phi}(t)\mathrm{C} + \boldsymbol{\Phi}(t)\int \boldsymbol{\Phi}^{-1}(t)\mathrm{F}(t)dt \tag{10}$$

이다.

4.6절에 있는 매개변수 변화법의 논의에서 언급한 것과 같은 이유로 인하여

$$\int \boldsymbol{\Phi}^{-1}(t)\mathrm{F}(t)dt$$

의 계산에서 적분상수를 사용하는 것이 필요하지 않음에 유의한다.

예제 4 매개변수 변화법

$(-\infty, \infty)$에서 연립방정식

$$\mathrm{X}' = \begin{pmatrix} -3 & 1 \\ 2 & -4 \end{pmatrix}\mathrm{X} + \begin{pmatrix} 3t \\ e^{-t} \end{pmatrix} \tag{11}$$

을 풀어라.

풀이 먼저 수반된 동차 연립방정식

$$\mathrm{X}' = \begin{pmatrix} -3 & 1 \\ 2 & -4 \end{pmatrix}\mathrm{X} \tag{12}$$

을 푼다. 계수행렬의 특성방정식이

$$\det(\mathrm{A}-\lambda\mathrm{I}) = \begin{vmatrix} -3-\lambda & 1 \\ 2 & -4-\lambda \end{vmatrix} = (\lambda+2)(\lambda+5) = 0$$

이므로 고윳값들은 $\lambda_1 = -2$와 $\lambda_2 = -5$이다. 일반적 방법에 의하여 λ_1과 λ_2에 대응하는 고유벡터들은 각각 $\mathrm{K}_1 = \begin{pmatrix} 1 \\ 1 \end{pmatrix}$과 $\mathrm{K}_2 = \begin{pmatrix} 1 \\ -2 \end{pmatrix}$이다. 이때 동차연립방정식 (12)의 해벡터들은

$$\mathrm{X}_1 = \begin{pmatrix} 1 \\ 1 \end{pmatrix} e^{-2t} = \begin{pmatrix} e^{-2t} \\ e^{-2t} \end{pmatrix} \text{과 } \mathrm{X}_2 = \begin{pmatrix} 1 \\ -2 \end{pmatrix} e^{-5t} = \begin{pmatrix} e^{-5t} \\ -2e^{-5t} \end{pmatrix}$$

이다. X_1의 성분들은 $\boldsymbol{\Phi}(t)$의 첫 번째 열을 형성하고 X_2의 성분들은 $\boldsymbol{\Phi}(t)$의 두 번째 열을 형성하므로

$$\boldsymbol{\Phi}(t) = \begin{pmatrix} e^{-2t} & e^{-5t} \\ e^{-2t} & -2e^{-5t} \end{pmatrix} \text{이고 } \boldsymbol{\Phi}^{-1}(\mathrm{t}) = \begin{pmatrix} \frac{2}{3}\mathrm{e}^{2\mathrm{t}} & \frac{1}{3}\mathrm{e}^{2\mathrm{t}} \\ \frac{1}{3}\mathrm{e}^{5\mathrm{t}} & -\frac{1}{3}\mathrm{e}^{5\mathrm{t}} \end{pmatrix}$$

이다. (9)로부터 특수해

$$\mathrm{X}_\mathrm{p} = \boldsymbol{\Phi}(t)\int \boldsymbol{\Phi}^{-1}(t)\mathrm{F}(t)\,dt = \begin{pmatrix} e^{-2t} & e^{-5t} \\ e^{-2t} & -2e^{-5t} \end{pmatrix}\int \begin{pmatrix} \frac{2}{3}e^{2t} & \frac{1}{3}e^{2t} \\ \frac{1}{3}e^{5t} & -\frac{1}{3}e^{5t} \end{pmatrix}\begin{pmatrix} 3t \\ e^{-t} \end{pmatrix}dt$$

$$= \begin{pmatrix} e^{-2t} & e^{-5t} \\ e^{-2t} & -2e^{-5t} \end{pmatrix}\int \begin{pmatrix} 2te^{2t} + \frac{1}{3}e^{t} \\ te^{5t} - \frac{1}{3}e^{4t} \end{pmatrix}dt$$

$$=\begin{pmatrix} e^{-2t} & e^{-5t} \\ e^{-2t} & -2e^{-5t} \end{pmatrix}\begin{pmatrix} te^{2t}-\frac{1}{2}e^{2t}+\frac{1}{3}e^{t} \\ \frac{1}{5}te^{5t}-\frac{1}{25}e^{5t}-\frac{1}{12}e^{4t} \end{pmatrix}$$

$$=\begin{pmatrix} \frac{6}{5}t-\frac{27}{50}+\frac{1}{4}e^{-t} \\ \frac{3}{5}t-\frac{21}{50}+\frac{1}{2}e^{-t} \end{pmatrix}.$$

을 얻는다. 따라서 (10)으로부터 $(-\infty, \infty)$에서 (11)의 일반해는

$$\mathrm{X}=\begin{pmatrix} e^{-2t} & e^{-5t} \\ e^{-2t} & -2e^{-5t} \end{pmatrix}\begin{pmatrix} c_1 \\ c_2 \end{pmatrix}+\begin{pmatrix} \frac{6}{5}t-\frac{27}{50}+\frac{1}{4}e^{-t} \\ \frac{3}{5}t-\frac{21}{50}+\frac{1}{2}e^{-t} \end{pmatrix}$$

$$=c_1\begin{pmatrix} 1 \\ 1 \end{pmatrix}e^{-2t}+c_2\begin{pmatrix} 1 \\ -2 \end{pmatrix}e^{-5t}+\begin{pmatrix} \frac{6}{5} \\ \frac{3}{5} \end{pmatrix}t-\begin{pmatrix} \frac{27}{50} \\ \frac{21}{50} \end{pmatrix}+\begin{pmatrix} \frac{1}{4} \\ \frac{1}{2} \end{pmatrix}e^{-t}$$

이다. ■

초깃값 문제 어떤 구간에서 (5)의 일반해는 또 다른 형식

$$\mathrm{X}=\boldsymbol{\Phi}(t)\mathrm{C}+\boldsymbol{\Phi}(t)\int_{t_0}^{t}\boldsymbol{\Phi}^{-1}(s)\mathrm{F}(s)ds \tag{13}$$

으로 나타낼 수 있고, 이때 t와 t_0는 이 구간 내의 점들이다. 이 마지막 형태는 초기 조건 $\mathrm{X}(t_0)=\mathrm{X}_0$이 주어진 (5)를 푸는 데 유용한데 그 이유는 적분의 극한값이 특수해가 $t=t_0$에서 0이 되도록 선택되어지기 때문이다. $t=t_0$를 (13)에 대입하면 $\mathrm{X}_0=\boldsymbol{\Phi}(t_0)\mathrm{C}$ 이고 이것으로부터 $\mathrm{C}=\boldsymbol{\Phi}^{-1}(t_0)\mathrm{X}_0$를 얻는다. 이 마지막 결과를 (13)에 대입하면 초깃값 문제에 대한 해

$$\mathrm{X}=\boldsymbol{\Phi}(t)\boldsymbol{\Phi}^{-1}(t_0)\mathrm{X}_0+\boldsymbol{\Phi}(t)\int_{t_0}^{t}\boldsymbol{\Phi}^{-1}(s)\mathrm{F}(s)ds \tag{14}$$

를 얻는다.

연습문제 8.3

8.3.1 미정계수들

(1–8) 미정계수법을 사용하여 주어진 연립방정식을 풀어라.

1. $\dfrac{dx}{dt}=2x+3y-7$
   $\dfrac{dy}{dt}=-x-2y+5$

2. $\dfrac{dx}{dt}=5x+9y+2$
   $\dfrac{dy}{dt}=-x+11y+6$

3. $\mathrm{X}' = \begin{pmatrix} 1 & 3 \\ 3 & 1 \end{pmatrix}\mathrm{X} + \begin{pmatrix} -2t^2 \\ t+5 \end{pmatrix}$

4. $\mathrm{X}' = \begin{pmatrix} 1 & -4 \\ 4 & 1 \end{pmatrix}\mathrm{X} + \begin{pmatrix} 4t+9e^{6t} \\ -t+e^{6t} \end{pmatrix}$

5. $\mathrm{X}' = \begin{pmatrix} 4 & \frac{1}{3} \\ 9 & 6 \end{pmatrix}\mathrm{X} + \begin{pmatrix} -3 \\ 10 \end{pmatrix} e^t$

6. $\mathrm{X}' = \begin{pmatrix} -1 & 5 \\ -1 & 1 \end{pmatrix}\mathrm{X} + \begin{pmatrix} \sin t \\ -2\cos t \end{pmatrix}$

7. $\mathrm{X}' = \begin{pmatrix} 1 & 1 & 1 \\ 0 & 2 & 3 \\ 0 & 0 & 5 \end{pmatrix}\mathrm{X} + \begin{pmatrix} 1 \\ -1 \\ 2 \end{pmatrix} e^{4t}$

8. $\mathrm{X}' = \begin{pmatrix} 0 & 0 & 5 \\ 0 & 5 & 0 \\ 5 & 0 & 0 \end{pmatrix}\mathrm{X} + \begin{pmatrix} 5 \\ -10 \\ 40 \end{pmatrix}$

(9–10) 다음 초깃값 문제를 풀어라.

9. $\mathrm{X}' = \begin{pmatrix} -1 & -2 \\ 3 & 4 \end{pmatrix}\mathrm{X} + \begin{pmatrix} 3 \\ 3 \end{pmatrix}, \ \mathrm{X}(0) = \begin{pmatrix} -4 \\ 5 \end{pmatrix}$

10. $\mathrm{X}' = \begin{pmatrix} 1 & -1 \\ 1 & 3 \end{pmatrix}\mathrm{X} + \begin{pmatrix} t \\ t+1 \end{pmatrix}, \ \mathrm{X}(0) = \begin{pmatrix} 3 \\ 2 \end{pmatrix}$

11. 그림 8.3.1에 있는 큰 혼합 탱크를 생각해 보자. 초기에 탱크 A와 B에 각각 100L의 소금물이 들어있다고 가정하자. 그림에 나타난 바와 같이 용액이 탱크들 사이에 들어오고 나간다. 탱크들 사이에 오고가는 혼합물은 잘 섞인다.

(a) 시간이 t일 때 탱크 A와 B에 있는 소금의 양 $x_1(t)$와 $x_2(t)$ 킬로그램에 대한 1계 선형 연립방정식으로 수학적 모델을 만들어라. 이 연립방정식을 행렬의 형태로 나타내어라. [힌트: 3.3절을 참조]

(b) 미정계수법을 사용하여 시간 t에서 $x_1(0) = 60$, $x_2(0) = 10$일 때 (a)에 있는 선형 연립방정식을 풀어라.

(c) $\lim_{t\to\infty} x_1(t)$와 $\lim_{t\to\infty} x_2(t)$의 값은 얼마인가? 그 결과를 설명하여라.

(d) 그래프를 그리는 도구를 사용하여 같은 좌표평면에 $x_1(t)$와 $x_2(t)$의 그래프를 그려라.

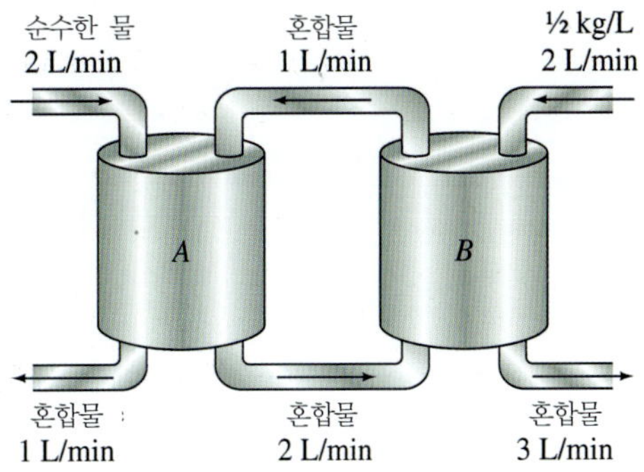

그림 8.3.1 문제11의 혼합 탱크

12. (a) 그림 8.3.2에 있는 전기회로에서 전류 $i_2(t)$와 $i_3(t)$에 대한 연립 미분방정식은

$$\frac{d}{dt}\begin{pmatrix} i_2 \\ i_3 \end{pmatrix} = \begin{pmatrix} -R_1/L_1 & -R_1/L_1 \\ -R_1/L_2 & -(R_1+R_2)/L_2 \end{pmatrix}\begin{pmatrix} i_2 \\ i_3 \end{pmatrix} + \begin{pmatrix} E/L_1 \\ E/L_2 \end{pmatrix}$$

이다. 미정계수법을 사용하여 $R_1 = 2\Omega$, $R_2 = 3\Omega$, $L_1 = 1\mathrm{H}$, $L_2 = 1\mathrm{H}$, $E = 60\mathrm{V}$, $i_2(0) = 0$와 $i_3(0) = 0$일 때, 연립방정식을 풀어라.

(b) 전류 $i_1(t)$를 구하여라.

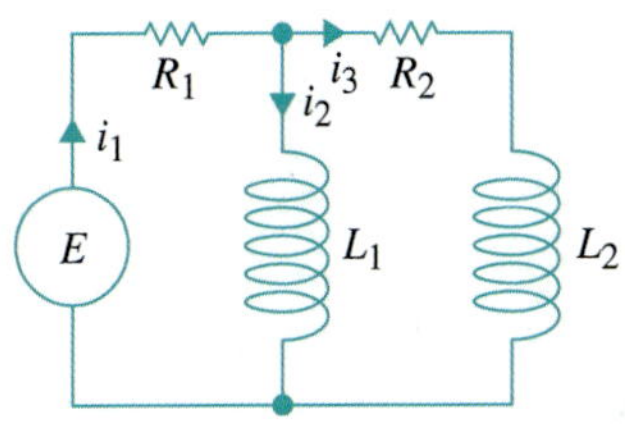

그림 8.3.2 문제12의 회로

8.3.2 매개변수 변화법

(13–32) 매개변수 변화법을 사용하여 주어진 연립방정식을 풀어라.

13. $\frac{dx}{dt} = 3x - 3y + 4$
$\frac{dy}{dt} = 2x - 2y - 1$

14. $\frac{dx}{dt} = 2x - y$
$\frac{dy}{dt} = 3x - 2y + 4t$

15. $\mathrm{X}' = \begin{pmatrix} 3 & -5 \\ \frac{3}{4} & -1 \end{pmatrix}\mathrm{X} + \begin{pmatrix} 1 \\ -1 \end{pmatrix} e^{\frac{t}{2}}$

16. $\mathrm{X}' = \begin{pmatrix} 2 & -1 \\ 4 & 2 \end{pmatrix}\mathrm{X} + \begin{pmatrix} \sin 2t \\ 2\cos 2t \end{pmatrix} e^{2t}$

17. $X' = \begin{pmatrix} 0 & 2 \\ -1 & 3 \end{pmatrix} X + \begin{pmatrix} 1 \\ -1 \end{pmatrix} e^t$

18. $X' = \begin{pmatrix} 0 & 2 \\ -1 & 3 \end{pmatrix} X + \begin{pmatrix} 2 \\ e^{-3t} \end{pmatrix}$

19. $X' = \begin{pmatrix} 1 & 8 \\ 1 & -1 \end{pmatrix} X + \begin{pmatrix} 12 \\ 12 \end{pmatrix} t$

20. $X' = \begin{pmatrix} 1 & 8 \\ 1 & -1 \end{pmatrix} X + \begin{pmatrix} e^{-t} \\ te^t \end{pmatrix}$

21. $X' = \begin{pmatrix} 3 & 2 \\ -2 & -1 \end{pmatrix} X + \begin{pmatrix} 2e^{-t} \\ e^{-t} \end{pmatrix}$

22. $X' = \begin{pmatrix} 3 & 2 \\ -2 & -1 \end{pmatrix} X + \begin{pmatrix} 1 \\ 1 \end{pmatrix}$

23. $X' = \begin{pmatrix} 0 & -1 \\ 1 & 0 \end{pmatrix} X + \begin{pmatrix} \sec t \\ 0 \end{pmatrix}$

24. $X' = \begin{pmatrix} 1 & -1 \\ 1 & 1 \end{pmatrix} X + \begin{pmatrix} 3 \\ 3 \end{pmatrix} e^t$

25. $X' = \begin{pmatrix} 1 & -1 \\ 1 & 1 \end{pmatrix} X + \begin{pmatrix} \cos t \\ \sin t \end{pmatrix} e^t$

26. $X' = \begin{pmatrix} 2 & -2 \\ 8 & -6 \end{pmatrix} X + \begin{pmatrix} 1 \\ 3 \end{pmatrix} \dfrac{e^{-2t}}{t}$

27. $X' = \begin{pmatrix} 0 & 1 \\ -1 & 0 \end{pmatrix} X + \begin{pmatrix} 0 \\ \sec t \tan t \end{pmatrix}$

28. $X' = \begin{pmatrix} 0 & 1 \\ -1 & 0 \end{pmatrix} X + \begin{pmatrix} 1 \\ \cot t \end{pmatrix}$

29. $X' = \begin{pmatrix} 1 & 2 \\ -\frac{1}{2} & 1 \end{pmatrix} X + \begin{pmatrix} \csc t \\ \sec t \end{pmatrix} e^t$

30. $X' = \begin{pmatrix} 1 & -2 \\ 1 & -1 \end{pmatrix} X + \begin{pmatrix} \tan t \\ 1 \end{pmatrix}$

31. $X' = \begin{pmatrix} 1 & 1 & 0 \\ 1 & 1 & 0 \\ 0 & 0 & 3 \end{pmatrix} X + \begin{pmatrix} e^t \\ e^{2t} \\ te^{3t} \end{pmatrix}$

32. $X' = \begin{pmatrix} 3 & -1 & -1 \\ 1 & 1 & -1 \\ 1 & -1 & 1 \end{pmatrix} X + \begin{pmatrix} 0 \\ t \\ 2e^t \end{pmatrix}$

(33–34) (14)를 이용하여 주어진 초깃값 문제를 풀어라.

33. $X' = \begin{pmatrix} 3 & -1 \\ -1 & 3 \end{pmatrix} X + \begin{pmatrix} 4e^{2t} \\ 4e^{4t} \end{pmatrix}$, $X(0) = \begin{pmatrix} 1 \\ 1 \end{pmatrix}$

34. $X' = \begin{pmatrix} 1 & -1 \\ 1 & -1 \end{pmatrix} X + \begin{pmatrix} \frac{1}{t} \\ \frac{1}{t} \end{pmatrix}$, $X(1) = \begin{pmatrix} 2 \\ -1 \end{pmatrix}$

35. 그림 8.3.3에 있는 전기회로에서 전류 $i_1(t)$와 $i_2(t)$에 대한 연립 미분방정식은

$$\frac{d}{dt}\begin{pmatrix} i_1 \\ i_2 \end{pmatrix} = \begin{pmatrix} -(R_1+R_2)/L_2 & R_2/L_2 \\ R_2/L_1 & -R_2/L_1 \end{pmatrix} \begin{pmatrix} i_1 \\ i_2 \end{pmatrix} + \begin{pmatrix} E/L_2 \\ 0 \end{pmatrix}$$

이다. 매개변수 변화법을 사용하여

$$R_1 = 8\Omega,\ R_2 = 3\Omega,\ L_1 = 1\text{H},\ L_2 = 1\text{H},$$
$$E(t) = 100\sin t\text{V},\ i_1(0) = 0$$

와 $i_2(0) = 0$일 때, 연립방정식을 풀어라.

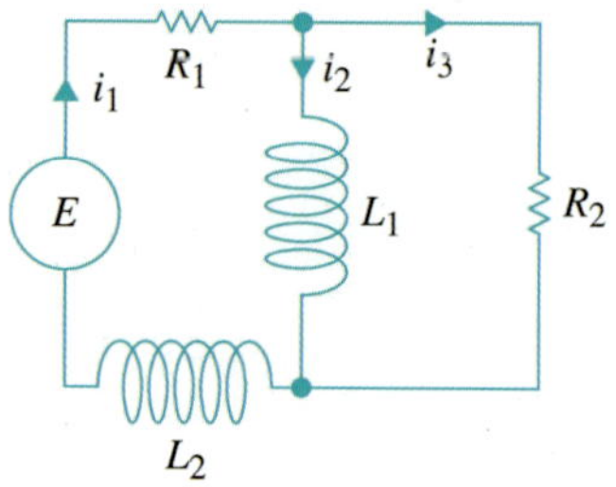

그림 8.3.3 문제35의 회로

토론 문제

36. y_1과 y_2가 $y'' + P(x)y' + Q(x)y = f(x)$에 대한 수반된 동차 미분방정식의 일차독립인 해이면, 비동차 2계 선형 미분방정식의 경우에서 (9)는 4.6절에서 논의한 매개변수 변화법의 형식이 됨을 보여라.

컴퓨터 활용 문제

37. A가 3×3행렬(또는 더 큰 행렬)일 때 매개변수 변화법으로 비동차 선형 연립방정식 $X' = AX + F(t)$를 직접 푸는 것은 거의 불가능한 일이다. 연립방정식

$$X' = \begin{pmatrix} 2 & -2 & 2 & 1 \\ -1 & 3 & 0 & 3 \\ 0 & 0 & 4 & -2 \\ 0 & 0 & 2 & -1 \end{pmatrix} X + \begin{pmatrix} te^t \\ e^{-t} \\ e^{2t} \\ 1 \end{pmatrix}$$

을 생각하자.

(a) 컴퓨터 대수 체계 또는 선형대수 소프트웨어를 사용하여 계수행렬의 고윳값과 고유벡터를 구하여라.

(b) 기초행렬 $\boldsymbol{\Phi}(t)$를 만들고, 컴퓨터를 사용하여 $\boldsymbol{\Phi}^{-1}(t)$를 구하여라.

(c) 컴퓨터를 사용하여 다음을 계산하라:

$\Phi^{-1}(t)\mathrm{F}(t), \quad \int \Phi^{-1}(t)\mathrm{F}(t)dt,$

$\Phi(t)\int \Phi^{-1}(t)\mathrm{F}(t)dt, \quad \Phi(t)\mathrm{C}$ 와

$\Phi(t)\mathrm{C}+\int \Phi^{-1}(t)\mathrm{F}(t)dt$

여기서 C는 상수 c_1, c_2, c_3와 c_4의 열행렬이다.

(d) 형식 $\mathrm{X}=\mathrm{X}_c+\mathrm{X}_p$의 연립방정식의 일반해에 대한 컴퓨터 출력을 다시 구하여라. 이때 $\mathrm{X}_c=c_1\mathrm{X}_1+c_2\mathrm{X}_2+c_3\mathrm{X}_3+c_4\mathrm{X}_4$이다.

8.4 행렬지수

소개 행렬은 연립 1계 선형 미분방정식을 푸는 데 완전히 다른 방법으로 이용될 수 있다. a가 상수일 때 간단한 1계 선형 미분방정식 $x'=ax$의 일반해는 $x=ce^{at}$임을 상기하자. 이때 A가 상수행렬일 때 $e^{\mathrm{A}t}$이 연립방정식 $\mathrm{X}'=\mathrm{AX}$의 해가 되도록 행렬의 지수함수 $e^{\mathrm{A}t}$을 정의할 수 있는가 하는 의문은 당연하다.

동차 연립방정식들 이제

$$\mathrm{X}=e^{\mathrm{A}t}\mathrm{C} \tag{1}$$

가 동차 연립방정식 $\mathrm{X}'=\mathrm{AX}$의 해가 되도록 행렬지수 $e^{\mathrm{A}t}$을 정의할 수 있다는 것을 보일 것이다. 여기서 A는 $n\times n$ 상수행렬이고 C는 임의적인 상수들의 $n\times 1$ 열행렬이다. (1)에서 $e^{\mathrm{A}t}$이 $n\times n$ 행렬이 되므로 C를 $e^{\mathrm{A}t}$ 뒤에 곱하였음에 유의한다. 행렬지수의 의미와 이론에 대한 완전한 전개가 행렬 대수의 지식을 요구하므로 $e^{\mathrm{A}t}$을 정의하는 한 가지 방법은 스칼라 지수함수 e^{at}의 멱급수 표현

$$\begin{aligned} e^{at} &= 1+at+\frac{(at)^2}{2!}+\cdots+\frac{(at)^k}{k!}+\cdots \\ &= 1+at+a^2\frac{t^2}{2!}+\cdots+a^k\frac{t^k}{k!}+\cdots=\sum_{k=0}^{\infty}a^k\frac{t^k}{k!} \end{aligned} \tag{2}$$

으로부터 영감을 얻는다. (2)에 있는 급수는 모든 t에 대하여 수렴한다. 1을 항등행렬 I로, 상수 a를 $n\times n$ 상수행렬 A로 대치하여 이 급수를 이용하면 $n\times n$ 행렬 $e^{\mathrm{A}t}$에 대한 정의에 도달하게 된다.

정의 8.4.1 행렬지수

임의의 $n \times n$ 행렬 $\mathbf{A}$에 대하여

$$e^{\mathbf{A}t} = \mathbf{I} + \mathbf{A}t + \mathbf{A}^2 \frac{t^2}{2!} + \cdots + \mathbf{A}^k \frac{t^k}{k!} + \cdots = \sum_{k=0}^{\infty} \mathbf{A}^k \frac{t^k}{k!} \qquad (3)$$

이다.

(3)에서 주어진 급수는 t의 모든 값에 대하여 $n \times n$ 행렬로 수렴함을 보일 수 있다. 또한, $\mathbf{A}^2 = \mathbf{A}\mathbf{A}$, $\mathbf{A}^3 = \mathbf{A}(\mathbf{A}^2)$ 등등이다.

예제 1 (3)을 이용한 행렬지수

행렬 $\mathbf{A} = \begin{pmatrix} 2 & 0 \\ 0 & 3 \end{pmatrix}$에 대하여 $e^{\mathbf{A}t}$을 구하여라.

풀이 여러 가지의 멱

$$\mathbf{A}^2 = \begin{pmatrix} 2^2 & 0 \\ 0 & 3^2 \end{pmatrix},\ \mathbf{A}^3 = \begin{pmatrix} 2^3 & 0 \\ 0 & 3^3 \end{pmatrix},\ \mathbf{A}^4 = \begin{pmatrix} 2^4 & 0 \\ 0 \quad 3^4,\ \ldots,\ \mathbf{A}^n = \begin{pmatrix} 2^n & 0 \\ 0 & 3^n \end{pmatrix}, \ldots \end{pmatrix}$$

과 (3)으로부터

$$\begin{aligned} e^{\mathbf{A}t} &= \mathbf{I} + \mathbf{A}t + \frac{\mathbf{A}^2}{2!}t^2 + \cdots \\ &= \begin{pmatrix} 1 & 0 \\ 0 & 1 \end{pmatrix} + \begin{pmatrix} 2 & 0 \\ 0 & 3 \end{pmatrix} t + \begin{pmatrix} 2^2 & 0 \\ 0 & 3^2 \end{pmatrix} \frac{t^2}{2!} + \cdots + \begin{pmatrix} 2^n & 0 \\ 0 & 3^n \end{pmatrix} \frac{t^n}{n!} + \cdots \\ &= \begin{pmatrix} 1 + 2t + 2^2 \dfrac{t^2}{2!} + \cdots & 0 \\ 0 & 1 + 3t + 3^2 \dfrac{t^2}{2!} + \cdots \end{pmatrix} \end{aligned}$$

을 얻는다. (2)와 $a = 2$, $a = 3$에 의하여 마지막 행렬의 첫 번째 행과 두 번째 행이 있는 멱급수는 각각 e^{2t}과 e^{3t}이므로

$$e^{\mathbf{A}t} = \begin{pmatrix} e^{2t} & 0 \\ 0 & e^{3t} \end{pmatrix}$$

이다. ■

예제1의 행렬은 2×2 대각행렬의 예이다. 일반적으로 $n \times n$ 행렬 $\mathbf{A}$는 주 대각을 제외한 모든 성분이 0이면, 즉,

$$\mathrm{A} = \begin{pmatrix} a_{11} & 0 & \cdots & 0 \\ 0 & a_{22} & \cdots & 0 \\ \vdots & \vdots & & \vdots \\ 0 & 0 & \cdots & a_{nn} \end{pmatrix}$$

이면 $n \times n$행렬 A는 대각행렬이다. 그러므로 A가 임의의 $n \times n$ 대각행렬이면, 예제1로부터

$$e^{\mathrm{A}t} = \begin{pmatrix} e^{a_{11}t} & 0 & \cdots & 0 \\ 0 & e^{a_{22}t} & \cdots & 0 \\ 0 & 0 & \cdots & e^{a_{nn}t} \end{pmatrix}$$

이다.

$e^{\mathrm{A}t}$의 도함수 행렬지수의 도함수는 스칼라 지수 $\frac{d}{dt}e^{at} = ae^{at}$의 미분성질과 유사하다.

$$\frac{d}{dt}e^{\mathrm{A}t} = \mathrm{A}e^{\mathrm{A}t} \tag{4}$$

임을 보이기 위해서는 (3)을 항별로 미분하면

$$\begin{aligned} \frac{d}{dt}e^{\mathrm{A}t} &= \frac{d}{dt}\left[\mathrm{I} + \mathrm{A}t + \mathrm{A}^2\frac{t^2}{2!} + \cdots + \mathrm{A}^k\frac{t^k}{k!} + \cdots\right] = \mathrm{A} + \mathrm{A}^2 t + \frac{1}{2!}\mathrm{A}^3 t^2 + \cdots \\ &= \mathrm{A}\left[\mathrm{I} + \mathrm{A}t + \mathrm{A}^2\frac{t^2}{2!} + \cdots\right] = \mathrm{A}e^{\mathrm{A}t} \end{aligned}$$

이다. (4)로부터 (1)이 상수들로 된 모든 $n \times 1$ 벡터 C에 대한 $\mathrm{X}' = \mathrm{AX}$의 해가 됨을 보일 수 있다.

$$\mathrm{X}' = \frac{d}{dt}e^{\mathrm{A}t}\mathrm{C} = \mathrm{A}e^{\mathrm{A}t}\mathrm{C} = \mathrm{A}(e^{\mathrm{A}t}\mathrm{C}) = \mathrm{AX}$$

$e^{\mathrm{A}t}$은 기초행렬이다 행렬지수 $e^{\mathrm{A}t}$을 $\boldsymbol{\Psi}(t)$로 나타내면 이때 (4)는 행렬 미분방정식 $\boldsymbol{\Psi}'(t) = \mathrm{A}\boldsymbol{\Psi}(t)$와 동치이다(8.3절의 (3) 참조). 또한 정의 8.4.1로부터 $\boldsymbol{\Psi}(0) = e^{\mathrm{A}0} = \mathrm{I}$이고 $\det \boldsymbol{\Psi}(0) \neq 0$이다. 이 두 가지 성질은 $\psi(t)$가 연립방정식 $\mathrm{X}' = \mathrm{AX}$의 기초행렬이라고 결론짓기에 충분하다고 판명된다.

비동차 연립방정식들 2.3절의 (4)에서 단일 1계 선형 미분방정식 $x' = ax + f(t)$ (단, a는 상수)의 일반해는

$$x = ce^{at} + e^{at}\int_{t_0}^{t} e^{-as} f(s)\,ds$$

으로 표현될 수 있음을 확인하였다. 비동차 연립 1계 선형 미분방정식에 대해서는

$X' = AX + F(t)$ (단, A는 $n \times n$ 상수행렬)의 일반해는

$$X = e^{At}C + e^{At}\int_{t_0}^{t} e^{-As}F(s)ds \tag{5}$$

임을 보일 수 있다. 행렬지수 e^{At}은 기초행렬이므로 항상 정칙이고 $e^{-As} = (e^{As})^{-1}$이다. 실제로 e^{-As}는 간단히 t를 $-s$로 대치하여 e^{At}으로부터 얻을 수 있다.

e^{At}의 계산 물론 (3)에서 주어진 e^{At}의 정의는 항상 e^{At}을 계산하는 데 이용될 수 있다. 그러나 (3)의 실질적인 유용성은 e^{At}의 성분들이 t의 멱급수라는 사실에 의하여 제한되어 있다. 간단하고 익숙한 것들을 다루고자 하는 자연스러운 바람을 가지면서 이 급수들이 닫힌 형식의 함수를 어떻게 정의하는지 인식하고자 한다. 다행히도 e^{At}을 계산하는 데 많은 다른 방법들이 있다. 즉, 다음의 내용은 라플라스 변환이 어떻게 이용될 수 있는가를 보인다.

라플라스 변환의 이용 (5)에서 $X = e^{At}$이 $X' = AX$의 해임을 확인하였다. 실제로 $e^{A0} = I$이므로 $X = e^{At}$이 초깃값 문제

$$X' = AX, \quad X(0) = I \tag{6}$$

의 해이다. $\mathbf{x}(s) = \mathcal{L}\{X(t)\} = \mathcal{L}\{e^{At}\}$이면 (6)의 라플라스 변환은

$$s\mathbf{x}(s) - X(0) = A\mathbf{x}(s) \quad 즉 \quad (sI - A)\mathbf{x}(s) = I$$

이다. 이 방정식에 $(sI - A)^{-1}$을 곱하면 $\mathbf{x}(s) = (sI - A)^{-1}I = (sI - A)^{-1}$이다. 다르게 표현하면, $\mathcal{L}\{e^{At}\} = (sI - A)^{-1}$ 이므로

$$e^{At} = \mathcal{L}^{-1}\{(sI - A)^{-1}\} \tag{7}$$

이다.

예제 2 (7)을 이용한 행렬지수

라플라스 변환을 이용하여 $A = \begin{pmatrix} 1 & -1 \\ 2 & -2 \end{pmatrix}$에 대한 e^{At}을 계산하여라.

풀이 먼저 행렬 $sI - A$를 계산하고 이것의 역을 구한다.

$$sI - A = \begin{pmatrix} s-1 & 1 \\ -2 & s+2 \end{pmatrix}$$

$$(sI - A)^{-1} = \begin{pmatrix} s-1 & 1 \\ -2 & s+2 \end{pmatrix}^{-1} = \begin{pmatrix} \dfrac{s+2}{s(s+1)} & \dfrac{-1}{s(s+1)} \\ \dfrac{2}{s(s+1)} & \dfrac{s-1}{s(s+1)} \end{pmatrix}$$

이 때, 마지막 행렬의 성분들을 부분 분수로 분해하면

$$(s\mathrm{I}-\mathrm{A})^{-1}=\begin{pmatrix}\dfrac{2}{s}-\dfrac{1}{s+1} & -\dfrac{1}{s}+\dfrac{1}{s+1}\\ \dfrac{2}{s}-\dfrac{2}{s+1} & -\dfrac{1}{s}+\dfrac{2}{s+1}\end{pmatrix} \tag{8}$$

이다. (7)로부터 (8)의 역 라플라스 변환은 원하는 결과를 제공한다.

$$e^{\mathrm{A}t}=\begin{pmatrix}2-e^{-t} & -1+e^{-t}\\ 2-2e^{-t} & -1+2e^{-t}\end{pmatrix}$$

컴퓨터의 이용 해를 보다 빨리 얻기 위해서 $e^{\mathrm{A}t}$은 컴퓨터 소프트웨어의 도움으로 계산될 수 있다. 연습문제8.4의 문제33과 34를 참조하여라.

연습문제 8.4

(1–2) (3)을 이용하여 $e^{\mathrm{A}t}$과 $e^{-\mathrm{A}t}$을 계산하여라.

1. $\mathrm{A}=\begin{pmatrix}1&0\\0&2\end{pmatrix}$

2. $\mathrm{A}=\begin{pmatrix}0&1\\1&0\end{pmatrix}$

(3–4) (3)을 이용하여 $e^{\mathrm{A}t}$을 계산하여라.

3. $\mathrm{A}=\begin{pmatrix}1&1&1\\1&1&1\\-2&-2&-2\end{pmatrix}$

4. $\mathrm{A}=\begin{pmatrix}0&0&0\\3&0&0\\5&1&0\end{pmatrix}$

(5–8) (1)을 이용하여 주어진 연립방정식의 일반해를 구하여라.

5. $\mathrm{X}'=\begin{pmatrix}1&0\\0&2\end{pmatrix}\mathrm{X}$

6. $\mathrm{X}'=\begin{pmatrix}0&1\\1&0\end{pmatrix}\mathrm{X}$

7. $\mathrm{X}'=\begin{pmatrix}1&1&1\\1&1&1\\-2&-2&-2\end{pmatrix}\mathrm{X}$

8. $\mathrm{X}'=\begin{pmatrix}0&0&0\\3&0&0\\5&1&0\end{pmatrix}\mathrm{X}$

(9–12) (5)를 이용하여 주어진 연립방정식의 일반해를 구하여라.

9. $\mathrm{X}'=\begin{pmatrix}1&0\\0&2\end{pmatrix}\mathrm{X}+\begin{pmatrix}3\\-1\end{pmatrix}$

10. $\mathrm{X}'=\begin{pmatrix}1&0\\0&2\end{pmatrix}\mathrm{X}+\begin{pmatrix}t\\e^{4t}\end{pmatrix}$

11. $\mathrm{X}'=\begin{pmatrix}0&1\\1&0\end{pmatrix}\mathrm{X}+\begin{pmatrix}1\\1\end{pmatrix}$

12. $\mathrm{X}'=\begin{pmatrix}0&1\\1&0\end{pmatrix}\mathrm{X}+\begin{pmatrix}\cosh t\\ \sinh t\end{pmatrix}$

13. 초기 조건이 $\mathrm{X}(0)=\begin{pmatrix}1\\-4\\6\end{pmatrix}$일 때, 문제7의 연립방정식을 풀어라.

14. 초기 조건이 $\mathrm{X}(0)=\begin{pmatrix}4\\3\end{pmatrix}$일 때, 문제9의 연립방정식을 풀어라.

(15–18) 예제2의 방법을 사용하여 계수행렬에 대한 $e^{\mathrm{A}t}$을 계산하여라. (1)을 이용하여 주어진 연립방정식의 일반해를 구하여라.

15. $\mathrm{X}'=\begin{pmatrix}4&3\\-4&-4\end{pmatrix}\mathrm{X}$

16. $\mathrm{X}'=\begin{pmatrix}4&-2\\1&1\end{pmatrix}\mathrm{X}$

17. $\mathrm{X}'=\begin{pmatrix}5&-9\\1&-1\end{pmatrix}\mathrm{X}$

18. $\mathrm{X}'=\begin{pmatrix}0&1\\-2&-2\end{pmatrix}\mathrm{X}$

$n\times n$ 행렬 A의 서로 다른 고윳값들 $\lambda_1,\ \lambda_2,\ \cdots,\ \lambda_n$에 대응한 고유벡터들 $\mathrm{K}_1,\ \mathrm{K}_2,\ \cdots,\ \mathrm{K}_n$가 열인 행렬을 P라 하자. 이때, $\mathrm{A}=\mathrm{PDP}^{-1}$임을 보일 수 있다. 이때 D는

$$\mathrm{D}=\begin{pmatrix}\lambda_1&0&\cdots&0\\0&\lambda_2&\cdots&0\\ \vdots&&&\vdots\\0&0&\cdots&\lambda_n\end{pmatrix} \tag{9}$$

로 정의한다.

(19–20) 주어진 행렬에 대하여 위의 결과를 증명하여라.

19. $\mathrm{A}=\begin{pmatrix}2&1\\-3&6\end{pmatrix}$

20. $\mathrm{A}=\begin{pmatrix}2&1\\1&2\end{pmatrix}$

21. $\mathrm{A}=\mathrm{PDP}^{-1}$라 하자. 이때 D는 (9)에서와 같이 정의한다.

(3)을 이용하여 $e^{\mathbf{A}t} = \mathbf{P}e^{\mathbf{D}t}\mathbf{P}^{-1}$임을 보여라.

22. $e^{\mathbf{D}t}$을 구하여라. 이때 $\mathbf{D}$는 (9)에서와 같이 정의한다.

(23–24) 문제19-22의 결과를 이용하여 주어진 연립방정식을 풀어라.

23. $\mathbf{X}' = \begin{pmatrix} 2 & 1 \\ -3 & 6 \end{pmatrix}\mathbf{X}$ **24.** $\mathbf{X}' = \begin{pmatrix} 2 & 1 \\ 1 & 2 \end{pmatrix}\mathbf{X}$

토론 문제

(25–30) 영행렬이 아닌 $n \times n$ 행렬 A가 지수가 m인 멱영행렬(nilpotent)이라는 것은 m이 $A^m = 0$을 만족하는 최소의 자연수라는 것이다. 다음의 행렬이 멱영행렬인지 판별하여라. 만약 멱영행렬이라면 지수를 구하여라.

25. $\begin{pmatrix} 1 & 0 \\ -1 & 0 \end{pmatrix}$ **26.** $\begin{pmatrix} 2 & 2 \\ -2 & -2 \end{pmatrix}$

27. $\begin{pmatrix} 0 & 0 & 0 \\ 1 & 0 & 0 \\ 2 & 3 & 0 \end{pmatrix}$ **28.** $\begin{pmatrix} 0 & 0 & 5 \\ 0 & 0 & 0 \\ 0 & 0 & 0 \end{pmatrix}$

29. $\begin{pmatrix} 0 & 0 & 0 & 0 \\ -1 & 0 & 0 & 1 \\ 0 & 1 & 0 & 1 \\ -1 & 0 & 0 & 0 \end{pmatrix}$ **30.** $\begin{pmatrix} 0 & 0 & 0 & 0 \\ 1 & 0 & 0 & 0 \\ 3 & 1 & 0 & 0 \\ 2 & 2. & 1 & 0 \end{pmatrix}$

31. (a) 모든 멱영행렬 A는 특이행렬인지 설명하여라.[힌트: 8.4절을 참고하라]

(b) 모든 멱영행렬 A의 고윳값은 0임을 보여라.

32. $\mathbf{A} = \begin{pmatrix} -1 & 1 & 1 \\ -1 & 0 & 1 \\ -1 & 1 & 1 \end{pmatrix}$가 멱영행렬임을 확인하라. $\mathbf{A}$가 멱영행렬일 때, $e^{\mathbf{A}t}$을 계산하는 것은 상대적으로 왜 쉬운지를 논하여라.

$e^{\mathbf{A}t}$을 계산하고 (1)을 이용하여 연립방정식 $\mathbf{X}' = \mathbf{AX}$를 풀어라.

컴퓨터 활용 문제

33. (a) (1)을 이용하여 $\mathbf{X}' = \begin{pmatrix} 4 & 2 \\ 3 & 3 \end{pmatrix}\mathbf{X}$의 일반해를 구하고, 컴퓨터 대수 체계를 사용하여 $e^{\mathbf{A}t}$을 구하여라. 이때, 컴퓨터를 사용하여 계수행렬 $\mathbf{A} = \begin{pmatrix} 4 & 2 \\ 3 & 3 \end{pmatrix}$의 고윳값과 고유벡터를 구하고, 8.2절에의 방법으로 일반해를 만들어라. 마지막으로, 이 연립방정식의 일반해의 두 가지 형식을 일치시켜라.

(b) (1)을 이용하여 $\mathbf{X}' = \begin{pmatrix} -3 & -1 \\ 2 & -1 \end{pmatrix}\mathbf{X}$의 일반해를 구하고, 컴퓨터 대수 체계를 사용하여 $e^{\mathbf{A}t}$을 구하여라. 컴퓨터 출력의 경우에는 단순화하기 위하여 소프트웨어를 활용하여라. 예를 들어, Mathematica에서 m=MatrixExp[A t]가 복소수 성분을 가지면 이때 명령어 Simplify [Complex Expand[m]]을 시도하여라.

34. (1)을 이용하여 다음의 일반해를 구하여라.

$$\mathbf{X}' = \begin{pmatrix} -4 & 0 & 6 & 0 \\ 0 & -5 & 0 & -4 \\ -1 & 0 & 1 & 0 \\ 0 & 3 & 0 & 2 \end{pmatrix}\mathbf{X}$$

MATLAB 또는 컴퓨터 프로그램을 사용하여 $e^{\mathbf{A}t}$을 구하여라.

8장 복습

(1–2) 공란을 채워라.

1. 벡터 $\mathbf{X} = k\begin{pmatrix} 4 \\ 5 \end{pmatrix}$는 $k=$_____에 대하여

$\mathbf{X}' = \begin{pmatrix} 1 & 4 \\ 2 & -1 \end{pmatrix}\mathbf{X} - \begin{pmatrix} 8 \\ 1 \end{pmatrix}$의 해이다.

2. 벡터 $\mathbf{X} = c_1\begin{pmatrix} -1 \\ 1 \end{pmatrix}e^{-9t} + c_2\begin{pmatrix} 5 \\ 3 \end{pmatrix}e^{7t}$은 $c_1 =$_____과 $c_2 =$_____에 대하여 초깃값 문제

$\mathbf{X}' = \begin{pmatrix} 1 & 10 \\ 6 & -3 \end{pmatrix}\mathbf{X}$, $\mathbf{X}(0) = \begin{pmatrix} 2 \\ 0 \end{pmatrix}$의 해이다.

3. 선형 연립방정식 $\mathbf{X}' = \begin{pmatrix} 4 & 6 & 6 \\ 1 & 3 & 2 \\ -1 & -4 & -3 \end{pmatrix}\mathbf{X}$를 생각하자. 이 연립방정식을 풀지 않고 벡터

$\mathbf{K}_1 = \begin{pmatrix} 0 \\ 1 \\ 1 \end{pmatrix}$, $\mathbf{K}_2 = \begin{pmatrix} 1 \\ 1 \\ -1 \end{pmatrix}$, $\mathbf{K}_3 = \begin{pmatrix} 3 \\ 1 \\ -1 \end{pmatrix}$, $\mathbf{K}_4 = \begin{pmatrix} 6 \\ 2 \\ -5 \end{pmatrix}$ 중에 어느 벡터가 계수행렬의 고유벡터인지를 결정하고, 이 고유벡터에

대응한 연립방정식의 해는 무엇인가?

4. 두 개의 미분방정식에 관한 선형 연립방정식 $X' = AX$를 생각하자. 여기서 A는 실수의 계수행렬이다. $\lambda_1 = 1+2i$가 고윳값이고 $K_1 = \begin{pmatrix} 1 \\ i \end{pmatrix}$가 대응된 고유벡터로 알려져 있다면 이 연립방정식의 일반해는 무엇인가?

(5–14) 주어진 선형 연립방정식을 풀어라.

5. $\dfrac{dx}{dt} = 2x + y$
$\dfrac{dy}{dt} = -x$

6. $\dfrac{dx}{dt} = -4x + 2y$
$\dfrac{dy}{dt} = 2x - 4y$

7. $X' = \begin{pmatrix} 1 & 2 \\ -2 & 1 \end{pmatrix} X$

8. $X' = \begin{pmatrix} -2 & 5 \\ -2 & 4 \end{pmatrix} X$

9. $X' = \begin{pmatrix} 1 & -1 & 1 \\ 0 & 1 & 3 \\ 4 & 3 & 1 \end{pmatrix} X$

10. $X' = \begin{pmatrix} 0 & 2 & 1 \\ 1 & 1 & -2 \\ 2 & 2 & -1 \end{pmatrix} X$

11. $X' = \begin{pmatrix} 2 & 8 \\ 0 & 4 \end{pmatrix} X + \begin{pmatrix} 2 \\ 16t \end{pmatrix}$

12. $X' = \begin{pmatrix} 1 & 2 \\ -\frac{1}{2} & 1 \end{pmatrix} X + \begin{pmatrix} 0 \\ e^t \tan t \end{pmatrix}$

13. $X' = \begin{pmatrix} -1 & 1 \\ -2 & 1 \end{pmatrix} X + \begin{pmatrix} 1 \\ \cot t \end{pmatrix}$

14. $X' = \begin{pmatrix} 3 & 1 \\ -1 & 1 \end{pmatrix} X + \begin{pmatrix} -2 \\ 1 \end{pmatrix} e^{2t}$

15. (a) 3개의 1계 미분방정식에 관한 선형 연립방정식 $X' = AX$를 생각해 보자. 여기서 계수행렬은

$$A = \begin{pmatrix} 5 & 3 & 3 \\ 3 & 5 & 3 \\ -5 & -5 & -3 \end{pmatrix}$$

이고, $\lambda = 2$는 중복도 2인 고윳값으로 알려져 있다. 특별한 공식(8.2절의 (12)와 같은 식)을 사용하지 않고 이 고윳값에 대응한 연립방정식의 서로 다른 2개의 해를 구하여라.

(b) (a)의 과정을 이용하여

$$X' = \begin{pmatrix} 1 & 1 & 1 \\ 1 & 1 & 1 \\ 1 & 1 & 1 \end{pmatrix} X$$

을 풀어라.

16. $X = \begin{pmatrix} c_1 \\ c_2 \end{pmatrix} e^t$이 임의의 상수 c_1과 c_2에 대하여 선형 연립방정식

$$X' = \begin{pmatrix} 1 & 0 \\ 0 & 1 \end{pmatrix} X$$

의 해임을 보이고, 직접 이 연립방정식의 위상적 묘사를 그려라.

09 상미분방정식의 수치적 해법

미분방정식의 해가 존재하는 것을 알고 있는 경우에도 해를 명시적이나 암시적으로 나타내는 것이 어려울 때가 있다. 많은 사례들에서 우리는 해의 근삿값에 만족해야 한다. 만일 해가 존재하면 그 해는 데카르트 평면에 있는 점들의 집합으로 표현한다. 이 장에서 우리는 미분방정식을 이용하여 실제 해곡선 위의 점들의 y축 좌표에 접근하는 알고리즘을 만들려고 하는 2.6절의 기본적인 생각을 계속해서 탐색하게 된다. 우리가 이 장에서 주로 다루는 것은 기본적으로 초깃값 문제지만 2계 선형 경곗값 문제의 근사해에 대한 방법으로 마무리된다.

9.1 오일러 방법과 오차 분석

소개 2장에서 우리는 1계 초깃값 문제 $y' = f(x, y)$, $y(x_0) = y_0$의 근사해들에 대한 가장 단순한 형태의 수치적 방법들 중 하나를 학습하였다. **오일러 방법**의 핵심은 공식

$$y_{n+1} = y_n + h\,f(x_n, y_n) \tag{1}$$

이고 이때 f는 미분방정식 $y' = f(x, y)$로부터 얻어지는 함수이다.
$n = 0, 1, 2, \cdots$에 대하여 (1)을 반복적으로 사용하여 $x_1, x_2, x_3, \cdots$ 즉 $x_n = x_0 + nh$에서 해곡선에 대한 연속적인 "접선들" 위에 있는 점들의 y축 좌표 $y_1, y_2, y_3, \cdots$들을 얻는다. 이때 h는 상수이고 x_n과 x_{n+1} 사이의 간격이다. $y_1, y_2, y_3, \cdots$값들은 $x_1, x_2, x_3, \cdots$에서 초깃값 문제의 해 $y(x)$의 값들에 접근한다. (1)은 단순하다는 장점을 갖고 있지만 접근성은 별로 좋지 않다.

비교 2.6절의 문제4에서 초깃값 문제 $y' = 2xy$, $y(1) = 1$의 해에 대한 $y(1.5)$의 근삿값을 얻기 위한 방법으로 오일러 방법을 사용하도록 하였다. 여러분은 해석적인 해 $y = e^{x^2-1}$과 표 9.1.1과 9.1.2에 주어져 있는 것들과 유사한 결과들을 얻어야 한다.

표 9.1.1 $h = 0.1$일 때 오일러 방법

x_n	y_n	참값	절대오차	%상대오차
1.00	1.0000	1.0000	0.0000	0.00
1.10	1.2000	1.2337	0.0337	2.73
1.20	1.4640	1.5527	0.0887	5.71
1.30	1.8154	1.9937	0.1784	8.95
1.40	2.2874	2.6117	0.3244	12.42
1.50	2.9278	3.4903	0.5625	16.12

표 9.1.2 $h = 0.05$일 때 오일러 방법

x_n	y_n	참값	절대오차	%상대오차
1.00	1.0000	1.0000	0.0000	0.00
1.05	1.1000	1.1079	0.0079	0.72
1.10	1.2155	1.2337	0.0182	1.47
1.15	1.3492	1.3806	0.0314	2.27
1.20	1.5044	1.5527	0.0483	3.11
1.25	1.6849	1.7551	0.0702	4.00
1.30	1.8955	1.9937	0.0982	4.93
1.35	2.1419	2.2762	0.1343	5.90
1.40	2.4311	2.6117	0.1806	6.92
1.45	2.7714	3.0117	0.2403	7.98
1.50	3.1733	3.4903	0.3171	9.08

이 경우 간격이 $h = 0.1$일 때 $y(1.5)$에 대한 근삿값의 계산에 있는 16%의 상대오차는 절대적으로 받아들일 수 없다. 간격을 $h = 0.05$로 하여 절반으로 줄였

을 때 두 배의 계산을 하면 정밀도에 있어서 개선된 결과를 얻게 된다.

수치적 방법에 있는 오차들 초깃값 문제들에 대한 해를 구하기 위하여 선택하고 사용한 수치적 방법에서 우리는 오류의 다양한 근원들에 대하여 주의하여야 한다. 몇몇 계산에서 누적된 오차가 계산을 필요로 하는 점에 대한 접근의 엄밀성을 무의미하게 만들기도 한다. 반면에 수치적 해를 반드시 사용해야 할 때 최고의 정밀성은 추가되는 비용과 복잡성으로 인하여 값어치가 없을 수 있다.

계산할 때 늘 나타나는 오차 중에 하나가 **마무리 오차**이다. 이 오차는 어떤 계산기나 컴퓨터도 단지 유한개의 숫자만을 사용하여 수들을 나타낼 수밖에 없다는 사실에서 발생한다. 예를 들어 10진법을 사용하고 유효숫자가 네 자리인 계산기를 사용한다고 가정하자. 그러면 $\frac{1}{3}$은 이 계산기에서 0.3333으로 표현되고 $\frac{1}{9}$은 0.1111로 표현된다. 이 계산기를 사용하여 $x = 0.3334$ 일 때 $\left(x^2 - \frac{1}{9}\right) \Big/ \left(x - \frac{1}{3}\right)$의 값을 계산하면

$$\frac{(0.3334)^2 - 0.1111}{0.3334 - 0.3333} = \frac{0.1112 - 0.1111}{0.3334 - 0.3333} = 1$$

이 된다. 하지만 식을 간단히 하면

$$\frac{x^2 - \frac{1}{9}}{x - \frac{1}{3}} = \frac{\left(x - \frac{1}{3}\right)\left(x + \frac{1}{3}\right)}{x - \frac{1}{3}} = x + \frac{1}{3}$$

이므로 $x = 0.3334$ 일 때 $\left(x^2 - \frac{1}{9}\right) \Big/ \left(x - \frac{1}{3}\right) \approx 0.3334 + 0.3333 = 0.6667$ 이다. 이 예는 마무리 오차의 효과가 조심하지 않으면 아주 위험할 수 있음을 보여준다. 마무리 오차의 효과를 줄이기 위한 한 가지 방법은 계산의 횟수를 최소화하는 것이다. 컴퓨터에서의 또 다른 기술은 결과를 확인하기 위하여 배정밀도 연산을 사용하는 것이다. 일반적으로 마무리 오차는 예측불가능하고 분석하기가 쉽지 않아서 오차 분석을 할 때 이를 무시하기로 한다. 우리는 해의 값에 접근하기 위한 공식이나 알고리즘을 사용하여 발생하는 오차를 조사하는 것에 집중할 것이다.

오일러 방법에 대한 절단오차 (1)로부터 얻어진 $y_1, y_2, y_3, \cdots$ 의 값들에서 일반적으로 y_1 의 값은 실제 x_1 에서의 해 즉, $y(x_1)$ 와는 다른데 그 이유는 알고리즘이 단지 해에 대한 직선에 의한 접근만을 제공하기 때문이다. 그림 2.6.2를 참조하여라. 이 오류를 **국소 절단오차**(local truncation error), **공식오차**(formula error) 또는 **이산오차**(discretization error)라고 한다. 이 오차는 각 단계에서 발생한다. 다시 말해서 y_n 이 정확하다고 가정하면 y_{n+1} 은 국소 절단오차를 포함하게 된다.

오일러 방법에 관한 국소 절단오차에 대한 공식을 유도하기 위하여 나머지 항을

갖고 있는 테일러 공식을 사용한다. a와 x를 포함하는 개구간에서 함수 $y(x)$의 $k+1$계 도함수가 연속이면,

$$y(x) = y(a) + y'(a)\frac{x-a}{1!} + \cdots + y^{(k)}(a)\frac{(x-a)^k}{k!} + y^{(k+1)}(c)\frac{(x-a)^{k+1}}{(k+1)!}$$

이고 이때 c는 a와 x 사이의 점이다. $k=1$, $a=x_n$이고 $x=x_{n+1}=x_n+h$라고 놓으면

$$y(x_{n+1}) = y(x_n) + y'(x_n)\frac{h}{1!} + y''(c)\frac{h^2}{2!}$$

이고 이를 정리하면

$$y(x_{n+1}) = \underbrace{y_n + hf(x_n, y_n)}_{y_{n+1}} + y''(c)\frac{h^2}{2!}$$

이다. 오일러 방법 (1)은 마지막 공식에서 마지막 항이 없는 것이다. 따라서 y_{n+1}에서 국소 절단오차는

$$y''(c)\frac{h^2}{2!}$$

이고 이때 $x_n < c < x_{n+1}$이다. c의 값은 이론적으로는 존재하지만 실제로는 알려져 있지 않다. 따라서 정확한 오차는 계산할 수 없지만 오차의 절댓값의 상계는 $Mh^2/2!$이며 이때 $M = \max_{x_n < x < x_{n+1}} |y''(x)|$이다.

수치적 방법을 사용하여 발생하는 오차를 논의할 때 기호 $O(h^n)$을 사용하는 것이 도움이 된다. 이 개념을 정의하기 위하여 $e(h)$를 수치적 계산에서 h에 의존하는 오차라고 정의한다. 만일 적당한 상수 C와 양의 정수 n이 존재하여 충분히 작은 h에 대하여 $|e(h)| \le Ch^n$이 성립하면 $e(h)$의 차수는 h^n이라고 하고 $O(h^n)$로 표현한다. 만일 수치적 방법에서 $e(h)$의 차수가 h^n이고 h가 반으로 줄어들면 새로운 오차는 대략적으로 $C(h/2)^n = Ch^n/2^n$이 되기 때문에 오차는 $1/2^n$만큼 줄어들게 된다.

예제 1 국소 절단오차의 범위

$y' = 2xy$, $y(1) = 1$에 오일러 방법을 사용하였을 때 발생하는 국소 절단오차의 범위를 구하여라.

풀이 해 $y = e^{x^2-1}$로부터 $y'' = (2+4x^2)e^{x^2-1}$이다. 따라서 국소 절단오차는

$$y''(c)\frac{h^2}{2} = (2+4c^2)e^{(c^2-1)}\frac{h^2}{2}$$

이고 이때 c는 x_n과 $x_n + h$ 사이의 값이다. 특히, $h = 0.1$에 대하여 c에 1.1을 대입하여 y_1에 대한 국소 절단오차의 상계를 얻을 수 있다.

$$[2 + (4)(1.1)^2]e^{((1.1)^2 - 1)}\frac{(0.1)^2}{2} = 0.0422$$

표 9.1.1로부터 첫 단계 이후의 오차는 0.0337인데 이것은 범위에 의하여 주어진 값보다 작음을 알 수 있다.

같은 방법으로 c의 값에 1.5를 대입하여 표 9.1.1에 있는 어떠한 다섯 단계에 대한 국소 절단오차의 상계도 얻을 수 있다. (이 c의 값은 임의의 단계들과 처음 몇 단계들에 대하여 $y''(c)$의 최댓값을 제시한다.) 이러한 작업을 하면 각 단계에서 국소 절단오차에 대한 상계로서

$$[2 + (4)(1.5)^2]e^{((1.5)^2 - 1)}\frac{(0.1)^2}{2} = 0.1920 \tag{2}$$

을 얻게 된다. ■

만일 예제1에서 h가 0.05가 되어 반으로 줄어든다면 오차의 범위는 0.0480이 되어 식 (2)에서 보여준 값의 1/4 정도가 된다. 오일러 방법에 대한 국소 절단오차가 $O(h^2)$이기 때문에 이러한 결과가 예측될 수 있다.

위의 분석에서 우리는 y_n의 값은 y_{n+1}의 계산을 할 때 정확한 것으로 가정하지만 실제로는 전 단계들로부터 국소 절단오차를 포함하고 있기 때문에 정확하지 않다. 이러한 오차를 **대역 절단오차**(global truncation error)라고 한다. 대역 절단오차에 대한 완벽한 분석은 이 책의 범주를 벗어나지만 오일러 방법에 대한 대역 절단오차가 $O(h)$임을 보일 수 있다.

우리는 오일러 방법에 대하여 단계의 크기가 반으로 줄어들면 오차가 대략적으로 반으로 줄어들 것이라는 것을 기대한다. 이것은 표 9.1.1과 9.1.2에서 입증되는데 여기서 $h = 0.1$일 때 $x = 1.50$에서의 절대오차는 0.5625이고 $h = 0.05$일 때 $x = 1.50$에서의 절대오차는 0.3171이므로 대략적으로 오차가 절반으로 줄었다.

일반적으로 미분방정식의 수치적 해에 대한 방법이 국소 절단오차 $O(h^{\alpha+1})$을 가지면 대역 절단오차는 $O(h^{\alpha})$라는 것을 보일 수 있다.

이 절의 나머지 부분과 다음의 절들에서 오일러 방법보다 좀 더 엄밀함을 제시하는 방법을 학습한다.

개선된 오일러 방법 다음의 공식으로 정의된 수치적 방법

$$y_{n+1} = y_n + h\frac{f(x_n, y_n) + f(x_{n+1}, y^*_{n+1})}{2} \tag{3}$$

단,

$$y^*_{n+1} = y_n + hf(x_n, y_n) \tag{4}$$

을 **개선된 오일러 방법**(improved Euler's method)이라고 한다. $n=0, 1, 2, \cdots$ 에 대하여 (3)으로부터 $y_1, y_2, y_3, \cdots$을 계산하기 위하여 각 단계에서 초기 근삿값 y^*_{n+1}을 계산하기 위하여 오일러 방법 (4)를 우선 사용하여야 한다. 예를 들어, $n=0$일 때 (4)는 $y^*_1 = y_0 + hf(x_0, y_0)$를 의미하고 이 값을 알게 되면서 우리는 (3)을 이용하여 $y_1 = y_0 + h\dfrac{f(x_0, y_0)+f(x_1, y^*_1)}{2}$를 얻게 되는데 여기서 $x_1 = x_0 + h$이다. 이 방정식들은 즉시 시각화할 수 있다. 그림 9.1.1에서 $m_0 = f(x_0, y_0)$와 $m_1 = f(x_1, y^*_1)$들은 각각 점 (x_0, y_0)와 (x_1, y^*_1)을 지나는 실직선으로 그려진 직선들의 기울기들이다. 이들 기울기들의 평균 $m_{ave} = \dfrac{f(x_0, y_0)+f(x_1, y^*_1)}{2}$을 선택하여 기울어진 점선으로 된 선들과 행한 기울기를 얻는다. 첫 단계로 점 (x_0, y_0)를 지나고 기울기가 $f(x_0, y_0)$인 직선을 따라서 오일러 방법에 의하여 얻어진 y축 좌표값이 y^*_1인 점으로 진행하는 대신에 점 (x_0, y_0)를 지나고 기울기가 m_{ave}인 빨간 점선을 따라서 진행하여 x_1에 도달한다. 그림을 관찰해 보면 y_1이 y^*_1의 개선점임을 알 수 있다.

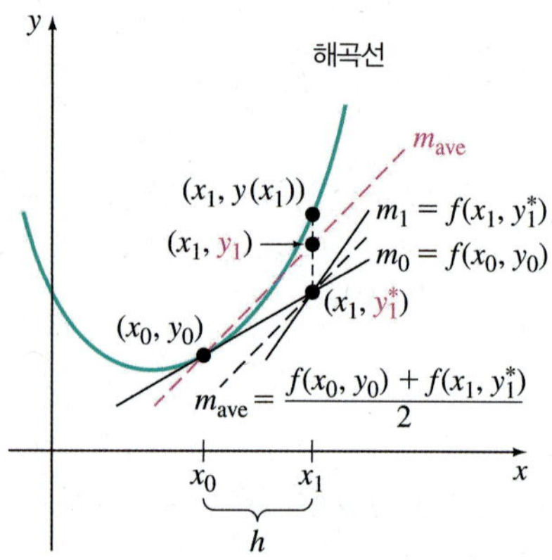

그림 9.1.1 붉은 점선의 그래프는 m_0와 m_1의 평균이다.

일반적으로 개선된 오일러 방법은 **예측자-수정자 방법**의 한 예이다. (4)에 의하여 주어진 y^*_{n+1}의 값은 $y(x_n)$의 값을 예측한다. 반면에 공식 (3)에 의하여 정의된 y_{n+1}의 값은 이 평가를 수정한다.

예제 2 개선된 오일러 방법

개선된 오일러 방법을 사용하여 초깃값 문제 $y' = 2xy$, $y(1)=1$의 해에 대하여 $y(1.5)$의 근삿값을 구하여라. $h=0.1$과 $h=0.05$에 대하여 결과를 비교하여라.

풀이 $x_0 = 1$, $y_0 = 1$, $f(x_n, y_n) = 2x_ny_n$, $n=0$과 $h=0.1$에 대하여 우선 (4)를 계산한다.

$$y^*_1 = y_0 + (0.1)(2x_0y_0) = 1 + (0.1)2(1)(1) = 1.2$$

$x_1 = 1 + h = 1 + 0.1 = 1.1$일 때 (3)에 이 마지막 값을 대입한다.

$$y_1 = y_0 + (0.1)\frac{2x_0y_0 + 2x_1y^*_1}{2} = 1 + (0.1)\frac{2(1)(1) + 2(1.1)(1.2)}{2} = 1.232$$

$h=0.1$과 $h=0.05$에 대한 계산 결과들은 각각 표 9.1.3과 9.1.4에 있다.

표 9.1.3 $h=0.1$일 때 개선된 오일러 방법

x_n	y_n	참값	절대오차	%상대오차
1.00	1.0000	1.0000	0.0000	0.00
1.10	1.2320	1.2337	0.0017	0.14
1.20	1.5479	1.5527	0.0048	0.31
1.30	1.9832	1.9937	0.0106	0.53
1.40	2.5908	2.6117	0.0209	0.80
1.50	3.4509	3.4904	0.0394	1.13

표 9.1.4 $h=0.05$일 때 개선된 오일러 방법

x_n	y_n	참값	절대오차	%상대오차
1.00	1.0000	1.0000	0.0000	0.00
1.05	1.1077	1.1079	0.0002	0.02
1.10	1.2332	1.2337	0.0004	0.04
1.15	1.3798	1.3806	0.0008	0.06
1.20	1.5514	1.5527	0.0013	0.08
1.25	1.7531	1.7551	0.0020	0.11
1.30	1.9909	1.9927	0.0029	0.14
1.35	2.2721	2.2762	0.0041	0.18
1.40	2.6060	2.6117	0.0057	0.22
1.45	3.0038	3.0117	0.0079	0.26
1.50	3.4795	3.4904	0.0108	0.31

■

여기서 간단한 주의를 하도록 한다. 우리는 우선 y_n^*의 모든 값들을 계산하여 이 값들을 공식 (3)에 대입할 수 없다. 다시 말해서 표 9.1.3의 값들을 구하기 위하여 표 9.1.1에 있는 값들을 사용할 수 없다. 왜 그럴까?

개선된 오일러 방법에 대한 절단오차들 개선된 오일러 방법에 대한 국소 절단오차는 $O(h^3)$이다. 이 결과를 유도하는 것은 오일러 방법에 대한 국소 절단오차를 유도하는 것과 유사하다. 개선된 오일러 방법에 대한 국소 절단오차는 $O(h^3)$이기 때문에 대역 절단오차는 $O(h^2)$이다. 이것은 예제2에 알 수 있다. 간격이 $h=0.1$에서 $h=0.05$로 절반으로 줄었을 때 $x=1.50$에서 절대오차는 0.0394에서 0.0108로 줄어드는데 대략적으로 $\left(\frac{1}{2}\right)^2=\frac{1}{4}$로 줄어든다.

연습문제 9.1

(1–10) 개선된 오일러 방법을 사용하여 주어진 값의 소수점 아래 4자리 근삿값을 구하여라. 우선 $h=0.1$을 사용하고 다음에 $h=0.05$를 사용하여라.

1. $y'=2x-3y+1,\ y(1)=5;\ \ y(1.5)$

2. $y'=4x-2y,\ y(0)=2;\ y(0.5)$

3. $y'=1+y^2,\ y(0)=0;\ y(0.5)$

4. $y'=x^2+y^2,\ y(0)=1;\ \ y(0.5)$

5. $y'=e^{-y},\ y(0)=0;\ \ y(0.5)$

6. $y'=x+y^2,\ y(0)=0;\ y(0.5)$

7. $y' = (x-y)^2,\ y(0) = 0.5;\ y(0.5)$

8. $y' = xy + \sqrt{y},\ y(0) = 1;\ y(0.5)$

9. $y' = xy^2 - \dfrac{y}{x},\ y(1) = 1;\ y(1.5)$

10. $y' = y - y^2,\ y(0) = 0.5;\ y(0.5)$

11. 초깃값 문제 $y' = (x + y - 1)^2,\ y(0) = 2$ 를 생각해 보자. $h = 0.1$과 $h = 0.05$ 에 대하여 개선된 오일러 방법을 사용하여 $x = 0.5$ 에서 해의 근삿값을 구하여라. 각 단계에서 해석적 해의 참값과 근삿값을 비교하여라.

12. 미분방정식으로부터 명백한 것은 아니지만 미분방정식의 해는 우리가 $y(x)$ 에 접근하기를 원하는 x 의 근처에서 "나쁘게 행동"할 수 있다. 수치적 과정들은 이 점 근처에서 아주 다른 결과를 제공할 수 있다. $y(x)$ 를 초깃값 문제 $y' = x^2 + y^3,\ y(1) = 1$ 의 해라 하자.

(a) 수치적 도구를 사용하여 구간 $[1, 1.4]$ 에서 해의 그래프를 그려라.

(b) 간격 $h = 0.1$ 을 이용하여 $y(1.4)$ 의 근사에 대하여 오일러 방법으로부터 얻은 결과와 개선된 오일러 방법으로 얻은 결과를 비교하여라.

13. 초깃값 문제 $y' = 2y,\ y(0) = 1$ 을 생각해 보자. 해석적 해는 $y = e^{2x}$ 이다.

(a) 1단계와 오일러 방법을 사용하여 $y(0.1)$ 의 근삿값을 구하여라.

(b) y_1 에서 국소 절단오차의 범위를 구하여라.

(c) y_1 에 있는 오차와 오차의 범위를 비교하여라.

(d) 2단계와 오일러 방법을 사용하여 $y(0.1)$ 의 근삿값을 구하여라.

(e) 오일러 방법에 대한 대역 절단오차가 (a)와 (d)의 오차를 비교함에 의하여 $O(h)$ 임을 증명하여라.

14. 개선된 오일러 방법을 사용하여 문제13을 다시 풀어라. 이때 대역 절단오차는 $O(h^2)$ 이다.

15. 초깃값 문제 $y' = x - 2y,\ y(0) = 1$ 을 이용하여 문제13을 다시 풀어라. 해석적 해는 $y = \dfrac{1}{2}x - \dfrac{1}{4} + \dfrac{5}{4}e^{-2x}$ 이다.

16. 개선된 오일러 방법을 사용하여 문제15를 다시 풀어라. 이때 대역 절단오차는 $O(h^2)$ 이다.

17. 초깃값 문제 $y' = 2x - 3y + 1,\ \ y(1) = 5$ 를 생각해 보자. 해석적 해는 $y(x) = \dfrac{1}{9} + \dfrac{2}{3}x + \dfrac{38}{9}e^{-3(x-1)}$ 이다.

(a) 오일러 방법을 사용한다면 n 번째 단계에 있는 국소 절단오차에 대하여 c 와 h 를 포함하는 공식을 구하여라.

(b) 만일 $h = 0.1$ 이 $y(1.5)$ 를 근사하기 위하여 사용된다고 할 때 각 단계에서 국소 절단오차에 대한 범위를 구하여라.

(c) 오일러 방법을 사용하여 $h = 0.1$ 과 $h = 0.05$ 일 때 $y(1.5)$ 의 근삿값을 구하여라. (연습문제2.6 문제1을 참조).

(d) (c)에 있는 오차들을 계산하고 오일러 방법의 대역 절단오차가 $O(h)$ 임을 증명하여라.

18. 대역 절단오차가 $O(h^2)$ 인 개선된 오일러 방법을 사용하여 문제17을 다시 풀어라. 문제1을 참조하여라. 오차의 차수를 줄인 효과를 알아보기 위하여 소수점 아래 네 자리 보다 더 작은 값을 유지해야 한다.

19. 초깃값 문제 $y' = e^{-y},\ y(0) = 0$ 에 대하여 문제17을 다시 풀어라. 해석적인 해는 $y(x) = \ln(x+1)$ 이다. $y(0.5)$ 의 근삿값을 구하여라. (연습문제2.6 문제5 참조).

20. 대역 절단오차가 $O(h^2)$ 인 개선된 오일러 방법을 사용하여 문제19를 다시 풀어 보아라. 문제5를 참조하여라. 오차의 차수를 줄인 효과를 알아보기 위하여 소수점 아래 네 자리 보다 더 작은 값을 유지해야 한다.

토론 문제

21. 498쪽에 있는 예제2 다음에 나오는 세 문장을 따라서 "왜 그럴까?"란 질문에 답하여라.

9.2 룽게-쿠타 방법

소개 1계 초깃값 문제 $y' = f(x, y)$, $y(x_0) = y_0$의 근사해를 구하기 위해 사용된 좀 더 알려지고 좀 더 정확한 수치적 방법 중에 하나는 아마도 독일인 응용수학자 **칼 데이비드 룽게(Carl David Runge**, 1856-1972)와 **마틴 빌헬름 쿠타(Martin Wilhelm Kutta**, 1867-1944)에 의해 1890년대 후반에 고안된 **4차 룽게-쿠타 방법**이다. 이름이 제시하는 것처럼 다양한 차수의 **룽게-쿠타 방법**이 있다.

룽게-쿠타 방법 기본적으로 모든 룽게-쿠타 방법들은 기울기함수 f를 구간 $x_n \le x \le x_{n+1}$위에서 기울기의 가중 평균값으로 대신한 9.1절의 기본 오일러 공식 (1)의 일반화이다. 즉

$$y_{n+1} = y_n + h\overbrace{(w_1k_1 + w_2k_2 + \cdots + w_mk_m)}^{\text{가중 평균값}} \tag{1}$$

이다. 여기서 가중값 w_i, $i = 1, 2, \cdots, m$은 일반적으로 $w_1 + w_2 + \cdots w_m = 1$을 만족하는 상수들이고 각각의 k_i, $i = 1, 2, \cdots, m$은 $x_n \le x \le x_{n+1}$에 대한 선택한 점 (x, y)에서 함수 f의 값을 구한 것이다. 이때 m을 이 방법의 **차수**라 한다. $m = 1$, $w_1 = 1, k_1 = f(x_n, y_n)$로 택하면 유명한 오일러 공식 $y_{n+1} = y_n + hf(x_n, y_n)$을 얻는다. 그래서 오일러의 방법을 **1차 룽게-쿠타 방법**이라 한다.

(1)에서 평균은 아무렇게나 만든 것이 아니고 (1)이 m차 테일러 다항식과 일치되도록 변수를 선택하였다. 우리가 앞 절에서 보았듯이, 만일 함수 $y(x)$가 a와 x를 포함하는 개구간에서 연속인 $k+1$계 도함수를 가지면

$$y(x) = y(a) + y'(a)\frac{x-a}{1!} + y''(a)\frac{(x-a)^2}{2!} + \cdots + y^{(k+1)}(c)\frac{(x-a)^{k+1}}{(k+1)!}$$

이라 쓸 수가 있다. 이때 c는 a와 x 사이의 어떤 수이다. 만일 a를 x_n으로 x를 $x_{n+1} = x_n + h$로 대체하면 위의 식은

$$y(x_{n+1}) = y(x_n + h) = y(x_n) + hy'(x_n) + \frac{h^2}{2!}y''(x_n) + \cdots + \frac{h^{k+1}}{(k+1)!}y^{(k+1)}(c)$$

가 된다. 이때 c는 x_n과 x_{n+1} 사이의 수이다. $k = 1$인 경우에서 $y(x)$가 $y' = f(x, y)$의 해가 되고 나머지 $\frac{1}{2}h^2y''(c)$가 0에 근접하면, 우리는 차수가 1인

테일러 다항식 $y(x_{n+1}) = y(x_n) + hy'(x_n)$이 오일러 방법의 근사식

$$y_{n+1} = y_n + hy'_n = y_n + hf(x_n, y_n)$$

과 일치함을 알 수 있다.

2차 룽게-쿠타 방법 (1)을 상세히 설명하기 위하여, 우리는 이제 2차 룽게–쿠타 과정을 알아보기로 한다.

$$k_1 = f(x_n, y_n),$$
$$k_2 = f(x_n + \alpha h, y_n + \beta h k_1)$$

인 식

$$y_{n+1} = y_n + h(w_1 k_1 + w_2 k_2) \tag{2}$$

가 2차 테일러 다항식과 일치하도록 상수 또는 변수 w_1, w_2, α, β를 구하는 방법으로 이루어져 있다. 우리의 목표를 위하여 상수가

$$w_1 + w_2 = 1, \ w_2\alpha = \frac{1}{2}, \ w_2\beta = \frac{1}{2} \tag{3}$$

을 만족하면 충분하다고 할 수 있다. 이것은 네 개의 미지수가 있는 세 개의 방정식의 대수적 연립방정식이고 무한히 많은 해들

$$w_1 = 1 - w_2, \ \alpha = \frac{1}{2w_2}, \ \beta = \frac{1}{2w_2} \tag{4}$$

을 가진다. 여기서 $w_2 \neq 0$이다. 예를 들면 $w_2 = \frac{1}{2}$이면 $w_1 = \frac{1}{2}$, $\alpha = 1$이고 $\beta = 1$이며 (2)는

$$y_{n+1} = y_n + \frac{h}{2}(k_1 + k_2)$$

가 된다. 이때 $k_1 = f(x_n, y_n)$이고 $k_2 = f(x_n + h, y_n + hk_1)$이다.

$x_n + h = x_{n+1}$이고 $y_n + hk_1 = y_n + hf(x_n, y_n)$이므로 앞의 결과는 9.1절의 (3)과 (4)로 요약한 개선된 오일러 방법으로 인식된다.

(4)에서 $w_2 \neq 0$이 임의로 선택할 수 있다는 사실로부터 가능한 2차 룽게–쿠타 방법은 많이 있다.

우리는 이 절에서의 주요한 논의의 요점에 도달하기 위하여 3차 방법에 대한 어떠한 논의도 하지 않기로 한다.

4차 룽게-쿠타 방법 4차 룽게–쿠타 과정은

$$k_1 = f(x_n, y_n)$$
$$k_2 = f(x_n + \alpha_1 h, y_n + \beta_1 h k_1)$$

$$k_3 = f(x_n + \alpha_2 h,\ y_n + \beta_2 h k_1 + \beta_3 h k_2)$$
$$k_4 = f(x_n + \alpha_3 h,\ y_n + \beta_4 h k_1 + \beta_5 h k_2 + \beta_6 h k_3)$$

인 식

$$y_{n+1} = y_n + h(w_1 k_1 + w_2 k_2 + w_3 k_3 + w_4 k_4) \tag{5}$$

가 4차 테일러 다항식과 일치하도록 변수를 찾는 것으로 이루어져 있다. 이는 13개의 미지수가 있는 11개 방정식의 연립방정식의 결과이다. 가장 많이 사용하는 변수의 값의 집합은 다음과 같다.

$$\begin{aligned} y_{n+1} &= y_n + \frac{h}{6}(k_1 + 2k_2 + 2k_3 + k_4), \\ k_1 &= f(x_n,\ y_n) \\ k_2 &= f\left(x_n + \frac{1}{2}h,\ y_n + \frac{1}{2}hk_1\right) \\ k_3 &= f\left(x_n + \frac{1}{2}h,\ y_n + \frac{1}{2}hk_2\right) \\ k_4 &= f(x_n + h,\ y_n + hk_3) \end{aligned} \tag{6}$$

다른 4차 공식은 쉽게 유도되는 반면, (6)에서 요약된 알고리즘은 4차 룽게-쿠타 방법 또는 고전적인 룽게-쿠타 방법으로 가끔 언급되는 값진 컴퓨터 도구로 널리 사용되고 인식된다. 이후로 우리가 간략하게 **RK4 방법**이라고 하면 우리는 (6)을 기억해야 한다.

(6)에 있는 식을 주의 깊게 주목하여야 한다. k_2는 k_1에, k_3은 k_2에, 그리고 k_4는 k_3에 좌우된다. 또한 k_2와 k_3은 $x_n \le x \le x_{n+1}$로 정의된 구간의 중점 $x_n + \frac{1}{2}h$에서의 기울기의 근삿값을 포함한다.

예제 1 RK4 방법

$h = 0.1$과 RK4 방법을 사용하여 $y' = 2xy,\ y(1) = 1$의 해에서 $y(1.5)$의 근삿값을 구하여라.

풀이 설명을 위하여 $n = 0$인 경우를 계산하자. (6)으로 부터

$$k_1 = f(x_0,\ y_0) = 2x_0 y_0 = 2$$

$$k_2 = f\left(x_0 + \frac{1}{2}(0.1),\ y_0 + \frac{1}{2}(0.1)2\right) = 2\left(x_0 + \frac{1}{2}(0.1)\right)\left(y_0 + \frac{1}{2}(0.2)\right) = 2.31$$

$$k_3 = f\left(x_0 + \frac{1}{2}(0.1),\ y_0 + \frac{1}{2}(0.1)2.31\right)$$
$$= 2\left(x_0 + \frac{1}{2}(0.1)\right)\left(y_0 + \frac{1}{2}(0.231)\right) = 2.34255$$

$$k_4 = f(x_0 + (0.1),\ y_0 + (0.1)2.34255)$$

$$= 2(x_0 + 0.1)(y_0 + 0.234255) = 2.715361$$

을 구하고 따라서

$$y_1 = y_0 + \frac{0.1}{6}(k_1 + 2k_2 + 2k_3 + k_4)$$
$$= 1 + \frac{0.1}{6}(2 + 2(2.31) + 2(2.34255) + 2.715361) = 1.23367435$$

이다.

나머지 계산은 각 성분이 소수점 네 자리에서 반올림한 표 9.2.1로 요약한다. ■

표 9.2.1 $h = 0.1$일 때 RK4 방법

x_0	y_0	참값	절대 오차	%상대 오차
1.00	1.0000	1.0000	0.0000	0.00
1.10	1.2337	1.2337	0.0000	0.00
1.20	1.5527	1.5527	0.0000	0.00
1.30	1.9937	1.9937	0.0000	0.00
1.40	2.6116	2.6117	0.0001	0.00
1.50	3.4902	3.4904	0.0001	0.00

표 9.2.1을 관찰하면 4차 룽게−쿠타 방법이 인기 있는 이유를 알 수 있다. 만일 소수점 넷째 자리까지의 정확도가 우리가 원하는 것이라면 더 작은 크기의 단계까지 할 필요가 없다. 표 9.2.2는 초깃값 문제 $y' = 2xy,\ y(1) = 1$에 오일러의 방법, 개선된 오일러의 방법과 4차 룽게-쿠타 방법을 적용한 결과를 비교한다.(표 9.1.1-9.1.4를 참고.)

표 9.2.2 $y' = 2xy,\ y(1) = 1$

$h = 0.1$일 때 수치적 방법의 비교					$h = 0.05$일 때 수치적 방법의 비교				
x_0	오일러	개선된 오일러	RK4	참값	x_0	오일러	개선된 오일러	RK4	참값
1.00	1.0000	1.0000	1.0000	1.0000	1.00	1.0000	1.000	1.0000	1.0000
1.10	1.2000	1.2320	1.2337	1.2337	1.05	1.1000	1.1077	1.1079	1.1079
1.20	1.4640	1.5479	1.5527	1.5527	1.10	1.2155	1.2332	1.2337	1.2337
1.30	1.8154	1.9832	1.9937	1.9937	1.15	1.3492	1.3798	1.3806	1.3806
1.40	2.2874	2.5908	2.6116	2.6117	1.20	1.5044	1.5514	1.5527	1.5527
1.50	2.9278	3.4509	3.4902	3.4904	1.25	1.6849	1.7531	1.7551	1.7551
					1.30	1.8955	1.9909	1.9937	1.9937
					1.35	2.1419	2.2721	2.2762	2.2762
					1.40	2.4311	2.6060	2.6117	2.6117
					1.45	2.7714	3.0038	3.0117	3.0117
					1.50	3.1733	3.4795	3.4903	3.4904

RK4 방법의 절단오차 9.1절에서 오일러의 방법과 개선된 오일러의 방법에 대한 전체적인 절단오차가 각각 $O(h)$와 $O(h^2)$임을 보였다. (6)에 있는 첫 번째 방정식은 4차 테일러 방정식과 일치하므로 이 방법에 대한 국소 절단오차는 $y^{(5)}(c)h^5/5!$ 즉 $O(h^5)$이고 따라서 대역 절단오차는 $O(h^4)$이다. 오일러의 방법, 개선된 오일러의 방법과 (6)이 각각 1차, 2차, 4차 룽게-쿠타 방법이 되는 이유가 명확하다.

예제 2 국소 절단오차의 한계

$y' = 2xy,\ y(1) = 1$에 RK4 방법을 적용한 국소 절단오차의 한계를 구하여라.

풀이 알려진 해 $y(x) = e^{x^2-1}$의 5계 도함수를 계산하면

$$y^{(5)}(c)\frac{h^5}{5!} = (120c + 160c^3 + 32c^5)e^{c^2-1}\frac{h^5}{5!} \tag{7}$$

을 얻는다. 그래서 (7)은 $c = 1.5$이고 $h = 0.1$일 때 다섯 단계 각각에 대한 국소 절단오차가 0.00028의 한계를 갖는 것을 제공한다. 표 9.2.1에서 y_1의 오차는 이 한계보다 훨씬 작다.

표 9.2.3 RK4 방법

h	근삿값	오차
0.1	3.49021064	$1.32321089 \times 10^{-4}$
0.05	3.49033382	$9.13776090 \times 10^{-6}$

표 9.2.3은 $x = 1.5$에서의 RK4 방법으로부터 얻어진 초깃값 문제의 해에 대한 근삿값이다. $x = 1.5$에서의 해석적 해의 값을 구함으로써 우리는 이들 근삿값의 오차를 구할 수 있다. 이 방법은 아주 정확하기 때문에 많은 소수 자릿수는 수치적 해에서 단계의 크기를 반감하는 효과를 알기 위하여 사용해야 한다. h가 $h = 0.1$에서 $h = 0.05$로 반감되면 오차는 기대한 것처럼 대략 $2^4 = 16$의 인수로 나누어진다. ■

적합적 방법 우리는 미분방정식의 근사해에 대한 수치적 방법의 정확성은 단계 크기 h를 감소시킴으로써 개선할 수 있음을 보였다. 물론 이 높아진 정확성은 계산 시간의 증가와 좀 더 큰 반올림 오차의 가능성의 대가로 보통 얻어진다. 일반적으로 근사 구간 위에서 원하는 한계의 절단오차를 유지하기 위하여 비교적 큰 단계 크기가 충분한 부분 구간이 있고 보다 작은 단계가 필요한 다른 부분 구간이 있다. 다양한 단계 크기를 이용한 수치적 방법들을 **적합적(adaptive) 방법**들이라고 한다. 적합적 방법들 중 좀 더 인기 있는 것 중의 하나는 **룽게–쿠타–펠베르크 방법**이다. 독일인 수학자 **에르빈 펠베르크(Erwin Fehlberg**, 1911-1990)는 다른 차수의 두 개의 룽게-쿠타 방법, 4차와 5차의 방법을 사용하였기 때문에 이 알고리즘을 종종 RKF45 방법*이라 한다.

연습문제 9.2

1. $h = 0.1$과 RK4 방법을 사용하여 $y(x)$가 초깃값 문제 $y' = (x+y-1)^2,\ y(0) = 2$의 해일 때 $y(0.5)$의 근삿값을 구하여라. 이 근삿값을 연습문제9.1 문제11에서 얻어진 참값과 비교하여라.

* RKF45에 사용된 4차 룽게–쿠타 방법은 (6)에 주어진 것과는 같지 않다.

2. (4)에서 $w_2 = \frac{3}{4}$이라고 하자. $y(x)$가 문제1의 초깃값 문제의 해일 때 $y(0.5)$의 근삿값을 구하기 위하여 2차 룽게-쿠타 방법을 사용하여라. 이 근삿값을 연습문제9.1절의 문제11에서 얻어진 근삿값과 비교하여라.

(3–12) $h = 0.1$과 RK4 방법을 사용하여 주어진 값의 소수점 네 자리의 근삿값을 구하여라.

3. $y' = 2x - 3y + 1,\ y(1) = 5;\ y(1.5)$

4. $y' = 4x - 2y,\ y(0) = 2;\ y(0.5)$

5. $y' = 1 + y^2,\ y(0) = 0;\ y(0.5)$

6. $y' = x^2 + y^2,\ y(0) = 1;\ y(0.5)$

7. $y' = e^{-y},\ y(0) = 0;\ y(0.5)$

8. $y' = x + y^2,\ y(0) = 0;\ y(0.5)$

9. $y' = (x - y)^2,\ y(0) = 0.5;\ y(0.5)$

10. $y' = xy + \sqrt{y},\ y(0) = 1;\ y(0.5)$

11. $y' = xy^2 - \frac{y}{x},\ y(1) = 1;\ y(1.5)$

12. $y' = y - y^2,\ y(0) = 0.5;\ y(0.5)$

13. 만일 공기저항이 순간 속도의 제곱에 비례하면, 주어진 높이에서 떨어진 질량 m인 물체의 속도 v는

$$m\frac{dv}{dt} = mg - kv^2, \quad k > 0$$

로 결정된다. $v(0) = 0,\ k = 0.00008,\ m = 75\text{kg}$이고 $g = 9.8\text{m/s}^2$이라 하자.

(a) $h = 1$과 RK4 방법을 사용하여 속도 $v(5)$의 근삿값을 구하여라.

(b) 수치적 도구를 사용하여 구간 [0, 6] 위에서 초깃값 문제의 해의 그래프를 그려라.

(c) 변수 분리를 사용하여 초깃값 문제를 풀고 참값 $v(5)$를 구하여라.

14. 박테리아가 점령한 영역의 면적 $A(\text{cm}^2)$에 대한 수학적 모델(B. dendroides)은

$$\frac{dA}{dt} = A(2.128 - 0.0432A)$$

로 주어진다. 처음 면적이 0.24cm^2이라 하자.

(a) $h = 0.5$과 RK4 방법을 사용하여 다음 표를 완성하여라.

t(일)	1	2	3	4	5
A(조삿값)	2.78	13.53	36.30	47.50	49.40
A(근삿값)					

(b) 수치적 도구를 사용하여 초깃값 문제의 해의 그래프를 그려라. 그래프로부터 $A(1),\ A(2),\ A(3),\ A(4)$와 $A(5)$의 값을 추정하여라.

(c) 변수 분리법을 사용하여 초깃값 문제를 풀고 $A(1),\ A(2),\ A(3),\ A(4)$와 $A(5)$의 참값을 계산하여라.

15. 초깃값 문제 $y' = x^2 + y^3,\ y(1) = 1$을 생각해 보자.(연습문제9.1 문제12를 참조)

(a) RK4 방법을 사용하여 구간 [1, 1.4] 위에서 $h = 0.1,\ h = 0.05$일 때 구한 결과를 비교하여라.

(b) 수치적 도구를 사용하여 구간 [1, 1.4] 위에서 초깃값 문제의 해의 그래프를 그려라.

16. 초깃값 문제 $y' = 2y,\ y(0) = 1$을 보자. 해석적 해는 $y(x) = e^{2x}$이다.

(a) 1단계와 RK4 방법을 이용하여 $y(0.1)$의 근삿값을 구하여라.

(b) y_1의 국소 절단오차의 한계를 구하여라.

(c) y_1의 오차와 오차의 한계를 비교하여라.

(d) 2단계와 RK4 방법을 이용하여 $y(0.1)$의 근삿값을 구하여라.

(e) (a)와 (d)의 오차를 비교하여 RK4 방법의 대역 절단오차가 $O(h^4)$임을 증명하여라.

17. 초깃값 문제 $y' = -2y + x,\ y(0) = 1$을 이용하여 문제16을 풀어라. 해석적 해는

$$y(x) = \frac{1}{2}x - \frac{1}{4} + \frac{5}{4}e^{-2x}$$

이다.

18. 초깃값 문제 $y' = 2x - 3y + 1,\ y(1) = 5$의 해석적 해는

$$y(x) = \frac{1}{9} + \frac{2}{3}x + \frac{38}{9}e^{-3(x-1)}$$

이다.

(a) RK4 방법을 사용하여 n단계의 국소 절단오차를 c와 h

를 포함한 식으로 구하여라.

(b) $y(1.5)$의 근삿값을 구하기 위하여 $h=0.1$일 때 각 단계에서의 국소 절단오차의 한계를 구하여라.

(c) RK4 방법을 이용하여 $h=0.1$, $h=0.05$일 때 $y(1.5)$의 근삿값을 구하여라(문제3 참조). 작아진 단계 크기의 효과를 보기 위해서는 소수점 여섯 자리 이상을 계산하여야 한다.

19. 초깃값 문제 $y'=e^{-y}$, $y(0)=0$을 이용하여 문제18을 풀어라. 해석적 해는 $y(x)=\ln(x+1)$이다. $y(0.5)$의 근삿값을 구하여라(문제7 참조).

토론 문제

20. 초깃값 문제 $y'=f(x, y)$, $y(x_0)=y_0$을 풀기 위하여 사용한 함수 f를 계산한 횟수는 수치적 방법의 컴퓨터 복잡성의 척도로 사용되어진다. 오일러, 개선된 오일러와 RK4 방법의 각 단계에 필요한 f의 측정 횟수를 구하여라. 특정한 예를 들어, 비교 가능한 컴퓨터 복잡성으로 활용할 때 위 방법들의 정확성을 비교하여라.

컴퓨터 실습 과제

21. 구간 $[a, b]$ 위에서 초깃값 문제를 풀기 위한 RK4 방법은 정확한 해의 그래프 위의 점들의 근삿값이 될 유한개 점들의 집합을 구한다. 이 서로 다른 점들의 집합을 구간 $[a, b]$ 위의 모든 점에서 정의된 근사해로 확장하기 위해서, 우리는 **보간함수**를 사용할 수 있다. 이것은 주어진 데이터와 정확히 일치하고 데이터 사이에서 매끄러운 전이를 가정한, 대부분의 컴퓨터 대수 체계에 지원된 함수이다. 이 보간함수는 다항식 또는 매끄럽게 연결된 다항식의 집합일 것이다. Mathematica에서 명령문 $y=$**Interpolation[data]**는 점 data$=\{\{x_0, y_0\}, \{x_1, y_1\}, \cdots, \{x_n, y_n\}\}$을 지나는 보간함수를 구하기 위하여 사용한다. 보간함수 $y[x]$는 이제 컴퓨터 대수 체계에서 내장된 다른 함수처럼 다룰 수 있다.

(a) 구간 $[0, 2]$에서 초깃값 문제 $y'=-y+10\sin 3x$; $y(0)=0$의 해석적 해를 구하여라. 이 해의 그래프를 그리고 양의 근을 구하여라.

(b) $h=0.1$과 RK4 방법을 사용하여 (a)의 초깃값 문제의 근사해를 구하여라. 보간함수를 구하고 그래프를 그려라. 구간 $[0, 2]$에서 보간함수의 양의 근을 구하여라.

9.3 다단계 방법

소개 오일러 방법, 개선된 오일러 방법과 룽게-쿠타 방법은 **한 번의 단계** 또는 **시작하는 방법들**이다. 이러한 방법에서 각각의 연속적인 값 y_{n+1}은 바로 이전 값 y_n에 관한 정보에 근거해서만 계산된다. 다른 한편으로, **다단계** 또는 **연속적인 방법들**은 y_{n+1}의 값을 얻기 위하여 여러 가지 계산된 단계들로부터 값을 사용한다. 미분방정식의 근사해에 대한 여러 가지의 다양한 방법 공식들이 있지만 수치적 과정의 방대한 분야를 조사하는 것이 우리의 의도가 아니므로 여기서는 단지 하나의 다단계 방법만을 생각한다.

애덤스-배시포스-몰튼 방법 이 절에서 논의된 다단계 방법을 해왕성 행성의 공동 발견자인 영국인 천문학자/수학자 존 쿠치 애덤스(John Couch Adams,

1819-1892), 영국 성공회 사제/응용 수학자 **프란시스 배시포스(Francis Bashforth,** 1819-1912), 그리고 미국인 천문학자 **포레스트 레이 몰튼(Forest Ray Moulton,** 1872-1952)의 이름을 따 4차 **애덤스–배시포스–몰튼 방법**이라 한다. 개선된 오일러 방법처럼 예측자-수정자 방법(즉, 하나의 공식이 값 y^*_{n+1}을 예상하기 위해 사용되고)은 순서대로 정확한 값 y_{n+1}을 얻기 위해 사용된다. 이 방법에 있는 예측자는 애덤스-배시포스 공식

$$\begin{aligned} y^*_{n+1} &= y_n + \frac{h}{24}(55y'_n - 59y'_{n-1} + 37y'_{n-2} - 9y'_{n-3}), \\ y'_n &= f(x_n, y_n) \\ y'_{n-1} &= f(x_{n-1}, y_{n-1}) \\ y'_{n-2} &= f(x_{n-2}, y_{n-2}) \\ y'_{n-3} &= f(x_{n-3}, y_{n-3}) \end{aligned} \tag{1}$$

이다. 이때 y^*_{n+1}의 값은 애덤스–몰튼 수정자

$$\begin{aligned} y_{n+1} &= y_n + \frac{h}{24}(9y'_{n+1} + 19y'_n - 5y'_{n-1} + y'_{n-2}) \\ y'_{n+1} &= f(x_{n+1}, y^*_{n+1}) \end{aligned} \tag{2}$$

에 대입한다.

공식 (1)은 y_4를 얻기 위해서 y_0, y_1, y_2와 y_3를 알아야 한다. 물론 y_0의 값은 주어진 초기 조건이다. 애덤스–배시포스–몰튼 방법의 국소 절단오차는 $O(h^5)$이고, y_1, y_2, y_3의 값들은 일반적으로 4계 룽게–쿠타 방법과 같은 오차 성질을 갖는 방법에 의하여 계산된다.

예제 1 애덤스–배시포스–몰튼 방법

$h = 0.2$과 애덤스–배시포스–몰튼 방법을 사용하여

$$y' = x + y - 1, \; y(0) = 1$$

의 해에 대하여 $y(0.8)$의 근삿값을 구하여라.

풀이 단계 크기가 $h = 0.2$일 때 $y(0.8)$은 y_4에 위해 근접하게 된다. $x_0 = 0$, $y_0 = 1$과 $h = 0.2$로 놓고 RK4 방법을 사용하여

$$y_1 = 1.02140000, \;\; y_2 = 1.09181796, \;\; y_3 = 1.22210646$$

을 얻는다. 이제 $x_0 = 0$, $x_1 = 0.2$, $x_2 = 0.4$, $x_3 = 0.6$, $f(x, y) = x + y - 1$로 놓으면

$$y'_0 = f(x_0, y_0) = (0) + (1) - 1 = 0$$
$$y'_1 = f(x_1, y_1) = (0.2) + (1.02140000) - 1 = 0.22140000$$
$$y'_2 = f(x_2, y_2) = (0.4) + (1.09181796) - 1 = 0.49181796$$
$$y'_3 = f(x_3, y_3) = (0.6) + (1.22210646) - 1 = 0.82210646$$

이다. 이때 이전 값을 가지고 예측자 (1)은

$$y_4^* = y_3 + \frac{0.2}{24}(55y_3' - 59y_2' + 37y_1' - 9y_0') = 1.42535975$$

를 준다. 수정자 (2)를 사용하기 위해서는 먼저

$$y_4' = f(x_4, y_4^*) = 0.8 + 1.42535975 - 1 = 1.22535975$$

가 필요하고 마지막으로 (2)는

$$y_4 = y_3 + \frac{0.2}{24}(9y_4' + 19y_3' - 5y_2' + y_1') = 1.42552788$$

가 된다. ■

예제1에서 $y(0.8)$의 실제적인 값은 $y(0.8) = 1.42554093$ 임이 증명되어야만 한다(연습문제9.3 문제1 참조).

수치 방법의 안정성 초깃값 문제의 해를 근사하기 위해서 수치 방법을 사용하는 데 중요하게 고려할 것은 방법의 안정성이다. 간단히 언급하면, 수치 방법은 초기 조건에서 작은 변화가 계산된 해에서 단지 조그만 변화만을 발생시키면 **안정적**이고, 안정적이지 않으면 **불안정하다**고 한다. 안정성 고려가 중요한 이유는 수치적 방식의 첫 번째 단계 후에 매 단계에서 새로운 초깃값 문제를 가지고 근본적으로 다시 시작하기 때문이다. 여기서 초기 조건은 이전 단계에서 계산된 근사해의 값이다. 반올림 오차가 있으므로 이 값은 거의 확실히 해의 참값으로부터 적어도 약간은 변화한다. 반올림 오차 외에도 다른 공통의 오차 원인은 초기 조건 자체에서 일어나며, 물리적인 응용에서 자료는 부정확한 측정에 의하여 자주 일어난다.

특수화된 초깃값 문제의 수치적 해에서 안정성을 찾아내는 한 가지 가능한 방법은 단계를 줄이는 크기가 사용될 때 얻어진 근사해를 비교하는 것이다. 수치적 방법이 불안정하면 오차는 더 작은 단계 크기에 대하여 실제로 증가할 수 있다. 안정성을 조사하는 또 다른 방법은 초기 조건이 약간 불안할 때 해에 일어나는 것을 관찰하는 것이다(예를 들어, $y(0) = 1$에서 $y(0) = 0.999$까지 변한다).

안정성에 대한 좀 더 자세하고 정확한 논의는 수치해석 교재를 참고한다. 일반적으로 이 장에서 논의된 모든 방법들은 훌륭한 안정성 특징을 가진다.

다단계 방법의 이점과 단점 미분방정식을 수치적으로 풀기 위하여 많은 방법의 선택을 고려한다. 단일단계 방법, 특히 RK4 방법은 정확성과 프로그램화하기가 쉬운 사실로부터 자주 선택된다. 그러나 커다란 결점은 미분방정식의 우변이 매 단계에서 여러 번 평가되는 것이다. 예를 들어, RK4 방법은 각 단계에 대하여 4개의 함수 평가를 요구한다. 다른 한편, 이전 단계에서 함수 평가가 계산되고 저장된다면 다양한 방법은 각 단계에 대하여 단지 하나의 새로운 함수 평가를 요구한다. 이것은 시간과 비용면에서 많은 것을 절약하게 한다.

예를 들면 $y' = f(x, y)$, $y(x_0) = y_0$를 4차 룽게-쿠타 방법에 의하여 n단계를 사용하여 수치적으로 푼다는 것은 $4n$번의 함수 평가를 요구한다. 애덤스-배시포스 다단계 방법은 룽게-쿠타 4차 스타터에 대하여 16번의 함수 평가와 n 애덤스-배시포스 단계에 대하여 $n-4$번을 요구하여 이 방법에 대해 총 $n+12$번의 함수 평가를 준다. 일반적으로 애덤스-배시포스 다단계 방법은 RK4 방법에 대하여 요구된 함수 평가의 수의 $\frac{1}{4}$보다 약간 많이 요구한다. $f(x, y)$의 평가가 복잡하면 다양한 방법은 더욱 효과적일 것이다.

다양한 방법이 가지고 있는 또 다른 쟁점은 애덤스-몰튼 수정자가 각 단계에서 얼마나 많이 반복되는지에 있다. 매번 수정이 사용되고, 또 다른 함수 평가가 이루어지면서 다단계 방법의 이점을 잃는 반면 정확성은 증가된다. 실제로 수정자가 한 번 계산되고 y_{n+1}의 값이 큰 양에 의하여 변화한다면 전체 문제는 더 작은 단계 크기를 사용하여 재시작된다. 이것은 다양하고 가변적인 단계 크기 방법의 기본이며, 이것의 논의는 본 교재의 범위를 넘는다.

연습문제 9.3

1. 예제1에서 초깃값 문제의 해석적인 해를 구하여라. 근삿값 y_1, y_2, y_3, y_4와 $y(0.2)$, $y(0.4)$, $y(0.6)$, $y(0.8)$의 실제 값을 비교하여라.

2. 애덤스-배시포스-몰튼 방법을 실행하기 위한 컴퓨터 프로그램을 작성하여라.

(3–4) 애덤스-배시포스-몰튼 방법을 사용하여 $y(0.8)$의 근삿값을 구하여라. 여기서 $y(x)$는 주어진 초깃값 문제의 해이다. $h=0.2$와 RK4 방법을 사용하여 y_1, y_2, y_3를 구하여라.

3. $y' = 2x - 3y + 1$, $y(0) = 1$

4. $y' = 4x - 2y$, $y(0) = 2$

(5–8) 애덤스-배시포스-몰튼 방법을 사용하여 $y(1.0)$의 근삿값을 구하여라. 여기서 $y(x)$는 주어진 초깃값 문제의 해이다. 먼저 $h=0.2$를 사용한 후에 $h=0.1$을 사용한다. RK4 방법을 사용하여 y_1, y_2, y_3를 구하여라.

5. $y' = 1 + y^2$, $y(0) = 0$

6. $y' = y + \cos x$, $y(0) = 1$

7. $y' = (x-y)^2$, $y(0) = 0$

8. $y' = xy + \sqrt{y}$, $y(0) = 1$

9.4 고계방정식과 연립방정식

소개 지금까지 1계 초깃값 문제 $y' = f(x, y)$, $y(x_0) = y_0$의 해를 근사하기 위해 사용될 수 있는 수치적 방법에 집중하였다. 2계 초깃값 문제의 해를 근사하기 위해서는 2개의 연립 1계 미분방정식으로 2계 미분방정식을 나타내야만 한다. 이를 위하여 y''을 x, y와 y'으로 풀어주고 정규형으로 2계 미분방정식을 나타냄으로써 시작한다.

2계 초깃값 문제 2계 초깃값 문제

$$y'' = f(x, y, y'),\ y(x_0) = y_0,\ y'(x_0) = u_0 \tag{1}$$

는 연립 1계 미분방정식에 대한 초깃값 문제로 나타낼 수 있다. $y' = u$로 놓으면 (1)에서 미분방정식은 연립방정식

$$\begin{aligned} y' &= u \\ u' &= f(x, y, u) \end{aligned} \tag{2}$$

이 된다. $y'(x_0) = u(x_0)$이므로 (2)에 대한 대응된 초기 조건은 $y(x_0) = y_0$, $u(x_0) = u_0$이다. 연립방정식 (2)는 이제 연립방정식에 있는 각각 1계 미분방정식에 특수한 수치 방법을 단순하게 적용함으로써 수치적으로 해결될 수 있다. 예를 들어, 연립방정식 (2)에 적용된 오일러 방법은

$$\begin{aligned} y_{n+1} &= y_n + hu_n \\ u_{n+1} &= u_n + hf(x_n, y_n, u_n) \end{aligned} \tag{3}$$

이 되고 반면에 4차 룽게-쿠타 방법 즉 RK4 방법은

$$\begin{aligned} y_{n+1} &= y_n + \frac{h}{6}(m_1 + 2m_2 + 2m_3 + m_4) \\ u_{n+1} &= u_n + \frac{h}{6}(k_1 + 2k_2 + 2k_3 + k_4) \end{aligned} \tag{4}$$

이 된다. 이때

$$\begin{aligned} m_1 &= u_n & k_1 &= f(x_n,\ y_n,\ u_n) \\ m_2 &= u_n + \frac{1}{2}hk_1 & k_2 &= f\left(x_n + \frac{1}{2}h, y_n + \frac{1}{2}hm_1, u_n + \frac{1}{2}hk_1\right) \\ m_3 &= u_n + \frac{1}{2}hk_2 & k_3 &= f\left(x_n + \frac{1}{2}h, y_n + \frac{1}{2}hm_2, u_n + \frac{1}{2}hk_2\right) \\ m_4 &= u_n + hk_3 & k_4 &= f(x_n + h, y_n + hm_3, u_n + hk_3) \end{aligned}$$

이다.

일반적으로 모든 n계 미분방정식 $y^{(n)} = f(x, y, y', \cdots, y^{(n-1)})$에 $y = u_1$, $y' = u_2$, $y'' = u_3$, $\cdots$, $y^{(n-1)} = u_n$을 대입하여 n개의 연립 1계 방정식들로 나타낼 수 있다.

예제 1 오일러의 방법

오일러 방법을 사용하여 $y(0.2)$의 근삿값을 구하여라. 이때 $y(x)$는 초깃값 문제

$$y'' + xy' + y = 0, \quad y(0) = 1, \quad y'(0) = 2 \tag{5}$$

의 해이다.

풀이 ▸ 치환 $y' = u$에 의해 방정식은 연립방정식

$$y' = u$$
$$u' = -xu - y$$

과 동치이다. 따라서 (3)으로 부터

$$y_{n+1} = y_n + hu_n$$
$$u_{n+1} = u_n + h[-x_n u_n - y_n]$$

이다. 단계 크기 $h = 0.1$과 $y_0 = 1$, $u_0 = 2$를 사용하면

$$y_1 = y_0 + (0.1)u_0 = 1 + (0.1)2 = 1.2$$
$$u_1 = u_0 + (0.1)[-x_0 u_0 - y_0] = 2 + (0.1)[-(0)(2) - 1] = 1.9$$
$$y_2 = y_1 + (0.1)u_1 = 1.2 + (0.1)(1.9) = 1.39$$
$$u_2 = u_1 + (0.1)[-x_1 u_1 - y_1] = 1.9 + (0.1)[-(0.1)(1.9) - 1.2] = 1.761$$

이다. 즉, $y(0.2) \approx 1.39$와 $y'(0.2) \approx 1.761$이다 ■

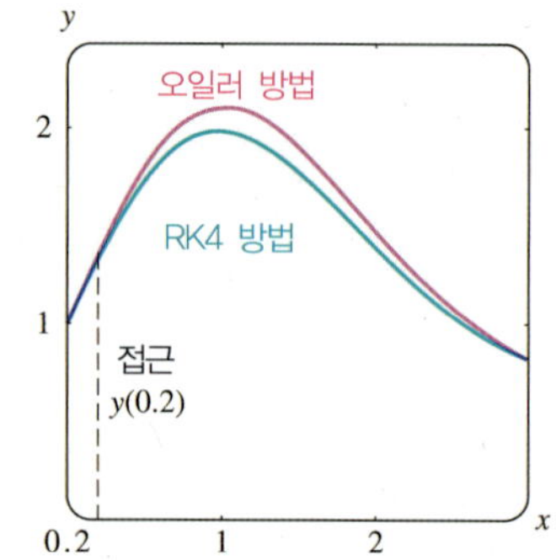

(a) 오일러의 방법(빨강)과 RK4 방법(파랑)

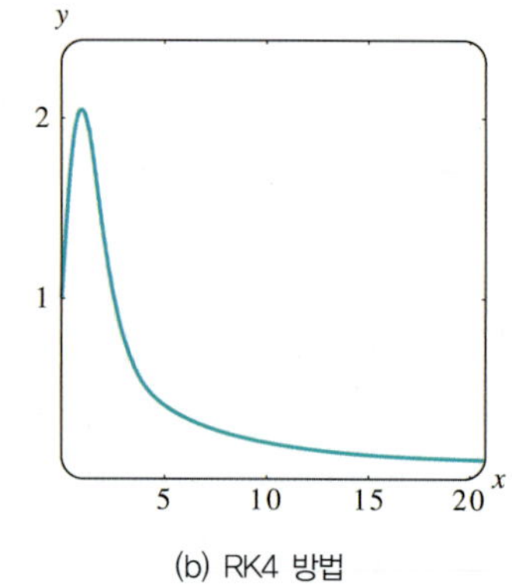

(b) RK4 방법

그림 9.4.1 다른 방법에 의해 생성된 수치해곡선

그림 9.4.1 (a)에서 수치적 해결자의 그래프 특징의 도움으로 구간 $[0, 3]$에서 오일러 방법($h = 0.1$)에 의해 생성된 (5)의 해곡선과 RK4 방법($h = 0.1$)에 의해 생성된 해곡선을 비교한다. 그림 9.4.1 (b)로부터 (4)의 해 $y(x)$는 $y(x) \to 0$과 $x \to \infty$ 성질을 가짐을 나타낸다.

원한다면 (5)에서 미분방정식의 2개의 멱급수 해를 얻기 위해 6.2절의 방법을 사용할 수 있다. 그러나 이 방법이 미분방정식이 기본해를 갖고 있음을 보여주지 않으면 단지 부분합을 이용하여 $y(0.2)$에 근사하게 할 수 있다. 326 쪽에서 주어진 에어리의 미분방정식 $y'' - xy = 0$에 대한 무한급수 해의 재조사는 그림 6.2.2의 그래프에서 나타낸 해 $y_1(x)$와 $y_2(x)$의 진동 행위를 보여주지 않는다. 이 그래프들은 $h = 0.1$의 단계 크기로 놓고 RK4 방법을 사용한 수치적 해결자로부터 얻어진다.

1계 연립방정식으로 축소된 연립방정식 2계 방정식에 대하여 논의한 것과 같은 과정을 사용하면 연립 고계 미분방정식을 먼저 각각의 종속변수의 고계 도함수에 대하여 풀고 난 후 하계 도함수에 대하여 적당한 대입을 함으로써 연립 1계 방정식으로 줄일 수 있다.

예제 2 **1계 연립방정식으로 재구성된 연립방정식**

$$
\begin{aligned}
x'' - x' + 5x + 2y'' &= e^t \\
-2x + y'' + 2y &= 3t^2
\end{aligned}
$$

을 연립 1계 미분방정식으로 나타내어라.

풀이 주어진 연립방정식을

$$
\begin{aligned}
x'' + 2\,y'' &= e^t - 5x + x' \\
y'' &= 3t^2 + 2x - 2y
\end{aligned}
$$

으로 나타내고 두 번째 방정식에 2를 곱하고 빼주면 y''이 소거된다. 즉,

$$x'' = -9x + 4y + x' + e^t - 6t^2$$

이다. 주어진 연립방정식의 두 번째 방정식이 이미 y의 고계 도함수가 나머지 함수들로 나타내므로 이제 새로운 변수를 도입할 시점에 있다. $x' = u$와 $y' = v$로 놓으면 x''과 y''에 대한 표현은 각각

$$
\begin{aligned}
u' &= x'' = -9x + 4y + u + e^t - 6t^2 \\
v' &= y'' = 2x - 2y + 3t^2
\end{aligned}
$$

이다. 따라서 처음 연립방정식은 다음과 같이 나타낼 수 있다.

$$
\begin{aligned}
x' &= u \\
y' &= v \\
u' &= -9x + 4y + u + e^t - 6t^2 \\
v' &= 2x - 2y + 3t^2
\end{aligned}
$$

■

예제2에서 제시된 축소가 실행되는 것이 항상 가능한 것은 아니다.

연립방정식의 수치적 해

$$
\begin{aligned}
\frac{dx_1}{dt} &= g_1(t, x_1, x_2, \cdots, x_n) \\
\frac{dx_2}{dt} &= g_2(t, x_1, x_2, \cdots, x_n) \\
&\vdots \\
\frac{dx_n}{dt} &= g_n(t, x_1, x_2, \cdots, x_n)
\end{aligned}
$$

형태의 연립방정식의 해는 연립방정식에 적용된 오일러, 룽게-쿠타, 또는 애덤스-배시포스-몰튼 방법에 의해 근사될 수 있다. 예를 들어, 연립방정식

$$\begin{aligned} x' &= f(t, x, y) \\ y' &= g(t, x, y) \\ x(t_0) &= x_0,\ y(t_0) = y_0 \end{aligned} \tag{6}$$

에 적용된 RK4 방법은

$$\begin{aligned} x_{n+1} &= x_n + \frac{h}{6}(m_1 + 2m_2 + 2m_3 + m_4) \\ y_{n+1} &= y_n + \frac{h}{6}(k_1 + 2k_2 + 2k_3 + k_4) \end{aligned} \tag{7}$$

와 같다. 이때

$$\begin{aligned} &m_1 = f(t_n,\ x_n,\ y_n) \quad && k_1 = g(t_n,\ x_n,\ y_n) \\ &m_2 = f\left(t_n + \frac{1}{2}h, x_n + \frac{1}{2}hm_1, y_n + \frac{1}{2}hk_1\right) && k_2 = g\left(t_n + \frac{1}{2}h, x_n + \frac{1}{2}hm_1, y_n + \frac{1}{2}hk_1\right) \\ &m_3 = f\left(t_n + \frac{1}{2}h, x_n + \frac{1}{2}hm_2, y_n + \frac{1}{2}hk_2\right) && k_3 = g\left(t_n + \frac{1}{2}h, x_n + \frac{1}{2}hm_2, y_n + \frac{1}{2}hk_2\right) \\ &m_4 = f(t_n + h, x_n + hm_3, y_n + hk_3) && k_4 = g(t_n + h,\ x_n + hm_3,\ y_n + hk_3) \end{aligned} \tag{8}$$

이다.

예제 3 RK4 방법

초깃값 문제

$$\begin{aligned} x' &= 2x + 4y \\ y' &= -x + 6y \\ x(0) &= -1,\ y(0) = 6 \end{aligned}$$

에 대하여 RK4 방법을 사용하여 $x(0.6)$과 $y(0.6)$의 근삿값을 구하여라. $h = 0.2$와 $h = 0.1$에 대하여 이 결과를 비교하여라.

풀이 단계 크기를 $h = 0.2$로 놓고 x_1과 y_1의 계산 값을 제시한다.
$f(t,\ x,\ y) = 2x + 4y,\ g(t,\ x,\ y) = -x + 6y,\ t_0 = 0,\ x_0 = -1$과 $y_0 = 6$으로 놓으면 (8)로부터

$$\begin{aligned} m_1 &= f(t_0, x_0, y_0) = f(0, -1, 6) = 2(-1) + 4(6) = 22 \\ k_1 &= g(t_0, x_0, y_0) = g(0, -1, 6) = -1(-1) + 6(6) = 37 \\ m_2 &= f\left(t_0 + \frac{1}{2}h, x_0 + \frac{1}{2}hm_1, y_0 + \frac{1}{2}hk_1\right) = f(0.1, 1.2, 9.7) = 41.2 \end{aligned}$$

$$k_2 = g\left(t_0+\frac{1}{2}h,\, x_0+\frac{1}{2}hm_1,\, y_0+\frac{1}{2}hk_1\right) = g(0.1, 1.2, 9.7) = 57$$

$$m_3 = f\left(t_0+\frac{1}{2}h,\, x_0+\frac{1}{2}hm_1,\, y_0+\frac{1}{2}hk_2\right) = f(0.1, 3.12, 11.7) = 53.04$$

$$k_3 = g\left(t_0+\frac{1}{2}h,\, x_0+\frac{1}{2}hm_2,\, y_0+\frac{1}{2}hk_2\right) = g(0.1, 3.12, 11.7) = 67.08$$

$$m_4 = f(t_0+h,\, x_0+hm_3,\, y_0+hk_3) = f(0.2,\, 9.608,\, 19.416) = 96.88$$

$$k_4 = g(t_0+h,\, x_0+hm_3,\, y_0+hk_3) = g(0.2,\, 9.608,\, 19.416) = 106.888$$

이다. 그러므로 (7)로부터

$$x_1 = x_0 + \frac{0.2}{6}(m_1+2m_2+2m_3+m_4)$$
$$= -1 + \frac{0.2}{6}(22+2(41.2)+2(53.04)+96.88) = 9.2453$$
$$y_1 = y_0 + \frac{0.2}{6}(k_1+2k_2+2k_3+k_4)$$
$$= 6 + \frac{0.2}{6}(37+2(57)+2(67.08)+106.888) = 19.0683$$

이다. 여기서 항상 x_1과 y_1의 계산된 값은 소수 넷째 자리에서 마무리한다. 이 숫자들은 근삿값 $x_1 \approx x(0.2)$와 $y_1 \approx y(0.2)$를 제공한다. 컴퓨터의 도움으로 얻은 값들은 표 9.4.1과 9.4.2에서 정리되어 있다. ■

표 9.4.1 $h = 0.2$

t_n	x_n	y_n
0.00	−1.0000	6.0000
0.20	9.2453	19.0683
0.40	46.0327	55.1203
0.60	158.9430	150.8192

표 9.4.2 $h = 0.1$

t_n	x_n	y_n
0.00	−1.0000	6.0000
0.10	2.3840	10.8883
0.20	9.3379	19.1332
0.30	22.5541	32.8539
0.40	46.5103	55.4420
0.50	88.5729	93.3006
0.60	160.7563	152.0025

예제3에서 초깃값 문제의 해가 $x(t) = (26t-1)e^{4t}$, $y(t) = (13t+6)e^{4t}$으로 주어짐을 증명해야 한다. 이 방정식들로부터 실제 값 $x(0.6) = 160.9384$와 $y(0.6) = 152.1198$은 표 9.4.2 마지막 줄의 성분과 편리하게 비교한다. $t = 0$의 근방에서 해의 그래프는 그림 9.4.2에서 보인다. 즉, 그래프는 $h = 0.1$로 놓고 RK4 방법을 사용하여 수치적 해결자로부터 얻어진다.

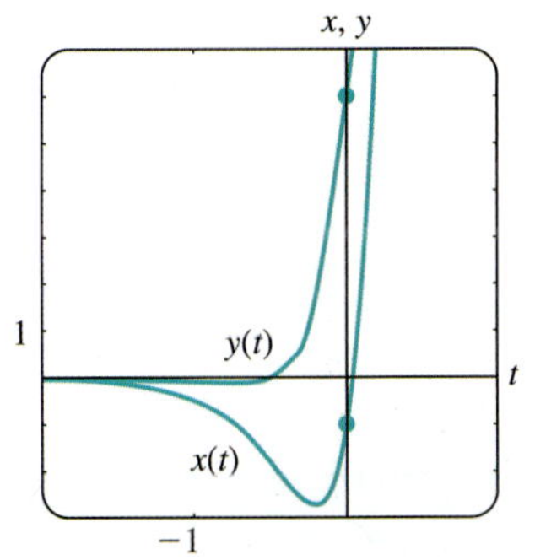

그림 9.4.2 예제3에서 초깃값 문제에 대한 수치해곡선

결론적으로, 일반적인 연립방정식 (6)에 대한 오일러의 방법을 설명한다.

$$x_{n+1} = x_n + hf(t_n, x_n, y_n)$$
$$y_{n+1} = y_n + hg(t_n, x_n, y_n)$$

연습문제 9.4

1. 오일러 방법을 사용하여 $y(0.2)$의 근삿값을 구하여라. 이때 $y(x)$는 초깃값 문제

$$y'' - 4y' + 4y = 0,\quad y(0) = -2,\quad y'(0) = 1$$

의 해이다. $h = 0.1$을 사용하여라. 문제의 해석적 해를 구하고, $y(0.2)$의 참값을 y_2와 비교하여라.

2. 오일러 방법을 사용하여 $y(1.2)$의 근삿값을 구하여라. 이때 $y(x)$는 초깃값 문제

$$x^2y'' - 2xy' + 2y = 0,\ y(1) = 4,\ y'(1) = 9,\ x > 0$$

의 해이다. $h = 0.1$을 사용하여라. 문제의 해석적 해를 구하고, $y(1.2)$의 참값을 y_2와 비교하여라.

(3–4) RK4 방법을 사용하여 제시된 문제를 다시 풀어라. 먼저 $h = 0.2$를 사용한 후에 $h = 0.1$을 사용하여라.

3. 문제1 **4.** 문제2

5. RK4 방법을 사용하여 $y(0.2)$를 근삿값을 구하여라. 이때 $y(x)$는 초깃값 문제

$$y'' - 2y' + 2y = e^t \cos t,\quad y(0) = 1,\quad y'(0) = 2$$

의 해이다. 먼저 $h = 0.2$를 사용한 후에 $h = 0.1$을 사용하여라.

6. $E = 100\text{V}$, $\text{R} = 10\Omega$와 $L = 1\text{h}$일 때, 그림 9.4.3에 주어진 전기회로에서 전류 $i_1(t)$와 $i_3(t)$에 대한 연립 미분방정식은

$$\frac{di_1}{dt} = -20i_1 + 10i_3 + 100$$

$$\frac{di_3}{dt} = 10i_1 - 20i_3$$

이다. 이때 $i_1(0) = 0$이고 $i_3(0) = 0$이다. RK4 방법을 사용하여 $t = 0.1,\ 0.2,\ 0.3,\ 0.4,\ 0.5$에서 $i_1(t)$와 $i_3(t)$의 근삿값을 구하여라. $h = 0.1$을 사용하여라. 수치 해결도구를 사용하여 $0 \le t \le 5$에 대한 해의 그래프를 그려라. 그래프를 이용하여 $t \to \infty$일 때 $i_1(t)$와 $i_3(t)$의 값을 예상하여라.

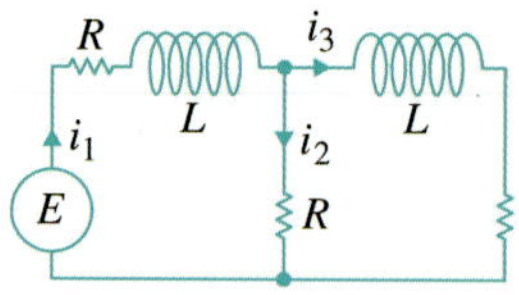

그림 9.4.3 문제6의 회로

(7–12) 룽게-쿠타 방법을 사용하여 $x(0.2)$와 $y(0.2)$의 근삿값을 구하여라. 먼저 $h = 0.2$를 사용한 후에 $h = 0.1$을 사용하여라. 수치 해결도구와 $h = 0.1$을 사용하여 $t = 0$의 근방에서 해의 그래프를 그려라.

7. $x' = 2x - y$
$y' = x$
$x(0) = 6,\ y(0) = 2$

8. $x' = x + 2y$
$y' = 4x + 3y$
$x(0) = 1,\ y(0) = 1$

9. $x' = -y + t$
$y' = x - t$
$x(0) = -3,\ y(0) = 5$

10. $x' = 6x + y + 6t$
$y' = 4x + 3y - 10t + 4$
$x(0) = 0.5,\ y(0) = 0.2$

11. $x' + 4x - y' = 7t$
$x' + y' - 2y = 3t$
$x(0) = 1,\ y(0) = -2$

12. $x' + y' = 4t$
$-x' + y' + y = 6t^2 + 10$
$x(0) = 3,\ y(0) = -1$

9.5 2계 경곗값 문제

소개 우리는 9.4절에서 2계 초깃값 문제

$$y'' = f(x,\ y,\ y'),\quad y(x_0) = y_0,\quad y'(x_0) = u_0$$

의 근사해를 구하는 방법을 학습했다. 이 절에서는 2계 경곗값 문제

$$y'' = f(x,\ y,\ y'),\quad y(a) = \alpha,\quad y(b) = \beta$$

의 근사해를 구하는 2가지 방법을 알아본다. 2계 초깃값 문제에서 사용했던 방법과는 다르게 2

계 경곗값 문제는 1계 연립미분방정식으로 2계 미분방정식을 표현할 필요는 없다.

유한차분 접근 점 a를 중심으로 하는 함수 $y(x)$의 테일러급수는

$$y(x) = y(a) + y'(a)\frac{x-a}{1!} + y''(a)\frac{(x-a)^2}{2!} + y'''(a)\frac{(x-a)^3}{3!} + \cdots$$

이다. $h = x - a$라고 하면 위 식은

$$y(x) = y(a) + y'(a)\frac{h}{1!} + y''(a)\frac{h^2}{2!} + y'''(a)\frac{h^3}{3!} + \cdots$$

이다.

계속되는 논의를 위해 두 개의 다른 형태 중 마지막 표현을 쓰는 것이 편리하다.

$$y(x+h) = y(x) + y'(x)h + y''(x)\frac{h^2}{2} + y'''(x)\frac{h^3}{6} + \cdots \qquad (1)$$

$$y(x-h) = y(x) - y'(x)h + y''(x)\frac{h^2}{2} - y'''(x)\frac{h^3}{6} + \cdots \qquad (2)$$

h가 작으면 h^4, h^5, $\cdots$는 0에 가깝게 되기 때문에 이들을 포함하는 항은 무시한다. 실제로 h^2이상을 포함하는 모든 항을 무시한다면 $y'(x)$에 대해 (1)과 (2)를 풀어서 다음 근삿값을 얻는다.

$$y'(x) \approx \frac{1}{h}[y(x+h) - y(x)] \qquad (3)$$

$$y'(x) \approx \frac{1}{h}[y(x) - y(x-h)] \qquad (4)$$

(1)에서 (2)를 빼서 정리하면

$$y'(x) \approx \frac{1}{2h}[y(x+h) - y(x-h)] \qquad (5)$$

이다.

한편, h^3이상을 포함하는 모든 항을 무시한다면 (1)과 (2)를 더함으로써 2계 도함수 $y''(x)$에 대한 근삿값을 얻는다.

$$y''(x) \approx \frac{1}{h^2}[y(x+h) - 2y(x) + y(x-h)] \qquad (6)$$

(3), (4), (5), (6)의 우측항을 **차분비율**(difference quotients)이라고 한다. 그리고

$$y(x+h) - y(x), \quad y(x) - y(x-h), \quad y(x+h) - y(x-h)$$

와

$$y(x+h) - 2y(x) + y(x-h)$$

를 **유한차분**(finite differences)이라고 한다. 특히 $y(x+h) - y(x)$를 **전향차분**

(forward difference), $y(x)-y(x-h)$를 **후향차분**(backward difference), 그리고 $y(x+h)-y(x-h)$와 $y(x+h)-2y(x)+y(x-h)$를 **중앙차분**(central difference)이라고 한다. (5)와 (6)을 도함수 y'와 y''에 대한 **중앙차분 근삿값**이라고 한다.

유한차분법 2계 선형 경곗값 문제

$$y''+P(x)y'+Q(x)y=f(x),\quad y(a)=\alpha,\quad y(b)=\beta \tag{7}$$

를 생각하자.

$a=x_0<x_1<x_2<\cdots<x_{n-1}<x_n=b$는 구간 $[a,b]$의 분할이라고 하자. 즉, $x_i=a+ih,\ i=0,1,2,\cdots,n,\ h=(b-a)/n$이다. 점들

$$x_1=a+h,\ x_2=a+2h,\ \cdots,\ x_{n-1}=a+(n-1)h$$

를 구간 $[a,b]$의 **내부 그물망 점들**(interior mesh points)이라고 한다.

$y_i=y(x_i),\ P_i=P(x_i),\ Q_i=Q(x_i),\ f_i=f(x_i)$라고 하고 (7)에서의 y''과 y'을 중앙차분 근삿값 (5)와 (6)으로 바꾸면

$$\frac{y_{i+1}-2y_i+y_{i-1}}{h^2}+P_i\frac{y_{i+1}-y_{i-1}}{2h}+Q_iy_i=f_i$$

이고 이를 단순화하면

$$\left(1+\frac{h}{2}P_i\right)y_{i+1}+(-2+h^2Q_i)y_i+\left(1-\frac{h}{2}P_i\right)y_{i-1}=h^2f_i \tag{8}$$

이다.

유한차분방정식으로 알려진 마지막 방정식은 **미분방정식의 근삿값**이다. 이것은 구간 $[a,b]$의 내부 그물망 점들 $x_1, x_2, \cdots, x_{n-1}$에서 (7)의 해 $y(x)$를 근사시키는 것이 가능하다. (8)에서 i를 $1, 2, \cdots, n-1$로 취하면 $n-1$개 미지수들 $y_1, y_2, \cdots, y_{n-1}$을 갖는 $n-1$개의 표현을 얻는다. y_0와 y_n은 경계조건 $y_0=y(x_0)=y(a)=\alpha,\ y_n=y(x_n)=y(b)=\beta$이므로 y_0와 y_n은 아는 값이다.

예제1에서 해의 참값과 우리가 구하는 근삿값을 비교할 수 있는 경곗값 문제를 생각해 본다.

예제 1 유한차분법 사용

$n=4$에 대한 차분방정식 (8)을 사용하여 경곗값 문제 $y''-4y=0,\ y(0)=0,\ y(1)=5$의 근사해를 구하여라.

풀이 (8)을 사용하기 위해 $P(x)=0,\ Q(x)=-4,\ f(x)=0,\ h=(1-0)/4=\dfrac{1}{4}$로 놓는다. 그러면 차분방정식은

$$y_{i+1} - 2.25y_i + y_{i-1} = 0 \qquad (9)$$

이다. 내부 그물망 점들은 $x_1 = 0 + \frac{1}{4}$, $x_2 = 0 + \frac{2}{4}$, $x_3 = 0 + \frac{3}{4}$이고 따라서 $i = 1, 2, 3$에 대해 (9)는 y_1, y_2, y_3에 대한 다음 방정식을 얻는다.

$$\begin{aligned} y_2 - 2.25y_1 + y_0 &= 0 \\ y_3 - 2.25y_2 + y_1 &= 0 \\ y_4 - 2.25y_3 + y_2 &= 0 \end{aligned}$$

경계 조건이 $y_0 = 0$, $y_4 = 5$이므로 연립방정식은

$$\begin{aligned} -2.25y_1 + y_2 \quad\quad &= 0 \\ y_1 - 2.25y_2 + y_3 &= 0 \\ y_2 - 2.25y_3 &= -5 \end{aligned}$$

이다. 연립방정식을 풀면 $y_1 = 0.7256$, $y_2 = 1.6327$, $y_3 = 2.9479$이다.

한편 주어진 미분방정식의 일반해는 $y = c_1\cosh 2x + c_2\sinh 2x$이다. $y(0) = 0$이므로 $c_1 = 0$이다. 다른 경계 조건을 대입하면 c_2를 얻는다. 이 경우 경곗값 문제의 해는 $y(x) = (5\sinh 2x)/\sinh 2$이다. 그러므로 내부 그물망 점들에서 이 해의 (소수 넷째 자리까지) 참값은 $y(0.25) = 0.7184$, $y(0.5) = 1.6201$, $y(0.75) = 2.9354$이다. ■

예제1에서 h를 더 작게 하면 근삿값의 정확도가 더 높아진다. 물론 더 작은 h는 방대한 연립방정식을 해결하는 데 필요하다. $h = \frac{1}{8}$의 경우 $y(0.25)$, $y(0.5)$와 $y(0.75)$의 근삿값은 각각 0.7202, 1.6233와 2.9386이 되는 것은 연습문제로 남긴다. (연습문제9.5 문제11 참조).

예제 2 ▸ 유한차분법 사용

$n = 10$에 대한 차분방정식 (8)을 사용하여

$$y'' - 3y' + 2y = 4x^2, \quad y(1) = 1, \quad y(2) = 6$$

의 근사해를 구하여라.

풀이 ▸ $P(x) = 3$, $Q(x) = 2$, $f(x) = 4x^2$, $h = (2-1)/10 = 0.1$로 놓으면 (8)은

$$1.15y_{i+1} - 1.98y_i + 0.85y_{i-1} = 0.04x_i^2 \qquad (10)$$

으로 된다. 내부 그물망 점들은 $x_1 = 1.1$, $x_2 = 1.2$, $x_3 = 1.3$, $x_4 = 1.4$, $x_5 = 1.5$, $x_6 = 1.6$, $x_7 = 1.7$, $x_8 = 1.8$, $x_9 = 1.9$이다. $i = 1, 2, \cdots, 9$와 $y_0 = 1$, $y_{10} = 6$에 대해 (10)은 9개의 미지수를 갖는 9개의 방정식으로 표현된다.

$$
\begin{aligned}
1.15y_2 - 1.98y_1 &= -0.8016 \\
1.15y_3 - 1.98y_2 + 0.85y_1 &= 0.0576 \\
1.15y_4 - 1.98y_3 + 0.85y_2 &= 0.0676 \\
1.15y_5 - 1.98y_4 + 0.85y_3 &= 0.0784 \\
1.15y_6 - 1.98y_5 + 0.85y_4 &= 0.0900 \\
1.15y_7 - 1.98y_6 + 0.85y_5 &= 0.1024 \\
1.15y_8 - 1.98y_7 + 0.85y_6 &= 0.1156 \\
1.15y_9 - 1.98y_8 + 0.85y_7 &= 0.1296 \\
-1.98y_9 + 0.85y_8 &= -6.7556
\end{aligned}
$$

우리는 이 방대한 방정식을 가우스 소거법 또는 상대적으로 쉽게 컴퓨터 대수 체계에 의해 풀 수 있다. 그 결과는 $y_1 = 2.4047$, $y_2 = 3.4432$, $y_3 = 4.2010$, $y_4 = 4.7469$, $y_5 = 5.1359$, $y_6 = 5.4124$, $y_7 = 5.6117$, $y_8 = 5.7620$, $y_9 = 5.8855$이다. ■

사격 방법 경곗값 문제 $y'' = f(x, y, y')$, $y(a) = \alpha$, $y(b) = \beta$의 근사해를 구하는 다른 방법을 **사격(shooting) 방법**이라고 한다. 이 방법의 출발점은 초깃값 문제

$$y'' = f(x, y, y'), \quad y(a) = \alpha, \quad y'(a) = m_1 \tag{11}$$

로 경곗값 문제를 대치하는 것이다.

식 (11)에 있는 m_1은 알려진 점 $(a, y(a))$에서 해곡선의 미지의 기울기로 추측된다. 우리는 $y(b)$의 값에 대한 근삿값 β_1을 구하기 위해 (11)에서 2계 방정식에 단계적인 수치적 방법을 적용한다, 만일 β_1이 주어진 값 $y(b) = \beta$와 같으면 작업은 끝난다. 그렇지 않으면 $y(b)$에 대한 두 번째 근삿값 β_2를 얻기 위해 다른 추측 $y'(a) = m_2$로 시작하여 계산을 반복한다. 이 방법은 시행착오를 하거나 또는 계속되는 기울기들 $m_3, m_4, \cdots$가 어떤 체계적인 방법으로 조정될 때까지 계속된다. (11)에서의 미분방정식이 선형일 때는 선형보간법이 적용된다. 이 방법은 과녁의 중심 $y(b)$에 맞힐 때까지 과녁에서 사격하는 것과 유사하다(목표는 선택된 초기 기울기이다. 연습문제9.5 문제14 참조).

물론 이 수치적인 방법을 사용하는 것은 항상 경곗값 문제의 해가 존재한다는 가정아래서만 가능하다.

주의

유한차분을 이용한 근사방법은 1계 도함수가 경계에서 정해져 있는 경곗값 문제에도 확장될 수 있다. 예를 들어 $y'' = f(x, y, y')$, $y'(a) = \alpha$, $y(b) = \beta$와 같은 문제의 경우이다 (연습문제9.5 문제13 참조).

연습문제 9.5

(1–10) 유한차분법과 지정된 n을 이용하여 주어진 경곗값 문제의 근사해를 구하여라.

1. $y'' + 9y = 0,\ y(0) = 4,\ y(2) = 1;\ n = 4$

2. $y'' - y = x^2,\ y(0) = 0,\ y(1) = 0;\ n = 4$

3. $y'' + 2y' + y = 5x,\ y(0) = 0,\ y(1) = 0;\ n = 5$

4. $y'' - 10y' + 25y = 1,\ y(0) = 1,\ y(1) = 0;\ n = 5$

5. $y'' - 4y' + 4y = (x+1)e^{2x}$,
$y(0) = 3,\ y(1) = 0;\ n = 6$

6. $y'' + 5y' = 4\sqrt{x},\ y(1) = 1,\ y(2) = -1;\ n = 6$

7. $x^2y'' + 3xy' + 3y = 0,\ y(1) = 5,\ y(2) = 0;\ n = 8$

8. $x^2y'' - xy' + y = \ln x,\ y(1) = 0,\ y(2) = -2;\ n = 8$

9. $y'' + (1-x)y' + xy = x,\ y(0) = 0,\ y(1) = 2;\ n = 10$

10. $y'' + xy' + y = x,\ \ y(0) = 1,\ y(1) = 0;\ n = 10$

11. $n = 8$을 이용하여 예제1을 다시 풀어라.

12. 반경이 $r = 1$과 $r = 4$인 두 개의 동심구 사이의 정전위는

$$\frac{d^2u}{dr^2} + \frac{2}{r}\frac{du}{dr} = 0,\ u(1) = 50,\ u(4) = 100$$

으로부터 결정된다. $n = 6$인 경우 이 절에서 배운 방법을 이용하여 이 경곗값 문제의 근사해를 구하여라.

13. 경곗값 문제 $y'' + xy = 0,\ y'(0) = 1,\ y(1) = -1$을 생각해 보자.

(a) 미분방정식에 대응하는 차분방정식을 구하여라. $i = 0, 1, 2, \cdots, n-1$에 대해 $n+1$개의 미지수들 y_{-1}, $y_0, y_1, y_2, \cdots, y_{n-1}$을 갖는 n개의 방정식들이 됨을 보여라. 여기서 y_{-1}은 외부점 $x = -h$에서 y에 근삿값을 표현하고 y_0는 $x = 0$에서 지정되어있지 않으므로 y_{-1}과 y_0는 미지수이다.

(b) 중앙차분 근삿값 (5)를 사용하여 $y_1 - y_{-1} = 2h$임을 보여라. 이 방정식을 사용하여 (a)에서의 방정식으로부터 y_{-1}을 소거하여라.

(c) $n = 5$와 (a)와 (b)에서 구한 연립방정식을 사용하여 원래의 경곗값 문제의 근사해를 구하여라.

컴퓨터 실습 과제

14. 경곗값 문제 $y'' = y' - \sin(xy),\ y(0) = 1,\ y(1) = 1.5$을 생각해 보자. 사격 방법을 이용하여 이 문제의 근사해를 구하여라. (이 근사해는 수치적인 방법 (즉, $h = 0.1$의 경우 RK4 방법 또는 Mathematica나 Maple 같은 컴퓨터 대수 체계를 이용할 수 있다면 **NDSolve**함수를 사용할 수도 있다)을 사용하여 얻어질 수 있다.)

9장 복습

(1–4) 오일러 방법, 개선된 오일러 방법 그리고 RK4 방법을 사용하여 다음 $y(x)$의 값을 비교하는 표를 만들어라. 소수 넷째 자리까지 계산하여라. 처음에는 $h = 0.1$로 하여 계산하고 다음에는 $h = 0.05$로 하여 계산하여라.

1. $y' = 2\ln xy,\ y(1) = 2;$
$y(1.1),\ y(1.2),\ y(1.3),\ y(1.4),\ y(1.5)$

2. $y' = \sin x^2 + \cos y^2,\ y(0) = 0;$
$y(0.1),\ y(0.2),\ y(0.3),\ y(0.4),\ y(0.5)$

3. $y' = \sqrt{x+y},\ y(0.5) = 0.5;$
$y(0.6),\ y(0.7),\ y(0.8),\ y(0.9),\ y(1.0)$

4. $y' = xy + y^2,\ y(1) = 1;$
$y(1.1),\ y(1.2),\ y(1.3),\ y(1.4),\ y(1.5)$

5. 오일러 방법을 사용하여 $y(0.2)$의 근삿값을 구하여라. 여기서 $y(x)$는 초깃값 문제 $y'' - (2x+1)y = 1$, $y(0) = 3$, $y'(0) = 1$의 해이다. 첫 번째 단계에서는 $h = 0.2$를 사용하고 두 번째 단 계에서는 $h = 0.1$을 사용하여 계산하여라.

6. **애덤스–배시포스–몰튼** 방법을 사용하여 $y(0.4)$의 근삿값을 구하여라. 여기서 $y(x)$는 초깃값 문제 $y' = 4x - 2y$, $y(0) = 2$의 해이다. $h = 0.1$과 RK4 방법을 사용하여 y_1, y_2, y_3의 값을 구하여라.

7. $h = 0.1$과 오일러 방법을 이용하여 $x(0.2)$와 $y(0.2)$의 근삿값을 구하여라. 여기서 $x(t)$와 $y(t)$는 초깃값 문제

$$x' = x + y$$
$$y' = x - y$$
$$x(0) = 1, \ y(0) = 2$$

의 해이다.

8. $n = 10$인 유한차분법을 사용하여 경곗값 문제

$$y'' + 6.55(1+x)y = 1, \ y(0) = 0, \ y(1) = 0$$

의 근사해를 구하여라.

부 록

- 부록A
  적분으로 정의된 함수

- 부록B
  행렬

- 부록C
  라플라스 변환

부록A 적분으로 정의된 함수

소개 응용수학에서는 적분형태로 정의되어진 많은 중요한 함수들을 접하게 된다. 이를 위한 몇몇의 방법들이 있다. 1.1절, 2.3절, 4.2절에서 우리는 이미 미분방정식의 해가 다음과 같은 형태의 함수

$$F(x) = \int_a^x g(t)dt \tag{1}$$

임을 확인했다. 적분으로 정의된 함수는 또한 다음과 같은 형태가 될 수 있다.

$$F(x) = \int_a^b g(x,\ t)dt, \tag{2}$$

여기서 x는 매개 변수로 이해하고, 즉, x를 t적분에 대해서는 상수로 취급한다. 특히 이름을 가진 함수들이 많은 경우, 적분으로 정의하는 것은 기초적이지 않다. (페이지 12를 검토하여라.) (2)에서 피적분 함수 g는 많은 매개 변수들에 의존하게 된다. 즉, $g(x,\ y,\ t)$라고 하자. 이 경우 (2)의 적분은 두 개의 변수 x, y의 함수를 정의 한다. 게다가, (1)과 (2)는 이상 적분이 된다. 예를 들어, (1)에서 적분의 하한 a는 $-\infty$가 될 수 있고 또는 적분 구간을 $[x,\ \infty)$으로 택할 수 있다. (2)에서는 적분의 상한과 하한 또는 둘 중의 하나가 무한이 될 수가 있거나 또는 피적분함수 $g(x,\ t)$ 가 적분 구간 $[a,\ b]$에서 무한의 불연속을 나타낼 수 있다. 이상 적분의 수렴은 일반적으로 변수 x에 의존할 것이다. 7.1절의 예제1, 2, 3을 참조하여라.

오차 함수 2.3절과 14.1절에서 우리는 오차함수와 여오차함수

$$\operatorname{erf}(x) = \frac{2}{\sqrt{\pi}}\int_0^x e^{-t^2}dt \text{ 와 } \operatorname{erfc}(x) = \frac{2}{\sqrt{\pi}}\int_x^\infty e^{-t^2}dt \tag{3}$$

를 보았으며, 이 두 함수는 (1)에서 주어진 $g(t) = (2/\sqrt{\pi})e^{-t^2}$인 형태이다. 7장에서 함수 $f(t)$의 라플라스 변환은 함수 $F(s) = \int_0^\infty e^{-st}f(t)dt$ 임을 보았다. 부호 s는 x역할을 하여 마지막 적분은 (2)에서 주어진 $g(s,\ t) = e^{-st}f(t)$인 형태이다. 14장에서의 푸리에 변환 $F(\alpha) = \int_{-\infty}^\infty f(x)e^{i\alpha x}dx$ 또한 부호 x와 α를 각각 t와 x로 대체하고 $g(\alpha,\ x) = f(x)e^{i\alpha x}$인 (2)에서 주어진 형태이다.

우리는 (2)에서 주어진 형태 중 하나인 구체적인 적분으로 정의된 함수들에 대해서 논의를 시작하려고 한다.

감마 함수 특별한 함수들(베셀함수와 같은)의 연구에서 중요한 함수들의 후보자들 가운데 감마함수는 단연 최고이다. 이 함수의 적분 정의

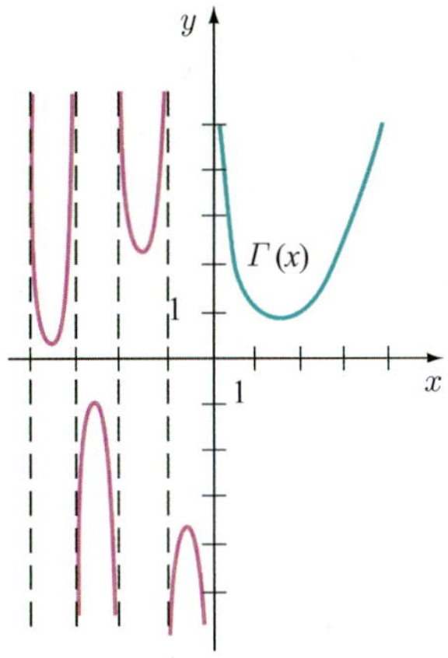

그림 A.1 감마함수의 그래프

$$\Gamma(x)=\int_0^\infty t^{x-1}e^{-t}dt \tag{4}$$

는 스위스 수학자 **레온하르트 오일러(Leonhard Euler**, 1707-1783)에 의해서 1768년에 출판된 Institutiones calculi integralis에서 처음으로 소개되었다.

그래프와 성질들 이상 적분 (4)의 수렴은 $x-1>-1$ 또는 $x>0$이 필요하다. 비록 적분 (4)는 $x\le 0$에서 수렴하지 않지만, 다른 정의를 이용하여 감마함수의 정의역이 양의 정수가 아닌($x=-n,\ n=0,\ 1,\ 2,\ \cdots$) 수를 제외한 실수의 모든 집합으로 확장할 수 있음을 보여 줄 수 있다.(부록A의 연습문제28 참조) 실변수 x의 함수로 간주하여 $\Gamma(x)$의 그래프는 그림 A.1에 주어졌다. 그림에서 보듯이 점선 $x=0$, $x=-1$, $x=-2$, $\cdots$은 그래프의 수직점근선을 나타낸다.

감마 함수의 x에서의 값과 $x+1$에서의 값들 사이에는 놀랄 만큼 간단하고 극도로 유용한 관계가 있다. 이 관계를 얻기 위해 우리는 (4)에서 x를 $x+1$로 바꾸고 부분적분을 하면:

$$\begin{aligned}\Gamma(x+1)&=\int_0^\infty t^{(x+1)-1}e^{-t}dt=\int_0^\infty t^x e^{-t}dt\\&=\lim_{b\to\infty}\left[-t^x e^{-t}\big|_0^b+x\int_0^b t^{x-1}e^{-t}dt\right] &(5)\\&=x\lim_{b\to\infty}\int_0^b t^{x-1}e^{-t}dt. &(6)\end{aligned}$$

(5)에서 $\lim_{b\to\infty} t^x e^{-t}|_0^b=0$은 $x>0$의 가정과 로피탈 법칙의 반복적 응용으로부터 알 수 있다. (6)에서의 극한 $\lim_{b\to\infty}\int_0^b t^x e^{-t}dt$은 이상 적분 (4)의 정의이다. 그러므로 우리는

$$\Gamma(x+1)=x\Gamma(x) \tag{7}$$

임을 보였다. 방정식 (7)을 **점화식**이라고 부른다.

x가 양의 정수일 때 $\Gamma(x)$의 값은 쉽게 계산할 수 있다. 예를 들어 $x=1$일 때, 우리는 (4)가 기본적인 적분임을 알 수 있다:

$$\Gamma(1)=\int_0^\infty e^{-t}dt=\lim_{b\to\infty}\int_0^b e^{-t}dt=\lim_{b\to\infty}(-e^{-b}+1)=1.$$

이 단순한 수치적 값으로부터 공식 (7)을 반복적으로 적용하면

$$\begin{aligned}\Gamma(2)&=\Gamma(1+1)=1\cdot\Gamma(1)=1\\\Gamma(3)&=\Gamma(2+1)=2\cdot\Gamma(2)=2\cdot 1\\\Gamma(4)&=\Gamma(3+1)=3\cdot\Gamma(3)=3\cdot 2\cdot 1\\\Gamma(5)&=\Gamma(4+1)=4\cdot\Gamma(4)=4\cdot 3\cdot 2\cdot 1\end{aligned}\tag{8}$$

등등을 얻는다. 이와 같은 방법으로 n이 양의 정수일 때

$$\Gamma(n+1) = n! \tag{9}$$

임을 알 수 있다. $n!$("n 팩토리얼"이라고 읽는다.)은 1부터 n까지의 연속된 정수들의 곱으로 정의되고, 즉, $n! = n(n-1)\cdots 3 \cdot 2 \cdot 1$이고 **계승함수**라고도 부른다. 편의를 위해 보통 $0! = 1$로 정의한다. $n!$은 (4)의 특별한 경우이기 때문에 감마함수를 종종 **일반화된 계승함수**라고도 부른다.

6.4절의 베셀함수의 반적분의 차수에 대한 논의를 할 때 우리는 $\Gamma(1/2) = \sqrt{\pi}$을 이용하였다. $x = 1/2$로 놓으면 우리는 (4)가

$$\Gamma\left(\frac{1}{2}\right) = \int_0^\infty t^{-1/2} e^{-t} dt \tag{10}$$

이 됨을 알 수 있다. 앞의 적분은 두 가지 이유에서 이상 적분임을 알자: 적분의 무한 극한과 피적분함수가 0에서 무한의 불연속을 갖는다. 그럼에도 불구하고 (10)은 분명하게 계산할 수 있다. 이것을 마무리하기 위해서, 우리는 $t = u^2$으로 치환하고 $dt = 2udu$으로 놓자:

$$\Gamma\left(\frac{1}{2}\right) = \int_0^\infty u^{-1} e^{-u^2} (2udu) = 2\int_0^\infty e^{-u^2} du \tag{11}$$

그러나 $\int_0^\infty e^{-u^2} du = \int_0^\infty e^{-v^2} dv$이므로

$$\left[\Gamma\left(\frac{1}{2}\right)\right]^2 = \left(2\int_0^\infty e^{-u^2} du\right)\left(2\int_0^\infty e^{-v^2} dv\right) = 4\int_0^\infty \int_0^\infty e^{-(u^2+v^2)} du dv$$

이다. 극좌표변환 $x = r\cos\theta$, $y = r\sin\theta$을 하면 이중적분을 계산할 수 있다:

$$4\int_0^\infty \int_0^\infty e^{-(u^2+v^2)} du dv = 4\int_0^{\pi/2} \int_0^\infty e^{-r^2} r dr d\theta = \pi.$$

그러므로

$$\left[\Gamma\left(\frac{1}{2}\right)\right]^2 = \pi \text{ 또는 } \Gamma\left(\frac{1}{2}\right) = \sqrt{\pi} \tag{12}$$

이다. 우리는 (11)의 형태 $2\int_0^\infty e^{-u^2} du = \sqrt{\pi}$로 부터 $\frac{2}{\sqrt{\pi}}\int_0^\infty e^{-u^2} du = 1$을 이용하여 오차함수와 여오차함수와 관련된 기본적인 항등식: $\text{erf}(x) + \text{erfc}(x) = 1$을 유도한다. 2.3절을 참조하여라.

(7)과 (12)의 이유로 x에 대한 감마함수의 값은 홀수인 정수의 반과 같다. 즉, $x = n + \frac{1}{2}$, 여기서 $n = 0, \pm 1, \pm 2, \cdots$, 는 $\Gamma(x) = \sqrt{\pi}$의 값으로 표현되어질 수 있다.

$$\Gamma(x) = \frac{\Gamma(x+1)}{x} \tag{13}$$

으로 표현되어지는 점화식 (7)은 감마함수의 정의를 음의 정수를 갖는 음의 실수까지 확장하는 예외적인 방법이다. 다음 예제(b)에서는 이 아이디어를 설명한다.

예제 1 (7), (12)와 (13)의 이용

(a) $\Gamma\left(\frac{3}{2}\right)$ (b) $\Gamma\left(-\frac{1}{2}\right)$ 을 계산하여라.

풀이 $x=\frac{1}{2}$와 (12)에서의 결과로 점화식 (7)은

$$\Gamma\left(\frac{3}{2}\right)=\Gamma\left(\frac{1}{2}+1\right)=\frac{1}{2}\Gamma\left(\frac{1}{2}\right)=\frac{1}{2}\sqrt{\pi}$$

이 된다.

(b) $x=-\frac{1}{2}$로 놓으면 공식 (13)은

$$\Gamma\left(-\frac{1}{2}\right)=\frac{\Gamma\left(-\frac{1}{2}\right)}{-\frac{1}{2}}=-2\Gamma\left(\frac{1}{2}\right)=-2\sqrt{\pi}$$

이다. ■

베타 함수 (2)에서와 비슷한 적분 형태 $\int_a^b g(x,\ y,\ t)dt$은 두 개의 변수 x, y의 함수를 정의 한다. 이런 종류의 적분의 예로

$$B(x,y)=\int_0^1 t^{x-1}(1-t)^{y-1}dt \tag{14}$$

이 있다. 앞서 말한 적분이 **베타함수**로서 알려져 있고 감마 함수와 밀접한 관계가 있다. (14)의 적분은 특정한 $x,\ y$값의 선택 대해서 0과 1에서 불연속일 수 있지만, $x>0,\ y>0$에서 적분이 존재하다는 것을 보일 수 있다. 비록 우리는 그것을 증명하지 않지만, 베타 함수는 감마 함수에 대하여 표현 될 수 있다:

$$B(x,\ y)=\frac{\Gamma(x)\Gamma(y)}{\Gamma(x+y)},\quad x>0,\ y>0 \tag{15}$$

예제 2 (12)와 (15)의 이용

피적분 함수는 $t=1$에서 불연속점을 갖는다. ▶

$\int_0^1 \sqrt{\frac{t}{1-t}}\,dt$ 을 계산하여라.

풀이 비록 주어진 적분은 이상 적분이지만 우리는 항상 (15)를 이용하여 그것을 바로 계산할 수 있다. 주어진 적분을 동치 형태로 다시 바꿈으로써

$$\int_0^1 t^{1/2}(1-t)^{-1/2}dt$$

우리는 이것이 $x=\frac{3}{2}$이고 $y=\frac{1}{2}$인 (14)와 같은 형태임을 알 수 있다. (15)로부터

$$\int_0^1 t^{1/2}(1-t)^{-1/2}dt = B(\frac{3}{2},\frac{1}{2}) = \frac{\Gamma(\frac{3}{2})\Gamma(\frac{1}{2})}{\Gamma(2)} = \frac{\pi}{2}$$

이고, 여기서 우리는 전에 얻어진 결과들 $\Gamma\left(\frac{3}{2}\right)=\frac{1}{2}\sqrt{\pi}$, $\Gamma\left(\frac{1}{2}\right)=\sqrt{\pi}$, 그리고 $\Gamma(2)=1$을 이용하였다. ■

다른 적분으로 정의된 함수 우리는 적분으로 정의된 함수들의 주제에 대해 겨우 다루었다. 여기에 수학, 물리, 그리고 공학에서 발생하는 몇 가지 함수들이다.

사인과 코사인 적분 함수들 :

$$\mathrm{Si}(x)=\int_0^x \frac{\sin t}{t}dt,\ \ \mathrm{Ci}(x)=-\int_x^\infty \frac{\cos t}{t}dt \tag{16}$$

프레넬 사인과 코사인 적분 함수들 :

$$S(x)=\int_0^x \sin(\frac{1}{2}\pi t^2)dt,\ \ C(x)=\int_0^x \cos(\frac{1}{2}\pi t^2)dt \tag{17}$$

지수 적분 함수 :

$$\mathrm{Ei}(x)=\int_{-\infty}^x \frac{e^t}{t}dt \tag{18}$$

로그 적분 함수 :

$$\mathrm{Li}(x)=\int_2^x \frac{1}{\ln t}dt \tag{19}$$

1종과 2종의 에어리 함수들 :

$$\begin{aligned}\mathrm{Ai}(x)&=\frac{1}{\pi}\int_0^\infty \cos(xt+\frac{1}{3}t^3)dt,\\ \mathrm{Bi}(x)&=\frac{1}{\pi}\int_0^\infty [e^{xt-\frac{1}{3}t^3}+\sin(xt+\frac{1}{3}t^3)]dt\end{aligned} \tag{20}$$

(16)-(20)에서 함수들의 정의는 웹사이트들과 문헌을 통해서 약간씩은 다르다. 예를 들면, 광학의 연구에서 처음으로 소개된 프레넬 적분은 종종 피적분함수의 인수 $\frac{1}{2}\pi$없이 정의되기도 한다. 컴퓨터 대수 체계 Mathematica에서는 지수 적분은 $\mathrm{Ei}(x)=-\int_{-\infty}^\infty (e^{-t}/t)dt$로 표현되어 진다. 치환 $t=-u$을 이용하면 이 마지막 적분은 (18)과 동치임을 쉽게 보일 수 있다. 마지막으로, 피적분함수 $f(t)$

$=(\sin t)/t$는 $t=0$에서 없앨 수 있는 불연속성을 가지기 때문에 사인 적분함수 $\mathrm{Si}(x)=\int_0^\infty \frac{\sin t}{t}dt$은 이상 적분으로 간주되지 않는다, 즉, 피적분함수가

$$f(t)=\begin{cases}\dfrac{\sin t}{t}, & t>0\\ 1, & t=0\end{cases}$$

로 해석되어져야만 한다. 함수들 (16)-(20)의 그래프들이 그림 A.2.에서 주어졌다.

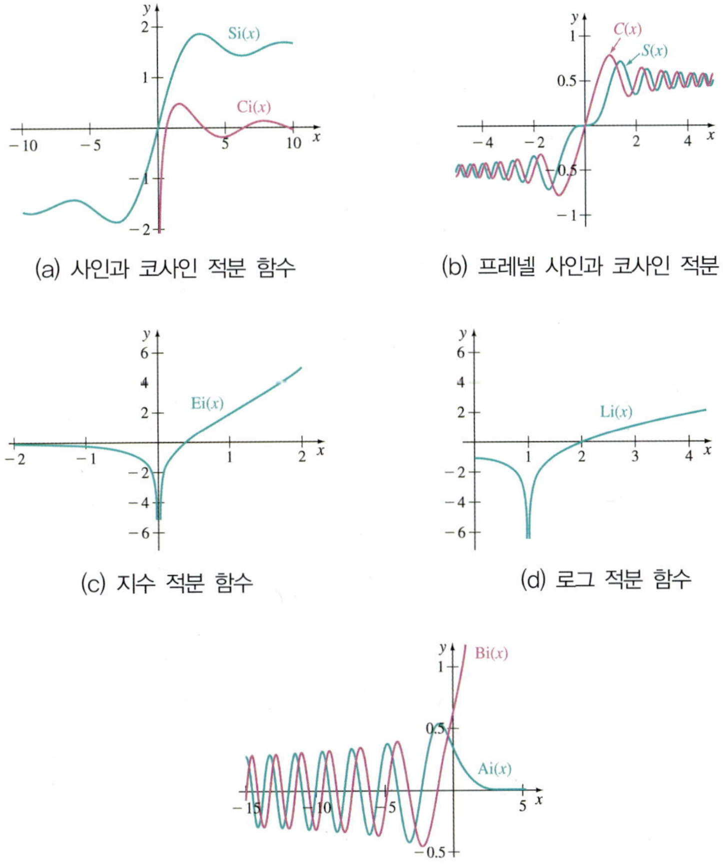

(a) 사인과 코사인 적분 함수

(b) 프레넬 사인과 코사인 적분 함수

(c) 지수 적분 함수

(d) 로그 적분 함수

(e) 1종과 2종의 에어리 함수

그림 A.2. $\mathrm{Si}(x)$, $\mathrm{Ci}(x)$, $S(x)$, $C(x)$, $\mathrm{Ei}(x)$, $\mathrm{Li}(x)$, $\mathrm{Ai}(x)$, $\mathrm{Bi}(x)$ 그래프들

적분으로 정의된 함수의 도함수 적분 (1)과 그것의 도함수는 미적분학 첫 학기 과정에서 접하였다. 미적분학의 기본 정리의 형태를 떠올려 보면 만약 g가 적분구간에서 연속이고 a는 적분구간의 수이면 $F(x)=\int_a^x g(t)dt$는 미분가능 함수이고 그것의 도함수는

$$F'(x)=\frac{d}{dx}\int_a^x g(t)dt=g(x) \tag{21}$$

이다. (2)의 가장 일반적으로 x의 함수들이 적분의 극한인 경우

$$F(x)=\int_{u(x)}^{\nu(x)} g(x,\ t)dt$$

의 도함수는 라이프니츠 법칙에 의해

$$\begin{aligned} F'(x) &= \frac{d}{dx}\int_{u(x)}^{\nu(x)} g(x,\ t)dt \\ &= g(x,\ \nu(x))\frac{d\nu}{dx} - g(x,\ u(x))\frac{du}{dx} + \int_{u(x)}^{\nu(x)} \frac{\partial}{\partial x} g(x,\ t)dt \end{aligned} \tag{22}$$

이다. 어떤 구체적인 설명 없이, 일반적으로 $u(x)$, $\nu(x)$, $u'(x)$와 $\nu'(x)$는 구간에서 연속이고 $g(x,\ t)$와 $g_x(x,\ t)$는 어떤 xt평면의 영역에서 연속이라고 가정한다.

특히 (22)의 특별한 두 가지 경우가 흥미롭다. 첫 번째로는 피적분함수 $g(x,\ t)$를 $g(t)$로 바꾼다면 $(\frac{\partial}{\partial x})g(t)=0$이고 (22)는

이 결과는 (21)과 연쇄법칙으로 부터 또한 유도 될 수 있다.

$$F'(x)=\frac{d}{dx}\int_{u(x)}^{\nu(x)} g(t)dt = g(\nu(x))\frac{d\nu}{dx} - g(u(x))\frac{du}{dx} \tag{23}$$

이 된다. 두 번째로, 만약 $u=a$, $\nu=b$인 상수라고 하면 $u'=0$, $\nu'=0$이고 적분 기호를 갖는 미분의 법칙에 의해 (22)는

$$F'(x)=\frac{d}{dx}\int_a^b g(x,\ t)dt = \int_a^b \frac{\partial}{\partial x} g(x,\ t)dt \tag{24}$$

이다. 좀 더 강력한 조건 속에서도, 적분 구간이 $[a,\ \infty)$일 때 또한 (24)의 결과는 성립한다. 마지막 결과는 우리에게 미분방정식을 회상하게 만든다. 부록A의 연습문제49-52를 참조하여라.

예제 3 (22), (23)와 (24)의 이용

함수들의 도함수를 계산하여라.

(a) $F(x)=\int_{x^2}^{x^3} \sin(4xt^2)\,dt$

(b) $F(x)=\int_{x^2}^{x^3} \sin(4t^2)\,dt$

(c) $F(x)=\int_0^1 \sin(4xt^2)\,dt$

풀이 (a) $u=x^2$, $\nu=x^3$인 (22)로부터 우리는

$$\begin{aligned}F'(x) &= \frac{d}{dx}\int_{x^2}^{x^3} \sin(4xt^2)dt \\ &= \sin(4x(x^3)^2)\cdot 3x^2 - \sin(4x(x^2)^2)\cdot 2x + 4\int_{x^2}^{x^3} t^2\cos(4xt^2)dt \\ &= 3x^2\sin(4x^7) - 2x\sin(4x^5) + 4\int_{x^2}^{x^3} t^2\cos(4xt^2)dt\end{aligned}$$

을 얻는다.

(b) (23)으로부터

$$\begin{aligned}F'(x) &= \frac{d}{dx}\int_{x^2}^{x^3} \sin(4t^2)dt \\ &= \sin(4(x^3)^2)\cdot 3x^2 - \sin(4(x^2)^2)\cdot 2x \\ &= 3x^2\sin(4x^6) - 2x\sin(4x^4)\end{aligned}$$

이다.

(c) (24)로부터

$$F'(x) = \frac{d}{dx}\int_0^1 \sin(4xt^2)dt = \int_0^1 \frac{\partial}{\partial x}\sin(4xt^2)dt = 4\int_0^1 t^2\cos(txt^2)dt$$

이다. ■

(24)에서의 결과는 때때로 처음 보았을 때 다루기 힘들 것 같은 적분을 계산하는데 도움이 될 수 있다. 하지만 그 과정에는 가르쳐 줄 수 없는 영리함과 형식에 맞는 조작을 포함하고 있다. 부록A의 연습문제53-56은 학생들에게 조그마한 아이디어의 표본을 제공할 것이다.

연습문제 부록 A

감마 함수

(1–2) 주어진 양을 계산하여라.

1. $\Gamma(6)$ **2.** $\Gamma(8)$

(3–6) (7)과 알려진 값 $\Gamma\left(\frac{1}{2}\right) = \sqrt{\pi}$을 이용하여 주어진 양을 계산하여라.

3. $\Gamma\left(\frac{5}{2}\right)$ **4.** $\Gamma\left(\frac{7}{2}\right)$

5. $\Gamma\left(\frac{9}{2}\right)$ **6.** $\Gamma\left(\frac{11}{2}\right)$

(7–10) (13)과 알려진 값 $\Gamma\left(-\frac{1}{2}\right) = -2\sqrt{\pi}$을 이용하여 주어진 양을 계산하여라.

7. $\Gamma\left(-\frac{3}{2}\right)$ **8.** $\Gamma\left(-\frac{5}{2}\right)$

9. $\Gamma\left(-\frac{7}{2}\right)$ **10.** $\Gamma\left(-\frac{9}{2}\right)$

(11–14) (7)과 주어진 수치적 값을 이용하여 주어진 양을 계산하여라.

11. $\Gamma(0.2)=4.5908;\ \Gamma(1.2)$

12. $\Gamma(-0.1)=-10.6863;\ \Gamma(0.9)$

13. $\Gamma(-0.3)=-4.3269;\ \Gamma(1.7)$

14. $\Gamma(1.5)=0.8862;\ \Gamma(3.5)$

15. $\Gamma(x+4)$ 을 $\Gamma(x)$ 로 표현하여라.

16 $c>0,\ x>0$에 대하여 치환을 이용하여

$$\int_0^\infty t^{x-1}e^{-ct}dt=c^{-x}\Gamma(x)$$

임을 보여라.

(17–20) 문제16의 결과를 이용하여 주어진 이상적분을 감마함수로 표현하여라. 그리고 그 적분을 계산하여라.

17. $\displaystyle\int_0^\infty \frac{e^{-2t}}{\sqrt{t}}dt$ **18.** $\displaystyle\int_0^\infty t^{3/2}e^{-4t}dt$

19. $\displaystyle\int_0^\infty t^4e^{-6t}dt$ **20.** $\displaystyle\int_0^\infty t^3e^{-t/3}dt$

(21–24) 치환 $t=-\ln x$과 문제16의 결과를 이용하여 어진 이상적분을 감마함수로 표현하여라. 그리고 적분을 계산하여라.

21. $\displaystyle\int_0^1 x^3\left(\ln\frac{1}{x}\right)^3dx$ **22.** $\displaystyle\int_0^1 x^4\left(\ln\frac{1}{x}\right)^2dx$

23. $\displaystyle\int_0^1\left(\frac{1}{x}\ln\frac{1}{x}\right)^{1/2}dx$ **24.** $\displaystyle\int_0^1 x^{1/2}\left(\ln\frac{1}{x}\right)^{-1/2}dx$

(25–26) 표시된 치환을 이용하여 주어진 이상 적분을 감마함수로 표현하여라. 그리고 표시된 수치를 이용하여 그 적분을 계산하여라.

25. $\displaystyle\int_0^\infty x^5e^{-x^5}dx;\ t=x^5,\ \Gamma\left(\frac{6}{5}\right)=0.9182$

26. $\displaystyle\int_0^\infty x^4e^{-x^3}dx;\ t=x^3,\ \Gamma\left(\frac{5}{3}\right)=0.9027$

27. (a) $x>0$에 대하여 감마함수는 모든 차수의 미분 값을 가진다. (24)에서 주어진 라이프니츠의 법칙을 이용하여

$$\Gamma'(x)=\int_0^\infty t^{x-1}e^{-t}\ln t\,dt$$

$$\Gamma''(x)=\int_0^\infty t^{x-1}e^{-t}(\ln t)^2dt$$

임을 보여라.

(b) $x>0$에 대하여 $\Gamma(x)>0$이고 $\Gamma''(x)>0$이다. 그림 A.1을 보지 말고, 이것은 $\Gamma(x)$의 그래프에 대해서 무엇을 이야기하는 것인가?

28. $x=0,\ x=-1,\ x=-2,\ \cdots$를 제외한 모든 실수에 대해서 성립하는 1811년 Carl Friedrich Gauss에 의해 주어진 감마함수의 정의는

$$\Gamma(x)=\lim_{x\to\infty}\frac{n!n^x}{x(x+1)(x+2)\cdots(x+n)}$$

이다. 이 정의를 이용하여 점화식 (7)을 다른 방법으로 유도하여라.

베타 함수

(29–30) 주어진 이상 적분을 베타함수로 표현하여라. 그리고 (15)와 감마함수의 알려진 값을 이용하여 적분을 계산하여라.

29. $\displaystyle\int_0^1\frac{1}{\sqrt{t(1-t)}}dt$ **30.** $\displaystyle\int_0^1\sqrt{t}\ \sqrt{(1-t)^3}\,dt$

(31–32) 표시된 치환을 이용하여 주어진 이상 적분을 베타함수로 표현하여라. 그리고 (15)와 감마함수의 알려진 값을 이용하여 적분을 계산하여라.

31. $\displaystyle\int_0^1\frac{x^2}{\sqrt{1-x^2}}dx;\ t=x^2$ **32.** $\displaystyle\int_0^1\frac{x^5}{\sqrt{1-x^4}}dx;\ t=x^4$

(33–34) 치환 $t=x/2$을 이용하여 주어진 이상 적분을 베타함수로 표현하여라. 그리고 (15)와 감마함수의 알려진 값을 이용하여 적분을 계산하여라.

33. $\displaystyle\int_0^2 x^{-1/2}(2-x)^{5/2}dx$ **34.** $\displaystyle\int_0^2\frac{x^2}{\sqrt{2-x}}dx$

35. 베타함수가 $x,\ y$에 대하여 대칭임을 보여라. 즉, $B(x,y)=B(y,x)$.

36. $m+1$와 $n+1$이 양의 정수들이면, (15)는

$$B(m+1,n+1)=\frac{m!n!}{(m+n+1)!}$$

이 됨을 보여라.

37. 치환 $t=\sin^2\theta$ 을 이용하여 베타함수 (14)는

$$B(x,y)=2\int_0^{\pi/2}\sin^{2x-1}\theta\cos^{2y-1}\theta\,d\theta$$

로 표현될 수 있음을 보여라.

38. $m=2x-1$와 $n=2y-1$이면, 문제37의 적분은

$$\int_0^{\pi/2}\sin^m\theta\cos^n\theta\,d\theta$$

$$=\frac{\Gamma(\frac{m+1}{2})\Gamma(\frac{n+1}{2})}{2\Gamma(\frac{m+n+2}{2})},\ m>-1,\ n>-1$$

로 표현될 수 있음을 보여라.

(39–42) 문제38의 결과를 이용하여 주어진 적분을 계산하여라.

39. $\int_0^{\pi/2}\sin^3\theta\cos^3\theta\,d\theta$

40. $\int_0^{\pi/2}\sin^6\theta\cos^5\theta\,d\theta$

41. $\int_0^{\pi/2}\cos^5\theta\,d\theta$

42. $\int_0^{\pi/2}\sin^7\theta\,d\theta$

라이프니츠의 법칙

(43–48) (22)와 (23)에 주어진 라이프니츠의 법칙의 형태를 이용하여 주어진 함수의 도함수를 구하여라.

43. $F(x)=\int_x^{2x^3}e^{-x^3t^2}dt$

44. $F(x)=\int_0^{x^2}\frac{\sin(x\sqrt{t})}{t}dt$

45. $F(x)=\int_{x^2}^{\cos x}(x^2+t^2)^{10}dt$

46. $F(x)=\int_{\sqrt{3}\,x}^{\sin 2x}\ln(x^2+t^2)dt$

47. $F(x)=\int_{\pi/2}^{\pi-x}e^{\sin t}\sin(\cos t)\,dt$

48. $F(x)=\int_{\sqrt{x}}^{4\sqrt{x}}e^{t^2}dt$

(49–50) (24)에 주어진 라이프니츠의 법칙의 형태를 이용하여 표시된 적분으로 정의된 함수가 2차 미분방정식의 해가 됨을 보여라.[힌트: 1계 와 2계 도함수를 계산한 후 부분적분법을 이용하여 계산될 수 있는 y'항을 구한다.]

49. $xy''+y'+xy=0;\ y=\int_0^{\pi}\cos(x\cos t)dt$

50. $xy''+y'-xy=0;\ y=\int_0^{\pi}e^{x\cos t}dt$

51. 라이프니츠의 법칙 (24)가 주어진 이상 적분에 대해서 성립한다고 가정하자.

$$y=e^{x^2}\int_0^{\infty}t^2e^{-t^2}\cos 2xt\,dt$$

위의 적분으로 정의된 함수가 2차 미분방정식 $y''+2xy$ $y''+2xy'+4y=0$의 해가 됨을 보여라.[힌트: 1계 와 2계 도함수를 계산한 후 부분적분법을 이용하여 계산 될 수 있는 y'' 항을 구한다.]

52. (a) 오차함수 $\mathrm{erf}(x)$의 도함수를 구하여라. 그리고 항등식 $\mathrm{erf}(x)+\mathrm{erfx}(x)=1$을 이용하여 여오차함수 $\mathrm{erfc}(x)$의 도함수를 구하여라.
(b) (a)의 마지막 결과를 이용하여

$$y=e^{-x^2}-2x\int_x^{\infty}e^{-t^2}dt$$

가 $y''+2xy'-2y=0$의 해가 됨을 보여라.

53. (a) $x>0$에 대하여, $\int_0^{\infty}\frac{1}{x^2+t^2}dt=\frac{\pi}{2x}$ 임을 보여라. [힌트: 표지 앞쪽의 적분표에서 공식43을 참조한다.]
(b) (a)의 결과와 (24)를 이용하여

$$\int_0^{\infty}\frac{1}{(x^2+t^2)^2}dt=\frac{\pi}{4x^3}$$

임을 보여라.

54. 함수 $F(x)=\int_0^1\frac{t^x-1}{\ln t}dt,\ x\geq 0$이라고 하자.
(a) (24)를 이용하여 적분형태의 $F'(x)$를 구하여라. 이 적분을 계산하여라.

(b) (a)의 결과를 이용하여 $F(x)=\int F'(x)dx+C$, (여기서 C는 상수)을 구하여라.

(c) (b)의 결과와 $F(0)=0$를 이용하여 양함수 $F(x)$를 구하여라.

55. 함수 $F(x)=\int_0^\infty \frac{1-e^{-xt^2}}{t^2}dt,\ x \ge 0$이라고 하자.

(a) (24)를 이용하여 적분형태의 $F'(x)$를 구하여라. 치환과 알려진 결과 $\int_0^\infty e^{-u^2}du=\sqrt{\pi}/2$을 이용하여 이 적분을 계산하여라(526쪽 참조).

(b) (a)의 결과를 이용하여 $F(x)=\int F'(x)dx+C$ (여기서 C는 상수)을 구하여라.

(c) (b)의 결과와 $F(0)=0$를 이용하여 양함수 $F(x)$를 구하여라.

56. 함수 $F(x)=\int_0^\infty e^{-tx}\frac{\sin t}{t}dt,\ x \ge 0$이라고 하자.

(a) (24)를 이용하여 적분형태의 $F'(x)$를 구하여라. 부분적분법을 이용하여 이 적분을 계산하여라.

(b) (a)의 결과를 이용하여 $F(x)=\int F'(x)dx+C$ (여기서 C는 상수)을 구하여라.

(c) (b)의 결과와 $F(0)=\pi/2$를 이용하여 양함수 $F(x)$를 구하여라.

부록B 행렬

B.1 기본적인 정의 및 정리

정의 B.1 행렬

행렬 A는 수 또는 함수의 임의의 직사각형의 배열이다. 즉,

$$\mathrm{A}=\begin{pmatrix} a_{11} & a_{12} & \cdots & a_{1n} \\ a_{21} & a_{22} & \cdots & a_{2n} \\ \vdots & & & \vdots \\ a_{m1} & a_{m2} & \cdots & a_{mn} \end{pmatrix} \tag{1}$$

행렬이 m개의 행과 n개의 열을 가지면 이것의 **크기**는 “m by n”이라 하고 $m\times n$으로 나타낸다. $n\times n$ 행렬은 계수 n인 **정방행렬**이라고 한다.

$m\times n$ 행렬 A의 i번째 행과 j번째 열의 원소 또는 성분은 a_{ij}로 나타낸다. 이때 $m\times n$ 행렬 A은 $\mathrm{A}=(a_{ij})_{m\times n}$ 또는 간단히 $\mathrm{A}=(a_{ij})$로 표기한다. 1×1 행렬은 단지 하나의 상수이거나 함수이다.

정의 B.2 행렬의 상등

두 개의 $m \times n$ 행렬 A와 B는 모든 i와 j에 대하여 $a_{ij} = b_{ij}$이면 같다고 한다.

정의 B.3 열 행렬

열 행렬 X는 n개의 행과 하나의 열을 갖는 임의의 행렬이다. 즉,

$$\mathrm{X} = \begin{pmatrix} b_{11} \\ b_{21} \\ \vdots \\ b_{n1} \end{pmatrix} = (b_{i1})_{n \times 1}$$

열 행렬은 열 벡터 또는 간단히 벡터라고도 한다.

정의 B.4 행렬의 배수

행렬 A의 **배수**는

$$k\mathrm{A} = \begin{pmatrix} ka_{11} & ka_{12} & \cdots & ka_{1n} \\ ka_{21} & ka_{22} & \cdots & ka_{2n} \\ \vdots & & & \vdots \\ ka_{m1} & ka_{m2} & \cdots & ka_{mn} \end{pmatrix} = (ka_{ij})_{m \times n}$$

으로 정의한다. 여기서 k는 상수 또는 함수이다.

예제 1 행렬의 배수

(a) $5\begin{pmatrix} 2 & -3 \\ 4 & -1 \\ \frac{1}{5} & 6 \end{pmatrix} = \begin{pmatrix} 10 & -15 \\ 20 & -5 \\ 1 & 30 \end{pmatrix}$ (b) $e^t\begin{pmatrix} 1 \\ -2 \\ 4 \end{pmatrix} = \begin{pmatrix} e^t \\ -2e^t \\ 4e^t \end{pmatrix}$ ■

임의의 행렬 A에 대하여 곱 $k\mathrm{A}$는 $\mathrm{A}k$와 같음에 유의한다. 예를 들어,

$$e^{-3t}\begin{pmatrix} 2 \\ 5 \end{pmatrix} = \begin{pmatrix} 2e^{-3t} \\ 5e^{-3t} \end{pmatrix} = \begin{pmatrix} 2 \\ 5 \end{pmatrix}e^{-3t}$$

이다.

정의 B.5 행렬의 덧셈

두 개의 $m\times n$ 행렬 A와 B의 합은 행렬

$$A+B=(a_{ij}+b_{ij})_{m\times n}$$

으로 정의한다.

즉, 크기가 같은 두 행렬을 더할 때는 대응된 원소를 더한다.

예제 2 행렬 덧셈

$A=\begin{pmatrix} 2 & -1 & 3 \\ 0 & 4 & 6 \\ -6 & 10 & -5 \end{pmatrix}$와 $B=\begin{pmatrix} 4 & 7 & -8 \\ 9 & 3 & 5 \\ 1 & -1 & 2 \end{pmatrix}$의 합은

$$A+B=\begin{pmatrix} 2+4 & -1+7 & 3+(-8) \\ 0+9 & 4+3 & 6+5 \\ -6+1 & 10+(-1) & -5+2 \end{pmatrix}=\begin{pmatrix} 6 & 6 & -5 \\ 9 & 7 & 11 \\ -5 & 9 & -3 \end{pmatrix}$$

이다. ■

예제 3 열 행렬의 합으로 나타낸 행렬

하나의 행렬 $\begin{pmatrix} 3t^2-2e^t \\ t^2+7t \\ 5t \end{pmatrix}$은 3개의 열 벡터들의 합으로 나타낼 수 있다. 즉,

$$\begin{pmatrix} 3t^2-2e^t \\ t^2+7t \\ 5t \end{pmatrix}=\begin{pmatrix} 3t^2 \\ t^2 \\ 0 \end{pmatrix}+\begin{pmatrix} 0 \\ 7t \\ 5t \end{pmatrix}+\begin{pmatrix} -2e^t \\ 0 \\ 0 \end{pmatrix}=\begin{pmatrix} 3 \\ 1 \\ 0 \end{pmatrix}t^2+\begin{pmatrix} 0 \\ 7 \\ 5 \end{pmatrix}t+\begin{pmatrix} -2 \\ 0 \\ 0 \end{pmatrix}e^t.$$ ■

두 개의 $m\times n$ 행렬의 차는 일반적인 방식으로 정의한다. 즉, $A-B=A+(-B)$, 여기서 $-B=(-1)B$ 이다.

정의 B.6 행렬의 곱셈

A가 m개의 행과 n개의 열을 갖는 행렬이고, B가 n개의 행과 p개의 열을 갖는 행렬이라 하자. 곱 AB는 $m\times p$ 행렬이 되도록

$$AB=\begin{pmatrix} a_{11} & a_{12} & \cdots & a_{1n} \\ a_{21} & a_{22} & \cdots & a_{2n} \\ \vdots & & & \vdots \\ a_{m1} & a_{m2} & \cdots & a_{mn} \end{pmatrix}\begin{pmatrix} b_{11} & b_{12} & \cdots & b_{1p} \\ b_{21} & b_{22} & \cdots & b_{2p} \\ \vdots & & & \vdots \\ b_{n1} & b_{n2} & \cdots & b_{np} \end{pmatrix}$$

$$= \begin{pmatrix} a_{11}b_{11} + a_{12}b_{21} + \cdots + a_{1n}b_{n1} & \cdots & a_{11}b_{1p} + a_{12}b_{2p} + \cdots + a_{1n}b_{np} \\ a_{21}b_{11} + a_{22}b_{21} + \cdots + a_{2n}b_{n1} & \cdots & a_{21}b_{1p} + a_{22}b_{2p} + \cdots + a_{2n}b_{np} \\ \vdots & & \vdots \\ a_{m1}b_{11} + a_{m2}b_{21} + \cdots + a_{mn}b_{n1} & \cdots & a_{m1}b_{1p} + a_{m2}b_{2p} + \cdots + a_{mn}b_{np} \end{pmatrix}$$

$$= \left(\sum_{k=1}^{n} a_{ik} b_{kj} \right)_{m \times p}$$

로 정의한다.

정의 B.6에서 곱 $AB = C$ 는 행렬 A 의 열의 개수와 행렬 B 의 행의 개수가 같을 때에만 정의된다는 것에 유의한다. 곱 행렬의 크기는

$$A_{m \times n} B_{n \times p} = C_{m \times p}$$

으로부터 결정될 수 있다. 또한, 최종 행렬 AB 의 i 번째 행의 성분들이 A 의 i 번째 행과 B 의 각 열과의 내적의 성분 정의를 사용하여 만든다는 것을 인식한다.

예제 4 행렬의 곱셈

(a) $A = \begin{pmatrix} 4 & 7 \\ 3 & 5 \end{pmatrix}$와 $B = \begin{pmatrix} 9 & -2 \\ 6 & 8 \end{pmatrix}$에 대하여

$$AB = \begin{pmatrix} 4 \cdot 9 + 7 \cdot 6 & 4 \cdot (-2) + 7 \cdot 8 \\ 3 \cdot 9 + 5 \cdot 6 & 3 \cdot (-2) + 5 \cdot 8 \end{pmatrix} = \begin{pmatrix} 78 & 48 \\ 57 & 34 \end{pmatrix}.$$

(b) $A = \begin{pmatrix} 5 & 8 \\ 1 & 0 \\ 2 & 7 \end{pmatrix}$와 $B = \begin{pmatrix} -4 & -3 \\ 2 & 0 \end{pmatrix}$에 대하여

$$AB = \begin{pmatrix} 5 \cdot (-4) + 8 \cdot 2 & 5 \cdot (-3) + 8 \cdot 0 \\ 1 \cdot (-4) + 0 \cdot 2 & 1 \cdot (-3) + 0 \cdot 0 \\ 2 \cdot (-4) + 7 \cdot 2 & 2 \cdot (-3) + 7 \cdot 0 \end{pmatrix} = \begin{pmatrix} -4 & -15 \\ -4 & -3 \\ 6 & -6 \end{pmatrix}.$$

일반적으로 곱 행렬은 가환적이지 않다. 즉, $AB \neq BA$ 이다. 예제4의 (a)에서 $BA = \begin{pmatrix} 30 & 53 \\ 48 & 82 \end{pmatrix}$ 임을 알 수 있다. 반면에 (b)에서는 정의 B.6에 의하면 첫 번째 행렬(이 경우에는B)은 두 번째 행렬의 행의 수와 같은 열의 수를 가져야 하기 때문에 곱 BA 는 정의되지 않는다.

우리는 정방행렬과 열 벡터의 곱셈에 특히 관심을 갖는다.

예제 5 행렬의 곱셈

(a) $\begin{pmatrix} 2 & -1 & 3 \\ 0 & 4 & 5 \\ 1 & -7 & 9 \end{pmatrix} \begin{pmatrix} -3 \\ 6 \\ 4 \end{pmatrix} = \begin{pmatrix} 2 \cdot (-3) + (-1) \cdot 6 + 3 \cdot 4 \\ 0 \cdot (-3) + 4 \cdot 6 + 5 \cdot 4 \\ 1 \cdot (-3) + (-7) \cdot 6 + 9 \cdot 4 \end{pmatrix} = \begin{pmatrix} 0 \\ 44 \\ -9 \end{pmatrix}$

(b) $\begin{pmatrix} -4 & 2 \\ 3 & 8 \end{pmatrix}\begin{pmatrix} x \\ y \end{pmatrix} = \begin{pmatrix} -4x+2y \\ 3x+8y \end{pmatrix}$

곱셈에 대한 항등원 주어진 양의 정수 n에 대하여 $n \times n$ 행렬

$$\mathrm{I} = \begin{pmatrix} 1 & 0 & 0 & \cdots & 0 \\ 0 & 1 & 0 & \cdots & 0 \\ \vdots & & & & \vdots \\ 0 & 0 & 0 & \cdots & 1 \end{pmatrix}$$

을 곱셈에 대한 **단위행렬**이라고 한다. 정의 B.6으로부터 임의의 $n \times n$ 행렬 A에 대하여

$$\mathrm{AI} = \mathrm{IA} = \mathrm{A}$$

이다. 또한, X 가 $n \times 1$ 열 행렬이면 $\mathrm{IX} = \mathrm{X}$ 임이 쉽게 증명이 된다.

영 행렬 모든 성분이 0으로 구성된 행렬은 **영 행렬**이라고 하며, **0**으로 표기한다. 예를 들어,

$$\mathbf{0} = \begin{pmatrix} 0 \\ 0 \end{pmatrix},\ \mathbf{0} = \begin{pmatrix} 0 & 0 \\ 0 & 0 \end{pmatrix},\ \mathbf{0} = \begin{pmatrix} 0 & 0 \\ 0 & 0 \\ 0 & 0 \end{pmatrix},$$

등등이다. A와 **0**이 $m \times n$행렬이면,

$$\mathrm{A} + \mathbf{0} = \mathbf{0} + \mathrm{A} = \mathrm{A}$$

이다.

결합법칙 비록 증명은 하지 않지만 행렬의 곱은 **결합적**이다. 즉, A가 $m \times p$ 행렬, B가 $p \times r$ 행렬, C가 $r \times n$ 행렬이면,

$$\mathrm{A(BC)} = \mathrm{(AB)C}$$

이고, $m \times n$ 행렬이다.

분배법칙 모든 곱이 정의된다면 곱셈은 덧셈에 대하여 **분배적**이다. 즉,

$$\mathrm{A(B+C)} = \mathrm{AB} + \mathrm{AC}$$

이고

$$\mathrm{(B+C)A} = \mathrm{BA} + \mathrm{CA}$$

이다.

행렬의 행렬식 상수로 이루어진 모든 정방행렬A와 관련된 수는 행렬의 **행렬식**이라 하고 det A로 표기한다.

예제 6 정방행렬의 행렬식

$A = \begin{pmatrix} 3 & 6 & 2 \\ 2 & 5 & 1 \\ -1 & 2 & 4 \end{pmatrix}$ 에 대하여 det A 를 첫 번째 행의 여인수에 의하여 전개하면

$$\det A = \begin{vmatrix} 3 & 6 & 2 \\ 2 & 5 & 1 \\ -1 & 2 & 4 \end{vmatrix} = 3\begin{vmatrix} 5 & 1 \\ 2 & 4 \end{vmatrix} - 6\begin{vmatrix} 2 & 1 \\ -1 & 4 \end{vmatrix} + 2\begin{vmatrix} 2 & 5 \\ -1 & 2 \end{vmatrix}$$
$$= 3(20-2) - 6(8+1) + 2(4+5) = 18.$$

행렬식 det A 는 임의의 행과 열을 이용하여 여인수로 전개할 수 있음을 보일 수 있다. det A 가 많은 0 성분을 포함하는 행(또는 열)을 갖는다면 그 행(또는 열)으로 행렬식을 전개하는 것이 현명하다.

정의 B.7 행렬의 전치

$m \times n$행렬 (1)의 전치는 다음과 같이 주어진 $n \times m$ 행렬A^T이다.

$$A^T = \begin{pmatrix} a_{11} & a_{21} & \cdots & a_{m1} \\ a_{12} & a_{22} & \cdots & a_{m2} \\ \vdots & & & \vdots \\ a_{1n} & a_{2n} & \cdots & a_{mn} \end{pmatrix}$$

다시 말해서, 행렬A 의 행이 그것의 전치행렬 A^T의 열이 된다.

예제 7 행렬의 전치

(a) $A = \begin{pmatrix} 3 & 6 & 2 \\ 2 & 5 & 1 \\ -1 & 2 & 4 \end{pmatrix}$ 의 전치행렬은 $A^T = \begin{pmatrix} 3 & 2 & -1 \\ 6 & 5 & 2 \\ 2 & 1 & 4 \end{pmatrix}$ 이다.

(b) $X = \begin{pmatrix} 5 \\ 0 \\ 3 \end{pmatrix}$이면 $X^T = (\ 5\ 0\ 3\ )$이다.

정의 B.8 행렬의 곱셈에 대한 역원

A 가 $n \times n$ 행렬이라 하자. 다음을 만족하는 $n \times n$ 행렬 B 가 존재하면

$$AB = BA = I$$ (여기서I는 곱셈에 대한 단위행렬이다.)

행렬 B 는 행렬 A 의 **곱셈에 대한 역원**이라고 하고 $B = A^{-1}$로 표기한다.

정의 B.9 **정칙/특이행렬**

A가 $n \times n$ 행렬이라 하자. $\det \mathrm{A} \neq 0$이면 A는 **정칙**이라 한다. $\det \mathrm{A} = 0$이면 A는 **특이**라 한다.

다음의 정리는 정방행렬이 곱셈에 대한 역원을 갖기 위한 필요충분조건이다.

정리 B.1 **정칙은 A가 역행렬을 가짐을 의미한다.**

$n \times n$ 행렬 A가 곱셈에 대한 역행렬 A^{-1}를 갖을 필요충분조건은 A는 정칙행렬이다.

다음의 정리는 정칙행렬에 대한 곱셈에 대한 역원을 구하는 한 가지 방법이다.

정리 B.2 **행렬의 역에 대한 공식**

A가 $n \times n$ 정칙 행렬이고 $C_{ij} = (-1)^{i+j} M_{ij}$라 하자. 여기서 M_{ij}는 A로부터 i번째 행과 j번째 열을 제거하고 얻어진 $(n-1) \times (n-1)$ 행렬의 행렬식이다. 이때,

$$\mathrm{A}^{-1} = \frac{1}{\det \mathrm{A}} (C_{ij})^T \tag{2}$$

이다.

정리 B.2에서 모든 C_{ij}는 간단히 A의 대응된 성분 a_{ij}의 **여인수**이다. 전치가 공식 (2)에서 이용되었음에 유의한다.

추후 참고용으로 2×2 정칙 행렬

$$\mathrm{A} = \begin{pmatrix} a_{11} & a_{12} \\ a_{21} & a_{22} \end{pmatrix}$$

의 경우에서는 $C_{11} = a_{22}$, $C_{12} = -a_{21}$, $C_{21} = -a_{12}$와 $C_{22} = a_{11}$임을 알 수 있다. 따라서

$$\mathrm{A}^{-1} = \frac{1}{\det \mathrm{A}} \begin{pmatrix} a_{22} & -a_{21} \\ -a_{12} & a_{11} \end{pmatrix}^T = \frac{1}{\det \mathrm{A}} \begin{pmatrix} a_{22} & -a_{12} \\ -a_{21} & a_{11} \end{pmatrix} \tag{3}$$

이다. 3×3 정칙행렬

$$\mathrm{A} = \begin{pmatrix} a_{11} & a_{12} & a_{13} \\ a_{21} & a_{22} & a_{23} \\ a_{31} & a_{32} & a_{33} \end{pmatrix}$$

의 경우에서는

$$C_{11} = \begin{vmatrix} a_{22} & a_{23} \\ a_{32} & a_{33} \end{vmatrix},\ C_{12} = -\begin{vmatrix} a_{21} & a_{23} \\ a_{31} & a_{33} \end{vmatrix},\ C_{13} = \begin{vmatrix} a_{21} & a_{22} \\ a_{31} & a_{32} \end{vmatrix},$$

등등이다. 치환을 실행하면

$$A^{-1} = \frac{1}{\det A}\begin{pmatrix} C_{11} & C_{21} & C_{31} \\ C_{12} & C_{22} & C_{32} \\ C_{13} & C_{23} & C_{33} \end{pmatrix} \tag{4}$$

이다.

예제 8 **2×2 행렬의 역**

$A = \begin{pmatrix} 1 & 4 \\ 2 & 10 \end{pmatrix}$의 곱셈에 대한 역행렬을 구하여라.

풀이 ▶ $\det A = 10 - 8 = 2 \neq 0$이므로 A는 정칙이다. 정리 B.1로부터 A^{-1}는 존재한다. (3)으로부터

$$A^{-1} = \frac{1}{2}\begin{pmatrix} 10 & -4 \\ -2 & 1 \end{pmatrix} = \begin{pmatrix} 5 & -2 \\ -1 & \frac{1}{2} \end{pmatrix}$$

이다. ■

모든 정방행렬이 곱셈에 대한 역행렬을 갖지는 않는다. 행렬 $A = \begin{pmatrix} 2 & 2 \\ 3 & 3 \end{pmatrix}$은 $\det A = 0$이므로 특이행렬이다. 그러므로 A^{-1}는 존재하지 않는다.

예제 8 **3×3 행렬의 역**

$A = \begin{pmatrix} 2 & 2 & 0 \\ -2 & 1 & 1 \\ 3 & 0 & 1 \end{pmatrix}$의 곱셈에 대한 역행렬을 구하여라.

풀이 ▶ $\det A = 12 \neq 0$이므로 주어진 행렬은 정칙이다. $\det A$의 각 행의 성분에 대응한 여인수는

$$C_{11} = \begin{vmatrix} 1 & 1 \\ 0 & 1 \end{vmatrix} = 1 \qquad C_{12} = -\begin{vmatrix} -2 & 1 \\ 3 & 1 \end{vmatrix} = 5 \qquad C_{13} = \begin{vmatrix} -2 & 1 \\ 3 & 0 \end{vmatrix} = -3$$

$$C_{21} = -\begin{vmatrix} 2 & 0 \\ 0 & 1 \end{vmatrix} = -2 \qquad C_{22} = \begin{vmatrix} 2 & 0 \\ 3 & 1 \end{vmatrix} = 2 \qquad C_{23} = -\begin{vmatrix} 2 & 2 \\ 3 & 0 \end{vmatrix} = 6$$

$$C_{31} = \begin{vmatrix} 2 & 0 \\ 1 & 1 \end{vmatrix} = 2 \qquad C_{32} = -\begin{vmatrix} 2 & 0 \\ -2 & 1 \end{vmatrix} = -2 \qquad C_{33} = \begin{vmatrix} 2 & 2 \\ -2 & 1 \end{vmatrix} = 6$$

이다. (4)로부터

$$A^{-1} = \frac{1}{12}\begin{pmatrix} 1 & -2 & 2 \\ 5 & 2 & -2 \\ -3 & 6 & 6 \end{pmatrix} = \begin{pmatrix} \frac{1}{12} & -\frac{1}{6} & \frac{1}{6} \\ \frac{5}{12} & \frac{1}{6} & -\frac{1}{6} \\ -\frac{1}{4} & \frac{1}{2} & \frac{1}{2} \end{pmatrix}$$

이다. 여러분이 $A^{-1}A = AA^{-1} = I$ 임을 보이도록 한다. ■

공식 (2)는 3×3보다 큰 정칙 행렬에 대해서는 명백한 어려움이 나타난다. 예를 들어, 4×4 행렬에 (2)를 적용하면, 16개의 3×3 행렬식† 을 계산해야만 한다. 큰 행렬의 경우에는 A^{-1}를 구하는 보다 효과적인 방법이 있다. 호기심이 있는 독자는 선형대수학의 교재를 참고하기 바란다.

우리의 목표는 연립 1계 선형 미분방정식에 행렬의 개념을 적용하는 것이기 때문에 다음의 정의들이 필요하다.

정의 B.10 함수들의 행렬의 미분

$A(t) = (a_{ij}(t))_{m\times n}$가 각 성분들이 공통구간에서 미분가능한 함수들로 이루어진 행렬이면,

$$\frac{dA}{dt} = \left(\frac{d}{dt}a_{ij}\right)_{m\times n}$$

이다.

정의 B.11 함수들의 행렬의 적분

$A(t) = (a_{ij}(t))_{m\times n}$가 각 성분들이 t와 t_0를 포함하는 공통구간에서 연속함수들로 이루어진 행렬이면,

$$\int_{t_0}^{t} A(s)ds = \left(\int_{t_0}^{t} a_{ij}(s)ds\right)_{m\times n}$$

이다.

함수들의 행렬을 미분(적분)하는 것은 간단히 각 성분들을 미분(적분)한다. 행렬의 미분은 또한 $A'(t)$로 표기한다.

† 엄밀히 말해서, 행렬식은 수이지만 가끔은 배열의 행렬식으로 언급되기도 한다.

예제 10 **행렬의 미분/적분**

$$X(t)=\begin{pmatrix}\sin 2t\\ e^{3t}\\ 8t-1\end{pmatrix}\text{이면, } X'(t)=\begin{pmatrix}\dfrac{d}{dt}\sin 2t\\ \dfrac{d}{dt}e^{3t}\\ \dfrac{d}{dt}(8t-1)\end{pmatrix}=\begin{pmatrix}2\cos 2t\\ 3e^{3t}\\ 8\end{pmatrix}$$

이고

$$\int_0^t X(s)ds=\begin{pmatrix}\int_0^t \sin 2s\,ds\\ \int_0^t e^{3s}ds\\ \int_0^t (8s-1)ds\end{pmatrix}=\begin{pmatrix}-\dfrac{1}{2}\cos 2t+\dfrac{1}{2}\\ \dfrac{1}{3}e^{3t}-\dfrac{1}{3}\\ 4t^2-t\end{pmatrix}$$

이다. ■

B.2 가우스 소거법과 가우스-조던 소거법

행렬은 n개의 미지수를 갖는 n개의 선형 연립방정식

$$\begin{aligned}a_{11}x_1+a_{12}x_2+\ \cdots\ +a_{1n}x_n&=b_1\\ a_{21}x_1+a_{22}x_2+\ \cdots\ +a_{2n}x_n&=b_2\\ \vdots\qquad\qquad&\quad\ \vdots\\ a_{n1}x_1+a_{n2}x_2+\ \cdots\ +a_{nn}x_n&=b_n.\end{aligned}\tag{5}$$

을 푸는데 매우 중요한 도구이다.

만일 A가 (5)에서 계수행렬이라면 $\det A\neq 0$일 때 크래머 법칙을 사용하여 방정식을 풀 수 있다. 그러나 만일 A가 3×3 이상의 크기를 갖는다면 이 법칙은 적용하기에 매우 힘들게 된다. 여기서 우리가 이야기하고자 하는 과정은 큰 사이즈의 연립방정식을 효과적으로 다룰 수 있을 뿐만 아니라, $\det A=0$이고 n개의 미지수를 갖는 m개의 선형 연립방정식을 푸는 수단으로써 매우 유리한 장점을 갖는다.

정의 B.12 **첨가행렬**

연립방정식 (5)의 **첨가행렬**은 $n\times(n+1)$ 행렬

$$\left(\begin{array}{cccc|c} a_{11} & a_{12} & \cdots & a_{1n} & b_1 \\ a_{21} & a_{22} & \cdots & a_{2n} & b_2 \\ \vdots & & & & \vdots \\ a_{n1} & a_{n2} & \cdots & a_{nn} & b_n \end{array}\right)$$

이다.

만일 B가 $b_i(i=1,\ 2,\ \cdots,\ n)$의 열행렬이면 (5)의 첨가행렬은 $(\mathrm{A}\,|\,\mathrm{B})$로 표시한다.

기본 행 연산 대수적인 연립방정식은 영이 아닌 상수를 방정식에 곱하거나 두 방정식의 위치를 바꾸거나 방정식에 영이 아닌 상수를 곱해서 다른 방정식에 더함으로써 (같은 해를 갖는) 동일한 연립방정식으로 바꿀 수 있다는 사실을 기억하라. 연립방정식에 대한 이러한 연산은 첨가행렬에 대한 **기본 행 연산**으로 다시 서술할 수 있다.

(i) 영 아닌 상수를 행에 곱한다.

(ii) 임의의 두 행을 교환한다.

(iii) 한 행에 영 아닌 상수를 곱해서 다른 행에 더한다.

소거법 첨가행렬을 사용하여 (5)와 같은 연립방정식을 풀기 위해서 **가우스 소거법** 또는 **가우스–조던 소거법**을 사용한다. 전자의 경우는 첨가행렬이 행 사다리꼴이 될 때까지 다음 기본 행 연산을 연속적으로 시행한다.

(i) 영이 아닌 행에서 처음으로 나타나는 0이 아닌 성분은 1이다.

(ii) 연속적인 영이 아닌 행에서 낮은 행의 첫 번째 성분 1은 높은 행의 첫 번째 성분 1보다 오른쪽에 나타난다.

(iii) 성분이 모두 0인 행들은 그 행렬의 맨 아래에 위치한다.

가우스-조던 방법에서는 첨가행렬을 기약 행 사다리꼴이 될 때까지 행연산을 시행한다. **기약 행 사다리꼴 행렬**은 위의 3가지 성질에 추가적으로 다음 성질을 갖는 행렬이다.

(iv) 첫 번째 성분 1을 포함하는 열의 다른 성분은 모두 0이다.

예제 11 **행 사다리꼴/기약 행 사다리꼴**

(a) 첨가행렬

$$\left(\begin{array}{ccc|c} 1 & 5 & 0 & 2 \\ 0 & 1 & 0 & -1 \\ 0 & 0 & 0 & 0 \end{array}\right) \text{과} \left(\begin{array}{ccccc|c} 0 & 0 & 1 & -6 & 2 & 2 \\ 0 & 0 & 0 & 0 & 1 & 4 \end{array}\right)$$

은 행 사다리꼴이다. 3가지 성질이 만족하는지를 조사해 보아라.

(b) 첨가행렬

$$\left(\begin{array}{ccc|c} 1 & 0 & 0 & 7 \\ 0 & 1 & 0 & -1 \\ 0 & 0 & 0 & 0 \end{array}\right) \text{과} \left(\begin{array}{ccccc|c} 0 & 0 & 1 & -6 & 0 & -6 \\ 0 & 0 & 0 & 0 & 1 & 4 \end{array}\right)$$

은 기약 행 사다리꼴이다. 선행성분 1을 포함하는 열의 다른 성분은 모두 0이다. ■

가우스 소거법에서는 우리는 첨가행렬이 행 사다리꼴이 되자마자 시행을 멈춘다. 다시 말하면 다른 순서의 행 연산을 사용함으로써 다른 형태의 행 사다리꼴을 얻을 수 있다. 이 방법은 역 대입법의 사용이 필요하다. 가우스-조던 소거법에서는 우리는 첨가행렬이 기약 행 사다리꼴이 될 때 시행을 멈춘다. 어떤 순서의 행 연산에 의해 첨가행렬은 같은 형태의 기약 행 사다리꼴이 된다. 이 방법은 역 대입법이 필요하지 않다; 연립방정식의 해는 마지막으로 얻어진 행렬을 살펴보면 알 수 있다. 원래의 연립방정식에 대해서 이 두 가지 방법에 있어서 우리의 목적은 첫 번째 방정식† 에서 x_1의 계수를 1이 되도록 만들고 다른 방정식들로부터 x_1을 소거하기 위해 그 방정식의 배수를 이용한다. 이러한 과정을 다른 변수들에도 반복적으로 적용한다.

첨가행렬에 대해 행 연산을 기록하기 위해 다음 기호를 사용한다.

기 호	의 미
R_{ij}	i 행과 j 행을 교환한다.
cR_i	i 번째 행에 영 아닌 상수 c를 곱한다.
$cR_i + R_j$	i 번째 행에 c를 곱하고 j 번째 행에 더한다.

예제 12 소거법에 의한 해

(a) 가우스 소거법과 (b) 가우스-조던 소거법을 사용하여

$$\begin{aligned} 2x_1 + 6x_2 + x_3 &= 7 \\ x_1 + 2x_2 - x_3 &= -1 \\ 5x_1 + 7x_2 - 4x_3 &= 9 \end{aligned}$$

을 풀어라.

† 우리는 첫 번째 방정식이 변수 x_1을 포함하도록 항상 방정식들을 교환할 수 있다.

풀이 ▸ (a) 첨가행렬에 대한 행 연산을 사용하면

$$\left(\begin{array}{ccc|c} 2 & 6 & 1 & 7 \\ 1 & 2 & -1 & -1 \\ 5 & 7 & -4 & 9 \end{array}\right) \xrightarrow{R_{12}} \left(\begin{array}{ccc|c} 1 & 2 & -1 & -1 \\ 2 & 6 & 1 & 7 \\ 5 & 7 & -4 & 9 \end{array}\right) \xrightarrow[-5R_1+R_3]{-2R_1+R_2} \left(\begin{array}{ccc|c} 1 & 2 & -1 & -1 \\ 0 & 2 & 3 & 9 \\ 0 & -3 & 1 & 14 \end{array}\right)$$

$$\xrightarrow{\frac{1}{2}R_2} \left(\begin{array}{ccc|c} 1 & 2 & -1 & -1 \\ 0 & 1 & \frac{3}{2} & \frac{9}{2} \\ 0 & -3 & 1 & 14 \end{array}\right) \xrightarrow{3R_2+R_3} \left(\begin{array}{ccc|c} 1 & 2 & -1 & -1 \\ 0 & 1 & \frac{3}{2} & \frac{9}{2} \\ 0 & 0 & \frac{11}{2} & \frac{55}{2} \end{array}\right) \xrightarrow{\frac{2}{11}R_3} \left(\begin{array}{ccc|c} 1 & 2 & -1 & -1 \\ 0 & 1 & \frac{3}{2} & \frac{9}{2} \\ 0 & 0 & 1 & 5 \end{array}\right)$$

이 된다. 마지막 행렬은 행 사다리꼴이고 다음 연립방정식을

$$x_1 + 2x_2 - x_3 = -1$$
$$x_2 + \frac{3}{2}x_3 = \frac{9}{2}$$
$$x_3 = 5$$

나타낸다. $x_3 = 5$를 두 번째 방정식에 대입하면 $x_2 = -3$을 얻는다. 이들 두 값을 첫 번째 방정식에 대입하면 $x_1 = 10$이 된다.

(b) (a)에서의 마지막 행렬을 갖고 시작한다. 2행과 3행의 첫 번째 성분은 1이므로 두 번째 열과 세 번째 열에서 남은 성분을 0으로 만든다.

$$\left(\begin{array}{ccc|c} 1 & 2 & -1 & -1 \\ 0 & 1 & \frac{3}{2} & \frac{9}{2} \\ 0 & 0 & 1 & 5 \end{array}\right) \xrightarrow{-2R_2+R_1} \left(\begin{array}{ccc|c} 1 & 0 & -4 & -10 \\ 0 & 1 & \frac{3}{2} & \frac{9}{2} \\ 0 & 0 & 1 & 5 \end{array}\right) \xrightarrow[-\frac{3}{2}R_3+R_2]{4R_3+R_1} \left(\begin{array}{ccc|c} 1 & 0 & 0 & 10 \\ 0 & 1 & 0 & -3 \\ 0 & 0 & 1 & 5 \end{array}\right).$$

마지막 행렬은 기약 행 사다리꼴이다. 행렬은 방정식으로 표현할 수 있으므로 방정식의 해는 $x_1 = 10,\ x_2 = -3,\ x_3 = 5$이다. ■

예제 13 가우스-조던 소거법

$$x + 3y - 2z = -7$$
$$4x + y + 3z = 5$$
$$2x - 5y + 7z = 19$$

을 풀어라.

풀이 ▸ 가우스-조던 소거법으로 연립방정식을 풀자.

$$\left(\begin{array}{ccc|c} 1 & 3 & -2 & -7 \\ 4 & 1 & 3 & 5 \\ 2 & -5 & 7 & 19 \end{array}\right) \xrightarrow[-2R_1+R_3]{-4R_1+R_2} \left(\begin{array}{ccc|c} 1 & 3 & -2 & -7 \\ 0 & -11 & 11 & 33 \\ 0 & -11 & 11 & 33 \end{array}\right)$$

$$\xrightarrow[-\frac{1}{11}R_3]{-\frac{1}{11}R_2} \left(\begin{array}{ccc|c} 1 & 3 & -2 & -7 \\ 0 & 1 & -1 & -3 \\ 0 & 1 & -1 & -3 \end{array}\right) \xrightarrow[-R_2+R_3]{-3R_2+R_1} \left(\begin{array}{ccc|c} 1 & 0 & 1 & 1 \\ 0 & 1 & -1 & -3 \\ 0 & 0 & 0 & 0 \end{array}\right).$$

이 경우에 기약 행 사다리꼴의 마지막 행렬은 3개의 미지수를 갖는 3개의 연립방정식을 나타내고 3개의 미지수를 갖는 2개의 방정식과 동치임을 의미한다. 오직 z가 두 방정식(영이 아닌 행)에 공통된 해이므로 값을 임의로 잡을 수 있다. 만일 우리가 $z=t$(여기서 t는 임의의 실수)라고 놓으면 이 연립방정식은 무수히 많은 해 $x=2-t$, $y=-3+t$, $z=t$를 가짐을 알 수 있다. 기하학적으로 이 방정식들은 평면 $x+0y+z=2$와 $0x+y-z=3$의 교선에 대한 매개변수 방정식이다. ■

역행렬을 구하기 위한 행연산의 이용 계산해야할 행렬식의 개수 때문에, 행렬 $\mathbf{A}$가 크면 정리 B.2의 공식 (2)는 역행렬을 구하는 데 좀처럼 사용되지 않는다. 3×3 또는 더 큰 크기의 행렬의 경우에는 다음 정리에서 설명하는 방법은 $\mathbf{A}^{-1}$을 구하는 데 특히 유용한 방법이다.

정리 B.3 행 연산을 사용하여 $\mathbf{A}^{-1}$을 구하기

$n\times n$ 행렬 $\mathbf{A}$가 연속적인 기본 행 연산에 의해 $n\times n$ 단위행렬 $\mathbf{I}$로 변환된다면 $\mathbf{A}$는 정칙행렬이다. $\mathbf{A}$를 $\mathbf{I}$로 변환하는 같은 순서의 행 연산은 또한 $\mathbf{I}$를 $\mathbf{A}^{-1}$로 변환할 것이다.

아래에 보여지는 것처럼 단위행렬 $\mathbf{I}$와 첨가행렬 $\mathbf{A}$에 의해 얻어진 $n\times 2n$ 행렬을 이용하여 $\mathbf{A}$와 $\mathbf{I}$에 동시에 행 연산을 시행하는 것이 편리하다.

$$(\mathbf{A}\mid\mathbf{I})=\left(\begin{array}{cccc|cccc} a_{11} & a_{12} & \cdots & a_{1n} & 1 & 0 & \cdots & 0 \\ a_{21} & a_{22} & \cdots & a_{2n} & 1 & 0 & \cdots & 0 \\ \vdots & & & \vdots & \vdots & & & \vdots \\ a_{n1} & a_{n2} & \cdots & a_{nn} & 0 & 0 & \cdots & 1 \end{array}\right)$$

$\mathbf{A}^{-1}$을 구하는 과정은 아래 도표에서 정리되어 있다.

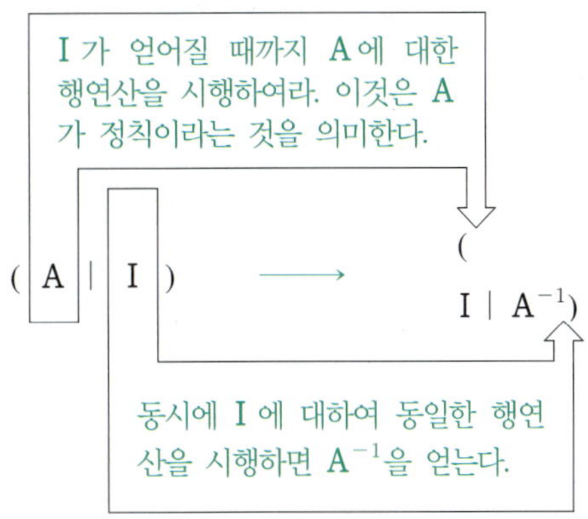

예제 14 기본 행 연산에 의한 역행렬

$A=\begin{pmatrix} 2 & 0 & 1 \\ -2 & 3 & 4 \\ -5 & 5 & 6 \end{pmatrix}$에 대한 역행렬을 구하여라.

풀이 첨가행렬을 기약 행 사다리꼴로 바꿀 때 했던 것과 같은 기호를 사용한다.

$$\left(\begin{array}{ccc|ccc} 2&0&1&1&0&0\\ -2&3&4&0&1&0\\ -5&5&6&0&0&1\end{array}\right) \xrightarrow{\frac{1}{2}R_1} \left(\begin{array}{ccc|ccc} 1&0&\frac{1}{2}&\frac{1}{2}&0&0\\ -2&3&4&0&1&0\\ -5&5&6&0&0&1\end{array}\right) \xrightarrow[5R_1+R_3]{2R_1+R_2} \left(\begin{array}{ccc|ccc} 1&0&\frac{1}{2}&\frac{1}{2}&0&0\\ 0&3&5&1&1&0\\ 0&5&\frac{17}{2}&\frac{5}{2}&0&1\end{array}\right)$$

$$\xrightarrow[\frac{1}{5}R_3]{\frac{1}{3}R_2} \left(\begin{array}{ccc|ccc} 1&0&\frac{1}{2}&\frac{1}{2}&0&0\\ 0&1&\frac{5}{3}&\frac{1}{3}&\frac{1}{3}&0\\ 0&1&\frac{17}{10}&\frac{1}{2}&0&\frac{1}{5}\end{array}\right) \xrightarrow{-R_2+R_3} \left(\begin{array}{ccc|ccc} 1&0&\frac{1}{2}&\frac{1}{2}&0&0\\ 0&1&\frac{5}{3}&\frac{1}{3}&\frac{1}{3}&0\\ 0&0&\frac{1}{30}&\frac{1}{6}&-\frac{1}{3}&\frac{1}{5}\end{array}\right)$$

$$\xrightarrow{30R_3} \left(\begin{array}{ccc|ccc} 1&0&\frac{1}{2}&\frac{1}{2}&0&0\\ 0&1&\frac{5}{3}&\frac{1}{3}&\frac{1}{3}&0\\ 0&0&1&5&-10&6\end{array}\right) \xrightarrow[-\frac{5}{3}R_3+R_2]{-\frac{1}{3}R_3+R_1} \left(\begin{array}{ccc|ccc} 1&0&0&-2&5&-3\\ 0&1&0&-8&17&-10\\ 0&0&1&5&-10&6\end{array}\right)$$

단위행렬 I가 좌측에 나타나므로 우측의 행렬은

$$A^{-1}=\begin{pmatrix} -2 & 5 & -3 \\ -8 & 17 & -10 \\ 5 & -10 & 6 \end{pmatrix}$$

이다. ■

만일 (A|I)의 행 감소가 행 연산에 의해

$$(A \mid I) \xrightarrow{\text{행연산}} (B \mid C),$$

처럼 변한다면(여기서 B는 영의 행을 포함한다), 반드시 A는 특이행렬이다. 더 많은 시행에 따른 B의 감소는 항상 영의 행을 갖는 또 다른 행렬을 생성하므로 A를 I로 절대 변환할 수 없다.

B.3 고윳값 문제

가우스-조던 소거법은 정방행렬의 고유벡터를 구하는 데 사용된다.

정의 B.13 고윳값과 고유벡터

A 가 $n \times n$ 행렬이라고 하자. 선형 연립방정식

$$\mathrm{AK} = \lambda \mathrm{K} \tag{6}$$

를 만족하는 영이 아닌 해 벡터 K 가 존재하면 수 λ를 A 의 **고윳값**이라고 한다. 해 벡터 K 는 고윳값 λ에 대한 **고유벡터**라고 부른다.

고윳값(eigenvalue)라는 단어는 "적절한 값"이라는 의미를 지니는 독일어 eigenwert에서 유래된 독일어와 영어의 합성어이다. 고윳값과 고유벡터는 **특성치**와 **특성벡터**라고 불리기도 한다.

예제 15 행렬의 고유벡터

$\mathrm{K} = \begin{pmatrix} 1 \\ -1 \\ 1 \end{pmatrix}$은 행렬 $\mathrm{A} = \begin{pmatrix} 0 & -1 & -3 \\ 2 & 3 & 3 \\ -2 & 1 & 1 \end{pmatrix}$의 고유벡터임을 보여라.

풀이 AK 를 구하면

$$\mathrm{AK} = \begin{pmatrix} 0 & -1 & -3 \\ 2 & 3 & 3 \\ -2 & 1 & 1 \end{pmatrix}\begin{pmatrix} 1 \\ -1 \\ 1 \end{pmatrix} = \begin{pmatrix} -2 \\ 2 \\ -2 \end{pmatrix} = (-2)\begin{pmatrix} 1 \\ -1 \\ 1 \end{pmatrix} = \underset{\text{고윳값}}{(-2)}\mathrm{K}$$

이다. 정의 B.13과 위의 줄로부터 $\lambda = -2$가 A 의 고윳값임을 알 수 있다. ■

행렬의 대수적 성질에 의하면 (6)을 다른 형태로 표현할 수 있고

$$(\mathrm{A} - \lambda \mathrm{I})\mathrm{K} = \mathbf{0} \tag{7}$$

여기서 I는 곱셈에 대한 항등원이다. 만일

$$\mathrm{K} = \begin{pmatrix} k_1 \\ k_2 \\ \vdots \\ k_n \end{pmatrix},$$

로 놓는다면 (7)은

$$\begin{aligned} (a_{11} - \lambda)k_1 + \quad a_{12}k_2 + \cdots + \quad a_{1n}k_n &= 0 \\ a_{21}k_1 + (a_{22} - \lambda)k_2 + \cdots + \quad a_{2n}k_n &= 0 \\ \vdots \qquad\qquad\qquad & \vdots \\ a_{n1}k_1 + \quad a_{n2}k_2 + \cdots + (a_{nn} - \lambda)k_n &= 0 \end{aligned} \tag{8}$$

와 같게 된다. (8)의 명확한 해는 $k_1 = 0,\ k_2 = 0,\ \cdots,\ k_n = 0$일지라도 우리는 오로지 자명하지 않은 해를 구할 것이다. n개의 미지수를 갖는 n개의 동차 선형 연립방정식(즉, (5)에서 $b_i = 0,\ i = 1,\ 2,\ \cdots,\ n$)이 자명하지 않은 해를 갖을 필요충분조건은 계수행렬의 행렬식이 0이다. 그러므로 (7)에서 영이 아닌 해 K 를 구하기

위해

$$\det(\mathbf{A}-\lambda\mathbf{I})=0 \tag{9}$$

이어야 한다. (8)에 대한 검사가 여인수에 의한 $\det(\mathbf{A}-\lambda\mathbf{I})$의 전개는 결과적으로 λ에 대한 n차 다항식이 됨을 보여준다. 방정식 (9)를 $\mathbf{A}$의 **특성방정식**이라고 한다. 그러므로 $\mathbf{A}$의 고윳값들은 특성방정식의 근이다. 고윳값 λ에 대응하는 고유벡터를 구하기 위해 우리는 첨가행렬$(\mathbf{A}-\lambda\mathbf{I}\,|\,0)$에 가우스-조던 소거법을 적용하여 연립방정식 $(\mathbf{A}-\lambda\mathbf{I})\mathbf{K}=0$을 푼다.

예제 16 고윳값/고유벡터

$\mathbf{A}=\begin{pmatrix}1 & 2 & 1\\ 6 & -1 & 0\\ -1 & -2 & -1\end{pmatrix}$의 고윳값과 고유벡터를 구하여라.

풀이 특성방정식에서 행렬식을 전개하기 위해 2행에 대한 여인수 전개를 시행한다.

$$\det(\mathbf{A}-\lambda\mathbf{I})=\begin{vmatrix}1-\lambda & 2 & 1\\ 6 & -1-\lambda & 0\\ -1 & -2 & -1-\lambda\end{vmatrix}=-\lambda^3-\lambda^2+12\lambda=0.$$

$-\lambda^3-\lambda^2+12\lambda=-\lambda(\lambda+4)(\lambda-3)=0$이므로 고윳값은 $\lambda_1=0$, $\lambda_2=-4$, $\lambda_3=3$이다. 고유벡터를 구하기 위해 3개의 서로 다른 고윳값에 대응되는 $(\mathbf{A}-\lambda\mathbf{I}\,|\,\mathbf{0})$를 세 차례 감소시킨다.

$\lambda_1=0$에 대해

$$(\mathbf{A}-0\mathbf{I}\,|\,\mathbf{0})=\left(\begin{array}{ccc|c}1 & 2 & 1 & 0\\ 6 & -1 & 0 & 0\\ -1 & -2 & -1 & 0\end{array}\right)\xrightarrow[R_1+R_3]{-6R_1+R_2}\left(\begin{array}{ccc|c}1 & 2 & 1 & 0\\ 0 & -13 & -6 & 0\\ 0 & 0 & 0 & 0\end{array}\right)$$

$$\xrightarrow{-\frac{1}{13}R_2}\left(\begin{array}{ccc|c}1 & 2 & 1 & 0\\ 0 & 1 & \frac{6}{13} & 0\\ 0 & 0 & 0 & 0\end{array}\right)\xrightarrow{-2R_2+R_1}\left(\begin{array}{ccc|c}1 & 0 & \frac{1}{13} & 0\\ 0 & 1 & \frac{6}{13} & 0\\ 0 & 0 & 0 & 0\end{array}\right)$$

그러므로 $k_1=-\frac{1}{13}k_3$, $k_2=-\frac{6}{13}k_3$이다. $k_3=-13$을 선택하면 고유벡터[†]

$$\mathbf{K}_1=\begin{pmatrix}1\\ 6\\ -13\end{pmatrix}$$

을 얻는다.

$\lambda_2=-4$에 대해

---

† 물론, k_3는 영이 아닌 임의의 수로 선택할 수 있다. 다시 말해서, 영이 아닌 상수 배수의 고유벡터 또한 고유벡터가 된다.

$$(\mathbf{A}+4\mathbf{I}|\mathbf{0}) = \left(\begin{array}{ccc|c} 5 & 2 & 1 & 0 \\ 6 & 3 & 0 & 0 \\ -1 & -2 & 3 & 0 \end{array}\right) \xrightarrow[R_{31}]{-R_3} \left(\begin{array}{ccc|c} 1 & 2 & -3 & 0 \\ 6 & 3 & 0 & 0 \\ 5 & 2 & 1 & 0 \end{array}\right)$$

$$\xrightarrow[-5R_1+R_3]{-6R_1+R_2} \left(\begin{array}{ccc|c} 1 & 2 & -3 & 0 \\ 0 & -9 & 18 & 0 \\ 0 & -8 & 16 & 0 \end{array}\right) \xrightarrow[-\frac{1}{8}R_3]{-\frac{1}{9}R_2} \left(\begin{array}{ccc|c} 1 & 2 & -3 & 0 \\ 0 & 1 & -2 & 0 \\ 0 & 1 & -2 & 0 \end{array}\right) \xrightarrow[-R_2+R_3]{-2R_2+R_1} \left(\begin{array}{ccc|c} 1 & 0 & 1 & 0 \\ 0 & 1 & -2 & 0 \\ 0 & 0 & 0 & 0 \end{array}\right)$$

이므로 $k_1 = -k_3$, $k_2 = 2k_3$이다. $k_3 = 1$을 선택하면 두 번째 고유벡터

$$\mathbf{K}_2 = \begin{pmatrix} -1 \\ 2 \\ 1 \end{pmatrix}$$

을 얻는다.

마지막으로 $\lambda_3 = 3$에 대해 가우스-조던 소거법을 이용하면

$$(\mathbf{A}-3\mathbf{I}|\mathbf{0}) = \left(\begin{array}{ccc|c} -2 & 2 & 1 & 0 \\ 6 & -4 & 0 & 0 \\ -1 & -2 & -4 & 0 \end{array}\right) \xrightarrow{\text{행 연산}} \left(\begin{array}{ccc|c} 1 & 0 & 1 & 0 \\ 0 & 1 & \frac{3}{2} & 0 \\ 0 & 0 & 0 & 0 \end{array}\right),$$

이고 $k_1 = -k_3$, $k_2 = -\frac{3}{2}k_3$이다. $k_3 = -2$을 선택하면 세 번째 고유벡터

$$\mathbf{K}_3 = \begin{pmatrix} 2 \\ 3 \\ -2 \end{pmatrix}$$

을 얻는다. ■

$n \times n$행렬 $\mathbf{A}$가 n개의 서로 다른 고윳값 $\lambda_1, \lambda_2, \cdots, \lambda_n$을 갖을 때 n개의 일차독립[†] 인 고유벡터 $\mathbf{K}_1, \mathbf{K}_2, \cdots, \mathbf{K}_n$를 얻을 수 있다는 사실은 쉽게 증명된다. 그러나 특성방정식이 중복되는 근을 갖을 때 $\mathbf{A}$에 대한 n개의 일차독립인 고유벡터를 구하는 것은 가능하지 않을 수 있다. 만일 $n \times n$행렬 $\mathbf{A}$가 n개보다 작은 일차독립인 고유벡터들을 가진다면 행렬 $\mathbf{A}$가 결함이 있다(defective)라고 한다.

예제 17 고윳값/고유벡터

$\mathbf{A} = \begin{pmatrix} 3 & 4 \\ -1 & 7 \end{pmatrix}$의 고윳값과 고유벡터를 구하여라.

풀이 특성방정식

† 열벡터들의 일차독립은 함수들의 일차독립을 정의하는 동일한 병법으로 정의된다.

$$\det(\mathbf{A}-\lambda\mathbf{I})=\begin{vmatrix} 3-\lambda & 4 \\ -1 & 7-\lambda \end{vmatrix}=(\lambda-5)^2=0$$

으로부터 $\lambda_1=\lambda_2=5$는 중복도 2의 고윳값이다. 2×2 행렬의 경우 가우스-조던 소거법을 시용할 필요는 없다. $\lambda_1=5$에 대응하는 고유벡터를 구하기 위해 우리는 $(\mathbf{A}-5\mathbf{I}\,|\,0)$를 동치인

$$\begin{aligned} -2k_1+4k_2&=0 \\ -k_1+2k_2&=0 \end{aligned}$$

형태로 바꾼다. 이 연립 방정식으로부터 $k_1=2k_2$임을 알 수 있다. 따라서 만일, $k_2=1$을 선택한다면 우리는 하나의 고유벡터

$$\mathbf{K}_1=\begin{pmatrix} 2 \\ 1 \end{pmatrix}$$

을 찾을 수 있다. 그러므로 행렬 A는 결함이 있다(defective)라고 한다. ■

예제 18 고윳값/고유벡터

$\mathbf{A}=\begin{pmatrix} 9 & 1 & 1 \\ 1 & 9 & 1 \\ 1 & 1 & 9 \end{pmatrix}$의 고윳값과 고유벡터를 구하여라.

풀이 특성방정식

$$\det(\mathbf{A}-\lambda\mathbf{I})=\begin{vmatrix} 9-\lambda & 1 & 1 \\ 1 & 9-\lambda & 1 \\ 1 & 1 & 9-\lambda \end{vmatrix}=-(\lambda-11)(\lambda-8)^2=0$$

은 $\lambda_1=11$이고 $\lambda_2=\lambda_3=8$는 중복도 2의 고윳값임을 보여준다.

$\lambda_1=11$에 대해 가우스-조던 소거법을 이용하면

$$(\mathbf{A}-11\mathbf{I}\,|\,\mathbf{0})=\left(\begin{array}{ccc|c} -2 & 1 & 1 & 0 \\ 1 & -2 & 1 & 0 \\ 1 & 1 & -2 & 0 \end{array}\right)\xrightarrow{\text{행 연산}}\left(\begin{array}{ccc|c} 1 & 0 & 1 & 0 \\ 0 & 1 & -1 & 0 \\ 0 & 0 & 0 & 0 \end{array}\right)$$

이다. 그러므로 $k_1=k_3$, $k_2=k_3$이다. $k_3=1$이면,

$$\mathbf{K}_1=\begin{pmatrix} 1 \\ 1 \\ 1 \end{pmatrix}$$

이다. $\lambda_2=8$에 대해

$$(\mathbf{A}-8\mathbf{I}\,|\,\mathbf{0})=\left(\begin{array}{ccc|c} 1 & 1 & 1 & 0 \\ 1 & 1 & 1 & 0 \\ 1 & 1 & 1 & 0 \end{array}\right)\xrightarrow{\text{행 연산}}\left(\begin{array}{ccc|c} 1 & 1 & 1 & 0 \\ 0 & 0 & 0 & 0 \\ 0 & 0 & 0 & 0 \end{array}\right)$$

이다. 방정식 $k_1+k_2+k_3=0$에서 우리는 두 개의 변수를 임의로 선택할 수 있다.

$k_2=1$, $k_3=0$를 선택하고 $k_2=0$, $k_3=1$을 선택하면 두 개의 일차독립인 고유벡터들

$$\mathrm{K}_2=\begin{pmatrix}-1\\1\\0\end{pmatrix},\quad \mathrm{K}_3=\begin{pmatrix}-1\\0\\1\end{pmatrix}$$

을 얻는다. 그러므로 행렬 A는 결함이 없다(not defective)라고 한다. ■

연습문제 부록 B

B.1 기본적인 정의 및 정리

1. $\mathrm{A}=\begin{pmatrix}4&5\\-6&9\end{pmatrix}$와 $\mathrm{B}=\begin{pmatrix}-2&6\\8&-10\end{pmatrix}$이면, 다음을 구하여라.
   (a) $\mathrm{A}+\mathrm{B}$ (b) $\mathrm{B}-\mathrm{A}$ (c) $2\mathrm{A}+3\mathrm{B}$

2. $\mathrm{A}=\begin{pmatrix}-2&0\\4&1\\7&3\end{pmatrix}$와 $\mathrm{B}=\begin{pmatrix}3&-1\\0&2\\-4&-2\end{pmatrix}$이면, 다음을 구하여라.
   (a) $\mathrm{A}-\mathrm{B}$ (b) $\mathrm{B}-\mathrm{A}$ (c) $2(\mathrm{A}+\mathrm{B})$

3. $\mathrm{A}=\begin{pmatrix}2&-3\\-5&4\end{pmatrix}$와 $\mathrm{B}=\begin{pmatrix}-1&6\\3&2\end{pmatrix}$이면, 다음을 구하여라.
   (a) AB (b) BA
   (c) $\mathrm{A}^2=\mathrm{AA}$ (d) $\mathrm{B}^2=\mathrm{BB}$

4. $\mathrm{A}=\begin{pmatrix}1&4\\5&10\\8&12\end{pmatrix}$와 $\mathrm{B}=\begin{pmatrix}-4&6&-3\\1&-3&2\end{pmatrix}$이면, 다음을 구하여라.
   (a) AB (b) BA

5. $\mathrm{A}=\begin{pmatrix}1&-2\\-2&4\end{pmatrix}$, $\mathrm{B}=\begin{pmatrix}6&3\\2&1\end{pmatrix}$와 $\mathrm{C}=\begin{pmatrix}0&2\\3&4\end{pmatrix}$이면, 다음을 구하여라.
   (a) BC (b) $\mathrm{A}(\mathrm{BA})$
   (c) $\mathrm{C}(\mathrm{BA})$ (d) $\mathrm{A}(\mathrm{B}+\mathrm{C})$

6. $\mathrm{A}=(5\ \ -6\ \ 7)$, $\mathrm{B}=\begin{pmatrix}3\\4\\-1\end{pmatrix}$와 $\mathrm{C}=\begin{pmatrix}1&2&4\\0&1&-1\\3&2&1\end{pmatrix}$이면, 다음을 구하여라.
   (a) AB (b) BA
   (c) $(\mathrm{BA})\mathrm{C}$ (d) $(\mathrm{AB})\mathrm{C}$

7. $\mathrm{A}=\begin{pmatrix}4\\8\\-10\end{pmatrix}$와 $\mathrm{B}=(2\ \ 4\ \ 5)$이면, 다음을 구하여라.
   (a) $\mathrm{A}^T\mathrm{A}$ (b) $\mathrm{B}^T\mathrm{B}$ (c) $\mathrm{A}+\mathrm{B}^T$

8. $\mathrm{A}=\begin{pmatrix}1&2\\2&4\end{pmatrix}$와 $\mathrm{B}=\begin{pmatrix}-2&3\\5&7\end{pmatrix}$이면, 다음을 구하여라.
   (a) $\mathrm{A}+\mathrm{B}^T$ (b) $2\mathrm{A}^T-\mathrm{B}^T$ (c) $\mathrm{A}^T(\mathrm{A}-\mathrm{B})$

9. $\mathrm{A}=\begin{pmatrix}3&4\\8&1\end{pmatrix}$와 $\mathrm{B}=\begin{pmatrix}5&10\\-2&-5\end{pmatrix}$이면, 다음을 구하여라.
   (a) $(\mathrm{AB})^T$ (b) $\mathrm{B}^T\mathrm{A}^T$

10. $\mathrm{A}=\begin{pmatrix}5&9\\-4&6\end{pmatrix}$와 $\mathrm{B}=\begin{pmatrix}-3&11\\-7&2\end{pmatrix}$이면, 다음을 구하여라.
   (a) $\mathrm{A}^T+\mathrm{B}^T$ (b) $(\mathrm{A}+\mathrm{B})^T$

(11–14) 주어진 합을 하나의 열 행렬로 표현하여라.

11. $4\begin{pmatrix}-1\\2\end{pmatrix}-2\begin{pmatrix}2\\8\end{pmatrix}+3\begin{pmatrix}-2\\3\end{pmatrix}$

12. $3t\begin{pmatrix}2\\t\\-1\end{pmatrix}+(t-1)\begin{pmatrix}-1\\-t\\3\end{pmatrix}-2\begin{pmatrix}3t\\4\\-5t\end{pmatrix}$

13. $\begin{pmatrix}2&-3\\1&4\end{pmatrix}\begin{pmatrix}-2\\5\end{pmatrix}-\begin{pmatrix}-1&6\\-2&3\end{pmatrix}\begin{pmatrix}-7\\2\end{pmatrix}$

14. $\begin{pmatrix}1&-3&4\\2&5&-1\\0&-4&-2\end{pmatrix}\begin{pmatrix}t\\2t-1\\-t\end{pmatrix}+\begin{pmatrix}-t\\1\\4\end{pmatrix}-\begin{pmatrix}2\\8\\-6\end{pmatrix}$

(15–22) 주어진 행렬이 정칙 또는 특이인지 결정하여라. 만일, 정칙이라면 정리 B.2를 사용하여 A^{-1}을 구하여라.

15. $A=\begin{pmatrix} -3 & 6 \\ -2 & 4 \end{pmatrix}$　　**16.** $A=\begin{pmatrix} 2 & 5 \\ 1 & 4 \end{pmatrix}$

17. $A=\begin{pmatrix} 4 & 8 \\ -3 & -5 \end{pmatrix}$　　**18.** $A=\begin{pmatrix} 7 & 10 \\ 2 & 2 \end{pmatrix}$

19. $A=\begin{pmatrix} 2 & 1 & 0 \\ -1 & 2 & 1 \\ 1 & 2 & 1 \end{pmatrix}$　　**20.** $A=\begin{pmatrix} 3 & 2 & 1 \\ 4 & 1 & 0 \\ -2 & 5 & -1 \end{pmatrix}$

21. $A=\begin{pmatrix} 2 & 1 & 1 \\ 1 & -2 & -3 \\ 3 & 2 & 4 \end{pmatrix}$　　**22.** $A=\begin{pmatrix} 4 & 1 & -1 \\ 6 & 2 & -3 \\ -2 & -1 & 2 \end{pmatrix}$

(23–24) 주어진 행렬은 t의 모든 실수 값에 대하여 정칙임을 보여라. 정리 B.2를 사용하여 $A^{-1}(t)$를 구하여라.

23. $A(t)=\begin{pmatrix} 2e^{-t} & e^{4t} \\ 4e^{-t} & 3e^{4t} \end{pmatrix}$

24. $A(t)=\begin{pmatrix} 2e^t \sin t & -2e^t \cos t \\ e^t \cos t & e^t \sin t \end{pmatrix}$

(25–28) dX/dt를 구하여라.

25. $X=\begin{pmatrix} 5e^{-t} \\ 2e^{-t} \\ -7e^{-t} \end{pmatrix}$

26. $X=\begin{pmatrix} \frac{1}{2}\sin 2t - 4\cos 2t \\ -3\sin 2t + 5\cos 2t \end{pmatrix}$

27. $X=2\begin{pmatrix} 1 \\ -1 \end{pmatrix}e^{2t}+4\begin{pmatrix} 2 \\ 1 \end{pmatrix}e^{-3t}$

28. $X=\begin{pmatrix} 5te^{2t} \\ t\sin 3t \end{pmatrix}$

29. $A(t)=\begin{pmatrix} e^{4t} & \cos \pi t \\ 2t & 3t^2-1 \end{pmatrix}$라고 하자. 다음을 구하여라.

(a) $\dfrac{dA}{dt}$　　(b) $\displaystyle\int_0^2 A(t)\,dt$　　(c) $\displaystyle\int_0^t A(s)\,ds$

30 $A(t)=\begin{pmatrix} \frac{1}{t^2+1} & 3t \\ t^2 & t \end{pmatrix}$와 $B(t)=\begin{pmatrix} 6t & 2 \\ 1/t & 4t \end{pmatrix}$라고 하자. 다음을 구하여라.

(a) $\dfrac{dA}{dt}$　　(b) $\dfrac{dB}{dt}$

(c) $\displaystyle\int_0^1 A(t)\,dt$　　(d) $\displaystyle\int_1^2 B(t)\,dt$

(e) $A(t)B(t)$　　(f) $\dfrac{d}{dt}A(t)B(t)$

(g) $\displaystyle\int_1^t A(s)B(s)ds$

B.2 가우스 소거법과 가우스–조던 소거법

(31–38) 가우스 소거법 또는 가우스-조던 소거법을 사용하여 다음 연립방정식을 풀어라.

31. $\begin{aligned} x+y-2z&=14 \\ 2x-y+z&=0 \\ 6x+3y+4z&=1 \end{aligned}$　　**32.** $\begin{aligned} 5x-2y+4z&=10 \\ x+y+z&=9 \\ 4x-3y+3z&=1 \end{aligned}$

33. $\begin{aligned} y+z&=-5 \\ 5x+4y-16z&=-10 \\ x-y-5z&=7 \end{aligned}$　　**34.** $\begin{aligned} 3x+y+z&=4 \\ 4x+2y-z&=7 \\ x+y-3z&=6 \end{aligned}$

35. $\begin{aligned} 2x+y+z&=4 \\ 10x-2y+2z&=-1 \\ 6x-2y+4z&=8 \end{aligned}$　　**36.** $\begin{aligned} x+2z&=8 \\ x+2y-2z&=4 \\ 2x+5y-6z&=6 \end{aligned}$

37. $\begin{aligned} x_1+x_2-x_3-x_4&=-1 \\ x_1+x_2+x_3+x_4&=3 \\ x_1-x_2+x_3-x_4&=3 \\ 4x_1+x_2-2x_3+x_4&=0 \end{aligned}$　　**38.** $\begin{aligned} 2x_1+x_2+x_3&=0 \\ x_1+3x_2+x_3&=0 \\ 7x_1+x_2+3x_3&=0 \end{aligned}$

(39–40) 가우스-조던 소거법을 사용하여 다음 연립방정식이 해가 없음을 보여라.

39. $\begin{aligned} x+2y+4z&=2 \\ 2x+4y+3z&=1 \\ x+2y-z&=7 \end{aligned}$　　**40.** $\begin{aligned} x_1+x_2-x_3+3x_4&=1 \\ x_2-x_3-4x_4&=0 \\ x_1+2x_2-2x_3-x_4&=6 \\ 4x_1+7x_2-7x_3&=9 \end{aligned}$

(41–46) 정리 B.3을 사용하여 다음 행렬에 대하여 A^{-1}을 구하거나 역행렬이 존재하지 않음을 보여라.

41. $A=\begin{pmatrix} 4 & 2 & 3 \\ 2 & 1 & 0 \\ -1 & -2 & 0 \end{pmatrix}$　　**42.** $A=\begin{pmatrix} 2 & 4 & -2 \\ 4 & 2 & -2 \\ 8 & 10 & -6 \end{pmatrix}$

43. $A=\begin{pmatrix} -1 & 3 & 0 \\ 1 & -2 & 1 \\ 0 & 1 & 2 \end{pmatrix}$

44. $A=\begin{pmatrix} 1 & 2 & 3 \\ 0 & 1 & 4 \\ 0 & 0 & 8 \end{pmatrix}$

45. $A=\begin{pmatrix} 1 & 2 & 3 & 1 \\ -1 & 0 & 2 & 1 \\ 2 & 1 & -3 & 0 \\ 1 & 1 & 2 & 1 \end{pmatrix}$

46. $A=\begin{pmatrix} 1 & 0 & 0 & 0 \\ 0 & 0 & 1 & 0 \\ 0 & 0 & 0 & 1 \\ 0 & 1 & 0 & 0 \end{pmatrix}$

B.3 고윳값 문제

(47–54) 다음 행렬의 고윳값과 고유벡터를 구하여라.

47. $\begin{pmatrix} -1 & 2 \\ -7 & 8 \end{pmatrix}$

48. $\begin{pmatrix} 2 & 1 \\ 2 & 1 \end{pmatrix}$

49. $\begin{pmatrix} -8 & -1 \\ 16 & 0 \end{pmatrix}$

50. $\begin{pmatrix} 1 & 1 \\ \frac{1}{4} & 1 \end{pmatrix}$

51. $\begin{pmatrix} 5 & -1 & 0 \\ 0 & -5 & 9 \\ 5 & -1 & 0 \end{pmatrix}$

52. $\begin{pmatrix} 3 & 0 & 0 \\ 0 & 2 & 0 \\ 4 & 0 & 1 \end{pmatrix}$

53. $\begin{pmatrix} 0 & 4 & 0 \\ -1 & -4 & 0 \\ 0 & 0 & -2 \end{pmatrix}$

54. $\begin{pmatrix} 1 & 6 & 0 \\ 0 & 2 & 1 \\ 0 & 1 & 2 \end{pmatrix}$

(55–56) 다음 행렬은 복소수 고윳값을 가짐을 보여라. 그리고 이 행렬의 고유벡터를 구하여라.

55. $\begin{pmatrix} -1 & 2 \\ -5 & 1 \end{pmatrix}$

56. $\begin{pmatrix} 2 & -1 & 0 \\ 5 & 2 & 4 \\ 0 & 1 & 2 \end{pmatrix}$

복합 문제

57. $A(t)$가 미분가능한 함수의 2×2 행렬이고 $X(t)$는 미분가능한 함수의 2×1 행렬이라고 하자. 곱의 법칙

$$\frac{d}{dt}[A(t)X(t)] = A(t)X'(t) + A'(t)X(t).$$

을 증명하여라.

58. 공식 (3)을 유도하여라.
[힌트: $AB=I$인 행렬 $B=\begin{pmatrix} b_{11} & b_{12} \\ b_{21} & b_{22} \end{pmatrix}$를 구하고 b_{11}, b_{12}, b_{21}, b_{22}에 대하여 풀어라. 그리고 $BA=I$임을 보여라.]

59. A가 정칙이고 $AB=AC$이면 $B=C$임을 보여라.

60. A와 B가 정칙이면 $(AB)^{-1}=B^{-1}A^{-1}$임을 보여라.

61. A와 B가 $n\times n$ 행렬이라고 하자. 일반적으로

$$(A+B)^2 = A^2+2AB+B^2$$

이 성립하는가?

62. 정방행렬 A의 주대각선을 제외한 모든 성분이 0, 즉 $a_{ij}=0$, $i\neq j$이면 A는 대각행렬이라고 한다. 주 대각선의 성분들 a_{ii}은 0이 될 수도 있고 그렇지 않을 수도 있다. 곱셈에 대한 단위행렬 I는 대각행렬의 예이다.

(a) 2×2 대각행렬

$$A=\begin{pmatrix} a_{11} & 0 \\ 0 & a_{22} \end{pmatrix}$$

(여기서 $a_{11}\neq 0$, $a_{22}\neq 0$)

의 역행렬을 구하여라.

(b) 주대각성분 a_{ii}가 모두 영이 아닐 때 3×3 대각행렬의 역행렬을 구하여라.

(c) 일반적으로 주대각성분 a_{ii}가 모두 영이 아닌 $n\times n$ 대각행렬 A의 역행렬은 무엇인가?

부록C 라플라스 변환

$f(t)$	$L\{f(t)\} = F(s)$
1. 1	$\dfrac{1}{s}$
2. t	$\dfrac{1}{s^2}$
3. t^n	$\dfrac{n!}{s^{n+1}}$, n은 양의 정수
4. $t^{-1/2}$	$\sqrt{\dfrac{\pi}{s}}$
5. $t^{1/2}$	$\dfrac{\sqrt{\pi}}{2s^{3/2}}$
6. t^{α}	$\dfrac{\Gamma(\alpha+1)}{s^{\alpha+1}}$, $\alpha > -1$
7. $\sin kt$	$\dfrac{k}{s^2+k^2}$
8. $\cos kt$	$\dfrac{s}{s^2+k^2}$
9. $\sin^2 kt$	$\dfrac{2k^2}{s(s^2+4k^2)}$
10. $\cos^2 kt$	$\dfrac{s^2+2k^2}{s(s^2+4k^2)}$
11. e^{at}	$\dfrac{1}{s-a}$
12. $\sinh kt$	$\dfrac{k}{s^2-k^2}$
13. $\cosh kt$	$\dfrac{s}{s^2-k^2}$
14. $\sinh^2 kt$	$\dfrac{2k^2}{s(s^2-4k^2)}$

$f(t)$	$L\{f(t)\}=F(s)$
15. $\cosh^2 kt$	$\dfrac{s^2-2k^2}{s(s^2-4k^2)}$
16. te^{at}	$\dfrac{1}{(s-a)^2}$
17. $t^n e^{at}$	$\dfrac{n!}{(s-a)^{n+1}}$, n은 양의 정수
18. $e^{at}\sin kt$	$\dfrac{k}{(s-a)^2+k^2}$
19. $e^{at}\cos kt$	$\dfrac{s-a}{(s-a)^2+k^2}$
20. $e^{at}\sinh kt$	$\dfrac{k}{(s-a)^2-k^2}$
21. $e^{at}\cosh kt$	$\dfrac{s-a}{(s-a)^2-k^2}$
22. $t\sin kt$	$\dfrac{2ks}{(s^2+k^2)^2}$
23. $t\cos kt$	$\dfrac{s^2-k^2}{(s^2+k^2)^2}$
24. $\sin kt+kt\cos kt$	$\dfrac{2ks^2}{(s^2+k^2)^2}$
25. $\sin kt-kt\cos kt$	$\dfrac{2k^3}{(s^2+k^2)^2}$
26. $t\sinh kt$	$\dfrac{2ks}{(s^2-k^2)^2}$
27. $t\cosh kt$	$\dfrac{s^2+k^2}{(s^2-k^2)^2}$
28. $\dfrac{e^{at}-e^{bt}}{a-b}$	$\dfrac{1}{(s-a)(s-b)}$
29. $\dfrac{ae^{at}-be^{bt}}{a-b}$	$\dfrac{s}{(s-a)(s-b)}$
30. $1-\cos kt$	$\dfrac{k^2}{s(s^2+k^2)}$
31. $\cosh kt-1$	$\dfrac{k^2}{s(s^2+k^2)}$

$f(t)$	$L\{f(t)\}=F(s)$
32 $kt-\sin kt$	$\dfrac{k^3}{s^2(s^2+k^2)}$
33. $a\sin bt-b\sin at$	$\dfrac{ab(a^2-b^2)}{(s^2+a^2)(s^2+b^2)}$
34. $\cos at-\cos bt$	$\dfrac{s(b^2-a^2)}{(s^2+a^2)(s^2+b^2)}$
35. $\sin kt\sinh kt$	$\dfrac{2k^2s}{s^4+4k^4}$
36. $\sin kt\cosh kt$	$\dfrac{k(s^2+2k^2)}{s^4+4k^4}$
37. $\cos kt\sinh kt$	$\dfrac{k(s^2-2k^2)}{s^4+4k^4}$
38. $\cos kt\cosh kt$	$\dfrac{s^3}{s^4+4k^4}$
39. $\sin kt\cosh kt+\cos kt\sinh kt$	$\dfrac{2ks^2}{s^4+4k^4}$
40. $\sin kt\cosh kt-\cos kt\sinh kt$	$\dfrac{4k^3}{s^4+4k^4}$
41. $\sinh kt+\sin kt$	$\dfrac{2ks^2}{s^4-k^4}$
42. $\sinh kt-\sin kt$	$\dfrac{2k^3}{s^4-k^4}$
43. $\cosh kt+\cos kt$	$\dfrac{2s^3}{s^4-k^4}$
44. $\cosh kt-\cos kt$	$\dfrac{2k^2s}{s^4-k^4}$
45. $J_0(kt)$	$\dfrac{1}{\sqrt{s^2+k^2}}$
46. $I_0(kt)$	$\dfrac{1}{\sqrt{s^2-k^2}}$
47. $\dfrac{e^{bt}-e^{at}}{t}$	$\ln\dfrac{s-a}{s-b}$

$f(t)$	$L\{f(t)\}=F(s)$
48. $\dfrac{2(1-\cos kt)}{t}$	$\ln\dfrac{s^2+k^2}{s^2}$
49. $\dfrac{2(1-\cosh kt)}{t}$	$\ln\dfrac{s^2-k^2}{s^2}$
50. $\dfrac{\sin kt}{t}$	$\arctan\left(\dfrac{k}{s}\right)$
51. $\dfrac{\sin at\cos bt}{t}$	$\dfrac{1}{2}\arctan\dfrac{a+b}{s}+\dfrac{1}{2}\arctan\dfrac{a-b}{s}$
52. $\dfrac{\sin(2\sqrt{kt})}{\sqrt{\pi k}}$	$\dfrac{e^{-k/s}}{s\sqrt{s}}$
53. $\dfrac{\cos(2\sqrt{kt})}{\sqrt{\pi k}}$	$\dfrac{e^{-k/s}}{\sqrt{s}}$
54. $\dfrac{\sinh(2\sqrt{kt})}{\sqrt{\pi k}}$	$\dfrac{e^{k/s}}{s\sqrt{s}}$
55. $\dfrac{\cosh(2\sqrt{kt})}{\sqrt{\pi k}}$	$\dfrac{e^{k/s}}{\sqrt{s}}$
56. $\dfrac{1}{\sqrt{\pi t}}e^{-a^2/4t}$	$\dfrac{e^{-a\sqrt{s}}}{\sqrt{s}}$
57. $\dfrac{a}{2\sqrt{\pi t^3}}e^{-a^2/4t}$	$e^{-a\sqrt{s}}$
58. $\operatorname{erfc}\left(\dfrac{a}{2\sqrt{t}}\right)$	$\dfrac{e^{-a\sqrt{s}}}{s}$
59. $\operatorname{erf}(at)$	$\dfrac{e^{s^2/4a^2}}{s}\operatorname{erfc}\left(\dfrac{s}{2a}\right)$
60. $\operatorname{erf}(\sqrt{at})$	$\dfrac{\sqrt{a}}{s\sqrt{s+a}}$
61. $e^{a^2t}\operatorname{erf}(a\sqrt{t})$	$\dfrac{a}{\sqrt{s}(s-a^2)}$
62. $\operatorname{erfc}(\sqrt{at})$	$\dfrac{\sqrt{s+a}-\sqrt{a}}{s\sqrt{s+a}}$
63. $e^{a^2t}\operatorname{erfc}(a\sqrt{t})$	$\dfrac{1}{s+a\sqrt{s}}$
64. $\dfrac{1}{\sqrt{\pi t}}+ae^{a^2t}\operatorname{erf}(a\sqrt{t})$	$\dfrac{\sqrt{s}}{s-a^2}$

$f(t)$	$L\{f(t)\}=F(s)$
65. $\dfrac{1}{\sqrt{\pi t}}-ae^{a^2t}\operatorname{erfc}(a\sqrt{t})$	$\dfrac{1}{\sqrt{s}+a}$
66. $2\sqrt{\dfrac{t}{\pi}}e^{-a^2/4t}-a\operatorname{erfc}\left(\dfrac{a}{2\sqrt{t}}\right)$	$\dfrac{e^{-a\sqrt{s}}}{s\sqrt{s}}$
67. $-e^{ab}e^{b^2t}\operatorname{erfc}\left(b\sqrt{t}+\dfrac{a}{2\sqrt{t}}\right)+\operatorname{erfc}\left(\dfrac{a}{2\sqrt{t}}\right)$	$\dfrac{be^{-a\sqrt{s}}}{s(\sqrt{s}+b)}$
68. $e^{ab}e^{b^2t}\operatorname{erfc}\left(b\sqrt{t}+\dfrac{a}{2\sqrt{t}}\right)$	$\dfrac{e^{-a\sqrt{s}}}{\sqrt{s}(\sqrt{s}+b)}$
69. $f(at)$	$\dfrac{1}{a}F\left(\dfrac{s}{a}\right)$
70. $e^{at}f(t)$	$F(s-a)$
71. $\mathscr{U}(t-a)$	$\dfrac{e^{-as}}{s}$
72. $f(t-a)\mathscr{U}(t-a)$	$e^{-as}F(s)$
73. $g(t)\mathscr{U}(t-a)$	$e^{-as}L\{g(t+a)\}$
74. $f^{(n)}(t)$	$s^nF(s)-s^{(n-1)}f(0)-\cdots-f^{(n-1)}(0)$
75. $t^nf(t)$	$(-1)^n\dfrac{d^n}{ds^n}F(s)$
76. $\displaystyle\int_0^t f(\tau)g(t-\tau)\,d\tau$	$F(s)G(s)$
77. $\displaystyle\int_0^t f(\tau)\,d\tau$	$\dfrac{F(s)}{s}$
78. $\dfrac{f(t)}{t}$	$\displaystyle\int_s^\infty F(s)ds$
79. $f(t)=f(t+T)$	$\dfrac{1}{1-e^{-sT}}\displaystyle\int_0^T e^{-st}f(t)dt$
80. $\delta(t-t_0)$	e^{-st_0}

연습문제 해답

연습문제 1.1

1. 선형, 2계
3. 선형, 4계
5. 비선형, 2계
7. 비선형, 3계
9. 비선형, 1계
11. x에서 선형이고 y에서 비선형
17. 함수의 정의구역은 $[-2, \infty)$, 해가 정의되는 가장 큰 구간은 $(-2, \infty)$
19. 함수의 정의구역은 $x=2$와 $x=-2$를 제외한 실수의 집합; 해가 정의되는 가장 큰 구간은 $(-\infty, -2)$, $(-2, -2)$ 또는 $(2, \infty)$
21. $X=\dfrac{e^t-1}{e^t-2}$는 $(-\infty, \ln 2)$ 또는 $(\ln 2, \infty)$에서 정의된다.
33. $m=-2$
35. $m=2$, $m=3$
37. $m=0$, $m=-1$
39. $m=3$, $m=5$
41. $y=2$
43. 상수해가 아니다.
45. $y=0$
47. $y=-4$와 $y=4$

연습문제 1.2

1. $y=1/(1-4e^{-x})$
3. $y=1/(x^2-1)$; $(1, \infty)$
5. $y=1/(x^2+1)$; $(-\infty, \infty)$
7. $x=-\cos t+8\sin t$
9. $x=\dfrac{\sqrt{3}}{4}\cos t+\dfrac{1}{4}\sin t$
11. $y=\dfrac{3}{2}e^x-\dfrac{1}{2}e^{-x}$
13. $y=5e^{-x-1}$
15. $y=0$, $y=x^3$
17. $y>0$ 또는 $y<0$에 의해 정의된 반 평면
19. $x>0$ 또는 $x<0$에 의해 정의된 반 평면
21. $y>2$, $y<-2$ 또는 $-2<y<2$에 의해 정의된 영역
23. $(0, 0)$를 포함하지 않는 임의의 영역
25. 예.
27. 아니다.
29. (a) $y=cx$
    (b) y축을 만나지 않는 임의의 사각영역
    (c) 아니다. 함수는 $x=0$에서 미분가능하지 않다.
31. (b) $(-\infty, 1)$상에서 $y=1/(1-x)$
    $(-1, \infty)$상에서 $y=-1/(x+1)$
    (c) $(-\infty, \infty)$에서 $y=0$
39. $y=3\sin 2x$
41. $y=0$
43. 해가 없다.

연습문제 1.3

1. $\dfrac{dP}{dt}=kP+r$; $\dfrac{dP}{dt}=kP-r$
3. $\dfrac{dP}{dt}=k_1P-k_2P^2$
7. $\dfrac{dx}{dt}=kx(1000-x)$
9. $\dfrac{dA}{dt}+\dfrac{1}{100}A=0$; $A(0)=50$
11. $\dfrac{dA}{dt}+\dfrac{7}{600-t}A=6$
13. $\dfrac{dh}{dt}=-\dfrac{c\pi}{450}\sqrt{h}$
15. $L\dfrac{di}{dt}+Ri=E(t)$
17. $m\dfrac{dv}{dt}=mg-kv^2$
19. $m\dfrac{d^2x}{dt^2}=-kx$
21. $m\dfrac{dv}{dt}+v\dfrac{dm}{dt}+kv=-mg+R$
23. $\dfrac{d^2r}{dt^2}+\dfrac{gR^2}{r^2}=0$
25. $\dfrac{dA}{dt}=k(M-A)$, $k>0$
27. $\dfrac{dx}{dt}+kx=r$, $k>0$
29. $\dfrac{dy}{dx}=\dfrac{-x+\sqrt{x^2+y^2}}{y}$

1장 복습

1. $\dfrac{dy}{dx}=10y$
3. $y''+k^2y=0$
5. $y''-2y'+y=0$
7. (a), (d)
9. (b)
11. (b)
13. $y=c_1$과 $y=c_2e^x$, c_1과 c_2는 상수
15. $y'=x^2+y^2$
17. (a) 정의구역은 모든 실수의 집합
    (b) $(-\infty, 0)$ 또는 $(0, \infty)$
19. $x_0=-1$에 대해 구간은 $(-\infty, 0)$, $x_0=2$에 대해 구간은 $(0, \infty)$
21. (c) $y=\begin{cases}-x^2, & x<0\\ x^2, & x\geq 0\end{cases}$
23. $(-\infty, \infty)$
25. $(0, \infty)$
35. $\dfrac{5}{9}$
37. $y'+y=4x-2$
39. $y=\dfrac{1}{2}e^{3x}-\dfrac{1}{2}e^{-x}-2x$
41. $y=\dfrac{3}{2}e^{3x-3}+\dfrac{9}{2}e^{-x+1}-2x$

43. $y_0=-3,\ y_1=0$

45. $x\dfrac{d^2x}{dt^2}+\left(\dfrac{dx}{dt}\right)+32x=160$

53. $y=2\sqrt{\sqrt{x}\,e^{\sqrt{x}}-e^{\sqrt{x}}+4}$

61. $m(t)=\sqrt[3]{m_0^3-3kt}$

63. $x(t)=\dfrac{A^2kt}{Akt+1}$

65. $y(x)=(4h/L^2)x^2+a$

연습문제 2.1

21. 0은 점근적으로 안정적이고(끌개); 3은 비안정적이다(밀개).
23. 2는 준안정적이다.
25. -2는 비안정적이고(끌개); 0은 준안정적이며 2는 점근적으로 안정적이다(밀개).
27. -1은 대칭적으로 안정적이며 0은 비안정적이다.
39. $0<P_0<h/k$
41. $\sqrt{mg/k}$

연습문제 2.2

1. $y=-\dfrac{1}{5}\cos 5x+c$

3. $y=\dfrac{1}{3}e^{-3x}+c$

5. $y=cx^4$

7. $-3e^{-2y}=2e^{3x}+c$

9. $\dfrac{1}{3}x^3\ln x-\dfrac{1}{9}x^3=\dfrac{1}{2}y^2+2y+\ln|y|+c$

11. $4\cos y=2x+\sin 2x+c$

13. $(e^x+1)^{-2}+2(e^y+1)^{-1}=c$

15. $S=ce^{kr}$

17. $P=\dfrac{ce^t}{1+ce^t}$

19. $(y+3)^5e^x=c(x+4)^5e^y$

21. $y=\sin\left(\dfrac{1}{2}x^2+c\right)$

23. $x=\tan\left(4t-\dfrac{3}{4}\pi\right)$

25. $y=\dfrac{e^{-(1+1/x)}}{x}$

27. $y=\dfrac{1}{2}x+\dfrac{\sqrt{3}}{2}\sqrt{1-x^2}$

29 $y=e^{e^{-x}}$

31 $y=e^{\int_4^x e^{-t^2}dt}$

33. $y(x)-\tan\left(\pi/4+\int_1^x\sqrt{1+\cos t^3}\,dt\right)$

35. $y=-\sqrt{x^2+x-1}$; $(-\infty,-\dfrac{1+\sqrt{5}}{2})$

37. $y=-\ln(2-e^x)$; $(-\infty,\ln 2)$

39. (a) $y=2,\ y=-2,\ y=2\dfrac{3-e^{4x-1}}{3+e^{4x-1}}$

41. $y=-1$과 $y=1$은 문제 21의 특이해이다; (문제 22의 $y=0$)

43. $y=1$

45. $y=1+\dfrac{1}{10}\tan\left(\dfrac{1}{10}x\right)$

49. $y=\tan x-\sec x+c$

51. $y=[-1+c(1+\sqrt{x})]^2$

연습문제 2.3

1. $y=ce^{5x}$, $(-\infty,\infty)$

3. $y=\dfrac{1}{4}e^{3x}+ce^{-x}$, $(-\infty,\infty)$; ce^{-x}는 과도적이다.

5. $y=\dfrac{1}{3}+ce^{-x^3}$, $(-\infty,\infty)$; ce^{-x}는 과도적이다.

7. $y=x^{-1}\ln x+cx^{-1}$, $(0,\infty)$; 해는 과도적이다.

9. $y=cx-x\cos x$, $(0,\infty)$

11. $y=\dfrac{1}{7}x^3-\dfrac{1}{5}x+cx^{-4}$, $(0,\infty)$; cx^{-4}는 과도적이다.

13. $y=\dfrac{1}{2}x^{-2}e^x+cx^{-2}e^{-x}$, $(0,\infty)$; $cx^{-2}e^{-x}$는 과도적이다.

15. $x=2y^6+cy^4$, $(0,\infty)$

17. $y=\sin x+c\cos x$, $\left(-\dfrac{\pi}{2},\dfrac{\pi}{2}\right)$

19. $(x+1)e^xy=x^2+c$, $(-1,\infty)$; 해는 과도적이다.

21. $(\sec\theta+\tan\theta)r=\theta-\cos\theta+c$, $\left(-\dfrac{\pi}{2},\dfrac{\pi}{2}\right)$

23. $y=e^{-3x}+cx^{-1}e^{-3x}$, $(0,\infty)$; 해는 과도적이다.

25. $y=-\dfrac{1}{5}x-\dfrac{1}{25}+\dfrac{76}{25}e^{5x}$; $(-\infty,\infty)$

27. $y=x^{-1}e^x+(2-e)x^{-1}$; $(0,\infty)$

29. $i=\dfrac{E}{R}+\left(i_0-\dfrac{E}{R}\right)e^{-Rt/L}$; $(-\infty,\infty)$

31. $y=2x+1+5/x$; $(0,\infty)$

33. $(x+1)y=x\ln x-x+21$; $(0,\infty)$

35. $y=-2+3e^{-\cos x}$; $(-\infty,\infty)$

37. $y=\begin{cases}\dfrac{1}{2}(1-e^{-2x}), & 0\le x\le 3\\ \dfrac{1}{2}(e^6-1)e^{-2x}, & x>3\end{cases}$

39. $y=\begin{cases}\dfrac{1}{2}+\dfrac{3}{2}e^{-x^2}, & 0\le x<1\\ \left(\dfrac{1}{2}e+\dfrac{3}{2}\right)e^{-x^2}, & x\ge 1\end{cases}$

41. $y=\begin{cases}2x-1+4e^{-2x}, & 0\le x\le 1\\ 4x^2\ln x+(1+4e^{-2})x^2, & x>1\end{cases}$

43. $y=e^{x^2-1}+\dfrac{1}{2}\sqrt{\pi}e^{x^2}(\operatorname{erf}(x)-\operatorname{erf}(1))$

45. $y = e^{-e^x}\int_0^x e^{e^t} dt + e^{1-e^x}$ 47. $y = 10x^{-2}(\text{Si}(x) - \text{Si}(1))$

49. $x = -y^2 - 2y - 2 + ce^y$

59. $x = x_0 e^{-\lambda_1 t}$, $y = \dfrac{x_0\lambda_1}{\lambda_2 - \lambda_1}e^{-\lambda_1 t} + \left(y_0 - \dfrac{x_0\lambda_1}{\lambda_2 - \lambda_1}\right)e^{-\lambda_2 t}$

연습문제 2.4

1. $x^2 - x + \dfrac{3}{2}y^2 + 7y = c$ 3. $\dfrac{5}{2}x^2 + 4xy - 2y^4 = c$

5. $x^2y^2 - 3x + 4y = c$ 7. 완전방정식이 아니다.

9. $xy^3 + y^2\cos x - \dfrac{1}{2}x^2 = c$ 11. 완전방정식이 아니다.

13. $xy - 2xe^x + 2e^x - 2x^3 = c$ 15. $x^3y^3 - \tan^{-1}3x = c$

17. $-\ln|\cos x| + \cos x \sin y = c$

19. $t^4y - 5t^3 - ty + y^3 = c$ 21. $\dfrac{1}{3}x^3 + x^2y + xy^2 - y = \dfrac{4}{3}$

23. $4ty + t^2 - 5t + 3y^2 - y = 8$

25. $y^2\sin x - x^3y - x^2 + y\ln y - y = 0$

27. $k = 10$ 29. $x^2y^2\cos x = c$

31. $\dfrac{1}{2}x^2 - \dfrac{1}{xy} = c$ 33. $x^2y^2 + x^3 = c$

35. $3x^2y^3 + y^4 = c$ 37. $-2ye^{3x} + \dfrac{10}{3}e^{3x} + x = c$

39. $e^{y^2}(x^2 + 4) = 20$

41. (c) $y_1(x) = -x^2 - \sqrt{x^4 - x^3 + 4}$

$y_2(x) = -x^2 + \sqrt{x^4 - x^3 + 4}$

47. (a) $v(x) = 8\sqrt{\dfrac{x}{3} - \dfrac{9}{x^2}}$ (b) 12.7ft/s

연습문제 2.5

1. $y + x\ln|x| = cx$

3. $(x - y)\ln|x - y| = y + c(x - y)$

5. $x + y\ln|x| = cy$

7. $\ln(x^2 + y^2) + 2\tan^{-1}(y/x) = c$

9. $4x = y(\ln|y| - c)^2$ 11. $y^3 + 3x^3\ln|x| = 8x^3$

13. $\ln|x| = e^{y/x} - 1$ 15. $y^3 = 1 + cx^{-3}$

17. $y^{-3} = x + \dfrac{1}{3} + ce^{3x}$ 19. $e^{t/y} = ct$

21. $y^{-3} = -\dfrac{9}{5}x^{-1} + \dfrac{49}{5}x^{-6}$ 23. $y = -x - 1 + \tan(x + c)$

25. $2y - 2x + \sin 2(x + y) = c$ 27. $4(y - 2x + 3) = (x + c)^2$

29. $-\cot(x + y) + \csc(x + y) = x + \sqrt{2} - 1$

37. (b) $y = \dfrac{2}{x} + \left(-\dfrac{1}{4}x + cx^{-3}\right)^{-1}$

연습문제 2.6

1. $y_2 = 2.9800$, $y_4 = 3.1151$

3. $y_{10} = 2.5937$, $y_{20} = 2.6533$; $y = e^x$

5. $y_5 = 0.4198$, $y_{10} = 0.4124$

7. $y_5 = 0.5639$, $y_{10} = 0.5565$

9. $y_5 = 1.2194$, $y_{10} = 1.2696$

13. 오일러: $y_{10} = 3.8191$, $y_{20} = 5.9363$

RK4: $y_{10} = 42.9931$, $y_{20} = 84.0132$

2장 복습

1. $-A/k$는 $k > 0$일 때 밀개이고, $k < 0$일 때 끌개이다.

3. 참 5. $\dfrac{d^3y}{dx^3} = x\sin y$

7. 참 9. $y = c_1 e^{e^x}$

11. $\dfrac{dy}{dx} + (\sin x)y = x$ 13. $\dfrac{dy}{dx} = (y-1)^2(y-3)^3$

15. n이 짝수일 때 준안정적이고, n이 홀수일 때 비안정적이다; n이 짝수일 때 준안정적이고, n이 홀수일 때 점근적으로 안정적이다.

19. $2x + \sin 2x = 2\ln(y^2 + 1) + c$

21. $(6x + 1)y^3 = -3x^3 + c$

23. $Q = ct^{-1} + \dfrac{1}{25}t^4(-1 + 5\ln t)$

25. $y = \dfrac{1}{4} + c(x^2 + 4)^{-4}$

27. $y = e^{-2\sin x} + \dfrac{1}{2}e^{-2\sin x}\int_0^2 te^{2\sin t}dt$

29. $y = \dfrac{3}{x^2} + \dfrac{1}{x^2}\int_1^x t^2e^{t^2}dt$

31. $y = \begin{cases} xe^{-x} + 5e^{-x}, & 0 \leq x < 1 \\ 6e^{-x}, & x \geq 1 \end{cases}$

33. $y = \csc x$, $(\pi, 2\pi)$

35. (b) $y = \dfrac{1}{4}(x + 2\sqrt{y_0} - x_0)^2$, $(x_0 - 2\sqrt{y_0}, \infty)$

연습문제 3.1

1. 7.9년, 10년 3. 760, 대략 11명/년

5. 11시간　　7. 136.5시간

11. $I(3)=0.0155I_o$ 즉 대략 I_o의 1.6%

13. 대략 15,963년

15. $T(1)=11.21^oC$, 대략 7.96분

17. 대략 82.1초; 대략 145.7초

19. 263°

21. 대략 사체가 발견되기 2.4시간 전

23. $A(t)=200-170e^{-t/50}$

25. $A(t)=1000-1000e^{-t/100}$

27. $A(t)=1000-10t-\frac{1}{10}(100-t)^2$; 100분

29. 64.38 kg

31. $i(t)=\frac{3}{5}-\frac{3}{5}e^{-500t}$; $t\to\infty$일 때 $i\to\frac{3}{5}$

33. $q(t)=\frac{1}{100}-\frac{1}{100}e^{-50t}$; $i(t)=\frac{1}{2}e^{-50t}$

35. $i(t)=\begin{cases}60-60e^{-t/10}, & 0\le t\le 20\\ 60(e^2-1)e^{-t/10}, & t>20\end{cases}$

37. (a) $v(t)=\frac{mg}{k}+\left(v_0-\frac{mg}{k}\right)e^{-kt/m}$

(b) $t\to\infty$일 때 $v\to\frac{mg}{k}$

(c) $s(t)=\frac{mg}{k}t-\frac{m}{k}\left(v_0-\frac{mg}{k}\right)e^{-kt/m}$

$+\frac{m}{k}\left(v_0-\frac{mg}{k}\right)$

41. (a) $v(t)=0.024t^2+0.2t$

(b) $s(t)=0.008t^3+0.1t^2$

43. (a) $v(t)=\frac{\rho g}{4k}\left(\frac{k}{\rho}t+r_0\right)-\frac{\rho g r_0}{4k}\left(\frac{r_0}{\frac{k}{\rho}t+r_0}\right)^3$

(c) 30초

45. (a) $P(t)=P_0e^{(k_1-k_2)t}$

47. (a) $t\to\infty$일 때 $x(t)\to r/k$

(b) $x(t)=r/k-(r/k)e^{-kt}$; $(\ln 2)/k$

51. (c) 1.988피트

연습문제 3.2

1. (a) $N=2000$

(b) $N(t)=\frac{2000e^t}{1999+e^t}$; $N(10)=1834$

3. 1,000,000; 52.9개월

7. $0<P_0<1$일 때, 멸종되는 시간은

$$t=-\frac{1}{3}\ln\frac{4(P_0-1)}{P_0-4}.$$

9. $P(t)=\frac{5}{2}+\frac{\sqrt{3}}{2}\tan\left[-\frac{\sqrt{3}}{2}t+\tan^{-1}\left(\frac{2P_0-5}{\sqrt{3}}\right)\right]$

멸종되는 시간은

$$t=\frac{2}{\sqrt{3}}\left[\tan^{-1}\frac{5}{\sqrt{3}}+\tan^{-1}\left(\frac{2P_0-5}{\sqrt{3}}\right)\right]$$

11. 29.3g; $t\to\infty$일 때 $X\to 60$; A 0 g과 B 30 g

13. (a) $h(t)=\left(\sqrt{H}-\frac{4A_h}{A_w}t\right)^2$; I는

$0\le t\le\sqrt{H}A_w/4A_h$

(b) $576\sqrt{10}$초 또는 30.36분

15. (a) 대략 858.65초 또는 14.31분

(b) 243초 또는 4.05분

17. (a) $v(t)=\sqrt{\frac{mg}{k}}\tanh\left(\sqrt{\frac{kg}{m}}t+c_1\right)$,

여기서 $c_1=\tanh^{-1}\left(\sqrt{\frac{k}{mg}}v_0\right)$

(b) $\sqrt{\frac{mg}{k}}$

(c) $s(t)=\frac{m}{k}\ln\cosh\left(\sqrt{\frac{kg}{m}}t+c_1\right)+c_2$,

여기서 $c_2=-(m/k)\ln(\cosh c_1)$

19. (a) $m\frac{dv}{dt}=mg-kv^2-\rho V$,

여기서 ρ는 물의 무게 밀도이다.

(b) $v(t)=\sqrt{\frac{mg-\rho V}{k}}\tanh\left(\frac{\sqrt{kmg-k\rho V}}{m}t+c_1\right)$

(c) $\sqrt{\frac{mg-\rho V}{k}}$

21. (a) $W=0$과 $W=2$

(b) $W(x)=2\,\mathrm{sech}^2(x-c_1)$

(c) $W(x)=2\,\mathrm{sech}^2 x$

23. (a) $P(t)=\frac{1}{(-0.001350t+10^{-0.01})^{100}}$

(b) 대략 724개월

(c) 대략 12,839와 28,630,966

연습문제 3.3

1. $x(t)=x_0e^{-\lambda_1 t}$

$$y(t)=\frac{x_0\lambda_1}{\lambda_2-\lambda_1}(e^{-\lambda_1 t}-e^{-\lambda_2 t})$$

$$z(t)=x_0\left(1-\frac{\lambda_2}{\lambda_2-\lambda_1}e^{-\lambda_1 t}+\frac{\lambda_1}{\lambda_2-\lambda_1}e^{-\lambda_2 t}\right)$$

3. 5, 20, 147일.
$y(t)$와 $z(t)$가 같아지는 시간이 의미가 있는데 이는 A의 대부분과 B의 절반이 사라져서 C의 절반이 만들어지기 때문이다.

5. (a) $K(t)=K_0e^{-(\lambda_1+\lambda_2)t}$,
$$C(t)=\frac{\lambda_1}{\lambda_1+\lambda_2}K_0\left[1-e^{-(\lambda_1+\lambda_2)t}\right],$$
$$A(t)=\frac{\lambda_2}{\lambda_1+\lambda_2}K_0\left[1-e^{-(\lambda_1+\lambda_2)t}\right]$$
(b) 대략 1.3×10^9 년
(c) $89\%, 11\%$

7. $\dfrac{dx_1}{dt}=6-\dfrac{2}{25}x_1+\dfrac{1}{50}x_2$
$\dfrac{dx_2}{dt}=\dfrac{2}{25}x_1-\dfrac{2}{25}x_2$

9. (a) $\dfrac{dx_1}{dt}=3\dfrac{x_2}{100-t}-2\dfrac{x_1}{100+t}$
$\dfrac{dx_2}{dt}=2\dfrac{x_1}{100+t}-3\dfrac{x_2}{100-t}$
(b) $x_1(t)+x_2(t)=150;\ x_2(30)\approx 47.4\text{ kg}$

15. $L_1\dfrac{di_2}{dt}+(R_1+R_2)i_2+R_1i_3=E(t)$
$L_2\dfrac{di_3}{dt}+R_1i_2+(R_1+R_3)i_3=E(t)$

17. $i(0)=i_0,\ s(0)=n-i_0,\ r(0)=0$

3장 복습

1. $dP/dt=0.15P$
3. $P(45)=89.9$억
5. 대략 기원전 3257년
7. $x=10\ \ln\left(\dfrac{10+\sqrt{100-y^2}}{y}\right)-\sqrt{100-y^2}$
9. (a) $\dfrac{BT_1+T_2}{1+B},\ \dfrac{BT_1+T_2}{1+B}$
(b) $T(t)=\dfrac{BT_1+T_2}{1+B}+\dfrac{T_1-T_2}{1+B}e^{k(1+B)t}$
13. $x(t)=\dfrac{\alpha c_1e^{\alpha k_1 t}}{1+c_1e^{\alpha k_1 t}},\ y(t)=c_2(1+c_1e^{\alpha k_1 t})^{k_2/k_1}$
15. $x^2+y^2=c_2$
17. $y^2+2x=c_2$
19. $(q-p,\ 2\sqrt{pq}),\ (q-p,\ -2\sqrt{pq})$

23. $t=\dfrac{1}{2}$

연습문제 4.1

1. $y=\dfrac{1}{2}e^x-\dfrac{1}{2}e^{-x}$
3. $y=3x-4x\ln x$
9. $(-\infty,\ 2)$
11. (a) $y=\dfrac{e}{e^2-1}(e^x-e^{-x})$
(b) $y=\dfrac{\sinh x}{\sinh 1}$
13. (a) $y=e^x\cos x-e^x\sin x$
(b) 해가 없다.
(c) $y=e^x\cos x+e^{-\pi/2}e^x\sin x$
(d) $y=c_2e^x\sin x$, 여기서 c_2는 임의의 수
15. 종속
17. 종속
19. 종속
21. 독립
23. 함수들은 미분방정식을 만족하고
$W(e^{-3x},\ e^{4x})=7e^x\neq0$이기 때문에 구간에서 일차독립이다;
$y=c_1e^{-3x}+c_2e^{4x}$.
25. 함수들은 미분방정식을 만족하고
$W(e^x\cos 2x,\ e^x\sin 2x)=2e^{2x}\neq0$이기 때문에 구간에서 일차독립이다;
$y=c_1e^x\cos 2x+c_2e^x\sin 2x$.
27. 함수들은 미분방정식을 만족하고 $W(x^3,\ x^4)=x^6\neq0$이기 때문에 구간에서 일차독립이다; $y=c_1x^3+c_2x^4$.
29. 함수들은 미분방정식을 만족하고 $W(x,\ x^{-2},\ x^{-2}\ln x)=9x^{-6}\neq0$이기 때문에 구간에서 일차독립이다;
$y=c_1x+c_2x^{-2}+c_3x^{-2}\ln x$.
35. (b) $y_p=x^2+3x+3e^{2x};\ y_p=-2x^2-6x-\dfrac{1}{3}e^{2x}$

연습문제 4.2

1. $y_2=xe^{2x}$
3. $y_2=\sin 4x$
5. $y_2=\sinh x$
7. $y_2=xe^{2x/3}$
9. $y_2=x^4\ln|x|$
11. $y_2=1$
13. $y_2=x\cos(\ln x)$
15. $y_2=x^2+x+2$
17. $y_2=\dfrac{1}{2}x^2e^x$
19. $y_2=e^{2x},\ y_p=-\dfrac{1}{2}$

21. $y_2 = e^{2x},\ y_p = \frac{5}{2}e^{3x}$

23. $y_2 = x\int_{x_0}^{x} \frac{e^{-t}}{t}dt,\quad x_0 > 0$

연습문제 4.3

1. $y = c_1 + c_2 e^{-x/4}$
3. $y = c_1 e^{3x} + c_2 e^{-2x}$
5. $y = c_1 e^{-4x} + c_2 x e^{-4x}$
7. $y = c_1 e^{2x/3} + c_2 e^{-x/4}$
9. $y = c_1 \cos 3x + c_2 \sin 3x$
11. $y = e^{2x}(c_1 \cos x + c_2 \sin x)$
13. $y = e^{-x/3}\left(c_1 \cos \frac{1}{3}\sqrt{2}x + c_2 \sin \frac{1}{3}\sqrt{2}x\right)$
15. $y = c_1 + c_2 e^{-x} + c_3 e^{5x}$
17. $y = c_1 e^{-x} + c_2 e^{3x} + c_3 x e^{3x}$
19. $u = c_1 e^{t} + e^{-t}(c_2 \cos t + c_3 \sin t)$
21. $y = c_1 e^{-x} + c_2 x e^{-x} + c_3 x^2 e^{-x}$
23. $y = c_1 + c_2 x + e^{-x/2}\left(c_3 \cos \frac{1}{2}\sqrt{3}x + c_4 \sin \frac{1}{2}\sqrt{3}x\right)$
25. $y = c_1 \cos \frac{1}{2}\sqrt{3}x + c_2 \sin \frac{1}{2}\sqrt{3}x + c_3 x \cos \frac{1}{2}\sqrt{3}x + c_4 x \sin \frac{1}{2}\sqrt{3}x$
27. $u = c_1 e^{r} + c_2 r e^{r} + c_3 e^{-r} + c_4 r e^{-r} + c_5 e^{-5r}$
29. $y = c_1 + c_2 x + c_3 x^2 + c_4 x^3 + c_5 e^{x}\cos 2x + c_6 e^{x}\sin 2x$
31. $y = 2\cos 4x - \frac{1}{2}\sin 4x$
33. $y = -\frac{1}{3}e^{-(t-1)} + \frac{1}{3}e^{5(t-1)}$
34. $y = 0$
37. $y = \frac{5}{36} - \frac{5}{36}e^{-6x} + \frac{1}{6}xe^{-6x}$
39. $y = e^{5x} - xe^{5x}$
41. $y = 0$
43. $y = \frac{1}{2}\left(1 - \frac{5}{\sqrt{3}}\right)e^{-\sqrt{3}x} + \frac{1}{2}\left(1 + \frac{5}{\sqrt{3}}\right)e^{\sqrt{3}x}$;
    $y = \cosh \sqrt{3}x + \frac{5}{\sqrt{3}}\sinh \sqrt{3}x$
45. $\alpha = n\pi/2,\ n = 1, 2, 3, \ldots$
53. $y'' - 6y' + 5y = 0$
55. $y'' - 2y' = 0$
57. $y'' + 9y = 0$
59. $y'' + 2y' + 2y = 0$
61. $y''' - 8y'' = 0$
63. (b) $y''(x) + 4y'(x) + 4y(x) = 0$

연습문제 4.4

1. $y = c_1 e^{-x} + c_2 e^{-2x} + 3$
3. $y = c_1 e^{5x} + c_2 x e^{5x} + \frac{6}{5}x + \frac{3}{5}$
5. $y = c_1 e^{-2x} + c_2 x e^{-2x} + x^2 - 4x + \frac{7}{2}$
7. $y = c_1 \cos \sqrt{3}x + c_2 \sin \sqrt{3}x + \left(-4x^2 + 4x - \frac{4}{3}\right)e^{3x}$
9. $y = c_1 + c_2 e^{x} + 3x$
11. $y = c_1 e^{x/2} + c_2 x e^{x/2} + 12 + \frac{1}{2}x^2 e^{x/2}$
13. $y = c_1 \cos 2x + c_2 \sin 2x - \frac{3}{4}x\cos 2x$
15. $y = c_1 \cos x + c_2 \sin x - \frac{1}{2}x^2 \cos x + \frac{1}{2}x \sin x$
17. $y = c_1 e^{x}\cos 2x + c_2 e^{x}\sin 2x + \frac{1}{4}xe^{x}\sin 2x$
19. $y = c_1 e^{-x} + c_2 x e^{-x} - \frac{1}{2}\cos x + \frac{12}{25}\sin 2x - \frac{9}{25}\cos 2x$
21. $y = c_1 + c_2 x + c_3 e^{6x} - \frac{1}{4}x^2 - \frac{6}{37}\cos x + \frac{1}{37}\sin x$
23. $y = c_1 e^{x} + c_2 x e^{x} + c_3 x^2 e^{x} - x - 3 - \frac{2}{3}x^3 e^{x}$
25. $y = c_1 \cos x + c_2 \sin x + c_3 x \cos x + c_4 x \sin x + x^2 - 2x - 3$
27. $y = \sqrt{2}\sin 2x - \frac{1}{2}$
29. $y = -200 + 200e^{-x/5} - 3x^2 + 30x$
31. $y = -10e^{-2x}\cos x + 9e^{-2x}\sin x + 7e^{-4x}$
33. $x = \frac{F_0}{2\omega^2}\sin \omega t - \frac{F_0}{2\omega}t\cos \omega t$
35. $y = 11 - 11e^{x} + 9xe^{x} + 2x - 12x^2 e^{x} + \frac{1}{2}e^{5x}$
37. $y = 6\cos x - 6(\cot 1)\sin x + x^2 - 1$
39. $y = \frac{-4\sin \sqrt{3}x}{\sin \sqrt{3} + \sqrt{3}\cos \sqrt{3}} + 2x$
41. $y = \begin{cases} \cos 2x + \frac{5}{6}\sin 2x + \frac{1}{3}\sin x, & 0 \le x \le \pi/2 \\ \frac{2}{3}\cos 2x + \frac{5}{6}\sin 2x, & x > \pi/2 \end{cases}$

연습문제 4.5

1. $(3D-2)(3D+2)y = \sin x$
3. $(D-6)(D+2)y = x - 6$
5. $D(D+5)^2 y = e^{x}$
7. $(D-1)(D-2)(D+5)y = xe^{-x}$
9. $D(D+2)(D^2 - 2D + 4)y = 4$
15. D^4
17. $D(D-2)$
19. $D^2 + 4$
21. $D^3(D^2 + 16)$
23. $(D+1)(D-1)^3$
25. $D(D^2 - 2D + 5)$
27. $1,\ x,\ x^2,\ x^3,\ x^4$
29. $e^{6x},\ e^{-3x/2}$

31. $\cos\sqrt{5}x,\ \sin\sqrt{5}x$

33. $1,\ e^{5x},\ xe^{5x}$

35. $y=c_1e^{-3x}+c_2e^{3x}-6$

37. $y=c_1+c_2e^{-x}+3x$

39. $y=c_1e^{-2x}+c_2xe^{-2x}+\frac{1}{2}x+1$

41. $y=c_1+c_2x+c_3e^{-x}+\frac{2}{3}x^4-\frac{8}{3}x^3+8x^2$

43. $y=c_1e^{-3x}+c_2e^{4x}+\frac{1}{7}xe^{4x}$

45. $y=c_1e^{-x}+c_2e^{3x}-e^x+3$

47. $y=c_1\cos 5x+c_2\sin 5x+\frac{1}{4}\sin x$

49. $y=c_1e^{-3x}+c_2xe^{-3x}-\frac{1}{49}xe^{4x}+\frac{2}{343}e^{4x}$

51. $y=c_1e^{-x}+c_2e^{x}+\frac{1}{6}x^3e^x-\frac{1}{4}x^2e^x+\frac{1}{4}xe^x-5$

53. $y=e^x(c_1\cos 2x+c_2\sin 2x)+\frac{1}{3}e^x\sin x$

55. $y=c_1\cos 5x+c_2\sin 5x-2x\cos 5x$

57. $y=e^{-x/2}\left(c_1\cos\frac{\sqrt{3}}{2}x+c_2\sin\frac{\sqrt{3}}{2}x\right)$
$\quad+\sin x+2\cos x-x\cos x$

59. $y=c_1+c_2x+c_3e^{-8x}+\frac{11}{256}x^2+\frac{7}{32}x^3-\frac{1}{16}x^4$

61. $y=c_1e^x+c_2xe^x+c_3x^2e^x+\frac{1}{6}x^3e^x+x-13$

63. $y=c_1+c_2x+c_3e^x+c_4xe^x+\frac{1}{2}x^2e^x+\frac{1}{2}x^2$

65. $y=\frac{5}{8}e^{-8x}+\frac{5}{8}e^{8x}-\frac{1}{4}$

67. $y=-\frac{41}{125}+\frac{41}{125}e^{5x}-\frac{1}{10}x^2+\frac{9}{25}x$

69. $y=-\pi\cos x-\frac{11}{3}\sin x-\frac{8}{3}\cos 2x+2x\cos x$

71. $y=2e^{2x}\cos 2x-\frac{3}{64}e^{2x}\sin 2x+\frac{1}{8}x^3+\frac{3}{16}x^2+\frac{3}{32}x$

연습문제 4.6

1. $y=c_1\cos x+c_2\sin x+x\sin x+\cos x\ln|\cos x|$

3. $y=c_1\cos x+c_2\sin x-\frac{1}{2}x\cos x$

5. $y=c_1\cos x+c_2\sin x+\frac{1}{2}-\frac{1}{6}\cos 2x$

7. $y=c_1e^x+c_2e^{-x}+\frac{1}{2}x\sinh x$

9. $y=c_1e^{-3x}+c_2e^{3x}-\frac{3}{4}x^2e^{-3x}-\frac{1}{4}xe^{-3x}$

11. $y=c_3+c_2e^{-x}+3x$

13. $y=c_1e^{-x}+c_2e^{-2x}+(e^{-x}+e^{-2x})\ln(1+e^x)$

15. $y=c_1e^{-2x}+c_2e^{-x}-e^{-2x}\sin e^x$

17. $y=c_1e^{-t}+c_2te^{-t}+\frac{1}{2}t^2e^{-t}\ln t-\frac{3}{4}t^2e^{-t}$

19. $y=c_1e^x\sin x+c_2e^x\cos x+\frac{1}{3}xe^x\sin x$
$\quad+\frac{1}{3}e^x\cos x\ln|\cos x|$

21. $y=\frac{1}{4}e^{-x/2}+\frac{3}{4}e^{x/2}+\frac{1}{8}x^2e^{x/2}-\frac{1}{4}xe^{x/2}$

23. $y=e^x-xe^x-e^x\ln|\cos x|$

25. $y=\frac{4}{9}e^{-4x}+\frac{25}{36}e^{2x}-\frac{1}{4}e^{-2x}+\frac{1}{9}e^{-x}$

27. $y=c_1\cos x+c_2\sin x-\cos x\int_{x_0}^{x}e^{t^2}\sin t\,dt+\sin x\int_{x_0}^{x}e^{t^2}\cos t\,dt$

29. $y=c_1e^{-2x}+c_2e^x-\frac{1}{3}e^{-2x}\int_{x_0}^{x}e^{2t}\ln t\,dt$
$\quad+\frac{1}{3}e^x\int_{x_0}^{x}e^{-t}\ln t\,dt,\ x_0>0$

31. $y=c_1x^{-1/2}\cos x+c_2x^{-1/2}\sin x+x^{-1/2}$

33. $y=c_1+c_2\cos x+c_3\sin x-\ln|\cos x|$
$\quad-\sin x\ln|\sec x+\tan x|$

35. $y=c_1e^x+c_2e^{-x}+c_3e^{2x}+\frac{1}{30}e^{4x}$

연습문제 4.7

1. $y=c_1x^{-1}+c_2x^2$

3. $y=c_1+c_2\ln x$

5. $y=c_1\cos(2\ln x)+c_2\sin(2\ln x)$

7. $y=c_1x^{(2-\sqrt{6})}+c_2x^{(2+\sqrt{6})}$

9. $y=c_1\cos\left(\frac{1}{5}\ln x\right)+c_2\sin\left(\frac{1}{5}\ln x\right)$

11. $y=c_1x^{-2}+c_2x^{-2}\ln x$

13. $y=x^{-1/2}\left[c_1\cos\left(\frac{1}{6}\sqrt{3}\ln x\right)+c_2\sin\left(\frac{1}{6}\sqrt{3}\ln x\right)\right]$

15. $y=c_1x^3+c_2\cos(\sqrt{2}\ln x)+c_3\sin(\sqrt{2}\ln x)$

17. $y=c_1+c_2x+c_3x^2+c_4x^{-3}$

19. $y=c_1+c_2x^5+\frac{1}{5}x^5\ln x$

21. $y=c_1x+c_2x\ln x+x(\ln x)^2$

23. $y=c_1x^{-1}+c_2x-\ln x$

25. $y=2-2x^{-2}$

27. $y=\cos(\ln x)+2\sin(\ln x)$

29. $y=\frac{3}{4}-\ln x+\frac{1}{4}x^2$

31. $y=c_1(x^2-x^6)$

33. $x^2y''-xy'-8y=0$

35. $x^2y''+7xy'+9y=0$

37. $x^2y''+xy'+y=0$

39. $y=c_1x^{-10}+c_2x^2$

41. $y=c_1x^{-1}+c_2x^{-8}+\frac{1}{30}x^2$

43. $y=x^2[c_1\cos(3\ln x)+c_2\sin(3\ln x)]+\frac{4}{13}+\frac{3}{10}x$

45. $y=2(-x)^{1/2}-5(-x)^{1/2}\ln(-x),\ x<0$

47. $y=c_1(x+3)^2+c_2(x+3)^7$

49. $y=c_1\cos[\ln(x+2)]+c_2\sin[\ln(x+2)]$

55. (a) $w(r)=c_1+c_2\ln r+c_3r^2+\frac{q}{64D}r^4$

(b) $w(r)=\frac{q}{64D}(a^2-r^2)^2$

연습문제 4.8

1. $y_p(x)=\frac{1}{4}\int_{x_0}^{x}\sinh 4(x-t)f(t)dt$

3. $y_p(x)=\int_{x_0}^{x}(x-t)e^{-(x-t)}f(t)dt$

5. $y_p(x)=\frac{1}{3}\int_{x_0}^{x}\sin 3(x-t)f(t)dt$

7. $y=c_1e^{-4x}+c_2e^{4x}+\frac{1}{4}\int_{x_0}^{x}\sinh 4(x-t)te^{-2t}dt$

9. $y=c_1e^{-x}+c_2xe^{-x}+\int_{x_0}^{x}(x-t)e^{-(x-t)}e^{-t}dt$

11. $y=c_1\cos 3x+c_2\sin 3x+\frac{1}{3}\int_{x_0}^{x}\sin 3(x-t)(t+\sin t)dt$

13. $y_p(x)=\frac{1}{4}xe^{2x}-\frac{1}{16}e^{2x}+\frac{1}{16}e^{-2x}$

15. $y_p(x)=\frac{1}{2}x^2e^{5x}$

17. $y_p(x)=-\cos x+\frac{\pi}{2}\sin x-x\sin x-\cos x\ln|\sin x|$

19. $y=\frac{25}{16}e^{-2x}-\frac{9}{16}e^{2x}+\frac{1}{4}xe^{2x}$

21. $y=-e^{5x}+6xe^{5x}+\frac{1}{2}x^2e^{5x}$

23. $y=-x\sin x-\cos x\ln|\sin x|$

25. $y=(\cos 1-2)e^{-x}+(1+\sin 1-\cos 1)e^{-2x}-e^{-2x}\sin e^{x}$

27. $y=4x-2x^2-x\ln x$

29. $y=\frac{46}{45}x^3-\frac{1}{20}x^{-2}+\frac{1}{36}-\frac{1}{6}\ln x$

31. $y(x)=5e^x+3e^{-x}+y_p(x)$,

여기서 $y_p(x)=\begin{cases}1-\cosh x, & x<0\\ -1+\cosh x, & x\ge 0\end{cases}$

33. $y=\cos x-\sin x+y_p(x)$,

여기서 $y_p(x)=\begin{cases}0, & x<0\\ 10-10\cos x, & 0\le x\le 3\pi\\ -20\cos x, & x>3\pi\end{cases}$

35. $y_p(x)=(x-1)\int_{x_0}^{x}tf(t)dt+x\int_{x}^{1}(t-1)f(t)dt$

37. $y_p(x)=\frac{1}{2}x^2-\frac{1}{2}x$

39. $y_p(x)=\frac{\sin(x-1)}{\sin 1}-\frac{\sin x}{\sin 1}+1$

41. $y_p(x)=-e^x\cos x-e^x\sin x+e^x$

43. $y_p(x)=\frac{1}{2}(\ln x)^2+\frac{1}{2}\ln x$

연습문제 4.9

1. $x=c_1e^t+c_2te^t$

$y=(c_1-c_2)e^t+c_2te^t$

3. $x=c_1\cos t+c_2\sin t+t+1$

$y=c_1\sin t-c_2\cos t+t-1$

5. $x=\frac{1}{2}c_1\sin t+\frac{1}{2}c_2\cos t-2c_3\sin\sqrt{6}t-2c_4\cos\sqrt{6}t$

$y=c_1\sin t+c_2\cos t+c_3\sin\sqrt{6}t+c_4\cos\sqrt{6}t$

7. $x=c_1e^{2t}+c_2e^{-2t}+c_3\sin 2t+c_4\cos 2t+\frac{1}{5}e^t$

$y=c_1e^{2t}+c_2e^{-2t}-c_3\sin 2t-c_4\cos 2t-\frac{1}{5}e^t$

9. $x=c_1-c_2\cos t+c_3\sin t+\frac{17}{15}e^{3t}$

$y=c_1+c_2\sin t+c_3\cos t-\frac{4}{15}e^{3t}$

11. $x=c_1e^t+c_2e^{-t/2}\cos\frac{1}{2}\sqrt{3}t+c_3e^{-t/2}\sin\frac{1}{2}\sqrt{3}t$

$y=\left(-\frac{3}{2}c_2-\frac{1}{2}\sqrt{3}c_3\right)e^{-t/2}\cos\frac{1}{2}\sqrt{3}t$

$+\left(\frac{1}{2}\sqrt{3}c_2-\frac{3}{2}c_3\right)e^{-t/2}\sin\frac{1}{2}\sqrt{3}t$

13. $x=c_1e^{4t}+\frac{4}{3}e^t$

$y=-\frac{3}{4}c_1e^{4t}+c_2+5e^t$

15. $x = c_1 + c_2 t + c_3 e^t + c_4 e^{-t} - \frac{1}{2}t^2$

$y = (c_1 - c_2 + 2) + (c_2 + 1)t + c_4 e^{-t} - \frac{1}{2}t^2$

17. $x = c_1 e^t + c_2 e^{-t/2} \sin \frac{1}{2}\sqrt{3}t + c_3 e^{-t/2} \cos \frac{1}{2}\sqrt{3}t$

$y = c_1 e^t + \left(-\frac{1}{2}c_2 - \frac{1}{2}\sqrt{3}c_3\right)e^{-t/2} \sin \frac{1}{2}\sqrt{3}t$

$+ \left(\frac{1}{2}\sqrt{3}c_2 - \frac{1}{2}c_3\right)e^{-t/2} \cos \frac{1}{2}\sqrt{3}t$

$z = c_1 e^t + \left(-\frac{1}{2}c_2 + \frac{1}{2}\sqrt{3}c_3\right)e^{-t/2} \sin \frac{1}{2}\sqrt{3}t$

$+ \left(-\frac{1}{2}\sqrt{3}c_2 - \frac{1}{2}c_3\right)e^{-t/2} \cos \frac{1}{2}\sqrt{3}t$

19. $x = -6c_1 e^{-t} - 3c_2 e^{-2t} + 2c_3 e^{3t}$

$y = c_1 e^{-t} + c_2 e^{-2t} + c_3 e^{3t}$

$z = 5c_1 e^{-t} + c_2 e^{-2t} + c_3 e^{3t}$

21. $x = e^{-3t+3} - te^{-3t+3}$

$y = -e^{-3t+3} + 2te^{-3t+3}$

23. $mx'' = 0$

$my'' = -mg;$

$x = c_1 t + c_2$

$y = -\frac{1}{2}gt^2 + c_3 t + c_4$

연습문제 4.10

3. $y = \ln|\cos(c_1 - x)| + c_2$

5. $y = \frac{1}{c_1^2}\ln|c_1 x + 1| - \frac{1}{c_1}x + c_2$

7. $(x + c_2)^2 + y^2 = c_1^2$

9. $\frac{1}{3}y^3 - c_1 y = x + c_2$

11. $y = \frac{2}{3}(x+1)^{3/2} + \frac{4}{3}$

13. $y = \tan\left(\frac{1}{4}\pi - \frac{1}{2}x\right),\ -\frac{1}{2}\pi < x < \frac{3}{2}\pi$

15. $y = -\frac{1}{c_1}\sqrt{1 - c_1^2 x^2} + c_2$

17. $y = 1 + x + \frac{1}{2}x^2 + \frac{1}{2}x^3 + \frac{1}{6}x^4 + \frac{1}{10}x^5 + \cdots$

19. $y = 1 + x - \frac{1}{2}x^2 + \frac{2}{3}x^3 - \frac{1}{4}x^4 + \frac{7}{60}x^5 + \cdots$

21. $y = -\sqrt{1 - x^2}$

4장 복습

1. $y = 0$

3. 거짓

5. $y = c_1 \cos 5x + c_2 \sin 5x$

7. $x^2 y'' - 3xy' + 4y = 0$

9. $y_p = x^2 + x - 2$

11. $(-\infty, \infty); (0, \infty)$

13. $y = c_1 x + c_2 x \int \frac{e^{x^2}}{x^2}dx$

15. (a) $y = c_1 e^{3x} + c_2 e^{-5x} + c_3 x e^{-5x} + c_4 e^x + c_5 x e^x + c_6 x^2 e^x;$

(b) $y = c_1 x^3 + c_2 x^{-5} + c_3 x^{-5}\ln x + c_4 x + c_5 x \ln x$

$+ c_6 x(\ln x)^2$

17. $x^2 y'' - 2xy' - 4y = 0$

19. $y = c_1 e^{(1+\sqrt{3})x} + c_2 e^{(1-\sqrt{3})x}$

21. $y = c_1 + c_2 e^{-5x} + c_3 x e^{-5x}$

23. $y = c_1 e^{-x/3} + e^{-3x/2}\left(c_2 \cos \frac{1}{2}\sqrt{7}x + c_3 \sin \frac{1}{2}\sqrt{7}x\right)$

25. $y = e^{3x/2}\left(c_2 \cos \frac{1}{2}\sqrt{11}x + c_3 \sin \frac{1}{2}\sqrt{11}x\right) + \frac{4}{5}x^3 + \frac{36}{25}x^2$

$+ \frac{46}{125}x - \frac{222}{625}$

27. $y = c_1 + c_2 e^{2x} + c_3 e^{3x} + \frac{1}{5}\sin x - \frac{1}{5}\cos x + \frac{4}{3}x$

29. $y = e^x(c_1 \cos x + c_2 \sin x) - e^x \cos x \ln|\sec x + \tan x|$

31. $y = c_1 x^{-1/3} + c_2 x^{1/2}$

33. $y = c_1 x^2 + c_2 x^3 + x^4 - x^2 \ln x$

35. $y = c_1 \cos \omega x + c_2 \sin \omega x + A \cos \alpha x$

$+ B \sin \alpha x,\ \omega \neq \alpha;$

$y = c_1 \cos \omega x + c_2 \sin \omega x + Ax \cos \omega x$

$+ Bx \sin \omega x,\ \omega = \alpha;$

37. $y = c_1 \cos x + c_2 \sin x + e^{-x}(c_3 \cos 3x + c_4 \sin 3x)$

39. (a) $y = c_1 \cosh x + c_2 \sinh x + c_3 x \cosh x$

$+ c_4 x \sinh x$

(b) $y_p = Ax^2 \cosh x + Bx^2 \sinh x$

41. $y = e^{x-\pi}\cos x$

43. $y = \frac{13}{4}e^x - \frac{5}{4}e^{-x} - x - \frac{1}{2}\sin x$

45. $y = x^2 + 4$

49. $x = -c_1 e^t - \frac{3}{2}c_2 e^{2t} + \frac{5}{2}$

$y = c_1 e^t + c_2 e^{2t} - 3$

51. $x = c_1 e^t + c_2 e^{5t} + te^t$

$y = -c_1 e^t + 3c_2 e^{5t} - te^t + 2e^t$

연습문제 5.1

1. $\sqrt{9.8}\pi$

3. $x(t)=-0.075\cos\sqrt{98}t$

5. (a) $x\left(\frac{\pi}{12}\right)=0.2$; $x\left(\frac{\pi}{8}\right)=-0.083$; $x\left(\frac{\pi}{6}\right)=-0.34$;
$x\left(\frac{\pi}{4}\right)=-0.47$; $x\left(\frac{9\pi}{32}\right)=0.48$
(b) 아래 방향으로 1.13 ft/s
(c) $t=0.71n-0.35$, $n=0, 1, 2, \cdots$

7. (a) 20 kg인 물체
(b) 20 kg인 물체; 50 kg인 물체
(c) $t=n\pi$, $n=0, 1, 2, \cdots$; 평형위치에서 20 kg 물체는 n이 짝수일 때 위쪽으로 n이 홀수일 때 아래로 움직이는 반면 50 kg 물체는 위쪽으로 움직인다.

9. (a) $x(t)=\frac{1}{2}\cos 2t+\frac{3}{4}\sin 2t$
(b) $x(t)=\frac{\sqrt{13}}{4}\sin(2t+0.588)$
(c) $x(t)=\frac{\sqrt{13}}{4}\cos(2t-0.983)$

11. (a) $x(t)=-\frac{2}{3}\cos 10t+\frac{1}{2}\sin 10t=\frac{5}{6}\sin(10t-0.927)$
(b) $\frac{5}{6}\text{m}$; $\frac{\pi}{5}$ (c) 15 cycles (d) 0.721 s
(e) $\frac{(2n+1)\pi}{20}+0.0927$, $n=0, 1, 2, \cdots$
(f) $x(3)=-0.597\,\text{m}$
(g) $x'(3)=-5.814\,\text{m/s}$
(h) $x''(3)=59.702\,\text{m/s}^2$
(i) $\pm 8\frac{1}{3}\,\text{m/s}$
(j) $0.1451+\frac{n\pi}{5}$; $0.3545+\frac{n\pi}{5}$, $n=0, 1, 2, \cdots$
(k) $0.3545+\frac{n\pi}{5}$, $n=0, 1, 2, \cdots$

13. $k_{eff}=160\,\text{lb/ft}$; $x(t)=\frac{1}{8}\sin 16t$

15. $k_{eff}=30\,\text{lb/ft}$; $x(t)=\frac{\sqrt{3}}{6}\sin 4\sqrt{3}t$

17. $k_{eff}=2k$

21. (a) 위 (b) 위쪽으로 향함

23. (a) 아래 (b) 위쪽으로 향함

25. $\frac{1}{4}$s; $\frac{1}{2}$s, $x\left(\frac{1}{2}\right)=e^{-2}$; 즉, 추는 평형 위치에서 약 0.14m 아래에 있다.

27. (a) $x(t)=\frac{4}{3}e^{-2t}-\frac{1}{3}e^{-8t}$
(b) $x(t)=-\frac{2}{3}e^{-2t}+\frac{5}{3}e^{-8t}$

29. (a) $x(t)=e^{-2t}\left(-\cos 4t-\frac{1}{2}\sin 4t\right)$
(b) $x(t)=\frac{\sqrt{5}}{2}e^{-2t}\sin(4t+4.249)$
(c) $t=1.294\,\text{s}$

31. (a) $\beta>\frac{5}{2}$ (b) $\beta=\frac{5}{2}$ (c) $0<\beta<\frac{5}{2}$

33. $x(t)=e^{-t/2}\left(-\frac{4}{3}\cos\frac{\sqrt{47}}{2}t-\frac{64}{3\sqrt{47}}\sin\frac{\sqrt{47}}{2}t\right)+\frac{10}{3}(\cos 3t+\sin 3t)$

35. $x(t)=\frac{1}{4}e^{-4t}+te^{-4t}-\frac{1}{4}\cos 4t$

37. $x(t)=-\frac{1}{2}\cos 4t+\frac{9}{4}\sin 4t+\frac{1}{2}e^{-2t}\cos 4t-2e^{-2t}\sin 4t$

39. (a) $m\frac{d^2x}{dt^2}=-k(x-h)-\beta\frac{dx}{dt}$ 혹은
$$\frac{d^2x}{dt^2}+2\lambda\frac{dx}{dt}+\omega^2x=\omega^2h(t),$$
여기서 $2\lambda=\beta/m$과 $\omega^2=k/m$
(b) $x(t)=e^{-2t}\left(-\frac{56}{13}\cos 2t-\frac{72}{13}\sin 2t\right)+\frac{56}{13}\cos t+\frac{32}{13}\sin t$

43. $x(t)=-\cos 2t-\frac{1}{8}\sin 2t+\frac{3}{4}t\sin 2t+\frac{5}{4}t\cos 2t$

45. (b) $\frac{F_0}{2\omega}t\sin\omega t$

51. 4.568C; 0.0509s

53. $q(t)=10-10e^{-3t}(\cos 3t+\sin 3t)$
$i(t)=60e^{-3t}\sin 3t$; 10.432 C

55. $q_p=\frac{100}{13}\sin t+\frac{150}{13}\cos t$
$i_p=\frac{100}{13}\cos t-\frac{150}{13}\sin t$

59. $q(t)=-\frac{1}{2}e^{-10t}(\cos 10t+\sin 10t)+\frac{3}{2}$; $\frac{3}{2}$ C

63. $q(t)=\left(q_0-\frac{E_0C}{1-\gamma^2LC}\right)\cos\frac{t}{\sqrt{LC}}+\sqrt{LC}\,i_0\sin\frac{t}{\sqrt{LC}}+\frac{E_0C}{1-\gamma^2LC}\cos\gamma t$
$i(t)=i_0\cos\frac{t}{\sqrt{LC}}-\frac{1}{\sqrt{LC}}\left(q_0-\frac{E_0C}{1-\gamma^2LC}\right)\sin\frac{t}{\sqrt{LC}}$

$$-\frac{E_0 C\gamma}{1-\gamma^2 LC}\sin\gamma t$$

연습문제 5.2

1. (a) $y(x)=\frac{w_0}{24EI}(6L^2x^2-4Lx^3+x^4)$

3. (a) $y(x)=\frac{w_0}{48EI}(3L^2x^2-5Lx^3+2x^4)$

5. (a) $y(x)=\frac{w_0}{360EI}(7L^4x-10L^2x^3+3x^5)$

 (c) $x\approx 0.51933,\ y_{\max}\approx 0.234799$

7. $y(x)=-\frac{w_0EI}{P^2}\cosh\sqrt{\frac{P}{EI}}x$

$$+\left(\frac{w_0EI}{P^2}\sinh\sqrt{\frac{P}{EI}}L-\frac{w_0L\sqrt{EI}}{P\sqrt{P}}\right)\frac{\sinh\sqrt{\frac{P}{EI}}x}{\cosh\sqrt{\frac{P}{EI}}L}$$

$$+\frac{w_0}{2P}x^2+\frac{w_0EI}{P^2}$$

9. $\lambda_n=n^2,\ n=1,\ 2,\ 3,\ \cdots;\ y_n(x)=\sin nx$

11. $\lambda_n=\frac{(2n-1)^2\pi^2}{4L^2},\ n=1,\ 2,\ 3,\ \cdots;$

 $y_n(x)=\cos\frac{(2n-1)\pi x}{2L}$

13. $\lambda_n=n^2,\ n=0,\ 1,\ 2,\ \cdots;\ y_n(x)=\cos nx$

15. $\lambda_n=\frac{n^2\pi^2}{25},\ n=1,\ 2,\ 3,\ \cdots;\ y_n(x)=e^{-x}\sin\frac{n\pi x}{5}$

17. $\lambda_n=n^2,\ n=1,\ 2,\ 3,\ \cdots;\ y_n(x)=\sin(n\ln x)$

19. $\lambda_n=\frac{n^2\pi^2}{4},\ n=0,\ 1,\ 2,\ 3,\ \cdots;\ y_n(x)=\cos\left(\frac{n\pi}{2}\ln x\right)$

21. $\lambda_n=n^4\pi^4,\ n=1,\ 2,\ 3,\ \cdots;\ y_n(x)=\sin n\pi x$

23. $x=L/4,\ x=L/2,\ x=3L/4$

27. $\omega_n=\frac{n\pi\sqrt{T}}{L\sqrt{\rho}},\ n=1,\ 2,\ 3,\ \cdots;\ y_n(x)=\sin\frac{n\pi x}{L}$

29. $u(r)=\left(\frac{u_0-u_1}{b-a}\right)\frac{ab}{r}+\frac{u_1b-u_0a}{b-a}$

31. (a) $\lambda_n=\frac{n^4\pi^4}{L^4},\ n=1,\ 2,\ 3,\ \cdots;\ y_n(x)=\sin\left(\frac{n\pi x}{L}\right)$

 (b) $\omega_n=\frac{n^2\pi^2}{L^2}\sqrt{\frac{EI}{\rho}},\ n=1,\ 2,\ 3,\ \cdots$

연습문제 5.3

7. $\frac{d^2x}{dt^2}+x=0$

15. (a) 5 ft (b) $4\sqrt{10}$ ft/s (c) $0\le t\le\frac{3}{8}\sqrt{10}$; 7.5 ft

17. (a) $xy''=r\sqrt{1+(y')^2}$.

 $t=0$일 때 $x=a,\ y=0,\ dy/dx=0$.

 (b) $r\neq 1$일 때

 $$y(x)=\frac{a}{2}\left[\frac{1}{1+r}\left(\frac{x}{a}\right)^{1+r}-\frac{1}{1-r}\left(\frac{x}{a}\right)^{1-r}\right]+\frac{ar}{1-r^2}$$

 $r=1$일 때

 $$y(x)=\frac{1}{2}\left[\frac{1}{2a}(x^2-a^2)+\frac{1}{a}\ln\frac{a}{x}\right]$$

 (c) $r<1$일 때 궤적은 교차한다.

19. (a) $\theta(t)=w_0\sqrt{\frac{l}{g}}\sin\sqrt{\frac{g}{l}}t$

 (b) $\theta_{\max}$에서 $\sin\sqrt{\frac{g}{l}}t=1$을 이용하라.

 (c) $\cos\theta_{\max}\approx 1-\frac{1}{2}\theta^2_{\max}$를 이용하라.

 (d) $\nu_b\approx 21{,}797$ cm/s

5장 복습

1. 8ft

3. $\frac{5}{4}$ m

5. 거짓; 이 운동계를 추진하는 인상적인 힘이 있을 수 있다.

7. 과잉 감쇠

9. $\lambda=8$은 고윳값이 아니므로 $y=0$

11. 14.4 N

13. $x(t)=-\frac{2}{3}e^{-2t}+\frac{1}{3}e^{-4t}$

15. $0<m\le 2$

17. $\gamma=\sqrt{19.6}$

19. $x(t)=e^{-4t}\left(\frac{26}{17}\cos 2\sqrt{2}t+\frac{28}{17}\sqrt{2}\sin 2\sqrt{2}t\right)+\frac{8}{17}e^{-t}$

21. (a) $q(t)=-\frac{1}{150}\sin 100t+\frac{1}{75}\sin 50t$

 (b) $i(t)=-\frac{2}{3}\cos 100t+\frac{2}{3}\cos 50t$

 (c) $t=\frac{n\pi}{50},\ n=0,\ 1,\ 2,\ \cdots$

25. $m\frac{d^2x}{dt^2}+kx=0$

27. $mx''+f_k\,sgn(x')+kx=0$

31. (a) $\theta_1(t)=\theta_0\cos\sqrt{\frac{g}{l}}t,\ \left[0,\frac{\pi}{2}\sqrt{\frac{l}{g}}\right]$

(b) $\theta_2(t)=\frac{1}{2}\theta_0\sin 2\sqrt{\frac{g}{l}}t$, $\left[\frac{\pi}{2}\sqrt{\frac{l}{g}}, \pi\sqrt{\frac{i}{g}}\right]$

33. (a) $x(t)=-900+800e^{-t/5}+160t$

(b) $t_1=2.73$ 초

(c) $v_1=67.32\,\text{ft/s}$

연습문제 6.1

1. $(-1,\ 1],\ R=1$

3. $\left[-\frac{1}{2},\ \frac{1}{2}\right),\ R=\frac{1}{2}$

5. $(-5,\ 15),\ R=10$

7. $\left[0,\ \frac{2}{3}\right],\ R=\frac{1}{3}$

9. $\left(-\frac{75}{32},\ \frac{75}{32}\right),\ R=\frac{75}{32}$

11. $\sum_{n=0}^{\infty}\frac{(-1)^n}{n!2^n}x^n$

13. $\sum_{n=0}^{\infty}\frac{(-1)^n}{2^{n+1}}x^n$

15. $\sum_{n=1}^{\infty}\frac{-1}{n}x^n$

17. $\sum_{n=0}^{\infty}\frac{(-1)^n}{(2n+1)!}(x-2\pi)^{2n+1}$

19. $x-\frac{2}{3}x^3+\frac{2}{15}x^5-\frac{4}{315}x^7+\cdots$

21. $1+\frac{1}{2}x^2+\frac{5}{24}x^4+\frac{61}{720}x^6+\cdots,\ (-\pi/2,\ \pi/2)$

23. $\sum_{k=3}^{\infty}(k-2)c_{k-2}x^k$

25. $\sum_{k=0}^{\infty}[(k+1)c_{k+1}-c_k]x^k$

27. $2c_1+\sum_{k=1}^{\infty}[2(k+1)c_{k+1}+6c_{k-1}]x^k$

29. $c_0+2c_2+\sum_{k=1}^{\infty}[(k+2)(k+1)c_{k+2}-(2k-1)c_k]x^k$

35. $y=c_0\sum_{k=0}^{\infty}\frac{1}{k!}(5x)^k$

37. $y=c_0\sum_{k=0}^{\infty}\frac{1}{k!}\left(\frac{x^2}{2}\right)^k$

연습문제 6.2

1. 5; 4

3. $y_1(x)=c_0\left[1-\frac{1}{2!}x^2+\frac{1}{4!}x^4-\frac{1}{6!}x^6+\cdots\right]$

$y_2(x)=c_1\left[1-\frac{1}{3!}x^3+\frac{1}{5!}x^5-\frac{1}{7!}x^7+\cdots\right]$

5. $y_1(x)=c_0$

$y_2(x)=c_1\left[1+\frac{1}{2!}x^2+\frac{1}{3!}x^3+\frac{1}{4!}x^4+\cdots\right]$

7. $y_1(x)=c_0\left[1-\frac{1}{2\cdot 3}x^3+\frac{1}{2\cdot 3\cdot 5\cdot 6}x^6\right.$

$\left.-\frac{1}{2\cdot 3\cdot 5\cdot 6\cdot 8\cdot 9}x^9+\cdots\right]$

$y_2(x)=c_1\left[x-\frac{1}{3\cdot 4}x^4+\frac{1}{3\cdot 4\cdot 6\cdot 7}x^7\right.$

$\left.-\frac{1}{3\cdot 4\cdot 6\cdot 7\cdot 9\cdot 10}x^{10}+\cdots\right]$

9. $y_1(x)=c_0\left[1-\frac{1}{2!}x^2-\frac{3}{4!}x^4-\frac{21}{6!}x^6-\cdots\right]$

$y_2(x)=c_1\left[x+\frac{1}{3!}x^3+\frac{5}{5!}x^5+\frac{45}{7!}x^7+\cdots\right]$

11. $y_1(x)=c_0\left[1-\frac{1}{3!}x^3+\frac{4^2}{6!}x^6-\frac{7^2\cdot 4^2}{9!}+\cdots\right]$

$y_2(x)=c_1\left[x-\frac{2^2}{4!}x^4+\frac{5^2\cdot 2^2}{7!}x^7-\frac{8^2\cdot 5^2\cdot 2^2}{10!}x^{10}+\cdots\right]$

13. $y_1(x)=c_0;\ y_2(x)=c_1\sum_{n=1}^{\infty}\frac{1}{n}x^n$

15. $y_1(x)=c_0\left[1+\frac{1}{2}x^2+\frac{1}{6}x^3+\frac{1}{6}x^4+\cdots\right]$

$y_2(x)=c_1\left[x+\frac{1}{2}x^2+\frac{1}{2}x^3+\frac{1}{4}x^4+\cdots\right]$

17. $y_1(x)=c_0\left[1+\frac{1}{4}x^2-\frac{7}{4\cdot 4!}x^4+\frac{23\cdot 7}{8\cdot 6!}x^6-\cdots\right]$

$y_2(x)=c_1\left[x-\frac{1}{6}x^3+\frac{14}{2\cdot 5!}x^5-\frac{34\cdot 14}{4\cdot 7!}x^7-\cdots\right]$

19. $y(x)=-2\left[1+\frac{1}{2!}x^2+\frac{1}{3!}x^3+\frac{1}{4!}x^4+\cdots\right]+6x$

$=8x-2e^x$

21. $y(x)=3-12x^2+4x^4$

23. $y_1(x)=c_0\left[1-\frac{1}{6}x^3+\frac{1}{120}x^5+\cdots\right]$

$y_2(x)=c_1\left[x-\frac{1}{12}x^4+\frac{1}{180}x^6+\cdots\right]$

연습문제 6.3

1. $x=0$; 비정칙 특이점

3. $x=-3$, 정칙특이점;

$x=3$, 비정칙 특이점

5. $x=0,\ 2i,\ -2i$, 정칙특이점

7. $x=-3,\ 2$, 정칙특이점

9. $x=0$, 비정칙특이점;

$x=-5,\ 5,\ 2$, 정칙특이점

11. $x=1$에 대해 $p(x)=5,\ q(x)=\frac{x(x-1)^2}{x+1}$

$x=-1$에 대해 $p(x)=\frac{5(x+1)}{x-1},\ q(x)=x^2+x$

13. $r_1=\frac{1}{3},\ r_2=-1$

15. $r_1=\frac{3}{2},\ r_2=0$

$$y(x)=C_1x^{3/2}\left[1-\frac{2}{5}x+\frac{2^2}{7\cdot5\cdot2}x^2-\frac{2^3}{9\cdot7\cdot5\cdot3!}x^3+\cdots\right]+C_2\left[1+2x-2x^2+\frac{2^3}{3\cdot3!}x^3-\cdots\right]$$

17. $r_1=\frac{7}{8},\ r_2=0$

$$y(x)=C_1x^{7/8}\left[1-\frac{2}{15}x+\frac{2^2}{23\cdot15\cdot2}x^2-\frac{2^3}{31\cdot23\cdot15\cdot3!}x^3+\cdots\right]+C_2\left[1-2x+\frac{2^2}{9\cdot2}x^2-\frac{2^3}{17\cdot9\cdot3!}x^3+\cdots\right]$$

19. $r_1=\frac{1}{3},\ r_2=0$

$$y(x)=C_1x^{1/3}\left[1+\frac{1}{3}x+\frac{1}{3^2\cdot2}x^2+\frac{1}{3^3\cdot3!}x^3+\cdots\right]+C_2\left[1+\frac{1}{2}x+\frac{1}{5\cdot2}x^2+\frac{1}{8\cdot5\cdot2}x^3+\cdots\right]$$

21. $r_1=\frac{5}{2},\ r_2=0$

$$y(x)=C_1x^{5/2}\left[1+\frac{2\cdot2}{7}x+\frac{2^2\cdot3}{9\cdot7}x^2+\frac{2^3\cdot4}{11\cdot9\cdot7}x^3+\cdots\right]+C_2\left[1+\frac{1}{3}x-\frac{1}{6}x^2-\frac{1}{6}x^3-\cdots\right]$$

23. $r_1=\frac{2}{3},\ r_2=\frac{1}{3}$

$$y(x)=C_1x^{2/3}\left[1-\frac{1}{2}x+\frac{5}{28}x^2-\frac{1}{21}x^3+\cdots\right]+C_2x^{1/3}\left[1-\frac{1}{2}x+\frac{1}{5}x^2-\frac{7}{120}x^3+\cdots\right]$$

25. $r_1=0,\ r_2=-1$

$$y(x)=C_1\sum_{n=0}^{\infty}\frac{1}{(2n+1)!}x^{2n}+C_2x^{-1}\sum_{n=0}^{\infty}\frac{1}{(2n)!}x^{2n}$$
$$=C_1x^{-1}\sum_{n=0}^{\infty}\frac{1}{(2n+1)!}x^{2n+1}+C_2x^{-1}\sum_{n=0}^{\infty}\frac{1}{(2n)!}x^{2n}$$
$$=\frac{1}{x}[C_1\sinh x+C_2\cosh x]$$

27. $r_1=1,\ r_2=0$

$$y(x)=C_1x+C_2\left[x\ln x-1+\frac{1}{2}x^2+\frac{1}{12}x^3+\frac{1}{72}x^4+\cdots\right]$$

29. $r_1=r_2=0$

$$y(x)=C_1y(x)+C_2\left[y_1(x)\ln x+y_1(x)\left(-x+\frac{1}{4}x^2-\frac{1}{3\cdot3!}x^3+\frac{1}{4\cdot4!}x^4-\cdots\right)\right]$$

여기서 $y_1(x)=\sum_{n=0}^{\infty}\frac{1}{n!}x^n=e^x$

33. (b) $y_1(t)=\sum_{n=0}^{\infty}\frac{(-1)^n}{(2n+1)!}(\sqrt{\lambda}t)^{2n}=\frac{\sin(\sqrt{\lambda}t)}{\sqrt{\lambda}t}$

$y_2(t)=t^{-1}\sum_{n=0}^{\infty}\frac{(-1)^n}{(2n)!}(\sqrt{\lambda}t)^{2n}=\frac{\cos(\sqrt{\lambda}t)}{t}$

(c) $y=C_1x\sin\left(\frac{\sqrt{\lambda}}{x}\right)+C_2x\cos\left(\frac{\sqrt{\lambda}}{x}\right)$

연습문제 6.4

1. $y=c_1J_{1/3}(x)+c_2J_{-1/3}(x)$
3. $y=c_1J_{5/2}(x)+c_2J_{-5/2}(x)$
5. $y=c_1J_0(x)+c_2Y_0(x)$
7. $y=c_1J_2(3x)+c_2Y_2(3x)$
9. $y=c_1I_{2/3}(4x)+c_2I_{-2/3}(4x)$
11. $y=c_1x^{-1/2}J_{1/2}(\alpha x)+c_2x^{-1/2}J_{-1/2}(\alpha x)$
13. $y=x^{-1/2}[c_1J_1(4x^{1/2})+c_2Y_1(4x^{1/2})]$
15. $y=x[c_1J_1(x)+c_2Y_1(x)]$
17. $y=x^{1/2}[c_1J_{3/2}(x)+c_2Y_{3/2}(x)]$
19. $y=x^{-1}\left[c_1J_{1/2}\left(\frac{1}{2}x^2\right)+c_2J_{-1/2}\left(\frac{1}{2}x^2\right)\right]$
23. $y=x^{1/2}[c_1J_{1/2}(x)+c_2J_{-1/2}(x)]$
$=C_1\sin x+C_2\cos x$
25. $y=x^{-1/2}\left[c_1J_{1/2}\left(\frac{1}{8}x^2\right)+c_2J_{-1/2}\left(\frac{1}{8}x^2\right)\right]$
$=C_1x^{-3/2}\sin\left(\frac{1}{8}x^2\right)+C_2x^{-3/2}\cos\left(\frac{1}{8}x^2\right)$
33. (a) $j_1(x)=\frac{\sin x}{x^2}-\frac{\cos x}{x}$,
$j_2(x)=\left(\frac{3}{x^3}-\frac{1}{x}\right)\sin x-\frac{3\cos x}{x^2}$
37. $y=c_1x^{1/2}J_{1/3}\left(\frac{2}{3}\alpha x^{3/2}\right)+c_2x^{1/2}J_{-1/3}\left(\frac{2}{3}\alpha x^{3/2}\right)$,
$y=c_1x^{1/2}I_{1/3}\left(\frac{2}{3}\alpha x^{3/2}\right)+c_2x^{1/2}I_{-1/3}\left(\frac{2}{3}\alpha x^{3/2}\right)$
45. 1.93m

49. $P_2(x)$, $P_3(x)$, $P_4(x)$와 $P_5(x)$는 본문에서 주어졌다.

$$P_6(x)=\frac{1}{16}(231x^6-315x^4+105x^2-5),$$

$$P_7(x)=\frac{1}{16}(429x^7-693x^5+315x^3-35x)$$

51. $\lambda_1=2,\ \lambda_2=12,\ \lambda_3=30$

55. (a) $P_0^0(x)=1$

$P_1^0(x)=x$

$P_1^1(x)=(1-x^2)^{1/2}$

$P_2^1(x)=3x(1-x^2)^{1/2}$

$P_2^2(x)=3(1-x^2)$

$P_3^1(x)=\frac{1}{2}(15x^2-3)(1-x^2)^{1/2}$

$P_3^2(x)=15(-x^3+x)$

$P_3^3(x)=15(1-x^2)^{3/2}$

57. (a) $n=0,\ y_1(x)=1;\ n=2,\ y_1(x)=1-2x^2;$

$n=4,\ y_1(x)=1-4x^2+\frac{4}{3}x^4$

$n=1,\ y_2(x)=x;\ n=3,\ y_2(x)=x-\frac{2}{3}x^3;$

$n=5,\ y_2(x)=x-\frac{4}{3}x^3+\frac{4}{15}x^5$

59. $y=x-4x^3+\frac{16}{5}x^5$

6장 복습

1. 거짓

3. $\left[-\frac{1}{2},\ \frac{1}{2}\right]$

7. $x^2(x-1)y''+y'+y=0$

9. $r_1=\frac{1}{2},\ r_2=0$

$$y_1(x)=C_1x^{1/2}\left[1-\frac{1}{3}x+\frac{1}{30}x^2-\frac{1}{630}x^3+\cdots\right]$$

$$y_2(x)=C_2\left[1-x+\frac{1}{6}x^2-\frac{1}{90}x^3+\cdots\right]$$

11. $y_1(x)=c_0\left[1+\frac{3}{2}x^2+\frac{1}{2}x^3+\frac{5}{8}x^4+\cdots\right]$

$$y_2(x)=c_1\left[x+\frac{1}{2}x^3+\frac{1}{4}x^4+\cdots\right]$$

13. $r_1=3,\ r_2=0$

$$y_1(x)=C_1x^3\left[1+\frac{1}{4}x+\frac{1}{20}x^2+\frac{1}{120}x^3+\cdots\right]$$

$$y_2(x)=C_2\left[1+x+\frac{1}{2}x^2\right]$$

15. $y(x)=3\left[1-x^2+\frac{1}{3}x^4-\frac{1}{15}x^6+\cdots\right]$

$$-2\left[x-\frac{1}{2}x^3+\frac{1}{8}x^5-\frac{1}{48}x^7+\cdots\right]$$

17. $\frac{1}{6}\pi$

19. $x=0$는 보통점

21. $y(x)=c_0\left[1-\frac{1}{3}x^3+\frac{1}{3^2\cdot 2!}x^6-\frac{1}{3^3\cdot 3!}x^9\cdots\right]$

$$+c_1\left[x-\frac{1}{4}x^4+\frac{1}{4\cdot 7}x^7-\frac{1}{4\cdot 7\cdot 10}x^{10}+\cdots\right]$$

$$+\left[\frac{5}{2}x^2-\frac{1}{3}x^3+\frac{1}{3^2\cdot 2!}x^6-\frac{1}{3^3\cdot 3!}x^9+\cdots\right]$$

연습문제 7.1

1. $\frac{2}{s}e^{-s}-\frac{1}{s}$

3. $\frac{1}{s^2}-\frac{1}{s^2}e^{-s}$

5. $\frac{1+e^{-\pi s}}{s^2+1}$

7. $\frac{1}{s}e^{-s}+\frac{1}{s^2}e^{-s}$

9. $\frac{1}{s}-\frac{1}{s^2}+\frac{1}{s^2}e^{-s}$

11. $\frac{e^7}{s-1}$

13. $\frac{1}{(s-4)^2}$

15. $\frac{1}{s^2+2s+2}$

17. $\frac{s^2-1}{(s^2+1)^2}$

19. $\frac{48}{s^5}$

21. $\frac{4}{s^2}-\frac{10}{s}$

23. $\frac{2}{s^3}+\frac{6}{s^2}-\frac{3}{s}$

25. $\frac{6}{s^4}+\frac{6}{s^3}+\frac{3}{s^2}+\frac{1}{s}$

27. $\frac{1}{s}+\frac{1}{s-4}$

29. $\frac{1}{s}+\frac{2}{s-2}+\frac{1}{s-4}$

31. $\frac{8}{s^3}-\frac{15}{s^2+9}$

33. $\sinh kt=\frac{e^{kt}-e^{-kt}}{2}$을 이용하여

$\mathscr{L}\{\sinh kt\}=\frac{k}{s^2-k^2}$임을 보인다.

35. $\frac{1}{2(s-2)}-\frac{1}{2s}$

37. $\frac{s^2-2k^2}{s(s^2-4k^{2)}}$

39. $\frac{s}{s^2+4}$

41. $\frac{3}{s^2+36}$

43. $\frac{s+2}{s^2+4}$

47. $\frac{\sqrt{\pi}}{s^{1/2}}$

49. $\frac{3\sqrt{\pi}}{4s^{5/2}}$

연습문제 7.2

1. $\frac{1}{2}t^2$

3. $t-2t^4$

5. $1+3t+\frac{3}{2}t^2+\frac{1}{6}t^3$

7. $t-1+e^{2t}$

9. $\frac{1}{4}e^{-t/4}$

11. $\frac{5}{7}\sin 7t$

13. $\cos\frac{t}{2}$

15. $2\cos 3t-2\sin 3t$

17. $\frac{1}{3}-\frac{1}{3}e^{-3t}$

19. $\frac{3}{4}e^{-3t}+\frac{1}{4}e^{t}$

21. $0.3e^{0.1t}+0.6e^{-0.2t}$

23. $\frac{1}{2}e^{2t}-e^{3t}+\frac{1}{2}e^{6t}$

25. $\frac{1}{5}-\frac{1}{5}\cos\sqrt{5}t$

27. $-4+3e^{-t}+\cos t+3\sin t$

29. $\frac{1}{3}\sin t-\frac{1}{6}\sin 2t$

35. $y=-1+e^{t}$

37. $y=\frac{1}{10}e^{4t}+\frac{19}{10}e^{-6t}$

39. $y=\frac{4}{3}e^{-t}-\frac{1}{3}e^{-4t}$

41. $y=10\cos t+2\sin t-\sqrt{2}\sin\sqrt{2}t$

43. $y=-\frac{8}{9}e^{-t/2}+\frac{1}{9}e^{-2t}+\frac{5}{18}e^{t}+\frac{1}{2}e^{-t}$

45. $y=\frac{1}{2}\cos t+\frac{1}{2}\cosh t$

47. $y=\frac{1}{4}e^{-t}-\frac{1}{4}e^{-3t}\cos 2t+\frac{1}{4}e^{-3t}\sin 2t$

49. $y=\frac{10}{21}\cos 2t-\frac{10}{21}\cos 5t$

51. $y=\frac{1}{4}\sin\sqrt{2}t\sinh\sqrt{2}t$

연습문제 7.3

1. $\frac{1}{(s-10)^2}$

3. $\frac{6}{(s+2)^4}$

5. $\frac{1}{(s-2)^2}+\frac{2}{(s-3)^2}+\frac{1}{(s-4)^2}$

7. $\frac{3}{(s-1)^2+9}$

9. $\frac{s}{s^2+25}-\frac{s-1}{(s-1)^2+25}+3\frac{s+4}{(s+4)^2+25}$

11. $\frac{1}{2}t^2e^{-2t}$

13. $e^{3t}\sin t$

15. $e^{-2t}\cos t-2e^{-2t}\sin t$

17. $e^{-t}-te^{-t}$

19. $5-t-5e^{-t}-4te^{-t}-\frac{3}{2}t^2e^{-t}$

21. $\frac{2k^2s}{s^4+4k^4}$

23. $\frac{k(s^2-2k^2)}{s^4+4k^4}$

25. $y=te^{-4t}+2e^{-4t}$

27. $y=e^{-t}+2te^{-t}$

29. $y=\frac{1}{9}t+\frac{2}{27}-\frac{2}{27}e^{3t}+\frac{10}{9}te^{3t}$

31. $y=-\frac{3}{2}e^{3t}\sin 2t$

33. $y=\frac{1}{2}-\frac{1}{2}e^{t}\cos t+\frac{1}{2}e^{t}\sin t$

35. $y=(e+1)te^{-t}+(e-1)e^{-t}$

37. $x(t)=-\frac{3}{2}e^{-7t/2}\cos\frac{\sqrt{15}}{2}t-\frac{7\sqrt{15}}{10}e^{-7t/2}\sin\frac{\sqrt{15}}{2}t$

41. $\frac{e^{-s}}{s^2}$

43. $\frac{e^{-2s}}{s^2}+2\frac{e^{-2s}}{s}$

45. $\frac{s}{s^2+4}e^{-\pi s}$

47. $\frac{1}{2}(t-2)^2\mathcal{U}(t-2)$

49. $-\sin t\,\mathcal{U}(t-\pi)$

51. $\mathcal{U}(t-1)-e^{-(t-1)}\mathcal{U}(t-1)$

53. (c)　55. (f)　57. (a)

59. $f(t)=2-4\mathcal{U}(t-3);\ \mathcal{L}\{f(t)\}=\frac{2}{s}-\frac{4}{s}e^{-3s}$

61. $f(t)=t^2\mathcal{U}(t-1);\ \mathcal{L}\{f(t)\}=2\frac{e^{-s}}{s^3}+2\frac{e^{-s}}{s^2}+\frac{e^{-s}}{s}$

63. $f(t)=t-t\mathcal{U}(t-2);\ \mathcal{L}\{f(t)\}=\frac{1}{s^2}-\frac{e^{-2s}}{s^2}-2\frac{e^{-2s}}{s}$

65. $f(t)=t-t\mathcal{U}(t-1)+\sin\pi t\,\mathcal{U}(t-2);$
$\mathcal{L}\{f(t)\}=\frac{1}{s^2}-\frac{e^{-s}}{s^2}-\frac{e^{-s}}{s}+\frac{\pi e^{-2s}}{s^2+\pi^2}$

67. $f(t)=\mathcal{U}(t-a)-\mathcal{U}(t-b);\ \mathcal{L}\{f(t)\}=\frac{e^{-as}}{s}-\frac{e^{-bs}}{s}$

69. $f(t)=t-t\mathcal{U}(t-1)+\mathcal{U}(t-1)-\mathcal{U}(t-2);$
$\mathcal{L}\{f(t)\}=\frac{1}{s^2}-\frac{e^{-s}}{s^2}-\frac{e^{-2s}}{s}$

71. $y=[5-5e^{-(t-1)}]\mathcal{U}(t-1)$

73. $y=-\frac{1}{4}+\frac{1}{2}t+\frac{1}{4}e^{-2t}-\frac{1}{4}\mathcal{U}(t-1)$
$-\frac{1}{2}(t-1)\mathcal{U}(t-1)+\frac{1}{4}e^{-2(t-1)}\mathcal{U}(t-1)$

75. $y=\cos 2t-\frac{1}{6}\sin 2(t-2\pi)\mathcal{U}(t-2\pi)$
$+\frac{1}{3}\sin(t-2\pi)\mathcal{U}(t-2\pi)$

77. $y=\sin t+[1-\cos(t-\pi)]\mathcal{U}(t-\pi)$
$-[1-\cos(t-2\pi)]\mathcal{U}(t-2\pi)$

79. $x(t)=\frac{5}{4}t-\frac{5}{16}\sin 4t-\frac{5}{4}(t-5)\mathcal{U}(t-5)$

$$+\frac{5}{16}\sin 4(t-5)\,U(t-5)-\frac{25}{4}U(t-5)$$
$$+\frac{25}{4}\cos 4(t-5)\,U(t-5)$$

81. $q(t)=\frac{2}{5}U(t-3)-\frac{2}{5}e^{-5(t-3)}U(t-3)$

83. (a) $i(t)=\frac{1}{101}e^{-10t}-\frac{1}{101}\cos t+\frac{10}{101}\sin t$
$$-\frac{10}{101}e^{-10(t-3\pi/2)}U\left(t-\frac{3\pi}{2}\right)$$
$$+\frac{10}{101}\cos\left(t-\frac{3\pi}{2}\right)U\left(t-\frac{3\pi}{2}\right)$$
$$+\frac{1}{101}\sin\left(t-\frac{3\pi}{2}\right)U\left(t-\frac{3\pi}{2}\right)$$

(b) $t\approx 1.7$에서 $i_{\max}\approx 0.1$, $t\approx 4.7$에서 $i_{\min}\approx -0.1$

85. $y(x)=\frac{w_0L^2}{16EI}x^2-\frac{w_0L}{12EI}x^3+\frac{w_0}{24EI}x^4$
$$-\frac{w_0}{24EI}\left(x-\frac{L}{2}\right)^4U\left(x-\frac{L}{2}\right)$$

87 $y(x)=\frac{w_0L^2}{48EI}x^2-\frac{w_0L}{24EI}x^3$
$$+\frac{w_0}{60EIL}\left[\frac{5L}{2}x^4-x^5+\left(x-\frac{L}{2}\right)^5U\left(x-\frac{L}{2}\right)\right]$$

89. (a) $\frac{dT}{dt}=k(T-70-57.5t-(230-57.5t)\,U(t-4))$

연습문제 7.4

1. $\frac{1}{(s+10)^2}$

3. $\frac{s^2-4}{(s^2+4)^2}$

5. $\frac{6s^2+2}{(s^2-1)^3}$

7. $\frac{12s-24}{[(s-2)^2+36]^2}$

9. $y=-\frac{1}{2}e^{-t}+\frac{1}{2}\cos t-\frac{1}{2}t\cos t+\frac{1}{2}t\sin t$

11. $y=2\cos 3t+\frac{5}{3}\sin 3t+\frac{1}{6}t\sin 3t$

13. $y=\frac{1}{4}\sin 4t+\frac{1}{8}t\sin 4t$
$$-\frac{1}{8}(t-\pi)\sin 4(t-\pi)\,U(t-\pi)$$

17. $y=\frac{2}{3}t^3+c_1t^2$

19. $y=\frac{c}{2}(\sin t-t\cos t)$

21. $y=\frac{5}{2}t^2$

23. $\frac{24}{s^5}$

25. $\frac{1}{s^2-1}$

27. $\frac{6}{s^5}$

29. $\frac{s-1}{(s+1)[(s-1)^2+1]}$

31. $\frac{1}{s(s-1)}$

33. $\frac{s+1}{s[(s+1)^2+1]}$

35. $\frac{1}{s^2(s-1)}$

37. $\frac{3s^2+1}{s^2(s^2+1)^2}$

39. e^t-1

41. $e^t-\frac{1}{2}t^2-t-1$

43. $y(t)=\cos t+\sin t+\int_0^t f(\tau)\sin(t-\tau)\,d\tau$

47. $f(t)=\sin t$

49. $f(t)=-\frac{1}{8}e^{-t}+\frac{1}{8}e^t+\frac{3}{4}te^t+\frac{1}{4}t^2e^t$

51. $f(t)=e^{-t}$

53. $f(t)=\frac{3}{8}e^{2t}+\frac{1}{8}e^{-2t}+\frac{1}{2}\cos 2t+\frac{1}{4}\sin 2t$

55. $y(t)=\sin t-\frac{1}{2}t\sin t$

57. $y(t)=10-5e^{-2t}$

59. $i(t)=2e^{-2(t-1)}U(t-1)-2e^{-2(t-3)}U(t-3)$

61. $i(t)=100[e^{-10(t-1)}-e^{-20(t-1)}]\,U(t-1)$
$$-100[e^{-10(t-2)}-e^{-20(t-2)}]\,U(t-2)$$

63. $\frac{1-e^{-as}}{s(1+e^{-as})}$

65. $\frac{a}{s}\left(\frac{1}{bs}-\frac{1}{e^{bs}-1}\right)$

67. $\frac{\coth(\pi s/2)}{s^2+1}$

69. $i(t)=\frac{1}{R}(1-e^{-Rt/L})$
$$+\frac{2}{R}\sum_{n=1}^{\infty}(-1)^n(1-e^{-R(t-n)/L})\,U(t-n)$$

71. $x(t)=2\left(1-e^{-t}\cos 3t-\frac{1}{3}e^{-t}\sin 3t\right)$
$$+4\sum_{n=1}^{\infty}(-1)^n\left[1-e^{-(t-n\pi)}\cos 3(t-n\pi)-\frac{1}{3}e^{-(t-n\pi)}\sin 3(t-n\pi)\right]U(t-n\pi)$$

연습문제 7.5

1. $y=e^{3(t-2)}U(t-2)$

3. $y=\sin t+\sin t\,U(t-2\pi)$

5. $y=-\cos t\,U\left(t-\frac{\pi}{2}\right)+\cos t\,U\left(t-\frac{3\pi}{2}\right)$

7. $y=\frac{1}{2}-\frac{1}{2}e^{-2t}+\left[\frac{1}{2}-\frac{1}{2}e^{-2(t-1)}\right]U(t-1)$

9. $y=e^{-2(t-2\pi)}\sin t\,U(t-2\pi)$

11. $y=e^{-2t}\cos 3t+\frac{2}{3}e^{-2t}\sin 3t$

$+\frac{1}{3}e^{-2(t-\pi)}\sin 3(t-\pi)U(t-\pi)$

$+\frac{1}{3}e^{-2(t-3\pi)}\sin 3(t-3\pi)U(t-3\pi)$

13. $y(t)=[1-\cos(t-1)]U(t-1)+\sin(t-2)U(t-2)$
$-[1-\cos(t-3)]U(t-3)$

15. $y(t)=\sin t+\sin t\sum_{k=1}^{\infty}(-1)^k U(t-k\pi)$

17. $y(x)=\begin{cases}\frac{w_0}{EI}\left(\frac{L}{4}x^2-\frac{1}{6}x^3\right), & 0\le x<\frac{L}{2}\\ \frac{w_0L^2}{4EI}\left(\frac{1}{2}x-\frac{L}{12}\right), & \frac{L}{2}\le x\le L\end{cases}$

19. $y(t)=\cos t+2\sin t\,U(t-\pi)+6\sin t\,U(t-2\pi)$

연습문제 7.6

1. $x=-\frac{1}{3}e^{-2t}+\frac{1}{3}e^{t}$

$y=\frac{1}{3}e^{-2t}+\frac{2}{3}e^{t}$

3. $x=-\cos 3t-\frac{5}{3}\sin 3t$

$y=2\cos 3t-\frac{7}{3}\sin 3t$

5. $x=-2e^{3t}+\frac{5}{2}e^{2t}-\frac{1}{2}$

$y=\frac{8}{3}e^{3t}-\frac{5}{2}e^{2t}-\frac{1}{6}$

7. $x=-\frac{1}{2}t-\frac{3}{4}\sqrt{2}\sin\sqrt{2}t$

$y=-\frac{1}{2}t+\frac{3}{4}\sqrt{2}\sin\sqrt{2}t$

9. $x=8+\frac{2}{3!}t^3+\frac{1}{4!}t^4$

$y=-\frac{2}{3!}t^3+\frac{1}{4!}t^4$

11. $x=\frac{1}{2}t^2+t+1-e^{-t}$

$y=-\frac{1}{3}+\frac{1}{3}e^{-t}+\frac{1}{3}te^{-t}$

13. $x_1=\frac{1}{5}\sin t+\frac{2\sqrt{6}}{15}\sin\sqrt{6}t+\frac{2}{5}\cos t-\frac{2}{5}\cos\sqrt{6}t$

$x_2=\frac{2}{5}\sin t-\frac{\sqrt{6}}{15}\sin\sqrt{6}t+\frac{4}{5}\cos t+\frac{1}{5}\cos\sqrt{6}t$

15. (b) $i_2=\frac{100}{9}-\frac{100}{9}e^{-900t}$ (c) $i_1=20-20e^{-900t}$

$i_3=\frac{80}{9}-\frac{80}{9}e^{-900t}$

17. $i_2=-\frac{20}{13}e^{-2t}+\frac{375}{1469}e^{-15t}+\frac{145}{113}\cos t+\frac{85}{113}\sin t$

$i_3=\frac{30}{13}e^{-2t}+\frac{250}{1469}e^{-15t}-\frac{280}{113}\cos t+\frac{810}{113}\sin t$

19. $i_1=\frac{6}{5}-\frac{6}{5}e^{-100t}\cosh 50\sqrt{2}t-\frac{9\sqrt{2}}{10}e^{-100t}\sinh 50\sqrt{2}t$

$i_2=\frac{6}{5}-\frac{6}{5}e^{-100t}\cosh 50\sqrt{2}t-\frac{6\sqrt{2}}{5}e^{-100t}\sinh 50\sqrt{2}t$

21. (a) $x(t)=(v_0\cos\theta)t,\ y(t)=-\frac{1}{2}gt^2+(v_0\sin\theta)t$

(c) 대략적으로 990m; 대략적으로 12.56초

7장 복습

1. $f(t)=\sin t[U(t-\pi)-U(t-2\pi)]$

3. $\frac{1}{s^2}-\frac{2}{s^2}e^{-s}$

5. 거짓

7. 참

9. $\frac{1}{s+7}$

11. $\frac{2}{s^2+4}$

13. $\frac{4s}{(s^2+4)^2}$

15. $\frac{2}{s(s^2+4)}$

17. $\frac{1}{(s-1)(s^2+1)}$

19. $\frac{e^{-4s}}{s-3}$

21. $\frac{1}{6}t^5$

23. $\frac{1}{2}t^2e^{5t}$

25. $1-e^{-t}$

27. $e^{5t}\cos 2t+\frac{5}{2}e^{5t}\sin 2t$

29. $4e^{-t}\cos 10t-9e^{-t}\sin 10t$

31. $\cos\pi(t-1)U(t-1)+\sin\pi(t-1)U(t-1)$

33. -5

35 $e^{-k(s-a)}F(s-a)$

37. t

35. $e^{-3t/2}\left(\cos\frac{t}{2}-3\sin\frac{t}{2}\right)$

41. $f(t)U(t-t_0)$

43. $f(t-t_0)U(t-t_0)$

45. $f(t)=t-(t-1)U(t-1)-U(t-4)$;

$L\{f(t)\}=\frac{1}{s^2}-\frac{1}{s^2}e^{-s}-\frac{1}{s}e^{-4s}$;

$L\{e^tf(t)\}=\frac{1}{(s-1)^2}-\frac{1}{(s-1)^2}e^{-(s-1)}-\frac{1}{s-1}e^{-4(s-1)}$

47. $f(t)=2+(t-2)U(t-2)$; $L\{f(t)\}=\frac{2}{s}+\frac{1}{s^2}e^{-2s}$;

$L\{e^tf(t)\}=\frac{2}{s-1}+\frac{1}{(s-1)^2}e^{-2(s-1)}$

49. $\frac{e^{-2}-1}{s(1+e^{-s})}$

53. $y=5te^t+\frac{1}{2}t^2e^t$

55. $y=-\frac{6}{25}+\frac{1}{5}t^2+\frac{3}{2}e^{-t}-\frac{13}{50}e^{-5t}-\frac{4}{25}U(t-2)$

$-\frac{1}{5}(t-2)U(t-2)+\frac{1}{4}e^{-(t-2)}U(t-2)$

$-\frac{9}{100}e^{-5(t-2)}U(t-2)$

57. $y(t)=e^{-2t}+\left[-\frac{1}{4}+\frac{1}{2}(t-1)+\frac{1}{4}e^{-2(t-1)}\right]U(t-1)$
$-2\left[-\frac{1}{4}+\frac{1}{2}(t-2)+\frac{1}{4}e^{-2(t-2)}\right]U(t-2)$
$+\left[-\frac{1}{4}+\frac{1}{2}(t-3)+\frac{1}{4}e^{-2(t-3)}\right]U(t-3)$

59. $y=1+t+\frac{1}{2}t^2$

61. $y=-\frac{1}{4}-\frac{1}{2}t+\frac{5}{4}e^{2t}$

63. $x=-\frac{1}{4}+\frac{9}{8}e^{-2t}+\frac{1}{8}e^{2t}$
$y=t+\frac{9}{4}e^{-2t}-\frac{1}{4}e^{2t}$

65. $i(t)=-9+2t+9e^{-t/5}$

67. $y(x)=\frac{w_0}{12EIL}\left[-\frac{1}{5}x^5+\frac{L}{2}x^4-\frac{L^2}{2}x^3+\frac{L^3}{4}x^2+\frac{1}{5}\left(x-\frac{L}{2}\right)^5u\left(x-\frac{L}{2}\right)\right]$

69. (a) $\theta_1(t)=\frac{\theta_0+\psi_0}{2}\cos\omega t+\frac{\theta_0-\psi_0}{2}\cos\sqrt{\omega^2+2Kt}$
$\theta_2(t)=\frac{\theta_0+\psi_0}{2}\cos\omega t-\frac{\theta_0-\psi_0}{2}\cos\sqrt{\omega^2+2Kt}$

연습문제 8.1

1. $X'=\begin{pmatrix}3&-5\\4&8\end{pmatrix}X$, 여기서 $X=\begin{pmatrix}x\\y\end{pmatrix}$

3. $X'=\begin{pmatrix}\frac{5}{2}&-7\\-\frac{1}{4}&\frac{3}{2}\end{pmatrix}X+\begin{pmatrix}\frac{9}{2}t\\-\frac{1}{2}\end{pmatrix}$

5. $X'=\begin{pmatrix}-3&4&-9\\6&-1&0\\10&4&3\end{pmatrix}X$, 여기서 $X=\begin{pmatrix}x\\y\\z\end{pmatrix}$

7. $X'=\begin{pmatrix}1&-1&1\\2&1&-1\\1&1&1\end{pmatrix}X+\begin{pmatrix}0\\-3t^2\\t^2\end{pmatrix}+\begin{pmatrix}t\\0\\-t\end{pmatrix}+\begin{pmatrix}-1\\0\\2\end{pmatrix}$,
여기서 $X=\begin{pmatrix}x\\y\\z\end{pmatrix}$

9. $\frac{dx}{dt}=4x+2y+e^t$
$\frac{dy}{dt}=-x+3y-e^t$

11. $\frac{dx}{dt}=x-y+2z+e^{-t}-3t$
$\frac{dy}{dt}=3x-4y+z+2e^{-t}+t$
$\frac{dz}{dt}=-2x+5y+6z+2e^{-t}-t$

13. $\begin{pmatrix}x_1'\\x_2'\end{pmatrix}=\begin{pmatrix}0&1\\-4&0\end{pmatrix}\begin{pmatrix}x_1\\x_2\end{pmatrix}+\begin{pmatrix}0\\t\cos t\end{pmatrix}$

15. $\begin{pmatrix}x_1'\\x_2'\\x_3'\end{pmatrix}=\begin{pmatrix}0&1&0\\0&0&1\\1&-10&-6\end{pmatrix}\begin{pmatrix}x_1\\x_2\\x_3\end{pmatrix}+\begin{pmatrix}0\\0\\t^2\end{pmatrix}$

23. 예; $W(X_1, X_2)=-2e^{-8t}\neq 0$이므로 X_1과 X_2는 일차독립이다. on $(-\infty, \infty)$

25. 아니오; 모든 t값에 대해 $W(X_1, X_2, X_3)=0$이므로 일차종속이고 $X_3=2X_1+X_2$이다. on $(-\infty, \infty)$

연습문제 8.2

1. $X=c_1\begin{pmatrix}1\\2\end{pmatrix}e^{5t}+c_2\begin{pmatrix}-1\\1\end{pmatrix}e^{-t}$

3. $X=c_1\begin{pmatrix}2\\1\end{pmatrix}e^{-3t}+c_2\begin{pmatrix}2\\5\end{pmatrix}e^{t}$

5. $X=c_1\begin{pmatrix}5\\2\end{pmatrix}e^{8t}+c_2\begin{pmatrix}1\\4\end{pmatrix}e^{-10t}$

7. $X=c_1\begin{pmatrix}1\\0\\0\end{pmatrix}e^{t}+c_2\begin{pmatrix}2\\3\\1\end{pmatrix}e^{2t}+c_3\begin{pmatrix}1\\0\\2\end{pmatrix}e^{-t}$

9. $X=c_1\begin{pmatrix}-1\\0\\1\end{pmatrix}e^{-t}+c_2\begin{pmatrix}1\\4\\3\end{pmatrix}e^{3t}+c_3\begin{pmatrix}1\\-1\\3\end{pmatrix}e^{-2t}$

11. $X=c_1\begin{pmatrix}4\\0\\-1\end{pmatrix}e^{-t}+c_2\begin{pmatrix}-12\\6\\5\end{pmatrix}e^{-t/2}+c_3\begin{pmatrix}4\\2\\-1\end{pmatrix}e^{-3t/2}$

13. $X=3\begin{pmatrix}1\\1\end{pmatrix}e^{t/2}+2\begin{pmatrix}0\\1\end{pmatrix}e^{-t/2}$

15. (a) $\mathbf{X}'=\begin{pmatrix}-\frac{3}{100}&\frac{1}{100}\\\frac{1}{50}&-\frac{1}{50}\end{pmatrix}\mathbf{X}$

(b) $\mathbf{X}(t)=-\frac{35}{3}\begin{pmatrix}-1\\1\end{pmatrix}e^{-t/25}+\frac{25}{3}\begin{pmatrix}1\\2\end{pmatrix}e^{-t/100}$

(d) 대략적으로 34.3분

21. $X=c_1\begin{pmatrix}1\\3\end{pmatrix}+c_2\left[\begin{pmatrix}1\\3\end{pmatrix}t+\begin{pmatrix}1/4\\-1/4\end{pmatrix}\right]$

23. $X=c_1\begin{pmatrix}1\\1\end{pmatrix}e^{2t}+c_2\left[\begin{pmatrix}1\\1\end{pmatrix}te^{2t}+\begin{pmatrix}-1/3\\0\end{pmatrix}e^{2t}\right]$

25. $X=c_1\begin{pmatrix}1\\1\\1\end{pmatrix}e^{t}+c_2\begin{pmatrix}1\\1\\0\end{pmatrix}e^{2t}+c_3\begin{pmatrix}1\\0\\1\end{pmatrix}e^{2t}$

27. $X=c_1\begin{pmatrix}-4\\-5\\2\end{pmatrix}+c_2\begin{pmatrix}2\\0\\-1\end{pmatrix}e^{5t}$

$$+ c_3\left[\begin{pmatrix}2\\0\\-1\end{pmatrix}te^{5t}+\begin{pmatrix}-1/2\\-1/2\\-1\end{pmatrix}e^{5t}\right]$$

29. $X = c_1\begin{pmatrix}0\\1\\1\end{pmatrix}e^t + c_2\left[\begin{pmatrix}0\\1\\1\end{pmatrix}te^t+\begin{pmatrix}0\\1\\0\end{pmatrix}e^t\right]$
$+ c_3\left[\begin{pmatrix}0\\1\\1\end{pmatrix}\frac{t^2}{2}e^t+\begin{pmatrix}0\\1\\0\end{pmatrix}te^t+\begin{pmatrix}1/2\\0\\0\end{pmatrix}e^t\right]$

31. $X = -7\begin{pmatrix}2\\1\end{pmatrix}e^{4t} + 13\begin{pmatrix}2t+1\\t+1\end{pmatrix}e^{4t}$

33. 고윳값 $\lambda_1 = 2$에 대응하는 고유백터는

$K_1 = \begin{pmatrix}1\\0\\0\\0\\0\end{pmatrix}$, $K_2 = \begin{pmatrix}0\\0\\1\\0\\0\end{pmatrix}$, $K_3 = \begin{pmatrix}0\\0\\0\\1\\0\end{pmatrix}$이다.

35. $X = c_1\begin{pmatrix}\cos t\\2\cos t+\sin t\end{pmatrix}e^{4t} + c_2\begin{pmatrix}\sin t\\2\sin t-\cos t\end{pmatrix}e^{4t}$

37. $X = c_1\begin{pmatrix}\cos t\\-\cos t-\sin t\end{pmatrix}e^{4t} + c_2\begin{pmatrix}\sin t\\-\sin t+\cos t\end{pmatrix}e^{4t}$

39. $X = c_1\begin{pmatrix}5\cos 3t\\4\cos 3t+3\sin 3t\end{pmatrix} + c_2\begin{pmatrix}5\sin 3t\\4\sin 3t-3\cos 3t\end{pmatrix}$

41. $X = c_1\begin{pmatrix}1\\0\\0\end{pmatrix} + c_2\begin{pmatrix}-\cos t\\\cos t\\\sin t\end{pmatrix} + c_3\begin{pmatrix}\sin t\\-\sin t\\\cos t\end{pmatrix}$

43. $X = c_1\begin{pmatrix}0\\2\\1\end{pmatrix}e^t + c_2\begin{pmatrix}\sin t\\\cos t\\\cos t\end{pmatrix}e^t + c_3\begin{pmatrix}\cos t\\-\sin t\\-\sin t\end{pmatrix}e^t$

45. $X = c_1\begin{pmatrix}28\\-5\\25\end{pmatrix}e^{2t} + c_2\begin{pmatrix}4\cos 3t-3\sin 3t\\-5\cos 3t\\0\end{pmatrix}e^{-2t}$
$+ c_3\begin{pmatrix}3\cos 3t+4\sin 3t\\-5\sin 3t\\0\end{pmatrix}e^{-2t}$

47. $X = -\begin{pmatrix}25\\-7\\6\end{pmatrix}e^t - \begin{pmatrix}\cos 5t-5\sin 5t\\\cos 5t\\\cos 5t\end{pmatrix}$
$+6\begin{pmatrix}5\cos 5t+\sin 5t\\\sin 5t\\\sin 5t\end{pmatrix}$

49 (a) $\mathbf{X}' = \begin{pmatrix}-\frac{1}{20} & 0 & \frac{1}{10}\\ \frac{1}{20} & -\frac{1}{20} & 0\\ 0 & \frac{1}{20} & -\frac{1}{10}\end{pmatrix}\mathbf{X}$

(b) $\mathbf{X}(t) = -6\begin{pmatrix}-\cos\frac{1}{20}t+\sin\frac{1}{20}t\\-\sin\frac{1}{20}t\\\cos\frac{1}{20}t\end{pmatrix}e^{-t/10}$
$-2\begin{pmatrix}-\cos\frac{1}{20}t-\sin\frac{1}{20}t\\\cos\frac{1}{20}t\\\sin\frac{1}{20}t\end{pmatrix}e^{-t/10}+11\begin{pmatrix}2\\2\\1\end{pmatrix}$

연습문제 8.3

1. $X = c_1\begin{pmatrix}-1\\1\end{pmatrix}e^{-t} + c_2\begin{pmatrix}-3\\1\end{pmatrix}e^t + \begin{pmatrix}-1\\3\end{pmatrix}$

3. $X = c_1\begin{pmatrix}1\\-1\end{pmatrix}e^{-2t} + c_2\begin{pmatrix}1\\1\end{pmatrix}e^{4t} + \begin{pmatrix}-\frac{1}{4}\\\frac{3}{4}\end{pmatrix}t^2$
$+\begin{pmatrix}\frac{1}{4}\\-\frac{1}{4}\end{pmatrix}t + \begin{pmatrix}-2\\\frac{3}{4}\end{pmatrix}$

5. $X = c_1\begin{pmatrix}1\\-3\end{pmatrix}e^{3t} + c_2\begin{pmatrix}1\\9\end{pmatrix}e^{7t} + \begin{pmatrix}\frac{55}{36}\\-\frac{19}{4}\end{pmatrix}e^t$

7. $X = c_1\begin{pmatrix}1\\0\\0\end{pmatrix}e^t + c_2\begin{pmatrix}1\\1\\0\end{pmatrix}e^{2t} + c_3\begin{pmatrix}1\\2\\2\end{pmatrix}e^{5t} - \begin{pmatrix}\frac{3}{2}\\\frac{7}{2}\\2\end{pmatrix}e^{4t}$

9. $X = 13\begin{pmatrix}1\\-1\end{pmatrix}e^t + 2\begin{pmatrix}-4\\6\end{pmatrix}e^{2t} + \begin{pmatrix}-9\\6\end{pmatrix}$

11. (a) $X' = \begin{pmatrix}-\frac{3}{100} & \frac{1}{100}\\ \frac{1}{50} & -\frac{1}{25}\end{pmatrix}X + \begin{pmatrix}0\\1\end{pmatrix}$

(b) $X(t) = -\frac{70}{3}\begin{pmatrix}-1\\2\end{pmatrix}e^{-t/20} + \frac{80}{3}\begin{pmatrix}1\\1\end{pmatrix}e^{-\frac{t}{50}} + \begin{pmatrix}10\\30\end{pmatrix}$

(c) 10, 30

13. $X = c_1\begin{pmatrix}1\\1\end{pmatrix} + c_2\begin{pmatrix}3\\2\end{pmatrix}e^t - \begin{pmatrix}11\\11\end{pmatrix}t - \begin{pmatrix}15\\10\end{pmatrix}$

15. $X = c_1\begin{pmatrix}2\\1\end{pmatrix}e^{t/2} + c_2\begin{pmatrix}10\\3\end{pmatrix}e^{3t/2}$
$-\begin{pmatrix}\frac{13}{2}\\\frac{13}{4}\end{pmatrix}te^{t/2} - \begin{pmatrix}\frac{15}{2}\\\frac{9}{4}\end{pmatrix}e^{\frac{t}{2}}$

17. $X = c_1\begin{pmatrix}2\\1\end{pmatrix}e^t + c_2\begin{pmatrix}1\\1\end{pmatrix}e^{2t} + \begin{pmatrix}3\\3\end{pmatrix}e^t + \begin{pmatrix}4\\2\end{pmatrix}te^t$

19. $X = c_1\begin{pmatrix}4\\1\end{pmatrix}e^{3t} + c_2\begin{pmatrix}-2\\1\end{pmatrix}e^{-3t} + \begin{pmatrix}-12\\0\end{pmatrix}t - \begin{pmatrix}\frac{4}{3}\\\frac{4}{3}\end{pmatrix}$

21. $X = c_1\begin{pmatrix} 1 \\ -1 \end{pmatrix} e^t + c_2\begin{pmatrix} t \\ 1 \\ \dfrac{1}{2-t} \end{pmatrix} e^t + \begin{pmatrix} \frac{1}{2} \\ -2 \end{pmatrix} e^{-t}$

23. $X = c_1\begin{pmatrix} \cos t \\ \sin t \end{pmatrix} + c_2\begin{pmatrix} \sin t \\ -\cos t \end{pmatrix} + \begin{pmatrix} \cos t \\ \sin t \end{pmatrix} t + \begin{pmatrix} -\sin t \\ \cos t \end{pmatrix} \ln|\cos t|$

25. $X = c_1\begin{pmatrix} \cos t \\ \sin t \end{pmatrix} e^t + c_2\begin{pmatrix} \sin t \\ -\cos t \end{pmatrix} e^t + \begin{pmatrix} \cos t \\ \sin t \end{pmatrix} te^t$

27. $X = c_1\begin{pmatrix} \cos t \\ -\sin t \end{pmatrix} + c_2\begin{pmatrix} \sin t \\ \cos t \end{pmatrix} + \begin{pmatrix} \cos t \\ -\sin t \end{pmatrix} t + \begin{pmatrix} -\sin t \\ \sin t \tan t \end{pmatrix} - \begin{pmatrix} \sin t \\ \cos t \end{pmatrix} \ln|\cos t|$

29. $X = c_1\begin{pmatrix} 2\sin t \\ \cos t \end{pmatrix} e^t + c_2\begin{pmatrix} 2\cos t \\ -\sin t \end{pmatrix} e^t + \begin{pmatrix} 3\sin t \\ \dfrac{3}{2\cos t} \end{pmatrix} te^t + \begin{pmatrix} \cos t \\ \dfrac{-1}{2\sin t} \end{pmatrix} e^t \ln|\sin t| + \begin{pmatrix} 2\cos t \\ -\sin t \end{pmatrix} e^t \ln|\cos t|$

31. $X = c_1\begin{pmatrix} 1 \\ -1 \\ 0 \end{pmatrix} + c_2\begin{pmatrix} 1 \\ 1 \\ 0 \end{pmatrix} e^{2t} + c_3\begin{pmatrix} 0 \\ 0 \\ 1 \end{pmatrix} e^{3t} + \begin{pmatrix} -\dfrac{1}{4e^{2t}} + \dfrac{1}{2te^{2t}} \\ -e^t + \dfrac{1}{4e^{2t}} + \dfrac{1}{2te^{2t}} \\ \dfrac{1}{2t^2} e^{3t} \end{pmatrix}$

33. $X = \begin{pmatrix} 2 \\ 2 \end{pmatrix} te^{2t} + \begin{pmatrix} -1 \\ 1 \end{pmatrix} e^{2t} + \begin{pmatrix} -2 \\ 2 \end{pmatrix} te^{4t} + \begin{pmatrix} 2 \\ 0 \end{pmatrix} e^{4t}$

35. $\begin{pmatrix} i_1 \\ i_2 \end{pmatrix} = 2\begin{pmatrix} 1 \\ 3 \end{pmatrix} e^{-2t} + \dfrac{6}{29}\begin{pmatrix} 3 \\ -1 \end{pmatrix} e^{-12t} - \dfrac{4}{29}\begin{pmatrix} 19 \\ 42 \end{pmatrix} \cos t + \dfrac{4}{29}\begin{pmatrix} 83 \\ 69 \end{pmatrix} \sin t$

연습문제 8.4

1. $e^{At} = \begin{pmatrix} e^t & 0 \\ 0 & e^{2t} \end{pmatrix}; \quad e^{-At} = \begin{pmatrix} e^{-t} & 0 \\ 0 & e^{-2t} \end{pmatrix}$

3. $e^{At} = \begin{pmatrix} t+1 & t & t \\ t & t+1 & t \\ -2t & -2t & -2t+1 \end{pmatrix}$

5. $X = c_1\begin{pmatrix} 1 \\ 0 \end{pmatrix} e^t + c_2\begin{pmatrix} 0 \\ 1 \end{pmatrix} e^{2t}$

7. $X = c_1\begin{pmatrix} t+1 \\ t \\ -2t \end{pmatrix} + c_2\begin{pmatrix} t \\ t+1 \\ -2t \end{pmatrix} + c_3\begin{pmatrix} t \\ t \\ -2t+1 \end{pmatrix}$

9. $X = c_3\begin{pmatrix} 1 \\ 0 \end{pmatrix} e^t + c_4\begin{pmatrix} 0 \\ 1 \end{pmatrix} e^{2t} + \begin{pmatrix} -3 \\ \frac{1}{2} \end{pmatrix}$

11. $X = c_1\begin{pmatrix} \cosh t \\ \sinh t \end{pmatrix} + c_2\begin{pmatrix} \sinh t \\ \cosh t \end{pmatrix} - \begin{pmatrix} 1 \\ 1 \end{pmatrix}$

13. $X = \begin{pmatrix} t+1 \\ t \\ -2t \end{pmatrix} - 4\begin{pmatrix} t \\ t+1 \\ -2t \end{pmatrix} + 6\begin{pmatrix} t \\ t \\ -2t+1 \end{pmatrix}$

15. $e^{At} = \begin{pmatrix} \dfrac{3}{2e^{2t}} - \dfrac{1}{2e^{-2t}} & \dfrac{3}{4e^{2t}} - \dfrac{3}{4e^{-2t}} \\ -e^{2t} + e^{-2t} & -\dfrac{1}{2e^{2t}} + \dfrac{3}{2e^{-2t}} \end{pmatrix};$

$X = c_1\begin{pmatrix} \dfrac{3}{2e^{2t}} - \dfrac{1}{2e^{-2t}} \\ -e^{2t} + e^{-2t} \end{pmatrix} + c_2\begin{pmatrix} \dfrac{3}{4e^{2t}} - \dfrac{3}{4e^{-2t}} \\ -\dfrac{1}{2e^{2t}} + \dfrac{3}{2e^{-2t}} \end{pmatrix}$

또는

$X = c_3\begin{pmatrix} 3 \\ -2 \end{pmatrix} e^{2t} + c_4\begin{pmatrix} 1 \\ -2 \end{pmatrix} e^{-2t}$

17. $e^{At} = \begin{pmatrix} e^{2t} + 3te^{2t} & -9te^{2t} \\ te^{2t} & e^{2t} - 3te^{2t} \end{pmatrix};$

$X = c_1\begin{pmatrix} 1+3t \\ t \end{pmatrix} e^{2t} + c_2\begin{pmatrix} -9t \\ 1-3t \end{pmatrix} e^{2t}$

23. $X = c_1\begin{pmatrix} \dfrac{3}{2e^{3t}} - \dfrac{1}{2e^{5t}} \\ \dfrac{3}{2e^{3t}} - \dfrac{3}{2e^{5t}} \end{pmatrix} + c_2\begin{pmatrix} -\dfrac{1}{2e^{3t}} + \dfrac{1}{2e^{5t}} \\ -\dfrac{1}{2e^{3t}} + \dfrac{3}{2e^{5t}} \end{pmatrix}$

또는

$X = c_3\begin{pmatrix} 1 \\ 1 \end{pmatrix} e^{3t} + c_4\begin{pmatrix} 1 \\ 3 \end{pmatrix} e^{5t}$

8장 복습

1. $k = \dfrac{1}{3}$

5. $X = c_1\begin{pmatrix} 1 \\ -1 \end{pmatrix} e^t + c_2\left[\begin{pmatrix} 1 \\ -1 \end{pmatrix} te^t + \begin{pmatrix} 0 \\ 1 \end{pmatrix} e^t\right]$

7. $X = c_1\begin{pmatrix} \cos 2t \\ -\sin 2t \end{pmatrix} e^t + c_2\begin{pmatrix} \sin 2t \\ \cos 2t \end{pmatrix} e^t$

9. $X = c_1\begin{pmatrix} -2 \\ 3 \\ 1 \end{pmatrix} e^{2t} + c_2\begin{pmatrix} 0 \\ 1 \\ 1 \end{pmatrix} e^{4t} + c_3\begin{pmatrix} 7 \\ 12 \\ -16 \end{pmatrix} e^{-3t}$

11. $X = c_1\begin{pmatrix} 1 \\ 0 \end{pmatrix} e^{2t} + c_2\begin{pmatrix} 4 \\ 1 \end{pmatrix} e^{4t} + \begin{pmatrix} 16 \\ -4 \end{pmatrix} t + \begin{pmatrix} 11 \\ -1 \end{pmatrix}$

13. $X = c_1\begin{pmatrix} \cos t \\ \cos t - \sin t \end{pmatrix} + c_2\begin{pmatrix} \sin t \\ \sin t + \cos t \end{pmatrix} - \begin{pmatrix} 1 \\ 1 \end{pmatrix} + \begin{pmatrix} \sin t \\ \sin t + \cos t \end{pmatrix} \ln|\csc t - \cot t|$

15. (b) $X = c_1\begin{pmatrix} -1 \\ 1 \\ 0 \end{pmatrix} + c_2\begin{pmatrix} -1 \\ 0 \\ 1 \end{pmatrix} + c_3\begin{pmatrix} 1 \\ 1 \\ 1 \end{pmatrix} e^{3t}$

연습문제 9.1

1. $h = 0.1$일 때 $y_5 = 2.0801$;
   $h = 0.05$일 때 $y_{10} = 2.0592$
3. $h = 0.1$일 때 $y_5 = 0.5470$;
   $h = 0.05$일 때 $y_{10} = 0.5465$
5. $h = 0.1$일 때 $y_5 = 0.4053$;
   $h = 0.05$일 때 $y_{10} = 0.4054$
7. $h = 0.1$일 때 $y_5 = 0.5503$;
   $h = 0.05$일 때 $y_{10} = 0.5495$
9. $h = 0.1$일 때 $y_5 = 1.3260$;
   $h = 0.05$일 때 $y_{10} = 1.3315$
11. $h = 0.1$일 때 $y_5 = 3.8254$;
    $h = 0.05$일 때 $y_{10} = 3.8840$;
    $x = 0.5$에서 참값은 $y(0.5) = 3.9082$
13. (a) $y_1 = 1.2$
    (b) $y''(c)\dfrac{h^2}{2} = 4e^{2c}\dfrac{(0.1)^2}{2}$
    $= 0.02e^{2c} \le 0.02e^{0.2}$
    $= 0.0244$
    (c) 참값은 $y(0.1) = 1.2214$
    오차는 0.0214
    (d) $h = 0.05$일 때 $y_2 = 1.21$.
    $h = 0.1$일 때 오차는 0.0214
    $h = 0.05$일 때 오차는 0.0114.
15. (a) $y_1 = 0.8$
    (b) $0 \le c \le 0.1$일 때
    $y''(c)\dfrac{h^2}{2} = 4e^{2c}\dfrac{(0.1)^2}{2}$
    $= 0.025e^{2c} \le 0.025$
    (c) 참값은 $y(0.1) = 1.2214$.
    오차는 0.0214
    (d) $h = 0.05$일 때 $y_2 = 0.8125$.
    (e) $h = 0.1$일 때 오차는 0.0234
    $h = 0.05$일 때 오차는 0.0109.
17. (a) $19h^2e^{-3(c-1)}$.
    (b) $y''(c)\dfrac{h^2}{2} \le 19(0.1)^2(1) = 0.19$
    (c) $h = 0.1$이면 $y_5 = 1.8207$
    $h = 0.05$이면 $y_{10} = 1.9424$.
    (d) $h = 0.1$일 때 오차는 0.2325
    $h = 0.05$일 때 오차는 0.1109.
19. (a) 오차는 $\dfrac{1}{(c+1)^2}\dfrac{h^2}{2}$.
    (b) $\left|y''(c)\dfrac{h^2}{2}\right| \le (1)\dfrac{(0.1)^2}{2} = 0.005$
    (c) $h = 0.1$이면 $y_5 = 0.4198$
    $h = 0.05$이면 $y_{10} = 0.4124$
    (d) $h = 0.1$일 때 오차는 0.0143
    $h = 0.05$일 때 오차는 0.0069.

연습문제 9.2

1. $y_5 = 3.9078$; 참값은 $y(0.5) = 3.9082$
3. $y_5 = 2.0533$
5. $y_5 = 0.5463$
7. $y_5 = 0.4055$
9. $y_5 = 0.5493$
11. $y_5 = 1.3333$
13. (a) 35.7130
    (c) $v(t) = \sqrt{\dfrac{mg}{k}}\tanh\sqrt{\dfrac{kg}{m}}\,t$;
    $v(5) = 35.7678$
15. $h = 0.1$일 때 $y_4 = 903.0282$;
    $h = 0.05$일 때 $y_8 = 1.1 \times 10^{15}$
17. (a) $y_1 = 0.82341667$
    (b) $y^5(c)\dfrac{h^5}{5!} = 40e^{-2c}\dfrac{h^5}{5!}$
    $\le 40e^{2(0)}\dfrac{(0.1)^5}{5!}$
    $= 3.333 \times 10^{-6}$
    (c) 참값은 $y(0.1) = 0.8234134413$.
    오차는 $3.225 \times 10^{-6} \le 3.333 \times 10^{-6}$
    (d) $h = 0.05$이면 $y_2 = 0.82341363$.
    (e) $h = 0.1$일 때 오차는 3.225×10^{-6}
    $h = 0.05$일 때 오차는 1.854×10^{-7}.
19. (a) $y^{(5)}(c)\dfrac{h^5}{5!} = \dfrac{24}{(c+1)^5}\dfrac{h^5}{5!}$
    (b) $\dfrac{24}{(c+1)^5}\dfrac{h^5}{5!} \le 24\dfrac{(0.1)^5}{5!} = 2.0000 \times 10^{-6}$
    (c) $h = 0.1$일 때 $y_5 = 0.40546517$
    $h = 0.05$일 때 $y_{10} = 0.40546511$

연습문제 9.3

1. $y(x) = -x + e^x$;
   참값은 $y(0.2) = 1.0214$, $y(0.4) = 1.0918$,
   $y(0.6) = 1.2221$, $y(0.8) = 1.4255$;
   접근법은 예제 1에 설명되어 있다.
3. $y_4 = 0.7232$
5. $h = 0.2$일 때 $y_5 = 1.5569$;
   $h = 0.1$일 때 $y_{10} = 1.5576$
7. $h = 0.2$일 때 $y_5 = 0.2385$;
   $h = 0.1$일 때 $y_{10} = 0.2384$

연습문제 9.4

1. $y(x) = -2e^x + 5xe^{2x}$;
   $y(0.2) = -1.4918, y_2 = -1.6800$
3. $y_1 = -1.4928, y_2 = -1.4919$
5. $y_1 = 1.4640, y_2 = 1.4640$
7. $x_1 = 8.3055, y_1 = 3.4199$;
   $x_2 = 8.3055, y_2 = 3.4199$
9. $x_1 = -3.9123, y_1 = 4.2857$;
   $x_2 = -3.9123, y_2 = 4.2857$
11. $x_1 = 0.4179, y_1 = -2.1824$;
   $x_2 = 0.4173, y_2 = -2.1821$

연습문제 9.5

1. $y_1 = -5.6774, y_2 = -2.5807, y_3 = 6.3226$
3. $y_1 = -0.2259, y_2 = -0.3356, y_3 = -0.3308$,
   $y_4 = -0.2167$
5. $y_1 = 3.3751, y_2 = 3.6306, y_3 = 3.6448$,
   $y_4 = 3.2355, y_5 = 2.1411$
7. $y_1 = 3.8842, y_2 = 2.9640, y_3 = 2.2064$,
   $y_4 = 1.5826, y_5 = 1.0681, y_6 = 0.6430, y_7 = 0.2913$
9. $y_1 = 0.2660, y_2 = 0.5097, y_3 = 0.7357$,
   $y_4 = 0.9471, y_5 = 1.1465, y_6 = 1.3353$,
   $y_7 = 1.5149, y_8 = 1.6855, y_9 = 1.8474$,
11. $y_1 = 0.3492, y_2 = 0.7202, y_3 = 1.1363$,
   $y_4 = 1.6233, y_5 = 2.2118, y_6 = 2.9386, y_7 = 3.8490$
13. (c) $y_0 = -2.2755,\ y_1 = -2.0755, y_2 = -1.8589$,
   $y_3 = -1.6126,\ y_4 = -1.3275$

9장 복습

1. $h = 0.1$일 때 수치적 방법의 비교

x_n	오일러	개선된 오일러	RK4
1.10	2.1386	2.1549	2.1556
1.20	2.3097	2.3439	2.3454
1.30	2.5136	2.5672	2.5695
1.40	2.7504	2.8246	2.8278
1.50	3.0201	3.1157	3.1197

   $h = 0.05$일 때 수치적 방법의 비교

x_n	오일러	개선된 오일러	RK4
1.10	2.1469	2.1554	2.1556
1.20	2.3272	2.3450	2.3454
1.30	2.5409	2.5689	2.5695
1.40	2.7883	2.8269	2.8278
1.50	3.0690	3.1187	3.1197

3. $h = 0.1$일 때 수치적 방법의 비교

x_n	오일러	개선된 오일러	RK4
0.60	0.6000	0.6048	0.6049
0.70	0.7095	0.7191	0.7194
0.80	0.8283	0.8427	0.8431
0.90	0.9559	0.9752	0.9757
1.00	1.0921	1.1163	1.1169

   $h = 0.05$일 때 수치적 방법의 비교

x_n	오일러	개선된 오일러	RK4
0.60	0.6024	0.6049	0.6049
0.70	0.7144	0.7193	0.7194
0.80	0.8356	0.8430	0.8431
0.90	0.9657	0.9755	0.9757
1.00	1.1044	1.1168	1.1169

5. $h = 0.2:\ y(0.2) \approx 3.2;\ h = 0.1:\ y(0.2) \approx 3.23$
7. $x(0.2) \approx 1.62,\ y(0.2) \approx 1.84$

부록 A

1. 120
3. $\frac{3}{4}\sqrt{\pi}$
5. $\frac{105}{16}\sqrt{\pi}$ 7. $\frac{4}{3}\sqrt{\pi}$
9. $\frac{16}{105}\sqrt{\pi}$ 11. 0.9182
13. 0.9086

15. $(x+3)(x+2)(x+1)x(x)$

17. $\sqrt{\dfrac{\pi}{2}}$ 19. $\dfrac{1}{324}$

21. $\dfrac{3}{128}$ 23. $\sqrt{2\pi}$ 25. 0.1836 29. π

31. $\dfrac{1}{4}\pi$ 33. $\dfrac{5}{2}\pi$ 39. $\dfrac{1}{12}$ 41. $\dfrac{8}{15}$

43. $F'(x) = 6x^2 e^{-4x^9} - e^{-x^5} - 3x^2 \displaystyle\int_x^{2x^3} t^2 e^{-x^3 t^2} dt$

45. $$F'(x) = -\sin x(x^2+\cos^2 x)^{10} - 2x(x^2+x^4)^{10} + 20x\int_{x^2}^{\cos x} 10(x^2+t^2)^9 dt$$

47. $F'(x) = e^{\sin x}\sin(\cos x)$

55. (a) $\dfrac{\sqrt{\pi}}{2\sqrt{x}}$ (b) $\sqrt{\pi x}+C$ (c) $\sqrt{\pi x}$

부록 B

1. (a) $\begin{pmatrix} 2 & 11 \\ 2 & -1 \end{pmatrix}$ (b) $\begin{pmatrix} -6 & 1 \\ 14 & -19 \end{pmatrix}$ (c) $\begin{pmatrix} 2 & 28 \\ 12 & -12 \end{pmatrix}$

3. (a) $\begin{pmatrix} -11 & 6 \\ 17 & -22 \end{pmatrix}$ (b) $\begin{pmatrix} -32 & 27 \\ -4 & -1 \end{pmatrix}$

   (c) $\begin{pmatrix} 19 & -18 \\ -30 & 31 \end{pmatrix}$ (d) $\begin{pmatrix} 19 & 6 \\ 3 & 22 \end{pmatrix}$

5. (a) $\begin{pmatrix} 9 & 24 \\ 3 & 8 \end{pmatrix}$ (b) $\begin{pmatrix} 3 & 8 \\ -6 & -16 \end{pmatrix}$ (c) $\begin{pmatrix} 0 & 0 \\ 0 & 0 \end{pmatrix}$

   (d) $\begin{pmatrix} -4 & -5 \\ 8 & 10 \end{pmatrix}$

7. (a) 180 (b) $\begin{pmatrix} 4 & 8 & 10 \\ 8 & 16 & 20 \\ 10 & 20 & 25 \end{pmatrix}$ (c) $\begin{pmatrix} 6 \\ 12 \\ -5 \end{pmatrix}$

9. (a) $\begin{pmatrix} 7 & 38 \\ 10 & 75 \end{pmatrix}$ (b) $\begin{pmatrix} 7 & 38 \\ 10 & 75 \end{pmatrix}$

11. $\begin{pmatrix} -14 \\ 1 \end{pmatrix}$ 13. $\begin{pmatrix} -38 \\ -2 \end{pmatrix}$

15. 정칙

17. 비정칙, $A^{-1} = \dfrac{1}{4}\begin{pmatrix} -5 & -8 \\ 3 & 4 \end{pmatrix}$

19. 비정칙, $A^{-1} = \dfrac{1}{2}\begin{pmatrix} 0 & -1 & 1 \\ 2 & 2 & -2 \\ -4 & -3 & 5 \end{pmatrix}$

21. 비정칙, $A^{-1} = \dfrac{1}{9}\begin{pmatrix} -2 & -2 & -1 \\ -13 & 5 & 7 \\ 8 & -1 & -5 \end{pmatrix}$

23. $A^{-1}(t) = \dfrac{1}{2e^{3t}}\begin{pmatrix} 3e^{4t} & -e^{4t} \\ -4e^{-t} & 2e^{-t} \end{pmatrix}$

25. $\dfrac{dX}{dt} = \begin{pmatrix} -5e^{-t} \\ -2e^{-t} \\ 7e^{-t} \end{pmatrix}$

27. $\dfrac{dX}{dt} = 4\begin{pmatrix} 1 \\ -1 \end{pmatrix} e^{2t} - 12\begin{pmatrix} 2 \\ 1 \end{pmatrix} e^{-3t}$

29. (a) $\begin{pmatrix} 4e^{4t} & -\pi\sin\pi t \\ 2 & 6t \end{pmatrix}$ (b) $\begin{pmatrix} \frac{1}{4}e^8 - \frac{1}{4} & 0 \\ 4 & 6 \end{pmatrix}$

   (c) $\begin{pmatrix} \frac{1}{4}e^{4t} - \frac{1}{4} & \frac{1}{\pi}\sin\pi t \\ t^2 & t^3 - t \end{pmatrix}$

31. $x=3,\ y=1,\ z=-5$

33. $x=2+4t,\ y=-5-t,\ z=t$

35. $x=-\dfrac{1}{2},\ y=\dfrac{3}{2},\ z=\dfrac{7}{2}$

37. $x_1=1,\ x_2=0,\ x_3=2,\ x_4=0$

41. $A^{-1} = \begin{pmatrix} 0 & \frac{2}{3} & \frac{1}{3} \\ 0 & -\frac{1}{3} & -\frac{2}{3} \\ \frac{1}{3} & -\frac{2}{3} & 0 \end{pmatrix}$

43. $A^{-1} = \begin{pmatrix} 5 & 6 & -3 \\ 2 & 2 & -1 \\ -1 & -1 & 1 \end{pmatrix}$

45. $A^{-1} = \begin{pmatrix} -\frac{1}{2} & \frac{2}{3} & \frac{1}{3} & \frac{7}{6} \\ 1 & \frac{1}{3} & \frac{1}{3} & -\frac{4}{3} \\ 0 & -\frac{1}{3} & -\frac{1}{3} & \frac{1}{3} \\ -\frac{1}{2} & 1 & \frac{1}{2} & \frac{1}{2} \end{pmatrix}$

47. $\lambda_1=6,\ \lambda_2=1,\ K_1=\begin{pmatrix} 2 \\ 7 \end{pmatrix},\ K_2=\begin{pmatrix} 1 \\ 1 \end{pmatrix}$

49. $\lambda_1=\lambda_2=-4,\ K_1=\begin{pmatrix} 1 \\ -4 \end{pmatrix}$

51. $\lambda_1=0,\ \lambda_2=4,\ \lambda_3=-4$

    $K_1=\begin{pmatrix} 9 \\ 45 \\ 25 \end{pmatrix},\ K_2=\begin{pmatrix} 1 \\ 1 \\ 1 \end{pmatrix},\ K_3=\begin{pmatrix} 1 \\ 9 \\ 1 \end{pmatrix}$

53. $\lambda_1=\lambda_2=\lambda_3=-2$

    $K_1=\begin{pmatrix} 2 \\ -1 \\ 0 \end{pmatrix},\ K_2=\begin{pmatrix} 0 \\ 0 \\ 1 \end{pmatrix}$

55. $\lambda_1=3i,\ \lambda_2=-3i$

    $K_1=\begin{pmatrix} 1-3i \\ 5 \end{pmatrix},\ K_2=\begin{pmatrix} 1+3i \\ 5 \end{pmatrix}$

    $\lambda_1=3i,\ \lambda_2=-3i$

    $K_1=\begin{pmatrix} 1-3i \\ 5 \end{pmatrix},\ K_2=\begin{pmatrix} 1+3i \\ 5 \end{pmatrix}$

찾아보기

ㄱ

ㄴ

ㄷ

ㄹ

ㅁ

ㅋ

ㅌ

ㅎ

기타

- **수학교재편찬위원회**

강원대학교: 정다래
고려대학교: 김준석
부경대학교: 서종진
인천대학교: 최원, 문병수, 함남우, 김인현, 이윤복, 배영진, 장일승, 유성민, 이승재
전북대학교: 이용훈

미분방정식 입문 제12판

A First Course in Differential Equations with Modeling Applications, 12th Edition

지은이 Dennis G. Zill
옮긴이 수학교재편찬위원회
펴낸이 조경희
펴낸곳 경문사
펴낸날 2024년 10월 1일 12판 1쇄
등 록 1979년 11월 9일 제1979-000023호
주 소 04057, 서울특별시 마포구 와우산로 174
전 화 (02)332-2004 팩스 (02)336-5193
이메일 kyungmoon@kyungmoon.com

값 40,000원

ISBN 979-11-6073-724-0